E-Book inside.

Mit folgendem persönlichen Code erhalten Sie die E-Book-Ausgabe dieses Buches zum kostenlosen Download.

1018r-65p6w-
r3300-o7541

Registrieren Sie sich unter
www.hanser-fachbuch.de/ebookinside
und nutzen Sie das E-Book auf Ihrem Rechner*, Tablet-PC und E-Book-Reader.

* Systemvoraussetzungen:
Internet-Verbindung und Adobe® Reader®

Stauss/Seidel

Beschwerdemanagement

Inhalt

Sie kennen mich.
Ich bin ein netter Kunde. Ich beklage mich nie. Im Restaurant warte ich geduldig, wenn die Kellnerin mit ihrem Freund plaudert und sich keinen Deut um mich kümmert, ob meine Bratwurst schon fertig ist. Manchmal bekommt einer, der nach mir gekommen ist, meine Bratwurst. Aber ich sage kein Wort. Im Fachgeschäft nehme ich auf meine Mitmenschen Rücksicht. Wenn mich eine mürrische Verkäuferin bedient, die brummig und gehässig wird, weil ich mir – bevor ich kaufe – mehrere Artikel ansehen möchte, bleibe ich höflich und zuvorkommend. Nie kritisiere ich. Es würde mir nicht im Traum einfallen, wie andere Leute in der Öffentlichkeit eine Szene zu machen. Das ist so albern.
Ich bin ein netter Kunde!
Ich will Ihnen aber auch sagen, was ich noch bin. Ich bin der Kunde, der nie wieder zurückkommt. Das ist meine kleine Rache dafür, daß man mich herumschubst. Gewiß, auf diese Weise kann ich meinem Ärger nicht gleich Luft machen, aber auf lange Sicht ist das eine viel tödlichere Rache. Wer zuletzt lacht, lacht am besten, sagt man. Ich lache, wenn ich sehe, wie Sie wie Verrückte Geld für Werbung ausgeben, um mich zurückzuholen. Dabei hätten Sie mich von Anfang an mit ein paar netten Worten und einem freundlichen Lächeln behalten können.
Mercedes-Benz AG, Untertürkheim 1995.

Vorwort

Mit den Worten des netten Kunden haben wir bereits die erste Auflage unseres Buches „Beschwerdemanagement“ begonnen. Wenn wir auch bei der fünften Auflage daran festhalten, dann aus dem Grunde, dass diese Kunden immer mehr werden: Kunden, die unzufrieden sind und wegen ihrer Unzufriedenheit abwandern und für immer verloren sind.

Kundenabwanderung ist inzwischen zu einem zentralen Managementproblem geworden. Allerdings reagieren viele Unternehmen darauf nicht mit einer konsequenten Strategie der Minimierung von Kundenverlusten, die auf Unzufriedenheit zurückzuführen sind. Stattdessen verstärken sie ihre Anstrengungen zur Neukundenakquisition. Sie erhöhen Werbe- und Vertriebsbudgets, suchen aber Kostensenkungspotenziale im Customer Care, was die verärgerten und Hilfe suchenden Kunden geradezu vertreibt. Sie bieten allein Neukunden Sondervergünstigungen an und benachteiligen dabei ihre Stammkunden, was deren Unzufriedenheit und Abwanderungsneigung noch verstärkt. Solche Vorgehensweisen belegen, dass sich die Erkenntnis von den Wachstumschancen einer Strategie der Vermeidung von Kundenverlusten durch Unzufriedenheitsminimierung und damit das Bewusstsein von den ökonomischen Vorteilen eines **professionellen Beschwerdemanagements** noch nicht allgemein durchgesetzt haben.

Vielfach mangelt es bis heute an dem **Verständnis von Beschwerden als größter Chance** für Wachstum auf Käufermärkten, und zwar durch die Sicherung von Kundenloyalität, die Verbesserung der Qualität von Produkten und Dienstleistungen und die Senkung von Fehlerkosten. Deshalb stehen Customer-Care-Manager auch in Zukunft vor großen Herausforderungen. Sie müssen zum einen die komplexen Aufgaben des operativen Beschwerdemanagements unter oft schwierigen Rahmenbedingungen so erfüllen, dass die Zufriedenheits-, Loyalitäts- und Qualitätsziele auf effiziente Weise erfüllt werden. Zum anderen müssen sie unternehmensintern Überzeugungsarbeit leisten, indem sie faktengestützt die strategische Relevanz und Profitabilität ihres Handlungsbereichs nachweisen. Für beide Herausforderungen soll dieses Buch wertvolle Hilfestellungen leisten.

Im **ersten Teil** (Kapitel 1 bis 5) erfolgt zunächst eine grundlegende **Einordnung des Beschwerdemanagements in den Managementzusammenhang kundenorientierter Unternehmen,** wobei insbesondere die zentrale Bedeutung für das Kundenbeziehungsmanagement einerseits und das Qualitätsmanagement andererseits herausgearbeitet wird. Darüber hinaus werden grundlegende begriffliche Klärungen vorgenommen, Erkenntnisse über das Verhalten unzufriedener Kunden vermittelt und verdeutlicht, welche Ziele mit Hilfe eines aktiven Beschwerdemanagements erreicht werden können.

Der Fokus der Betrachtung im **zweiten Teil** (Kapitel 6 bis 13) liegt in der detaillierten Beschreibung von **Einzelaufgaben des Beschwerdemanagements.** Hier wird gezeigt,

- wie unzufriedene Kunden zur Artikulation von Beschwerden ermuntert werden können **(Beschwerdestimulierung),**
- wie der Beschwerdeeingang organisiert werden kann und welche Informationen unmittelbar aufgenommen werden müssen **(Beschwerdeannahme),**
- wie die Bearbeitungsprozesse strukturiert und mittels interner Mahn- und Eskalationssysteme optimiert werden können **(Beschwerdebearbeitung),**
- welche Reaktionsmöglichkeiten dem Unternehmen zur Verfügung stehen und welche Vor- und Nachteile mit ihnen verbunden sind **(Beschwerdereaktion),**
- wie die in den Beschwerden enthaltenen Informationen durch quantitative und qualitative Analysen auszuwerten sind **(Beschwerdeauswertung),**
- wie die Aufgabenerfüllung überprüft, die Kosten- und Nutzeneffekte des Beschwerdemanagements berechnet und der Bereich Beschwerdemanagement gesteuert und überwacht werden können **(Beschwerdemanagement-Controlling),**
- wie interne Zielgruppen von den Ergebnissen der Beschwerdeauswertung bzw. des Beschwerdemanagement-Controllings in Kenntnis gesetzt werden können **(Beschwerdereporting)** und
- wie die Beschwerdeinformationen durch einen spezifischen Methodeneinsatz für die systematische Qualitätsverbesserung zu nutzen sind **(Beschwerdeinformationsnutzung).**

Diese aufgabenbezogene Betrachtung wird im **dritten Teil** (Kapitel 14 bis 16) ergänzt durch eine Betrachtung der **Rahmenfaktoren.** Dabei wird untersucht, welche Konsequenzen in personalpolitischer, organisatorischer und informationstechnologischer Hinsicht zu ziehen sind, damit eine optimale Aufgabenerfüllung des Beschwerdemanagements gelingt.

Der **vierte Teil** des Buches (Kapitel 17 bis 21) ist **Einzelfragen des Beschwerdemanagements** gewidmet. Hier werden Social-Media-Beschwerden als Herausforderung für das Beschwerdemanagement beschrieben, die Besonderheiten eines internationalen Beschwerdemanagements erörtert, Probleme der Implementierung eines Beschwerdemanagements betrachtet, die DIN-Norm für ein Beschwerdemanagement vorgestellt und empirische Ergebnisse zum Stand der Beschwerdemanagement-Praxis in Deutschland präsentiert.

Der ständige Dialog mit Beschwerdemanagern, Erfahrungen aus der Beratungspraxis sowie die intensive Beteiligung an der Beschwerdemanagement-Forschung bestätigen uns darin, auch in der Neuauflage unseres Buchs an der grundlegenden Struktur und den zentralen Aussagen festzuhalten. Dennoch enthält diese überarbeite Version eine Reihe von Änderungen, Aktualisierungen und Neuerungen.

In **wissenschaftlicher Hinsicht** wird selbstverständlich der **neueste Stand der Beschwerdeforschung** berücksichtigt. Dies betrifft sowohl die Forschung über das Beschwerdeverhalten und die Beschwerdezufriedenheit von Kunden als auch die Untersuchungen zum betrieblichen Beschwerdemanagement. Allerdings ist festzuhalten, dass die zentralen Grundlagen der Beschwerdeforschung schon vor einer Reihe von Jahren gelegt wurden, was auch in den Erscheinungsjahren vieler Quellen zum Ausdruck kommt. Selbstverständlich sind die von den Forschungs-Pionieren formulierten Definitionen, Konzepte und Erkenntnisse inzwischen von vielen Nachfolgern aufgegriffen und (nicht immer mit Quellenhinweis) wiedergegeben worden, so dass es ein Leichtes wäre, durch Austausch von Quellenangaben den Eindruck eines wissenschaftlichen Fortschritts zu erwecken. Wir haben uns aber entschieden, wieder die Pioinierquellen zu nennen, wenn aktuellere Publikationen keinen zusätzlichen Erkenntnisgewinn liefern.

Der **Praxisbezug** der Buchs wird weiterhin dadurch gewährleistet, dass sich die Darstellung an der Maxime praktischer Relevanz orientiert. Theoretische Konzepte und empirische Forschungsergebnisse werden nur insoweit einbezogen, als sich aus ihnen konkrete Konsequenzen für das reale Beschwerdemanagement ziehen lassen. Zudem werden die Ausführungen durch **neue praktische Beispiele** im Text und in Abbildungen illustriert sowie in sechsundzwanzig ausführlichen Praxis-Spotlights vertieft. Dazu kommen Hinweise und Hilfen für die praktische Anwendung (wie Fragebögen, Beispielrechnungen oder der Quick-Test zur Selbstbewertung des Beschwerdemanagements).

Inhaltlich ist insbesondere auf folgende Neuerungen hinzuweisen:

- Bei der **grundlegenden Einordnung des Beschwerdemanagements** in den Kontext des Kundenbeziehungsmanagements wird erstmals ausführlich darauf eingegangen, warum es sinnvoll ist, Wachstum primär über eine Strategie der Unzufriedenheitsminimierung anzustreben, und es wird gezeigt, in welche ökonomischen Fallen die meist stattdessen favorisierte Strategie der Zufriedenheitsmaximierung führen kann.
- In den Ausführungen zum **Beschwerdebegriff** wird erläutert, wie die allgemeine Beschwerdedefinition unternehmensindividuell konkretisiert werden kann.
- In Bezug auf das **Beschwerdeverhalten** wird anhand aktueller Daten demonstriert, in welch hohem Maße Beschwerdezufriedenheit zu Loyalität und Beschwerdeunzufriedenheit zu Abwanderung führt.
- Bei den **Aufgabenbausteinen des direkten und indirekten Beschwerdemanagements** wird eine Reihe weiterer Aspekte berücksichtigt. Dazu gehören u. a. neue Formen der Beschwerdestimulierung, die Überprüfung der Korrespondenz- und Gesprächsqualität im Rahmen der Beschwerdereaktion oder zusätzliche Methoden zur Priorisierung der in Beschwerden angesprochenen Probleme im Zuge der Beschwerdeauswertung. Besonders hinzuweisen ist auch auf die Neufassung der strategischen Steuerung des Beschwerdemanagements im Bereich des Beschwerdemanagement-Controllings. Hier werden Key Performance Indicators (Schlüsselindikatoren) definiert, die aus einer Beschwerdemanagement-Wirkungskette abgeleitet werden und selbstverständlich auch den Kern des Beschwerdereportings darstellen.

- Die größte Änderung im Bereich der **Spezialfragen des Beschwerdemanagements** stellt das neue Kapitel über Social-Media-Beschwerden dar, in dem insbesondere auf die Relevanz von Facebook und Twitter für das Beschwerdemanagement erstmals ausführlich eingegangen wird.

Schon immer haben wir unser Augenmerk nicht nur auf die theoretische Fundierung und die Praxisrelevanz gelegt, sondern auch auf die gute **Lesbarkeit** und schnelle Erfassbarkeit der Kernbotschaften. Dazu dienten und dienen u.a. die klare Strukturierung, die Vielzahl an Abbildungen und die Hervorhebungen im Text. In der vorliegenden Version verstärken wir die Bemühungen, indem die einzelnen Kapitel jetzt durch eine **Übersicht der behandelten Fragen** eingeleitet und durch eine **Kurzzusammenfassung** abgeschlossen werden. Zudem erfolgt eine kapitelweise Zuordnung der Literaturquellen.

Allen, die uns bei der Erstellung dieser Neuauflage geholfen haben, möchten wir herzlich danken. Dazu gehören vor allem Unternehmen, die uns Anregungen für innovative Lösungen bzw. exzellente Realisierungen im Beschwerdemanagement gaben sowie Frau Dipl.-Kffr. Hanne Schumacher und Herrn Betriebswirt (VWA) Oliver Viereck für die Erstellung der Abbildungen sowie Frau Dania Razny, Herrn Dipl.-Kfm. Jan Thunig, Frau Magdalena Meier und Frau Duygu Güler von der Firma servmark für die sorgfältige Durchsicht des Manuskripts. Unser Dank gilt auch Frau Lisa Hoffmann-Bäuml (Lektorat) und Herrn Thomas Gerhardy (Herstellung) vom Hanser-Verlag für ihre nachdrückliche Unterstützung.

Darüber hinaus danken wir allen Lesern, die uns in den vergangenen Jahren über ihre Erfahrungen und Probleme im Beschwerdemanagement informiert haben, und bitten auch Sie als Leser der Neuauflage, uns ein Feedback zu geben. Dies betrifft Beschwerden – wir freuen uns über jede Chance zur konkreten Verbesserung – wie natürlich auch positive Rückmeldungen und Anregungen. Eine Möglichkeit für die Abgabe eines Feedbacks besteht in der Nutzung von iFeedback®. Indem Sie entweder den auf der Rückseite dieses Buches abgedruckten QR-Code oder direkt die Internetadresse www.ifbck.com/stauss-seidel-bm5 benutzen, gelangen Sie auf eine Bewertungsseite für dieses Buch. Auf dieser können Sie schnell und unkonventionell Ihre Zufriedenheit oder Unzufriedenheit zum Ausdruck bringen. Darüber hinaus laden wir Sie ein, uns Ihr Feedback über das Buch auch auf konventionellem Weg mitzuteilen. Auf diese Weise können wir gemeinsam über neue Lösungen und Weiterentwicklungen im Beschwerdemanagement nachdenken – zum Nutzen Ihrer Kunden und Ihres Unternehmens.

Ingolstadt im Frühjahr 2014

Prof. Dr. Dr. h. c. Bernd Stauss

Brunnerstraße 10a
85051 Ingolstadt
Tel. 08450/9295947
bernd.stauss@gmail.com
www.bernd-stauss.de

Dipl.-Kfm. Wolfgang Seidel

Münchener Straße 49
85051 Ingolstadt
Tel. 0841/885725-0
wolfgang.seidel@servmark.de
www.servmark.de

CUSTOMER
CARE
LR

1 Beschwerdemanagement im kundenorientierten Unternehmen

- Warum ist das Beschwerdemanagement von strategischer unternehmerischer Bedeutung?
- Welche Rolle kommt dem Beschwerdemanagement im Rahmen des Kundenbeziehungsmanagements zu?
- Welche Zusammenhänge bestehen zwischen Kundenbeziehungsmanagement, Customer Care und Beschwerdemanagement?
- Welchen Stellenwert hat das Beschwerdemanagement im Qualitätsmanagement?

1.1 Beschwerden als unternehmerische Herausforderung

Alle im Unternehmen **hassen Beschwerden**. Mitarbeiter im Kundenkontakt fürchten Situationen, in denen sie von aufgebrachten Kunden beschimpft werden. Mitarbeiter verschiedener Entscheidungsebenen fühlen sich durch Beschwerden auf nicht zutreffende und unzulässige Weise kritisiert. Sie sind auch verärgert, weil sie für die Bearbeitung von Kundenproblemen Zeit und andere Ressourcen einsetzen müssen, die für diese Zwecke nicht eingeplant sind und häufig nicht zur Verfügung stehen. Während man sich um irgendwelche fernen Kundenprobleme kümmern soll, wachsen die eigenen Probleme, weil Zeit- und Kostenpläne durcheinandergeraten. Vorstandsmitglieder sehen sich mehr und mehr damit konfrontiert, dass Kunden ihre Beschwerden an sie persönlich richten und auch eine persönliche Antwort erhalten wollen. Doch das Zeitbudget des Top-Managements ist für die Beschäftigung mit strategischen Fragen bereits verteilt. Zudem gehört es nicht zum Selbstverständnis von Vorstandsmitgliedern, sich mit Detailproblemen unbekannter Kunden herumzuschlagen. Deshalb geben sie in der Regel nur die Anweisung, eine Lösung herbeizuführen. Top-down werden dann die

Beschwerden durchgereicht, wobei es häufig die primäre Zielsetzung der Beschwerdebearbeitung ist, Kundenanliegen so weit wie möglich abzuwehren und/oder innerbetrieblich Schuldige zu finden.

Dementsprechend **machen es viele Unternehmen ihren Kunden** immer noch **schwer, sich bei ihnen zu beschweren**. Weder Produktverpackungen noch Homepages oder Werbeanzeigen enthalten Hinweise darauf, an wen sich ein unzufriedener Kunde wenden soll. Gelingt es dem Kunden aber doch, – z. B. telefonisch – mit dem Unternehmen Kontakt aufzunehmen, findet er in vielen Fällen keinen, der sich zuständig fühlt. Oft wird er mehrfach mit neuen, nicht verantwortlichen, gereizten oder inkompetenten Gesprächspartnern verbunden, ohne einer Problemlösung näher zu kommen. Aus solchen Erfahrungen ziehen Kunden Konsequenzen. Sie nehmen zunächst eine innere Kündigung der Geschäftsbeziehung vor und wählen beim nächsten Kauf ein Konkurrenzangebot. Damit ist für das Unternehmen zukünftiges Geschäftspotenzial dauerhaft verloren. In besonders gravierenden Fällen übergibt der Kunde den Fall seinem Rechtsanwalt bzw. er wendet sich an Verbraucherorganisationen oder Medien. Aufgrund deren Aktivitäten werden die Unternehmen dann zur Reaktion gezwungen. Aber meist ist es gleichgültig, wie diese ausfällt: Der **„Gegner" Kunde** wird in der Regel nicht gehalten und die Kosten der Beschwerdebearbeitung und Problemlösung auf Seiten des Unternehmens sind höher, als sie im Falle einer frühzeitigen Reaktion ausgefallen wären.

Die **Barrieren**, die Unternehmen errichten, um unzufriedene Kunden von Beschwerden abzuhalten, haben meist eine noch unmittelbarere Wirkung: Kunden scheuen vor allem bei wenig gravierenden Problemen den Ärger, den Zeitaufwand und die Mühen, die mit der Suche nach verantwortlichen Ansprechpartnern verbunden sind, und beschweren sich nicht, sondern wandern gleich zur Konkurrenz ab. Da Unternehmen dies häufig gar nicht erfahren oder allenfalls indirekt und mit großer Zeitverzögerung über die Auswertung von Umsatzanalysen, ziehen sie oft völlig falsche Konsequenzen. Sie verweisen auf **niedrige Beschwerdequoten** und auf die hohe Zufriedenheit, die sich in entsprechenden Ergebnissen von Kundenbefragungen widerspiegelt. Sie setzen dabei fälschlicherweise niedrige Beschwerdequoten mit Kundenzufriedenheit gleich und übersehen, dass sie in Kundenzufriedenheitsbefragungen in der Regel nur die Kunden befragen, die zum Zeitpunkt der Erhebung noch nicht abgewandert sind.

Aufgrund dieser Fehleinschätzung über das Auftreten von Kundenproblemen wird häufig kein Handlungsbedarf gesehen, und selbst wenn er empfunden wird, unterbleiben zielgerichtete Aktivitäten, weil die üblichen negativen Erfahrungen mit Beschwerden eine Art interne Abwehrreaktion hervorrufen. Keineswegs alle Unternehmen haben erkannt, dass der Umgang mit Beschwerden eine **hochrangige Managementaufgabe** darstellt. Es gibt sogar nicht wenige Führungsverantwortliche, die schon die Begriffe „Beschwerde" oder „Beschwerdemanagement" am liebsten verbannen wollen, um die damit verbundenen negativen Assoziationen zu vermeiden. Dies ist allerdings recht kurzschlüssig gedacht.

Schon die knappe Schilderung der vielfach schlechten Erfahrungen, die Kunden und Unternehmen im Beschwerdefall machen, zeigt, welche **komplexen Managementaufgaben** zu lösen sind. Innerbetriebliche Kommunikations- und Leistungsprozesse zur Beschwerdebearbeitung und Problemlösung sind einzurichten und zu überwachen. Mitarbeiter sind zu informieren und auszubilden, wie sie sich gegenüber dem unzufriedenen Kunden verhalten sollen. Die in den Beschwerden enthaltenen Informationen sind auszuwerten und in Entscheidungsprozesse einzubringen. Individuelle und organisatorische Kompetenzen sind festzulegen und durch die entsprechende Gestaltung der Rahmenbedingungen muss sichergestellt werden, dass diese Verantwortung auch tatsächlich übernommen wird.

Die Liste wichtiger Managementaufgaben ließe sich leicht erweitern und konkretisieren. Doch die Wichtigkeit des Beschwerdemanagements ergibt sich nicht aus der Komplexität der Aufgabe, sondern aus ihrer **strategischen Bedeutung im Rahmen einer kundenorientierten Unternehmenspolitik**.

Unter verschärften Käufermarktsituationen mit einer zunehmenden internationalen Konkurrenz haben in den letzten Jahren fast alle Unternehmen ihre Anstrengungen verstärkt, marktorientierter zu werden und Kundennähe zu praktizieren. Es gibt kaum mehr einen Top-Manager, der sich nicht in öffentlichen Erklärungen zur Kundenorientierung als erstrangigem Unternehmensziel bekennt. Doch solche Proklamationen bleiben ein **unverbindliches Lippenbekenntnis**, sofern sie keine Auswirkungen auf die Erfahrungen unzufriedener Kunden haben. Wenn Kundenorientierung tatsächlich angestrebt wird, dann gehört es zu den Minimalanforderungen an das Management, Kundenunzufriedenheit so weit es geht zu vermeiden und, wenn die Unzufriedenheit bereits eingetreten ist, sie durch ernsthafte Anstrengungen zu beseitigen. Deutlicher als in Beschwerden können Kunden den Unternehmen ihre Unzufriedenheit nicht mitteilen und deutlicher als durch desinteressierte oder abweisende Reaktionen auf Beschwerden können Unternehmen nicht ausdrücken, dass ihnen dies gleichgültig ist. Diese Gleichgültigkeit erweist sich allerdings als Ignoranz gegenüber Kundenverlusten und den entsprechenden Umsatz- und Gewinneinbußen. Wer dagegen Kundenorientierung als Voraussetzung für die langfristige Überlebensfähigkeit des Unternehmens erkannt hat, wird Beschwerden nicht primär als abzuwehrendes Problem, sondern als **Chance** sehen, und das Beschwerdemanagement als Kern einer kundenorientierten Unternehmensstrategie.

1.2 Die strategische Bedeutung des Beschwerdemanagements

Das **Beschwerdemanagement** beinhaltet einen komplexen unternehmerischen Handlungsbereich. Er umfasst die Planung, Durchführung und Kontrolle aller Maßnahmen, die ein Unternehmen im Zusammenhang mit Beschwerden ergreift (Wimmer 1985; Hansen/Jeschke/Schöber 1995).

In strategischer Hinsicht ist das Beschwerdemanagement in zweierlei Hinsicht von großer Bedeutung:

- Zum einen sollen Beschwerdeführer zufriedengestellt und gehalten werden, sodass positive Effekte für den Unternehmenserfolg erreicht werden. Insofern beinhaltet das

Beschwerdemanagement ein erhebliches **strategisches Potenzial im Kundenbeziehungsmanagement (Customer Relationship Management)**.

- Zum anderen ist es verantwortlich für die Gewinnung und Nutzung der in Beschwerden enthaltenen Informationen für eine Verbesserung von Produkten und Prozessen, woraus sich ein hohes **strategisches Potenzial für das Qualitätsmanagement** ergibt.

1.2.1 Beschwerdemanagement im Kundenbeziehungsmanagement (Customer Relationship Management)

1.2.1.1 Das Verständnis von Kundenbeziehungsmanagement (Customer Relationship Management)

Mit dem Begriff **Customer Relationship Management** werden verschiedene konzeptionelle Vorstellungen verbunden, die sich grob den beiden Ansatzpunkten „Kontaktoptimierung" oder „Beziehungsentwicklung" zuordnen lassen. **CRM als Kontaktoptimierung** stellt eine am Kundenwert ausgerichtete Optimierung und Integration aller kundenbezogenen Prozesse in Marketing, Vertrieb und Service dar. Sie basiert auf einer Zusammenführung und Nutzung aller Kundendaten in einer Datenbank sowie auf der Synchronisation aller kundenbezogenen Kommunikationsstellen. **CRM als Beziehungsentwicklung (Kundenbeziehungsmanagement)** bedient sich häufig der gleichen Technologie, allerdings steht diese nicht im Vordergrund. Charakteristisch ist stattdessen das Bemühen, eine vom Kunden als wichtig empfundene Beziehung aufzubauen. Angestrebt wird ein Vertrauensverhältnis zwischen Anbieter und Kunde, das zu einem Commitment im Sinne einer inneren Bindung und zu loyalem Verhalten führt. Vertrauen und Loyalität lassen sich aber weder erzwingen noch erkaufen, sie müssen aufgrund positiver Erfahrungen gewonnen werden. Erst wenn der Kunde in den verschiedenen Situationen der Geschäftsbeziehung tatsächlich erfährt, dass sich das Unternehmen kundenorientiert verhält und daher Vertrauen verdient, ist auch damit zu rechnen, dass der Kunde von sich aus an der Geschäftsbeziehung festhält. Dieses Verständnis der Beziehungsentwicklung liegt den weiteren Ausführungen zugrunde und kennzeichnet die zukünftige Verwendung des CRM-Begriffs.

Mit der Schwerpunktsetzung auf die Kundenbeziehung ist auch eine bewusste Abkehr von der traditionellen Perspektive des herkömmlichen (Transaktions-)Marketings verbunden, das primär auf die Akquisition von Neukunden und die Durchführung von isolierten Einzeltransaktionen mit Kunden ausgerichtet ist. Wesentliche Grundlage für die Hinwendung zur **Beziehungsorientierung** ist die Erkenntnis, dass gerade in reifen Märkten mit geringen Wachstumsraten die Gewinnung neuer Kunden mit außerordentlich hohem Kosteneinsatz verbunden ist und der Verlust von Kunden zum einen das eigene Unternehmen schwächt, zum anderen den Wettbewerber stärkt. Deshalb kommt es darauf an, den Kunden nicht nur in der Vorkaufphase zu umwerben, sondern ihn in allen Kauf- und Nutzungsphasen zu begleiten und durch das Angebot von jeweils auf seine Bedürfnisse abgestimmten Problemlösungen möglichst langfristig zu binden.

Das Konzept des Kundenbeziehungs-Lebenszyklus

Konzeptionelle Grundlage des Customer Relationship Management ist der **Kundenbeziehungs-Lebenszyklus** (Stauss 2000c; 2011). Dabei handelt es sich um eine idealtypische Darstellung des Verlaufs einer Geschäftsbeziehung von der Anbahnung bis zur Beendigung. Es wird unterstellt, dass eine Geschäftsbeziehung - wie jede persönliche Beziehung auch - verschiedene Phasen durchläuft, die mit jeweils unterschiedlichen Wachstumsraten der Beziehungsintensität verbunden sind und phasenspezifische Aufgaben des Kundenbeziehungsmanagements erfordern. Bild 1.1 zeigt eine einfache Variante eines solchen Beziehungsverlaufs. Dabei wird die Beziehungsintensität durch den Wert des Kunden ausgedrückt.

Die Kundenbeziehungs-Lebenszyklus-Betrachtung zeigt, dass im Hinblick auf die Geschäftsbeziehung **drei Kundengruppen** unterschieden werden können, die jeweils völlig unterschiedliche Anforderungen an das Management stellen. **Potenzielle („Noch nicht"-)Kunden** sind Adressaten des Interessentenmanagements, **aktuelle Kunden** stellen die Zielgruppe des Kundenbindungsmanagements dar und auf die **verlorenen („Nicht mehr"-)Kunden** sind die Aktivitäten des Rückgewinnungsmanagements ausgerichtet.

Das **Interessentenmanagement** hat zum Ziel, in der Anbahnungsphase bei potenziellen Kunden Interesse zu wecken und Interessenten zu einem Erstkauf zu bewegen (Interessenten- und Kundengewinnung). Mit Hilfe des Kundenbindungsmanagements wird angestrebt, die (attraktiven) Kunden, die man schon hat, nachhaltig an das Unternehmen zu binden und für ein Wachstum des jeweiligen Geschäftspotenzials zu sorgen (Rapp 2005; Stadelmann/Wolter/Troesch 2008; Hippner/Hubrich/Wilde 2011; Bruhn 2012; Bruhn/Homburg 2013). Demgegenüber richtet sich das Rückgewinnungsmanagement darauf, attraktive Kunden, die explizit die Geschäftsbeziehung aufgekündigt bzw. diese tatsächlich beendet haben, erneut für das Unternehmen zu gewinnen (Stauss/Friege 1999; Sauerbrey/Henning 2000; Stauss 2000d; Schöler 2011).

Das Beschwerdemanagement hat mit den aktuellen Kunden zu tun, und zwar mit den in Bild 1.1 besonders hervorgehobenen Gefährdungsphasen, in denen die Gefahr besteht, dass Kunden aufgrund ihrer Unzufriedenheit die Geschäftsbeziehung abbrechen. Beschwerdemanagement soll demnach primär die Abwanderung unzufriedener Kunden verhindern und stellt somit das zentrale Element jedes Kundenbindungsmanagements dar.

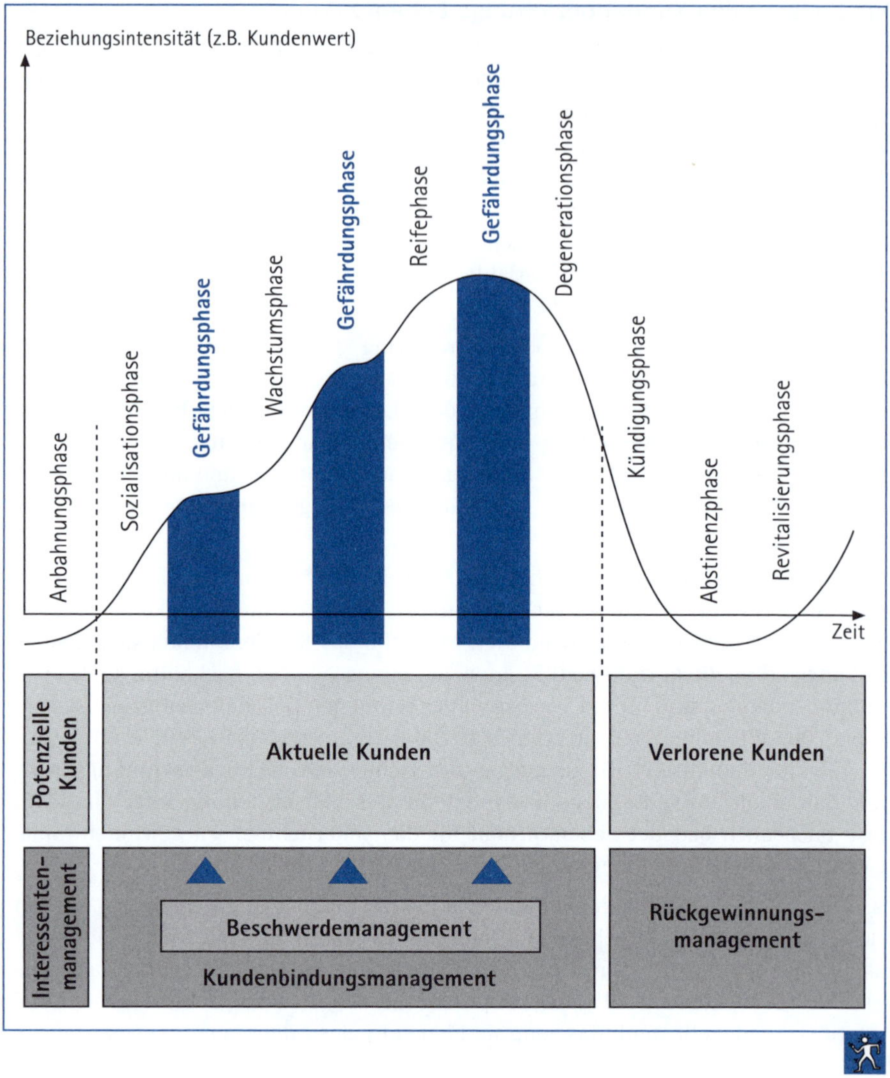

Bild 1.1 Der Kundenbeziehungs-Lebenszyklus (in Anlehnung an Stauss 2000c, S. 16)

1.2.1.2 Das Beschwerdemanagement als Kern des Kundenbindungsmanagements

Angesichts weitgehend gesättigter Märkte wird dem Ziel der Kundenbindung seit Jahren stark zunehmende Bedeutung beigemessen. Durch den Einsatz eines umfangreichen Instrumentariums strebt man ein Umsatz- und Gewinnwachstum an, indem man die Beziehung zu den bestehenden Kunden festigt und die zeitliche Länge des Kunden-Lebenszyklus ausdehnt. Dabei sind zwei vereinbare, aber grundlegend unterschiedliche strategische Orientierungen zu unterscheiden: Wachstum durch die möglichst große

Steigerung der Kundenzufriedenheit (Zufriedenheitsmaximierungs-Strategie) bzw. Wachstum durch Vermeidung und Beseitigung von Kundenunzufriedenheit (Unzufriedenheitsminimierungs-Strategie). In Theorie und Praxis wird der Zufriedenheitsmaximierungs-Strategie bei weitem die größere Aufmerksamkeit geschenkt, während die Unzufriedenheitsminimierungs-Strategie, die primär mit Hilfe des Beschwerdemanagements verfolgt wird, in ihrer Bedeutung oft unterschätzt wird. Eine genauere Betrachtung der ökonomischen Wirkungen beider Strategieoptionen zeigt allerdings, dass diese Rangreihung nicht gerechtfertigt ist. In vielen Fällen erweist sich die Unzufriedenheitsminimierungs-Strategie als weitaus rentablere Option.

Die Zufriedenheitsmaximierungs-Strategie: meist gewählt, aber problematisch

Zentraler Ansatzpunkt dieser Strategievariante ist die intensive Ausschöpfung des kundenspezifischen Umsatzpotenzials aktueller Kunden. Dieser Ausschöpfungseffekt bezieht sich auf die Erhöhung der Kaufintensität und die Initiierung von Käufen in anderen Geschäftsbereichen (Cross-Selling). Dies soll durch zufriedenheitssteigernde Maßnahmen - insbesondere durch die Gewährung von preislichen und sonstigen Vorteilen im Rahmen von kundenwertorientierten Treueprogrammen oder Rabattsystemen - erreicht werden (Bruhn/Homburg 2013).

Grundlage der Zufriedenheitsmaximierungs-Strategie ist die Annahme einer spezifischen Wirkungskette, die meist unkritisch als real existent unterstellt wird. Danach führt Kundenzufriedenheit auf psychischer Ebene zu Vertrauen und Commitment, was die Kunden zu einem loyalen Verhalten in Form von Wiederkäufen und Weiterempfehlungen veranlasst. In diesem Verständnis führt hohe Kundenzufriedenheit also zu hoher Kundenbindung und zur Erreichung der ökonomischen Wachstumsziele. So selbstverständlich und banal die Aussage ist, dass sich zufriedene Kunden eher loyal verhalten als unzufriedene, so wenig selbstverständlich ist die Annahme, dass Zufriedenheit in jedem Fall zu Kundenbindung führt. Manager, die meinen, von hohen Zufriedenheitswerten aus Kundenbefragungen auf hohe Kundenbindung schließen zu können, täuschen sich oft. Sie sind in eine der Fallen der Zufriedenheitsmaximierungs-Strategie getappt.

Die Zufriedenheitsfalle

Den Begriff Zufriedenheitsfalle („satisfaction trap“) hat der amerikanische Wirtschaftsautor Reichheld (1996a) geprägt, als er beobachtete, dass in der amerikanischen Automobilindustrie Unternehmen wie General Motors auf ständig steigende Zufriedenheitswerte verweisen konnten, während sie aber gleichzeitig an Marktanteil und Gewinn verloren. Auch wies er schon vor Jahren darauf hin, dass in vielen Branchen mehr als 90 % der Kunden berichten, dass sie sehr zufrieden oder zufrieden mit einem Produkt oder einer Dienstleistung sind, aber die Wiederkaufquoten sich allenfalls auf 30 bis 40 % belaufen. Dieses Phänomen hat sich in den letzten Jahren eher noch verstärkt. Viele Unternehmen sind mit der scheinbar paradoxen Situation konfrontiert, dass die üblichen Zufriedenheitsbefragungen hohe Kundenzufriedenheit signalisieren, während sie gleichzeitig massive Kundenverluste erleiden. Zum einen wandern auch zufriedene

Kunden ab. Zum anderen zeigen Befragungen von verlorenen Kunden, dass das Ausmaß der Kundenabwanderung wegen Unzufriedenheit meist sehr viel höher ist, als dies nach den Ergebnissen der Zufriedenheitsbefragung hätte erwartet werden können (siehe **Praxis-Spotlight 1**).

Praxis-Spotlight 1

Kundenverluste trotz hoher Kundenzufriedenheit und Wiederkaufabsicht

Hohe Kundenzufriedenheit ist keine Gewähr für eine intensive Kundenbindung. Viele Unternehmen erleiden trotz hoher Werte für Kundenzufriedenheit und sogar für Wiederkaufbereitschaft starke Kundenverluste. Hier zwei reale Beispiele aus Unternehmen der Finanzdienstleistungsbranche:

Die jährliche Kundenzufriedenheitsbefragung einer Versicherung zeigt hervorragende Globalzufriedenheitswerte: 58 % der Kunden sind überzeugt (vollkommen zufrieden/sehr zufrieden), weitere 38 % sind zufrieden, lediglich 4 % sind enttäuscht (weniger zufrieden/unzufrieden). Den positiven Werten einer Kundenzufriedenheitsquote von 96 % sowie einer Wiederkaufbereitschaftsquote von 91 % steht jedoch eine Kündigungsquote von ca. 10 % gegenüber, d. h., jeder zehnte Vertrag wurde im betrachteten Geschäftsjahr gekündigt. Insgesamt handelt es sich um ca. 300 000 Vertragskündigungen mit einem Prämienvolumen von etwa 40 Mio. €. Dies entspricht 1200 Vertragskündigungen mit einem Prämienvolumenverlust von 160 000 € pro Tag!

Ein ähnliches Bild ergibt die Analyse der Kundenzufriedenheitswerte und Kundenverlustzahlen einer Bausparkasse. Für das letzte Geschäftsjahr bringt die Zufriedenheitsbefragung folgende Ergebnisse: 51 % überzeugte, 45 % zufriedene und 4 % enttäuschte Kunden (Kundenzufriedenheitsquote 96 %). Zudem geben insgesamt 82 % der Kunden an, zum Wiederkauf bereit zu sein. Trotz dieses Nachweises hoher Kundenzufriedenheit und Wiederkaufbereitschaft erleidet das Unternehmen enorme Kundenverluste. In den letzten vier Geschäftsjahren wanderten jeweils ca. 100 000 Kunden ab. Dies bedeutet ca. 400 verlorene Kunden pro Arbeitstag oder einen zweistelligen Millionenbetrag an Ebit-Verlust über den Betrachtungszeitraum (siehe Bild).

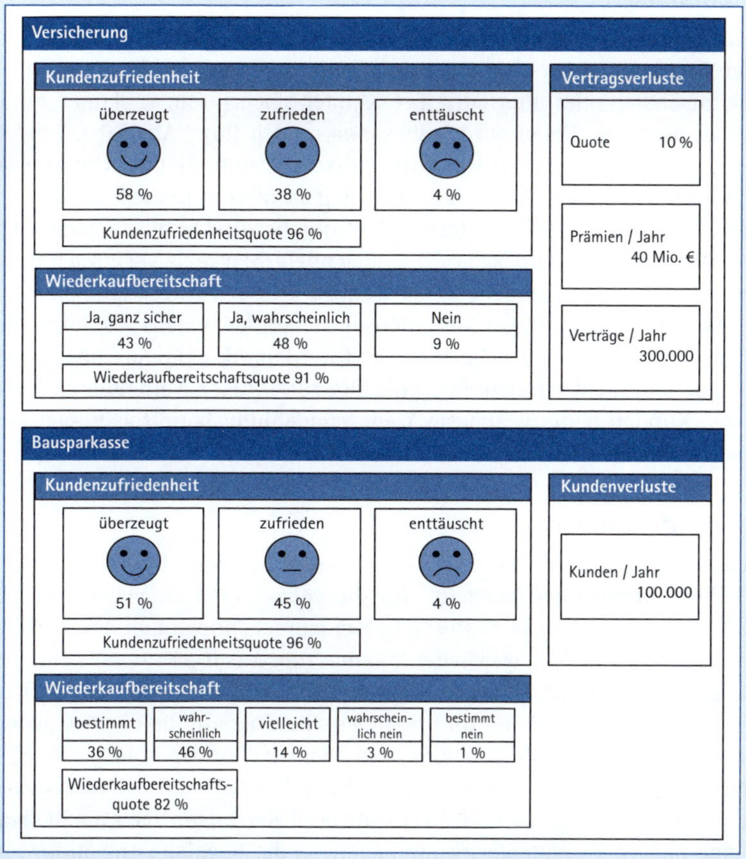

Bei den aufgeführten Beispielen handelt es sich nicht um Einzelfälle. Deshalb können hohe Kundenzufriedenheitswerte nicht als aussagefähige Indikatoren für Kundenloyalität angesehen werden. Viele Manager haben Anlass, ihre Anstrengungen zur Erhöhung von Zufriedenheitswerten (Zufriedenheitsmaximierungs-Strategie) zu überdenken, den Fokus stattdessen auf die faktischen Kundenverluste zu lenken und sich primär darum zu bemühen, Kundenabwanderungen aufgrund von Unzufriedenheit zu vermeiden (Unzufriedenheitsminimierungs-Strategie).

Quelle: Servmark (2012b)

Wenn Unternehmen die Diskrepanz zwischen den Ergebnissen von Zufriedenheitsbefragungen und Kundenverlusten nicht mehr übersehen können, reagieren sie in der Regel in dreierlei Hinsicht. Sie modifizieren die Messung, erhöhen die Anstrengungen zur Zufriedenheitsmaximierung und versuchen, die Kundenverluste durch Neukundenakquisition zu kompensieren. Dabei besteht die große Gefahr, dass sie in drei weitere Fallen geraten: die Absichtsfalle, die Begeisterungsfalle und die Neuakquisitionsfalle.

Die Absichtsfalle

Aus der Erkenntnis über den geringen Aussagewert hoher Zufriedenheitswerte für die zukünftige Kundenbindung sind viele Unternehmen in den letzten Jahren dazu übergegangen, zusätzlich oder alternativ ihre Kunden nach ihrem geplanten zukünftigen Verhalten zu befragen. Dabei wird insbesondere nach ihrer Absicht gefragt, auch in Zukunft Kunden zu bleiben (**Wiederkaufbereitschaft**) und/oder das Unternehmen weiterzuempfehlen. Besondere Aufmerksamkeit hat in diesem Kontext der Net Promoter Score (NPS) gefunden, der die **Weiterempfehlungsbereitschaft** als einzige Messgröße verwendet (Reichheld/Seidensticker 2006; Reichheld/Markey 2011). Auch wenn damit eine stärkere Verhaltensorientierung der Kunden erfasst wird, so können die von den Kunden geäußerten zukünftigen Verhaltensabsichten keinesfalls als verlässliche Prädikatoren des Unternehmenserfolgs betrachtet werden. Aktuelle Aussagen über Verhaltensabsichten sind nicht mit dem tatsächlichen zukünftigen Verhalten gleichzusetzen. Die von den Kunden heute geäußerte Weiterempfehlungsbereitschaft sagt nur wenig darüber aus, ob sie auch morgen noch Kunden sind.

Die Begeisterungsfalle

Empirische Studien zeigen, dass sich der gewünschte hohe Bindungseffekt nur bei äußerst hoher Zufriedenheit einstellt. Nur die vollkommen Zufriedenen bleiben treu und wirken als ‚Apostel' (Heskett 1994). Dementsprechend wird oft die Zufriedenheitsmaximierung noch verstärkt, was in der Maxime zum Ausdruck kommt, Kunden sollten nicht nur zufriedengestellt, sondern begeistert werden. Wenn diese Forderung undifferenziert erhoben wird, können Unternehmen allerdings in die nächste ökonomische Falle geraten. Keinesfalls alle Produkte und Dienstleistungen sind geeignet, Kunden permanent in den hochemotionalen Zustand der Begeisterung zu versetzen. Zudem muss man hinsichtlich der Qualitätsmerkmale berücksichtigen, dass die **Basisanforderungen** eine höhere Verhaltenswirkung haben als die **Begeisterungsanforderungen**. Für Kunden ist die verlässliche Erfüllung der Kernleistung wesentlich relevanter als eine überraschende Zusatzleistung. Dementsprechend kann Zufriedenheit mit Begeisterungsfaktoren nicht die Unzufriedenheit mit Basisanforderungen kompensieren und Abwanderungen verhindern.

Unter ökonomischen Gesichtspunkten ist zudem zu beachten, dass Maßnahmen zur Kundenbegeisterung nicht nur mit erheblichen Kosten verbunden sind, sondern zugleich das **Anspruchsniveau der Kunden erhöhen**. Eine auf Kundenbegeisterung zielende Zufriedenheitsmaximierungs-Strategie verlangt die permanente Übererfüllung von Erwartungen immer anspruchsvoller werdender Kunden. Dies ist aber nur gerechtfertigt, wenn daraus Mehrerlöse aufgrund verstärkter Kundenbindung generiert werden, welche die erhöhten Kosten übersteigen. Zudem müssen die Investitionen zur Erhöhung der Zufriedenheit bereits zufriedener Kunden rentabler sein als Investitionen zur Verhinderung von Abwanderungen unzufriedener Kunden. Das ist aber sehr oft nicht der Fall. In ihrer Studie zum ‚Return on Quality' stellen Rust/Zahorik/Keiningham (1995) beispielsweise durchaus eine hohe artikulierte Wiederkaufbereitschaft begeisterter Kunden fest. Doch der größte ökonomische Nutzen wird dadurch erreicht, dass man unzufriedene Kunden wieder zufriedenstellt, indem man Probleme löst oder vermeidet.

Die Neuakquisitionsfalle

In der Situation, dass Unternehmen trotz modifizierter Messung und Ausrufung des Begeisterungsziels weiterhin massiv Kunden verlieren, verstärken sie ihre Anstrengungen zur **Neukundenakquisition**, um den Kundenstamm zumindest zahlenmäßig zu erhalten. Dementsprechend werden die Werbe- und Vertriebsbudgets erhöht und die Kunden durch teure Sondervergünstigungen vom Wettbewerber abgeworben. Doch in vielen Fällen erweist sich diese Vorgehensweise als strategischer Fehlschlag, weil die Neukundenakquise mit zu hohen Kosten verbunden ist und die teuer geworbenen Kunden schon wieder abgewandert sind, bevor sie profitabel wurden. Da zudem die Vorteile nur den Neukunden gewährt werden, ist dies de facto die Aufgabe der Kundenbindungsstrategie: Die aktuellen Kunden werden benachteiligt, bisher zufriedene Kunden werden unzufrieden und zur Abwanderung gedrängt, um bei einem anderen Unternehmen als Neukunde in den Genuss von Vorteilen zu gelangen. Nur wenige Unternehmen ermitteln, in welchem Umfang diese Art der Neukundengewinnung die Abwanderung bestehender Kunden weiter fördert.

Mit der Darstellung von Zufriedenheits-, Absichts-, Begeisterungs- und Neuakquisitionsfalle ist keinesfalls die Botschaft verbunden, dass Bemühungen zur Steigerung von Kundenzufriedenheit sowie Wiederkauf- und Weiterempfehlungsbereitschaft sowie zur Neukundengewinnung per se problematisch sind. Es geht primär darum, die dargestellten Gefährdungen zu erkennen und zu berücksichtigen, vor allem aber die Rangordnung der strategischen Optionen zu verändern. Es geht um einen Perspektivenwechsel: **Priorität gebührt nicht der Zufriedenheitsmaximierungs-Strategie, sondern der Unzufriedenheitsminimierungs-Strategie**.

Die Unzufriedenheitsminimierungs-Strategie: oft vernachlässigt, aber vorrangig

Die zweite strategische Option des Kundenbindungsmanagements hat eine andere Zielrichtung. Hier hat die **Vermeidung von und der Umgang mit Kundenunzufriedenheit** Vorrang; erst an zweiter Stelle steht die Bemühung, die zufriedenen Kunden noch zufriedener zu machen. Für diese Option spricht eine Reihe von Argumenten.

Für viele Unternehmen stellt die steigende Zahl von **Kundenabwanderungen** eines der gravierendsten Managementprobleme dar. US-amerikanische Unternehmen verlieren in einem Fünfjahreszeitraum durchschnittlich die Hälfte ihrer Kunden (Reichheld 1996a; 1996b). In Branchen mit vertraglichen Geschäftsbeziehungen werden Churnraten (Kundenabgänge pro Periode im Verhältnis zum mittleren Kundenbestand der gleichen Periode) von 20 % bis 40 % gemessen (Knauer 2003; Neslin et al. 2006; Berke 2008). In dieser Situation ist es für Unternehmen nicht in erster Linie interessant, womit ihre verbliebenen Kunden zufrieden sind, sondern **warum Kunden abwandern** und in welchem Umfang diese Abwanderungen vermeidbar sind. Daher gilt es, die Unzufriedenheit der Kunden genau zu erfassen und zu analysieren. Denn Unzufriedenheit ist eine zentrale Ursache dafür, dass Kunden ihre Loyalität zum Unternehmen aufkündigen und für Angebote des Wettbewerbers empfänglich werden:

- Hohe Unzufriedenheit von Kunden entsteht nicht beim Ausbleiben von Kundenbindungsangeboten, sondern bei **Fehlern in der Kernleistung**, also der Nicht-Erfüllung von Basisanforderungen. Weil in diesen Fällen bereits eine Gefährdung der Kundenbeziehung vorliegt, kommt es wesentlich darauf an, die vom Kunden als gravierend wahrgenommenen Qualitätsmängel zu entdecken und abzustellen.

- Wegen Produkt- oder Dienstleistungsmängel aufgetretene Kundenunzufriedenheit erhöht sich noch massiv, wenn Kunden auf ihre Beschwerde beim Unternehmen nur schwer oder kein Gehör finden. Die dann erzeugte **‚doppelte' Unzufriedenheit** führt oft zu sofortiger Kundenabwanderung.
- Die Unzufriedenheitsminimierungs-Strategie hat eine defensive Ausrichtung, da sie auf die Vermeidung von Kundenabwanderungen abzielt. Dennoch kann man sie als Wachstumsstrategie bezeichnen. Sie sichert nämlich das **‚verlorene Wachstum'** aufgrund von Kundenverlusten, das andernfalls durch Neukundenakquise ausgeglichen werden müsste (siehe **Praxis-Spotlight 2**).
- Zudem erweist sich die Unzufriedenheitsminimierung häufig als **rentabelste Option im Kundenbindungsmanagement**. So berichten Reichheld/Sasser (1990), dass Unternehmen ihre Gewinne um 100 % steigern konnten, indem sie die Abwanderungsrate ihrer Kunden um 5 % senkten. Venohr/Zinke (2000) weisen für den Sachversicherungsbereich nach, dass eine Kundenbeziehung, die zehn Jahre dauert, acht- bis zehnmal profitabler ist als eine fünfjährige Kundenbeziehung. Mit einer Senkung der Stornoquote von 10 % auf 8 % war es möglich, den Barwert einer Kundenbeziehung um 45 % zu steigern. Insofern erscheint es ökonomisch rational, der Unzufriedenheitsminimierung erste Priorität einzuräumen. Es gilt, durch Qualitätssicherung und -verbesserung Fehlern und Unzufriedenheit vorzubeugen und bei eingetretener Unzufriedenheit durch Beschwerdemanagement die gefährdete Kundenbeziehung zu stabilisieren.

Praxis-Spotlight 2

Vermeidbare Kundenverluste wegen Unzufriedenheit

Kundenverluste müssen systematisch im Hinblick auf ihre Ursachen und deren Vermeidbarkeit untersucht werden. Grundsätzlich lassen sich vor allem vier Typen verlorener Kunden unterscheiden (Stauss/Friege 2006; Seidel 2010):

- **Nicht mehr gewollte Kunden:** Hier beendet das Unternehmen von sich aus die Geschäftsbeziehung, etwa weil Kunden ihren Zahlungsverpflichtungen nicht nachkommen.
- **Kunden mit Bedarfswegfall:** Kunden gehen verloren, weil der Bedarf aufgrund einer veränderten Lebenssituation nicht mehr besteht.
- **Abgeworbene Kunden:** Kunden wechseln zum Wettbewerber, weil sie das Angebot in Bezug auf Qualität oder Preis für überlegen ansehen.
- **Vergraulte Kunden:** Diese wenden sich ab, weil sie unzufrieden mit den Produkten oder Dienstleistungen des Unternehmens sind bzw. weil sie sich vom Unternehmen auf nicht akzeptable Weise behandelt fühlen.

Kundenverluste aufgrund der Umstände, dass Kunden nicht mehr gewollt sind bzw. dass deren Bedarf weggefallen ist, sind **unvermeidbar**. Demgegenüber stellen abgeworbene und vergraulte Kunden das Potenzial grundsätzlich **vermeidbarer** Kundenverluste dar.

Eine **valide Befragung von Kündigern** eines **Versicherungsunternehmens** – ca. 10 % der Kündiger wurden im Rahmen der Befragung nicht berücksichtigt (vor allem aufgrund des Abschlusses eines Ersatzgeschäfts sowie von Adresszusammenlegungen) – zeigt die Größenordnung der verschiedenen Typen verlorener Kunden und das Ausmaß vermeidbarer Kundenverluste. Etwa 10 % der Abwanderungen betrafen die nicht mehr gewollten Kunden (vor allem wegen Inkassoproblemen), ca. 15 % der Kündigungen erfolgten durch Kunden mit Bedarfswegfall (Aufgabe des versicherten Objekts). Damit erscheinen 25 % der Kundenverluste als **unvermeidbar**.

Die große Mehrheit von 65 % der Kundenabwanderungen wurde als **vermeidbar** klassifiziert: 37 % gehörten zur Kategorie der abgeworbenen, während 28 % zum Typ der vergraulten Kunden zählten. Betrachtet man nur die Kündigungen vergraulter Kunden etwas näher, so wird das Ausmaß der vermeidbaren ökonomischen Einbußen deutlich: Circa 82 000 Verträge (oder ca. 11,8 Mio. € Prämienvolumen) wurden von den vergraulten Kunden gekündigt.

Das Wachstumspotenzial vermeidbarer Kundenverluste macht die abgebildete Wachstumsbilanz deutlich.

- Es wurde ein **Bruttowachstum** in Höhe von 7,2 % erzielt.
- Allerdings machten die Vertragsverluste (**verlorenes Wachstum**) in diesem Jahr 8,6 % aus, wovon 3,8 % als unvermeidbar, 4,8 % als vermeidbar einzustufen sind.
- Deshalb sank der Vertragsbestand um ca. 1,4 % (**negatives Nettowachstum**).

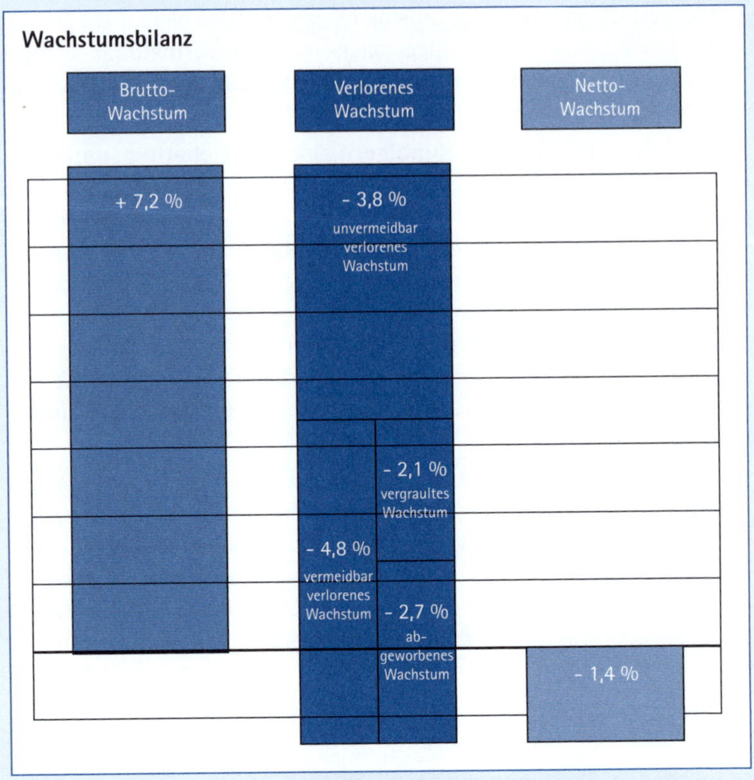

Wenn das vermeidbare verlorene Wachstum nicht aufgetreten wäre, hätte das Unternehmen also ein negatives Nettowachstum vermieden und ein positives Nettowachstum erreicht.

Zur Sicherung des verlorenen Wachstums kommt dem Beschwerdemanagement eine wichtige Rolle zu. Allerdings müssen zwei Bedingungen erfüllt sein. Zum Ersten müssen die unzufriedenen Kündiger ihre Unzufriedenheit in einer Beschwerde gegenüber dem Unternehmen artikulieren. Zum Zweiten muss es dem Beschwerdemanagement gelingen, die Unzufriedenheit des Kunden in Zufriedenheit umzuwandeln. Beide Bedingungen sind häufig nicht gegeben. Im Beispielunternehmen zeigte es sich, dass sich nur 7 % der Kündiger im Vorfeld ihrer Kündigung über das Problem beim Versicherungsunternehmen beschwerten. Und von den Beschwerdeführern waren lediglich 2 % „vollkommen" oder „sehr zufrieden", während 29 % angaben, mit der Beschwerdeabwicklung „zufrieden" zu sein. Demgegenüber zeigten sich mehr als zwei Drittel (68 %) der sich beschwerenden Kündiger enttäuscht (Servmark 2010). Diese Ergebnisse unterstreichen zum einen die Notwendigkeit, unzufriedene Kunden zur Beschwerdeartikulation aufzufordern; zum anderen zeigt sich eindrucksvoll, wie stark unbefriedigende Beschwerdeantworten Kundenabwanderungen auslösen.

Beschwerdemanagement: Unzufriedenheitsminimierung – Vermeidung von Abwanderung – Kundenbindung

Beschwerdemanagement ist der zentrale Ansatzpunkt zur Unzufriedenheitsminimierung, da es die zwei entscheidenden Antworten auf die zentrale Fragestellung einer effizienten Kundenbindungsstrategie liefert: **„Was muss getan werden, um die Kundenbindung im Sinne einer gezielten Vermeidung von Kundenverlusten zu maximieren?“:**

- Sich beschwerende Kunden sind stark unzufriedene Kunden. Sie repräsentieren unmittelbar **gefährdete Umsatz- und Deckungsbeitragspotenziale**. Insofern stellen sie auch die primäre Zielgruppe jeder Kundenbindungsstrategie dar. Beschwerdeführer befinden sich in einer Problemsituation und wünschen dringend eine Lösung. Wenn Unternehmen diese Lösung anbieten, dann zeigen sie, dass nicht nur die Kunden, sondern auch sie eine Beziehung eingegangen sind und Verantwortung in dieser Beziehung übernehmen. Das ist eine hervorragende Basis, Vertrauen und Commitment beim Kunden zu erreichen und damit die Voraussetzung zu schaffen, dass Beschwerdeführer trotz des wahrgenommenen Problems keine Kündigung in Betracht ziehen und auch weiterhin Kunde bleiben. Dieser Kundenbindungshebel des Beschwerdemanagements wird in Kapitel 4 als direkter Beschwerdemanagementprozess bezeichnet.
- Beschwerden enthalten **konkrete Informationen über** die von Kunden wahrgenommenen und als gravierend empfundenen **Qualitätsmängel**. Diese Informationen können unmittelbar zur Qualitätssicherung und -verbesserung genutzt werden. Damit wird sichergestellt, dass diejenigen Probleme, die aktuell Unzufriedenheit und Kundenverluste verursachen, zukünftig nicht mehr auftreten. Das hierfür einzusetzende Maßnahmenbündel wird in Kapitel 4 als indirekter Beschwerdemanagementprozess charakterisiert.

Wenn Unternehmen daher im Rahmen ihres Kundenbeziehungsmanagements großen Wert auf das Ziel der Kundenbindung legen, dann sollten sie der Minimierung von Kundenunzufriedenheit zur Verhinderung von Kundenverlusten erste Priorität einräumen. Dabei kommt dem **Beschwerdemanagement die Schlüsselrolle** zu. Es liefert wesentliche Informationen zu den Ursachen der Kundenunzufriedenheit und bietet große Chancen, Kundenverluste zu vermeiden und über die wieder hergestellte Kundenloyalität beträchtliche Umsatz- und Gewinnpotenziale zu sichern. Insofern ist das Beschwerdemanagement der **eigentliche Kern des Kundenbeziehungs- und Kundenbindungsmanagements**.

Bild 1.2 fasst die beiden Strategieoptionen „Zufriedenheitsmaximierung“ und „Unzufriedenheitsminimierung“ zusammen und zeigt den notwendigen Perspektivenwechsel.

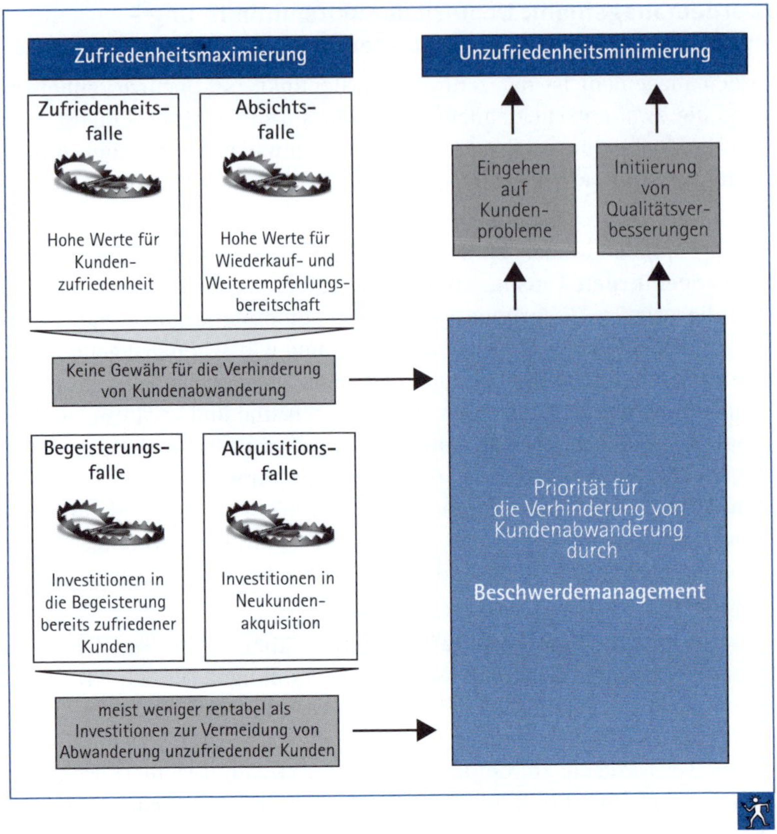

Bild 1.2 Strategieoptionen Zufriedenheitsmaximierung versus Unzufriedenheitsminimierung

1.2.1.3 Beschwerdemanagement und Customer Care

In vielen Unternehmen werden Aufgaben des Beschwerdemanagements von Abteilungen übernommen, die mit Customer Care bezeichnet werden. Insofern besteht häufig Unklarheit darüber, ob sich diese Begriffe auf denselben Sachverhalt beziehen. Eine ähnliche Verwirrung besteht bezüglich der Beziehung zwischen Customer Care und Customer Relationship Management, da diese Abteilungen in der Regel unter Einsatz von CRM-Software arbeiten und jeweils Kundenbeziehungsmanagement betreiben. Um in dieser **Begriffskonfusion** für Klarheit zu sorgen, ist zunächst einmal zwischen den Handlungsfeldern einerseits und den Organisationseinheiten andererseits zu unterscheiden.

Handlungsfelder von CRM, Customer Care und Beschwerdemanagement

In Bezug auf die **Breite des Handlungsfelds** unterscheiden sich Customer Relationship Management, Customer Care und Beschwerdemanagement durch Art und Umfang der von ihnen jeweils zu erfüllenden Aufgaben.

Unter **Customer Relationship Management im Sinne des Kundenbeziehungsmanagements** versteht man die Gesamtheit der unternehmerischen Maßnahmen für die systematische Anbahnung, Entwicklung, Aufrechterhaltung und Sicherung, gegebenenfalls auch für die Beendigung und Wiederanbahnung von Kundenbeziehungen. Im Zentrum des Aktivitätsspektrums steht das Kundenbindungsmanagement.

Das **Beschwerdemanagement** ist Teil des Kundenbindungsmanagements. Zielgruppe seiner Aktivitäten sind diejenigen unzufriedenen Kunden, die sich mit einer Beschwerde an das Unternehmen wenden. Ziel des Beschwerdemanagements ist es, die aufgrund der Unzufriedenheit gefährdete Kundenbeziehung zu stabilisieren.

Das Beschwerdemanagement kommuniziert demnach allein mit der Gruppe der sich beschwerenden Kunden. Von zentraler Bedeutung ist die **Inbound-Kommunikation**. Die aktive Kontaktierung des Kunden durch das Unternehmen – **Outbound-Kommunikation** – erfolgt nur insoweit, als es zur Zufriedenstellung des Beschwerdeführers sinnvoll ist. Das betrifft z.B. telefonische Nachfragen, Zwischen- und Endbescheide sowie Nachfassaktionen und Follow-up-Kontakte.

Damit wird deutlich, dass das Beschwerdemanagement nicht mit allen Formen der kundeninitiierten Kommunikation befasst ist. Kunden wenden sich nicht nur mit Beschwerden an das Unternehmen, sondern auch mit weiteren Artikulationen, zu denen vor allem Bestellungen, Kündigungen, Änderungsanzeigen, Lob, Anfragen, Ideen und Verbesserungsvorschläge gehören.

In **Bestellungen** und **Kündigungen** geben Kunden rechtsverbindliche und kaufrelevante Erklärungen zum Abschluss eines Kaufvertrags bzw. zur Beendigung einer Vertragsbeziehung ab. In **Änderungsanzeigen** informieren Kunden das Unternehmen über Veränderungen in ihren persönlichen Verhältnissen, die für die Geschäftsbeziehung relevant sind. In **Lob** drücken Kunden ihre Zufriedenheit mit Produkten, Dienstleistungen und Verhaltensweisen des Unternehmens aus. Darüber hinaus kommt es vielfach vor, dass sie in **Anfragen** für sie wichtige Informationen erbitten bzw. sich mit **Ideen** für konkrete Verbesserungsmöglichkeiten an das Unternehmen wenden. Von diesen Dialogformen zu unterscheiden sind **Belästigungen**. Hierbei handelt es sich um Äußerungen, die kein erkennbares Anliegen beinhalten bzw. Provokationen, Beschimpfungen oder Drohungen darstellen. Diese Artikulationen lassen in der Regel keine Antwort zu oder stellen Fälle für die Rechtsabteilung dar. Bild 1.3 gibt einen Überblick über die verschiedenen kundeninitiierten Kommunikationsformen.

- **Bestellungen** oder Käufe sind Äußerungen des Kunden, in denen er rechtsverbindlich eine Willenserklärung zum Abschluss eines Kaufvertrags abgibt.
- In **Kündigungen** bringt er zum Ausdruck, dass er den Bezug bestimmter Leistungen einstellen bzw. einen laufenden Vertrag beenden möchte.
- Mit **Änderungsanzeigen** teilt der Kunde dem Unternehmen mit, dass sich in seinen persönlichen Verhältnissen etwas geändert hat (Familienstand, Adresse, Kontoverbindung usw.).
- **Lob** liegt vor, wenn Kunden aus eigenem Antrieb gegenüber dem Unternehmen ihre Zufriedenheit bzw. Begeisterung mit Produkten, Dienstleistungen und Prozessen sowie den Verhaltensweisen der Mitarbeiter ausdrücken.
- **Beschwerden** enthalten Artikulationen von Kundenunzufriedenheit.
- In **Anfragen** bittet der Kunde gezielt um Informationen, wobei sich seine Informationsbedürfnisse auf ganz unterschiedliche Sachverhalte beziehen können. Wesentliche Objekte von Anfragen sind z. B.:
  - Generelle Informationen über das Unternehmen und wichtige unternehmerische Entscheidungen (Unternehmensgröße, Bilanzsumme, Fusionsentscheidungen usw.).
  - Konkrete Informationen zum Leistungsangebot (Sortiment, Produkteigenschaften, Verfügbarkeit, Preis, Gebrauchs- und Nutzungshinweise, finanzielle oder gesundheitliche Folgewirkungen des Konsums usw.).
  - Informationen zu Geschäftsvorgängen (Rechnungsumfang, Finanzierungsmodalitäten, Auslieferungsdatum usw.).
  - Informationen zum Kundenstatus (Rabattklasse, erreichter Wert bei Viel-Nutzer-Programmen).
- Mit **Ideen/Verbesserungsvorschlägen** geben Kunden dem Unternehmen konkrete Hinweise auf Möglichkeiten, Produkte, Serviceleistungen und Prozesse zu verbessern, ohne dass sie dies mit dem Ausdruck von Unzufriedenheit verbinden.
- Als **Belästigungen** sind diejenigen Kundenartikulationen zu bezeichnen, die keine sinnvolle Beantwortung ermöglichen (z. B. Provokationen, Beschimpfungen).

Bild 1.3 Kundeninitiierte Kommunikationsformen (Kundenanliegen)

Aufgabenbereich des **Customer Care** ist der **planvolle Umgang mit sämtlichen kundeninitiierten Artikulationen**. Es umfasst somit auch das Beschwerdemanagement als bedeutsamstes Handlungsfeld.

Gemeinsam sind Customer Care und Beschwerdemanagement die **Inbound-Perspektive** und der Umstand, dass sie Kundenbindung nicht durch den Vertrieb von Produkten und Dienstleistungen, sondern durch die Lösung der von Kunden vorgebrachten Anliegen zu erreichen suchen. Allerdings hat Customer Care durch die Einbeziehung aller Kundengruppen und Artikulationsformen im Vergleich zum Beschwerdemanagement ein umfassenderes Aufgabenspektrum.

In Bezug auf das Customer Relationship Management im Sinne der Beziehungsentwicklung stellt wiederum das Customer Care einen Ausschnitt dar. Zusätzlich zu den primär inbound-orientierten Aktivitäten des Customer Care umfasst das CRM also auch **Outbound-Maßnahmen**, die zur Festigung, Stärkung, Stabilisierung, Sicherung oder – im Extremfall – zur Auflösung der Geschäftsbeziehung erforderlich sind. Auch hier stehen nicht die verkaufsorientierten Aktionen im Mittelpunkt, sondern unternehmensinitiierte Kontaktmaßnahmen, die dem Aufbau und der Weiterentwicklung individueller Kundenbeziehungen dienen. Bild 1.4 fasst diese Zusammenhänge nochmals zusammen.

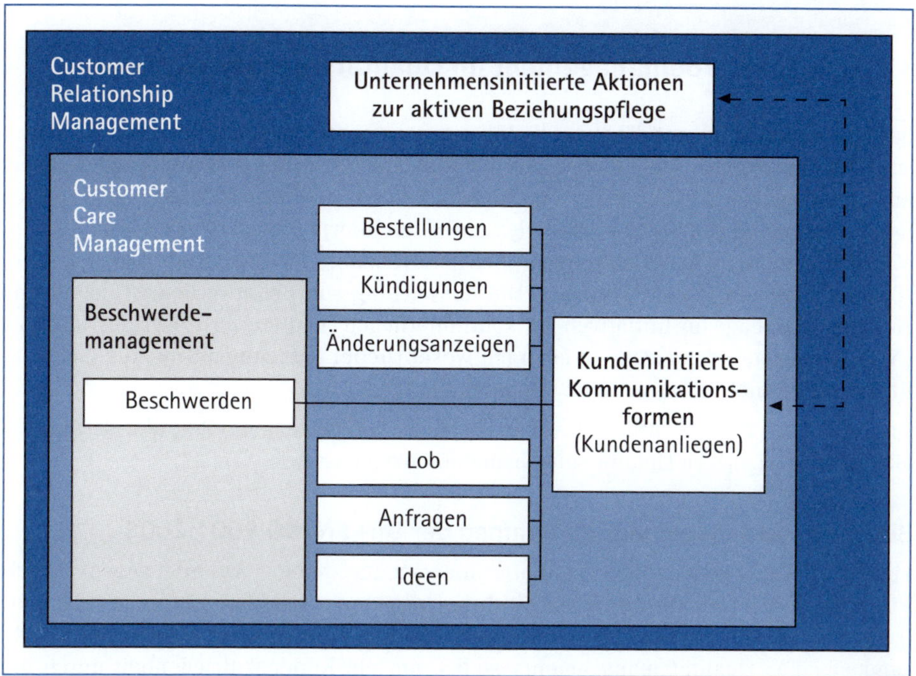

Bild 1.4 CRM (im Sinne des Kundenbeziehungsmanagements) - Customer Care Management - Beschwerdemanagement

Für ein **integratives Management der Kundenbeziehung** ist es darüber hinaus erforderlich, diese beziehungsrelevanten Aufgaben mit den transaktionsorientierten Aktivitäten der Funktionen Marketing und Vertrieb zu koordinieren und auf diese Weise eine konsequente Integration und Abstimmung mit den in diesen Bereichen im Vordergrund stehenden verkaufsorientierten Maßnahmen sicherzustellen.

Organisatorische Lösung für CRM, Customer Care und Beschwerdemanagement

Völlig unabhängig von der aufgabenbezogenen Zuordnung ist die Frage, wie die Wahrnehmung dieser Aufgaben **organisatorisch** gelöst werden soll. So kann es beispielsweise sehr sinnvoll sein, alle Aufgaben im Umgang mit Kundenbeschwerden in einer spezifischen Abteilung Beschwerdemanagement zusammenzufassen oder aber die gesamte kundeninitiierte Kommunikation in einem Bereich Customer Care zu bündeln (siehe Kapitel 15.2). Zudem ist es durchaus möglich, dass operative Einheiten - wie etwa Customer Interaction Center - nicht nur mit den dominierenden inbound-bezogenen Aktivitäten des Customer Care befasst sind, sondern zusätzlich auch Outbound-

Aktivitäten im Rahmen von Marketing- und Vertriebsmaßnahmen - wie z. B. telefonische Verkaufsaktionen - übernehmen.

1.2.2 Beschwerdemanagement im Qualitätsmanagement

Beschwerdemanagement dient der Stabilisierung gefährdeter Kundenbeziehungen und ist somit ein wesentliches Element des auf den externen Kunden ausgerichteten Beziehungsmanagements. Aber darin erschöpft sich nicht die strategische Bedeutung des Beschwerdemanagements. Beschwerden enthalten Informationen über die vom Kunden wahrgenommenen Qualitätsprobleme bei der Nutzung von Produkten und der Inanspruchnahme von Dienstleistungen. Die Auswertung von Beschwerden ist damit eine zentrale Grundlage für Initiativen zur kontinuierlichen Qualitätsverbesserung. Insofern ist das Beschwerdemanagement auch ein **wesentlicher Ausgangspunkt für das Qualitätsmanagement** (Stauss 2008; Reimann 2012).

Dies wird auch daran deutlich, dass das Beschwerdemanagement integraler Bestandteil aller derzeit wichtigen Qualitätsmanagementkonzepte ist.

Beschwerdemanagement im Rahmen der DIN EN ISO 9001:2008

Für die DIN ISO 9001:2008 „Qualitätsmanagementsysteme - Anforderungen" ist ein **kundenorientiertes Qualitätsverständnis** charakteristisch. So heißt es in Abschnitt 0.2 der Norm, sie diene der „Entwicklung, Verwirklichung und Verbesserung der Wirksamkeit eines Qualitätsmanagementsystems, um die Kundenzufriedenheit durch die Erfüllung der Kundenanforderungen zu erhöhen" (DIN 2008).

Dieser Gedanke wird auch in der grundlegenden Abbildung des Prozessmodells deutlich, das den Kunden zum Ausgangs- und Orientierungspunkt aller Maßnahmen macht (siehe Bild 1.5). Der Prozess beginnt mit den Anforderungen des Kunden, auf deren Erfüllung die Produktrealisierung ausgerichtet ist. Das Produkt als Ergebnis des Wertschöpfungsprozesses ist vom Kunden zu bewerten und die Daten über seine Kundenzufriedenheit sind zu ermitteln, zu analysieren und für Verbesserungsmaßnahmen zu nutzen. Sowohl für die Ermittlung von Kundenanforderungen als auch für die Messung der Kundenzufriedenheit **kommt dem Beschwerdemanagement eine zentrale Bedeutung** zu. Hinsichtlich der Anforderungen gilt es, aus den Beschwerden Informationen über die Erwartungen der Kunden bezüglich der Veränderungen von Produkten und Dienstleistungen zu identifizieren und in den Produktplanungsprozess einzubringen. Bezogen auf die Bewertung der Produkte und Dienstleistungen geben Beschwerden eindeutige Hinweise darauf, dass die Kundenerwartungen nicht erfüllt wurden. Da Beschwerden zudem sehr konkrete Problemschilderungen und Lösungsvorschläge enthalten, liefern sie für die Erarbeitung von Verbesserungsmöglichkeiten häufig weit wertvollere Hinweise als die Ergebnisse von Zufriedenheitsbefragungen, die meist als relativ abstrakte durchschnittliche Skalenwerte präsentiert werden.

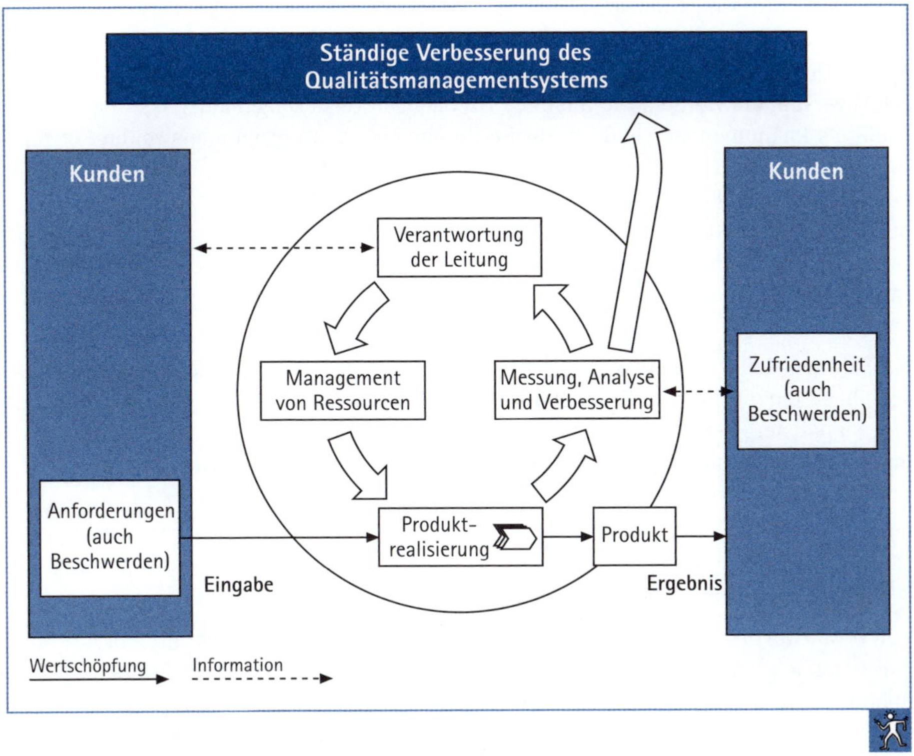

Bild 1.5 Das Prozessmodell nach DIN EN ISO 9001:2008 (DIN 2008)

Die **Ausführungen innerhalb der Norm** konkretisieren den Gedanken der Kundenorientierung und unterstreichen die Bedeutung von Beschwerden und Beschwerdemanagement deutlich. Dies erfolgt, indem die Erhebung und Auswertung explizit gefordert oder indem Anforderungen an ein kundenorientiertes Qualitätsmanagement gestellt werden, die eine bevorzugte Nutzung von Beschwerdeinformationen nahelegen.

Beschwerdemanagement im EFQM-Modell

Sehr viel früher als das Qualitätsmanagement entsprechend der DIN EN ISO 9000-Reihe hat das **Total Quality Management-Konzept** den Kunden als Orientierungsgröße einer qualitätsorientierten Unternehmensführung betont. Das wesentliche Ziel des Total Quality Management (TQM) besteht darin, das Unternehmen grundsätzlich auf die Erwartungen von Kunden auszurichten und die Wettbewerbsfähigkeit dadurch zu erhöhen, dass durch überlegene Qualität ein besonders hohes Maß an Kundenzufriedenheit und -bindung erreicht wird.

TQM-Preise wie der amerikanische Malcom Baldrige National Quality Award oder sein europäisches Pendant, der auf dem **EFQM-Modell** beruhende Europäische Qualitätspreis, werden seit Jahren als konsequenteste konzeptionelle Realisierungen des Total Quality Management-Ansatzes angesehen. Das gilt auch weiterhin, obwohl der Qualitätsbegriff in diesen Konzepten mehr und mehr durch „Business Excellence“ ersetzt worden ist. Als Ausdruck dieser Entwicklung kann die Umbenennung des durch die EFQM jährlich verliehenen Europäischen Qualitätspreises in „EFQM Excellence Award“ (EEA) verstanden werden. Die Business Excellence-Preise zeigen auf, dass Qualität kein isoliertes Phänomen ist, sondern nur im Rahmen eines unternehmensweiten Konzepts realisiert werden kann, das alle Funktionen und Bereiche umfasst. Die neun Elemente des EFQM-Modells machen dies deutlich: „Führung“, „Mitarbeiter“, „Strategie“, „Partnerschaft und Ressourcen“ sowie „Prozesse, Produkte und Dienstleistungen“ sollen das Unternehmen befähigen, für alle wesentlichen unternehmerischen Bezugsgruppen (Anteilseigner, Kunden, Mitarbeiter und Gesellschaft) exzellente Ergebnisse zu erbringen (EFQM 2012).

Im Rahmen des EFQM-Modells ist der Stellenwert des Beschwerdemanagements als sehr hoch einzuschätzen. Kundenprobleme, die zum Auftreten von Beschwerden führen, signalisieren, dass das Ziel der Exzellenz noch nicht erreicht ist. Insofern muss ihnen als Qualitätsindikator und Kundeninput für Verbesserungsprozesse maßgebliche Bedeutung eingeräumt werden.

Von einem aktiven Beschwerdemanagement profitieren vor allem die Modellelemente „Führung“, „Strategie“, „Partnerschaften und Ressourcen“, „Prozesse, Produkte und Dienstleistungen“ und „Kundenbezogene Ergebnisse“ (siehe Bild 1.6).

Zur Verantwortung der **Führung** gehört es, dass sich die Führungskräfte um ihre Kunden bemühen. Dies kommt auch darin zum Ausdruck, wie ernst sie Kundenanliegen nehmen, d. h. welche Aufmerksamkeit sie dem Beschwerdemanagement schenken und welches Gewicht sie den Kundenbeschwerden einräumen. Im Bereich **Strategie** wird verlangt, dass die grundlegenden Entscheidungen auf Informationen aus der Leistungsmessung und Marktforschung beruhen sollen, also gerade auch auf Auswertungen von Beschwerden als wesentlichster Form von Kundenfeedback. Unter **Partnerschaft und Ressourcen** wird die Notwendigkeit zum Management von Informationen und Wissen betont, was einschließt, die Beschwerdeinformation als wesentliches Element eines kundenbezogenen Wissensmanagements zu erkennen. Im Bereich **Prozesse, Produkte und Dienstleistungen** wird verdeutlicht, dass die Angebote grundsätzlich im Hinblick auf die Bedürfnisse und Erwartungen der Kunden entworfen und entwickelt werden sollten. Prozesse sind stets zu verbessern, sofern dadurch deren Kundennutzen und damit die Kundenzufriedenheit gesteigert werden kann. Unter den **kundenbezogenen Ergebnissen** werden die Beschwerden explizit genannt. Aber auch weitere Elemente des EFQM-Modells werden von einem professionellen Beschwerdemanagement berührt. So ist zu erwarten, dass die ökonomischen Schlüsselergebnisse durch die Stabilisierung von Kundenbeziehungen positiv beeinflusst werden. Zudem kann eine Rückmeldung der vom Kunden wahrgenommenen Probleme und deren systematische Beseitigung auch für die Mitarbeiter motivierende Effekte haben und zu einer Verbesserung der mitarbeiterbezogenen Ergebnisse führen.

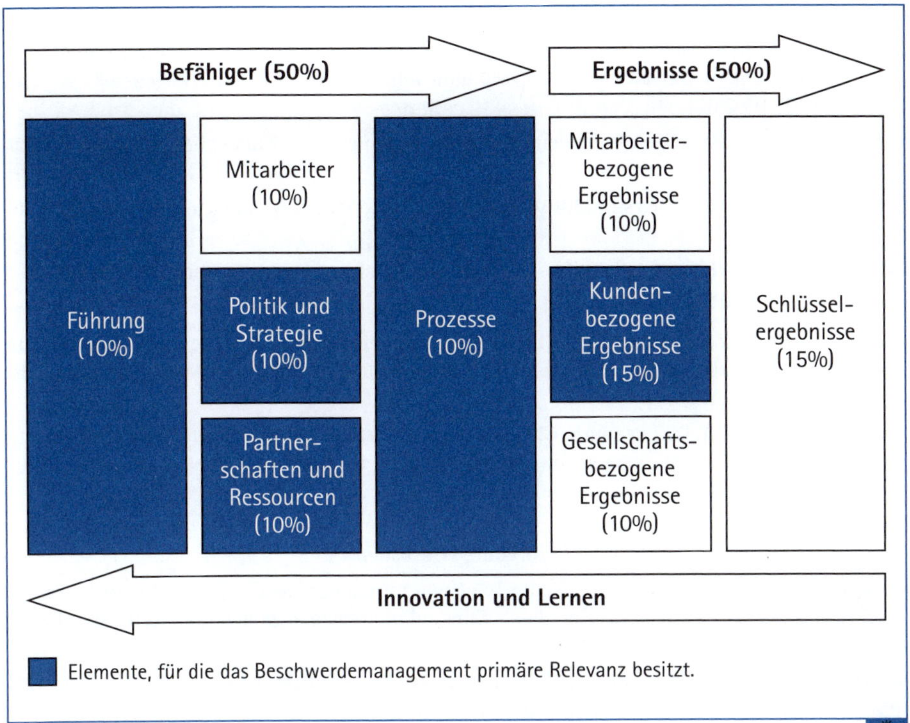

Bild 1.6 Relevanz des Beschwerdemanagements im EFQM Excellence Modell (EFQM 2012)

Kapitel 1 ganz kurz:

- Beschwerdemanagement ist von strategischer Bedeutung im Kundenbeziehungsmanagement.
- Es hat die unzufriedenen aktuellen Kunden als Zielgruppe und dient der Stabilisierung gefährdeter Geschäftsbeziehungen.
- Damit ist es zentrales Element einer Kundenbindungsstrategie, die auf die Vermeidung von Kundenverlusten durch Minimierung der Unzufriedenheit ausgerichtet ist (Unzufriedenheitsminimierungs-Strategie).
- Im Rahmen von Kundenbeziehungs- und Kundenbindungsmanagement ist der Bereich Customer Care für die Inbound-Kommunikation zuständig. Dabei übernimmt das Beschwerdemanagement als wichtigster Teilbereich des Customer Care die Kommunikation mit den unzufriedenen Kunden.
- Beschwerden enthalten relevante Informationen über die vom Kunden wahrgenommenen Qualitätsmängel und ihre unerfüllten Erwartungen. Daher ist das Beschwerdemanagement auch im Qualitätsmanagement von strategischer Relevanz.

Literatur

Berke, J. (2008): Telekom will mit Weltklasse-Service überzeugen, in: wiwo.de, http://www.wiwo.de/unternehmer-maerkte/telekom-will-mit-weltklasse-service-ueberzeugen-262498/ (Abruf: 25. 05. 2013).

Bruhn, M. (2012): Relationship Marketing: Das Management von Kundenbeziehungen, 3. Aufl., München.

Bruhn, M./Homburg, C. (Hrsg.) (2013): Handbuch Kundenbindungsmanagement, 8. Aufl., Wiesbaden.

DIN (2008): DIN EN ISO 9001:2008, Qualitätsmanagementsysteme - Anforderungen, Berlin.

EFQM (2012): EFQM Excellence Modell 2013, Kindle edition.

Hansen, U./Jeschke, K./Schöber, P. (1995): Beschwerdemanagement - Die Karriere einer kundenorientierten Unternehmensstrategie im Konsumgütersektor, in: Marketing ZFP, 17. Jg., Nr. 2, S. 77 - 88.

Heskett, J. L./Jones, T. D./Loveman, G. W./Sasser, W. E./Schlesinger, L. A. (1994): Dienstleister müssen die ganze Service-Gewinn-Kette nutzen, in: Harvard Business Manager, 16. Jg., Nr. 4, S. 50 - 61.

Hippner, H./Hubrich, B./Wilde, K. D. (Hrsg.) (2011): Grundlagen des CRM, Strategie, Geschäftsprozesse und IT-Unterstützung, 3. Aufl., Wiesbaden.

Knauer, M. (2003): Kundenbindung in der Telekommunikation: Das Beispiel T-Mobile, in: Bruhn, M./Homburg, C. (Hrsg.): Handbuch Kundenbindungsmanagement, 4. Aufl., Wiesbaden, S. 673 - 688.

Neslin, S. A./Gupta, S./Kamakura, W./Junxiang Lu/Mason, C. H. (2006): Defection Detection: Measuring and Understanding the Predictive Accuracy of Customer Churn Models, in: Journal of Marketing Research, 43. Jg., Nr. 2, S. 204 - 211.

Rapp, R. (2005): Customer Relationship Management, 3. Aufl., Frankfurt.

Reichheld, F. F. (1996a): Learning From Customer Defections, in: Harvard Business Review, 74. Jg., Nr. 2, S. 56 - 69.

Reichheld, F. F.: (1996b): The Loyalty Effect, Boston.

Reichheld, F. F. (2003): The One Number You Need to Grow, in: Harvard Business Review; 81. Jg., Nr. 12. S. 46 - 54.

Reichheld, F./Markey, R. (2011): Die ultimative Frage 2.0: Wie Unternehmen mit dem Net Promoter System kundenorientierter und erfolgreicher sind, Frankfurt.

Reichheld, F. F./Sasser, W. E. Jr. (1990): Zero Defections: Quality Comes to Services, in: Harvard Business Review, 68. Jg., Nr. 4, S. 105 - 111.

Reichheld, F./Seidensticker, F. J. (2006): Die ultimative Frage, München.

Reimann, G. (2012): Erfolgreiches Qualitätsmanagement nach DIN ISO 9000:2008, 2. Aufl., Berlin.

Rust, R./Zahorik, A. J./Keiningham, T. L. (1995): Return on Quality (ROQ): Making Service Quality Financially Accountable, in: Journal of Marketing, 59. Jg., Nr. 2, S. 58 - 70.

Sauerbrey, C./Henning, R. (2000): Kunden-Rückgewinnung. Erfolgreiches Management für Dienstleister, München.

Schöler, A. (2011): Kundenrückgewinnung, in: Hippner, H./Hupprich, B./Wilde, K. D. (Hrsg.): Grundlagen des CRM: Strategie, Geschäftsprozesse und IT-Unterstützung, 3. Auflage, Wiesbaden, S. 499 - 525.

Seidel, W. (2010): Customers-at-Risk-Management. Der Befreiungsschlag aus der Wachstumsfalle, in: Gouthier, M. et al. (Hrsg.): Service Excellence als Impulsgeber, Wiesbaden, S. 527 - 547.

Servmark (2010): Interne Versicherungsstudie, München.

Servmark (2012b): Interne Bausparkassenstudie, München.

Stadelmann, M./Wolter, S./Troesch, M. (Hrsg.) (2008): Customer Relationship Management, Zürich.

Stauss, B. (2000c): Perspektivenwandel: Vom Produkt-Lebenszyklus zum Kundenbeziehungs-Lebenszyklus, in: Thexis - Fachzeitschrift für Marketing, 17. Jg., Nr. 2, S. 15 - 18.

Stauss, B. (2000d): Rückgewinnungsmanagement: Verlorene Kunden als Zielgruppe, in: Bruhn, M./Stauss, B. (Hrsg.): Dienstleistungsmanagement Jahrbuch 2000, Wiesbaden, S. 449 - 471.

Stauss, B. (2008): Strategisches Beschwerdemanagement, in: Stadelmann, M./Wolter, S./Troesch, M. (Hrsg.): Customer Relationship Management, Zürich, S. 155 - 170.

Stauss, B. (2011): Der Kundenbeziehungs-Lebenszyklus, in: Hippner, H./Hubrich, B./Wilde, K. D. (Hrsg.): Grundlagen des CRM, Strategie, Geschäftsprozesse und IT-Unterstützung, 3. Aufl., Wiesbaden, S. 319 - 341.

Stauss, B./Friege, Ch. (1999): Regaining Service Customers. Cost and Benefits of Regain Management, in: Journal of Service Research, 1. Jg., Nr. 4, S. 347 - 361.

Stauss, B./Friege, Ch. (2006): Kundenwertorientiertes Rückgewinnungsmanagement, in: Günter, B./Helm, S. (Hrsg.): Kundenwert, 3. Aufl., Wiesbaden, S. 509 - 530.

Venohr, B./Zinke, Ch. (2000): Kundenbindung als strategisches Unternehmensziel: Vom Konzept zur Umsetzung, in: Bruhn, M./Homburg, C. (Hrsg.): Handbuch Kundenbindungsmanagement, 3. Aufl., Wiesbaden, S. 153 - 172.

Wimmer, F. (1985): Beschwerdepolitik als Marketinginstrument, in: Hansen, U./Schoenheit, I. (Hrsg.): Verbraucherabteilungen in privaten und öffentlichen Unternehmungen, Frankfurt/Main u. a., S. 225 - 254.

RECHTS-
ABTEILUNG
HABEN WIR BESCHWERDEN SOMIT AUSGESCHLOSSEN ?
VERTRAG
LR

2 Beschwerden

2.1 Beschwerdebegriff und Beschwerdearten

- Was genau ist unter einer Beschwerde zu verstehen?
- Was unterscheidet eine Beschwerde von einer Reklamation?
- Warum ist eine geringe Beschwerdezahl kein aussagefähiger Indikator für Kundenzufriedenheit?
- Wieso verursachen Beschwerden nicht nur Kosten, sondern bieten auch Chancen auf Erlöse und Gewinne?

Was sind Beschwerden? Auf den ersten Blick erscheint diese Frage überflüssig, weil Kunden vielfach in ihren Schreiben den Begriff „Beschwerde“ verwenden oder das Gespräch mit dem Satz „Ich will mich beschweren“ beginnen. Doch nicht selten vermeiden Kunden diesen Begriff, kleiden ihre Kritik in eine höfliche Anfrage oder betonen sogar, sie wollten sich zwar nicht beschweren, erwarteten allerdings, dass eine Wiederholung des Vorfalls in Zukunft vermieden würde. Oft werden auch an das Unternehmen Forderungen von Personen gestellt, die weder aktuelle Kunden sind noch als potenzielle Kunden in Frage kommen. In diesen wie in anderen Fällen besteht Unklarheit darüber, welche von außen an das Unternehmen herangetragene Äußerung als Beschwerde eingestuft werden soll. Daher besteht durchaus die Notwendigkeit, den **Begriff der Beschwerde** eindeutig zu klären.

Kurz gefasst, ist immer von folgendem Verständnis auszugehen:

Beschwerden sind Äußerungen von Unzufriedenheit

In einer umfassenderen Formulierung sind Beschwerden Artikulationen von Unzufriedenheit, die gegenüber Unternehmen oder auch Drittinstitutionen mit dem Zweck geäußert werden, auf ein subjektiv als schädigend empfundenes Verhalten eines Anbieters aufmerksam zu machen, Wiedergutmachung für erlittene Beeinträchtigungen zu erreichen und/oder eine Änderung des kritisierten Verhaltens zu bewirken (Wimmer 1985; Stauss 1989). In dieser Definition kommt ein relativ weites Begriffsverständnis zum Ausdruck, das eine Differenzierung verschiedener Beschwerdearten einschließt:

- Bei Beschwerden handelt es sich um **Artikulationen**, d.h. um verbale oder schriftliche Äußerungen.
- Aus diesen Äußerungen geht hervor, dass der Beschwerdeführer **unzufrieden** ist. Dabei kommt es nicht darauf an, dass der Kunde den Begriff Beschwerde verwendet. Auch das Ausmaß der Unzufriedenheit ist unerheblich. Alle Äußerungen, die zeigen, dass Leistungen oder Verhaltensweisen des Unternehmens **nicht vollständig den Erwartungen** des Kunden entsprechen, stellen in diesem Sinne Beschwerden dar.
- Beschwerden können nicht nur von potenziellen, aktuellen und verlorenen **Kunden,** sondern auch von Mitgliedern anderer unternehmerischer **Anspruchsgruppen** vorgebracht werden, indem sie z.B. die Belastung der Umwelt durch ökologisch bedenkliche Produktionsprozesse beklagen. Darüber hinaus wird Kritik nicht nur von **Individuen** geäußert, sondern auch von **Institutionen** – wie beispielsweise Verbänden oder Medien –, die unabhängig von einem konkreten Einzelfall eine generelle Lösung des Problems verlangen.
- In der Regel handelt es sich um Äußerungen, welche die Betroffenen direkt **gegenüber dem Unternehmen** selbst vorbringen. Allerdings kann ein unzufriedener Kunde auch einen **indirekten** Weg wählen, indem er sich an eine **Drittinstitution** (z.B. Schlichtungsstellen, Behörden, Verbraucherorganisationen oder Medien) als „Anwalt“ seines Interesses wendet. In diesen Fällen tritt die Drittinstitution im Namen des Kunden an das Unternehmen heran bzw. informiert die Öffentlichkeit. Eine indirekte Beschwerde liegt auch vor, wenn die Unzufriedenheitsäußerung in Social Media veröffentlicht wird, nicht aber unmittelbar an das Unternehmen, sondern an Mitnutzer adressiert ist.
- Die Unzufriedenheit von Betroffenen muss sich keinesfalls immer auf einen Mangel am zuvor gekauften Produkt oder einen anderen Aspekt des **Marktangebots** (z.B. den Preis oder die Werbung) beziehen. Gegenstand von Beschwerden kann darüber hinaus auch das gesellschaftspolitische Verhalten des Unternehmens sein.

Eine Beschwerde wird intentional vorgebracht, d.h., der Kunde verfolgt mit seiner Artikulation eine bestimmte Absicht. In vielen Fällen wendet er sich in der Nachkaufphase an das Unternehmen, weil er der Ansicht ist, dass er von diesem nicht die erwartete Leistung erhalten hat: Eine Autoreparatur hat nicht zu dem gewünschten Ergebnis geführt, ein Ferienhotel verfügt nicht über das im Reisekatalog beschriebene Schwimmbad oder ausgelieferte Möbel weisen Beschädigungen auf. Dementsprechend will der Kunde entweder eine verbesserte bzw. völlig neue Leistung, die teilweise oder vollständige Rückzahlung des Kaufpreises oder darüber hinaus Schadensersatz für Folgeschäden. Versteht der Kunde diese Forderung als Anspruch an das Unternehmen, den er unter Umständen auch auf dem Rechtswege durchsetzen kann, spricht man von **Reklamation**. In der Praxis wird häufig zwischen Beschwerden und Reklamationen begrifflich nicht unterschieden. Es ist aber sinnvoll, diese Differenzierung vorzunehmen, um den Sonderfall rechtsrelevanter Beschwerden abzugrenzen. In diesem Sinne bezeichnet der Begriff „Reklamation" die Teilmenge von Beschwerden, in denen Kunden in der Nachkaufphase Beanstandungen an Produkt oder Dienstleistung explizit oder implizit mit einer rechtlichen Forderung verbinden, weil zugesicherte Eigenschaften nicht vorliegen. Diese Forderung bezieht sich in der Regel auf Umtausch, Nachbesserung, Minderung oder Rückgabe, was gegebenenfalls juristisch durchgesetzt werden kann (Hansen 1990).

In diesem generellen Sinne sind Beschwerden somit intentionale **Unzufriedenheitsäußerungen von Anspruchspersonen oder -institutionen bezüglich irgendeines Aspekts unternehmerischen Verhaltens**. Dieses weite Verständnis wird den folgenden Überlegungen zugrunde gelegt, auch wenn eine Konzentration auf bestimmte Beschwerdearten erfolgt. Der Schwerpunkt der Betrachtung liegt auf den Beschwerden, die von Kunden direkt gegenüber dem Unternehmen artikuliert werden **(direkte Kundenbeschwerden)**. Inhaltlich erfolgt eine Konzentration auf Beschwerden, die sich auf einen Aspekt des Marktangebots beziehen, sei es auf das Produkt bzw. die Dienstleistung selbst oder auf einen Aspekt des Vermarktungskonzepts (**angebotsbezogene Beschwerden**). Das gilt unabhängig von den Motiven und Verhaltensabsichten des Kunden. Alle angebotsbezogenen Beschwerden werden berücksichtigt, gleichgültig, ob der Kunde das Unternehmen nur auf ein Problem aufmerksam machen will, Hoffnungen hinsichtlich einer spezifischen Unternehmensreaktion hegt oder meint, Forderungen im Notfall auch mit juristischen Mitteln durchsetzen zu können (**Reklamation**).

Wenn im Weiteren kurz von „Beschwerden" die Rede ist, dann ist in der Regel der beschriebene Typ **angebotsbezogener Unzufriedenheitsäußerungen** von Kunden gemeint. In dieser Hinsicht handelt es sich um Kundenbeschwerden:

> **In Kundenbeschwerden äußern potenzielle, aktuelle oder verlorene Kunden ihre Unzufriedenheit mit einem Aspekt des Marktangebots direkt gegenüber dem Unternehmen.**

Bild 2.1 gibt die begriffliche Festlegung und die hier vorgenommene schwerpunktmäßige Eingrenzung noch einmal im Überblick wieder.

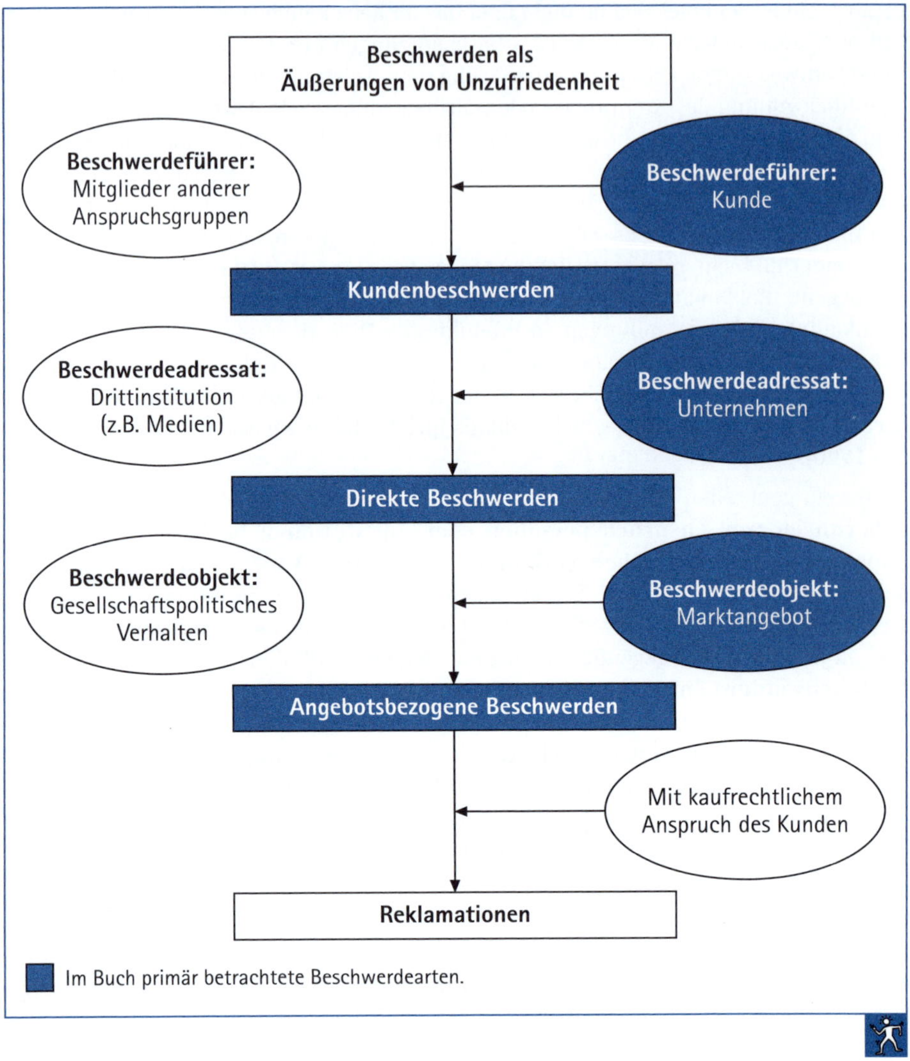

Bild 2.1 Beschwerdearten und Eingrenzung des Begriffsverständnisses

Das **Praxis-Spotlight 3** zeigt Ansatzpunkte, wie die generelle Beschwerdedefinition unternehmensindividuell konkretisiert werden kann.

Praxis-Spotlight 3

Unternehmensindividuelle Konkretisierung der Beschwerdedefinition

In der Praxis wird häufig darüber diskutiert, ob es sich bei einem Kundenanliegen um eine Beschwerde handelt oder nicht. Wenn Mitarbeiter diesbezüglich unterschiedliche Vorstellungen haben, werden auch verschiedene Kategorisierungen vorgenommen und unterschiedliche Prozesse eingeleitet. Abweichende Reaktionen und verzerrte Analyseergebnisse sind die Folgen. Um dies zu verhindern, gilt es zum einen, für ein einheitliches Verständnis und die Akzeptanz der generellen Beschwerdedefinition zu sorgen, zum anderen ist dieses Verständnis unternehmensindividuell weiter zu konkretisieren (Niefand/Wiegran 2012).

Für die Entscheidung, ob es sich bei einer Kundenartikulation um eine Beschwerde handelt, bietet es sich an, auf bestimmte Worte und Wendungen zu achten, die als Indikator für Unzufriedenheit herangezogen werden können. Dazu gehören:

- **Direkte Nennung des Begriffs Beschwerde, Reklamation oder Kritik:** „Hiermit beschwere ich mich, reklamiere ich, möchte ich kritisch anmerken ..."
- **Negative Emotionen:** „bin unzufrieden, enttäuscht, verärgert, wütend, empört ..."
- **Vorwurf einer groben Misshandlung:** „Betrug, Täuschung, Übervorteilung, Abzocke, über den Tisch ziehen ..."
- **Angabe eines Fehlers:** „Falschlieferung, Falschberatung, Fehl-Information, Produkt funktioniert nicht, ist defekt, ist beschädigt ..."
- **Mangelnde Dienstleistungsqualität:** „unpünktlich, unfreundlich, inkompetent, unzuverlässig, unsauber ..."
- **Direkte Beschreibung nicht erfüllter Erwartungen:** „entspricht nicht meinen Erwartungen, ist anders als beschrieben, passt nicht, gefällt nicht ..."
- **Indirekte Beschreibung nicht erfüllter Erwartungen:** „schade, dass das Produkt nicht vorrätig ist; ich bedauere, dass kein Rückruf erfolgt ist ..."
- **Unzureichende Reaktion auf Beschwerde:** „nicht nachgekommen, nicht reagiert, nicht beantwortet ..."
- **Beschreibungen von Folgen des Problems:** „habe viel Zeit verloren, hatte unnötige Wege, musste mir Ersatz beschaffen ..."
- **Forderungen:** „will Geld zurück, das Produkt zurückgeben, ein neues Produkt, Schadensersatz ..."
- **Aufkündigung der Loyalität:** „mich sehen Sie hier nicht wieder, werde kündigen, gehe zum Wettbewerber ..."

- **Ankündigung der Einschaltung höherer Instanzen:** „Vorstand, Aufsichtsrat, Geschäftsleitung …"
- **Ankündigung der Einschaltung von Drittinstitutionen:** „wende mich an Verbraucherzentrale, BaFin, Ombudsstelle, Medien …"
- **Ankündigung rechtlicher Schritte:** „geht an meinen Anwalt, verklage Sie, gehe vor Gericht …"
- **Drohungen:** „das werden Sie noch bereuen …"

Unternehmensindividuell geht man am besten so vor, dass man mit Mitarbeitern des Beschwerdemanagements Schulungs-Workshops zur Identifikation von Beschwerden durchführt. Dabei erhalten die Teilnehmer eine Stichprobe realer Kundenanliegen und werden gebeten, die Beschwerden unter ihnen zu bestimmen und die übrigen Anliegen den Kategorien Bestellungen, Kündigungen, Änderungsanzeigen, Lob, Anfragen und Ideen zuzuordnen. Die Fälle, bei denen abweichende Zuordnungen vorkommen, werden anschließend sorgfältig gemeinsam analysiert und dann begründet der richtigen Kategorie zugewiesen.

Da im Zeitablauf immer neue Probleme auftauchen, unterschiedliche Aspekte thematisiert und bisher andere Formulierungen verwendet werden, muss der Begriffsapparat immer wieder angepasst werden. Zudem sind entsprechende Workshops, bei denen in der Regel zugleich die Kategorisierung von Beschwerden behandelt wird, regelmäßig zu wiederholen und auch für die Schulung neuer Mitarbeiter einzusetzen. Der Schulungserfolg zeigt sich im Ausmaß der Dokumentationsrichtigkeit, die im Rahmen des Aufgaben-Controllings zu überprüfen ist.

2.2 Wahres und Falsches über Beschwerden

In der unternehmerischen Praxis gibt es sehr dezidierte und weitverbreitete Urteile über Beschwerden, die keinesfalls immer eine gesicherte Informationsbasis haben. Vielfach handelt es sich um **Vorurteile**, die auf den ersten Blick durchaus plausibel sind. Wer es allerdings mit einem aktiven Beschwerdemanagement ernst meint, muss zwischen Wahrem und Falschem über Beschwerden unterscheiden und auch dafür sorgen, dass Vorurteile im Unternehmen abgebaut werden.

Im Folgenden werden einige der besonders langlebigen und hartnäckigen Vorurteile wiedergegeben und ihnen widersprechende Kommentare argumentativ gegenübergestellt.

Vorurteil 1: „Unsere Kunden sind zufrieden. Die **geringe Zahl von eingehenden Beschwerden** beweist dies!"

Kommentar 1: „Falsch! Geringe Beschwerdezahlen sind **kein aussagefähiger Indikator für Kundenzufriedenheit**!"

Viele Unternehmen sind überzeugt, Beschwerdemanagement sei für sie kein dringliches Anliegen, weil nur vergleichsweise wenige Beschwerden eingehen. Sie schließen aus geringen Beschwerdezahlen auf hohe Kundenzufriedenheit. Dieser Schluss ist falsch. Ein Großteil unzufriedener Kunden beschwert sich nicht. Auch hängt die Tatsache, ob sich ein Kunde beschwert oder nicht, von einer Fülle von Faktoren ab, die zum Teil maßgeblich vom Unternehmen beeinflusst werden. Niedrige Beschwerdezahlen können das Ergebnis hoher **Beschwerdebarrieren** oder **resignierten Kundenverhaltens** sein. Darüber hinaus werden in vielen Unternehmen sehr viele kritische Äußerungen von Kunden gar nicht als Beschwerde angesehen oder erfasst, z. B. weil sie **mündlich vorgetragen** werden. Typische Beispiele hierfür sind Autowerkstätten und Lebensmittelmärkte. Beschwerden werden dort überwiegend in Gesprächen mit dem Kundenkontaktpersonal abgewickelt und nicht weiter aufgenommen. Nur ein Bruchteil der nach diesen Kontakten weiterhin unzufriedenen Kunden beschwert sich schriftlich bei der Unternehmensleitung. Von dieser kleinen Beschwerdezahl auf Kundenzufriedenheit zu schließen, ist nicht gerechtfertigt.

Vorurteil 2: „Die Zahl der Beschwerden ist zu **minimieren**!"

Kommentar 2: „Falsch! Die Zahl der unzufriedenen Kunden ist zu minimieren. Der Anteil unzufriedener Kunden, der sich beschwert, ist zu **maximieren**!"

Aufgrund der negativen Einschätzung von Beschwerden, aber auch im Bewusstsein, dass sie Artikulationen von Kundenunzufriedenheit sind, wird in vielen Unternehmen als erklärtes Ziel angegeben, die Zahl von Beschwerden zu minimieren. Angesichts der Tatsache, dass die Zahl der Beschwerden reduziert werden kann, ohne dass die Kundenunzufriedenheit geringer wird, ist dieses Ziel nicht sinnvoll. Es kommt in erster Linie darauf an, **Kundenunzufriedenheit zu minimieren**. Die Voraussetzung dafür ist jedoch, dass das Unternehmen über Art und Ausmaß der Kundenunzufriedenheit möglichst umfassend informiert wird. Insofern ist eine **aktive Politik** zu betreiben, die dazu führt, dass unzufriedene Kunden nicht schweigen oder abwandern, sondern sich mit Beschwerden an das Unternehmen wenden. Dementsprechend führt der Weg zu einer kundenorientierten Unternehmenskultur meist über ein **erhöhtes Beschwerdeaufkommen**. Eine langfristige Verringerung von Beschwerdezahlen ist nur zu erreichen, wenn zunächst der Anteil unzufriedener Kunden, der sich beschwert, maximiert wird.

Vorurteil 3: „Kunden, die sich beschweren, sind **Gegner**!"
Kommentar 3: „Falsch! Kunden, die sich beschweren, sind **Partner**!"

Kunden, die sich beschweren, werden sehr häufig sofort negativ kategorisiert. Sie gelten als böswillig, als Gegner. Dementsprechend wird unmittelbar eine **Verteidigungsposition** eingenommen, die grundsätzliche unternehmerische Haltung ist auf Abwehr, wenn nicht gar auf Gegenangriff ausgerichtet. Diese Haltung ist falsch. Es wird nicht zur Kenntnis genommen, dass der Beschwerdeführer aktueller (und möglicherweise auch zukünftiger) Kunde ist, der ein Recht hat, seine Ansichten, Wünsche und Forderungen vorzubringen. Dass er sich gegenüber dem Unternehmen äußert, ist vielfach gerade Ausdruck seines Interesses am Unternehmen, dem er bewusst eine **Nachbesserungsmöglichkeit** einräumt. Sich beschwerende Kunden sind nicht Gegner, sondern Partner im Bemühen um eine kontinuierliche Verbesserung von Prozessen und Produkten bzw. Dienstleistungen.

Vorurteil 4: „Die meisten Beschwerdeführer sind **Nörgler oder Querulanten**!"
Kommentar 4: „Falsch! Die weitaus meisten Beschwerdeführer sind **keine Nörgler und Querulanten**!"

Auch in Unternehmen, die den Wert und die Berechtigung von Kundenbeschwerden grundsätzlich einsehen, ist die Ansicht verbreitet, dass Beschwerdeführer zu einem erheblichen Anteil Nörgler und Querulanten sind. Dementsprechend stößt die Forderung nach Beschwerdestimulierung schon deshalb auf große Skepsis, weil man befürchtet, auf diese Weise den Anteil derer noch zu erhöhen, die das Unternehmen mit **unberechtigten Beschwerden** eindecken, unverschämt auftreten und ungerechtfertigte Forderungen stellen. Doch nach aller Erfahrung sind die weitaus meisten Kunden keine Querulanten. Deshalb kommt es darauf an, in einer Beschwerde nicht primär eine unzulässige Nörgelei zu sehen, sondern ein **berechtigtes Kundenanliegen**. Um allerdings die Sicherheit zu vergrößern, dass sich Kunden durch Beschwerden nicht unberechtigterweise auf Kosten des Unternehmens einen Vorteil verschaffen, sollten Möglichkeiten der Identifikation von „Berufsbeschwerdeführern" durch die **Analyse von Beschwerdeinformationen** sorgfältig genutzt werden.

Vorurteil 5: „Beschwerden führen nur zu **Kosten**!"
Kommentar 5: „Falsch! Beschwerden sind nicht nur mit Kosten verbunden, sondern bieten **Chancen für Erlöse und Gewinne!** Demgegenüber führt die Vernachlässigung von Beschwerden nur zu Kosten, nie zu Erlösen!"

Beschwerden werden in Unternehmen vor allem auch deshalb als Bedrohung wahrgenommen, weil sie ausschließlich als **Kostenfaktor** betrachtet werden. Tatsächlich entstehen bei der Bearbeitung von Beschwerden ebenso Kosten wie bei der Erfüllung von Forderungen, die Kunden in Beschwerden erheben (Produktrücknahmen, Erstattungen usw.). Doch diese Kosten sind in Relation zu den **erzielbaren Nutzeneffekten** zu setzen. Die in Beschwerden enthaltenen kritischen Informationen geben dem Unternehmen die Chance, Fehler zu identifizieren und auszuräumen, d. h. sich ständig zu verbessern und dabei Kosten zu reduzieren. Da die Kunden ihre Kritik gegenüber dem Unternehmen äußern und nicht gleich zum Wettbewerber abwandern, bleibt die Chance, den unzufriedenen Kunden zu halten. „Jedes Problem, das aufmerksame Mitarbeiter aufspüren und lösen, ist eine Chance, mehr als nur eine Pflicht zu erfüllen, es heißt, einen treuen Kunden zu gewinnen" (Hart/Heskett/Sasser 1991, S. 128). Die Kosten der Beschwerdebearbeitung sind demnach **Investitionen in zukünftige Geschäfte**.

Vorurteil 6: „Unternehmen sollen sich nicht um Beschwerden kümmern, sondern gleich so handeln, dass Kunden **keinen Anlass zu Beschwerden** haben!"

Kommentar 6: „Nicht ganz richtig! Zwar sollen Beschwerdeanlässe möglichst vermieden werden, doch erst die gezielte **Nutzung der Beschwerdeinformationen** ermöglicht es, die **Anlässe** für zukünftige Beschwerden zu **beseitigen**!" ■

Im Zuge von umfassenden Managementkonzepten – wie dem Total Quality Management – haben viele Unternehmen richtigerweise ihre Perspektive gewechselt, und zwar weg von der nachträglichen Korrektur hin zur **frühzeitigen Problemprävention**. So werden u. a. „Zero-Defect"-Strategien oder „Six Sigma"-Konzepte angewendet, bei denen es jeweils um die weitgehende Eliminierung von Fehlern im Sinne der Abweichung von vorgegebenen Standards geht. Aus dieser sinnvollen Denkhaltung wird allerdings häufig der wenig sinnvolle Schluss gezogen, dass man sich mit den Beschwerden nicht so intensiv befassen müsse, weil man mit den Fehlern auch die Ursachen für Beschwerden eliminiere. Die Null-Fehler-Orientierung ist als Zielsetzung relevant, als realistische Ist-Beschreibung jedoch nur in einem technischen Sinne denkbar. Ob Kunden mit einer unternehmerischen Leistung zufrieden oder unzufrieden sind, lässt sich nicht an der Übereinstimmung innerbetrieblicher Soll- und Ist-Standards feststellen, sondern nur **anhand der Kundenmeinung** selbst. Deshalb behalten Beschwerden ihre große Bedeutung, weil sie aussagefähige Unzufriedenheitsartikulationen darstellen, die auch Hinweise auf offensichtlich **kundenferne Standardisierungen** geben. Ohne Förderung von Beschwerden und deren sorgfältige Analyse fehlt den Anstrengungen zur Vermeidung von Fehlern und zur Reduzierung von Kundenproblemen die wichtigste informatorische Grundlage – das Urteil des Kunden.

Da sich darüber hinaus gerade im Kundenkontakt, wo Menschen und nicht Maschinen agieren, **Probleme nicht völlig vermeiden lassen**, kommt es darauf an, auf das Auftreten dieser Probleme vorbereitet zu sein und richtig zu reagieren, wenn etwas schiefgeht.

Wie Berry (1986) ausführt, stellt die Bewältigung solcher Situationen den eigentlichen „Säuretest" eines Qualitätsprogramms dar. In diesem Test fallen vor allem die Unternehmen durch, die ihren Mitarbeitern sämtliche Handlungsweisen vorschreiben und keine Handlungsalternativen einräumen. So richtig es ist, sich mehr auf Fehlervermeidung als auf Korrekturprozesse zu konzentrieren, so problematisch ist es, wenn man versucht, sämtliche Verhaltensweisen zu fixieren mit der Folge, dass die Mitarbeiter keine Möglichkeit zu eigenständigen Entscheidungen und individuellen Anpassungen haben. Detaillierte Anweisungen produzieren gerade dort ein **„Nach-Vorschrift"-Verhalten**, wo flexibles **„Nach-Kunde"-Verhalten** erforderlich wäre (Berry/Zeithaml/Parasuraman 1990). Insofern können überreglementierte Vorkehrungen mehr Beschwerden erzeugen als Beschwerden vermeiden.

Wer Beschwerdemanagement implementieren will, wird mit solchen Vorurteilen konfrontiert sein. Um in dieser Situation argumentativ zu überzeugen, muss man über eine fundierte Informationsbasis verfügen. Hierfür ist vor allem auf unternehmensinterne Quellen zurückzugreifen. So lässt sich beispielsweise aus der herkömmlichen Kundenzufriedenheitsbefragung abschätzen, wie viele Kunden in einem bestimmten Zeitraum Anlass zu einer Beschwerde hatten. Durch Gegenüberstellung dieser Zahl mit der tatsächlich im Unternehmen dokumentierten Beschwerdezahl ist in der Regel klar nachzuweisen, dass die registrierten Beschwerden kein aussagefähiger Indikator für Kundenzufriedenheit darstellen. Auch kann man mit einer Befragung verlorener Kunden ermitteln, wie viele Kunden aufgrund von Unzufriedenheit abgewandert sind, ohne sich vorher beschwert zu haben. Bewertet man diese Zahl verlorener Kunden mit ihren durchschnittlichen Käufen, wird schnell deutlich, welche ökonomischen Chancen für Erlöse und Gewinne in Beschwerden stecken. Darüber hinaus lassen sich die üblichen Vorurteile unter Rückgriff auf die im Folgenden präsentierten Erkenntnisse der Zufriedenheits- und Beschwerdeforschung widerlegen.

Kapitel 2 ganz kurz:

- Immer wenn ein Kunde seine Unzufriedenheit gegenüber dem Unternehmen zum Ausdruck bringt – also deutlich macht, dass seine Erwartungen nicht erfüllt wurden –, liegt eine (direkte) Beschwerde vor.
- Reklamationen stellen die Teilmenge von Beschwerden dar, in denen Kunden in der Nachkaufphase ihre Beanstandungen von Leistungsmängeln mit einer rechtlichen Forderung verbinden (können).
- Niedrige Beschwerdezahlen sind kein aussagefähiger Indikator für Kundenzufriedenheit, weil sich der Großteil unzufriedener Kunden nicht beschwert und viele kritische Kundenäußerungen im Unternehmen nicht als Beschwerden registriert werden.
- Beschwerden führen im Unternehmen nicht nur zu Kosten, sondern bieten durch die Verhinderung von Abwanderungen und die Nutzung von Informationen Chancen auf Kostensenkungen, Umsatz- und Gewinnzuwächse.

Literatur

Berry, L.L. (1986): Big Ideas in Services Marketing, in: Venkatesan, M./Schmalensee, D.M./Marshall, C. (Hrsg.): Creativity in Services Marketing, Proceedings, 4th Annual Services Marketing Conference, Chicago, S. 6 - 8.

Berry, L.L./Zeithaml, V.A./Parasuraman, A. (1990): Five Imperatives for Improving Service Quality, in: Sloan Management Review, 31. Jg., Nr. 4, S. 29 - 38.

Hansen, U. (1990): Absatz- und Beschaffungsmarketing des Einzelhandels. Eine Aktionsanalyse, 2. Aufl., Göttingen.

Hart, C.W. L./Heskett, J.L./Sasser, W.E. (1991): Wie Sie aus Pannen Profit ziehen, in: Harvard Business Manager, 13. Jg., Nr. 1, S. 128 - 136.

Niefand, F./Wiegran, A. (2012): Was sind Beschwerden?, in: Ratajczak, O. (Hrsg.): Erfolgreiches Beschwerdemanagement, Wiesbaden, S. 19 - 32.

Stauss, B. (1989): Beschwerdepolitik als Instrument des Dienstleistungsmarketing, in: Jahrbuch der Absatz- und Verbrauchsforschung, 35. Jg., Nr. 1, S. 41 - 62.

Wimmer, F. (1985): Beschwerdepolitik als Marketinginstrument, in: Hansen, U./Schoenheit, I. (Hrsg.): Verbraucherabteilungen in privaten und öffentlichen Unternehmungen, Frankfurt/Main u.a., S. 225 - 254.

GRUSS- UND GLÜCKWUNSCHKARTEN
EIGENTLICH SUCHE ICH ETWAS MIT BESCHIMPFUNGEN ODER BELEIDIGUNGEN.
LR

3 Verhalten unzufriedener Kunden

- Wie entsteht Kundenunzufriedenheit?
- Welche Vorteile hat die Beschwerdeanalyse im Vergleich zur üblichen Kundenzufriedenheitsmessung?
- Warum beschwert sich ein Großteil unzufriedener Kunden nicht?
- Was erwarten Beschwerdeführer und was macht sie zufrieden bzw. unzufrieden?
- Wie wirkt sich Beschwerde(un)zufriedenheit auf das weitere Kundenverhalten aus?

3.1 Entstehung und Messung von Kundenunzufriedenheit

Wer Unzufriedenheit vermeiden bzw. unzufriedene Kunden wieder zufriedenstellen will, muss wissen, wie (Un-)Zufriedenheit entsteht, was Kunden davon abhält, sich zu beschweren, und welche Aspekte der unternehmerischen Reaktion auf eine Beschwerde die Kunden begeistern und binden.

3.1.1 Die Entstehung von Kundenunzufriedenheit

In der Zufriedenheit bzw. Unzufriedenheit eines Kunden spiegelt sich wider, wie der Kunde Produkte oder Dienstleistungen beurteilt, mit denen er zuvor Erfahrungen gesammelt hat. Insofern ist (Un-)Zufriedenheit das Ergebnis einer **Ex-post-Beurteilung** und setzt ein **konkretes, selbst erfahrenes Konsumerlebnis** voraus.

Der Beurteilungsprozess wird in der Regel anhand des **„disconfirmation paradigm“** (Parasuraman/Zeithaml/Berry 1985; Oliver 1997; Stauss 1999a; Homburg/Stock-Homburg 2011) beschrieben, nach dem Zufriedenheit bzw. Unzufriedenheit als Folge einer wahrgenommenen **Diskrepanz zwischen erwarteter und erlebter Leistung** entsteht. Kunden entwickeln gegenüber Marktangeboten mehr oder weniger konkrete **Erwartungen**. Diese bilden sich in Abhängigkeit von den jeweiligen **Bedürfnissen** und werden stark geprägt von in der Vergangenheit gewonnenen **eigenen Erfahrungen** mit gleichen oder ähnlichen Produkten. Darüber hinaus sind Informationen wesentliche Einflussfaktoren der Erwartungen, und zwar sowohl Informationen, die Kunden auf dem Wege der **Mundkommunikation** in ihrem sozialen Umfeld aufnehmen, als auch Informationen, die das Unternehmen selbst über Medien im Rahmen der **Anbieterkommunikation** (z. B. Direktwerbung) verbreitet (Berry/Parasuraman 1991).

Im Prozess des Gebrauchs bzw. des Verbrauchs von Konsumgütern oder der Nutzung von Dienstleistungen erfährt nun der Kunde die tatsächliche Leistung der Güter und vergleicht die **wahrgenommene Leistung** in einem Abwägungsprozess mit seinen **Erwartungen**. **Zufriedenheit** tritt ein, wenn die Kundenerwartungen erheblich überschritten werden, während **Unzufriedenheit** entsteht, wenn die Erwartungen maßgeblich unterschritten werden. Entsprechen sich Erwartungen und Wahrnehmungen, empfinden Kunden ein Gefühl der **Indifferenz** (siehe Bild 3.1).

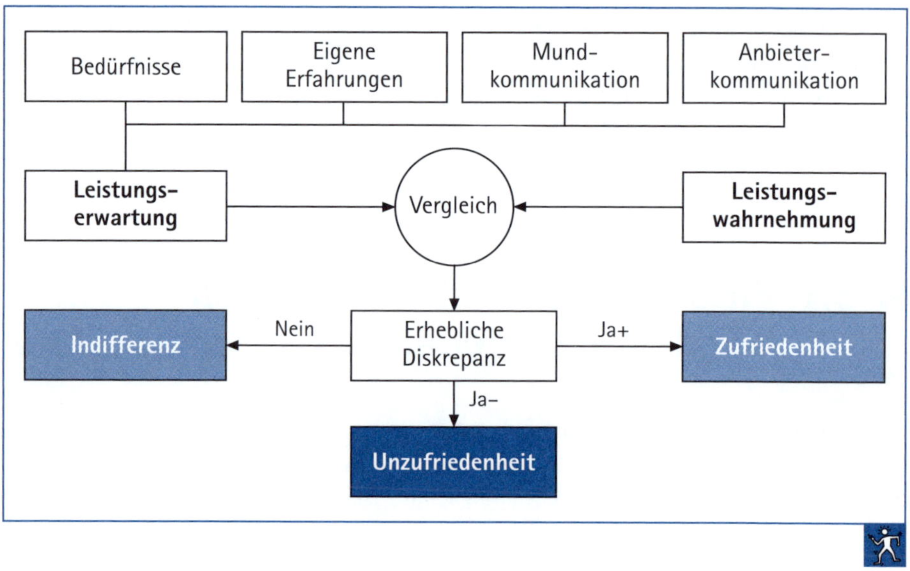

Bild 3.1 Entstehung von Zufriedenheit/Unzufriedenheit

Dieses Verständnis des Zufriedenheitskonstrukts gibt einen ersten wichtigen Hinweis zur **Erklärung des Beschwerdeverhaltens**. Kunden beschweren sich, weil ihre Erwartungen in hohem Maße enttäuscht wurden. Es ist diese **Verletzung von Mindesterwartungen**, die starke Verärgerung auslöst und zu einer erheblichen Gefährdung der Geschäftsbeziehung führt.

3.1.2 Kundenzufriedenheitsmessung und Beschwerdeanalyse im Vergleich

Merkmalsorientierte Messung von Kundenzufriedenheit

Zur Messung der Kundenzufriedenheit steht ein umfangreiches methodisches Instrumentarium zur Verfügung. Sehr viele Unternehmen führen regelmäßige Erhebungen unter Einsatz standardisierter Fragebögen durch. Diese bei weitem dominierende Art der Zufriedenheitsmessung erfolgt innerhalb eines konzeptionellen Rahmens, der als **merkmalsorientierter Ansatz** bezeichnet wird. Er beruht auf der Annahme, dass Kunden ihre Erwartungen und Wahrnehmungen auf einzelne **Qualitätsmerkmale** beziehen und dass sich die globale Zufriedenheit mit einem Sachgut oder einer Dienstleistung als Ergebnis von Einzelzufriedenheiten mit Merkmalen der Qualität ergibt. Dementsprechend geht man bei Befragungen in der Unternehmenspraxis so vor, dass die Kunden gebeten werden, den Grad ihrer Zufriedenheit für jedes Qualitätsmerkmal eines Produkts (z. B. Haltbarkeit oder Funktionalität) auf einer Skala anzugeben. Bisweilen werden sie zusätzlich aufgefordert, auf einer zweiten Skala zu vermerken, für wie wichtig sie die einzelnen Merkmale halten. Damit können in der Auswertung für jedes Qualitätsmerkmal Durchschnittswerte sowohl für die Zufriedenheit als auch für die wahrgenommene Bedeutung ermittelt und den Entscheidungen über Qualitätsverbesserungsmaßnahmen zugrunde gelegt werden.

Diese herkömmlichen merkmalsorientierten Zufriedenheitsbefragungen weisen eine Reihe von bemerkenswerten **Vorteilen** auf. Die Verfahren sind bewährt und führen zu **repräsentativen Ergebnissen**. Zudem gestatten sie es, die Zufriedenheitswerte mit Vergangenheitswerten zu vergleichen und damit **Einblick in die Zufriedenheitsentwicklung** zu gewinnen. Ebenso ist grundsätzlich ein **Vergleich** mit Ergebnissen verschiedener eigener unternehmerischer Einheiten (Abteilungen, Werke, Filialen) und denen der Wettbewerber möglich. Insofern ist es sinnvoll, anhand dieser Befragungen ein **ständiges Monitoring** der Kundenzufriedenheit zu betreiben.

Allerdings weisen die merkmalsorientierten Verfahren auch erhebliche **Nachteile** auf. Die mit ihrer Hilfe gewonnenen Informationen geben häufig nur ein **unvollständiges und abstraktes Abbild der Kundenzufriedenheit**, sodass ihr Beitrag für konkrete Maßnahmen zur Kundenbindung und Qualitätssicherung nur begrenzt ist. In der Auswertung erhält man Durchschnittswerte der Kundeneinschätzung, z. B. einen Zufriedenheitsgrad von 2,3 auf einer fünfpoligen Skala. Im Vergleich mit Vorperiodenwerten kann man dann feststellen, dass sich der Zufriedenheitswert verbessert oder verschlechtert hat. Doch schlechtere Zufriedenheitswerte hinsichtlich einzelner Merkmale signalisieren dem Unternehmen nur, dass Probleme aufgetreten sind, **nicht aber, welche**. Schwächere Werte etwa in Bezug auf „Höflichkeit“ oder „Kompetenz“ geben keinerlei Hinweise darauf, welches Verhalten von Kunden als unhöflich oder inkompetent interpretiert wird und welcher konkrete Umstand zur negativen Beurteilung geführt hat. Darüber hinaus kann ein Fragebogen **nur einen Teil des Qualitätserlebens** berücksichtigen. Dies gilt zum einen aus Quantitätsgründen, weil Kunden seitenlange Fragebögen nicht zuzumuten sind. Zum anderen lässt sich das konkrete Erleben des Kunden in seiner Komplexität häufig nicht merkmalsgerecht ausdrücken (Hentschel 1992). Deshalb bedarf die merkmalsorientierte Messung einer Ergänzung durch den Einsatz ereignisorientierter Methoden.

Ereignisorientierte Messung von Kundenzufriedenheit

Der informatorische Mangel des merkmalsorientierten Ansatzes hat zur Entwicklung von **ereignisorientierten Messverfahren** geführt. Sie beruhen auf dem Konzept der episodischen Informationsverarbeitung und gehen davon aus, dass Zufriedenheit als Ergebnis **konkreter Erfahrungs-„Episoden"** mit Produkten oder Dienstleistungen entsteht. Dementsprechend ist anzunehmen, dass Marktangebote nicht als eine Summe von „Merkmalen" wahrgenommen und im Gedächtnis gespeichert werden, sondern als „Ereignisse", eingebunden in konkrete räumliche und zeitliche Zusammenhänge (Hentschel 1992). Von entscheidender Bedeutung sind dabei die **„kritischen" Ereignisse**, d.h. die Vorkommnisse, die von den Kunden als außergewöhnlich positiv oder negativ empfunden werden. Denn diese Vorfälle speichert der Kunde im Gedächtnis, erzählt sie weiter und bedenkt sie, wenn er vor der Frage eines erneuten Kaufs beim Unternehmen steht. Deshalb ist es für Unternehmen entscheidend, Einsicht in diese von den Kunden gespeicherten kritischen Ereignisse zu gewinnen. Eine Möglichkeit dazu besteht darin, die „Methode der kritischen Ereignisse" („Critical Incident Technique") anzuwenden, indem Kunden in mündlichen Interviews gebeten werden, die von ihnen erlebten besonders positiven und negativen Erlebnisse zu schildern (Stauss/Hentschel 1992; Stauss 1994). Dies stellt allerdings ein aufwendiges Verfahren dar.

Die Beschwerdeanalyse als Bestandteil der ereignisorientierten Messung von Kundenunzufriedenheit

Eine naheliegende und leicht anwendbare Methode besteht dagegen darin, die **in Kundenbeschwerden enthaltenen negativen kritischen Ereignisse** auszuwerten. Die auf diese Weise zu gewinnenden Informationen zeichnen sich gegenüber den Ergebnissen von merkmalsorientierten Zufriedenheitsmessungen dadurch aus, dass sie besonders **relevant, aktuell, konkret und kostengünstig** sind (Stauss/Hentschel 1990).

Die **Relevanz der Beschwerdeinformationen** ergibt sich aus der Bedeutsamkeit der Vorfälle für die Kunden. Nur weil die Kunden diese Probleme als gravierend einschätzen, nehmen sie die mit einer Beschwerde verbundenen materiellen und psychischen Kosten auf sich. Gerade diese **große subjektive Bedeutung** des Beschwerdevorfalls und seine negative Bewertung durch den Kunden machen auch die Beschwerdeinformationen für das Unternehmen relevant. Während die in der Regel sehr positiven Ergebnisse von Kundenzufriedenheitsbefragungen eher zu dem Schluss verleiten, dass Kunden kaum Probleme erleben, zeigen Beschwerden Existenz und Art von erheblichen Kundenproblemen und damit auch unternehmerischen Handlungsbedarf auf.

Beschwerden enthalten zudem **aktuelle Informationen**, weil sich Verbraucher erfahrungsgemäß bald nach dem Problemeintritt an das Unternehmen wenden. Kundenzufriedenheitsbefragungen werden in der Regel in größeren zeitlichen Abständen durchgeführt. Das ist deshalb fragwürdig, weil sich mit der Länge des vergangenen Zeitraums die Schwierigkeit der nachträglichen Ermittlung eines psychischen Zustands erhöht und die früher einmal empfundene Zufriedenheit durch neue Produkterfahrungen und

Informationen sowie gedankliche Umbewertungsprozesse stark verzerrt wird (Kaas/ Runow 1987).

Beschwerdeinformationen sind zudem **ganz konkret**. Kunden schildern den von ihnen erlebten Vorfall. Damit wird beispielsweise genau benannt, welches Mitarbeiterverhalten sie als Ausdruck von Unhöflichkeit und mangelnder Beratungskompetenz interpretieren. Diese Informationen sind unmittelbar für Korrektur- und Innovationsmaßnahmen nutzbar.

Diese relevanten, aktuellen und konkreten Informationen über Kundenunzufriedenheit erhalten Unternehmen zudem auf **kostengünstige Weise**, da sie im Gegensatz zu Marktforschungs-Informationen auf Initiative und Kosten des Kunden geliefert werden (Fornell 1982).

3.2 Kundenunzufriedenheit und Beschwerdeverhalten

In weniger gravierenden Fällen neigen Kunden dazu, sich schnell des unangenehmen Gefühls zu entledigen. Sie betreiben **psychischen Dissonanzabbau**, indem sie beispielsweise nachträglich ihre Eingangserwartungen reduzieren oder den ersten negativen Eindruck in eine positive Richtung korrigieren. Gelingt eine solche nachträgliche Harmonisierung von Erwartung und Wahrnehmung nicht, steht der Kunde vor der Frage, wie er sich verhalten soll.

Handlungsmöglichkeiten des unzufriedenen Kunden

Prinzipiell stehen dem unzufriedenen Kunden **verschiedene Verhaltensweisen** zur Verfügung, wobei auch mehrere Aktivitäten zugleich ergriffen werden können (siehe Bild 3.2). Er kann

- **abwandern** im Sinne eines Markenwechsels oder eines Marktaustritts,
- **negative Mundkommunikation** betreiben,
- trotz Unzufriedenheit **inaktiv** bleiben oder
- sich gegenüber dem Unternehmen bzw. Drittinstitutionen **beschweren**.

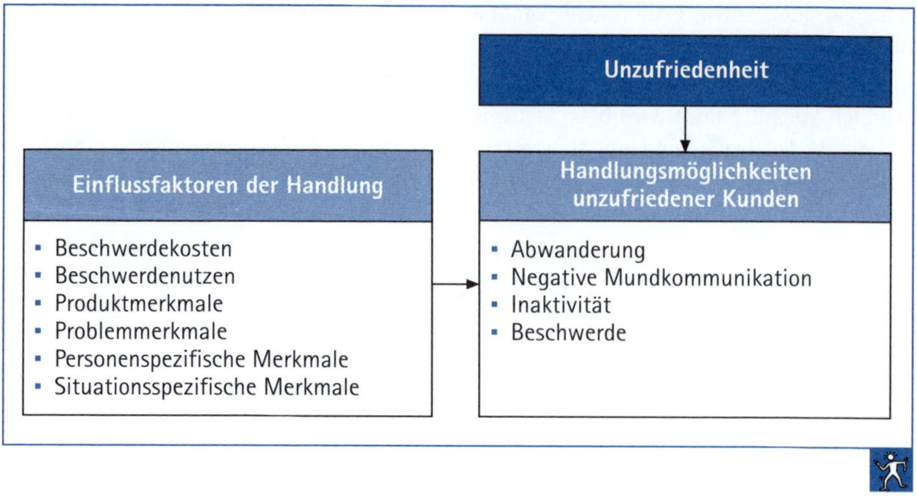

Bild 3.2 Handlungsalternativen bei Unzufriedenheit und deren Einflussfaktoren

In vielen Fällen **wandern Kunden gleich ab**, weil sie die Auseinandersetzung mit dem Unternehmen als zeitaufwendig, belastend und/oder vergeblich ansehen. Häufig wird die Abwanderung von **negativer Mundkommunikation** begleitet, indem der Kunde in seinem sozialen Umfeld - d.h. in der Familie, unter Freunden oder Bekannten - über seine negativen Erfahrungen spricht (Bruhn 1982; Richins 1983). Diese Mundkommunikation ist besonders wirksam. Da der Erzählende den Vorfall selbst erlebt hat und mit seiner Schilderung keine eigennützigen Zwecke verfolgt, erscheint der Inhalt der Mundkommunikation den Gesprächspartnern weitaus **glaubwürdiger und überzeugender** als jede bezahlte Kommunikationsmaßnahme des Anbieters (Kroeber-Riel/Weinberg/Gröppel-Klein 2013).

Einige Kunden ändern ihr Verhalten trotz Unzufriedenheit nicht und erscheinen **inaktiv**. Sie wandern nicht ab, weil ihnen z.B. die mit dem Wechsel verbundenen Kosten und Unbequemlichkeiten (etwa Auflösung und Neueinrichtung eines Bankkontos) zunächst zu hoch erscheinen. Sie betreiben auch keine nennenswerte negative Mundkommunikation. Dennoch sind die Kunden **keineswegs mehr als loyale Kunden** einzuschätzen. Bei Auftreten weiterer negativer Vorfälle oder der Ansprache durch Wettbewerber können sie sich schnell für einen Wechsel entscheiden.

Ein Großteil der unzufriedenen Kunden beschwert sich nicht

Beschwerden sind somit nur eine der Reaktionsformen, die dem unzufriedenen Kunden zur Verfügung stehen. Damit stellt sich auch die Frage, **unter welchen Umständen** er diese Alternative wählt. Die Beschwerdeforschung beschäftigt sich seit Jahren mit dieser Frage und hält Antworten bereit (u.a. Bruhn 1982; 1986; Singh 1988; Halstead/Dröge 1991; Singh/Pandya 1991; Gierl/Sipple 1993).

Ein wesentliches Ergebnis ist die Erkenntnis, dass sich ein Großteil der unzufriedenen Kunden nicht mit einer Beschwerde an das Unternehmen wendet. Hinter jeder artikulierten Beschwerde steht eine weitaus größere Zahl von **„nicht artikulierten" Beschwerden** („unvoiced complaints"). Goodman/Malech/Marra (1987, S. 169) stellen fest, dass in Abhängigkeit von der finanziellen Bedeutung des Problems „auf jede Beschwerde, welche die Unternehmensleitung erreicht, wenigstens sechs schwerwiegende und 20 bis 50 weniger ernste Beschwerden potenziell am Markt existieren". Nach den Erkenntnissen von Goodman/O'Brien/Segal (2000) kann man für die USA branchenübergreifend davon ausgehen, dass im Durchschnitt ca. **50 % bis 80 % der unzufriedenen Kunden** darauf verzichten, ihren Ärger gegenüber dem Unternehmen mitzuteilen. Analoges gilt für Deutschland. Die nationale Kundenzufriedenheitsstudie „Kundenmonitor Deutschland" zeigt, dass der Anteil der Nicht-Beschwerdeführer außerordentlich hoch ist und in einigen Branchen über 90 % ausmacht (Servicebarometer 2013; siehe Bild 3.3).

Angesichts dieser Daten ist es offensichtlich, dass die Zahl der im Unternehmen registrierten Beschwerden nur die **Spitze eines Unzufriedenheits-Eisbergs** darstellt (Goodman 1989).

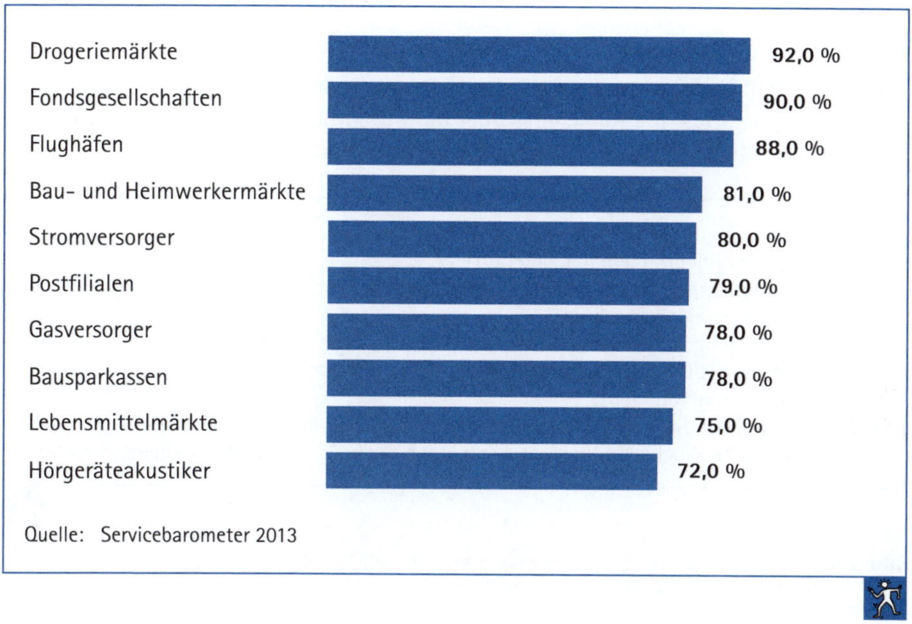

Bild 3.3 Nicht-Artikulationsquoten enttäuschter Kunden

Noch deutlicher wird dieses Phänomen, wenn man Kunden nicht nur nach dem aktuellen Stand ihrer Zufriedenheit, sondern auch danach befragt, ob sie sich in einem definierten vergangenen Zeitraum (z. B. in einem Jahr) über das Produkt oder einen Aspekt des unternehmerischen Verhaltens **geärgert** haben, also Anlass zu einer Beschwerde hatten. In der Regel zeigt es sich nämlich, dass auch Kunden, die mit der Geschäftsbeziehung (noch) zufrieden sind, negative Vorkommnisse erleben und sich auch von ihnen nur ein Bruchteil beschwert (Stauss/Seidel 2005).

Der Sachverhalt, dass sich nur ein Teil der unzufriedenen und verärgerten Kunden beschwert, hat eine erhebliche betriebswirtschaftliche Bedeutung. Zum einen wandert ein Großteil dieser „Nicht-Beschwerdeführer" unmittelbar ab, ohne dass das Unternehmen eine Möglichkeit hätte, durch Wiederherstellung von Kundenzufriedenheit die Kundenbeziehung zu retten. Zudem führt eine Orientierung allein an der Zahl der im Unternehmen eingegangenen Beschwerden zu einem verzerrten Bild und einer Unterschätzung des negativen Kundenerlebens. Diese Effekte sind insbesondere deswegen problematisch, weil sich in empirischen Studien zeigt, dass Nicht-Beschwerdeführer eine höhere Abwanderungsneigung aufweisen als die Kunden, die ihre Unzufriedenheit bzw. Verärgerung in einer Beschwerde zum Ausdruck bringen (TARP 1979). Einen Hinweis auf diesen Tatbestand bietet auch der Vergleich von Ergebnissen zweier Studien zum (Nicht-)Beschwerdeverhalten von Kunden eines Versicherungsunternehmens. Während eine Befragung unter den aktuellen Kunden ergab, dass sich 55 % der verärgerten Kunden nicht beschwerten, lag der Anteil der Nicht-Beschwerdeführer in einer Befragung unter verärgerten Kunden, die die Geschäftsbeziehung bereits gekündigt hatten, bei 86 % (Stauss/Seidel 2006a).

Einflussgrößen der Entscheidung, sich zu beschweren

Wenn man unzufriedene Kunden nach den Gründen ihrer Beschwerdepassivität befragt, erhält man Antworten, die Aufschluss über die wesentlichen Einflussgrößen ihres Verhaltens geben. Bild 3.4 zeigt eine Zusammenstellung solcher Antworten.

- „Es ändert sich zukünftig doch sowieso nichts!"
- „Es hätte mir ohnehin niemand zugehört!"
- „Ich wusste nicht, an wen ich mich hätte wenden sollen!"
- „Ich war teilweise selbst schuld!"
- „Ich wusste nicht, was ich in dieser Situation hätte sagen sollen. Es war zu persönlich!"
- „Als ich mich das letzte Mal beschwerte, geschah überhaupt nichts!"
- „Es lohnt sich einfach nicht!"
- „Die Person, über die ich mich beschweren wollte, hätte ihren Job verloren!"
- „Ich hatte letzte Woche ein Problem. Sie würden mich für heikel oder nörglerisch halten!"

Bild 3.4 Von Kunden genannte Gründe, warum sie sich trotz Unzufriedenheit nicht beschweren (in Anlehnung an Barlow/Möller 2003, S. 84 f)

Als Ergebnis systematischer Analysen von Antworten dieser Art zeigt die empirische Beschwerdeforschung, dass vor allem folgende Aspekte die Entscheidung, sich zu beschweren, beeinflussen und daher als **Determinanten des Beschwerdeverhaltens** anzusehen sind: Beschwerdekosten, Beschwerdenutzen, Produktmerkmale, Problemmerkmale, personenspezifische und situationsspezifische Merkmale (siehe auch Bild 3.2).

Beschwerdekosten: Offensichtlich nehmen Kunden eine **interne Kosten-Nutzen-Abschätzung** vor, von deren Ergebnis sie es abhängig machen, ob sie sich beschweren oder nicht. Im Rahmen dieser kalkulatorischen Überlegungen spielen auch die Kosten der Beschwerde selbst eine große Rolle (Bearden/Mason 1984; Ross/Oliver 1984). Mündliche, schriftliche oder telefonische Beschwerden sind für den Kunden mit Zeitaufwand und Kosten, häufig auch mit ärgerlichen Auseinandersetzungen, Frustration und Stress verbunden. Diese **materiellen und immateriellen Kosten** werden wesentlich von den Unternehmen bestimmt. Verweigern sie ihren Kunden Informationen darüber, wo und wie sie sich beschweren können, erhöhen sie deren Beschwerdekosten. Bauen sie für die Erlangung von Wiedergutmachung zudem Hindernisse auf, indem sie z.B. die Einsendung einer angebrochenen Packung verlangen, werden diese Kosten abermals erhöht (Kendall/Russ 1982). Bringen sie den Kunden bei der Beschwerdeartikulation in eine für ihn unangenehme oder peinliche Situation, steigen dessen immaterielle Kosten. Über die Variation der Beschwerdekosten können somit Unternehmen die Wahrscheinlichkeit einer Kundenbeschwerde im Unzufriedenheitsfall beeinflussen.

Beschwerdenutzen: Die aufzuwendenden Kosten werden dem Nutzen der Beschwerde gegenübergestellt. Dieser ist in erster Linie abhängig vom **subjektiven Wert der Problemlösung**, die der Kunde vom Anbieter erwartet. Der Wert wird allerdings mit der angenommenen **Erfolgswahrscheinlichkeit der Beschwerde** gewichtet (Jacoby/Jaccard 1981; Richins 1983). Die meisten Kunden beschweren sich nur, wenn sie eine Chance sehen, dass das Unternehmen zur Wiedergutmachung oder zu einer Änderung seines Verhaltens bereit ist. Wer keine Hoffnung auf eine positive Reaktion hat, unterlässt meist die Beschwerde. Paradoxerweise haben daher Unternehmen umso weniger mit Beschwerden zu rechnen, je abweisender und inflexibler sie sich gegenüber dem Kunden verhalten.

Produktmerkmale: Zu den Produktmerkmalen, die die Beschwerdewahrscheinlichkeit beeinflussen, gehört vor allem die **Relevanz des Konsumereignisses** (Bearden/Oliver 1985; Richins/Verhage 1985). Das Vorbringen von Beschwerden ist aufwendig und lästig. Der Kunde nimmt dies nur in Kauf, wenn er den Schaden, den er erlitten hat, als erheblich ansieht. Das ist immer dann der Fall, wenn es sich um Güter handelt, die wegen eines hohen Preises oder ihres Prestigewerts vom Kunden als besonders wichtig eingeschätzt werden (Hansen/Niestrath/Thieme 1983).

Problemmerkmale: Nicht alle Probleme, die Kunden wahrnehmen, machen sie auch in gleichem Maße zum Gegenstand von Beschwerden. Am ehesten wählen sie diesen Weg, wenn es sich um **manifest nachweisbare Probleme** handelt, also um eindeutige, quasi objektiv beschreibbare Probleme mit geringem subjektivem Bewertungsspielraum. Ist der Sachverhalt aber nicht zu beweisen oder kann der Vorfall von verschiedenen Personen unterschiedlich interpretiert werden, gehen Kunden seltener das Wagnis einer (vor allem schriftlichen) Beschwerde ein (Hansen 1979; Best 1981; Stauss 1987). So werden beispielsweise Qualitätsmerkmale, die – wie z.B. mangelnde Freundlichkeit – stark einer subjektiven Einschätzung unterliegen, wesentlich weniger zum Gegenstand von Beschwerden gemacht als belegbare Sachverhalte – wie ein funktionsunfähiges Produkt –, selbst wenn der Grad der empfundenen Unzufriedenheit jeweils gleich groß ist.

Als Problemmerkmal spielt auch die **Eindeutigkeit der Ursachenattribuierung** eine große Rolle. Beschwerden kommen als Reaktionsweise unzufriedener Kunden umso mehr in Betracht, je eindeutiger die Ursache der Unzufriedenheit dem Anbieter zugeschrieben wird. Ist der Kunde fest davon überzeugt, dass nur der Anbieter die „Schuld“

für das aufgetretene Problem trägt, beschwert er sich eher als in den Fällen, in denen er sich selbst eine gewisse Mitschuld gibt (Richins 1983; Folkes 1984). Daraus lässt sich auch das vergleichsweise geringe Beschwerdeaufkommen in Bezug auf bestimmte Probleme im Dienstleistungsbereich erklären. Viele Dienstleistungen werden in einem Interaktionsprozess zwischen dem Kunden und den Mitarbeitern des Anbieters erstellt. Damit der Prozess zum gewünschten Ergebnis führt, muss sich der Kunde selbst an der Leistungserstellung beteiligen, z.B. genaue Informationen über seine Wünsche und Erwartungen liefern. Ist der Kunde nun mit dem Ergebnis des Dienstleistungsprozesses (z.B. der Frisur) nicht zufrieden, ist es möglich, dass er sich selbst eine Teilschuld am Misserfolg gibt. Hat er den Eindruck, seine Wünsche nicht klar genug formuliert zu haben, ist eine Beschwerde wenig wahrscheinlich (Stauss 1989).

Einen deutlichen Beleg für die Wirkung, die Problemmerkmale auf das Beschwerdeverhalten haben, zeigt eine **empirische Studie zum Beschwerdeverhalten** im Bereich des Möbelhandels. Ein fast gleich großer Prozentsatz der Kunden hatte sich über die Probleme „unverständliche Montageanleitung" (18,5%) bzw. „fehlerhafte Einzelteile" (20,2%) geärgert. Doch während sich 17,4% der Kunden wegen der fehlerhaften Einzelteile beschwerten, betrug der entsprechende Wert hinsichtlich der Montageanleitung gerade einmal 1,9% (Dobbelstein 2001). Die Unverständlichkeit der Anleitung ist nur schwer objektiv nachweisbar, eine nachträgliche Änderung ist wenig wahrscheinlich und es ist denkbar, dass der Kunde sich teilweise auch selbst für das Verständnisproblem verantwortlich macht.

Personenspezifische Merkmale: Auch Persönlichkeitsmerkmale sind offenbar mit dafür verantwortlich, ob sich ein unzufriedener Kunde beschwert oder nicht. In verschiedenen empirischen Studien wurde der Einfluss von **soziodemografischen Merkmalen** (wie Alter, Geschlecht, Bildung), **psychografischen Merkmalen** (wie Produktkenntnis, Selbstbewusstsein, Beschwerdeerfahrung) sowie **Verhaltensmerkmalen** (z.B. Kommunikations- und Interaktionsverhalten) untersucht. Die Ergebnisse sind nicht einheitlich. Dennoch lassen sich grobe Tendenzaussagen machen, die nahelegen, dass der typische Beschwerdeführer eher jünger, männlich, von gehobener Ausbildung und mittlerem bzw. höherem Einkommen ist (Bruhn 1982; Morganosky/Buckley 1987). Darüber hinaus unterscheiden sich Beschwerdeführer von Nicht-Beschwerdeführern durch ein erhöhtes Selbstbewusstsein (Bolfing 1989) und die ausgeprägte Überzeugung, Beschwerdesituationen erfolgreich bewältigen zu können (East 2000; Susskind 2000).

Situationsspezifische Merkmale: Nicht zuletzt sind es auch die Umstände einer bestimmten Situation, die entscheidenden Einfluss darauf haben können, ob sich ein Kunde beschwert. So kann wahrgenommener **Zeitdruck** Kunden dazu veranlassen, von einer Beschwerde abzusehen, oder aber Kunden können sich durch **Bemerkungen von Begleitpersonen** oder die **Beobachtung des Vorfalls durch Dritte** genötigt sehen, ihre Beschwerde besonders massiv vorzutragen.

Um die unternehmensindividuelle Bedeutung der Einflussgrößen abschätzen zu können, empfiehlt es sich, im Rahmen einer Kundenzufriedenheitsbefragung auch nach den Gründen für den Beschwerdeverzicht trotz Verärgerung zu fragen. Aus der prozentualen Verteilung lassen sich wichtige Erkenntnisse über Kundenerwartungen und -wahrnehmungen sowie unternehmerische Möglichkeiten ihrer Beeinflussung gewinnen. So zeigt eine Befragung eines Unternehmens aus der Finanzdienstleistungsbranche, dass allein 39,6 % den Aufwand einer Beschwerde für zu groß ansahen, weitere 34 % der verärgerten Kunden eine Beschwerde unterlassen haben, weil sie keine Erfolgschance sahen, 9,4 % unmittelbar zur Konkurrenz abgewandert sind und 7,5 % keinen Ansprechpartner fanden (siehe Bild 3.5).

Pos.	Beschwerdebarriere	%
1.	Zu großer Aufwand	39,6 %
2.	Keine Aussicht auf Erfolg	34,0 %
3.	Abwanderung zur Konkurrenz	9,4 %
4.	Keinen Ansprechpartner erreicht	7,5 %
5.	Problem anderweitig gelöst	3,8 %
6.	Kunde sieht Problemursache bei sich selbst	3,8 %
7.	Sonstiges	1,9 %
Σ	Summe	100,0 %

Bild 3.5 Keine Beschwerdeführung trotz Verärgerung (Bankkunden; servmark 2012a)

Die Forschungsergebnisse zum Beschwerdeverhalten sind von großer praktischer Bedeutung für das Beschwerdemanagement. Sie zeigen vor allem, dass Beschwerdeinformationen keinesfalls einen vollständigen Überblick über die von den Kunden wahrgenommenen Probleme geben, da sich ein Teil der unzufriedenen Kunden nicht beschwert. Auch liefert die Analyse von Determinanten des Beschwerdeverhaltens Auskunft darüber, dass **Beschwerdeinformationen nicht als repräsentativ anzusehen** sind, weil mit großer Wahrscheinlichkeit spezifische Probleme bestimmter Kundengruppen unter- oder überdurchschnittlich vertreten sind. Aus diesem Grunde ist die Analyse von Beschwerdeinformationen in jedem Fall durch den Einsatz weiterer **Methoden der Problementdeckung zu ergänzen** (Stauss/Hentschel 1990). Darüber hinaus weisen die dargestellten Ergebnisse auf Handlungsmöglichkeiten der Beschwerdepolitik hin, weil einige Determinanten durch **unternehmerische Maßnahmen beeinflusst** werden können. So ist es beispielsweise möglich, Beschwerdebarrieren zu errichten oder abzubauen und damit Einfluss auf die Kosten, die dem Kunden entstehen, und auf die Einschätzung der Erfolgswahrscheinlichkeit zu nehmen.

3.3 Beschwerdezufriedenheit und ihr Einfluss auf das Kundenverhalten

Entstehung von Beschwerdezufriedenheit

Wählt ein unzufriedener Kunde die Handlungsalternative Beschwerde, so hat er wiederum bestimmte Erwartungen in Bezug auf die Antwort des Unternehmens und die angestrebte Lösung. Diese **Beschwerdeerwartung** ist nun der Standard, anhand dessen er seine **tatsächliche Erfahrung** mit der unternehmerischen Reaktion (wahrgenommene Beschwerdeantwort) beurteilt. Werden die Erwartungen übertroffen, tritt Beschwerdezufriedenheit ein, werden sie erfüllt, ist Indifferenz die Folge, andernfalls Beschwerdeunzufriedenheit (Oliver 1997; McCollough/Berry/Yadav 2000; Gruber 2011; siehe Bild 3.6).

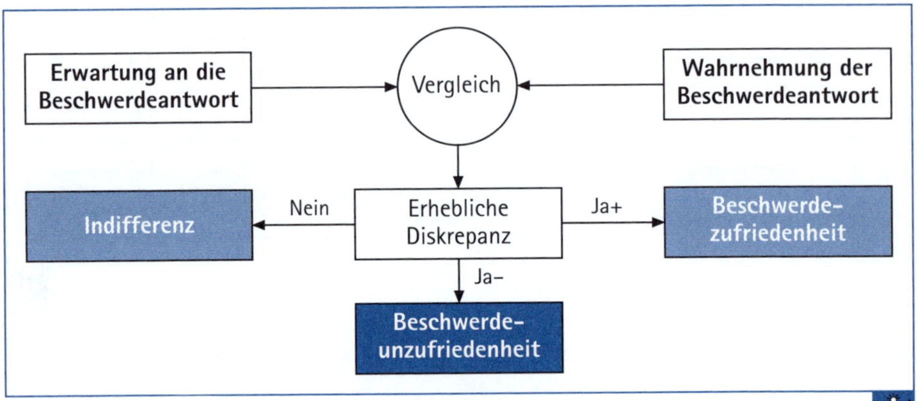

Bild 3.6 Entstehung von Beschwerdezufriedenheit/-unzufriedenheit

Dimensionen der Beschwerdezufriedenheit

Von besonderer Bedeutung für die konkrete Ausgestaltung des Beschwerdemanagements ist das Wissen darüber, **welche Aspekte der unternehmerischen Reaktion die Beschwerdeführer bewerten** und welches Gewicht diese für die Entstehung von Beschwerdezufriedenheit bzw. -unzufriedenheit haben.

Die **Beschwerdezufriedenheitsforschung** hat sich in den letzten Jahren verstärkt dieser Frage angenommen und kommt dabei zu im Detail unterschiedlichen, aber vereinbaren Ergebnissen (Tax/Brown/Chandrashekaran 1998; Boshoff 1999; Smith/Bolton/Wagner 1999; Buttle/Burton 2002; Davidow 2003). Grundsätzlich beziehen sich Erwartungen und Wahrnehmungen der Beschwerdeführer auf das Ergebnis der Beschwerdeantwort, die Interaktion mit dem Unternehmen sowie auf den Prozess der Beschwerdebearbeitung. Dementsprechend ist zwischen Beschwerdeergebnis-, Beschwerdeinteraktions- und Beschwerdeprozess-Zufriedenheit zu unterscheiden, wobei sich diesen drei Dimensionen acht Merkmale zuordnen lassen (siehe Bild 3.7):

- **Beschwerdeergebnis-Zufriedenheit:** Zufriedenheit des Beschwerdeführers mit der unternehmerischen Antwort.
  - **Angemessenheit/Fairness des Ergebnisses:** Angemessenheit der Problemlösung; Fairness der angebotenen Wiedergutmachung.
- **Beschwerdeinteraktions-Zufriedenheit:** Zufriedenheit des Beschwerdeführers mit der Interaktion während der Annahme und Bearbeitung.
  - **Freundlichkeit/Höflichkeit:** Zuvorkommenheit, mit der die Beschwerdeführer behandelt werden; höflicher Umgangston/Sprachstil;
  - **Einfühlungsvermögen/Verständnis:** Bereitschaft, die Kundenperspektive einzunehmen; Verständnis für den Ärger des Kunden; individuelle Behandlung des Falls;
  - **Bemühen/Hilfsbereitschaft:** erkennbares Bemühen, das Problem im Kundensinne zu lösen;
  - **Aktivität/Initiative:** aktive Suche des Kontakts zum Kunden; Erkundigung nach gewünschten Lösungen; Benachrichtigung über Verzögerungen;
  - **Verlässlichkeit:** Einhaltung von Zusagen in inhaltlicher und zeitlicher Hinsicht.

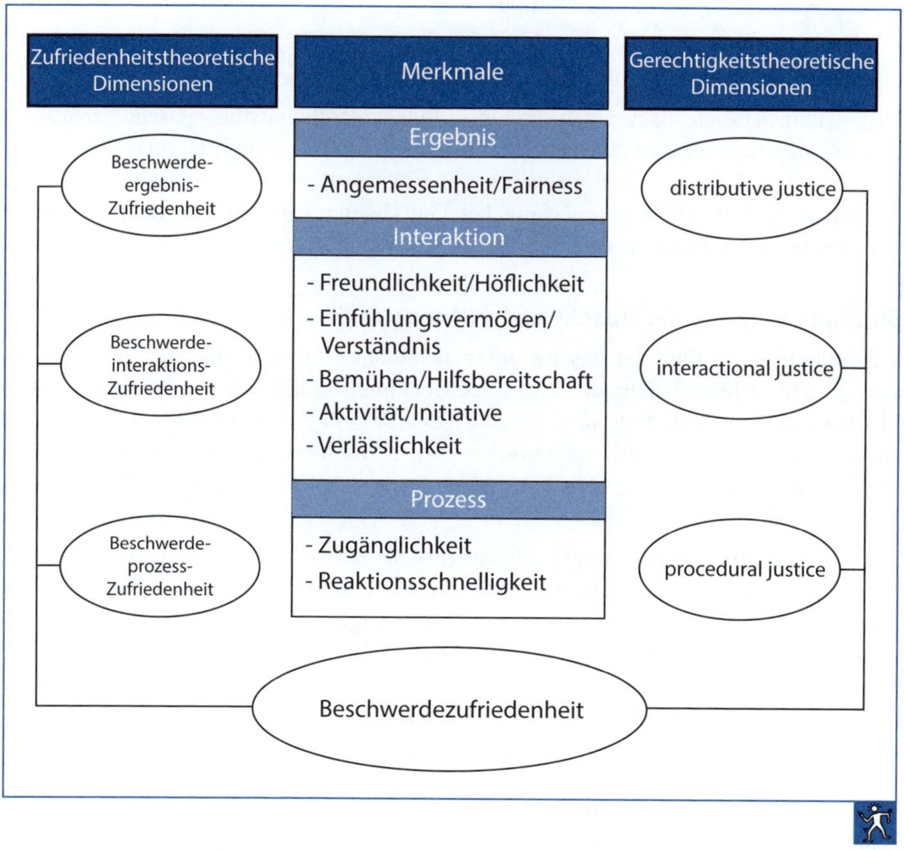

Bild 3.7 Dimensionen der Beschwerdezufriedenheit (Stauss 2013)

- **Beschwerdeprozess-Zufriedenheit:** Zufriedenheit des Beschwerdeführers mit Aspekten des Bearbeitungsprozesses
  - **Zugänglichkeit:** Leichtigkeit, mit der ein unternehmerischer Ansprechpartner für ein Kundenproblem gefunden wird; Kenntnis der zuständigen Beschwerdeadresse;
  - **Reaktionsschnelligkeit:** Schnelligkeit, mit der eine Eingangsbestätigung eintrifft; Schnelligkeit, mit der auf Kundenrückfragen reagiert wird; Schnelligkeit der Problemlösung.

Als Alternative zur konsequent zufriedenheitsorientierten Betrachtung schlägt eine Reihe von Forschern ein gerechtigkeitstheoretisches Konzept vor (u.a. Tax/Brown/Chandrahekaran 1998; Pizzutti/Fernandes 2010; Homburg/Fürst/Koschate 2010). Sie unterscheiden folgende drei Gerechtigkeitsdimensionen und untersuchen deren Einfluss auf die generelle Beschwerdezufriedenheit:

- **Distributive Justice** bezieht sich auf das Ergebnis der unternehmerischen Entscheidung, also auf die Angemessenheit und Bedürfnisgerechtigkeit der angebotenen Lösung,
- **Procedural Justice** betrifft den Entscheidungsprozess, also die Zugänglichkeit, Reaktionsgeschwindigkeit und Flexibilität,
- **Interactional Justice** hat das interpersonale Verhalten zum Gegenstand, also Ehrlichkeit, Höflichkeit, Bemühtheit oder Einfühlungsvermögen der Mitarbeiter.

Es ist offensichtlich, dass zufriedenheits- und gerechtigkeitstheoretische Sichtweise große Gemeinsamkeiten aufweisen. Dimensionen und Merkmale entsprechen sich weitgehend (siehe Bild 3.7). Auch machen sie jeweils deutlich, dass die Beschwerdezufriedenheit keinesfalls allein von der angebotenen Lösung, sondern vom **Gesamterleben der Beschwerdesituation** beeinflusst wird.

Bindungswirkung der Beschwerdezufriedenheit

Ergebnisse von Studien der Beschwerdeverhaltensforschung zeigen übereinstimmend, dass Beschwerdezufriedenheit bzw. -unzufriedenheit einen **außerordentlich großen Einfluss** auf die Einstellung bzw. die Zufriedenheit mit der Geschäftsbeziehung sowie auf das Kauf- und Kommunikationsverhalten der Beschwerdeführer hat (Smith/Bolton 1998; Hennig-Thurau 1999; Maxham 2001; Durvasula/Lysonski/Mehta 2000; Stauss 2006).

Auf **psychischer Ebene** verstärkt **Beschwerdeunzufriedenheit** die Unzufriedenheit des Kunden mit der Beziehung zum Unternehmen zu einem Verlust an Vertrauen im Sinne eines verstärkten Zweifels an der Zuverlässigkeit und Integrität des Unternehmens und zu einer Schwächung der emotionalen Bindung im Sinne des Commitments (Smith/Bolton 1998; Her Astuti/Nusantara/Basu Swastha 2011). Auf **Verhaltensebene** führt sie zu der Absicht, in Zukunft Wiederkäufe zu reduzieren, die Beziehung zu beenden und/oder negative Mundkommunikation zu betreiben, bzw. zu einem entsprechenden tatsächlichen Verhalten. Das bedeutet, dass negative Beschwerdeerfahrungen die Wahrscheinlichkeit der eigentlich zu vermeidenden Kundenabwanderung noch steigern (Spreng/Harrell/Mackoy 1995; Hoffman/Kelley 2000). Dabei reagieren vor allem die Kunden sehr stark, die sich bisher loyal verhalten haben und durch die negative

Beschwerdeerfahrung nun besonders enttäuscht sind und sich betrogen fühlen (Tax/Brown 1998; Grégoire/Tripp/Legoux 2009; 2011).

Demgegenüber sieht die **Wirkungskette** bei **Beschwerdezufriedenheit** folgendermaßen aus: In psychischer Hinsicht gewinnen Kunden, die mit der Beschwerdeantwort zufrieden sind, ihre Zufriedenheit mit der Beziehung zurück und ihr Commitment und Vertrauen nehmen zu. Dies führt zu einer verstärkten Bereitschaft, sich im sozialen Umfeld positiv über Produkt und Unternehmen zu äußern (positive Mundkommunikation) und an der Geschäftsbeziehung festzuhalten (Wiederkauf) (siehe Bild 3.8).

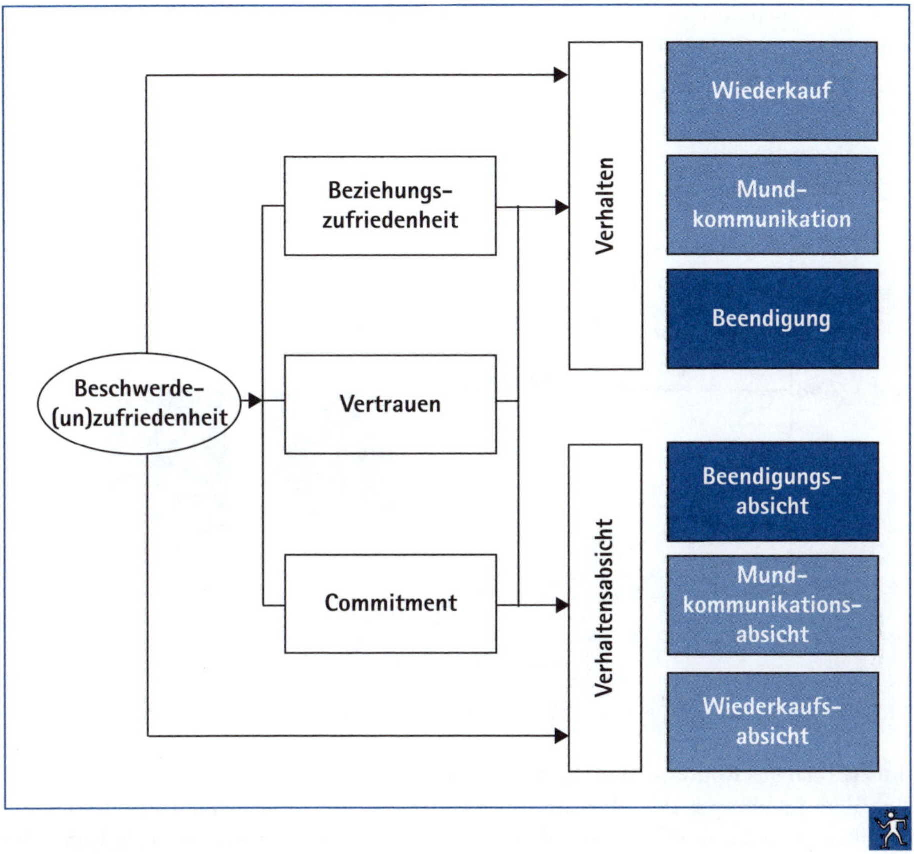

Bild 3.8 Wirkungen der Beschwerde(un)zufriedenheit (Stauss 2013)

Die **Wirkung der Beschwerde(un)zufriedenheit auf die globale Zufriedenheit** des Kunden belegen eindrucksvoll die Ergebnisse aus dem Kundenmonitor Deutschland, der jährlich die Zufriedenheit und die Beschwerdezufriedenheit deutscher Kunden in einer Vielzahl von Branchen erfasst (Servicebarometer 2006). Wie Bild 3.9 an einem Beispiel der Branche der Bau- und Heimwerkermärkte zeigt, liegt der Durchschnittswert der Globalzufriedenheit in dieser Branche bei 2,48 auf einer Fünferskala (mit 1 = vollkommen zufrieden). Für jene Kunden, die keine Beschwerde hatten, liegt der durchschnittliche Zufriedenheitswert etwas höher (2,47), während Kunden, die sich beschwert haben und von der unternehmerischen Reaktion enttäuscht waren, einen wesentlich niedrigeren Zufriedenheitswert aufweisen (3,22). Auch die durchschnittliche Zufriedenheit der Beschwerdeführer, die durch die Beschwerdeantwort zufriedengestellt wurden, fällt unterdurchschnittlich aus (3,00). Im Gegensatz dazu zeichnet sich die Gruppe der Beschwerdeführer, die mit der unternehmerischen Antwort vollkommen zufrieden waren, durch eine besonders hohe Globalzufriedenheit aus. Ihr Zufriedenheitswert (2,38) fällt sogar höher aus als der jener Kunden, die sich gar nicht beschwert haben. Dieses Phänomen, das auch **„Beschwerde-Paradoxon"** („recovery paradox") genannt wird, wird auch durch andere empirische Studien bestätigt (Smith/Bolton 1998; Michel 2001; Magnini et al. 2007).

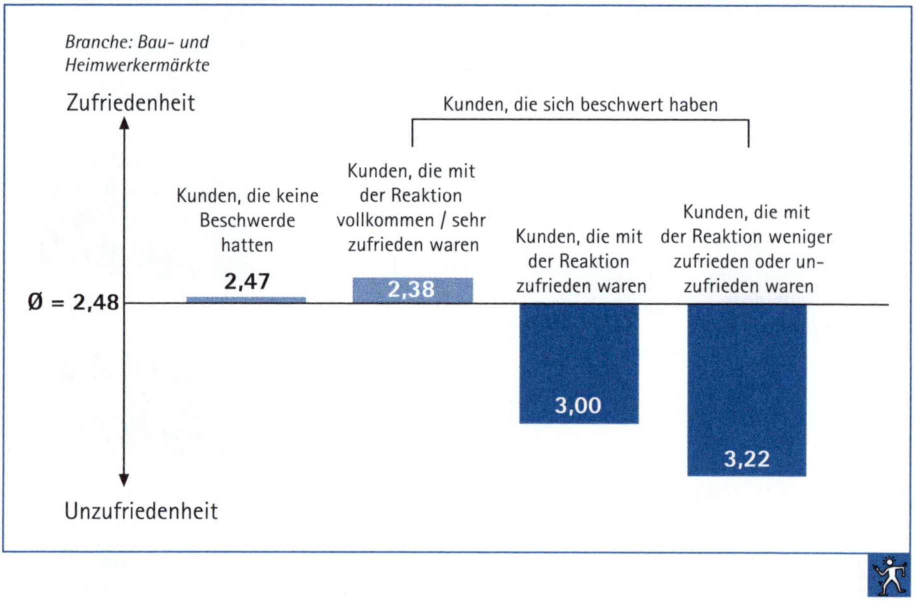

Bild 3.9 Das Beschwerde-Paradoxon (Servicebarometer 2006)

Hinsichtlich des **Kommunikationsverhaltens** der Beschwerdeführer belegen viele Studien den Tatbestand, dass Beschwerdeerfahrungen zum Gegenstand der Mundkommunikation gemacht werden. Sowohl positive als auch negative Erfahrungen werden in großem Umfang weitererzählt und wirken daher weit über den Einzelfall hinaus (Hoffmann 1991; Hennig-Thurau 1999; Hoffman/Kelley 2000; Maxham 2001; Maxham/Netemeyer 2002). Dabei erweist es sich vielfach, dass die Vorfälle, die zu **Beschwerdeunzufriedenheit** führen, wesentlich häufiger kommuniziert werden als positive Erlebnisse. Eine Studie von TARP belegt, dass bei kleinen Konsumproblemen unzufriedene Beschwerdeführer mit durchschnittlich zehn Personen über ihre negativen Erfahrungen mit dem Beschwerdemanagement sprachen; für schwerwiegendere Konsumprobleme ergab sich sogar ein Wert von durchschnittlich 16 Personen. Umgekehrt sprachen zufriedene Beschwerdeführer bei kleineren Konsumproblemen mit „nur" fünf

Personen, bei großen Problemen mit ca. zehn weiteren Personen über ihre positiven Erfahrungen (Goodman/Malech/Marra 1987).

Doch Beschwerdezufriedenheit bzw. -unzufriedenheit beeinflusst nicht nur das Kommunikationsverhalten, sondern auch die **Wiederkaufintentionen** und das **faktische Wiederkaufverhalten** (Andreassen 1999; Liu/Sudharshan/Hamer 2000; Miller/Craighead/Karwan 2000). So kommen Hansen/Jeschke (2000) in ihrer Studie zu dem Ergebnis, dass sich die zufriedenen Beschwerdeführer durch ausgeprägt hohe Geschäftsstätten- und Markentreue auszeichnen. Eine interne Untersuchung der Volkswagen AG zeigt, dass 54 % bis 70 % zufriedengestellter Beschwerdeführer zu Dauerkunden werden und dieser Anteil bei schneller Reaktion auf 95 % ansteigt (Bunk 1993). TARP-Studien belegen auch hier das „Beschwerde-Paradoxon", nämlich dass die Kundenloyalität von zufriedengestellten Beschwerdeführern sogar größer sein kann als die von Kunden, die überhaupt kein Problem mit Produkt oder Unternehmen erfahren haben (Adamson 1993). Goodman/Malech/Marra (1987) berichten, „dass Konsumenten, die sich beschwert haben und durch das Unternehmen zufriedengestellt wurden, eine doppelt so große Markentreue (70 %) zeigen wie jene Konsumenten, die sich überhaupt nicht beschweren". Goodwin/Ross (1990) verweisen darauf, dass Versandhauskunden, deren Beschwerden schnell gelöst wurden, profitabler waren als Kunden, die keine Beschwerde artikulierten.

Angesichts dieser übereinstimmenden Erkenntnisse über den Beitrag der Beschwerdezufriedenheit zur Kundenbindung und damit zur Erreichung ökonomischer Ziele ist es erstaunlich, dass keineswegs alle Unternehmen daraus entsprechende Schlussfolgerungen ziehen. Auch heute noch erlebt ein Großteil der sich beschwerenden Kunden tiefe Enttäuschungen. Nach Ergebnissen des Kundenmonitor Deutschland 2013 liegt die Beschwerdezufriedenheit weiterhin auf relativ niedrigem Niveau. Einige Branchen enttäuschen mehr als 40 % oder sogar über 50 % ihrer Beschwerdeführer. Bild 3.10 zeigt dies am Beispiel ausgewählter Branchen und macht deutlich, welche **unausgeschöpften Bindungsmöglichkeiten** noch bestehen.

Wer die Stabilisierung ansonsten gefährdeter Geschäftsbeziehungen durch ein professionelles Beschwerdemanagement unterlässt, verzichtet auf ein ökonomisch bedeutsames Erfolgspotenzial. Später werden konkrete Möglichkeiten aufgezeigt, wie Unternehmen die Höhe dieses ökonomischen Potenzials abschätzen können. Zunächst aber werden die konzeptionellen Grundlagen eines professionellen Beschwerdemanagements dargestellt.

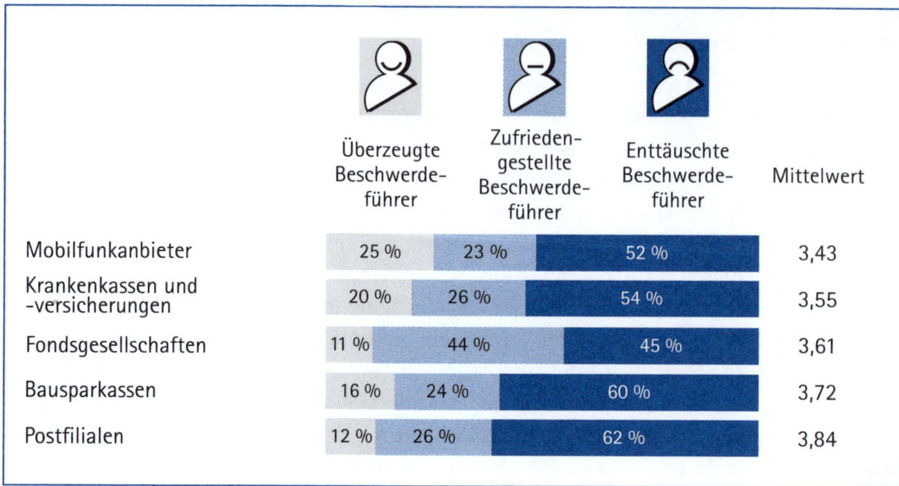

Bild 3.10 Das unausgeschöpfte Bindungspotenzial des Beschwerdemanagements – am Beispiel ausgewählter Branchen (Servicebarometer 2013)

Kapitel 3 ganz kurz:

- Unzufriedenheit entsteht, wenn die wahrgenommene unternehmerische Leistung nicht den Erwartungen des Kunden entspricht.
- Mit Beschwerden erhalten Unternehmen relevantere, aktuellere, konkretere und kostengünstigere Informationen über Kundenunzufriedenheit als durch Zufriedenheitsbefragungen.
- Ein Großteil unzufriedener Kunden beschwert sich nicht. Neben anderen Gründen ist dafür vor allem verantwortlich, dass sie die Kosten einer Beschwerde höher als den erreichbaren Nutzen einschätzen bzw. nur geringe Erfolgschancen sehen.
- Beschwerdeführer haben Erwartungen in Bezug auf das Ergebnis der Beschwerdeantwort, die Interaktion mit dem Unternehmen sowie auf den Prozess der Beschwerdebearbeitung. Beschwerde(un)zufriedenheit entsteht, wenn diese Erwartungen (nicht) erfüllt werden.
- Beschwerdeunzufriedenheit ist ein wesentlicher Anlass für Abwanderung und negative Mundkommunikation; Beschwerdezufriedenheit stabilisiert die Kundenbeziehung und fördert die positive Mundkommunikation.

Literatur

Adamson, C. (1993): Evolving Complaint Procedures, in: Managing Service Quality, 3. Jg., Nr. 1, S. 439 - 444.

Andreassen, T. W. (1999): What Drives Customer Loyalty With Complaint Resolution?, in: Journal of Service Research, 1. Jg., Nr. 4, S. 324 - 332.

Barlow, J./Møller, C. (2003): Eine Beschwerde ist ein Geschenk. Der Kunde als Consultant, Frankfurt am Main/Wien.

Bearden, W.O./Mason, J.B. (1984): An Investigation of Influences on Consumer Complaint Reports, in: Advances in Consumer Research, 11. Jg., S. 490 - 495.

Bearden, W.O./Oliver, R.L. (1985): The Role of Public and Private Complaining in Satisfaction with Problem Resolution, in: The Journal of Consumer Affairs, 19. Jg., Nr. 2, S. 222 - 240.

Berry, L.L./Parasuraman, A. (1991): Marketing Services. Competing Through Quality, New York u. a.

Best, A. (1981): When Consumers Complain, New York.

Bolfing, C.P. (1989): How Do Customers Express Dissatisfaction and What Can Service Marketers Do About It?, in: The Journal of Services Marketing, 3. Jg., Nr. 2, S. 5 - 23.

Boshoff, Ch. (1999): An Instrument to Measure Satisfaction with Transaction-Specific Service Recovery, in: Journal of Service Research, 1. Jg., Nr. 3, S. 236 - 249.

Bruhn, M. (1982): Konsumentenzufriedenheit und Beschwerden, Frankfurt u. a.

Bruhn, M. (1986): Beschwerdemanagement, in: Harvard Manager, 8. Jg., Nr. 3, S. 104 - 108.

Bunk, B. (1993): Retention Marketing: Das Geschäft mit dem Ärger, in: Absatzwirtschaft, Nr. 9, S. 65 - 69.

Buttle, F./Burton, J. (2002): Does Service Failure Influence Customer Loyalty?, in: Journal of Consumer Behaviour, 1. Jg., Nr. 3, S. 217 - 227.

Davidow, M. (2003): Organizational Reponses to Customer Complaints: What Works and What Doesn't, in: Journal of Service Research, 5. Jg., Nr. 3, S. 225 - 250.

Dobbelstein, T. (2001): Beschwerde- und Reklamationsmanagement - Analyse und Maßnahmen dargestellt am Beispiel des Möbelhandels, in: Müller-Hagedorn, L. (Hrsg.): Kundenbindung im Handel, 2. Aufl., Frankfurt am Main, S. 289 - 320.

Durvasula, S./Lysonski, S./Mehta, S.C. (2000): Business-to-Business Marketing: Service Recovery and Customer Satisfaction Issues With Ocean Shipping Lines, in: European Journal of Marketing, 34. Jg., Nr. 3/4, S. 433 - 446.

East, R. (2000): Complaining as Planned Behaviour, in: Psychology & Marketing, 17. Jg., Nr. 12, S. 1077 - 1095.

Folkes, V.S. (1984): Consumer Reactions to Product Failure: An Attributional Approach, in: Journal of Consumer Research, 10. Jg., March, S. 398 - 409.

Fornell, C. (1982): Verbraucherabteilungen im Unternehmen - Ein kommunikationsorientierter Ansatz, in: Hansen, U./Stauss, B./Riemer, M. (Hrsg): Marketing und Verbraucherpolitik, Stuttgart, S. 473-487.

Gierl, H./Sipple, H. (1993): Zufriedenheit mit dem Kundendienst, in: Jahrbuch der Absatz- und Verbrauchsforschung, 39. Jg., Nr. 3, S. 239-260.

Goodman, J.A. (1989): The Nature of Customer Satisfaction, in: Quality Progress, 22. Jg., Nr. 2, S. 37 - 40.

Goodman, J.A./Malech, A.R./Marra, T.R. (1987): Beschwerdepolitik unter Kosten/Nutzen-Gesichtspunkten - Lernmöglichkeiten aus den USA, in: Hansen, U./Schoenheit, I. (Hrsg.): Verbraucherzufriedenheit und Beschwerdeverhalten, Frankfurt/Main u. a., S. 165 - 202.

Goodman, J. A./O'Brien, P./Segal, E. (2000): Turning CFOs into Quality Champions, in: Quality Progress, 33. Jg., Nr. 3, S. 47 - 54.

Goodwin, C./Ross, I. (1990): Consumer Evaluations of Responses to Complaints: What's Fair and Why, in: Journal of Consumer Marketing, 7. Jg., Nr. 2, S. 39 - 47.

Grégoire, Y./Tripp, T. M./Legoux, R. (2009): When Customer Love Turns into Lasting Hate: The Effects of Relationship Strength and Time on Customer Revenge and Avoidance, in: Journal of Marketing, 73. Jg., Nr. 6, S. 18 - 32.

Grégoire, Y./Tripp/T. M./Legoux, R. (2011): When Your Best Customers Become Your Worst Enemies, Does Time Really Heal All Wounds?, Gfk-Marketing Intelligence Review, 3. Jg., Nr.1, S. 26 - 35.

Gruber, T. (2011): I Want to Believe They Really Care: How Complaining Customers Want to be Treated by Frontline Employees, in: Journal of Service Management, 22. Jg., Nr. 1, S. 85 - 110.

Halstead, D./Dröge, C. (1991): Consumer Attitudes Toward Complaining and the Prediction of Multiple Complaint Responses, in: Advances in Consumer Research, 18. Jg., S. 210 - 216.

Hansen, U. (1979): Verbraucherabteilungen als Frühwarnsysteme, in: Zeitschrift für Betriebswirtschaft (ZfB), 49. Jg., Nr. 2, S. 120 - 134.

Hansen, U./Jeschke, K. (2000): Beschwerdemanagement für Dienstleistungsunternehmen - Beispiel eines Kfz-Handels, in: Bruhn, M./Stauss, B. (Hrsg.): Dienstleistungsqualität, 3. Aufl., Wiesbaden, S. 433 - 459.

Hansen, U./Niestrath, U./Thieme, U. (1983): Beschwerdeaufkommen und Beschwerdepolitik am Beispiel des Möbeleinzelhandels, in: Zeitschrift für Betriebswirtschaft (ZfB), 53. Jg., Nr. 6, S. 535 - 550.

Hennig-Thurau, T. (1999): Beschwerdezufriedenheit: Empirische Analyse der Wirkungen und Determinanten einer Schlüsselgröße des Beziehungsmarketing, in: Jahrbuch der Absatz- und Verbrauchsforschung, 45. Jg., Nr. 2, S. 214 - 240.

Hentschel, B. (1992): Dienstleistungsqualität aus Kundensicht. Vom merkmals- zum ereignisorientierten Ansatz, Wiesbaden.

Her Astuti, P./Nusantara, J./Basu Swastha, D. (2011): The Evaluation of Customer Complaint Handling with Justice Dimensions, Effect on Trust and Commitment with Prior Experiences as Moderating Effect, in: Interdisciplinary Journal of Contemporary Research In Business, 2. Jg., Nr. 11, S. 228 - 237.

Hoffman, K. D./Kelley, S. W. (2000): Perceived Justice Needs and Recovery Evaluations: A Contingency Approach, in: European Journal of Marketing, 24. Jg., Nr. 3/4, S: 418 - 432.

Hoffmann, A. (1991): Die Erfolgskontrolle von Beschwerdemanagement-Systemen, Frankfurt/Main u. a.

Homburg, C., Fürst, A., Koschate, N. (2010): On the Importance of Complaint Handling Design, A Multi-level Analysis of the Impact in Specific Complaint Situations, Journal of the Academy of Marketing Science, 38. Jg., Nr. 3, S. 265 - 287.

Homburg, C./Stock, R. (2011): Theoretische Perspektiven zur Kundenzufriedenheit, in: Homburg, Ch. (Hrsg.): Kundenzufriedenheit, 8. Aufl., Wiesbaden, S. 17 - 52.

Jacoby, J./Jaccard, J. J. (1981): The Sources, Meaning, and Validity of Consumer Complaining Behavior: A Psychological Analysis, in: Journal of Retailing, 57. Jg., Nr. 81, S. 4 - 24.

Kaas, K. P./Runow, H. (1987): Wie befriedigend sind die Ergebnisse der Forschung zur Verbraucherzufriedenheit, in: Die Betriebswirtschaft, 44. Jg., 1984, S. 451 - 460, wieder abgedruckt in: Hansen, U./Schoenheit, I. (Hrsg.): Verbraucherzufriedenheit und Beschwerdeverhalten, Frankfurt/Main, New York, S. 79 - 98.

Kendall, C.L./Russ, F.A. (1982): Garantie- und Beschwerdepolitik: Eine Chance für das Marketing-Management, in: Hansen, U./Stauss, B./Riemer, M. (Hrsg.): Marketing und Verbraucherpolitik, Stuttgart, S. 240 - 252.

Kroeber-Riel, W./Weinberg, P./Gröppel-Klein, A. (2013): Konsumentenverhalten, 10. Aufl., München.

Liu, B.S. C./Sudharshan, D./Hamer, L.O. (2000): After-Service Response in Service Quality Assessment: A Real-Time Updating Model Approach, in: Journal of Services Marketing, 14. Jg., Nr. 2, S. 160 - 177.

Löber, N. (2012): Fehler und Fehlerkultur im Krankenhaus, Wiesbaden.

Magnini, V.P./Ford, J.D./Markowski, E.P./Honeycutt, E.D. (2007): The Service Recovery Paradox: Justifiable Theory or Smoldering Myth?, Journal of Services Marketing, 21. Jg., Nr. 3, S. 213 - 225.

Maxham III, J.G. (2001): Service Recovery's Influence on Consumer Satisfaction, Positive Word-of-Mouth, and Purchase Intentions, in: Journal of Research, 54. Jg., Nr. 1, S. 11 - 24.

Maxham, J.G./Netemeyer, R.G. (2002): A Longitudinal Study of Complaining Customers' Evaluations of Multiple Service Failures and Recovery Efforts, in: Journal of Marketing, 66. Jg., Nr. 4, S. 57 - 71.

McCollough, M.A./Berry, L.L./Yadav, M.S. (2000): An Empirical Investigation of Customer Satisfaction After Service Failure and Recovery, in: Journal of Service Research, 3. Jg., Nr. 2, 121 - 137.

Michel, S. (2001): Analyzing Service Failures and Recoveries: A Process Approach, in: Journal of Service Industry Management, 12. Jg., Nr. 1, S. 20 - 33.

Miller, J.L./Craighead, C.W./Karwan, K.R. (2000): Service Recovery: A Framework and Empirical Investigation, in: Journal of Operations Management, 18. Jg., Nr. 4, S. 387 - 400.

Morganosky, M.A./Buckley, H.M. (1987): Complaint Behavior: Analysis by Demographics, Lifestyle, and Consumer Values, in: Advances in Consumer Research, 14. Jg., o. Nr., S. 223-226.

Oliver, R.L. (1997): Satisfaction: A Behavioural Perspective on the Consumer, New York.

Parasuraman, A./Zeithaml, V.A./Berry, L.L. (1985): A Conceptual Model of Service Quality and Its Implications for Future Research, in: Journal of Marketing, 49. Jg., Nr. 4, S. 41 - 50.

Pizzutti, C./Fernandes, D. (2010): Effect of Recovery Efforts on Consumer Trust and Loyalty in E-Tail, A Contingency Model, International Journal of Electronic Commerce, 14. Jg., Nr. 4, 127 - 160.

Richins, M. (1983): Negative Word-of Mouth by Dissatisfied Consumers: A Pilot Study, in: Journal of Marketing, 47. Jg., Nr. 4, S. 68 - 78.

Richins, M.L./Verhage, B.J. (1985): Seeking Redress for Consumer Dissatisfaction: The Role of Attitudes and Situational Factors, in: Journal of Consumer Policy, 17. Jg., Nr. 1, S. 29 - 44.

Ross, I./Oliver, R.L. (1984): The Accuracy of Unsolicited Consumer Communications as Indicators of „True" Consumer Satisfaction/Dissatisfaction, in: Advances in Consumer Research, 11. Jg., o. Nr., S. 504 - 508.

Servicebarometer (2006): Kundenmonitor 2006, München.

Servicebarometer (2013): Kundenmonitor 2013, München.

Servmark (2012a): Interne Bankstudie, München.

Singh, J. (1988): Consumer Complaint Intentions and Behaviors: Definitional and Taxinomical Issues, in: Journal of Marketing, 52. Jg., Nr. 1, S. 93 - 107.

Singh, J./Pandya, S. (1991): Exploring the Effects of Consumers' Dissatisfaction Level on Complaint Behaviours, in: European Journal of Marketing, 25. Jg., Nr. 9, S. 7-21.

Smith, A.K./Bolton, R.N. (1998): An Experimental Investigation of Customer Reactions to Service Failure and Recovery Encounters - Paradox or Peril?, in: Journal of Service Research, 1. Jg., Nr. 1, S. 65 - 81.

Smith, A.K./Bolton, R.N./Wagner, J. (1999): A Model of Customer Satisfaction with Service Encounters Involving Failure and Recovery, in: Journal of Marketing Research, 36. Jg., Nr. 3, S. 356 - 372.

Spreng, R.A./Harrell, G.D./Mackoy, R.D. (1995): Service Recovery: Impact on Satisfaction and Intentions, in: Journal of Services Marketing, 9. Jg., Nr. 1, S. 15 - 23.

Stauss, B. (1987): Ein bedarfswirtschaftliches Marketingkonzept für öffentliche Unternehmen, Baden-Baden.

Stauss, B. (1989): Beschwerdepolitik als Instrument des Dienstleistungsmarketing, in: Jahrbuch der Absatz- und Verbrauchsforschung, 35. Jg., Nr. 1, S. 41 - 62.

Stauss, B. (1994): Der Einsatz der „Critical Incident Technique" im Dienstleistungsmarketing, in: Tomczak, T./Belz, Ch. (Hrsg.): Kundennähe realisieren, Ideen - Konzepte - Methoden - Erfahrungen, St. Gallen, S. 233 - 250.

Stauss, B. (1999a): Kundenzufriedenheit, in: Marketing ZFP, 21. Jg., Nr. 1, S. 5-24.

Stauss, B. (2006): Beschwerdemanagement als Instrument der Kundenbindung, in: Hinterhuber, H.H./Matzler, K. (Hrsg.): Kundenorientierte Unternehmensführung, 4. Aufl., S. 315 - 334.

Stauss, B. (2013): Vermeidung von Kundenverlusten und Stärkung der Kundenbindung durch Beschwerdemanagement, in: Bruhn, M./Homburg, C. (Hrsg.): Handbuch Kundenbindungsmanagement, 8. Aufl., Wiesbaden, S. 399 - 427.

Stauss, B./Hentschel, B. (1990): Verfahren der Problementdeckung und -analyse im Qualitätsmanagement von Dienstleistungsunternehmen, in: Jahrbuch der Absatz- und Verbrauchsforschung, 36. Jg., Nr. 3, S. 232 - 259.

Stauss, B./Hentschel, B. (1992): Messung von Kundenzufriedenheit, in: Marktforschung & Management, 36. Jg., Nr. 3, S. 115 - 122.

Stauss, B./Seidel, W. (2005): Non-complaining Behavior of Lost Service Customers, Vortrag auf der Servsig Research Conference Singapore, 3. Juni 2005.

Stauss, B./Seidel, W. (2006a): Evidenz-Controlling im Beschwerdemanagement - Ein Ansatz zur Abschätzung des „Verärgerungs-Eisbergs", in: Bruhn, M./Stauss, B. (Hrsg.): Dienstleistungscontrolling - Forum Dienstleistungsmanagement, Wiesbaden, S. 89 - 111.

Susskind, A.M. (2000): Efficacy and Outcome Expectations Related to Customer Complaints About Service Experiences, in: Communication Research, 27. Jg., Nr. 3, S. 353 - 378.

TARP (1979): Consumer Complaint Handling in America: Final Report, Washington DC.

Tax, S.S./Brown, S. (2000): Kundenbeschwerden: Was Fairness bringt, in: Harvard Business Manager, 22. Jg., Nr. 1, S. 94 - 107.

Tax, S.S./Brown, S.W. (1998): Recovering and Learning from Service Failure, in: Sloan Management Review, 40. Jg., Nr. 1, S. 75 - 88.

Tax, S.S./Brown, S./Chandrashekaran, M. (1998): Customer Evaluations of Service Complaint Experiences: Implications for Relationship Marketing, in: Journal of Marketing, 62. Jg., Nr. 2, S. 60 - 76.

VIELE BESCHWERDEN PASSEN ABER NICHT MEHR UNTER DEN TEPPICH.
LR

4 Beschwerdemanagement im Überblick

- Was sind die grundlegenden Ziele des Beschwerdemanagements?
- Welche wesentlichen Aufgaben hat das Beschwerdemanagement zu erfüllen?
- Welche Rahmenbedingungen sind zu gestalten bzw. zu beachten, um eine bestmögliche Aufgabenerfüllung zu gewährleisten?

4.1 Ziele des Beschwerdemanagements

Beschwerdemanagement umfasst die Planung, Durchführung und Kontrolle aller Maßnahmen, die ein Unternehmen im Zusammenhang mit Beschwerden ergreift.

Das **Globalziel des Beschwerdemanagements** liegt darin, **Gewinn und Wettbewerbsfähigkeit** des Unternehmens dadurch zu erhöhen, dass Kundenzufriedenheit wiederhergestellt, die negativen Auswirkungen von Kundenunzufriedenheit auf das Unternehmen minimiert und die in Beschwerden enthaltenen Hinweise auf betriebliche Schwächen und marktliche Chancen genutzt werden (Stauss 1993). Daraus ergeben sich die in Bild 4.1 dargestellten Teilziele, die sich schwerpunktmäßig den Bereichen des Kundenbeziehungsmanagements und des Qualitätsmanagements zuordnen lassen, wobei zugleich die Anforderung einer produktiven Aufgabenerfüllung besteht.

Globalziel	· Erhöhung von Gewinn und Wettbewerbsfähigkeit
Kundenbeziehungs-relevante Teilziele	· Stabilisierung gefährdeter Kundenbeziehungen bzw. Vermeidung von Kundenverlusten durch Herstellung von (Beschwerde-)Zufriedenheit · Erzielung von Mehrkäufen durch Erhöhung von Kaufintensität und Kauffrequenz sowie Förderung des Cross-Buying-Verhaltens · Förderung eines kundenorientierten Unternehmensimages · Schaffung zusätzlicher werblicher Effekte mittels Beeinflussung der Mundkommunikation
Qualitätsrelevante Teilzeile	· Verbesserung der Qualität von Produkten und Dienstleistungen durch Nutzung der in Beschwerden enthaltenen Informationen · Vermeidung externer Fehlerkosten · Vermeidung interner Fehlerkosten
Produktivitäts-relevantes Teilziel	· Effiziente Aufgabenerfüllung

Bild 4.1 Ziele des Beschwerdemanagements

Kundenbeziehungsrelevante Teilziele

Stabilisierung gefährdeter Kundenbeziehungen bzw. Vermeidung von Kundenverlusten durch Herstellung von (Beschwerde-)Zufriedenheit. Als zentrales Element des Kundenbindungsmanagements zielt das Beschwerdemanagement darauf ab, die durch Unzufriedenheit gefährdete Kundenbeziehung wieder zu stabilisieren und Abwanderungen zu vermeiden. Dies erfolgt auf der Grundlage der empirisch bestätigten Erkenntnis, dass durch eine schnelle, unbürokratische und großzügige Beschwerdeabwicklung Beschwerdezufriedenheit erreicht werden kann, die in hohem Maße zu einer Verbesserung der globalen Zufriedenheit des Kunden mit der Geschäftsbeziehung, zu einer Vermeidung von Abwanderungen und damit zu gesicherten Umsätzen und Deckungsbeiträgen führt.

Erzielung von Mehrkäufen durch Erhöhung von Kaufintensität und Kauffrequenz sowie Förderung des Cross-Buying-Verhaltens. Mit der Stärkung der Kundenloyalität soll bewirkt werden, dass die Kaufintensität steigt. Dies kann erfolgen, indem der Kunde Mehrkäufe vornimmt, seine Kauffrequenz steigert oder seine Beschaffung auf weitere Produkte und Dienstleistungen des unternehmerischen Angebots ausdehnt.

Förderung eines kundenorientierten Unternehmensimages. Ein aktives Beschwerdemanagement vermittelt dem Kunden Sicherheit. Damit hilft es, Unzufriedenheit vorzubeugen bzw. Zufriedenheit zu verstärken. Auf diese Weise leistet Beschwerdepolitik einen wesentlichen Beitrag zur Entwicklung und Aufrechterhaltung eines kundennahen Unternehmensimages (Günter 1992). Zusätzlich wird auch intern gegenüber den Mitarbeitern ein deutliches Zeichen für die Ernsthaftigkeit einer kundenorientierten Unternehmensstrategie gegeben. Denn mit zunehmendem kritischem Kundenfeedback steigt auch der innerbetriebliche Druck zu kundenbezogenem Handeln.

Schaffung zusätzlicher werblicher Effekte mittels Beeinflussung der Mundkommunikation. Durch Beschwerdemanagement soll negative Mundkommunikation verhindert und positive stimuliert werden. Da Probleme, die zu Beschwerden führen, und auch die Beschwerdeerfahrungen im sozialen Umfeld besprochen werden, ist diese persönliche Kommunikation eine wichtige Einflussgröße der Einstellung anderer Konsumenten zum Unternehmen bzw. zum Produkt (Multiplikatoreffekt) und damit gleichzeitig für die Erschließung von Umsatzvolumina potenzieller Kunden.

Qualitätsrelevante Teilziele

Verbesserung der Qualität von Produkten und Dienstleistungen durch Nutzung der in Beschwerden enthaltenen Informationen. Beschwerden enthalten wertvolle Informationen über relevante Verbraucherprobleme im Umgang mit Produkten, Dienstleistungen oder unternehmerischen Verhaltensweisen. Diese Informationen sind wichtig für das Qualitätsmanagement, weil sie Hinweise auf die Angemessenheit fixierter Qualitätsniveaus und die Einhaltung vorgegebener Qualitätsstandards liefern (Stauss 1991). Zudem bieten sie eine Fülle von Einsichten in Verbrauchererwartungen, die für Produktmodifikationen und -innovationen genutzt werden können und somit zukünftige Umsatzpotenziale sichern.

Vermeidung externer Fehlerkosten. Probleme, die Gegenstand von Beschwerden sind, führen häufig zum Eintreten von Gewährleistungs- und Garantiefällen, Rechtsprozessen oder Auseinandersetzungen mit Drittinstitutionen (Medien, Schlichtungsstellen, Verbraucherorganisationen). Durch eine systematische Auswertung der Beschwerdeinformationen in Bezug auf Produktmängel können Gewährleistungskosten gesenkt, Garantieansprüche reduziert sowie Auseinandersetzungskosten vermieden werden.

Vermeidung interner Fehlerkosten. Beschwerden enthalten nicht nur Hinweise auf Produktmängel, sondern zeigen auch Prozessmängel auf. Durch eine entsprechende Nutzung dieser Informationen können die internen Prozesse produktiver gestaltet sowie Falsch- und Doppelarbeiten vermieden werden.

Produktivitätsrelevantes Teilziel

Effiziente Aufgabenerfüllung. Zur Erreichung der kundenbeziehungs- und qualitätsrelevanten Ziele des Beschwerdemanagements ist der Einsatz von Ressourcen erforderlich, der mit Blick auf das ökonomische Globalziel wirtschaftlich zu erfolgen hat. Deshalb ist bei allen Maßnahmen grundsätzlich das Ziel einer effizienten Aufgabenerfüllung zu beachten.

Zielbeziehungen

Die Teilziele des Beschwerdemanagements sollen zur Erreichung des Globalziels der Erhöhung von Gewinn und Wettbewerbsfähigkeit des Unternehmens führen. Insofern muss die Teilzielerreichung positive ökonomische Auswirkungen haben. Wichtigstes

beziehungsrelevantes Teilziel ist die Vermeidung von Kundenverlusten, d.h. der Erhalt der Umsätze und Deckungsbeiträge von Kunden, die ohne Beschwerdemanagement abgewandert wären (Wiederkaufnutzen). Zudem sollen vor allem Erlöszuwächse durch Kunden erzielt werden, die durch die positive Mundkommunikation zufriedener Beschwerdeführer gewonnen werden (Kommunkationsnutzen). Die **qualitätsrelevanten Teilziele** richten sich auf die Nutzung von Beschwerdeinformationen für Qualitätsverbesserungen, die sich primär in einer Reduzierung von Fehlerkosten niederschlagen (Informationsnutzen). Mit der Verfolgung des **produktivitätsrelevanten Teilziels** soll eine Minderung von Kosten des Beschwerdemanagements selbst erreicht werden. Bild 4.2 zeigt diese grundlegenden Zielbeziehungen zwischen den Teilzielen und dem Globalziel des Beschwerdemanagements. Im Rahmen des Beschwerdemanagement-Controllings wird beschrieben, wie die ökonomischen Zielgrößen gemessen werden können (Kapitel 11.3). Zudem wird dort gezeigt, wie man die ökonomische Zielerreichung mittels vorökonomischer Zielgrößen (Key Performance Indicators) auf der Basis einer detaillierteren Zielkette steuern kann (Kapitel 11.4).

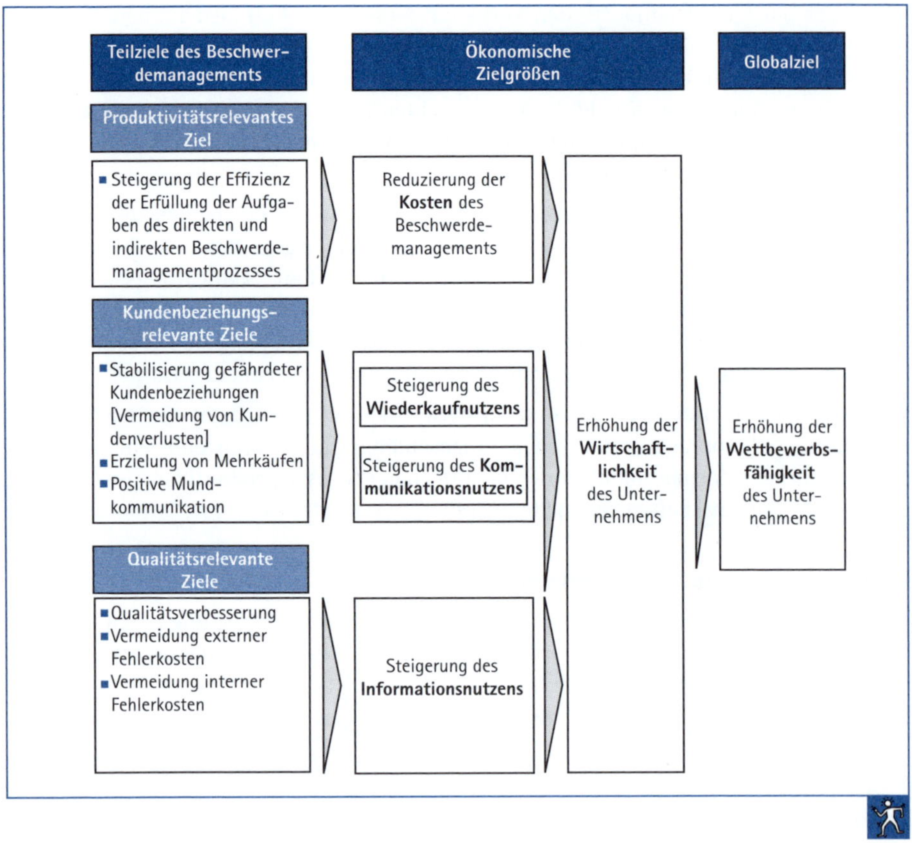

Bild 4.2 Beziehungen zwischen Teilzielen und Globalziel des Beschwerdemanagements

4.2 Wesentliche Aufgaben des Beschwerdemanagements

Die Ziele des Beschwerdemanagements lassen sich nur erreichen, wenn eine Reihe **wesentlicher Aufgaben** erfüllt wird, die sich entweder dem direkten oder dem indirekten Beschwerdemanagementprozess zuordnen lassen.

Die Bezeichnung **„direkt"** deutet darauf hin, dass die Aufgabenerfüllung mit einem unmittelbaren Kontakt zum Beschwerdeführer verbunden ist. In Anlehnung an die von Carlzon (1992) geprägte Bezeichnung „Moment of Truth" für den Dienstleistungskontakt zwischen Kunden und Mitarbeitern stellen die Kontaktsituationen im Rahmen dieser Aufgaben die **„Augenblicke der Wahrheit im Beschwerdemanagementprozess"** dar. Wie die Aufgabenerfüllung vom Beschwerdeführer erlebt wird, entscheidet darüber, ob er auch in Zukunft noch Kunde des Unternehmens sein wird. Insofern dienen die Aufgaben des direkten Beschwerdemanagementprozesses primär der Erreichung der kundenbeziehungsrelevanten Teilziele.

Als **indirekt** werden die Aufgaben des Beschwerdemanagements bezeichnet, an denen der **Kunde nicht unmittelbar beteiligt** ist. Sie ermöglichen den innerbetrieblichen Lernprozess durch Auswertung, Kommunikation und Nutzung der eingegangenen Beschwerden und stehen somit in erster Linie im Kontext der qualitätsrelevanten Teilziele des Beschwerdemanagements.

Bild 4.3 gibt einen Überblick über die Aufgaben des **gesamten Beschwerdemanagementprozesses**.

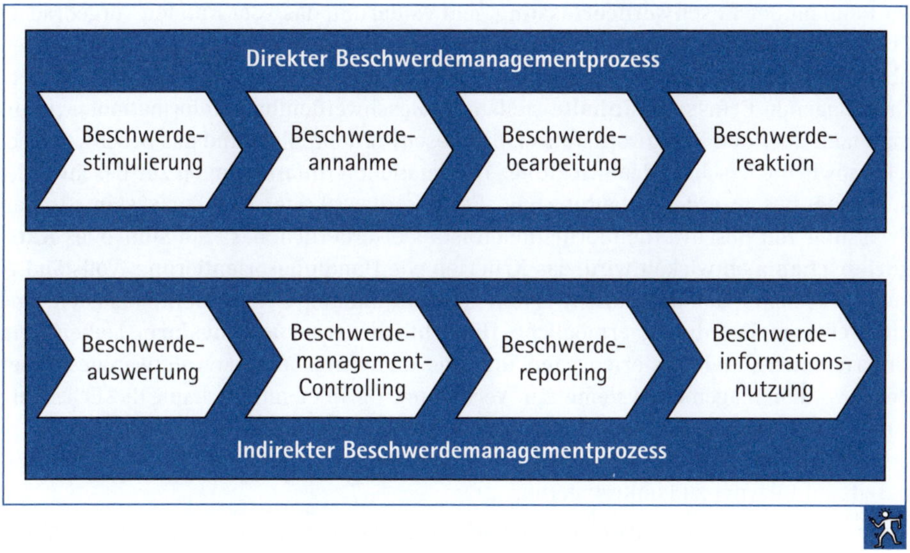

Bild 4.3 Der Beschwerdemanagementprozess im Überblick

Aufgaben des direkten Beschwerdemanagementprozesses

Zum direkten Beschwerdemanagementprozess gehören die Beschwerdestimulierung, die Beschwerdeannahme, die Beschwerdebearbeitung und die Beschwerdereaktion.

Im Rahmen der **Beschwerdestimulierung** sollen unzufriedene Kunden dazu bewegt werden, die von ihnen wahrgenommenen Probleme gegenüber dem Unternehmen vorzubringen. Dabei sind vor allem drei Teilaufgaben zu lösen. Erstens muss eine **Entscheidung über den Beschwerdekanal** getroffen werden, d. h. die Frage beantwortet werden, auf welche Weise (mündlich, telefonisch, schriftlich oder elektronisch) und gegenüber welcher Stelle Kunden ihre Beschwerde vorbringen sollen. Damit ein möglichst hoher Anteil der unzufriedenen Kunden die Reaktionsform Beschwerde und den geeigneten Beschwerdekanal wählt, muss zweitens eine aktive **Kommunikation des Beschwerdewegs** erfolgen. Drittens ist durch die Bereitstellung der erforderlichen Kapazitäten im Rahmen einer stufenweisen Beschwerdestimulierung die **Erreichbarkeit** der annehmenden Stellen sicherzustellen.

Die Phase der **Beschwerdeannahme** betrifft vor allem die Organisation des Beschwerdeeingangs und die Erfassung der Beschwerdeinformationen. Bei mündlich und telefonisch vorgebrachten Beschwerden erfährt der Kunde im Erstkontakt bereits wichtige Aspekte der unternehmerischen Reaktion auf sein Anliegen. Bei schriftlichen Beschwerden findet der Erstkontakt mit dem Beschwerdeführer in Form von Zwischenbescheiden oder abschließenden Antworten statt. Wie der Kunde diese unternehmerische Reaktion wahrnimmt, entscheidet maßgeblich darüber, ob seine Unzufriedenheit abgebaut oder gar noch gesteigert wird. Deshalb kommt es bei der **Organisation des Beschwerdeeingangs** darauf an, klare Verantwortungsstrukturen festzulegen und die Mitarbeiter, die Beschwerden entgegennehmen, auf diese Situation vorzubereiten.

Im Rahmen der **Beschwerdeerfassung** geht es darum, das vom Kunden vorgebrachte Problem vollständig, schnell und strukturiert aufzunehmen. Dabei sind Entscheidungen über die Erfassungsinhalte, die Kategorisierung und die Erfassungsform zu treffen. Grundlegende **Erfassungsinhalte** stellen die Beschwerdeinhalts-Informationen (Informationen über den Beschwerdeführer, das Beschwerdeproblem und das Beschwerdeobjekt) sowie die Beschwerdeabwicklungs-Informationen (Informationen zur Beschwerdeannahme, Beschwerdebearbeitung und Beschwerdereaktion) dar. Zur systematischen Erfassung von Beschwerdeinformationen ist es erforderlich, dass ein sinnvolles **Kategorienschema** entwickelt wird, das Kriterien wie Handlungsorientierung, Vollständigkeit und leichte Handhabbarkeit erfüllt und bei umfangreichen Merkmalslisten eine hierarchische Zuordnung ermöglicht. Hinsichtlich der **Erfassungsform** stehen dem Unternehmen standardisierte Formblätter und/oder Eingabemasken softwaregestützter Beschwerdemanagementsysteme zur Verfügung. Darüber hinaus kann die Erfassung zumindest teilweise auch den Kunden übertragen werden, indem man sie bittet, ihre Beschwerden in einer strukturierten Meinungskarte oder einer spezifischen Beschwerdeseite im Internet zu konkretisieren.

Im Aufgabenfeld der **Beschwerdebearbeitung** geht es um die systematische Gestaltung der Beschwerdeabwicklung. In einem ersten Schritt müssen unterschiedliche **Arten von Beschwerdebearbeitungsprozessen** identifiziert und modelliert werden. Daraufhin sind **Verantwortlichkeiten** auf unterschiedlichen Ebenen festzulegen: für den gesamten Beschwerdemanagementprozess der „Process Owner“, für die Einzelfallbearbeitung der „Complaint Owner“ und für die einzelnen Bearbeitungsstufen die „Task Owner“. Auch sind für die verschiedenen Prozesse und Teilschritte **Bearbeitungstermine** zu fixieren. Zur Überwachung der Einhaltung dieser Termine dient ein entsprechend ausgestaltetes **Mahn- und Eskalationssystem**. Weiterhin müssen Regeln und Formen für die **interne Kommunikation** der an der Bearbeitung eines Beschwerdevorgangs beteiligten Stellen festgelegt werden. In der **Bearbeitungshistorie** werden schließlich alle Bearbeitungsschritte mit ihren Inhalten, ausführenden Stellen und Terminen chronologisch für jeden einzelnen Beschwerdefall dokumentiert.

Im Bereich der **Beschwerdereaktion** gilt es, grundsätzliche **Leitlinien und Verhaltensregeln** zu definieren, um das angestrebte Ziel einer Beruhigung der Situation und einer zufriedenstellenden Lösung zu erreichen. Dabei sind Differenzierungen vorzunehmen, je nachdem, auf welchem Beschwerdeweg die Kundenkritik artikuliert wurde. Eine weitere zentrale Teilaufgabe im Rahmen der Beschwerdebearbeitung liegt in der Entscheidung, welche **Lösung** dem Kunden im Hinblick auf seine Beschwerde angeboten werden soll. Prinzipiell kommen finanzielle (Preisnachlass, Geldrückgabe, Schadensersatz), materielle (Umtausch, Reparatur, Ersatzprodukt, Geschenk) oder immaterielle Kompensationsangebote (Entschuldigung, Information) in Betracht. Um eine kunden- und problemgerechte Entscheidung treffen zu können, müssen informatorische Voraussetzungen gegeben bzw. hergestellt werden. Dazu gehören die Verfügbarkeit detaillierter **Daten über den Beschwerdeführer**, seine Zugehörigkeit zu bestimmten Kundengruppen und sein ökonomischer Wert für das Unternehmen. Zum Handlungsbereich der Beschwerdereaktion gehören auch die Entscheidungen über **Umfang und zeitliche Gestaltung der Kommunikation** nach Beschwerdeeingang. Hier ist festzulegen, welche Rückmeldungen (z.B. Eingangsbestätigung und Zwischenbescheid) in welcher Form (mündlich, telefonisch, schriftlich) erfolgen sollen. Auch sind eindeutige Standards für maximale Zeitspannen zu setzen, in denen diese Kommunikation durchgeführt sein muss.

Aufgaben des indirekten Beschwerdemanagementprozesses

Mit der Phase der Beschwerdereaktion ist der direkte Beschwerdemanagementprozess abgeschlossen. Beschwerdeauswertung, Beschwerdemanagement-Controlling, Beschwerdereporting und Beschwerdeinformationsnutzung machen den **indirekten Beschwerdemanagementprozess** aus, der ohne Kundenkontakt abgewickelt wird.

Beschwerden enthalten konkrete Hinweise auf unternehmerische Schwächen bei der Planung, Produktion und Vermarktung von Produkten und Dienstleistungen sowie auf Änderungen in Kundenpräferenzen oder Marktchancen. Daher müssen die in Beschwerden enthaltenen Informationen ausgewertet werden. Zwei Aufgaben stehen im Mittelpunkt der **Beschwerdeauswertung**. Zum einen gilt es, im Rahmen der **Beschwerdeanalyse** Umfang und Verteilung des Beschwerdeaufkommens zu erfassen. Zum anderen ist eine Rangreihung der von den Kunden wahrgenommenen Probleme vorzunehmen, um **eine Priorisierung** für Maßnahmen zur Korrektur und Verbesserung vornehmen zu können.

Der Aufgabenbereich des **Beschwerdemanagement-Controllings** umfasst drei wichtige Teilbereiche: Evidenz-Controlling, Aufgaben-Controlling und Kosten-Nutzen-Controlling.

Zentrales Anliegen des **Evidenz-Controllings** ist die Ermittlung, inwieweit das Beschwerdemanagement in der Lage ist, das Ausmaß der unter den Kunden des Unternehmens verbreiteten Unzufriedenheit in Form von Beschwerden aufzudecken, d. h. für das Management evident zu machen. Dabei sind zwei Ansatzpunkte zu unterscheiden. Zum Ersten muss das Ausmaß nicht artikulierter Beschwerden unzufriedener Kunden erfasst werden. Zum Zweiten gilt es, den Umfang der zwar artikulierten, aber im Unternehmen nicht registrierten (verborgenen) Beschwerden zu ermitteln.

Das **Aufgaben-Controlling** überwacht, in welchem Maße die Aufgaben des Beschwerdemanagements erfüllt werden. Hier sind bezüglich aller Teilaufgaben **Qualitätsindikatoren und -standards** zu formulieren, deren Einhaltung und Angemessenheit laufend überprüft werden müssen. Nur für einen Teil der Qualitätsindikatoren können objektive Standards festgelegt werden (z. B. zeitliche Vorgaben für die Schnelligkeit der Beschwerdebearbeitung). In anderen Fällen bietet es sich an, Zufriedenheitswerte als Standards vorzugeben und im Rahmen der Beschwerdezufriedenheitsbefragung zu überprüfen. Darüber hinaus sind **Produktivitätsindikatoren und -standards** zu fixieren, anhand derer die Effizienz der Aufgabenerfüllung überprüft werden kann.

Das **Kosten-Nutzen-Controlling** hat die Funktion, die Kosten- und Nutzeneffekte eines Beschwerdemanagementsystems abzuschätzen (Riemer 1986; Hoffmann 1991). Im **Kosten-Controlling** sind die Kosten zu berechnen, die bei der Annahme, Bearbeitung und Reaktion sowie im Rahmen des indirekten Beschwerdemanagementprozesses entstehen. Das **Nutzen-Controlling** quantifiziert die unterschiedlichen Nutzendimensionen des Beschwerdemanagements (Informations-, Wiederkauf- und Kommunikationsnutzen). Durch Gegenüberstellung der Kosten- und Nutzeneffekte lassen sich die **Wirtschaftlichkeit und der Return on Complaint Management** berechnen.

Die Ergebnisse der verschiedenen Bereiche des Beschwerdemanagement-Controllings dienen zur **Steuerung und Überwachung** des Bereichs Beschwerdemanagement. Die strategische Steuerung erfolgt mittels **Key Performance Indicators** einer **Beschwerdemanagement-Zielkette**, die operative Steuerung erfolgt unter Nutzung eines **Beschwerdemanagement-Index**. Zur Überwachung des Bereichs sind regelmäßig systematische **Beschwerdemanagement-Audits** durchzuführen.

Die Informationen aus der Beschwerdeauswertung sowie dem Beschwerdemanagement-Controlling müssen den verschiedenen unternehmensinternen Zielgruppen zugänglich gemacht werden. Daher sind im Rahmen des **Beschwerdereportings** Entscheidungen darüber zu treffen, für welche internen Kundensegmente (Geschäftsleitung, Qualitätssicherung, Marketing usw.) welche Auswertungen (quantitativ und qualitativ) in welchen Zeitintervallen verbreitet bzw. auf Anforderung bereitgestellt werden sollen.

Ein zentrales Ziel des Beschwerdemanagements liegt darin, einen wesentlichen Beitrag für das Qualitätsmanagement zu leisten, indem es eine aktive Nutzung der erfassten Beschwerdeinformationen für Verbesserungsmaßnahmen gewährleistet. Insofern bedarf es nicht nur eines regelmäßigen Beschwerdereportings, sondern auch einer systematischen **Beschwerdeinformationsnutzung** unter Einsatz spezifischer Managementmaßnahmen und Instrumente. Dazu gehören die Anwendung von Qualitätsplanungstechniken zur Ursachenanalyse, die Entwicklung von Problemlösungen, die Einbeziehung von Beschwerdeinformationen in die Arbeit von Qualitätsverbesserungsteams, die Nutzung des Ideenpotenzials von Beschwerdeführern und die Integration von Beschwerdeinformationen in ein Kundenwissensmanagement.

4.3 Rahmenfaktoren des Beschwerdemanagements

Zu den wesentlichen Herausforderungen des Beschwerdemanagements gehört es nicht nur, die Teilaufgaben des direkten und indirekten Beschwerdemanagementprozesses zu planen, durchzuführen und hinsichtlich Effektivität und Effizienz zu überprüfen, sondern es müssen auch die **innerbetrieblichen Rahmenbedingungen** so gestaltet werden, dass eine bestmögliche Aufgabenerfüllung möglich wird. Dazu gehören das systematische und sorgfältig aufeinander abgestimmte Management personalpolitischer, organisatorischer und informationstechnologischer Aspekte. Darüber hinaus ist grundlegend zu beachten, dass sämtliche Maßnahmen konsequent auf die Realisierung der unternehmerischen Strategie des Kundenbeziehungsmanagements ausgerichtet werden (siehe Bild 4.4).

Für die Beschwerdezufriedenheit des Kunden und damit für den Erfolg des Beschwerdemanagements ist vielfach das Verhalten der Mitarbeiter entscheidend. Daher stellt die Gestaltung der **personalpolitischen Aspekte** einen besonders wichtigen Handlungsbereich dar. Zum einen müssen die notwendigen **Mitarbeiterqualifikationen** (Serviceorientierung, Sozialkompetenz, Emotionalkompetenz sowie Fach- und Methodenkompetenz) definiert werden. Dann gilt es, mit Maßnahmen eines **personalorientierten internen Marketings** dafür zu sorgen, dass die erforderlichen Mitarbeiterqualifikationen im Unternehmen auch bereitgestellt und gefördert werden. Dazu gehören Instrumente zur zielgerichteten Rekrutierung entsprechender Mitarbeiter, Mitarbeiterkommunikation und Training, abgestimmte Anreizsysteme, Maßnahmen zur Vermeidung von Burn-out-Effekten sowie die Übertragung von Kompetenzen und Handlungsspielräumen an Mitarbeiter (Empowerment). Darüber hinaus muss dafür gesorgt werden, dass diese Maßnahmen durch die Bereitstellung einer entsprechenden technologischen **Infrastruktur** sowie durch eine fest verankerte **kundenorientierte Unternehmenskultur** unterstützt werden.

Die Einrichtung eines aktiven Beschwerdemanagements ist mit einer Reihe **organisatorischer Fragen** verbunden. Ein erster Problemkomplex betrifft die Frage, ob in **aufbauorganisatorischer Hinsicht** ein zentrales, dezentrales oder duales Beschwerdemanagement eingerichtet werden soll, wobei diese Entscheidung von einer Reihe von Faktoren (wie beispielsweise der Kundenanzahl, der Art des Vertriebs oder der Art des Produkts) abhängig ist. Ein zweiter Problemkomplex betrifft die **interne Gliederung und Funktionsverteilung** eines Bereichs Beschwerdemanagement. Hier ist insbesondere das Verhältnis zwischen den Einheiten zur operativen Abwicklung von Beschwerden im Beschwerde-Center und der Bereichsleitung Beschwerdemanagement mit ihren konzeptionell-steuernden Funktionen zu klären. In Bezug auf die **Einbindung des Bereichs Beschwerdemanagement in die unternehmerische Organisationsstruktur** müssen die Fragen beantwortet werden, wie der Beschwerdemanagementprozess mit anderen unternehmerischen Prozessen verknüpft ist, welche Einflussrechte dem Bereich zuerkannt werden sollen und welche Art der institutionellen und hierarchischen Verankerung (Stabsstelle oder Linienfunktion) sinnvoll erscheint. Auch ist die Frage eines **Outsourcings** des Beschwerdemanagements zu klären, wobei diese Frage differenziert im Hinblick auf die strategisch-konzeptionellen und operativen Aufgaben zu beantworten ist.

Neben den personalpolitischen und organisatorischen sind auch die **technologischen Aspekte** von besonderer Bedeutung. Die Beschwerdemanagementprozesse können insbesondere bei erheblichem Beschwerdeaufkommen nicht ohne Verwendung von Softwareprogrammen effizient realisiert werden. Daher besteht eine wichtige Managementaufgabe darin, die geeignete Software auszuwählen. Dazu gehört die Beantwortung der Frage, ob eine **spezielle Beschwerdemanagementsoftware** eingesetzt oder eine **integrative CRM-Lösung** gesucht werden soll. Eine ebenfalls relevante informationstechnologische Überlegung besteht darin, Art und Umfang der Einbeziehung von **Intranet und Internet** in die Aufgabenerfüllung zu bestimmen und die entsprechende Hard- und Software-Infrastruktur.

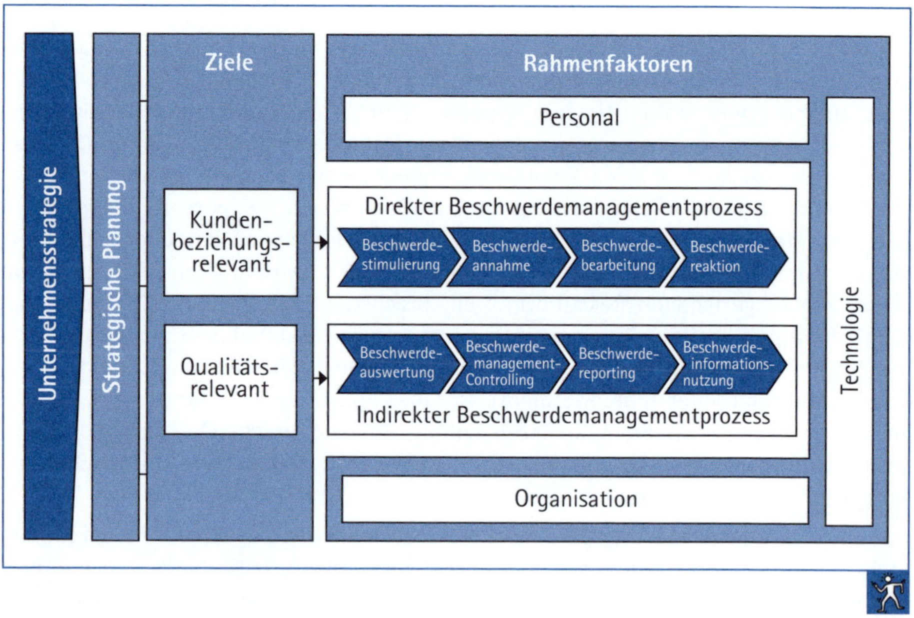

Bild 4.4 Das Beschwerdemanagement im Überblick

Bild 4.4 zeigt noch einmal das Gesamtkonzept des Beschwerdemanagements mit dem direkten und indirekten Beschwerdemanagementprozess und den Rahmenfaktoren. Zugleich macht das Bild deutlich, dass die Aufgaben und Rahmenbedingungen zielorientiert gestaltet werden müssen, wobei der direkte Beschwerdemanagementprozess auf die Realisierung der kundenbeziehungsrelevanten Ziele, der indirekte Beschwerdemanagementprozess auf die Verwirklichung der qualitätsrelevanten Ziele ausgerichtet ist. Die grundlegenden Entscheidungen für das Beschwerdemanagement sind im Rahmen einer strategischen Planung zu treffen, wobei es darauf ankommt, eine möglichst optimale Abstimmung auf die grundsätzliche Unternehmensstrategie vorzunehmen.

Kapitel 4 ganz kurz:

- Das Globalziel des Beschwerdemanagements liegt darin, Wettbewerbsfähigkeit und Gewinn des Unternehmens zu erhöhen.
- Teilziele in Bezug auf das Kundenbeziehungsmanagement bestehen vor allem darin, Kundenabwanderung zu vermeiden sowie positive Umsatz-, Image- und Mundkommunikationseffekte zu erreichen.
- Bezüglich des Qualitätsmanagements zielt Beschwerdemanagement darauf ab, durch Nutzung der in Beschwerden enthaltenen Informationen die Produktqualität zu verbessern und Fehlerkosten zu reduzieren.
- Hinsichtlich der Aufgaben des Beschwerdemanagements ist zwischen dem direkten und dem indirekten Beschwerdemanagementprozess zu unterscheiden.
- Die Aufgaben des direkten Beschwerdemanagementprozesses beinhalten Kundenkontakt und dienen primär den Zielen des Kundenbeziehungsmanagements: Beschwerdestimulierung, Beschwerdeannahme, Beschwerdebearbeitung und Beschwerdereaktion.
- Die ohne Kundenkontakt erfüllbaren Aufgaben des indirekten Beschwerdemanagementprozesses sind an den Zielen des Qualitätsmanagements orientiert: Beschwerdeauswertung, Beschwerdemanagement-Controlling, Beschwerdereporting und Beschwerdeinformationsnutzung.
- Eine optimale Aufgabenerfüllung verlangt eine entsprechende Gestaltung bzw. Beachtung personalpolitischer, organisatorischer und technologischer Rahmenbedingungen.

Literatur

Carlzon, J. (1992): Alles für den Kunden, 5. Aufl., Frankfurt/Main u. a.

Günter, B. (1992): Kundenzufriedenheit steigern durch optimales Beschwerdemanagement, in: Hofmaier, R. (Hrsg.): Investitionsgüter- und High-Tech-Marketing, Landsberg/Lech, S. 379 - 393.

Hoffmann, A. (1991): Die Erfolgskontrolle von Beschwerdemanagement-Systemen, Frankfurt/Main u. a.

Riemer, M. (1986): Beschwerdemanagement, Frankfurt/Main u. a.

Stauss, B. (1991): Service-Qualität als strategischer Erfolgsfaktor, in: Stauss, B. (Hrsg.): Erfolg durch Service-Qualität, München, S. 7 - 35.

Stauss, B. (1993): Kundenbindung durch Dialog mit dem unzufriedenen Bürger, in: Frankfurter Brief für Unternehmensführung, 4. Jg., September, S. 1 - 4.

BESCHWERDE-
MANAGEMENT
UR

5 Strategische Planung im Beschwerdemanagement

- Warum ist eine strategische Planung für das Beschwerdemanagement erforderlich?
- Welche Schritte umfasst der strategische Planungsprozess?
- Welche Aspekte sind im Rahmen der strategischen Ist-Analyse zu untersuchen?
- Welche grundsätzlichen Strategieoptionen stehen zur Verfügung?
- Wie erfolgt die Auswahl der geeigneten Strategieoption?

5.1 Strategisches Potenzial und Notwendigkeit einer strategischen Planung

Das Beschwerdemanagement hat ein hohes strategisches Potenzial sowohl für das Kundenbeziehungsmanagement als auch für das Qualitätsmanagement. Die Ergebnisse aus empirischen Studien lassen allerdings den Schluss zu, dass es dem Beschwerdemanagement vielfach nicht oder nur in **engen Grenzen gelingt**, dieses **strategische Potenzial tatsächlich auszuschöpfen** und damit den angestrebten Beitrag zur Erhöhung von Gewinn und Wettbewerbsfähigkeit zu leisten. Zum einen ist die Zufriedenheit der Beschwerdeführer mit der unternehmerischen Reaktion oft außerordentlich gering. Zum anderen erfolgt auch nur selten eine systematische Nutzung der Beschwerden als Informationsquelle für Qualitätsverbesserungen.

Eine eindeutige Diagnose für die **Ursachen** dieses Sachverhalts liegt bisher nicht vor. Wahrscheinlich wirken verschiedene Faktoren zusammen. So spricht viel dafür, dass die strategische Bedeutung des Beschwerdemanagements von der Unternehmensleitung, aber auch von Verantwortlichen des Kundenbeziehungs- und Qualitätsmanagements unterschätzt wird. Auch heute noch wird das Beschwerdemanagement in vielen Unternehmen primär als Einheit für den operativen Kundendialog angesehen, während sein Beitrag für die Wertschöpfung und Wettbewerbsfähigkeit des Unternehmens nur im Ausnahmefall voll erkannt wird. Als Folge davon wird das Beschwerdemanagement kaum an strategischen Entscheidungsfindungen beteiligt, obwohl es mit der Verfügung über relevantes, aktuelles und detailliertes Kundenwissen besonders bedeutsame Impulse liefern könnte.

Dieser Sachverhalt sollte aber vom Beschwerdemanagement nicht nur beschrieben und als Ignoranz von Unternehmensleitung und Führungskräften anderer Sparten und Funktionsbereiche beklagt werden. Stattdessen sind Überlegungen anzustellen, was das Beschwerdemanagement selbst tun kann, um eine **bessere unternehmerische Ausschöpfung seines strategischen Potenzials** zu erreichen. Dazu sind drei Ansatzpunkte zu nennen:

- Erstens müssen die Aufgaben im **operativen Bereich** so **professionell ausgeführt** werden, dass Kundenzufriedenheit erreicht wird und die Informationsleistungen unternehmensintern nachgefragt werden. Dies setzt einen in sich stimmigen und systematischen Instrumenteneinsatz voraus, denn erfolgreiches Beschwerdemanagement findet nicht zufällig, sondern nur als Ergebnis eines planvollen, gut gemanagten Prozesses statt. Wie dies erfolgen kann, ist wesentlicher Gegenstand der Ausführungen dieses Buchs.
- Zweitens ist die damit verbundene Aufgabe zu erfüllen, unternehmensintern den eigenen **Beitrag zur unternehmerischen Wertschöpfung** nachzuweisen. Da in der unternehmerischen Kostenrechnung in der Regel nur die Kosten des Beschwerdemanagements erfasst sind, nicht aber die ökonomischen Nutzenwirkungen, muss das Beschwerdemanagement Anstrengungen unternehmen, die Wirtschaftlichkeit und Rentabilität des eigenen Aktivitätsbereichs zu belegen. Im Kapitel Beschwerdemanagement-Controlling (Kapitel 11) werden detailliert Ansatzpunkte hierfür geliefert.
- Drittens müssen die Führungskräfte des Funktionsbereichs Beschwerdemanagement das strategische Potenzial erschließen, indem sie selbst strategisch denken und handeln, insbesondere die Schaffung und Sicherung von Erfolgspotenzialen planen. Dies erfordert den Einsatz des Instrumentariums der strategischen Planung für den Funktionsbereich Beschwerdemanagement.

5.2 Strategie – strategische Planung

Im Bereich der praktischen und wissenschaftlichen Diskussion zum Beschwerdemanagement herrscht eine paradoxe Situation vor, da einerseits die strategische Bedeutung dieses Aktivitätsbereichs immer wieder betont, andererseits aber die Frage einer strategischen Planung für diesen funktionalen Bereich ignoriert wird. Bisher gibt es nur wenige systematische Auseinandersetzungen mit dieser Thematik (Mende 2006; Stauss 2008).

Unter **Strategie** versteht man Grundsatzregelungen mittel- bzw. langfristiger Art, die strukturbestimmenden Charakter haben und nicht leicht korrigierbar sind. Eine Strategie gibt den handlungsleitenden Rahmen für alle Entscheidungen über Ziele, Maßnahmen und Mittel zur Erreichung von dauerhaften Wettbewerbsvorteilen vor (Becker 2006). **Strategische Planung** ist nichts anderes als die planvolle Erarbeitung von Strategien. Sie umfasst einen systematischen Prozess zur Fundierung, Formulierung, Bewertung und Auswahl von Strategien.

Die strategische Planung stellt einen bewussten und rationalen Entscheidungsprozess dar, der idealtypisch aus folgenden **Schritten** besteht (Mende 2006):

- strategische Ist-Analyse,
- Entwicklung von Strategieoptionen,
- Strategiebewertung und Auswahl.

Die Planungsschritte sind grundsätzlich sequenziell abzuarbeiten, auch wenn in der Realität einzelne Planungsaktivitäten parallel verlaufen.

Üblicherweise bezieht sich die strategische Planung auf das grundsätzliche Marktverhalten des gesamten Unternehmens oder aber eigenständig geführter strategischer Geschäftseinheiten (z.B. Sparten). Mit dem zunehmenden Bewusstsein jedoch, dass auch unternehmerische **Funktionsbereiche** (meist interne) Dienstleistungen erstellen und potenziell mit externen Dienstleistern in Wettbewerbsbeziehung stehen, setzt sich mehr und mehr das Bewusstsein durch, dass auch auf dieser Ebene eine strategische Planung sinnvoll und notwendig ist, um eine zielorientierte und kundengerechte Leistungserstellung zu gewährleisten (Reckenfelderbäumer 2001). Diese Transferüberlegungen sind demnach auch für den Funktionsbereich des Beschwerdemanagements anzustellen.

5.3 Der strategische Planungsprozess für den Funktionsbereich Beschwerdemanagement

Im Folgenden wird der strategische Planungsprozess für den Funktionsbereich Beschwerdemanagement knapp dargestellt, und zwar im Ablauf der Prozessphasen Ist-Analyse, Strategieentwicklung sowie Strategiebewertung und -auswahl.

5.3.1 Strategische Ist-Analyse

In einem ersten Schritt ist eine umfassende strategische Analyse der Ausgangssituation vorzunehmen. Die Bereichsleitung Beschwerdemanagement muss auf der einen Seite die wesentlichen Ansprüche sowie die relevanten Einflussfaktoren außerhalb und innerhalb des Unternehmens identifizieren (Umfeldanalyse). Zum Zweiten ist der eigene Funktionsbereich im Hinblick auf das Leistungsspektrum, die Qualität der Leistungserfüllung sowie die bestehenden Handlungsrestriktionen detailliert zu erfassen und zu bewerten (Funktionsbereichsanalyse), siehe Bild 5.1.

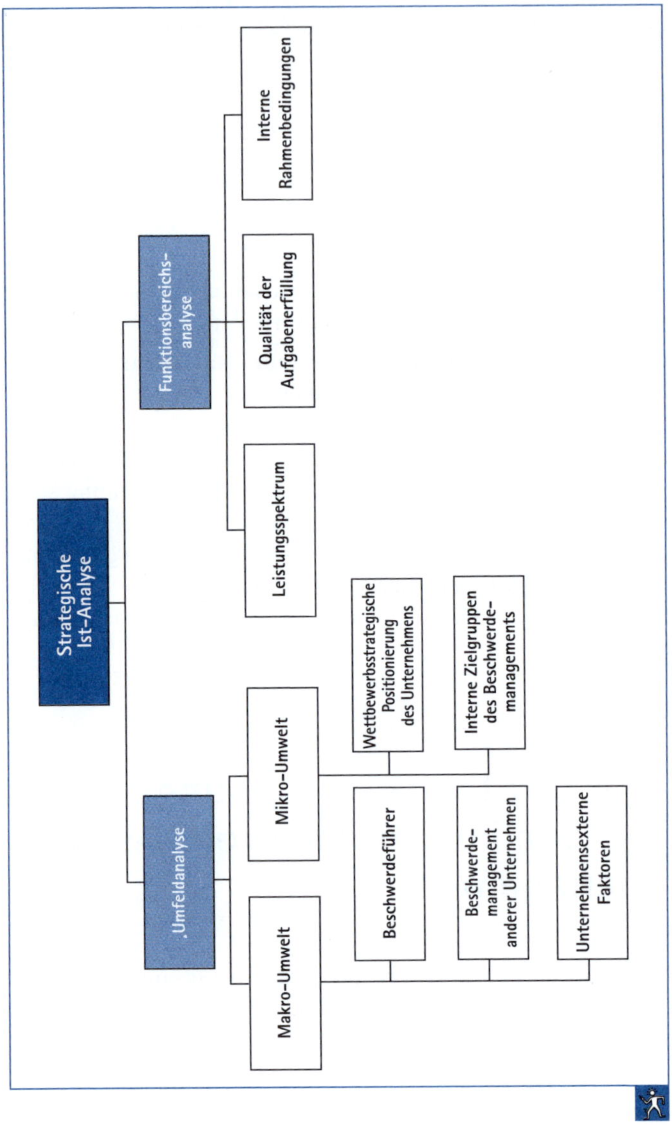

Bild 5.1 Felder der strategischen Ist-Analyse

5.3.1.1 Umfeldanalyse

Im Rahmen der Umfeldanalyse sind zwei Betrachtungsebenen zu unterscheiden: die externe unternehmerische Umwelt (Makroumwelt) einerseits und die interne unternehmerische Funktionsumwelt (Mikroumwelt) andererseits. Sie werden im Folgenden getrennt betrachtet.

5.3.1.1.1 Analyse der externen unternehmerischen Umwelt (Makroumwelt)

Bei der Untersuchung der **Makroumwelt** geht es im Kern um die Analyse der zentralen externen Anspruchsgruppe, nämlich der unzufriedenen Kunden. Zusätzlich sind die Beschwerdemanagement-Aktivitäten anderer Unternehmen zu beachten sowie sämtliche unternehmensexterne Faktoren, die Einfluss auf das Beschwerdemanagement haben können.

Die **Beschwerdeführer** sind die zentrale Zielgruppe des direkten Beschwerdemanagements. Das primäre Ziel des Beschwerdemanagements, die unzufriedenen Kunden wieder zufriedenzustellen und an das Unternehmen zu binden, kann nur erreicht werden, wenn die wesentlichen Anforderungen der Kunden an das Beschwerdemanagement bekannt sind. Insofern ist zu ermitteln, welche Erwartungen die Beschwerdeführer an die unternehmerische Reaktion haben, welche Aspekte ihre Beschwerdezufriedenheit bestimmen und wie Kundenabwanderung vermieden werden kann. Nur auf der Basis dieser Kenntnisse können strategische und operative Handlungsoptionen geplant werden.

Darüber hinaus ist es sinnvoll, sich ein Bild vom **Beschwerdemanagement anderer Unternehmen** zu machen. Unzufriedene Kunden erleben die Vorgehensweisen verschiedener Unternehmen und bilden ihre generellen Erwartungen an das Beschwerdemanagement aufgrund dieser Erfahrungen. Insofern kommt es darauf an, Erkenntnisse über die Praxis des Beschwerdemanagements von Unternehmen in der eigenen Branche zu erhalten sowie von Unternehmen anderer Branchen, die eine ähnliche strategische Positionierung einnehmen.

Zudem sind diejenigen **unternehmensexternen Faktoren** zu identifizieren und intensiv zu untersuchen, welche die Aktivitäten des Beschwerdemanagements beeinflussen. Diese Einflüsse können politisch-rechtlicher, gesellschaftlicher, wirtschaftlicher oder technologischer Art sein (Mende 2006). Bei der Analyse dieser Faktoren kommt es darauf an, herauszufinden, welche Auswirkungen sie auf das Beschwerdeverhalten der Kunden haben und ob sich daraus Anforderungen an den direkten Beschwerdemanagementprozess ergeben. Dies ist der Fall, wenn unternehmensexterne Faktoren zu quantitativen Verschiebungen des Beschwerdeaufkommens oder zu einer qualitativen Veränderung der Beschwerdeerwartungen und des Dialogverhaltens von Kunden führen. Zudem ist zu analysieren, ob die externen Einflüsse neue Möglichkeiten der effizienten Aufgabenerfüllung im direkten und indirekten Beschwerdemanagementprozess ermöglichen, etwa indem sie bessere Formen der Bearbeitung oder Auswertung von Beschwerden gestatten.

In Bezug auf die **politisch-rechtliche Dimension** sind die Einflüsse des Gesetzgebers und der Rechtsprechung zu betrachten. Hier ist in erster Linie relevant, welchen politischen Stellenwert die Verbraucherpolitik erhält und wie sich dieser in rechtlichen Regelungen beispielsweise zu Gewährleistungsansprüchen des Kunden oder Fragen der Produzentenhaftung widerspiegelt.

Im Hinblick auf die **gesellschaftliche Dimension** interessieren insbesondere Fragen des gesellschaftlichen Wertewandels, soweit dieser in einer erhöhten Sensibilität für bestimmte Problemstellungen (z. B. Ökologie, Sicherheit) zum Ausdruck kommt. Ebenfalls relevant sind generelle Verhaltenstendenzen, die Auswirkungen auf das Beschwerdeverhalten haben können, beispielsweise Trends in Richtung auf steigende Anspruchsniveaus, sinkende Toleranzschwellen, vermehrte Kritikartikulation oder abnehmende Bindungsbereitschaft.

Auch Aspekte der **wirtschaftlichen Dimension** können bedeutsam sein. Insbesondere muss beobachtet werden, wie sich konjunkturelle Einflüsse, etwa reduzierte Arbeitseinkommen und erhöhte Arbeitslosigkeit, auf das Kaufverhalten sowie die Dialogformen und die Loyalität von Kunden auswirken. Von noch stärkerer Bedeutung sind die Intensität und die Dynamik des Wettbewerbs auf den Märkten, denn sie bestimmen das Ausmaß der Relevanz kundenorientierten Verhaltens. Zum Beispiel ist die Bedeutung eines beziehungsorientierten Beschwerdemanagements umso größer, je stärker der Wettbewerb, je intensiver der Kampf um die Kunden und je teurer die Neukundengewinnung ist.

In **technologischer** Hinsicht sind insbesondere Entwicklungen in den Bereichen der neuen Informations- und Kommunikationstechnologien zu beachten, die zugleich neue Medien der Kommunikation zwischen Beschwerdeführer und Unternehmen darstellen (wie Internet, E-Mail, SMS, soziale Netzwerke usw.). Sie sind mit Blick auf den direkten Beschwerdemanagementprozess hinsichtlich der zu erwartenden Verbreitung und Nutzung für den Dialog zu überprüfen, aber auch bezüglich ihrer Chancen zum Einsatz von Self-Service-Technologien. Für den indirekten Beschwerdemanagementprozess ist vor allem die Entwicklung von spezifischen Softwarelösungen zu beobachten. Das heißt, es ist permanent zu prüfen, ob es kostengünstigere und/oder bessere Möglichkeiten für die Auswertung von Beschwerden, die schnelle interne Kommunikation, die Nutzung von Beschwerdeinformationen sowie die Durchführung von Controlling-Aktivitäten gibt.

5.3.1.1.2 Analyse der internen Funktionsumwelt (Mikroumwelt)

Das Beschwerdemanagement ist innerbetrieblich in eine spezifische Aufgabenumwelt eingebunden. Deshalb geht es auf einer zweiten Analyseebene darum, die internen Anspruchsgruppen mit ihren Anforderungen und Wünschen zu identifizieren sowie die zentralen internen Einflussfaktoren im Hinblick auf ihre Relevanz für das Beschwerdemanagement zu untersuchen. Dabei kommt der strategischen Ausrichtung des Gesamtunternehmens eine entscheidende Bedeutung zu. Hier ist insbesondere die grundsätzliche wettbewerbsstrategische Positionierung relevant, die auch den Stellenwert der Handlungsbereiche bestimmt, für die das Beschwerdemanagement wesentliche Beiträge leisten kann: für das Kundenbeziehungsmanagement einerseits und das Qualitätsmanagement andererseits. Da die Ansprüche der internen Zielgruppen nur im Licht der generellen strategischen Ausrichtung verstanden werden können, muss die wettbewerbsstrategische Positionierung im Fokus der Mikroumweltanalyse stehen.

Wettbewerbsstrategische Positionierung des Unternehmens

Nach dem weithin akzeptierten Konzept Porters (2013) lassen sich vereinfacht zwei grundlegende wettbewerbsstrategische Positionen unterscheiden, mit deren Hilfe es Unternehmen gelingen kann, dauerhaft Wettbewerbsvorteile zu erringen: Zum einen kann den Nachfragern ein Preisvorteil geboten werden. In diesem Fall gelingt es dem Unternehmen, eine – mit anderen Angeboten vergleichbare – Leistung kostengünstiger zu produzieren und den Kunden anzubieten, als dies Wettbewerber tun könnten (**Kostenführerschaft**). Zum anderen kann das Unternehmen den Kunden eine im Vergleich zur Konkurrenz einzigartige, höherwertige Leistung im Sinne eines Zusatznutzens offerieren (**Differenzierungsstrategie**). Die vom Unternehmen gewählte wettbewerbsstrategische Ausrichtung hat erhebliche Konsequenzen für die unternehmerische Ausrichtung des Kundenbeziehungs- und Qualitätsmanagements. Zugleich hat sie nachhaltigen Einfluss auf die zu wählenden strategischen Optionen des Beschwerdemanagements, worauf im Kontext der Strategiebewertung eingegangen wird.

Interne Zielgruppen des Beschwerdemanagements

Die Aufgaben des direkten Beschwerdemanagementprozesses werden für die externen Kunden erbracht, die des indirekten Beschwerdemanagements für interne Kunden. Um daher die Leistungen des indirekten Beschwerdemanagementprozesses zielorientiert gestalten zu können, bedarf es einer systematischen Analyse der internen Kunden.

Grundsätzlich lässt sich eine Fülle von **internen Kundengruppen** differenzieren. Eine primäre wesentliche Kundengruppe ist die Unternehmensleitung, die über den Stand und die generelle Entwicklung der Kundenunzufriedenheit unterrichtet werden muss. Daneben sind die von der Kundenkritik betroffenen Bereiche als Kundengruppen anzusehen. Dies können Geschäftsbereiche (wie einzelne Sparten) bzw. Organisationseinheiten (wie Filialen) sein, deren Produkte und Dienstleistungen Gegenstand von Beschwerden sind, aber auch Funktionsbereiche, die zur effizienten Erfüllung ihrer Aufgaben auf Beschwerdeinformationen zurückgreifen können (wie Marketing, Vertrieb, Service, Qualitätsmanagement, Controlling). Zusätzlich ist an verschiedene Mitarbeitergruppen, Interessenvertretungen, temporär gebildete Teams oder Partnerunternehmen zu denken. Auch unternehmerische Partner, die in das Leistungsnetzwerk eingebunden sind und gegebenenfalls von der Kundenkritik betroffen oder auch in den Beschwerdemanagementprozess integriert sind, können als interne Kundengruppe angesehen werden, wenn man den Begriff „intern" in diesem Fall nicht auf das Unternehmen, sondern auf das Leistungsnetzwerk bezieht (siehe Bild 5.2).

Vereinfachend soll für die folgenden strategischen Überlegungen nur auf zwei besonders wichtige interne Kundengruppen eingegangen werden: die Unternehmensleitung einerseits und die Geschäfts- und Funktionsbereiche andererseits.

Die **Unternehmensleitung** hat den Funktionsbereich Beschwerdemanagement eingerichtet, ist Budgetgeber und zentraler Auftraggeber. Insofern stellt die Unternehmensleitung den wesentlichsten internen Kunden des Beschwerdemanagements dar.

Im Rahmen der Analyse ist zunächst zu prüfen, welche Relevanz die Unternehmensleitung dem Beziehungs- und Qualitätsmanagement einräumt, welche konkreten Zielvorgaben sie diesbezüglich macht und welche Erwartungen sich daraus für das Beschwerdemanagement ableiten lassen. In Bezug auf das Kundenbeziehungsmanagement ist hier insbesondere an Beiträge zur Steigerung von Kundenzufriedenheit und -loyalität, zur Erzielung von Umsätzen aus Cross-Selling-Aktivitäten und zur Vermeidung negativer Mundkommunikation zu denken. Bezüglich des Qualitätsmanagements ist zu eruieren, welche Qualitätsziele festgelegt sind, welche organisatorischen Einheiten und Prozesse von der Unternehmensleitung auf der Grundlage kundenorientierter Daten gesteuert werden und welche Informationsbedürfnisse sich daraus ergeben.

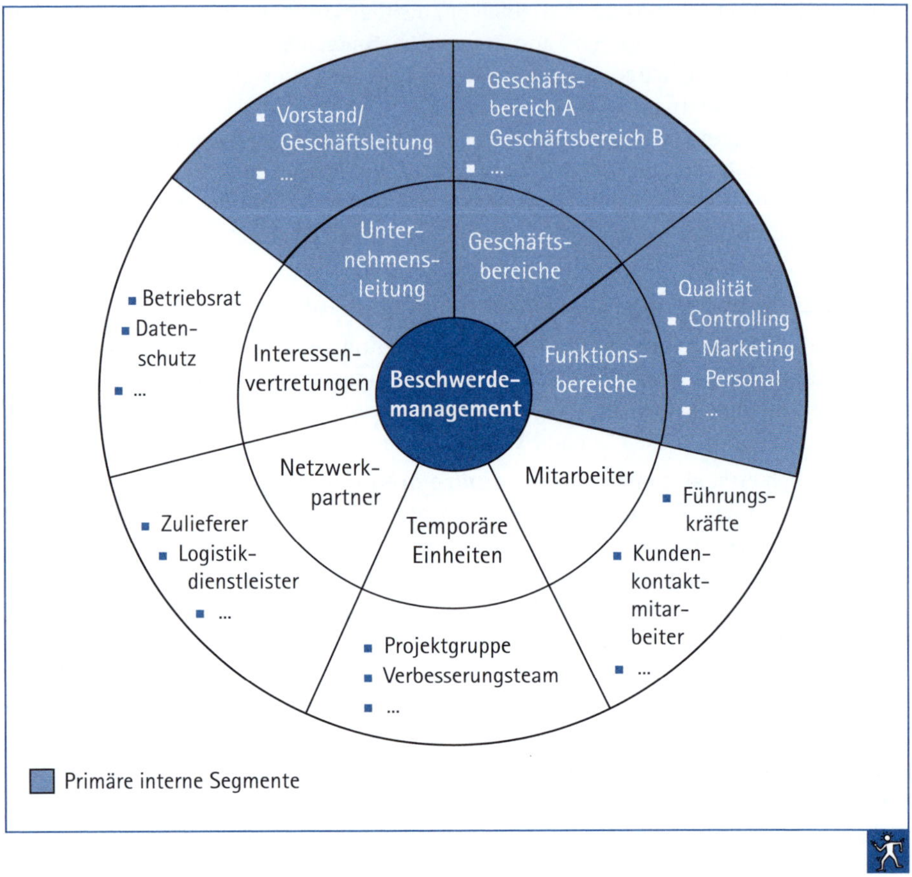

Bild 5.2 Interne Zielgruppen des Beschwerdemanagements (in Anlehnung an Reiß/Schuster 1998, S. 1300 ff)

Die zweite wesentliche interne Kundengruppe sind Geschäftsbereiche (Sparten bzw. Organisationseinheiten) und Funktionsbereiche (Controlling, Personalmanagement, Qualitätsmanagement, Marketing, Vertrieb, Service). Sie werden hier zusammenfassend unter dem Sammelbegriff **„andere Abteilungen"** betrachtet.

Zwischen dem Beschwerdemanagement und den anderen Abteilungen können direkte und indirekte Leistungsbeziehungen bestehen. Direkte Leistungsbeziehungen liegen beispielsweise vor, wenn das Beschwerdemanagement Informationsdienstleistungen erfüllt, welche die internen Kunden in die Lage versetzen, ihre eigenen Aufgaben effektiver und/oder effizienter zu erfüllen. Das ist zum Beispiel der Fall, wenn die Informationen für eine Beseitigung von Produktmängeln, die Schaffung kundengerechter Angebote, eine Beschleunigung interner Prozesse oder die Vermeidung von Fehlerkosten genutzt werden. Sollen diese Leistungen intern verrechnet werden, sind die relevanten internen Kundengruppen zu identifizieren und die Leistungen zu bewerten. Bei indirekten Leistungsbeziehungen profitieren andere Abteilungen – insbesondere die Sparten –

von einem erfolgreichen Beschwerdemanagement, da ihnen die gesicherten Umsätze und Deckungsbeiträge sowie die zusätzlichen Cross-Selling-Effekte zugerechnet werden, ohne dass sie in der Regel überhaupt oder aber verursachungsgerecht die Kosten des Beschwerdemanagements tragen müssen.

5.3.1.2 Funktionsbereichsanalyse

Nachdem die Makro- und Mikroumwelt mit ihren Anspruchsgruppen und Einflussfaktoren betrachtet ist, gilt es, den Funktionsbereich Beschwerdemanagement selbst zu untersuchen. Hier sind vor allem drei Analyseebenen zu betrachten: das Leistungsspektrum, die Qualität der Aufgabenerfüllung und die internen Rahmenbedingungen.

Leistungsspektrum

Zunächst einmal ist genau zu analysieren, welche Leistungen das Beschwerdemanagement anbietet und wie diese zu Leistungsbündeln zusammengefasst werden können, und zwar so, dass für sie analog zu strategischen Geschäftsfeldern eigenständige Strategien entwickelt werden können (Mende 2006).

Hier ist zu reflektieren, welche Leistungen für die externen Kunden sowie für die internen Kundengruppen der Unternehmensleitung und der anderen Abteilungen erstellt werden (siehe Bild 5.3).

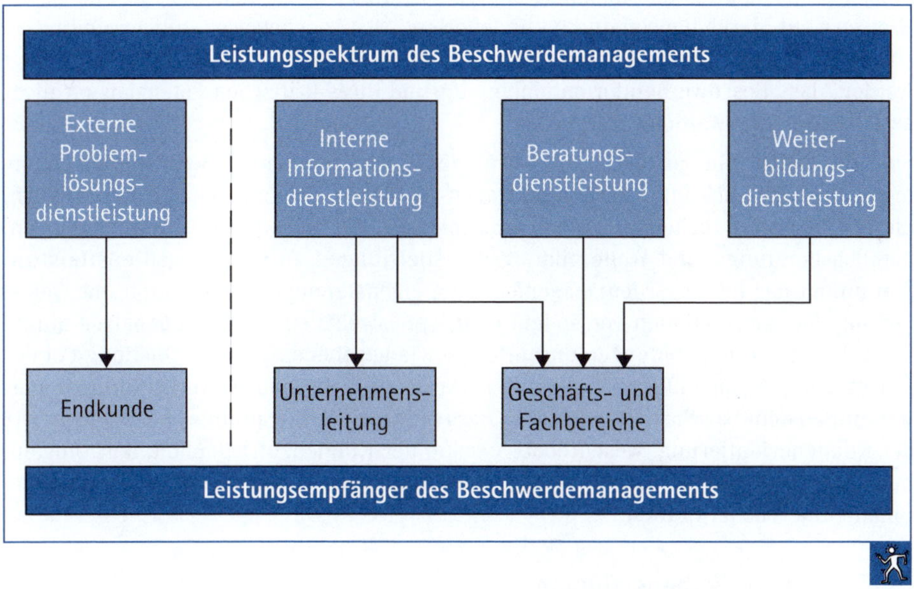

Bild 5.3 Leistungsspektrum und -empfänger des Beschwerdemanagements

Für die Endkunden bietet das Beschwerdemanagement Dienstleistungen im Rahmen des direkten Beschwerdemanagementprozesses an, indem es dem Kunden einen leicht zugänglichen Weg für die Artikulation seiner Beschwerde schafft, die Beschwerde annimmt, bearbeitet und eine Lösung anbietet. Der Kern des Leistungskomplexes ist demnach die Hilfestellung bei Kundenanliegen, die Lösung von Kundenproblemen, sodass man diese Leistung kurz als **externe Problemlösungsdienstleistung** charakterisieren kann.

Für die **Unternehmensleitung als internen Kunden** liefert das Beschwerdemanagement vor allem Informationen zur Entscheidungsunterstützung, indem aufgrund von Beschwerdeauswertungen differenziert nachgewiesen werden kann, wodurch in welchem Umfang unternehmerische Produkte und Verhaltensweisen zu Kundenunzufriedenheit führen, wo vom Kunden wahrgenommene Qualitätsmängel vorliegen und wie groß die Gefahr von Kundenverlusten ist. Diese Informationen dienen der Unternehmensleitung vor allem zur kunden- bzw. qualitätsorientierten Steuerung interner Prozesse und organisatorischer Einheiten. Das Beschwerdemanagement erbringt somit eine **interne Informationsdienstleistung**, indem es die Beschwerdeinformationen gewinnt, auswertet und kommuniziert. Dabei kann diese generelle interne Informationsdienstleistung je nach Informationsinhalt detailliert in der Form spezieller Leistungen ausdifferenziert werden (Kundenproblemanalyse, Kundenverlustanalyse, Fehlerkostenanalyse usw.).

Auch für die **anderen Abteilungen** liefert das Beschwerdemanagement **interne Informationsdienstleistungen**. Der Nutzen für diese Abteilungen ist grundsätzlich analog zu dem für die Unternehmensleitung. Die Informationen beschreiben konkrete Gefährdungspotenziale wie Qualitätsmängel, Kundenverluste oder Fehlerkosten und geben Hinweise auf Marktchancen durch kundenorientierte Angebotsgestaltungen und Effizienzsteigerungen. Allerdings muss in Bezug auf die anderen Abteilungen berücksichtigt werden, dass Beschwerdeinformationen aufgrund ihres kritischen Potenzials oft nicht aktiv nachgefragt werden.

Sind Geschäfts- und Fachbereiche aber an den Informationen des Beschwerdemanagements grundsätzlich interessiert und fragen sie diese Leistungen nach, ist es möglich, diese durch weitergehende Formen informatorischer Dienstleistungen zu ergänzen, nämlich Beratungs- und Weiterbildungsdienstleistungen. In **Beratungsdienstleistungen** nimmt das Beschwerdemanagement eine eigenständige Interpretation und Verarbeitung der Informationen vor, indem es beispielsweise eine Ursachenanalyse durchführt, Handlungsempfehlungen ausspricht sowie gegebenenfalls die Abteilung bei der Umsetzung der Empfehlungen unterstützt. Darüber hinaus sind **Weiterbildungsdienstleistungen** denkbar. Sie bestehen darin, dass Mitarbeiter in Trainings über die Relevanz der Kundenorientierung, wesentliche Aspekte der Kundenzufriedenheit, den Umgang mit unzufriedenen Kunden, Grundzüge des Beschwerdemanagements und ähnliche Inhalte unterrichtet werden.

Qualität der Aufgabenerfüllung

Zur Ist-Analyse gehört es auch, sich ein genaues und ungeschöntes Bild vom derzeitigen Stand des Beschwerdemanagements, d. h. der Güte der Aufgabenerfüllung des Beschwerdemanagements im direkten und indirekten Beschwerdemanagement, zu verschaffen. Hierfür sind für sämtliche Aufgabenbereiche relevante Qualitätsdimensionen und Qualitätsindikatoren zu identifizieren und entsprechende Messungen vorzunehmen. Dies ist maßgeblicher Inhalt des **Aufgaben-Controllings**, das als wesentlicher Bestandteil des Beschwerdemanagement-Controllings in Kapitel 11.2 detailliert beschrieben wird.

Um für die Bewertung des Ist-Zustands Anhaltspunkte zu bekommen, sind Vergleiche anzustellen. Dabei bietet es sich an, auf die Ergebnisse der im Bereich der Makroumweltanalyse vorgenommenen Untersuchung des Beschwerdemanagements anderer Unternehmen zurückzugreifen und insbesondere die „Best Practices" von Unternehmen mit einem vergleichbaren strategischen Profil als Maßstab heranzuziehen.

Aufgrund der Analyse von Leistungsspektrum und Qualität der Aufgabenerfüllung kann ein Leistungsportfolio erstellt werden. Dabei bietet es sich an, in Analogie zu bekannten Portfolio-Konzepten der strategischen Planung für Geschäftsbereiche als Achsen der Portfolio-Matrix die Dimensionen „Leistungsattraktivität" und „Leistungsstärke" zu wählen. Die **„Leistungsattraktivität"** wird aufgrund der externen und internen Umweltanalyse bestimmt, indem Faktoren wie das Anspruchsverhalten der

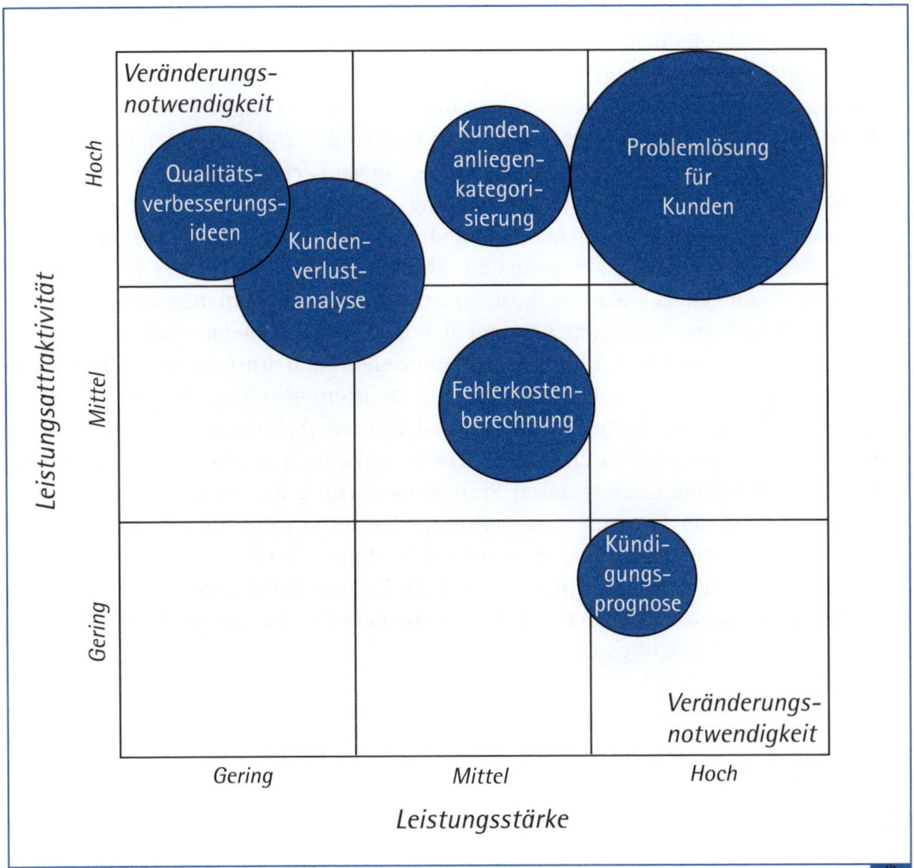

Bild 5.4 Portfolio-Analyse im Bereich Beschwerdemanagement (Beispiel; in Anlehnung an Homburg/ Weber 1999, S. 589)

externen Kunden, das verbraucherpolitische Umfeld sowie die Nachfrage der internen Kunden bewertet werden. Die „**Leistungsstärke**“ wird aufgrund der Leistungsbewertung durch die externen und internen Kunden bestimmt bzw. auf der Basis des Benchmarkings im Rahmen der Funktionsbereichsanalyse. Bild 5.4 zeigt ein fiktives Anwendungsbeispiel. Dabei zeigt sich, dass für den untersuchten Funktionsbereich Beschwerdemanagement vor allem Handlungsbedarf in den Bereichen der Entwicklung von Qualitätsverbesserungen und der Kundenverlustanalyse besteht, da hier zwar ein hoch attraktives Handlungsfeld vorliegt, aber Leistungsdefizite zu verzeichnen sind. Zudem ist zu prüfen, inwieweit weitere Kapazitäten für die Informationsdienstleistung der Kündigungsprognose gestellt werden sollen, da die Attraktivität der Leistung als gering einzuschätzen ist.

Interne Rahmenbedingungen

Zur vollständigen Ist-Analyse des Funktionsbereichs gehört auch die sorgfältige Durchleuchtung der internen Rahmenbedingungen. Die Aufgabenerfüllung im Bereich des direkten und indirekten Beschwerdemanagements hängt wesentlich von der Anzahl, der Motivation und der Qualifikation der zur Verfügung stehenden Mitarbeiter, der informationstechnologischen Infrastruktur und der Höhe des zugewiesenen Budgets ab. Insofern muss hier eine quantitative und qualitative Bestandsaufnahme der **menschlichen, technologischen und finanziellen Ressourcen** erfolgen. Darüber hinaus müssen Szenarien für die zukünftige Entwicklung der Ressourcenausstattung erarbeitet werden, um eine realistische Sicht vom Handlungsspielraum für die strategische Ausrichtung des Beschwerdemanagements zu erhalten. Zu der Analyse der internen Rahmenbedingungen gehört auch eine Bestandsaufnahme der **organisatorischen Einbindung** des Beschwerdemanagements und der damit verbundenen Anweisungs- und Kommunikationsstrukturen. Ebenfalls einzubeziehen sind **unternehmenskulturelle** Aspekte, insbesondere die Bedeutung von Kundenorientierung als Werthaltung sowie der unternehmerische Umgang mit Kritik und Fehlern (Fehlerkultur). Diese internen Rahmenbedingungen sind kurzfristig als fixe Restriktionen zu akzeptieren. Allerdings ist zugleich im Rahmen der späteren Strategiebewertung mit zu reflektieren, welche Veränderungen in der Ressourcenausstattung oder der Organisationsgestaltung erforderlich sind, um eine angestrebte Strategie auch erfolgreich realisieren zu können. Als Ergebnis der strategischen Planung ist dann die Unternehmensleitung nicht nur über das strategische Konzept, sondern auch über die damit verbundenen Änderungen der internen Rahmenbedingungen zu informieren.

5.3.2 Strategieoptionen

Überlegungen zu den strategischen Optionen basieren auf empirischen Studien zu den in der Realität vorfindbaren unterschiedlichen Varianten eines Beschwerdemanagements (Hansen/Schoenheit 1986; Stauss/Schöler 2003). Danach sind grundsätzlich vier **Strategietypen bzw. Basisstrategien** des Beschwerdemanagements zu unterscheiden (Stauss/Schöler 2006).

Basisstrategien

Die Basisstrategien des Beschwerdemanagements unterscheiden sich im Hinblick auf zwei Kriterien: Zum einen können sie danach differenziert werden, ob ihre **primäre Zielrichtung** eher auf den Bindungseffekt des Beschwerdemanagements (Fokus Kunde) oder aber auf die kosteneffiziente Abwicklung von Beschwerden (Fokus Effizienz) ausgerichtet ist. Zum anderen sind sie durch einen unterschiedlichen **Fokus bei der Aufgabenwahrnehmung** zu charakterisieren, der entweder auf den Aufgaben im Umgang mit dem externen Kunden (Fokus extern) oder aber auf den internen Prozessen (Fokus intern) liegt. Dementsprechend ergeben sich die folgenden vier Strategietypen: Beschwerdefabrik (Complaint Factory), Beziehungsverstärker (Relationship Amplifier), Qualitätssicherer (Quality Control) und Zufriedenheitslabor (Customer Satisfaction Lab) (siehe Bild 5.5).

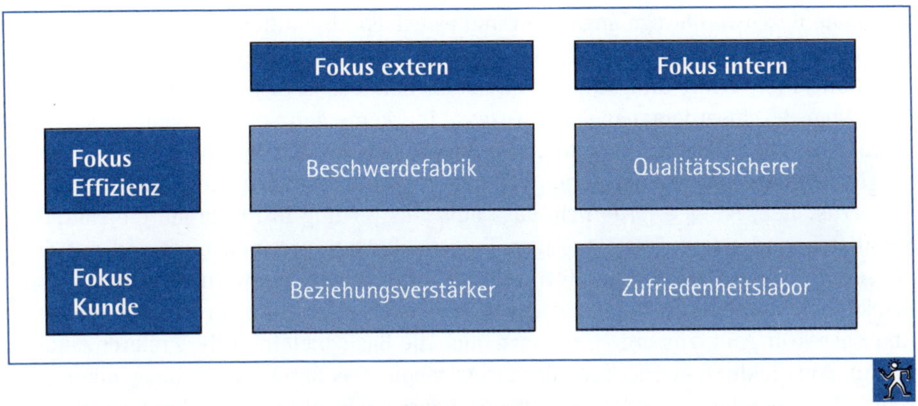

Bild 5.5 Basisstrategien des Beschwerdemanagements

Beschwerdefabrik: Ein Beschwerdemanagement vom Typ der „Beschwerdefabrik" hat die primäre Aufgabe, die von den Kunden vorgebrachten Beschwerden für das Unternehmen möglichst kosteneffizient abzuwickeln. Beschwerdemanagement wird weniger als ein Instrument zur Kundenbindung angesehen als ein notwendiger administrativer Prozess, der vor allem der Bearbeitung von Reklamationen dient, d.h. von Kundenansprüchen unter Berufung auf unternehmerische Gewährleistungs- und Garantieverpflichtungen. Insofern erfolgt auch keine Beschwerdestimulierung, sondern tendenziell eher ein Aufbau von Beschwerdebarrieren, u.a. durch die Einrichtung nur eines, und zwar des für das Unternehmen kostengünstigsten Beschwerdekanals. Im Bereich der Beschwerdeannahme werden Self-Service-Komponenten eingesetzt; auf eine detaillierte Informationsaufnahme und Kategorisierung wird verzichtet oder die Kunden haben eine einfache Kategorisierung selbst vorzunehmen. Ein wesentlicher Schwerpunkt der Aufmerksamkeit liegt in der Beschwerdebearbeitung, insbesondere in der Einführung effizienter, möglichst (halb-)automatisierter Standardprozesse, z.B. der Verzicht auf eine Einzelfallprüfung bei Beschwerden unterhalb definierter Wertgrenzen. Auch bei der Beschwerdereaktion dominieren Standardantworten unter Beschränkung auf wenige kostengünstige Alternativen und in Ausrichtung auf das rechtlich Erforderliche.

Der indirekte Beschwerdemanagementprozess hat nachrangige Bedeutung. Es werden nur einfache Auswertungen vorgenommen mit einem knappen Standardreport an eine sehr begrenzte Zahl interner Kunden. Eine Nutzung von Beschwerdeinformationen erfolgt nur dann, wenn ansonsten aufgrund unübersehbarer Problemhäufungen nachhaltige negative Kosteneffekte zu erwarten sind. Ein Beschwerdemanagement-Controlling erfolgt nur im Hinblick auf den Aspekt der Kostenkontrolle.

Beziehungsverstärker: Bei dem Beschwerdemanagementtyp „Beziehungsverstärker" steht nicht die kosteneffiziente Bearbeitung von Beschwerden, sondern die Sicherung der Beziehung zum Beschwerdeführer im Fokus. Das Ziel des Erhalts von Kundenloyalität und zukünftiger Kundendeckungsbeiträge durch Wiederherstellung der Kundenzufriedenheit hat entscheidende Bedeutung. Dementsprechend spielt die Beschwerdestimulierung eine große Rolle, weil möglichst viele der unzufriedenen Kunden gebunden werden sollen. Im Bereich der Beschwerdeannahme werden dem Kunden leicht zugängliche Beschwerdewege angeboten und es erfolgt eine differenzierte Erfassung der kunden- und problembezogenen Informationen, um im Rahmen der Bearbeitung und Reaktion differenziert und kundenindividuell handeln zu können. In Bezug auf den indirekten Beschwerdemanagementprozess sind keine ganz eindeutigen Aussagen zu machen. Doch es bleibt festzuhalten, dass die externe, auf den Beschwerdeführer gerichtete Perspektive bei weitem dominiert. Um generell Kundenzufriedenheit auf Dauer sicherzustellen, ist es erforderlich, dass eine Auswertung in Bezug auf die Hauptproblemkategorien erfolgt, die jeweiligen Entscheidungsträger informiert und auf diese Weise Prozesse zur zukünftigen Fehlervermeidung angestoßen werden können. Zusätzlich können kundenindividuelle Beschwerdeauswertungen nicht nur zur Problemlösung und Korrektur genutzt werden, sondern auch die Basis bieten für die Präferenzanalyse und die Entwicklung kundenspezifischer Angebote. Das Beschwerdemanagement-Controlling hat einen hohen Stellenwert. Insbesondere die Ermittlung der Beschwerdezufriedenheit spielt eine große Rolle, da sie nicht nur der Qualitätskontrolle des Beschwerdehandlings dient, sondern eine zentrale Zielgröße auf dem Weg zur angestrebten emotionalen Kundenbindung darstellt. Darüber hinaus bilden die Daten zur Beschwerdezufriedenheit und zu Loyalitätswirkungen die informatorische Basis für die Ermittlung des ökonomischen Effekts des Beschwerdemanagements im Rahmen des Kosten-Nutzen-Controllings.

Qualitätssicherer: Auch ein Beschwerdemanagement vom Typ „Qualitätssicherer" hat die Abwicklungsfunktion der eingehenden Beschwerden vorzunehmen. Aber der eigentliche Fokus liegt nicht auf der Kundenbeziehung, sondern auf der internen Qualitätssicherung. Beschwerden werden als eine ergänzende Quelle zur Sammlung von Informationen über Qualitätsmängel angesehen. Dementsprechend hat der direkte Beschwerdemanagementprozess keine Priorität. Es gibt daher auch keine ausgeprägten Anstrengungen im Bereich der Beschwerdestimulierung, der Beschwerdebearbeitung oder der Beschwerdereaktion. Von Interesse ist nur, dass im Bereich der Beschwerdeannahme eine umfangreiche Erfassung von Informationen zum Gegenstand der Beschwerde und der berichteten Probleme erfolgt. Im Fokus aber steht der indirekte Beschwerdemanagementprozess. Hier kommt es auf eine differenzierte Auswertung in Bezug auf Qualitätsmängel an, die insbesondere an das Qualitätsmanagement kommuniziert und dort zur Beseitigung von Fehlern bei Produkten und Dienstleistungen und somit zur Reduzierung von Fehlerkosten verwendet werden. Das Beschwerdemanagement-Controlling spielt eher eine untergeordnete Rolle. Von Bedeutung ist hier vor allem die Abschätzung des Nutzens aus der Verwendung von Beschwerdeinformationen für Qualitätsverbesserungen und Kostensenkungen.

Zufriedenheitslabor: Der Beschwerdemanagementtyp „Zufriedenheitslabor" nimmt auch eine eher interne Perspektive ein. Allerdings unterscheidet sich diese Perspektive sehr stark von der des Qualitätssicherers. Seine primäre Funktion ist es, aus dem im Beschwerdemanagement generierten Kundenwissen innovative Impulse zu gewinnen und diese aktiv für die Initiierung von Veränderungsprozessen im Unternehmen zu nutzen. Insofern steht auch hier nicht der direkte, sondern der indirekte Beschwerdemanagementprozess im Vordergrund. Allerdings hat er hier einen weit umfangreicheren und differenzierteren Verantwortungsbereich. Auswertung, Reporting und Informationsnutzung sind keineswegs allein auf die Qualitätssicherung ausgerichtet. Stattdessen kommt es darauf an, durch umfangreiche und komplexe Auswertungen, ein vielseitiges und zielgruppengerechtes Reporting und die Einbindung in Entwicklungs- und Innovationsprozesse kundenzufriedenheitsbezogene Anregungen zu geben. Dabei initiiert das Beschwerdemanagement auch Maßnahmen zur Erfassung von weiterem Kundenfeedback (z. B. durch Kundenforen) oder integriert Erkenntnisse aus anderen Quellen (z. B. Zufriedenheitsbefragungen). Auf diese Weise kommt dem „Zufriedenheitslabor" die Funktion zu, permanent die kritische Kundensicht in das Unternehmen hineinzutragen, die Routinen aufzubrechen und einen erheblichen Beitrag zur kundenorientierten Ausrichtung des Gesamtunternehmens zu leisten.

Hybride Strategien

Bei den Basisstrategien wird immer davon ausgegangen, dass in jedem Fall eine Fokussierung entweder auf die interne oder aber die externe Aufgabenwahrnehmung erfolgt. So richten die Typen „Beschwerdefabrik" und „Beziehungsverstärker" den Fokus auf die Prozesse im Umgang mit dem externen Kunden – also den direkten Beschwerdemanagementprozess –, während die Typen „Qualitätssicherer" und „Zufriedenheitslabor" eher die interne Perspektive einnehmen und damit den Schwerpunkt auf den internen Beschwerdemanagementprozess legen. Unternehmen verfügen jedoch hinsichtlich ihrer strategischen Ausrichtung des Beschwerdemanagements über weitere Optionen. So können sie den externen und internen Aufgaben gleichermaßen Bedeutung beimessen. In diesem Fall liegen **hybride Strategien** vor, die Kombinationen aus jeweils einem extern und einem intern ausgerichteten Strategietyp darstellen.

Grundsätzlich sind vier hybride Strategien denkbar, da die beiden Basisstrategien mit externem Fokus jeweils mit den beiden intern fokussierten Basisstrategien verbunden werden können. Allerdings erscheinen nur Kombinationen realistisch, die durchgängig eine strategische Zielsetzung unterstützen. Dementsprechend ist von zwei hybriden Strategietypen auszugehen, in denen die effizienzorientierten bzw. die kundenorientierten Basisstrategien miteinander verknüpft werden (siehe Bild 5.6).

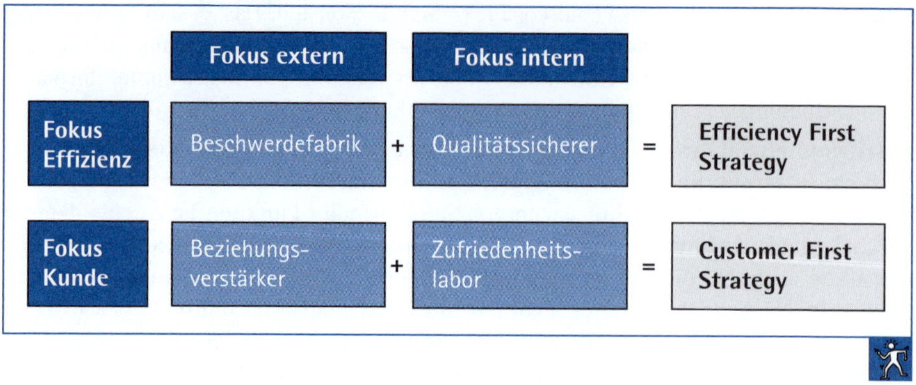

Bild 5.6 Hybride Strategieoptionen im Beschwerdemanagement

In der effizienzorientierten strategischen Hybridvariante „**Efficiency First Strategy**" wird die kosteneffiziente Abwicklung von Beschwerden mit einer auf die Qualitätssicherung begrenzten Informationsnutzung verbunden. Die Problemlösungs- und Informationsdienstleistungen werden in Mindestqualität zu möglichst geringen Kosten angeboten.

Bei der kundenorientierten strategischen Hybridvariante „**Customer First Strategy**" ist Kundenzufriedenheit eine grundlegende Zielgröße für das gesamte Unternehmen. Insofern hat das Beschwerdemanagement nicht nur für die Wiederherstellung von Kundenzufriedenheit mit Hilfe des direkten Beschwerdemanagementprozesses zu sorgen, sondern auch im indirekten Prozess wesentliche Impulse für eine kundenorientierte Gesamtausrichtung des Unternehmens zu geben.

5.3.3 Strategiebewertung und -auswahl

In der letzten Stufe des strategischen Planungsprozesses sind die strategischen Optionen zu bewerten und es ist eine bestimmte strategische Option auszuwählen, wobei im Folgenden aus Vereinfachungsgründen eine Beschränkung auf die Basisstrategien erfolgt.

Diese Bewertung und Auswahl der geeigneten Strategieoption muss wesentlich auf der Grundlage der strategischen Ist-Analyse erfolgen. Zentraler Ausgangspunkt sind die Ergebnisse der Umfeldanalyse.

In Bezug auf die Basisstrategien mit **externem Fokus** sind die **Ergebnisse der externen Umweltanalyse** von besonderer Bedeutung. Die Strategie des „Beziehungsverstärkers" erweist sich vor allem in einer Umwelt als überlegen, die durch hohe Kundenerwartungen und Kundensensibilität, hohe Wettbewerbsintensität auf den Märkten, hohe verbraucherpolitische Aktivität und die Existenz von wichtigen Wettbewerbern mit einer gleichen Basisstrategie des Beschwerdemanagements gekennzeichnet ist. Darüber hinaus ist die vom Unternehmen gewählte wettbewerbsstrategische Grundausrichtung entscheidend. Verfolgt das Unternehmen eine Differenzierungsstrategie, indem es sich gegenüber dem Kunden durch überlegene Qualität und individuelle Leistungen positionieren will und wird ein Kundenbeziehungsmanagement im Sinne des Aufbaus langfristiger Geschäftsbeziehungen angestrebt, spricht alles für die Wahl dieser beschwerdestrategischen Variante. Wird stattdessen eine Kostenführerschaftsstrategie eingeschlagen, in der die Positionierung am Markt allein über den Preis stattfindet, dann bietet sich die Strategie der „Beschwerdefabrik“ an, weil sie nicht nur die kosteneffizienteste Lösung darstellt, sondern in diesem Fall auch mit niedrigeren Kundenerwartungen gerechnet werden kann.

Hinsichtlich der Basisstrategien mit **internem Fokus** haben vor allem die **Ergebnisse der internen Analyse** der Funktionsumwelt Bedeutung. Bei einer klaren wettbewerbsstrategischen Positionierung in Richtung Differenzierung durch überlegene, kundenorientierte Leistungen, kann das Beschwerdemanagement im Sinne des kundenorientierten „Zufriedenheitslabors“ große Bedeutung gewinnen. Es wird dann auch die differenzierten Informationsanforderungen verschiedener interner Kundengruppen erfüllen können. Wenn es allerdings vornehmlich darum geht, im Rahmen einer Kostenführerschaftsstrategie die gleichbleibende Qualität standardisierter Produkte sicherzustellen, dann erscheint für das Beschwerdemanagement die Strategie des „Qualitätssicherers“ naheliegender, welche die Informationsbedürfnisse vor allem des Qualitätsmanagements erfüllt.

Nach der Wahl der Basisstrategie (bzw. der hybriden Strategievariante) ist zu untersuchen, ob das Beschwerdemanagement im aktuellen Zustand die derzeitigen und zukünftig zu erwartenden Anforderungen an die strategische Rolle überhaupt erfüllen kann. Dazu sind die Ergebnisse der Funktionsbereichsanalyse heranzuziehen. Es ist genau zu prüfen, inwieweit das angebotene Leistungsspektrum und die Qualität der jetzigen Aufgabenerfüllung dem gewünschten strategischen Profil entsprechen.

Wenn strategisches **Ist-Profil und Soll-Profil voneinander abweichen**, besteht ein dringender Handlungsbedarf. Sollte sich beispielsweise herausstellen, dass das Beschwerdemanagement derzeit als „Beschwerdefabrik“ betrieben wird, zukünftig aber die Strategie des „Zufriedenheitslabors“ verfolgt werden soll, dann bedarf es umfassender Change-Management-Bemühungen. Zu diesem Zweck sind zunächst die erforderlichen Änderungen in der Aufgabenwahrnehmung des direkten und indirekten Beschwerdemanagementprozesses festzulegen, dann die damit verbundenen Konsequenzen für die personalbezogenen, informationstechnologischen, finanziellen und organisatorischen Rahmenbedingungen zu fixieren und letztlich zeitliche „Milestones“ auf dem Weg zur geplanten Strategieumsetzung zu definieren. Dieser strategische Entwicklungspfad ist dann die Grundlage für die Gespräche mit der übergeordneten Managementebene bzw. der Unternehmensleitung, die auch die Verantwortung für den Change-Management-Prozess zu übernehmen hat.

Kapitel 5 ganz kurz:

- Um das Potenzial des Beschwerdemanagements auszuschöpfen, bedarf es einer strategischen Planung.
- Der strategische Planungsprozess umfasst drei Schritte: die strategische Ist-Analyse, die Entwicklung von Strategieoptionen sowie die Strategiebewertung und -auswahl.
- Im Rahmen der Ist-Analyse sind zum einen die wesentlichen externen und internen Ansprüche und Einflussfaktoren zu identifizieren (Umfeldanalyse); zum anderen gilt es, Leistungen und Restriktionen des Bereichs Beschwerdemanagement selbst zu untersuchen (Funktionsbereichsanalyse).
- Je nach dem gewählten Fokus sind die strategischen Optionen „Beschwerdefabrik", „Qualitätssicherer", „Beziehungsverstärker" und „Zufriedenheitslabor" zu unterscheiden.
- Die unternehmensindividuelle Wahl der geeigneten Strategieoption erfolgt auf der Grundlage der strategischen Ist-Analyse.

Literatur

Becker, J. (2006): Marketing-Konzeption, 8. Aufl., München.

Hansen, U./Schoenheit, I. (1986): Verbraucherabteilungen in den USA – Ein Konzept in der Reifephase – Lernmöglichkeiten für die Bundesrepublik Deutschland, Lehr- und Forschungsberichte zum Bereich Markt und Konsum, Universität Hannover.

Homburg, C./Weber, J. (1999): Kundenorientiertes Rechnungswesen als interne Kunden-Lieferanten-Beziehung, in: Bruhn, M. (Hrsg.): Internes Marketing, 2. Aufl., Wiesbaden, S. 577–599.

Mende, M. (2006): Strategische Planung im Beschwerdemanagement, Wiesbaden.

Porter, M.E. (2013): Wettbewerbsstrategie, 12. Aufl., Frankfurt am Main.

Reckenfelderbäumer, M. (2001): Zentrale Dienstleistungsbereiche und Wettbewerbsfähigkeit – Analyse auf der Basis der Lehre von den Unternehmerfunktionen, Wiesbaden.

Reiß, M./Schuster, H. (1998): Kunden- und Kostenorientierung interner Service-Bereiche – Aus Zentralbereichen werden Dienstleister, in: Meyer, A. (Hrsg.): Handbuch Dienstleistungs-Marketing, Band 2, Stuttgart, S. 1300–1320.

Stauss, B. (2008): Strategisches Beschwerdemanagement, in: Stadelmann, M./Wolter, S./Troesch, M. (Hrsg.): Customer Relationship Management, Zürich, S. 155–170.

Stauss, B./Schöler, A. (2003): Beschwerdemanagement Excellence: State-of-the-Art und Herausforderungen der Beschwerdemanagement-Praxis in Deutschland, Wiesbaden.

Stauss, B./Schöler, A. (2006): Strategieoptionen im Beschwerdemanagement, Diskussionspapier, Ingolstadt.

SIE WOLLEN SICH GAR NICHT BESCHWEREN,---
SIE WOLLEN SICH GAR NICHT BESCHWEREN,--
LR

6 Beschwerdestimulierung

- Warum ist die Maxime der Beschwerdeminimierung nicht sinnvoll?
- Warum ist es richtig, einen möglichst großen Anteil unzufriedener Kunden dazu zu bewegen, sich zu beschweren („Beschwerdemaximierung“)?
- Welche Möglichkeiten gibt es, um mündliche, schriftliche, telefonische und elektronische Beschwerden gezielt zu stimulieren?
- Wie kann man die Existenz von Beschwerdekanälen erfolgreich kommunizieren?
- Welche Aspekte müssen bei der Umsetzung von beschwerdestimulierenden Maßnahmen berücksichtigt werden?

6.1 Beschwerdestimulierung statt Beschwerdeminimierung

Das Problem der nicht artikulierten Beschwerden („unvoiced complaints“)

Viele Unternehmen verfolgen das Ziel, die Anzahl der an das Unternehmen gerichteten Beschwerden zu minimieren. Dieses Ziel der **Beschwerdeminimierung** ist aber nur dann sinnvoll, wenn man davon ausgehen kann, dass sich alle unzufriedenen Kunden beschweren und daher eine geringe Beschwerdezahl auch ein eindeutiger Indikator für ein geringes Maß an Kundenunzufriedenheit ist.

Die **empirische Beschwerdeforschung** belegt allerdings, dass dies nicht der Fall ist. Ein Großteil der unzufriedenen Kunden beschwert sich nicht. Zwar variieren die entsprechenden Prozentzahlen für nicht artikulierte Beschwerden („unvoiced complaints“) je nach Produktbereich und Art des Problems, doch vielfach sind es mehr als 50 % der Unzufriedenen, die keine Beschwerde gegenüber dem Unternehmen vorbringen. Statt sich zu beschweren, wählen die unzufriedenen Kunden eine andere Reaktionsform. Sie reden über ihre negativen Erfahrungen mit Freunden, Verwandten oder Arbeitskollegen und/oder wechseln unmittelbar zu einem anderen Anbieter. Insofern darf eine geringe Anzahl von Beschwerden nicht als Ausdruck hoher Kundenzufriedenheit interpretiert werden. Sie kann die Folge einer resignativen Einstellung von Kunden sein, die erfahren haben, dass sich eine Beschwerde nicht „lohnt". Ihnen erscheint z. B. der Aufwand bei der Suche eines zuständigen unternehmerischen Ansprechpartners im Verhältnis zum erwarteten Nutzen als zu hoch. Insofern kann eine niedrige Beschwerdezahl auch das Ergebnis von abwehrenden Aktionen des Unternehmens sein, die Beschwerden für den Kunden teuer, schwierig und unangenehm machen (Fornell 1982; Riemer 1986).

Nimmt man das Ziel der Erreichung von Kundenzufriedenheit und -loyalität ernst, dann ist es demnach rationaler, nicht pauschal Beschwerdeminimierung zu betreiben, sondern eine **Minimierung der Kundenunzufriedenheit bzw. -verärgerung** . Dies erfordert, dass das Unternehmen möglichst umfassend über Art, Umfang und Ursachen der Kundenunzufriedenheit informiert ist. Denn nur so sind aussagefähige Ansatzpunkte für Problemlösungen und Qualitätsverbesserungen zu identifizieren, mit deren Hilfe das Auftreten von Kundenunzufriedenheit in Zukunft vermieden werden kann. Zudem kann das Beschwerdemanagement seine Bindungsziele nur gegenüber Kunden entfalten, die sich auch beschweren. Deshalb ist es erforderlich, den Anteil derjenigen unzufriedenen Kunden zu maximieren, die sich für die Handlungsalternative „Beschwerde" entscheiden.

Beschwerdemaximierung als Ziel der Beschwerdestimulierung

Beschwerdestimulierung umfasst den Aufgabenbereich des Beschwerdemanagements, der unzufriedene Kunden ermutigt und es ihnen erleichtert, ihre Unzufriedenheit in einer Beschwerde zum Ausdruck zu bringen. Dementsprechend könnte man das zentrale Ziel der Beschwerdestimulierung mit dem zunächst vielleicht irritierenden Begriff der **Beschwerdemaximierung** beschreiben. Beschwerdemaximierung in diesem Sinne bedeutet hier aber nicht etwa, dass dem Kunden mehr Anlass zu Beschwerden gegeben werden sollte. Beschwerdemaximierung bedeutet vielmehr, einen möglichst großen Anteil der Unzufriedenen dazu zu bewegen, sich mit einer Beschwerde unmittelbar an das Unternehmen zu wenden (Hansen 1990).

Unternehmen stehen daher vor der Herausforderung, die **Barrieren zu beseitigen**, die verärgerte Kunden an einer Beschwerde hindern. Dazu gehören die Reduzierung von materiellen, zeitlichen und psychischen Kosten des Beschwerdeführers sowie die Einrichtung und Kommunikation von geeigneten Beschwerdewegen. Unternehmen müssen unmissverständlich die Bereitschaft signalisieren, dass sie sich für alle Gründe, die zu Unzufriedenheit Anlass geben können, verantwortlich fühlen und diese im Sinne des Kunden auch beseitigen wollen.

Insbesondere müssen die Kunden dazu bewegt werden, nicht nur Problemfälle vorzubringen, deren Lösung sie auch juristisch durchsetzen könnten, sondern jegliche Art von Unzufriedenheit. Denn erwiesenermaßen führen nicht nur gravierende Leistungsmängel zu Verärgerung und Abwanderung von Kunden. Häufig sind es stattdessen **„kleinere" Vorfälle**: eine unfreundliche Bemerkung, eine arrogante Geste, unzureichende oder falsche Informationen usw. Solche Vorfälle werden aber nur selten zum

Gegenstand von Beschwerden gemacht mit der Folge, dass das Unternehmen von diesen Problemen nichts erfährt und keine Möglichkeit erhält, die unzufriedenen Kunden zu halten und die Problemursachen zu beseitigen.

Mit Hilfe der **Beschwerdestimulierung** sollen demnach möglichst alle unzufriedenen und verärgerten Kunden veranlasst werden, sich mit sämtlichen Problemen an das Unternehmen zu wenden. Auf diese Weise soll der Anteil der unausgesprochenen Beschwerden minimiert bzw. der Anteil der Beschwerden unzufriedener Kunden maximiert werden. Auf der Basis der so gewonnenen Beschwerdeinformationen kann das Unternehmen in der Folge eine sorgfältige Problemdiagnose und eine Beseitigung der Problemursachen vornehmen.

In diesem Sinne müssen zwei komplementäre Ziele verfolgt werden: zum einen **das Ziel der Beschwerdemaximierung** unzufriedener Kunden mit Hilfe der Beschwerdestimulierung, zum anderen das Ziel der **Unzufriedenheitsminimierung** durch die Einleitung von Verbesserungsmaßnahmen. Erfolgreiche Beschwerdemaximierung kommt im Anteil der sich beschwerenden Kunden an der Gesamtzahl unzufriedener Kunden zum Ausdruck. Demgegenüber zeigt sich der Erfolg der Unzufriedenheits- bzw. Verärgerungsminimierung in der Reduzierung von Fehlern und der daraus resultierenden Senkung der Beschwerdezahl.

Steigendes Beschwerdeaufkommen als Erfolgsindikator

Mit dem Einsatz beschwerdestimulierender Maßnahmen ist damit zu rechnen, dass das **Beschwerdeaufkommen** zunächst erheblich steigen wird. Beispielhaft sei auf die Erfahrungen der Firma ABB Canada hingewiesen, bei der sich nach der Einführung eines Beschwerdemanagements mit entsprechenden stimulierenden Maßnahmen die Anzahl der vorgetragenen Beschwerden um den Faktor sechs erhöhte (Töpfer 1999). Als ein Grund für diesen erheblichen Anstieg wird auch hier angegeben, dass erst mit Hilfe der beschwerdestimulierenden Maßnahmen die Kunden überzeugt werden konnten, dass das Unternehmen ernsthaft an diesem kritischen Feedback interessiert ist.

Insofern darf ein erhöhtes Beschwerdeaufkommen auch nicht von vorneherein als Ausdruck zunehmender Qualitätsmängel und steigender Kundenunzufriedenheit interpretiert werden. Wenn sich nach dem Einsatz stimulierender Maßnahmen die Artikulationsquote erhöht, d. h. der Anteil der Beschwerdeführer an den unzufriedenen Kunden steigt, ist dies als **Erfolg der Beschwerdestimulierung** zu verbuchen. Nimmt die Beschwerdezahl zu, ohne dass die Artikulationsquote steigt, ist dies ein Indikator für eine Zunahme von Problemen, die bei Kunden Unzufriedenheit verursachen.

6.2 Maßnahmen der Beschwerdestimulierung

Ein Unternehmen verfügt über eine Reihe von **Möglichkeiten zur Stimulierung von Beschwerden**. Dazu gehören in erster Linie die Einrichtung von Beschwerdekanälen und die aktive Kommunikation der beschwerdestimulierenden Maßnahmen. Darüber hinaus haben weitere Aktivitäten – wie die Vereinfachung von Problemlösungsprozessen, Kunden- und Beschwerdezufriedenheitsbefragungen sowie Produkt- und Servicegarantien – einen indirekt beschwerdestimulierenden Charakter.

6.2.1 Einrichten von Beschwerdekanälen

Die wesentliche Aufgabe der Beschwerdestimulierung besteht in der Einrichtung von Beschwerdekanälen, die es dem Kunden leicht machen, seine Unzufriedenheit zu äußern. Grundsätzlich stehen dem Kunden mündliche, schriftliche, telefonische und elektronische **Beschwerdewege** zur Verfügung. Die Einrichtung von Beschwerdekanälen impliziert somit, dass für jeden Beschwerdeweg **organisatorische Einheiten** als Empfänger definiert und dem Kunden gegenüber kommuniziert werden. In diesem Kontext hat die Beschwerdestimulierung zwei unmittelbar miteinander verknüpfte Aufgaben zu erfüllen: Sie hat es dem Kunden zu ermöglichen, seine Beschwerde auf dem von ihm gewünschten Weg zu artikulieren, und sie hat intern dafür zu sorgen, dass beschwerdewegspezifische Prozesse und Verantwortlichkeiten definiert und eingerichtet werden.

Mündlicher Beschwerdekanal

Der mündliche Beschwerdeweg kommt vor allem für **Dienstleistungsunternehmen** in Betracht, die ihre Leistungen in Anwesenheit bzw. mit Beteiligung der Kunden erstellen (z. B. Hotels oder Kfz-Werkstätten). Analoges gilt für Sachleistungsunternehmen, die ihre Produkte über Handelsbetriebe oder über ihre Außendienstorganisation direkt vertreiben.

Da die Kunden hier direkt mit Mitarbeitern kommunizieren, sind die **Beschwerdebarrieren** besonders gering und unzufriedene Kunden können ihre Unzufriedenheit unmittelbar in der Interaktion artikulieren. Allerdings machen Kunden von der Möglichkeit der mündlichen Beschwerde in unterschiedlichem Maße Gebrauch, je nachdem, welche Reaktionen sie erwarten und wie sie ihre eigene Rolle im Verhältnis zum Interaktionspartner wahrnehmen. Insbesondere werden Kunden auf eine mündliche Beschwerde eher verzichten und stattdessen lieber abwandern, wenn sie eine unangenehme Auseinandersetzung befürchten, der sie sich weder psychisch noch rhetorisch gewachsen fühlen und die zu einer auch von anderen Kunden wahrnehmbaren „Niederlage" führt. Das Gleiche gilt für Situationen, in denen sich Kunden im Verhältnis zum jeweiligen Kontaktpartner als unterlegen fühlen (wie z. B. gegenüber Pflegepersonal oder Ärzten im Krankenhaus) und im Fall der Beschwerde sogar negative Sanktionen befürchten (Stauss 1989).

Um solche Beschwerdebarrieren zu reduzieren, bedarf es der eindeutigen Kommunikation, dass auch **kritische Kundenäußerungen erwünscht** sind. Als Beispiel kann hier der in vielen kleinen Dienstleistungsbetrieben ausgehängte Spruch dienen: „Wenn Sie zufrieden sind, sagen Sie es Ihren Freunden. Wenn Sie unzufrieden sind, sagen Sie es bitte uns!" Darüber hinaus ist es erforderlich, dass geeignete Mitarbeiter zur Verfügung stehen, die ermunternd und positiv auf Beschwerdeartikulationen reagieren. Insbesondere müssen sie in der Lage sein, ein partnerschaftliches Rollenverständnis zu praktizieren und beim Kunden keine Unterlegenheitsgefühle zu wecken.

Eine Erleichterung für die mündliche Beschwerdeartikulation stellt es auch dar, wenn – wie z. B. in Hotel- oder Handelsbetrieben – ein **Service- oder Informationsbereich** als spezifische Anlaufstelle für Kundenanliegen eingerichtet wird. Auf diese Weise wird den Kunden deutlich signalisiert, dass für sie die Möglichkeit besteht, Fragen und Probleme in einem persönlichen Gespräch zu klären, und es wird ihnen unmittelbar mitgeteilt, an wen sie sich mit ihren Anliegen wenden können.

Eine weitere Handlungsmöglichkeit, die mündliche Kommunikation als Feedback-Instrument über Kundenunzufriedenheit zu nutzen, besteht darin, nicht passiv auf Beschwerden zu warten, sondern **sich aktiv nach erlebten Problemen zu erkundigen**. Anstatt auf die Initiative von Seiten des Kunden zu hoffen, gilt es, selbst aktiv zu werden und den Kunden anzusprechen. Nach jeder Transaktion kann die schlichte Frage: „War alles in Ordnung?" gestellt und damit Auskunft über die vom Kunden wahrgenommene Qualität eingeholt werden (Hart/Heskett/Sasser 1991). Als bessere Fragenformulierung erweist sich allerdings die Variante: „Hätten wir etwas besser machen können?" oder „Was sollten wir zukünftig besser machen?" Diese Fragen erleichtern den Kunden eine aufrichtige Beantwortung, weil sie ihre Kritik in die Form eines Verbesserungsvorschlags kleiden können. Zudem sind die Antworten leichter für konkrete Korrekturmaßnahmen zu nutzen.

Schriftlicher Beschwerdekanal

Der **Brief (einschließlich Telefax)** stellt den klassischen schriftlichen Beschwerdeweg dar. Die schriftliche und formal korrekte Darstellung des Falls verlangt vom Kunden Zeit und Mühe. Daher nehmen viele Kunden das Angebot von Unternehmen gerne an, ihre Beschwerde auf telefonischem Wege vorzubringen. Dennoch gibt es Situationen, in denen der Kunde den **schriftlichen Beschwerdeweg bevorzugt**. Dies ist vor allem der Fall, wenn es sich um Haftungsfälle handelt, wenn sich der Kunde persönlich an die Geschäftsleitung wenden oder bestimmte Umstände „nachweislich" festhalten möchte. Ein beschwerdestimulierender Effekt für Briefe und Faxe wird erreicht, wenn den Kunden deutlich kommuniziert wird, an wen sie ihre schriftlichen Beschwerden richten können.

Eine spezifische Form der schriftlichen Beschwerdestimulierung sind die so genannten **Meinungskarten** („Comment Cards"), die insbesondere im Dienstleistungsbereich (z.B. Hotels, Restaurants, Banken) Anwendung finden. Hierbei handelt es sich um vorgedruckte Antwortkarten, auf denen die Kunden in ihren eigenen Worten schildern können, worüber sie sich geärgert oder was sie als positiv empfunden haben. Bild 6.1 zeigt als Beispiel eine Meinungskarte der Commerzbank. Hier wird der Kunde aufgefordert, seine Unzufriedenheit anhand vorgegebener Kategorien zu klassifizieren sowie sein Problem stichwortartig zu beschreiben. Gleichzeitig wird er gebeten, mitzuteilen, was das Unternehmen tun müsste, um seine Zufriedenheit wiederherzustellen. Dieser Aufbau der Meinungskarte stellt sicher, dass im Rahmen der Kontaktaufnahme mit dem Beschwerdeführer unmittelbar auf die Kundenerwartung reagiert werden kann. Zugleich gestattet die kundenseitige Kategorisierung, dass die Beschwerdeinformationen – trotz des freien Textfelds – schnell erfasst und unkompliziert für Beschwerdeauswertungen genutzt werden können.

Je umfangreicher Meinungskarten dem Kunden die Möglichkeit bieten, sein Problem in eigenen Worten zu schildern, desto mehr haben sie einen **direkt beschwerdestimulierenden Effekt**. Karten, die dem Kunden nur wenig oder gar keinen Platz für seine Problemschilderung lassen und stattdessen primär Zufriedenheitsskalen enthalten, haben allenfalls **indirekt einen beschwerdestimulierenden Charakter**.

Meinungskarten werden entweder direkt in eine eigene **„Feedback-Box"** im Unternehmen eingeworfen oder an eine konkret benannte Person oder Abteilung **gesandt**. Ist eine postalische Zusendung der Karten vorgesehen, so können diese adressiert und vorfrankiert sein, um zeitliche und finanzielle Beschwerdebarrieren zu vermeiden.

Telefonischer Beschwerdekanal

Der telefonische Beschwerdeweg weist gegenüber dem schriftlichen sowohl aus Kunden- als auch aus Unternehmenssicht wesentliche Vorteile auf.

Für den Kunden bestehen diese **Vorteile** vor allem in reduzierten Beschwerdekosten und einer schnelleren Problemlösung, für das Unternehmen in Kostenvorteilen und der Möglichkeit einer individuelleren Kundenansprache:

- **Reduzierte Beschwerdekosten des Kunden:** Bei der Wahl des telefonischen Beschwerdewegs reduzieren sich für den Kunden in der Regel die Beschwerdekosten. Dies ist in finanzieller Hinsicht prinzipiell der Fall, wenn das Unternehmen eine gebührenfreie Rufnummer für Beschwerden einrichtet. Zudem ist es für den Kunden meist sehr viel leichter, sein Problem verbal als schriftlich auszudrücken, sodass sich auch seine zeitlichen und psychischen Kosten verringern.
- **Schnellere Problemlösung:** Mit dem Einsatz von Beschwerdetelefonen ist es häufig möglich, Kundenunzufriedenheit sehr schnell abzubauen. Das Unternehmen kann sofort reagieren und in vielen Fällen das Problem noch am Telefon lösen bzw. unmittelbar an die zuständigen Stellen im Unternehmen weiterleiten und den Beschwerdebearbeitungsprozess unverzüglich initiieren. So gelang es der amerikanischen Fastfood-Kette Burger King Corp., Miami, mit der Einrichtung ihrer 24-Stunden-Hotline „Your Comments Count", 95 % aller Anrufe auf Anhieb zu beantworten bzw. einge-

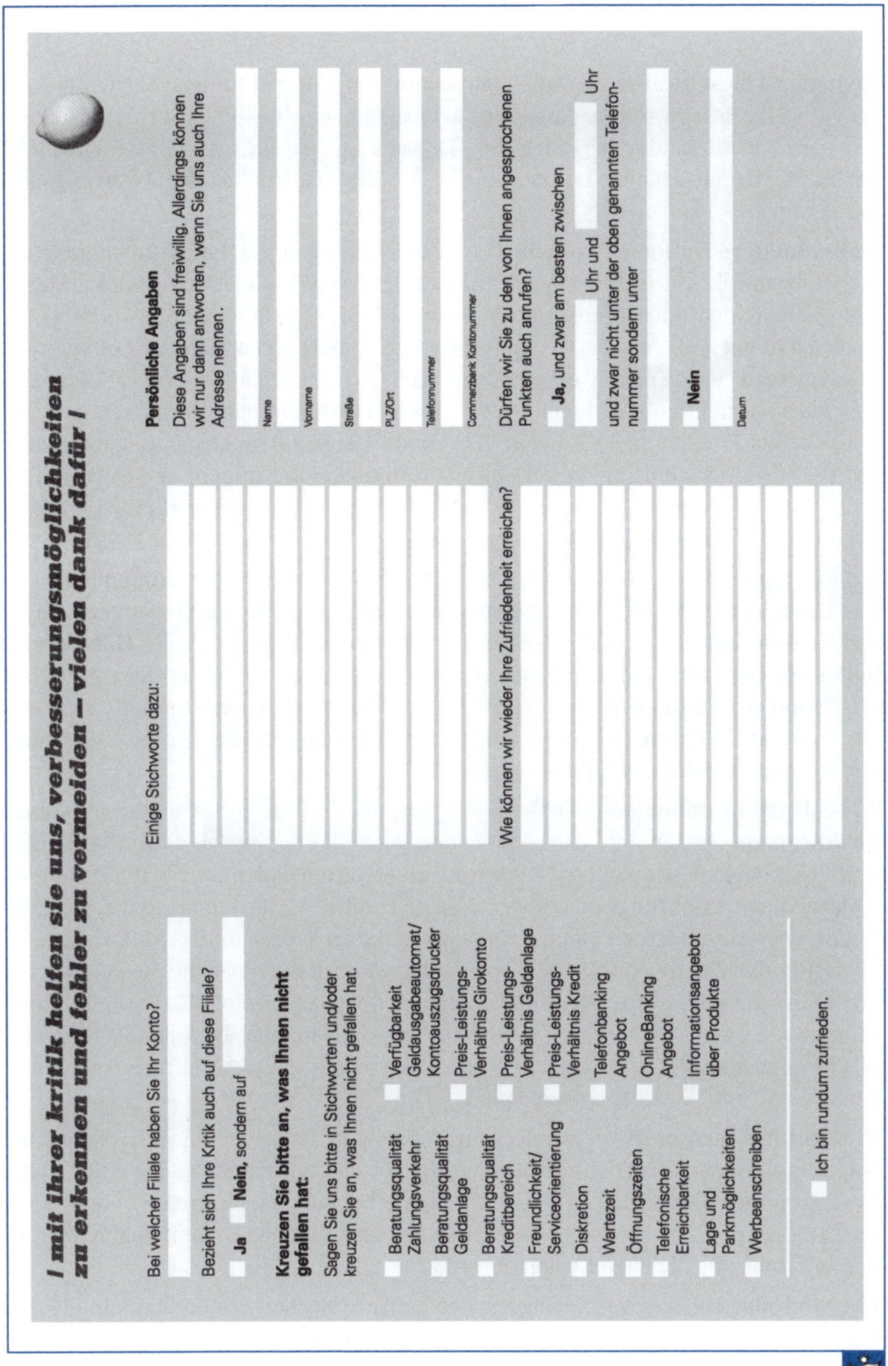

! mit ihrer kritik helfen sie uns, verbesserungsmöglichkeiten zu erkennen und fehler zu vermeiden – vielen dank dafür !

Bei welcher Filiale haben Sie Ihr Konto?

Bezieht sich Ihre Kritik auch auf diese Filiale?

☐ **Ja** ☐ **Nein,** sondern auf

Kreuzen Sie bitte an, was Ihnen nicht gefallen hat:

Sagen Sie uns bitte in Stichworten und/oder kreuzen Sie an, was Ihnen nicht gefallen hat.

- ☐ Beratungsqualität Zahlungsverkehr
- ☐ Beratungsqualität Geldanlage
- ☐ Beratungsqualität Kreditbereich
- ☐ Freundlichkeit/ Serviceorientierung
- ☐ Diskretion
- ☐ Wartezeit
- ☐ Öffnungszeiten
- ☐ Telefonische Erreichbarkeit
- ☐ Lage und Parkmöglichkeiten
- ☐ Werbeanschreiben
- ☐ Verfügbarkeit Geldausgabeautomat/ Kontoauszugsdrucker
- ☐ Preis-Leistungs-Verhältnis Girokonto
- ☐ Preis-Leistungs-Verhältnis Geldanlage
- ☐ Preis-Leistungs-Verhältnis Kredit
- ☐ Telefonbanking Angebot
- ☐ OnlineBanking Angebot
- ☐ Informationsangebot über Produkte

☐ Ich bin rundum zufrieden.

Einige Stichworte dazu:

Wie können wir wieder Ihre Zufriedenheit erreichen?

Persönliche Angaben

Diese Angaben sind freiwillig. Allerdings können wir nur dann antworten, wenn Sie uns auch Ihre Adresse nennen.

Name

Vorname

Straße

PLZ/Ort

Telefonnummer

Commerzbank Kontonummer

Dürfen wir Sie zu den von Ihnen angesprochenen Punkten auch anrufen?

☐ **Ja,** und zwar am besten zwischen

Uhr und Uhr

und zwar nicht unter der oben genannten Telefonnummer sondern unter

☐ **Nein**

Datum

Bild 6.1 Beispiel für eine Meinungskarte: Commerzbank

hende Beschwerdefälle im Erstkontakt zur Zufriedenheit des Kunden zu lösen (o. V. 1990).

- **Reduzierte Beschwerdebearbeitungskosten des Unternehmens:** Gegenüber dem schriftlichen Beschwerdeweg kann das Unternehmen erhebliche Bearbeitungskosten einsparen, denn die durchschnittlichen Bearbeitungskosten eines typischen Telefongesprächs liegen erheblich unter denen für die schriftliche Beantwortung einer Anfrage.
- **Individuellere Kundenansprache:** Die Kommunikation mit dem Kunden kann vollständiger und besser geführt werden. Der gesprächsführende Mitarbeiter erhält die Gelegenheit, den Sachverhalt unmittelbar zu klären, Erläuterungen vorzunehmen und sich in persönlicher Weise zu entschuldigen. Zugleich kann der Mitarbeiter auch das Ausmaß der Kundenverärgerung realistisch einschätzen. Im telefonischen Gespräch werden die Emotionen - wie Ärger, Frustration oder Verbitterung - deutlich, die das Problem beim Kunden hervorruft. Der Mitarbeiter kann sich durch die Art der Gesprächsführung darauf einstellen und eine Beruhigung der Situation herbeiführen. Auch erfährt er Einzelheiten über die Erwartungen des Kunden und kann gemeinsam mit ihm nach einer angemessenen Lösung suchen (Vavra 1995).

Um die Artikulation von Beschwerden auf dem telefonischen Weg zu stimulieren, muss ein entsprechender Kanal - zum Beispiel ein Call Center für Kundenanliegen - eingerichtet sein. Darüber hinaus wird der stimulierende Effekt durch die **Höhe der Telefonkosten** bestimmt, die dem beschwerdeführenden Anrufer übertragen werden. In Deutschland stehen Unternehmen verschiedene Mehrwertdienste alternativ zur Verfügung (Telekom 2013; cns24 2013). Nachfolgend sind die für das Beschwerdemanagement relevanten Mehrwertdienste aufgeführt:

- **freecall 0800:** Rufnummern mit dieser Vorwahl sind für den Anrufer **vollständig gebührenfrei.** Wegen der Übernahme aller Telefonkosten ist von dieser Variante die größte beschwerdestimulierende Wirkung zu erwarten. Allerdings bringt sie für das Unternehmen erfahrungsgemäß den Nachteil mit sich, dass eine Reihe von unerwünschten Anrufern das Unternehmen kontaktiert (sogenannte „Junk Calls“ oder „Belästigungen“), welche die Mitarbeiter belasten und erhebliche Kosten verursachen. Bei individuellen Geschäftsbeziehungen besteht eine Möglichkeit, diesem Missbrauch entgegenzuwirken, indem die Freecall-Nummer ausschließlich an aktuelle Kunden kommuniziert wird, beispielsweise in speziellen Anschreiben oder durch Angabe auf der Geschäftskorrespondenz.
- **0180call:** Bei diesem Dienst werden die anfallenden Telefongebühren zwischen dem Anrufer und dem Unternehmen **aufgeteilt**. Mit der Entscheidung für eine „Shared Cost“-Nummer können die „Junk Calls“ reduziert werden. Auch wird bei überregionaler Tätigkeit des Unternehmens gewährleistet, dass für alle Kunden, unabhängig von der Tarifzone, die gleichen Kosten entstehen.
- **Ortsvorwahl:** Mittlerweise verfügen viele Endverbraucherkunden über eine Flatrate für ihren Festnetzanschluss. Insofern fallen keine speziellen Telefonkosten für sie mehr an, sofern die Unternehmen für den telefonischen Beschwerdekanal eine Telefonnummer mit Ortsvorwahl verwenden.

- **Freecall International bzw. Freecall Universal**: Der für den Kunden kostenlose Anruf kann auch international eingesetzt werden. Dabei können entweder die länderspezifischen kostenfreien Vorwahlen genutzt werden (Freecall International) oder eine einheitliche Vorwahl (Freecall Universal). Bei ihrem Einsatz ist allerdings zu beachten, dass dieser Dienst noch nicht in allen Ländern verfügbar ist. Solche Varianten der Mehrwertdienste sind für das internationale Beschwerdemanagement relevant (siehe Kapitel 18).
- **Vanity-Rufnummern:** Dieser Dienst kann in Kombination mit den genannten Mehrwertdiensten verwendet werden und ermöglicht die **Buchstabenwahl.** Mit Hilfe der auf der Telefontastatur aufgedruckten Buchstaben können Firmennamen und Bereichs-/Abteilungsbezeichnungen als Telefonnummern verwendet werden, wobei für jeden Buchstaben eine bestimmte Ziffer vorbelegt ist. So hat beispielsweise die Kundenbetreuung der Volkswagen AG für ihr Servicetelefon die Vanity-Rufnummer 0800-VOLKSWAGEN reserviert.

Vor dem Einsatz von Maßnahmen zur Stimulierung telefonischer Beschwerden und insbesondere vor der Einführung gebührenfreier/-reduzierter Rufnummern im Rahmen des Beschwerdemanagements sind **folgende Fragen zu beantworten** (Vavra 1995):

- **Sind die notwendigen Ressourcen und Kapazitäten vorhanden, um die erwarteten Anrufe angemessen bearbeiten zu können?** Verfügt das Unternehmen nicht über die notwendigen systemtechnischen Ressourcen und ausreichend qualifiziertes Personal sowie über eine entsprechende Aufbauorganisation im Bereich des Beschwerdemanagements, können die eingehenden Anrufe nur unzureichend bearbeitet werden. Das Ergebnis sind meist längere Bearbeitungszeiten und nicht zufriedenstellende Antworten für die Kunden, deren Unzufriedenheit damit noch gesteigert wird.
- **Verfügt das installierte Telefonsystem über Mechanismen, die verhindern, dass Anrufer warten müssen und so noch frustrierter werden?** Wartezeiten am Telefon bzw. besetzte Leitungen tragen wesentlich dazu bei, dass der bereits unzufriedene Kunde noch unzufriedener wird. Nach einer empirischen Untersuchung von Vavra (1995) ziehen bis zu 27% der Kunden, die nicht durchkommen, in Erwägung, die Geschäftsbeziehung mit diesem Unternehmen aufzukündigen. Insofern wird das eigentliche Ziel, das Unternehmen für unzufriedene Kunden so zugänglich wie möglich zu machen, verfehlt. Nicht Kundenbindung wird erreicht, sondern zusätzliche Kundenverluste sind zu erwarten.

  Call-Center verfügen in der Regel über eine **ACD-Anlage** (Automatic Call Distribution), die eine effiziente Verteilung des Telefonaufkommens und damit eine Reduzierung von Wartezeiten ermöglicht. Mit ihrer Hilfe werden alle angenommenen Gespräche gemäß einer definierten Reihenfolge unmittelbar an freie Mitarbeiter verteilt bzw. zunächst in eine Warteschleife geleitet und dann, wenn der Anruf an der Reihe ist, an einen freien und kompetenten Mitarbeiter vermittelt. Zu einer nachhaltigen Reduzierung von Wartezeiten führt eine ACD-Anlage aber nur, wenn eine exakte Aufkommensprognose sowie eine sorgfältige Kapazitätsplanung vorliegen und entsprechend hohe Servicelevel definiert sind.

  Zur Sicherstellung, dass der Beschwerdeführer schnell einen Ansprechpartner findet, gehört auch, dass er nicht erst komplexe Prozeduren durchlaufen muss. Unter dieser

Perspektive sind die in Call-Centern vielfach eingesetzten **IVR-Systeme** (Interactive Voice Response) als problematisch anzusehen. Diese Systeme ermöglichen einen computergesteuerten Sprachdialog, der durch die Stimme oder das Drücken bestimmter Telefontasten vom Anrufer gesteuert wird. Im Kontext von Kundenbeschwerden ist diese Technologie insbesondere dann kritisch zu bewerten, wenn dem Kunden eine Fülle von Alternativen angeboten wird und nicht eindeutig erkennbar ist, welche davon für die Beschwerdeartikulation vorgesehen ist. Die unzufriedenen Kunden wollen einer Person gegenüber ihre Verärgerung ausdrücken und nicht erst komplizierte Navigationsprozesse bewältigen. Insofern hat der Einsatz dieser Technik eher einen Abschreckungseffekt als einen Stimulierungseffekt. Möglicherweise gehen die angestrebten Effizienzgewinne sogar mit einer verstärkten Verärgerung und Abwanderung von Kunden einher.

- **Verfügen die Mitarbeiter, welche die Beschwerden entgegennehmen, über die notwendigen Fähigkeiten?** Mitarbeiter im Bereich der Beschwerdeannahme müssen über die entsprechenden Bearbeitungsstandards, die Zuständigkeiten im Unternehmen sowie die Lösungsalternativen informiert sein. Insbesondere aber müssen sie im Umgang mit unzufriedenen Kunden geschult sein und über die entsprechende Fach- und Methodenkompetenz sowie Sozial- und Emotionalkompetenz verfügen. Darüber hinaus müssen sie mit Entscheidungsrechten ausgestattet sein, damit sie auf die vorgetragenen Probleme angemessen reagieren und den Kunden zufriedenstellen können.

Elektronischer Beschwerdekanal

Zu den elektronischen Beschwerdewegen gehören die Kommunikation per E-Mail bzw. Internet, einschließlich der Social-Media-Kanäle wie Facebook und Twitter, sowie der Einsatz von interaktiven „Kiosksystemen" mit Touchscreens.

Der elektronische Beschwerdeweg mittels **E-Mails** hat sich mittlerweile neben den Beschwerdekanälen „Telefon" und „Brief" als dritter zentraler Beschwerdekanal etabliert. Dies liegt auch daran, dass der Versand von E-Mails sowohl für Kunden als auch für das Unternehmen eine Reihe von Vorteilen aufweist (Meißner 2004).

Aus **Kundensicht** sind vor allem folgende Aspekte von Bedeutung: E-Mail ist ein asynchrones Medium, d. h., Absender und Empfänger einer Mitteilung müssen nicht gleichzeitig anwesend sein, sodass sich im Vergleich zum Telefon das Erreichbarkeitsproblem reduziert. Zudem ist es ein schnelles Medium, selbst große geografische Entfernungen werden in wenigen Sekunden überwunden. Da E-Mail-Mitteilungen online abgesendet werden, entstehen dem Kunden nur geringe monetäre Kosten und im Vergleich zum Brief reduziert sich sein Arbeits- und Zeitaufwand. Auch empfinden die Kunden bei der Verwendung von E-Mails geringere psychische Kosten, da sie sich nicht einer unmittelbaren und kritischen Gesprächssituation aussetzen. Insofern bietet E-Mail geringe Dialogbarrieren und fördert das Zustandekommen zusätzlicher Beschwerden, die ansonsten nicht artikuliert würden (Meißner 2004).

In diesem stimulierenden Effekt liegt bereits auch ein **Vorteil für das Unternehmen**. Weitere kommen hinzu. Unter Kostengesichtspunkten ist festzuhalten, dass die Erhebung und Erfassung der Beschwerdeinformationen vereinfacht wird, da die Beschwerde als Datei vorliegt und unmittelbar verarbeitet werden kann. Zudem ist es wegen der Asynchronität des Dialogs nicht nötig, Bearbeitungskapazitäten für kurzfristige Nachfragespitzen vorzuhalten, sodass geringere Leerkosten für ungenutzte Personalkapazitäten auftreten. Außerdem bieten E-Mails die Chance, auf häufig wiederkehrende Kundenanliegen in standardisierter oder automatisierter Form kostengünstig zu reagieren (Meißner 2004).

Für die Artikulation von Kundenbeschwerden per E-Mail können zwei **unterschiedliche Zugangs- bzw. Kommunikationsformen** unterschieden werden:

(1) Dem Kunden ist die E-Mail-Adresse der für Beschwerden verantwortlichen Stelle bekannt und er beschwert sich direkt aus seinem **E-Mail-System** (z.B. Microsoft Outlook). In diesem Fall kann eine Beschwerdestimulierung nur über die Kommunikation der E-Mail-Adresse des Beschwerdemanagements in anderen Medien erfolgen.

(2) Der Kunde ruft die **Homepage** des Unternehmens auf, die einen Link zu einer speziellen „Beschwerdeseite" enthält. Für die beschwerdestimulierende Wirkung ist es entscheidend, dass der Link zur Beschwerdeseite bereits auf der ersten Seite deutlich platziert und möglichst auch auf anderen Seiten des Internetangebots vorhanden ist. Zudem muss die „Beschwerdeseite" unkompliziert, d.h. mit einem Klick erreichbar sein (siehe Bild 6.2).

Unternehmen scheuen oft davor zurück, eine eigenständige Beschwerdeseite einzurichten und wählen stattdessen eine generelle Kontakt- oder Feedback-Seite. Wenn allerdings Unternehmen wirklich Beschwerden stimulieren wollen, sollten sie dies auch offen ansprechen. Dies könnte in der Weise geschehen, dass innerhalb eines breiteren Feedback-Bereichs ein spezielles - und auch so benanntes - Beschwerdeformular eingerichtet wird. Ein solches Formular ermöglicht es dem Unternehmen zudem, vom Kunden selbst die Informationen erfassen zu lassen, die es für das interne Routing der E-Mail und die schnelle Bearbeitung der Beschwerde benötigt (Göttlicher 2002), was die Kategorisierung und Auswertung erleichtert.

Inzwischen sind viele Unternehmen in sozialen Netzwerken aktiv, beispielsweise indem sie für das Gesamtunternehmen oder ihre Marken eigene **Facebook- bzw. Twitter-Accounts oder Weblogs** einrichten. Diese Auftritte haben interaktiven Charakter, bieten den Kunden also Kommentarmöglichkeiten. Damit werden sie, gleichgültig, ob dies anfänglich so geplant war, zu einem neuen Beschwerdekanal. Die Intensität, in der Social Media Beschwerden stimulieren, ist u.a. abhängig davon, wie stark die Dialogmöglichkeiten ausgebaut sind. So macht es einen wesentlichen Unterschied, ob Unternehmen den Nutzern nur eine Kommentierung der eigenen Posts gestatten oder aber spezifische Customer-Care-Accounts einrichten. Im letztgenannten Fall wird ein ganz deutliches Zeichen gesetzt, dass man den Dialog mit dem kritischen Kunden wünscht. Dementsprechend ist auch mit einem erheblichen Anstieg von kritischen Kommentaren zu rechnen, zumal nahezu keine materiellen, psychischen und zeitlichen Beschwerdebarrieren bestehen. Da Social Media für das Beschwerdemanagement insgesamt eine besondere Herausforderung darstellen, wird auf diesen Beschwerdekanal gesondert in Kapitel 17 eingegangen.

Bild 6.2 Homepage mit direktem Link zur Beschwerdeseite: das Berliner Wohnungsunternehmen degewo (Quelle: www.degewo.de/content/de.html)

Der **Einsatz von Touchscreens** eröffnet eine weitere Dimension der elektronischen Beschwerdestimulierung, insbesondere in den Branchen, in denen mittels Kiosksystemen Transaktionen abgewickelt werden, wie beispielsweise in Banken, aber auch dort, wo Kunden den Ort der Dienstleistungserstellung aufsuchen, wie in Hotels. Darüber hinaus werden **mobile Endgeräte** – wie Smartphones und Tablets – zur Beschwerdestimulierung eingesetzt (siehe **Praxis-Spotlight 4**).

Praxis-Spotlight 4

Einsatz von iFeedback® als mobiler Beschwerdekanal zur Steigerung der Kundenzufriedenheit

Die Reaktion auf Beschwerden eines Kunden stellt für Unternehmen eine unmittelbare Notwendigkeit dar, um die Kundenbeziehung aufrechtzuerhalten. Je schneller die Reaktion auf eine Beschwerde erfolgt, desto höher ist die Wahrscheinlichkeit, dass der Kunde zufriedengestellt werden kann. Mit iFeedback® wird Unternehmen auf Basis mobiler Endgeräte (Smartphones, Tablets) eine innovative Möglichkeit geboten, diese Reaktionszeit auf ein Minimum zu reduzieren und damit besondere Service-Erlebnisse zu bieten.

Besonders in der Hotellerie ist die Zufriedenheit der Kunden bei starkem Preiskampf und geringer Markentreue von elementarer Bedeutung. Mit dem Einsatz von iFeedback® bieten Hotels ihren Kunden daher die Möglichkeit, Beschwerden jederzeit mit dem Smartphone oder jedem anderen internetfähigen Endgerät (Laptop, Tablet) zu äußern, damit noch eine Reaktion während des Aufenthalts gewährleistet ist (siehe Bild).

iFeedback®

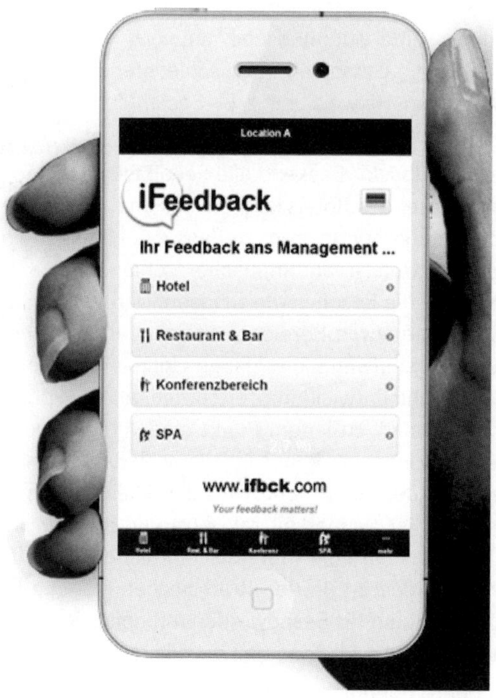

Dafür wird jedem Kunden beim Check-in eine Visitenkarte mit QR-Code übergeben, mit dem Hinweis, dass Lob, Kritik oder Anregungen jederzeit willkommen sind.

Zusätzlich werden QR-Codes auf weiteren Medien (Tischaufsteller, Aufkleber, Flyer) abgedruckt und an zentralen Standorten im Hotel Terminals (tablet-basierte Kiosksysteme) für Kunden ohne Smartphone eingesetzt. Scannt der Kunde den Code, wird er ohne Anmeldung oder Registrierung direkt in die individuelle iFeedback®-App des Hotels weitergeleitet. Er kann dort im vom Hotel vordefinierten Fragebogen zu einem oder mehreren Punkten eine Bewertung mit Sternen (auf einer Skala von 1 = sehr unzufrieden bis 5 = sehr zufrieden) abgeben und dazu jeweils einen Kommentar verfassen. Gibt er eine negative Bewertung ab (z. B. ≤ 2 Sterne), wird er automatisch zu einem Kommentar verpflichtet, damit das Hotel über den Inhalt der Beschwerde Kenntnis erlangt. Darüber hinaus kann der Kunde freiwillig seine Kontaktdaten angeben und bei besonderen Vorfällen einen Kontaktwunsch an das Hotel äußern.

Das Feedback wird anschließend automatisch an bestimmte Verteilerkreise im Hotel (z. B. Rezeption, Zimmerservice, Management) per E-Mail zugestellt. Die betroffenen Ansprechpartner werden somit unmittelbar über die Beschwerde in Kenntnis gesetzt und können bei Bedarf direkt eine Reaktion veranlassen. Hat der Kunde eine E-Mail-Adresse angegeben, erhält er zudem eine automatische Antwort, welche je nach Bewertung entweder einen Gutschein (bei schlechter Bewertung als Entschuldigung) oder einen Hinweis auf z. B. Social-Media-Kanäle (bei guter Bewertung zur Kundenbindung) enthalten kann.

Zusätzlich werden im iFeedback®-Backend alle Feedbacks aufgenommen und ausgewertet. Mitarbeiter des Hotels können im iFeedback®-HelpDesk Beschwerden bearbeiten und priorisieren, so dass das Management verfolgen kann, welche Schritte (u. a. automatischer Versand von Gutscheinen) vollzogen wurden, um die Beschwerde zu lösen. Darüber hinaus werden im Reporting Standorte sowie Bereiche miteinander verglichen, um ohne weiteren Auswertungsaufwand langfristige Optimierungspotenziale aufzudecken und die zeitliche Entwicklung der Zufriedenheit zu prüfen. Da Kunden nicht verpflichtet sind, zu jedem Punkt eines Fragebogens eine Bewertung zu äußern, können im Reporting verschiedene Kennzahlen ausgewiesen werden. Auf der einen Seite wird die Relevanz des Punkts (z. B. für 73 % der Kunden ist Sauberkeit relevant) und auf der anderen Seite die Zufriedenheit mit dem Punkt (durchschnittliche Bewertung bei Sauberkeit 2,5 Sterne) gemessen. In der strategischen Planung ist dies von besonderer Bedeutung, um für Beschwerden mit hoher Relevanz und schlechter Bewertung vorrangig Maßnahmen einzuleiten.

Als Beispiel für besondere Erlebnisse ist das Feedback einer Kundin hervorzuheben, die als Teetrinkerin eine Kaffeemaschine in ihrem Zimmer vorfand („Tolle Kaffeemaschine, ich bin aber Teetrinkerin"). Drei Stunden nach diesem Feedback schickte die Kundin ein erneutes Feedback („Wow, so einen Service habe ich ja noch nie erlebt") und bedankte sich zudem persönlich an der Rezeption. Während die Kundin im Spa verweilte, hatte das Hotel die Kaffeemaschine gegen ein Teegedeck tauschen lassen. Diese Erlebnisse können nur durch die Übermittlung von Beschwerden in Echtzeit in Kombination mit intelligenten Kommunikationsstrukturen gewährleistet werden und haben eine nachhaltige Wirkung auf die Zufriedenheit des Kunden.

Über die Hotellerie hinaus wird diese Feedback-Möglichkeit mittlerweile in verschiedenen Branchen mit hohem Servicebewusstsein eingesetzt (u. a. Gastronomie, Automotive, Retail). Oft bestanden hier hohe Feedback-Barrieren (z. B. Hemmungen, unklarer Ansprechpartner, hoher Zeitaufwand). Mit dem Einsatz dieses Systems werden diese Barrieren abgebaut und die Vision wird deutlich, dass in Zukunft jedes Unternehmen Beschwerden in Echtzeit managen kann.

Sebastian Kriegel

Head of Marketing & Sales

BHM Media Solutions GmbH

www.bhmms.com

6.2.2 Aktive Kommunikation der Beschwerdekanäle

Die zum Zweck der Beschwerdestimulierung eingerichteten mündlichen, schriftlichen, telefonischen oder elektronischen Beschwerdewege müssen gegenüber dem Kunden aktiv kommuniziert werden. Nur mit einem solchen **„Marketing für Beschwerden"** (Hansen/Niestrath/Thieme 1983) ist sicherzustellen, dass Kunden im Problemfall gerade diesen Weg beschreiten und sich das Beschwerdeaufkommen unzufriedener Kunden erhöht. Die Aufforderung an Kunden, sich beim Unternehmen zu beschweren, und die Angabe des Beschwerdekanals können auf unterschiedliche Weise kommuniziert werden:

(1) Vorhandene **Korrespondenz- und Kommunikationsmittel** wie Briefformulare, Informationsbroschüren, Kataloge oder Websites können gezielt zur Beschwerdestimulierung eingesetzt werden.

(2) Für das Beschwerdemanagement **eigens entwickelte Kommunikationsmittel**, wie z. B. Visiten- oder Meinungskarten, werden im Rahmen von Direktmarketingaktionen als Beilage eingesetzt oder in Vertriebs- und Servicestellen auffällig platziert. Bild 6.3 zeigt eine speziell für die Kommunikation der Telefon- und Fax-Hotline für Beschwerden konzipierte Visitenkarte der Stadtwerke Hannover (enerCity).

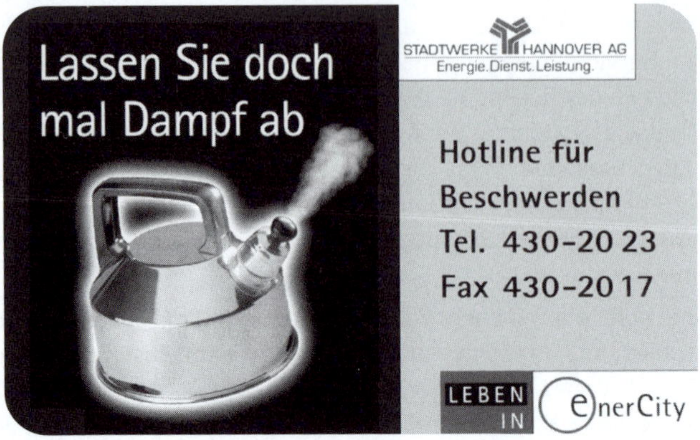

Bild 6.3 Beispiel für eine Visitenkarte zur Kommunikation einer speziellen Telefon- und Fax-Hotline für Beschwerden: Stadtwerke Hannover

Darüber hinaus bieten **Medien mit hoher Informationsnutzung** – wie spezifische Informationsbroschüren oder Websites – die Möglichkeit, die Prinzipien der Beschwerdepolitik und Reaktionsversprechen bekanntzumachen. Hier sollten auch wesentliche Informationen über die von den Beschwerdeführern gewünschten Informationen sowie über wesentliche Elemente des Bearbeitungsprozesses (Fristen, Formen des Feedbacks) und Verhaltensalternativen bei weiterer Unzufriedenheit präsentiert werden. Auch ist sicherzustellen, dass keine Zielgruppe von solchen Informationen ausgeschlossen ist. Dies kann dadurch erfolgen, dass die Botschaften auch mehrsprachig oder in Großdruck, in Braille oder auf Tonträgern erhältlich sind. Auf diese Weise wird die Glaubwürdigkeit eines „beschwerdefreundlichen Unternehmens" herausgestellt.

Um dem Kunden den grundsätzlichen Dialog zu erleichtern, können **Dialogkarten** als aktives Kommunikationsinstrument eingesetzt werden. Bild 6.4 zeigt beispielhaft eine solche Karte der Fluggesellschaft SAS, die an Flughäfen ausgelegt wurde. Sie gibt dem Kunden die Chance, auf bequeme Weise einen Gesprächswunsch zu artikulieren. Der Kunde teilt auf diesen Karten seinen Namen, seine Adresse und den bevorzugten Kontaktzeitpunkt mit und wirft sie in einen bereitgestellten Briefkasten. Um das genaue Anliegen des Kunden zu erfahren, muss das Unternehmen nun aktiv werden, wobei bis zur Kontaktaufnahme unklar bleibt, ob der Kunde sich beschweren oder z. B. nur eine Auskunft haben möchte.

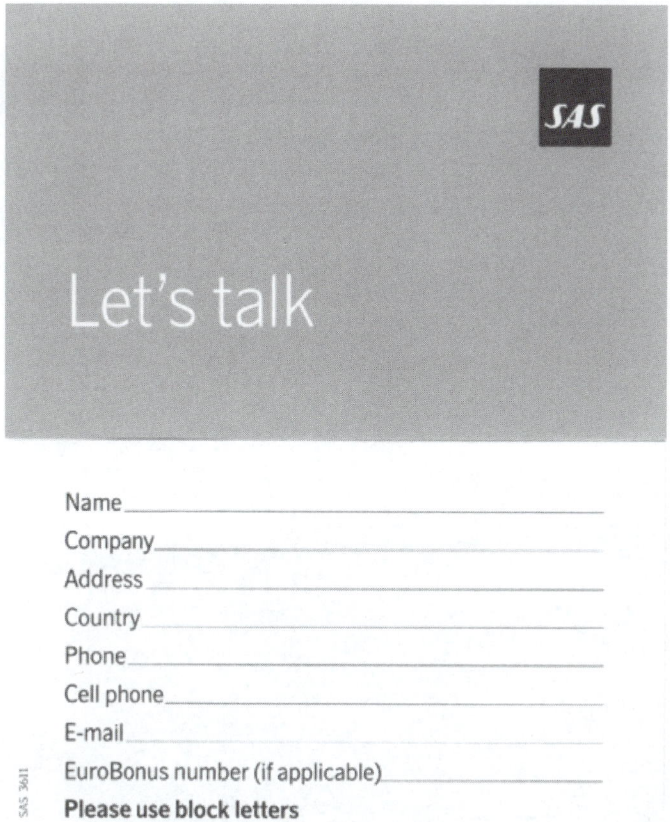
SAS

Let's talk

Name

Company

Address

Country

Phone

Cell phone

E-mail

EuroBonus number (if applicable)

Please use block letters

SAS 3611

Bild 6.4 Beispiel für eine Dialogkarte: SAS

(3) Unternehmen können Beschwerdestimulierung auch über **Massenmedien** betreiben, indem sie in Zeitungsanzeigen und Hörfunk- bzw. Fernsehspots die Kunden um Feedback bitten und die Telefonnummer, E-Mail-, Internet- oder Briefadresse des Beschwerdemanagements kommunizieren. So forderte Avis im Rahmen der Kampagne „We try harder" Geschäftsleute auf, sich zu beschweren, wenn die Aschenbecher im Mietauto nicht sauber sind: „If you find a cigarette butt in an Avis car, complain. It's for our own good" (Demuth/Garbett/Richter 1984, S. 60 f.). Die Siemens-Kundenzeitschrift stimulierte ihre Leser mit Nachdruck, sich per Telefax mit ihrem Anliegen an das Unternehmen zu wenden, indem sie ein kleines Geschenk als Anreiz anbot (siehe Bild 6.5).

Bild 6.5 Beispiel für Beschwerdestimulierung per Anzeige: das Siemens-Kundenmagazin „New World"

(4) Vor dem Hintergrund, dass sich das **Internetportal** in den vergangenen Jahren zum zentralen Kommunikationsmedium entwickelt hat, kann dies stimulierend für Hinweise auf Beschwerdemöglichkeiten genutzt werden. **Praxis-Spotlight 5** zeigt hierfür als hervorragendes Beispiel die Internetwerbung der Stadt Halberstadt für Beschwerden.

Praxis-Spotlight 5

Internetwerbung für Beschwerden der Stadt Halberstadt

Die Stadt Halberstadt betreibt eine aktive Stimulierung von Beschwerden mittels Internetwerbung. Sobald die Homepage oder Links der Homepage aufgerufen werden, erscheint im Werbebannerbereich auf der rechten Seite - neben der Werbung für die Stadt-App oder für Sehenswürdigkeiten der Stadt - auch gezielte Werbung für den Internetauftritt des städtischen Beschwerdemanagements. Auf diese Weise wird darauf aufmerksam gemacht, dass im Internet ein spezieller Bereich zur Verfügung steht, um auf Probleme aufmerksam zu machen und eine damit einhergehende Beschwerde zu artikulieren. Das Werbebanner trägt den Titel „Ihre Kritik ist unsere Chance“, signalisiert mit der Abbildung eines Ohrs sowie mit dem dazu passenden Slogan „Wir sind ganz Ohr“ die Bereitschaft zuzuhören und nennt die Telefonnummer des Ideen- und Beschwerdemanagements (siehe Bild).

Quelle: www.halberstadt.de/de/index.html

Klickt man auf diese Bannerwerbung, gelangt man auf die Seite „Willkommen beim Ideen- und Beschwerdemanagement“. Neben der Möglichkeit, ein Kontaktformular aufrufen zu können, in dem man seine Ideen/Beschwerden schriftlich artikulieren und dann automatisch versenden kann, sind alle weiteren schriftlichen und elektronischen Beschwerdekanäle aufgeführt. Gleichzeitig wird die für das Ideen- und Beschwerdemanagement verantwortliche Person namentlich benannt, inklusive ihrer Erreichbarkeitszeiten für den Fall einer mündlichen oder telefonischen Beschwerde. ■

Noch einen Schritt weiter gehen Organisationen, die im Internet nicht nur detailliert die Beschwerdemöglichkeiten kommunizieren, sondern auch konkrete Informationen über den Bearbeitungsprozess und weitere Handlungsmöglichkeiten des Kunden geben. Ein Beispiel hierfür ist die englische Bank Barclays. Sie fordert in einer im Internet veröffentlichten Botschaft ihre unzufriedenen Kunden auf, sich zu beschweren, wobei diese Botschaft auch in Großdruck, als Audiodatei oder Blindenschrift erhältlich ist. Im Text werden die telefonischen, schriftlichen und elektronischen Beschwerdekanäle angegeben. Zudem wird den Kunden nicht nur mitgeteilt, welche Informationen sie zur Beschwerdebearbeitung liefern sollen, sondern auch, was das Unternehmen tun wird, um das Problem zu lösen. Dabei werden die Beschwerdeführer zusätzlich gebeten, bei einer für sie unbefriedigenden Reaktion des Unternehmens das Beschwerdemanagement erneut zu kontaktieren, damit man sich weiter um eine Problemlösung bemühen kann. Für den Fall, dass die Beschwerdeführer dann immer noch nicht zufrieden sein sollten, werden die Kontaktadressen des Branchenombudsmanns angegeben (Barclays 2013, siehe Bild 6.6).

(5) Eine weitere sich immer mehr durchsetzende Form der Beschwerdestimulierung besteht darin, dass **Internetadressen auf Rechnungen oder speziellen Werbemitteln** abgedruckt und Kunden aufgefordert werden, diese Seite aufzusuchen und ihr Feedback bezüglich ihrer Erfahrungen mit Produkten und Leistungen dieses Unternehmens abzugeben. So erhalten Kunden von Burger King eine Quittung, die auf der Vorderseite einen Aufruf zur Abgabe von Kundenfeedback trägt: „www.bk-feedback-de.com – Feedback geben und genießen“. Nach Aufruf des angegebenen Links werden die Kunden gebeten, zunächst den Restaurantcode einzugeben und anschließend eine Reihe von Fragen zu ihrer Zufriedenheit mit dem Restaurantbesuch zu beantworten. Nach der Beantwortung aller Fragen erhält der Kunde einen Gutscheincode, den er bei einem erneuten Besuch eines Burger-King-Restaurants gegen ein spezielles Produkt einlösen kann. Eine solche Bewerbung von Internetlinks zur Abgabe von Kundenfeedback dient nicht nur der Zufriedenheitsbefragung, sondern auch der Beschwerdeerfassung, um gezielt Unzufriedenheit zu kanalisieren.

(6) Darüber hinaus können Adressen von Beschwerdeabteilungen sowie die Telefonnummer für das Beschwerdetelefon beispielsweise auch auf **Verpackungen, Gebrauchsanweisungen oder Beipackzetteln** deutlich vermerkt werden. Knappe Anschriften und einprägsame Telefonnummern sind auch auf **Firmenfahrzeugen** anzubringen.

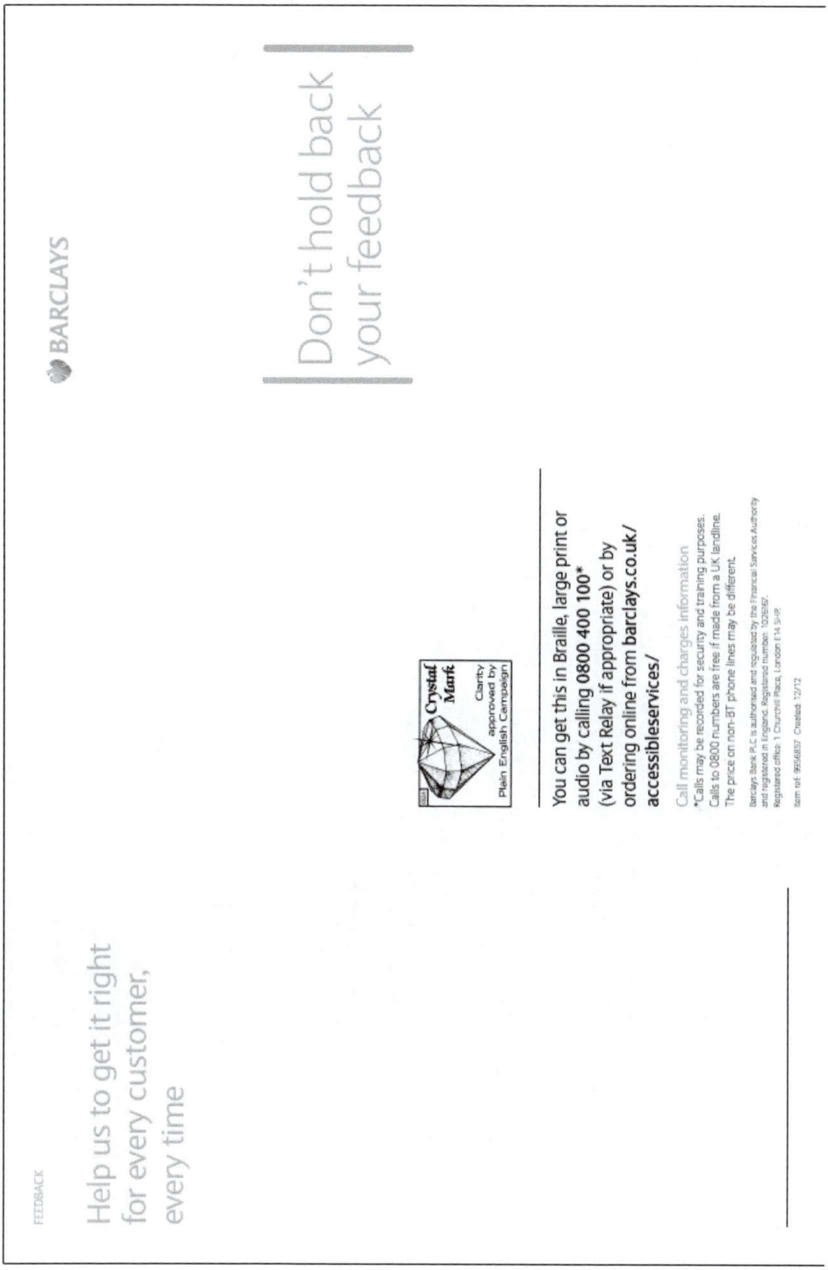
FEEDBACK
Help us to get it right for every customer, every time
BARCLAYS
Don't hold back your feedback
Crystal Mark
Clarity approved by Plain English Campaign
You can get this in Braille, large print or audio by calling 0800 400 100* (via Text Relay if appropriate) or by ordering online from barclays.co.uk/accessibleservices/
Call monitoring and charges information
*Calls may be recorded for security and training purposes. Calls to 0800 numbers are free if made from a UK landline. The price on non-BT phone lines may be different.
Barclays Bank PLC is authorised and regulated by the Financial Services Authority and registered in England. Registered number: 1026167. Registered office: 1 Churchill Place, London E14 5HP.
Created: 12/12

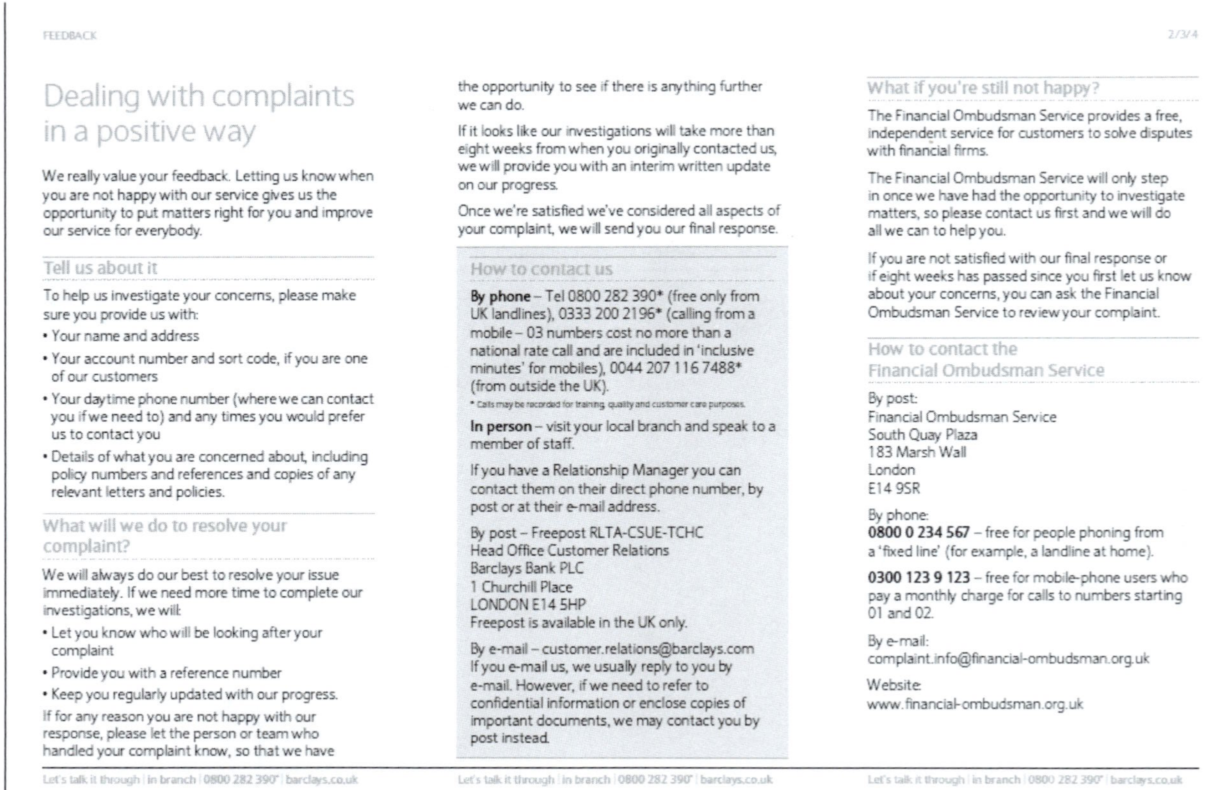
FEEDBACK 2/3/4

Dealing with complaints in a positive way

We really value your feedback. Letting us know when you are not happy with our service gives us the opportunity to put matters right for you and improve our service for everybody.

Tell us about it

To help us investigate your concerns, please make sure you provide us with:

- Your name and address
- Your account number and sort code, if you are one of our customers
- Your daytime phone number (where we can contact you if we need to) and any times you would prefer us to contact you
- Details of what you are concerned about, including policy numbers and references and copies of any relevant letters and policies.

What will we do to resolve your complaint?

We will always do our best to resolve your issue immediately. If we need more time to complete our investigations, we will:

- Let you know who will be looking after your complaint
- Provide you with a reference number
- Keep you regularly updated with our progress.

If for any reason you are not happy with our response, please let the person or team who handled your complaint know, so that we have the opportunity to see if there is anything further we can do.

If it looks like our investigations will take more than eight weeks from when you originally contacted us, we will provide you with an interim written update on our progress.

Once we're satisfied we've considered all aspects of your complaint, we will send you our final response.

How to contact us

By phone – Tel 0800 282 390* (free only from UK landlines), 0333 200 2196* (calling from a mobile – 03 numbers cost no more than a national rate call and are included in 'inclusive minutes' for mobiles), 0044 207 116 7488* (from outside the UK).

* Calls may be recorded for training, quality and customer care purposes.

In person – visit your local branch and speak to a member of staff.

If you have a Relationship Manager you can contact them on their direct phone number, by post or at their e-mail address.

By post – Freepost RLTA-CSUE-TCHC
Head Office Customer Relations
Barclays Bank PLC
1 Churchill Place
LONDON E14 5HP
Freepost is available in the UK only.

By e-mail – customer.relations@barclays.com
If you e-mail us, we usually reply to you by e-mail. However, if we need to refer to confidential information or enclose copies of important documents, we may contact you by post instead.

What if you're still not happy?

The Financial Ombudsman Service provides a free, independent service for customers to solve disputes with financial firms.

The Financial Ombudsman Service will only step in once we have had the opportunity to investigate matters, so please contact us first and we will do all we can to help you.

If you are not satisfied with our final response or if eight weeks has passed since you first let us know about your concerns, you can ask the Financial Ombudsman Service to review your complaint.

How to contact the Financial Ombudsman Service

By post:
Financial Ombudsman Service
South Quay Plaza
183 Marsh Wall
London
E14 9SR

By phone:
0800 0 234 567 – free for people phoning from a 'fixed line' (for example, a landline at home).

0300 123 9 123 – free for mobile-phone users who pay a monthly charge for calls to numbers starting 01 and 02.

By e-mail:
complaint.info@financial-ombudsman.org.uk

Website:
www.financial-ombudsman.org.uk

Let's talk it through | in branch | 0800 282 390* | barclays.co.uk
Let's talk it through | in branch | 0800 282 390* | barclays.co.uk
Let's talk it through | in branch | 0800 282 390* | barclays.co.uk

Quelle: Barclays 2013

Bild 6.6 Differenzierte Informationen über den Bearbeitungsprozess

6.2.3 Flankierende Maßnahmen zum Abbau von Beschwerdebarrieren

Durch die Einrichtung von Beschwerdekanälen und ihre aktive Kommunikation betreiben Unternehmen direkte Beschwerdestimulierung. Diese Aktivitäten können flankierend unterstützt werden durch alle Maßnahmen, die auf **indirekte Weise** darauf abzielen, Beschwerdebarrieren abzubauen.

Von den Faktoren, welche die Bereitschaft des unzufriedenen Kunden beeinflussen, die Handlungsalternative Beschwerde zu wählen, können einige durch unternehmerische Aktivitäten **gezielt beeinflusst** werden. Dies gilt vor allem für die vom Kunden wahrgenommene Erfolgswahrscheinlichkeit einer Beschwerde sowie die mit der Artikulation verbundenen Kosten.

Schon mit der Installierung von leicht nutzbaren Beschwerdekanälen reduzieren Unternehmen die finanziellen, zeitlichen und psychischen Kosten einer Beschwerde. Eine weitere Kostenreduzierung ist dann gegeben, wenn Unternehmen die **Problemlösungsprozesse vereinfachen**. Kunden verzichten auf eine Beschwerde, wenn ihnen komplizierte Dokumentations- und Beweispflichten auferlegt werden. Hierzu gehört es beispielsweise, wenn Unternehmen eine Prüfung des Kundenanliegens vom Einsenden der fraglichen Produkte, der Rechnungsbelege oder sonstiger Dokumente abhängig machen. Dementsprechend liegt eine wichtige beschwerdestimulierende Maßnahme darin, auf aufwendige Beweise zu verzichten und sich im Regelfall auf die Aussage des Kunden zu verlassen. Darüber hinaus ist sicherzustellen, dass der Kunde nicht in ein mehrstufiges Prüfverfahren involviert wird, sondern möglichst schon im Erstkontakt eine Problemlösung erhält. Um dies zu erreichen, bietet es sich an, Kundenkontaktmitarbeitern Handlungsspielräume einzuräumen, die sie situativ und flexibel zur Problemlösung nutzen können.

Eine indirekte Form der Beschwerdestimulierung, die ebenfalls die Beschwerdekosten des Kunden senkt, stellen **Kundenzufriedenheitsbefragungen** dar. Der Einsatz dieses Instruments signalisiert dem Kunden schon ein generelles Interesse des Unternehmens an der Zufriedenheit seiner Kunden. Zudem wird es selbst aktiv, um Unzufriedenheitspotenziale zu identifizieren. Bei einer entsprechenden Frageformulierung haben Kunden die Möglichkeit, bei der Beantwortung den Grund ihrer Unzufriedenheit näher zu beschreiben, auch wenn sie vorher nicht in Form einer Beschwerde tätig geworden sind. Wenn die Kunden durch Angabe ihrer Adresse die Anonymität der Befragung aufheben, besteht zudem die Möglichkeit, diese Fälle unmittelbar in die Beschwerdeabwicklung zu integrieren.

Einen stimulierenden Effekt haben auch **Beschwerdezufriedenheitsbefragungen**, mit deren Hilfe Beschwerdeführer hinsichtlich ihrer Zufriedenheit mit der Beschwerdeabwicklung befragt werden. Sollten die Beschwerdeführer mit der Problemlösung oder einem anderen Aspekt der Beschwerdereaktion unzufrieden sein, gibt ihnen die aktive Nachfrage durch das Beschwerdemanagement Gelegenheit, dies in der Form einer Folgebeschwerde zum Ausdruck zu bringen.

Mit Hilfe anderer Maßnahmen kann das Unternehmen Einfluss auf den Beschwerdenutzen bzw. die wahrgenommene Erfolgswahrscheinlichkeit nehmen. Dazu gehören in erster Linie **Produkt-, Service- und Zufriedenheitsgarantien**. Sie enthalten Zusagen über Leistungen des Unternehmens, wenn bestimmte Leistungsversprechen nicht eingehalten werden, definierte Qualitätsstandards unterschritten werden und Kundenzufriedenheit nicht erreicht wird. Angesichts der expliziten Zusagen erhöhen Garantien die wahrgenommene Erfolgswahrscheinlichkeit einer Beschwerde erheblich. Da der Nutzen einer Inanspruchnahme der Garantie zudem meist exakt angegeben ist („Geld zurück"-Garantie, „Rückgaberecht bei Unzufriedenheit" usw.), ist es für den Kunden zudem leicht, ein Kosten-Nutzen-Kalkül der Beschwerde vorzunehmen. Wenn diese Garantien zudem uneingeschränkt formuliert sind und problemlos in Anspruch genommen werden können, reduzieren sich auch die Beschwerdekosten. Damit Produkt-, Service- und Zufriedenheitsgarantien allerdings ihre beschwerdestimulierende Wirkung erzeugen können, müssen sie - wie die Beschwerdekanäle - aktiv kommuniziert werden.

6.3 Einführung beschwerdestimulierender Maßnahmen

Vor dem Einsatz von Maßnahmen zur Stimulierung von Beschwerden ist darauf zu achten, dass keine „Lawine von Beschwerden losgetreten" wird, die mit den vorhandenen Ressourcen nicht oder nur unzureichend bearbeitet werden kann. Um diese Gefahr zu vermeiden, ist es sinnvoll, die Maßnahmen der Beschwerdestimulierung **stufenweise umzusetzen** und die erforderliche Dimensionierung der Ressourcenausstattung entsprechend anzupassen (Hoffmann 1991; Drewes/Klee 1994).

Bei der Einführung beschwerdestimulierender Maßnahmen ist eine Sequenz verschiedener Aktivitäten durchzuführen: eine Ist-Analyse des aktuellen Beschwerdeaufkommens und der momentanen Bearbeitungszeiten, die Festlegung der geplanten Erreichbarkeit und Reaktionsgeschwindigkeit, die Prognose des zukünftigen Beschwerdeaufkommens, die Planung und Bereitstellung der erforderlichen technologischen und personellen Ressourcen sowie die dosierte Realisierung und Kommunikation.

Ist-Analyse des aktuellen Beschwerdeaufkommens

In einer ersten Stufe ist eine quantitative Ist-Analyse des **aktuellen Beschwerdeaufkommens** vorzunehmen. Detailliert ist zu erfassen, wie viele Beschwerden auf welchen Beschwerdekanälen zentral und dezentral eingehen. Darüber hinaus sind die **Bearbeitungszeiten** zu ermitteln, um eindeutige Daten zu erlangen, wie viel Zeit die Annahme und die Bearbeitung von Beschwerden in den einzelnen Kanälen in Anspruch nehmen.

Festlegung der geplanten Erreichbarkeit und Reaktionsgeschwindigkeit

In einem nächsten Schritt ist festzulegen, welcher Grad der Erreichbarkeit und welche Reaktionszeiten angestrebt werden sollen. Beschwerdestimulierende Maßnahmen haben nur einen Sinn, wenn die Kunden im Beschwerdefall auch unmittelbar einen Ansprechpartner finden und wenn sie nicht lange auf eine Problemlösung warten müssen.

Insofern muss zunächst ein hoher **Erreichbarkeitslevel** in allen Beschwerdekanälen gewährleistet sein. Dies betrifft vor allem die mündlich und telefonisch artikulierten Beschwerden, für die möglichst geringe Wartezeiten bis zur Annahme einzuplanen sind. Für die telefonische Erreichbarkeit heißt dies, dass relativ anspruchsvolle Servicelevel festzulegen sind. In Bezug auf schriftlich und elektronisch vorgebrachte Beschwerden müssen kundengerechte Standards für die **Reaktionszeiten**, d.h. für die abschließende Antwort bzw. etwaige Eingangsbestätigungen und Zwischenbescheide, fixiert werden.

Prognose des zukünftigen Beschwerdeaufkommens

Auf Basis des geplanten Zugangskonzepts (mündlich, schriftlich, telefonisch, elektronisch) und der intendierten Stimulierungsformen muss abgeschätzt werden, in welchem Umfang ein Anstieg der Beschwerden und anderer kundeninitiierter Kommunikation zu erwarten ist.

Veröffentlichungen von Unternehmen mit aktivem Beschwerdemanagement und intensiver Förderung des Kundendialogs belegen, dass das Beschwerdeaufkommen **sehr schnell anwachsen** kann. Um zu vermeiden, dass die einzurichtenden Kapazitäten nicht ausreichen und daher unzufriedene Kunden aufgrund mangelnder Erreichbarkeit ein erneutes Unzufriedenheitserlebnis erfahren, bedarf es daher sorgfältiger Prognosen hinsichtlich des zukünftig zu erwartenden Beschwerdeaufkommens.

Ein wichtiger Ansatz zur Abschätzung des Beschwerdeaufkommens, das durch Stimulierungsmaßnahmen zu erwarten ist, besteht in der Durchführung einer repräsentativen Marktforschungsstudie zur Verärgerung der Kunden und ihrem Beschwerdeverhalten: **„Verärgerungs-Eisberg-Befragung“** (siehe Kapitel 11.1). Hierbei werden Kunden gefragt, ob sie innerhalb eines festzulegenden Zeitraums Anlass zur Verärgerung hatten und ob sie sich diesbezüglich beim Unternehmen beschwert haben. Auf diese Weise erhält man Informationen zum Anteil verärgerter Kunden („Verärgerungsquote“) und zum Anteil der Verärgerten, die sich nicht beschwert haben („Nicht-Artikulationsquote“). Rechnet man diese Prozentsätze auf die Grundgesamtheit aller Kunden hoch, erhält man eine grobe Schätzung über die Größenordnung der bisherigen „Nicht-Beschwerdeführer“. Diese sind ein wichtiger Anhaltspunkt für das Beschwerdevolumen, das zusätzlich zu erwarten ist, wenn entsprechende Stimulierungsmaßnahmen durchgeführt werden.

Eine solche Befragung liefert darüber hinaus **weitere Erkenntnisse über das Verhalten der Nicht-Beschwerdeführer**. Diese werden auch nach den Ursachen gefragt, warum sie sich trotz Verärgerung nicht beschwert haben. Eine detaillierte Analyse zeigt auf, ob unzureichende Beschwerdekanäle die ausschlaggebende Beschwerdebarriere darstellen oder ob noch andere Hindernisse bestehen, die durch flankierende Maßnahmen abgebaut werden müssen.

So eine Marktforschungsstudie kann allerdings nur eine **grobe Prognose** hinsichtlich des zu erwartenden Beschwerdeaufkommens geben. Zum Ersten kann die Beschwerdezahl dadurch variieren, dass das Unternehmen bisher benannte Probleme durch Korrekturmaßnahmen behoben hat oder aber andere Probleme erstmals auftauchen. Zum Zweiten müssen beschwerdestimulierende Maßnahmen nicht alle verärgerten Kunden, die bisher auf eine Beschwerde verzichtet haben, zukünftig zu einer Beschwerde bewegen. Zum Dritten hängt die Beschwerdebereitschaft auch von nur schwer beeinflussbaren externen Faktoren wie beispielsweise einem generell wachsenden Anspruchsniveau oder medientechnischen Entwicklungen ab. Deshalb spricht viel dafür, die grob ermittelten Daten im Rahmen eines **Benchmarkings** mit Unternehmen, die vergleichbare Stimulierungsprozesse bereits realisiert haben, zu überprüfen. Eine noch stärkere Präzisierung der Prognose ist dann im Rahmen der stufenweisen Einführung aufgrund der **Erfahrungen in Testgebieten** vorzunehmen.

Planung und Bereitstellung der erforderlichen technologischen und personellen Ressourcen

Die Prognoseergebnisse bilden die Grundlage für die Abschätzung zusätzlich benötigter technologischer und personeller Ressourcen.

In technischer Hinsicht geht es vor allem um die Bereitstellung der Infrastruktur, damit die geplante Erreichbarkeit und Reaktionsgeschwindigkeit garantiert werden können. Dazu bedarf es beispielsweise hinsichtlich des telefonischen Beschwerdekanals im Call-Center einer **Telefonanlage**, die mittels Anbindung an die ACD-Anlage (Automatic Call Distribution) in der Lage ist, die eingehenden Anrufe automatisch auf Mitarbeiter zu verteilen, und die mittels CTI (Computer Telephone Integration) sicherstellt, dass Mitarbeiter unmittelbaren Zugriff auf die Kundendatenbank sowie die unternehmerischen Produkt- und Prozessdatenbanken haben. In Bezug auf den schriftlichen Beschwerdekanal geht es u.a. um das Vorhandensein eines **Dokumentenmanagements** auf der Basis eingescannter Beschwerdebriefe und bezüglich elektronischer Beschwerden um die Existenz eines geeigneten **E-Mail-Managementsystems**. Zudem muss eine **Beschwerdemanagementsoftware** vorhanden sein, mit deren Hilfe alle definierten Aufgaben des Beschwerdemanagements effizient erfüllt werden können.

Gleichzeitig sind die notwendigen **Mitarbeiterkapazitäten** zu planen, um das zukünftig zu erwartende Beschwerdeaufkommen zu den definierten Standards für die Erreichbarkeit und Reaktionsgeschwindigkeit abwickeln zu können. Die Grundlage hierfür bilden zum einen Daten über die benötigte Zeit zur Abwicklung einer Beschwerde – differenziert nach Beschwerdekanal – sowie zum anderen Daten bezüglich der produktiven Jahreskapazität pro Mitarbeiter. Indem die Jahreskapazität pro Mitarbeiter durch die geschätzte Bearbeitungszeit pro Beschwerde für jeden Beschwerdekanal dividiert wird, erhält man als Ergebnis das durch einen Mitarbeiter p.a. zu bewältigende Beschwerdeaufkommen. Dividiert man in einem nächsten Schritt das geplante Beschwerdeaufkommen p.a. durch dieses Ergebnis, resultiert daraus die Anzahl der benötigten Mitarbeiter pro Beschwerdekanal.

Abhängig davon, ob die benötigten technologischen und personellen Ressourcen zur Bewältigung des geplanten (zusätzlichen) Beschwerdeaufkommens vorhanden sind bzw. die Budgets bereitgestellt werden, um diese zu beschaffen, muss entschieden werden, in welchem Ausmaß die geplanten beschwerdestimulierenden Maßnahmen auch **tatsächlich umgesetzt** werden (können). Bei einer positiven Entscheidung empfiehlt es sich dabei grundsätzlich, sowohl die Strukturen als auch die Kommunikationskampagne **sukzessive aufzubauen**.

Dosierte Realisierung und Kommunikation

Trotz sorgfältiger Vorbereitung beschwerdestimulierender Maßnahmen verbleibt ein gewisses Maß an **Planungsunsicherheit**. Das zusätzliche Beschwerdeaufkommen lässt sich nicht hundertprozentig exakt voraussagen. Auch handelt es sich bei den unterstellten Bearbeitungszeiten um Planwerte aufgrund aktueller Erfahrungen, die aber von den realen Werten bei neuen Strukturen abweichen können. Zudem ist es denkbar, dass neue Aufgaben im Rahmen des Beschwerdemanagements eingeführt werden, für die noch keine Erfahrungswerte vorliegen.

Um die Gefahr einer Falschdimensionierung der Kapazitäten zu vermeiden, sollte daher zunächst eine **Testphase** eingeleitet werden, in der die Stimulierungsmaßnahmen nur begrenzt umgesetzt werden. So kann beispielsweise die Existenz des neuen Beschwerdekanals zunächst gezielt **gegenüber** bestimmten Kundengruppen kommuniziert werden (Furlong 1993). Darüber hinaus ist es möglich, die Akzeptanz auf einem **regionalen Testmarkt** zu überprüfen, indem nur in einem abgegrenzten Gebiet Informationen über den Beschwerdekanal verbreitet werden. In jedem Fall dienen die Testergebnisse als Basis für die Prognose des Gesamtaufkommens für alle Kundengruppen bzw. den gesamten geografischen Einzugsbereich. Diese Prognose gestattet es dann, die nötige Kapazität bedarfsgerecht den erforderlichen Größenordnungen anzupassen.

Beispielhaft werden im **Praxis-Spotlight 6** zwei reale Beispiele einer dosierten Beschwerdestimulierung präsentiert, die sich zum einen auf den telefonischen Beschwerdekanal beziehen, zum anderen auf das Internet.

Praxis-Spotlight 6

Dosierte Beschwerdestimulierung

Bei der Einrichtung eines zentralen telefonischen Kommunikationskanals bei der Deutschen Post bestand große Unsicherheit, mit wie vielen Anrufen gerechnet werden musste. Deshalb wurde die Nummer des zentralen Kundentelefons über einen Zeitraum von mehreren Monaten schrittweise für bestimmte Vorwahlbereiche freigeschaltet. Damit konnten nur Anrufer aus den freigeschalteten Gebieten den telefonischen Beschwerdekanal nutzen. Dementsprechend wurde die Servicenummer ausschließlich in den jeweiligen lokalen bzw. regionalen Medien kommuniziert und gleichzeitig darauf hingewiesen, dass nur Postkunden mit der entsprechenden Vorwahl beim Kundentelefon anrufen können. Mit der dosiert fortschreitenden Kommunikation des neuen Servicekanals stieg auch das Anrufaufkommen nicht abrupt, sondern kontinuierlich an, so dass die erforderlichen Personalkapazitäten anforderungsgerecht bereitgestellt werden konnten (Anton 2002).

Bei einem großen deutschen Telekommunikationsunternehmen wurden die traditionellen Beschwerdekanäle Telefon, Brief und Telefax durch eine spezifische Beschwerde-Site im Internetauftritt ergänzt. Die Positionierung dieser Beschwerde-Site wurde zunächst defensiv gewählt, um Erfahrungen mit der Nutzungsfrequenz zu sammeln. Dies erfolgte, indem die Beschwerdemöglichkeit – über die spezifische Verzweigung „Kontakt/ Fragen zur Rechnung" – nur Kunden mit Rechnungsproblemen eingeräumt wurde. Im weiteren Implementierungsprozess wurde eine multiple Positionierung des Beschwerde-Links realisiert, indem immer mehr Links für unterschiedliche Kundenanliegen freigeschaltet wurden. Durch die dosierte Kommunikation der Beschwerde-Site wurde sichergestellt, dass die notwendigen Kapazitäten im erforderlichen Ausmaß aufgebaut werden konnten. Zudem war es dadurch möglich, ein qualitativ hochstehendes Beschwerdemanagement-Konzept zu entwickeln und umzusetzen. Dazu gehörte u. a. die Implementierung eines beschwerdespezifischen Softwaretools, ein erweiterter Kompetenzrahmen für die Mitarbeiter, optimierte zeitliche Reaktionsstandards, Kundenrückrufe zu den von Kunden gewünschten Zeiten und Follow-up-Calls nach Abschluss des Beschwerdefalls (Bordt 2007). ■

Kapitel 6 ganz kurz:

- Nur ein Bruchteil unzufriedener Kunden beschwert sich, sodass die Beschwerdezahl das Ausmaß der Kundenunzufriedenheit nicht realistisch abbildet. Insofern geht es nicht primär um die Minimierung der eingehenden Beschwerden, sondern darum, die Unzufriedenheit der Kunden zu minimieren.
- Die Minimierung der Kundenunzufriedenheit ist nur möglich, wenn man die zugrunde liegenden Probleme kennt und die Chance erhält, Kundenzufriedenheit wiederherzustellen. Dazu ist es erforderlich, dass sich möglichst viele unzufriedene Kunden beschweren. In diesem Sinne ist die Maxime der „Beschwerdemaximierung" zu verstehen und sinnvoll.
- Beschwerdestimulierung ist auf vielfältige Weise möglich. Dazu gehören u.a. persönliche Aufforderungen, Meinungskarten, telefonische Hotlines, Touchscreens, Beschwerdeseiten auf der unternehmerischen Homepage oder Customer-Care-Auftritte in sozialen Netzwerken.
- Die Einrichtung von Beschwerdekanälen muss offensiv kommuniziert werden. Hierfür steht eine Fülle von Medien zur Verfügung.
- Um die notwendigen Ressourcen für ein gesteigertes Beschwerdeaufkommen vorzuhalten, muss die Einführung beschwerdestimulierender Maßnahmen dosiert erfolgen.

■

Literatur

Anton, R. (2002): Dosierte Beschwerdestimulierung bei der Deutschen Post AG, in: Stauss, B./ Seidel, W.: Beschwerdemanagement, 3. Aufl., München, S. 122 - 123.

Barclays (2013): Don't Hold Back Your Feedback, http://www.barclays.co.uk/ContactUs/Howto complain/P1242558122337 (Abruf: 27. 11. 2013).

Bordt, J. (2007): Dosierte Beschwerdestimulierung im Internet bei T-Online, in: Stauss, B./Seidel, W.: Beschwerdemanagement, 4. Aufl., München, S. 138 - 239.

cns24 (2013): Servicerufnummern, http://www.cns24.de/ (Abruf 12. 10. 2013).

Demuth, A./Garbett, T. F./Richter, G. (1984): Unternehmenswerbung: Corporate Advertising. Das Was - Das Warum - Das Wie, Hamburg.

Drewes, W./Klee, J. (1994): Aktives Beschwerdemanagement in Kreditinstituten, in: Sparkasse, 111. Jg., Nr. 1, S. 42 - 46.

Fornell, C. (1982): Verbraucherabteilungen im Unternehmen - Ein kommunikationsorientierter Ansatz, in: Hansen, U./Stauss, B./Riemer, M. (Hrsg): Marketing und Verbraucherpolitik, Stuttgart, S. 473 - 487.

Furlong, C. B. (1993): Marketing for Keeps. Building Your Business by Retaining Your Customers, New York.

Göttlicher, M. (2002): Beschwerdemanagement via E-Mail, in: Bruhn, M./ Stauss, B. (Hrsg.): Electronic Services, Wiesbaden, S. 341 - 361.

Hansen, U. (1990): Absatz- und Beschaffungsmarketing des Einzelhandels. Eine Aktionsanalyse, 2. Aufl., Göttingen.

Hansen, U./Niestrath, U./Thieme, U. (1983): Beschwerdeaufkommen und Beschwerdepolitik am Beispiel des Möbeleinzelhandels, in: Zeitschrift für Betriebswirtschaft (ZfB), 53. Jg., Nr. 6, S. 535 - 550.

Hart, C. W. L./Heskett, J. L./Sasser, W. E. (1991): Wie Sie aus Pannen Profit ziehen, in: Harvard Business Manager, 13. Jg., Nr. 1, S. 128 - 136.

Hoffmann, A. (1991): Die Erfolgskontrolle von Beschwerdemanagement-Systemen, Frankfurt/ Main u. a.

Meißner, H. (2004): Management des Kundendialogs per E-Mail, Frankfurt.

o. V. (1990): Burger King Opens Customer Hot Line, in: Marketing News, 24. Jg., Nr. 11, S. 7.

Riemer, M. (1986): Beschwerdemanagement, Frankfurt/Main u. a.

Stauss, B. (1989): Beschwerdepolitik als Instrument des Dienstleistungsmarketing, in: Jahrbuch der Absatz- und Verbrauchsforschung, 35. Jg., Nr. 1, S. 41 - 62.

Telekom (2013): Mehrwertlösungen, http://mwl.telekom.de/index.php, (Abruf: 13. 10. 2013).

Töpfer, A. (1999): Konzepte und Instrumente des Beschwerdemanagement, in: Töpfer, A. (Hrsg.): Kundenzufriedenheit messen und steigern, 2. Aufl., Neuwied, S. 459 - 490.

Vavra, T. G. (1995): Aftermarketing, 2. Aufl., Homewood, Illinois.

BESCHWERDEN
ÖFFNUNGS-
ZEITEN:
9⁰⁰ – 18⁰⁰
BESCHWERDEN
NUR VON:
17⁵⁵ – 18⁰⁰
LR

7 Beschwerdeannahme

- Warum ist der Erstkontakt mit dem Beschwerdeführer so wichtig?
- Welche Rolle kommt dem Prinzip der „Complaint Ownership" im Rahmen des Erstkontakts zu?
- Wie ist der Beschwerdeeingangsprozess zu organisieren?
- Wie sind Beschwerdeinformationen zu erfassen?
- Welche Beschwerdeinformationen sollen aufgenommen werden?
- Welche Aspekte sind bei der Entwicklung von Kategoriensystemen für die Beschwerdeinformationen zu berücksichtigen?
- Auf welche Art und Weise können Beschwerdeinformationen effizient erfasst werden?
- Wie kann die Qualität der Beschwerdeerfassung sichergestellt werden?

Wenn sich unzufriedene Kunden mit einer Beschwerde an das Unternehmen wenden, sind im Rahmen der **Beschwerdeannahme** zwei wesentliche Aufgaben zu lösen:

- **Organisation des Beschwerdeeingangs:** Der Beschwerdeeingang im Unternehmen ist zu organisieren. Dabei sind klare Verantwortungsstrukturen festzulegen und die Mitarbeiter, die im Kundenkontakt Beschwerden entgegennehmen, sind auf diese Situation vorzubereiten (Kapitel 7.1).
- **Erfassung der Beschwerdeinformationen:** Alle wichtigen Informationen, die in den Beschwerden enthalten sind, müssen im Hinblick auf eine schnelle und unkomplizierte Bearbeitung des Beschwerdefalls und eine effektive Weiterverarbeitung erfasst werden (Kapitel 7.2). Dabei kommt drei Problemkreisen besondere Bedeutung zu: der Entwicklung eines geeigneten Kategoriensystems (Kapitel 7.3), der Festlegung der Formen, mit denen die Beschwerdeinhalte erfasst werden sollen (Kapitel 7.4), und der Qualitätssicherung von erfassten Beschwerdeinformationen (Kapitel 7.5).

7.1 Organisation des Beschwerdeeingangs

7.1.1 Schlüsselerlebnis Erstkontakt

Für Kunden, die sich nach der ärgerlichen Erfahrung mit einem Produkt beim Unternehmen beschweren, stellt der erste Kontakt bei der Artikulation ihrer Beschwerde oft ein **Schlüsselerlebnis** dar. Je nachdem, ob sie Verständnis und Einfühlungsvermögen oder Gleichgültigkeit und Ablehnung erleben, wird ihre ausgeprägte Unzufriedenheit entweder abgebaut oder noch erheblich erhöht.

Es ist zudem zu erwarten, dass das Erleben des Erstkontakts die Wahrnehmung der weiteren Kontaktpunkte des Beschwerdemanagements durch den Kunden maßgeblich beeinflusst. Aus der dienstleistungsbezogenen Zufriedenheitsforschung ist bekannt, dass vorgelagerte Kontaktsituationen Ausstrahlungseffekte auf die Wahrnehmung der nachgelagerten Kontakte haben. Es spricht viel dafür, dass Entsprechendes für den Wahrnehmungsprozess der Beschwerdeführer gilt. In Analogie zu der Zufriedenheitsdynamik im Dienstleistungskonsum (Stauss/Seidel 2006b) kann man daher von der **Zufriedenheitsdynamik des Beschwerdehandlings** sprechen.

Angesichts dieser Bedeutung des Erstkontakts sind alle Mitarbeiter, die **mündlich und telefonisch vorgetragene Beschwerden** entgegennehmen, besonders gefordert. Sie stehen vor der Aufgabe, dem Kunden verständnisvoll zuzuhören, für eine Beruhigung der Situation zu sorgen und den geschilderten Fall sachlich zu klären. Darüber hinaus sollten sie möglichst eine sofortige Problemlösung vornehmen, zumindest aber den adäquaten Prozess auslösen. Da in diesem Fall Beschwerdeannahme und Beschwerdereaktion zusammenfallen, werden die entsprechenden Verhaltensregeln für die Annahme und Beantwortung direkter Beschwerden in Kapitel 9.1 ausführlicher behandelt.

7.1.2 Das Prinzip der Complaint Ownership

Zunächst ist zu klären, welche Verantwortung den Mitarbeitern zufällt, denen gegenüber eine Beschwerde artikuliert wird. Hier hat sich das Prinzip der **Complaint Ownership** bewährt. Danach ist diejenige Person im Unternehmen, die von einem Kunden über ein Problem als erste informiert wird bzw. als erste ein Kundenproblem wahrnimmt, ab diesem Zeitpunkt dafür verantwortlich, dass das Problem als Beschwerde erkannt, erfasst und bearbeitet wird. Sie hat somit das **„Eigentum" an dieser Beschwerde** erworben.

Der **Complaint Owner** hat nun die Aufgabe, entweder das Problem unmittelbar zu lösen, wenn es in seinen fachlichen Kompetenzbereich fällt, oder entsprechende fach- und entscheidungskompetente Mitarbeiter zur Lösung des Problems einzuschalten.

Eindrucksvoll wird das Konzept der Complaint Ownership von der amerikanischen Hotelkette „The Ritz-Carlton Hotel Company" verwirklicht. Der Mitarbeiter, der mit einem Kundenproblem konfrontiert wird, ist nun „Eigentümer" des Problems und für eine schnelle und vollständige Lösung verantwortlich. Er hat seine Routineaufgaben ruhen zu lassen und stattdessen **„Himmel und Hölle“ in Bewegung zu setzen**, um das Gästeproblem zu lösen und aus dem unzufriedenen Kunden wieder einen begeisterten Kunden zu machen. Auf diese Weise soll das Ziel erreicht werden, alle Gästebeschwerden zu beheben, bevor der Gast abgereist ist (Ritz-Carlton 1999).

Ein wichtiger Aspekt des Complaint-Ownership-Prinzips betrifft die Frage, **wie lange** das „Eigentum an einer Beschwerde“ aufrechterhalten werden soll. Bei Beschwerden, die im Rahmen von kontaktintensiven Dienstleistungsinteraktionen auftreten (z. B. Hotelaufenthalt, Restaurant- oder Bankbesuch) sowie bei (Produkt-)Beschwerden, die im unmittelbaren Kundenkontakt sofort gelöst werden können, besteht die Complaint Ownership bis zur Problemlösung fort. Bei Beschwerden hingegen, die nicht sofort lösbar sind und einen entsprechenden Bearbeitungsprozess nach sich ziehen, erlischt das „Eigentum an der Beschwerde“, wenn vom „Beschwerdeeigentümer“ die weitere Bearbeitung sichergestellt worden ist.

Dies gilt auch für diejenigen Fälle, in denen der Kunde seine Beschwerde schriftlich, telefonisch oder mündlich an einen Mitarbeiter oder eine Abteilung im Unternehmen richtet, der bzw. die aus sachlichen Gründen **„eigentlich“ nicht dafür zuständig** ist, z. B. an Mitarbeiter im Außendienst oder eine Fachabteilung. Aktives Beschwerdemanagement bedeutet in diesen Fällen, dass sich **jeder im Unternehmen** verpflichtet fühlt, Kundenprobleme anzunehmen und alles Weitere zu veranlassen. Bei mündlich und telefonisch vorgetragenen Beschwerden ist dies beispielsweise gegeben, wenn sich die Mitarbeiter selbst mit der verantwortlichen Stelle in Verbindung setzen und für einen Rückruf beim Kunden sorgen. Schriftliche Beschwerden sind unabhängig von der jeweiligen Adressierung unmittelbar an das Beschwerdemanagement weiterzuleiten. Entscheidend ist es, dafür zu sorgen, dass das Unternehmen die Initiative ergreift und mit dem Kunden Kontakt aufnimmt und nicht der Kunde selbst nochmals einen Versuch starten muss, einen Verantwortlichen im Unternehmen zu finden. Eine wesentliche Voraussetzung für die Realisierung dieses Prinzips besteht darin, dass alle Mitarbeiter genau über die beschwerdepolitischen Zuständigkeiten informiert sind.

Eng verknüpft mit dem Prinzip des „Beschwerdeeigentums“ ist die **Dezentralisierung von Entscheidungskompetenz** an die im Kundenkontakt tätigen Mitarbeiter („Empowerment“). So darf z. B. bei Ritz-Carlton jeder Mitarbeiter im Problemfall bis zu 2000 $ aufwenden, um einen sich beschwerenden Gast wieder zufriedenzustellen. Auf die spezifische Ausgestaltung des Empowerments im Rahmen des Erstkontakts mit dem unzufriedenen Kunden wird ausführlich in Kapitel 14.3. eingegangen.

7.1.3 Beschwerdeeingangsprozesse

Kunden wählen für ihre Beschwerde nicht immer den dafür vorgesehenen Kanal. Deshalb bedarf es klarer Regelungen für die **Beschwerdeeingangsprozesse**, d. h. für die Wege, die Beschwerden nehmen sollen, die an **nicht unmittelbar zuständige Stellen** gerichtet sind.

Vor dem Hintergrund der Zielsetzung einer konsistenten und termingerechten Beschwerdeabwicklung ist es erforderlich, alle Beschwerden zunächst an die dafür verantwortliche Stelle weiterzuleiten und von dort aus die Bearbeitungsprozesse **inhaltlich und zeitlich zu koordinieren**. Dies verlangt, dass alle Mitarbeiter im Unternehmen über die **zentrale Zuständigkeit** informiert und insbesondere Mitarbeiter in der Posteingangsstelle darin geschult sein müssen, Beschwerdebriefe zu identifizier

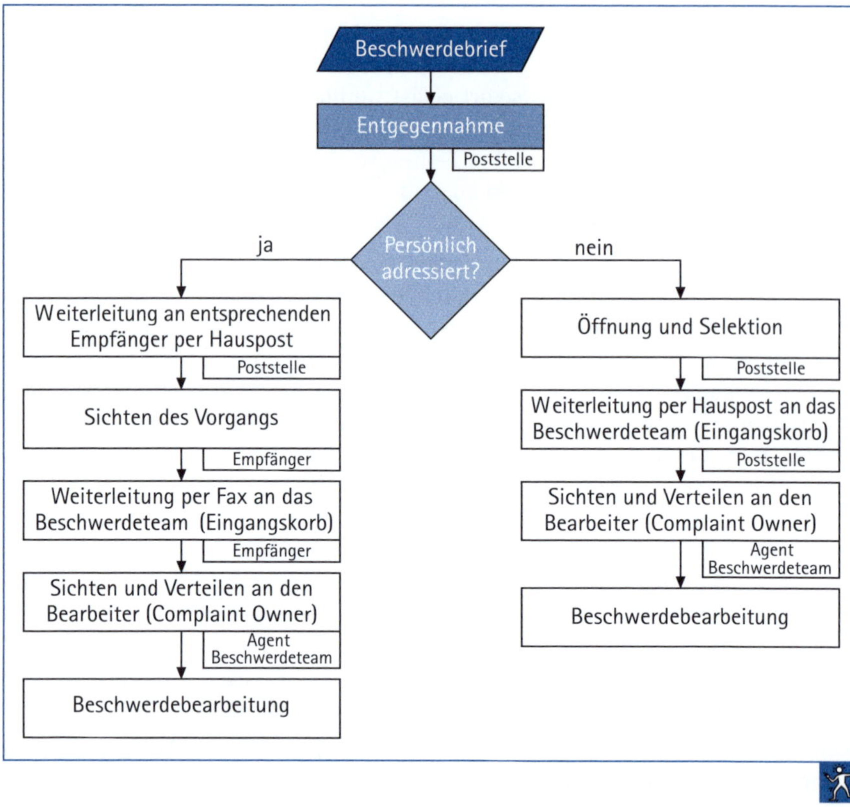

Bild 7.1 Beispiel für einen Beschwerdeeingangsprozess für per Brief artikulierte Beschwerden

Bild 7.1 zeigt **beispielhaft** einen Beschwerdeeingangsprozess für per Brief artikulierte Beschwerden, visualisiert in einem Flussdiagramm. In diesem Beispiel wird in der Posteingangsstelle zunächst unterschieden, ob der Beschwerdebrief persönlich adressiert ist. In diesem Fall wird die Post, die noch nicht als Beschwerde identifiziert ist, an den entsprechenden Empfänger weitergeleitet. Erkennt dieser, dass es sich um eine Beschwerde handelt, wird der Vorgang unmittelbar per Fax an das Beschwerdeteam abgegeben. Allgemein adressierte Briefe werden in der Poststelle geöffnet und bei Identifikation als Beschwerde ebenfalls unmittelbar an das dafür zuständige Team weitergeleitet. Hier erfolgt nach der Sichtung der Beschwerde eine weiter gehende Verteilung der Beschwerden an die einzelnen Mitarbeiter, die gleichzeitig die Rolle des „Complaint Owner" einnehmen. Diese Zuordnung kann z. B. unter dem Gesichtspunkt regionaler

Zuständigkeiten oder fachlicher Kompetenzen erfolgen. Die Benennung eines unmittelbar Verantwortlichen für die Beschwerdebearbeitung stellt gleichzeitig die **Schnittstelle zwischen dem Beschwerdeeingangs- und dem Beschwerdebearbeitungsprozess** dar.

Für Beschwerden, die per E-Mail oder Webformular eingehen, kann die Zuweisung an zuständige Teams oder Mitarbeiter softwaregesteuert und automatisiert erfolgen (siehe Kapitel 16.3).

7.2 Erfassung der Beschwerdeinformationen

In der Phase des Erstkontakts ist es nicht nur wichtig, sich gegenüber dem unzufriedenen Kunden situationsgerecht zu verhalten, sondern es müssen auch alle relevanten Informationen über den Beschwerdefall erfasst werden. Im Folgenden werden zunächst allgemeine Kriterien der Beschwerdeerfassung vorgestellt (Kapitel 7.2.1). Anschließend wird auf grundlegende Erfassungsinhalte und Möglichkeiten zu ihrer Strukturierung eingegangen (Kapitel 7.2.2).

7.2.1 Kriterien der Beschwerdeerfassung

Die Erfassung der in den Beschwerden enthaltenen Informationen muss sich an den Kriterien der Vollständigkeit, Strukturiertheit und Schnelligkeit orientieren.

Vollständigkeit: Es ist darauf zu achten, dass **alle relevanten Beschwerdeinformationen** festgehalten werden. Im Mittelpunkt stehen dabei Informationen über den Beschwerdeführer, das Erlebnis des Kunden, das zur Beschwerde Anlass gegeben hat, sowie das Beschwerdeobjekt. Darüber hinaus müssen bereits bei der Annahme Informationen vollständig erfasst werden, die für die kundenorientierte und schnelle Bearbeitung und Lösung der Beschwerde von Bedeutung sind. Dabei sind auch Informationen über die vom Unternehmen während des Erstkontakts getroffenen Maßnahmen festzuhalten. Diese haben Dokumentationscharakter, sind aber auch die Grundlage für Folgeaktivitäten und bieten die Basis für spätere Analysen im Beschwerdemanagement-Controlling.

Strukturiertheit der Erfassungskategorien: Das Kriterium der strukturierten Aufnahme des Kundenproblems verlangt, dass die Beschwerdeinformationen in einer bestimmten **inhaltlich-logischen Struktur** erhoben werden, um sicherzustellen, dass alle wesentlichen Informationen tatsächlich erfasst werden. Auch muss gewährleistet sein, dass der **Erzählstruktur des Kunden** ohne größere Probleme gefolgt werden kann und dieser nur möglichst wenig unterbrochen werden muss. Die eingesetzten Formblätter und Softwaremasken müssen daher übersichtlich gestaltet sein und einen leichten Zugriff auf die Erfassungskriterien gestatten.

Schnelligkeit: Bei der Erfassung von Beschwerden im direkten Kunden-Mitarbeiter-Kontakt ist dafür zu sorgen, dass die vollständige **Informationsaufnahme zügig vonstattengeht**. Dies ist schon aus Effizienzgründen erforderlich. Darüber hinaus muss vermieden werden, dass in der besonders sensiblen Situation der Beschwerdeartikulation dem Kunden ein komplizierter, zeitaufwendiger und bürokratischer Prozess zugemutet wird.

7.2.2 Grundlegende Erfassungsinhalte

Grundsätzlich kann zwischen Beschwerdeinhalts-Informationen und Beschwerdeabwicklungs-Informationen unterschieden werden. **Beschwerdeinhalts-Informationen** beziehen sich auf den vom Kunden erlebten Beschwerdevorfall. Sie geben Auskunft auf die Frage: **„Bei wem ist welches Problem an welchem Objekt aufgetreten?"** Dementsprechend lassen sich die Beschwerdeinhalts-Informationen weiter grob in Beschwerdeführer-, Beschwerdeproblem- und Beschwerdeobjekt-Informationen unterteilen.

Beschwerdeabwicklungs-Informationen beziehen sich nicht auf den in der Beschwerde geschilderten Vorfall, sondern auf den innerbetrieblichen Prozess des Umgangs mit der Beschwerde. Sie geben Auskunft auf die Frage: **„Auf welche Weise wurde die Beschwerde angenommen, bearbeitet und gelöst?"** Folglich ist hier zwischen Beschwerdeannahme-, -bearbeitungs- und -reaktions-Informationen zu differenzieren.

Für die Erfassung und Speicherung aller Arten von Beschwerdeinformationen ist grundsätzlich sicherzustellen, dass die **datenschutzrechtlichen Vorschriften** beachtet werden.

7.2.2.1 Beschwerdeinhalts-Informationen

Bild 7.2 gibt einen Überblick über die Einzel-Informationen und -merkmale der Beschwerdeinhalts-Informationen.

7.2.2.1.1 Beschwerdeführer-Informationen

Beschwerdeführer-Informationen betreffen die Identität des Beschwerdeführers, seine Rolle im Beschwerdeprozess sowie die von ihm aufgrund des Problemauftritts erwogenen Konsequenzen für sein zukünftiges Verhalten in der Geschäftsbeziehung.

Beschwerdeführer-Informationen

- Identität des Beschwerdeführers
  - Angaben zur Person/Organisation des Beschwerdeführers
  - Erreichbarkeit des Beschwerdeführers
  - Interner oder externer Kunde
- Rolle des Beschwerdeführers im Beschwerdeprozess
- Verärgerungsgrad und Verhaltenskonsequenzen
  - Ausmaß der Verärgerung
  - Handlungsabsicht bzw. Verhaltenskonsequenzen

Beschwerdeproblem-Informationen

- Art des Problems
- Genaue Umstände des Beschwerdevorfalls
  - Betroffene Organisationseinheit
  - Zeitpunkt des Problemauftritts
  - Spezifische Situation des Vorfalls
- Problemursache
- Erst- oder Folgebeschwerde

Beschwerdeobjekt-Informationen

- Produkte und/oder Dienstleistungen
- Marketingaspekte
- Gesellschaftspolitisches Verhalten

Bild 7.2 Überblick über die zu erfassenden Beschwerdeinhalts-Informationen

Informationen über die Identität des Beschwerdeführers

Im Rahmen der Beschwerdeerfassung müssen zunächst Daten über diejenige Person, die das Problem gegenüber dem Unternehmen artikuliert, festgehalten werden. Diese betreffen seinen Namen und andere persönliche Informationen, Hinweise auf seine Erreichbarkeit sowie seine Kategorisierung als interner oder externer Kunde.

Person: Hierunter fallen alle näheren Angaben zur Person und/oder Organisation des Beschwerdeführers, die für die Bearbeitung, Lösung und Auswertung nützlich sind. Dazu gehören der Name des Kunden, die Kundennummer (sofern vorhanden), die Kundengruppen- bzw. Branchenzugehörigkeit (z.B. Privat- oder Geschäftskunde; Zugehörigkeit zu einer Statuskundengruppe) sowie eventuell weitere persönliche Informationen wie etwa das Geburtsdatum u.Ä.

Erreichbarkeit: Zusätzlich sind die Anschrift des Kunden sowie die Telefon-/Telefaxnummer(n) und die E-Mail-Adresse zu erfassen, unter denen er erreichbar ist. Bezüglich der Telefon- und Telefaxverbindung sollten bei Privatpersonen auch die Dienstnummern aufgenommen werden bzw. bei Beschwerden im Rahmen von Business-to-Business-Beziehungen die Durchwahl(en) des Ansprechpartners, um eine problemlose Kommunikation mit dem Kunden während der Beschwerdebearbeitung zu gewährleisten. Es ist auch sinnvoll, die Zeiten zu vermerken, zu denen der Kunde unter dem jeweiligen

Anschluss erreichbar ist, um ihn bei eventuellen Rückfragen oder Zwischenbescheiden sofort kontaktieren zu können.

Interner oder externer Kunde: Überwiegend handelt es sich bei den Beschwerdeführern nicht um Unternehmensangehörige, sondern um Kunden, die am Markt Produkte oder Dienstleistungen des Unternehmens erwerben (externe Kunden). Aber in den letzten Jahren wurden mehr und mehr auch unternehmensinterne Prozesse als Kunden-Lieferanten-Beziehungen modelliert. So kann z.B. in einem herstellenden Unternehmen die Produktionsabteilung der (interne) Kunde der Entwicklungsabteilung sein und deren Leistungen in Bezug auf festgelegte Ziele für Qualität, Kosten und Durchlaufzeiten bewerten. Je stärker das Prinzip der internen Kundenorientierung im Unternehmen vertreten und mit Hilfe von internen Leistungsstandards bzw. Service Level Agreements umgesetzt ist, desto mehr ist mit der Zunahme interner Kundenbeschwerden zu rechnen. In diesem Fall sollte bei der Beschwerdeannahme die Möglichkeit bestehen, den Beschwerdeführer sofort als internen Kunden zu identifizieren, um die für diese Fälle speziell festgelegten Bearbeitungsroutinen einzuleiten.

Informationen über die Rolle des Beschwerdeführers im Beschwerdeprozess

Bezug zum Beschwerdevorfall: In der Regel ist die Person des Beschwerdeführers mit derjenigen identisch, die von dem Problem auch tatsächlich betroffen ist. Es kommt jedoch auch vor, dass Beschwerden **stellvertretend vorgebracht** werden, z.B. wenn sich der Sohn im Namen seiner Mutter oder der Rechtsanwalt im Auftrag seines Mandanten an das Unternehmen wendet. In diesen Fällen sollten Name und Erreichbarkeit sowohl von der sich beschwerenden als auch von der betroffenen Person aufgenommen werden. Die Kommunikation während des Bearbeitungsprozesses wird zwar normalerweise mit dem Beschwerdeführer erfolgen, doch kann es zusätzlich angebracht sein, sich auch mit der betroffenen Person in Verbindung zu setzen, z.B. um sich direkt zu entschuldigen.

Informationen über den Verärgerungsgrad und die zukünftigen Verhaltenskonsequenzen des Beschwerdeführers

Ausmaß der Verärgerung: Um angemessen zu reagieren, das Risiko eines Kundenverlusts abzuschätzen und eine Informationsgrundlage für die Priorisierung notwendiger Korrekturmaßnahmen zu gewinnen, ist es sinnvoll, die Wichtigkeit zu ermitteln, die der unzufriedene Kunde dem Vorfall beimisst. Diese kann im Zuge einer Zufriedenheitsbefragung erhoben werden, in der Kunden mit Beschwerdevorfall gebeten werden, den Grad ihrer Verärgerung auf einer **Verärgerungsskala** anzugeben (siehe Bild 7.3). Eine solche Skala kann auch in ein Beschwerde-Webformular integriert werden.

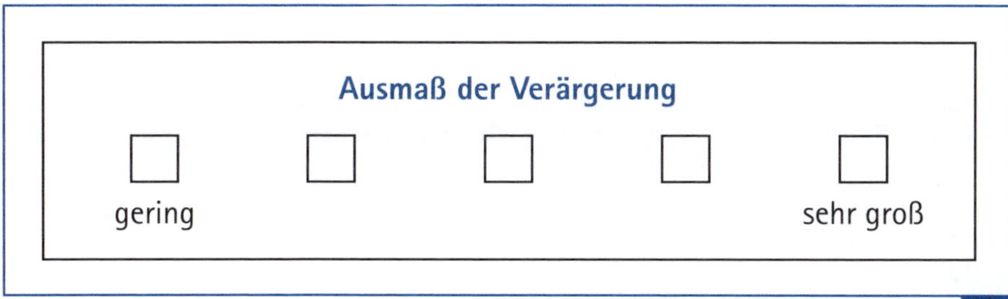

Bild 7.3 Skala zur Erfassung des Verärgerungsgrads eines Beschwerdeführers

Handlungsabsichten bzw. Verhaltenskonsequenzen: Vielfach sind der Kundenäußerung die zukünftigen Handlungsabsichten zu entnehmen. Der Kunde kann einerseits mit Folgen für die Geschäftsbeziehung drohen („Mich sehen Sie hier nicht wieder!"), andererseits aber auch weitere Aktivitäten ankündigen, mit denen er versucht, zu seinem Recht zu kommen, z. B. das Einschalten von Medien bzw. Verbraucherorganisationen oder die aktive Kommunikation in sozialen Netzwerken. Gleichfalls ist es möglich, dass er bereits auf vollzogene Entscheidungen und Konsequenzen hinweist („Ich habe aus diesem Grund gekündigt"). Solche Äußerungen und Erwägungen zum Verhalten müssen gesondert erfasst werden.

Informationen über das Ausmaß der subjektiv empfundenen Verärgerung und die daraus resultierenden Handlungsabsichten stellen einen Indikator für die **grundsätzliche Behebungsdringlichkeit** der Probleme aus Sicht des Kunden dar. Ein weiterer Indikator ist die Häufigkeit, mit der diese Probleme tatsächlich auftreten. In Kapitel 10.2 werden Instrumente vorgestellt, mit deren Hilfe diese Informationen zur Priorisierung von Korrekturmaßnahmen im Rahmen des kontinuierlichen Verbesserungsprozesses genutzt werden können.

7.2.2.1.2 Beschwerdeproblem-Informationen

Beschwerdeproblem-Informationen betreffen die Art des Problems, die genauen Umstände des Beschwerdevorfalls (Ort, Zeitpunkt, situative Aspekte), die Problemursache sowie die Kategorisierung als Erst- oder Folgebeschwerde.

Art des Problems: Von ausschlaggebender Bedeutung für die erfolgreiche Aufgabenerfüllung im Beschwerdemanagement ist die exakte Erfassung des Problems, das den eigentlichen Inhalt der Beschwerde ausmacht. Bild 7.4 zeigt eine beispielhafte Systematik grundlegender Problemarten: Irrtümer, Mängel der gelieferten Leistung, Nicht-Einhaltung von Vereinbarungen, Interaktionsprobleme, eingeschränkte Zugänglichkeit der Leistung, Unfairness und Inaktivität. Im konkreten Fall muss bei der Beschwerdeannahme jeder einzelne Fehler einem der definierten Beschwerdeobjekte (z. B. einem Produkt oder einer Dienstleistung) zugeordnet werden.

Irrtümer/Fehler
- Falscher Preis: unrichtige Preishöhe, Nichtberücksichtigung von Skonto
- Falsches Produkt: Lieferung eines anderen, nicht bestellten Produkts
- Falsche Rechnung: Berechnung nicht gelieferter Leistungen, zweifache Rechnungsstellung

Mängel der gelieferten Leistung
- Mangelnde Produktqualität: funktionsunfähiges oder beschädigtes Produkt
- Mangelnde Dienstleistungsqualität: Schlechterfüllung im Dienstleistungsprozess (z. B. Langsamkeit), unzureichendes Dienstleistungsergebnis (Nichtbehebung eines Reparaturproblems)

Nichteinhaltung von Vereinbarungen
- Nichteinhaltung von zeitlichen Zusagen (z. B. verspätete Auslieferung)
- Nichteinhaltung von Leistungszusagen (z. B. Reservierungen)

Interaktionsprobleme
- Interaktionsprobleme aufgrund von Unfähigkeit der Mitarbeiter (Sprachprobleme, Inkompetenz)
- Interaktionsprobleme aufgrund von Unwilligkeit der Mitarbeiter (Unfreundlichkeit, mangelnde Hilfsbereitschaft)

Eingeschränkte Zugänglichkeit der Leistung
- Eingeschränkte Zugänglichkeit durch unverständliche Instruktionen (nicht nachvollziehbare Gebrauchsanweisungen)
- Eingeschränkte Zugänglichkeit durch fehlende Beratung (zu wenig Personal, nicht ausreichend kompetentes Personal)
- Eingeschränkte Zugänglichkeit durch Lieferprobleme (Produkt ist nicht vorrätig)
- Eingeschränkte Zugänglichkeit durch Begrenzung der Kontaktaufnahme (telefonisch unerreichbar, kundenunfreundliche Öffnungszeiten)

Unfairness
- Unfaire Geschäftspraktiken (Haftungsausschluss in allgemeinen Geschäftsbedingungen)
- Unfaire individuelle Behandlung (Preisdiskriminierung, nachrangige Belieferung)
- Unfaire Kommunikation (falsche, irreführende oder täuschende Werbung)

Inaktivität
- Auf Kundenanfragen, -wünsche oder -forderungen wird überhaupt nicht reagiert

Bild 7.4 Typische Arten von Problemen, die in Beschwerden artikuliert werden

Genaue Umstände des Beschwerdevorfalls: Für eine präzise Klärung des Sachverhalts, eine vertiefte Ursachenanalyse und eine differenzierte Auswertung von Problemhäufigkeiten ist der **Ort des Vorfalls** bzw. die **betroffene Organisationseinheit** zu erfassen. Dies ist besonders erforderlich bei dezentral organisierten Unternehmen mit multiplen Standorten (z. B. Vertriebsniederlassungen, Filialen oder Franchise-Partnern). Häufen sich z. B. in einer bestimmten Filiale Beschwerden über unfreundliches Mitarbeiterverhalten, so können mit der betroffenen Vertriebseinheit Gespräche über die Ursachen des Problems und über Möglichkeiten der Problembeseitigung geführt werden.

Gleiches gilt für die Aufnahme des **Zeitpunkts**, zu dem das Problem aufgetreten ist. Dies ist z. B. für die Klärung von Gewährleistungsfragen, die Ursachenermittlung sowie die Aufdeckung von Auftrittshäufigkeiten pro Zeiteinheit (Tag, Woche, Monat, Saison, Jahr) von Bedeutung.

Neben Ort und Zeit ist es auch sinnvoll, die **spezifische Situation des Vorfalls** aufzunehmen, wenn diese für den Kunden zu besonders problematischen Erlebnissen geführt hat. So wird es vom Kunden beispielsweise unterschiedlich wahrgenommen, ob ein Fahrzeugdefekt während der Anreise zu einem lang ersehnten Urlaub mit der ganzen Familie und zudem noch mitten in der Nacht bei Regen und Kälte auftritt oder unter weniger dramatischen Umständen. Solche Informationen sind insbesondere für die individuelle Reaktion im Rahmen der Beschwerdekommunikation und bei der Gewährung von Kompensationsleistungen („give aways") sehr wertvoll. Durch eine individuelle und der Situation angemessenen Reaktion kann dann das Unternehmen sein Verständnis für die besondere Verärgerung des Kunden zum Ausdruck bringen.

Problemursache: Sofern die Problemschilderungen des Kunden bereits Angaben oder Vermutungen über mögliche Problemursachen enthalten, sollten sie aufgenommen werden, da sie wichtige Hinweise für den späteren internen Analyseprozess geben können.

Erst- oder Folgebeschwerde: Vielfach kommt es vor, dass ein sich beschwerender Kunde mehrmals nachhaken muss und dabei seine Verärgerung über Aspekte der Beschwerdeabwicklung zum Ausdruck bringt. Seine anfängliche Unzufriedenheit aufgrund des eigentlichen Problems eskaliert nun wegen der für ihn unbefriedigenden Behandlung seiner Beschwerde. Da hier ein weiterer Beschwerdegrund vorliegt, ist es wichtig, zwischen einer Erstbeschwerde und einer Folgebeschwerde zu unterscheiden. Während sich die **Erstbeschwerde** auf ein konkretes Problem mit einem Produkt oder einer Dienstleistung bezieht, ist eine **Folgebeschwerde** immer eine **Beschwerde über die Beschwerdeabwicklung**, wobei hierfür unterschiedliche Probleme verantwortlich sein können (siehe Bild 7.5).

Zum Beschwerdeergebnis
- Ablehnung des Kundenwunsches
- Zu geringe Wiedergutmachungsleistung
- Keine Entschuldigung

Zur Beschwerdeinteraktion
- Kundenproblem nicht ernst genommen
- Nicht auf (alle) Kundenanliegen eingegangen
- Unfreundliche Reaktion
- Unzureichende Bemühung und Initiative für eine Problemlösung
- Keine Entschuldigung

Zum Beschwerdeprozess
- Schlechte Erreichbarkeit der Customer Care-Mitarbeiter
- Zu lange Antwortzeiten

Bild 7.5 Beispiele für artikulierte Probleme im Rahmen einer Folgebeschwerde

Auch wenn Folgebeschwerden ein neues, zusätzliches Problem darstellen, stehen sie doch zugleich in einem unmittelbaren **Zusammenhang mit der Erstbeschwerde**, da der Kunde das neue Problem im Kontext mit dem ursprünglichen Problem sieht und seine Unzufriedenheit auch aus dem Zusammenwirken der beiden Vorfälle resultiert. Deshalb muss der Problemlösungs- bzw. Wiedergutmachungsprozess bei Folgebeschwerden die gesamte Beschwerdegeschichte berücksichtigen.

7.2.2.1.3 Beschwerdeobjekt-Informationen

Gegenstand des vom Kunden artikulierten Problems ist das Beschwerdeobjekt. Dabei handelt es sich in der Regel um die vom Unternehmen angebotenen Produkte und/oder Dienstleistungen. Darüber hinaus können auch andere Aspekte des Marktangebots (z. B. der Preis) oder angebotsübergreifende gesellschaftspolitische Verhaltensweisen des Unternehmens (z. B. umweltschädigende Maßnahmen) Beschwerdeobjekt sein.

Produkte und/oder Dienstleistungen: Für Ursachenanalysen und Korrekturmaßnahmen ist es erforderlich, dass **das von der Beschwerde betroffene Objekt** (Produkt oder Dienstleistung) zweifelsfrei identifiziert und festgehalten wird. Die dabei angewandte Kategorisierung sollte sich grundsätzlich an der in Marketing und Vertrieb üblichen Produkteinteilung in Form von Produktlinien bzw. Modellreihen orientieren.

Bei Dienstleistungen sollten darüber hinaus noch die **Kundenkontaktsituationen** näher beschrieben werden, um das aufgetretene Problem besser konkretisieren zu können. Der Kunde erlebt viele Dienstleistungen als eine Abfolge von Situationen, in denen er mit einem Aspekt des Dienstleistungsangebots in Kontakt kommt und in denen er einen Eindruck von der Servicequalität gewinnt. Dabei kann es sich z. B. bei einem Hotelaufenthalt um das Einchecken, den Aufenthalt im Zimmer, den Restaurantbesuch und das Auschecken handeln. Die verschiedenen Kundenkontaktpunkte werden auch als „Augenblicke der Wahrheit" bezeichnet, weil an ihnen die Qualitätswahrnehmung der Kunden stattfindet (Stauss 2000a; Stauss/Seidel 2006b). Deshalb kommt es z. B. für das Hotelmanagement nicht nur darauf an, zu erfahren, dass der Kunde sich über ein unfreundliches Mitarbeiterverhalten beklagt, sondern auch, an welchem Kundenkontaktpunkt (Einchecken, Zimmerservice, Restaurant usw.) er dieses Verhalten erlebt hat. Nur auf der Grundlage dieser Informationen sind zielgerichtete Abhilfemaßnahmen einzuleiten.

Marketingaspekte: Kundenunzufriedenheit kann auch aus dem Einsatz von Marketinginstrumenten resultieren. Beispielsweise beschweren sich Kunden darüber, dass die Produkte des Anbieters zu teuer, die Werbung irreführend oder der Internetauftritt unübersichtlich sei. Mittels solcher Beschwerden erhält ein Unternehmen wichtige Hinweise auf Schwächen in der Marketingplanung und -realisierung oder Änderungen in Kundenpräferenzen und kann diese Aussagen in der Planung des zukünftigen Instrumentaleinsatzes berücksichtigen. Für die systematische Aufnahme dieser Informationen bietet es sich an, die üblichen Kataloge von Marketinginstrumenten zugrunde zu legen. Bei Sachleistungen handelt es sich um die Instrumente der Produkt-, Preis-, Distributions- und Kommunikationspolitik; bei Dienstleistungen kommen die Aktionsfelder Personal, Prozesse und physisches Umfeld hinzu.

Gesellschaftspolitisches Verhalten: Verbraucher äußern sich nicht nur über das Marktangebot, sondern greifen auch gesellschaftspolitische Themen auf und kritisieren ein unternehmerisches Verhalten, das gegen **ethische Normen oder gesellschaftspolitische Positionen** verstößt (Nicht-Einhaltung von Rüstungsexportbeschränkungen, Verletzung von Umweltgesetzen, Ungleichbehandlung von Frauen usw.). Durch eine gezielte Erfassung solcher kritischer Äußerungen kann ein Unternehmen frühzeitig verbraucher- und gesellschaftspolitisch relevante Problemkreise erkennen und seine Unternehmensplanung darauf einstellen. Gesellschaftspolitische Problemschwerpunkte können als Kategorie für die Erfassung vorgegeben sein. Allerdings muss gerade in diesem Bereich eine Möglichkeit zur Ergänzung der Kategorienliste vorgesehen werden, um flexibel auf neu auftretende Probleme reagieren zu können.

7.2.2.2 Beschwerdeabwicklungs-Informationen

Beschwerdeabwicklungs-Informationen sind nicht der Fallschilderung zu entnehmen, sondern betreffen den **innerbetrieblichen Prozess** der Annahme, Bearbeitung und Beantwortung einer Beschwerde (siehe Bild 7.6). In Bezug auf die **Beschwerdeannahme** geht es um den Zeitpunkt der Entgegennahme, den vom Kunden gewählten Beschwerdeweg, die Person bzw. Abteilung, welche die Beschwerde entgegengenommen hat, und den speziellen Adressaten der Beschwerde. Hinsichtlich der **Beschwerdebearbeitung** ist vor allem die Festlegung der jeweils geeigneten Bearbeitungsprozesse und der verantwortlichen Personen wichtig. Gegebenenfalls stehen auch bereits Informationen über einzelne Bearbeitungsschritte zur Verfügung. Hinsichtlich der **Beschwerdereaktion** sind in erster Linie die sich aus der Beschwerde unmittelbar ergebenden Implikationen für die Lösung von Bedeutung. Dazu gehören die Erwartungen des Kunden bezüglich der unternehmerischen Reaktion, die Einordnung als Gewährleistungs- oder Kulanzfall sowie die Reaktionsdringlichkeit bzw. Bearbeitungspriorität der Beschwerde. Darüber hinaus sind lösungsspezifisch die dem Kunden gegenüber gemachten Zusagen sowie die tatsächlich realisierte Problemlösung zu erfassen.

Es ist sinnvoll, diese Informationen nach der unmittelbaren Beschwerdeaufnahme im Kundenkontakt zu vervollständigen, sofern hierzu keine direkten Kundenangaben erforderlich sind. Zudem sind die Abwicklungs-Informationen **im Lauf der weiteren Bearbeitung** bis zum Abschluss der Beschwerde permanent zu ergänzen.

Beschwerdeannahme-Informationen

- Eingangszeitpunkte
  - Artikulationsdatum
  - Eingangszeitpunkt im Unternehmen
  - Eingangszeitpunkt im Beschwerdemanagement
  - Erfassungszeitpunkt
- Beschwerdeweg
- Entgegennehmender Mitarbeiter
- Adressat der Beschwerde

Beschwerdebearbeitungs-Informationen

- Bearbeitungsprozess
- Bearbeitungsverantwortlichkeit
- Bearbeitungsschritte

Beschwerdereaktions-Informationen

- Aspekte mit Einfluss auf die Reaktionsentscheidung
  - Erwartungshaltung des Kunden
  - Gewährleistungs- oder Kulanzfall
  - Reaktionsdringlichkeit
- Unternehmensreaktion
  - Zusagen an den Beschwerdeführer
  - Realisierte Problemlösungs-/Wiedergutmachungsleistung

Bild 7.6 Überblick über die zu erfassenden Beschwerdeabwicklungs-Informationen

7.2.2.2.1 Beschwerdeannahme-Informationen

Beschwerdeannahme-Informationen dokumentieren den Eingangszeitpunkt der Beschwerde unter verschiedenen Perspektiven, die vom Beschwerdeführer gewählten Beschwerdewege, den entgegennehmenden Mitarbeiter sowie den vom Kunden gewählten Adressaten seiner Beschwerde.

Eingangszeitpunkte: Der **Zeitpunkt des Beschwerdeeingangs** im Unternehmen ist der **Ecktermin** im Rahmen der Beschwerdeabwicklung. Von diesem Zeitpunkt an ist das Unternehmen darüber informiert, dass es einen unzufriedenen Kunden mehr gibt, der auf Antwort und Problemlösung wartet.

Um die Einhaltung von Reaktionszeiten überprüfen und den Bearbeitungsprozess im Unternehmen zeitlich verfolgen zu können, ist es erforderlich, den Beschwerdeeingang **bei den verschiedenen mit der Beschwerde befassten organisatorischen Einheiten** zu dokumentieren.

Abhängig davon, wie das Beschwerdemanagement in einem Unternehmen organisiert ist und inwieweit die Kunden über Zuständigkeiten informiert sind, kann die Beschwerde unmittelbar bei der für Beschwerdefälle zuständigen Stelle **(Eingangszeitpunkt Beschwerdemanagement)** oder aber auch in einer anderen Abteilung im Unternehmen eingehen **(Eingangszeitpunkt Unternehmen)**. Sind Beschwerdebriefe ohne Nennung eines expliziten Adressaten verfasst (z.B. „An die ABC AG in X-Stadt“), landen sie zunächst in der zentralen Poststelle und werden erst nach einer bestimmten Zeit an die zuständige Abteilung im Unternehmen weitergeleitet. Das Gleiche gilt, wenn sich der Kunde direkt bei der Geschäftsleitung beschwert und diese den Fall mit Verzögerung an die Abteilung „Beschwerdemanagement" oder eine Fachabteilung weitergibt. In solchen Fällen kommt es zu **Liege- und Transportzeiten**, die über die verschiedenen Eingangsdaten ermittelbar sein müssen, wenn man bestimmte zeitliche Reaktionsstandards – z. B. „Erstkontaktaufnahme mit dem unzufriedenen Kunden bei schriftlichen Beschwerden innerhalb von 48 Stunden" – formulieren und einhalten will.

Weiterhin sollte bei schriftlichen Beschwerden das Datum des Briefs **(Artikulationsdatum)** gesondert erfasst werden, weil der Kunde bereits seit diesem Zeitpunkt auf eine Reaktion wartet. Beim Einsatz von Beschwerdemanagementsoftware ist zudem das Datum der Eingabe in das System festzuhalten **(Erfassungsdatum)**. Denn zwischen dem Zeitpunkt, an dem ein Beschwerdefall die zuständige Abteilung erreicht, und dem Zeitpunkt, an dem dieser in das Softwaresystem zur Bearbeitung eingegeben wird, können wiederum Tage verstreichen, z. B. aufgrund zu geringer Eingabekapazitäten im Vergleich zum Beschwerdeaufkommen.

Mit der differenzierten Erfassung der verschiedenen Eingangszeitpunkte kann im Rahmen der **Beschwerdeauswertung** und des **Beschwerdemanagement-Controllings** gezielt analysiert werden, welche Stationen vor allem schriftliche Beschwerden im Unternehmen durchlaufen, welche Durchlaufzeiten damit verbunden sind und was letztendlich einer schnellen Reaktion auf Kundenbeschwerden im Wege steht. Auf der Basis dieser Informationen können entsprechende externe und interne beschwerdekanalisierende Maßnahmen eingeleitet sowie die Durchlaufzeiten zwischen dem Beschwerdeeingang und dem Beginn der Beschwerdebearbeitung minimiert werden. Aus Kundensicht führt dies zu einer schnelleren Reaktion auf die Beschwerde, aus Unternehmenssicht zu einer effizienteren Bearbeitung.

Beschwerdeweg: Beschwerden können das Unternehmen auf allen verfügbaren **Kommunikationskanälen** erreichen: mündlich, schriftlich (Brief, Telefax, E-Mail, Social Media) oder telefonisch. Bei jeder Beschwerde sollte der vom Kunden gewählte Weg festgehalten werden. Zum einen ergeben sich daraus Hinweise auf den vom Beschwerdeführer möglicherweise gewünschten Antwortweg, zum anderen können somit Bekanntheit und Akzeptanz der eingerichteten Beschwerdewege überprüft werden.

Entgegennehmender Mitarbeiter: Der entgegennehmende Mitarbeiter ist stets diejenige Person, die **als erste vom Kunden über dessen Unzufriedenheit informiert** wird. Der Name dieses Mitarbeiters sollte erfasst werden, um bei Unklarheiten über den Beschwerdefall beim ersten Gesprächspartner rückfragen zu können bzw. bei Anfragen des Kunden sofort den ihm bekannten Ansprechpartner nennen zu können.

Adressat der Beschwerde: Unzufriedene Kunden richten ihre Beschwerde entweder generell an das Unternehmen oder benennen eine **bestimmte Person, Abteilung oder Funktion** als Adressaten. Diese Information muss festgehalten werden, um – zusammen mit dem jeweils gewählten Beschwerdeweg – die Nutzung von Beschwerdeeingangskanälen zu überwachen und eine angemessene Beantwortung sicherzustellen. Wählen Beschwerdeführer in hohem Maße Beschwerdewege, die vom Unternehmen nicht vorgesehen sind, z. B. indem sie sich direkt an die Unternehmensleitung wenden, so ist dies ein Indikator dafür, dass die eingerichteten Kanäle dem Kunden nicht ausreichend bekannt oder ungeeignet sind.

7.2.2.2.2 Beschwerdebearbeitungs-Informationen

Beschwerdebearbeitungs-Informationen umfassen Informationen über die durch einen Beschwerdevorgang initiierten Bearbeitungsprozesse, über die Verantwortlichen für den Beschwerdefall sowie spezifische Informationen über einzelne Bearbeitungsschritte.

Bearbeitungsprozesse: In Abhängigkeit vom Beschwerdeobjekt, der Art des Problems und der Reaktionsdringlichkeit werden unterschiedliche Bearbeitungsprozesse definiert. Der annehmende Mitarbeiter hat zu vermerken, welchen Bearbeitungsprozess er ausgelöst und an welche Person bzw. Stelle er den Fall weitergeleitet hat. Diese Informationen sind für die Überwachung und Optimierung der Beschwerdebearbeitung erforderlich.

Verantwortung für die Bearbeitung: Bei Beschwerdefällen, die nicht im unmittelbaren Erstkontakt mit dem Kunden gelöst werden können, müssen bereits in der Phase der Beschwerdeannahme die verantwortlichen Mitarbeiter angegeben werden. Voraussetzung hierfür ist, dass für einzelne Problembereiche des Beschwerdemanagements festgelegt ist, wer für die Fallbearbeitung und die Koordination des Bearbeitungsflusses zwischen den beteiligten Abteilungen und Mitarbeitern verantwortlich ist. Außerdem müssen die annehmenden Personen über diese Verantwortlichkeiten genau informiert sein. Ist das der Fall, haben sie den Namen des zuständigen Mitarbeiters festzuhalten und zugleich den Beschwerdefall unmittelbar an ihn weiterzuleiten.

Bearbeitungsschritte: Werden während des Annahmeprozesses bereits Bearbeitungsschritte eingeleitet oder durchgeführt, sind diese zu dokumentieren, damit jederzeit Transparenz über den Stand der Bearbeitung besteht.

7.2.2.2.3 Beschwerdereaktions-Informationen

Beschwerdereaktions-Informationen betreffen Daten über die Reaktionsentscheidung sowie über die vom Unternehmen versprochene oder tatsächlich realisierte Problemlösung.

Informationen über Aspekte mit Einfluss auf die Reaktionsentscheidung

Sind bereits bei der Annahme der Beschwerde Aspekte erkennbar, die für die unternehmerische Reaktion von Bedeutung sind, sollten sie zu diesem Zeitpunkt dokumentiert werden. Dazu gehören in der Reihenfolge zunehmender Wichtigkeit: die Erwartungen des Kunden, die Einordnung als Gewährleistungs-, Garantie- oder Kulanzfall sowie die Dringlichkeit der Reaktion (Reaktionsdringlichkeit/Bearbeitungspriorität).

Erwartungen des Kunden bezüglich der unternehmerischen Reaktion: Häufig verbindet der Kunde seine Schilderung des Problems mit einer konkreten Vorstellung von der gewünschten Problemlösung bzw. Wiedergutmachung. Diese **Erwartungen** sind bei der Annahme festzuhalten. Solche Hinweise auf Kundenerwartungen erleichtern die Suche nach der bedürfnisgerechten unternehmerischen Reaktion und zeigen den Begründungsbedarf an, wenn dem Kundenwunsch nicht entsprochen werden kann.

Einordnung als Gewährleistungs-, Garantie- oder Kulanzfall: Aus haftungsrechtlichen und bearbeitungstechnischen Gründen sollte bereits während der Annahme festgehalten werden, ob es sich um einen Gewährleistungs-, Garantie- oder Kulanzfall handelt. Liegen eindeutig Gewährleistungs- und Garantiefälle vor, können die jeweils definierten Prozesse unmittelbar eingeleitet werden. Ist es offenkundig, dass die Garantiezeit nur knapp überschritten ist oder aus anderen Gründen eine **Kulanzlösung** in Frage kommt, ist auch dies zu erfassen, um eine entsprechende Bearbeitungsroutine zu starten.

Reaktionsdringlichkeit: Grundsätzlich sind alle Kundenbeschwerden für ein Unternehmen gleich wichtig und sollten auch gleich behandelt werden. Eine bevorzugte Bearbeitung und Lösung einer Beschwerde erscheint nur aus **zwei Gründen** gerechtfertigt bzw. notwendig: Zum einen ist dies der Fall, wenn durch Beschwerden massive Probleme aufgedeckt werden, die sich auf einen Großteil der Kunden negativ auswirken können – unter Umständen sogar mit hohen Risiken für Eigentum oder Gesundheit – (Problemrisiko), zum anderen, wenn eine „gewöhnliche" Handhabung der Beschwerde mit der Gefahr erheblicher ökonomischer Einbußen oder Imageverlusten (Kundenrisiko) verbunden ist.

Ein **Problemrisiko** ist beispielsweise gegeben, wenn Beschwerden auf so gravierende Produktmängel hinweisen, dass sich die betroffenen Unternehmen zum **Rückruf ihrer Produkte** veranlasst sehen. So fordern beispielsweise Automobilhersteller die Fahrer eines bestimmten Modells auf, ihr Fahrzeug zur Werkstattinspektion zu bringen, oder Lebensmittelproduzenten bitten ihre Kunden, vom Verzehr bestimmter Nahrungsmittel abzusehen. Bei Beschwerden, deren Inhalt ernstzunehmende Anzeichen für so schwerwiegende Produktmängel geben, muss vom normalen Bearbeitungsprocedere abgewichen werden, um eine unmittelbare Problembeseitigung und Schadensbegrenzung zu erreichen.

Beschwerden mit **Kundenrisiko** liegen beispielsweise vor, wenn Beschwerdeführer ihre Problemschilderung mit der **glaubhaften Drohung** verbinden, bei keiner oder einer nur unzureichenden Reaktion rechtliche oder öffentlichkeitswirksame Schritte einzuleiten. Analoges gilt, wenn sie sich in sozialen Netzwerken äußern und eine entsprechende Resonanz im Web erreichen. Eine vergleichbare Situation ist gegeben, wenn es sich bei dem Beschwerdeführer um einen Kunden handelt, der für die Existenz und den Erfolg des Unternehmens von **außerordentlicher Wichtigkeit** ist. Auch hier lassen sich grundsätzlich eine erhöhte Reaktionsdringlichkeit bzw. Bearbeitungspriorität und eine bevorzugte Behandlung der Beschwerde rechtfertigen.

Informationen über die unternehmerische Reaktion

Zusagen an den Beschwerdeführer: Es kann sinnvoll sein, dem Kunden bereits bei der Beschwerdeannahme Zusagen zeitlicher und inhaltlicher Art zu machen. Bei **terminlichen Versprechen** wird dem Beschwerdeführer ein genaues Datum genannt, zu dem sich das Unternehmen mit ihm wieder in Verbindung setzt bzw. zu dem mit dem Abschluss des Falls gerechnet werden kann. Bei eindeutiger Falldiagnose ist es auch denkbar, dass **inhaltliche Versprechen** im Hinblick auf die Problemlösung/Wiedergutmachung gemacht werden oder ein genauer Kostenbetrag genannt wird, mit dem sich der Kunde an der Problemlösung zu beteiligen hat.

Um späteren Ärger zu vermeiden, müssen sämtliche Zusagen an den Kunden festgehalten werden. Zugleich sind alle Anstrengungen darauf zu richten, für die **Einhaltung dieser Versprechen** zu sorgen. Der vom Produkt- oder Dienstleistungsmangel bereits ausgelöste Zweifel des Kunden an der Verlässlichkeit der unternehmerischen Leistungserbringung darf im Rahmen der Beschwerdebearbeitung nicht noch verstärkt werden. Für den Fall, dass die Einhaltung der Zusage nicht möglich ist, sollte unmittelbar mit dem Kunden Kontakt aufgenommen und ihm der Sachverhalt erläutert werden.

Realisierte Problemlösung/Wiedergutmachungsleistung: Steht bereits zum Zeitpunkt der Beschwerdeannahme fest, welche Lösung für das vom Kunden geschilderte Problem in Frage kommt bzw. kann das Problem unmittelbar beseitigt werden, sind die Reaktionsmaßnahmen festzuhalten. Bei Problemen, die eine Bearbeitung nach sich ziehen und deren genaue Lösung noch näher spezifiziert werden muss, sollten die zunächst allgemein gehaltenen Lösungsvorschläge im Laufe der Bearbeitung **mit zunehmendem Konkretisierungsgrad** erfasst werden.

Mit der Dokumentation der Reaktion kann eine Datenbank aufgebaut werden, die es allen in einem Unternehmen an der Lösung von Kundenproblemen Beteiligten ermöglicht, konsistent und schnell zu reagieren. Insbesondere hinsichtlich technischer Produktbeschwerden entsteht damit ein **Expertensystem** zur Generierung differenzierter Antworten und Lösungsvorschläge.

Die realisierten Lösungen sind nicht nur inhaltlich zu dokumentieren (z. B. Geldrückgabe, Umtausch, Entschuldigung), sondern es sind auch die **Kosten** zu erfassen, um eine permanente Analyse der Wirtschaftlichkeit der Reaktionspolitik zu ermöglichen.

7.3 Kategorisierung von Beschwerdeinformationen

7.3.1 Entwicklung eines Kategorienschemas

Die Erfassung von Beschwerdeinformationen verlangt eine eindeutige und konkrete Zuordnung zu bestimmten Kategorien. Insofern muss ein entsprechendes Kategoriensystem entwickelt werden.

Diese Kategorienbildung gehört aus zwei Gründen zu den **wesentlichsten Aufgaben des Beschwerdemanagements: (1)** Je präziser die Kategorien die Problemstruktur aus Kundensicht abbilden und je vollständiger alle Kundenbeschwerden diesen Gruppen eindeutig zugeordnet werden können, desto transparenter und zielgerichteter sind die Informationen der Beschwerdeauswertung und des Controllings zur **kontinuierlichen Verbesserung der unternehmerischen Prozesse** einsetzbar. **(2)** Wie später gezeigt wird, ist die richtige Definition von Problemkategorien Voraussetzung für die differenzierte und effiziente **Ableitung von korrespondierenden Beschwerdebearbeitungsprozessen.**

7.3.1.1 Anforderungen an ein Kategorienschema

Damit die mit der Beschwerdeerfassung verfolgten Ziele erreicht werden können, ist eine Reihe von Anforderungen an das Kategorienschema zu stellen. In Weiterführung der Überlegungen von Goodman/Malech/Marra (1987) zeichnet sich ein gutes Schema für die Klassifizierung von Beschwerden vor allem durch Handlungsorientierung, eindeutige Abgrenzbarkeit, Vollständigkeit, Kundenorientierung und leichte Handhabbarkeit aus:

- **Handlungsorientierung:** Jedes Klassifizierungsmerkmal und besonders jede Problemkategorie muss handlungsorientiert in dem Sinne sein, dass sie unmittelbare Schlussfolgerungen für die Beschwerdebearbeitung, die Ursachenanalyse und die Einleitung von Korrekturmaßnahmen erlaubt.
- **Eindeutige Abgrenzbarkeit:** Jede Kategorie muss klar von anderen abgegrenzt sein und eine eindeutige Zuordnung von Beschwerden gestatten. Nur so ist zu gewährleisten, dass Beschwerden bestimmter Art von verschiedenen Mitarbeitern auf die gleiche Weise klassifiziert werden. Dies ist auch die Voraussetzung dafür, dass die Beschwerdeauswertung aussagekräftige Informationen bereitstellen kann.
- **Vollständigkeit:** Das Kategoriensystem muss es ermöglichen, alle Kundenbeschwerden zu erfassen. Eine unspezifizierte Kategorie „Sonstige Probleme" ist wenig sinnvoll, da sie keinen Informationsgehalt für Folgemaßnahmen liefert. Wenn man auf diese Kategorie nicht verzichten will, muss sie in regelmäßigen Zeitabständen überprüft werden und bei Bedarf sind neue Kategorien zu schaffen.
- **Kundenorientierung:** Die Problemkategorien müssen aus Kundenperspektive formuliert werden. Viele Unternehmen neigen dazu, vor allem bei der Kategorisierung von Problemen technische Produktmerkmale oder eine interne Perspektive zugrunde zu legen. Im Mittelpunkt stehen dabei meist die Belange der Qualitätssicherung und nicht die des Kunden. Um Fehlinterpretationen zu vermeiden, kommt es aber primär darauf an, das vom Kunden wahrgenommene Problem zu verstehen. Die Übersetzung der Kundenprobleme in die „interne" Sprache des Unternehmens sollte erst in einem zweiten Schritt erfolgen, indem technische Konstruktionsmerkmale bzw. intern verwendete Fehlerklassifizierungen mit den Kategorien der Kundenprobleme logisch verknüpft werden.
- **Leichte Handhabbarkeit:** Damit Mitarbeiter in der Erfassungssituation die richtige Kategorie schnell finden, muss das Kategoriensystem leicht verständlich und handhabbar sein. Das bedingt bei der manuellen Aufnahme in Erfassungsbögen zunächst eine Beschränkung auf eine begrenzte Zahl von Kategorien. Bei einer softwaregestützten Erfassung ist grundsätzlich eine erheblich größere Komplexität des Kategoriensystems möglich, allerdings muss eine einfache Benutzerführung sichergestellt sein.

Es ist offensichtlich, dass es bei der Erfüllung dieser Kriterien zu **Konflikten** kommen kann. Die Anforderungen der Handlungsorientierung, eindeutigen Abgrenzbarkeit, Vollständigkeit und Kundenorientierung sprechen für ein sehr differenziertes Kategoriensystem, das Kriterium der leichten Handhabbarkeit für ein einfaches. Dementsprechend stehen die Ansprüche an den Informationsgehalt der erfassten Daten häufig in

Widerspruch zu den Wünschen von Kundenkontaktmitarbeitern und Kostenrechnern, die an einem schnellen Erfassungsprozess interessiert sind und ein System mit einer Vielzahl von Klassifizierungsmerkmalen ablehnen. In dieser Situation werden oft Kompromisslösungen mit abstrakten Formulierungen der Kundenprobleme in Kauf genommen, die weder exakte Schlüsse auf das konkrete Problem und seine Ursachen noch auf Korrekturmaßnahmen zulassen. Ist allerdings das Kriterium der Handlungsorientierung so stark verletzt, erscheint es kostengünstiger und effizienter, auf eine Erfassung gänzlich zu verzichten, da die dokumentierten Informationen nicht gezielt genutzt werden können. Will man aber den Informationsnutzen der Beschwerden realisieren, gehört es zu den spezifischen Herausforderungen an die softwaretechnische Unterstützung, sowohl die erforderliche Anzahl an Klassifizierungskriterien bereitzustellen als auch zugleich eine leichte Handhabbarkeit durch die Nutzer zu gewährleisten.

7.3.1.2 Hierarchische Strukturierung von Kategorienschemata

Die Forderung nach einem handlungsorientierten Kategoriensystem führt insbesondere bei Großunternehmen dazu, dass es zu einem **sehr umfangreichen Katalog an Kategorien** kommen kann. Diese müssen in eine Ordnung gebracht werden, die eine **zunehmende Konkretisierung über verschiedene Ebenen** vorsieht.

Die höchsten Ansprüche werden dabei an die **Kategorisierung der Beschwerdeobjekte und Beschwerdeprobleme** gestellt, die auch den Kern der Beschwerdeinformationen ausmachen. Wenn Unternehmen eine Fülle von verschiedenen Produkten und Dienstleistungen in einer Vielzahl von Varianten anbieten und jeweils sehr unterschiedliche Probleme auftreten können, dann ergeben sich für die eindeutige Zuordnung der Fehler zu den einzelnen Beschwerdeobjekten sehr rasch komplexe Strukturen, die sich in dem Kategoriensystem konsistent widerspiegeln müssen. Um dieses aber dennoch beherrschbar zu halten, müssen die Kategorien über mehrere Ebenen strukturiert und konkretisiert werden.

Eine solche **hierarchische Strukturierung von Kategorien** verlangt, dass sich unter inhaltlich-logischen Gesichtspunkten eindeutige Ober- und Untergruppen von Merkmalen bilden lassen. So werden etwa mehrere Artikel einer bestimmten Produktgruppe zugeordnet oder bestimmte Probleme (z. B. fehlende Produktkenntnisse und mangelndes Fachwissen) einer übergeordneten Problemkategorie (z. B. mangelnde Kompetenz).

Bild 7.7 zeigt ein **Beispiel** für die Kategorisierung von Problemen in einem Autohaus. Von allen Problemen wird die Kategorie „Serviceproblem“ ausgewählt und die beiden Serviceproblemunterkategorien „Einsatzbereitschaft“ und „Kompetenz“ werden weiter hierarchisch untergliedert und konkretisiert.

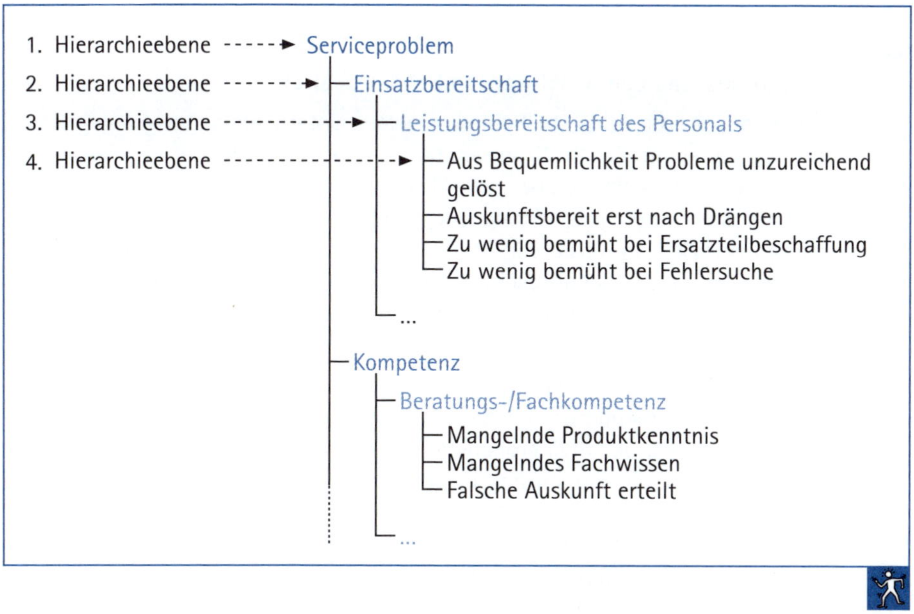

Bild 7.7 Hierarchische Kategorisierung von Problemkategorien am Beispiel von Kfz-Service-Beschwerden

Für eine Integration von Beschwerdeobjekt- und Beschwerdeproblemhierarchien ist es in der Regel angebracht, **vom Beschwerdeobjekt auszugehen** und dann die Probleme in hierarchischer Form dem Beschwerdeobjekt zuzuordnen.

Die hierarchische Kategorisierung gestattet die **strukturierte und systematische Erfassung** der Einzel-Informationen und ermöglicht **aussagefähige und transparente Auswertungen**. Allerdings ist es für die Handhabbarkeit der Klassifikationssysteme zwingend erforderlich, dass die inhaltliche Logik der Gruppenbildung für die erfassenden Kundenkontaktmitarbeiter leicht nachvollziehbar ist. Dies wird umso weniger der Fall sein, je mehr hierarchische Strukturen miteinander verknüpft und je mehr hierarchische Ebenen gewählt werden. Durch den Einsatz adäquater softwaretechnologischer Unterstützung ist es jedoch möglich, auch komplexe Kategorienschemata handhabbar zu machen.

Praxis-Spotlight 7 zeigt am Beispiel der debitel AG ein mehrstufiges, dynamisches Vorgehen bei der hierarchischen Strukturierung eines Kategorienschemas.

Praxis-Spotlight 7

Kategorisierung von Beschwerden bei der debitel AG

Jede Kundenbeschwerde stellt eine kostenlose Unternehmensberatungsleistung dar – mit diesem Grundverständnis nutzte die debitel AG eine konsequente Erfassung von Beschwerdegründen an allen Kundenkontaktpunkten und deren Auswertung zur Identifikation, Priorisierung und Erfolgskontrolle von Verbesserungsmaßnahmen. Dabei wurden für Beschwerdeauswertung und Beschwerdereporting Prozesse und Tools geschaffen, die dann unternehmensweit diese kundengetriebenen Verbesserungsmaßnahmen ermöglichten.

Die wesentlichen Herausforderungen in der Beschwerdeauswertung liegen in der Implementierbarkeit der Beschwerdeerfassung in den Front- und Back-Offices, der Stichprobengröße (Erfassungsquote) und der Interpretierbarkeit der Ergebnisse. Diese Herausforderungen lassen sich letztendlich auf die **Granularität des verwendeten Beschwerdekatalogs** zurückführen. Hier besteht ein ständiger Zielkonflikt zwischen einerseits zu wenig vorgegebenen Gründen, die zu einer mangelhaften Interpretierbarkeit von Beschwerdeursachen führen, sowie andererseits zu vielen vorgegebenen Beschwerdegründen, die letztlich zu einem zu hohen Zeitaufwand in der Beschwerdegrunderfassung sowie auch zu exponentiell steigenden Fehlkategorisierungen durch die erfassenden Mitarbeiter führen.

Der Konflikt kann durch ein **zweistufiges Verfahren** gelöst werden. Auf der grundsätzlichen Ebene der den erfassenden Mitarbeitern angebotenen Beschwerdegründe sind weitgehend statische Listen über Beschwerdeanlässe, sogenannte Hauptgründe, hinterlegt. Abhängig von der Beschwerdehäufigkeit und den dazu notwendigen kleinteiligeren Erfassungen werden für einzelne dieser Beschwerdegründe dem Mitarbeiter dann detaillierte Beschwerdegründe angeboten. Wenn also der Mitarbeiter eine Beschwerde erfasst, für die derzeit detaillierte Gründe zur Analyse benötigt werden, wird über ein Pop-up eine weitere Liste mit bis zu zehn Beschwerdegründen eingespielt und diese Beschwerde somit zweistufig erfasst. Diese Detailgründe können sich Monat für Monat ändern, während die Hauptgründe im Zeitablauf konstant bleiben (siehe Bild).

Insgesamt wird darauf geachtet, dass nicht mehr als 40 Beschwerdegründe zu jeder gegebenen Zeit verwendet werden. Die Detailgründe werden dynamisch erweitert und bei rückläufiger Inanspruchnahme wieder entfernt. In jedem Fall bleiben die Hauptgründe im Zeitablauf unverändert, sodass eine historische Analyse auf dieser Ebene möglich ist. Durch diese Erfassungsmethodik wird einerseits die Interpretierbarkeit der Auswertungen gewährleistet und andererseits sichergestellt, dass die Mitarbeiter mit einem vertretbaren Zeitaufwand Beschwerden erfassen können und ein gleichgerichtetes Verständnis für die Bedeutung der einzelnen

Schematische Darstellung der zweistufigen Beschwerdegrunderfassung

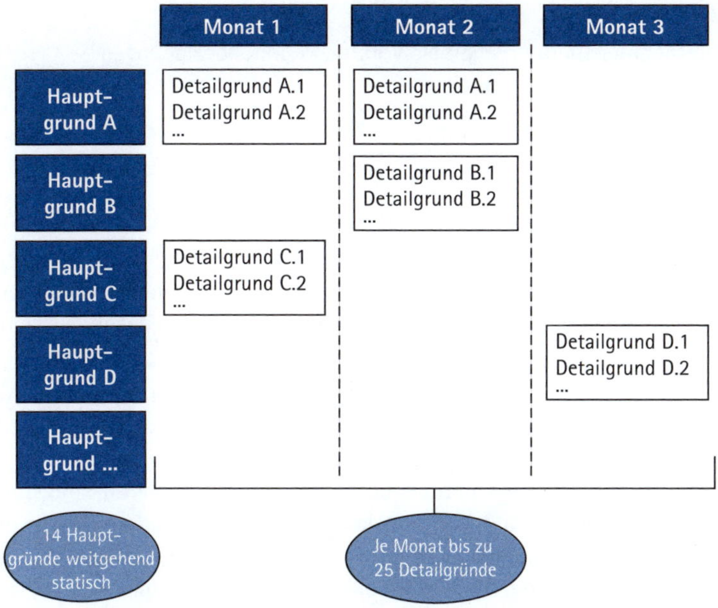

Quelle: debitel AG

Beschwerdegründe vorhanden ist. Dies führt letztlich zu einer hohen Annahme des Systems – sowohl bei den Mitarbeitern als auch bei den Adressaten der gewonnenen Informationen.

Die korrekte und vollständige Erfassung von Beschwerden ist Voraussetzung für ein **Beschwerdereporting**, das im Unternehmen Akzeptanz findet. Bei der debitel AG wurde dieses Reporting monatlich erstellt und es war über das Intranet allen Mitarbeitern zugänglich. Gerade nach der Implementierung von Veränderungen wurde das Beschwerdereporting – hier dann oft auf Basis von Detailgründen – vielfach zur Messung der Zielerreichung eingesetzt.

Ergänzt wurde das Beschwerdereporting durch monatliche Kundenbefragungen an wesentlichen Kontaktpunkten (Call-Center, Back-Office, POS), um auf breiterer statistischer Basis Kundenkontaktzufriedenheit messen zu können. Die Verbindung von Kundenzufriedenheitsmessung und Beschwerdereporting hat sich als wesentlich für die zeitnahe und zielgerichtete Steuerung von Verbesserungsprojekten herausgestellt.

Die debitel AG hat stets die Auswertungen von Kundenrückmeldungen strategisch genutzt, um die größte Kundennähe im Telekommunikationsmarkt anzustreben – getreu dem bereits referierten Selbstverständnis, dass jede Kundenbeschwerde eine kostenlose Unternehmensberatungsleistung darstellt.

Dr. Christian Friege

Unternehmensberater, ehemals Vorstand Kundenbeziehungen (Chief Customer Officer)

debitel AG

7.3.1.3 Vorgehensweise bei der Entwicklung von Kategorienschemata

Bei der Entwicklung und Benennung der Problemkategorien geht man in der Regel von einer **sorgfältigen Inhaltsanalyse** bisher eingegangener Kundenbeschwerden aus. Darüber hinaus bieten unterschiedliche Systematiken wichtige ergänzende Orientierungshilfen.

Einen Ansatzpunkt hierfür stellen bestehende **Kataloge von Qualitätsmerkmalen** dar. Im Hinblick auf **Sachgüter** unterscheiden Hansen/Hennig-Thurau/Schrader (2001) beispielsweise gebrauchstechnische, ästhetische und soziale Qualitätsdimensionen, die jeweils bezüglich konkreterer Qualitätsmerkmale zu differenzieren sind und sich für eine Beschwerdesystematik anbieten. So lassen sich zum Beispiel Beschwerden hinsichtlich der gebrauchstechnischen Dimension Mängel in Bezug auf die verwendeten Materialien, die Verarbeitung, die Funktionserfüllung oder die ökologische Verträglichkeit zuordnen.

Für **Dienstleistungsbeschwerden** bildet das im Rahmen des **SERVQUAL**-Ansatzes entwickelte Dimensionenmodell der Dienstleistungsqualität eine geeignete Grundlage (Zeithaml/Berry/Parasuraman 1988; Hentschel 2000). Die vom Kunden wahrgenommene Dienstleistungsqualität wird dabei anhand von fünf unterschiedlichen Dimensionen operationalisiert:

- **Annehmlichkeit des physischen Umfelds („tangibles"):** Gesamtheit des physischen Umfelds einer Dienstleistung, einschließlich der Räumlichkeiten, der Einrichtung und des Erscheinungsbilds des Personals
- **Verlässlichkeit („reliability"):** Fähigkeit, die versprochene Leistung zuverlässig und akkurat auszuführen
- **Einsatzbereitschaft („responsiveness"):** Wille, dem Kunden zu helfen und die Leistung schnell und unverzüglich zu erbringen
- **Kompetenz („assurance"):** Wissen, Höflichkeit und Vertrauenswürdigkeit der Angestellten
- **Einfühlungsvermögen („empathy"):** Bereitschaft, sich um jeden Kunden individuell zu kümmern

Diese fünf Qualitätsdimensionen können der Bildung von weiteren Hierarchiestufen sowie der Zuordnung von konkreten Kundenproblemen zugrunde gelegt werden. Ein **Beispiel** für die differenzierte Anwendung der SERVQUAL-Dimensionen für Kfz-Service-Beschwerden beinhaltet Bild 7.8. Wie das Beispiel zeigt, können vorhandene Systematiken nur den Rahmen für die Entwicklung eines Kategorienschemas bieten. Die tatsächliche Konkretisierung auf verschiedenen Ebenen und die Zuordnung von Unterkategorien zu Oberkategorien müssen branchenbezogen modifiziert werden und unternehmensindividuell erfolgen. Dafür ist eine sorgfältige **Inhaltsanalyse der vorliegenden Beschwerden** erforderlich, die folgendermaßen ablaufen kann. Aus einem Bestand an vorhandenen Kundenbeschwerden - zum Beispiel der Gesamtzahl der Beschwerden

Physisches Umfeld

- Geschäftsräume
  - Unmoderne Einrichtung
  - Unübersichtliche Gestaltung
  - ...
- Erscheinungsbild des Personals
  - Unordentlich
  - Unsauber
  - ...

Verlässlichkeit

- Absprachen
  - Kostenvoranschlag nicht eingehalten
  - Terminzusage nicht erfüllt
  - ...
- Preis-Leistungs-Verhältnis
  - Zu hohen Preis verlangt
  - Zu teure Materialien verwendet
  - ...
- Rechnungserstellung
  - Nicht eingebaute Teile berechnet
  - Erfolglose Reparatur berechnet
  - ...
- Leistungsumfang
  - Unnötige Reparaturleistungen durchgeführt
  - Unnötige Teile ausgetauscht
  - ...
- Umgang mit Kundeneigentum
  - Kundeneigentum verschmutzt
  - Kundeneigentum beschädigt
  - ...

Einsatzbereitschaft

- Zeitliche Flexibilität
  - Bei kleiner Reparatur lange warten lassen
  - Bei Notfall kurzfristigen Termin verweigert
  - ...
- Leistungsbereitschaft des Personals
  - Aus Bequemlichkeit Probleme unzureichend gelöst
  - Zu wenig bemüht bei Fehlersuche
  - ...

Einsatzbereitschaft

...

- Leistungstempo
  - Reparatur langsam ausgeführt
  - Bei Auftragsannahme lange warten lassen
  - ...

Kompetenz

- Beratungs-/Fachkompetenz
  - Mangelnde Produktkenntnis
  - Unzureichendes Fachwissen
  - ...
- Vertrauenswürdigkeit
  - Unehrlich gehandelt
  - Kunde übervorteilt
  - ...

Einfühlungsvermögen

- Verständnis für Kundenprobleme
  - Kundenbeobachtung nicht ernst genommen
  - Auf Kundenwunsch nicht eingegangen
  - ...
- Verhalten bei Kundenproblemen
  - Kunden die Schuld zugewiesen
  - Problem/Beschädigung bestritten
  - ...
- Flexibilität des Verhaltens
  - Vorschriften stur eingehalten
  - Besondere Kundensituation nicht berücksichtigt
  - ...

Bild 7.8 Anwendung der SERVQUAL-Dimensionen als Kategorienschema für Kfz-Service-Beschwerden (in Anlehnung an Stauss/Hentschel/Schulz 1991, Anhang B, S. 112)

des vergangenen Jahres – wird per Zufallsauswahl eine Anzahl von Beschwerdevorgängen für die Inhaltsanalyse selektiert. Diese werden in einem analytischen Prozess im Hinblick auf die enthaltenen Problemkategorien untersucht. Anschließend werden die Problemkategorien in einem iterativen Interpretationsprozess zu Gruppen zusammengefasst und hierarchisch geordnet.

7.3.1.4 Überprüfung von Kategorienschemata

Ein gutes Kategorienschema zeichnet sich dadurch aus, dass bestimmte Beschwerdeinformationen **immer denselben Kategorien zugeordnet** werden, und zwar unabhängig davon, welcher Mitarbeiter mit der Erfassung betraut ist. Um dies sicherzustellen, kommt der Überprüfung des Kategorienschemas im Hinblick auf Überschneidungsfreiheit, Aussagefähigkeit und Reliabilität eine entscheidende Bedeutung zu.

Im Zuge der Entwicklung des Kategoriensystems muss in einer **Prüfphase** die Zuordnung konkreter Beschwerden zu den einzelnen Klassifizierungsschemata von mindestens zwei Personen unabhängig voneinander vorgenommen werden. Die Qualität der Kategorisierung ergibt sich aus dem Ausmaß der Übereinstimmung zwischen den beiden Zuordnungsprozessen. Sie spiegelt sich in dem Prozentanteil der Beschwerden wider, die in beiden Gruppierungsprozessen der gleichen Kategorienklasse zugerechnet worden sind. Dazu wird die Anzahl der übereinstimmend klassifizierten Beschwerden für jede zu kategorisierende Beschwerdeinformation durch die Gesamtanzahl der Beschwerden dividiert, und zwar auf jeder Hierarchisierungsebene. Je näher das Ergebnis an 1 liegt, desto größer ist die Übereinstimmung. Wird ein **Prozentsatz von 80 %** nicht erreicht, gilt es, die Kategorisierung der jeweiligen Ebene zu überprüfen und zu modifizieren Hayes (2008).

Die Überprüfung des Kategoriensystems darf aber nicht mit der erstmaligen Entwicklung als abgeschlossen angesehen werden. Eine zusätzliche wichtige Aufgabe besteht darin, das Schema **kontinuierlich weiterzuentwickeln**, da beispielsweise neue oder veränderte Produkte und Dienstleistungen angeboten werden, die Erwartungen und Verhaltensweisen der Kunden Wandlungsprozessen unterliegen und bisher nicht berücksichtigte Fehler auftreten können. Insofern muss ein Kategorienschema in regelmäßigen Abständen einer gründlichen Überprüfung unterzogen und an die veränderte Situation angepasst werden. Nur so ist sicherzustellen, dass im Rahmen der Beschwerdeauswertung verlässliche Ergebnisse erzielt und Fehlinvestitionen im Zuge der Beschwerdeinformationsnutzung vermieden werden können.

7.3.2 Ergänzung der kategorialen Erfassung durch die freie Fallschilderung

Jede Kategorisierung stellt eine **Vereinfachung komplexer Sachverhalte** dar. So besteht die Gefahr, dass Informationen verloren gehen, die wesentliche Auskünfte über die Problemursachen und Hintergründe der Kundenunzufriedenheit geben können. Dies soll im Folgenden anhand eines Vorfalls verdeutlicht werden, der von Albrecht/Zemke (1987) beschrieben und hier in der Form einer Beschwerde wiedergegeben wird:

> „Es passierte auf dem Flug von Washington DC nach Toronto, und zwar während der Zwischenlandung in Buffalo, NY. Der Start der Maschine verzögerte sich erheblich, ohne dass dafür eine Erklärung angeboten wurde. Schließlich kam gegen 22 Uhr die Durchsage, wir sollten unser Bordgepäck nehmen und das Flugzeug verlassen. Aufgrund eines technischen Problems könne die Maschine nicht weiterfliegen, weitere Informationen würden im Terminal durch eine Hostess gegeben.
>
> Im Terminal wurden wir über Lautsprecher aufgefordert, uns vor dem Abfertigungsschalter anzustellen und in Geduld zu üben. Es gab weder eine Entschuldigung noch ein Angebot, uns für unsere Unannehmlichkeiten zu entschädigen. Die einzige Auskunft war der Hinweis auf die nächste Maschine dieser Linie. Einer der Fluggäste hatte inzwischen eine konkurrierende Fluggesellschaft angerufen

und erfahren, dass deren Linienmaschine nach Toronto vor ungefähr zwei Minuten abgeflogen sei. Offensichtlich wurde die Bekanntgabe des technischen Problems extra so lange verzögert, bis diese Maschine in der Luft war und uns kein anderer Flug mehr zur Verfügung stand.“

Wollte man diesen Fall einer bestimmten Problemkategorie zuordnen, so könnte das beispielsweise die Kategorie „Abflugverspätung aufgrund eines technischen Problems“ sein. Doch damit wird weder der Fall in seiner Komplexität erfasst noch der möglicherweise entscheidende Grund für die Kundenunzufriedenheit. Werden auf Basis der Beschwerdeauswertung allein Anstrengungen zur Reduzierung technischer Defekte vorgenommen, bleiben **maßgebliche Handlungsmängel unberücksichtigt** (fehlende Aufklärung, keine Entschuldigung usw.). Gleiches gilt für Wahrnehmungen und Interpretationen des Vorfalls durch den Kunden (Vermutung einer absichtlichen Verzögerung).

Deshalb ist es wichtig, die Beschwerde als Fallschilderung des Kunden möglichst vollständig aufzunehmen, um den **Informationsgehalt** für die Bearbeitung, Wiedergutmachung und Auswertung umfassend zu nutzen. Dies bedeutet gleichzeitig, dass diejenigen Mitarbeiter, die Beschwerdegeschichten erfassen, dahingehend geschult werden, dass alle vom Kunden in einem Beschwerdeschreiben oder -gespräch artikulierten Probleme erkannt und kategorisiert werden.

Die vollständige Dokumentation der Fallschilderung des Kunden ist vergleichsweise einfach sicherzustellen bei den Beschwerden, die in **Schriftform** vorliegen, insbesondere, wenn auf ein softwaregestütztes Archivierungssystem zurückgegriffen werden kann. Mit Hilfe solcher Systeme können schriftlich artikulierte Beschwerdefälle eingescannt und verwaltet werden. Wird darüber hinaus noch eine Beschwerdemanagementsoftware eingesetzt, die über eine entsprechende Schnittstelle zur Archivierungssoftware verfügt, ist die gesamte „Beschwerdegeschichte“ sofort greifbar und muss nicht noch zusätzlich dokumentiert werden.

Bei **telefonisch** oder **mündlich** entgegengenommenen Beschwerden muss man sich damit behelfen, Informationen über spezifische Umstände und sonstige Einflussfaktoren unkategorisiert im Rahmen der Erfassung der freien Fallschilderung in **Stichwortform** zusätzlich festzuhalten.

7.4 Erfassungsformen

Die Erfassung der Beschwerdeinhalte kann einerseits **durch Mitarbeiter des Unternehmens** und andererseits auch **durch den Kunden selbst** erfolgen. Im ersten Fall kommen entweder standardisierte Formblätter oder Eingabemasken von Beschwerdemanagement-Softwaresystemen zum Einsatz. Die kundenseitige Erfassung geschieht über Meinungskarten oder Erfassungsmasken via Touchscreen sowie über die im Internet bereitgestellten Beschwerdeseiten.

7.4.1 Unternehmerische Beschwerdeerfassung mit Hilfe von Formblättern und softwaregestützten Eingabemasken

Erfassung mittels standardisierter Formblätter

Mit Hilfe standardisierter Formblätter sollen die annehmenden Mitarbeiter in die Lage versetzt werden, die Beschwerdeinformationen vollständig, strukturiert und schnell zu erfassen. In Bild 7.9 ist ein **Beispiel** für ein solches Formblatt dargestellt. Es berücksichtigt Beschwerdeinhalts-Informationen (Person des Beschwerdeführers, Produkt als Beschwerdeobjekt, Art des Problems) ebenso wie Beschwerdeabwicklungs-Informationen (Art und Zeitpunkt des Beschwerdeeingangs, Daten zur Problemlösung/Wiedergutmachung, Maßnahmen und Bearbeitungsschritte).

Die Erfassungskategorien sind hervorgehoben und mit Antwortalternativen bzw. mit Hinweisen darauf versehen, welche detaillierten Informationen im Einzelnen erfasst werden sollen. Dadurch ist gewährleistet, dass die Daten schnell und vollständig aufgenommen werden können.

Solche Formblätter eignen sich vor allem für die Erfassung der Beschwerdeinformationen **im unmittelbaren Kundenkontakt**, wenn sich der Kunde also mündlich bzw. telefonisch beschwert. Sie können z. B. sinnvoll vom Kundenkontaktpersonal im Einzelhandel, in Hotels und Banken oder auch von Außendienstmitarbeitern eingesetzt werden.

Abhängig von Problem und Situation können die Informationen auch **nach dem unmittelbaren Kundenkontakt** festgehalten werden. Beschwert sich beispielsweise ein Hotelgast beim Zimmermädchen über ein nur unzureichend gereinigtes Bad, so steht die unmittelbare Wiederherstellung der Kundenzufriedenheit im Vordergrund. Die nachträgliche Erfassung der Beschwerdeinformationen bleibt dennoch wichtig, damit sie für die Auswertung und das Controlling und damit auch für den kontinuierlichen Verbesserungsprozess zur Verfügung stehen.

Die Anwendung der standardisierten Formblätter ist im Übrigen nicht auf explizit artikulierte Beschwerden beschränkt. Sie können darüber hinaus dazu dienen, **jegliche Beobachtung wahrgenommener Kundenunzufriedenheit** zu dokumentieren.

Beschwerdeannahme

Entgegennehmende(r): ______________ Eingangsdatum: ______________

Beschwerdeweg

☐ Telefon ☐ Brief ☐ Persönlich ☐ ______________

Adressat der Beschwerde

☐ Kundenbetreuung ☐ Verkauf ☐ Geschäftsführung ☐ ______________

Beschwerdeführer

Stammdaten

Anrede: ______________

Vorname: ______________

Firma/Name: ______________

Ansprechpartner: ______________

Straße/Postfach: ______________

PLZ/Ort: ______________

Interner/externer Kunde

☐ Interner Kunde ☐ Externer Kunde

Betroffener

☐ Beschwerdeführer selbst
☐ Angestellter des Beschwerdeführers
☐ Vorgesetzter des Beschwerdeführers
☐ Verwandter des Beschwerdeführers

Verärgerung

☐ ☐ ☐ ☐ ☐

gering sehr groß

Beschwerdeobjekt

Produkt/Dienstleistung

☐ ______________ ☐ ______________ ☐ ______________ ☐ ______________

Marktangebot/Marketing-Mix

☐ Produkt ☐ Preis ☐ Distribution ☐ Kommunikation
☐ Personal ☐ Prozess ☐ Physisches Umfeld ☐ ______________

Gesellschaftspolitisches Verhalten

☐ ______________ ☐ ______________ ☐ ______________ ☐ ______________

Beschwerdeproblem

Fallschilderung

____

____

____

____

____

Erst-/Folgebeschwerde

☐ Erstbeschwerde ☐ Folgebeschwerde

Vom Kunden gewünschte Fall-Lösung

____

____

____

Art des Problems

☐ Problem 1 ☐ Problem 2
☐ Problem 3 ☐ Problem 4

Ort des Problemauftritts

____

Zeitpunkt des Problemauftritts

____

Reaktionsdringlichkeit

☐ Dringlichkeitsstufe 1
☐ Dringlichkeitsstufe 2
☐ Normale Bearbeitung

Garantie/Gewährleistung/Kulanz

☐ Garantie
☐ Gewährleistung
☐ Kulanz

Beschwerdelösung

Tatsächlich realisierte Problemlösung

____

____

Dem Kunden gegenüber gemachte Zusagen

____

____

Terminzusagen

☐ Sofort gelöst ☐ Zwischenbescheid bis zum ______________

☐ Problemlösung/Wiedergutmachung bis zum ______________

Beschwerdebearbeitung

Complaint Owner		**Beschwerdebearbeitungsprozess**	
☐ Complaint Owner 1	☐ Complaint Owner 2	☐ Prozess 1	☐ Prozess 2
☐ Complaint Owner 3	☐ Complaint Owner 4	☐ Prozess 3	☐ Prozess 4

Bild 7.9 Beispiel für ein Beschwerdeerfassungsformular

Erfassung mit Hilfe softwaregestützter Beschwerdemanagementsysteme

Zur systematischen Erfassung und Bearbeitung von insbesondere schriftlich und telefonisch vorgebrachten Beschwerden setzen Unternehmen in der Regel **softwaregestützte Beschwerdemanagementsysteme** ein. Sie haben den großen Vorteil, dass mit ihrer Hilfe die Kriterien der vollständigen, strukturierten und schnellen Erfassung sehr gut erfüllt werden können. Programmaufbau und -steuerung gewährleisten, dass keine wesentlichen Beschwerdeinformationen vergessen werden. Bei der Aufnahme des Sachverhalts kann weitgehend den Schilderungen des Beschwerdeführers gefolgt werden und die Eingabe der Daten in das System erfolgt unmittelbar bei der Beschwerdeannahme. Allerdings setzt der Einsatz dieser Systeme auch eine entsprechende Schulung der Mitarbeiter nicht nur im Umgang mit der Beschwerdemanagementsoftware, sondern vor allem auch mit einzelnen Erfassungsinhalten voraus.

Auch beim Einsatz von softwaregestützten Beschwerdemanagementsystemen müssen **zusätzlich manuelle Beschwerdeerfassungsformulare** Verwendung finden, wenn nicht alle Niederlassungen oder Kundenkontaktmitarbeiter über einen mit dem Softwaresystem ausgestatteten Arbeitsplatz verfügen oder in der Beschwerdesituation nicht darauf zugreifen können (z. B. im Einzelhandel). Die mittels des Formblatts erfassten Informationen können nachträglich in das Beschwerdemanagementsystem eingegeben und so zentral zur weiteren Bearbeitung zur Verfügung gestellt werden. Durch den Einsatz von speziellen Erfassungsformularen besteht außerdem die Möglichkeit, die Formblätter einzuscannen und somit den nachträglichen Erfassungsaufwand bei der Eingabe zu minimieren.

7.4.2 Kundenseitige Beschwerdeerfassung mit Hilfe von Meinungskarten und Beschwerdeseiten im Internet

Bei der Verwendung von Meinungskarten, Touchscreens oder Beschwerdeseiten im Internet wird ein Teil der Informationsaufnahme dem Kunden übertragen **(kundenseitige Beschwerdeerfassung)**.

Die **Gestaltung** der Meinungskarten, Touchscreen-Inhalte oder Beschwerdeseiten kann dabei von einem einzigen Textfeld zur freien Artikulation der Beschwerdegeschichte bis hin zu einem strukturierten Seitenaufbau mit vordefinierten Feldern reichen. Hierbei muss darauf geachtet werden, dass nur solche Informationen mit Hilfe vorgegebener Felder abgefragt werden, die der Kunde auch problemlos angeben kann. So sollten beispielsweise Automobilhersteller oder -händler darauf verzichten, auf der Angabe der Fahrgestellnummer zu bestehen, da viele Kunden diese bei der Beschwerdeführung nicht griffbereit haben. Weiterhin müssen vorgegebene Kategorien für die Kunden nachvollziehbar und verständlich formuliert sein. Vor allem folgende Daten können vom Beschwerdeführer unproblematisch erfragt werden: Adresse, Art des Problems, Beschwerdeobjekt, Ort und Zeitpunkt des Problemauftritts, Fallschilderung als freier Text sowie Erwartungshaltung an die Problemlösung/Wiedergutmachungsleistung.

Im Internet können **Kategorien**, die immer wieder Bestandteil einer Beschwerde sind, als Klassifizierungsmerkmale zur Verfügung gestellt werden. Damit erhalten Kunden die Möglichkeit, die für sie zutreffenden Beschwerdeinformationen aus entsprechenden Listen auszuwählen, z. B. das Beschwerdeobjekt aus der Angebotspalette oder den Ort des Problemauftritts aus allen Geschäftsstellen eines Unternehmens. Dadurch wird dem Kunden die Angabe erleichtert und gleichzeitig eine konsistente Erfassung gefördert. Zudem wird ein Teil des Aufwands der Beschwerdeerfassung auf den Kunden verlagert und die Informationen können unmittelbar verarbeitet werden, sofern eine Schnittstelle zwischen E-Mail und Beschwerdemanagementsoftware besteht. Ähnliche Effekte können beim Einsatz von Scan-Technologie auch bei Meinungskarten bzw. Touchscreens erzielt werden. Ein Beispiel für eine weitgehende kundenseitige Erfassung zeigt **Praxis-Spotlight 8.**

Praxis-Spotlight 8

Kundenseitige Beschwerdeerfassung bei der Thomas Cook AG

1,75 Mio. Deutsche planen bereits vor Reiseantritt fest ein, sich im oder nach dem Urlaub zu beschweren – das hat eine repräsentative Umfrage ergeben. Etwa 1,45 Mio. Urlauber planen eine Beschwerde, um schlicht Geld vom Reiseveranstalter oder vom Hotel nach der Reise zurückzubekommen, wieder andere wollen eine bessere Leistung vor Ort, z. B. ein Upgrade, erreichen. Ein Drittel der Befragten gab sogar an, sich bei Bewertungsportalen über das Hotel im Vorhinein informiert und diese Information später für eine Beschwerde genutzt zu haben (Ab-in-den-Urlaub 2013).

Auch wenn ein solches Ausmaß an Beschwerdebereitschaft wie in dieser

Studie eher ungewöhnlich ist, gehört das „sich Beschweren" auch bei einem Reiseveranstalter wie der Thomas Cook AG (TCAG) zum Tagesgeschäft – nämlich immer dann, wenn die langersehnte Reise dann doch nicht den Erwartungen entsprach.

Als zweitgrößter Reiseveranstalter in Europa ist die TCAG in Deutschland mit den Urlaubsmarken Neckermann, Thomas Cook, Öger Tours und Bucher Reisen am Markt aktiv. Weiterhin gehört der Ferienflieger Condor zum Konzern. Das Unternehmen ist eine hundertprozentige Tochter der an der Londoner Börse notierten Thomas Cook Group plc.

Das Beschwerdeaufkommen, wie auch das gesamte Geschäft, ist bei einem Reiseveranstalter sehr saisonal geprägt, d. h. in kurzer Zeit (während und nach der Hochsaison) ist mit einem hohen Beschwerdeaufkommen zu rechnen, welches zügig und kompetent bearbeitet werden muss. Ausschlaggebend für eine zügige Bearbeitung sind das Anbieten des richtigen Eingangskanals sowie eine schnelle (wenn möglich automatisierte) Anlage und Weiterleitung des Vorgangs an den zuständigen Mitarbeiter.

Das Beschwerdemanagement der TCAG ist zentral organisiert mit einem Kompetenzzentrum Beschwerdemanagement am Hauptsitz des Unternehmens. Bis zum letzten Jahr hat die TCAG im Wesentlichen die klassischen Eingangskanäle wie Brief, Fax, E-Mail und Telefon genutzt.

Im Zeitalter von Web 2.0, dem Vormarsch von Smartphones und Tablet-PCs sowie dem steigenden Einfluss von Hotelbewertungsportalen stellt sich die Frage nach zusätzlichen bzw. alternativen Online-Beschwerdekanälen für unsere Kunden, wenn diese uns Feedback geben möchten. Ein weiterer Grund für die Eröffnung alternativer Kanäle war außerdem, dass bei der TCAG immer noch über die Hälfte der Beschwerden per Briefpost eingeht. Gerade die Bearbeitung dieses Eingangskanals verlangsamt den IT-gestützten Beschwerdeprozess, führt zu Prozessbrüchen und ist zunehmend kostenintensiv und erschwert damit die oben genannte zügige Bearbeitung. Ein gleichzeitiger Rückgang der Beschwerdequote und die zunehmende Online-Aktivität der Kunden, insbesondere auf Bewertungsportalen und in Social Media, waren weitere Gründe, die Beschwerdekanäle auszuweiten und auch online zugänglich zu machen.

Die TCAG hat sich deshalb im Jahr 2012 entschieden, auf ihren verschiedenen Webpages ein Online-Feedback-Formular zu integrieren, mit dem der Gast sich einfach und schnell an den Reiseveranstalter wenden und sein Anliegen vorbringen kann (siehe Bild).

Nutzt der Kunde das Online-Formular, wird ihm eine schnellere und bevorzugte Bearbeitung garantiert – hiermit sollen Gäste animiert werden, das Portal vermehrt und bevorzugt zu nutzen. Durch die Eingabe der Reiseauftragsnummer sowie des Reisedatums erkennt die Beschwerdemanagementsoftware den dahinterliegenden Reiseauftrag, erfasst die Beschwerde automatisch, legt einen dazugehörigen Vorgang an und nimmt gegebenenfalls eine erste Kategorisierung vor. Bei einer bestimmten „Verschlagwortung" wird der Vorgang dann auch automatisch dem zuständigen Mitarbeiter zugeleitet. So kann innerhalb kurzer Zeit sichergestellt werden, dass die Beschwerde dort landet, wo sie auch abschließend bearbeitet wird.

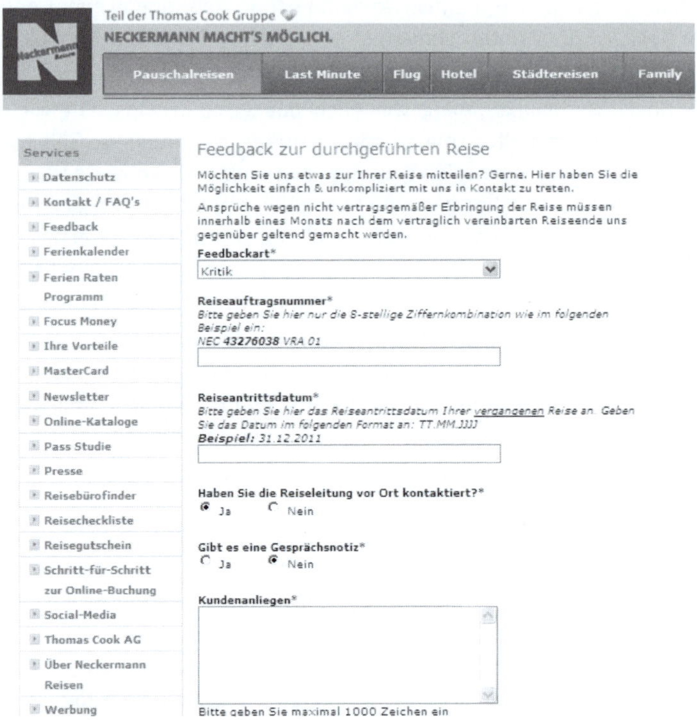

Quelle: http://www.neckermann-reisen.de/

Ein gleiches Formular wurde dann auch in den „Travelguide" integriert. Der Travelguide ist die erste interaktive und personalisierte Reise-App in der Touristik. So kann sich der Kunde nach der Reise auch von seinem Smartphone oder Tablet über den Travelguide an seinen Reiseveranstalter wenden.

Die mobile Stimulierung und kundenseitige Erfassung von Beschwerden haben viele Vorteile:

- Eröffnung zusätzlicher Kanäle, um eine Beschwerdestimulierung zu erreichen
- Umleitung von Papier-Kanälen auf einen elektronischen Eingangskanal
- Reduzierung von Sach- und Prozesskosten

- schnellere und effizientere Bearbeitung, was zu einer höheren Kundenzufriedenheit und zu einem besseren Service führt.

Eine Verschiebung und eine stärkere Nutzung auf bzw. von anderen und alternativen Beschwerdekanälen funktioniert natürlich nur, wenn diese Kanäle auch beworben und kommuniziert werden. Demnach sieht das Projekt auch vor, dass in der wesentlichen Kundenkommunikation der Kunde auf die Reisefeedback-Seite hingewiesen wird und diese als wesentlicher Kommunikationskanal ausgebaut wird.

Ziel der TCAG ist es, innerhalb des nächsten Jahres zwischen 10 % und 15 % der Eingänge auf den Online-Kanal zu leiten. Bisher steigen die Eingänge über diesen Kanal jährlich um mehr als das Doppelte im Vergleich zum jeweiligen Vorjahreszeitraum.

Annette Höher

Leiterin Qualitäts- und Beschwerdemanagement

Thomas Cook AG

Ein weiteres **Beispiel** für eine detaillierte strukturierte Abfrage relevanter Beschwerdeinformationen im Internet zeigt die Bild 7.10. Hierbei handelt es sich um das Beschwerdeformular der Stadt New York City. Wenn man auf der Seite für öffentliche Dienstleistungen der Stadt den Menüpunkt „I want to make a complaint" anklickt, erscheint diese Beschwerdeseite. Hier werden dem Kunden zunächst verschiedene Beschwerdethemen angeboten, wobei jeweils eine kurze Erläuterung gegeben wird, welche Probleme artikuliert werden können. Klickt man ein Beschwerdethema - wie in unserem Beispiel „Yellow Taxi Complaint" - an, erhält man eine Information über die Rechte von Taxikunden. Zugleich werden konkrete Punkte benannt, worauf sich die „Taxi-Beschwerde" beziehen kann, und zwar differenziert für eine Beschwerde über den Taxifahrer (z.B. verlangt einen zu hohen Preis, fährt Umwege, fordert Trinkgeld, verweigert die Zahlung mit Kreditkarte) oder das Taxi selbst (z.B. ist es verschmutzt, fehlende oder funktionsunfähige Ausstattung). Ein Anklicken des relevanten Problems führt auf eine nächste Seite, auf welcher der Beschwerdeführer schrittweise durch den Erfassungsprozess geführt wird. Hier kann er detaillierte Angaben dazu machen, was genau geschehen ist („What"), wo der Vorfall geschehen ist („Where"), wer der Beschwerdeführer ist („Who") und wie die Beschwerde abzuschicken ist („Submit").

Felder, die erfasst werden müssen, sind gesondert gekennzeichnet und zu wichtigen und eventuell missverständlichen Informationen werden kurze Erklärungen angeboten. In der Rubrik „Who" wird der Kunde darauf hingewiesen, dass er auch Video-, Bild-, Audio- oder Textdateien einfügen kann und eine automatische Bestätigungs-E-Mail erhalten wird, sobald er seine Beschwerde abgeschickt hat. Weiterhin wird vor Absenden der Beschwerde eine Zusammenfassung der erfassten Informationen bereitgestellt, die er bei Bedarf korrigieren kann. Bild 7.10 zeigt die Webformulare für die Stufen „What" - für eine Beschwerde über die vom Fahrer gewählte Route („Route Complaint") - und „Where".

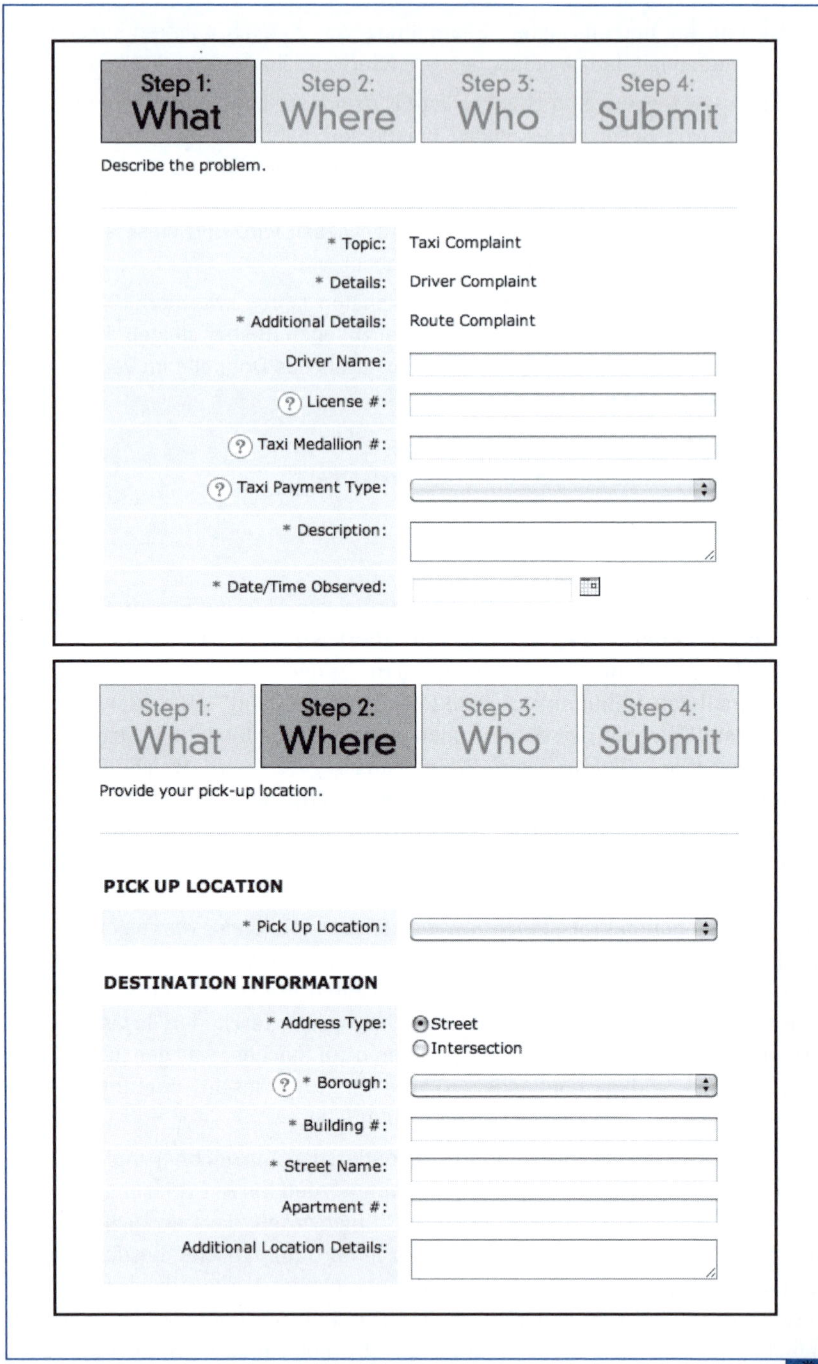

Bild 7.10 Beispiel für die kundenseitige Erfassung einer Taxibeschwerde im Internet (NYC 2013)

Die in diesem Beispiel sehr gut veranschaulichte Kategorisierung möglicher Kundenprobleme hilft dem Kunden, das Problem, von dem er betroffen ist, schnell zu finden. Die daran geknüpfte strukturiert gesteuerte Abfrage der jeweils relevanten Informationen stellt zudem sicher, dass die Stadtverwaltung von New York City alle benötigten Informationen erhält, sodass sie die Beschwerde gezielt bearbeiten kann. Ist gleichzeitig die technische Integration der Beschwerde-Site mit einem Beschwerdemanagement-Softwaresystem gegeben und stimmt die Kategorisierungslogik überein, stehen die vom Kunden erfassten Informationen unmittelbar und effizient zur weitergehenden Bearbeitung und Auswertung zur Verfügung.

7.5 Die Sicherung der Qualität von erfassten Beschwerdeinformationen

Erfasste Beschwerdeinformationen - insbesondere die zum Beschwerdeobjekt und -problem - stellen die Grundlage für zu initiierende Verbesserungsprozesse dar. Daher muss ein besonderes Augenmerk auf die Qualität der Dokumentation gelegt werden. Dies gilt insbesondere dann, wenn eine Vielzahl von Mitarbeitern - z.B. in einem Inbound-Customer Care-Center - mit der Entgegennahme von telefonischen Beschwerden und der Aufgabe der Beschwerdeerfassung betraut ist. Dabei sind zwei Qualitätskriterien heranzuziehen: Dokumentationsvollständigkeit und Dokumentationsrichtigkeit.

Dokumentationsvollständigkeit: In einem ersten Schritt muss überprüft werden, ob alle Informationen, die zu einem Beschwerdevorgang erfasst werden sollen - z.B. Beschwerdeweg, Beschwerdeadressat, Beschwerdeobjekt und Art des Problems - auch tatsächlich dokumentiert wurden. Da Kunden in einem einzelnen Beschwerdevorgang auch mehrere Probleme artikulieren können, berücksichtigt die Dokumentationsvollständigkeit gleichzeitig, ob die Mitarbeiter alle angesprochenen Probleme erkannt und festgehalten haben.

Dokumentationsrichtigkeit: Die Dokumentationsrichtigkeit bezieht sich auf die Korrektheit der Erfassung. Hier ist zu überprüfen, ob sämtliche Beschwerdeinformationen richtig in das System eingegeben wurden. Dabei betrifft die Korrektheit eine Vielzahl von Aspekten. Dazu gehören die orthografisch korrekte Schreibweise des Beschwerdeführers ebenso wie die zutreffende Fallschilderung oder die adäquate Problemkategorisierung. Fehler in der Erfassung führen in der Regel zu Schwierigkeiten im Bearbeitungsprozess und können weitere Kundenunzufriedenheit und Folgebeschwerden verursachen. Zudem werden bei nicht vollständiger und falscher Dokumentation der artikulierten Probleme möglicherweise falsche Schlüsse bezüglich der Notwendigkeit von Verbesserungsmaßnahmen gezogen.

Bei **schriftlich vorgetragenen Beschwerden** können die Dokumentationsvollständigkeit und -richtigkeit problemlos überprüft werden, indem die Kundenschreiben und die jeweils dokumentierten Informationen gegenübergestellt werden. Bei **telefonisch angenommenen Beschwerden** ist ein gleiches Vorgehen anwendbar, wenn die Gespräche aufgezeichnet werden.

Die **Auswertung** erfolgt für die beiden Qualitätsdimensionen der Beschwerdeerfassung derart, dass die Anzahl der unvollständig bzw. falsch dokumentierten Vorgänge der Anzahl der insgesamt überprüften Vorgänge gegenübergestellt wird. Aus diesem Vorgehen resultieren **Nicht-Erfüllungsquoten** jeweils für die Dokumentationsvollständigkeit und die Dokumentationsrichtigkeit.

Die Überprüfung der Dokumentationsvollständigkeit und -richtigkeit sollte zum einen **regelmäßig** erfolgen, bei einem hohen Beschwerdeaufkommen in monatlichen Intervallen. Zum anderen sollten die Quoten idealerweise nicht nur bereichs- oder teambezogen, sondern – sofern durch den Betriebsrat gestattet – auch mitarbeiterbezogen ermittelt werden, um gezieltes Feedback geben und adäquate Schulungsmaßnahmen einleiten zu können.

Die systematische und regelmäßige Überprüfung der Vollständigkeit und Richtigkeit der erfassten Beschwerdeinformationen wird in der Praxis häufig vernachlässigt. Dies hat zum einen zur Konsequenz, dass den Mitarbeitern im operativen Beschwerdemanagement die Wichtigkeit einer lückenlosen und richtigen Dokumentation von Beschwerdeinformationen nicht bewusst ist. Zum anderen wird in Kauf genommen, dass eine **unzureichende oder falsche Datenbasis** für die Auswertung, das Reporting und insbesondere die Beschwerdeinformationsnutzung vorliegt.

Kapitel 7 ganz kurz:

- Der Erstkontakt ist oft dafür entscheidend, ob es gelingt, den Beschwerdeführer wieder zufriedenzustellen. Zudem ist die sofortige Problemlösung in der Regel auch die kostengünstigste.
- Mit dem Prinzip der „Complaint Ownership" wird festgelegt, dass Mitarbeiter im Erstkontakt Verantwortung für die Erfassung und Bearbeitung der Beschwerde übernehmen.
- Die Beschwerdeeingangsprozesse müssen klar definiert werden.
- Beschwerdeinformationen müssen vollständig, strukturiert und schnell erfasst werden.
- Die Informationen über den Inhalt der Beschwerde und die Beschwerdeabwicklung sind detailliert zu dokumentieren.
- Ein gutes Kategorienschema für Beschwerdeinformationen zeichnet sich durch Handlungsorientierung, eindeutige Abgrenzbarkeit, Vollständigkeit, Kundenorientierung und leichte Handhabbarkeit aus.
- Für bestimmte Beschwerdeinformationen – insbesondere Beschwerdeobjekte und Kundenprobleme – sollte eine hierarchische Kategorisierung vorgenommen werden.
- Beschwerdeinformationen können unternehmensseitig mit Hilfe von Formblättern und Eingabemasten sowie kundenseitig mittels Meinungskarten und Webformularen erfasst werden.
- Die Vollständigkeit und Richtigkeit der erfassten Beschwerdeinformationen muss regelmäßig überprüft werden.

Literatur

Albrecht, K./Zemke, R. (1987): Service-Strategien, Hamburg.

Goodman, J. A./Malech, A. R./Marra, T. R. (1987): Beschwerdepolitik unter Kosten/Nutzen-Gesichtspunkten - Lernmöglichkeiten aus den USA, in: Hansen, U./Schoenheit, I. (Hrsg.): Verbraucherzufriedenheit und Beschwerdeverhalten, Frankfurt/Main u. a., S. 165 - 202.

Hayes, B. E. (2008): Measuring Customer Satisfaction and Loyalty: Survey Design, Use, and Statistical Analysis, 3. Aufl., Milwaukee.

Hentschel, B. (2000): Multiattributive Messung von Dienstleistungsqualität, in: Bruhn, M./ Stauss, B. (Hrsg.): Dienstleistungsqualität, 3. Aufl., Wiesbaden, S. 289 - 320.

NYC (2013): Yellow taxi complaint, https://www1.nyc.gov/apps/311universalintake/form.htm (Abruf: 16. 09. 2013)

Ritz-Carlton (1999): Application Summary for the 1999 Malcolm Baldrige National Quality Award.

Stauss, B. (2000a): „Augenblicke der Wahrheit“ in der Dienstleistungserstellung - Ihre Relevanz und ihre Messung mit Hilfe der Kontaktpunkt-Analyse, in: Bruhn, M./Stauss, B: (Hrsg.): Dienstleistungsqualität: Konzepte - Methoden - Erfahrungen, 3. Aufl., Wiesbaden, S. 321 - 340.

Stauss, B./Hentschel, B./Schulz, B. (1991): Kundendienstqualität. Eine empirische Studie im Kfz-Bereich, unveröffentlichter Forschungsbericht, Ingolstadt.

Stauss, B./Seidel, W. (2006b): Prozessuale Zufriedenheitsermittlung und Zufriedenheitsdynamik bei Dienstleistungen, in: Homburg, C. (Hrsg.): Kundenzufriedenheit, Konzepte - Methoden - Erfahrungen, 6. Auflage, Wiesbaden, S. 171 - 195.

Zeithaml, V. A./Berry, L. L./Parasuraman A. (1988): Communication and Control Processes in the Delivery of Service Quality, in: Journal of Marketing, 52. Jg., Nr. 2, S. 35 - 48.

ALSO, DIE BESCHWERDEN ERLEDIGEN SIE FOLGENDERMASSEN:
...UND DANN...
LR

8 Beschwerdebearbeitung

- Welche grundlegenden Bearbeitungsprozesse sind zu unterscheiden?
- Welche Perspektiven sind bei der Analyse von Beschwerdebearbeitungsprozessen zu berücksichtigen?
- Welche Verantwortlichkeiten müssen für eine effektive Beschwerdebearbeitung definiert werden?
- Wie werden Bearbeitungstermine kundengerecht festgelegt?

Liegt der Aufgabenschwerpunkt der ersten beiden Bausteine des direkten Beschwerdemanagements in der Stimulierung, Kanalisierung und Annahme von Beschwerden, so steht in diesem Kapitel die Beschwerdebearbeitung im Mittelpunkt. Hierunter ist die Gesamtheit aller **internen Bearbeitungsschritte** im Rahmen der Fallbehandlung zu verstehen. Im Zentrum steht die Frage: **„Wer macht was bis wann in welcher Reihenfolge?“**

8.1 Der Beschwerdebearbeitungsprozess

Die Bearbeitung von Beschwerdefällen stellt einen **Prozess** dar. Insofern ist es naheliegend und sinnvoll, für ihre optimale Gestaltung Erkenntnisse des Prozessmanagements anzuwenden.

Unter Prozessen versteht man eine Gruppe von **logisch aufeinanderfolgenden und aufeinander abgestimmten Aktivitäten** mit messbarem Input, messbarer Wertschöpfung und messbarem Output. Die Anwendung dieses Verständnisses auf die Aktivitäten der Beschwerdebearbeitung ist in Bezug auf die Input- und Output-Elemente leicht möglich: Die eingegangene Beschwerde mit den darin enthaltenen Informationen über Kundenprobleme und Kundenunzufriedenheit stellt den **Input** dar. Empfänger des Outputs sind einerseits die externen Kunden, andererseits interne Kunden des Unternehmens: **Kundenorientierter Output** ist die Problemlösung bzw. die Wiedergutmachungsleistung sowie die Wiederherstellung der Kundenzufriedenheit. **Unternehmensorientierter Output** sind die Informationen, die im Rahmen der Beschwerdebearbeitung selbst sowie zur Verbesserung von Produkten und Dienstleistungen genutzt werden.

Nicht ganz so eindeutig ist auf den ersten Blick die Frage zu beantworten, worin die **Wertschöpfung** des Prozesses liegt, weil dieser nicht unmittelbar mit einer Marktleistung verknüpft ist. Es lässt sich jedoch im Rahmen des Kosten-Nutzen-Controllings (Kapitel 11.3) zeigen, dass eine angemessene Art der Beschwerdebearbeitung und -reaktion den vom Beschwerdeführer empfundenen Nutzen der Geschäftsbeziehung vermehrt, was sich in erhöhter Kundenzufriedenheit und -loyalität widerspiegelt und damit wertschöpfenden Charakter hat. Darüber hinaus werden durch die Beschwerdebearbeitung selbst sowie durch die Aktivitäten der Beschwerdeauswertung und des Beschwerdemanagement-Controllings die eingehenden Informationen in ihrem Wert für das Unternehmen erhöht (siehe Bild 8.1).

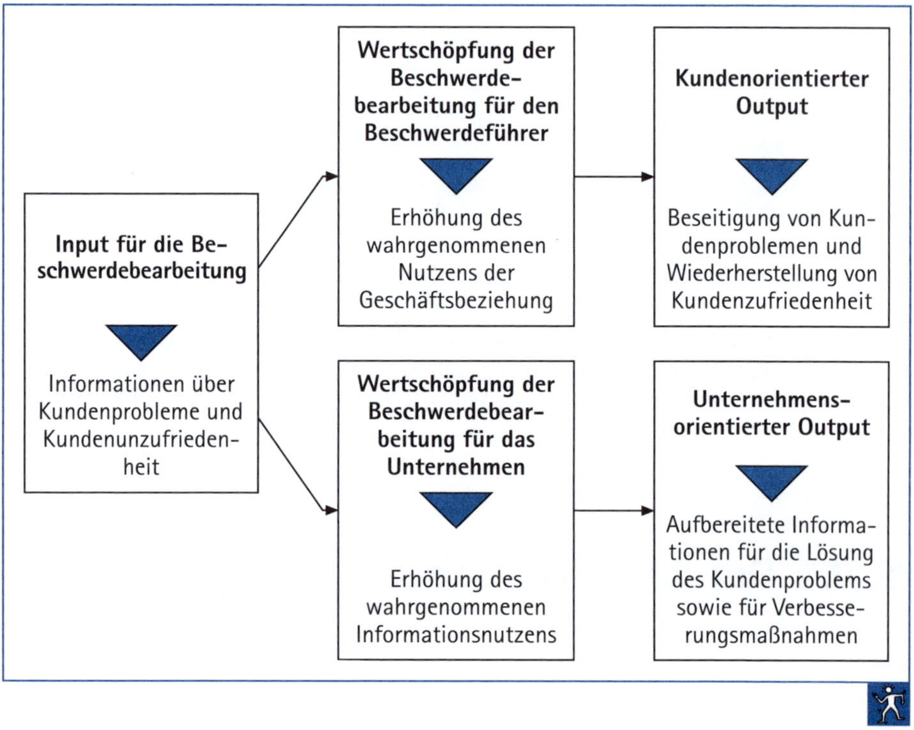

Bild 8.1 Beschwerdebearbeitung als Wertschöpfungsprozess

Um die beschriebenen Wertschöpfungspotenziale für die Kunden und das Unternehmen erreichen zu können, ist bei der Entwicklung und Durchführung von Beschwerdebearbeitungsprozessen ein systematisches **Prozessmanagement** erforderlich. Dabei sind die Bearbeitungsprozesse in ihrem logischen Ablauf zu definieren, Verantwortlichkeiten während der Beschwerdebearbeitung festzulegen, Bearbeitungstermine zu fixieren, Mechanismen zur Überwachung der Beschwerdebearbeitung zu installieren, die interne

Kommunikation zwischen den bearbeitenden Stellen sicherzustellen und die Beschwerdebearbeitung in einer entsprechenden Historie zu dokumentieren.

8.2 Definition von Beschwerdebearbeitungsprozessen

8.2.1 Identifikation unterschiedlicher Beschwerdebearbeitungsprozesse

8.2.1.1 Grundsätzliche Charakterisierung von Beschwerdebearbeitungsprozessen

Auf **relativ hohem Abstraktionsniveau** lassen sich die Beschwerdebearbeitungsprozesse **einheitlich definieren** und die Prozessgrenzen eindeutig bestimmen. Der Prozess beginnt bei mündlichen oder telefonischen Beschwerden, die nicht unmittelbar im Erstkontakt gelöst werden können, mit deren Erfassung bzw. bei schriftlichen Beschwerden nach deren Eingang im Unternehmen. Mit der Durchführung verschiedener Aktivitäten wird sukzessive zur Problemlösung/Wiedergutmachung und damit zur Wiederherstellung der Kundenzufriedenheit beigetragen (Wertschöpfung). Die Beschwerdebearbeitung endet in der Regel mit der Lösung des Problems und/oder einem Antwortschreiben an den Kunden bzw. einer mündlichen oder telefonischen Mitteilung, dass der Beschwerdefall abgeschlossen ist, und schafft somit im Erfolgsfall einen wieder zufriedengestellten und loyalen Kunden.

Bei einer konkreteren Betrachtung wird deutlich, dass sich Beschwerden in vielfältiger Hinsicht unterscheiden, sodass man **nicht von einer grundsätzlich vereinheitlichten Beschwerdebearbeitung ausgehen** kann. Einige **Beispiele** aus dem Bereich der Kfz-Branche illustrieren diesen Sachverhalt:

- Kunden beschweren sich **mündlich beim Chef eines Autohauses** darüber, dass sie während der Anmeldung ihres Autos zum Kundendienst wiederholt unnötig lange warten mussten. Sie können noch während des Gesprächs durch eine Entschuldigung und ein kleines Geschenk als Ausgleich für die entstandenen Unannehmlichkeiten zufriedengestellt werden.
- Kunden bemängeln in einem **Schreiben an die zentrale Kundenbetreuung des Herstellers**, dass die störenden Geräusche im Motorraum trotz mehrmaligen Werkstattbesuchs noch immer nicht beseitigt werden konnten. Hier wird der zuständige Mitarbeiter den unzufriedenen Kunden zunächst eine Eingangsbestätigung schicken, sie über die eingeleiteten Maßnahmen unterrichten und den Fall zur endgültigen Problemlösung an eine der Werkstatt übergeordnete Vertriebseinheit weiterleiten. Diese kann mit dem Kunden einen gemeinsamen Termin bei der Werkstatt vereinbaren und versuchen, im Rahmen einer weitergehenden Inspektion durch einen Experten das Problem zu beseitigen.

- In einer **telefonischen Beschwerde** informieren Kunden den **Hersteller** über ein technisches Problem, das mit einem grundsätzlichen Sicherheitsrisiko verbunden ist. Aufgrund des Gefahrenpotenzials des Sachverhalts muss eine Sofortbearbeitung und Problemdiagnose eingeleitet werden.
- In seiner **persönlich an den Vorstandsvorsitzenden des Herstellers gerichteten schriftlichen Beschwerde** droht ein Großfirmenkunde mit dem Abbruch der Geschäftsbeziehung, wenn ein Problem nicht unmittelbar zufriedenstellend gelöst wird. Zum Ersten muss dafür Sorge getragen werden, dass die Beantwortung durch das angeschriebene Vorstandsmitglied erfolgt, zum Zweiten erscheint angesichts der Bedeutung des Kunden wiederum eine vordringliche Problembearbeitung erforderlich.
- Kunden beschweren sich **schriftlich bei ihrem Autohaus** über einen Schaden, der nach Ablauf der Garantiezeit aufgetreten ist, und verlangen eine Kulanzregelung. Dem Autohaus ist hier eine eigenverantwortliche Entscheidung nicht möglich, sondern es muss den Fall an den Hersteller weiterleiten, wobei die zentrale Kundenbetreuung für die Lösung des Kulanzfalls gegebenenfalls weitere Abteilungen (Rechtsabteilung) oder Vertriebseinheiten einschalten muss.

Diese Beispiele machen **dreierlei deutlich**: **(1)** Jede eingehende Beschwerde löst einen **internen Bearbeitungsprozess** aus. **(2)** Die **Anforderungen** an den Bearbeitungsprozess können sehr unterschiedlich sein, vor allem in Abhängigkeit von dem betroffenen Produkt, der Art des Problems, dem Beschwerdeweg, dem Adressaten der Beschwerde oder der Reaktionsdringlichkeit. Welche Maßnahmen zu ergreifen und welche Personen, Abteilungen oder Vertriebseinheiten in den Bearbeitungsprozess einzubeziehen sind, kann zusätzlich auch von der Tatsache abhängen, ob es sich um einen Gewährleistungs- oder Kulanzfall bzw. eine Erst- oder Folgebeschwerde handelt. **(3)** Es ist somit festzulegen, welche **grundlegenden Bearbeitungsprozesse** überhaupt zu unterscheiden sind und welche **situativen Bedingungen** (z. B. Probleme) als gleich bzw. so ähnlich anzusehen sind, dass eine einheitliche Prozessdefinition erfolgen kann.

8.2.1.2 Alleinbearbeitungs-, Einbeziehungs- und Abgabeprozesse

Auf **mittlerer Abstraktionsebene** lassen sich unter Berücksichtigung von Art und Umfang der Einbeziehung von verschiedenen Organisationseinheiten drei wesentliche **Hauptprozesse** der Beschwerdebearbeitung unterscheiden.

Definition von Alleinbearbeitungs-, Einbeziehungs- und Abgabeprozessen

Eine erste und in der Praxis bewährte Klassifizierung erfolgt unter dem Blickwinkel des **für die operative Beschwerdeabwicklung verantwortlichen Bereichs**. Je nachdem, inwiefern die für das Beschwerdemanagement verantwortliche Abteilung die Beschwerdebearbeitung **alleine oder mit Hilfe anderer unternehmerischer Bereiche** bewerkstelligen kann, wird zwischen drei grundlegenden Typen von Beschwerdebearbeitungsprozessen differenziert:

(1) Alleinbearbeitungsprozesse: Die für die operative Beschwerdebearbeitung verantwortliche Abteilung kann eine Beschwerde allein, d. h. ohne die Einbeziehung anderer Abteilungen oder Organisationseinheiten, abschließend bearbeiten.

(2) Einbeziehungsprozesse: Zur vollständigen Lösung des Falls muss die Beschwerdeabteilung auf Informationen bzw. die Expertise und Fachkompetenz anderer Abteilungen zurückgreifen. Diese werden dann beispielsweise gebeten, zu einem Sachverhalt Stellung zu beziehen, Vorkommnisse zu überprüfen oder die Rechtssituation zu klären. Der Abschluss des Beschwerdefalls gegenüber dem Beschwerdeführer erfolgt aber wieder durch das Beschwerdemanagement selbst.

(3) Abgabeprozesse: In diesem Fall ist es erforderlich, dass der Beschwerdefall an eine andere Abteilung abgegeben wird. Hier geht die „Complaint Ownership“ vollständig an eine neue Organisationseinheit über, die den Fall auch gegenüber dem Kunden abschließt. Der Abgabeprozess kann aber durchaus vorsehen, dass der ursprüngliche „Complaint Owner“ am Ende des Prozesses nochmals mit dem Kunden in Kontakt tritt und ihm das von der nachgelagerten Stelle kommunizierte Ergebnis erläutert.

Einflussfaktoren für die Wahl und weitergehende Konkretisierung der drei Prozesstypen

Die Frage, welcher dieser Prozesse gewählt werden soll, ist von einer Reihe von **Einflussfaktoren** abhängig. Dazu gehören vor allem die Kostenhöhe der vom Kunden gewünschten Lösung, das im Beschwerdemanagement verfügbare Know-how, die Kategorisierung der Beschwerde als Erst- oder Folgebeschwerde bzw. Gewährleistungs- oder Kulanzfall sowie der vom Kunden gewählte Beschwerdeweg und Adressat. Darüber hinaus spielt auch das vom Problem betroffene Produkt bzw. die Art des Problems eine große Rolle.

Eine wichtige Voraussetzung für die Schaffung eines Alleinbearbeitungsprozesses ist die Definition eines **maximalen Kostenbetrags für die Beschwerdelösung**, bis zu dem auf eine ausführliche Einzelfallprüfung und damit die Einschaltung anderer Organisationseinheiten in den Bearbeitungsprozess verzichtet werden kann. Mitentscheidend ist auch das für die Problemdiagnose und -lösung erforderliche **spezifische Know-how**. Je mehr die für die operative Beschwerdeabwicklung verantwortlichen Mitarbeiter über entsprechende Fachkenntnisse verfügen bzw. den unmittelbaren Zugriff auf Problem- und Lösungsdatenbanken haben, desto eher sind Alleinbearbeitungsprozesse realisierbar.

Auch die Unterscheidung zwischen **Erst- oder Folgebeschwerde** ist prozessrelevant, weil sich die Beschwerden auf unterschiedliche Problemarten beziehen. Während es sich im ersten Fall um ein produkt- bzw. dienstleistungsbezogenes Anliegen handelt, geht es im zweiten um ein vom Kunden im Zusammenhang mit der Beschwerdebearbeitung zusätzlich wahrgenommenes Problem. Daher sind Erstbeschwerden ab einer bestimmten Kostenhöhe bzw. fachlichen Komplexität unter Einbeziehung von Fachabteilungen zu bearbeiten, während Folgebeschwerden primär im Rahmen eines Alleinbearbeitungsprozesses vom Complaint Owner bzw. Process Owner des Beschwerdemanagements abzuwickeln sind.

Gewährleistungs- oder Kulanzfälle sind „klassische“ Abgabe- oder Einbeziehungsprozesse, da in der Regel das Vorliegen der rechtlichen oder anderweitig spezifizierten Voraussetzungen geprüft werden muss. Allerdings ist es auch hier möglich, die Prüfnotwendigkeit von der Kostenhöhe abhängig zu machen, sodass für eine klar definierte Teilmenge dieser Fälle ein Alleinbearbeitungsprozess festgelegt werden kann.

In gewissem Umfang bestimmen auch die Kunden mit ihrem Artikulationsverhalten die Art der einzurichtenden Prozesse. Beschwerden können das Unternehmen auf sehr unterschiedlichen **Beschwerdewegen** erreichen. Deshalb werden auch Organisationseinheiten faktisch in den Beschwerdeeingangsprozess einbezogen, die aus Unternehmensperspektive mit dieser Aufgabe nicht primär betraut werden sollen. Um aber eine schnelle und korrekte Bearbeitung sicherzustellen, müssen alle Beschwerdeannahmestellen als Prozessanfänge erfasst werden. Zudem sind eindeutige Abgabeprozesse festzulegen, mit deren Hilfe die entgegennehmenden Einheiten über eindeutige Weiterleitungsvorschriften mit den zuständigen Bearbeitungsstellen verknüpft werden.

Bei ihrer Beschwerdeartikulation können sich Kunden mit ihrem Anliegen auch an einen bestimmten **Adressaten** im Unternehmen, etwa an ein namentlich bekanntes Mitglied der Geschäftsleitung, wenden. Auch hier sind Abgabeprozesse festzulegen, die für eine problemgerechte Weiterleitung des Vorfalls sorgen. Es können für diese Fälle aber auch Einbeziehungsprozesse definiert werden, durch die der Adressat in die Reaktionsaktivitäten integriert wird. In diesem Fall unterschreibt er z. B. die Eingangsbestätigung oder schließt den Fall mit einer persönlich gehaltenen Antwort ab.

Die konkrete Ausprägung aller Bearbeitungsprozesse hängt noch von weiteren Faktoren ab. So ist es bezüglich der Einbeziehungsprozesse in hohem Maße vom jeweils betroffenen **Produkt bzw. der Dienstleistung** abhängig, welche organisatorischen Einheiten für die Fallprüfung eingeschaltet werden müssen, weil z. B. jeweils andere Zuständigkeiten in Forschung und Entwicklung, Produktion oder Vertrieb vorliegen können. Auch die **Art des Problems** bestimmt häufig die Bearbeitungsanforderungen, weil jeweils eine unterschiedliche technische Expertise erforderlich ist, die Dauer von Problemprüfungen variiert und weil verschiedene Organisationseinheiten betroffen sind (z. B. die Bestellannahme im Falle einer Falschlieferung und die Auslieferung im Falle eines Transportschadens).

8.2.1.3 Routine- und Ausnahmeprozesse

Eine zweite Klassifizierung von Beschwerdebearbeitungsprozessen beruht auf dem Kriterium der **Reaktionsdringlichkeit**, die eine Unterscheidung in Routine- und Ausnahmeprozesse nahelegt.

Als **Routineprozesse** sind die üblichen Bearbeitungen zu bezeichnen, die sich auf die große Mehrheit der „normalen" Beschwerden ohne besondere Reaktionsdringlichkeit beziehen. Beschwerden mit hoher Reaktionsdringlichkeit dagegen verlangen **Ausnahmeprozesse**. Denn Fälle, die anzeigen, dass z. B. die Sicherheit von Kunden gefährdet ist oder sehr hohe Vermögensschäden auftreten können, bedürfen einer bevorzugten Aufmerksamkeit und Behandlung. Gleiches gilt für Beschwerden besonders wichtiger Kunden, die mit Abwanderung oder der Einschaltung öffentlicher Stellen oder Medien drohen. Für solche Fälle sind Ausnahmeprozesse einzurichten, die vorsehen, dass über definierte Dringlichkeitsstufen die Entscheidungsträger unmittelbar benachrichtigt werden, die über die Kompetenz verfügen, eine ihnen als notwendig erscheinende Fall-Lösung und Bearbeitung anzuordnen. Dies kann erfolgen, indem bestimmte Problemumstände softwaregestützt mit Reaktionsdringlichkeitsstufen verknüpft sind. Tritt ein entsprechendes Problem auf, erhält der Bearbeiter auf dem Bildschirm eine Nachricht, dass er eine bestimmte Person unverzüglich informieren muss. Diese Person behandelt den Fall nun individuell und in einer der Situation angemessenen Weise. Eine vollständige Definition des Verhaltens ist für diese Fälle weder möglich noch sinnvoll.

8.2.2 Analyse von Beschwerdebearbeitungsprozessen

Der Ausgangspunkt einer systematischen Planung von Bearbeitungsprozessen ist die Ist-Analyse der derzeitigen Prozesse unter den Gesichtspunkten der **Effizienz** und der erreichten **Beschwerdezufriedenheit**.

Analyse der aktuellen Beschwerdebearbeitungsprozesse aus Unternehmensperspektive

Ein erster Schritt besteht in der **Analyse des aktuellen Unternehmensprozesses der Beschwerdebearbeitung** unter der unternehmerischen Perspektive der Effizienz. Als Grundlage hierfür ist eine repräsentative Auswahl von Beschwerdefällen heranzuziehen, die in einem bestimmten Zeitraum (z.B. einem Jahr) angefallen sind. Sie sind mit unterschiedlichem Detaillierungsgrad zu analysieren. Zunächst sind die **wesentlichen Prozessphasen** jeder Beschwerdebearbeitung zu identifizieren (z.B. interne Weiterleitungen, Fallprüfung, Zwischenbescheid, Entscheidung, abschließende Antwort). Dann ist unter Auswertung der vorliegenden Unterlagen festzustellen, welche **unternehmerische Einheit** in welchem Umfang in den einzelnen Phasen aktiv geworden ist (z.B. der Außendienst, die zentrale Kundenbetreuung, die Geschäftsleitung). Weiterhin muss festgehalten werden, welche **Zeitdauer** von den einbezogenen Organisationseinheiten für die jeweiligen Aktivitäten aufgewendet worden ist.

Diese Betrachtung des Unternehmensprozesses der Beschwerdebearbeitung ist durch eine Analyse des damit korrespondierenden **Kundenprozesses der wahrgenommenen Beschwerdeabwicklung** zu ergänzen.

Analyse der aktuellen Beschwerdebearbeitungsprozesse aus Kundenperspektive

Dies kann erfolgen, indem man auf der Basis repräsentativ ausgewählter Beschwerdefälle eine **Kontaktpunktanalyse** (Stauss 2000a) des Beschwerdebearbeitungsprozesses vornimmt. Dabei werden alle Kundenkontakte bis zur endgültigen Lösung des Problems ermittelt und in einem Flussdiagramm visualisiert, die Zeiten zwischen den einzelnen Kontaktpunkten erfasst und Interviews mit den Beschwerdeführern hinsichtlich ihrer positiven und negativen Erlebnisse in den jeweiligen Kontaktepisoden durchgeführt.

Im Rahmen des ersten Verfahrensschritts, der **Kontaktpunktidentifikation**, sind sämtliche Interaktionen zu erfassen: angefangen von der Beschwerdeartikulation über den Eingangs- und Zwischenbescheid sowie etwaige telefonische oder schriftliche Nachfragen bis zur abschließenden Antwort.

Als geeignetes Instrument zur systematischen Visualisierung der von den Kunden erlebten Bearbeitungsprozesse bietet sich eine Variante der Flussdiagrammdarstellung an, die als **„Service Blueprinting“** (Shostack 1987) oder **„Service Mapping“** (Kingman-Brundage 1992) bezeichnet wird. Das Besondere an dieser Technik liegt zum einen darin, dass die Sequenz des erlebten Beschwerdefalls aus der Sicht des betroffenen Kunden erfasst wird, und zum anderen in dem Umstand, dass mittels einer **„line of complaint evidence“** kenntlich gemacht wird, welche Bereiche des Beschwerdemanagementprozesses für den Kunden sichtbar sind („onstage actions“) und welche sich „backstage“ abspielen (siehe Bild 8.2).

Auf der Basis dieses visualisierten Kundenprozesses können nun ehemalige Beschwerdeführer im Rahmen der **Kontakterlebnismessung** über ihre Erlebnisse an jedem Kontaktpunkt und zu ihrer Einschätzung der Angemessenheit der Reaktionsdauer befragt werden. Damit werden wichtige Informationen hinsichtlich einer kundenorientierten Gestaltung der Interaktionen sowie der gewünschten Prozessdauer gewonnen.

Die Ergebnisse der Kontaktpunktanalyse bilden den **Ausgangspunkt für die Neukonzipierung der Beschwerdebearbeitungsprozesse** aus Unternehmensperspektive.

8.2.3 Konkretisierung und Visualisierung von Beschwerdebearbeitungsprozessen

Konkretisierung der Beschwerdebearbeitungsprozesse

Eine erste Konkretisierung der Beschwerdebearbeitungsprozesse ist erreicht, wenn man sie den generellen Klassen der **beteiligten Organisationseinheiten** (Alleinbearbeitungs-, Einbeziehungs- oder Abgabeprozess) bzw. **Dringlichkeitsstufen** (Routine- oder Ausnahmeprozess) zuordnet.

Ausgehend von dieser Zuordnung besteht die nächste Stufe der Konkretisierung von Bearbeitungsprozessen darin, die **grundlegenden Aktivitäten** sowie die **korrespondierenden Verantwortlichkeiten** und **Bearbeitungszeiten** zu definieren. Hierbei handelt es sich um Bearbeitungsschritte wie „Eingangsbestätigung/Zwischenbescheid erstellen“ oder „Weiterleitung zur Stellungnahme“ sowie um Entscheidungsknoten wie „Lösung innerhalb von x Stunden möglich?“ oder „Stellungnahme eingetroffen?“, von denen wiederum unterschiedliche Bearbeitungswege mit entsprechenden Aktivitäten abhängen. Je nachdem, zu welchen Ergebnissen die einzelnen Bearbeitungsschritte führen, inwiefern die vereinbarten Zeitstandards eingehalten werden und zu welchen Ergebnissen die jeweiligen Entscheidungsknoten führen, gestaltet sich die Bearbeitung jeder einzelnen Beschwerde unterschiedlich.

Zu einer solchen Konkretisierung von Bearbeitungsprozessen gehört auch die Identifikation von **Schnittstellen**, an denen der Output eines Prozessschritts zugleich den Input der nachgelagerten Aktivität darstellt, die von einem anderen Funktionsbereich oder einer anderen Organisationseinheit ausgeführt wird. Diese Festlegung sollte möglichst durch abteilungsübergreifende Teams erfolgen, deren Mitglieder sich aus den beteiligten unternehmerischen Einheiten zusammensetzen. Auf diese Weise kann im Konsens ein Prozessablauf gefunden werden, der effizient und transparent ist sowie die verschiedenen Perspektiven der Betroffenen berücksichtigt.

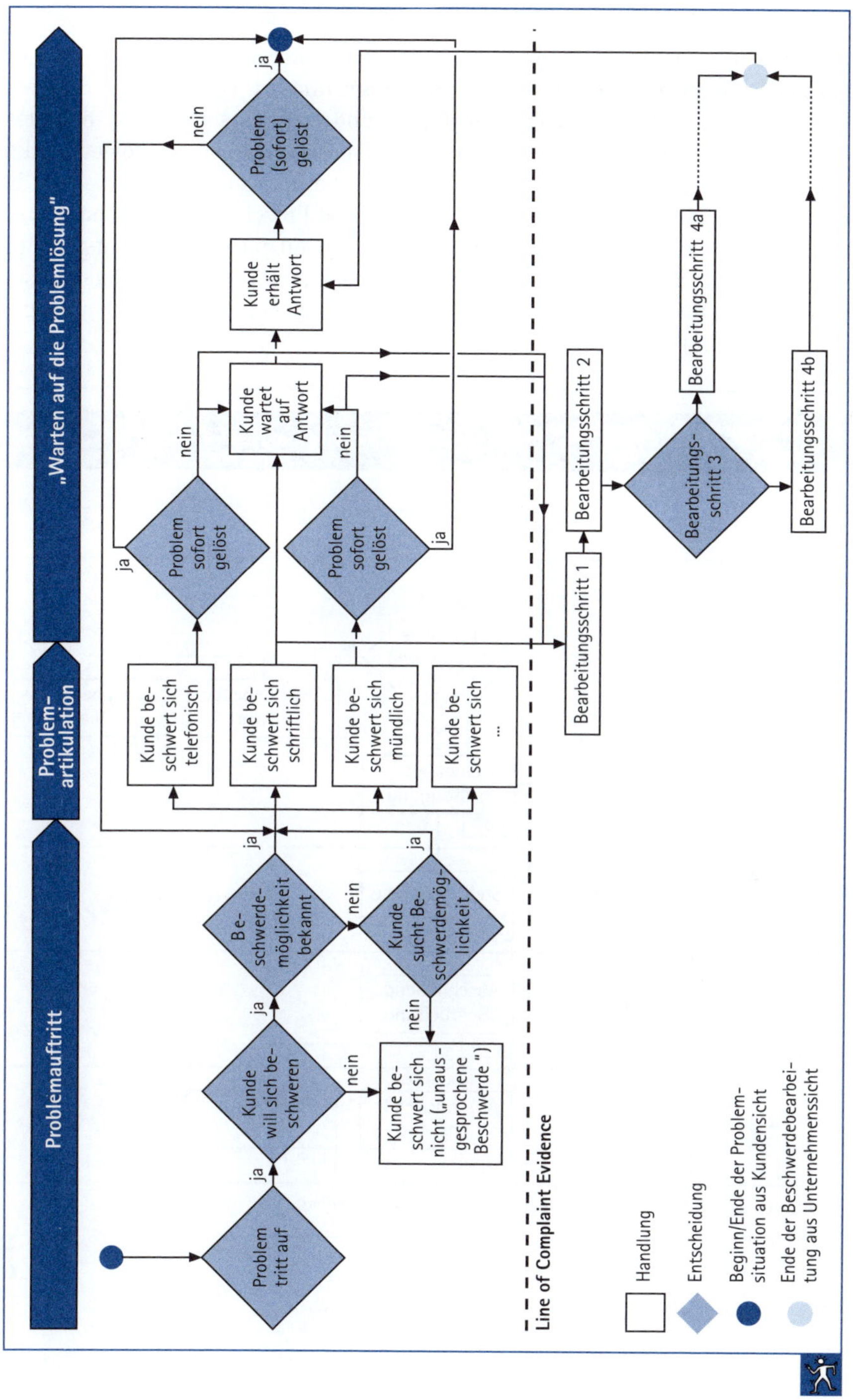

Bild 8.2 Kundenprozess der wahrgenommenen Beschwerdeabwicklung

Visualisierung der Beschwerdebearbeitungsprozesse

Um einen schnellen Überblick über die Bearbeitungsprozesse zu gewährleisten, empfiehlt es sich, die Prozesse mittels eines **Flussdiagramms** zu visualisieren. Die Phasen eines Prozesses mit den dazugehörigen Inputs und Outputs sowie die Schnittstellen werden unmittelbar identifiziert. Darüber hinaus ist erkennbar, ob nachfolgende Aktivitäten gleichzeitig erledigt werden können, Prozessphasen also parallel verlaufen, bzw. welche Phasen von vorangehenden Subprozessen und Prozessschritten abhängig sind. Dadurch ist es auch möglich, potenzielle Fehlerquellen aufzudecken und entsprechende Kontrollpunkte im Prozess festzulegen. Weiterhin können Verantwortlichkeiten sowie Terminvorgaben für einzelne Bearbeitungsschritte festgelegt und veranschaulicht werden (siehe Bild 8.3).

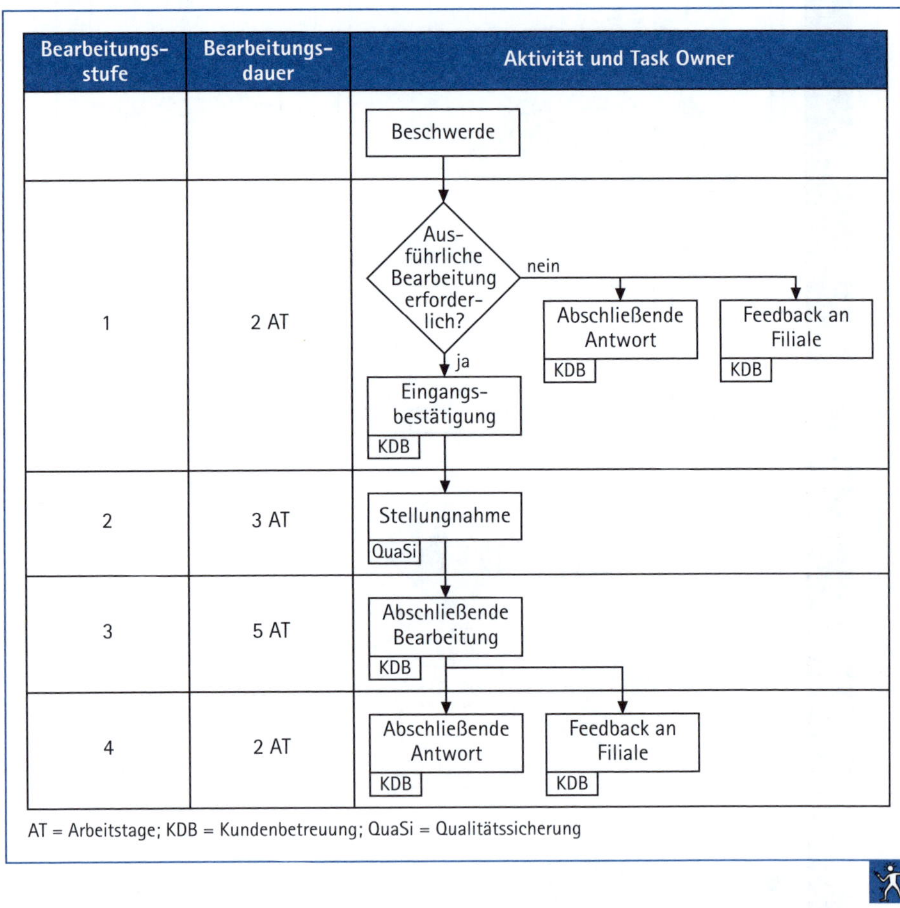

Bild 8.3 Beispiel für die Visualisierung von Bearbeitungsprozessen

In diesem einfachen **Beispiel** erfolgt nur die recht grobe Visualisierung eines einzigen (Einbeziehungs-)Bearbeitungsprozesses. In der Regel wird es aber notwendig sein, für Beschwerden, die auf unterschiedlichen (z. B. mündlichen, telefonischen, schriftlichen oder elektronischen) Beschwerdewegen das Unternehmen erreichen, gesonderte und detailliertere Prozesse zu definieren und abzubilden. Bild 8.4 zeigt beispielhaft den Bearbeitungsprozess für ein Beschwerdeteam, das per Brief artikulierte Beschwerden

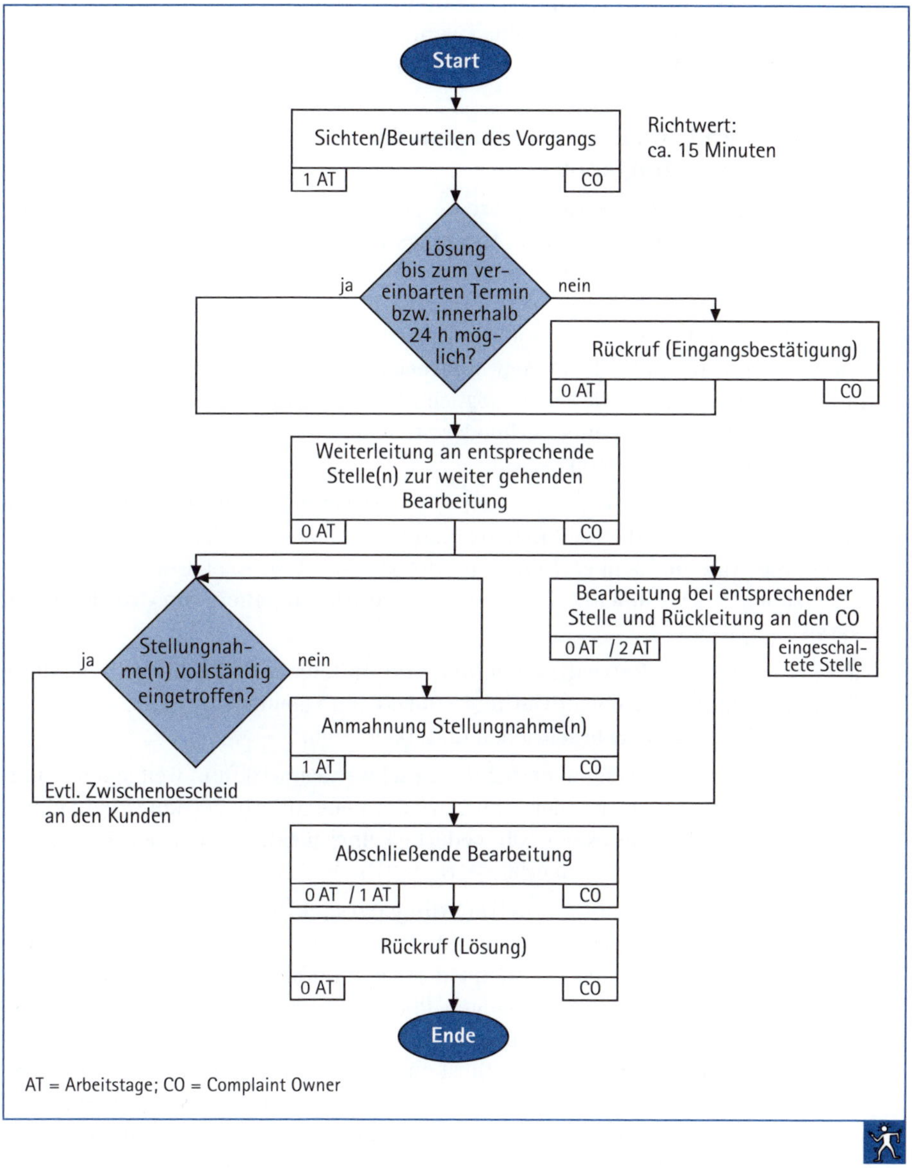

Bild 8.4 Beispiel eines Beschwerdebearbeitungsprozesses für per Brief artikulierte Beschwerden

beantwortet. Hier kann es zur Erreichung einer vollständigen Lösung notwendig sein, eine andere Organisationseinheit zur Klärung des Sachverhalts zu verständigen und um entsprechenden fachlichen Input zu bitten. Der Abschluss des Beschwerdefalls gegenüber dem Kunden erfolgt durch den verantwortlichen Mitarbeiter des Beschwerdeteams („Complaint Owner"). Für jede einzelne Prozessphase bzw. Aktivität sind darüber hinaus mit den jeweils verantwortlichen Abteilungen/Personen Zeitstandards zu vereinbaren, bei deren Überschreiten das interne Mahn- bzw. das Eskalationssystem initiiert wird. Für diejenigen Prozessphasen/Aktivitäten, für die zwei Zeitstandards aufgeführt sind, bezieht sich der erste auf eine Lösung innerhalb von 24 Stunden, der zweite auf eine Bearbeitungsdauer von mehr als 24 Stunden.

Detaillierungsgrad von Einzelhandlungen der Beschwerdebearbeitungsprozesse

Für die Steuerung der Bearbeitungsprozesse reicht diese Konkretisierungsebene der Prozessbetrachtung in der Regel aus. Allerdings kann es sinnvoll sein, auch den Bearbeitungsprozess innerhalb einer Phase oder Funktionseinheit prozessorientiert zu betrachten und genau festzulegen, wer bestimmte **Einzelhandlungen** (Versehen eines Beschwerdebriefs mit dem Eingangsstempel, Diktieren der Antwort) vorzunehmen hat und wann z. B. der Beschwerdefall vom Mitarbeiter A an Mitarbeiter B weiterzugeben ist. Im Beispiel der Bild 8.4 wäre dies möglich für die Aktivitäten „Rückruf (Zwischenbescheid)", „Bearbeitung bei entsprechender Stelle und Rückleitung an den Complaint Owner" sowie „Rückruf (Lösung)".

Grundsätzlich ist es aber nicht sinnvoll, alle Bearbeitungsmöglichkeiten im Detail inhaltlich vorzugeben, da dies zu Effizienz- und Flexibilitätseinbußen führen kann. Der **Detaillierungsgrad**, mit dem einzelne Subprozesse oder Prozessphasen definiert werden, wird zudem nicht einheitlich sein, sondern **in Abhängigkeit von drei Faktoren** differieren.

(1) Zum Ersten spielt die **Relevanz einzelner Aktivitäten** eine Rolle. Je kritischer diese für die Einhaltung der objektiven und subjektiven Qualitätsstandards sind, desto ausführlicher müssen sie beschrieben und fixiert sein.

(2) Zum Zweiten ist zu beachten, ob bei der Beschwerdeabwicklung weitgehende **personelle Konstanz** herrscht oder immer wieder neue Mitarbeiter kurzfristig einbezogen werden. Ist Letzteres der Fall, bedarf es einer detaillierten Prozessdokumentation, um die Einarbeitung zu erleichtern.

(3) Zum Dritten kommt es auf die **Betrachtungsperspektive der Organisationseinheit** an. So wird beispielsweise die zentrale Kundenbetreuungsstelle eines filialisierten Großunternehmens, die als Hauptadressat für Kundenbeschwerden fungiert, daran interessiert sein, dass diejenigen Phasen der Beschwerdebearbeitungsprozesse transparent und mit dem nötigen Detaillierungsgrad dargestellt werden, die sie unmittelbar betreffen. Wenn sie die komplette Verantwortung für einen Bearbeitungsprozess trägt, zur abschließenden Bearbeitung des Falls jedoch auf eine Stellungnahme bzw. Zwischenbearbeitung durch eine Filiale angewiesen ist, erscheint es aus ihrer Sicht ausreichend, wenn dies durch einen Subprozess „Bearbeitung durch Niederlassung A" im gesamten Prozess dokumentiert ist. Wichtig für die zentrale Stelle ist es, dass sie das Bearbeitungsergebnis der Niederlassung im Rahmen der zeitlichen Vorgaben und inhaltlichen Anforderungen erhält. Aus der Sicht der Niederlassung hingegen ist es für eine effiziente Prozesssteuerung zweckmäßig, den Subprozess „Bearbeitung durch Niederlassung A“ in weitere Prozessphasen aufzubrechen und hierfür Verantwortliche sowie konkrete Terminvorgaben festzusetzen. Welche Aktivitäten auf der Ebene der Unternehmenszentrale vorher oder im Nachhinein veranlasst werden, ist aus Sicht der Filiale sekundär; wichtig ist, dass sie eine Zusammenfassung der Bearbeitungsergebnisse erhält und klar ist, welche Aufgaben von ihr erfüllt werden müssen.

8.2.4 Zum Standardcharakter von Beschwerdebearbeitungsprozessen

Alle definierten Prozesse stellen insofern Standardprozesse dar, als für den jeweils eintretenden Fall ein Prozessablauf festgelegt ist, der nach einem **wiederholbaren Schema** abläuft. Das gilt auch für die Ausnahmeprozesse, da für die definierten Fälle ein spezifischer Bearbeitungsweg einzuschlagen ist, beispielsweise eine bestimmte Person informiert werden muss, die dann für Bearbeitung und Fall-Lösung verantwortlich ist.

Der Begriff „Standard“ bezieht sich dabei auf die **grundlegenden Bearbeitungsschritte**. Er impliziert jedoch nicht, dass der direkte Umgang mit dem Kunden Standardcharakter aufweisen soll. Jeder an der Bearbeitung einer Kundenbeschwerde beteiligte Mitarbeiter bleibt verpflichtet, die individuelle Geschichte des Kunden in den Mittelpunkt seiner Bearbeitung zu stellen und den vorhandenen **Freiraum** für die fallindividuelle Ausgestaltung der Prozesse zu nutzen.

Auch stellen die als Standardprozesse festgelegten Abläufe **keine starren Schemata** mit Handlungsanweisungen dar, die zwingend eingehalten werden müssen. Abhängig von der gesamten Beschwerdegeschichte und der Individualität des Problems können – abweichend von den festgelegten Bearbeitungsmustern – Rückfragen, Stellungnahmen oder das vollständige Einschalten einer anderen Abteilung notwendig sein. Stellt sich während der Bearbeitung z.B. heraus, dass andere Ursachen für das Problem verantwortlich sind als zunächst angenommen, sind weitere Fachabteilungen in die Fallbearbeitung einzubeziehen und die betroffene Stelle muss unmittelbar die weiteren – vom Standardprozess abweichenden – Schritte veranlassen. Dazu gehört auch, dass der Kunde über die veränderte Situation informiert wird, etwa, wenn die ihm in Aussicht gestellten Termine oder Lösungen nicht eingehalten werden können. Genauso verhält es sich, wenn eine in die Fallbearbeitung involvierte Abteilung feststellt, dass es notwendig ist, von einer anderen Abteilung eine in dem Standardprozess nicht vorgesehene Stellungnahme einzuholen. Auch hier hat der zuständige Bearbeiter alles Nötige zu veranlassen. Analoge Schritte sind einzuleiten, wenn durch Rückfragen des Kunden abweichende Aktivitäten notwendig werden. Im Vordergrund stehen somit immer der unzufriedene Kunde und die Beseitigung seines Problems und nicht das strikte Einhalten von vordefinierten Prozessen.

Es ist aber ratsam, die **Abweichungen von Standardprozessen** systematisch daraufhin zu beobachten, ob sie zufällig oder nach einem bestimmten Muster auftreten. Solche

Informationen können dann die Grundlage für Überlegungen bilden, wie die Beschwerdebearbeitungsprozesse unter Kosten- und zeitlichen Gesichtspunkten sowohl aus Kunden- als auch aus Unternehmensperspektive optimiert werden können.

8.3 Verantwortlichkeiten während der Beschwerdebearbeitung

Aus der Struktur des direkten Beschwerdemanagementprozesses ergeben sich unter dem Gesichtspunkt einer kundenorientierten Beschwerdebearbeitung drei **relevante Verantwortlichkeiten** (siehe Bild 8.5):

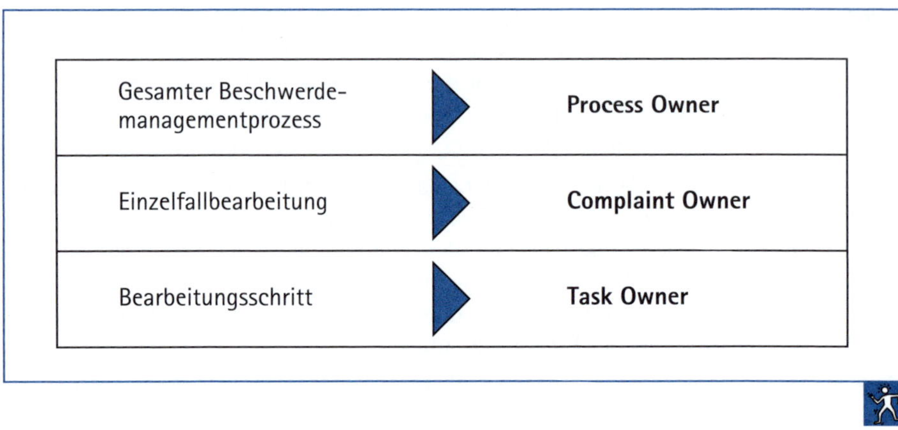

Bild 8.5 Überblick über die verschiedenen Verantwortungsebenen im Rahmen der Beschwerdebearbeitung

- Auf der Ebene des gesamten Beschwerdemanagementprozesses: der **Process Owner.**
- Auf der Ebene der Einzelfallbearbeitung: der **Complaint Owner.**
- Auf der Ebene von Einzelphasen der Beschwerdebearbeitung: der **Task Owner.**

8.3.1 Der Verantwortliche für den gesamten Beschwerdemanagementprozess: der Process Owner

Beschwerden werden häufig gegenüber verschiedenen Personen oder Abteilungen im Unternehmen artikuliert. Das hat zur Folge, dass **Mitarbeiter aus unterschiedlichen Abteilungen** hinsichtlich des Umgangs mit unzufriedenen Kunden ausgebildet und darüber informiert werden müssen, an wen die Beschwerde weiterzuleiten ist. Die Bearbeitung einer Beschwerde kann vielfach nicht alleine von einer organisatorischen

Einheit, z.B. der Kundenbetreuungsstelle, bewerkstelligt werden. Oft ist es erforderlich, für eine zielgerechte Lösung des Problems verschiedene Abteilungen oder Vertriebseinheiten in die Bearbeitung einzubeziehen. Dies ist z.B. dann der Fall, wenn sich der Kunde über ein Problem mit einem Produkt, dessen Garantiezeit knapp überschritten ist, beschwert und einen Kulanzantrag stellt. Eine solche Beschwerde wird in der Regel von der zentralen Kundenbetreuung entgegengenommen und an den Kundendienst weitergeleitet, der seinerseits unter Umständen wieder andere Abteilungen einschalten muss. So kann es beispielsweise notwendig sein, dass bei der Abteilung „Qualitätssicherung" eine Stellungnahme zum vorliegenden Problem angefordert werden muss usw. Auch hinsichtlich der Weitergabe und Nutzung von Informationen aus der Beschwerdeauswertung und dem Controlling ergeben sich abteilungsübergreifende Managementaufgaben.

Diejenige unternehmerische Position, die **umfassende Verantwortung und Rechenschaftspflicht** für die im Beschwerdemanagement anfallenden Prozesse hat, bzw. die Person, die diese Position einnimmt, wird als **Process Owner** bezeichnet. Dieser steuert und koordiniert alle Aufgabenbereiche des Beschwerdemanagements bereichs- und auch organisationseinheitsübergreifend. In Unternehmen mit einer zentralen Abteilung „Kundenbetreuung", „Beschwerdemanagement" oder „Customer Care" fällt üblicherweise dem für diesen Bereich verantwortlichen Entscheidungsträger die Funktion des Process Owner zu.

8.3.2 Der Verantwortliche für die Einzelfall-Bearbeitung: der Complaint Owner

Wie im Zusammenhang der Beschwerdeannahme beschrieben, ist die Person, die von einem Kunden über ein Problem als erste informiert wird, dafür verantwortlich, dass dieses Problem als Beschwerde erkannt, erfasst und bearbeitet wird. Sie hat das Eigentum an dieser Beschwerde und wird deswegen als **Complaint Owner** bezeichnet.

Es ist grundsätzlich die Aufgabe des Complaint Owner, das Problem **unmittelbar zu lösen**, wenn es in seinen Kompetenzbereich fällt. Wird dieser überschritten, eine sofortige Lösung ist jedoch prinzipiell möglich, hat er den Zuständigen zu informieren, die Problembehebung einzuleiten und sich zu vergewissern, dass eine Regelung im Kundensinne erfolgt. Sein „Beschwerdeeigentum" endet somit in diesem Fall erst mit der Problemlösung.

Bei Beschwerden mit Problemen, die nicht unmittelbar gelöst werden können, sondern die Einbeziehung weiterer Personen oder Abteilungen erforderlich machen, ist der jeweilige Complaint Owner nach wie vor für die termingerechte und reibungslose **Koordination und Abwicklung des Bearbeitungsprozesses** verantwortlich. Gegenüber dem Kunden hat er dafür zu sorgen, dass Zusagen eingehalten bzw. Abweichungen von zuvor getroffenen Vereinbarungen dem Kunden unverzüglich mitgeteilt und erläutert werden. Gegenüber den an der Bearbeitung beteiligten Linienbereichen und Personen hat er eine koordinierende Funktion und achtet darauf, dass die vereinbarten Maßnahmen richtig und im Rahmen der zeitlichen Vorgaben eingehalten werden. Darüber hinaus hat er im Team der Prozessbeteiligten die Funktion des „Teamleaders“, der gemeinsame Anstrengungen zur kontinuierlichen Verbesserung von Effizienz und Effektivität initiiert. Im Verhältnis zum Process Owner gehört es zu seinen Aufgaben, die Ergebnisse des Bearbeitungsprozesses zu überwachen und die Resultate sowie Vorschläge zur Verbesserung des Prozesses vorzulegen.

Bei Beschwerdefällen, die zur Bearbeitung und abschließenden Beantwortung an andere Organisationseinheiten weitergeleitet werden müssen, stellt sich die Frage, ob damit gleichzeitig auch die **Complaint Ownership abgegeben** wird. Dies kann so geregelt werden, allerdings ist diese Lösung nicht in allen Fällen zu befürworten. Beschwert sich ein Bankkunde beispielsweise bei seinem Kundenbetreuer in der Filiale, so tut er dies auch, weil er erwartet, dass sein Adressat die Verantwortung für seinen Fall übernimmt. Daher sollte dieser auch bei Beschwerdefällen, in denen er die Bearbeitung wegen mangelnder Entscheidungskompetenz an eine übergeordnete Stelle – z. B. das zentrale Beschwerdemanagement – weitergibt, über den Fortgang der Dinge und insbesondere über die dem Kunden angebotene Problemlösung/Wiedergutmachung informiert werden und Kundenkontakt halten. Damit ist es durchaus vereinbar, dass im zentralen Beschwerdemanagement ein eigener Complaint Owner benannt wird. Der ist dann auf dieser organisatorischen Ebene dafür verantwortlich, dass die Prozesse der Beschwerdebearbeitung nach vorliegenden Prinzipien erfolgen, und er hat insofern koordinierende und steuernde Funktionen. Zudem ist er Ansprechpartner für den Complaint Owner auf der Filialebene.

8.3.3 Der Verantwortliche für die einzelnen Bearbeitungsschritte: der Task Owner

Neben den Verantwortungsstrukturen für den kompletten Beschwerdemanagementprozess (Process Owner) und die jeweilige Einzelfallbearbeitung (Complaint Owner) müssen für die **Einzelschritte im Rahmen der Beschwerdebearbeitung** ebenfalls Verantwortlichkeiten festgelegt werden.

Mitarbeiter, die mit der **Ausführung von Einzelaufgaben** während der Beschwerdebearbeitung befasst sind (Fallprüfung, Erstellung von Zwischenbescheiden usw.), sind **Task Owner**. Für sie existiert ein entsprechendes Aufgabenprofil mit konkreten Handlungsanweisungen, zeitlichen Vorgaben und klar geregelten Kompetenzen. Der Task Owner muss darüber informiert werden, welchen Input die ihm vorgelagerte Prozessstufe liefert, welche Wertschöpfung er zur Problemlösung/Wiedergutmachung und damit zur Wiederherstellung der Kundenzufriedenheit beiträgt und welcher Output von ihm erwartet wird. Zugleich wird mit der Festlegung von Aufgabenumfang und -befugnis dem Mitarbeiter auch klar verdeutlicht, bei welchen Problemen er sich mit dem Complaint Owner in Verbindung setzen muss oder eigenständig Maßnahmen einleiten kann. Dabei ist auch von einem Task Owner Initiative zu erwarten. Obwohl er nur einen eingeschränkten Verantwortungsbereich hat, muss er sich doch ebenfalls **in vollem Umfang** für den Beschwerdeführer und eine bestmögliche Lösung zur Herstellung von Beschwerdezufriedenheit verantwortlich fühlen.

8.4 Festlegung von Bearbeitungsterminen

Empirische Studien belegen, dass die **Geschwindigkeit**, mit der Unternehmen auf eine Beschwerde reagieren, signifikant die Zufriedenheit des Kunden mit dem Beschwerdemanagement beeinflusst. So zeigte eine Befragung von Anrufern einer Service-Hotline einen eindeutigen Zusammenhang zwischen dem Prozentsatz völlig zufriedener Kunden und der Reaktionszeit des Unternehmens. Kunden, die einen Rückruf in einer Zeitspanne von vier Stunden erhalten hatten, waren zu 70 % sehr zufrieden, während der entsprechende Prozentsatz von Kunden, die erst nach Ablauf von vier Stunden eine Antwort erhielten, weniger als halb so groß (31 %) war (Adamson 1993).

Zu vergleichbaren Ergebnissen gelangten Clark/Kaminski/Rink (1992) in ihrer **experimentellen Studie**. Es zeigte sich, dass die Personen, die relativ schnell eine Antwort auf ihre schriftliche Beschwerde erhielten, erheblich zufriedener waren als die, bei denen die Antwort länger auf sich warten ließ. Wurde auf die Beschwerde überhaupt nicht reagiert (was in 23 % der Fälle vorkam), sank die Einstellung zu diesem Unternehmen auf allen untersuchten Imagedimensionen beträchtlich. Die Beschwerdeführer waren nun der Überzeugung, dem Unternehmen läge nichts an zufriedenen Kunden und es behandle Kunden nicht fair. Die Mehrheit äußerte ihre Absicht, zukünftig zum Wettbewerber zu wechseln.

Die Erwartungen und Ansprüche der Kunden an die Reaktionszeit sind hoch und es ist sehr wahrscheinlich, dass sie mit der zunehmenden Verwendung elektronischer Artikulationsmedien noch stark steigen werden. Allerdings offenbaren die Ergebnisse des Kundenmonitors Deutschland eindeutige **Defizite im Hinblick auf die Schnelligkeit der gesamten Beschwerdeabwicklung**: So empfinden in sieben der 13 betrachteten Branchen (teilweise erheblich) mehr als 40 % der Beschwerdeführer die Schnelligkeit der unternehmerischen Beschwerdereaktion als enttäuschend (Anteil der Beschwerdeführer, die auf einer Fünferskala die Schnelligkeit der Beschwerdereaktion mit den schlechtesten Noten 4 „weniger zufrieden“ oder 5 „unzufrieden“ bewerteten). Die höchsten Enttäuschungsraten finden sich bei den Postfilialen (54 %), den Bausparkassen (53 %) und den Stromversorgern (50 %) (Servicebarometer 2013).

Diese empirischen Befunde belegen nachdrücklich, dass aktives Beschwerdemanagement gleichzeitig auch **Terminmanagement** bedeutet. Unternehmen, die Kundenprobleme ernstnehmen, müssen dafür sorgen, dass auf Beschwerden **sofort reagiert** wird, indem der unmittelbare Kontakt mit dem unzufriedenen Kunden gesucht wird - selbst wenn das Problem nicht sofort gelöst werden kann. Auch muss sichergestellt sein, dass die Bearbeitung der Beschwerden schnell und innerhalb eines vorher festgesetzten Zeitraums erfolgt und dass insbesondere bei **terminlichen Überschreitungen** ein erneuter Kontakt zum Kunden hergestellt wird. Dies setzt voraus, dass für alle identifizierten Beschwerdebearbeitungsprozesse sowie für deren Subprozesse und Bearbeitungsschritte klare Terminvorgaben existieren.

Für die Terminplanung sind insofern **zwei Typen von Zeitindikatoren** festzulegen und aufeinander zu beziehen (ähnlich Scholz/Vrohlings 1994): **(1) Durchlaufzeiten, die den externen Kunden betreffen** und daher einen entscheidenden Einfluss auf dessen

Beschwerdezufriedenheit ausüben. Diese beziehen sich auf die gesamte Zeitspanne von der Beschwerdeartikulation bis zur abschließenden Antwort. Weiterhin gehören zu diesem Typ Zeitvorgaben, bis zu denen eine Eingangsbestätigung oder bei längeren Bearbeitungszeiten Zwischenbescheide an den Kunden erfolgen müssen. **(2) Durchlaufzeiten für einzelne Bearbeitungsphasen** als Vorgaben für die Task Owner.

Die externen, kundengerichteten Zeitvorgaben sind in hohem Maße von den internen Bearbeitungszeiten abhängig. Insofern muss **jede Zeitfestlegung hier ansetzen**. Für die einzelnen Bearbeitungsprozesse ist zunächst die gesamte Durchlaufzeit als Zeitspanne vom Eingang der Beschwerde im Unternehmen bis hin zur Problemlösung/Wiedergutmachung zu ermitteln. Dann ist der Zeitanteil einzelner Prozessphasen zu berechnen und festzustellen, in welchem Umfang jeweils Bearbeitungszeiten, Liegezeiten vor und nach der Bearbeitung und Transportzeiten im Zusammenhang mit der Weiterleitung des Beschwerdevorfalls von einer Bearbeitungsstelle zur anderen entstehen (siehe Bild 8.6).

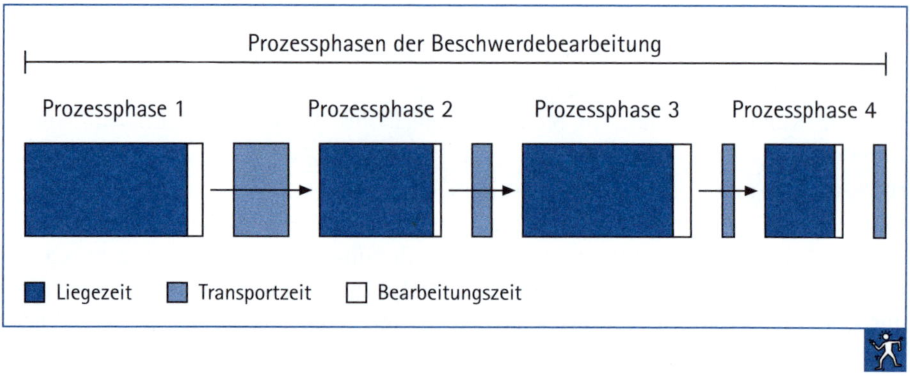

Bild 8.6 Detailanalyse der Durchlaufzeit eines Beschwerdebearbeitungsprozesses

Auf der Grundlage dieser Zeitanalyse sind von Process Owner und Complaint Owner gemeinsame Überlegungen zur Reduzierung ineffektiver Zeitbestandteile anzustellen und phasenbezogene Zeiträume als **interne Zeitstandards** festzulegen. Dabei müssen **verschiedene Faktoren** berücksichtigt werden: Neben Umfang und Komplexität der auszuführenden Arbeiten sind dies sowohl die zur Verfügung stehenden Ressourcen in personeller und technologischer Hinsicht als auch das Beschwerdeaufkommen und die Erwartungen der Beschwerdeführer an die Reaktionsgeschwindigkeit. Darüber hinaus spielt es eine Rolle, welche Aufgaben die jeweils betroffene Abteilung neben der Bearbeitung von Beschwerden zu erledigen hat und welchen Stellenwert die Beschwerdebearbeitung dabei einnimmt. In jedem Fall kommt es darauf an, dass zeitliche Standards fixiert werden, die für die an der Bearbeitung beteiligten Mitarbeiter und Abteilungen **erfüllbare Vorgaben** darstellen. Werden unrealistische Bearbeitungszeiten festgesetzt, wird das Gegenteil dessen bewirkt, was mit der Terminplanung erreicht werden soll. Terminlicher Verzug, der nicht im unmittelbaren Einflussbereich der Task Owner liegt, wird zur Regel; die gesetzten Standards werden nicht ernstgenommen; die Mitarbeiter werden frustriert und demotiviert. Zudem erhalten Kunden unzuverlässige Terminzusagen, was zu einer Steigerung ihrer Unzufriedenheit beiträgt.

Wenn die geplanten Bearbeitungszeiten für alle Prozessschritte aus unternehmensinterner Perspektive definiert sind, können die **kundenbezogenen Zeitvorgaben** für Zwischenbescheide und abschließende Antworten festgelegt werden. Auf der Basis der formulierten Terminstandards für die einzelnen Bearbeitungsprozesse lässt sich der gesamte Bearbeitungszeitraum berechnen und die kundenseitige Kommunikation zeitlich genau planen.

Erweisen sich die Zeitstandards in der Praxis als realitätsnah, kann der zunächst interne Zeitstandard dem sich beschwerenden Kunden gegenüber als **konkretes Leistungsversprechen** kommuniziert werden. Dem Kunden wird dann bereits während der Beschwerdeannahme mitgeteilt, wie lange er auf die Lösung seines Problems warten muss. Dies wird vom Kunden honoriert. Er will nämlich nicht mehrfach nachfragen müssen, wie es denn um die Lösung seines Problems steht. Er will auch nicht mit vagen Hinweisen („so bald wie möglich"; „zeitnah") hingehalten oder vertröstet werden oder von verschiedenen Stellen unterschiedliche Termine genannt bekommen.

Eine weitere Stufe ist erreicht, wenn solche Leistungsversprechen **bearbeitungsprozessübergreifend** als allgemeingültiger Standard für die Bearbeitung von Beschwerden aufgestellt und dem Kunden gegenüber kommuniziert werden, etwa in der Art: „Wir lösen Ihre Probleme innerhalb von fünf Tagen!" Unabdingbare Voraussetzung für eine öffentliche Publikation solcher Standards ist, dass sich diese über einen längeren Zeitraum bewährt haben. Ist das nicht der Fall und werden die Standards in erheblichem Maße verfehlt, ist mit einem massiven Anstieg der Kundenunzufriedenheit und entsprechenden internen Problemen und Demotivationseffekten zu rechnen.

Bei der Festlegung von internen Standards sowie externen zeitlichen Leistungsversprechen ist zu bedenken, dass hier in der Regel **unterschiedliche Messgrößen** herangezogen werden. Die internen Zeitvorgaben werden üblicherweise in **Arbeitstagen** angegeben, während der Kunde bei der Bekanntgabe von zeitlichen Leistungsversprechen nicht Arbeitstage, sondern **Kalendertage** zugrunde legt. Deshalb müssen die berechneten internen Vorgaben unter Berücksichtigung von arbeitsfreien Zeiten (Wochenende, Feiertage) für die externe Kommunikation angepasst werden.

8.5 Installation von Mechanismen zur Überwachung der Beschwerdebearbeitung

Da die Reaktionsschnelligkeit und die Einhaltung der zugesagten Termine die Beschwerdezufriedenheit des Kunden maßgeblich beeinflussen, muss das Unternehmen Systeme installieren, die eine **termingerechte Abwicklung** von Beschwerdefällen gemäß den gesetzten Standards **sicherstellen** und bei Abweichungen auf den zeitlichen Verzug aufmerksam machen: ein mitarbeiterbezogenes Mahnsystem und – daran gekoppelt – ein hierarchieübergreifendes Eskalationssystem.

8.5.1 Das mitarbeiterbezogene Mahnsystem

Werden die gesetzten Termine während der Bearbeitung einer Beschwerde **überschritten**, so muss der jeweilige Task Owner darauf aufmerksam gemacht und gemahnt werden. Eine **manuelle Administration** der internen Mahnung erscheint bei hohem Beschwerdeaufkommen kaum möglich, da der Complaint Owner keinen vollständigen Überblick über den Stand sämtlicher Beschwerdefälle und die jeweilige Terminplanung haben kann. Daher erweist sich hier der Einsatz von softwaregestützten Beschwerdemanagementsystemen als nahezu unverzichtbar, in denen die Zeitstandards hinterlegt sind und eine **automatische** Mahnung erfolgen kann.

Ist der zeitliche Verzug auf **eigene Nachlässigkeit** zurückzuführen, hat der Gemahnte den Fall unmittelbar bzw. „bevorzugt" zu bearbeiten. Er muss jedoch darauf achten, dass die „vorgezogene" Bearbeitung von in Verzug befindlichen Beschwerdefällen nicht dazu führt, dass er mit anderen ihm zur Bearbeitung übertragenen Beschwerdefällen in die gleiche Terminnot gerät. Liegen die Gründe für die Überschreitung des Bearbeitungstermins **außerhalb seines Einflussbereichs**, so muss er den Complaint Owner darüber informieren, damit anderweitige Maßnahmen eingeleitet werden können. Zu den möglichen Ursachen, die nicht im unmittelbaren Einflussbereich des zuständigen Bearbeiters liegen, gehört z. B. ein erheblicher Anstieg des Beschwerdeaufkommens infolge eines spezifischen Produktfehlers oder einer Beschwerdestimulierungsmaßnahme. In diesen Fällen reicht die personelle und technische Ausstattung nicht aus, um die zeitlichen Standards einhalten zu können. Ähnliches gilt, wenn die Ressourcen beispielsweise wegen eines hohen Krankenstands oder einer hohen Personalfluktuation vorübergehend nicht vollständig zur Verfügung stehen. Zeichnen sich solche Entwicklungen ab, hat der Task Owner den Complaint Owner frühzeitig zu informieren, damit terminliche Verzögerungen generell bzw. ein weiterer Anstieg von in Verzug befindlichen Beschwerden mittels kurzfristiger Korrekturaktivitäten vermieden werden können.

Werden im Rahmen der Beschwerdeauswertung **vermehrt überschrittene Bearbeitungstermine** bei bestimmten Task Ownern oder in Bezug auf spezifische Problembereiche festgestellt, so müssen die Verzögerungen auf ihre Ursachen hin systematisch untersucht und entsprechende Maßnahmen erarbeitet werden, um entweder die Standards anzupassen oder die Prozesse so zu verändern, dass die Standards zukünftig eingehalten werden können.

8.5.2 Das hierarchieübergreifende Eskalationssystem

Während im Mahnsystem die Mitarbeiter und Abteilungen selbst über ihren Verzug bei der Beschwerdebearbeitung informiert werden, erfolgt im Rahmen eines Eskalationssystems eine Weiterleitung der Beschwerdefälle, bei denen der Bearbeitungstermin überschritten wurde, nach festgelegten Zeiträumen an **übergeordnete Hierarchiestufen** bis hin zum Vorstandsvorsitzenden bzw. Geschäftsführer.

Mit der Einrichtung eines solchen Eskalationssystems sind vor allem **drei Zielsetzungen** verbunden, die sich zum Ersten auf das Verhalten der Task Owner und Complaint

Owner, zum Zweiten auf das Verhalten des Process Owner und zum Dritten auf das Verhalten der Manager in hierarchisch übergeordneten Ebenen beziehen:

- Hinsichtlich der **Task Owner und Complaint Owner**, d.h. der für die Bearbeitung des Beschwerdefalls verantwortlichen Mitarbeiter, wird direkter Druck ausgeübt, die inhaltlichen und zeitlichen Leistungsversprechen, die dem Kunden gegenüber abgegeben wurden, auch einzuhalten. Für die Betroffenen ist es peinlich, sich wiederholt aus nicht plausiblen Gründen gegenüber der vorgesetzten Stelle für die Überschreitung von Bearbeitungsterminen verantworten zu müssen. Insofern trägt der Eskalationsprozess dazu bei, Nachlässigkeiten im Umgang mit dem unzufriedenen Kunden zu minimieren, und fungiert damit als internes Medium für mehr Disziplin in der Beschwerdebearbeitung.
- **Process Owner** werden durch vermehrte Meldungen über die Nicht-Einhaltung von Terminen im Rahmen der Beschwerdebearbeitung gezwungen, sich darüber Gedanken zu machen, welche Gründe dafür verantwortlich sind und wie der Prozess der Beschwerdebearbeitung optimiert werden kann. Das heißt: Durch die Eskalation der Beschwerdefälle entsteht nicht nur „Druck nach unten", sondern insofern auch „Druck nach oben", als sich die Prozessverantwortlichen mit den strukturellen Ursachen von Prozessmängeln auseinandersetzen und Korrekturmaßnahmen entwickeln müssen.
- **Managern in höheren Hierarchiestufen** wird über die Eskalation unmittelbar die Gefahr signalisiert, dass bereits bestehende Kundenunzufriedenheit erheblich verstärkt wird. Um diese Gefahr zu vermeiden, muss die übergeordnete Stelle für eine sofortige Problemlösung sorgen und prüfen, ob der Kunde bereits über die Verzögerung und ihre Ursachen informiert wurde. Gegebenenfalls muss sie diese Information selber geben und ein Entschuldigungsschreiben formulieren. Auf diese Weise werden auch Führungskräfte persönlich mit Kundenproblemen konfrontiert und vor die Aufgabe gestellt, sich mit Fragen des richtigen Umgangs mit unzufriedenen Kunden und der Relevanz des Beschwerdemanagements auseinanderzusetzen. Dies kann zu einer Problemsensibilisierung des Top-Managements führen und auch die Bereitschaft fördern, dem Beschwerdemanagement die notwendige Aufmerksamkeit und Unterstützung zu gewähren.

Für die konkrete Ausgestaltung eines Eskalationssystems sind Entscheidungen zu treffen. Zunächst ist in einem ersten Schritt die **Anzahl der Eskalationsstufen** auf vertikaler Ebene festzulegen. Diese ergibt sich aus der Anzahl der Hierarchiestufen, die zwischen dem sich in Verzug befindlichen Task Owner und der Unternehmensleitung liegen. In der Regel wird sich diese Zahl zwischen drei bis maximal fünf Stufen bewegen. Während die Anzahl der Eskalationsstufen für das gesamte Unternehmen gleich ist, werden – abhängig davon, um welches Problem es sich handelt und welcher Funktionsbereich des Unternehmens von dem Problem betroffen ist – auf den unteren Eskalationsstufen jeweils andere Vorgesetzte mit der im Verzug befindlichen Beschwerde konfrontiert.

In einem zweiten Schritt ist die **Anzahl der Mahntage** zu bestimmen, ab der ein Beschwerdefall von einer Hierarchiestufe zur nächsten eskaliert und wer auf jeder Stufe die Verantwortung übernimmt (siehe Bild 8.7). Die praktische Durchführung des Eskalationsprozesses setzt bei erheblichem Beschwerdeaufkommen den Einsatz softwaregestützter Beschwerdemanagementsysteme voraus.

Eskalationsstufe	Überschreitung des Zeitstandards in Arbeitstagen	Verantwortlicher
1	2	Linienmanager
2	4	Abteilungsleiter
3	7	Bereichsdirektor
4	10	Vorstand

Bild 8.7 Beispiel für die Ausgestaltung eines Eskalationssystems

Das **Praxis-Spotlight 9** zeigt am Beispiel der Xerox GmbH, wie ein Eskalationssystem erfolgreich zur Förderung der Schnelligkeit der Beschwerdebearbeitung eingesetzt werden kann.

Praxis-Spotlight 9

Das Eskalationssystem der Xerox GmbH

Die Xerox GmbH in Neuss arbeitet seit langem mit einem **computergestützten Customer-Relationshipmanagement-System**, das auch die dezentrale Annahme von Reklamationen ermöglicht und die Weiterleitung an den verantwortlichen Mitarbeiter gewährleistet. Welche Priorität das Beschwerdemanagement besitzt, zeigen die Eskalationsstufen, die bis in die Geschäftsführung reichen.

Der Prozess der Reklamationsbearbeitung wird insbesondere von **zwei zentralen Zielsetzungen** getragen, bei deren Nicht-Einhaltung Eskalationsprozesse ausgelöst werden: (1) Das erste Ziel besteht darin, den Kunden innerhalb von 48 Stunden nach Annahme der Reklamation zu kontaktieren, mit ihm die Lösung zu besprechen und einen Erledigungstermin abzustimmen. (2) Dieser Erledigungstermin wird im Beschwerdemanagementsystem erfasst und dessen Einhaltung wird überwacht.

Der grundsätzliche Weg, den eine Reklamation nimmt, wird am folgenden **Fallbeispiel** beschrieben: Ein Kunde wendet sich wegen einer falschen Rechnung an seinen zuständigen Verkäufer. Der Verkäufer identifiziert über die Rechnungsnummer den Kunden im System und initiiert über die Auswahl des Reklamationstyps „Rechnungsreklamation“ die Weiterleitung an den zuständigen Mitarbeiter in der Finanzbuchhaltung, der durch eine automatisch generierte E-Mail über den neuen Vorgang informiert wird. Der Sachbearbeiter nimmt mit dem Kunden Kontakt auf, informiert ihn über die weitere Vorgehensweise, stimmt mit ihm den Erledigungstermin ab und erfasst die relevanten Informationen. Erst nachdem der Kunde eine Gutschrift bzw. korrigierte Rechnung erhalten hat, wird der Vorgang abgeschlossen und die jeweilige Lösung und Problemursache werden im System dokumentiert.

Sollte der Mitarbeiter den Kunden nicht innerhalb von 48 Stunden kontaktiert oder das vereinbarte Erledigungsziel nicht erreicht haben, tritt die **Eskalationssystematik** in Kraft und leitet den Vorgang automatisch an den Leiter des Inkassobereichs weiter. Dieser kann dann selbst in die Bearbeitung eingreifen oder aber mit seinem Mitarbeiter die Problematik besprechen und die Ursache für den Aufschub klären. In dieser Eskalationsstufe geht es nicht darum, Druck auf die Mitarbeiter zur Einhaltung des Prozesses auszuüben, sondern dem Kunden gegenüber möglichst schnell zu reagieren. Sollten im Status dieser ersten Eskalationsstufe innerhalb weiterer 48 Stunden keine zusätzlichen Aktivitäten bezüglich des betroffenen Vorgangs im System registriert werden, eskaliert der Vorgang direkt an den Bereichsleiter Kundenadministration.

Dieser Eskalationsprozess ist in allen Bereichen der Xerox GmbH gleich und endet in der zweiten Stufe immer in der **obersten Führungsebene** bzw. der **Geschäftsführung**. Auch mehrfache Weiterleitungen eines Vorgangs zwischen verschiedenen Mitarbeitern und mehrfacher Aufschub des Erledigungsdatums führen zu Eskalationen.

Zur Abrundung des Prozesses sowie zur Ermittlung der Zufriedenheit mit der Reklamationsbearbeitung wurde bei Xerox der sogenannte **„Closed Loop Process“** eingeführt: Eine externe Agentur erhält wöchentlich 10 % der abgeschlossenen Vorgänge und erkundigt sich bei den Kunden, ob die Reklamation zufriedenstellend erledigt wurde. Wenn keine vollständige Erledigung umgesetzt wurde, wird der Bereich Customer Satisfaction Management informiert. Dieser nimmt dann mit dem Mitarbeiter, der den Fall abgeschlossen hat, sowie mit dessen Vorgesetzten Kontakt auf, um eine endgültige Erledigung herbeizuführen.

Mit der Realisierung des Eskalationsprozesses hat die Xerox GmbH einen effektiven Weg eingeschlagen, Beschwerden zur Zufriedenheit der Kunden zu managen. Dies zeigen insbesondere auch Durchlaufzeiten von durchschnittlich fünf Tagen bei einem Reklamationsaufkommen von ca. 1000 Vorgängen pro Monat.

Karl-Heinz Schödel

Head of Indirect Services

Xerox GmbH

■

8.6 Ausgestaltung der internen Kommunikation zwischen den bearbeitenden Stellen

Unternehmen, die ein aktives Beschwerdemanagement betreiben wollen, müssen festlegen, auf **welche Informationen** die bearbeitenden Stellen zurückgreifen, über **welche Wege** die Kommunikation erfolgen und innerhalb welcher zeitlicher Servicelevels die bearbeitenden Stellen reagieren sollen. Diese Aufgabe gehört in den Verantwortungsbereich des Process Owner. Er hat auch die kommunikativen Abläufe unternehmensintern bekannt zu machen, um eine reibungslose Beschwerdebearbeitung sicherzustellen.

Hinsichtlich der **erforderlichen Informationen** müssen die im Rahmen der Beschwerdeannahme erfassten einzelfallspezifischen Daten auf jeder Bearbeitungsstufe im erforderlichen Ausmaß zur Verfügung stehen. Außerdem müssen die Bearbeiter Informationen über die Ergebnisse der jeweils im Bearbeitungsprozess vorgelagerten Stufen erhalten. Ergeben sich während der Beschwerdebearbeitung neue Erkenntnisse, z. B. bezüglich der Problemursache, oder reicht der Kunde nachträglich neue Unterlagen ein, muss geregelt sein, dass diese Informationen an die richtigen Stellen weitergeleitet werden.

Die Kommunikation zwischen den Stellen kann mündlich, schriftlich, telefonisch oder per E-Mail erfolgen. Grundsätzlich sind diejenigen **Kommunikationsmedien** überlegen, die eine schnelle Informationsübertragung gewährleisten und Liege- bzw. Transportzeiten minimieren. Dies ist vor allem durch den Einsatz elektronischer Mailsysteme gegeben, insbesondere wenn diese in softwaregestützte Beschwerdemanagementsysteme integriert sind, welche die E-Mails dem jeweiligen Vorgang direkt zuordnen. Kann auf solche Systeme nicht zurückgegriffen werden, stellen der mündliche oder telefonische Kontakt sowie das Telefax geeignete Medien dar.

Unabhängig von den eingesetzten Medien sind alle Bearbeitungsschritte mit ihren Ergebnissen durchgängig zu dokumentieren und den Mitarbeitern zugänglich zu machen. Auch müssen die Ansprechpartner der Kunden darüber informiert werden, wer in der Prozesskette gerade über die vollständige Einsicht in den Fall verfügt, um sich bei Rückfragen der Kunden schnell kundig machen und Auskünfte geben zu können. Diese Anforderungen sind mit dem Einsatz softwaregestützter Beschwerdemanagementsysteme leicht zu erfüllen, da die Bearbeitungsvorgänge eingegeben werden und die Datenbank allen Prozessbeteiligten zur Verfügung steht.

Werden unternehmensinterne Stellen in die Beschwerdebearbeitung eingeschaltet, sind auch für den angeforderten Input exakte **zeitliche Servicelevels** festzulegen, weil nur so die Reaktionszeiten gegenüber dem Kunden eingehalten werden können. Um dies durchzusetzen, ist in der Regel eine erhebliche Überzeugungsarbeit erforderlich. Oft ist es auch notwendig, die Festlegung interner Terminfristen durch die Einbeziehung der Vorgesetzten zu regeln. Gleichzeitig muss geklärt werden, ob bzw. in welchem Ausmaß das Beschwerdemanagement bei Nicht-Einhaltung der vereinbarten zeitlichen Servicelevels durch die Schnittstellenabteilungen dem Beschwerdeführer selbstständig Lösungen anbieten kann.

8.7 Dokumentation der Beschwerdebearbeitung

Beschwerdebearbeitungshistorie

Um die Transparenz der eingeleiteten und durchgeführten Maßnahmen sowohl für die Mitarbeiter als auch für die Beschwerdeführer aufrechtzuerhalten und eine zielführende Kommunikation mit den Kunden zu gewährleisten, müssen die einzelnen Bearbeitungsschritte mit ihren Ergebnissen für jeden einzelnen Beschwerdefall im Rahmen der **Beschwerdebearbeitungshistorie** dokumentiert werden. Können alle Mitarbeiter, die mit Kundenbeschwerden zu tun haben, auf diese Historien zugreifen, sind sie in der Lage, dem Kunden oder auch internen Gesprächspartnern Auskunft über den Bearbeitungsstatus und die ergriffenen Aktivitäten zu geben. Hierdurch werden Klarheit erzeugt sowie Doppel- und Fehlarbeit vermieden, etwa in der Art, dass der Kunde von verschiedenen Personen unterschiedliche Auskünfte über den Stand seines Anliegens erhält.

Insbesondere folgende **Informationen** sind chronologisch zu **dokumentieren**:

- **Datum/Uhrzeit**, zu dem/der die Aktivität gemäß den definierten Zeitstandards **abgeschlossen sein soll,**
- **Datum/Uhrzeit**, zu dem/der die Aktivität gemäß den definierten Zeitstandards tatsächlich **abgeschlossen worden ist,**
- **Über-/Unterschreitung** der zeitlichen Vorgaben,
- **verantwortlicher Mitarbeiter** (Task Owner),
- jeweiliges **Bearbeitungsergebnis** (z. B. versandter Zwischenbescheid oder Ergebnis einer Beurteilung des Falls unter juristischen Aspekten),
- **Bearbeitungsstatus** der Aktivität (noch nicht in Bearbeitung, in Bearbeitung, erledigt),
- **Reaktionsform** auf die Beschwerde sowie deren fallindividuelle Lösung.

Indem die einzelnen Aktivitäten gemäß der in den Bearbeitungsprozessen definierten Sequenz erledigt und die jeweiligen Informationen sowie der Bearbeitungsstatus festgehalten werden, wird für jeden einzelnen Beschwerdefall die Beschwerdebearbeitungshistorie **individuell generiert**, wie dies in Bild 8.8 beispielhaft dargestellt ist.

Nr.	Aktivität	Bearbeitungsergebnis	Verantwortlicher Mitarbeiter (Task Owner)	Plantermin	Erledigungstermin	Über-/Unterschreitung	Bearbeitungsstatus
01	Weiterleitung an das Beschwerdeteam	Zuteilung des Beschwerdefalls an das Beschwerdeteam	S. Seltmann	10. Jan.	10. Jan.	0	Erledigt
02	Verteilung an den zuständigen Mitarbeiter (Complaint Owner)	Zuordnung des Beschwerdefalls zu F. Reichart	D. Bertl	10. Jan.	10. Jan.	0	Erledigt
03	Versendung einer Eingangsbestätigung	Formbrief „A" + Textbaustein „B"	F. Reichart	11. Jan.	11. Jan.	0	Erledigt
04	Einholung einer Stellungnahme von Abteilung A	E-Mail-Vorlage „M"	F. Reichart	12. Jan.	14. Jan.	-2	Erledigt
05	Anmahnung der Stellungnahme bei Abteilung A	E-Mail-Vorlage „O"	F. Reichart	15. Jan.	15. Jan.	0	Erledigt
06	Erstellung und Versendung der abschließenden Antwort an den Kunden		F. Reichart	16. Jan.			In Bearbeitung

Bild 8.8 Beispiel für eine Beschwerdebearbeitungshistorie

Kundenkontakt- und Beschwerdehistorie

Kunden, die sich beschweren, stehen in der Regel in einer aktiven Geschäftsbeziehung mit dem Unternehmen. Eine solche Geschäftsbeziehung ist durch Käufe von Produkten und Dienstleistungen, damit einhergehende Umsätze, gegebenenfalls bereits zurückliegende Beschwerden sowie auch durch andere Kundenanliegen wie Lob oder Fragen zu Produkten, Dienstleistungen oder Prozessen gekennzeichnet. Darüber hinaus spricht das Unternehmen den Kunden im Rahmen von Direktmarketingaktionen aktiv mit speziellen Angeboten oder Befragungen an.

All diese Kontakte zwischen Kunde und Unternehmen kennzeichnen die sogenannte **Kundenkontakthistorie**. Hierzu gehören alle vom Kunden initiierten Kontakte ebenso wie sämtliche vom Unternehmen initiierten Aktionen. Als **Kundenkontakt** wird hierbei das jeweilige Anliegen bzw. die jeweilige Aktion verstanden und **nicht der Einzelkontakt**, der zur Abwicklung der Anliegen und Aktionen notwendig ist. Im Falle der Beschwerde stellen die im Rahmen der Beschwerdebearbeitungshistorie festgehaltenen Bearbeitungsschritte die Einzelkontakte dar und die Beschwerde selbst den Kundenkontakt. Zum Zwecke der Transparenz über die einzelne Geschäftsbeziehung sollte sowohl eine Übersicht über alle Kundenkontakte - Anliegen und Aktionen - als auch pro Kundenkontakt über die jeweiligen einzelnen Aktivitäten in Form einer Bearbeitungs-/Abwicklungshistorie bereitgestellt werden - im Falle einer Beschwerde ist dies die Beschwerdebearbeitungshistorie. Bild 8.9 zeigt ein Beispiel für eine Kundenkontakthistorie.

Nr.	Datum	Kundenanliegen/ Aktion	Verantwortlich	Inhalt/Ergebnis	Abgeschlossen
01	31. Okt.	Beschwerde	M. Seibert	Falsche Verbuchung	02. Nov.
02	01. Dez.	Auskunft	L. Lukas	Depotverwaltung	07. Dez.
03	15. Dez.	Broschürenbestellung	Z. Zeppelin	Broschüre B	16. Dez.
04	08. Jan.	Cross Selling Produkt A	H. Heinrich	Kein Interesse	27. Jan.
05	13. Feb.	Aussendung Club-Magazin	D. Dietrich	Club-Magazin Heft 01	13. Feb.
06	31. Mrz.	Urlaubsaktion	H. Heinrich	Angebotspaket A/ Aktiendepot eröffnet	28. Apr.

Bild 8.9 Beispiel für eine Kundenkontakthistorie

Hat sich ein Kunde im Laufe der Geschäftsbeziehung mehrfach beschwert, liegen mehrere kundenspezifische Beschwerdevorgänge vor. Deren kundenindividuelle, chronologische Aufbereitung dokumentiert das **beschwerdebezogene Erleben des Kunden** und reflektiert dessen **Beschwerdehistorie** als Ausschnitt seiner gesamten Kundenkontakthistorie.

Kapitel 8 ganz kurz:

- Bearbeitungsprozesse können zum einen in Alleinbearbeitungs-, Einbeziehungs- und Abgabeprozesse sowie zum anderen in Routine- und Ausnahmeprozesse unterschieden werden.
- Bei der Analyse von Beschwerdebearbeitungsprozessen sind Unternehmens- und Kundenperspektive gleichermaßen zu berücksichtigen.
- Es müssen klare Verantwortlichkeiten für den Gesamtprozess (Process Owner), die Einzelfallbearbeitung (Complaint Owner) und einzelne Bearbeitungsschritte (Task Owner) definiert werden.
- Bearbeitungstermine müssen sowohl für die gesamte Zeitspanne der Beschwerdebearbeitung als auch für einzelne Bearbeitungsphasen fixiert werden.
- Die Einhaltung von Zeitstandards ist mit Hilfe eines Mahn- und Eskalationssystems zu überwachen.
- Im Rahmen der Kommunikation zwischen den beteiligten internen Stellen muss festgelegt werden, welche Informationen auf welchem Wege und innerhalb welcher zeitlicher Servicelevels zu liefern sind.
- Kontakte von Beschwerdeführern zum Unternehmen sind innerhalb einer Beschwerde- und Kundenkontakthistorie zu dokumentieren.

Literatur

Adamson, C. (1993): Evolving Complaint Procedures, in: Managing Service Quality, 3. Jg., Nr. 1, S. 439 - 444.

Clark, G.L./Kaminski, P.F./Rink, D.R. (1992): Consumer Complaints: Advice on How Companies Should Respond Based on an Empirical Study, in: The Journal of Services Marketing, 6. Jg., Nr. 1, S. 41 - 49.

Kingman-Brundage, J. (1992): The ABC's of Service System Blueprinting, in: Lovelock, C. (Hrsg.): Managing Services. Marketing, Operations, and Human Resources, Englewood Cliffs NJ, S. 96 - 102.

Scholz, R./Vrohlings, A. (1994): Prozess-Struktur-Transparenz, in: Gaitanides, M./Scholz, R./Vrohlings, A./Raster, M. (Hrsg.): Prozessmanagement, München, S. 37 - 56.

Shostack, G.L. (1987): Service Positioning Through Structural Change, in: Journal of Marketing, 51. Jg., Nr. 1, S. 34 - 43.

Stauss, B. (2000a): „Augenblicke der Wahrheit" in der Dienstleistungserstellung - Ihre Relevanz und ihre Messung mit Hilfe der Kontaktpunkt-Analyse, in: Bruhn, M./Stauss, B: (Hrsg.): Dienstleistungsqualität: Konzepte - Methoden - Erfahrungen, 3. Aufl., Wiesbaden, S. 321 - 340.

JETZT SITZE ICH SCHON FAST EINE STUNDE HIER!
DAS MACHT NICHTS, WIR BRAUCHEN DEN STUHL GERADE NICHT.
LR

9 Beschwerdereaktion

- Welche Verhaltensregeln sind in mündlichen, telefonischen und schriftlichen Kontaktsituationen mit Beschwerdeführern zu beachten?
- Was ist im Umgang mit Wiederhol- und Mehrfachbeschwerdeführern sowie mit Nörglern und Querulanten zu beachten?
- Wie ist mit besonderen Typen von Beschwerden (Streubeschwerden, Beschwerden an die Geschäftsleitung, Beschwerden über Mitarbeiter, Drohungen) umzugehen?
- Welche grundsätzlichen Lösungsmöglichkeiten gibt es und welchen Einfluss üben sie auf die Beschwerdezufriedenheit aus?
- Wann ist eine Einzelfallprüfung angebracht?
- Wie ist mit „unberechtigten" Beschwerden umzugehen?
- Soll eine Beschwerdereaktion differenziert nach dem Kundenwert erfolgen?
- Welche Kommunikationsformen sind im Rahmen der Beschwerdereaktion zu beachten?
- Wie erfolgt die zeitliche Ausgestaltung der Kommunikation?
- Welche Formen der Qualitätssicherung sind im Rahmen der Beschwerdereaktion zu berücksichtigen?

Unter dem Begriff Beschwerdereaktion werden alle Aktivitäten des Beschwerdemanagements zusammengefasst, die der Kunde **während der Beschwerdeabwicklung wahrnimmt** und die sich deshalb unmittelbar auf seine Beschwerdezufriedenheit auswirken. Dazu gehören der unmittelbare Umgang mit Beschwerdeführern, die realisierte Problemlösung sowie die gesamte Kommunikation mit dem Kunden während der Beschwerdebearbeitung und deren zeitliche Ausgestaltung. Auf all diese Aspekte wird in den folgenden Abschnitten eingegangen. Darüber hinaus wird gezeigt, inwieweit eine am Kundenwert orientierte Differenzierung der Beschwerdereaktion sinnvoll ist und wie die Interaktionen mit dem Beschwerdeführer in der Beschwerdehistorie dokumentiert werden können.

9.1 Grundsätzliche Verhaltensregeln im Umgang mit Beschwerdeführern

Die erste Reaktion des Unternehmens auf die Beschwerde stellt für den Kunden eine Art **Schlüsselerlebnis** dar. Hier erlebt er, ob er mit seinem Anliegen wirklich ernstgenommen oder aber nur als lästiger Störfaktor behandelt wird. Dies gilt für die Beschwerdeannahme in der Erstkontaktsituation bei mündlich oder telefonisch vorgetragenen Beschwerden, aber auch für Antworten auf schriftliche oder elektronische Beschwerden. Die Ausgestaltung der unmittelbaren Interaktion mit dem unzufriedenen Kunden und die angebotene Fall-Lösung entscheiden darüber, ob Kundenzufriedenheit wieder erreicht werden kann oder die Unzufriedenheit noch gesteigert wird. Dementsprechend ist das **Verhalten der Mitarbeiter**, die mit dem Beschwerdeführer kommunizieren, zentral für den Erfolg des Beschwerdemanagements. Folglich bedarf es **grundsätzlicher Verhaltensregeln** für die Mitarbeiter, damit die Situation zur Zufriedenheit des Kunden bewältigt und der Kunde gehalten werden kann. Im Folgenden werden Inhalte solcher Verhaltensregeln präsentiert. Sie geben konkrete Hinweise auf eine professionelle und kundenorientierte Gesprächsführung mit Beschwerdeführern - im mündlichen wie auch im telefonischen Kontakt - und für eine entsprechende Beantwortung schriftlich artikulierter Beschwerden. Zunächst aber werden einige Beispiele für Reaktionen im Erstkontakt dargestellt, die dafür verantwortlich sind, dass die Verärgerung der Beschwerdeführer noch zunimmt.

9.1.1 Beispiele für Kundenärger erzeugende Reaktionen

Fehlerhafte Reaktionen auf mündlich und telefonisch vorgetragene Beschwerden

Viele Kunden tragen ihre Beschwerde persönlich - d. h. mündlich oder telefonisch - gegenüber dem Personal vor. Damit haben Mitarbeiter die große Chance, durch die Art ihrer Reaktion Unzufriedenheit unmittelbar abzubauen und eine zufriedenstellende Lösung einzuleiten. Trotz der Tatsache, dass viele Unternehmen mittlerweile erkannt haben, welches Bindungspotenzial Beschwerden besitzen, wird diese Chance häufig nicht genutzt. Immer noch werden Kunden abgewiesen, vertröstet, weitergeleitet oder gar verdächtigt, Verursacher des Problems zu sein oder das Unternehmen übervorteilen zu wollen. Typische Mitarbeiteräußerungen sind: „Da kann ich auch nichts machen!" oder „Das macht mein Kollege!". In Bild 9.1 sind weitere **Beispiele** zusammengestellt für Formulierungen, die im direkten Beschwerdekontakt tabu sein sollten, da sie zu besonderem Ärger und gesteigerter Unzufriedenheit führen.

- „Ich kann Ihnen da leider nicht helfen. Und der Kollege ist im Urlaub. Seine Vertreterin ist krank. Am besten, Sie kommen nächste Woche noch mal."
- „Warum schimpfen Sie denn mit mir? Ich kann doch nichts dafür!"
- „Im Moment kann ich gar nichts unternehmen. Der Computer ist abgestürzt. Am besten Sie rufen noch mal an."
- „Ja, haben Sie denn eigentlich die Vertragsbestimmungen nicht aufmerksam gelesen ...?"
- „Das kann doch gar nicht sein ..."
- „Moment bitte, ich habe noch einen wichtigen Kunden."
- „Was soll ich Ihnen dazu sagen ...?"
- „Was weiß denn ich ...?"
- „Sie können mir alles erzählen, aber ich kann das nachträglich nicht prüfen."
- „Das kann ich mir überhaupt nicht vorstellen."
- „Mein Gott, jetzt beruhigen Sie sich doch!"
- „Dafür können Sie mich nicht verantwortlich machen."
- „Ich kann Ihnen gar nichts versprechen ..."
- „Sie haben mich nicht richtig verstanden."
- „Sie haben das Produkt sicherlich falsch behandelt!"
- „Sind Sie sicher, dass Sie das bei uns gekauft haben?"

Bild 9.1 Beispiele für „Tabu-Formulierungen" in mündlichen und telefonischen Beschwerdesituationen (Brückner 2009)

Kunden sind sich meist durchaus bewusst, dass Probleme auftreten können. Viele zeigen sogar Verständnis für aufgetretene Irrtümer und Fehler. Doch dieses schlägt sehr schnell in Unverständnis und Empörung um, wenn sich Mitarbeiter für nicht zuständig erklären und keinerlei Bereitschaft zeigen, das Problem zu beseitigen oder den Schaden wiedergutzumachen. In einer solchen Situation wird es zunehmend schwieriger, den Kunden wieder zufriedenzustellen bzw. ihn nicht zu verlieren. Bild 9.2 enthält **Beispiele** für solche nicht kundengerechte **Reaktionen des Kundenkontaktpersonals auf telefonisch vorgebrachte Beschwerden**. Gleichzeitig werden Alternativen für eine bessere Antwort aufgezeigt.

- Servicemitarbeiter fällt dem Anrufer ins Wort: „Wie bitte? Ich kann Sie überhaupt nicht verstehen. Sprechen Sie doch bitte lauter."
  Alternative: Lassen Sie den Anrufer seinen Satz beenden und weisen Sie ihn dann auf die akustischen Kommunikationsprobleme hin: „Entschuldigen Sie, darf ich Sie kurz unterbrechen. Die Verbindung ist sehr schlecht. Könnten Sie vielleicht ein wenig lauter sprechen ...?"
- „Da kann ich im Moment leider nicht weiterhelfen. Am besten, Sie geben uns das schriftlich rein."
  Alternative: „Ich notiere mir die Angelegenheit und werde der Sache nachgehen. Könnten Sie mir vielleicht noch die Kaufbelege und Garantieunterlagen zusenden?"
- „Wir sind hier fürchterlich im Stress. Wollen Sie warten? Es könnte aber länger dauern.
  Alternative: „Herr/Frau ... (Name), darf ich Sie in einer halben Stunde zurückrufen? Dann bin ich ganz für Sie da."
- „Tut mir leid, in der Kundendienstabteilung meldet sich niemand. Sind wahrscheinlich alle zu Tisch."
  Alternative: „Leider kann ich im Moment die zuständige Kollegin nicht erreichen. Dürfen wir Sie innerhalb der nächsten Stunde zurückrufen, oder möchten Sie die Durchwahl meiner Kollegin?"
- „Da sind Sie bei mir aber ganz falsch. Das müssen Sie mit unserer Buchhaltung klären."
  Alternative: „Ich müsste in dieser Sache zunächst mit meinem Kollegen von der Buchhaltung sprechen. Darf ich Sie dann gleich zurückrufen?"

Bild 9.2 Negativ-Beispiele für Reaktionen auf telefonische Beschwerden und mögliche Alternativen (Rütten/Moritz 1997, S. 67f)

Fehlerhafte Reaktionen auf schriftlich vorgetragene Beschwerden

Auch die schriftlichen Reaktionen auf Kundenbeschwerden enthalten in Sprachstil und Argumentationsaufbau oft eine Reihe von Mängeln, die dazu führt, dass die Antwortbriefe zu besonderer Kundenunzufriedenheit und zum endgültigen Abbruch der gefährdeten Geschäftsbeziehung führen. In Bild 9.3 ist ein **Negativbeispiel** für eine abschließende Antwort abgedruckt. Hier wird verdeutlicht, welche Formulierungsfehler gemacht werden.

Sehr geehrter Herr ... (Name),

wir bestätigen den Erhalt Ihres Schreibens vom ... (Datum), in dem Sie einen kleineren Transportschaden an dem von uns am ... (Datum) gelieferten Möbel beanstanden.[1]

Laut unseren Geschäftsbedingungen hätten Sie diesen Schaden sofort unseren Kollegen von der Auslieferung melden und auf dem Lieferschein ausdrücklich vermerken lassen müssen. Sie aber haben mit Ihrer Unterschrift den ordnungsgemäßen Erhalt der Möbel in einwandfreiem Zustand bestätigt. So sehr wir auch bedauern, dass Sie mit der von uns gelieferten Ware unzufrieden sind, haben wir doch im Nachhinein keine Möglichkeit, die Ursache für den von Ihnen angesprochenen Schaden festzustellen.[2]

Obwohl aus den oben genannten Gründen also kein Anspruch auf Minderung besteht, sind wir entgegenkommenderweise bereit, Ihnen einen Preisnachlass in Höhe von 50 € einzuräumen.[3] Wir möchten allerdings noch einmal darauf hinweisen, dass es sich dabei um eine Entscheidung im Rahmen unserer Kulanz handelt, zu der wir eigentlich nicht verpflichtet wären.

Wir hoffen, Sie sind mit dieser Regelung einverstanden.[4]

Mit freundlichen Grüßen

Unterschrift

1) Der erste Satz klingt unpersönlich und arrogant. Der Erhalt des Briefes wird lediglich „bestätigt". Kein Wort des Dankes. Bedenken Sie: Wenn Ihnen der Kunde einen Reklamationsbrief schreibt, bedeutet das für ihn zunächst einmal Arbeit. Er wendet sich an Sie, weil er sich Abhilfe erhofft. Sowohl für die Arbeit als auch für das Vertrauen sollten Sie auch dann danken, wenn Ihr Kunde in seinem Brief vielleicht etwas überreagiert hat.

2) Anschließend wird der Empfänger des Briefes massiv geschulmeistert. Nicht nur, dass sich der Kunde über den Transportschaden an seinen neuen Einrichtungsgegenständen ärgert, nun muss er sich sogar noch vorwerfen lassen, sich falsch verhalten zu haben.

3) Dass sich das Unternehmen dennoch zu einem kleinen Preisnachlass bereit erklärt, wird zwar als Maßnahme der Kulanz dargestellt, klingt in dem zitierten Brief aber doch eher wie ein Gnadenakt, mit dem man einen nervenden Kunden ruhigstellen möchte.

4) Der letzte Satz erscheint besonders kühn. „Wir hoffen, Sie sind mit dieser Regelung einverstanden." Und wenn nicht? Diese Möglichkeit zog das Unternehmen anscheinend gar nicht in Betracht. Ganz nach dem Motto: Entweder der Kunde akzeptiert, oder er lässt es bleiben und erhält eben keinen Preisnachlass.

Bild 9.3 Negativ-Beispiel für eine schriftliche abschließende Antwort mit Hinweis auf Formulierungsfehler (Rütten/Moritz 1997, S. 26f)

9.1.2 Verhaltensregeln für das direkte Gespräch mit Beschwerdeführern

Um Fehler wie die eben dargestellten zu vermeiden, müssen Mitarbeiter über die Wirkung entsprechender Formulierungen auf den Kunden informiert werden. Auch sind sie über bessere Alternativen aufzuklären und zu befähigen, diese auch in der realen Beschwerdekommunikation anzuwenden.

Situationen einer direkten Konfrontation mit Beschwerdeführern im persönlichen oder telefonischen Gespräch stellen für Mitarbeiter eine große Herausforderung dar. Häufig reagieren Beschwerdeführer emotional und ungehalten, übertreiben und konfrontieren sie mit persönlichen Vorwürfen. Unter diesen Bedingungen ist es schwer, die eigenen Gefühle zu kontrollieren, beruhigend zu wirken und mit dem Kunden eine konstruktive Lösung zu erarbeiten. Es bedarf daher einer umfassenden Aufklärung über richtige Verhaltensweisen und eines systematischen Trainings. Dabei kann man sich an den folgenden **Verhaltensregeln** orientieren, die sich auf **fünf typische Phasen eines Beschwerdegesprächs** beziehen (Dietze 1997; Haeske 2001).

Begrüßungsphase

Bereits die Begrüßungsphase ist dafür entscheidend, ob sich ein destruktiver Streit oder ein konstruktives Gespräch entwickeln wird. Bei der **telefonischen Entgegennahme** von Beschwerden stellt sich zunächst die Frage nach der Begrüßungsformel. Sie sollte nicht zu gekünstelt und zu lang sein, sondern dem Beschwerdeführer knapp und verständlich zu erkennen geben, welche Stelle im Unternehmen er erreicht hat und mit wem er spricht. Darüber hinaus sollte auch eine kurze Grußformel enthalten sein. Ein Beispiel wäre: „XY AG, Kundenbetreuung, Max Mustermann, guten Tag!" Oft anzutreffende Zusätze wie „Womit kann ich dienen?" oder „Wie kann ich Ihnen weiterhelfen?" erscheinen verzichtbar. Die Begrüßung sollte nicht zu schnell erfolgen, sodass der Kunde gleich versteht, mit wem er spricht. Die Stimme des entgegennehmenden Mitarbeiters sollte freundlich und offen klingen, weil damit Gesprächsbereitschaft signalisiert und es dem verärgerten Kunden erschwert wird, unkontrolliert und grob zu agieren.

Auch bei der **Entgegennahme von direkt vorgetragenen Kundenbeschwerden** geht es darum, dem Kunden - trotz der sich anbahnenden unangenehmen Situation - offen und freundlich gegenüberzutreten. Der Mitarbeiter sollte Augenkontakt halten und Aufmerksamkeit sowie Souveränität ausstrahlen. Insbesondere bei schwerwiegenden Problemen ist das Gespräch mit dem Beschwerdeführer in einer ruhigen Umgebung zu führen. Durch das Zurückziehen in geeignete Räumlichkeiten sowie das Angebot einer Sitzgelegenheit bzw. eines Getränks wird gezeigt, dass man sich für den Kunden und seine Problemsituation Zeit nehmen möchte und seine Beschwerde ernstnimmt. Diese Verlagerung des Beschwerdedialogs in einen separaten Gesprächsbereich erscheint insbesondere dann notwendig, wenn äußerst verärgerte Kunden versuchen, durch ihr Auftreten, ihre Lautstärke sowie durch bestimmte Äußerungen Publikumseffekte bei anderen anwesenden Kunden zu erzielen (Dietze 1997).

Stellt sich bereits in dieser Phase heraus, dass der kontaktierte Mitarbeiter der **falsche Ansprechpartner für den Beschwerdeführer** ist, sollte der Kunde am Telefon unmittelbar weitervermittelt werden. Ist der entsprechende Mitarbeiter nicht erreichbar, muss der Ansprechpartner sicherstellen, dass der Kunde zurückgerufen wird. Im persönlichen Kontakt sollte sich der angesprochene Mitarbeiter selbst darum kümmern, einen kompetenten Kollegen zu finden. In beiden Fällen ist der zuständige Kollege kurz über den Sachverhalt zu informieren. Hier kommt somit das Prinzip der Complaint Ownership zum Tragen.

Aggressionsabbauphase

Nachdem der Kunde weiß, dass er den richtigen Ansprechpartner gefunden hat und der Mitarbeiter kurz darüber informiert ist, welches Anliegen der Kunde hat, gilt es nun, dem Kunden Gelegenheit zu geben, den Sachverhalt aus seiner Sicht zu schildern. Der Mitarbeiter muss dabei mit Mimik, Augenkontakt und Körpersprache seine Zuwendung zum Ausdruck bringen. Verbal kommt es vor allem darauf an, dem Kunden gegenüber Bedauern über die entstandenen Unannehmlichkeiten auszudrücken bzw. sich offiziell **zu entschuldigen**. Diese Geste fällt Mitarbeitern oft nicht leicht, insbesondere wenn sie den Sachverhalt anders sehen oder das Problem nicht verursacht haben. Doch sie ist erforderlich, weil sie als Ausdruck von Verständnis für den Kundenärger wahrgenommen wird und eine zentrale Voraussetzung darstellt, eine für den weiteren Gesprächsverlauf wichtige persönliche Beziehung zum Kunden aufzubauen (Haeske 2001).

In der Aggressionsabbauphase geht es also zunächst einmal darum, den Beschwerdeführer zu Wort kommen zu lassen. Es muss ihm die Chance gegeben werden, **Dampf abzulassen**. Möglicherweise hat ein vom Unternehmen verursachter Fehler den Kunden in eine sehr unangenehme Situation gebracht und es hat sich eine starke Verärgerung aufgebaut. Erst wenn der Kunde die Möglichkeit gehabt hat, diese Emotionen auszudrücken, wird es anschließend möglich sein, das Gespräch auf die Sachebene zu bringen und konstruktiv über Lösungsmöglichkeiten zu sprechen. Dementsprechend muss der Mitarbeiter den Kunden zunächst ohne Unterbrechung **ausreden lassen** und **aufmerksam zuhören**, um die spezifischen Umstände, die das Problem mit sich gebracht hat, richtig zu erfassen. In persönlichen Gesprächen wird die Aufmerksamkeit durch eine entsprechende Mimik - insbesondere Augenkontakt - signalisiert, aber auch durch die Aufnahme von Notizen. Die schriftliche Erfassung während des Gesprächs drängt den Kunden auch dazu, den Sachverhalt sorgfältiger und realistischer zu beschreiben. In telefonischen Gesprächen ist durch kurze bestätigende Bemerkungen anzuzeigen, dass aufmerksam zugehört und das Problem tatsächlich verstanden worden ist.

Die **häufigsten Fehler**, die in dieser Phase gemacht werden, bestehen darin, dass der Kunde **unterbrochen** wird, sei es durch Gegenbehauptungen und Belehrungen, sei es durch Hypothesen über mögliche Problemursachen oder vorschnelle Angebote von Problemlösungen oder Kompensationsleistungen (Dietze 1997). Der Mitarbeiter kann subjektiv durchaus im Recht sein, aber in dieser Phase verhindern solche Unterbrechungen den Aggressionsabbau und die Entwicklung eines konstruktiven Gesprächs. Stattdessen führen sie dazu, dass der Kunde noch ärgerlicher reagiert und die Situation eskaliert.

In diesem Abschnitt des Beschwerdegesprächs kann es dazu kommen, dass äußerst verärgerte Kunden den Mitarbeiter **persönlich angreifen**. Auch in diesem Fall ist es erforderlich, nicht unmittelbar und vor allem nicht in gleicher Weise zu reagieren. Obwohl sie persönlich adressiert sind, dürfen solche verbalen Angriffe nicht persönlich genommen werden. Insofern besteht die Herausforderung für den Mitarbeiter darin, eine innere Distanz zur Kritik zu gewinnen und gelassen auf Schuldvorwürfe, Übertreibungen und Beschimpfungen zu reagieren. Dies bedeutet nicht, dass Angriffe dieser Art vollständig hingenommen werden müssen. Grobe Beschimpfungen sind in den folgenden Gesprächsphasen ruhig zurückzuweisen und das Gespräch ist auf den sachlichen Kern zurückzuführen. Das geschieht, indem der Kunde gezielt aufgefordert wird, die genauen Ursachen für seine Verärgerung zu nennen oder seine Vorstellungen bezüglich der richtigen Lösung für das Problem darzustellen (Dietze 1997; Haeske 2001).

Konfliktbereinigungsphase

Nachdem dem Kunden Gelegenheit gegeben worden ist, seinen Ärger auszudrücken und die Problemsituation aus seiner subjektiven Sicht darzustellen, geht es nun darum, das Gespräch auf die **Sachebene** zu bringen. Dazu ist es erforderlich, durch eine Reihe von konkreten Fragen den Sachverhalt genau zu klären. Wichtig ist, dass alle Umstände, die aus Kundensicht und auch für die weitere Bearbeitung von Bedeutung sind, vollständig angesprochen werden.

Dieser sachliche Dialog trägt zur Konfliktreduzierung im Gespräch bei. Das gilt insbesondere, wenn mit entsprechendem **Einfühlungsvermögen** zugleich glaubhaft Verständnis für die individuelle Situation des Kunden sowie für das Ausmaß seiner Verärgerung gezeigt wird. Allerdings sollten Mitarbeiter bei allem Feingefühl für den Kunden weitergehende Schuldeingeständnisse oder Schuldzuweisungen an andere Mitarbeiter bzw. Abteilungen des Unternehmens vermeiden.

Problemlösungsphase

Gelingt es in der Konfliktbereinigungsphase, das Gespräch auf der Sachebene fortzuführen und die Situation eindeutig zu klären, dann ist auch die Grundlage dafür geschaffen, mit dem Kunden über eine **adäquate Problemlösung** zu reden. In den ersten Phasen artikulierte Forderungen des Kunden erscheinen möglicherweise nach der Sachverhaltsklärung in einem anderen Licht und werden modifiziert. Lösungsangebote durch den Mitarbeiter werden jetzt als logische Folgerungen aus der Sachverhaltsanalyse wahrgenommen und haben daher eine viel größere Chance auf Akzeptanz, als dies zu Beginn des Gesprächs der Fall gewesen wäre (Dietze 1997).

Auch kann es sich jetzt herausstellen, dass die Erwartungen des Kunden nicht oder nicht im gewünschten Umfang erfüllt werden können. In diesem Fall ist es die Aufgabe des Mitarbeiters, die **zu hohen Erwartungen des Kunden abzubauen** und dem Kunden gegenüber zu begründen, warum seine Wünsche nicht oder nicht vollständig realisiert werden. Art und Umfang dieser Begründung sind entscheidend dafür, dass beim Kunden Verständnis für die Position des Unternehmens geweckt wird und er gegebenenfalls trotz unerfüllter Erwartungen an der Geschäftsbeziehung festhält.

Oftmals ist es schwierig, dem Beschwerdeführer bereits im ersten Gespräch eine adäquate Lösung vorzuschlagen, da Ursachen und Lösungsmöglichkeiten recherchiert werden müssen. Hier ist es angebracht, dem Kunden einen **Rückruf oder ein erneutes Gespräch** anzubieten, wobei es wichtig ist, hierfür genaue zeitliche Zusagen zu machen. Die angegebenen Termine müssen unbedingt eingehalten werden. Sollte dies trotz aller Bemühungen nicht möglich sein, ist der Beschwerdeführer rechtzeitig unter Angabe der Gründe darüber zu informieren.

Die Verschiebung der unmittelbaren Problemlösung ist grundsätzlich weder für den Kunden noch für das Unternehmen die beste Lösung, da weitere zeit- und kostenintensive Schritte vorzunehmen sind. Lässt sie sich aber nicht vermeiden, dann hat sie immerhin die positiven Effekte, dass die Suche nach einer Problemlösung **stressfreier** als im Beisein des Kunden erfolgen kann und dieser den Anbieter mit dem Gefühl verlässt, dass man sich jetzt um sein Problem kümmern wird.

Abspannphase

In der abschließenden Gesprächsphase wird der Lösungsvorschlag nochmals wiederholt und es wird sichergestellt, dass der Kunde diesen **verstanden hat** und ihn auch **akzeptiert**. Hat sich der Kunde mit dem vereinbarten Vorgehen bzw. mit der angebotenen Problemlösung einverstanden erklärt, erfolgt die **Verabschiedung** vom Kunden. Das Gespräch sollte mit einer positiven Formulierung beendet werden, durch die der Mitarbeiter seine Zufriedenheit darüber zum Ausdruck bringt, dass er das Problem im Kundensinne lösen bzw. den Lösungsprozess einleiten konnte.

Bild 9.4 fasst die **Handlungsempfehlungen für das direkte Gespräch** mit Beschwerdeführern nochmals in Form einer Checkliste zusammen.

1. Verstehen Sie Beschwerden als einen **normalen Teil Ihrer Arbeit** und als Chance, Kundenunzufriedenheit abzubauen und Kundenbindung zu sichern.
2. Suchen Sie einen **ruhigen Ort** für das Beschwerdegespräch. Lassen Sie vor allem nicht andere Kunden mithören. Bieten Sie dem Kunden eine Sitzgelegenheit an. Sprechen Sie den Kunden mit Namen an.
3. Signalisieren Sie **Gesprächsbereitschaft** („Lassen Sie uns in Ruhe darüber reden"). Drücken Sie mit Mimik, Augenkontakt und Körpersprache Ihre Zuwendung aus. Sprechen Sie eine **Entschuldigung** oder zumindest das **Bedauern** aus, dass der Kunde dieses negative Erlebnis hatte. Wählen Sie bei entsprechenden Formulierungen die **Ich-Form** („Es tut mir leid, dass Sie diese Unannehmlichkeiten hatten").
4. Hören Sie gut zu. Unterbrechen Sie den Beschwerdeführer nicht. Lassen Sie ihn zunächst auch dann **ohne Unterbrechung** ausreden, wenn er Unzutreffendes vorbringt.
5. Wählen Sie eine **ruhige und höfliche Gesprächsart**. Reagieren Sie gelassen auf Übertreibungen und persönliche Schuldvorwürfe. Weisen Sie Beschimpfungen ruhig zurück und leiten Sie das Gespräch auf den sachlichen Kern. Mit einem Kunden streitet man sich nicht und ficht auch keinen Machtkampf aus: „Den Streit mit einem Kunden hat immer der Kunde gewonnen" (Scheerer 1994, S. 13).
6. Machen Sie sich **Notizen.** Der Schreibvorgang beweist dem Kunden, dass Sie die Beschwerde ernst nehmen, und veranlasst ihn zu einer sorgfältigeren Erläuterung des Sachverhalts. Außerdem sind die Notizen wertvoll für die Beschwerdebearbeitung und -auswertung.
7. Vermeiden Sie **Sofortdiagnosen** und nehmen Sie alle Informationen entgegen, ohne gleich ein Schuldeingeständnis abzugeben.
8. Stellen Sie **inhaltliche Fragen so lange, bis die Situation eindeutig geklärt ist**. Wählen Sie dabei höfliche Frageformen („Danke für den Hinweis, ich möchte nur noch wissen ...").
9. Versetzen Sie sich in die **Lage des Kunden** („Ich kann mir gut vorstellen, dass Sie verärgert sind"). Vermeiden Sie Formulierungen, die den Ärger vergrößern („Das sehen Sie völlig falsch!" oder „Das ist doch Ihre Schuld!").
10. Ist tatsächlich ein Fehler passiert, geben Sie nicht einem Kollegen, anderen Abteilungen oder dem Unternehmen generell die **Schuld** („Das passiert denen ständig" oder „Das kriegen die nie in den Griff!").
11. Leiten Sie **sofort** die Bearbeitung der Beschwerde ein. Bieten Sie eine **faire Lösung** an.
12. Erkundigen Sie sich, ob der Kunde mit der Regulierung **einverstanden** ist.
13. Ist eine unverzügliche Problemlösung nicht möglich, sagen Sie dem Kunden eine **genaue Prüfung** zu und geben Sie an, wie lange es dauern wird, bis er eine Nachricht erhält. Halten Sie den **angegebenen Zeitpunkt** unbedingt ein. Sollte dies trotz aller Bemühungen nicht möglich sein, informieren Sie den Beschwerdeführer **rechtzeitig** darüber und erläutern Sie ihm die **Gründe**.
14. Sind Sie nicht zuständig bzw. können Sie nichts tun, leiten Sie die Beschwerde **eigenhändig** weiter und sorgen Sie dafür, dass der Annahme- und Bearbeitungsprozess kundenorientiert fortgesetzt wird.
15. Beenden Sie das Gespräch mit einer **positiven Formulierung** („Ich freue mich, dass wir Sie auf diese Weise zufriedenstellen können").
16. **Analysieren** Sie den Beschwerdevorgang und unterrichten Sie den Verantwortlichen, damit die Fehlerquelle schnell abgestellt werden kann.

Bild 9.4 Checkliste für den Umgang mit dem unzufriedenen Kunden (Riemer 1986; Stauss 1989; Brymer 1991; Leicher/Kierig 1993; Zemke 1993)

9.1.3 Verhaltensregeln für die Beantwortung schriftlich artikulierter Beschwerden

Die dargestellten Verhaltensregeln für mündlich und telefonisch vorgebrachte Beschwerden gelten grundsätzlich auch für die Behandlung von schriftlichen Beschwerden, wobei jedoch aufgrund der Tatsache, dass kein unmittelbarer Kundenkontakt besteht, einige **Besonderheiten** zu beachten sind.

Zum einen bewirkt das **Fehlen des unmittelbaren Kundenkontakts**, dass weniger Druck vorhanden ist als in der direkten Gesprächssituation mit dem Beschwerdeführer. Es kann in Ruhe intern geklärt werden, worin die Ursachen für die Beschwerde liegen und welche Problemlösung angebracht ist. Allerdings wird dies dadurch erschwert, dass keine sofortigen Rückfragen beim Kunden möglich sind. Zum anderen ist es im Falle schriftlicher Beschwerden notwendig, Regeln für verschiedene **Kommunikationsformen** (Eingangsbestätigung, Zwischenbescheid, abschließende Antwort) aufzustellen und **zeitliche Reaktionsstandards** einzuhalten.

Im Folgenden werden kurz die **wichtigsten Empfehlungen** für die Beantwortung von schriftlich artikulierten Beschwerden dargestellt (Dietze 1997).

Anfangsformulierung

Ebenso wie im telefonischen oder persönlichen Beschwerdegespräch ist es auch bei schriftlichen Beschwerden wichtig, einen **freundlichen und offenen Einstieg** zu wählen. Bürokratische, nüchterne, juristische oder gar abweisende Formulierungen wie z.B. „Wir bestätigen den Eingang Ihrer Beschwerde und teilen Ihnen dazu Folgendes mit“ sind zu vermeiden. Denn Sätze dieser Art erzeugen beim Kunden einen inneren Widerstand und reduzieren die Wahrscheinlichkeit, dass er die weitere Vorgehensweise akzeptiert. Positive Beispiele sind in Bild 9.5 angeführt.

- „In Ihrem Brief vom ... haben Sie uns über Ihre Probleme mit ... berichtet. Wir verstehen Ihre Verärgerung und stimmen Ihnen völlig zu: So etwas darf nicht passieren. Und deshalb werden wir es schnell in Ordnung bringen."
- „Jede Kundenbeschwerde hilft uns noch besser zu werden. Insofern – vielen Dank für Ihre Hilfe. Und damit Sie ganz persönlich spüren, wie ernst es uns damit ist, haben wir uns umgehend um Ihr Anliegen gekümmert."
- „Haben Sie vielen Dank für Ihren Brief vom ... und die darin enthaltenen kritischen Hinweise. Wir bedauern sehr, dass Sie mit den Leistungen unseres Kundendienstes unzufrieden sind und unfreundlich behandelt wurden. Ihre Erfahrung widerspricht der ganz auf unsere Kunden ausgerichteten Geschäftsphilosophie unseres Hauses."

Bild 9.5 Beispiele für Anfangsformulierungen (Brückner 2009; Haeske 2010)

Problemwiederholung

Es ist wichtig, dem Kunden klar zu vermitteln, dass sein Problem in vollem Umfang **richtig verstanden** worden ist. Daher sollte in dem nächsten Abschnitt des Antwortschreibens das Problem, das der Kunde in seinem Beschwerdeschreiben geschildert hat, nochmals zusammengefasst werden. Diese Problemwiederholung ist auch die Grundlage für die folgenden Briefteile, in denen die Konfliktbereinigung erfolgt und die Problemlösung erläutert wird (siehe Bild 9.6).

- „Sie fragen nach den Gründen, weshalb wir Ihren Kreditwunsch leider ablehnen mussten."
- „Sie sind verärgert über den neuerlichen Ausfall Ihres Gerätes."
- „Sie sind unzufrieden mit den Leistungen unseres Callcenters, da Ihre Mitteilung vom ... nicht weitergeleitet wurde."
- „Ihnen wurde versehentlich zum zweiten Mal die falsche Ware geliefert."
- „In Ihrem Brief an die Geschäftsleitung bemängeln Sie die lange Wartezeit bei der Reklamationsbearbeitung."

Bild 9.6 Beispiele für Problemwiederholungen (Brückner 2009; Haeske 2010)

Konfliktbereinigung

Dem Kunden muss auch bei schriftlicher Antwort aufrichtig signalisiert werden, dass man sich sehr wohl in die **Lage des Kunden hineinversetzen** kann. Insofern sollte auf den individuellen Fall eingegangen und Verständnis für die Verärgerung des Kunden gezeigt werden. Zusammen mit einem **Ausdruck des Bedauerns** oder einer **expliziten Entschuldigung** wird es damit möglich, negative Emotionen des Kunden abzubauen und ihn während des Lesens des Antwortschreibens auf die Sachebene zu bringen. Damit wird die Basis für eine rationale Prüfung des Lösungsvorschlags geschaffen (siehe Bild 9.7).

- „Es tut uns sehr leid, dass wir einen Fehler gemacht haben. Wir verstehen, dass Sie sehr verärgert sind."
- „Es tut uns leid, dass Sie durch das Vorgehen unseres Mitarbeiters einen so negativen Eindruck unseres Unternehmens bekommen mussten. Ein Verhalten, wie Sie es beschreiben, ist selbstverständlich auch für uns nicht akzeptabel ..."
- „Wir verstehen Ihre Verärgerung voll und ganz. Seien Sie sicher: Wir schaffen die Sache aus der Welt."
- „Wir verstehen gut, dass Sie als treuer Kunde angesichts der verspäteten Auslieferung Ihrer Ware sehr unzufrieden sind. Wir bedauern dies sehr und meinen, Sie haben ein Recht darauf die Gründe zu erfahren."

Bild 9.7 Beispiele für Formulierungen zur Konfliktbereinigung (Brückner 2009; Haeske 2010)

Problemlösung

Auf sachlicher Ebene liegt die Beschreibung der Problemlösung, die dem Kunden für die von ihm erlittene Beeinträchtigung angeboten wird. Wichtig ist hierbei, dass der Kunde diese **klar nachvollziehen** sowie einen eindeutigen **Bezug zu seinem Problem** herstellen kann. Können die Kundenerwartungen ganz oder überwiegend erfüllt werden, sind die aus der Lösung resultierenden Vorteile und Nutzen deutlich hervorzuheben. Wird den Kundenerwartungen nicht entsprochen bzw. werden Forderungen abgelehnt, müssen hierfür gut begründete Erklärungen gegeben werden (siehe Bild 9.8).

- „Der Schaden ist inzwischen behoben. Ein defektes Einzelteil wurde ausgetauscht - und Sie werden keine weiteren Probleme mehr haben."
- „Unser Servicemitarbeiter wird sich gerne mit Ihnen in Verbindung setzen, um Ihnen konkrete Tipps zu geben, die ein Wiederauftreten des Problems verhindern."
- „Selbstverständlich übernehmen wir dennoch die entstandenen Kosten. Als kleine Wiedergutmachung haben wir ... beigelegt."

Bild 9.8 Beispiele für Formulierungen zur Problemlösung (Brückner 2009; Haeske 2010)

Schlussformulierung

Die Schlussformulierung ist abhängig davon, ob das Kundenproblem im Sinne des Kunden gelöst wird oder dem Kunden eine Ablehnung mitgeteilt werden muss. Bei einer positiven Entscheidung, die den Erwartungen des Kunden entspricht, kann auf die erhoffte Wiederherstellung der Kundenzufriedenheit und die **Fortsetzung der Geschäftsbeziehung** Bezug genommen werden (siehe Bild 9.9).

- „Wir sind froh, dass wir das Problem lösen konnten, und sind überzeugt, dass Sie mit dem Produkt in Zukunft viel Freude haben werden."
- „Wir hoffen sehr, dass Sie mit dieser Lösung zufrieden sind, und werden alles tun, um Sie zukünftig wieder von unseren Leistungen zu überzeugen."

Bild 9.9 Beispiele für positive Schlussformulierungen (Brückner 2009; Haeske 2010)

Bei Ablehnungen ist es angebracht, noch einmal das **Bedauern über den Vorfall** auszudrücken bzw. um **Verständnis für die Entscheidung** zu bitten. Auf Formulierungen wie „... wir hoffen, dass Sie trotzdem in Zukunft unser Kunde bleiben werden" kann verzichtet werden, da sie in der Regel eher Störungsgefühle auslösen. Bild 9.10 enthält Beispielformulierungen, wie auf freundliche Weise „Nein" gesagt werden kann.

- „Es ist immer unangenehm, einen negativen Bescheid geben zu müssen, zumal dann, wenn es sich um einen treuen Kunden handelt. Dennoch können wir Ihre Reklamation aus folgenden Gründen leider nicht anerkennen: ..."
- „Niemandem fällt es leicht, „Nein" zu sagen. Auch uns nicht. Aber vielleicht können Sie uns verstehen, wenn wir Ihnen unsere Argumente vortragen: ..."
- „Seien Sie deshalb bitte nicht allzu enttäuscht, wenn wir Ihnen heute leider mitteilen müssen, dass wir Ihre Forderung nicht erfüllen können. Folgende Gründe haben zu dieser Entscheidung geführt: ..."

Bild 9.10 Beispiele für Schlussformulierungen in ablehnenden Beschwerdeantworten (Brückner 2009)

Sprachstil und Orthografie

Grundsätzlich muss bei der schriftlichen Beantwortung von Beschwerden immer bedacht werden, dass der Kunde keine Gelegenheit hat, bei Verständnisproblemen unmittelbar Rückfragen zu stellen. Dies bedeutet, dass eskalierende Unzufriedenheit entstehen kann, wenn einzelne Textpassagen unvollständig, unverständlich oder inkonsistent formuliert sind. Gerade diese **verbale Qualität** von schriftlichen Reaktionen auf Beschwerden wird sehr häufig unterschätzt und vernachlässigt.

Dasselbe gilt auch für **orthografische Belange** und Aspekte der Grammatik und Zeichensetzung. Fehler dieser Art werden vom Kunden als Indikator für die nachlässige Behandlung seines Anliegens empfunden. Deshalb muss auch genau darauf geachtet werden, dass bei der automatisierten Erstellung von Eingangsbestätigungen, Zwischenbescheiden oder abschließenden Antwortschreiben sowohl in der Anschrift als auch in der brieflichen Anrede der Name und weitere Angaben richtig geschrieben sind. Diesbezügliche Fehler stehen zwar nicht in unmittelbarem Zusammenhang mit der Lösung des Kundenproblems, stellen jedoch wichtige Qualitätsindikatoren für den Kunden dar, aus denen er negative Rückschlüsse auf das Beschwerdemanagement und das gesamte Unternehmen zieht.

9.2 Anwendung der Verhaltensregeln auf bestimmte Typen von Beschwerdeführern und Beschwerden

Die Verhaltensregeln wurden bisher in Abhängigkeit des vom Kunden gewählten Kommunikationswegs dargestellt, ohne jedoch auf **Besonderheiten** einzugehen, die einzelne **Beschwerdeführer** bzw. **Beschwerden** aufweisen können. Zu den besonderen Gruppen von Beschwerdeführern gehören Wiederhol- bzw. Mehrfachbeschwerer, Folgebeschwerdeführer sowie Nörgler bzw. Querulanten. Spezifische Beschwerden liegen vor, wenn sich Kunden mit ihrer Beschwerde gleichzeitig an unterschiedliche Stellen im Unternehmen wenden (Streubeschwerden), sich über einzelne Mitarbeiter beschweren bzw. in ihren Beschwerden Handlungskonsequenzen ankündigen (Drohungen).

9.2.1 Besondere Typen von Beschwerdeführern

9.2.1.1 Wiederhol- und Mehrfachbeschwerdeführer

Beschweren sich Kunden innerhalb eines bestimmten Zeitraums mehrmals über **dasselbe Problem**, handelt es sich um **„Wiederholbeschwerdeführer"**. Angesichts der Tatsache, dass ein Kunde erneut ein Problem erlebt, über das er sich schon (mindestens) einmal beschwert hat, ist davon auszugehen, dass die Geschäftsbeziehung in hohem Maße gefährdet ist. Das gilt selbst für den Fall, dass der Kunde bei der Erstbeschwerde eine zufriedenstellende Problemlösung bzw. Wiedergutmachung erfahren hat. Dies ist auch das Ergebnis einer Studie von Maxham/Netemeyer (2002) zu den Auswirkungen einer zweimaligen Beschwerdeführung innerhalb von 20 Monaten. Es zeigte sich hier eindeutig, dass das sogenannte „recovery paradox", d. h. die Steigerung der globalen Zufriedenheit nach einer positiven Beschwerdeerfahrung, nur nach der ersten Artikulation auftrat, nicht aber nach dem zweiten Erlebnis. Dieses Ergebnis erscheint auch plausibel. Kunden wollen nicht nur im Beschwerdefall angemessen behandelt werden, sie wollen auch davon ausgehen können, dass das Unternehmen Maßnahmen ergreift, um eine Wiederholung der Vorkommnisse in Zukunft auszuschließen. Ist dies nicht der Fall, wird das Vertrauen in die Ernsthaftigkeit der unternehmerischen Kundenorientierung stark beeinträchtigt.

Die Wiederholbeschwerdeführer bedürfen daher einer besonderen Aufmerksamkeit. Die in den Verhaltensregeln angesprochenen Prinzipien des Zuhörens und des aufrichtigen Bedauerns gelten hier in verstärktem Maße. Darüber hinaus muss dem Kunden erläutert werden, welche Maßnahmen bereits eingeleitet wurden oder jetzt eingeleitet werden, um das wiederholt aufgetretene Problem nun endgültig zu beseitigen. Weiterhin ist es empfehlenswert, die Beschwerdeführer **nach Abschluss des Beschwerdefalls** zu kontaktieren, um sie über den Erfolg der durchgeführten Maßnahmen zu informieren.

Dieselbe situationsbezogene, individuelle Reaktion sollte gegenüber Kunden erfolgen, die sich ebenfalls innerhalb eines bestimmten Zeitraums **mehrfach, jedoch über unterschiedliche Probleme**, beschwert haben. Auch solche **„Mehrfachbeschwerdeführer"** sind stark gefährdet, weil sie gleichzeitig doppelten oder dreifachen Anlass haben, sich über Produkte oder Dienstleistungen des Unternehmens zu ärgern.

9.2.1.2 Folgebeschwerdeführer

Bezugsobjekt einer Beschwerde können nicht nur Produkte oder Dienstleistungen sein, sondern auch die Beschwerdebearbeitung selbst. Dies ist dann der Fall, wenn der Kunde sich während oder nach der Bearbeitung seiner Beschwerde an das Unternehmen wendet und moniert, dass er mit der Art und Weise der Beschwerdebearbeitung oder dem Beschwerdeergebnis nicht einverstanden ist. Ein Beschwerdeführer beschwert sich somit über Aspekte der Beschwerdeabwicklung.

Folgebeschwerdeführer müssen eine besondere Behandlung erfahren, solange diese nicht eindeutig als Nörgler oder Querulanten identifiziert sind. Ihre Verärgerung ist besonders hoch, da innerhalb einer kurzen Zeitspanne zum zweiten Mal ihre Erwartungen nicht erfüllt wurden, zunächst im Hinblick auf einen spezifischen Produkt- oder Leistungsaspekt und dann bezüglich des Umgangs mit seiner Beschwerde.

Wie bei Wiederhol- und Mehrfachbeschwerdeführern sollte sehr einfühlsam agiert und eine aufrichtige Entschuldigung ausgesprochen werden. Eine entsprechende Reaktion ist auch in den Fällen erforderlich, in denen sich die Folgebeschwerde auf das Beschwerdeergebnis bezieht, insbesondere weil eine Kundenforderung abgelehnt wurde. Es gilt, Verständnis für die Enttäuschung des Kunden zum Ausdruck zu bringen, zuzusichern, dass sein Anliegen noch einmal sorgfältig geprüft wurde, und mit weiteren Informationen und Erklärungen die ablehnende Antwort zu erläutern.

Erfolgt die Folgebeschwerde noch während der Bearbeitung einer Erstbeschwerde, wird in der abschließenden Antwort auch auf die Folgebeschwerde eingegangen. Wird die Folgebeschwerde nach Abschluss der Erstbeschwerde artikuliert, bedarf es einer erneuten abschließenden Antwort.

Administrativ sollte die Folgebeschwerde auf jeden Fall als eigenständiger Vorgang behandelt werden, wobei dieser z. B. beim Einsatz eines Beschwerdemanagement-Softwaresystems mit der Erstbeschwerde zu verknüpfen ist.

9.2.1.3 Nörgler und Querulanten

Unter den Beschwerdeführern gibt es auch Kunden, die keinen nachvollziehbaren Grund für eine Beschwerde haben, unhaltbare Forderungen stellen oder sogar mit ihrer Beschwerde **dem Unternehmen bewusst schaden** möchten. Dabei ist jedoch die Tatsache zu beachten, dass solche Kunden nur einen **Bruchteil der Beschwerdeführer** ausmachen.

Die Identifikation dieser kleinen, aber das unternehmensinterne Bild vom Beschwerdeführer häufig stark negativ beeinflussenden Gruppe ist nicht einfach. Es gibt **keine allgemeingültigen Klassifizierungsmerkmale**, anhand derer ein Problemkunde leicht identifiziert werden kann. Es wäre falsch, einen Kunden, der sich mehrmals innerhalb eines bestimmten Zeitraums beschwert, als Nörgler zu bezeichnen. Ebenso wäre es nicht richtig, jemanden als Querulanten anzusehen, sobald er bestimmte Forderungen stellt oder sehr hartnäckig darauf besteht, dass sein Beschwerdefall nach mehrmaligem Nachhaken nun endlich bearbeitet wird. Dennoch lassen sich einige **Anhaltspunkte** für die Identifizierung finden.

Querulanten neigen dazu,

- Probleme zu **erfinden**,
- den Sachverhalt massiv zu **verfälschen** und zu **dramatisieren**,
- Forderungen zu stellen, die **in keinem nachvollziehbaren Verhältnis** zur erlebten Beeinträchtigung stehen,
- **massive Drohungen** aufzustellen, die über die zulässigen Handlungsformen (Abwanderung, Einschaltung von Rechtsanwälten und Medien) hinausgehen.

Nörgler sind daran zu erkennen, dass sie

- selbst die **geringfügigsten Anlässe** für umfangreiche Beschwerdeartikulationen wählen,
- ein **(marginales) Problem** zum Anlass nehmen, nun an vielen Aspekten des Leistungsangebots Kritik zu üben,
- realistische Lösungen **erschweren** bzw. **unmöglich machen**, indem sie gegen alle Varianten Einwände vorbringen,
- offenbar Befriedigung aus der **Fortsetzung des Konflikts** ziehen.

Die Einschätzung, ob diese Sachverhalte im Einzelfall vorliegen, darf allerdings nicht allein der persönlichen Meinung des Kundenkontaktmitarbeiters überlassen bleiben. Dieser sollte stattdessen grundsätzlich vorurteilsfrei und offen jede Unzufriedenheitsartikulation entgegennehmen. Drängt sich ihm allerdings der Eindruck auf, er habe es mit einem Querulanten bzw. Nörgler zu tun, sollte er nicht unmittelbar eine Lösung versprechen, sondern eine **gründlichere Fallprüfung** vornehmen. Dazu gehört auch, dass er sich in der Kunden- und Beschwerdedatenbank über das Auftreten des fraglichen Problems und die damit verbundenen Folgen sowie über das frühere Beschwerdeverhalten des Kunden informiert.

Stellt sich dabei heraus, dass eindeutige Täuschungen von Seiten des Kunden über Problemauftritt und Schädigungen vorliegen, dass er wiederholt Extremforderungen stellt und dass objektive Beschwerdegründe nicht vorliegen, dann handelt es sich um unberechtigte Beschwerden. Diese sind in der Regel sachlich zurückzuweisen. Im Extremfall kann es durchaus sinnvoll sein, eine **aktive Kundenverabschiedung** zu betreiben, indem dem Kunden höflich, aber unmissverständlich mitgeteilt wird, dass das Unternehmen unter den gegebenen Voraussetzungen nicht mehr an einer Fortsetzung der

Geschäftsbeziehung interessiert ist. Beispielhaft sei auf das Vorgehen der Hotelgruppe Hampton Inn verwiesen, die entsprechenden Gästen für die Zukunft ein anderes Hotel empfiehlt (Tax/Brown 2000).

9.2.2 Besondere Typen von Beschwerden

9.2.2.1 Streubeschwerden

Eine in der Praxis immer wieder anzutreffende Form der Beschwerde stellt die Streubeschwerde dar. Hierbei wendet sich der Kunde mit derselben Beschwerde **gleichzeitig an unterschiedliche Stellen** im Unternehmen, also beispielsweise an die Geschäftsleitung, an die zentrale Kundenbetreuung und an die regionale Niederlassung. Dieses Kundenverhalten kann **dreierlei Ursachen** haben: **(1)** Der Beschwerdeführer hat in der Vergangenheit mit der Beschwerdeführung schlechte Erfahrungen gemacht, d. h., es ist überhaupt nicht oder nur zögerlich reagiert worden. Indem er mehrere Stellen gleichzeitig kontaktiert, rechnet er sich größere Chancen aus, dass eine angemessene Reaktion erfolgt. **(2)** Er möchte sicherstellen, dass auch die Geschäftsleitung von diesem Problem Kenntnis erlangt, und auf diese Weise seiner Forderung Nachdruck verleihen. **(3)** Er versucht, für dasselbe Problem mehrere Kompensationsleistungen zu erhalten.

Wenn die Beschwerdebearbeitung nicht koordiniert erfolgt, besteht die Gefahr, dass die Beschwerde nicht als Streubeschwerde erkannt und **mehrfach bearbeitet** wird. Dies ist schon wegen der Doppelarbeit problematisch. Ein zusätzliches Problem ergibt sich, wenn die Beschwerde von den verschiedenen Stellen mit unterschiedlicher Qualität abgewickelt wird und/oder verschiedene Problemlösungen offeriert werden. Die Konsequenz ist, dass der Kunde die Beschwerdeabwicklung als unprofessionell wahrnimmt und gegebenenfalls zugleich in seinem Verhalten durch Mehrfachkompensationen belohnt wird, sodass er an dieser Beschwerdeführung auch zukünftig festhalten wird.

Die Herausforderung besteht somit darin, Voraussetzungen zu schaffen, die es ermöglichen, solche **Streubeschwerden zu identifizieren**. Eine Möglichkeit ist, alle Beschwerden, unabhängig davon, von wem sie entgegengenommen werden, zentral zu sammeln und zu sichten. Besteht eine dezentrale Zugangsstruktur und wird an den beteiligten Stellen eine entsprechende Softwarelösung zur Eingabe von Beschwerden eingesetzt, besteht die Möglichkeit, im Rahmen der Erfassung durch den Abgleich mit noch nicht abgeschlossenen Vorgängen Streubeschwerden auf der Einzelkundenebene zu erkennen.

Ist eine Beschwerde **als Streubeschwerde erkannt** worden und ist absehbar, dass die Bearbeitung eine längere Zeitspanne in Anspruch nehmen wird, sollte dem Kunden mitgeteilt werden, dass seine Beschwerden bei den unterschiedlichen Adressaten angekommen sind, und gleichzeitig ist ihm die für die koordinierte Bearbeitung verantwortliche Stelle zu nennen. Kann das Problem unmittelbar gelöst werden, wird die Bearbeitung von der intern koordinierenden Stelle eingeleitet und abgeschlossen, wobei in der abschließenden Antwort darauf eingegangen wird, dass die einzelnen Beschwerden bei den jeweiligen Adressaten angekommen sind, die Bearbeitung jedoch von einer Stelle übernommen worden ist.

9.2.2.2 Beschwerden an die Geschäftsleitung

Besondere Beachtung muss Beschwerden geschenkt werden, die **direkt an die Unternehmensleitung** gerichtet sind. Hierfür sind vor allen Dingen zwei Gründe verantwortlich. Zum einen wissen Kunden nicht, wer im Unternehmen der zuständige Ansprechpartner ist. Sie wenden sich deshalb an die Firmenspitze in der Hoffnung, dass die Beschwerde dann schon bearbeitet bzw. an die richtige Abteilung weitergeleitet wird. Auch schreiben Kunden bewusst an die Geschäftsleitung, wenn sie persönlich auf gravierende Probleme aufmerksam machen möchten oder sie zuvor bereits vergeblich versucht haben, auf andere Weise zum Erfolg zu kommen bzw. mit der bisherigen Beschwerdeabwicklung unzufrieden sind (Folgebeschwerde).

Die Maxime, dass der Adressat der Beschwerde auch dem Kunden antworten soll, gilt auch für die Geschäftsleitung, selbst wenn Problemlösung und Fallbearbeitung in vielen Fällen von einer anderen Stelle vorgenommen werden können bzw. müssen. Der Kunde wendet sich an Führungspersonen, weil er erwartet, dass diese sich persönlich um sein Problem kümmern. Ist dies nicht der Fall, ist der Kunde enttäuscht und für ihn wird die von der Unternehmensführung öffentlich proklamierte Kundenorientierung und Verpflichtung auf Kundenzufriedenheit unglaubwürdig.

Ein besonderes Problem tritt dann auf, wenn sich Kunden mit der Bitte an die Geschäftsleitung wenden, bereits abgelehnte Rabatt- oder Kulanzforderungen zu revidieren. Um die Glaubwürdigkeit und Entscheidungskompetenz des Beschwerdemanagements oder des Kundenkontaktpersonals nicht zu untergraben, sollten gut begründete Entscheidungen der zuständigen Mitarbeiter nur im Ausnahmefall korrigiert werden. Lässt sich dies nicht vermeiden, so sollten veränderte Entscheidungen durch den betroffenen Mitarbeiter und nicht durch die Führungskraft an den Kunden weitergegeben werden. Nimmt nämlich der Kunde wahr, dass er mehr erreicht, wenn er sich an die Geschäftsleitung wendet, wird er zukünftig verstärkt diesen Weg bereits für seine Erstbeschwerden nutzen (Dietze 1997).

9.2.2.3 Beschwerden über Mitarbeiter

Eine sensible Form der Beschwerde – sowohl für den Kunden als auch für das Unternehmen – sind Beschwerden über das Verhalten einzelner Mitarbeiter. Diese können unterschiedliche **Ursachen** haben (Dietze 1997):

- Es liegt ein **wirkliches Fehlverhalten** des Mitarbeiters vor,
- der **Kunde** ist schwierig und hat sich dem Mitarbeiter gegenüber **nicht korrekt verhalten** oder
- die **Chemie** zwischen Kunde und Mitarbeiter **stimmt nicht**.

Grundsätzlich sind die vorgestellten Verhaltensregeln auch auf diesen Fall anzuwenden. Da zum Zeitpunkt einer persönlichen Artikulation solcher Beschwerden nicht klar ist, wer – der Mitarbeiter oder der Kunde – einen Fehler gemacht hat, sollte es im **Erstkontakt** mit dem Beschwerdeführer grundsätzlich vermieden werden, entweder ihm unmittelbar recht zu geben oder den Mitarbeiter in Schutz zu nehmen.

Auch in diesem Fall gilt es, zunächst den Kunden anzuhören, ihn zu beruhigen und von der emotionalen zur sachlichen Gesprächsebene überzuleiten. Vielfach empfiehlt es sich, dem Kunden einen **Rückruf** oder ein nochmaliges Gespräch anzubieten, damit zunächst eine Rücksprache mit dem betroffenen Mitarbeiter geführt werden kann.

In diesem **Gespräch** ist der Mitarbeiter umfassend über den Vorfall zu informieren und ihm Gelegenheit zu geben, ausführlich seine Perspektive einzubringen. Zudem hat die zuständige Führungskraft Diskretion zu wahren und den Mitarbeiter auch im weiteren Fortgang auf dem Laufenden zu halten.

Stellt sich heraus, dass das **Fehlverhalten auf Seiten des Mitarbeiters** liegt und dieser auch weiterhin mit dem Kunden zusammenarbeiten muss, sollte sich der Mitarbeiter selbst beim Kunden - gegebenenfalls zusammen mit seinem Vorgesetzten - mit einer entsprechenden Wiedergutmachungsleistung persönlich entschuldigen. Intern muss die Situation für ein Feedback genutzt werden, indem mit dem Mitarbeiter bessere Reaktionsformen besprochen werden. Sollten sich ähnliche Fälle mit demselben Mitarbeiter häufen, besteht ein dringender Trainingsbedarf. Wenn sich dennoch keine Verhaltensänderungen einstellen, ist zu überprüfen, ob der Mitarbeiter auch zukünftig im Kundenkontakt tätig sein soll, da ansonsten unkontrollierbare Kundenverluste in Kauf genommen werden müssen (Dietze 1997).

Stellt sich dagegen heraus, dass das **Fehlverhalten eindeutig auf Seiten des Kunden** liegt, sollte der Vorgesetzte das Gespräch mit dem Kunden suchen und die Situation klären. Dazu gehört auch, dass der Vorgesetzte die Position des Mitarbeiters erläutert und begründet, warum er auch in Zukunft entsprechende Verhaltensweisen unterstützen wird (Dietze 1997). Genauso wie auf Mitarbeiterseite in Wiederholungsfällen in Erwägung gezogen wird, eindeutige Konsequenzen zu ziehen, gilt dies auch entsprechend auf Kundenseite. Kommt es zu mehrfachen, ähnlich gelagerten Vorfällen, die auf eindeutiges Fehlverhalten des Kunden schließen lassen, liegt es nahe, analoge Konsequenzen wie auf Mitarbeiterseite in Form der **aktiven Kundenverabschiedung** ins Auge zu fassen. Allerdings sind dabei die negativen ökonomischen Konsequenzen eines Kundenverlusts gegen die negativen Konsequenzen abzuwägen, die sich bei Beibehaltung der Beziehung aus den Konflikten mit ihren Demotivationseffekten für die Mitarbeiter ergeben.

9.2.2.4 Mit Beschwerden verbundene Drohungen

Manche Kunden verbinden die Artikulation ihrer Beschwerden mit der Androhung von Konsequenzen, die sie ziehen wollen, wenn die Beschwerde nicht wie von ihnen erwartet abgewickelt wird. Sie kündigen den Abbruch der Geschäftsbeziehung bzw. rechtliche oder medienwirksame Schritte an. Solche Vorgehensweisen können mehrere **Ursachen** haben (Dietze 1997). Kunden drohen,

- weil sie ihrer Forderung **Nachdruck verleihen** wollen,
- wenn sie das Gefühl haben, dass man ihre Probleme **nicht ernst genug nimmt**,
- weil sie das Gefühl haben, dass man ihnen **nicht weiterhelfen** will, oder
- wenn sie das Gefühl haben, sie seien **übervorteilt** worden.

Untersuchungen zeigen, dass 75 % der Kunden, die damit drohen, bei der nächsten sich bietenden Gelegenheit die **Geschäftsbeziehung zu beenden**, dieses Vorhaben auch konkret realisieren wollen (Dietze 1997). Einen Hinweis darauf, dass solche Drohungen ernst zu nehmen sind, gibt auch die Analyse der Gründe, warum Kunden eine Geschäftsbeziehung beendet haben. Denn ein Großteil wandert wegen Unzufriedenheit ab. So zeigt eine Kündigerstudie aus der Versicherungswirtschaft, dass mehr als 75 % der abgewanderten Kunden aufgrund von Unzufriedenheit mit Produkt-, Preis- und Serviceaspekten ihre Verträge gekündigt haben (Stauss/Seidel 2005).

Kunden, die mit Abwanderung drohen, sollte man aus den genannten Gründen immer **offen begegnen** und sie fragen, was genau in dieser speziellen Situation noch getan werden kann, um sie von ihrem Vorhaben abzuhalten. Werden realistische Erwartungen genannt, muss die Chance genutzt werden, sie weiterhin an das Unternehmen zu binden. Können abwanderungswillige Kunden hingegen von ihrem Vorhaben nicht abgehalten werden, ist dennoch nach einer möglichst kundengerechten Lösung zu suchen. Durch eine solche positive Verabschiedung **(Goodbye-Management)** wird verhindert, dass die Geschäftsbeziehung im Streit endet. Auf diese Weise erhöhen sich die Chancen, dass der Kunde nach einiger Zeit für das Unternehmen zurückgewonnen werden kann bzw. dass der Kunde von selbst zurückkommt.

Eine weitere Drohung unzufriedener Kunden besteht darin, **rechtliche Mittel** einzulegen, wobei ca. 15 % der Kunden, die diese Maßnahme ankündigen, diese auch tatsächlich realisieren wollen (Dietze 1997). Ein Teil der Beschwerdeführer droht auch damit, **Medien einzuschalten**, vor allem, wenn sie sich mit ihrem Problem alleingelassen fühlen und auf diese Weise die unternehmerische Aufmerksamkeit erzwingen wollen. Auch in diesen Fällen sind die Verhaltensregeln anzuwenden. Es ist eine Konfliktbereinigung anzustreben, insbesondere indem die Kunden offen gefragt werden, wie man aus ihrer Sicht das Problem aus der Welt schaffen kann. Erscheint die Forderung unter Würdigung aller Umstände und des Kundenwerts unrealistisch, muss dem Kunden sachlich mitgeteilt werden, dass man die angekündigten Konsequenzen gern vermieden hätte, aber nun bereit ist, vor Gericht bzw. in den Medien den eigenen Standpunkt aktiv zu vertreten.

Ein anderes Druckmittel, das von Kundenseite oft eingesetzt wird, besteht in der Drohung, **aktuelle Rechnungen zu mindern** oder **anstehende Zahlungen nicht zu leisten**. Diese Drohung wird zumeist dann ausgesprochen, wenn übertriebene Leistungszusagen von Seiten des Unternehmens gemacht worden sind und nicht eingehalten wurden und der Kunde sich dadurch **übervorteilt** fühlt (Dietze 1997). Stellt sich heraus, dass die Leistungszusage tatsächlich erheblich von der erbrachten Leistung abweicht, sollten Nachbesserungen erfolgen bzw. dem Kunden Zugeständnisse in Form von Rabatt- oder Kulanzleistungen gemacht werden. Sind solche Leistungsdefizite nicht festzustellen, sollte dies dem Kunden ruhig und sachlich erklärt und die Forderung zurückgewiesen werden. Allerdings kann es sinnvoll sein, von dieser Regel abzuweichen, wenn spezifische Umstände vorliegen oder eine ansonsten erfolgreiche Kundenbeziehung stark gefährdet würde.

9.3 Entscheidung über die Fall-Lösung

Einen wesentlichen Teil der Beschwerdereaktion stellt die Entscheidung über die Fall-Lösung dar. Da diese **unternehmens- und einzelfallspezifisch** erfolgen muss, lassen sich hier nur recht grobe Leitlinien für die Entscheidungsfindung aufstellen. Dabei sind **vor allem Antworten auf folgende Fragen** zu finden:

- Welche **Lösungsmöglichkeiten** stehen zur Verfügung?
- Von welchen Faktoren hängt die Wahl der jeweils **geeigneten Reaktionsform** ab?
- Bis zu welchem **Forderungsbetrag** soll auf eine ausführliche **Einzelfallprüfung** verzichtet werden?
- Wie soll man sich bei **unberechtigten Beschwerden** verhalten?

9.3.1 Lösungsmöglichkeiten und Einflussfaktoren für die Wahl der Reaktionsform

Grundsätzliche Lösungsmöglichkeiten

Als grundsätzliche Lösungsmöglichkeiten stehen drei Maßnahmen zur Verfügung: finanzielle, materielle oder immaterielle Reaktionen (Riemer 1986; Stauss 1995; siehe Bild 9.11). Zu den **finanziellen Reaktionsformen** eines Unternehmens gehören Geldrückgabe, Preisnachlass und Schadensersatz. Bei **materiellen Lösungen** erfolgt die Kompensation in Form einer Sachleistung (Umtausch, Reparatur, Ersatzprodukt, Geschenk). Zu den **immateriellen Reaktionen** zählen alle kundenorientierten Kommunikationsformen, die darauf abzielen, die Unzufriedenheit des Beschwerdeführers zu mindern (Information, Erklärung, Entschuldigung).

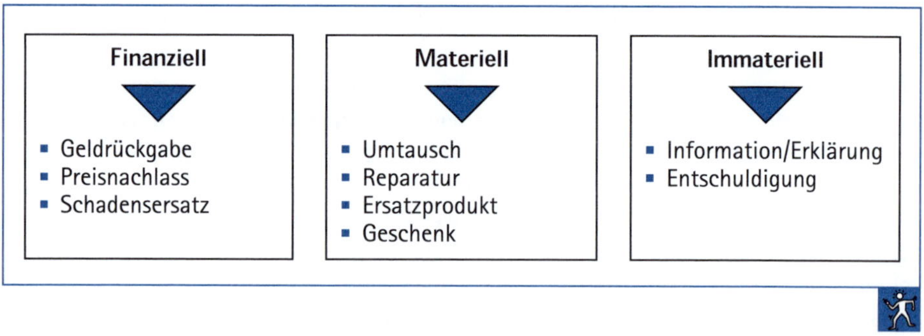

Bild 9.11 Unterschiedliche Reaktionsformen für die Problemlösung bzw. Wiedergutmachung von Kundenbeschwerden

Die **Wahl der jeweiligen Reaktionsform** wird durch güterspezifische Gegebenheiten eingeschränkt und durch Kostenüberlegungen geleitet. So stehen **Umtausch** und **Reparatur** bei Dienstleistungen als Alternativen nicht zur Verfügung. Reparaturen bieten sich vor allem bei Gebrauchsgütern an, während sich Umtausch und **Geldrückgabe** insbesondere bei geringwertigen Verbrauchsgütern eignen, für die eine Einzelfallprüfung zu aufwendig wäre. Das Angebot eines **Ersatzprodukts** ist nur möglich, wenn es dem Kunden den gleichen Nutzen wie das zunächst gewünschte Produkt bietet. Im Gegensatz zu Umtausch, Reparatur und Angebot eines Ersatzprodukts stellen **Geschenke** als materielle Reaktionsform keine wirkliche Lösung des Ausgangsproblems, sondern eine Geste der Wiedergutmachung dar. Deswegen kommen sie vor allem in Betracht, wenn - wie es häufig im Dienstleistungsbereich der Fall ist - eine nachträgliche Problembehebung unmöglich ist. Darüber hinaus können sie zusätzlich zu den anderen Alternativen eingesetzt werden, um mit einer positiven Überraschung die Beschwerdezufriedenheit zu erhöhen. **Immaterielle Reaktionen** sind grundsätzlich angebracht, unabhängig davon, ob die eigentliche Problemlösung noch eine weitere Reaktionsform erforderlich macht. Mit einer **Entschuldigung** übernimmt das Unternehmen die Verantwortung für das aufgetretene Problem und trägt dazu bei, auf emotionaler Ebene Unzufriedenheit abzubauen. Durch gezielte **Informationen und Erklärungen** können viele Probleme unmittelbar gelöst, Missverständnisse aufgeklärt oder zukünftige Probleme vermieden werden.

Die Wahl zwischen finanziellen bzw. materiellen Reaktionsformen einerseits und immateriellen andererseits wird auch von der Fehlerart bestimmt. So empfehlen Chase/Dasu (2001), **ergebnisbezogene finanzielle bzw. materielle Reaktionen** zu wählen, wenn auch das Ergebnis der Leistungserstellung einen Fehler aufwies, und **verhaltensbezogene immaterielle Reaktionen**, wenn es sich um einen Verhaltensfehler von Seiten des Unternehmens handelte (siehe **Praxis-Spotlight 10**).

Praxis-Spotlight 10

Die richtige Wiedergutmachung

Wie entschädigt Ihr Unternehmen den Kunden für einen Servicefehler? Untersuchungen zu der Frage, was Kunden als angemessene Wiedergutmachung empfinden, legen nahe, dass es darauf ankommt, ob es sich um ein **mangelhaftes Serviceergebnis** oder einen **Fehler im Serviceverlauf** handelt. Fehler verlangen nach einem materiellen Ausgleich, eine schlechte Behandlung durch das Servicepersonal dagegen nach einer Entschuldigung. Diese Maßnahmen zur Wiedergutmachung umgekehrt anzuwenden, wird sich kaum als effektiv erweisen.

Stellen Sie sich vor, Sie wären Manager eines Kopierladens und hätten mit zwei Kunden zu tun, die sich beschweren. Der eine behauptet, die Arbeit sei korrekt ausgeführt worden, aber der Angestellte sei unhöflich gewesen. Der andere sagt, man habe ihn zwar freundlich behandelt, aber wie sich dann zu Hause herausstellte, fehlten zwei Seiten seines Berichts, sodass er zu einer Konkurrenzfirma nahe seiner Wohnung laufen musste, um die Sache in Ordnung zu bringen. Was würden Sie tun?

Was die Unhöflichkeit des Angestellten betrifft, so sollten Sie dem Kunden keine materielle Kompensation wie etwa einen Gutschein anbieten. Denn alles, was der Kunde erwartet, ist eine **ehrliche Entschuldigung** - von dem Angestellten wie von Ihnen. Im Falle des mangelhaft erledigten Auftrags könnten Sie sich stundenlang entschuldigen, ohne den Kunden zufriedenzustellen. Der möchte die Arbeit richtig ausgeführt sehen und er möchte einen **Ausgleich für seinen Mehraufwand**. Obgleich in beiden Fällen Entschuldigungen angebracht erscheinen - die Verhaltensforschung gibt den eindeutigen Hinweis: Verfahrensbezogene Wiedergutmachungen sollten bei Verfahrensfehlern erfolgen, ergebnisbezogene Wiedergutmachungen bei unbefriedigenden Serviceergebnissen.

Quelle: Chase/Dasu (2001)

Reaktionsformen und ihr Einfluss auf die Beschwerdezufriedenheit

Bei der Wahl der geeigneten Reaktionsform ist darauf zu achten, ob die angebotene Lösung vom Kunden **als angemessen beurteilt** wird und somit das Ziel einer hohen Beschwerdezufriedenheit überhaupt erreicht werden kann. Empirische Studien zeigen, dass die Beschwerdezufriedenheit nicht nur von der Lösungsform (materielle oder immaterielle Kompensation), sondern auch vom Erleben des gesamten Bearbeitungsprozesses abhängig ist. Entscheidend ist häufig, inwiefern die Beschwerdeführer das Gefühl haben, „gerecht" oder „fair" behandelt zu werden (Goodwin/Ross 1990; Blodgett/Granbois/Walters 1993). **Fairness** oder **Unfairness** der Behandlung wird vom Kunden anhand verschiedener Aspekte der unternehmerischen Reaktion beurteilt (Goodwin/Ross 1990):

- Zum einen muss die **Interaktion während der Beschwerdebearbeitung** bestimmte Bedingungen erfüllen, damit sie als fair wahrgenommen wird. So muss der Kunde seine Sicht der Dinge darstellen können und auch den Eindruck gewinnen, dass die besonderen Umstände seines Falls zur Kenntnis genommen und gewürdigt werden. Zur wahrgenommenen Fairness im Prozess gehört auch, dass er beim Vorbringen der Beschwerde oder in der nachträglichen Korrespondenz nicht unfreundlich behandelt, ihm keine böse Absicht unterstellt und er nicht für das Auftreten des Problems verantwortlich gemacht wird.
- Zum anderen muss das **Ergebnis des Beschwerdeprozesses** als fair angesehen werden. Mit der angebotenen Lösung müssen sich aus Kundensicht seine eigene Leistung und die Gegenleistung des Unternehmens im Gleichgewicht befinden. Insofern sind zu großzügige finanzielle Kompensationen oder Geschenke weder erforderlich noch sinnvoll. Sie werden zwar entgegengenommen, aber doch als unangemessen und somit als massiver Beeinflussungsversuch angesehen und erzeugen eher Reaktanz, d.h. psychischen Widerstand, als Begeisterung. Es kommt nicht darauf an, mit übertriebenen Geschenken die Zufriedenheit des Kunden erkaufen zu wollen, sondern das vom Kunden vorgebrachte Problem zu lösen.

Wenn die Problemlösung ausbleibt, ist die Einschätzung dieses negativen Ergebnisses abhängig davon, ob der Kunde der Ansicht ist, der Anbieter wolle und/oder könne das Problem nicht lösen. Diese Zusammenhänge werden in Bild 9.12 anhand einer **„Können-Wollen-Matrix" der Beschwerdereaktion** verdeutlicht (Cottle 1990).

Wollen / Können	Ja	Nein
Ja	Fall 1 Können und wollen (hohe Beschwerde-zufriedenheit)	Fall 3 Können, aber nicht wollen (hohe Beschwerde-unzufriedenheit)
Nein	Fall 2 Wollen, aber nicht können (niedrige Beschwerde-unzufriedenheit)	Fall 4 Nicht können und nicht wollen (hohe Beschwerde-unzufriedenheit)

Bild 9.12 Können-Wollen-Matrix der Beschwerdereaktion (in Anlehnung an Cottle 1990, S. 247)

Unproblematisch ist der **Fall 1** („Können und wollen"). Da Unternehmen sowohl bereit sind, das Kundenproblem zu lösen, und dazu auch in der Lage sind, wird Beschwerdezufriedenheit erreicht. Hohe Beschwerdeunzufriedenheit ist im **Fall 4** („Nicht können und nicht wollen") zu erwarten, da Unternehmen mit ihrer Reaktion eine Einstellung zum Ausdruck bringen, die beim Kunden etwa in folgender Weise ankommt: „Ich kann Ihnen nicht helfen, aber selbst wenn ich es könnte, würde ich es nicht tun."

Interessanter sind die Fälle 2 und 3. Im **Fall 2** („Wollen, aber nicht können") erkennt der Anbieter das Problem, versucht es auch zu lösen, ist aber dazu entweder überhaupt nicht oder zurzeit nicht in der Lage. So ist es denkbar, dass sich Hotelgäste über zu niedrige Raumtemperaturen oder lärmende Mitgäste beschweren, es dem Hotelier aber nicht möglich ist, unmittelbar dafür zu sorgen, dass die Heizung repariert wird oder die Gäste sich ruhig verhalten. In Fällen dieser Art fällt trotz mangelnder Problemlösung die Beschwerdeunzufriedenheit vergleichsweise niedrig aus, wenn der Anbieter deutlich macht, dass er sich ernsthaft bemüht, das Problem zu beseitigen und kreativ nach Ersatzlösungen sucht oder Kompensationen anbietet.

Anders liegt die Situation im **Fall 3** („Können, aber nicht wollen"). Hier könnte der Anbieter das Problem lösen, ist dazu aber nicht bereit. Der Hotelier lehnt es beispielsweise ab, in Bezug auf die lärmende Gästegruppe aktiv zu werden. Mangelnde Bereitschaft, sich überhaupt um eine Problemlösung zu bemühen, führt unmittelbar zu hoher Beschwerdeunzufriedenheit.

Diese Erkenntnisse machen deutlich, dass aus Kundenperspektive die eigentliche Problemlösung („was“ der beschwerende Kunde erhält) **nicht unabhängig** von der Art des Umgangs mit dem Kunden im Beschwerdefall („wie“ der Kunde behandelt wird) beurteilt wird. Deshalb muss im gesamten Prozess der Beschwerdeabwicklung dem Kunden der glaubhafte Eindruck vermittelt werden, dass man ihn respektiert und sich ernsthaft um eine angemessene Lösung bemüht. Wie man auch im Massengeschäft differenziert und individuell auf Beschwerden reagieren kann, zeigt das Praxis-Spotlight 11.

Praxis-Spotlight 11

Individuelle Beschwerdereaktion im Massengeschäft der Swiss International Air Lines

Swiss International Air Lines (SWISS) hat sich mit der Neupositionierung der Marke zum Ziel gesetzt, näher am Kunden zu sein. Im Verkauf, Outbound Marketing und Service an Bord ist dieses Ziel vergleichsweise leicht umsetzbar, da der (potenzielle) Kunde zu diesem Zeitpunkt noch kein Gast der Airline und wahrscheinlich noch nicht von einer Unregelmäßigkeit betroffen ist. Größer ist die Herausforderung für die Abteilung Customer Service, die für die Bearbeitung der Beschwerden nach dem Flug zuständig ist. Kundennähe verlangt hier eine qualitativ hochwertige und individuelle Behandlung der Beschwerde. Dies ist im Massengeschäft schwer zu realisieren, zumal die Beschwerdebereitschaft zunimmt, gefördert durch externe Faktoren wie steigende Kundenerwartungen, die kritische Berichterstattung in den klassischen Medien und den verstärkten Einsatz von Social Media.

Um im Massengeschäft ein problemgerechtes Maß an individueller Beschwerdehandhabung sicherzustellen, wurde eine gründliche Analyse der Beschwerdearten vorgenommen. Für jede Beschwerdeart wurden die Kundenerwartungen an die Beschwerdereaktion ebenso ermittelt wie die Häufigkeiten des Problemauftritts und der mögliche Streitwert. Auf dieser Basis wurden für die Beschwerdearten verschiedene Kategorien gebildet, für die jeweils eine spezifische Form der individuellen Bearbeitung vorgesehen wurde:

Art der Beschwerde	Kunden-erwartung	Interne Kategorie
Beschwerden in Bezug auf rechtliche Themen zum Gepäck (z. B. Das Gepäck wird verspätet angeliefert. Etwaige Ansprüche müssen nach der Montreal Konvention geprüft werden)	Entschädigung	A
Beschwerden in Bezug auf rechtliche Themen zum Flug(z. B. der Flug von Sao Paolo nach Zürich hat drei Stunden Verspätung. Solche Ansprüche müssen entsprechend der EU-Verordnung 261/04 sowie sämtlicher Urteile zu dieser Thematik geprüft werden)	Entschädigung	A
Beschwerden über generelle Dienst-leistungen mit und ohne Rechtsanspruch (z. B. eine Sitzplatzreservierung wird infolge eines Flugzeugswechsels nicht eingehalten)	Erklärung von der Fluggesell-schaft	B
Beschwerden über Dienstleistung nach der Ankunft (z. B. es kommt zu einer Verzögerung bei der Gepäckausgabe)	Erklärung von der Fluggesell-schaft	B
Beschwerden in Bezug auf den Verkauf	Direkte Lösung	C
Beschwerden in Bezug auf das Produkt am Boden (inkl. Check-in und Lounge)	Direkte Lösung	C
Beschwerden in Bezug auf das Produkt in der Luft (z. B. das persönliche Unter-haltungssystem funktioniert mangelhaft oder gar nicht)	Direkte Lösung	C
Beschwerden in Bezug auf die Geschäfts-politik (Übergepäck, Preise usw.)	Direkte Lösung	D

Kategorie A betrifft Beschwerdefälle, die mit sehr großer Häufigkeit auftreten und mit sehr hohen Forderungen der Kunden verknüpft sind. Hier geht es vor allem um rechtlich begründete Entschädigungsforderungen für Gepäckverluste oder Flugausfälle. Wegen der rechtlichen Fundierung und der Kostenwirksamkeit haben Beschwerden dieser Kategorie oberste Priorität und müssen individuell bearbeitet werden. Dennoch ergeben sich Standardisierungsmöglichkeiten. Ist beispielsweise eine Flugunregelmäßigkeit und damit auch das Auftreten von Massenbeschwerden abzusehen, wird der Fall unmittelbar – d. h. noch bevor sich die Gäste beschweren – analysiert und entsprechende Handlungsvorgaben in Bezug auf rechtlich vorgeschriebene Entschädigungsleistungen und Kulanzspielräume werden definiert. Wegen der entfallenden Recherchearbeiten werden die Mitarbeitenden entlastet; zudem können in den Schreiben einheitliche Erklärungen sowie rechtlich gebotene Standardformeln verwendet werden.

Bei der Kategorie B handelt es sich vor allem um Beschwerden über Störungen im Verlauf der Reise. Der Beförderungsvertrag wird durch diese Störungen nicht beeinträchtigt (z. B. eine geringe Auswahl beim Essen; langes Warten im Flugzeug, bevor der Ausstieg erfolgen kann oder unfreundliche Mitarbeitende). Diese Probleme treten häufiger bei Vielfliegern auf, die weniger eine Entschädigung verlangen, sondern eine Erklärung und Entschuldigung erwarten. Die Beschwerden von Vielfliegern werden von einem speziellen Team bearbeitet. Hier erfolgt in der Regel eine telefonische Kontaktaufnahme, um eine individuelle Problemlösung sicherzustellen.

In die Kategorie C fallen Beschwerden über geringfügige Unannehmlichkeiten oder Einschränkungen beim Verkauf, am Boden oder in der Luft. Hier erwarten die Fluggäste zu Recht eine direkte Lösung. Um hierfür Individualität zu gewährleisten, haben die „Frontline"-Mitarbeitenden die Kompetenz, unmittelbar solche Probleme zu lösen. Fällt dabei eine Kompensation an, wird diese über eine kodierte Kompensationskarte dargestellt. Der Gast hat nach Erhalt der Karte die Möglichkeit, sich über die Website bis zu drei (je nach Eskalationsstufe der Karte) unterschiedliche Kompensationsarten auszusuchen.

Bei Beschwerden über geschäftspolitische Regelungen, Preise und Konditionen (Kategorie D) ist auch Individualität gefragt, da hier dem Gast verständlich vermittelt werden soll, welchen Konditionen er zugestimmt hat und welche Ansprüche sich daraus (nicht) ergeben.

Mit den proaktiven Mechanismen für absehbare Massenbeschwerden der Kategorie A wird Bearbeitungszeit eingespart. Gleiches gilt für die Verlagerung von Problemlösungskompetenzen an Mitarbeitende mit Gästekontakt für Beschwerden der Kategorie C, die erst gar nicht zur Abteilung Customer Service gelangen (aber im Beschwerdemanagement-Tool registriert werden, um doppelte Kompensationen zu verhindern). Damit ist es möglich, mehr Zeit in die individuelle Bearbeitung zu investieren.

Robert J Heerenveen

Head of Customer Service

Swiss International Air Lines

■

9.3.2 Fall-Lösung mit oder ohne Einzelfallprüfung

Viele Unternehmen sind erst dann bereit, finanzielle und materielle Kompensationen selbst geringfügiger Art anzubieten, nachdem sie den Fall einer **eingehenden Prüfung** unterzogen haben. Während sie also hinsichtlich der möglichen Kompensationskosten äußerst sensibel sind, vernachlässigen sie die Kosten, die in der umfangreichen Fallprüfung liegen. Wie ein einfaches **Rechenbeispiel** zeigt, ist dieses Verhalten wenig rational.

Für die folgende Betrachtung sei angenommen, dass die Kundenforderungen pro Beschwerdefall durchschnittlich 100 € betragen und die sorgfältige Prüfung des Sachverhalts sowie die damit verbundenen Aktivitäten Kosten in Höhe von 50 € pro Beschwerde betragen.

Wenn die Einzelfallprüfung dazu führt, dass die Forderungen von 80 der 100 eingegangenen Beschwerden als berechtigt anerkannt werden, kommt ein **Kostenvergleich** zu folgendem Ergebnis: **Ohne Prüfung** wären ausschließlich Regulierungskosten in Höhe von 10 000 € entstanden. **Mit Sachverhaltsprüfungen** sind zum einen die Regulierungskosten für 80 Fälle (8000 €) und zusätzlich die Prüfkosten von 5000 € entstanden. Der „Erfolg" der Zurückweisung von 20 % unberechtigter Forderungen wurde somit durch **Zusatzkosten** in Höhe von 3000 € erkauft. Dazu kommt der Verlust positiver Effekte in Bezug auf Image und Kundenzufriedenheit, der eingetreten wäre, wenn die Kunden eine unbürokratische Problemlösung erfahren hätten (Cannie/Caplin 1991; Walther 1994).

Selbstverständlich lautet die Konsequenz aus diesem Rechenbeispiel nicht, dass grundsätzlich auf Berechtigungsprüfungen verzichtet werden sollte, zumal einzelne Beschwerdeführer beträchtliche finanzielle Forderungen stellen. Doch es gilt nach einem Verfahren zu suchen, das Unternehmen eine Antwort auf die Frage gibt, bis zu welchem Kompensationsbetrag **auf eine ausführliche Einzelfallprüfung verzichtet werden kann**.

Ausgangspunkt ist die Erfahrung, dass ein Großteil der Aufwendungen, die für Problemlösung und Wiedergutmachung anfallen, auf einen relativ kleinen Anteil der Beschwerden entfällt. Umgekehrt bedeutet dies auch, dass der Großteil der Beschwerden nur einen geringen Anteil an den gesamten Regulationsaufwendungen beansprucht. Dementsprechend erscheint es sinnvoll, die ausführliche Einzelfallprüfung **auf die wenigen kostenintensiven Fälle zu beschränken**.

Blanding (1991) schlägt hierfür vor, die **80:20-Regel** auf das Beschwerdemanagement anzuwenden. Er geht davon aus, dass 80 % des Geldbetrags, der für Problemlösungs- bzw. Wiedergutmachungsleistungen aufgewendet werden muss, auf 20 % der Beschwerden entfallen. Dementsprechend machen 80 % der Beschwerdefälle nur 20 % des Gesamtaufwands aus. Auf der Grundlage dieser Annahme schlägt er ein Verfahren vor, mit dessen Hilfe überprüft werden kann, ob diese Verteilung im konkreten Einzelfall vorliegt und bis zu welchem Geldbetrag auf eine Überprüfung der Beschwerde verzichtet werden kann. Der Grundgedanke dieses Verfahrens liegt darin, nur die Beschwerden einer Einzelfallprüfung zu unterziehen, die insgesamt 80 % des Gesamtaufwands ausmachen, bzw. auf eine gesonderte Prüfung für die Beschwerden zu verzichten, die insgesamt nur 20 % der Gesamtaufwendungen ausmachen. Als Ergebnis dieses Verfahrens wird ein Sofort-Reaktionsbetrag ermittelt, bis zu dem ohne weitere Prüfung die von Kunden gewünschte Lösung angeboten werden kann. Das Verfahren umfasst folgende Schritte (in Anlehnung an Blanding 1991; siehe auch das Beispiel in Bild 9.13):

1. Gesamtregulierungsbetrag/Jahr

60.000 €

2. Davon 20% Nicht-Prüfanteil

12.000 €

3. Beschwerdeaufkommen/Jahr

40 Beschwerden

4. Ordnung der Beschwerden nach Regulierungskosten und Ermittlung der Beschwerdeanzahl, bis der Nicht-Prüfanteil erreicht ist.

20 Beschwerden	à	100 € =	2.000 €	
10 Beschwerden	à	400 € =	4.000 €	
2 Beschwerden	à	3.000 € =	6.000 €	
32 Beschwerden		=	12.000 €	= Nicht-Prüfanteil (20%)

5. Ermittlung des Sofort-Reaktionsbetrags

= höchster Regulierungsbetrag einer in den Nicht-Prüfanteil (20%) einbezogenen Beschwerde
= 3.000 €

6. Berechnung des Anteils der in den Prüfanteil (80%) einbezogenen Beschwerden am gesamten Beschwerdeaufkommen

$$\frac{\text{32 Beschwerden}}{\text{40 Beschwerden}} = 80\%$$

7. Überprüfung der 80:20 Regel

Bestätigt

Bild 9.13 Beispiel für die Ermittlung des Sofort-Reaktionsbetrags (Blanding 1991, S. 112f)

1. Ermittlung des gesamten Geldbetrags, der im Betrachtungszeitraum für Problemlösungen und Wiedergutmachungen ausgegeben wird **(Gesamtregulierungsbetrag)**.
2. Berechnung von 20 % des Gesamtregulierungsbetrags **(Nicht-Prüfanteil)**.
3. Ermittlung des **Beschwerdeaufkommens** in der Betrachtungsperiode.

4. **Ordnung der Beschwerden** entsprechend den jeweiligen Einzelregulierungskosten in aufsteigender Reihenfolge und Ermittlung der Beschwerdeanzahl, bis der Nicht-Prüfanteil (20 % der Gesamtregulierungskosten) erreicht wird.
5. Ermittlung des **Sofort-Reaktionsbetrags** als Höchstbetrag der Regulierungskosten einer dieser Beschwerden. Alle Beschwerden mit einem Regulierungsaufwand bis zu diesem Betrag können ohne weitere Prüfung sofort im Kundensinne gelöst werden. Dies gilt aber nur, wenn der Anteil der einbezogenen Beschwerden an der Gesamtbeschwerdeanzahl 80 % ausmacht.
6. Berechnung des **Anteils der einbezogenen Beschwerden** am gesamten Beschwerdeaufkommen.
7. **Überprüfung der 80 : 20-Regel**. An dem ermittelten Sofort-Reaktionsbetrag kann auch festgehalten werden, wenn sich die Regel nicht genau bestätigt. Allerdings sollten die 20 % der Gesamtregulierungskosten auf mindestens 50 % der Beschwerdefälle entfallen.

In dem in Bild 9.13 dargestellten Beispiel machen 80 % der Beschwerdefälle, die Einzelregulierungskosten bis zu 3000 € bedingen, 20 % der Gesamtregulierungskosten aus. Die 80 : 20-Regel trifft also in diesem Beispiel zu, sodass Beschwerden bis zur Höhe des ermittelten Sofort-Reaktionsbetrags von 3000 € ohne Einzelfallprüfung reguliert werden können.

Diese Vorgehensweise ist für das Unternehmen mit **drei Vorteilen** verbunden. **(1)** Es können 80 % aller Beschwerdeführer **unmittelbar zufriedengestellt** werden. **(2)** In 80 % der Fälle kann das Kundenkontaktpersonal sofort über die Problemlösung entscheiden, was entsprechende **Motivationseffekte** mit sich bringt. **(3)** Für 80 % der Beschwerden fallen **keine internen Prüfkosten** an.

Dieses Verfahren sollte allerdings **nicht völlig schematisch angewendet** werden. Zum einen wird sich die 80 : 20-Regel nur im Ausnahmefall exakt bestätigen. Dennoch kann es sinnvoll sein, an dem ermittelten Sofort-Reaktionsbetrag festzuhalten, wenn die 20 % der Gesamtregulierungskosten auf einen erheblichen Anteil des Beschwerdeaufkommens (mehr als 50 %) fallen. Zum anderen ist der ermittelte Sofort-Reaktionsbetrag grundsätzlich genauer zu analysieren. Ergibt es sich – wie im Beispiel in der Bild 9.13 –, dass der Sofort-Reaktionsbetrag vergleichsweise hoch ausfällt und nur selten ausbezahlt werden muss, kann es sinnvoll sein, den in der Rangfolge nächst niedrigeren Betrag (anstatt 3000 € den Betrag in Höhe von 400 €) zu wählen.

9.3.3 Umgang mit „unberechtigten" Beschwerden

Vielfach wird die Frage aufgeworfen, wie man auf unberechtigte Kundenforderungen reagieren soll. Die Beantwortung dieser Frage setzt allerdings die Klärung voraus, ob und wann eine Beschwerde als **unberechtigt** anzusehen ist.

9.3.3.1 Die subjektive Berechtigung von Kundenbeschwerden

Bei der Frage nach der Berechtigung einer Beschwerde ist zunächst von der **Perspektive des Kunden** auszugehen. Danach erscheint **jede Beschwerde gerechtfertigt**, wenn es sich um eine Artikulation handelt, mit der ein Kunde auf ein subjektiv als schädigend empfundenes Verhalten eines Anbieters aufmerksam machen, Wiedergutmachung erreichen oder eine Änderung des kritisierten Verhaltens erreichen will. Erfahrungsgemäß ist die große Mehrheit der Beschwerdeführer subjektiv voll von der Berechtigung ihres Anliegens überzeugt. Dietze (1997) schätzt diesen Anteil auf ca. 85 %. Auch von den verbleibenden 15 % hält der weitaus größte Anteil die Beschwerde bzw. die Forderung für berechtigt, ist aber davon nur mit Einschränkungen überzeugt, weil er sich zumindest eine Teilverantwortung beim Zustandekommen des Problems zuschreibt. Nur ein ganz geringer Prozentsatz der Beschwerdeführer ist der Gruppe zuzuordnen, die sich in betrügerischer Absicht beim Unternehmen beschwert und daher auch aus ihrer subjektiven Sicht eigentlich keinen Beschwerdegrund hat.

Insofern ist es aus Unternehmensperspektive sinnvoll, diese **Kundenperspektive zu akzeptieren**, und zwar unabhängig davon, ob sich bei einer späteren Prüfung herausstellt, dass das Unternehmen objektiv nicht für das Problem verantwortlich gemacht werden kann. Gleichgültig, ob die Problematik auf Informationsmängel des Kunden, Missverständnisse oder fehlerhaftes Verhalten von Mitarbeitern anderer Unternehmen zurückzuführen ist, in jedem Fall sind Ärger und Enttäuschung des Kunden vorhanden und haben ihre gerechtfertigte Ursache. Dem verärgerten Kunden zu beweisen, dass seine Aufregung fehl am Platze und er im Unrecht ist, steigert nur Ärger und Unzufriedenheit.

Die zentrale Forderung an die Beschwerdereaktion liegt also darin, die **Berechtigung der Kundenbeschwerde nie zu bezweifeln**. Doch diese primäre Akzeptanz aller subjektiv vom Kunden als berechtigt angesehenen Beschwerden bedeutet nicht, dass alle Forderungen des Kunden zu erfüllen sind. Bei der Aufklärung des Sachverhalts kann sich **objektiv ein anderes Bild** ergeben. So kann sich beispielsweise herausstellen, dass der Kunde die Umstände unvollständig oder inkorrekt geschildert bzw. das Problem (mit) verursacht hat. Auch ist es möglich, dass die Grundlage einer Forderung nicht besteht, beispielsweise, dass ein Garantiefall nicht vorliegt, weil die Garantiezeit bereits abgelaufen ist. In diesen Situationen fallen somit subjektive Berechtigung aus Kundensicht und objektive Berechtigung aus Unternehmenssicht auseinander.

Aus Unternehmenssicht ist es sinnvoll, den Umfang dieser objektiv „unberechtigten" Beschwerden zu erheben, weil sie in vielerlei Hinsicht wichtige **Hinweise auf Korrekturnotwendigkeiten** geben. Sie zeigen zum Beispiel, welche Informationsdefizite bei Kunden bestehen, wo eindeutig erscheinende Bedienungshinweise offenbar dennoch missverstanden werden, wo Partnerunternehmen bei der Leistungserstellung Probleme erzeugen, die dem eigenen Unternehmen zugeordnet werden. Allerdings muss bei dieser Beschwerdekategorisierung darauf geachtet werden, dass tatsächlich eine Prüfung anhand objektiver Standards erfolgt. Überlässt man die Einordnung einer Beschwerde als berechtigt oder unberechtigt einfach bearbeitenden Mitarbeitern, dann ist mit dem Ausweis einer hohen Zahl unberechtigter Beschwerden zu rechnen. So überrascht es nicht, dass in einer Studie aus dem Privatbankenbereich fast zwei Drittel (62 %) aller Beschwerden als unberechtigt eingeordnet wurden (Büdel 1997).

9.3.3.2 Reaktionsformen auf „unberechtigte" Beschwerden

Kulante Reaktion auf „unberechtigte" Beschwerden

Was die **Reaktion des Unternehmens auf objektiv unberechtigte Beschwerden** betrifft, gilt es zu differenzieren. Während in der Antwort der subjektive Beschwerdegrund des Kunden nicht bezweifelt werden darf, so hängt die Entscheidung über **freiwillige Rabatt- und Kulanzleistungen** von verschiedenen Faktoren ab. Dazu gehören die Nachvollziehbarkeit des subjektiven Beschwerdegrunds, die Regulierungskosten sowie Intensität und Wert der Kundenbeziehung. So ist die Tendenz, trotz nicht vorhandenen objektiven Beschwerdegrunds die Erwartungen des Kunden zu erfüllen, umso größer, je mehr die Perspektive des Kunden, z. B. aufgrund der **besonders unglücklichen Umstände** des Falls, auch aus Unternehmenssicht nachvollziehbar ist. Analoges gilt, wenn die **Prüfkosten** für die vollständige Aufklärung des Vorfalls höher ausfallen als die Regulierungskosten. Zudem erscheinen eine Ablehnung der Kundenwünsche und ein Beharren auf einem „objektiven" Standpunkt abwegig, wenn dadurch eine jahrelang erfolg- und ertragreiche **Geschäftsbeziehung gefährdet** würde.

Insofern spricht viel dafür, das Problem objektiv unberechtigter Beschwerden aus **ökonomischer Perspektive** zu betrachten. In Anlehnung an Überlegungen von Sewell/Brown (1996) ist folgende **pragmatische Vorgehensweise** bei der Entscheidung über freiwillige Rabatt- und Kulanzzahlungen zu empfehlen:

- Ermitteln Sie zunächst die **Kosten**, die bei der Erfüllung der (unberechtigten) Kundenforderung entstehen.
- Fälle, deren Regulierungskosten unterhalb der Einzelfallprüfkosten liegen, sollten sofort **ohne jede Einschränkung** oder Äußerung von Misstrauen dem Kundenwunsch entsprechend gelöst werden.
- Liegen die Regulierungskosten über den Prüfkosten und stellt sich in der Prüfung die offensichtliche Nicht-Berechtigung der Beschwerde heraus, sollte eine kundenindividuelle Behandlung **in Abhängigkeit vom Kundenwert** erfolgen. Liegt der Kundenwert (auch unter Berücksichtigung der Gesamtdauer der Geschäftsbeziehung) erheblich über den Regulierungskosten, sollte auch die unberechtigte Beschwerde im Kundensinne gelöst werden. Verhandlungen mit dem Kunden über eine Reduzierung seiner Ansprüche sind in der Regel nicht empfehlenswert, weil der Nutzen der kulanten Regulierung dann meist nicht entsteht. Sewell/Brown (1996, S. 80) drücken es folgendermaßen aus: „Wenn Sie den Kunden nicht verlieren wollen, geben Sie ihm genau das, wonach er verlangt - oder mehr -, ohne zu zögern. Wenn Sie ihm weniger geben wollen, können Sie es gleich bleiben lassen, denn Sie verlieren dadurch das Wohlwollen des Kunden." Allerdings sollten die unberechtigte Forderung des Kunden und die Art der unternehmerischen Reaktion in der Kundendatenbank erfasst werden, um bei wiederholtem Auftreten gegebenenfalls eine andere Entscheidung treffen zu können.
- Stellt sich aufgrund der Einzelfallprüfung heraus, dass die Forderung eines **Kunden von geringerer Attraktivität** unberechtigt ist oder dass derselbe Kunde bereits früher durch **betrügerisches Verhalten** aufgefallen ist, sollten die Ansprüche freund-

lich, aber deutlich zurückgewiesen werden. Der im Autohandel erfolgreiche Sewell berichtet lakonisch: „Manchmal zeigen wir diesen Kunden sogar den kürzesten Weg zu unserem ‚Lieblingskonkurrenten'" (Sewell/Brown 1996, S. 83).

Rabatt- und Kulanzentscheidungen in nennenswerter Höhe müssen in jedem Fall sehr **sorgfältig getroffen** werden. Vorschnelle Zusagen im Erstkontakt sollten vermieden werden, da diese nur schwer und mit dem Risiko eskalierender Unzufriedenheit zurückgenommen werden können. Darüber hinaus können sich leichtfertig gewährte Kulanz- und Rabattleistungen als sehr **kostentreibend** für das Unternehmen erweisen. In manchen Branchen - wie in der Automobil- oder Tourismusindustrie - gehören sie schon heute zu den größten Kostenblöcken im Beschwerdemanagement. Ein weiterer Grund, der für eine umsichtige Bewilligung von geldwerten Forderungen spricht, betrifft die Tatsache, dass sich großzügig gewährte Kulanzleistungen schnell in der Kundenbasis herumsprechen, sodass eine nachhaltige **Beeinflussung der Erwartungshaltungen** aktueller und zukünftiger Beschwerdeführer erfolgt. Wird später die Rabatt- bzw. Kulanzpolitik geändert, kann dies zu großer Verärgerung führen, da Kunden mit ähnlich oder gleich gelagerten Problemen keine entsprechende Leistung mehr gewährt wird.

Ablehnung „unberechtigter" Beschwerden

Liegen **weder ein objektiver noch ein subjektiver Beschwerdegrund** vor, ist die Beschwerde abzulehnen. Allerdings kann das Urteil, ob die Beschwerde einen subjektiven Beschwerdegrund hat, nicht auf Basis von Mitarbeitereinschätzungen, sondern nur aufgrund „harter" Fakten vorgenommen werden. Dies setzt voraus, dass das Unternehmen über eindeutige Belege verfügt, dass der Beschwerdeführer zur kleinen Gruppe der Nörgler, Querulanten und Betrüger („customers from hell") gehört.

Abzulehnen sind zudem alle Beschwerden, bei denen ein **objektiver Beschwerdegrund fehlt** und das Unternehmen keine Veranlassung hat, den subjektiv fundierten Kundenforderungen nachzukommen. Dies ist der Fall, wenn keine besondere Problematik erkennbar ist und der Wert der Kundenbeziehung als gering eingeschätzt wird. Allerdings kommen diese Gründe nur zur Anwendung, wenn die Regulierungskosten relativ hoch sind, sodass das Fehlen des objektiven Beschwerdegrunds in einer Einzelfallprüfung nachgewiesen wurde.

Werden Beschwerdeerwartungen der Kunden aufgrund eindeutiger und nachvollziehbarer Sachverhalte nicht erfüllt, dann ist diese Entscheidung dem Kunden sachlich und ohne schulmeisterliche Belehrung zu erläutern.

Bild 9.14 fasst die Reaktionsempfehlungen noch einmal zusammen.

Unternehmens-perspektive / Kunden-perspektive	Objektiver Beschwerdegrund gegeben	Objektiver Beschwerdegrund nicht gegeben
Subjektiver Beschwerdegrund gegeben	▪ **Anerkennung** der subjektiven Berechtigung ▪ **Vollständige Fall-Lösung** im Kundensinne	▪ **Anerkennung** der subjektiven Berechtigung ▪ Vollständige oder teilweise **kulante Fall-Lösung** im Kundensinne in Abhängigkeit von den spezifischen Umständen des Vorfalls, den Regulierungskosten sowie weiteren Faktoren (z.B. Intensität und Wert der Kundenbeziehung)
Subjektiver Beschwerdegrund nicht gegeben (z.B. betrügerische Beschwerde)		▪ **Ablehnung** der vom Kunden gewünschten Fall-Lösung

Bild 9.14 Mögliche Reaktionen auf berechtigte und unberechtigte Beschwerden aus Kunden- und Unternehmenssicht

9.4 Differenzierung der Beschwerdereaktion nach dem Kundenwert

Reaktionsformen können auch je nach Kundenwert differenziert gewählt werden. Die Grundlage dieser Überlegung ist, dass die Beschwerdereaktionen zum Zwecke der Kundenbindung eingesetzt werden, aber gleichzeitig der Grundsatz gilt **„not all customers are worth attracting and keeping“** (Rust/Zeithaml/Lemon 2000, S. 187). In diesem Kapitel wird auf diese Thematik vertieft eingegangen. In einem ersten Teil werden zunächst grundlegende Aspekte der Kundenbewertung aufgezeigt (9.4.1). Anschließend wird untersucht, inwiefern eine kundenwertbezogene Differenzierung im Rahmen des Beschwerdemanagements sinnvoll ist (9.4.2).

9.4.1 Grundlagen der Kundenbewertung

Die Bewertung von Kundenbeziehungen nimmt insbesondere im Rahmen des **Customer Relationship Managements (CRM)** eine wichtige Rolle ein. In vielen CRM-Publikationen wird nachdrücklich eine Fokussierung vor allem auf **werthaltige Kundenbeziehungen** gefordert (Gupta/Lehmann/Stuart 2004; Günter/Helm 2006; Krafft 2007; Günter/Helm 2011; Bruhn/Hadwich/Georgi 2013). Es wird darauf hingewiesen, dass es nicht sinnvoll ist, alle Kunden gleich hervorragend zu behandeln. Stattdessen sollte darauf geachtet werden, dass die Kosten der Kundenpflege durch den Erfolgsbeitrag der Kunden aufgewogen werden (Helm/Günter 2006). Als Bewertungs- und Klassifizierungskriterien für die Wertigkeit von Kundenbeziehungen werden dabei vor allem Kundenumsätze und -deckungsbeiträge sowie der Customer Lifetime Value herangezogen. Neben diesen eindimensionalen Ansätzen der Kundenbewertung werden in der Literatur auch mehrdimensionale Ansätze präsentiert (Kunden-Scoring- sowie Kunden-Portfolio-Modelle) (Cornelsen 2000; Köhler 2008).

9.4.1.1 Umsatzbezogene Kundenbewertung

Im Rahmen der umsatzbezogenen Kundenbewertung werden Kunden anhand der innerhalb eines bestimmten Zeitraums (z. B. ein Jahr) **realisierten Umsätze** bewertet und dann entsprechend der Umsatzhöhe in **A-, B- oder C-Kunden** klassifiziert (Helm/Günter 2006). A-Kunden sind dabei die Kunden mit den höchsten, C-Kunden diejenigen mit den niedrigsten Umsätzen. Die Umsatzklassen können unternehmensindividuell gewählt werden bzw. ergeben sich aus der Umsatzanalyse selbst. Solche Kunden-Rankings spiegeln gleichzeitig die Abhängigkeit eines Unternehmens vom Umsatz einzelner Kunden wider, wobei sich häufig zeigt, dass ein Großteil des Umsatzes auf einen kleinen Prozentsatz der Kunden entfällt. Nicht selten wird bezüglich der kundenbezogenen Umsatzkonzentration die sogenannte **80 : 20-Regel** beschworen, nach der 20 % aller Kunden für 80 % des Gesamtumsatzes verantwortlich sind. In der Anwendung der ABC-Analyse hängt somit der Wert eines Kunden von dessen Zuordnung zu einer Umsatzklasse ab. Dementsprechend erscheint es gerechtfertigt, dass A-Kunden grundsätzlich eine **intensivere Betreuung** als Kunden der anderen Umsatzklassen erhalten. Diese Schlussfolgerung kann jedoch zu **falschen Entscheidungen** führen, da Kunden mit hohen Umsätzen nicht zwingend auch einen hohen Gewinnbeitrag für das Unternehmen leisten (Köhler 2008).

9.4.1.2 Deckungsbeitragsbezogene Kundenbewertung

Die bei der umsatzbezogenen Kundenbewertung außer Acht gelassenen **Kosten für die Bearbeitung und Pflege einer Kundenbeziehung** werden im Rahmen der Deckungsbeitragsanalyse explizit berücksichtigt und den erzielten Umsätzen gegenübergestellt. Als Differenz resultiert der **Erfolgsbeitrag (Kundenerfolg)**, der ohne den betreffenden Kunden nicht entstanden wäre (Köhler 2008). Dieser stellt im Vergleich zum Umsatz ein **aussagekräftigeres Kriterium** für die erfolgsorientierte Bewertung einer Kundenbeziehung dar.

Genauso wie bei der umsatzbezogenen Kundenbewertung kann im Rahmen der deckungsbeitragsbezogenen Bewertung eine **Klassifizierung in A-, B- und C-Kunden** vorgenommen werden. Legt man diese deckungsbeitragsorientierte Kundenbewertung der Entscheidung über das einzelnen Kunden gegenüber zu leistende Serviceniveau zugrunde, dann heißt dies, dass Kunden, die zu den A-(Deckungsbeitrags-)Kunden gehören, die höchste Betreuungsqualität erfahren und eine weitere Differenzierung entsprechend den jeweiligen Deckungsbeitragsklassen erfolgt.

Die **Voraussetzung** für die Durchführung von Kundendeckungsbeitragsanalysen besteht darin, dass die durch den einzelnen Kunden verursachten Kosten und Erlöse exakt auch diesem zugeordnet werden können - eine Voraussetzung, die in vielen Unternehmen nicht oder nur in Ansätzen gegeben ist, da das Rechnungswesen produktorientiert aufgebaut ist. Insofern stehen viele Unternehmen erst vor der Aufgabe, insbesondere durch Einführung einer konsequenten Prozesskostenrechnung, die Grundlage für die Anwendung von am Kundendeckungsbeitrag orientierten Betreuungskonzepten zu schaffen.

9.4.1.3 Bewertung der Kundenbeziehung über die gesamte Dauer der Kundenbeziehung

Umsatz- und deckungsbeitragsbezogene Kundenbewertungen orientieren sich an **Vergangenheitswerten**. Die Entscheidung, ob sich eine bestimmte Aktion oder Maßnahme für eine Kundenbeziehung unter ökonomischen Gesichtspunkten lohnt, kann jedoch nur bedingt auf einer retrospektiven Datenbasis getroffen werden. Entscheidend ist, wie sich die Kundenbeziehung **in Zukunft** entwickeln wird und ob die Kundenbeziehung zukünftig Erträge erwirtschaftet, welche die Investition zum aktuellen Zeitpunkt rechtfertigen. Hierzu ist es notwendig, abzuschätzen, wie sich Umsätze und Kosten während der erwarteten Dauer der Beziehung entwickeln werden.

Ein Verfahren, das die gesamte Kundenbeziehung von ihrem Beginn bis zu ihrem Ende untersucht, stellt die Kalkulation des **Customer Lifetime Value (CLTV)** dar. Hierbei wird der Wert eines Kunden über die durchschnittliche Dauer einer Geschäftsbeziehung betrachtet, wobei die Bindung von Kunden dann als erstrebenswert angesehen wird, wenn die zu erwartenden kundenbezogenen Einzahlungen (Kundenumsätze) die zu erwartenden kundenbezogenen Auszahlungen (durch die Kundenbeziehung verursachte Kosten) übersteigen.

Dies bedeutet, dass implizit der Kundendeckungsbeitrag die Bezugsgröße des CLTV darstellt. Deshalb müssen die bereits beschriebenen Voraussetzungen erfüllt sein. Zusätzlich muss das Potenzial abzuschätzen sein, das ein Kunde für die zukünftige Geschäftsbeziehung besitzt. Zukünftig fällige Ein- und Auszahlungen werden dabei unter Anwendung von Prinzipien der **dynamischen Investitionsrechnung** auf den jeweiligen Betrachtungszeitpunkt abgezinst.

Die Berechnung des **CLTV für bestehende Kundenbeziehungen** erfolgt unter zwei Blickrichtungen (Köhler 2008): Rückblickend muss mit Hilfe der umsatz- oder deckungsbeitragsbezogenen Kundenbewertung die **vergangenheitsbezogene Kundenprofitabilität** ermittelt werden. Gleichzeitig gilt es, vorausschauend vom aktuellen Zeitpunkt an, die **prospektive Kundenprofitabilität** aus zukünftigen Transaktionen zu ermitteln, die gleichzeitig **auf den Gegenwartszeitpunkt abgezinst** wird. Indem die bereits realisierte Profitabilität einer Kundenbeziehung mit der voraussichtlich zu erzielenden Profitabilität addiert wird, ergibt sich der **gesamte Wert einer bestehenden Kundenbeziehung.**

Unter dem Gesichtspunkt der angestrebten Fokussierung auf profitable Kundenbeziehungen wäre es **wünschenswert**, für jede einzelne Kundenbeziehung den CLTV zu berechnen, um auf diese Weise eine unter ökonomischen Gesichtspunkten adäquate Bestimmung von Maßnahmen der Beziehungspflege vornehmen zu können.

Der theoretischen Überzeugungskraft des CLTV-Ansatzes stehen jedoch erhebliche **Einschränkungen** in Bezug auf seine **Praktikabilität** entgegen. Dabei macht vor allem die Bestimmung der kundenspezifischen Ein- und Auszahlungen kommender Jahre sowie der zukünftigen Bindungsdauer Schwierigkeiten. So wird der Einsatz **teilweise komplexer Prognosemodelle und Schätzverfahren** notwendig (Cornelsen 2000), wobei gleichzeitig das Arbeiten mit mehrperiodigen Investitionskalkülen hohe Anforderungen an die **Schätzgenauigkeit** stellt (Cornelsen 2000; Köhler 2008). Auch die **Unterstellung eines Kundenlebenszyklus** mit typischen Verläufen der Umsatz- und Kosten- bzw. Deckungsbeitragsentwicklung im Zeitablauf für die Ermittlung zukünftiger Zahlungsströme oder die Durchführung von **Kundenabwanderungsanalysen** zur Gewinnung von Anhaltspunkten für die zu erwartende Kundenbindungsdauer helfen nur bedingt. Denn um entsprechende Standardmuster identifizieren und in die Zukunft extrapolieren zu können, müssen bereits kundenspezifische Umsatz-, Kosten- und Kundenbindungsdaten vorhanden sein (Köhler 2008). Auch diese Voraussetzung ist in vielen Unternehmen nicht gegeben.

Nur Unternehmen mit hervorragend gepflegten Kundendatenbanken und langfristigen Kundenbeziehungen sind über den Einsatz des entsprechenden methodischen Instrumentariums in der Lage, die genannten Probleme zu reduzieren. Andere verzichten darauf, den investitionstheoretischen Ansatz praktisch umzusetzen. Sie greifen den **richtigen Grundgedanken des Konzepts** auf, dass sich der Wert eines Kunden nicht nur aus dem vergangenen bzw. aktuellen Deckungsbeitrag, sondern aus den zukünftig erwarteten Deckungsbeiträgen ergibt. Sie begnügen sich aber damit, grobe Schätzungen für die Umsatz- und Kostenentwicklung in einem überschaubaren Zeitraum vorzunehmen und die Bewertung der Kunden nach ihrem derzeitigen Deckungsbeitrag unter Berücksichtigung dieser Ergebnisse zu modifizieren. Eine Differenzierung der Kundenbetreuung erfolgt dann in Abhängigkeit von dieser mittelfristig orientierten Kundendeckungsbeitragsrechnung.

9.4.2 Die Anwendung der Kundenbewertung im Beschwerdemanagement

9.4.2.1 Grundsätzliche Anwendung der Kundenbewertung im Beschwerdemanagement

Der Anwendung der Ergebnisse der Kundenbewertung im Beschwerdemanagement sind einmal aufgrund der aufgezeigten Berechnungsproblematik **Grenzen gesetzt**. Aber auch aus konzeptioneller Hinsicht scheint es ratsam, die Frage einer kundenwertbezogenen Differenzierung im Beschwerdemanagement kritisch zu hinterfragen. Zwei wesentliche Tatbestände sind hier von Bedeutung. Dazu gehört zum einen der Umstand, dass ein aktives Beschwerdemanagement selbst einen wichtigen Hebel für die Steigerung des langfristigen Kundenwerts darstellt, zum anderen sind die Konsequenzen zu beachten, die sich aus dem Inbound-Charakter von artikulierten Kundenbeschwerden ergeben.

Beschwerdemanagement als zentraler Hebel für die nachhaltige Steigerung des CLTV

Die zentrale Zielsetzung des aktiven Beschwerdemanagements, Geschäftsbeziehungen unzufriedener Kunden zu stabilisieren und sie weiterhin an das Unternehmen zu binden, stellt selbst einen **zentralen Hebel für die nachhaltige Steigerung des langfristigen Kundenwerts** dar. Mit einer überzeugenden Beschwerdeabwicklung kann die Voraussetzung dafür geschaffen werden, Kundenbeziehungen positiv zu beeinflussen. Dies gilt vor allem auch für solche, die sich zum gegenwärtigen Zeitpunkt für das Unternehmen als wenig profitabel darstellen. Es ist durchaus denkbar, dass Kunden aufgrund ihrer positiven Erfahrung im Beschwerdefall ihre Einstellung zum Unternehmen verbessern, Vertrauen aufbauen und zukünftig ihr Geschäftsvolumen erhöhen. Dementsprechend ist es weniger sinnvoll, den Wert der Kundenbeziehung als Determinante der Beschwerdereaktion zu verstehen, als umgekehrt in der Beschwerdereaktion eine Investition in eine zukünftig profitablere Kundenbeziehung zu sehen.

Dieser grundsätzlichen Einschätzung steht nicht entgegen, dass eine kundenwertorientierte Differenzierung in Bezug auf die Problemlösung erfolgt, etwa in der Weise, dass gegenüber langfristig besonders profitablen Kunden der Handlungsspielraum bei Kulanzfragen voll zugunsten des Kunden ausgeschöpft wird. Fragwürdig ist aber eine Differenzierung im unmittelbaren Kundenkontakt. In dieser Hinsicht sollte das Beschwerdemanagement **ungeachtet der Kundenprofitabilität** jede Kundenbeschwerde gleich behandeln.

Während im Rahmen der Beschwerdereaktion eine Besserstellung besonders attraktiver Stammkunden rational sein kann, so ist eine bewusste Schlechterstellung aktuell wenig profitabler Kunden unter eine definierte Normalreaktion in jedem Fall zu vermeiden. Die generellen Erwartungen eines Kunden, **gehört zu werden** und zu seinem Recht zu kommen, sind immer zu erfüllen. Dies gilt schon aus ethischen Gründen, es ist aber auch im Sinne eines ökonomischen Kalküls sinnvoll, da ansonsten

- **nachhaltige Beschwerdeunzufriedenheit** provoziert wird,
- die in Beschwerdefällen immer vorhandene **Hebelwirkung für den langfristigen Kundenwert** in Form gleich bleibender bzw. erhöhter Deckungsbeiträge und längerfristiger Bindungsdauer **verloren geht** und gleichzeitig
- die Wahrscheinlichkeit steigt, dass nachlässig behandelte Kundenbeschwerden an **Rechtsanwälte oder Medien** übergeben werden, was grundsätzlich mit dem Risiko von Kosteneffekten und Imageeinbußen verbunden ist.

Der Inbound-Charakter von artikulierten Kundenbeschwerden

Eine **weitere Einschränkung** bezüglich der Anwendung der Kundenbewertung im Beschwerdemanagement resultiert aus dem Inbound-Charakter von Beschwerden. Bei den üblichen **vom Unternehmen initiierten Outbound-Aktivitäten** des CRM – wie dem Kampagnenmanagement – können diejenigen Kunden gezielt und systematisch selektiert werden, die einen für das Unternehmen angemessenen Kundenwert besitzen.

Im Fall des Beschwerdemanagements liegt eine ganz andere Situation vor. Nicht das Unternehmen entscheidet, welche Kunden es kontaktieren will, sondern die Kunden suchen von sich aus den Kontakt zum Unternehmen, um ihr Problem gelöst zu bekommen. Es handelt sich also um eine **Inbound-Aktivität**, sodass das Unternehmen nur über begrenzte Möglichkeiten zur kundenwertbezogenen Differenzierung verfügt (Stauss/Seidel 2009). Die Kontaktaufnahme durch den Kunden ist durch das Unternehmen **kaum zu steuern**. Selbst wenn aufgrund von Kundendatenbank-Informationen für den annehmenden Mitarbeiter – zum Beispiel in einem Costumer Care Center – im Rahmen des Beschwerdedialogs erkennbar ist, dass es sich um einen weniger profitablen Kunden handelt, ist es nicht vertretbar, sein Anliegen wegen mangelnder Wertigkeit nicht oder abweisend zu behandeln.

Aufgrund des positiven Einflusses des Beschwerdemanagements auf die Dauer, Intensität und Profitabilität der Geschäftsbeziehung und wegen des Inbound-Charakters von Beschwerden kann die im Rahmen des CRM häufig aufgestellte Forderung, Kunden nach ihrem Wert differenziert zu behandeln, **nur in Grenzen auf das Beschwerdemanagement übertragen** werden.

9.4.2.2 Einzelne Ansatzpunkte einer kundenwertorientierten Differenzierung im Beschwerdemanagement

Am Kundenwert orientierte Beschwerdeannahme und -bearbeitung

Hinsichtlich der Beschwerdeannahme und -bearbeitung gibt es nur wenige Möglichkeiten einer Differenzierung nach dem Kundenwert. So wäre es unrealistisch, **spezielle Zugangskanäle für die Beschwerden** von wertvollen Kunden – den **Statuskunden** – einzurichten. Da sich solche Maßnahmen nicht intransparent halten lassen, würde diese Maßnahme zu einer beträchtlichen Verärgerung der restlichen Kundenbasis führen. Dies gilt insbesondere, wenn Kunden, welche die Wertanforderungen des Unternehmens nicht erfüllen, eine für Statuskunden vorgesehene Customer-Care-Telefonnummer anrufen und zurückgewiesen würden. Zudem ist anzunehmen, dass eine solche Vorgehensweise von den Medien aufgegriffen wird und zu Imageeinbußen führen kann.

Etwas anders ist der Fall einzuschätzen, wenn der spezifische Zugangskanal nicht direkt für Beschwerden eingerichtet wird, sondern Teil eines exklusiven, **am Kundenwert ausgerichteten Serviceprogramms** ist. Den teilnehmenden Statuskunden wird dann eine Telefonnummer, Anschrift und/oder E-Mail-Adresse kommuniziert, über die sie die spezifischen Leistungen in Anspruch nehmen können. Dieser Kommunikationskanal kann dann von den Kunden auch dazu genutzt werden, Beschwerden zu artikulieren. Die bevorzugte Annahme und Bearbeitung von Kundenbeschwerden für diese Kundengruppe ist somit integraler Bestandteil des spezifischen Serviceprogramms, ohne ausdrücklich kommuniziert zu werden. Damit wird auch ausgeschlossen, dass Kunden, welche die Voraussetzungen der Kundenprofitabilität nicht erfüllen, sich gezielt über die für das Serviceprogramm vorgesehenen Kommunikationskanäle beschweren können.

Eine weitere grundsätzliche Möglichkeit zur Differenzierung der Beschwerdeannahme liegt darin, die **Gesprächsdauer in Abhängigkeit vom Kundenwert zu gestalten**, d.h. z.B. Telefonagenten im Call-Center anzuweisen, Beschwerdegespräche bei weniger wertträchtigen Kunden schneller zu führen als bei wertträchtigeren Kunden. Doch diese Handlungsweise ist abzulehnen. Die Einrichtung eines Beschwerdemanagements hat nur Sinn, wenn das Ziel verfolgt wird, sich aller Kundenprobleme anzunehmen und dafür Lösungen zu finden. Sobald ein Kundengespräch begonnen hat, bestimmen daher primär die Komplexität des Kundenproblems und der Informationsbedarf die erforderliche Dauer des Gesprächs, nicht aber kundenwertbezogene Zeitvorgaben.

Eine mögliche, sinnvolle **Differenzierung des Zugangskonzepts** für Beschwerdeführer unter dem Blickwinkel der ökonomischen Bedeutung der Kundenbeziehung besteht aber darin, die Schnelligkeit der Annahme von **telefonischen Beschwerden** beispielsweise von der anrufenden Telefonnummer abhängig zu machen. Sobald die ACD-Anlage eine Telefonnummer als Anschluss einer wertvollen Kundenbeziehung identifiziert, wird diesen Kunden eine schnellere Erreichbarkeit gewährleistet als anderen Kunden. So kann für als wertvoll klassifizierte Kunden ein Service-Level von 90:10 definiert werden – d.h., 90% aller Anrufer werden innerhalb von zehn Sekunden an einen Telefonagenten durchgestellt –, während für alle anderen Kunden ein Service-Level von 80:20 besteht. Diese Vorgehensweise vermeidet die Probleme der anderen Alternativen. Zum einen erfolgt zwar eine Bevorzugung von wertvollen Kunden, aber keine Diskriminierung weniger attraktiver Kunden im Sinne einer unterdurchschnittlichen Behandlung. Zum anderen wird die Bevorzugung nicht kommuniziert und damit auch nicht transparent.

Die Bearbeitung **schriftlicher Beschwerden** kann analog gesteuert werden. So können die Reaktionszeiten für Eingangsbestätigungen, Zwischenbescheide oder für die gesamte Bearbeitungsdauer in Abhängigkeit vom Kundenwert festgelegt werden. Die entsprechenden Levels für weniger werthaltige Kundenbeziehungen dürfen jedoch nicht so niedrig gesetzt werden, dass bei diesen Kunden Unzufriedenheit entsteht.

Am Kundenwert orientierte Problemlösung/Wiedergutmachung

Im Bereich der Beschwerdeannahme und -bearbeitung sind somit die Möglichkeiten zur kundenwertbezogenen Differenzierung begrenzt. Das Recht eines Kunden, Gehör zu finden, ist nicht von seinem Wert für das Unternehmen abhängig und offensichtliche Benachteiligungen bergen ein hohes Verärgerungsrisiko. Zudem müssten differenzierte Behandlungen intransparent gehalten werden können, um eine (weitergehende) Verärgerung weniger profitabler Kunden zu vermeiden. Dasselbe gilt grundsätzlich auch für die Reaktion auf Kundenbeschwerden im Rahmen der Gewährung von Problemlösungen/Wiedergutmachungsleistungen.

Für einen Beschwerdeführer ist es zunächst einmal entscheidend, dass **sein individueller Fall gelöst wird** und Maßnahmen eingeleitet werden, die gewährleisten, dass ein **erneuter Problemauftritt zukünftig vermieden** wird. Wenn Beschwerdemanagement ernstgenommen wird, dann ist diesen Erwartungen des Kunden unabhängig vom Kundenwert zu entsprechen.

Vielfach sind Probleme nicht mehr vollständig rückgängig zu machen und der Kunde ist für seine unangenehmen Erlebnisse durch eine Wiedergutmachungs- oder Kompensationsleistung (z. B. Geschenke) zu entschädigen. Oder es besteht ein hoher Handlungsspielraum in Bezug auf Kulanzfragen, weil die Beschwerde des Kunden zwar subjektiv berechtigt erscheint, aber unter objektiver Perspektive nicht gerechtfertigt ist. In diesen Fällen ist es nicht nur möglich, sondern durchaus auch angebracht, besonders wertvollen Kunden **mehr entgegenzukommen** als den weniger profitablen.

In analoger Weise kann die Kundenbewertung als Kriterium herangezogen werden, wenn **Follow-up-Maßnahmen** nicht standardmäßig für alle Beschwerdeführer durchgeführt werden. Dann werden diese zusätzlich ressourcenbindenden (Outbound-)Maßnahmen auf solche Kundenbeziehungen gelenkt, die einen entsprechenden Erfolgsbeitrag für das Unternehmen generieren.

9.5 Kommunikation mit dem Beschwerdeführer während der Beschwerdebearbeitung

Wenn der Kunde seine Beschwerde artikuliert hat, beginnt er, auf die Antwort zu warten. Je länger diese Wartezeit dauert, desto ungeduldiger und unzufriedener wird er. Deshalb kommt es darauf an, das Entstehen dieser Art von Unzufriedenheit mittels kommunikativer Maßnahmen zu vermeiden. Grundsätzlich kommen folgende, **zeitlich voneinander abhängige** Kommunikationsformen in Betracht: die **Bestätigung des Beschwerdeeingangs** bei schriftlichen Beschwerden, die Benachrichtigung über den Stand der Bearbeitung in **Zwischenbescheiden** sowie die Mitteilung der Problemlösung in einer abschließenden Antwort. Darüber hinaus schließt die externe Kommunikation alle **Antworten** und Reaktionen des Unternehmens **auf Anfragen** des Kunden während der Bearbeitung des Beschwerdefalls ein.

9.5.1 Kommunikationsformen

9.5.1.1 Eingangsbestätigung

Bei **schriftlichen Beschwerden**, die nicht sofort gelöst werden können, ist es erforderlich, dem Kunden den Erhalt seiner Beschwerde zu bestätigen. Es kann auch sinnvoll sein, vom Kunden **mündlich vorgebrachte Beschwerden** ebenfalls zu bestätigen, z. B. wenn die Beschwerde lediglich entgegengenommen und dem Kunden versprochen wird, sie an die zuständige Stelle unmittelbar weiterzuleiten.

In Fällen, in denen die Bearbeitung einen längeren Zeitraum in Anspruch nimmt, sollte unter inhaltlichen Gesichtspunkten die Eingangsbestätigung **folgende Informationen** enthalten:

- den **Dank** für die Beschwerde,
- den **Zeitpunkt des Eingangs** der Beschwerde im Unternehmen,
- eine **Zusammenfassung** des Kundenproblems,
- ein ehrliches und aufrichtiges **Bedauern** über die vom Kunden erlebten Unannehmlichkeiten,
- die eingeleiteten **Maßnahmen** sowie
- ein **voraussichtlicher Erledigungstermin** bzw., falls dies nicht möglich ist, ein Datum (Tag oder Kalenderwoche), bis zu dem der Kunde über seinen Fall **wieder informiert** wird.

Dem Kunden wird dadurch **Sicherheit gegeben**, dass seine Beschwerde bei der zuständigen Stelle angekommen und sein Problem richtig verstanden worden ist. Er weiß weiterhin, dass Maßnahmen zur Problembehebung eingeleitet worden sind, und er wird über die Dauer der Bearbeitung in Kenntnis gesetzt. Das Unternehmen signalisiert ihm damit, dass sein Problem in den richtigen Händen liegt und man um eine Lösung bemüht ist.

Auf eine Eingangsbestätigung kann verzichtet werden, wenn die vom Kunden erwartete Zeitspanne bezüglich der Reaktion auf Beschwerden mit dem (voraussichtlichen) Abschluss des Beschwerdevorgangs nicht überschritten wird.

Eingangsbestätigungen können schriftlich oder telefonisch erfolgen. Dabei erweist sich vielfach die **telefonische Reaktionsform** als überlegen. Zum einen kann der jeweilige Mitarbeiter während des Gesprächs das tatsächliche Kundenproblem und die erwartete Lösung nochmals genauer erfassen, zum anderen kann er dem Kunden gegenüber detailliert begründen, warum bestimmte Erwartungen nicht erfüllt werden können. Darüber hinaus kann sich das Unternehmen in einer – von vielen Kunden gewünschten – persönlichen Weise entschuldigen (Goodman/Malech/Marra 1987).

Der telefonischen Reaktionsform sind jedoch **Grenzen gesetzt**, wenn das schriftliche Beschwerdeaufkommen ein solches Ausmaß erreicht, dass die einzelnen Beschwerden effizient nur in Form von Standardschreiben bestätigt werden können. Bei dem Einsatz solcher Schreiben muss jedoch der Eindruck vermieden werden, dass keine individuelle Fallprüfung erfolgt. Dies kann man erreichen, indem für mögliche Kundenrückfragen ein Ansprechpartner namentlich angegeben wird. In Fällen mit hoher Dringlichkeitsstufe sollte selbst bei einem hohen Beschwerdeaufkommen eine telefonische Kontaktaufnahme erfolgen, um den Bearbeitungs- und Lösungsprozess zu beschleunigen.

Bei per E-Mail artikulierten Beschwerden bietet es sich an, dem Kunden eine automatische Antwort zu senden. Diese Antwort sollte jedoch lediglich darauf hinweisen, dass die Kunden-E-Mail technisch korrekt beim Unternehmen angekommen ist. Unabhängig davon muss auch auf E-Mail-Beschwerden mit einer individuellen Eingangsbestätigung mit den oben beschriebenen Inhalten reagiert werden.

9.5.1.2 Zwischenbescheide

Die Aussendung von Zwischenbescheiden ist immer dann **erforderlich**, wenn

- dem Kunden mit der Eingangsbestätigung **noch kein Erledigungstermin** bzw. -zeitraum genannt werden konnte,
- mit dem Kunden **vereinbarte Zwischentermine** oder der **Erledigungstermin nicht eingehalten** werden können,
- sich im Rahmen der Beschwerdebearbeitung **Abweichungen** von der dem Kunden avisierten Problemlösung oder sonstigen gemachten Zusagen ergeben oder
- zwischen Eingangsbestätigung und endgültiger Problemlösung ein so **langer Zeitraum** liegt, dass der Kunde den Eindruck gewinnen könnte, seine Beschwerde würde vernachlässigt oder sei vollständig vergessen worden.

Für die Wiederherstellung der Zufriedenheit sich beschwerender Kunden ist es von entscheidender Bedeutung, dass das Unternehmen sein Bemühen um eine Problemlösung unter Beweis stellt und **Transparenz** über die Fallprüfung und den aktuellen Stand der Bearbeitung schafft. Auch muss es alle im Rahmen des Beschwerdefalls gemachten Zusagen und Versprechen gegenüber dem Kunden einhalten. Sollte dies aus bestimmten Gründen nicht möglich sein, so muss das Unternehmen den Kunden über die jeweiligen Abweichungen unverzüglich informieren. Bei länger dauernden Bearbeitungsprozessen sollten zeitliche Standards festgelegt werden, innerhalb derer ein Zwischenbescheid erstellt und versandt werden muss. Im Rahmen von PC-gestützten Beschwerdemanagementsystemen kann dieser Vorgang weitgehend automatisiert werden.

Bei der Wahl zwischen **telefonischem und schriftlichem Kommunikationsweg** mit dem Kunden ist auch bei Zwischenbescheiden das Telefon vorzuziehen. Auf diese Weise kann man den Kunden individueller und ausführlicher über den Stand der Dinge informieren. Weiterhin verstärkt sich beim Kunden der Eindruck, dass man sich intensiv mit seinem Problem auseinandersetzt und ihn als Kunden nicht verlieren möchte. Lässt sich eine schriftliche Form des Zwischenbescheids aufgrund eines hohen Beschwerdeaufkommens nicht vermeiden, so gilt auch hier das Gleiche wie bei der Eingangsbestätigung: Es muss eine individuelle Ansprache des Kunden in Bezug auf sein Problem gewählt und für Rückfragen eine Ansprechperson benannt werden.

9.5.1.3 Abschließende Antwort

Die abschließende Antwort beinhaltet die vom Unternehmen entwickelte Lösung des Problems und die Mitteilung, dass der Beschwerdefall **endgültig abgeschlossen** ist. Inhaltlich sollte sie folgende Punkte enthalten:

- den **Dank** für die Beschwerde,
- eine nochmalige **kurze Zusammenfassung** des Problems,
- den **Ausdruck des Bedauerns** für die vom Kunden erlittene Beeinträchtigung,
- das **Ergebnis** der Problemanalyse,
- den **Lösungsvorschlag** und
- bei kundengerechter Problemlösung – die Bitte, auch zukünftig dem Unternehmen das **Vertrauen zu schenken.**

Die abschließende Antwort sollte in der Regel **schriftlich** erfolgen, um später eventuell auftretenden Unstimmigkeiten im Hinblick auf das tatsächliche Ergebnis der Problemlösung vorzubeugen. Dies muss unabhängig davon geschehen, ob das Kundenproblem vollständig, teilweise oder überhaupt nicht im Sinne des Kunden gelöst werden konnte. In Fällen, die aus Kundensicht keine oder nur eine unzureichende Lösung erfahren haben, ist es darüber hinaus empfehlenswert, den Kunden telefonisch oder persönlich die Gründe für die Nicht- bzw. Teillösung zu erklären und den guten Willen des Unternehmens nochmals zu unterstreichen.

9.5.1.4 Follow-up-Kontakte

Um festzustellen, ob die Beschwerdereaktion tatsächlich zur erwünschten Beschwerdezufriedenheit des Kunden geführt hat, empfiehlt es sich, Follow-up-Kontakte durchzuführen, d. h. Beschwerdeführer **unmittelbar nach Abschluss des Beschwerdevorgangs zu kontaktieren.** Dadurch wird gleichzeitig sichergestellt, dass der Beschwerdevorgang nicht nur aus der Perspektive des Unternehmens bzw. des verantwortlichen Mitarbeiters, sondern vor allem **auch aus dem Blickwinkel des Beschwerdeführers als abgeschlossen eingestuft** wird.

Bild 9.15 fasst den grundlegenden Gedanken dieser Maßnahme sowie deren Einordnung in den direkten Beschwerdemanagementprozess zusammen. Der Kunde nimmt einen Leistungsfehler des Unternehmens wahr, der zu Unzufriedenheit führt, und artikuliert diese in Form einer Beschwerde. Nach deren abschließender Bearbeitung erfolgt zeitnah – in der Regel maximal fünf Arbeitstage nach Abschluss eines Vorgangs – der Follow-up-Kontakt. Die zentrale Zielsetzung besteht dann darin, genau herauszufinden, ob der Beschwerdevorgang auch aus Kundensicht abgeschlossen ist oder ob noch Handlungs-

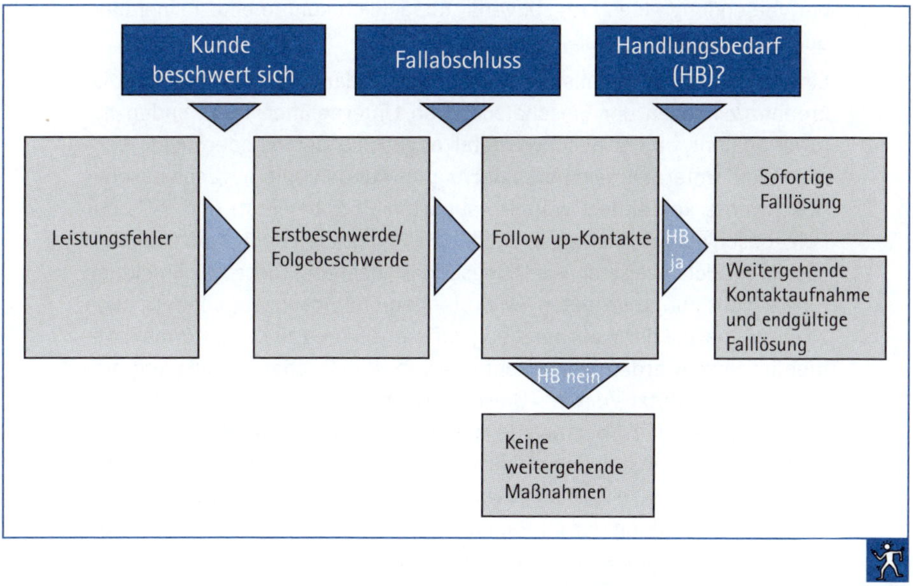

Bild 9.15 Einordnung der Follow-up-Kontakte in den direkten Beschwerdemanagementprozess

bedarf besteht. Im Falle des Handlungsbedarfs wird der Vorgang entweder durch eine neue Entscheidung unmittelbar abgeschlossen oder es wird zur endgültigen Falllösung eine weitergehende und verbindliche Kontaktaufnahme mit dem Kunden vereinbart.

Im Unterschied zu den in Kapitel 11.2 vorgestellten Messungen zur Beschwerdezufriedenheit besteht die primäre Zielsetzung von Follow-up-Kontakten nicht darin, Durchschnittsdaten über die Qualität der wahrgenommenen Beschwerdeabwicklung zu gewinnen, sondern in der Sicherstellung, dass eine Beschwerde zur **individuellen Zufriedenheit** des Kunden abgeschlossen und die Geschäftsbeziehung **wirklich stabilisiert** wurde. Insofern hat diese Maßnahme in unmittelbarem zeitlichem Bezug zur Beschwerdereaktion zu erfolgen und besitzt eine **direkte kundenbindende Wirkung**, da das Unternehmen damit echtes Interesse an der Kundenbeziehung demonstriert. Gleichzeitig wird auch eine qualitätssichernde Wirkung für die Beschwerdebearbeitung und -reaktion erzielt, da sichergestellt wird, dass die Bearbeitung der Beschwerde auch tatsächlich abgeschlossen ist. **Praxis-Spotlight 12** verdeutlicht diese kundenbindende Wirkung an einem Beispiel aus der Energiewirtschaft.

Praxis-Spotlight 12

Erfolg von Follow-up-Kontakten

In einer Praxisstudie in einem Unternehmen der Energiedienstleistungsbranche wurde der Erfolg von Follow-up-Kontakten untersucht. Dabei wurden sämtliche Beschwerdeführer über einen Zeitraum von zwölf Monaten telefonisch kontaktiert. Diese Art der Ansprache wurde gewählt, da erwartet wurde, dass bei einem Telefongespräch eine weitaus größere Teilnahmebereitschaft der Beschwerdeführer erreicht werden kann als bei Versendung eines Fragebogens. Tatsächlich konnte eine Teilnehmerquote von rund 85 % realisiert werden.

Ein wesentliches Ergebnis der Studie besteht darin, dass eine große Diskrepanz zwischen der Einschätzung von Unternehmen und Kunden darüber besteht, ob der Beschwerdefall abgeschlossen ist oder nicht. Während aus Unternehmensperspektive nur Kunden mit abgeschlossener Beschwerde kontaktiert wurden, äußerten 25 % der Erst- und 37 % der Folgebeschwerdeführer, dass sie den Fall nicht als erledigt ansehen und aus ihrer Sicht weiterer Handlungsbedarf besteht. Diese Rückmeldung führte nicht nur zu erneuten Fallprüfungen und -lösungen, sondern auch zu einer Analyse der Wahrnehmungsdifferenzen und zu Korrekturmaßnahmen im Beschwerdemanagement, die von der Geschäftsleitung kompromisslos unterstützt wurden. Diese beinhalteten u. a. die Sicherstellung, dass jede einzelne Beschwerde dokumentiert und festgelegte zeitliche Servicelevels – insbesondere für die Zwischenkommunikation mit Beschwerdeführern – eingehalten wurden. Weiterhin wurden Intensiv-Workshops zur Abstellung der im Rahmen der Follow-up-Kontakte identifizierten Probleme durchgeführt sowie eine Task Force für eskalierte Vorgänge etabliert. Auf diese Weise konnten die ursprünglichen Handlungsbedarfsquoten von 25 % bzw. 37 % innerhalb von zwölf Monaten sowohl für Erst- als auch für Folgebeschwerden auf ca. 10 % gesenkt werden. Damit bewährten sich die Follow-up-Kontakte als Instrument der Qualitätssicherung und -verbesserung im Beschwerdemanagement. Nachfolgendes Bild zeigt die Entwicklung der Handlungsbedarfsquoten über den kompletten Projektzeitraum.

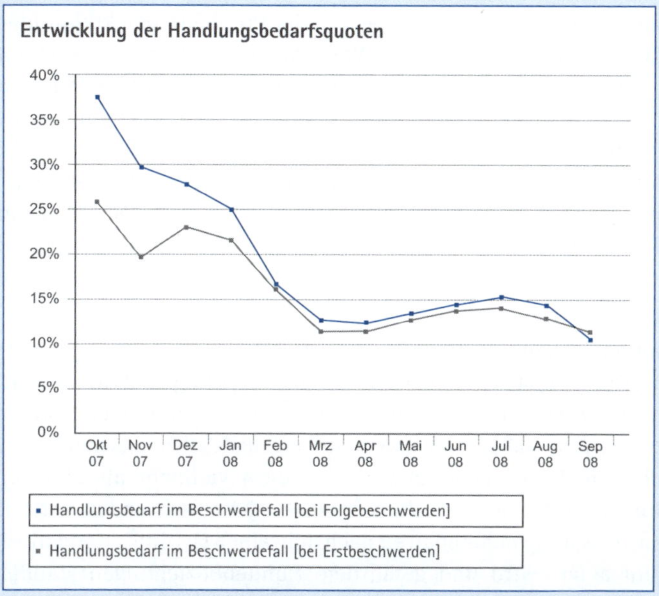

Wichtige Erkenntnisse ergaben sich auch bezüglich der Bindungswirkung der Beschwerdezufriedenheit. Von den Kunden, die mit der Beschwerdeabwicklung weniger zufrieden oder unzufrieden waren, bekundeten 7 % der Erst- und 10 % der Folgebeschwerdeführer die Absicht, ihre Geschäftsbeziehung zu kündigen. Aufgrund der unmittelbaren Reaktion während des Follow-up-Gesprächs bzw. der sofortigen Einleitung neuer Problemlösungsprozesse gelang es, mehr als drei Viertel dieser stark gefährdeten Geschäftsbeziehungen aufrechtzuerhalten. Insofern erwiesen sich die Follow-up-Kontakte als effektives Instrument der Kundenbindung.

Quelle: Servmark (2009)

Im **Unzufriedenheitsfall** wird der Kunde diese Kontaktaufnahme zum Anlass nehmen, seine Kritik vorzubringen, noch offene Fragen anzusprechen oder auf weiterhin bestehende Forderungen hinzuweisen. Auf diese Artikulationen erwartet er dann konkrete Antworten. Insofern werden mit den Follow-up-Kontakten nicht nur kundenbindungswirksame und qualitätssichernde Effekte erzielt, sondern es werden gegebenenfalls auch Folgebeschwerden stimuliert. Daher ist es erforderlich, dass der kontaktierende Mitarbeiter direkten Zugriff auf den Beschwerdefall hat, um möglicherweise unmittelbar eine Lösung herbeiführen zu können. Auch müssen die mit Folgebeschwerden verbundenen Bearbeitungs- und Reaktionskosten bei der Planung von Follow-up-Kontakten berücksichtigt werden.

Follow-up-Kontakte bieten sich grundsätzlich nach jedem Abschluss eines Beschwerdevorgangs an. Bei **telefonisch abgeschlossenen Vorgängen** sollte der Follow-up-Kontakt jedoch nicht durch dieselbe Person, welche die Beschwerde abschließend bearbeitet hat, durchgeführt werden, sondern durch eine nicht mit dem Vorgang befasste Person, um Neutralität zu signalisieren und gegebenenfalls Probleme objektiv aufdecken zu können. Bei **schriftlich abgeschlossenen Vorgängen** sind Follow-up-Kontakte besonders sinnvoll, da auf diese Weise festgestellt werden kann, ob der Kunde die schriftliche Argumentation nachvollziehen kann und mit der vorgeschlagenen Lösung einverstanden ist. Auch Ablehnungen von Kundenforderungen können hier gegebenenfalls nochmals erläutert werden. Praktische Erfahrungen mit Follow-up-Kontakten zeigen, dass ein nochmaliger telefonischer Kontakt in diesen Fällen ganz selten auf Kundenseite zu Irritation oder weiterer Verärgerung führt, sondern dass solche Gespräche vielmehr helfen, auch schwierige, zunächst schriftlich abgeschlossene Vorgänge zu einem für beide Seiten zufriedenstellenden Ende zu führen.

Weiterhin sollten Follow-up-Kontakte eingesetzt werden, wenn das Unternehmen **dezentral organisiert** ist und die Beschwerdebearbeitung auch in Filialen oder Niederlassungen erfolgt. Diese Kontakte sollten dann von zentraler oder unabhängiger Stelle durchgeführt werden. Dabei ist sicherzustellen, dass diese Aktivität von den dezentralen Einheiten nicht als eine Kontroll-, sondern vielmehr als eine unterstützende Kundenbindungs- und Qualitätssicherungsmaßnahme verstanden wird. Denn sie soll gewährleisten, dass unternehmensweit nach denselben Qualitätsstandards im Beschwerdemanagement agiert wird und gefährdete Kundenbeziehungen stabilisiert werden. Schließlich können Follow-up-Kontakte auch als **spezifische Serviceleistung** für sehr wertvolle oder wichtige Kunden eingesetzt werden, um diesen die besondere unternehmerische Wertschätzung zu vermitteln und der Gefahr des Kundenverlusts vorzubeugen.

Ist es aus Kapazitätsgründen nicht möglich, alle Beschwerdeführer zu kontaktieren, kann eine **Stichprobe** definiert und entsprechend der gewünschten Stichprobengröße festgelegt werden, dass der Beschwerdeführer eines jeden dritten, fünften oder zehnten Beschwerdevorgangs befragt wird. Dabei wird die Voraussetzung der **Zufallsauswahl** erfüllt, da sich die Auswahl an dem Eingangszeitpunkt im Unternehmen orientiert und für jeden Beschwerdefall die gleiche Wahrscheinlichkeit vorliegt, in der Befragung berücksichtigt zu werden.

9.5.2 Zeitliche Ausgestaltung der Kommunikationsformen

Für die Zufriedenheit des Beschwerdeführers ist es nicht nur wichtig, dass er genau über die Bearbeitung und die Fall-Lösung informiert wird, sondern auch, dass er diese Informationen **innerhalb angemessener Fristen** erhält. Deshalb müssen zeitliche Standards für die Aussendung von Bescheiden festgelegt werden und es kann im Rahmen des subjektiven Aufgaben-Controllings überwacht werden, ob die Standards eingehalten und vom Beschwerdeführer als angemessen beurteilt werden.

Für Eingangsbestätigung und Zwischenbescheid ist festzulegen, **ab welcher Gesamtbearbeitungsdauer** diese überhaupt notwendig sind und zu welchen Zeitpunkten sie versandt werden sollen.

Eine **Eingangsbestätigung** ist nur erforderlich, wenn das Problem nicht endgültig innerhalb einer sehr kurzen Zeitspanne (z. B. in fünf Tagen bei schriftlichen Beschwerden) gelöst werden kann. Diese Bestätigung sollte dann so schnell wie möglich gegenüber dem Kunden erfolgen (z. B. spätestens 48 Stunden nach Eingang einer schriftlichen Beschwerde). **Zwischenbescheide** sind grundsätzlich zu erstellen, wenn sich die Bearbeitung über einen längeren Zeitraum hinzieht (z. B. mehr als zwei Wochen). Sie sind zu versenden, wenn die Länge des Bearbeitungszeitraums abzusehen ist (z. B. nach acht Tagen). Sollte der Fall in der angenommenen Bearbeitungszeit noch nicht gelöst werden können, muss dem Kunden nach kurzer Zeit (z. B. nach weiteren acht Tagen) in einem zusätzlichen Zwischenbescheid eine Erklärung dafür angegeben und spätestens jetzt ein definitiver Termin für die endgültige Klärung des Falls genannt werden. Schickt der Kunde während der Bearbeitung des Beschwerdefalls noch benötigte Unterlagen, so sollte der Eingang möglichst unmittelbar (z. B. innerhalb von zwei Tagen) bestätigt werden. Die **abschließende Antwort** mit dem unternehmerischen Lösungsvorschlag sollte direkt nach erfolgter Entscheidung über die Fall-Lösung ausgesandt werden.

Im Rahmen der Planung dieser kommunikativen Aktivitäten bietet es sich an, die getroffenen bzw. zu treffenden Kontakte auf einem **Zeitstrahl** abzutragen, um so einen besseren Überblick über die tatsächliche bzw. beabsichtigte zeitliche Ausgestaltung zu erhalten (siehe Bild 9.16).

9.5.3 Antworten und Reaktionen auf Kundenanfragen während der Beschwerdebearbeitung

Aktives Beschwerdemanagement impliziert, dass nach dem Eingang der Beschwerde sämtliche Aktivitäten **vom Unternehmen ausgehen** sollten und dem Kunden keine weiteren Kontaktaufnahmen abverlangt werden.

Hält es der Kunde dennoch für nötig **nachzufragen** oder reicht er **zusätzliche Informationen** nach, muss der jeweils angesprochene Mitarbeiter in der Lage sein, ihm die zuständige Stelle zu benennen, bzw. er muss dafür sorgen, dass mit dem Kunden unmittelbar Kontakt aufgenommen wird.

Erreicht die zwischenzeitliche Kundenartikulation den zuständigen Mitarbeiter, hat dieser zu entscheiden, ob es sich tatsächlich nur um eine **Rückfrage** oder aber um eine **Folgebeschwerde** handelt. Es kommt nämlich häufig vor, dass sich der Kunde vordergründig nach dem Stand der Fallbehandlung erkundigt, in Wirklichkeit aber zugleich seine Unzufriedenheit mit bestimmten Aspekten der Beschwerdebearbeitung zum Ausdruck bringen möchte. Dies ist zum Beispiel der Fall, wenn er darauf hinweist, dass ein zugesagter Rückruf nicht erfolgt ist, der angegebene Ansprechpartner nicht erreichbar

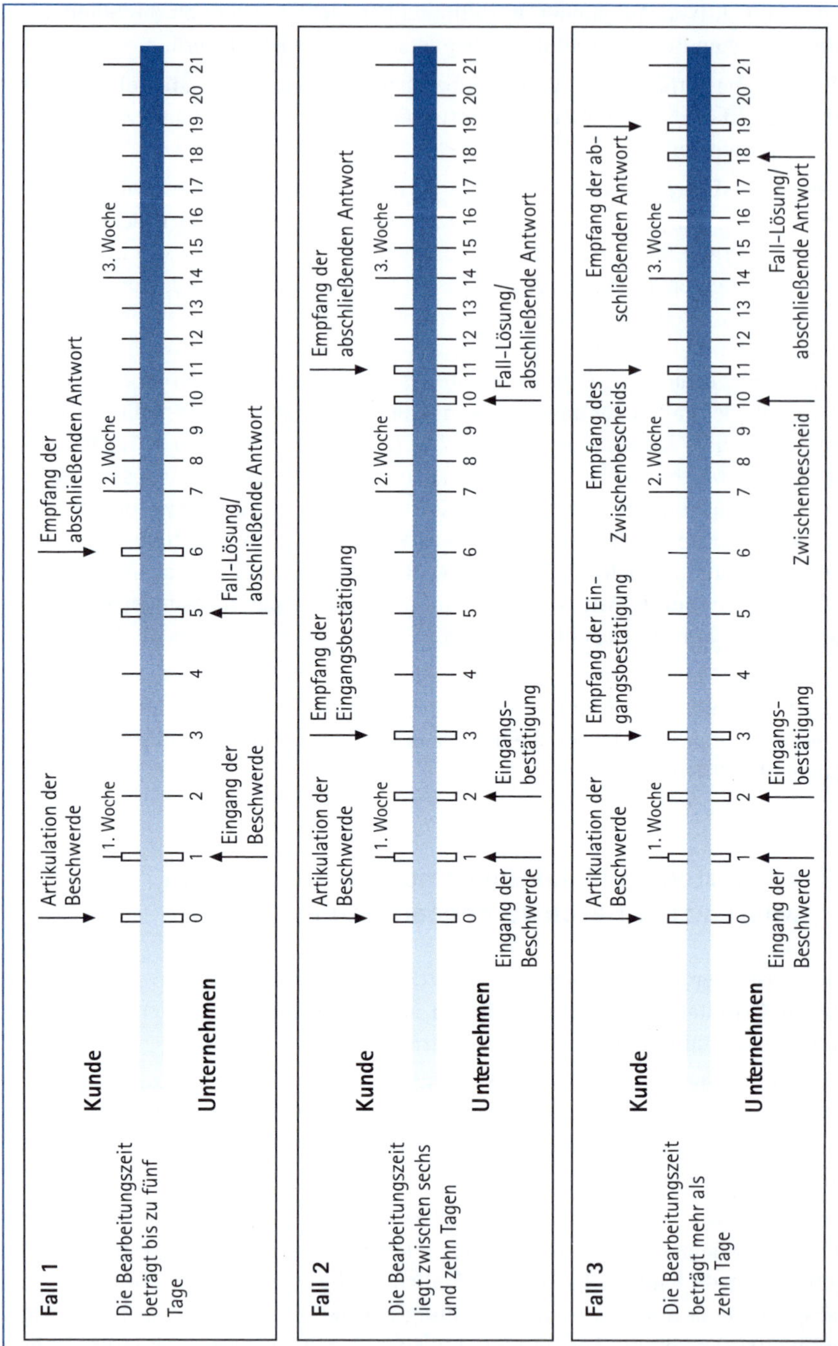

Bild 9.16 Die zeitliche Ausgestaltung der externen Kommunikation am Beispiel schriftlicher Beschwerden

ist bzw. sich für unzuständig erklärt oder der angekündigte Zwischenbescheid nicht zu dem versprochenen Termin eingetroffen ist. In solchen Fällen sollte der annehmende Mitarbeiter darauf eingehen und – soweit möglich – durch Erklärungen und Erläuterung der weiteren Vorgehensweise dafür sorgen, dass die Unzufriedenheit nicht weiter steigt. Sind die hierfür erforderlichen Informationen beispielsweise während eines telefonischen Kontakts nicht vorhanden, hat er dem Kunden eine Klärung des Sachverhalts zuzusagen und baldmöglichst eine Rückmeldung vorzunehmen. Darüber hinaus sollte auf der Akte bzw. in der Datei vermerkt werden, dass der Kunde Anlass zu einer Folgebeschwerde hatte. Dies kann bei der endgültigen Fall-Lösung sowie in der Formulierung der abschließenden Antwort Berücksichtigung finden. Zudem liegt damit eine Information vor, die für die Verbesserung der Beschwerdebearbeitungsprozesse genutzt werden kann.

Anfragen und Folgebeschwerden des Kunden während der Beschwerdebearbeitung müssen genauso wie Eingangsbestätigungen, Zwischenbescheide und abschließende Antworten sowie alle intern ausgerichteten Aktivitäten in der **Beschwerdebearbeitungshistorie** festgehalten werden.

9.5.4 Sicherung der Korrespondenz- und Gesprächsqualität

Im Rahmen der Beschwerdereaktion stellt eine kundenorientierte Kommunikation den Schlüssel zum Erreichen hoher Beschwerdezufriedenheit dar. Dies betrifft alle Kommunikationskanäle, allerdings können systematische Qualitätssicherungsmaßnahmen nur in Bezug auf schriftliche und telefonische Kommunikationen durchgeführt werden.

9.5.4.1 Die Sicherung der Korrespondenzqualität

Die vollständige und systematische Überprüfung der Korrespondenzqualität betrifft sämtliche vom Unternehmen an den Kunden gerichtete Schreiben (Eingangsbestätigungen, Zwischenbescheide, abschließende Antworten), gleichgültig, ob diese als Briefe, Telefaxe oder Mails versandt werden. Jeweils werden die inhaltliche und formale Qualität anhand verschiedener Qualitätskriterien sowie die richtige Verwendung von Textbausteinen überprüft:

Inhaltliche Qualität: Hier werden vor allem die Qualitätskriterien „fachkompetentes Eingehen auf das Kundenanliegen“, „Verständlichkeit der Argumentation“ sowie „Aufzeigen einer Lösung“ bzw. „adäquates Ablehnen einer Kundenforderung“ überprüft. Dabei können gegebenenfalls für die einzelnen Kriterien Subkriterien gebildet werden. So ist es denkbar, dass das Kriterium „fachkompetentes Eingehen auf das Kundenanliegen“ durch die Subkriterien „Kundenanliegen zu Beginn aufgegriffen“, „alle Probleme angesprochen“, „angesprochene Probleme richtig verstanden“ konkretisiert wird.

- **Tonalität:** Hier geht es um den emotionalen Sprachstil mit Kriterien wie „Verständnis für Kundenverärgerung“ und „Eingehen auf den individuellen Fall (Empathie)“.
- **Formale Qualität:** Dieser Aspekt umfasst die Qualitätskriterien „Orthografie und Zeichensetzung“ sowie „Sonstige Formalia“, wie z.B. die richtige Schreibweise des

Kundennamens oder die Herstellung des korrekten zeitlichen Bezugs zum Kundenschreiben/-anruf.

- **Richtige Verwendung von Textbausteinen:** Kommen Textbausteine zum Einsatz, wird deren richtige Verwendung überprüft.

Indem für eine Stichprobe von Briefen, Telefaxen oder E-Mails jedes Qualitätskriterium von einer unabhängigen Person auf Erfüllung bzw. Nicht-Erfüllung überprüft wird, erhält man pro Qualitätskriterium, pro Qualitätsdimension sowie für die komplette schriftliche Korrespondenz einen sehr guten Überblick über die geleistete Qualität.

Bild 9.17 zeigt die beispielhafte Aufbereitung der Ergebnisse einer Überprüfung der schriftlichen Korrespondenzqualität für vier Teams, und zwar für die Qualitätsdimension „inhaltliche Qualität" mit ihren Qualitätskriterien „fachkompetentes Eingehen auf das Kundenanliegen", „Verständlichkeit der Argumentation", „Eingehen auf die Kundenverärgerung/Empathie" und „Aufzeigen einer Lösung". Dabei werden für das Qualitätskriterium „fachkompetentes Eingehen auf das Kundenanliegen" zusätzlich die drei Subkriterien „Kundenanliegen zu Beginn aufgegriffen"; „alle Probleme angesprochen"; „angesprochene Probleme richtig verstanden" herangezogen. In diesem Beispiel wird davon ausgegangen, dass pro Team dieselbe Anzahl von Beschwerdevorgängen überprüft wurde. Die ausgewiesenen Ergebnisse stellen dabei Nicht-Erfüllungsquoten dar, sodass der Handlungs- bzw. Schulungsbedarf unmittelbar ersichtlich wird. So ist beispielsweise die besondere Schwäche beim fachkompetenten Eingehen auf Kundenanliegen offenkundig: In allen Teams werden in mehr als der Hälfte der Schreiben die Qualitätsanforderungen nicht erfüllt.

Die Stichproben sollten regelmäßig durchgeführt und die Ergebnisse zum Gegenstand von Team-/Mitarbeitergesprächen gemacht werden. Idealerweise erfolgt die Überprüfung der Korrespondenzqualität nicht nur auf Team-, sondern auch auf Mitarbeiterebene – das Einverständnis des Betriebsrats vorausgesetzt –, sodass ein individuelles Feedback erfolgt und effektive Verbesserungen erreicht werden können.

Team	Qualitätsdimension "Inhaltliche Qualität"			
	Fachkompetentes Eingehen auf das Kundenanliegen	Verständlichkeit der Argumentation	Eingehen auf die Kundenverärgerung/Empathie	Aufzeigen einer Lösung
Team 1	55,0 %	35,0 %	55,0 %	44,0 %
Team 2	58,8 %	5,9 %	35,3 %	33,9 %
Team 3	65,0 %	10,0 %	40,0 %	27,0 %
Team 4	60,0 %	10,0 %	65,0 %	59,5 %
Gesamt	**59,7 %**	**15,2 %**	**48,8 %**	**41,1 %**

Team	Qualitätskriterium "Fachkompetentes Eingehen auf Kundenanliegen"		
	Anliegen zu Beginn aufgegriffen	Alle Probleme angesprochen	Angesprochene Probleme richtig verstanden
Team 1	45,0 %	45,0 %	15,0 %
Team 2	35,3 %	47,1 %	3,0 %
Team 3	55,0 %	35,0 %	17,2 %
Team 4	25,0 %	55,0 %	22,4 %
Gesamt	**40,1 %**	**45,5 %**	**14,4 %**

Erläuterung (für Team 1):
In 55% der Antwortschreiben wurde der Standard "Fachkompentes Eingehen auf das Kundenanliegen" nicht erfüllt. Dies ist darauf zurückzuführen, dass die Standards für die aufgeführten Subkriterien entweder einzeln oder gemeinsam nicht erreicht wurden.

Bild 9.17 Überprüfung der schriftlichen Korrespondenzqualität in Form von Nicht-Erfüllungsquoten

9.5.4.2 Die Sicherung der Gesprächsqualität

Die regelmäßige Überprüfung der Qualität der Kommunikation mit dem Kunden während der Beschwerdebearbeitung sollte nicht nur für die Korrespondenz, sondern in gleichem Maße für Kundengespräche erfolgen, wobei dies allerdings nur bei telefonischen Kontakten möglich ist. Telefongespräche können – unter Berücksichtigung der rechtlichen Vorgaben – aufgezeichnet werden. Ist eine Aufzeichnung von Telefongesprächen nicht vorgesehen, sollten entsprechende Stichproben im Rahmen von Mitarbeiter-Coachings durchgeführt werden.

Die für die Korrespondenz angegebenen Qualitätskriterien gelten weitgehend auch für die Gesprächsqualität. Es sind nur wenige kommunikationsspezifische Anpassungen erforderlich:

- **Inhaltliche Qualität:** Hier stehen wiederum die Qualitätskriterien „fachkompetentes Eingehen auf das Kundenanliegen“, „Verständlichkeit der Argumentation“ sowie

„Aufzeigen einer Lösung“ bzw. „adäquates Ablehnen einer Kundenforderung“ im Mittelpunkt.

- **Tonalität:** In Bezug auf den emotionalen Grundton des Gesprächs können wieder die Kriterien „Verständnis für Kundenverärgerung“ und „Eingehen auf den individuellen Fall (Empathie)“ herangezogen werden.
- **Formale Qualität:** In formaler Hinsicht stehen Qualitätskriterien wie „korrekte Begrüßung“ und „korrekte Verabschiedung“ im Mittelpunkt.

Erst mit einer konsequenten Sicherstellung der Korrespondenz- und Gesprächsqualität wird gewährleistet, dass die unternehmerische Reaktionspolitik auch konkret in jeder Interaktion mit dem Beschwerdeführer umgesetzt wird.

Kapitel 9 ganz kurz:

- Im direkten Gespräch mit Beschwerdeführern sind fünf typische Phasen eines Beschwerdegesprächs zu beachten: Begrüßungs-, Aggressionsabbau-, Konfliktbereinigungs-, Problemlösungs- und Abspannphase.
- Bei der schriftlichen Reaktion auf Beschwerden sind folgende inhaltlichen Aspekte zu berücksichtigen: Anfangsformulierung, Problemwiederholung, Konfliktbereinigung, Problemlösung, Schlussformulierung.
- Wiederhol- und Mehrfach- sowie Folgebeschwerdeführer bedürfen einer besonders einfühlsamen Behandlung.
- Wenn Nörgler und Querulanten identifiziert werden, sind deren Beschwerden einer besonderen Fallprüfung zu unterziehen.
- Streubeschwerden, Beschwerden an die Geschäftsleitung, Beschwerden über Mitarbeiter sowie mit Beschwerden verbundene Drohungen bedürfen einer speziellen Behandlung.
- Grundsätzliche Reaktionsformen stellen finanzielle, materielle und immaterielle Problemlösungen bzw. Wiedergutmachungsleistungen dar.
- Materielle und/oder immaterielle Kompensationen besitzen unterschiedliche Konsequenzen für die Beschwerdezufriedenheit.
- Auf Einzelfallprüfungen kann unter Kostenaspekten unter bestimmten Voraussetzungen verzichtet werden.
- Die meisten Beschwerden werden aus Kundenperspektive als berechtigt angesehen; auch bei objektiv unberechtigten Beschwerden kann es ökonomisch sinnvoll sein, kulant zu reagieren.
- Eine Differenzierung der Reaktion nach dem Kundenwert sollte allenfalls im Hinblick auf das Ergebnis, nicht aber bezüglich des Verhaltens im Kundenkontakt erfolgen.
- Als Kommunikationsformen sind Eingangsbestätigungen, Zwischenbescheide, abschließende Antworten sowie Follow-up-Kontakte einzusetzen.

- Die zeitliche Ausgestaltung der Kommunikationsformen ist sorgfältig zu planen.
- Die Qualität der Korrespondenz und der Gespräche mit den Beschwerdeführern ist regelmäßig zu überprüfen.

Literatur

Blanding, W. (1991): Customer Service Operations: The Complete Guide, New York.

Blodgett, J. G./Granbois, D. H./Walters, R. G. (1993): The Effects of Perceived Justice on Complainants' Negative Word-of-Mouth Behavior and Repatronage Intentions, in: Journal of Retailing, 69. Jg., Nr. 4, S. 399 - 428.

Brückner, M. (2009): Beschwerdemanagement, 2. Aufl., E-Book-Ausgabe (PDF), München.

Bruhn, M./Hadwich, K./Georgi, D. (2013): Kundenwert als Steuerungsgröße des Kundenbindungsmanagements, in: Bruhn, M./Homburg, C. (Hrsg.) Handbuch Kundenbindungsmanagement, 8. Aufl., Wiesbaden, S. 709 - 730.

Brymer, R. A. (1991): Employee Empowerment: A Guest-Driven Leadership Strategy, in: The Cornell & Restaurant Administration Quarterly, 32. Jg., Nr. 1, S. 58 - 68.

Büdel, S. (1997): Aktives Beschwerdemanagement in Banken, Frankfurt/Main.

Cannie, J. B./Caplin, D. (1991): Keeping Customers for Life, New York.

Chase, R. B./Dasu, S. (2001): Want to perfect your company's service? Use behavioral science, in: Harvard Business Review, 79. Jg., Nr. 6, S. 78 - 84.

Cornelsen, J. (2000): Kundenwertanalysen im Beziehungsmarketing, Nürnberg.

Cottle, D. W. (1990): Client-Centered Service. How to Keep Them Coming Back for More, New York.

Dietze, U. (1997): Reklamationen als Chance nutzen, Landsberg/Lech.

Goodman, J. A./Malech, A. R./Marra, T. R. (1987): Beschwerdepolitik unter Kosten/Nutzen-Gesichtspunkten - Lernmöglichkeiten aus den USA, in: Hansen, U./Schoenheit, I. (Hrsg.): Verbraucherzufriedenheit und Beschwerdeverhalten, Frankfurt/Main u. a., S. 165 - 202.

Goodwin, C./Ross, I. (1990): Consumer Evaluations of Responses to Complaints: What's Fair and Why, in: Journal of Consumer Marketing, 7. Jg., Nr. 2, S. 39 - 47.

Günter, B./Helm, S. (2011): Kundenbewertung im Rahmen des CRM, in: Hippner, H./Hubrich, B./ Wilde, K. D. (Hrsg.): Grundlagen des CRM, 3. Aufl., Wiesbaden, S. 271 - 292.

Günter, B./Helm, S. (Hrsg.) (2006): Kundenwert, 3. Aufl., Wiesbaden.

Gupta, S./Lehmann, R./Stuart, J. (2004): Valuing Customers, in: Journal of Marketing Research, 41. Jg., Nr. 1, S. 7 - 18.

Haeske, U. (2001): Beschwerden und Reklamationen managen: Kritische Kunden sind gute Kunden!, Weinheim u. a.

Haeske, U. (2010): Kommunikation mit Kunden, 3. Aufl., Berlin.

Helm, S./Günter, B. (2006): Kundenwert - eine Einführung in die theoretischen und praktischen Herausforderungen der Bewertung von Kundenbeziehungen, in: Günter, B./Helm, S. (Hrsg.): Kundenwert., 3. Aufl., Wiesbaden, S. 3 - 38.

Köhler, R. (2008): Kundenorientiertes Rechnungswesen als Voraussetzung des Kundenbindungsmanagements, in: Bruhn, M./Homburg, C. (Hrsg.): Handbuch Kundenbindungsmanagement, 6. Aufl., Wiesbaden, S. 467 - 500.

Krafft, M. (2007): Kundenbindung und Kundenwert, 2. Aufl., Heidelberg.

Leicher, R./Kierig, F.O. (1993): In Reklamationen stecken Chancen, Heidelberg.

Maxham, J.G./Netemeyer, R.G. (2002): A Longitudinal Study of Complaining Customers' Evaluations of Multiple Service Failures and Recovery Efforts, in: Journal of Marketing, 66. Jg., Nr. 4, S. 57 - 71.

Riemer, M. (1986): Beschwerdemanagement, Frankfurt/Main u.a.

Rust, R.T./Zeithaml, V.A./Lemon, K.N. (2000): Driving Customer Equity: How Customer Lifetime Value Is Reshaping Corporate Strategy, New York u.a.

Rütten, E./Moritz, J. (1997): Reklamationen - So versöhnen Sie Ihre Kunden, Augsburg.

Servmark (2009): Interne Studie zu Beschwerdeführer Follow up-Kontakten, München.

Sewell, C./Brown, P.B. (1996): Kunden fürs Leben, Wiesbaden.

Stauss, B. (1989): Beschwerdepolitik als Instrument des Dienstleistungsmarketing, in: Jahrbuch der Absatz- und Verbrauchsforschung, 35. Jg., Nr. 1, S. 41 - 62.

Stauss, B. (1995): Beschwerdemanagement, in: Tietz, B./Köhler, R./Zentes, J. (Hrsg.): Handwörterbuch des Marketing, 2. Aufl., Stuttgart, S. 226 - 238.

Stauss, B./Seidel, W. (2005): Non-complaining Behavior of Lost Service Customers, Vortrag auf der Servsig Research Conference Singapore, 3. Juni 2005.

Stauss, B./Seidel, W. (2009): Customer Care - Wertschöpfung durch Inbound Marketing, in: Thexis, Fachzeitschrift für Marketing, 26. Jg., Nr. 6, S. 18 - 23.

Tax, S.S./Brown, S. (2000): Kundenbeschwerden: Was Fairness bringt, in: Harvard Business Manager, 22. Jg., Nr. 1, S. 94 - 107.

Walther, G.R. (1994): Upside-Down Marketing, New York.

Zemke, R. (1993): The Art von Recovery. Fixing Broken Customers - And Keepting Them on Your Side, in: Scheuing, E.E./Christopher, W.F. (Hrsg.): The Service Quality Handbook, New York u.a., S. 463 - 473.

ICH WILL SIE JA NICHT STÖREN, ABER WIR BRÄUCHTEN NUN UNBEDINGT DIE LETZTEN BESCHWERDEZAHLEN.
LR

10 Beschwerdeauswertung

- Wie lässt sich die mengenmäßige Verteilung des Beschwerdeaufkommens ermitteln?
- Welche Lageparameter und Streuungsmaße sollten berechnet werden?
- Wie können die Zusammenhänge zwischen den ermittelten Variablen untersucht werden?
- Welche differenzierteren Häufigkeitsanalysen in mengenmäßiger und zeitlicher Hinsicht sind sinnvoll?
- Wie lassen sich aufgrund der Daten aus der Beschwerdeanalyse Probleme priorisieren, das heißt in eine Rangreihung der Dringlichkeit von Abhilfemaßnahmen bringen?

Mit dem Bereich der Beschwerdeauswertung liegt ein **erster Aufgabenbaustein des indirekten Beschwerdemanagements** vor, dessen Maßnahmen ohne direkten Kundenkontakt durchgeführt werden können. Hier geht es darum, das **Informationspotenzial**, das in der Kundenkritik steckt, systematisch auszuschöpfen. In den Beschwerden äußert sich die „Stimme des Kunden" über von ihm wahrgenommene Mängel von Produkten, Dienstleistungen und Prozessen. Diese kritischen Äußerungen enthalten wichtige Hinweise auf Möglichkeiten zur Qualitätsverbesserung. Je präziser und konsequenter die Beschwerdeauswertung erfolgt, desto mehr kann das Beschwerdemanagement entscheidungsunterstützende Informationen zur Verfügung stellen, die das Unternehmen in die Lage versetzen, von der Problemdiagnose zur wirksamen **Problemprävention** zu gelangen. Dabei ist zwischen den Schritten der **Beschwerdeanalyse** (Kapitel 10.1) und der **Problempriorisierung** (Kapitel 10.2) zu unterscheiden.

10.1 Beschwerdeanalyse

Für die effektive Nutzung der in den Beschwerden enthaltenen Hinweise auf betriebliche Schwächen und marktliche Chancen ist es unerlässlich, das gesamte Beschwerdeaufkommen mengenmäßig im Hinblick auf wichtige Merkmale zu analysieren.

Hinsichtlich der dabei einzusetzenden Methoden ist zwischen univariaten und bivariaten Verfahren zu unterscheiden. Zu den **univariaten Verfahren** gehören auf jeweils eine Variable bezogene absolute und relative Häufigkeitsverteilungen sowie Mittelwerte (wie das arithmetische Mittel) und Streuungsmaße, die zu deren Beschreibung dienen. **Bivariate Methoden** (wie Kreuztabellierungen) erlauben die Untersuchung von Zusammenhängen zwischen zwei Variablen. Auf Häufigkeitsverteilungen und Kreuztabellierungen im Rahmen der Beschwerdeanalyse wird im Folgenden eingegangen, wobei eine Illustration am **Beispiel der Beschwerdeauswertung eines Autohauses** erfolgt.

10.1.1 Häufigkeitsverteilungen

Mit Hilfe von **absoluten und relativen Häufigkeitsverteilungen** wird die mengenmäßige Verteilung des gesamten Beschwerdeaufkommens auf unterschiedliche Kategorien der Beschwerdeinformationen untersucht. Ziel ist es, eine Übersicht darüber zu erhalten, wie sich die Beschwerdeanzahl innerhalb eines Erfassungskriteriums (z. B. Art des Problems) über dessen Ausprägungen (z. B. einzelne Problemkategorien) verteilt. Die relative Häufigkeitsverteilung unterscheidet sich von der absoluten dadurch, dass der prozentuale Anteil von Beschwerden einer spezifischen Ausprägung an der Gesamtbeschwerdeanzahl berechnet wird.

Art des Problems	Absolute Häufigkeit	Relative Häufigkeit
Nicht vereinbarte Leistungen	60	20 %
Unverständliche Rechnung	75	25 %
Mangelhafte Auftragserledigung	45	15 %
Unfreundliche Bedienung	30	10 %
Lange Wartezeit	90	30 %
Summe	**300**	**100 %**

Bild 10.1 Absolute und relative Häufigkeitsverteilung des Beschwerdeaufkommens nach Problemarten

Im zugrunde gelegten **Beispiel** interessiert sich ein Autohaus dafür, wie sich das Jahresaufkommen von insgesamt 300 Beschwerden auf fünf definierte Problemkategorien verteilt: nicht vereinbarte Leistungen, unverständliche Rechnung, mangelhafte Auftragserledigung, unfreundliche Bedienung und lange Wartezeit. Bild 10.1 gibt einen entsprechenden Überblick; sie zeigt, dass Beschwerden über die lange Wartezeit am häufigsten auftreten (absolut: 90; relativ: 30 %).

Einen schnellen Überblick über die Häufigkeitsverteilung gibt das **Histogramm** (siehe Bild 10.2). In dieser grafischen Darstellung werden auf der horizontalen Achse die einzelnen Kriterienmerkmale (hier: Problemarten), auf der vertikalen Achse die relativen Beschwerdehäufigkeiten abgetragen. Die Höhe der eingezeichneten Balken drückt die prozentuale Häufigkeit einer Problemkategorie aus.

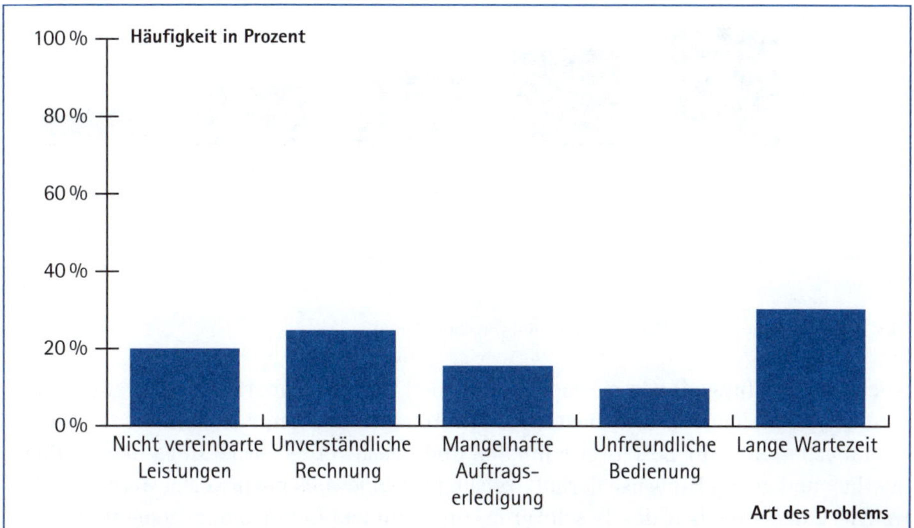

Bild 10.2 Grafische Darstellung der Häufigkeitsverteilung in Form eines Histogramms

Noch leichter überschaubar wird die quantitative Verteilung in der Darstellung als **Pareto-Diagramm**, weil eine mögliche Konzentration des Beschwerdeaufkommens auf wenige Problemkategorien klar visualisiert wird. Zur Konstruktion des Pareto-Diagramms werden in einem ersten Schritt die relativen Häufigkeiten der einzelnen Problemkategorien in eine Rangordnung gebracht. In der grafischen Aufbereitung werden diese dann auf der horizontalen Achse von links nach rechts in absteigender Reihenfolge abgetragen; die Höhe des jeweiligen Balkens gibt die relative Häufigkeit an. Zusätzlich zeichnet man die kumulierten relativen Häufigkeiten als Liniendiagramm ein. Aus dem Pareto-Diagramm in Bild 10.3 ist unmittelbar ersichtlich, dass die Problemschwerpunkte in den Kategorien „Lange Wartezeit" und „Unverständliche Rechnung" liegen, die kumulativ für 55 % der Kundenbeschwerden verantwortlich sind.

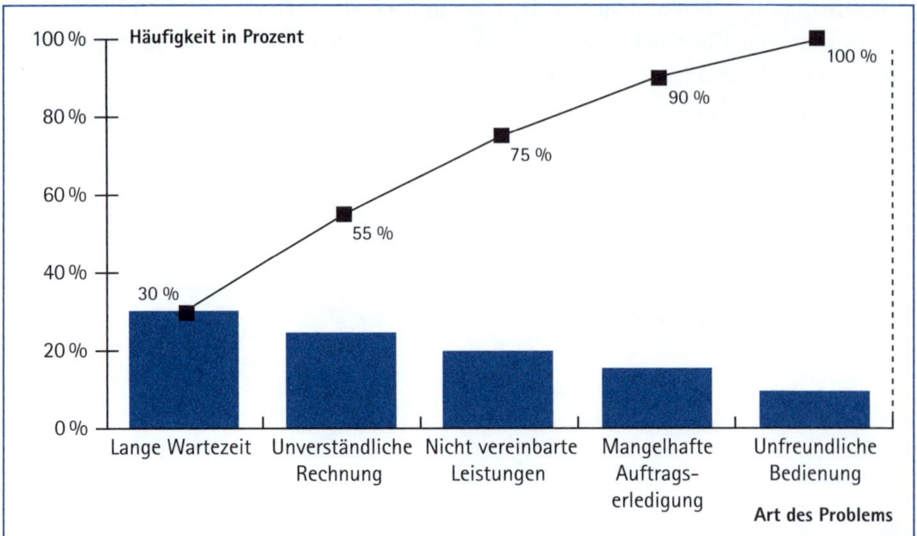

Bild 10.3 Beispiel für ein Pareto-Diagramm (Problemarten)

Solche Auswertungen, wie sie hier am Beispiel der Problemarten dargestellt wurden, sind grundsätzlich **für alle Beschwerdeinformationen** sinnvoll. Bild 10.4 und Bild 10.5 machen dies für Beschwerdeinhalts- und Beschwerdebearbeitungs-Informationen deutlich und geben Hinweise darauf, welche Fragen jeweils beantwortet werden und für welche Einzelaufgaben des Beschwerde- und Kundenbindungsmanagements die Antworten eine informatorische Grundlage bieten.

Beschwerdeinhalts-Informationen	Fragen im Rahmen der Häufigkeitsauswertung	Relevanz des Analyseergebnisses
Beschwerdeführer		
Interne oder externe Beschwerdeführer	▪ Wie viele interne Beschwerden fallen im Zeitraum an? ▪ Wie groß ist der Anteil interner Beschwerden an der Gesamtzahl der Beschwerden?	▪ Interne Prozessüberwachung ▪ Ursachenanalyse
Einzelner Beschwerdeführer (Stammdaten)	▪ Wie viele Beschwerdeführer gab es im Berichtszeitraum? ▪ Wie oft hat sich ein einzelner Kunde im Zeitraum beschwert? ▪ Wie viele Kunden haben sich mehrfach beschwert? ▪ Wie verteilt sich die Beschwerdegesamtzahl auf verschiedene Kundengruppen?	▪ Beschwerdemanagement-Controlling (Berechnung der Artikulationsquote) ▪ Identifikation von Wiederhol- und Mehrfach-Beschwerdeführern sowie Querulanten und Nörglern ▪ Ermittlung kundengruppenspezifischer Problemwahrnehmung ▪ Ableitung kundengruppenspezifischer Stimulierungsmaßnahmen
Bezug des Beschwerdeführers zum Beschwerdefall	▪ In welchem Ausmaß ergriff der vom Problem unmittelbar Betroffene die Initiative und beschwerte sich selbst? ▪ Welche anderen Personen/Institutionen beschwerten sich im Namen des Betroffenen?	▪ Aufdecken von Beschwerdebarrieren ▪ Beschwerdestimulierung ▪ Entwicklung von absenderdifferenzierten Reaktionsformen
Ausmaß der Verärgerung des Beschwerdeführers	▪ Wie oft waren die Kunden in welchem Ausmaß verärgert? ▪ Wie hoch liegt der Durchschnittswert der Verärgerung auf der Verärgerungsskala?	▪ Einschätzung der Relevanz der aufgetretenen Probleme aus Kundensicht ▪ Grundlage für die Durchführung der Frequenz-Relevanz-Analyse von Beschwerden (FRAB)
Handlungsabsicht des Beschwerdeführers	▪ Welche Handlungsabsichten haben die sich beschwerenden Kunden wie oft geäußert? ▪ Wie groß ist der Anteil an Kunden, die mit Abwanderung drohen? ▪ Wie groß ist der Anteil der Kunden, die Drittinstitutionen (Medien, Verbraucherorganisationen) einschalten?	▪ Einschätzung der Relevanz der aufgetretenen Probleme aus Kundensicht ▪ Anhaltspunkte für die Ermittlung des gefährdeten Kundenpotenzials ▪ Entwicklung von drittinstitutionenorientierten Reaktionsformen und Dialoginstrumenten
Beschwerdeproblem		
Art des Problems	▪ Welche Probleme haben wie oft zu einer Beschwerde geführt?	▪ Schwerpunkte im Rahmen des kontinuierlichen Verbesserungsprozesses ▪ Ursachenanalyse
Ort des Problemauftritts	▪ Wie viele Beschwerden fielen im Berichtszeitraum pro Außendienstbezirk (Verkaufsbezirk, Filiale) an?	▪ Überwachung und Steuerung dezentraler Einheiten ▪ Aufdeckung organisationseinheitsspezifischer Problemschwerpunkte ▪ Ursachenanalyse
Datum und ggf. Uhrzeit des Problemauftritts	▪ Gibt es zeitliche Schwerpunkte des Problemauftritts (Tageszeit, Wochentag, Monat usw.)?	▪ Ursachenanalyse

▼

Erst- oder Folgebeschwerde	▪ Wie viele Erstbeschwerden wurden während des Berichtszeitraums an das Unternehmen gerichtet? ▪ Wie viele Folgebeschwerden wurden während des Berichtszeitraums an das Unternehmen gerichtet? ▪ Wie groß ist der Anteil der Folgebeschwerden an der Gesamtzahl der Beschwerden?	▪ Gestaltung von Kapazität und Prozess des Beschwerdemanagements ▪ Berechnung von Kennzahlen im Rahmen des Beschwerdemanagement-Controllings
Von Kunden gewünschte Fall-Lösung	▪ Welche Problemlösungen/Wiedergutmachungen wurden von den Beschwerdeführern wie oft erwartet?	▪ Anhaltspunkte für das Management von Kundenerwartungen in Problemsituationen ▪ Hinweise auf gewünschte Reaktionen ▪ Hinweise auf Anpassungsbedarf in der aktuellen Problemlösungs-/Wiedergutmachungspolitik
Gewährleistung/ Garantie/Kulanz	▪ In wie vielen Beschwerdefällen wurden Gewährleistungs-/Garantieansprüche geltend gemacht? ▪ In wie vielen Fällen stellte der Kunde einen Kulanzantrag? ▪ Wie groß sind die jeweiligen Anteile an der Gesamtbeschwerdezahl?	▪ Überwachung der Gewährleistungspolitik ▪ Überwachung der Kulanzpolitik ▪ Problemanalyse in F&E und Fertigung
Reaktionsdringlichkeit	▪ In wie vielen Beschwerdefällen mussten wie oft die jeweiligen Dringlichkeitsstufen aktiviert werden?	▪ Identifikation von schwerwiegenden Problemen ▪ Überwachung von Ausnahmeprozessen
Beschwerdeobjekt		
Produkt/Dienstleistung	▪ Wie häufig wurde ein Produkt/eine Dienstleistung während des Berichtszeitraums vom Kunden als problembehaftet wahrgenommen? ▪ Welches sind die absolut und prozentual beschwerdeanfälligsten Produkte/Dienstleistungen?	▪ Ursachenanalyse ▪ Hinweise auf Schwerpunktsetzung von Verbesserungsmaßnahmen ▪ Abschätzung des Gefährdungspotenzials in Bezug auf produktbezogene Umsatzrückgänge, Imageverluste oder Cross Selling-Einbußen
Andere Aspekte des Marktangebots	▪ In welchem Umfang werden andere Aspekte des Marketings zum Gegenstand von Beschwerden? ▪ Welchen Anteil haben Beschwerden über preispolitische (werbliche usw.) Maßnahmen?	▪ Hinweise auf Schwächen in der strategischen und operativen Marketingplanung ▪ Abschätzung der Dringlichkeit marketingbezogener Korrekturmaßnahmen
Gesellschaftspolitisches Verhalten	▪ In welchem Umfang werden gesellschaftspolitische Themen in Beschwerden aufgegriffen? ▪ Wie verteilen sich die gesellschaftsorientierten Beschwerden auf die einzelnen Themenbereiche?	▪ Hinweise auf wahrgenommene Schwächen in der gesellschaftspolitischen Verantwortung des Unternehmens ▪ Abschätzung der Dringlichkeit, eine Änderung wesentlicher Unternehmensstrategien mit gesellschaftlichem Bezug vorzunehmen

Bild 10.4 Häufigkeitsverteilungen von Beschwerdeinhalts-Informationen

Beschwerdeabwicklungs-Informationen	Fragen im Rahmen der Häufigkeitsauswertung	Relevanz des Analyseergebnisses
Beschwerdeannahme		
Zeitpunkt der Entgegennahme	▪ Wie viele Beschwerden erreichten das Unternehmen zu verschiedenen Zeitpunkten bzw. in verschiedenen Zeiträumen?	▪ Grundlage der Kapazitätsplanung im Bereich des Beschwerdemanagements (insbesondere für Beschwerdetelefone)
Beschwerdewege	▪ Wie oft haben unzufriedene Kunden von welchen Beschwerdewegen Gebrauch gemacht?	▪ Überwachung beschwerdestimulierender und -kanalisierender Maßnahmen ▪ Ressourcenplanung
Adressat der Beschwerde	▪ Wie viele Beschwerden wurden an welche Personen/Abteilungen gerichtet? ▪ Wie viele Beschwerden wurden unmittelbar an die Unternehmensleitung gerichtet?	▪ Überwachung beschwerdestimulierender und -kanalisierender Maßnahmen
Entgegennehmender Mitarbeiter	▪ Wer bzw. welche Abteilung hat wie viele Beschwerden in welchem Zeitraum entgegengenommen?	▪ Überwachung des Prinzips der Complaint Ownership ▪ Ressourcenplanung ▪ Hinweise für den zielgerichteten Einsatz personalpolitischer Maßnahmen
Beschwerdebearbeitung		
Beschwerdeverantwortliche	▪ Welcher Mitarbeiter war wie oft an welchen Bearbeitungsprozessen beteiligt?	▪ Überwachung der Beschwerdeverantwortlichkeiten
Beschwerdebearbeitungsprozess	▪ Welche Bearbeitungsprozesse wurden wie oft ausgelöst? ▪ Wie viele schriftliche Beschwerden wurden in wie vielen Tagen bearbeitet?	▪ Überwachung der Beschwerdebearbeitungsprozesse ▪ Überwachung der Bearbeitungsgeschwindigkeit
Beschwerdereaktion		
Kommunikation mit dem Beschwerdeführer	▪ Auf wie viele schriftliche Beschwerden erfolgte innerhalb wie vieler Tage eine Eingangsbestätigung?	▪ Überwachung von Zeitstandards für die Kommunikation mit dem Beschwerdeführer
Tatsächlich realisierte Problemlösung	▪ Welche Problemlösungen/Wiedergutmachungen wurden wie oft realisiert?	▪ Überwachung der Reaktionspolitik
Dem Kunden gegenüber gemachte Zusagen	▪ Welche Zusagen wurden wie oft bereits während der Annahme gemacht?	▪ Überwachung der Beschwerdeannahme ▪ Grundlage für Trainings

Bild 10.5 Häufigkeitsverteilungen von Beschwerdeabwicklungs-Informationen

Oft ist es angebracht, für die ermittelten Häufigkeitsverteilungen auch Mittelwerte und Streuungsmaße, vor allem **arithmetisches Mittel, Median** und **Interquartilsdistanz** zu berechnen (Kuß 2012; Olbrich/Battenfeld/Buhr 2012).

Diese Maße werden anhand der Beschwerdezahlen erläutert, die bei verschiedenen Autohäusern eines Automobilherstellers im letzten Monat eingegangen sind, wobei die Betriebe der gleichen Größenklasse angehören und entweder zur Region Nord oder der Region Süd zugeordnet sind. Wenn man für die Region Nord die Summe aller Beschwerden (516) durch die Anzahl der Autohäuser (12) teilt, erhält man das **arithmetische Mittel**, also die durchschnittliche Beschwerdezahl pro Autohaus (43). Eine entsprechende Berechnung für die Region Süd ergibt einen Wert von 54 und zeigt also an, dass in den Autohäusern dieser Region die durchschnittliche Beschwerdezahl erheblich höher ausfällt (siehe Bild 10.6).

Beschwerden			
Region Nord		Region Süd	
Autohaus Flensburg	37	Autohaus Würzburg	33
Autohaus Hannover	40	Autohaus Stuttgart	39
Autohaus Hamburg-Altona	58	Autohaus Karlsruhe	32
Autohaus Hamburg-Harburg	54	Autohaus Freiburg	52
Autohaus Berlin	54	Autohaus Tübingen	142
Autohaus Rostock	48	Autohaus Augsburg	44
Autohaus Göttingen	39	Autohaus München	34
Autohaus Schwerin	27	Autohaus Ingolstadt	46
Autohaus Brandenburg	29	Autohaus Ulm	63
Autohaus Lübeck	42	Autohaus Kempten	60
Autohaus Bielefeld	49	Autohaus Mannheim	48
Autohaus Essen	39	Autohaus Baden-Baden	55
Summe	**516**	**Summe**	**648**
Arithmetisches Mittel	516/12 = **43**	Arithmetisches Mittel	648/12 = **54**

Bild 10.6 Arithmetisches Mittel der Beschwerdezahlen in Autohäusern zweier Regionen

Allerdings macht das arithmetische Mittel für die Region Süd nicht deutlich, dass der Wert durch die ungewöhnlich hohe Beschwerdezahl beim Autohaus Tübingen (142) nach oben verzerrt wird. In solchen Fällen bietet es sich an, statt auf das arithmetische Mittel auf den **Median** zurückzugreifen. Dabei handelt es sich um den Wert, der an mittlerer Stelle steht, wenn man die Werte nach Größe sortiert (siehe Bild 10.7).

Beschwerden			
Region Nord		Region Süd	
Autohaus Schwerin	27	Autohaus Karlsruhe	32
Autohaus Brandenburg	29	Autohaus Würzburg	33
Autohaus Flensburg	37	Autohaus München	34
Autohaus Göttingen	39	Autohaus Stuttgart	39
Autohaus Essen	39	Autohaus Augsburg	44
Autohaus Hannover	**40**	Autohaus Ingolstadt	**46**
Autohaus Lübeck	**42**	Autohaus Mannheim	**48**
Autohaus Rostock	48	Autohaus Freiburg	52
Autohaus Bielefeld	49	Autohaus Baden-Baden	55
Autohaus Hamburg-Harburg	54	Autohaus Kempten	60
Autohaus Berlin	54	Autohaus Ulm	63
Autohaus Hamburg-Altona	58	Autohaus Tübingen	142
Summe	**516**	**Summe**	**648**
Median*	(40+42)/2 = **41**	Median*	(46+48)/2 = **47**

* Da es sich hier um eine gerade Anzahl von Autohäusern handelt, muss der Median dadurch ermittelt werden, dass man den Durchschnitt der beiden mittleren Werte ermittelt.

Bild 10.7 Median der Beschwerdezahlen in Autohäusern zweier Regionen

Der Median der Beschwerden in der Region Nord liegt bei 41. In der Hälfte der Autohäuser dieser Region ist die Beschwerdezahl demnach kleiner als 41, in der anderen Hälfte größer als 41. Demgegenüber liegt der Median für die Region Süd bei 47. Der ‚Ausreißerwert' des Autohauses Tübingen - der maßgeblich zum arithmetischen Mittel in Höhe von 54 beiträgt - wirkt sich somit weniger aus.

Die Unterschiede in der Verteilung der Beschwerden in den beiden Regionen lassen sich unter Verwendung des Medians gut grafisch mit Hilfe sogenannter **„Boxplots"** darstellen. Sie gestatten einen schnellen Überblick darüber, in welchen Bereichen die Beschwerdezahlen liegen und wie sie sich verteilen (siehe Bild 10.8).

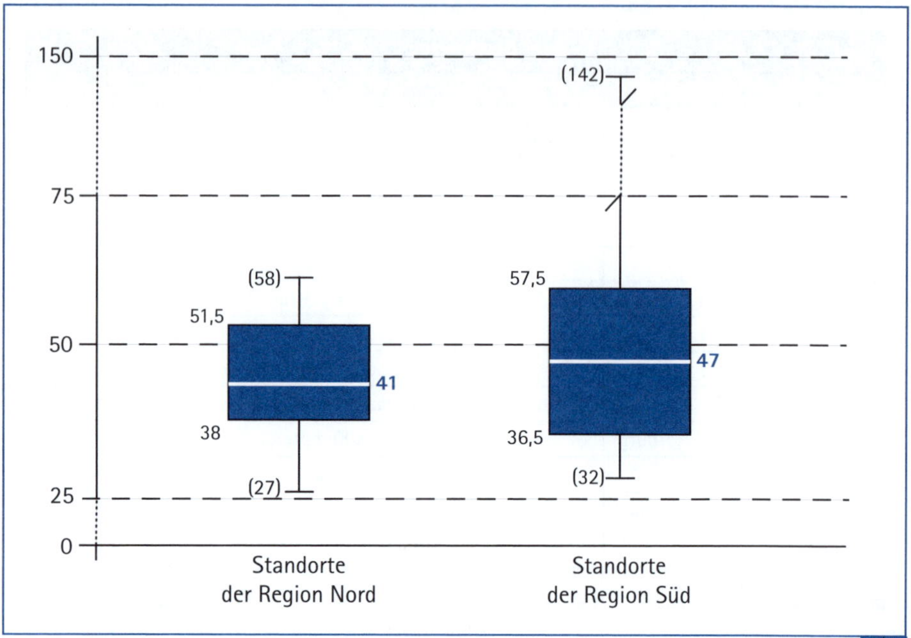

Bild 10.8 Boxplot: Lage und Streuung der Beschwerdezahlen in Autohäusern zweier Regionen

In die Kästen („boxes“) ist jeweils der Median durch einen Balken deutlich eingezeichnet (Region Nord: 41; Region Süd: 47). Die Länge der Kästen wird durch die Bandbreite der beiden Messwerte beschrieben, innerhalb der sich die mittleren 50 % der Messwerte befinden (**Interquartilsdistanz – IQD**).

In unserem Fall wird zur Ermittlung der IQD für die Region Nord folgendermaßen vorgegangen: Zunächst wird die sortierte Zahlenreihe in zwei gleich große Gruppen unterteilt. Dies bedeutet, die erste Gruppe reicht von den Werten 27 bis 40 und die zweite von 42 bis 58. Nun wird für jede Gruppe der Median ermittelt: Für die erste Gruppe beträgt dieser (37 + 39)/2 = 38 und für die zweite (49 + 54)/2 = 51,5. Dies bedeutet, dass 25 % bzw. 75 % der Messwerte unterhalb eines Beschwerdeaufkommens von 38 bzw. 51,5 liegen. Diese beiden Werte bestimmen gleichzeitig die Grenzen der abzubildenden „Box“ und stellen die Grundlage für die Berechnung der IQD (51,5 – 38) = 13,5 dar. Gleichzeitig beschreibt die IQD die Länge der „Box“. Die korrespondierenden Werte für die Region Süd sind 36,5 (25 %) und 57,5 (75 %) bzw. 21 für die IQD. Ein Vergleich der beiden IQD-Werte zeigt, dass das Beschwerdeaufkommen in der Region Nord weniger streut als in der Region Süd bzw. dass sich die mittleren 50 % der Messwerte für das Beschwerdeaufkommen in der Region Nord nur durch einen Wert von maximal 13 unterscheiden, während dieser Unterschied in der Region Süd maximal 21 betragen kann. An den Boxen wird weiterhin oben und unten jeweils eine Linie („Antenne“) abgetragen, deren Enden die jeweiligen Minimum- und Maximumwerte darstellen. Für die Region Nord sind dies 27 (Minimum) und 58 (Maximum), für die Region Süd 32 (Minimum) und 142 (Maximum).

Die Bestimmung des Medians und des IQD sowie die Erstellung des „Boxplots" ist zwar aufwendiger als die alleinige Berechnung des arithmetischen Mittels, trägt jedoch erheblich zum Verständnis des mittleren Beschwerdeaufkommens bei, indem Streuungen offenkundig werden. Auf diese Weise werden Fehlschlüsse vermieden, die möglich sind, wenn man sich auf ‚verzerrte' arithmetische Mittel verlässt.

10.1.2 Kreuztabellierungen

Univariate Häufigkeitsauswertungen geben einen ersten guten Überblick über die Verteilung des gesamten Beschwerdeaufkommens auf die für ein aktives Beschwerdemanagement wichtigen Kriterien. Es ist nun z. B. bekannt, wie oft ein bestimmtes Problem aufgetreten ist und in welchem Umfang verschiedene Produkte oder Dienstleistungen davon betroffen sind. Doch ob ein systematischer Zusammenhang zwischen Problemauftritt und Beschwerdeobjekt (Produkt/Dienstleistung) besteht, kann erst mit **bivariaten** Methoden festgestellt werden, die **gleichzeitig zwei Kriterien** - z. B. Problemkategorie und Beschwerdeobjekt - in die Analyse einbeziehen.

Als wichtigstes bivariates Verfahren ist die **Kreuztabellierung** anzusehen. In einer Kreuztabelle werden jeweils die Merkmalsausprägungen zweier Variablen in einer Matrix, der Kreuztabelle, angeordnet und die Häufigkeit, mit der jede Kombination vorkommt, festgehalten.

Ein **Beispiel** für eine Kreuztabelle im Rahmen der Beschwerdeauswertung gibt Bild 10.9 wieder.

Art des Problems / Art des Produkts	Nicht vereinbarte Leistungen	Unverständliche Rechnung	Mangelhafte Auftrags-erledigung	Unfreundliche Bedienung	Lange Wartezeit	Summe
Automarke A	24 (20 %)	15 (12,5 %)	30 (25 %)	24 (20 %)	27 (22,5 %)	120 (100 %)
Automarke B	36 (20 %)	60 (33,3 %)	15 (8,4 %)	6 (3,3 %)	63 (35 %)	180 (100 %)
Summe	**60**	**75**	**45**	**30**	**90**	**300**

Bild 10.9 Kreuztabellierung von „Art des Produkts" und „Art des Problems"

Diese Kreuztabelle verknüpft die Kriterien „Beschwerdeobjekt" und „Art des Problems" und gibt Antwort auf die Frage: **„Welcher Zusammenhang besteht zwischen der Art des Produkts/der Dienstleistung einerseits und den aufgetretenen Problemen andererseits?"** Im vorgestellten Beispiel wird davon ausgegangen, dass das Autohaus zwei verschiedene Marken anbietet („Marke A“ und „Marke B“) und nun den Zusammenhang zwischen der Marke und dem Beschwerdeaufkommen untersucht.

Die **absoluten und relativen Häufigkeiten** weisen darauf hin, dass bei der „Marke A“ vornehmlich das Problem „Mangelhafte Auftragserledigung“ (25 %,) und bei der „Marke B“ insbesondere das Problem „Lange Wartezeit“ (35 %) auftreten.

Kreuztabellen dieser Art werden von Unternehmen, die Beschwerdemanagement betreiben, häufig, wenn auch eher intuitiv genutzt. Meist werden sie allein dazu eingesetzt, um - wie im vorliegenden Beispiel - die aufgetretenen Probleme den Beschwerdeobjekten zuzuordnen. Doch über den eigentlichen Sinn der Kreuztabellierung, eine Analyse der Beziehung zwischen den kombinierten Kriterien vorzunehmen, ist man sich kaum im Klaren. Wenn mehrere Kreuztabellen erstellt werden, fehlt häufig eine systematische Vorgehensweise. Bisweilen werden aus Kreuztabellen Schlüsse gezogen, die sich methodisch nicht rechtfertigen lassen. Daher sei an dieser Stelle auf drei wesentliche Aspekte der **Vorgehensweise zur Erstellung von Kreuztabellen** und ihrer Interpretation eingegangen: die Auswahl der kombinierten Kriterien, die Anordnung der Kriterien in der Matrix und die statistische Überprüfung, wie stark die Beziehung zwischen den Kriterien ausfällt.

Mit Hilfe einer Kreuztabelle wird untersucht, wie zwei Beschwerdekriterien miteinander zusammenhängen. Dabei ist es grundsätzlich möglich, alle erfassten Kriterien jeweils paarweise miteinander zu kombinieren. Dies ist aber keinesfalls sinnvoll, sondern produziert vielfach nur Daten ohne Erklärungswert. Deshalb steht am Anfang jeder Kreuztabellierung die **Auswahl der zu kombinierenden Kriterien**. Die Lösung dieser Aufgabe setzt Überlegungen bezüglich sinnvoller Beziehungen zwischen den einzelnen Variablen voraus. Erst wenn man begründet annehmen kann, dass zwischen den Beschwerdekriterien auch ein Zusammenhang besteht, sollte man eine Berechnung vornehmen. So ist es beispielsweise denkbar, dass die Art des erlebten Problems das Ausmaß der Kundenverärgerung beeinflusst oder dass Kunden, die zu verschiedenen Kundengruppen gehören, auch unterschiedliche Probleme wahrnehmen. Nur wenn sich ein solch **logischer Zusammenhang** herstellen lässt, ist eine Kreuztabellierung zu empfehlen. Bild 10.10 enthält eine Übersicht über besonders sinnvolle Beziehungen zwischen den Beschwerdeinformationen.

Wenn man entsprechende Überlegungen zu den Zusammenhängen zwischen den Variablen anstellt, ist damit gleichzeitig eine Annahme darüber verbunden, welche **Variable unabhängig** ist, also zur Vorhersage für eine andere - die **abhängige Variable** - herangezogen werden kann. Im genannten Beispiel gehen wir davon aus, dass die auftretenden Probleme von der Produktart abhängig sind. Also ist die Variable „Art des Produkts“ die unabhängige und „Art des Problems“ die abhängige Variable.

Diese Überlegungen werden durch eine entsprechende **Anordnung der Kriterien in der Matrix** berücksichtigt: Die Ausprägungen der abhängigen Variablen (hier die Problemarten) werden in den Spalten dargestellt, während in den Zeilen die der unabhängigen Variablen (Produktarten) angeordnet sind. Die Prozentwerte werden immer in Richtung der unabhängigen Variablen (also zeilenweise) berechnet (Böhler 2004; Churchill/Iacobucci 2010).

	1. Art des Problems	2. Ort	3. Gewährleistungs- oder Kulanzfall	4. Reaktionsdringlichkeit	5. Kundengruppe	6. Ausmaß der Verärgerung/Handlungsabsicht	7. Produkt/Dienstleistung	8. Beschwerdeweg	9. Adressat der Beschwerde	10. Tatsächlich realisierte Problemlösung
1. Art des Problems						●				●
2. Ort	●									
3. Gewährleistungs- oder Kulanzfall										
4. Reaktionsdringlichkeit										●
5. Kundengruppe	●						●	●	●	
6. Ausmaß der Verärgerung/Handlungsabsicht										
7. Produkt/Dienstleistung	●		●							
8. Beschwerdeweg										
9. Adressat der Beschwerde										●
10. Tatsächlich realisierte Problemlösung										

Bild 10.10 Besonders sinnvolle Beziehungen zwischen Variablen der Beschwerdeinformationen

In Bild 10.11 werden **Kreuztabellen mit wichtigen Schlussfolgerungen für das Beschwerdemanagement** dargestellt. Dabei werden die betrachteten Variablen immer in der Reihenfolge unabhängige und abhängige Variable angegeben.

Unabhängige Variable/ Abhängige Variable	Angenommener Zusammenhang	Bedeutung einer Bestätigung des angenommenen Zusammenhangs
Art des Problems & Ausmaß der Verärgerung/ Handlungsabsicht	Das Ausmaß der Verärgerung und die Handlungsabsicht des Kunden sind von der Problemart abhängig.	▪ Problempriorisierung aus Kundensicht ▪ Einsicht in Probleme, die Kunden zum Abwandern bewegen können
Art des Problems & tatsächlich realisierte Problemlösung	Die tatsächlich realisierte Problemlösung ist von der Art des Problems abhängig.	▪ Hinweis auf Konsistenz und Angemessenheit von Beschwerdelösungen
Ort & Art des Problems	Verschiedene Probleme treten verstärkt an bestimmten Orten Niederlassungen/Filialen) auf.	▪ Hinweis auf niederlassungs- bzw. filialspezifische Problemschwerpunkte
Reaktionsdringlichkeit & tatsächlich realisierte Problemlösung	Die tatsächlich realisierte Lösung ist abhängig von der Reaktionsdringlichkeit der Beschwerde, vor allem vom Drohpotenzial des Kunden.	▪ Hinweis auf die Einhaltung von Richtlinien für die Behandlung von Sonderfällen
Kundengruppe & Art des Problems	Die artikulierten Problemarten sind abhängig von der Zugehörigkeit des Beschwerdeführers zu einer bestimmten Kundengruppe.	▪ Segmentspezifische Problemidentifikation ▪ Segmentspezifische Dringlichkeit der Behebung von Problemursachen
Kundengruppe & Produkt/Dienstleistung	Angehörige unterschiedlicher Kundengruppen beschweren sich über Probleme mit verschiedenen Produkten/Dienstleistungen.	▪ Segmentspezifische Identifikation von problembehafteten Produkten/Dienstleistungen
Kundengruppe & Beschwerdeweg	Angehörige unterschiedlicher Kundengruppen nutzen unterschiedliche Beschwerdewege.	▪ Segmentspezifische Stimulierungsmaßnahmen
Kundengruppe & Adressat der Beschwerde	Der Adressat einer Beschwerde ist abhängig von der Zugehörigkeit des Beschwerdeführers zu einer Kundengruppe.	▪ Segmentspezifische und Kanalisierung
Produkt/Dienstleistung & Art des Problems	Das Auftreten von Problemen ist vom jeweiligen Beschwerdeobjekt (Produkt/Dienstleistung) abhängig.	▪ Hinweise auf produkt- bzw. leistungsbezogene Ursachen der artikulierten Probleme ▪ Schwerpunktsetzung im Rahmen von Verbesserungsmaßnahmen
Produkt/Dienstleistung & Gewährleistungs- oder Kulanzfall	Das Auftreten von Gewährleistungs oder Kulanzfällen ist vom jeweiligen Beschwerdeobjekt (Produkt/Dienstleistung) abhängig.	▪ Schwerpunktsetzung im Rahmen von Verbesserungsmaßnahmen zur Reduzierung von Gewährleistungs- und Kulanzkosten
Adressat der Beschwerde & tatsächlich realisierte Problemlösung	Die tatsächlich realisierte Lösung ist abhängig vom Adressaten der Beschwerde.	▪ Hinweis auf die Konsistenz der Beschwerdereaktion

Bild 10.11 Erläuterung wichtiger Kreuztabellen

In einem nächsten Schritt stellt sich die Frage, **wie eindeutig die Ergebnisse der Kreuztabellierung sind**. Dabei ist zu prüfen, ob die aufgezeigten Beziehungen auch tatsächlich vorliegen. Dies kann durch die Einbeziehung einer **zusätzlichen Variablen** in die Analyse getestet werden (Kuß 2012).

Konnte ein Zusammenhang zwischen den Variablen festgestellt werden, muss anschließend im Rahmen der **Kontingenzanalyse** die Frage geklärt werden, ob die Variablen voneinander unabhängig sind (Chi-Quadrat-Unabhängigkeitstest) und wie stark der Zusammenhang zwischen der unabhängigen und abhängigen Variablen ist (mittels Kontingenzkoeffizienten) (Böhler 2004).

Kreuztabellierungen sollten kontinuierlich im Rahmen der Beschwerdeanalyse eingesetzt werden. Dabei bietet es sich an, auf **unterstützende Software** zurückzugreifen - entweder auf spezielle Beschwerdemanagementsysteme, in die dieses Analyseinstrument integriert ist, oder auf Tabellenkalkulationsprogramme wie z. B. Microsoft Excel, in denen die Kreuztabellierung sowie die entsprechenden Tests automatisiert durchgeführt werden können.

10.1.3 Mengenmäßiger und zeitlicher Bezug der Beschwerdeanalyse

Im Rahmen der Beschwerdeanalyse ist auch zu entscheiden, ob sich die Analyse auf sämtliche Beschwerden oder auf Teilmengen beziehen soll. Zudem ist der zeitliche Bezug der Analyse festzulegen.

Analyse von Teilmengen des Beschwerdeaufkommens

Für eine detaillierte Informationsbereitstellung ist es sinnvoll, univariate Häufigkeitsverteilungen sowie bivariate Methoden zur Analyse der Beziehungen zwischen den Variablen nicht nur auf das gesamte Beschwerdeaufkommen, sondern auch auf **Teilmengen der geäußerten Beschwerden** anzuwenden. So kann es etwa in dem angesprochenen Autohaus für den Verantwortlichen für die „Marke A“ von Interesse sein, festzustellen, wie oft sein Geschäftsfeld von den erfassten fünf Problemarten betroffen war, ohne dass dieselbe Auswertung zugleich für die „Marke B“ vorzunehmen ist.

Auch kann es von Bedeutung sein, zu wissen, ob Beschwerdeführern für das gleiche Problem unterschiedliche Lösungen bzw. Wiedergutmachungsleistungen angeboten worden sind, je nachdem, an welchen Adressaten im Unternehmen sie ihre Beschwerde gerichtet haben. In diesem Fall empfiehlt es sich, die Kreuztabelle mit den Merkmalen „Adressat der Beschwerde“ und „Tatsächlich realisierte Problemlösung“ auf einzelne Problemarten und nicht auf das gesamte Beschwerdeaufkommen zu beziehen. Ebenso sinnvoll kann es sein, die Kreuztabellierung zwischen „Art des Produkts“ und „Art des Problems“ kundengruppenspezifisch durchzuführen. Eine weitere Verfeinerung läge darin, die Analyse nur auf die besonders verärgerten Kunden einzuschränken. Grundsätzlich kann jedes erfasste Beschwerdekriterium mit all seinen Ausprägungen als **weitere Differenzierungsgrundlage** dienen.

Zeitlicher Bezug von quantitativen Beschwerdeauswertungen

Hinsichtlich des **zeitlichen Bezugs** der Auswertung ist zwischen Zeitraum- und Zeitverlaufsauswertungen zu unterscheiden, wobei beide Formen für jede zu erstellende Häufigkeitsverteilung bzw. Kreuztabelle in Frage kommen.

Mittels **Zeitraumauswertungen** werden die zu untersuchenden Sachverhalte für einen konkreten Zeitraum - beispielsweise für ein Jahr - betrachtet. Man erhält dadurch einen Statusbericht über den Betrachtungszeitraum. Das besagte Autohaus ist z. B. daran interessiert, zu wissen, wie oft die fünf Problemarten im aktuellen Geschäftsjahr den Kunden zu einer Beschwerde Anlass gegeben haben. Die entsprechende Häufigkeitsverteilung wird somit konkret für den Zeitraum dieses Jahres erstellt (siehe Bild 10.12). In Abhängigkeit vom gewünschten zeitlichen Detaillierungsgrad können auch andere Bezugszeiträume, beispielsweise ein Tag, eine Woche, ein Monat oder ein Quartal gewählt werden.

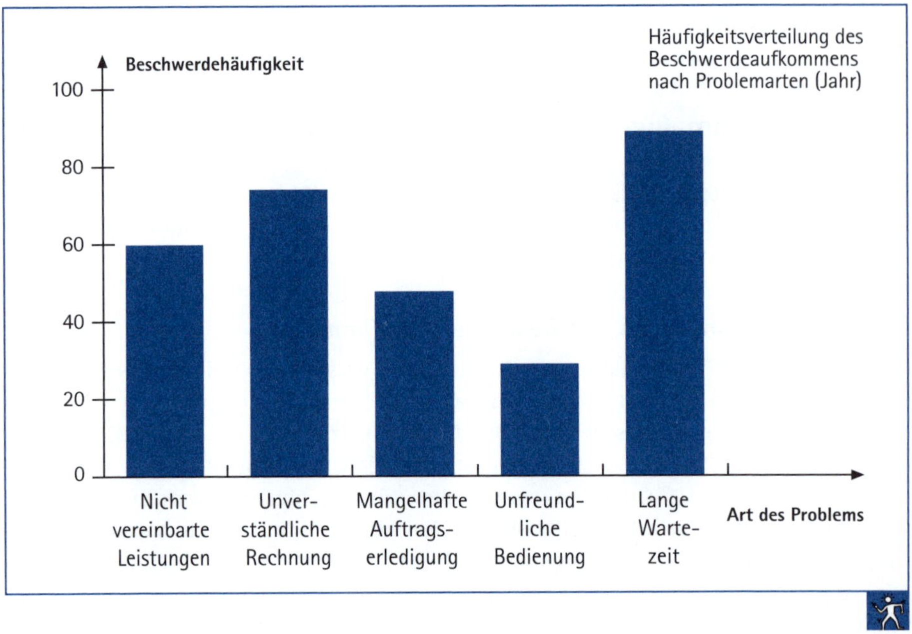

Bild 10.12 Zeitraumauswertung

Werden Häufigkeitsverteilungen für verschiedene Zeitpunkte (z. B. Tage, Wochen oder Monate), die innerhalb einer bestimmten Periode chronologisch aufeinanderfolgen, durchgeführt, spricht man von **Zeitverlaufsauswertungen**. Sie verdeutlichen die zeitliche Entwicklung der Auswertungsinhalte über den Betrachtungszeitraum. Bild 10.13 zeigt die Entwicklung der Beschwerdezahlen im Autohaus über lange Wartezeiten für einen Halbjahreszeitraum.

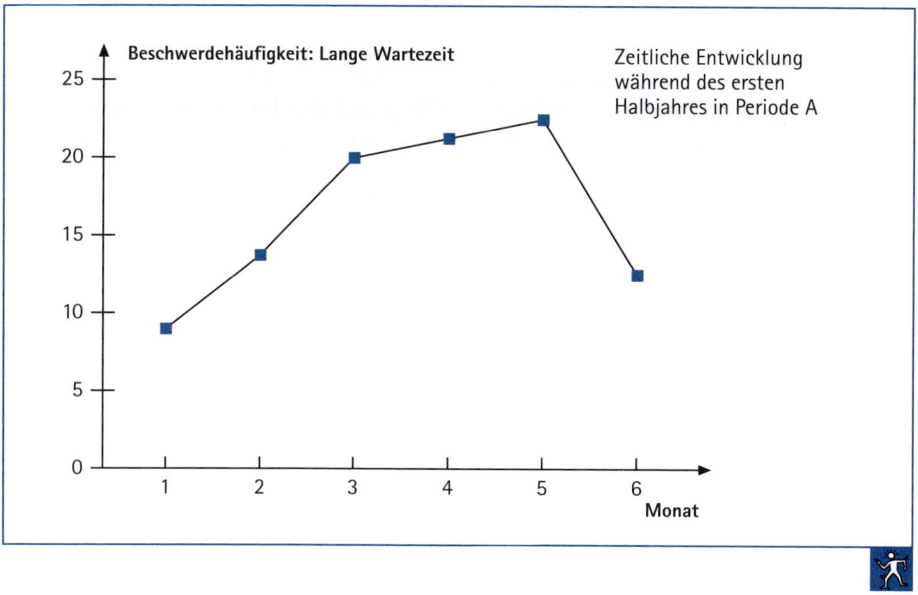

Bild 10.13 Zeitverlaufsauswertung

Zeitverlaufsauswertungen sind insbesondere für die Ressourcenplanung des Beschwerdemanagements sowie für Ursachen- und Wirkungsanalysen von Bedeutung.

Beschwerdeführer artikulieren ihre Probleme z.B. über ein Beschwerdetelefon nicht gleichmäßig über den Tag oder die Woche verteilt, sondern es kann zu Stoßzeiten kommen, die zu einer Überlastung der Telefonanlage und/oder des Personals führen. In diesem Zusammenhang ist es wichtig, das Beschwerdeaufkommen nicht nur für den Zeitraum einer Woche auszuwerten, sondern dessen zeitliche Entwicklung über den Tag für Halbstundenzeiträume festzuhalten. Mit Hilfe solcher Zeitverlaufsbetrachtungen ist es möglich, eine entsprechende **Ressourcenplanung** vorzunehmen, insbesondere die personellen Kapazitäten von Call-Centern an die Spitzenzeiten bzw. an Zeiten mit weniger Anrufen anzupassen.

Zudem sind Zeitverlaufsauswertungen notwendig, wenn es darum geht, eine **Wirkungsanalyse** beschwerde- und qualitätspolitischer Maßnahmen vorzunehmen. Wird beispielsweise ein Beschwerdetelefon eingerichtet, um die Wahl des Beschwerdewegs zu steuern, dann empfiehlt es sich, zur Überprüfung der Kundenakzeptanz die Verteilung des Beschwerdeaufkommens auf die einzelnen Beschwerdewege für jeden Monat zu ermitteln und im Zeitverlauf gegenüberzustellen. Auf diese Weise wird schnell transparent, ob der neu geschaffene Beschwerdeweg eines Beschwerdetelefons vermehrt von unzufriedenen Kunden in Anspruch genommen wird und bisher weniger geeignete Beschwerdekanäle (beispielsweise schriftliche Beschwerden an diverse Abteilungen im Unternehmen) auch tatsächlich vermindert genutzt werden. Analoges gilt für die Abschätzung der Wirkung von Maßnahmen des Qualitätsmanagements.

Werden in den Beschwerdeauswertungen Zeiträume und Zeitverläufe unterschiedlicher Perioden gegenübergestellt, spricht man von **Periodenvergleichen**. Hier werden die Ergebnisse für einen bestimmten Zeitraum bzw. Zeitverlauf mit den Ergebnissen eines korrespondierenden Zeitraums oder Zeitverlaufs verglichen. Das Ziel besteht wiederum darin, bestimmte Entwicklungen zu verfolgen, wobei jedoch nicht der chronologische Verlauf im Mittelpunkt steht, sondern der Vergleich der Ergebnisse von entsprechenden Zeitpunkten unterschiedlicher Perioden. In Bild 10.14 wird die zeitliche Entwicklung der Beschwerdezahlen im Autohaus über lange Wartzeiten für den Halbjahreszeitraum zweier Perioden wiedergegeben.

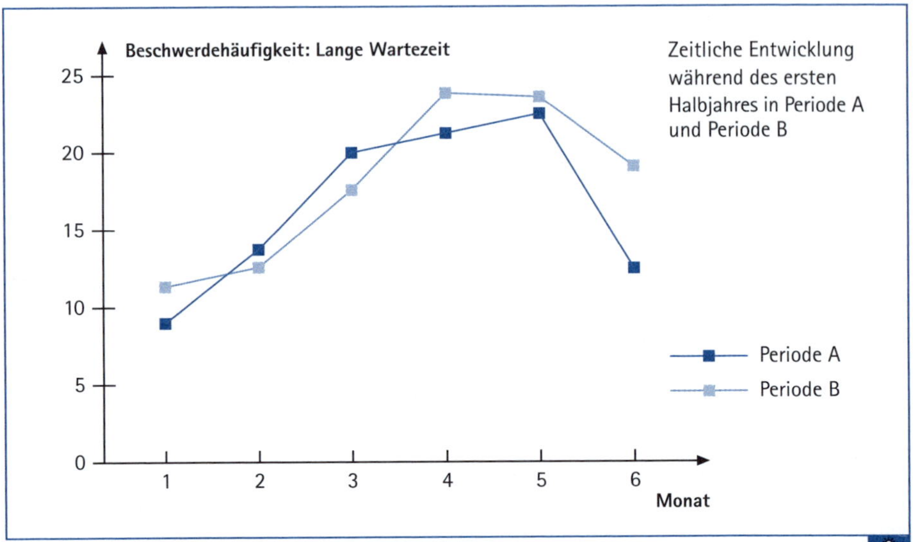

Bild 10.14 Periodenvergleich

10.2 Ansätze zur Priorisierung von Problemen

In einem weiteren Auswertungsschritt geht es darum, die in den Beschwerden artikulierten **Probleme zu priorisieren**. Dies sollte grundsätzlich **aus Kundensicht** erfolgen, um somit die „Stimme des Kunden" zur Handlungsmaxime für den kontinuierlichen Verbesserungsprozess zu machen. Die Priorisierung orientiert sich dabei nicht ausschließlich an der Häufigkeit, mit der ein Problem zum Gegenstand einer Beschwerde gemacht wird, sondern vor allem auch an der Bedeutung, die der Kunde einem Problem beimisst. Für diese Relevanzeinschätzung können – je nach der Verfügbarkeit der erforderlichen Daten – verschiedene methodische Instrumente eingesetzt werden. Daraus ergeben sich auch unterschiedliche Möglichkeiten, die erhobenen Daten zur Häufigkeit und wahrgenommenen Relevanz in Form von kundenorientierten Frequenz-Relevanz-Analysen zu verknüpfen und damit eine Rangliste der Dringlichkeit von Korrekturmaßnahmen zu erstellen (Kapitel 10.2.1).

Es ist allerdings auch denkbar, dass Unternehmen unabhängig von der aktuellen Beschwerdesituation Probleme benennen können, die unbedingt zu vermeiden sind, weil sie das Qualitätsversprechen an die Kunden massiv verletzen, Kundenbeziehungen extrem gefährden und zu hohen Gewährleistungs- oder Garantiekosten führen. In diesen Fällen können die besonders problematischen Fehler und Probleme **aus Unternehmenssicht** definiert und gewichtet werden. Unter Berücksichtigung der Häufigkeit ist dann in unternehmensorientierten Frequenz-Relevanz-Analysen zu ermitteln, wo gravierende Qualitätsmängel bestehen und daher die Qualitätsverbesserungsmaßnahmen mit erster Priorität ansetzen müssen (Kapitel 10.2.2).

10.2.1 Kundenorientierte Frequenz-Relevanz-Analysen von Beschwerden (FRAB)

Frequenz-Analysen von Beschwerden (FRAB) beruhen auf der Grundüberlegung, dass ein Problem umso dringlicher der Aufmerksamkeit des Managements bedarf, je häufiger es auftritt und je bedeutsamer dessen Auftreten vom Kunden empfunden wird (Stauss 2000a). Dementsprechend sind hinsichtlich der vom Kunden erlebten Probleme jeweils zwei Informationen erforderlich: Zum einen bedarf es Daten zur Häufigkeit oder **Frequenz** des Problemauftritts, zum anderen sind Informationen darüber notwendig, für wie bedeutsam die Kunden dieses Problem erachten (**Relevanz**).

In Bezug auf die **Frequenz**, mit der Kunden ein bestimmtes Problem artikulieren, liefert die **Häufigkeitsauswertung** eindeutige und objektive Werte. Für die Feststellung der **Problemrelevanz** müssen dagegen Indikatoren herangezogen werden.

10.2.1.1 Ansätze zur Ermittlung der Problemrelevanz aus Kundensicht

Drei unterschiedliche **Indikatoren** für die vom Kunden wahrgenommene Problemrelevanz werden im Folgenden vorgestellt: (1) das Ausmaß der durch das Problem ausgelösten Kundenverärgerung, (2) die vom Kunden angedrohten Handlungskonsequenzen und (3) die infolge der Verärgerung realisierte Kundenabwanderung.

(1) Ein wesentlicher Indikator für die wahrgenommene Relevanz des Problems ist das **Ausmaß der ausgelösten Kundenverärgerung**. Diese kann grundsätzlich mit Hilfe einer Verärgerungsskala gemessen werden, wie sie im Rahmen der Erfassung von Beschwerdeinformationen vorgestellt wurde (siehe Bild 7.3). Allerdings ist deren Einsatz nur begrenzt möglich. So können Kunden in der Beschwerdesituation aus naheliegenden Gründen **nicht direkt** gebeten werden, den Grad ihrer Verärgerung auf einer solchen Skala anzugeben. Möglich ist dies allein bei Beschwerden im Internet, wenn die Beschwerdemaske ein entsprechendes Feld vorsieht. Folglich könnte bei einer persönlich vorgetragenen Beschwerde nur eine **Fremdbewertung** der Problemrelevanz **durch**

die Mitarbeiter im Beschwerdekontakt erfolgen. Sie müssten aufgrund von Formulierungen und Verhaltensweisen des Beschwerdeführers eine entsprechende Einordnung auf der Skala vornehmen. Es ist aber offensichtlich, dass die auf diese Weise gewonnenen Werte nur mit Vorsicht zu interpretieren sind. Die Relevanz, die ein Kunde dem Problem beimisst, ist nicht direkt beobachtbar, es liegen keine eindeutigen Kriterien für die Beurteilung vor und die Bewertungen werden je nach annehmendem Mitarbeiter auch unterschiedlich ausfallen.

Eine Alternative zu dieser Fremdbewertung besteht darin, die Kunden unmittelbar nach Abschluss des Beschwerdevorgangs im Rahmen von **Follow-up-Interviews** hinsichtlich des Grads ihrer Verärgerung zu befragen. Eine entsprechende Skala zur Messung der wahrgenommenen Relevanz ist somit in dieses Erhebungsinstrument zu integrieren. Zwar sind auch diese Ergebnisse nicht völlig unverzerrt, da bereits eine gewisse Zeitspanne verstrichen ist und zusätzliche Beschwerdeerfahrungen vorliegen. Doch immerhin wird der Grad der Verärgerung **vom Kunden selbst** – und nicht vom Mitarbeiter – abgeschätzt. Durch Vergleiche der nachträglichen Kundenangaben mit den unmittelbaren Mitarbeitereinschätzungen ließe sich auch das **Ausmaß an Übereinstimmung** feststellen und damit ein erster Hinweis für die Schätzgenauigkeit der Mitarbeiter finden.

(2) Eine zweite Möglichkeit zur Abschätzung der wahrgenommenen Problemrelevanz besteht darin, die besonders **gravierenden Handlungskonsequenzen** heranzuziehen, die Beschwerdeführer im Rahmen ihrer Beschwerdeartikulation androhen. Dazu gehören vor allem die Drohung mit Abwanderung/Kündigung sowie die Ankündigung, Medien, Rechtsanwälte oder Drittinstitutionen (wie Verbraucherorganisationen oder Aufsichtsbehörden) einzuschalten. Voraussetzung für diese Vorgehensweise ist allerdings, dass während der Beschwerdeannahme diese beabsichtigten Handlungskonsequenzen erfasst werden.

(3) Bei den beiden erstgenannten Varianten werden als Relevanzkriterium entweder ein emotionaler Zustand des Beschwerdeführers (Verärgerung) oder seine Verhaltensabsichten (z. B. geplante Abwanderung) verwendet. Bei der dritten Alternative wird das **tatsächliche Abwanderungsverhalten** berücksichtigt, nämlich das Ausmaß, in dem die Probleme Kunden tatsächlich veranlasst haben, die Geschäftsbeziehung zu beenden. Dies kann im Rahmen einer Befragung bereits verlorener Kunden mittels einer Lost-Customer-Analyse erfolgen, die insbesondere bei vertraglichen Kundenbeziehungen anwendbar ist (Stauss/Seidel 2005).

In einer **Befragung verlorener Kunden** werden entweder alle Abgewanderten oder eine repräsentative Stichprobe von ihnen um Angabe gebeten, welche konkreten Ursachen zur Beendigung der Geschäftsbeziehung geführt haben. Es ist offensichtlich, dass insbesondere Probleme, die Kündigungen auslösen, von den Kunden als besonders relevant eingeschätzt werden.

In Abhängigkeit davon, welche Methode zur Abschätzung der Problemrelevanz eingesetzt wird, ergibt sich auch eine unterschiedliche Variante der kundenorientierten Frequenz-Relevanz-Analysen: die Verärgerungs-FRAB, die Handlungsabsichts-FRAB und die Kundenverlust-FRAB. Da allerdings die Verknüpfungslogik von Häufigkeit und Relevanz in allen drei Fällen ähnlich ist, wird im Folgenden nur die Verärgerungs-FRAB ausführlich dargestellt, während sich die Beschreibung von Handlungsabsichts-FRAB und Kundenverlust-FRAB auf notwendige Ergänzungen beschränkt.

10.2.1.2 Die Verärgerungs-FRAB

Für die Durchführung der Frequenz-Relevanz-Analyse von Beschwerden aufgrund von Informationen über das Ausmaß der Verärgerung (**Verärgerungs-FRAB**) müssen zum einen Daten über die Häufigkeit der in Beschwerden angesprochenen Probleme vorliegen, zum anderen Daten über die Verärgerung, welche die jeweiligen Probleme bei den Kunden ausgelöst haben.

Die Ermittlung von Problemwertindizes

Zur Darstellung der methodischen Vorgehensweise wird wiederum auf das **Beispiel** des Beschwerdeaufkommens eines Autohauses Bezug genommen. Die Beschwerdeauswertung der im Betrachtungszeitraum eingegangenen Beschwerden zeigt, mit welcher Häufigkeit die jeweiligen Probleme aufgetreten sind. Darüber hinaus liegen aus Follow-up-Interviews Daten über die wahrgenommene Relevanz der jeweiligen Probleme vor. Der mit Hilfe der Verärgerungsskala ermittelte durchschnittliche Wert drückt die **Relevanz des Problems aus Kundensicht** aus.

Durch Multiplikation von Häufigkeit und durchschnittlicher Relevanz ergeben sich **problembezogene Relevanzwerte**. Teilt man die problembezogenen Relevanzwerte durch die Gesamtsumme aller Relevanzwerte, erhält man die jeweiligen **Problemwertindizes (PWI)**. Sie bringen zum Ausdruck, welchen prozentualen Anteil das jeweilige Problem an der gesamten in Beschwerden artikulierten Kundenverärgerung hat. Es ist offensichtlich, dass Probleme mit dem größten PWI auch **höchste Priorität** besitzen und damit vorrangig einer systematischen Ursachenanalyse und Behebung zuzuführen sind. In unserem Beispiel wird deutlich, dass nicht das am häufigsten genannte Problem der langen Wartezeit, sondern das der nicht vereinbarten Arbeiten aus Kundensicht besondere Dringlichkeit hat (siehe Bild 10.15).

Kundenproblem	Häufigkeit	Ø Relevanz	Relevanzwert	PWI*	Rangplatz
Unfreundliche Bedienung	30	2,5	75	7,9	⑤
Mangelhafte Auftragserledigung	45	4,0	198	20,9	③
Nicht vereinbarte Arbeiten	60	4,5	270	28,5	①
Unverständliche Rechnung	75	3,0	225	23,7	②
Lange Wartezeit	90	2,0	180	19,0	④
Summe	**300**	–	**948**	**100,0**	-

*) Problemwertindex (PWI) = $\frac{\text{Relevanzwert x 100}}{\text{Summe der Relevanzwerte}}$

Bild 10.15 Ermittlung von Problemwertindizes (PWI)

Das FRAB-Diagramm

Für die **Visualisierung der Dringlichkeit von Problembehebungsmaßnahmen** ist es nun sinnvoll, die PWI grafisch in Form eines **Pareto-Diagramms** darzustellen (siehe Bild 10.16). Auf der Abszisse werden die Probleme – in absteigender Reihenfolge ihres PWI geordnet – als Balken dargestellt und anschließend deren kumulierte Summen als Liniendiagramm eingetragen. In unserem Beispiel zeigt sich, dass die ersten beiden Problemarten bereits mehr als 50 % der Gesamtproblematik ausmachen.

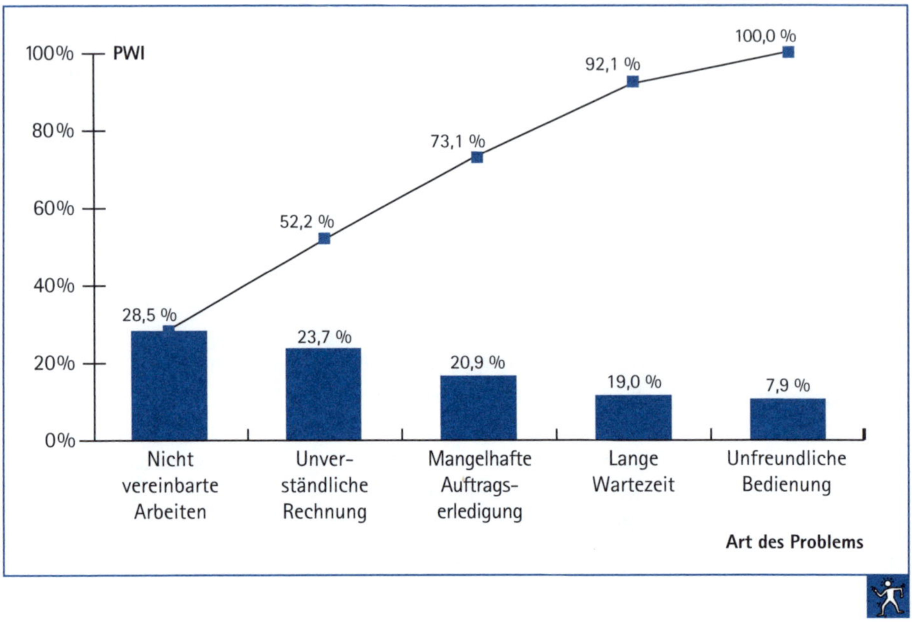

Bild 10.16 Pareto-Darstellung der Problemwertindizes (FRAB-Diagramm)

Die FRAB-Matrix

Eine andere Form der Priorisierung von Kundenproblemen auf Basis der Frequenz- und Relevanzwerte kann anhand einer zweidimensionalen Matrix erfolgen, die als horizontale Achse die **prozentuale Beschwerdefrequenz** und als vertikale Achse die **durchschnittliche Relevanz pro Problem** enthält. Jedes Problem lässt sich nun in diesem Diagramm genau entsprechend der (prozentualen) Häufigkeit seines Auftretens und der wahrgenommenen durchschnittlichen Relevanz platzieren. Durch Einzeichnung von Trennungslinien erhält man eine **FRAB-Matrix**, in der die Probleme entsprechend ihrer jeweiligen Frequenz-Relevanz-Kombination **vier Feldern** zugeordnet sind (siehe Bild 10.17).

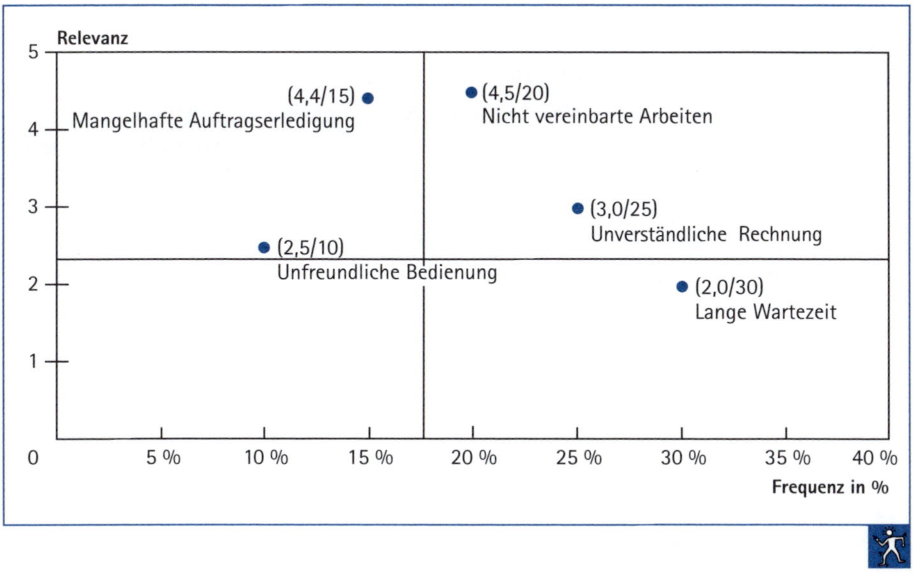

Bild 10.17 FRAB-Matrix

Selbstverständlich haben die Probleme erste Priorität, die im **rechten oberen Quadranten** platziert sind („Nicht vereinbarte Arbeiten" und „Unverständliche Rechnung"). Danach stellt sich die Frage, ob man in der Folge Probleme, die von vielen Kunden mit geringerer Relevanz wahrgenommen werden **(unterer rechter Quadrant)**, zuerst lösen soll oder ob man primär diejenigen eliminieren sollte, die zwar seltener auftreten, dafür jedoch als relevanter eingestuft werden **(oberer linker Quadrant)**. Eine generelle Empfehlung hierfür gibt es nicht, doch spricht viel dafür, sich zunächst dem Problem mit der höheren Relevanz zuzuwenden. Dies gilt insbesondere, wenn man zu dem Schluss kommt, dass dieses in Zukunft verstärkt auftreten wird, auch für einen großen Teil anderer Kunden mit negativen Folgen verbunden sein kann und/oder die Kunden wegen des hohen Ausmaßes an Verärgerung mit massiven Maßnahmen drohen.

Es ist aber auch denkbar, dass man die negativen Effekte von Problemen, die im oberen linken bzw. im unteren rechten Quadranten platziert sind, für etwa gleich gravierend hält, weil die Problemwertindizes eng beieinanderliegen. Das ist für die Probleme „Mangelhafte Auftragserledigung" (PWI = 20,9) und „Unverständliche Rechnung" (PWI = 23,7) der Fall. In diesen Fällen sollte die Entscheidung, welches Problem zuerst angegangen werden soll, nach den Kriterien der schnellen, einfachen und kostengünstigen Lösbarkeit getroffen werden (Grass 1999).

Die FRAB im Zeitverlauf

Hinsichtlich der **Auswertung über mehrere Perioden** sind zwei Möglichkeiten denkbar: FRAB mit variablem und mit konstantem Problem-Set.

(1) Im Regelfall hat die FRAB einen dynamischen Charakter in der Weise, dass die aufgenommenen Probleme entsprechend dem jeweiligen Auftritt und der wahrgenommenen Bedeutung variieren **(FRAB mit variablem Problem-Set)**. Diese Variante berücksichtigt somit, dass neue Probleme auftreten und dass Kunden Probleme im Zeitablauf unterschiedlich gewichten.

(2) Im Gegensatz dazu kann es für Zwecke der Wirkungsanalyse angebracht sein, eine **FRAB mit konstantem Problem-Set** durchzuführen. Hier wird der PWI in regelmäßigen Abständen für eine feststehende Anzahl relevanter Probleme berechnet, wobei eine **Einschränkung auf die Top-Probleme** sinnvoll ist. Man erhält im Zeitvergleich der Problemwertindizes eine Kontrolle darüber, ob Maßnahmen, die zur Beseitigung eines bestimmten Problems eingeleitet worden sind, auch tatsächlich zu dem gewünschten Erfolg geführt haben. Diese Probleme müssten abhängig vom Aufwand zur Beseitigung der Problemursache(n) auf niedrigere Rangplätze der „Top-5"- oder „Top-10"-Problemliste zurückfallen. Allerdings muss in regelmäßigen Abständen überprüft werden, ob das konstante Problem-Set auch noch die für den Kunden zentralen Problemarten erfasst, und - wenn dies nicht der Fall ist - eine entsprechende Anpassung vorgenommen werden.

10.2.1.3 Die Handlungsabsichts-FRAB

In der zweiten Variante der FRAB-Analyse aus Kundensicht werden die bei der Beschwerdeartikulation geäußerten gravierenden Verhaltensabsichten als Relevanzindikator herangezogen. In der einfachsten Variante werden alle aufgenommenen Verhaltensankündigungen - wie Kündigung oder Einschaltung Dritter - als gleich relevant angesehen und die jeweiligen Häufigkeiten erfasst.

Bild 10.18 zeigt ein entsprechendes **Beispiel für eine Handlungsabsichts-FRAB**, wobei wiederum auf Beschwerden von Kunden eines Autohauses Bezug genommen wird.

Das Bild zeigt in der linken Randspalte eine Auflistung der jeweiligen Probleme („Mangelnde Auftragserledigung", „Nicht vereinbarte Arbeiten", „Unverständliche Rechnung" usw.). Für jedes Problem wird nun in den weiteren Spalten angegeben, in welcher Anzahl bei der Artikulation der entsprechenden Beschwerden gravierende Handlungskonsequenzen („Abwanderung/Kündigung", „Einschalten von Drittinstitutionen", „Einschalten von Medien", „Einschalten von Rechtsanwälten") angedroht werden. Aus der Summe der jeweiligen gravierenden Konsequenzen resultiert der Rangplatz für die Priorität der Einleitung von Qualitätsverbesserungsmaßnahmen. Probleme, bei denen in Beschwerden keine der genannten Handlungskonsequenzen artikuliert wurde, werden in dieser Analyse nicht berücksichtigt.

Art des Problems / Konsequenz	Abwanderung/Kündigung	Einschalten von Drittinstitutionen	Einschalten von Medien	Einschalten von Rechtsanwälten	Summe	Rangplatz
Nicht vereinbarte Arbeiten	12	3	4	4	**23**	①
Mangelhafte Auftragserledigung	10	4	1	5	**20**	②
Unverständliche Rechnung	14	2	2	1	**19**	③
Unfreundliche Bedienung	8		2		**10**	④
Lange Wartezeit	9				**9**	⑤

Bild 10.18 Handlungsabsichts-FRAB

10.2.1.4 Die Kundenverlust-FRAB

In den ersten beiden Varianten der FRAB-Analyse wurden zum einen das Ausmaß der Verärgerung, zum anderen die angekündigten Verhaltensabsichten als Indikatoren für den potenziellen Schaden verwendet, der durch die jeweiligen Probleme zukünftig auftreten kann. In der Kundenverlust-FRAB wird dagegen der tatsächlich bereits eingetretene Schaden berücksichtigt. In einer speziellen Befragung werden die abgewanderten Kunden nach den Ursachen ihrer Entscheidung zur Beendigung der Geschäftsbeziehung befragt. Dabei sind hier die Fälle von Interesse, in denen Kunden wegen eines erlebten Problems gekündigt haben. Diese Probleme sind zu erfassen und es ist zu dokumentieren, wie häufig diese Probleme Abwanderungen ausgelöst haben.

Wenn nicht alle verlorenen Kunden befragt werden, sondern eine Stichprobenerhebung erfolgt, ist zu ermitteln, wie viel Prozent der Befragten aufgrund des jeweiligen Problems die Beziehung beendet haben. Anschießend kann auf der Basis der prozentualen Verteilung der Verlustursachen für jedes Problem die jeweilige Gesamtzahl der Kunden, die deswegen gekündigt haben, hochgerechnet werden. Wenn beispielsweise 7 % aller befragten Kündiger einer Versicherung in der Stichprobe angeben, wegen schlechter Betreuung gekündigt zu haben, und insgesamt 10 000 Kündigungen im Jahr erfolgten, dann hat das Unternehmen 700 Kunden wegen dieser Problematik verloren.

Wenn keine Vertragsbeziehungen und somit auch keine Kündigungen vorliegen, muss mit Hilfe anderer Kenngrößen entschieden werden, ab wann ein Kunde als verloren anzusehen ist. Dies kann beispielsweise für ein Autohaus ein definierter Zeitraum sein, in dem der Kunde keine Serviceleistungen mehr nachgefragt hat. Bild 10.19 zeigt das fiktive Ergebnis einer Lost-Customer-Befragung eines Autohauses, aufbereitet in der Form einer Kundenverlust-FRAB. Da innerbetrieblich auch Informationen über die durchschnittlichen Kundenumsätze und -deckungsbeiträge vorliegen, können zudem die durch die Probleme verursachten Einbußen verdeutlicht werden. Es ist die Höhe dieser **Deckungsbeitragsverluste**, welche die Rangordnung der Probleme in der Rangliste bestimmt.

Art des Problems	Anzahl Kundenverluste	Deckungsbeitrags-verlust*	Rang-platz
Nicht vereinbarte Arbeiten	98	17.640	②
Lange Wartezeit	48	8.640	⑤
Unverständliche Rechnung	82	14.760	③
Mangelhafte Auftragserledigung	116	20.880	①
Unfreundliche Bedienung	65	11.700	④
Summe	**409**	**73.620**	-

*) Deckungsbeitragsverlust = Verlorene Kunden x durchschnittlicher Kundendeckungsbeitrag (180 €)

Bild 10.19 Kundenverlust-FRAB

Wie die angeführten Beispiele zeigen, ist es sehr gut möglich, dass sich die Rangreihungen unter Anwendung der verschiedenen **FRAB-Varianten unterscheiden**. Das liegt an den verschiedenen Indikatoren, die für die Problemrelevanz herangezogen werden, und den abweichenden methodischen Vorgehensweisen. Vor allem ist aber zu bedenken, dass das faktische Abwanderungsverhalten durch die Beschwerdeanalyse nicht erfasst werden kann. Nur ein Teil der Kunden, die aus Verärgerung über ein aufgetretenes Problem kündigen, bringen ihre Verärgerung auch in einer Beschwerde zum Ausdruck. In einer Befragung von Kündigern einer Versicherung gaben 82% derjenigen, die wegen wahrgenommener Probleme den Vertrag beendet hatten, an, sich nicht beschwert zu haben (Stauss/Seidel 2005). Wenn daher Unternehmen aufgrund der Datenverfügbarkeit die Wahl zwischen den drei FRAB-Varianten haben bzw. die Varianten zu abweichenden Resultaten führen, dann ist zu empfehlen, sich an der Rangreihung aus der Befragung tatsächlich abgewanderter Kunden zu orientieren. Denn hier werden nicht Informationen über psychische Konstrukte (Verärgerung) oder Verhaltensabsichten (z. B. Kündigungsabsicht) berücksichtigt, sondern die bereits eingetretenen negativen ökonomischen Konsequenzen.

Die dargestellten Verfahren sind nicht nur Analysemethoden, sondern auch **Steuerungsinstrumente im Verbesserungsprozess.** Problemwertindizes der Verärgerungs-FRAB, die Rangplätze der Handlungsabsichts-FRAB oder die Deckungsbeitragsverluste der Kundenverlust-FRAB bieten eine wichtige Orientierung für die Entscheidung über die Priorität produkt- und prozessverbessernder Maßnahmen. Zudem sind sie zentrale Größen für die Überprüfung des Erfolgs von korrigierenden Maßnahmen. Im Zeitvergleich geben geringere Messwerte wichtige Hinweise darauf, dass qualitätsverbessernde Maßnahmen tatsächlich zu vom Kunden wahrgenommenen Verbesserungen geführt haben.

10.2.2 Unternehmensorientierte Frequenz-Relevanz-Analysen von Beschwerden (FRAB)

Unternehmensorientiere Frequenz-Relevanz-Analysen liegen dann vor, wenn die Auswahl der dringlichsten Probleme nicht mit jeder Beschwerdeauswertung neu erfolgt, sondern aufgrund von Erfahrungswerten für einen längeren Zeitraum festgelegt wird. Dabei darf die Bezeichnung „unternehmensorientiert" nicht missverstanden werden in dem Sinne, dass Kundenwahrnehmungen hier vernachlässigt würden. Die Definition der besonders relevanten Probleme wird sich in den meisten Fällen auch auf Erkenntnisse stützen, die über Kundenverärgerung, Handlungsabsichten oder Kundenverluste vorliegen. Allerdings werden sie durch weitere kundeninterne Überlegungen ergänzt. Diese können sich z. B. auf Sicherheitsstandards, staatliche Regulierungsvorschriften, Kostenüberlegungen oder Einschätzungen der unternehmerischen Beeinflussbarkeit des Problems beziehen. Drei in der Praxis eingesetzte Varianten werden im Folgenden vorgestellt, die unterschiedliche Kriterien heranziehen und diese auf verschiedene Art gewichten: (1) No-Go-Listen, (2) gewichtete Problemlisten und (3) Listen der beeinflussbaren Ursachen.

(1) No-Go-Listen: Auf sogenannten No-Go-Listen führen Unternehmen die Fehler auf, die unter allen Umständen vermieden werden sollen. Dabei handelt es sich in der Regel um objektive Fehler, die beim Kunden physische oder hohe materielle Schäden verursachen können, Kundenverluste und Schadensersatzansprüche zur Folge haben, das Einschreiten von Regulierungsbehörden veranlassen oder aufgrund anderer Umstände zu hohen Kosten führen. In der Frequenz-Relevanz-Analyse wird ermittelt, mit welcher Häufigkeit die in der No-Go-Liste aufgeführten Fehler in Beschwerden moniert wurden, und eine entsprechende Rangliste erstellt.

(2) Gewichtete Problemlisten: Diese enthalten in der Regel Fehler, die trotz aller Qualitätsanstrengungen im üblichen Produktions- oder Erstellungsprozess immer wieder auftauchen und somit zu Beschwerden führen. Diese Fehler werden je nachdem, wie gravierend sie eingeschätzt werden, gewichtet. Hier ergibt sich die Priorität aus der Multiplikation der jeweiligen Fehlerzahl mit dem spezifischen Gewichtungsfaktor. Ein Anwendungsbeispiel hierfür ist der „Service Quality Indicator (SQI)" des Logistikdienstleisters FedEx, der im **Praxis-Spotlight 13** vorgestellt wird.

Praxis-Spotlight 13

Der Service Quality Indicator (SQI) bei Federal Express

Zur qualitätsorientierten Steuerung seiner weltweiten Aktivitäten setzt der Transportdienstleister Federal Express seit vielen Jahren einen **„Service Quality Indicator"** ein. In diesen Index gehen zwölf Fehlerkategorien ein, die auf der Basis von Beschwerdeanalysen bestimmt wurden und in einer „Hierarchie of Horrors" durch einen Punktwert unterschiedlich gewichtet werden. Dabei bringt die Gewichtung die relative Bedeutung des Fehlers für die Auslösung von Kundenunzufriedenheit zum Ausdruck.

Service Quality Indicator (SQI)	Gewicht
Abgebrochene Anrufe	1
Verpasste Abholungen	10
Verspätete Auslieferungen am richtigen Tag	1
Verspätete Auslieferungen am falschen Tag	5
Überzählige Paketsendungen	5
Verlorengegangene Paketsendungen	10
Beschädigte Paketsendungen	10
Rechnungskorrekturen	1
Fehlender Zustellungsnachweis	1
Folgebeschwerde	5
Unvollständig eingescannte Versendungsdaten	1
Internationaler SQI	1

Treten entsprechende Fehler auf, werden sogenannte **Ursachencodes** durch Handscanner eingegeben und dabei **Fehlerart, -ursache und -ort** bestimmt. Sofern die Ursache im Einflussbereich von Federal Express liegt, werden der den Fehler verursachenden Einheit SQI-Punkte angerechnet. Die Summe der Punkte über alle Fehlerkategorien ergibt den Service Quality Indicator, der für jede Niederlassung, jedes Land, jeden Kontinent und schließlich weltweit berechnet wird.

Federal Express setzt den SQI als Führungsinstrument für die systematische **Entwicklung von Verbesserungsmaßnahmen**, als **Motivationsinstrument** und als **Warnsystem** ein. Ausgehend von der Summe des weltweiten SQI werden zu Beginn eines jeden Geschäftsjahres pro Kontinent **Planvorgaben** auf monatlicher Basis entwickelt, wobei das kontinentale Management diese Planvorgaben auf die von ihm betreuten Länder aufteilt. Die Länderverantwortlichen wiederum teilen ihre Zielvorgaben auf die einzelnen Bereiche auf, sodass sichergestellt ist, dass alle Beteiligten in den Verbesserungsprozess – ausgelöst durch die Planvorgaben des SQI – gleichermaßen involviert sind. SQI-Fehlerpunkte werden **täglich**

berechnet und in wöchentlichem Turnus allen Verantwortlichen mitgeteilt, die wiederum mit ihren Mitarbeitern über Fortschritte, Erfolge und Probleme intensiv diskutieren. Dadurch, dass der SQI für alle Niederlassungen vorliegt, wird auch ein **Wettbewerb** initiiert, der in vielen Fällen eine ständige Reduzierung der Indikatorpunkte zur Folge hat.

Quelle: Rittersberger (1995), aktualisiert auf der Basis von Birla (2005)

(3) Listen der beeinflussbaren Ursachen: Allen unternehmensorientierten Varianten der FRAB liegt die Überlegung zugrunde, wichtige Kundenprobleme zu benennen, die zweifelsfrei in fehlerhaftem Verhalten des Unternehmens liegen und damit auch vom Unternehmen hätten verhindert werden können. Allerdings ist die Beeinflussbarkeit der Problemursachen nicht in allen Fällen völlig eindeutig. Deshalb gehen einige Unternehmen dazu über, die Beeinflussbarkeit abgestuft in einer Skala vorzugeben und die Zahl der aufgetretenen Probleme mit dem jeweiligen Skalenwert zu gewichten. Ein entsprechendes Beispiel hierfür ist die von einer Krankenkasse eingesetzte Variante einer unternehmensorientierten Frequenz-Relevanz-Analyse (siehe **Praxis-Spotlight 14**).

Praxis-Spotlight 14

Die Anwendung der Frequenz-Relevanz-Analyse bei der Gmünder ErsatzKasse (GEK)

Die Gmünder ErsatzKasse (GEK) war die fünftgrößte bundesweit tätige Ersatzkasse und bot ihre Dienstleistung in einem schwierigen Umfeld an.* Zum einen war der Leistungskatalog der Krankenkassen fast vollständig gesetzlich geregelt. Zum anderen führte die permanente öffentliche Diskussion über Defizite im Gesundheitssystem sowie über Leistungseinschränkungen und Zuzahlungen zu einer Verunsicherung der Kunden. In dieser Situation beschloss die GEK, sich durch eine konsequente Kundenorientierung über ein herausragendes Serviceangebot strategisch zu positionieren.

Folglich gab es bei der GEK schon seit langem ein professionelles Beschwerdemanagement. So stand den Kunden ein leicht zugänglicher Beschwerdekanal zur GEK zur Verfügung und es wurde den Beschwerdeführern explizit zugesagt, dass ihre Anliegen innerhalb von 24 Stunden bearbeitet werden. Darüber hinaus wurden die Beschwerden systematisch im Hinblick auf ihre Ursachen analysiert und zur Verbesserung von Dienstleistungen und Prozessen sowie zur Verhaltenssteuerung genutzt.

Eine wesentliche Grundlage hierfür bot die **Frequenz-Relevanz-Analyse von Beschwerden.** Sie erfasste die Menge und die Bedeutung der Kundenkritik und machte es möglich, die Notwendigkeit von Änderungsmaßnahmen in einer unternehmensweit anerkannten Wertgröße auszudrücken.

Die **Frequenz** brachte die Anzahl der Kundenkritiken pro Problem zum Ausdruck. Die **Relevanz** wurde danach beurteilt, ob die Ursachen der kritisierten Problematik von der GEK beeinflussbar waren. Dieser Aspekt war besonders wichtig, weil das Unternehmen in einem stark regulierten Umfeld nur über einen eingeschränkten Handlungsspielraum verfügte. Je nach Beeinflussbarkeit des Problems durch die GEK erfolgte eine unterschiedliche Gewichtung. So wurden beeinflussbare Ursachen wie „Schlechte Beratung“ mit einem Faktor von sechs gewichtet, während nicht beeinflussbare Ursachen, zum Beispiel „Fehler liegt beim Kunden“, nur ein Gewicht von eins erhielten. Die völlig unverschuldete Kritik wurde mit in die Analyse einbezogen, weil sich herausgestellt hatte, dass bei einer umfassenden Beratung im Vorfeld selbst solche Kritiken hätten vermieden werden können. Fehler oder unerfüllbare Erwartungen von Kunden wiesen auf Defizite in der Bereitstellung von Informationen, Fehler von Dritten auf Verbesserungspotenziale bei Partnern hin. Durch die Berücksichtigung dieser Probleme wurde sichergestellt, dass diese Hinweise zur Erhöhung der Servicequalität genutzt wurden.

beeinflussbare Ursachen	schlechte Beratung = Faktor 6 schlechte Bearbeitung = Faktor 5 schlechte Begründung = Faktor 3
<u>nicht</u> beeinflussbare Ursachen	unerfüllbarer Kundenwunsch = Faktor 2 Fehler liegt beim Kunden = Faktor 1 Fehler liegt bei Dritten = Faktor 1

Ausgehend von der Frequenz (Anzahl) und der Gewichtung (Relevanz) wurde im Rahmen der Frequenz-Relevanz-Analyse ein Wert gebildet, der die Bedeutung des Problems im Hinblick auf die vom Kunden wahrgenommene Gesamtproblematik zum Ausdruck brachte:

$$\frac{\text{Anzahl Kritik eines Problems} \times \text{Gewichtung}}{\text{Anzahl Kritik gesamt} \times \text{durchschnittliche Gewichtung}} \times 100$$

Auf diese Weise ließ sich unmittelbar ablesen, welche Prozesse bzw. welche Dienstleistungen die Kunden in der betrachteten Periode als besonders problematisch ansahen. Insofern gab die Wertberechnung einen klaren Überblick über die Rangreihung der von den Kunden wahrgenommenen und von der GEK beeinflussbaren **Probleme**. Ergab sich beispielsweise, dass über alle Fachbereiche das Thema „Auszahlung von Krankengeld“ den höchsten Wert erhielt, dann zeigte es sich, dass an dieser Stelle aus Kundensicht Verbesserungen erforderlich waren. Bei Bedarf wurden nähere Analysen angestellt, um die richtigen Veränderungsmaßnahmen einzuleiten.

Darüber hinaus ließen sich entsprechende **Berechnungen zur Bewertung der Qualität der Leistung verschiedener Unternehmensbereiche** (z. B. Filialen) anstellen. In diesem Fall wurde ein Wert gebildet, der den Anteil des Kritikaufkommens einer Filiale am Gesamtaufkommen ausdrückte. Dabei wurde die unterschiedliche „Kritikwahrscheinlichkeit", z. B. in Abhängigkeit von der Anzahl von Kunden oder Geschäftsvorgängen je Filiale, berücksichtigt. Ein niedriger Wert (oder gar ein Wert von null) belegte dann das geringe Auftreten beeinflussbarer Kundenprobleme und somit die hohe Servicequalität dieser Filiale. Ein hoher Wert signalisierte filialbezogene Qualitätsdefizite, sodass Handlungsbedarf, z. B. für Schulungen, bestand. Sowohl die Auswertung nach Probleminhalten als auch nach Unternehmensbereichen/Filialen erfolgte kontinuierlich, sodass man an den Zeitreihen die Entwicklungen sowie die Wirkung von Maßnahmen ablesen konnte.

Die GEK nutzte die Frequenz-Relevanz-Analyse viele Jahre lang erfolgreich für Analyse- und Controlling-Zwecke. In Bezug auf die Beschwerdeanzahl und die Beeinflussbarkeit sowie für die Global- und Beschwerdezufriedenheit der Kunden wurden jährlich Zielwerte für alle Kundenbereiche vereinbart und es wurden Prämien für die Erreichung der Ziele an die Mitarbeiter ausgeschüttet. Auf diese Weise wurde das Managementziel der Kundenzufriedenheit innerbetrieblich konsequent verfolgt. Dass dies von Erfolg gekrönt war, zeigt die Tatsache, dass das Unternehmen sowohl sehr hohe Zufriedenheitswerte als auch starke Wachstumsraten vorweisen konnte.

Jochen Zondler

(ehemaliger) Leiter Qualitätsmanagement

Gmünder ErsatzKasse (GEK)

* Die Gmünder ErsatzKasse vereinigte sich 2010 mit der Barmer Ersatzkasse zur BARMER GEK. Das Spotlight beschreibt den Prozess vor der Fusion.

Unternehmen stehen somit verschiedene methodische Wege offen, um die in Beschwerden artikulierten Probleme zu priorisieren und auf dieser Basis Korrektur- und Steuerungsmaßnahmen zu ergreifen. Welche methodische Variante im konkreten Fall eingesetzt werden soll, muss auf der Basis unternehmensindividueller Überlegungen unter den Gesichtspunkten der Datenverfügbarkeit, der Handhabbarkeit und der Kosteneffizienz entschieden werden.

Kapitel 10 ganz kurz:

- Mit Hilfe von Häufigkeitsverteilungen lässt sich die mengenmäßige Verteilung des gesamten Beschwerdeaufkommens auf unterschiedliche Kategorien untersuchen.
- In Bezug auf das Beschwerdeaufkommen sind Lageparameter wie arithmetisches Mittel und Median sowie Streuungsmaße wie der Interquartilsabstand zu ermitteln.
- Mit Kreuztabellen lässt sich feststellen, ob zwischen zwei Variablen ein Zusammenhang besteht.
- Für eine differenziertere Analyse können Häufigkeitsanalysen auf Teilmengen des Beschwerdeaufkommens bezogen sowie Zeitraum- und Zeitverlaufsauswertungen durchgeführt werden.
- Für die Priorisierung der in der Beschwerdeanalyse erhobenen Probleme stehen verschiedene Varianten der kundenorientierten und unternehmensorientierten Frequenz-Relevanz-Analyse zur Verfügung.

Literatur

Birla, M. (2005): FedEx Delivers, Hobken.

Böhler, H. (2004): Marktforschung, 3. Aufl., Stuttgart.

Churchill, G. A./Iacobucci, D. (2010): Marketing Research, 10. Aufl., Mason.

Grass, C. (1999): Kundenorientiertes Re-Design von Dienstleistungen. Beschwerdemanagement sinnvoll nutzen, München.

Kuß, A. (2012): Marktforschung: Grundlagen der Datenerhebung und Datenanalyse, Wiesbaden.

Olbrich, R./Battenfeld, D./Buhr, C.-Ch. (2012): Marktforschung, Berlin, Heidelberg.

Rittersberger, P. (1995): Kontinuierliche Qualitätsverbesserung mittels Schnittstellenindikatoren bei Federal Express, in: Bruhn, M./Stauss, B. (Hrsg.): Dienstleistungsqualität, 2. Aufl., Wiesbaden, S. 563 - 582.

Stauss, B. (2000a): „Augenblicke der Wahrheit" in der Dienstleistungserstellung - Ihre Relevanz und ihre Messung mit Hilfe der Kontaktpunkt-Analyse, in: Bruhn, M./Stauss, B: (Hrsg.): Dienstleistungsqualität: Konzepte - Methoden - Erfahrungen, 3. Aufl., Wiesbaden, S. 321 - 340.

Stauss, B./Seidel, W. (2005): Non-complaining Behavior of Lost Service Customers, Vortrag auf der Servsig Research Conference Singapore, 3. Juni 2005.

NEIN, NEIN –
DAS SIND DIE
BESCHWERDEN !
LR

11 Beschwerdemanagement-Controlling

- Was sind die grundlegenden Teilbereiche des Beschwerdemanagement-Controllings?
- Wie lässt sich im Evidenz-Controlling feststellen, in welchem Grade das Beschwerdemanagement in der Lage ist, die Kundenunzufriedenheit korrekt zu erfassen?
- Wie wird im subjektiven Aufgaben-Controlling die Qualität der Aufgabenerfüllung aus Kundensicht gemessen?
- Wie werden im objektiven Aufgaben-Controlling Qualität und Produktivität der Aufgabenerfüllung gemessen?
- Wie sind die Kosten des Beschwerdemanagements im Rahmen des Kosten-Controllings zu erfassen?
- Wie kann im Rahmen des Nutzen-Controllings der Informationsnutzen monetär bewertet werden?
- Welche Möglichkeiten gibt es innerhalb des Nutzen-Controllings, den Bindungsnutzen des Beschwerdemanagements zu berechnen?
- Auf welche Weise kann im Nutzen-Controlling der Kommunikationsnutzen quantifiziert werden?
- Wie geht man vor, um die Wirtschaftlichkeit des Beschwerdemanagements zu berechnen?
- Wie kann der Bereich Beschwerdemanagement strategisch gesteuert werden?
- Welches Instrument steht zur operativen Steuerung des Beschwerdemanagements zur Verfügung?
- Was ist Gegenstand des Beschwerdemanagement-Audits?

Controlling stellt eine auf das Gesamtunternehmen bezogene Managementfunktion dar und umfasst die Koordination, Planung, Steuerung und Überwachung des betrieblichen Geschehens. Die **zentrale Aufgabe** besteht darin, sicherzustellen, dass das Unternehmen gemäß seinen Zielsetzungen geführt wird.

Wenn man Kundenzufriedenheit und Kundenorientierung als unternehmerische Ziele ernstnimmt und Beschwerdemanagement als zentrales Element des Kundenbindungs- und Kundenbeziehungsmanagements begreift, erscheint es nur konsequent, die Aktivitäten des Controllings auch auf diesen Teilaspekt des Unternehmensgeschehens auszudehnen. Insofern geht es im Folgenden darum, das Controlling des Beschwerdemanagements funktional, institutionell, inhaltlich und methodisch näher zu beschreiben.

Funktional besteht die wesentliche Aufgabe des Beschwerdemanagement-Controllings darin, die im Beschwerdemanagementprozess gewonnenen Daten für das Management verschiedener Hierarchieebenen aufzubereiten und zu analysieren und damit eine fundierte Basis für eine kundenorientierte Entscheidungsfindung zu schaffen. Darüber hinaus müssen entscheidungsrelevante Daten über Effektivität und Effizienz des Beschwerdemanagements selbst geliefert werden (Ossadnik 2009; Jung 2011). Im Einzelnen können **fünf Hauptfunktionen** des Beschwerdemanagement-Controllings unterschieden werden:

- Die **Informations- und Ermittlungsfunktion** betrifft die Erfassung aller entscheidungsrelevanten Informationen im Bereich des Beschwerdemanagements sowie deren Bereitstellung für die zuständigen und berechtigten Stellen.
- Die **Planungsfunktion** besteht darin, Zielvorgaben in Form von Leistungsstandards für die einzelnen Aufgabenbausteine des Beschwerdemanagements bereitzustellen. Es ist dabei darauf zu achten, dass diese spezifischen Zielsetzungen mit den übergeordneten Zielen des Kundenbeziehungs- und Qualitätsmanagements übereinstimmen bzw. zu diesen in einer Zweck-Mittel-Beziehung stehen.
- Die **Kontrollfunktion** beinhaltet die Aufgabe, den Grad der Zielerreichung des Beschwerdemanagements zu messen und in Form von Soll-Ist-Vergleichen die Basis für Korrekturmaßnahmen zu schaffen.
- Die **Steuerungsfunktion** basiert auf der kontinuierlichen Überwachung der Planziele und umfasst das Einleiten von Gegenmaßnahmen, um die Zielerreichung noch zu ermöglichen, sowie die Anpassung von Planzielen an veränderte Rahmenbedingungen.
- Die **Koordinationsfunktion** zielt zum einen auf die Abstimmung aller Einzelaktivitäten des Beschwerdemanagements zur optimalen Zielerreichung ab. Zum anderen geht es darum, Schnittstellen zu anderen Funktionsbereichen des Unternehmens zu definieren, deren Informationsbedarf konkret zu erfassen und die relevanten Informationen für den kontinuierlichen Verbesserungsprozess zur Verfügung zu stellen.

Werden die Aufgaben des Beschwerdemanagements von einem Bereich Beschwerdemanagement oder Customer Care wahrgenommen, sollte auch das Controlling **institutionell** hier verankert werden. Allerdings bedarf es einer sorgfältigen Abstimmung zwischen dem für das Beschwerdemanagement verantwortlichen Bereich und dem zentralen Controlling in Bezug auf Zielvorgaben für das Beschwerdemanagement, die Inhalte von Analysen und Berichten für die jeweiligen Entscheidungsebenen, die Berichts- und Auswertungszyklen sowie die formalen Anforderungen zur Integration der Ergebnisse in ein Managementinformationssystem.

Inhaltlich wird im Rahmen des Beschwerdemanagement-Controllings zwischen dem Evidenz-Controlling, dem Aufgaben-Controlling sowie dem Kosten-Nutzen-Controlling unterschieden:

- Zentrales Anliegen des **Evidenz-Controllings** ist es, deutlich zu machen, in welchem Umfang die Kundenunzufriedenheit in Beschwerden zum Ausdruck kommt und in welchem Maße die im Unternehmen registrierten Beschwerden die tatsächlich von Kunden artikulierten Beschwerden widerspiegeln. Zudem wird im Evidenz-Controlling auch überwacht, inwieweit die Unzufriedenheit von Beschwerdeführern in Folgebeschwerden ihren Niederschlag findet (Kapitel 11.1).
- Im Mittelpunkt des **Aufgaben-Controllings** stehen die Festlegung und die Überwachung von Qualitäts- und Produktivitätsindikatoren sowie -standards für alle Aktivitäten des Beschwerdemanagements. Hierbei wird zwischen objektivem und subjektivem Aufgaben-Controlling unterschieden. Im Rahmen des **objektiven Aufgaben-Controllings** wird die Einhaltung von Leistungsstandards für alle Aufgabenbereiche des Beschwerdemanagements mittels objektiver Messgrößen überwacht. Im Zuge des subjektiven **Aufgaben-Controllings** wird die Zufriedenheit der Beschwerdeführer mit dem direkten Beschwerdemanagementprozess (Beschwerdezufriedenheit) erfasst (Kapitel 11.2).
- Im dritten Element, dem **Kosten-Nutzen-Controlling**, werden die durch das Beschwerdemanagement verursachten Kosten systematisch aufbereitet und die Nutzenkomponenten des Beschwerdemanagements operationalisiert. Die bedeutsamste Nutzenkomponente, der Bindungsnutzen, wird monetär quantifiziert. Durch Gegenüberstellung von Kosten und Erfolg ist es damit möglich, die Wirtschaftlichkeit des Beschwerdemanagements zu berechnen (Kapitel 11.3).

In **methodischer Hinsicht** geht es darum, Instrumente zu entwickeln und einzusetzen, mit deren Hilfe die im Evidenz-Controlling, Aufgaben-Controlling und Kosten-Nutzen-Controlling ermittelten Kennzahlen zielorientiert zur Steuerung und Überwachung eingesetzt werden können. Der strategischen Steuerung dienen Schlüsselindikatoren (Key Performance Indicators), die aus einer Beschwerdemanagement-Zielkette abgeleitet werden. Für die operative Steuerung der Aufgabenerfüllung im Beschwerdemanagement steht der Beschwerdemanagement-Index zur Verfügung. Die ganzheitliche Überwachung von Strategie, Verfahren, Maßnahmen und Rahmenfaktoren des Beschwerdemanagements erfolgt mit Hilfe des Beschwerdemanagement-Audits (Kapitel 11.4).

11.1 Evidenz-Controlling

Die wesentliche **Aufgabe des Evidenz-Controllings** ist die Ermittlung des Ausmaßes, in dem das Beschwerdemanagement in der Lage ist, die Kundenunzufriedenheit in Art und Umfang korrekt zu erfassen, d.h. für das Management evident zu machen. Diese Aufgabe ist so bedeutsam, weil viele Studien belegen, dass die Unzufriedenheit von Kunden in den im Unternehmen dokumentierten Beschwerden oft nur unzureichend zum Ausdruck kommt. Zum einen beschweren sich keinesfalls alle unzufriedenen Kunden, zum anderen wird auch ein Teil der Beschwerden, die von den Kunden artikuliert werden, im Unternehmen nicht erfasst. Man spricht hier von einem **Eisberg-Phänomen des Beschwerdemanagements**. Das damit bezeichnete Wissensdefizit ist außerordentlich problematisch, weil es zu einer Fehleinschätzung von Art, Umfang und wahrgenommener Dringlichkeit der Kundenunzufriedenheit und zu einer Fehlallokation der Ressourcen führen kann, die in Korrektur- und Verbesserungsmaßnahmen investiert werden.

Insofern hat das Evidenz-Controlling vor allem die Aufgaben, den Umfang der **Nicht-Artikulation** und **Nicht-Registrierung** von Beschwerden und Folgebeschwerden aufzudecken und daraus Schlussfolgerungen für das Beschwerdemanagement zu ziehen.

11.1.1 Der Verärgerungs-Eisberg

11.1.1.1 Nicht artikulierte und nicht registrierte Beschwerden

Es ist ein seit vielen Jahren bekanntes Phänomen, dass sich nur ein Teil der unzufriedenen Kunden beschwert, dass also Beschwerden nicht artikuliert werden.

Nicht artikulierte Beschwerden

Für Unternehmen impliziert diese **Nicht-Artikulation**, dass die Zahl der Beschwerden, die eingehen, bearbeitet und ausgewertet werden, den tatsächlichen Umfang der Kundenunzufriedenheit nicht angemessen erfasst, sondern möglicherweise nur die Spitze eines sehr viel größeren **„Unzufriedenheits-Eisbergs“** ausmacht (Heskett/Sasser/Schlesinger 1997, S. 179) (siehe Bild 11.1).

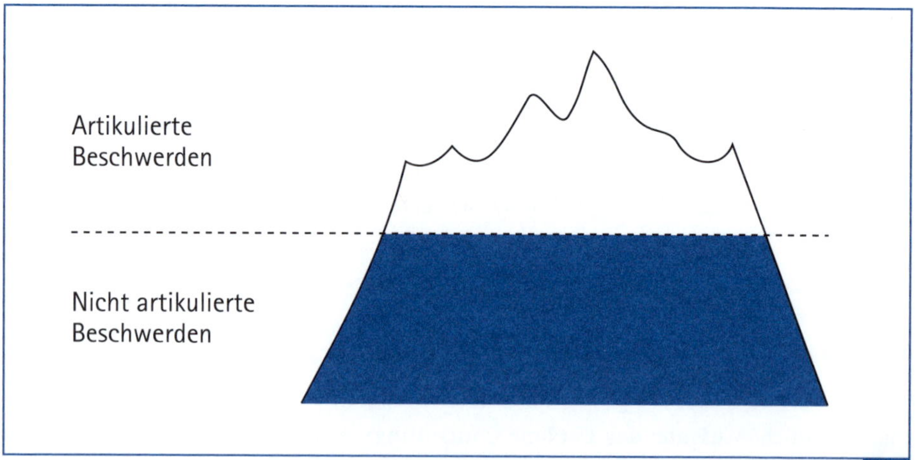

Bild 11.1 Das Eisberg-Phänomen des Beschwerdemanagements aus der Perspektive nicht artikulierter Beschwerden (in Anlehnung an Heskett/Sasser/Schlesinger 1997, S. 179)

Empirische Studien geben Hinweise auf die Größe des nicht sichtbaren Teils des Eisbergs. Goodman/O'Brien/Segal (2000) schätzen für die USA, dass branchenübergreifend durchschnittlich ca. 50 % bis 80 % der unzufriedenen Kunden auf eine Beschwerde verzichten. Die Ergebnisse einer nationalen Zufriedenheitsstudie für Deutschland (Servicebarometer 2013) zeigen, dass der Anteil der Nicht-Artikulation in den einzelnen Branchen außerordentlich schwankt: Er reicht von 29,7 % (Internetanbieter) bis zu 92,1 % (Drogeriemärkte). In jedem Fall ist zu erwarten, dass die im Unternehmen dokumentierten Beschwerden das Ausmaß der Kundenunzufriedenheit nur unzureichend zum Ausdruck bringen und zudem das Erleben der unzufriedenen Kunden in Bezug auf Problemarten und -häufigkeiten nicht angemessen erfassen.

Nicht registrierte Beschwerden

Neben den nicht artikulierten Beschwerden sind auch die **nicht registrierten** - verborgenen - Beschwerden Bestandteil des nicht sichtbaren Teils des Eisbergs. Keineswegs alle gegenüber dem Unternehmen artikulierten Beschwerden werden für die Verantwortlichen in der Unternehmensleitung oder auch nur der Leitung des Beschwerdemanagements ersichtlich. Denn viele Beschwerden werden nicht unmittelbar gegenüber der Beschwerdeabteilung vorgebracht und auch nicht dokumentiert, sodass deren Existenz nicht evident ist. Dies gilt vor allem für Beschwerden, die gegenüber dem Kundenkontaktpersonal geäußert werden. Die annehmenden Mitarbeiter sind oftmals auf Beschwerdesituationen nicht vorbereitet oder befürchten negative Konsequenzen und erfassen daher nur einen Bruchteil der Beschwerden. Studien zeigen, dass auch hier die Schwankungsbreite groß ist. So berichten Goodman/O'Brien/Segal (2000), dass - abhängig von der Branche und dem Ausmaß des Problems - nur etwa 10 % bis 60 % der bei dezentralen Kundenkontaktstellen artikulierten Kundenbeschwerden registriert werden und damit auch dem zentralen Beschwerdemanagement bekannt sind.

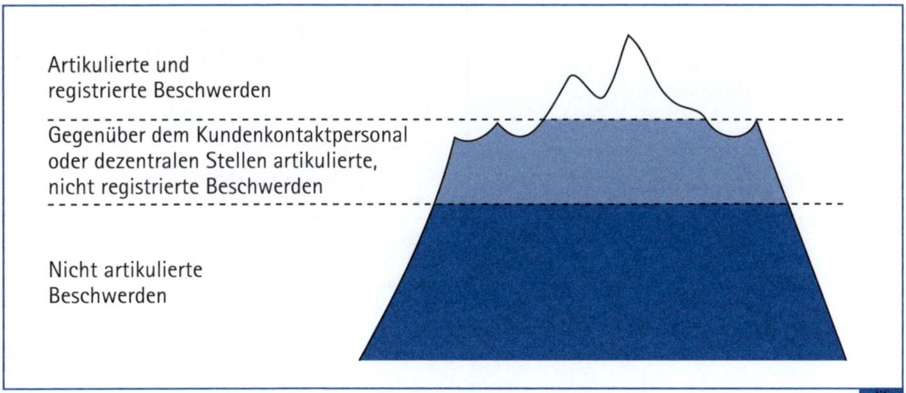

Bild 11.2 Das Eisberg-Phänomen des Beschwerdemanagements aus der Perspektive nicht artikulierter sowie nicht registrierter Beschwerden (in Anlehnung an Heskett/Sasser/Schlesinger 1997, S. 179)

Bild 11.2 verdeutlicht diesen Zusammenhang, indem unterschieden wird zwischen artikulierten Beschwerden, registrierten Beschwerden und Beschwerden, die gegenüber dem Unternehmen vorgebracht, jedoch nicht registriert wurden. Diese Darstellung verdeutlicht, dass bei Berücksichtigung der verborgenen Beschwerden der für das Management sichtbare Teil des Eisbergs **erheblich schrumpft**. Zugleich wird deutlich, dass ein großer Teil des Eisbergs nicht nur durch Maßnahmen der Beschwerdestimulierung sichtbar gemacht werden kann, sondern auch durch interne Maßnahmen zur Verbesserung der Beschwerdebearbeitung.

Die Tatsache, dass in vielen Branchen ein Großteil der Beschwerden gegenüber dem Kundenkontaktpersonal artikuliert wird und diese Beschwerden beim zentralen Beschwerdemanagement nicht bekannt sind, impliziert auch, dass dort keine Vorstellung über die Reaktionen der dezentralen Einheiten und die erreichte Beschwerdezufriedenheit bzw. -unzufriedenheit herrscht. Nur wenn unzufriedene Kunden sich selbst nochmals an die jeweils **höhere Instanz** wenden, wird ein kleiner Teil der weiterhin bestehenden Unzufriedenheit deutlich. Da jedoch nur relativ wenige Beschwerdeführer diesen Weg einschlagen, stellen auch diese Folgebeschwerden nur eine **Spitze des Beschwerdeunzufriedenheits-Eisbergs** dar, die zudem immer kleiner wird, je mehr Hierarchiestufen eingeschaltet sind. Bild 11.3 gibt ein entsprechendes Beispiel und zeigt, dass es sehr wohl möglich ist, dass von 500 unzufriedenen Kunden am Ende nur eine einzige Beschwerde (0,2 %) bei der zentralen Beschwerdeeinheit bzw. dem Top-Management sichtbar wird.

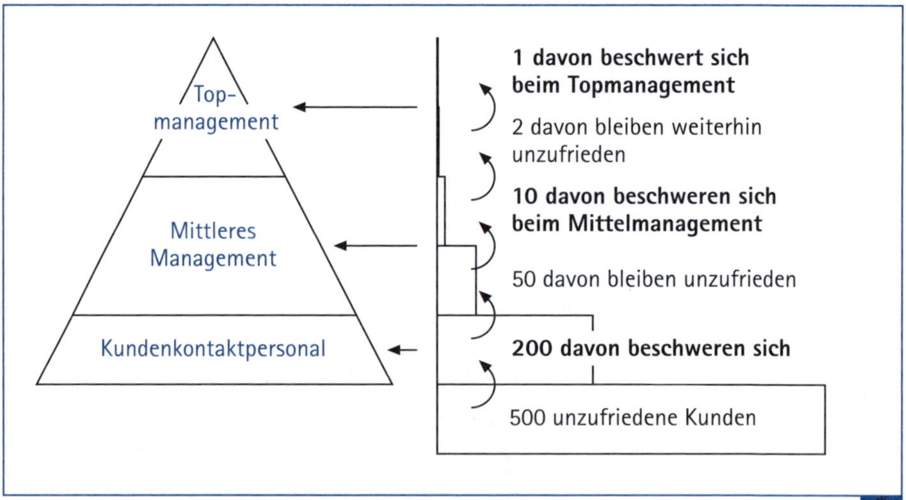

Bild 11.3 Beispiel für den Umfang der im Unternehmen verborgenen Beschwerden (in Anlehnung an Heskett/Sasser/Schlesinger 1997)

11.1.1.2 Kennzahlen des Verärgerungs-Eisbergs

Um konkrete Aussagen machen zu können, in welchem Maße es dem Beschwerdemanagement gelingt, die Unzufriedenheit unter den Kunden des Unternehmens aufzudecken und die artikulierten Beschwerden zu erfassen, bedarf es aussagefähiger Kennzahlen. Diese dienen zur Steuerung und Erfolgskontrolle von Maßnahmen des Beschwerdemanagements, die darauf abzielen, die Beschwerdeartikulation von unzufriedenen Kunden zu steigern (z. B. durch Stimulierungsmaßnahmen) oder den Anteil der im Unternehmen registrierten Beschwerden zu erhöhen (z. B. durch Maßnahmen in den Bereichen der Beschwerdeannahme und -bearbeitung).

11.1.1.2.1 Problematische Beschwerdequote

Vor den Überlegungen zu relevanten Kennziffern des Evidenz-Controllings soll kurz auf eine Kennzahl eingegangen werden, die in der Praxis häufig als Indikator herangezogen wird, um die Relevanz des Beschwerdeaufkommens einzuschätzen, deren Verwendung allerdings außerordentlich problematisch ist: die Beschwerdequote.

Die **Beschwerdequote (BQ)** stellt den Anteil aller Kunden dar, die sich beim Unternehmen beschweren, bezogen auf den gesamten Kundenstamm. Sie wird als Quotient aus der Gesamtzahl der Beschwerdeführer einerseits und der gesamten Kundenzahl andererseits ausgedrückt. Gehen beim betrachteten Unternehmen 5000 Beschwerden ein, dann beträgt bei einem Kundenstamm von 100 000 die Beschwerdequote 5 %. Diese Kennzahl wird von vielen Unternehmen berechnet und auch in Balanced Scorecards als Kenngröße verwendet. Dabei wird eine niedrige Beschwerdequote als Ausdruck hoher Kundenzufriedenheit interpretiert und daher eine Minimierung der Beschwerdequote angestrebt. Diese Vorgehensweise ist allerdings fragwürdig.

Da sich keineswegs alle unzufriedenen Kunden beschweren, kann von einer niedrigen Beschwerdequote nicht auf eine hohe Zufriedenheit geschlossen werden. Zudem ist die Steuerungswirkung problematisch. So können sich Manager veranlasst sehen, unzufriedene Kunden zu entmutigen, indem sie Barrieren aufbauen, auf die Einrichtung und Kommunikation leicht zugänglicher Beschwerdekanäle verzichten oder den materiellen und psychischen Aufwand für Beschwerdeführer erhöhen. In diesem Fall ist es ihnen möglich, die geforderte Senkung der Beschwerdequote zu erreichen, während möglicherweise gleichzeitig die Kundenunzufriedenheit steigt und Kundenabwanderungen zunehmen. Ähnlich kritisch für die Steuerungswirkung ist der Effekt, dass jede unternehmensinterne Unterdrückung von Beschwerden, ihre Nicht-Registrierung oder Nicht-Weiterleitung einen positiven Effekt auf die Beschwerdequote hat. Insofern spricht viel dafür, auf die Verwendung der Beschwerdequote zu verzichten und sich stattdessen nach aussagefähigeren Kennzahlen umzusehen, die das Ausmaß der unter den Kunden des Unternehmens verbreiteten Unzufriedenheit für das Management evident machen.

11.1.1.2.2 Wahl der relevanten Größen

Für die Entwicklung aussagefähiger Kennzahlen des Evidenz-Controllings sind zunächst Entscheidungen über relevante Größen zu treffen, die in diese Kennzahlen eingehen. Dabei ist zum einen zu klären, ob die Zahl der Beschwerden oder die Zahl der Beschwerdeführer erfasst werden soll. Zum anderen ist die Frage zu beantworten, wie die Unzufriedenheit der Kunden exakt operationalisiert werden soll: Als Bezugsgröße kommt entweder die Zahl der Kunden in Frage, die in einer Erhebung eindeutig mitteilen, insgesamt unzufrieden zu sein (unzufriedene Kunden), oder aber die Zahl der Kunden, die in der Erhebung angeben, Probleme mit Beschwerdeanlass erlebt zu haben (verärgerte Kunden), unabhängig davon, ob diese insgesamt noch mit dem Angebot zufrieden sind oder nicht.

Anzahl der Beschwerdeführer oder Anzahl der Beschwerden

Das „Eisberg-Phänomen" kann entweder in Bezug auf die nicht artikulierten und nicht registrierten **Beschwerden** untersucht werden oder im Hinblick auf die unzufriedenen/verärgerten Kunden, die auf eine Beschwerde verzichten (**Nicht-Beschwerdeführer**), bzw. die **Beschwerdeführer**, deren Beschwerden im unternehmerischen Bearbeitungsprozess „verloren" gehen.

Für beide Vorgehensweisen sind gute Gründe anzuführen. Allerdings wird hier empfohlen, die personenbezogene Größe der „Beschwerdeführer" heranzuziehen. Denn bezüglich der Zielsetzung, die Nicht-Artikulation von Beschwerden transparent zu machen, geht es primär darum, herauszufinden, wie viele unzufriedene bzw. verärgerte Kunden sich nicht beschweren. Ziel ist es, den Kreis der **Nicht-Beschwerdeführer** zu bestimmen, ihre Beweggründe zu erfahren und daraus Konsequenzen für die Beschwerdestimulierung zu ziehen. Zudem ist die Zahl der Nicht-Beschwerdeführer – und nicht die Zahl der eingehenden Beschwerden – auch die Basis für weitergehende Überlegungen zu den ökonomischen Konsequenzen, die daraus resultieren, wenn unzufriedene/verärgerte Kunden andere Reaktionen vornehmen, z.B. gleich abwandern und/oder negative Mundkommunikation betreiben. Insofern spricht unter einer ökonomischen Perspektive viel für die Wahl dieser Bezugsgröße. Ein weiterer Vorteil liegt in der leichteren Datenverfügbarkeit, da das Beschwerdeverhalten der Kunden nicht differenziert erfasst werden muss. Allerdings ist der Nachteil in Kauf zu nehmen, dass multiple Beschwerden eines Kunden keine Berücksichtigung finden und somit das reale Aufkommen nicht artikulierter und nicht registrierter Beschwerden noch etwas höher als das ermittelte Aufkommen ausfallen wird.

Unzufriedene Kunden oder Kunden mit Beschwerdeanlass (verärgerte Kunden) als Bezugsgröße

Eine weitere Frage ist, zu welcher Größe die Zahl der (Nicht-)Beschwerdeführer in Beziehung gesetzt werden soll. Es erscheint zunächst naheliegend, hier die Zahl der insgesamt **unzufriedenen Kunden** zu wählen. Hierfür sprechen Praktikabilitätsgründe, da der Anteil der unzufriedenen Kunden leicht im Rahmen der üblichen Zufriedenheitsbefragung ermittelt werden kann.

Es ist allerdings denkbar, dass diese Vorgehensweise zu einer Unterschätzung der negativen Erfahrungen von Kunden führt. Wird ein Kunde nach seiner Globalzufriedenheit mit einem Unternehmen befragt, wird er versuchen, die gewünschte durchschnittliche Bewertung vorzunehmen, wobei er positive und negative Erfahrungen hinsichtlich ihrer Häufigkeit und Relevanz gewichtet. Angesichts der Tatsache, dass unproblematische

Transaktionen in der Regel stark dominieren, werden viele Kunden angeben, zufrieden zu sein, selbst wenn sie vereinzelt Anlass zur Verärgerung hatten (Stauss/Hentschel 1992). Dementsprechend ist anzunehmen, dass es auch unter den zufriedenen Kunden Personen gibt, die zwischenzeitlich verärgert waren, sich aber trotzdem nicht beschwert haben. Daher erscheint es sinnvoll, als Bezugsgröße nicht die Zahl der unzufriedenen Kunden zu wählen, sondern die Zahl der **Kunden mit Beschwerdeanlass** (bzw. synonym verwendet: die Zahl der **verärgerten Kunden**). Dabei handelt es sich um Kunden, die in einer Befragung angeben, dass sie in der betrachteten Periode einen Anlass zur Beschwerde hatten. Diese Bezugsgröße wird daher im Folgenden zugrunde gelegt.

In Bild 11.4 werden die Alternativen noch einmal aufgeführt und dabei werden die hier weiter zugrunde gelegten Größen (Zahl der Beschwerdeführer, Zahl der verärgerten Kunden) hervorgehoben.

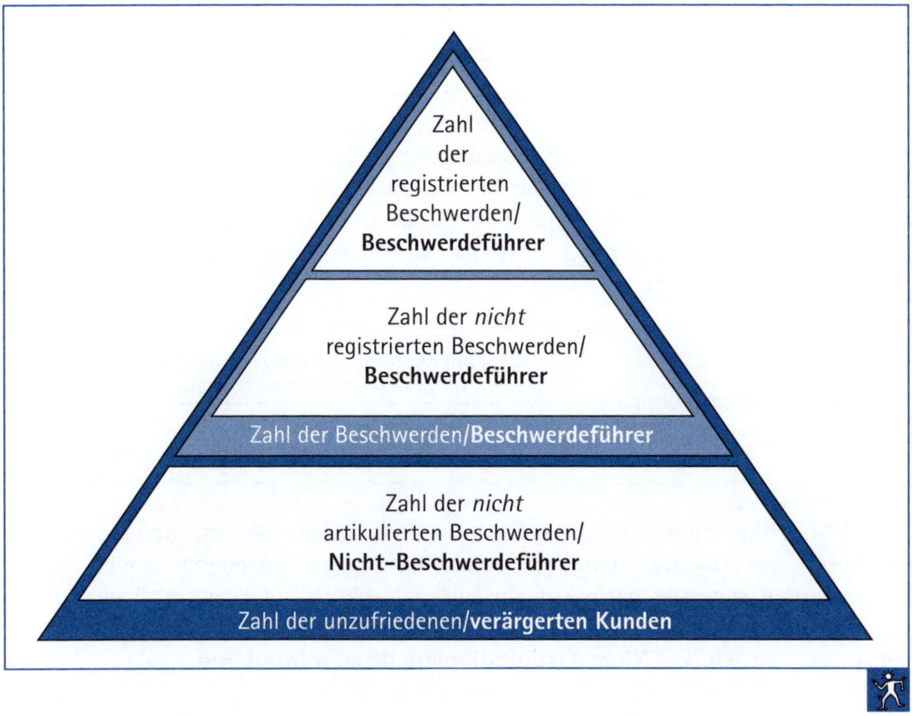

Bild 11.4 Relevante Größen des Evidenz-Controllings

11.1.1.2.3 Die wichtigsten Kennzahlen

Die bedeutsamsten Kennzahlen des Evidenz-Controllings sind die Verärgerungsquote, die Artikulationsquote/Nicht-Artikulationsquote, die Registrierungsquote/Nicht-Registrierungsquote und die Evidenzquote.

Verärgerungsquote

Die Verärgerungsquote bezeichnet den Anteil der Kunden, die im Betrachtungszeitraum durch ein Produkt oder eine Dienstleistung des Unternehmens bzw. durch ein unternehmerisches Handeln verärgert wurden.

$$\text{Verärgerungsquote} = \frac{\text{Zahl der verärgerten Kunden}}{\text{Gesamtzahl der Kunden}}$$

Wenn in einer repräsentativen Zufriedenheitsbefragung die Verärgerungsquote erhoben wird, kann auf dieser Grundlage die Anzahl der verärgerten Kunden des Unternehmens hochgerechnet werden.

Artikulationsquote/Nicht-Artikulationsquote

Eine weitere wichtige Kennzahl ist die **Artikulationsquote**, die das Ausmaß der Beschwerdeartikulation von verärgerten Kunden zum Ausdruck bringt. Da aber die Nicht-Artikulation von Beschwerden im Zentrum des Evidenz-Controllings steht, muss der Fokus der Betrachtung auf dem Kehrwert der Artikulationsquote – der **Nicht-Artikulationsquote** – liegen. Diese Kennzahl repräsentiert das Verhältnis der Anzahl von Kunden, die ihre Verärgerung nicht in einer Beschwerde zum Ausdruck bringen, zur Gesamtzahl der verärgerten Kunden:

$$\text{Nicht-Artikulationsquote} = \frac{\text{Zahl der Nicht-Beschwerdeführer unter den verärgerten Kunden}}{\text{Gesamtzahl der verärgerten Kunden}}$$

Die Nicht-Artikulationsquote zeigt, in welchem Umfang verärgerte Kunden auf ihre Beschwerde verzichten. Da die Ziele des Beschwerdemanagements nur erreicht werden können, wenn sich verärgerte Kunden auch tatsächlich mit ihrem Anliegen an das Unternehmen wenden, muss es Ziel von Unternehmen mit einem proaktiven Beschwerdemanagement sein, die **Nicht-Artikulationsquote zu minimieren**.

Registrierungsquote/Nicht-Registrierungsquote

Für die in der zweiten Zielsetzung des Evidenz-Controllings geforderte Ermittlung des Umfangs verborgener Beschwerden sind die Registrierungs- bzw. die Nicht-Registrierungsquote relevant. Gibt die **Registrierungsquote** Auskunft darüber, welcher Prozentanteil der artikulierten Beschwerden im Unternehmen registriert wurde, bringt die **Nicht-Registrierungsquote** das Verhältnis der Beschwerdeführer, deren Beschwerden im Unternehmen nicht registriert werden, zur Gesamtzahl der Beschwerdeführer zum Ausdruck: Diese Kennzahl ist ein Maß dafür, in welchem Prozentsatz die gegenüber irgendeiner Stelle des Unternehmens artikulierten Beschwerden im Unternehmen verloren gehen und daher auch der Leitung des Beschwerdemanagements für Zwecke der Auswertung und Informationsnutzung nicht zur Verfügung stehen.

$$\textbf{Nicht-Registrierungsquote} = \frac{\text{Zahl der nicht registrierten Beschwerdeführer}}{\text{Gesamtzahl der Beschwerdeführer}}$$

Grundsätzlich läge es nahe, auch in Bezug auf die Nicht-Registrierungsquote eine Minimierungsforderung zu erheben, weil mit der Aufdeckung verborgener Beschwerdefälle die unternehmerische Transparenz über das Beschwerdeaufkommen und das Beschwerdeerleben der Kunden steigt. Doch bezüglich der verborgenen Beschwerden ist es nicht immer ökonomisch vertretbar und durchsetzbar, Mitarbeiter zur vollständigen Erfassung jeder kritischen Äußerung im Kundenkontakt zu bewegen. Dies gilt insbesondere für kleinere Anliegen, die unmittelbar zur Zufriedenheit des Kunden gelöst werden können. Insofern ist eine **Minimierung der Nicht-Registrierungsquote** nur dann anzustreben, wenn nachgewiesen werden kann, dass der ökonomische Nutzen der vollständigen Erfassung die daraus resultierenden Kosten übersteigt. Ansonsten sind **unternehmensindividuelle Mindest-Standards** festzulegen. Der Wert der ermittelten Nicht-Registrierungsquote liegt dann darin, dass das Unternehmen eine realistische Vorstellung vom tatsächlichen Beschwerdeaufkommen erhält. Auf dieser Basis sind Entscheidungen über die Priorität von Maßnahmen zur Verbesserung der internen Prozesse zu treffen.

Evidenzquote

Als weitere wichtige Kennzahl ist diejenige zu nennen, welche die Spitze des „Verärgerungs-Eisbergs" verdeutlicht, nämlich den Anteil der im Unternehmen registrierten Zahl der Beschwerdeführer unter den verärgerten Kunden. Dabei handelt es sich um die **Evidenzquote**. Diese wird gebildet durch den Quotienten aus der Zahl der registrierten Beschwerdeführer und der Gesamtzahl der verärgerten Kunden.

$$\textbf{Evidenzquote} = \frac{\text{Zahl der registrierten Beschwerdeführer}}{\text{Gesamtzahl der verärgerten Kunden}}$$

Die Evidenzquote ist ein Maß für die Fähigkeit des Beschwerdemanagements, die Verärgerung unter den Kunden des Unternehmens im Rahmen der Beschwerdeauswertung zu erfassen und insofern zum Gegenstand des Reportings und der Beschwerdeinformationsnutzung zu machen. Diese Kennzahl dient somit zur Korrektur der im Unternehmen registrierten Beschwerdezahlen.

Die Evidenzquote zeigt, in welchem Umfang die in der bisherigen Auswertung berücksichtigten Daten repräsentativ für das Kundenerleben sind bzw. einer Korrektur bedürfen. Geht man vereinfachend davon aus, dass die Verteilung der Probleme in den erfassten und nicht erfassten Beschwerden gleich ausfällt und die Evidenzquote beispielsweise 50 % beträgt, muss das dokumentierte Beschwerdeaufkommen mit einem Faktor von zwei multipliziert werden, um auf das tatsächliche Ausmaß verärgerter Kunden schließen zu können. Dieser Faktor kann als **„Evidenzfaktor"** bezeichnet werden, weil erst mit seiner Anwendung die tatsächliche Brisanz von Kundenproblemen und Kundenunzufriedenheit im Kundenbestand evident wird. Diese Modifikation ist nicht nur generell vorzunehmen, sondern es gilt, problembezogene Evidenzquoten zu ermitteln und entsprechend mit differenzierten Evidenzfaktoren zu korrigieren. Denn erst auf diese Weise wird in der Beschwerdeauswertung eine realitätsgerechte Problemsicht erreicht und es kann dafür Sorge getragen werden, dass die Verbesserungsprozesse entsprechend den vom Kunden tatsächlich wahrgenommenen Prioritäten gesteuert werden. **Praxis-Spotlight 15** gibt ein Beispiel für eine entsprechende Vorgehensweise.

Praxis-Spotlight 15

Ermittlung und Anwendung der Evidenzfaktoren bei einem Versicherungsunternehmen

Bei Beschwerdeinformationen handelt es sich nicht um repräsentative Daten bezüglich der von den Kunden wahrgenommenen Probleme, da sich in der Regel lediglich ein Bruchteil der verärgerten Kunden auch beschwert. Um die **Repräsentativität der Beschwerdeinformationen** zu überprüfen, d. h. festzustellen, ob die in den Beschwerdereporten ausgewiesenen Problemschwerpunkte auch tatsächlich dem Problemerleben aller Kunden entsprechen, führte ein Versicherungsunternehmen eine **empirische Studie** durch. Im Folgenden werden die praktisch relevanten prozentualen Ergebnisse aus der Studie präzise wiedergeben, die absoluten Zahlen dagegen zur Sicherstellung der Anonymität verfremdet. Die notwendigen Berechnungsschritte sind wie folgt zusammengefasst:

Verärgerungsgrund	Verärgerte Kunden		Registrierte Beschwerden	Evidenzquote	Evidenzfaktor
Verärgerung über...	%-Anteil (1)	Hochrechnung (2)	(3)	(4)	(5)
Mitarbeiter in der Zentrale	5,3 %	265.000	212.343	80,1 %	1,25
Mitarbeiter im Außendienst	17,1 %	855.000	321.212	37,6 %	2,66
Auszahlungshöhe bei Schadenregulierung	10,0 %	500.000	456.722	91,3 %	1,09
Abwicklung der Schadenregulierung	19,5 %	975.000	187.191	19,2 %	5,21
Abwicklung von Vertragsänderungen	13,7 %	685.000	123.432	18,0 %	5,55
Schreiben von der Versicherung	17,2 %	860.000	432.101	50,2 %	1,99
Preisgestaltung	5,0 %	250.000	198.363	79,3 %	1,26
Betreuungsleistungen bei Neuabschluss	3,3 %	165.000	65.312	39,6 %	2,53
Vertreterwechsel	2,0 %	100.000	24.672	24,7 %	4,05

Kundenbestand: 5.000.000

Im Rahmen der Kundenzufriedenheitsbefragung konnte mittels der Frage „Haben Sie sich innerhalb des letzten Jahres über die Versicherung geärgert?“ die Gesamtzahl der verärgerten Kunden bestimmt werden. Indem man zunächst die prozentuale Verteilung der genannten Verärgerungsursachen ermittelte (Spalte 1) und anschließend die resultierenden Prozentwerte auf den kompletten Kundenbestand **hochrechnete**, wurde die Gesamtzahl der verärgerten Kunden pro Verärgerungsursache errechnet (Spalte 2). Setzt man die Zahl der pro Verärgerungsursache registrierten Beschwerden (Spalte 3) in Relation zur Zahl der jeweils verärgerten Kunden, ergeben sich **problembezogene Evidenzquoten** (Spalte 4). Dabei wird deutlich, dass die von den Kunden wahrgenommenen Probleme in ganz unterschiedlichem Maße in den registrierten Beschwerden sichtbar werden. Während beispielsweise die Verärgerung über „Mitarbeiter in der Zentrale“ zu 80 % evident wird, ist dies beim Problem „Abwicklung von Vertragsänderungen“ nur zu 18 % der Fall. Dementsprechend fallen auch die Evidenzfaktoren (Spalte 5) ganz unterschiedlich aus. So ist die Zahl der registrierten Beschwerden über „Mitarbeiter in der Zentrale“ nur mit einem Evidenzfaktor von 1,25 zu multiplizieren, während die dokumentierte Beschwerdezahl über „Abwicklung von Vertragsänderungen“ mit dem Faktor 5,55 multipliziert werden muss, um das reale Ausmaß der Verärgerung zu erfassen.

11.1.1.2.4 Beispielhafte Ermittlung der Kennzahlen des Evidenz-Controllings

Die Vorgehensweise bei der Ermittlung der Kennzahlen wird in Bild 11.5 anhand eines einfachen **Beispiels** erläutert:

1. **Ermittlung der Kunden mit Beschwerdeanlass:** Im Rahmen der Kundenzufriedenheitsbefragung geben 10 % aller Kunden an, einen Beschwerdeanlass gehabt zu haben (Verärgerungsquote). Bei einem Kundenstamm von 10 000 Kunden beträgt somit die Zahl der Kunden mit Beschwerdeanlass („verärgerte Kunden“) 1000.
2. **Ermittlung der Zahl der Beschwerdeführer:** In der Befragung geben 30 % der Kunden mit Beschwerdeanlass an, sich beschwert zu haben. Die Zahl der Beschwerdeführer beträgt somit 300.
3. **Ermittlung der Zahl der Nicht-Beschwerdeführer:** Die Zahl der Nicht-Beschwerdeführer ergibt sich als Differenz zwischen der Zahl der Kunden mit Beschwerdeanlass (1000) und der Zahl der Beschwerdeführer (300). Die Zahl der Nicht-Beschwerdeführer beträgt somit 700.
4. **Ermittlung der Nicht-Artikulationsquote:** Setzt man die Zahl der Nicht-Beschwerdeführer (700) zu der Zahl der verärgerten Kunden (1000) in Beziehung, ergibt sich eine Nicht-Artikulationsquote von 70 %.
5. **Ermittlung der Zahl der registrierten Beschwerdeführer:** Die Beschwerdeauswertung zeigt, dass 100 Beschwerdeführer registriert wurden.

6. **Ermittlung der Zahl der nicht registrierten Beschwerdeführer:** Subtrahiert man von der Zahl der Beschwerdeführer (300) die Zahl der registrierten Beschwerdeführer (100), erhält man die Zahl der nicht registrierten Beschwerdeführer (200).
7. **Ermittlung der Nicht-Registrierungsquote:** Die Zahl der nicht registrierten Beschwerdeführer (200) wird zur Zahl der Beschwerdeführer (300) in Relation gesetzt. Daraus resultiert eine Nicht-Registrierungsquote in Höhe von 66,7 %.
8. **Ermittlung der Evidenzquote:** Jetzt kann die Zahl der registrierten Beschwerdeführer (100) in Relation zur Zahl der verärgerten Kunden (1000) in Beziehung gesetzt werden. Damit ergibt sich eine Evidenzquote von 10 %. Dies bedeutet, dass offensichtlich 90 % des Verärgerungs-Eisbergs im registrierten Beschwerdeaufkommen nicht transparent werden.

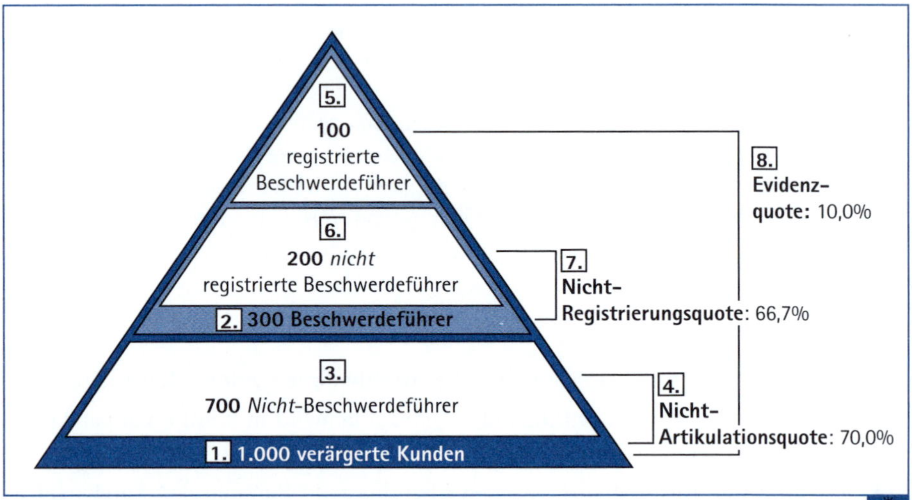

Bild 11.5 Beispielhafte Ermittlung der Kennzahlen des Evidenz-Controllings

11.1.1.3 Informatorische Grundlagen für die Ermittlung der Kennzahlen

Die Daten für die Berechnung von Verärgerungs-, Nicht-Artikulations-, Nicht-Registrierungs- und Evidenzquote können der **Beschwerdeauswertung** entnommen bzw. durch **Kundenbefragungen** ermittelt werden. Dabei ist keine eigenständige Erhebung erforderlich, sondern nur eine Ergänzung der herkömmlichen regelmäßigen Kundenzufriedenheitserhebung um Fragen, die sich auf das Beschwerdeverhalten beziehen.

Die Verärgerungsquote berücksichtigt im Nenner die Gesamtzahl der aktiven Kunden (den gesamten Kundenbestand). Im Zähler steht die Gesamtzahl an Kunden mit Beschwerdeanlass. Diese Zahl ergibt sich unmittelbar aus der Kundenzufriedenheitserhebung, in der die Kunden um die Beantwortung der Frage gebeten werden, ob sie im betrachteten Zeitraum ein Problem wahrgenommen bzw. einen Anlass zur Beschwerde hatten.

Die **Nicht-Artikulationsquote** beinhaltet im Nenner die Gesamtzahl der Kunden mit Beschwerdeanlass. Zur Ermittlung dieser Größe werden Kunden im Rahmen von Kundenzufriedenheitsbefragungen befragt, ob sie mit einem Problem konfrontiert waren, das (eigentlich) einen Anlass für eine Beschwerde darstellt. Die Anzahl der Kunden, die mit „Ja" antworten, bildet den Wert für den Nenner. Im Zähler ist die Zahl der Nicht-Beschwerdeführer unter den verärgerten Kunden erfasst. Diese Zahl wird ebenfalls im Rahmen einer Zufriedenheitsbefragung ermittelt. Kunden, welche die Frage nach einem Beschwerdeanlass bejaht haben, werden gebeten, Auskunft auf die Frage zu geben, ob sie sich auch tatsächlich beschwert haben. Die Summe aller Kunden, die diese Frage verneinen, repräsentiert die Gesamtanzahl der Nicht-Beschwerdeführer unter den verärgerten Kunden.

Im Nenner der **Nicht-Registrierungsquote** steht die Gesamtzahl der Beschwerdeführer. Dabei handelt es sich um die Anzahl aller Kunden, die im Rahmen einer Zufriedenheitsbefragung angaben, sich beschwert zu haben. Ihr wird die Zahl der nicht registrierten Beschwerdeführer gegenübergestellt (Zähler). Diese Größe ergibt sich als Differenz aus der Zahl der Kunden, die in der Befragung mitteilten, eine Beschwerde artikuliert zu haben, und der Zahl der Beschwerdeführer, die im Rahmen des Beschwerdemanagements registriert wurden.

Bezüglich der **Evidenzquote** liegt die Zahl der registrierten Beschwerdeführer (Zähler) im Beschwerdemanagement vor, da sie im Rahmen der Beschwerdeauswertung erfasst wird. Die Gesamtzahl der verärgerten Kunden wird durch die Zufriedenheitsbefragung erhoben.

In dieser Befragung können Kunden, die mitteilen, sich trotz Unzufriedenheit nicht beschwert zu haben, darüber hinaus gebeten werden, **Gründe für ihren Verzicht auf eine Beschwerde** zu nennen. Die entsprechenden Antworten geben wichtige Hinweise auf vom Kunden wahrgenommene Beschwerdebarrieren. Sie sind ein bedeutsamer Input für die Beschwerdestimulierung, da sie Ansatzpunkte zeigen, wie durch unternehmerische Maßnahmen die Kosten-Nutzen-Relation der Beschwerdeführung aus Kundenperspektive verbessert werden kann.

Bild 11.6 zeigt beispielhaft, welche **Fragen innerhalb einer generellen Zufriedenheitsbefragung** gestellt werden müssen, damit das Evidenz-Controlling die dargestellten Informationen bereitstellen kann.

Durch die Einbeziehung einiger weiterer Fragen in die Kunden- bzw. Beschwerdezufriedenheitsbefragung lassen sich auch Anhaltspunkte für das **ökonomische Gefährdungspotenzial nicht artikulierter und verborgener Beschwerden** gewinnen. Dazu ist es erforderlich, dass Kunden danach gefragt werden, ob sie aufgrund des Problems abgewandert sind bzw. abwandern werden. Unter Berücksichtigung der in Bild 11.6 dargestellten Fragen können Abwanderungsquoten für Kunden, die sich nicht beschwert haben, berechnet werden. Verfügt nun das Unternehmen über Daten in Bezug auf den durchschnittlichen Umsatz oder Deckungsbeitrag eines Kunden, sind Berechnungen über die entsprechenden Gefährdungspotenziale möglich.

Gab es ein Problem, das Ihrer Ansicht nach Anlass zur Beschwerde gibt?

☐ Ja Und zwar: ______________________________

☐ Nein

Wenn ja: Haben Sie sich beschwert?

☐ Ja Wo bzw. bei wem haben Sie sich beschwert? (Wenn Sie sich mehrfach und bei verschiedenen Stellen über dieses Problem beschwert haben, geben Sie diese bitte an.)

Und zwar: ______________________________

☐ Nein Was waren die Gründe dafür, dass Sie auf eine Beschwerde verzichtet haben?

- ☐ Richtige Adresse unbekannt
- ☐ Richtige Telefonnummer unbekannt
- ☐ Zu umständlich
- ☐ Mangelnde Mitarbeiterkompetenz
- ☐ Kommt doch nichts dabei raus
- ☐ Lohnt sich nicht
- ☐ Problem schwer darstellbar
- ☐ Sonstiges, und zwar: ______________________________

Bild 11.6 Ausschnitt aus einem Kundenzufriedenheitsfragebogen mit Bezug zum Beschwerdeverhalten als Basis für die Berechnung der Kennzahlen des Evidenz-Controllings

11.1.2 Der Beschwerde-Verärgerungs-Eisberg

Ein wesentlicher Indikator dafür, dass es dem Beschwerdemanagement nicht gelungen ist, Beschwerdezufriedenheit zu bewirken, stellen **Folgebeschwerden** dar. Diese sind für das Beschwerdemanagement aus mehreren Gründen besonders relevant. Zum Ersten enthalten sie klare Hinweise auf wahrgenommene Schwächen im Beschwerdemanagement, die es für Qualitätsverbesserungen zu nutzen gilt. Zum Zweiten ist der Beschwerdefall aus Kundenperspektive noch nicht abgeschlossen, so dass noch eine (letzte) Chance auf einen Stabilisierung der Geschäftsbeziehung besteht. Zum Dritten kumuliert sich bei Folgebeschwerdeführern die Unzufriedenheit, da die (primäre) Unzufriedenheit mit dem Produkt/der Dienstleistung durch die (sekundäre) Unzufriedenheit mit der Beschwerdebearbeitung noch massiv gesteigert wird. Dementsprechend haben unzufriedene Beschwerdeführer ein besonders hohes Abwanderungsrisiko (Stauss/Seidel 2013).

Es ist daher für das Beschwerdemanagement dringend erforderlich, dass die unzufriedenen Beschwerdeführer eine Folgebeschwerde artikulieren und die Geschäftsbeziehung nicht unmittelbar beenden. Allerdings ist es auch hier sehr wahrscheinlich, dass sich nur ein Teil der unzufriedenen Beschwerdeführer in Form einer Folgebeschwerde äußert. Ebenso wahrscheinlich ist es, dass nur ein Teil der artikulierten Folgebeschwerden im Unternehmen erfasst wird, insbesondere wenn diese als massive Kritik an dem bearbeitenden Mitarbeiter interpretiert werden können. Es existieren demnach **nicht-artikulierte und nicht-registrierte Folgebeschwerden**. Daher ist es notwendig, auch den Verärgerungs-Eisberg der Beschwerdeführer, den **Beschwerde-Verärgerungs-Eisberg**, genauer zu analysieren, um ein realistisches Bild vom Ausmaß der Beschwerdeunzufriedenheit zu erlangen.

Die Vorgehensweise ist analog zu der, die für die Ermittlung des Verärgerungs-Eisbergs präsentiert wurde. Eine valide Stichprobe von Beschwerdeführern wird danach befragt, ob es im Rahmen der Beschwerdeabwicklung Anlass zur Beschwerdeunzufriedenheit gab und ob diese gegenüber dem Unternehmen in einer Folgebeschwerde (FB) artikuliert wurde. Damit steht die Zahl der verärgerten Beschwerdeführer sowie der nicht artikulierten Folgebeschwerden fest. Aus der Differenz zwischen den artikulierten Folgebeschwerden und den im Unternehmen registrierten Folgebeschwerden ergibt sich weiterhin die Zahl der nicht registrierten Folgebeschwerden. Somit lassen sich verschiedene Kenngrößen errechnen, die zeigen, wie hoch der Anteil der verärgerten Beschwerdeführer (Beschwerdeverärgerungsquote), der nicht artikulierten Folgebeschwerden (FB-Nicht-Artikulationsquote) und der nicht registrierten Folgebeschwerden (FB-Nicht-Registrierungsquote) ist. Zudem wird erkennbar, inwieweit die im Unternehmen registrierten Folgebeschwerden als Spitze des Eisbergs tatsächlich das Ausmaß der Verärgerung unter den Beschwerdeführern evident macht (FB-Evidenzquote) (siehe Bild 11.7).

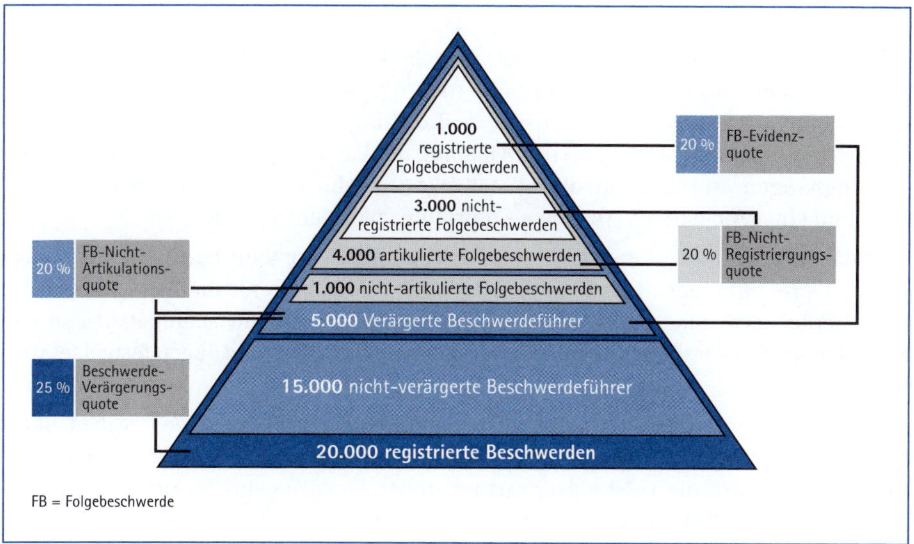

Bild 11.7 Der Beschwerde-Verärgerungs-Eisberg (Stauss/Seidel 2013, S. 58)

11.2 Aufgaben-Controlling

Im Rahmen des Aufgaben-Controllings soll die Güte der Aufgabenerfüllung des Beschwerdemanagements anhand **aussagefähiger Standards** überwacht werden. Um diese Standards festzulegen, müssen **drei Aktivitäten** vorgenommen werden:

- Auswahl von **Qualitätsdimensionen,**
- Festlegung von **Qualitätsindikatoren** und
- Festlegung von **Sollvorgaben.**

In einem ersten Planungsschritt sind auf der Grundlage der Beschwerdemanagement-Ziele für die verschiedenen Aufgaben des direkten und indirekten Beschwerdemanagementprozesses die **Qualitätsdimensionen** festzulegen. Das bedeutet, dass für jeden Aufgabenbereich in einer verbalen Beschreibung konkret anzugeben ist, was die Qualität der Aufgabenerfüllung jeweils ausmacht. So stellen beispielsweise die Schnelligkeit, die Einhaltung von Zusagen und die termingerechte Ausführung Qualitätsdimensionen des Aufgabenmoduls „Beschwerdebearbeitung" dar. Bild 11.8 gibt einen Überblick über die Qualitätsdimensionen sämtlicher Aufgaben im Beschwerdemanagementprozess.

Während diese Qualitätsdimensionen meist leicht in allgemeinen Formulierungen festgehalten werden können, muss in der nächsten Stufe die schwierigere Aufgabe gelöst werden, **Qualitätsindikatoren** für die jeweilige Qualitätsdimension zu finden. Hierbei können subjektive und objektive Indikatoren unterschieden werden. In den **subjektiven Qualitätsindikatoren** wird die Zufriedenheit der Beschwerdeführer zum Maßstab gewählt (z. B. die Zufriedenheit mit der Schnelligkeit der Beschwerdebearbeitung). In den **objektiven Qualitätsindikatoren** werden die Qualitätsdimensionen unabhängig vom Urteil der Betroffenen konkretisiert (z. B. Zeitintervall für die Beschwerdebearbeitung). Da subjektive und objektive Qualitätsindikatoren jeweils **unterschiedliche Anforderungen an das Controlling** stellen, ist es sinnvoll, zwischen einem subjektiven und einem objektiven Aufgaben-Controlling zu unterscheiden.

Sind die Qualitätsindikatoren festgelegt, müssen **Soll-Vorgaben** bestimmt, also angestrebte Werte auf einer Messskala fixiert werden. So könnte für die Schnelligkeit der Beschwerdebearbeitung als Sollwert ein durchschnittliches Zufriedenheitsniveau von 90 % oder ein Zeitintervall für die Beschwerdebearbeitung von fünf Tagen festgelegt werden.

Kombinationen von Qualitätsindikatoren mit jeweiligen Soll-Vorgaben ergeben **Standards**, die als Zielgrößen der Planung und Überwachung zugrunde liegen. In den Standards spiegeln sich die Leistungserwartungen des Managements wider. Insofern sind sie zugleich Präzisierungen der Aufgabenstellungen und Benchmarks für die Leistungsbewertung. Bei der Festlegung von objektiven Standards muss darauf geachtet werden, dass sie an den Erwartungen der Kunden orientiert sind, damit die Prozesse konsequent auf die angestrebte Beschwerdezufriedenheit ausgerichtet werden. Weiterhin müssen alle Standards realistisch sein, um Demotivationseffekte bei den Mitarbeitern zu vermeiden. Deswegen und um die Akzeptanz der Standards sicherzustellen, ist es geboten, die Mitarbeiter an ihrer Festlegung zu beteiligen.

Aufgabe	Qualitätsdimensionen
Beschwerde-stimulierung	▪ Umfang der Beschwerdeartikulation unzufriedener Kunden ▪ Richtige Adressierung der Kundenbeschwerden ▪ Nutzung eingerichteter Beschwerdewege ▪ Leichte Zugänglichkeit
Beschwerdeannahme	▪ Kundenorientierte Gestaltung des Erstkontakts ▪ Zügige Weiterleitung der Beschwerdefälle ▪ Richtige Weiterleitung der Beschwerdefälle ▪ Vollständige Dokumentation der Beschwerdeinformationen ▪ Richtige Dokumentation der Beschwerdeinformationen
Beschwerde-bearbeitung	▪ Schnelligkeit der Beschwerdebearbeitung ▪ Einhaltung von Zusagen ▪ Termingerechte Bearbeitung ▪ Aktive Kontaktaufnahme mit dem Kunden ▪ Individuelle Behandlung des Falls
Beschwerdereaktion	▪ Hohe Korrespondenzqualität ▪ Hohe Gesprächsqualität ▪ Vollständige Problemlösung ▪ Faire Problemlösung
Beschwerde-auswertung	▪ Nutzergerechte Durchführung quantitativer Auswertungen ▪ Präzision der Ursachenanalyse
Beschwerdereporting	▪ Nutzergerechte Bereitstellung der Informationen ▪ Zeitgerechte Bereitstellung der Informationen ▪ Einhaltung festgelegter Reportingtermine
Beschwerdeinforma-tionsnutzung	▪ Nutzung von Beschwerdeinformationen für Qualitätsverbesserungen ▪ Nutzung von Beschwerdeinformationen für die Entwicklung neuer Produkte/Dienstleistungen

Bild 11.8 Qualitätsdimensionen des Beschwerdemanagements

Werden Zielwerte über einen längeren Erprobungszeitraum erreicht, können die aus Kundensicht wichtigsten Standards als **Serviceversprechen für das Beschwerdemanagement** kommuniziert werden. Auf diese Weise wird einerseits das unternehmerische Engagement für Kundenzufriedenheit glaubhaft dokumentiert. Andererseits können überzogene Kundenerwartungen in der Problemsituation abgebaut und kann bei Einhalten dieser Versprechen die Zufriedenheit sich beschwerender Kunden besser gewährleistet werden.

Im Mittelpunkt des subjektiven und objektiven Aufgaben-Controllings steht die **Überwachung der Standards**. Eine Diskrepanz zwischen den Ist-Werten einer aktuellen Messung und den Soll-Werten der Standards muss zu einer Überprüfung der organisatorischen, personellen oder sonstigen Gründe für diese Abweichung führen. Daraus sind entweder Ad-hoc-Korrekturen oder grundlegende Veränderungen des Beschwerdemanagementprozesses abzuleiten.

11.2.1 Subjektives Aufgaben-Controlling

Im Rahmen des subjektiven Aufgaben-Controllings wird ermittelt, wie die Qualität der Aufgabenerfüllung im Rahmen des Beschwerdemanagements von den Betroffenen beurteilt wird. Betroffene sind in Bezug auf die Aufgaben des direkten Beschwerdemanagementprozesses die **Beschwerdeführer**, hinsichtlich der Aufgaben des indirekten Beschwerdemanagementprozesses die **internen Kunden des Beschwerdemanagements**.

11.2.1.1 Messung der Beschwerdezufriedenheit

Wesentliches Kriterium für die erfolgreiche Ausführung von Beschwerdemanagement-Aufgaben ist die Zufriedenheit der Beschwerdeführer. Kunden verbinden ihre Beschwerdeartikulation mit bestimmten Erwartungen an die unternehmerische Erreichbarkeit, die Bearbeitung des Falls und die Lösung des Problems. Diese Beschwerdeerwartung nehmen sie dann als Maßstab, mit dem sie ihre tatsächliche Erfahrung mit der unternehmerischen Reaktion vergleichen. Je nachdem, ob ihre Erwartungen erfüllt bzw. übertroffen oder aber nicht erfüllt werden, empfinden sie **Beschwerdezufriedenheit oder Beschwerdeunzufriedenheit**. Das Ausmaß dieses (Un-)Zufriedenheitsempfindens hat außerordentlich großen Einfluss auf die **Einstellung** sowie das **Kommunikations- und Kaufverhalten** der Beschwerdeführer. So entwickeln zufriedengestellte Kunden eine besonders positive Einstellung zum Unternehmen, reden in ihrem sozialen Umfeld über ihre guten Erfahrungen und zeichnen sich durch eine besonders hohe Loyalität aus (siehe Kapitel 3.3). Deshalb kommt es darauf an, die Beschwerdezufriedenheit regelmäßig im Sinne einer **Performance-Messung** zu ermitteln und auf diese Weise die vom Kunden wahrgenommenen Stärken und Schwächen des Beschwerdemanagements zu identifizieren.

Bei der Performance-Messung der Beschwerdezufriedenheit sind einige Fragen zu klären. Diese beziehen sich auf den Inhalt des Fragebogens, die Erhebungsintervalle, die Auswahl der zu befragenden Beschwerdeführer und die Nutzung der Befragungsergebnisse zur Ableitung und Überwachung von Zufriedenheitsstandards.

Inhalt des Fragebogens

Hinsichtlich des **Inhalts der Befragung** kann auf die Erkenntnisse der Beschwerdezufriedenheitsforschung zu den wesentlichen Dimensionen und Merkmalen der Beschwerdezufriedenheit zurückgegriffen werden. Demnach bewerten Kunden das unternehmerische Beschwerdemanagement vornehmlich anhand der folgenden Qualitätsmerkmale zum Beschwerdeergebnis-, zur Beschwerdeinteraktion und zum Beschwerdeprozess (siehe Kapitel 3.3):

- **Beschwerdeergebnis**
  - Angemessenheit/Fairness des Ergebnisses
- **Beschwerdeinteraktion**
  - Freundlichkeit/Höflichkeit
  - Einfühlungsvermögen/Verständnis

  - Bemühen/Hilfsbereitschaft
  - Aktivität/Initiative
  - Verlässlichkeit
- **Beschwerdeprozess**
  - Zugänglichkeit
  - Reaktionsschnelligkeit

Für diese **Qualitätsdimensionen des Beschwerdemanagements** sind Zufriedenheitswerte als subjektive Qualitätsindikatoren zu definieren (siehe Bild 11.9).

Aufgabe	Qualitätsdimensionen	Subjektive Qualitätsindikatoren (Beschwerdezufriedenheit)
Beschwerde-stimulierung	▪ **Leichte Zugänglichkeit**	▪ Zufriedenheit mit der Zugänglichkeit
Beschwerde-annahme	▪ **Kundenorientierte Gestaltung des Erstkontakts**	▪ Zufriedenheit mit Freundlichkeit/Höflichkeit ▪ Zufriedenheit mit Einfühlungs-vermögen/Verständnis ▪ Zufriedenheit mit Bemühen/Hilfsbereitschaft
Beschwerde-bearbeitung	▪ **Schnelligkeit der Beschwerdebearbeitung**	▪ Zufriedenheit mit der Beschwerdebearbeitung
	▪ **Einhaltung von Zusagen**	▪ Zufriedenheit mit der Verlässlichkeit
	▪ **Aktive Kontaktaufnahme mit dem Kunden**	▪ Zufriedenheit mit der Aktivität/Initiative
	▪ **Individuelle Behandlung des Falls**	▪ Zufriedenheit mit der Behandlung des Falls
Beschwerde-reaktion	▪ **Vollständige Problemlösung**	▪ Zufriedenheit mit der Vollständigkeit der Problemlösung
	▪ **Faire Problemlösung**	▪ Zufriedenheit mit der Fairness der Problemlösung
	▪ **Problemlösung insgesamt**	▪ Zufriedenheit mit der Problemlösung insgesamt

Bild 11.9 Beschwerdezufriedenheitswerte als subjektive Qualitätsindikatoren des Beschwerdemanagements

Die Erhebung der Beschwerdezufriedenheit erfolgt in der Regel mit Hilfe eines standardisierten Fragebogens, der entweder im Rahmen einer schriftlichen Befragung verschickt oder einem Telefoninterview zugrunde gelegt wird. Bild 11.10 zeigt einen solchen **Fragebogen für die Ermittlung der Beschwerdezufriedenheit**.

- Zunächst wird der Kunde (in Frage 1) nach dem **Problem** gefragt, das ihm Anlass zur Beschwerde gab.

- In den Fragen 2 bis 4 werden die Kunden aufgefordert, den **Vorgang der Beschwerdeartikulation** zu beschreiben und zu bewerten. Nach den Sachfragen zum gewählten Beschwerdeweg und zum Adressaten erhalten die Beschwerdeführer Gelegenheit, Angaben zur Zugänglichkeit des Unternehmens zu machen und bei erlebten Schwierigkeiten diese genauer zu schildern.
- Die wahrgenommene Vollständigkeit und Fairness der **Problemlösung** sowie die Zufriedenheit mit der Problemlösung insgesamt werden in den Fragen 5 bis 7 überprüft. Dazu werden die Befragten gebeten, ihre konkreten Erwartungen und die tatsächliche Lösung zu benennen und aus der bewussten Gegenüberstellung den Grad ihrer Zufriedenheit anzugeben.
- Der Fragenkomplex 8 erfasst die Beurteilung der **Interaktionen während der Annahme und der zwischenzeitlichen Kommunikation** hinsichtlich Fachkompetenz, Freundlichkeit, Verständnis, Individualität der Behandlung, Hilfsbereitschaft, Aktivität und Verlässlichkeit.
- Die **Schnelligkeit der Bearbeitung** wird zum einen mit einer Sachfrage hinsichtlich der Dauer der Bearbeitung und zum anderen hinsichtlich der Bewertung dieses Zeitraums berücksichtigt (Fragen 9 und 10).
- Anschließend (Frage 11) wird die **Globalzufriedenheit** mit der gesamten Beschwerdeabwicklung abgefragt. Auf diese Weise kann im Rahmen der Auswertung mittels Regressionsrechnung der Einfluss der verschiedenen Dimensionen auf das Globalurteil berechnet werden. Auch ist die Gelegenheit vorgesehen, durch Angabe konkreter Vorschläge auf erlebte Schwächen oder **Verbesserungsmöglichkeiten** hinzuweisen (Frage 12).
- Im abschließenden Fragenblock werden die **Auswirkungen des Beschwerdeerlebens** auf das Kundenverhalten abgefragt. Zunächst wird das **Kommunikationsverhalten** im Sinne von Weiterempfehlungen bzw. Kaufwarnungen erfasst (Fragen 13 und 14). Zuletzt wird mit Hilfe der Frage 15 ermittelt, ob der Beschwerdeführer seit dem Zeitpunkt der Beschwerdeführung die **Geschäftsbeziehung aufrechterhalten** hat oder nicht und welche **Bedeutung der Beschwerdeabwicklung** diesbezüglich beigemessen wird.

Dieser Fragebogen muss selbstverständlich für konkrete Zwecke **modifiziert** werden. Veränderungen ergeben sich je nach Kauffrequenz des Produkts sowie spezifischer Auswertungsziele. Darüber hinaus ist die Ermittlung soziodemografischer Daten (Alter, Geschlecht, Kundengruppe usw.) sinnvoll.

1. **Sie haben sich in den vergangenen Monaten über unser Unternehmen geärgert und sich beschwert. Was war der Grund für die Beschwerde?**

☐ Problem A ☐ Problem B ☐ Problem C ☐ Problem D ☐ ____________

2. **Auf welchem Weg haben Sie die Beschwerde vorgebracht?**

☐ Brief ☐ Persönlich ☐ Telefon ☐ Telefax ☐ E-Mail ☐ ____________

3. **An welche Person/Abteilung haben Sie Ihre Beschwerde gerichtet?**

____

4. **War es leicht für Sie, sich bei uns zu beschweren?**

☐	☐	☐	☐	☐
sehr leicht	eher leicht	weder noch	eher schwierig	sehr schwierig

Falls Schwierigkeiten auftraten: Worin lagen diese Schwierigkeiten?

____

5. **Welche Lösung des Problems wollten Sie konkret mit Ihrer Beschwerde erreichen?**

____

____

____

6. **Welche Lösung wurde Ihnen angeboten?**

____

____

____

7. **Wie zufrieden waren Sie mit der Lösung?**

☐	☐	☐	☐	☐
vollkommen zufrieden	sehr zufrieden	zufrieden	weniger zufrieden	unzufrieden

8. **Wie beurteilen Sie unsere Reaktion auf Ihre Beschwerde (bei Annahme, bei Rückfragen, bei der Beantwortung) in Bezug auf:**

	vollkommen zufrieden	sehr zufrieden	zufrieden	weniger zufrieden	unzufrieden
Fachkompetenz	☐	☐	☐	☐	☐
Freundlichkeit	☐	☐	☐	☐	☐
Verständnis für Ihre Lage	☐	☐	☐	☐	☐
Individuelle Behandlung Ihres Falls	☐	☐	☐	☐	☐
Hilfsbereitschaft	☐	☐	☐	☐	☐
Aktive Kontaktaufnahme mit Ihnen	☐	☐	☐	☐	☐
Verlässlichkeit von Zusagen	☐	☐	☐	☐	☐

9. **Wie lange hat es gedauert, bis der Fall abgeschlossen war (Zeit vom Einreichen der Beschwerde bis zur abschließenden Antwort)?**

____

▼

10. Wie zufrieden waren Sie mit der Schnelligkeit der gesamten Beschwerdeabwicklung?

☐ vollkommen zufrieden ☐ sehr zufrieden ☐ zufrieden ☐ weniger zufrieden ☐ unzufrieden

11. Wenn Sie Ihre Erfahrungen mit dieser Beschwerde insgesamt betrachten, wie zufrieden sind Sie mit der Abwicklung Ihres Beschwerdefalls?

☐ vollkommen zufrieden ☐ sehr zufrieden ☐ zufrieden ☐ weniger zufrieden ☐ unzufrieden

12. Was hätten wir bei der Behandlung Ihrer Beschwerde besser machen können?

____

____

____

13. Haben Sie aufgrund Ihrer Beschwerdeerfahrung anderen Personen (Freunden, Verwandten, Kollegen) empfohlen, Produkte unseres Unternehmens zu kaufen?

☐ Ja ☐ Nein Falls ja: Wie vielen Personen ungefähr?

Mit etwa ______ Personen

14. Haben Sie aufgrund Ihrer Beschwerdeerfahrung anderen Personen (Freunden, Verwandten, Kollegen) abgeraten, Produkte unseres Unternehmens zu kaufen?

☐ Ja ☐ Nein Falls ja: Wie vielen Personen ungefähr?

Mit etwa ______ Personen

15. Haben Sie seit dem Zeitpunkt Ihrer Beschwerde(n) wieder Produkte oder Leistungen bei unserem Unternehmen gekauft bzw. die Geschäftsbeziehung fortgeführt?

☐ Ja ☐ Nein

15.1 Falls ja: Welche Bedeutung hat die Beschwerdeerfahrung für die Fortführung der Geschäftsbeziehung?

☐ Ausschlaggebende bzw. große Bedeutung

☐ Geringe bzw. keine Bedeutung

15.2 Falls nein: Welche Bedeutung hat die Beschwerdeerfahrung für die Beendigung der Geschäftsbeziehung?

☐ Ausschlaggebende bzw. große Bedeutung

☐ Geringe bzw. keine Bedeutung

Bild 11.10 Fragebogen zur Beschwerdezufriedenheit

Erhebungsintervalle

Es spricht viel dafür, die Beschwerdezufriedenheitsbefragung in einem festen zeitlichen Abstand durchzuführen. In Klein- und Mittelbetrieben mit geringem Beschwerdeaufkommen mag ein **jährlicher Rhythmus** ausreichen. Allerdings muss man den Nachteil in Kauf nehmen, dass zum Zeitpunkt der Erhebung sehr unterschiedlich lange Zeiträume seit Abschluss der Beschwerdefälle vergangen sind. Damit kann nicht ausgeschlossen werden, dass die beim Erhalt der Beschwerdeantwort ursprünglich vorhandene Zufriedenheit bzw. Unzufriedenheit zwischenzeitlich durch Prozesse des Dissonanzabbaus oder zusätzliche Informationen in unterschiedlichem Umfang verzerrt wurden.

In Großunternehmen mit Business-to-Consumer-Beziehungen und hohem Beschwerdeaufkommen erscheint eine **kontinuierliche Erhebung im Monatsabstand** sinnvoll. Zum einen ist der zeitliche Abstand zur endgültigen Beschwerdereaktion immer annähernd gleich und kurz, sodass geringere Verzerrungseffekte auftreten und der unmittelbare Eindruck einheitlich gemessen wird. Zum anderen verfügt das Unternehmen ständig über aktuelle Daten, die es in die Lage versetzen, schnell auf sich abzeichnende Probleme zu reagieren.

Auswahl der zu befragenden Beschwerdeführer

Bezüglich der **Auswahl der zu befragenden** Beschwerdeführer ist zu beachten, dass es nur bei relativ niedrigem Beschwerdeaufkommen möglich ist, sämtliche Beschwerdeführer zu befragen, also eine Totalerhebung vorzunehmen. Bei hohem Beschwerdeaufkommen (beispielsweise mehr als 1000 Beschwerden im Jahr) ist eine repräsentative Stichprobe aus der Grundgesamtheit der Beschwerdeführer zu ziehen. Häufig verwendete Stichprobenverfahren stellen die Quotenauswahl und die Zufallsauswahl dar. Bei der **Quotenauswahl** wird eine Stichprobe entwickelt, die in Bezug auf die relevanten Merkmale (z.B. sozioökonomische Daten) für die Grundgesamtheit repräsentativ ist. Wenn die Verteilung dieser Merkmale in der Grundgesamtheit nicht bekannt ist, kommt für eine repräsentative Auswahl nur die Zufallsauswahl in Frage.

Bei der Anwendung der **einfachen Zufallsauswahl** werden die zu befragenden Beschwerdeführer nach einem Zufallsmechanismus bestimmt, und zwar in der Weise, dass jeder Beschwerdefall mit der gleichen Wahrscheinlichkeit in die Befragung eingeht. Die Voraussetzung, dass die Grundgesamtheit bekannt sein muss, ist erfüllt, da in der Regel bei jedem Beschwerdefall auch die Adresse des Beschwerdeführers erfasst wird (Hoffmann 1991).

Wird die Beschwerdezufriedenheitsbefragung im konstanten Zeitabstand durchgeführt, kann man auf **manuelle Weise** beispielsweise so verfahren, dass eine Liste der abgeschlossenen Beschwerdefälle erstellt und jeder dritte, fünfte oder zehnte Beschwerdevorgang gezogen wird. Dem jeweiligen Beschwerdeführer wird dann ein Fragebogen zugeschickt. In jedem Fall ist darauf zu achten, dass die Stichprobe genügend Fälle beinhaltet, um eine ausreichende Basis für statistische Auswertungen zu besitzen (Churchill/Iacobucci 2010).

Werden die Aktivitäten des Beschwerdemanagements durch **Softwaresysteme** unterstützt, lassen sich unter Zugrundelegung von entsprechenden statistischen Zufallsmechanismen die zur Befragung anstehenden Beschwerdefälle automatisch anzeigen. Sind die erforderlichen Fragebögen im System integriert, können sie zum vordefinierten Zeitpunkt oder zusammen mit dem Antwortbrief automatisch ausgedruckt bzw. auf dem Bildschirm zur telefonischen Befragung angezeigt und unmittelbar ausgefüllt werden. Sofern die Anonymität der Befragung vom Kunden aufgehoben wird, können die Beschwerdezufriedenheitsdaten bei den Vorgangsdaten des Beschwerdeführers abgespeichert werden, sodass im Rahmen des Kosten-Nutzen-Controllings mittelfristig Analysen hinsichtlich der **Übereinstimmung von geäußertem und faktischem Marktverhalten** von Beschwerdeführern möglich sind.

Zufriedenheitsstandards

Die Ergebnisse der Erhebung dienen als Grundlage für die **Formulierung von subjektiven Qualitätsstandards** für den direkten Beschwerdemanagementprozess.

Im Folgenden gehen wir davon aus, dass die Beschwerdezufriedenheit - wie im Fragebogen der Bild 11.10 - mittels einer **fünfpoligen Skala** gemessen wurde, die von „vollkommen zufrieden" bis „unzufrieden" reicht.

In der Auswertung der Ergebnisse werden nun die Werte dieser Skala zu **drei Gruppen** zusammengefasst. Kunden, welche die Ausprägung „vollkommen zufrieden" und „sehr zufrieden" angekreuzt haben, bilden die Gruppe der **überzeugten Beschwerdeführer**. Bei den **zufriedengestellten Beschwerdeführern** handelt es sich um die Kunden, welche die Ausprägung „zufrieden" markiert haben. Zu den **enttäuschten Beschwerdeführern** gehören alle, die angaben, „weniger zufrieden" oder „unzufrieden" zu sein.

Für die Standardbildung werden nur die überzeugten und die enttäuschten Beschwerdeführer betrachtet, weil hier die stärksten Verhaltenskonsequenzen zu erwarten sind. Überzeugte Beschwerdeführer erweisen sich in der Regel als loyal, enttäuschte Beschwerdeführer sind in hohem Maße abwanderungsgefährdet. Deshalb kommt es darauf an, einen möglichst hohen Anteil überzeugter Beschwerdeführer und einen möglichst geringen Anteil enttäuschter Beschwerdeführer zu erreichen.

In Kenntnis des Ist-Zustands der Beschwerdezufriedenheit sind nun Standards als Zielvorgaben festzulegen. Dazu müssen nicht nur für die globale Beschwerdezufriedenheit, sondern für alle Zufriedenheitsmerkmale Soll-Vorgaben definiert werden. Diese Art der **Verwendung von Beschwerdezufriedenheitswerten als subjektive Qualitätsstandards** zeigt beispielhaft Bild 11.11. Hier werden für die globale Beschwerdezufriedenheit und die verschiedenen Einzelmerkmale Mindest-Standards für „Überzeugte Beschwerdeführer" und Höchst-Standards für „Enttäuschte Beschwerdeführer" festgelegt. Dass hier für einzelne Merkmale **unterschiedlich hohe Vorgaben** gemacht werden, ist darauf zurückzuführen, dass die jeweiligen Ist-Zustände ein unterschiedliches Niveau aufweisen und für die globale Beschwerdezufriedenheit von unterschiedlicher Bedeutung sind. Zudem können auch die Ziele in unterschiedlichem Maße erreichbar sein. Das ist zum Beispiel der Fall, wenn die Voraussetzungen für eine schnelle Bearbeitung von Beschwerden bereits gegeben, Maßnahmen zur Verbesserung der Kontaktaufnahme, etwa die Einrichtung einer telefonischen Hotline, aber erst für einen späteren Zeitpunkt geplant sind. Dementsprechend liegen im Beispiel die Standardwerte für die Indikatoren „Zufriedenheit mit der Aktivität/Initiative bei der Kontaktaufnahme" niedriger als für den Indikator „Zufriedenheit mit der Schnelligkeit der Beschwerdebearbeitung".

Subjektiver Qualitätsindikator	Mindest-Standard „Überzeugte Beschwerdeführer"	Höchst-Standard „Enttäuschte Beschwerdeführer"
Globale Beschwerdezufriedenheit	65 %	15 %
Zufriedenheit mit der Schnelligkeit der Beschwerdebearbeitung	90 %	5 %
Zufriedenheit mit der Verlässlichkeit	80 %	8 %
Zufriedenheit mit der Aktivität/Initiative bei der Kontaktaufnahme	60 %	5 %
Zufriedenheit mit der individuellen Behandlung des Falls	65 %	15 %
Zufriedenheit mit der Problemlösung	85 %	5 %

Bild 11.11 Beispiel für Zufriedenheitswerte als subjektive Qualitätsstandards

Liegen die Ergebnisse der Beschwerdezufriedenheitsbefragung vor, kann mittels einer multiplen Regressionsrechnung festgestellt werden, wie sich die Beschwerdezufriedenheit der Kunden auf ihre globale Beschwerdezufriedenheit auswirkt (Backhaus et al. 2010). Man erhält dann Aussagen darüber, welche Merkmale tatsächlich die **globale Beschwerdezufriedenheit signifikant beeinflussen** und wie groß dieser relative Einfluss ist. Die Ergebnisse können beispielsweise in einem zweiseitigen Säulendiagramm dargestellt werden, sodass man auf den ersten Blick für die untersuchten Qualitätsmerkmale sowohl die erreichten Zufriedenheitswerte als auch deren Bedeutung erkennt (siehe Bild 11.12). Auf der Grundlage solcher Ergebnisse lassen sich dann Standards formulieren, die darauf abzielen, eine Verbesserung der Zufriedenheitswerte zu erreichen, wobei den Qualitätsmerkmalen eine besondere Bedeutung zukommt, für die ein signifikanter Einfluss auf die globale Beschwerdezufriedenheit nachgewiesen wurde. In Bild 11.12 wird dies durch die Angabe eines Sternchens (*) zum Ausdruck gebracht.

Durch Gegenüberstellung der in einer aktuellen Beschwerdezufriedenheitsbefragung erreichten Ist-Werte mit den definierten Soll-Größen kann analysiert werden, in welchem Umfang die **Standards eingehalten** wurden. Die Ergebnisse sind in Form von Erfüllungsgraden darstellbar. Bei der Verfehlung von Leistungsstandards sind eingehende Ursachenanalysen durchzuführen, um eine entsprechende **Verbesserung der Aufgabenerfüllung** einzuleiten. Solche Maßnahmen können sich u. a. beziehen auf

- den – aus Kundensicht – effizienteren Ablauf der Bearbeitungsprozesse,
- sozialpsychologische Schulungen und Empfehlungen für den direkten Umgang mit dem unzufriedenen Kunden,
- zeitliche Standards für die Kommunikation mit dem unzufriedenen Kunden während der Bearbeitung seines Falls oder

- die grundlegende Überarbeitung der Problemlösungs- bzw. Wiedergutmachungspolitik.

Durch Vergleiche der Werte im Zeitablauf lassen sich Entwicklungen ablesen und damit Erkenntnisse über die **(Un-)Wirksamkeit von eingeleiteten Maßnahmen** gewinnen.

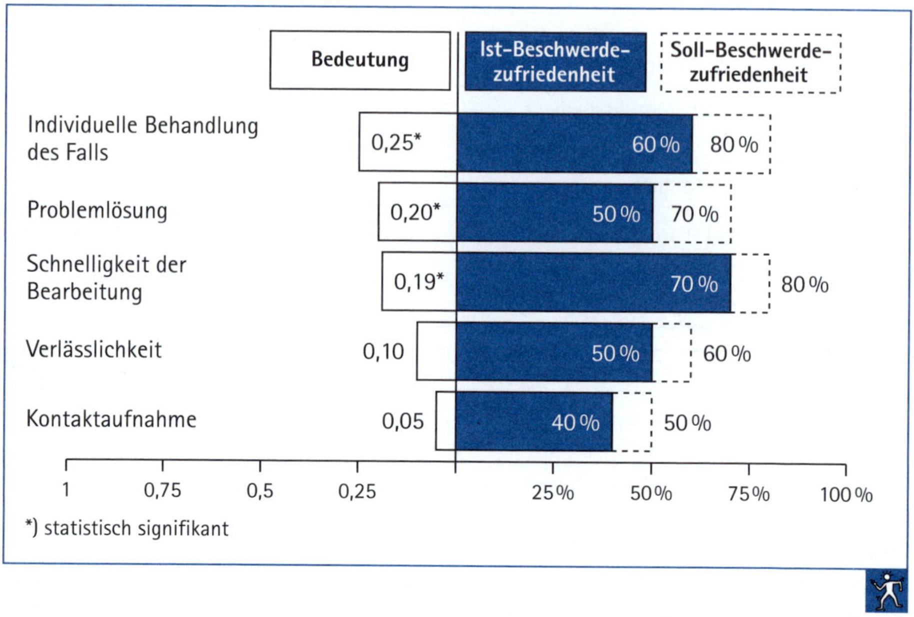

Bild 11.12 Beispiel für Beschwerdezufriedenheitsergebnisse und -standards (in Anlehnung an Anton 1997, S. 48)

Loyalitätsstandards

In der Befragung der Beschwerdeführer werden diese nicht nur im Hinblick auf ihre Zufriedenheit mit der unternehmerischen Reaktion, sondern auch bezüglich der Folgen der Beschwerdeerfahrungen in Bezug auf ihr Kommunikations- und Wiederkaufverhalten. Auch hierfür sind jeweils Kennzahlen und Zielstandards zu formulieren.

Die Messung der positiven Wirkung des Beschwerdemanagements auf das **Kommunikationsverhalten** kann mit Hilfe zweier Kennzahlen erfolgen. Zum einen ist die **Empfehlungsquote** relevant, das heißt der Anteil der Beschwerdeführer, die ihr positives Beschwerdeerlebnis zum Gegenstand der Kommunikation im Kreis ihrer Freunde, Verwandten oder Kollegen machen und das Unternehmen mit seinen Produkten und Dienstleistungen empfehlen. Für diese Kennzahl ist ein möglichst hoher Wert anzustreben.

Demgegenüber gibt die **Warnungsquote** den Anteil der Beschwerdeführer wieder, die in ihrem sozialen Umfeld negativ über das der Beschwerde zugrunde liegende Problem berichten und eine Kaufwarnung aussprechen. Diese Kennzahl ist tendenziell zu minimieren.

Bezüglich des **Wiederkaufverhaltens** ist festzuhalten, in welchem Umfang die Beschwerdeerfahrung dafür verantwortlich war, dass Kunden an der Geschäftsbeziehung festgehalten haben bzw. diese beendet haben. In Frage 15 des Beschwerdezufriedenheitsfragebogens wird die jeweilige Zahl der Beschwerdeführer erfasst, die sich aufgrund ihrer Beschwerdeerfahrung für oder gegen einen Wiederkauf entschieden haben. Setzt man diese Zahlen in Relation zur Gesamtzahl der Beschwerdeführer, erhält man die Wiederkauf- bzw. die Abwanderungsquote (siehe Bild 11.13).

Loyalitätsdimension	Loyalitätsindikatoren
Kommunikationsverhalten	Empfehlungsquote $= \frac{\text{Anzahl Beschwerdeführer mit Kaufempfehlung}}{\text{Gesamtzahl Beschwerdeführer}}$
	Warnungsquote $= \frac{\text{Anzahl Beschwerdeführer mit Kaufwarnungen}}{\text{Gesamtzahl Beschwerdeführer}}$
Wiederkaufverhalten	Wiederkaufquote $= \frac{\text{Anzahl Beschwerdeführer, die wegen der Beschwerdeerfahrung wieder kaufen}}{\text{Gesamtzahl Beschwerdeführer}}$
	Abwanderungsquote $= \frac{\text{Anzahl Beschwerdeführer, die wegen der Beschwerdeerfahrung nicht wieder kaufen}}{\text{Gesamtzahl Beschwerdeführer}}$

Bild 11.13 Loyalitätsindikatoren

Die Loyalitätsindikatoren, insbesondere die für das Wiederkaufverhalten, sind von ausschlaggebender Bedeutung für die Beurteilung, inwiefern das Beschwerdemanagement das Hauptziel – die Vermeidung von Kundenverlusten – erreicht. Daher wird auf sie im Rahmen des Kosten-Nutzen-Controllings (Kapitel 11.3.2) erneut Bezug genommen.

Abgrenzung der Beschwerdezufriedenheitsbefragung zu Follow-up-Kontakten

Sowohl in der Beschwerdezufriedenheitsbefragung als auch in Follow-up-Kontakten werden Beschwerdeführer hinsichtlich ihrer Erfahrungen mit der Beschwerdeabwicklung befragt. Doch die Zielsetzungen der beiden Instrumente sind unterschiedlich. In der Beschwerdezufriedenheitsbefragung geht es um die Gewinnung von Informationen über die von den Kunden wahrgenommene Qualität des Beschwerdemanagementprozesses. Diese Informationen dienen somit der Sicherung und Verbesserung der Qualität des Beschwerdemanagements. Demgegenüber wird im Rahmen des Follow-up-Kontakts festgestellt, ob aus Kundensicht der Fall tatsächlich abgeschlossen ist oder noch ein Handlungsbedarf besteht. Die hier gewonnenen Informationen dienen somit primär der Problemlösung und der Zufriedenstellung des Kunden. Daher ist der Follow-up-Kontakt ein Instrument der Beschwerdereaktion und nicht des Beschwerdemanagement-Controllings.

11.2.1.2 Messung der Zufriedenheit interner Kunden des Beschwerdemanagements

Die Qualität der Aufgabenerfüllung im indirekten Beschwerdemanagementprozess ist nicht für die Beschwerdeführer relevant, sondern für **interne Zielgruppen** wie die Geschäftsführung, verschiedene Geschäftsbereiche oder betriebliche Funktionen (z. B. Qualitätsmanagement oder Marketing). Daher sind diese internen Kunden des Beschwerdemanagements ebenfalls hinsichtlich ihrer Zufriedenheit zu befragen. Bild 11.14 gibt die relevanten Qualitätsdimensionen für die Beschwerdeauswertung, das Beschwerdereporting und die Beschwerdeinformationsnutzung wieder und benennt exemplarisch Zufriedenheitsbewertungen interner Kunden als subjektive Qualitätsindikatoren.

In Bezug auf die Messung der Zufriedenheit interner Kunden ergeben sich grundsätzlich dieselben Probleme wie für die Beschwerdezufriedenheitsmessung. In **inhaltlicher Hinsicht** sind die relevanten Dimensionen und Merkmale der Qualität von Beschwerdeauswertung und Beschwerdereporting festzulegen. Als Ausgangspunkt hierfür können die in Bild 11.14 genannten Merkmale dienen. Für die unternehmensindividuelle Entwicklung eines Fragebogens ist es aber empfehlenswert, zuvor ausführliche Gespräche mit den internen Kunden zu führen, um sicherzugehen, dass tatsächlich alle für sie relevanten Qualitätsmerkmale erfasst werden. In **zeitlicher Hinsicht** spricht viel für eine Performance-Messung im Jahresabstand. Bei dieser Vorgehensweise erfolgt die Bewertung auf einer ausreichend großen Erfahrungsgrundlage. Auch wird die Belastung der internen Kunden durch die Erhebungen sinnvoll begrenzt. Bezüglich der **Auswahl der Befragten** ist es in der Regel möglich, sämtliche internen Kunden in die Studie einzubeziehen. Dies erscheint auch wünschenswert, weil diese zum Teil verschiedenen internen Zielgruppen angehören, die unterschiedliche Informationsbedürfnisse und Erwartungen haben. Um ein genaues Bild über die Einschätzung der Aufgabenerfüllung durch die verschiedenen internen Zielgruppen des Beschwerdemanagements zu erhalten, ist es daher notwendig, möglichst viele Mitglieder der jeweiligen internen Kundengruppen zur Abgabe ihres Zufriedenheitsurteils zu bewegen.

Für die **Festlegung und Überwachung von subjektiven Qualitätsstandards** für den indirekten Beschwerdemanagementprozess gilt das, was zur Beschwerdezufriedenheitsmessung ausgeführt wurde, analog. Bei der Wahl einer fünfpoligen Zufriedenheitsskala sollten wiederum Überzeugte, Zufriedengestellte und Enttäuschte unterschieden und prozentuale Mindest-Standards für überzeugte sowie prozentuale Höchst-Standards für enttäuschte interne Kunden formuliert werden.

Aufgabe	Qualitätsdimensionen	Subjektive Qualitätsindikatoren (interne Zielgruppen)
Beschwerdeauswertung	▪ Nutzergerechte Durchführung quantitativer Auswertungen	▪ Zufriedenheit interner Kunden mit den quantitativen Auswertungen
	▪ Präzision der Ursachenanalyse	▪ Zufriedenheit interner Kunden mit der Präzision der Ursachenanalyse
Beschwerdereporting	▪ Nutzergerechte Bereitstellung der Informationen	▪ Zufriedenheit interner Kunden mit dem Nutzen der bereitgestellten Informationen
	▪ Zeitgerechte Bereitstellung der Informationen	▪ Zufriedenheit interner Kunden mit der zeitlichen Verfügbarkeit der Informationen
Beschwerdeinformationsnutzung	▪ Nutzung von Beschwerdeinformationen für Qualitätsverbesserungen	▪ Zufriedenheit interner Kunden mit dem Nutzungspotenzial von Beschwerdeinformationen für Qualitätsverbesserungen
	▪ Nutzung von Beschwerdeinformationen für die Entwicklung neuer Produkte/Dienstleistungen	▪ Zufriedenheit interner Kunden mit dem Nutzungspotenzial von Beschwerdeinformationen für die Entwicklung neuer Produkte/Dienstleistungen

Bild 11.14 Die Zufriedenheit interner Kunden als subjektiver Qualitätsindikator des Beschwerdemanagements

11.2.2 Objektives Aufgaben-Controlling

Im Rahmen des objektiven Aufgaben-Controllings geht es darum, für alle Aufgaben des Beschwerdemanagements objektive Standards festzulegen, die **unabhängig von Urteilen externer und interner Kunden** überprüft werden können. Dabei kann grob zwischen objektiven Qualitäts- und Produktivitätsstandards unterschieden werden. **Qualitätsstandards** stellen Zielgrößen dar, in denen die Erwartungen bezüglich der aus Kundensicht relevanten Qualitätsdimensionen und -merkmale festgelegt sind. **Produktivitätsstandards** beziehen sich auf Output-Input-Relationen, welche die Effizienz der Leistungserstellung messen.

11.2.2.1 Objektive Qualitätsstandards

In einem umfassenden Konzept des Aufgaben-Controllings ist zu versuchen, für möglichst alle Aufgaben des Beschwerdemanagements objektive Qualitätsindikatoren zu finden und Sollwerte für die Standards festzulegen.

Beschwerdestimulierung

Grundlegendes Ziel des Beschwerdemanagements ist es, dass ein möglichst großer Anteil der Kundenunzufriedenheit **in Beschwerden zum Ausdruck kommt**, damit das Unternehmen Gelegenheit erhält, aktiv Kundenunzufriedenheit in Zufriedenheit zu verwandeln. Dies soll erreicht werden, indem für Kunden ein leicht zugänglicher Beschwerdekanal (z. B. ein zentrales Beschwerde-Center als Adressat) eingerichtet und aktiv kommuniziert wird.

Für die Überprüfung der **Zugänglichkeit** stehen objektive Indikatoren zur Verfügung. So lässt sich die Qualität der telefonischen Zugänglichkeit über die **Telefonische Erreichbarkeitsquote (TEQ)** und die **Telefonische Sofortannahmequote (TAQ)** messen. Die erstgenannte Kennzahl setzt die Zahl der angenommenen Telefonanrufe zur Gesamtzahl der von den Kunden durchgeführten Anrufversuche in Beziehung; die telefonische Sofortannahme gibt den Anteil von Telefonanrufen an der Gesamtzahl aller Anrufversuche an, die innerhalb der definierten Soll-Vorgaben (z. B. dreimaliges Läuten) angenommen wurden. Die Telefonische Sofortannahmequote wird in Call-Centern häufig als Servicelevel definiert, z. B. als 80 : 20-Relation, die besagt, dass 80 % der Anrufe innerhalb von 20 Sekunden angenommen sein sollen.

Für die Überprüfung, inwieweit Kundenbeschwerden an die richtige unternehmerische Stelle adressiert und auf dem vom Unternehmen präferierten Beschwerdeweg eingegangen sind, können zwei weitere Kennzahlen herangezogen werden. Wird beispielsweise angestrebt, dass möglichst alle Beschwerden direkt an das zentrale Beschwerde-Center gerichtet werden, dann gibt die **Adressatenquote (ADQ) (Beschwerde-Center)** den Anteil der Beschwerden an, die vom Kunden in der gewünschten Weise adressiert wurden. In analoger Weise können beschwerdestimulierende Aktivitäten darauf gerichtet sein, dass unzufriedene Kunden weniger den schriftlichen Beschwerdeweg nutzen, sondern telefonisch ihr Anliegen gegenüber den Mitarbeitern eines neu eingerichteten Customer Care Centers vorbringen. Als Qualitätsindikator kann hier die **Beschwerdewegquote (BWQ) (Telefon)** angesehen werden, die den Anteil derjenigen Beschwerden am Gesamtbeschwerdeaufkommen wiedergibt, die auf dem vom Unternehmen bevorzugt angebotenen Beschwerdeweg eingingen.

Für diese objektiven Qualitätsindikatoren sind nun Soll-Vorgaben zu definieren, die den erwünschten Erreichungsgrad fixieren und damit die Basis für die Überwachung der Aufgabenerfüllung im Bereich der Beschwerdestimulierung darstellen (siehe beispielhaft Bild 11.15).

Telefonische Erreichbarkeitsquote (TEQ):
„Mindestens 90% der Anrufe sollen angenommen werden."

Telefonische Sofortannahmequote (TAQ):
„80% aller Beschwerden sollen nach dreimaligem Läuten angenommen sein."

Adressatenquote (ADQ) (Beschwerde-Center):
„80% aller Beschwerden sollen unmittelbar im Beschwerde-Center eingehen."

Beschwerdewegquote (BWQ) (Telefon):
„Mindestens 75% aller Beschwerden sollen telefonisch eingehen."

Bild 11.15 Objektive Qualitätsstandards für die Beschwerdestimulierung

Beschwerdeannahme

Die **objektive Qualität der Beschwerdeannahme** zeigt sich in der zügigen und richtigen Weiterleitung der Beschwerdefälle an die zuständige Stelle sowie in der vollständigen und richtigen Erfassung der Beschwerdeinformationen.

Die **zügige Weiterleitung von Beschwerden** kann mit Hilfe der **Termingerechten Weiterleitungsquote (TWQ)** überprüft werden, die den Anteil der innerhalb definierter Durchlaufzeiten weitergegebenen Beschwerden an der Gesamtzahl der weitergeleiteten Beschwerden erfasst. Dabei kann es sinnvoll sein, unterschiedliche zeitgerechte Weiterleitungsquoten zu definieren, je nachdem, an welcher Stelle die Beschwerde einging (z. B. Unternehmensleitung oder Filiale), da unterschiedlich zeitintensive Kommunikationswege vorliegen. Die **Zielgerechte Weiterleitungsquote (ZWQ)** misst die **Richtigkeit der Weiterleitung**, indem sie den Anteil unmittelbar bei der jeweils zuständigen Stelle eingetroffener Beschwerden an der Gesamtzahl weitergeleiteter Beschwerden angibt.

Darüber hinaus kommt es darauf an, dass im Rahmen der Beschwerdeannahme alle erforderlichen Informationen **vollständig und richtig erfasst und dokumentiert** werden, sodass im weiteren Prozess der Bearbeitung möglichst wenig Doppelarbeit anfällt. Die jeweiligen Zielerreichungsgrade lassen sich in der **Dokumentationsvollständigkeitsquote (DVQ)** und der **Dokumentationsrichtigkeitsquote (DRQ)** ausdrücken. Da nicht nur die folgenden Bearbeitungs- und Reaktionsprozesse auf den dokumentierten Beschwerdeinformationen basieren, sondern auch die Aufgabenbausteine des indirekten Beschwerdemanagementprozesses, kommt diesen Qualitätskennziffern besondere Bedeutung zu.

Bild 11.16 fasst die objektiven Qualitätsstandards für die Beschwerdeannahme zusammen.

Objektive Qualitätsstandards für die Beschwerdeannahme

Termingerechte Weiterleitungsquote (TWQ) (Unternehmensleitung):
„90 % der Beschwerden, die an die Unternehmensleitung gerichtet sind, müssen nach maximal drei (Arbeits-)Tagen in der zuständigen Abteilung vorliegen."

Zielgerechte Weiterleitungsquote (ZWQ):
„90 % aller Beschwerden sollen bei der ersten Weiterleitung bei der zuständigen Stelle eingehen."

Dokumentationsvollständigkeitsquote (DVQ):
„In 85 % der Fälle sollen die erfassten Beschwerdeinformationen vollständig sein."

Dokumentationsrichtigkeitsquote (DRQ):
„In 90 % aller Fälle sollen die Beschwerdeinformationen ohne Fehler eingegeben werden."

Bild 11.16 Objektive Qualitätsstandards für die Beschwerdeannahme

Beschwerdebearbeitung

Die primäre Zielsetzung der Beschwerdebearbeitung besteht darin, dass die eingehenden Beschwerden **schnell und termingerecht** bearbeitet werden.

Die **Schnelligkeit der Beschwerdebearbeitung** wird in erster Linie an der Gesamtdauer des Prozesses vom Eingang der Beschwerde bis zum endgültigen Bescheid bemessen. Diese Gesamtdauer ist dann am kürzesten, wenn es bei mündlich oder telefonisch vorgebrachten Beschwerden gelingt, die Kundenprobleme bereits im Erstkontakt zur Zufriedenheit des Kunden abschließend zu lösen. Der Anteil dieser Fälle an der Gesamtanzahl von Beschwerden soll als **Ersterledigungsquote (EEQ)** bezeichnet werden. Eine niedrige Ersterledigungsquote kann ein Indiz dafür sein, dass das Kundenkontaktpersonal entweder nicht über die notwendigen fachlichen Voraussetzungen oder nicht über einen genügend großen Entscheidungsspielraum verfügt.

Standards in Bezug auf die **Bearbeitungsdauer** aller Beschwerdefälle sind nur auf der Grundlage einer eingehenden zeitlichen Analyse der unterschiedlichen Beschwerdebearbeitungsprozesse fixierbar. Angesichts der Tatsache, dass diese auch abweichende zeitliche Anforderungen stellen, ist es sinnvoll, jeweils unterschiedliche Zeitstandards für die **verschiedenen Bearbeitungsprozesse** zu definieren. Stellt sich in einer längeren Testphase heraus, dass nahezu sämtliche Beschwerden innerhalb eines spezifizierten Zeitraums (z. B. in fünf Tagen) gelöst werden, ist es auch möglich, eine **Gesamtbearbeitungsdauer** zum Gegenstand eines prozessübergreifenden Standards zu machen, der gegebenenfalls als zeitliches Leistungsversprechen gegenüber den Kunden formuliert werden kann („Wir lösen Ihre Probleme innerhalb von fünf Tagen").

Um die definierte Gesamtbearbeitungsdauer einhalten zu können, bietet es sich an, für wichtige interne Teilprozesse ebenfalls Zeitstandards zu fixieren. Das gilt vor allem in Bezug auf **maximale Liege- und Transferzeiten**. Demnach ist jeweils als Zeitraumgröße (Tage, Stunden) zu fixieren, wie lange Vorgänge höchstens unbearbeitet liegen bleiben dürfen **(Liegezeit)** bzw. wie viel Zeit für eine innerbetriebliche Weiterleitung aufgebracht werden darf **(Transferzeit)**.

Weitere Qualitätsstandards sind in Bezug auf Beschwerdefälle zu formulieren, die **angemahnt** worden sind bzw. die sich im **Eskalationsprozess** befinden. Hier gilt es, mit der **Mahnquote (MQ)** und der **Eskalationsquote (EQ)** den Anteil der Beschwerdefälle festzulegen, der maximal überhaupt in den Mahn- bzw. Eskalationsprozess gelangen soll. Darüber hinaus ist es sinnvoll, auch Standards zu formulieren, welche die Anzahl der Beschwerden pro Eskalationsstufe betreffen **(Eskalationsstufenquote – ESQ)**, um zu überprüfen, wie frühzeitig die steuernden Wirkungen des Eskalationsprozesses greifen.

Bild 11.17 enthält eine Übersicht über wesentliche objektive Leistungsstandards für die Beschwerdebearbeitung.

Ersterledigungsquote (EEQ):
„50 % aller Beschwerden, die mündlich oder telefonisch artikuliert werden, sollen im Erstkontakt zur Zufriedenheit des Kunden gelöst und abgeschlossen sein, sodass keine weiteren Schritte eingeleitet werden müssen."

Dauer der einzelnen Bearbeitungsprozesse:
„90 % der Beschwerden des Bearbeitungsprozesses A sollen im Zeitraum von 14 Arbeitstagen bearbeitet sein und 90 % Beschwerden des Bearbeitungsprozesses B sollen im Zeitraum von 20 Arbeitstagen bearbeitet sein."

Gesamtbearbeitungsdauer (bearbeitungsprozessübergreifend):
„95 % aller Beschwerden sollen im Zeitraum von zehn Arbeitstagen abgeschlossen sein."

Liegezeit:
„Die maximale Liegezeit einer Beschwerde von einem Tag soll in 90 % aller Fälle eingehalten werden."

Transferzeit:
„Die maximale Transferzeit zur nächsten Bearbeitungsstufe von einem Tag soll in 95 % der Fälle eingehalten werden."

Mahnquote (MQ):
„Für nicht mehr als 5 % der Beschwerdefälle sollen Mahnungen erforderlich sein."

Eskalationsquote (EQ):
„Für nicht mehr als 2 % der Beschwerdefälle soll der Eskalationsprozess ausgelöst werden."

Eskalationsstufenquote (ESQ-x):
„Von allen eskalierten Beschwerden sollen nicht mehr als 5 % die Eskalationsstufe x erreichen."

Bild 11.17 Objektive Qualitätsstandards für die Beschwerdebearbeitung

Beschwerdereaktion

Zentrales Ziel des Aufgabenbausteins Beschwerdereaktion ist es, die Kundenbeschwerden **aktiv, verlässlich und unter Beachtung der individuellen Umstände des Falls** zu bearbeiten und dem Kunden eine vollständige und faire Problemlösung anzubieten.

Die **aktive Kontaktaufnahme** betrifft die **externe Kommunikation mit dem unzufriedenen Kunden** mittels Eingangsbestätigungen, Zwischenbescheiden und abschließenden Antworten. Hier ist festzulegen, wie viele Tage maximal verstreichen dürfen, bis der Eingang einer Beschwerde bestätigt ist, bzw. wann Zwischenbescheide und die abschließende Antwort abzusenden sind.

Wenn sich Kunden in einer Folgebeschwerde über die Beschwerdeabwicklung oder die angebotene Problemlösung beschweren, liegt ein objektiver Hinweis vor, dass die Wiederherstellung der Kundenzufriedenheit durch die Beschwerdereaktion nicht gelungen ist. Je höher die Folgebeschwerdequote ausfällt, desto höher ist die Zahl von Kunden, deren Unzufriedenheit innerhalb des Prozesses noch zunimmt. Insofern ist die **Folgebeschwerdequote (FQ)** zu beachten und zu minimieren, die den Anteil der Folgebeschwerden an der Gesamtzahl der Beschwerden ausdrückt. Bild 11.18 enthält eine Formulierung relevanter objektiver Qualitätsstandards.

Einhaltung von Terminen:
„In 90% der Fälle werden Termine für die Aussendung externer Kommunikation (Eingangsbestätigung, Zwischenbescheide, abschließende Antwort) eingehalten."

Folgebeschwerdequote (FQ):
„Unter allen Beschwerdefällen sollen nicht mehr als 5% Folgebeschwerden sein."

Bild 11.18 Objektive Qualitätsstandards für die Beschwerdereaktion

Beschwerdereporting und Beschwerdeinformationsnutzung

Für das objektive Aufgaben-Controlling im Rahmen des indirekten Beschwerdemanagementprozesses wird hier darauf verzichtet, spezifische Kennzahlen für das Beschwerdemanagement-Controlling und die Beschwerdeauswertung anzugeben. Kennzahlen für das Beschwerdemanagement-Controlling reflektieren ausschließlich das Leistungsvermögen des Beschwerdemanagements selbst. Die Überprüfung der Zielorientierung und Angemessenheit des Beschwerdemanagement-Controllings sollte eher im Rahmen eines Prozessaudits erfolgen. Die Beschwerdeauswertung hat den Zweck, die erfassten Beschwerdeinformationen so aufzubereiten, dass sie von internen Kunden als wertvolle Quelle angesehen und dementsprechend genutzt werden. Damit zeigt sich die Zielerreichung in der Überprüfung von Beschwerdereporting und Beschwerdeinformationsnutzung.

Im Rahmen des **Beschwerdereportings** kommt es darauf an, die Informationen den internen Kunden nutzer- und zeitgerecht bereitzustellen und festgelegte Reporting-Termine einzuhalten. Die Zielgruppenadäquanz der Auswertungen lässt sich am besten durch subjektive Indikatoren erfassen. Doch in Bezug auf den zeitlichen Aspekt ist auch ein objektiver Qualitätsindikator heranzuziehen. Werden für die regelmäßige Berichterstattung terminliche Vorgaben gemacht (z. B. Wochen-, Monats-, Jahresreport), lässt sich mit Hilfe der **Zeitgerechten Reportquote (ZRQ)** als Quotient aus der Zahl der zeitgerechten Reports und der Gesamtzahl der Reports feststellen, inwieweit diese Handlungsstandards eingehalten werden.

Als objektiver Indikator für die Qualität der **Beschwerdeinformationsnutzung** wäre prinzipiell die **Nutzungsquote** heranzuziehen, die den Anteil der von den internen Adressaten genutzten Informationen für Qualitätsverbesserungsmaßnahmen bzw. die Entwicklung von neuen Produkten/Dienstleistungen zur Gesamt-Informationsmenge angibt. Allerdings bereitet die Ermittlung dieser Quote erhebliche Schwierigkeiten, weil die Abgrenzung von Informationseinheiten und die Definition von „Nutzung" kaum eindeutig gelingen. Insofern sollte man eher die Entwicklung von Gewährleistungs- und Garantiezahlen als Indikatoren dafür heranziehen, inwieweit Mängel, die zum Gegenstand von Beschwerden gemacht wurden, abgestellt wurden.

In Reklamationen, also Beschwerden mit Rechtsanspruch, werden häufig objektive Fehler gemeldet, die mit Zahlungen aufgrund gesetzlicher Mängelhaftung oder freiwillig zugesagter Garantieleistungen verbunden sind. Werden die Beschwerdeinformationen zur Mängelbeseitigung genutzt, muss sich dies in reduzierten **problemspezifischen Gewährleistungs- und Garantiequoten** niederschlagen, welche die Anzahl von problemspezifischen Gewährleistungen bzw. Garantiefällen in Relation zur Produktzahl setzen. Wenn Gewährleistungen und Garantien keine große Rolle spielen - was gerade in Dienstleistungsunternehmen häufig der Fall ist -, muss anstelle dieser objektiven Indikatoren auf den subjektiven Indikator der (reduzierten) problemspezifischen Verärgerungsquote zurückgegriffen werden.

Bild 11.19 zeigt Beispiele für objektive Standards, die sich auf das Beschwerdereporting sowie die Beschwerdeinformationsnutzung beziehen.

Zeitgerechte Reportquote (ZRQ):
„Mindestens 95% aller Reporte sollen termingerecht eingehen."

Problemspezifische Gewährleistungsquote (GLQ):
„Höchstens 1 von 10.000 Produkten soll zu Gewährleistungen wegen Problem x führen."

Problemspezifische Garantiequote (PGQ):
„Höchstens 1 von 20.000 Produkten soll zu Garantiezahlungen wegen Problem x führen."

Bild 11.19 Objektive Qualitätsstandards für das Beschwerdereporting und die Beschwerdeinformationsnutzung

In Bild 11.20 werden noch einmal die wichtigsten objektiven Indikatoren für die Qualitätsdimensionen des Beschwerdemanagements dargestellt.

Aufgabe	Qualitätsdimensionen	Objektive Qualitätsindikatoren
Beschwerdestimulierung	**Leichte Zugänglichkeit**	Telefonische Erreichbarkeitsquote (TEQ) $= \frac{\text{Anzahl der angenommenen Telefonanrufe}}{\text{Gesamtzahl der Anrufversuche}}$ Telefonische Sofortannahmequote (TAQ) $= \frac{\text{Anzahl der „sofort" angenommenen Telefonanrufe}}{\text{Gesamtzahl der Anrufversuche}}$
	Richtige Adressierung der Kundenbeschwerden	Adressatenquote (ADQ) (Beschwerde-Center) $= \frac{\text{Anzahl der im Beschwerde-Center eingegangenen Beschwerden}}{\text{Gesamtzahl der Beschwerden}}$
	Nutzung eingerichteter Beschwerdewege	Beschwerdewegquote (BWQ) (Telefon) $= \frac{\text{Anzahl der telefonischen Beschwerden}}{\text{Gesamtzahl der Beschwerden}}$
Beschwerdeannahme	**Zügige Weiterleitung der Beschwerdefälle**	Termingerechte Weiterleitungsquote (TWQ) $= \frac{\text{Anzahl der innerhalb definierter Durchlaufzeiten weitergeleiteten Beschwerden}}{\text{Gesamtzahl weitergeleiteter Beschwerden}}$
	Richtige Weiterleitung der Beschwerdefälle	Zielgerichtete Weiterleitungsquote (ZWQ) $= \frac{\text{Anzahl der bei der zuständigen Stelle eingetroffenen Beschwerden}}{\text{Gesamtzahl weitergeleiteter Beschwerden}}$
	Vollständige Dokumentation der Beschwerdeinformationen	Dokumentationsvollständigkeitsquote (DVQ) $= \frac{\text{Anzahl der Beschwerden mit vollständig erfassten Informationen}}{\text{Gesamtzahl der Beschwerden}}$
	Richtige Dokumentation der Beschwerdeinformationen	Dokumentationsrichtigkeitsquote (DRQ) $= \frac{\text{Anzahl der Beschwerden mit richtig erfassten Informationen}}{\text{Gesamtzahl der Beschwerden}}$
Beschwerdebearbeitung	**Schnelligkeit der Beschwerdebearbeitung**	Ersterledigungsquote (EEQ) $= \frac{\text{Im Erstkontakt abschließend gelöste Probleme}}{\text{Gesamtzahl der Beschwerden}}$ Dauer der einzelnen Bearbeitungsprozesse in Tagen Gesamtbearbeitungsdauer in Tagen
	Termingerechte Bearbeitung	Liegezeit Transferzeit Mahnquote (MQ) $= \frac{\text{Anzahl der Beschwerden im Mahnprozess}}{\text{Gesamtzahl der Beschwerden}}$ Eskalationsquote (EQ) $= \frac{\text{Anzahl der Beschwerden im Eskalationsprozess}}{\text{Gesamtzahl der Beschwerden}}$
Beschwerdereaktion	**Aktive Kontaktaufnahme mit dem Kunden**	Einhaltung von Terminen für die Aussendung externer Kommunikation (Eingangsbestätigung, Zwischenbescheide, abschließende Antwort)
	Vollständige Problemlösung **Faire Problemlösung**	Folgebeschwerdequote (FQ) $= \frac{\text{Anzahl der Folgebeschwerden}}{\text{Gesamtzahl der Beschwerden}}$
Beschwerdereporting	**Zeitgerechte Bereitstellung der Informationen**	Zeitgerechte Reportquote (ZRQ) $= \frac{\text{Anzahl der zeitgerechten Reporte}}{\text{Gesamtzahl der Reporte}}$
Beschwerdeinformationsnutzung	**Nutzung von Beschwerdeinformationen für Qualitätsverbesserungen sowie für die Entwicklung neuer Produkte/Dienstleistungen**	Problemspezifische Gewährleistungsquote (GLQ) $= \frac{\text{Anzahl der Gewährleistungen wegen Problem x}}{\text{Gesamtzahl der Produkte}}$ Problemspezifische Garantiequote (PGQ) $= \frac{\text{Anzahl der Garantiezahlungen wegen Problem x}}{\text{Gesamtzahl der Produkte}}$

Bild 11.20 Objektive Qualitätsindikatoren des Beschwerdemanagements

In Bezug auf alle definierten objektiven Standards sind - analog dem subjektiven Aufgaben-Controlling - regelmäßig Ist-Analysen durchzuführen und die ermittelten Ist-Werte den Soll-Werten der Standards gegenüberzustellen. Auf diese Weise lassen sich **standardspezifische Diskrepanzen bzw. Erfüllungsgrade** der Zielerreichung ermitteln (siehe Bild 11.21).

Leistungsindikator	Soll-Vorgabe	Ist-Wert	Diskrepanz	Erfüllungsgrad (= Ist/Soll)
Adressatenquote	80%	95%	+15%	119%
Beschwerdewegquote	75%	60%	-15%	80%
Telefonische Erreichbarkeitsquote	90%	85%	-5%	94%
Telefonische Sofortannahmequote	80%	55%	-25%	69%

Bild 11.21 Diskrepanzermittlung am Beispiel der Beschwerdestimulierung

11.2.2.2 Objektive Produktivitätsstandards

Auch wenn in Literatur und Praxis häufig eine große Verwirrung in Bezug auf die Verwendung des Qualitäts- und Produktivitätsbegriffs herrscht und nicht selten dieselben Messgrößen einmal als Indikatoren für Qualität, ein anderes Mal als Indikatoren für Produktivität herangezogen werden, so gilt es doch, hier eine eindeutige Trennung vorzunehmen.

Produktivität bezieht sich nicht wie die Qualität auf das Ergebnis einer Leistungserstellung, sondern auf die Leistungserstellung selbst. Hier werden betriebliche Produktionsfaktoren (Inputfaktoren) in einem Produktionsprozess kombiniert, der zu einem bestimmten Output führt. Das mengenmäßige Verhältnis von erzeugtem Output zu eingesetztem Input wird als Produktivität bezeichnet. Diese Messgröße erlaubt es, die Ergiebigkeit der Inputfaktoren und damit auch die Effizienz des Produktionsprozesses zu bewerten (Corsten/Gössinger 2007). In Anwendung auf das Beschwerdemanagement dient die Ermittlung der Produktivität demnach dazu, die Effizienz der hier eingesetzten Produktionsfaktoren zu messen. Wesentliche Grundlage dafür ist es, **angemessene Output- und Inputgrößen** zu definieren.

Als **Outputgrößen** sind quantifizierbare Ergebnisse der Leistungserstellung zu wählen. Im Hinblick auf die Leistungen des direkten Beschwerdemanagementprozesses ist die **Anzahl der Beschwerden** als Bezugsgröße zu wählen, wobei hier aufgabenspezifisch zu differenzieren ist. Bei der Beschwerdestimulierung ist die Zahl der zusätzlich angeregten Beschwerdeartikulationen von Bedeutung, bei der Beschwerdeannahme die Zahl der entgegengenommenen bzw. registrierten Artikulationen und bei der Beschwerdebearbeitung und -reaktion die Zahl der bearbeiteten Beschwerden. Hinsichtlich der

Beschwerdeauswertung und des Beschwerdereportings als Aufgaben des indirekten Beschwerdemanagementprozesses ist an die **Anzahl der vorgenommenen Auswertungen und erstellten Reports** zu denken.

Da die Leistungen des Beschwerdemanagements nur unter Einsatz verschiedener **Inputfaktoren** (Mitarbeiter, Telefonanlage, Softwaresystem usw.) erstellt werden können, besteht grundsätzlich die Möglichkeit, den erzeugten Output auf verschiedene Inputfaktoren zu beziehen. Allerdings erscheint eine **Konzentration auf den Einsatzfaktor Mitarbeiter** sinnvoll, weil dieser in der Regel auch der größte Kostenfaktor ist. Dementsprechend wird im Folgenden nur die **Arbeitsproduktivität** betrachtet, in welcher der Output dem Arbeitseinsatz gegenübergestellt wird. So kann als Input die Zahl der eingesetzten Arbeitskräfte bzw. der Umfang der eingesetzten Arbeitszeit gewählt werden. Eine typische Produktivitätskennziffer ist dann etwa die Zahl der bearbeiteten Beschwerden pro Mitarbeiter.

Produktivitätskennziffern dieser Art machen Aussagen über die **Effizienz der Aufgabenerfüllung** durch die Mitarbeiter im Beschwerdemanagement. Sie können auch als Standards im Sinne von Zielgrößen definiert werden, etwa in der Art, dass die Zahl der anzunehmenden telefonischen Anrufe pro Stunde festgelegt oder eine prozentuale Steigerung für die nächste Periode vorgegeben wird. Bild 11.22 gibt einige Beispiele für mögliche Produktivitätskennziffern und -standards für die Beschwerdeannahme und Beschwerdebearbeitung. Die genannten Ausprägungen der einzelnen Standards stellen grundsätzliche Orientierungsgrößen dar, variieren jedoch von Branche zu Branche sowie insbesondere in Abhängigkeit von der Komplexität der durch einzelne Mitarbeitergruppen zu bearbeitenden Beschwerdefälle.

Aufgabe	Produktivitätsdimension	Produktivitätsindikatoren	Produktivitätsstandards
Beschwerdeannahme	Zahl der angenommenen Beschwerden	$\frac{\text{Zahl der angenommenen telefonischen Beschwerden}}{\text{Zahl der Mitarbeiter}}$	▪ Mindestens 70 Beschwerdeannahmen pro Mitarbeiter und Tag
		$\frac{\text{Zahl der angenommenen telefonischen Beschwerden}}{\text{Zahl der Arbeitsstunden}}$	▪ Mindestens 9 Beschwerdeannahmen pro Mitarbeiter und Stunde
Beschwerdebearbeitung	Zahl der bearbeiteten Beschwerden	$\frac{\text{Zahl der bearbeiteten schriftlichen Beschwerden}}{\text{Zahl der Mitarbeiter}}$	▪ Mindestens 20 schriftlich bearbeitete Beschwerden pro Mitarbeiter und Tag
		$\frac{\text{Zahl der bearbeiteten schriftlichen Beschwerden}}{\text{Zahl der Arbeitsstunden}}$	▪ Mindestens 3 schriftlich bearbeitete Beschwerden pro Mitarbeiter und Stunde

Bild 11.22 Beispiele für Produktivitätsstandards für die Beschwerdeannahme und Beschwerdebearbeitung

So plausibel diese Vorgehensweise im Sinne einer effizienten Aufgabenerfüllung erscheint, so ist es doch offensichtlich, dass eine alleinige Verwendung solcher Produktivitätskennziffern **für Steuerungszwecke zu unsinnigen Ergebnissen** führen muss. Produktivitätskennziffern machen keine Aussagen über die Qualität des Outputs. Eine hohe Produktivität in Bezug auf die Annahme und Bearbeitung von Beschwerden kann mit einer hohen Fehlerzahl und starker Kundenunzufriedenheit verbunden sein. So weisen auch empirische Studien im Dienstleistungsbereich eine signifikant negative Beziehung zwischen Produktivität und Kundenzufriedenheit nach (Anderson/Fornell/Rust 1997). Es ist zudem wiederholt belegt, dass Mitarbeiter in Fällen, in denen sie in Konflikt zwischen Qualitäts- und Produktivitätszielen kommen, sich eher an den Produktivitätsvorgaben orientieren, weil diese leichter kontrolliert und vielfach zur Grundlage ihrer Leistungsbewertung gemacht werden (Singh 2000). Deshalb sollten Produktivitätsstandards nie allein, sondern nur **im Verbund mit subjektiven und objektiven Qualitätsstandards** eingesetzt werden. Auch ist es erforderlich, dass das Management eine **klare Prioritätensetzung** hinsichtlich der Gewichtung von Qualitäts- und Produktivitätszielen vornimmt.

11.2.3 Exkurs: Objektive Qualitäts- und Produktivitätsstandards in Beschwerde-Centern

In einem Beschwerde-Center, dessen Kern in der Regel das für den telefonischen Kundenkontakt zuständige Call-Center darstellt, bietet die **ACD-Anlage (Automatic Call Distribution)** die Möglichkeit, alle Anrufe detailliert zu registrieren und eine Fülle von Daten für die Formulierung weiterer objektiver Qualitäts- und Produktivitätsstandards bereitzustellen.

Bild 11.23 gibt einen Überblick über vielfach eingesetzte Kennzahlen und ihre mögliche Verwendung als Standards.

Eine Zuordnung dieser Kennzahlen als Messgrößen für Produktivität oder Qualität ist nur **schwerpunktartig möglich**. Die zuerst genannten Kennzahlen sind primär Qualitätsindikatoren, die anzeigen, ob die Erwartungen der Kunden im Hinblick auf die Erreichbarkeit eines Gesprächspartners und eine sofortige Problemlösung erfüllt werden (z. B. Ersterledigungsquote) oder nicht (z. B. Quote der verlorenen Anrufe oder Wartezeit). Die anschließend aufgeführten Messzahlen für absolute Zeiten (z. B. Gesprächszeit) bilden die Grundlage für Produktivitätsüberlegungen. Am Ende der Auflistung stehen Produktivitätskennziffern, die vor allem Auskunft über die Auslastung der eingesetzten Mitarbeiter machen.

Auch für die Verwendung dieser Kennzahlen zu Steuerungszwecken gilt: Die Produktivitätskennziffern geben Anhaltspunkte für den effizienten Personaleinsatz, dürfen aber **nicht als Qualitätsmessgrößen interpretiert** werden. Das gilt insbesondere für das in Call-Centern häufig eingesetzte Produktivitätsmaß „Anrufe pro Stunde“. Eine Erhöhung dieser Produktivität kann sogar zu Qualitätseinbußen führen. Zudem liegen viele Faktoren, die Einfluss auf diese Größe haben, außerhalb der Kontrolle der Mitarbeiter (z. B. Anzahl und Art der Anrufe oder die Kommunikationsfähigkeit des Anrufers) (Cleveland/Mayben/Greff 1998). Insofern müssen diese Kennzahlen immer in ein Gesamtsystem integriert werden, das auch subjektive Qualitätsstandards enthält. Wie eine umfassende Steuerung im operativen Beschwerdemanagement erfolgen kann, zeigt das Praxis-Spotlight 16.

Praxis-Spotlight 16

Operatives Beschwerdemanagement-Controlling und Geschäftssteuerung bei der TARGOBANK unter Berücksichtigung der Kundenperspektive

In einem modernen Beschwerdemanagement kommen die Mitarbeiter sowohl am Telefon als auch in der Recherche und der klassischen Sachbearbeitung zum Einsatz. Diese Mitarbeiter verfügen über ein hervorragendes Fachwissen sowie gleichzeitig über eine hohe Kundenorientierung und Lösungskompetenz – kurz gesagt, sie sind Beschwerdemanager!

Methoden zur Geschäftssteuerung

Eine zentrale Herausforderung bei der Steuerung des Beschwerdemanagements liegt in der Messung und Bewertung, wie gut moderne Beschwerdemanager arbeiten, wie effizient und serviceorientiert ein solches Team ist und wie der dazugehörige Prozess funktioniert. Hierfür können „Standard-Callcenter-Monitoring-Tools" genutzt werden, die z. B. die Fragen beantworten, wie lange die durchschnittliche Gesprächszeit beträgt oder wie viele Kunden genervt auflegen, nachdem sie in einer Warteschleife hingen. Auch können Methoden aus dem „Prozessmanagement für Dienstleistungen", wie zum Beispiel die Messung von Liege- und Durchlaufzeiten oder Stückzahlen herangezogen werden. Dieses eindimensionale Messen und Bewerten wird aber weder den Bedürfnissen der Kunden gerecht, noch kann es einer wirklich guten Geschäftssteuerung im Beschwerdemanagement dienen.

Beispiel TARGOBANK

In diesem Spotlight wird gezeigt, wie ein Unternehmen mit einem mehrdimensionalen Modell zur Geschäftssteuerung im Beschwerdemanagement erfolgreich arbeitet. Die Kriterien für die Messung und Bewertung des TARGOBANK-Beschwerdemanagements werden von den Führungskräften täglich in einem kurzen „Huddle" besprochen und entsprechende Maßnahmen eingeleitet. Weiterhin werden auch langfristige, strategische Ableitungen gefunden und umgesetzt. Die dafür genutzten Kriterien stellen eine Kombination aus klassischen Callcenter-Kennzahlen, spezifisch beschwerdemanagementrelevanten Prozesskennzahlen sowie insbesondere Messgrößen zur Berücksichtigung der Kundensicht dar.

Die acht Kriterien der TARGOBANK zur Geschäftssteuerung des Beschwerdemanagements

1. Einhaltung von kanalspezifischen, zeitlichen Servicelevels (so darf z. B. die Bearbeitungszeit bei Beschwerdebriefen deutlich länger sein als die von E-Mails)
2. Quote der „Telefonaufleger“ (klassische „Abandon Rate“)
3. Folgebeschwerdequote
4. Anzahl der erledigten Beschwerden in Relation zu den eingehenden Beschwerden
5. Verhältnis der Anzahl von Antwortschreiben zur Anzahl der Erledigungen per Telefon (Das Telefon ist das von der TARGOBANK präferierte Medium zur Beantwortung einer Beschwerde.)
6. Priorisierung von Beschwerdefällen (z. B. Vorstandsbeschwerden, dringliche Beschwerden, Beschwerden, die den Servicelevel in der Bearbeitungszeit bereits überschritten haben)
7. Fehlerquote (d. h. falsch, nicht vollständig oder unzureichend dokumentierte Beschwerden, Eingabefehler und Vorgänge, bei denen die Beschwerde aus Kundensicht besser hätte gelöst werden können)
8. Sicht der Kunden

Die Sicht der Kunden!

In der Vergangenheit entwickelte die TARGOBANK Prozesse und Dienstleistungen im Beschwerdemanagement nach klassischen Callcenter- und Prozessmanagementmethoden – Beschwerdemanagement wurde damit schneller und effizienter. Allerdings blieb bei dieser „Industrialisierung“ die Sicht der Kunden weitgehend unberücksichtigt. Dies spiegelte sich auch in Ergebnissen von Beschwerdezufriedenheitsbefragungen wider.

Warum ist der Kunde mit dem Beschwerdemanagement der TARGOBANK nicht zufrieden? Diese Frage musste sich das Beschwerdemanagementteam der TARGOBANK stellen, nachdem die Zufriedenheit von Beschwerdekunden sowohl bei externen als auch internen Studien sank. Wieso ernteten diese durchorganisierten, effizienten Prozesse nicht das Lob der Kunden? Für die Beantwortung dieser Frage startete die TARGOBANK 2010 die Initiative Qualitätsbefragung „In Echtzeit am Puls des Kunden“. Dieses Tool wird seitdem bei der TARGOBANK erfolgreich eingesetzt.

Dabei werden Servicedienstleitungen der TARGOBANK in Echtzeit von den Kunden bewertet. Führt ein Kunde eine Transaktion bei der TARGOBANK durch oder nimmt er einen Service in Anspruch, wird er direkt am nächsten Tag von einem Mitarbeiter der Bank angerufen und nach seiner wahrgenommenen Servicequalität gefragt. Freundlichkeit, individuelle Bearbeitung und Kompetenz sind hier die Messkriterien. Ermittelt wird zusätzlich die Weiterempfehlungsbereitschaft des Services (siehe Bild A).

Die meisten Kunden freuen sich, dass die Bank sich für ihre Meinung interessiert, und geben sehr offene Antworten

Bild A

Wichtig für dieses Verfahren ist es, dass die Befragung von eigenen Mitarbeitern durchgeführt wird, die gegebenenfalls direkt in die Beschwerdebearbeitung einsteigen können (Beschwerdestimulierung). Mit derselben Methode werden auch die Beschwerdekunden der TARGOBANK um ihre Meinung gebeten (Stimulierung von Folgebeschwerden). Allein die Tatsache, dass unmittelbar und direkt nachgefragt wird, ob die Beschwerdebearbeitung zur Zufriedenheit des Beschwerdeführers ausgefallen ist, begeistert meistens die Beschwerdeführer.

Die Ergebnisse der Befragungen werden genutzt, um die Leistung des Beschwerdemanagements aus Kundensicht zu bewerten und um die Akzeptanz der angebotenen Lösungen zu überprüfen. Auf dieser Basis werden Schwachstellen bei der Beschwerdebearbeitung ermittelt und erforderliche Maßnahmen ergriffen.

Die Zufriedenheitsbefragung liefert allerdings keine „repräsentativen“ Ergebnisse im Sinne einer klassischen Markforschung; sie ist vielmehr so etwas wie „der Finger am Puls des Kunden“. Eine Trendanalyse zeigt den Erfolg des Methodeneinsatzes (siehe Bild B).

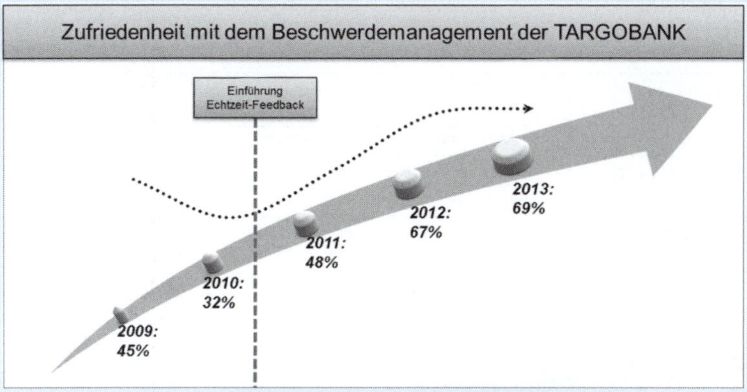

Bild B

Mit der Aufnahme von qualitativen Kriterien in der Geschäftsteuerung des Beschwerdemanagements der TARGOBANK, die die Sichtweise der Beschwerdekunden wiedergeben, konnte (auch in externen Studien) die Beschwerdezufriedenheit bei der TARGOBANK mehr als verdoppelt werden.

Iris Reimer

Bereichsdirektorin

Abteilung Beschwerde-und Kundenbeziehungsmanagement

TARGOBANK AG & Co. KGaA

Qualitäts- bzw. Produktivitätskennziffer	Definition	„Best Practice"-Standard
Ersterledigungsquote (First-time Final, First-time Fix Rate)	$\frac{\text{Anzahl der beim ersten telefonischen Kontakt abschließend bearbeiteten Anrufe}}{\text{Anzahl aller angenommenen Anrufe}} \times 100$	70 % - 75 %
Durchschnittliche Antwortgeschwindigkeit (Average Speed of Answer)	$\frac{\text{Zeit, die alle Anrufer in der Warteschlange warten müssen}}{\text{Anzahl aller angenommenen Anrufe}}$	31 Sekunden
Service Level	$\frac{\text{Angenommene Anrufe in weniger als x Sekunden}}{\text{Anzahl aller angebotenen Anrufe}} \times 100$	80 % in 20 Sekunden
Weiterleitungsquote (Calls Transfered)	$\frac{\text{Anzahl der weitergeleiteten Anrufe}}{\text{Anzahl aller angenommenen Anrufe}} \times 100$	1 % - 3 %
Blockierte Anrufe (Calls Blocked)	$\frac{\text{Anzahl der Anrufer, die ein Besetztzeichen hören und nicht einmal in die Warteschlange geraten}}{\text{Anzahl aller angebotenen Anrufe}} \times 100$	1 % - 3 %
Verlorene Anrufe (Lost Calls, Abandonment Rate)	$\frac{\text{Anzahl der vom Anrufer in der Warteschlange abgebrochenen Anrufe}}{\text{Anzahl aller von der ACD-Anlage angenommenen Anrufe}} \times 100$	3 % - 5 %
Wartezeit (Time in Queue)	Zeit, die ein Anrufer bis zur Entgegennahme warten muss, nachdem er von der ACD-Anlage in die Warteschlange platziert wurde (in Sekunden)	30 - 90 Sekunden
Gesprächszeit (Communication Time)	Zeit, die der Anrufer mit dem Agenten spricht (in Sekunden)	In Abhängigkeit von Anruftyp und Branche: 210 - 580 Sekunden (Ø 254 Sekunden)
Nachbearbeitungszeit (After Call Work Time)	Bearbeitungszeit nach Abschluss eines Anrufs (in Sekunden)	In Abhängigkeit von Anruftyp und Branche: 30 - 180 Sekunden
Gesamte Bearbeitungszeit	Summe von Gesprächszeit und Nachbearbeitungszeit (in Sekunden)	In Abhängigkeit von Anruftyp und Branche: 240 - 760 Sekunden
Angenommene Anrufe pro Stunde (Call Volume per Hour)	$\frac{\text{Anzahl aller angenommenen Anrufe während einer Schicht}}{\text{Summe der Log-in-Zeit (in Stunden) aller Agenten in das ACD-System}}$	In Abhängigkeit vom Typ des Call-Centers: 5 - 100 Anrufe
Angenommene Anrufe pro Agent und Tagesschicht (Calls/Shift/Agent)	Angenommene Anrufe pro Agent während einer Tagesschicht	66 Anrufe
Anwesenheit am Telefonarbeitsplatz (Adherence to Schedule)	$\frac{\text{Log-in-Zeit eines Agenten während einer Schicht in das ACD-System (Bereitschaft für die Entgegennahme von Kundenanrufen)}}{\text{Gesamte Arbeitszeit eines Agenten während einer Schicht}} \times 100$	82 %

Bild 11.23 Objektive Leistungsstandards im Call-Center (Anton 1997, S. 13 ff; Anton/Hoeck 2001, S. 43 ff)

11.3 Kosten-Nutzen-Controlling

Neben der Analyse des Beschwerdeverhaltens unzufriedener Kunden im Rahmen des Evidenz-Controllings und der Festlegung und Überwachung von Qualitäts- und Produktivitätsindikatoren und -standards für alle Aktivitäten des Beschwerdemanagements im Aufgaben-Controlling besteht eine dritte Hauptaufgabe des Beschwerdemanagement-Controllings darin, im Rahmen des Kosten-Nutzen-Controllings die **Wirtschaftlichkeit des Beschwerdemanagements** und seinen Beitrag zum Unternehmenserfolg zu beurteilen.

Wirtschaftlichkeit ist eine Kennzahl, die das **Verhältnis von Ertrag (Leistung) und Aufwand (Kosten)** zum Ausdruck bringt und Aussagen darüber zulässt, ob und in welchem Ausmaß ein Ertrags- oder Leistungsüberschuss gegeben ist. Der Umfang der angestrebten Wirtschaftlichkeit wird dabei durch die Erfolgsziele zum Ausdruck gebracht, zu denen vor allem Gewinn und Rentabilität gehören (Schierenbeck/Wöhle 2012).

Um beurteilen zu können, inwiefern der Beschwerdemanagementprozess wirtschaftlich gestaltet ist, ist es zunächst notwendig, die eingesetzten Mittel und die damit erzielten Ergebnisse monetär zu bewerten. Die **monetäre Bewertung der eingesetzten Mittel** – z. B. für Personal und Sachmittel – erfolgt anhand der Kosten, die dieser Mitteleinsatz verursacht, die **monetäre Bewertung der erzielten Ergebnisse** kommt in den durch das Beschwerdemanagement gesicherten bzw. zusätzlich bewirkten Umsätzen und Gewinnbeiträgen zum Ausdruck.

Nachfolgend werden zunächst Voraussetzungen und Vorgehensweise für die detaillierte Erfassung und Aufbereitung der **für das Beschwerdemanagement relevanten Kosten** beschrieben (Kapitel 11.3.1). Kapitel 11.3.2 behandelt die Operationalisierung und Quantifizierung der **Nutzenkomponenten** des Beschwerdemanagements. Die Kosten- und Nutzengrößen werden für Zwecke des **Wirtschaftlichkeits-Controllings** zusammengeführt, wobei als eine wichtige Kennzahl der „Return on Complaint Management (RoC)" errechnet wird (Kapitel 11.3.3).

11.3.1 Kosten-Controlling

Zentrale Voraussetzung für eine ökonomische Bewertung des Beschwerdemanagements ist, dass Klarheit über die Kosten besteht. Dies klingt selbstverständlich, ist aber in den meisten Unternehmen keineswegs der Fall. Wie die Beschwerdemanagement-Excellence-Studie unter den größten deutschen Unternehmen im Business-to-Consumer-Bereich zeigte, sind 70 % der befragten Großunternehmen nicht in der Lage, die Kosten einer einzelnen Beschwerdebearbeitung präzise anzugeben (Stauss/Schöler 2003). Eine amerikanische Benchmarking-Studie ergab, dass nur 40 % der Befragten die Bearbeitungskosten einer Beschwerde kannten (o. V. 1999).

11.3.1.1 Kosten-Controlling unter dem Blickwinkel der traditionellen Kostenrechnung

Die im Beschwerdemanagement tätigen Manager haben in der Regel wenig mit Kostenrechnung zu tun. Sie werden auch die operativen kostenrechnerischen Aktivitäten nicht durchführen. Um aber von der Kostenrechnungsabteilung die relevanten Auswertungen anfordern und die Ergebnisse interpretieren zu können, ist es notwendig, die grundlegenden Aufgaben und die wesentlichen Begriffe der Kostenrechnung zu kennen.

Die zentralen Aufgaben der Kostenrechnung bestehen in der differenzierten Erfassung der angefallenen Kosten (Kostenartenrechnung), der Analyse ihrer innerbetrieblichen Entstehung (Kostenstellenrechnung) sowie der Zurechnung der Kosten auf die angebotenen Produkte und Dienstleistungen zum Zwecke der Preiskalkulation (Kostenträgerrechnung). Diese werden im Folgenden mit konkreter Bezugnahme auf das Beschwerdemanagement kurz beschrieben.

Kostenartenrechnung

Die Kostenartenrechnung beantwortet die Frage: **„Welche Kosten sind angefallen?“ Relevante Kostenarten des Beschwerdemanagements** sind Personalkosten, Verwaltungskosten, IT-Kosten, Kommunikationskosten und Reaktionskosten, wobei sich Letztere in Gewährleistungs-, Garantie- und Wiedergutmachungskosten aufteilen lassen (ähnlich Hoffmann 1991).

- **Personalkosten** entstehen durch die Gehälter (einschließlich der Personalnebenkosten und aller gesetzlichen und freiwilligen Leistungen) der im Beschwerdemanagement eines Unternehmens beschäftigten Mitarbeiter.
- Einen weiteren Kostenblock bilden die **Verwaltungskosten**. Hierunter werden die Kosten für Büromaterial, Raumkosten (Miete, Reinigung, Strom) und Abschreibungen für die Büroausstattung zusammengefasst.
- Sofern im Beschwerdemanagement in hohem Maße Informationstechnologie im Sinne von Software und Hardware eingesetzt wird, erscheint es sinnvoll, die entsprechenden **IT-Kosten** gesondert zu betrachten.
- Die **Kommunikationskosten** umfassen sämtliche Kosten, die im Rahmen kommunikativer Prozesse zur Lösung des Kundenproblems anfallen. Dazu gehören Telefon-, Telefax- und Portokosten.
- Zu den **Reaktionskosten** zählen alle Kosten, die mit der angebotenen Problemlösung entstehen, z. B. wenn dem Kunden ein Preisnachlass gewährt, ihm ein neues Produkt geliefert oder ein Geschenk gemacht wird. Dazu gehören **Gewährleistungs- und Garantiekosten**, die anfallen, wenn Kunden aufgrund der gesetzlichen Mängelhaftung oder vertraglich zugesagter Garantien einen Rechtsanspruch auf Mängelbeseitigung haben. Dazu kommen **Wiedergutmachungs- bzw. Kulanzkosten**, wenn vom Unternehmen freiwillig Lösungen angeboten werden, ohne dass der Kunde einen Rechtsanspruch geltend machen könnte.

Es ist wichtig, **Gewährleistungs- Garantie- und Wiedergutmachungsleistungskosten getrennt zu erfassen**, da nur so eine differenzierte Kostenkontrolle möglich ist.

Während eine Reduzierung der Wiedergutmachungskosten ohne Weiteres möglich ist - wenn auch mit negativen Konsequenzen für die Beschwerdezufriedenheit -, kann die Verringerung der Gewährleistungs- und Garantiekosten gravierende Folgen haben, da neben einer Erhöhung der Beschwerdeunzufriedenheit auch die Kosten gerichtlicher Auseinandersetzungen und höhere Imageeinbußen mit einkalkuliert werden müssen (Hoffmann 1991).

Kostenstellenrechnung

Die Kostenstellenrechnung analysiert, welchen Betriebsbereichen die angefallenen Kosten zugeordnet werden können, und beantwortet die Frage: **„Wo sind die Kosten angefallen?“**

Wenn ein **Bereich Beschwerdemanagement als eigenständige Organisationseinheit** eingerichtet ist, ist diese Einheit als Kostenstelle anzusehen. Dieser Kostenstelle werden nur die **Gemeinkosten** zugeordnet. Dabei handelt es sich um Kosten, die generell im Rahmen der betrieblichen Tätigkeit anfallen und sich nicht direkt einem einzelnen Produkt zurechnen lassen, also insbesondere die Personalkosten, Verwaltungskosten, IT-Kosten und Kommunikationskosten. Demgegenüber weisen die Reaktionskosten den Charakter von **Einzelkosten** auf, da Kulanzen und Gewährleistungen für ganz spezifische Produkte oder Dienstleistungen anfallen. Insofern werden die Reaktionskosten auch im Rahmen der Kostenträgerrechnung als Einzelkosten gleich den jeweiligen Produkten und Dienstleistungen (Kostenträgern) zugerechnet.

Bild 11.24 zeigt ein einfaches **Beispiel** für eine idealtypische Kostenstelle Beschwerdemanagement, wobei eine differenzierte Erfassung der Kosten für einen Bereich Beschwerdemanagement erfolgt, der aus einer Bereichsleitung Beschwerdemanagement, einem Beschwerde-Center mit den Mitarbeitern, die Kundenbeschwerden unmittelbar entgegennehmen und bearbeiten, sowie zwei Beschwerdestellen in den regionalen Niederlassungen besteht.

Kostenposition	Bereichsleitung	Beschwerde-Center	Regionale Beschwerdeeinheiten			Summe
			Nord	Süd	Summe	
Personalkosten	78.000 €	165.000 €	20.000 €	20.000 €	40.000 €	**283.000€**
Verwaltungskosten	15.000 €	77.400 €	6.550 €	6.550 €	13.100 €	**105.500€**
Kommunikationskosten	2.200 €	23.000 €	3.150 €	3.150 €	6.300 €	**31.500 €**
Summe Beschwerdemanagementkosten	**95.200 €**	**265.400€**	**29.700 €**	**29.700 €**	**59.400 €**	**420.000€**

Anmerkung: Die Reaktionskosten in Höhe von 240.000 € werden als Einzelkosten direkt auf die Kostenträger verrechnet.

Bild 11.24 Idealtypischer Aufbau einer Kostenstelle Beschwerdemanagement

Existiert **kein eigenständiger Bereich Beschwerdemanagement** im Unternehmen, sondern werden – was häufig der Fall ist – Aufgaben des Beschwerdemanagements im Tagesgeschäft anderer Bereiche wahrgenommen, z. B. im Qualitätsmanagement oder im Vertrieb, so sind die dadurch entstandenen Kosten auf diesen Kostenstellen verbucht, ohne dass sie jedoch in der Regel explizit als Beschwerdemanagement-Kosten ausgewiesen werden. In diesen Fällen ist man auf grobe Schätzwerte angewiesen, sodass die Aufgaben der Kostenüberwachung und Wirtschaftlichkeitskontrolle von Beschwerdemanagement-Aktivitäten kaum wahrgenommen werden können.

Kostenträgerrechnung

Die Kostenträgerrechnung ordnet die Kosten dem jeweils verursachenden Kostenträger – d. h. den Produkten und Dienstleistungen – zu. Sie beantwortet demnach die Frage: **„Wofür sind die (erfassten) Kosten angefallen?“** Dies erfolgt in der Praxis üblicherweise mit Hilfe der **Zuschlagskalkulation**. Hier werden die Kosten des Beschwerdemanagements in der Regel als Bestandteil der Vertriebs- oder Verwaltungsgemeinkosten auf Basis der Herstellkosten geschlüsselt und auf die Kostenträger weiterverrechnet. Damit werden die Produkte nicht verursachungsgerecht mit den Kosten des Beschwerdemanagements belastet. Das heißt, dass fehlerfreie Produkte die Kosten mängelbehafteter Produkte tragen, während diese kostenmäßig entlastet werden. Dies ist eine kostenrechnerische Fehlsteuerung, die ein Umdenken erforderlich macht. Hier setzt die Prozesskostenrechnung an, die eine verursachungsgerechte Verteilung der Beschwerdemanagement-Kosten gestattet.

11.3.1.2 Kosten-Controlling unter dem Blickwinkel der Prozesskostenrechnung (Activity Based Costing)

Bei dem Instrument der Prozesskostenrechnung (Activity Based Costing) handelt es sich um **kein alternatives Kostenrechnungssystem**, sondern es baut auf der traditionellen Kostenrechnung auf und ergänzt diese (Remer 2005; Fandel et al. 2009). Allerdings weist die Prozesskostenrechnung im Vergleich zur traditionellen Sichtweise einige Vorteile auf.

Vorteile der Prozesskostenrechnung im Vergleich zur traditionellen Sichtweise der Kostenrechnung

Der grundlegende Unterschied zu der im vorherigen Kapitel dargestellten Vorgehensweise besteht darin, dass die Kosten des Beschwerdemanagements **nicht bereichsweise** – also für die Organisationseinheit Beschwerdemanagement –, sondern **entlang des gesamten Beschwerdemanagementprozesses** und damit bereichs- oder zumindest kostenstellenübergreifend erfasst werden. Daraus ergeben sich folgende Vorteile:

- Für Zwecke der Beschwerdekostenerfassung und -überwachung ist es **nicht zwingend notwendig**, eine **eigenständige Organisationseinheit** und damit Kostenstelle Beschwerdemanagement zu etablieren. Auch wenn die Aufgaben des Beschwerdemanagements als Teilaufgabenbereiche in andere Abteilungen integriert sind, kann eine exakte Kostenbewertung der Beschwerdemanagement-Tätigkeiten vorgenommen werden, indem die mit den einzelnen Aufgaben verbundenen Teilprozesse und Tätigkeiten identifiziert sowie zeit- und kostentechnisch genau bewertet werden.

- Existiert eine eigenständige Organisationseinheit Beschwerdemanagement, finden auch Beschwerdemanagement-Kosten, die durch die Übernahme von Teilaufgaben, z. B. im Rahmen der Postsortierung, der Fallprüfung oder -lösung **in anderen Fachbereichen** entstehen, im Rahmen der Prozesskostenrechnung explizite und detaillierte Berücksichtigung. Die gesamten Kosten können somit **transparenter** und exakter ermittelt werden.
- Wenn ein Beschwerde-Center eingerichtet wird, fallen dort nicht nur Beschwerden, sondern auch andere Kundenanliegen wie Lob, Änderungsanzeigen oder Anfragen an. Aus der Perspektive des Kosten-Controllings bedeutet dies, dass auf einer Kostenstelle Beschwerdemanagement **auch Kosten für das Handling weiterer Kundenanliegen** erfasst werden, die nicht nur Beschwerdemanagement-, sondern andere Customer-Care-Kosten darstellen. Die Prozesskostenrechnung bietet die Möglichkeit, den Fokus ausdrücklich auf das Kundenanliegen Beschwerde zu lenken, wodurch die **Kosten für das Beschwerdemanagement exakter** berechnet werden können. Gleichzeitig kann der direkte Beschwerdemanagementprozess auch aus dem **Blickwinkel der eingesetzten Kommunikationskanäle** differenziert betrachtet werden, da die Erfahrung zeigt, dass insbesondere zwischen der telefonischen und schriftlichen Abwicklung von Beschwerden erhebliche Kostenunterschiede bestehen.

Vorgehensweise im Rahmen der Prozesskostenrechnung

Das Grundprinzip der Prozesskostenrechnung besteht aus **vier Schritten**: **(1)** Zunächst sind die Unternehmensprozesse zu identifizieren, die Gemeinkosten verursachen. **(2)** Anschließend sind die Kostentreiber zu ermitteln, die diese Gemeinkosten verursachen. **(3)** Auf dieser Basis sind die Prozesskosten und Prozesskostensätze zu berechnen. **(4)** Mit ihrer Hilfe ist es möglich, die Kostenträger (Produkte und Dienstleistungen) gemäß der Inanspruchnahme des zugrunde liegenden Prozesses mit Kosten zu belasten, womit eine gezielte Planung und Kontrolle der Gemeinkosten sowie eine verursachungsgerechtere Kalkulation ermöglicht werden. Diese vier grundlegenden Schritte werden nun in Anwendung auf das Beschwerdemanagement vorgestellt.

1. Prozessidentifikation

In einem ersten Schritt werden die **Gemeinkosten verursachenden Unternehmensprozesse** definiert und abgegrenzt. Dabei wird zwischen Kern- und Unterstützungsprozessen unterschieden. **Kernprozesse** geben die Leistung an den externen, **Unterstützungsprozesse** an den internen Kunden ab. Die Einteilung des gesamten Beschwerdemanagementprozesses in einen direkten und einen indirekten Beschwerdemanagementprozess reflektiert diese differenzierte Perspektive: Bei dem **direkten Beschwerdemanagementprozess** handelt es sich um einen Kernprozess, der sich unmittelbar auf den externen Kunden richtet, da als Output „Beschwerdezufriedenheit" bzw. „Wiederherstellung der Kundenzufriedenheit" und damit weitergehende Kundenbindung bewirkt werden soll. Dagegen ist der **indirekte Beschwerdemanagementprozess** ein Unterstützungsprozess, der internen Kunden (z. B. anderen Bereichen) Input-Informationen in Form von Beschwerdeauswertungen und -analysen sowie Reports zur Verfügung stellt.

Für den direkten und den indirekten Beschwerdemanagementprozess wird eine **detaillierte Prozessanalyse** durchgeführt, wobei für jede an einem Prozess beteiligte Kostenstelle die jeweiligen (auch kleinsten) Tätigkeiten (= Teilprozesse) identifiziert werden. Für den **direkten Beschwerdemanagementprozess** können dies die Kostenstelle „Allgemeine Verwaltung“ mit dem Posteingang und der Telefonzentrale, die Kostenstelle „Beschwerdemanagement“ sowie die Kostenstellen der an der Beschwerdeannahme und -bearbeitung beteiligten Linien- und Fachbereiche sein. **Tätigkeiten bzw. Teilprozesse** sind beispielsweise das Öffnen und Sichten von Briefen, die Entgegennahme oder Weiterleitung von Telefongesprächen, die strukturierte Erfassung der Beschwerdeinformationen oder das Erstellen von Eingangsbestätigungen, Zwischenbescheiden oder Antwortbriefen. Solche Tätigkeitslisten sind für alle Bereiche im Unternehmen zu erstellen, die in den Beschwerdemanagementprozess eingebunden sind. Existiert eine zentrale Einheit, z. B. ein Beschwerde-Center, in der alle operativen Tätigkeiten der Beschwerdekontaktabwicklung gebündelt sind, wird hier die Mehrzahl der relevanten Teilprozesse anfallen.

Bild 11.25 Beispielhafte Systematisierung der Prozesse und Tätigkeiten des Beschwerdemanagements

Eine analoge Identifikation von Kostenstellen und Tätigkeiten erfolgt auch für den indirekten Beschwerdemanagementprozess. Die betroffene Kostenstelle ist dabei entweder der Bereich Beschwerdemanagement selbst oder ein anderer Funktionsbereich, in dem Tätigkeiten wie die Durchführung von Analysen oder die Moderation von Qualitätszirkeln erfolgen.

Bild 11.25 gibt einen beispielhaften Überblick über eine mögliche **Systematisierung der Prozesse und Tätigkeiten des Beschwerdemanagements** als Grundlage der Anwendung der Prozesskostenrechnung.

2. Bestimmung von Maßgrößen

Auch die Prozesskostenrechnung differenziert zwischen Einzel- und Gemeinkosten. **Einzelkosten** werden unmittelbar an den Kostenträger weiterverrechnet, **Gemeinkosten** werden am Ort ihres Entstehens erfasst, wobei zwischen leistungsmengeninduzierten und leistungsmengenneutralen Kosten unterschieden wird. Für die **leistungsmengeninduzierten Kosten** werden sogenannte **Kostentreiber** definiert, also Faktoren, welche die Inanspruchnahme der entsprechenden Leistungen bestimmen. Für den direkten Beschwerdemanagementprozess sind dies die **artikulierten und erfassten bzw. bearbeiteten Beschwerden**, für den indirekten Beschwerdemanagementprozess die zu erfüllenden **Leistungen**, z. B. durchzuführende Analysen oder zu erstellende Reports. Stehen die durch einen Prozess verursachten Kosten nicht in unmittelbarer Proportionalität zu dem jeweiligen Kostentreiber – z. B. die Kosten für den Bereichsverantwortlichen des Beschwerdemanagements zum Beschwerdeaufkommen –, handelt es sich um **leistungsmengenneutrale Kosten**.

3. Ermittlung der Prozesskosten und Prozesskostensatz

In der Zuschlagskalkulation werden die Kosten des Beschwerdemanagements auf Basis der Herstellkosten auf den Kostenträger weiterberechnet. In der Prozesskostenrechnung hingegen wird auf der Grundlage der Kostentreiber ein **Prozesskostensatz (PKS)** als Quotient aus den für einen Prozess ermittelten Kosten und der Prozessmenge – z. B. dem Beschwerdeaufkommen – berechnet. Damit wird es unmittelbar möglich, die Kosten pro Beschwerde auszuweisen. Zudem erlaubt der Prozesskostensatz einen genauen Einblick in die Kostenstruktur des Beschwerdemanagements, weil er auch die Tätigkeiten in beteiligten Schnittstellenabteilungen exakt berücksichtigt.

Der Prozesskostensatz kann entweder **pauschal** über alle Prozesskosten des Beschwerdemanagements oder **differenziert für den direkten und indirekten Beschwerdemanagementprozess** berechnet werden. Letzteres ist insbesondere dann empfehlenswert, wenn eine innerbetriebliche Verrechnung der Leistungen des indirekten Beschwerdemanagementprozesses vorgesehen ist. Gleichzeitig bringt diese Vorgehensweise eine bessere Transparenz bezüglich der Zusammensetzung der Kosten des Beschwerdemanagements mit sich.

Bild 11.26 zeigt die **beispielhafte Ermittlung von Prozesskostensätzen**. Für den gesamten Beschwerdemanagementprozess werden bei einem voraussichtlichen jährlichen Aufkommen von 50 000 Beschwerden **Gesamtkosten** in Höhe von 1 100 000 €

geplant. Hiervon fallen 100 000 € für die Abteilungsleitung als **leistungsmengenneutrale** Kosten sowie 850 000 € für den direkten (Kundenbeschwerden annehmen und bearbeiten) und 150 000 € für den indirekten Beschwerdemanagementprozess (Beschwerdeinformationen analysieren, aufbereiten und bereitstellen) als jeweils leistungsmengeninduzierte Kosten an. Die **Prozesskostensätze für die leistungsmengeninduzierten Kosten** werden durch Division der Planprozesskosten durch die jeweilige Planprozessmenge ermittelt. Daraus ergeben sich die beiden Prozesskostensätze in Höhe von 17 € für die Annahme und Bearbeitung einer Beschwerde bzw. 200 € als Pauschalbetrag für die Erstellung einer Auswertung, einer spezifischen Analyse oder eines Reports. Zur Berechnung der **Umlagesätze für die leistungsmengenneutralen Kosten** werden die leistungsmengenneutralen Kosten (100 000 €) durch die Summe der leistungsmengeninduzierten Kosten der beiden Teilprozesse dividiert (1 000 000). Daraus resultiert ein Verhältnisfaktor (0,10), der mit dem jeweiligen Prozesskostensatz multipliziert wird. Für den Teilprozess „Kundenbeschwerden annehmen und bearbeiten“ ergibt sich somit ein Umlagesatz für die leistungsmengenneutralen Kosten von 1,70 € für den direkten und 20 € für den indirekten Beschwerdemanagementprozess. Addiert man nun pro Teilprozess den Prozesskostensatz für die leistungsmengeninduzierten Kosten mit dem jeweiligen Umlagesatz, ergibt sich der **gesamte Prozesskostensatz** pro Teilprozess. Für den Teilprozess „Kundenbeschwerden annehmen und bearbeiten“ sind dies 18,70 €, für den Teilprozess „Beschwerdeinformationen analysieren, aufbereiten und bereitstellen“ 220 €.

Teilprozess		Kostentreiber	Planprozessmenge	Planprozesskosten	Prozesskostensatz (lmi)	Umlagesatz (lmn)	Gesamter Prozesskostensatz
Kundenbeschwerden annehmen und bearbeiten	lmi	Artikulierte Beschwerden	50.000	850.000 €	17,00 €	1,70 €	18,70 €
Beschwerdeinformationen analysieren, aufbereiten und bereitstellen	lmi	Angeforderte Auswertungen, Analysen und Reporte	750	150.000 €	200,00 €	20,00 €	220,00 €
Abteilung leiten	lmn	–	–	100.000 €	-,--	-,--	-,--
Summe				**1.100.000 €**			

lmi = leistungsmengeninduziert; **lmn**= leistungsmengenneutral

Bild 11.26 Beispielhafte Ermittlung von Prozesskostensätzen

4. Ermittlung der Kosten für die Kostenträger

Die Prozesskosten des Beschwerdemanagements werden entsprechend der Inanspruchnahme der beiden Teilprozesse „Kundenbeschwerden annehmen und bearbeiten" und „Beschwerdeinformationen analysieren, aufbereiten und bereitstellen" **auf die Kostenträger verrechnet**.

Zur **Fortführung des Beispiels** wird unterstellt, dass von dem für die nächste Abrechnungsperiode geplanten Aufkommen von 50 000 Beschwerden insgesamt vier Produkte A, B, C und D betroffen sind und in der vergangenen Abrechnungsperiode 40 000 Beschwerden mit folgender Verteilung eingingen: 10 % entfielen auf Produkt A, 35 % auf Produkt B, 40 % auf Produkt C und 15 % auf Produkt D. Wird die gleiche Verteilung auch für den Planungszeitraum unterstellt, bedeutet dies, dass Produkt A den direkten Beschwerdeprozess 5000-mal, Produkt B 17 500-mal, Produkt C 20 000-mal und Produkt D 7500-mal auslöst. Unter Heranziehung des für den direkten Beschwerdemanagementprozess ermittelten Prozesskostensatzes in Höhe von 18,70 € werden Produkt A 93 500 € (= 5000 × 18,70 €), Produkt B 327 250 €, Produkt C 374 000 € und Produkt D 140 250 € zugerechnet, was in der Preiskalkulation entsprechend zu berücksichtigen ist.

Analog vollzieht sich die interne Verrechnung der Leistungen des indirekten Beschwerdemanagementprozesses an die in Anspruch nehmenden Unternehmenseinheiten. Parallel dazu ist es möglich, im Sinne einer **realistischen Kundenwertermittlung** auch den Beschwerdeführern die von ihnen veranlassten Kosten zuzurechnen.

11.3.1.3 Kennzahlen des Kosten-Controllings

Die wichtigsten Kennzahlen des Kosten-Controllings können sich auf **unterschiedliche Betrachtungsebenen** beziehen. Zum einen ist zu unterscheiden, ob die Kosten für den Gesamtbereich des Beschwerdemanagements oder für die beiden Teilprozesse des direkten und indirekten Beschwerdemanagementprozesses betrachtet werden. Zudem ist dabei jeweils zu differenzieren, ob absolute oder relative Kostengrößen erhoben werden. Darüber hinaus sind Kennzahlen zu finden, die Einblick in kostenbezogene Verknüpfungen mit anderen unternehmerischen Abteilungen geben. Die wichtigsten Kennzahlen des Kosten-Controllings des Beschwerdemanagements werden in Bild 11.27 beispielhaft zusammengefasst.

In Bezug auf den **Gesamtbereich des Beschwerdemanagements** interessiert vor allem die **absolute Höhe** der Kosten. Dabei empfiehlt sich eine spezifische Betrachtung der Gesamtkosten jeweils **mit und ohne Reaktionskosten**. Reaktionskosten stellen bei vielen Unternehmen eine der größten Kostenpositionen des Beschwerdemanagements dar. Allerdings erlauben die Reaktionskosten keine Rückschlüsse auf die Wirtschaftlichkeit der Aufgabenausübung. Daher ist es empfehlenswert, neben der absoluten Höhe der gesamten Beschwerdemanagement-Kosten auch die Gesamtkosten unter Abzug der Reaktionskosten auszuweisen.

Bezogen auf den Gesamtbereich des Beschwerdemanagements

- **Absolute Kostenbetrachtung**
  - **Gesamtkosten des Beschwerdemanagements**
    - Beschwerdemanagementkosten insgesamt
    - Beschwerdemanagementkosten ohne Reaktionskosten
  - **Reaktionskosten des Beschwerdemanagements**
    - Reaktionskosten insgesamt
    - Gewährleistungskosten
    - Garantiekosten
    - Wiedergutmachungskosten
- **Relative Kostenbetrachtung**
  - **Kosten pro Mitarbeiter (ohne Reaktionskosten)**
  - **Kosten pro Beschwerde**
    - Kosten insgesamt pro Beschwerde
    - Kosten ohne Reaktionskosten pro Beschwerde

Bezogen auf Teilprozesse des Beschwerdemanagements

- **Absolute Kostenbetrachtung**
  - Kosten des direkten Beschwerdemanagementprozesses insgesamt
  - Kosten des direkten Beschwerdemanagementprozesses ohne Reaktionskosten
  - Kosten des indirekten Beschwerdemanagementprozesses
- **Relative Kostenbetrachtung**
  - **Kosten pro Mitarbeiter (ohne Reaktionskosten)**
    - Kosten des direkten Beschwerdemanagementprozesses pro Mitarbeiter
    - Kosten des indirekten Beschwerdemanagementprozesses pro Mitarbeiter
  - **Kosten pro Beschwerde**
    - Kosten des direkten Beschwerdemanagementprozesses mit Reaktionskosten pro Beschwerde
    - Kosten des direkten Beschwerdemanagementprozesses ohne Reaktionskosten pro Beschwerde
    - Kosten des indirekten Beschwerdemanagementprozesses pro Beschwerde
  - **Kosten pro Aktivität (ohne Reaktionskosten)**
    - Kosten des indirekten Beschwerdemanagementprozesses pro Beschwerdereport
    - Kosten des indirekten Beschwerdemanagementprozesses pro Beschwerde-zufriedenheitsmessung

---

Bezogen auf die Leistungsverflechtung mit anderen Unternehmensbereichen

- Relation der durch das Beschwerdemanagement verursachten zu den an andere Unternehmensbereiche weiterverrechneten Kosten
- Relation der durch das Beschwerdemanagement verursachten zu den von anderen Unternehmensbereichen weiterverrechneten Kosten
- Relation der an das Beschwerdemanagement von anderen Unternehmensbereichen weiterverrechneten Kosten zu den vom Beschwerdemanagement an andere Unternehmensbereiche weiterverrechneten Kosten

Bild 11.27 Ausgewählte Kennzahlen des Kosten-Controllings

Im Hinblick auf die Beurteilung der **relativen Kosten des Beschwerdemanagements** sind vor allem zwei Bezugsgrößen relevant: die eingesetzten Personalressourcen sowie die einzelne Beschwerde. Bei der Ermittlung der entsprechenden **Kostenkennzahlen pro Mitarbeiter** ist es sinnvoll, die Reaktionskosten unberücksichtigt zu lassen. **Kostenkennzahlen pro Beschwerde** geben Auskunft über die Kosten, welche die Abwicklung einer Beschwerde verursacht. Dabei werden wiederum die Gesamtkosten mit und ohne Einbeziehung der Reaktionskosten zugrunde gelegt. Die erste Variante zeigt an, welche Kosten durch eine einzelne Beschwerde insgesamt ausgelöst werden. Die zweite Variante ist vor allem für die kostentechnische Überwachung und Steuerung der Beschwerdeabwicklung relevant. Sind entsprechende Voraussetzungen bei der Kostenerfassung gegeben, sollten die Kosten pro Beschwerde ohne Berücksichtigung der Reaktionskosten auch differenziert pro Kommunikationskanal bzw. pro Beschwerde-Center-Team ausgewiesen werden.

Existiert eine organisatorische Trennung bezüglich der Wahrnehmung der Aufgaben des direkten und indirekten Beschwerdemanagementprozesses, liegt es nahe, die absoluten und relativen Kostenkennzahlen auch für diese **Teilprozesse des Beschwerdemanagements** zu erheben, um detaillierte Steuerungsgrößen zu erhalten. Für eine spezifische Analyse der Kosten im **indirekten Beschwerdemanagementprozess** sind zudem **andere Bezugsgrößen** anzuwenden, indem z.B. die Kosten pro bereitgestelltem Beschwerdereport oder pro durchgeführter Beschwerdezufriedenheitsbefragung ermittelt werden.

Werden Beschwerdemanagement-Kosten zwischen einzelnen Kostenstellen bzw. Prozessgruppen im Rahmen der **innerbetrieblichen Leistungsverrechnung** weiterbelastet, sollten auch Kennzahlen berechnet werden, die aus der Sichtweise des Beschwerdemanagements die eigenen Kosten zu den Kosten in Relation setzen, die an bzw. von anderen Unternehmensbereichen weiterverrechnet wurden.

Die vorgestellten Berechnungen machen die Kosten des Beschwerdemanagements transparent. Dies kann den Effekt haben, dass allein am Ziel der Kostensenkung orientierte Manager vorschnell ihre Anstrengungen verstärken, die Kosten des Beschwerdemanagements zu **minimieren**, um die mit ihrer Verrechnung einhergehenden preiserhöhenden Effekte so niedrig wie möglich zu halten. Doch diese Haltung ist gefährlich, weil sie dazu führen kann, dass eben nicht nur die Kosten des Beschwerdemanagements reduziert werden, sondern auch die Möglichkeiten des Unternehmens, die Kundenbindungs- und Qualitätsziele – und damit das Gewinnziel – zu erreichen. Um diese Gefahr zu vermeiden, muss es im Rahmen des **Nutzen-Controllings** gelingen, auch die konkreten Beiträge zur unternehmerischen Wertschöpfung monetär zu quantifizieren.

11.3.2 Nutzen-Controlling

Während Beschwerdekosten in vielen Unternehmen erfasst werden, bemühen sich nur vergleichsweise wenige, die **Nutzenkomponenten** des Beschwerdemanagements zu identifizieren und zu quantifizieren.

Diese Nutzenkomponenten beziehen sich auf ökonomisch relevante Wirkungen des Beschwerdemanagements sowohl bei Kunden als auch beim Unternehmen selbst.

In Bezug auf Kunden liegt das wesentliche Ziel des Beschwerdemanagements darin, Abwanderungen zu vermeiden, also die zunächst unzufriedenen Kunden zu binden. Daher liegt der entscheidende Nutzen des Beschwerdemanagements im **Bindungsnutzen**, der anzeigt, wie sich der Erfolg des Beschwerdemanagements in gesicherten Umsätzen und Gewinnen niederschlägt.

Neben dem Kaufverhalten der Beschwerdeführer ist auch ihr Kommunikationsverhalten ökonomisch von Bedeutung, da sie mit ihrer Mundkommunikation Einfluss auf Kaufentscheidungen Dritter nehmen. So tritt ein **Kommunikationsnutzen** ein, wenn aufgrund von Empfehlungen zufriedener Beschwerdeführer deren Gesprächspartner zu neuen Kunden werden.

Unternehmensintern liegt eine ökonomisch bedeutsame Wirkung des Beschwerdemanagements vor, wenn die in Beschwerden enthaltenen Informationen für Kostensenkungen und Qualitätsverbesserungen genutzt werden. Je stärker dies der Fall ist, desto größer ist der **Informationsnutzen** des Beschwerdemanagements.

Die Herausforderung für das Beschwerdemanagement besteht nun darin, die aufgeführten **Nutzenkomponenten monetär zu quantifizieren** und den Kosten gegenüberzustellen. Die damit verbundenen methodischen Schwierigkeiten sind hoch. Dies ist sicherlich ein Grund dafür, dass nur vereinzelt systematische Versuche dieser Art gestartet werden (Fornell 1978; Kendall/Russ 1982; Blanding 1988; Hoffmann 1991; Goodman/O'Brien/Segal 2000). Betrachtet man diese Versuche kritisch, so ist festzustellen, dass die meisten der präsentierten Vorschläge zwar theoretisch nachvollziehbar, in der Praxis aber kaum durchführbar sind. In der Regel liegen die erforderlichen Daten nicht vor oder können nur mit einem unverhältnismäßig hohen Aufwand erhoben werden. Zudem müssen die Berechnungen auf so unsicheren Annahmen erfolgen, dass es nicht verantwortbar erscheint, die ermittelten Nutzenwerte den Kosten gegenüberzustellen.

Deshalb erfolgt hier unter dem Gesichtspunkt der Praktikabilität eine Einschränkung der Betrachtung auf relativ einfache methodische Ansätze, die auf leicht beschaffbaren Informationen beruhen. Es wird damit in Kauf genommen, dass der ermittelte monetäre Nutzen nur eine Mindestgröße darstellt. Man muss sich daher bewusst sein, dass der tatsächliche Nutzen des Beschwerdemanagements in der Regel höher als der errechnete ausfällt.

11.3.2.1 Controlling des Informationsnutzens

Werden die in den Beschwerden enthaltenen Informationen systematisch erfasst, im Rahmen der Beschwerdeauswertung aufbereitet und mit Beschwerdereports den betroffenen Unternehmenseinheiten regelmäßig zur Verfügung gestellt, entsteht für das Unternehmen Nutzen in vielfacher Hinsicht: Zum einen ist zu erwarten, dass Beschwerdeinformationen **Kostenreduzierungen** bewirken. Dies ist der Fall, wenn sie zur Optimierung der internen Prozesse, zu Zeitreduzierungen und Produktivitätssteigerungen führen. Auch müssen sich Fehlerbeseitigungen in einer Reduzierung der problemspezifischen Verärgerungsquote niederschlagen, d. h. in dem Prozentsatz von Kunden, die über das Auftreten spezieller Probleme verärgert sind.

Es ist davon auszugehen, dass mit der Fehlerreduktion auch Gewährleistungs- und Garantiekosten vermindert werden können. Auch sind **Erlöszuwächse** zu erwarten, sofern aufgrund der Beschwerdeauswertung Produktvariationen und Produktinnovationen erfolgen, die sich als marktgängig erweisen. Goodman/Malech/Marra (1987) zeigen am Beispiel der Firma Polaroid auf, wie durch konsequente Auswertung der Beschwerdeinformationen sämtliche Kundenprobleme bei der Nutzung von Kameras untersucht und zur Grundlage der Entwicklung neuer und erfolgreicher Kameratypen gemacht wurden. Der Europachef von Google, Nikesh Arora, erklärt diese Vorgehensweise zum grundlegenden Prinzip der Leistungsinnovation und -verbesserung: „Wir verlassen uns auf das Feedback der Nutzer, um Verbesserungen vorzunehmen. So war es auch bei unserem Kartografieprogramm Google Earth: Die Leute beschwerten sich, und wir änderten es“ (Engeser/Esterhazy 2006, S. 120).

Weitere Nutzenelemente liegen darin, dass in den Beschwerden Informationen über kritische Kundeneinschätzungen hinsichtlich aller Aspekte des Marketings und des wahrgenommenen gesellschaftspolitischen Verhaltens des Unternehmens eingehen. Daraus ergibt sich die Chance, beispielsweise den preis- und kommunikationspolitischen Instrumentaleinsatz zu optimieren und sich frühzeitig auf neue gesellschaftspolitische Trends einzustellen.

Es ist kaum möglich, sämtliche dieser Wirkungen monetär zu bewerten. Allerdings erscheint es sinnvoll, zumindest diejenigen Daten zu nutzen, die leicht verfügbar sind. Grundlage hierfür können die Meldungen von Kunden über Qualitätsmängel in Form von Reklamationen mit der Inanspruchnahme von Gewährleistungs- und Garantierechten sein. Diese sind zum einen mengenmäßig mit Hilfe der Gewährleistungsquote (Anzahl von Gewährleistungen/Produktanzahl) bzw. der Garantiequote (Anzahl von Garantiefällen/Produktanzahl) zu erfassen, zum anderen aber unternehmensintern auch im Hinblick auf ihre ökonomischen Konsequenzen zu bewerten. **Gewährleistungs- und Garantiekosten** sind wesentliche Kategorien von Fehlerkosten, die auf Qualitätsmängel zurückzuführen sind. Insofern bietet die Abnahme dieser Fehlerkosten einen wichtigen Hinweis auf erfolgte Qualitätsverbesserungen, wobei allerdings diese Kosten in Relation zur jeweiligen Produktzahl gesetzt werden müssen. Dementsprechend stellen die **Gewährleistungs- und Garantiestückkosten** die Grundlage für die ökonomische Bewertung von Qualitätsverbesserungen dar, die durch das Beschwerdemanagement initiiert wurden. Der Informationsnutzen des Beschwerdemanagements lässt sich danach an der Höhe vermiedener Gewährleistungs- und Garantiekosten ablesen. Bild 11.28 zeigt, wie hier vorgegangen werden kann.

Produktanzahl Jahr 1	80.000
Gewährleistungskosten Jahr 1	4.000 €
Gewährleistungsstückkosten Jahr 1	0,05 €
Garantiekosten Jahr 1	3.200 €
Garantiestückkosten Jahr 1	0,04 €
Produktanzahl Jahr 2	100.000
Gewährleistungskosten Jahr 2	4.000 €
Gewährleistungsstückkosten Jahr 2	0,04 €
Garantiekosten Jahr 2	3.000 €
Garantiestückkosten Jahr 2	0,03 €
Fiktive Gewährleistungskosten Jahr 2 ohne Qualitätsverbesserung	0,05 x 100.000 = 5.000 €
Fiktive Garantiekosten Jahr 2 ohne Qualitätsverbesserung	0,04 x 100.000 = 4.000 €
∑ Fiktive Gewährleistungs- und Garantiekosten Jahr 2	9.000 €
∑ Tatsächliche Gewährleistungs- und Garantiekosten Jahr 2	7.000 €
Differenz ∑ Fiktive und ∑ tatsächliche Gewährleistungs- und Garantiekosten Jahr 2	9.000 € - 7.000 € = 2.000 €
Informationsnutzen	**2.000 €**

Bild 11.28 Informationsnutzen im Sinne reduzierter Gewährleistungs- und Garantiekosten

Wenn im Jahr 1 für 80 000 abgesetzte Produkte Gewährleistungskosten in Höhe von 4000 € und Garantiekosten in Höhe von 3200 € anfallen, belaufen sich die Gewährleistungsstückkosten auf 0,05 € und die Garantiestückkosten auf 0,04 €. Für das Jahr 2 wird angenommen, dass die abgesetzte Anzahl von Produkten auf 100.00 steigt, wobei Gewährleistungskosten in Höhe von wiederum 4000 € und Garantiekosten in Höhe von 3000 € anfallen. Die Durchschnittskosten fallen nun niedriger aus; die Gewährleistungsstückkosten liegen jetzt bei 0,04 €, die Garantiestückkosten bei 0,03 €. Diese Stückkostensenkung kann als Folge von Qualitätsverbesserungen aufgrund der Beschwerdeinformationsnutzung interpretiert werden.

Um den Gesamteffekt der Fehlerkostensenkung zu berechnen, wird kalkuliert, welche Gewährleistungskosten ohne Qualitätsverbesserungen angefallen wären. Dazu wird die Produktzahl des Jahres 2 mit den Stückkosten des Jahres 1 multipliziert. Dieser Betrag (9000 €) wäre angefallen, wenn die durchschnittlichen Gewährleistungs- und Garantiekosten nicht durch die Nutzung von Beschwerdeinformationen gesenkt worden wären. Subtrahiert man von diesem Betrag die tatsächlich im Jahr 2 angefallenen Kosten (7000), erhält man einen Wert für vermiedene Fehlerkosten in Höhe von 2000 €. Dieser Betrag stellt die Bewertung der für Qualitätsverbesserungen genutzten Beschwerdeinformationen dar und ist damit ein monetärer Wert des Informationsnutzens.

Es ist denkbar, dass sich Fachabteilungen weigern, die vom Beschwerdemanagement aufgezeigten Mängel zu beheben, sodass die Gewährleistungs- und Garantiestückkosten nicht zurückgehen, sondern möglicherweise sogar steigen. Dies ist zwar ein Hinweis auf die mangelnde Durchsetzungsfähigkeit des Beschwerdemanagements, doch die Fehlentwicklung ist grundsätzlich nicht von diesem Bereich zu verantworten. Deshalb dient der Ausweis etwaiger gestiegener Fehlerkosten vor allem dazu, **unternehmensintern die Kosten versäumter Qualitätsverbesserungen nachzuweisen** und zu kommunizieren. Dabei lässt sich die Verantwortlichkeit für gestiegene Fehlerkosten eindeutig bestimmen, wenn das Beschwerdemanagement nachweist, welche Hinweise auf Mängel und mögliche Problemlösungen gegeben wurden und wie sich die problemspezifischen Verärgerungs-, Gewährleistungs- und Garantiequoten entwickelt haben.

11.3.2.2 Controlling des Bindungsnutzens

Im Mittelpunkt der ökonomischen Quantifizierung des Beschwerdemanagement-Nutzens steht der **Bindungsnutzen**, der als zentrale monetäre Erfolgsgröße des Beschwerdemanagements anzusehen ist. Im Bindungsnutzen erfährt die Loyalitätswirkung des Beschwerdemanagements seine monetäre Bewertung. Von entscheidender Bedeutung für die Nutzenhöhe ist die Zahl an Kunden, die trotz ihrer negativen Erfahrungen mit dem Produkt oder der Dienstleistung nicht abgewandert sind, sondern wegen ihrer positiven Beschwerdeerfahrung die Geschäftsbeziehung fortsetzen. Allerdings muss dieser Zahl gehaltener Kunden die Zahl an Beschwerdeführern gegenübergestellt werden, die ihre Abwanderungsentscheidung mit ihrem negativen Beschwerdeerlebnis begründen. Der Bindungsnutzen stellt somit eine Differenzgröße zwischen dem Wiederkaufnutzen (durch das Beschwerdemanagement gehaltene Umsätze bzw. Deckungsbeiträge) und dem Abwanderungsschaden (durch das Beschwerdemanagement entgangene Umsätze bzw. Deckungsbeiträge) dar.

Die **Berechnung des Bindungsnutzens** erfolgt in zwei Schritten: Zunächst ist die **Nettoanzahl der durch das Beschwerdemanagement gebundenen Kunden** zu ermitteln. Diese ergibt sich, wenn man die Differenz bildet zwischen der Zahl der Kunden, die wegen ihrer positiven Beschwerdeerfahrung an der Geschäftsbeziehung festhalten, und der Zahl der Kunden, die wegen ihrer negativen Beschwerdeerfahrung die Geschäftsbeziehung beenden. Diese Nettoanzahl der durch das Beschwerdemanagement gebundenen Kunden wird anschließend mit den **Umsätzen und Deckungsbeiträgen** bewertet.

11.3.2.2.1 Ermittlung der Nettoanzahl von Wiederkäufern/Abwanderern

Zur Ermittlung der Nettoanzahl der durch das Beschwerdemanagement gebundenen Beschwerdeführer müssen Informationen über das **Beschwerdeverhalten**, über das **Kaufverhalten der Beschwerdeführer** sowie über die **Bedeutung des Beschwerdemanagements** für die Fortführung der Geschäftsbeziehung zur Verfügung stehen.

Alle diese Informationen können im Rahmen einer Beschwerdezufriedenheitsbefragung erhoben werden. Wie im Beschwerdezufriedenheitsfragebogen (Bild 11.10) dargestellt, werden die Beschwerdeführer danach gefragt, ob sie seit dem Zeitpunkt der Beschwerde wieder Produkte oder Leistungen beim Unternehmen gekauft bzw. die Geschäftsbeziehung fortgeführt haben. Durch die Beantwortung dieser Ja/Nein-Frage, steht bereits die Zahl der loyalen bzw. abgewanderten Beschwerdeführer fest. In der Anschlussfrage wird wiederum durch eine einzige Alternativfrage erhoben, ob die Beschwerdeerfahrung für die Entscheidung zur Fortsetzung oder Beendigung der Geschäftsbeziehung verantwortlich war. Daraus ergeben sich die Zahlen der durch das Beschwerdemanagement gebundenen bzw. „vergraulten" Kunden. Ihre Differenz ist die **Nettoanzahl von Wiederkäufern**.

11.3.2.2.2 Monetäre Bewertung des Bindungsnutzens

Die monetäre Quantifizierung des Bindungsnutzens erfolgt unter Bezug auf die **Umsatz- und Deckungsbeiträge** der Kunden, die durch das Beschwerdemanagement gebunden werden konnten. Dabei kann eine Betrachtung für ein Jahr **(Jahresbetrachtung)** erfolgen oder durch die Berücksichtigung des **Kundenlebenszeitwerts (Customer Lifetime Value)** der Tatsache Rechnung getragen werden, dass Kunden einem Unternehmen für einen längeren Zeitraum als ein Jahr treu sind. In Bezug auf die Berechnung ist unterschiedlich vorzugehen, je nachdem, ob mit kundenindividuellen Daten oder mit Durchschnittswerten gerechnet werden kann. Bei fehlenden Daten über die Bindungswirkung des Beschwerdemanagements muss die monetäre Bewertung über eine Marktschadensrechnung erfolgen.

Monetäre Quantifizierung in Form von Jahreswerten auf der Basis kundenindividueller Daten

Existiert im Unternehmen eine Kundendatenbank mit Angaben über die **individuellen Umsätze und Deckungsbeiträge** der Kunden, kann der Bindungsnutzen leicht berechnet werden. Für sämtliche durch das Beschwerdemanagement gehaltenen Kunden sind die kundenindividuellen Umsätze bzw. Deckungsbeiträge über die bisherige Dauer der Geschäftsbeziehung als durchschnittlicher Jahreswert zu ermitteln. Analog ist für die wegen der Beschwerdeerfahrung abgewanderten Kunden zu verfahren. Durch Gegenüberstellung der gehaltenen und verlorenen Umsätze bzw. Deckungsbeiträge ergibt sich der monetäre Bindungsnutzen auf Jahresbasis. Bild 11.29 verdeutlicht diese Vorgehensweise anhand eines **einfachen Beispiels** mit kundenindividuellen Umsatzwerten; die Berechnung mit Deckungsbeitragswerten erfolgt in analoger Weise.

Wegen des Beschwerdemanagements gehaltene Kunden	Kundenindividueller Jahresumsatz	Wegen des Beschwerdemanagements abgewanderte Kunden	Kundenindividueller Jahresumsatz
Beschwerdeführer A	1.239 €	Beschwerdeführer Z	1.852 €
Beschwerdeführer B	2.134 €	Beschwerdeführer Y	3.044 €
Beschwerdeführer C	3.343 €		
Beschwerdeführer D	2.156 €		
Beschwerdeführer E	3.121 €		
Summe	**11.993 €**		**4.896 €**
Bindungsnutzen (Umsatz/Jahr)			**11.993 € - 4.896 € = 7.097 €**

Bild 11.29 Beispiel für die Berechnung des Bindungsnutzens für ein Jahr auf Basis kundenindividueller Umsätze

Monetäre Quantifizierung in Form von Beziehungsdauerwerten auf der Basis kundenindividueller Daten

Grundsätzlich reicht eine Jahresbetrachtung nicht aus, um den Bindungsnutzen des Beschwerdemanagements realistisch zu erfassen. Ein erheblicher Teil der Kunden erweist sich als markentreu und ist länger loyal als nur ein Jahr. Dementsprechend ist der **Kundenlebenszeitwert** (Customer Lifetime Value) heranzuziehen, d.h. der Wert des Kunden über die Gesamtdauer der Kundenbeziehung. Dies wird im Folgenden vorgestellt, auch wenn es für viele Unternehmen praktikabler ist, von der Jahresrechnung auszugehen und sich bewusst zu sein, dass der ermittelte Wert nur eine Mindestgröße darstellt.

Der Customer Lifetime Value wird definiert als Barwert aller während der weiteren Dauer der Geschäftsbeziehung zu erwartenden Auszahlungsüberschüsse. Dementsprechend werden die Periodengewinne während der wahrscheinlichen Restbeziehungsdauer auf den Betrachtungszeitpunkt abgezinst und somit wird der Barwert der Beziehung kalkuliert. Diese Vorgehensweise erweist sich in der Praxis meist als **nicht durchführbar bzw. höchst problematisch**, weil keine aussagefähigen Daten über die Ein- und Auszahlungen zukünftiger Perioden und keine eindeutige Regel für die Entscheidung über den Kalkulationszinsfuß vorliegen. Daher wird hier eine stark vereinfachte Vorgehensweise präsentiert, die sich mit **gröberen Schätzwerten** begnügt. Danach ergibt sich der Kundenlebenszeitwert aus der Multiplikation der Anzahl der verbleibenden Perioden der Restbeziehungsdauer mit dem durchschnittlichen Umsatz bzw. Deckungsbeitrag des Kunden während der bisherigen Beziehungsdauer.

Bei der **Restbeziehungsdauer** handelt es sich um die Differenz zwischen der gesamten durchschnittlichen Beziehungsdauer für alle Kunden und der bereits realisierten Beziehungsdauer der durch das Beschwerdemanagement in ihrem Verhalten beeinflussten

Kunden. Wenn man für diese Kunden die jeweiligen individuellen Umsatz- bzw. Deckungsbeiträge (Jahreswerte) mit der jeweiligen Anzahl der verbleibenden Perioden der Restbeziehungsdauer multipliziert, ergibt sich der **Kundenlebenszeitwert des Bindungsnutzens in Form von Beziehungsdauerwerten**.

Bild 11.30 veranschaulicht diese **Berechnung der Restbeziehungsdauer** sowie die Ermittlung des Bindungsnutzens als Kundenlebenszeitwert mit Bezug auf Kundenumsätze. Hier sind nicht nur die während der bisherigen Beziehungsdauer erwirtschafteten durchschnittlichen **Jahresumsätze** für die gehaltenen Beschwerdeführer (Spalte 1) und die abgewanderten Kunden (5) erfasst, sondern auch die jeweilige **bisherige Beziehungsdauer** (Spalten 2 und 6). Darüber hinaus ist bekannt, dass die durchschnittliche Beziehungsdauer über alle Kunden fünf Jahre (60 Monate) beträgt. Indem man von diesem Wert die jeweilige kundenindividuelle Beziehungsdauer subtrahiert, ergibt sich die **kundenindividuelle Restbeziehungsdauer** der Geschäftsbeziehung (Spalten 3 und 7). Multipliziert man nun den Wert der Restbeziehungsdauer mit dem durchschnittlichen Umsatz, ergibt sich der **jeweilige Kundenlebenszeitwert** des Umsatzes (Spalten 4 und 8). Stellt man die summierten Lebenszeitwerte der durch das Beschwerdemanagement gebundenen und vergraulten Kunden gegenüber, ergibt sich der monetäre Bindungsnutzen für die Dauer der Geschäftsbeziehung.

Bei dem hier beschriebenen Verfahren zur Ermittlung des Bindungsnutzens muss berücksichtigt werden, dass es sich um eine **einfache Heuristik** handelt. Insbesondere wird der bisherige kundenindividuelle Jahresumsatz für die Dauer der Restbeziehungsdauer als konstant angenommen. Für eine exaktere Berechnung ist auf komplexere Methoden zurückzugreifen (siehe beispielsweise die Ansätze in Günter/Helm 2006), die allerdings vielfach an Voraussetzungen gebunden sind, die in der Realität kaum erfüllt werden können.

Wegen des Beschwerdemanagements gehaltene Kunden	Kundenindividueller Jahresumsatz in € (1)	Bisherige Beziehungsdauer in Monaten (2)	Kundenindividuelle Restbeziehungsdauer (3)	Kundenlebenszeitwert in € (Umsatz) (4)	Wegen des Beschwerdemanagements abgewanderte Kunden	Kundenindividueller Jahresumsatz in € (5)	Bisherige Beziehungsdauer in Monaten (6)	Kundenindividuelle Restbeziehungsdauer (7)	Kundenlebenszeitwert in € (Umsatz) (8)
Beschwerdeführer A	1.239	36	24	29.736	Beschwerdeführer Z	1.852	22	38	70.376
Beschwerdeführer B	2.134	24	36	76.824	Beschwerdeführer Y	3.044	40	20	60.880
Beschwerdeführer C	3.343	20	40	133.720					
Beschwerdeführer D	2.156	32	28	60.368					
Beschwerdeführer E	3.121	12	48	149.808					
Summe				**450.456**	**Summe**				**131.256**
Bindungsnutzen (Umsatz/Jahr)						**450.456 € - 131.256 € = 319.200 €**			

Bild 11.30 Beispiel für die Berechnung des Bindungsnutzens für die Dauer der Geschäftsbeziehung auf Basis kundenindividueller Umsätze

Monetäre Quantifizierung in Form von Jahres- und Beziehungsdauerwerten auf der Basis von Durchschnittswerten

Wenn **keine kundenindividuellen Daten** in Bezug auf Umsätze und Deckungsbeiträge vorliegen, muss man vom **Durchschnittsumsatz und -deckungsbeitrag** pro Periode über alle Kunden ausgehen und unterstellen, dass diese Werte auch für die durch das Beschwerdemanagement gebundenen Kunden gelten. Die durchschnittliche Restlebensdauer muss aufgrund von eigenen oder fremden Erfahrungswerten geschätzt werden.

In der **Beispielrechnung** (Bild 11.31) wird davon ausgegangen, dass die Nettoanzahl von Wiederkäufern 5031 beträgt. In diesem Umfang haben sich also mehr Kunden wegen der Beschwerdeerfahrung entschieden, an der Geschäftsbeziehung festzuhalten, anstatt diese zu beenden. Geht man davon aus, dass diese Kunden einen durchschnittlichen Monatsumsatz von 200 € aufweisen, ergibt sich daraus ein gesicherter Jahresumsatz von 12 074 400 €. Bei einer Umsatzrendite von 8 % entspricht dies einem gesicherten Jahresgewinn in Höhe von 965 952 €. Bei einer geschätzten Restbeziehungsdauer von 20 Monaten ist von einem gesicherten Umsatz in Höhe von 20 124 000 € bzw. einem gesicherten Gewinnbeitrag in Höhe von 1 609 920 € für die gesamte Restbeziehungsdauer zu rechnen.

Jahresrechnung	
Nettoanzahl Wiederkäufer	5.031
× Ø Monatsumsatz	200 €
× 12 Monate	12
= Gesicherter Umsatz auf Jahresbasis	**12.074.400 €**
× Ø Umsatzrendite	8 %
= Gesicherter Gewinnbeitrag auf Jahresbasis	**965.952 €**

Beziehungsdauerrechnung	
Nettoanzahl Wiederkäufer	5.031
× Ø Monatsumsatz	200 €
× Geschätzte Restbeziehungsdauer in Monaten	20
= Gesicherter Umsatz auf Beziehungsdauerbasis	**20.124.000 €**
× Ø Umsatzrendite	8 %
= Gesicherter Gewinnbeitrag auf Beziehungsdauerbasis	**1.609.920 €**

Bild 11.31 Beispiel für die monetäre Quantifizierung des Bindungsnutzens auf Grundlage von Durchschnittswerten

Monetäre Bewertung bei fehlenden Daten über die Bindungswirkung des Beschwerdemanagements (Marktschadensrechnung)

In vielen Fällen liegen im Unternehmen keinerlei konkrete Daten darüber vor, inwieweit es dem Beschwerdemanagement gelungen ist, Kundenverluste zu vermeiden. Hier ist somit keine monetäre Messung des Bindungsnutzens möglich. Stattdessen muss man sich mit einer Abschätzung des möglichen Nutzens begnügen, indem man für unterschiedliche Szenarien das Verlustpotenzial verärgerter Kunden und dessen Reduzierbarkeit durch das Beschwerdemanagement ermittelt. Grundlage hierfür sind Annahmen darüber, in welchem Umfang enttäuschte Kunden ohne Beschwerdemanagement abwandern werden. Unter Berücksichtigung des durchschnittlichen Kundenumsatzes und der durchschnittlichen Kundenrendite lässt sich für verschiedene Betrachtungszeiträume der Marktschaden berechnen, der sich aus den Kundenverlusten enttäuschter Kunden ergibt. Diese Werte sind dann die Grundlage für die Abschätzung des Nutzens, den das Beschwerdemanagement durch Vermeidung von Kundenverlusten liefern kann.

Für diese Betrachtung muss das Unternehmen nur über Informationen bezüglich Kundenbestand, Durchschnittsumsatz pro Kunde und die durchschnittliche jährliche Umsatzrendite verfügen. Grundsätzlich kann davon ausgegangen werden, dass diese Daten vom unternehmerischen Controlling geliefert werden. Die Informationen über den Anteil der enttäuschten Kunden sind einer Kundenzufriedenheitsbefragung zu entnehmen. Sollten auch diese nicht vorliegen, muss ersatzweise auf Schätzungen – z. B. auf der Grundlage der Ergebnisse entsprechender Branchenanalysen – zurückgegriffen werden. Auf der Basis dieser Informationen kann nun der Marktschaden aufgrund des Verlusts verärgerter Kunden berechnet werden.

Bild 11.32 zeigt eine entsprechende **Matrix zur Kalkulation des Marktschadens**, der aufgrund von Abwanderungen unzufriedener Kunden auftreten kann. Grundlage sind die unternehmerischen Daten über den Kundenbestand (100 000), den Anteil der enttäuschten Kunden (30 %), den durchschnittlichen Jahresumsatz pro Kunde (1000 €) und die durchschnittliche Umsatzrendite (10 %). Die **Randspalte** der Kalkulationsmatrix gibt unterschiedliche Werte für die Länge der möglichen Restbeziehungsdauer an; die obere **Randzeile** benennt verschiedene Anteile der enttäuschten Kunden, die aufgrund ihrer Unzufriedenheit mit dem Produkt oder einer Dienstleistung abwandern werden. Die entsprechenden Werte in der Matrix geben den Marktschaden sowohl als Umsatz- als auch als Gewinnbeitragsverlust an, den das Unternehmen aufgrund der Kundenunzufriedenheit erleidet.

Ein Unternehmen hat nun aufgrund von Schätzungen der Experten aus Marketing, Vertrieb, Service und Controlling Annahmen über die wahrscheinliche potenzielle Restbeziehungsdauer und den Anteil enttäuschter Kunden, die abwandern, zu formulieren. Es kann dann unmittelbar aus der Matrix ablesen, wie hoch der dazugehörige Marktschaden ausfällt. Kommen die Experten beispielsweise zu dem Schluss, dass **5 %, also 1.500 unzufriedene Kunden** (= 30 000 × 5 %), aufgrund ihrer Unzufriedenheit zur Konkurrenz wechseln werden, und unterstellen sie weiterhin, dass diese Kunden noch für **weitere drei Jahre** in der Geschäftsbeziehung geblieben wären, resultiert daraus ein Marktschaden im Sinne **entgangener Umsätze** in Höhe von 4 500 000 € und im Sinne **entgangener Gewinne** in Höhe von 450 000 €.

Auf Basis der ermittelten Werte für den Marktschaden aufgrund von Kundenunzufriedenheit können nun Überlegungen angestellt werden, ob es möglich ist, mit der Einführung bzw. Optimierung des Beschwerdemanagements die aufgezeigten Kundenverluste zu reduzieren. Unterstellt man für die obige Beispielrechnung, dass 30 % der verlorenen 1500 Kunden mit einem adäquaten Beschwerdemanagement hätten gehalten werden können, resultiert daraus ein **potenzieller Wert vermiedener Kundenverluste durch das Beschwerdemanagement** in Höhe von 1 350 000 € (Umsatz) bzw. 135 000 € (Gewinn).

Kundenbestand	**100.000 Kunden**	Ø Umsatz pro Kunde p.a.:	1.000 ¤
		Ø Umsatzrendite p.a.:	10 %
Anteil und Anzahl enttäuschter Kunden	**30,00%** (30.000 Kunden)		

Anteil und Anzahl potenziell verlorener enttäuschter Kunden		**0,003%** (1 Kunde)	**0,50%** (150 Kunden)	**1,00%** (300 Kunden)	**5,00%** (1.500 Kunden)	**10,00%** (3.000 Kunden)	**20,00%** (6.000 Kunden)
Ø Verlorene Beziehungsdauer	6 Monate	500 € **50 €**	75 T€ **8 T€**	150 T€ **15 T€**	750 T€ **75 T€**	1.500 T€ **150 T€**	3.000 T€ **300 T€**
	1 Jahr	1.000 € **100 €**	150 T€ **15 T€**	300 T€ **30 T€**	1.500 T€ **150 T€**	3.000 T€ **300 T€**	6.000 T€ **600 T€**
	2 Jahre	2.000 € **200 €**	300 T€ **30 T€**	600 T€ **60 T€**	3.000 T€ **300 T€**	6.000 T€ **600 T€**	12.000 T€ **1.200 T€**
	3 Jahre	3.000 € **300 €**	450 T€ **45 T€**	900 T€ **90 T€**	4.500 T€ **450 T€**	9.000 T€ **900 T€**	18.000 T€ **1.800 T€**
	4 Jahre	4.000 € **400 €**	600 T€ **60 T€**	1.200 T€ **120 T€**	6.000 T€ **600 T€**	12.000 T€ **1.200 T€**	24.000 T€ **2.400 T€**
	5 Jahre	5.000 € **500 €**	750 T€ **75 T€**	1.500 T€ **150 T€**	7.500 T€ **750 T€**	15.000 T€ **1.500 T€**	30.000 T€ **3.000 T€**

4.500 T€ ← **Oberer Zellenwert:** Marktschaden als Umsatzwert

450 T€ ← **Unterer Zellenwert:** Marktschaden als Gewinnbeitragswert

Bild 11.32 Matrix für die Berechnung des Marktschadens aufgrund von Unzufriedenheit

Diese Kalkulation basiert auf Annahmen und bietet daher keine sichere Grundlage für weitergehende Schlussfolgerungen. Sie kann auch nicht für eine Wirtschaftlichkeitsrechnung herangezogen werden. Doch sie vermittelt einen ersten Eindruck darüber, welche **Umsatz- und Gewinnverluste** ohne professionelles Beschwerdemanagement in Kauf genommen werden bzw. welche **Wiederkaufeffekte** realisiert werden könnten. Auch sind solche Kalkulationen hilfreich, um eine erste Beurteilung darüber abzugeben, ob Investitionen in das Beschwerdemanagement wirtschaftlich zu rechtfertigen sind.

11.3.2.3 Controlling des Kommunikationsnutzens

Eng mit dem Bindungsnutzen hängt der **Kommunikationsnutzen** zusammen. Kunden ziehen aufgrund ihrer Erfahrung mit der Beschwerdeabwicklung nicht nur Konsequenzen für ihr Wiederkaufverhalten, sondern sie machen ihre Erlebnisse auch zum Gegenstand ihrer Gespräche mit Freunden, Verwandten oder Kollegen. In Abhängigkeit von der positiven oder negativen Bewertung ihres Beschwerdeerlebens **empfehlen** sie das Unternehmen weiter oder **warnen** andere vor einem Kauf. Damit werden auch Einstellungen und Verhalten weiterer aktueller und potenzieller Kunden stark beeinflusst. Empirische Studien belegen nämlich, dass die persönliche Kommunikation eine wesentlich größere Wirkung besitzt als Werbung, die vom Unternehmen selbst initiiert wird. Der Grund hierfür liegt darin, dass der Kommunizierende von seinen Gesprächspartnern nicht als kommerziell motiviert, sondern als neutrale Informationsquelle, Ratgeber oder Schiedsrichter angesehen wird (Kroeber-Riel/Weinberg/Gröppel-Klein 2013).

Zur wertmäßigen Bestimmung ist zunächst die Nettoanzahl an weiterempfehlenden Beschwerdeführern zu ermitteln, d. h. die Differenz zwischen Empfehlern und Warnern; dann ist die Zahl der neu gewonnenen Kunden monetär zu bewerten.

11.3.2.3.1 Ermittlung der Nettoanzahl von Empfehlern/Warnern

In Bezug auf die Ermittlung der Nettoanzahl von Empfehlern/Warnern ist zunächst zu entscheiden, ob das wahrscheinliche oder das tatsächliche Kommunikationsverhalten der Beschwerdeführer erfasst werden soll.

Messung der wahrscheinlichen Weiterempfehlung („Net Promoter Score")

In den vergangenen Jahren war es vor allem Reichheld (2004, 2006; Reichheld/Seidensticker 2006; Reichheld/Markey 2011), der die Aufmerksamkeit ganz besonders auf die ökonomische Relevanz der Mundkommunikation gelenkt hat. Ausgelöst durch eine wachsende Skepsis hinsichtlich der Aussagefähigkeit von komplexen Zufriedenheitsbefragungen, machte er sich auf die Suche nach der spezifischen Frage, die das tatsächliche Loyalitätsverhalten des Kunden am besten vorhersagt. Er führte eine Fülle empirischer Studien in verschiedenen Branchen durch und kam letztlich zu einem eindeutigen Ergebnis: Der beste Indikator für die faktische Kundenloyalität und damit für die relative Wachstumsstärke im Wettbewerb ist das Weiterempfehlungsverhalten von Kunden. So lautet seine Schlussfolgerung: „If growth is what you're after, you won't learn much from complex measurements of customer satisfaction or retention. You simply need to know what your customers tell their friends about you" (Reichheld 2003, S. 46). Auf der Grundlage dieser Erkenntnis wurde der sogenannte NPS (Net Promoter Score)-Ansatz entwickelt.

Er basiert auf einer einzigen Frage, die an die Kunden zu richten ist: „Wie wahrscheinlich ist es, dass Sie Unternehmen X an einen Freund oder Kollegen weiterempfehlen werden? „Die befragten Personen werden gebeten, die Wahrscheinlichkeit der Weiterempfehlung auf einer Skala von 0 bis 10 anzugeben. Kunden, die sich für die 9 oder 10 entscheiden, werden als „Promoters" („Förderer") bezeichnet, Kunden, welche die Frage mit dem Skalenwert 8 oder 7 beantworten, gehören zur Gruppe der „Passives" („passiv

Zufriedenen") und Kunden, die sich für einen Skalenwert von 6 bis 0 entscheiden, werden als „Detractors" („Kritiker") bezeichnet.

Als entscheidend für die Wachstumsstärke des Unternehmens wird der Anteil an „Net Promoters" („effektiven Förderern") angesehen, d. h. der Prozentsatz der Förderer abzüglich des Prozentsatzes der Kritiker. Dementsprechend werden für die Gruppen der „Promoters" und „Detractors" jeweils die prozentualen Kundenanteilswerte ermittelt und der Kundenanteilswert der „Detractors" von dem der „Promoters" subtrahiert und man erhält den **„Net Promoter Score"**. Die Gruppe der „Passives" bleibt bei der Berechnung des NPS unberücksichtigt, da sie als zufriedene Kunden und nicht als begeisterte „Förderer" gesehen werden. Je größer der NPS ausfällt, desto positiver werden sich Profit und Wachstum entwickeln. Bild 11.33 fasst die Einteilung in die Segmente „Promoters", „Passives" und „Detractors" sowie die Ermittlung der NPS zusammen.

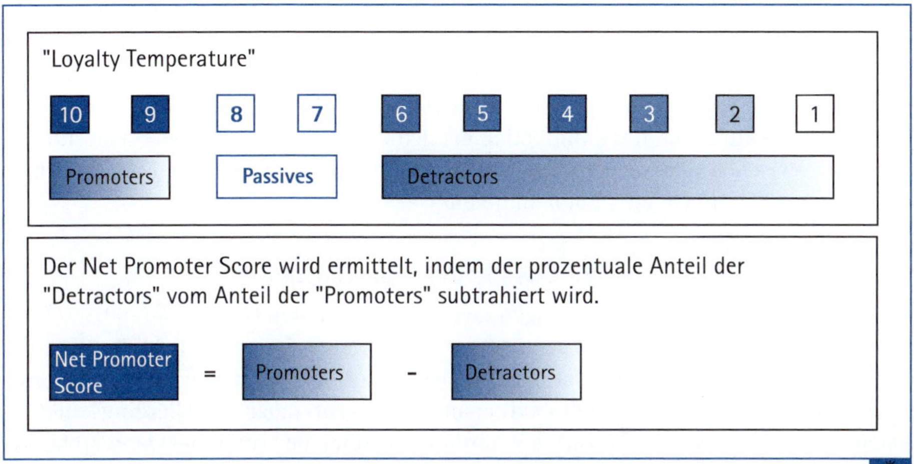

Bild 11.33 Reichheld - Net Promoter Score (in Anlehnung an Reichheld 2006)

Der methodische Ansatz des Net Promoter Score könnte leicht auch zur Ermittlung der Nettoanzahl von weiterempfehlenden Beschwerdeführern angewendet werden. In diesem Fall würden die Beschwerdeführer gebeten, die Wahrscheinlichkeit anzugeben, mit der sie aufgrund der Beschwerdeerfahrung bereit sind, das Unternehmen weiterzuempfehlen. Aufgrund der Antworten könnten dann die Zahl der Beschwerde-Promoters und der Beschwerde-Detractors sowie als Differenz die Nettoanzahl an Promotors ermittelt werden. Allerdings soll hier die Verwendung dieses NPS-Ansatzes für das Beschwerdemanagement nicht empfohlen werden. Dabei spielt weniger die Tatsache eine Rolle, dass der Net Promoter Score - trotz seiner vielfachen Anwendung in der Praxis - als Loyalitätsindikator höchst umstritten ist (Ruf 2007; Vocatus 2007). Vielmehr bezieht sich die Skepsis in diesem Zusammenhang primär auf die Tatsache, dass die vom Kunden angenommene Wahrscheinlichkeit seiner Weiterempfehlung abgefragt wird. Die vom Kunden zum Zeitpunkt der Befragung vermutete Wahrscheinlichkeit zukünftigen Kommunikationsverhaltens muss aber keineswegs mit dem tatsächlichen Verhalten übereinstimmen. Insofern erscheint es wesentlich sinnvoller, die Nettoanzahl der Beschwerdeführer zu ermitteln, die das Unternehmen tatsächlich weiterempfohlen haben.

Messung der tatsächlich erfolgten Weiterempfehlung

Das Kommunikationsverhalten von Beschwerdeführern lässt sich nicht direkt beobachten, insofern ist man auch bei der Ermittlung des tatsächlichen Weiterempfehlungsverhaltens auf die Aussagen der Beschwerdeführer angewiesen. Aber erfahrungsgemäß fallen die Antworten weit wirklichkeitsnäher aus als die Wahrscheinlichkeitsvermutungen.

Die Erhebung kann wiederum im Rahmen der Beschwerdezufriedenheitsbefragung erfolgen. Die Beschwerdeführer werden darin gefragt, ob sie aufgrund ihrer Beschwerdeerfahrung anderen Personen (Freunden, Verwandten, Kollegen) Produkte des Unternehmens empfohlen haben bzw. ihnen vom Kauf abgeraten haben. Zusätzlich wird erhoben, gegenüber wie vielen Personen sie eine Kaufempfehlung bzw. -warnung ausgesprochen haben (Fragen 13 und 14 im Fragebogen der Bild 11.10). Auf diese Weise erhält man unmittelbar die Zahl der Empfehler und Warner. Bildet man die Differenz, ergibt sich die Nettoanzahl von Empfehlern/Warnern. In gleicher Weise stehen die Zahlen für die durch die Kommunikation erreichten Personen fest. Bildet man nun die Differenz zwischen den vorgenommenen Empfehlungen und Warnungen, erhält man die Nettoanzahl der erfolgten Empfehlungen/Warnungen.

11.3.2.3.2 Monetäre Bewertung des Kommunikationsnutzens

In welchem Umfang Kaufempfehlungen tatsächlich zu Käufen Dritter führen bzw. Kaufwarnungen zur Unterlassung ansonsten getätigter Käufe, ist in der Realität nicht mit Sicherheit festzustellen. Daher ist eine präzise Bewertung des durch das Beschwerdemanagement bewirkten Kommunikationsnutzens nicht möglich. Allerdings gibt es einen praktikablen Vorschlag zur monetären Bewertung, der zumindest eine grobe Abschätzung ermöglicht.

Dieser Vorschlag basiert auf einem Ansatz der amerikanischen Unternehmensberatung TARP (TARP 1979; Goodman/O'Brien/Segal 2000), der jedoch nur die positiven Weiterempfehlungen berücksichtigt. Zieht man Kaufwarnungen in die Betrachtung ein, ergibt sich im Folgenden beschriebene modifizierte Vorgehensweise.

Aus der Beschwerdezufriedenheitsbefragung sind die Zahlen für die Personen bekannt, die von Beschwerdeführern in der Form von Weiterempfehlungen und Kaufwarnungen angesprochen worden sind. Diese Zahlen bilden die Grundlage für die Berechnung der Personenzahl, die ihr **Kaufverhalten** tatsächlich an den Inhalten der Mundkommunikation ausrichten. Hierbei kann teilweise auf empirische Ergebnisse der Beratungsfirma TARP aus mehr als 1000 Projekten und Studien zurückgegriffen werden (Goodman/O'Brien/Segal 2000). Demnach ist davon auszugehen, dass bei **positiver Mundkommunikation ca. 1%** der kontaktierten Personen aufgrund der positiven Fallschilderung bzw. der ausgesprochenen Kaufempfehlung auch tatsächlich eine Geschäftsbeziehung eingeht. In Bezug auf Kaufwarnungen liegt kein vergleichbarer Erfahrungswert vor. Insofern soll hier mangels besserer Datensituation vereinfachend davon ausgegangen werden, dass auch 1% der Personen, die von Beschwerdeführern gewarnt wurden, ihre potenziellen Käufe unterlassen. Zieht man daher die ermittelte Größe für die Empfehlungen/Warnungen heran, gibt 1 % davon die Zahl der Personen an, die durch die Kommunikation mit Beschwerdeführern in ihrer Kaufentscheidung beeinflusst wurden.

Unter Nutzung dieser Informationen kann der ökonomische Wert der Kommunikationswirkung errechnet werden, indem man die Anzahl der beeinflussten Kunden mit dem **Durchschnittsumsatz bzw. Durchschnittsdeckungsbeitrag** der Kunden aus dem bisherigen Kundenbestand bewertet.

In Bild 11.34 wird die Vorgehensweise beispielhaft vorgestellt. Dabei wird unterstellt, dass 10 000 Beschwerdeführer durchschnittlich gegenüber 15 Personen eine Empfehlung aussprechen und 6000 Beschwerdeführer durchschnittlich 20 Personen warnen. Legt man einen durchschnittlichen Jahresumsatz von € 2400 und eine Umsatzrendite von 8 % zugrunde, beträgt der monetäre Kommunikationsnutzen des Beschwerdemanagements in der Jahresbetrachtung 720 000 € auf Umsatz- bzw. 57 600 auf Deckungsbeitragsbasis.

Selbstverständlich lässt sich die Bewertung der Kommunikationswirkung nicht nur auf **Jahresbasis**, sondern auch unter dem Blickwinkel der **Beziehungsdauer** vornehmen.

Anzahl der Beschwerdeführer mit Kaufempfehlung	10.000	
Ø Anzahl angesprochener Personen	15	
Empfehlungen		**15.000**
Anzahl der Beschwerdeführer mit Kaufwarnung	6.000	
Ø Anzahl angesprochener Personen	20	
Warnungen		**12.000**
Kaufempfehlungen - Kaufwarnungen (Nettoempfehlungen)		3.000
Anteil der angesprochenen Personen, deren Kaufverhalten beeinflusst wurde	1 %	
Anzahl der angesprochenen Personen, deren Kaufverhalten beeinflusst wurde		300
Ø Jahresumsatz eines Kunden	2.400 €	
Kommunikationsnutzen (Umsatz/Jahr)		**720.000 €**
Umsatzrendite	8 %	
Kommunikationsnutzen (Deckungsbeitrag/Jahr)		**57.600 €**

Bild 11.34 Beispiel für die Berechnung des Kommunikationsnutzens (Jahresrechnung)

Dabei wird für alle initiierten bzw. intensivierten Kundenbeziehungen die durchschnittliche Beziehungsdauer der aktuellen Kunden zugrunde gelegt. Allerdings erhöht sich mit einer solchen Berechnung die Problematik der Vorgehensweise.

Diese liegt vor allem in der getroffenen Annahme, wie hoch der Anteil an angesprochenen Personen ist, deren **Kaufentscheidung tatsächlich beeinflusst** wurde. Die von TARP angegebene Größe von 1 % stützt sich zwar auf die Auswertung einer großen Anzahl empirischer Studien, doch es gibt es keine Gewähr dafür, dass sie auch im Einzelfall Gültigkeit hat bzw. auf Kaufwarnungen anzuwenden ist. Wollen sich Unternehmen daher auf diese Schätzgröße nicht verlassen, müssen sie versuchen, im Rahmen einer **eigenständigen Erhebung** unter ihren aktuellen Kunden zu ermitteln, in welchem Ausmaß Mundkommunikation von Beschwerdeführern auf die Entscheidung zur Aufnahme bzw. Vermeidung einer Geschäftsbeziehung unmittelbar Einfluss nimmt. Solche Erhebungen sind allerdings nicht nur aufwendig, sondern auch problematisch, weil Kunden kaum in der Lage sind, das Zustandekommen ihrer zurückliegenden Kaufentscheidungsprozesse exakt zu durchschauen und wiederzugeben. Insofern liegt die praktikabelste Vorgehensweise darin, den modifizierten TARP-Ansatz zu verwenden, auf eine gesonderte Erhebung zu verzichten und mit dem Erfahrungswert von 1 % zu rechnen. Allerdings muss man sich auch darüber im Klaren sein, dass der ermittelte Wert für die Kommunikationswirkung nur einen Anhaltspunkt und keine exakte Größe darstellt.

11.3.3 Wirtschaftlichkeits-Controlling

Um den Erfolg des Beschwerdemanagements unter **betriebswirtschaftlichen Gesichtspunkten** beurteilen zu können, ist es notwendig, die erzielten monetären Nutzeneffekte den verursachten Kosten gegenüberzustellen und somit Einblicke in die **Wirtschaftlichkeit des Beschwerdemanagements** zu erhalten. Dies gilt sowohl für den Bereich Beschwerdemanagement insgesamt als auch für einzelne zur Optimierung der Beschwerdemanagementprozesse geplante Teilprojekte bzw. Maßnahmen.

11.3.3.1 Wirtschaftlichkeit des gesamten Bereichs Beschwerdemanagement

Die Berechnung der Wirtschaftlichkeit des gesamten Bereichs Beschwerdemanagement erfolgt, indem im Rahmen einer **einperiodischen, vergangenheitsbezogenen Erfolgsrechnung** der ermittelte monetäre Erfolg des Beschwerdemanagements den durch diesen Bereich verursachten Kosten gegenübergestellt und auf diese Weise der durch das Beschwerdemanagement erwirtschaftete **Gewinn oder Verlust** der Periode berechnet wird.

Kosten- und Erfolgsrechnung

Bild 11.35 zeigt beispielhaft den **Aufbau einer Kosten- und Erfolgsrechnung für das Beschwerdemanagement**. Hierbei werden zunächst die monetären Größen für den Informationsnutzen, den Bindungsnutzen und den Kommunikationsnutzen addiert.

Von diesem Erfolg des Beschwerdemanagements werden die Personalkosten subtrahiert. Von dem daraus resultierenden Rohgewinn des Beschwerdemanagements werden im nächsten Schritt die Verwaltungs-, Kommunikations- und Reaktionskosten abgezogen, sodass man den Gewinn des Beschwerdemanagements erhält.

Erfolgs-/Kostenposition	Erfolg/Kosten
Informationsnutzen	2.000 €
+ Bindungsnutzen	965.952 €
+ Kommunikationsnutzen	57.600 €
= Erfolg des Beschwerdemanagements	**1.025.552 €**
- Personalkosten	283.000 €
= Rohgewinn des Beschwerdemanagements	**742.552 €**
- Verwaltungskosten	105.500 €
- Kommunikationskosten	31.500 €
- Reaktionskosten	240.000 €
= Gewinn des Beschwerdemanagements	**365.552 €**

Bild 11.35 Kosten- und Erfolgsrechnung des Beschwerdemanagements

In unserer Beispielrechnung greifen wir hinsichtlich der Erfolgsgrößen auf die monetäre Quantifizierung des Informationsnutzens (Bild 11.28), des Bindungsnutzens (Deckungsbeitrag/Jahr, Bild 11.31) und des Kommunikationsnutzens (Bild 11.34) zurück. In Bezug auf die **Kosten** werden die Werte aus Bild 11.24 eingesetzt. Nach Abzug der Personalkosten vom Markterfolg des Beschwerdemanagements ergibt sich ein **Rohgewinn** in Höhe von 1 025 552 €. Nach weiterer Subtraktion der Verwaltungs-, Kommunikations- und Reaktionskosten beläuft sich der **Gewinn des Beschwerdemanagements** auf 365 552 €. Selbst wenn man wegen der problematischen Ermittlung die Werte für den Informations- und den Kommunikationsnutzen außer Acht ließe, bliebe noch ein beträchtlicher Gewinn auf der Basis des Bindungsnutzens in Höhe von 305 952 €.

Return on Complaint Management (RoCM)

Die der Kosten- und Erfolgsrechnung zugrunde liegenden Größen bilden die Basis für die Berechnung einer wichtigen Rentabilitätskennzahl des Beschwerdemanagements: des Return on Complaint Management.

Diese Kennzahl wird berechnet, indem der erzielte Gewinn durch das „investierte Kapital“ dividiert wird. Interpretiert man die durch das Beschwerdemanagement in der Abrechnungsperiode verursachten Kosten als „investiertes Kapital“, ergibt sich die Erfolgsgröße des „**Return on Complaint Management“** als Quotient aus dem Gewinn des Beschwerdemanagements einerseits und dessen Kosten in der gleichen Periode andererseits. Bild 11.36 zeigt eine beispielhafte Berechnung des Return on Complaint Management unter Zugrundelegung von Zahlenwerten aus der obigen Kosten- und Erfolgsrechnung.

$$\text{Return on Complaint Management} = \frac{\text{Gewinn des Beschwerdemanagements}}{\text{Investitionen in das Beschwerdemanagement}} = \frac{365.552\ \text{¤}}{660.000\ \text{¤}} = \mathbf{55{,}39\ \%}$$

Bild 11.36 Return on Complaint Management

Demnach erwirtschaftet das Beschwerdemanagement in dieser Beispielrechnung einen Return on Complaint Management von 55,39 %. Berücksichtigt man im Zähler allein den Gewinn aufgrund des Bindungsnutzens (305 952 €), wird immer noch ein RoCM in Höhe von 46,36 % erreicht.

11.3.3.2 Wirtschaftlichkeit von Maßnahmen zur Optimierung des Beschwerdemanagements

Wirtschaftlichkeitsrechnungen sollten auch durchgeführt werden, um **Investitionen in Projekte zur Optimierung des Beschwerdemanagements** unter **finanzwirtschaftlichen Gesichtspunkten** zu beurteilen, wie etwa Projekte zur Einführung eines Beschwerdemanagement-Softwaresystems oder zur Durchführung eines Schulungsprogramms. Solche Investitionen sind immer mit Auszahlungen verbunden und werden getätigt, um einen größtmöglichen Ertrag im Sinne eines Einzahlungsüberschusses zu erwirtschaften. Die Beurteilung, ob und in welchem Ausmaß eine geplante Investition solchen Zielsetzungen gerecht wird, ist die **Aufgabe der Investitionsrechnung**. Gleichzeitig liefert diese bei Vorliegen mehrerer Maßnahmenalternativen auch Entscheidungsregeln dafür, die unter finanzwirtschaftlichen Gesichtspunkten optimale auszuwählen.

Im Folgenden wird die Beurteilung von Investitionen in das Beschwerdemanagement anhand eines einfachen **Beispiels** beschrieben, wobei Verfahren der Kostenvergleichs-, Gewinnvergleichs- und Rentabilitätsrechnung Anwendung finden.

Wir gehen von der **Ausgangssituation** eines Unternehmens aus, das einen Kundenstamm von 100 000 Kunden hat, von denen 48 000 verärgert waren und somit einen Anlass zur Beschwerde haben. Die Hälfte von ihnen hat tatsächlich eine Beschwerde artikuliert (24 000).

Maßnahmendefinition

In dieser Situation werden Überlegungen angestellt, welche Maßnahmen konkret zu ergreifen sind, um zukünftig mehr unzufriedene Kunden wieder an das Unternehmen zu binden. Grundsätzlich gibt es aus dem Blickwinkel des Beschwerdemanagements **drei zentrale Treiber der Kundenbindung bzw. der Kundenverlustvermeidung**:

- **Reduzierung der Verärgerungsquote:** Je weniger Kunden mit einem Problem konfrontiert werden, das zu einer Beschwerde Anlass gibt, desto geringer ist die Wahrscheinlichkeit, dass Kunden deswegen abwandern.
- **Erhöhung der Artikulationsquote:** Je mehr unzufriedene Kunden sich beschweren, desto eher kann das Beschwerdemanagement Einfluss nehmen, die Unzufriedenheit beseitigen und eine beabsichtigte Abwanderung verhindern.
- **Steigerung der Beschwerdezufriedenheit:** Je zufriedener Beschwerdeführer mit der Abwicklung ihrer Beschwerde sind, desto geringer ist die Wahrscheinlichkeit, dass sie kündigen.

Diese Kundenbindungstreiber zeigen zugleich konkrete Ansatzpunkte auf für die Festlegung von **Maßnahmen zur Maximierung der durch das Beschwerdemanagement gebundenen Kunden** und zur **Minimierung von Kundenverlusten**. Im Idealfall stellt das Beschwerdemanagement bei jeder zu ergreifenden Maßnahme die Überlegung an, welcher der drei Kundenbindungstreiber angesprochen wird. So erhöht beispielsweise die gezielte Kommunikation eines neu einzurichtenden telefonischen Beschwerdekanals die Zahl der unzufriedenen Kunden, die sich beschweren, und damit die Artikulationsquote. Umzusetzende Qualitätsverbesserungsmaßnahmen reduzieren die Wahrscheinlichkeit von Problemauftritten und damit die Verärgerungsquote. Mitarbeiterschulungen, eine Reorganisation der Beschwerdebearbeitungsprozesse oder eine Überarbeitung der Reaktionsangebote hingegen besitzen eine unmittelbare Wirkung auf die Zufriedenheit der Beschwerdeführer.

Analoge Überlegungen werden im folgenden **Beispielfall** angestellt. Zur Veranschaulichung der unterschiedlichen Wirkungen der drei beschriebenen Kundenbindungstreiber wird jeweils eine entsprechende Optimierungsmaßnahme ins Auge gefasst: Die **Maßnahme A** beinhaltet ein Sensibilisierungs- und Schulungsprogramm für alle Mitarbeiter im Kundenkontakt, um das Zufriedenheitsniveau der Beschwerdeführer zu verbessern. **Maßnahme B** sieht vor, durch die verstärkte Kommunikation des zentralen telefonischen Beschwerdekanals die Artikulationsquote zu erhöhen. **Maßnahme C** betrifft die Umsetzung eines Qualitätsverbesserungsprogramms für einen Problemschwerpunkt und hat damit zum Ziel, das zukünftige Auftreten von Problemen und die dadurch verursachte Kundenunzufriedenheit zu vermeiden und somit die Verärgerungsquote zu reduzieren.

Planung der Kundenbindungswirkungen pro Maßnahme und Berechnung der jeweils erzielbaren Ergebnisse

Für jede Maßnahme werden in einem ersten Schritt konkrete **Annahmen bezüglich der erwarteten Wirkung** im Hinblick auf die einzelnen Kundenbindungstreiber - Verärgerungsquote, Artikulationsquote und Beschwerdezufriedenheit - getroffen.

Bild 11.37 zeigt, dass durch das **Sensibilisierungs- und Schulungsprogramm (Maßnahme A)** die Beschwerdezufriedenheit von 15 % auf 20 % gesteigert werden soll und über diesen Hebel die Zahl der durch das Beschwerdemanagement gebundenen Kunden von 20 % auf 25 % erhöht bzw. die durch das Beschwerdemanagement vergraulten Kunden von 5 % auf 3 % reduziert werden sollen. Damit werden 1680 zusätzliche Wiederkäufer gewonnen.

Durch die verstärkte **Kommunikation des zentralen telefonischen Beschwerdekanals (Maßnahme B)** soll die Artikulationsquote von 50 % auf 60 % **gesteigert** werden, sodass die Anzahl der Kunden, die das Beschwerdemanagement erreichen, erhöht wird. Wird im Rahmen der Beschwerdeannahme, -bearbeitung und -reaktion mit derselben Qualität wie bisher agiert und eine Wiederkaufquote von 20 % bzw. eine Abwanderungsquote von 5 % erreicht, können über die erhöhte Anzahl von Beschwerdeführern 720 zusätzliche Wiederkäufer gebunden werden.

Durch das **Qualitätsverbesserungsprogramm (Maßnahme C)** soll die Anzahl der Kunden, die Anlass zu einer Beschwerde haben, von 48 % auf 41 % **gesenkt** werden. Weil sich nun weniger Kunden beschweren, wird bei gleichbleibender Artikulationsquote und Beschwerdezufriedenheit auch die Nettoanzahl an Wiederkäufern sinken (von 3600 in der Ausgangssituation auf 3075). Insofern müsste das Beschwerdemanagement bei einer optimalen Nutzung der bereitgestellten Informationen durch die Fachbereiche im Rahmen der Qualitätsverbesserung einen negativen Bindungsnutzen ausweisen, was unsinnig ist. Der positive ökonomische Effekt von Maßnahmen zur Reduzierung der Verärgerungsquote ergibt sich nämlich nicht durch zusätzliche gebundene Beschwerdeführer, sondern durch folgende Effekte: **(1)** Zunächst kann ein Qualitätsverbesserungsprogramm bewirken, dass die **Garantie- und Gewährleistungskosten sinken**. **(2)** Langfristig können die **Kosten des Beschwerdemanagements sinken**, da für die Bearbeitung von Beschwerden weniger Ressourcen bereitgestellt werden müssen - eine optimale Ausschöpfung des vorhandenen Beschwerdestimulierungspotenzials vorausgesetzt. **(3)** Weiterhin sorgt eine Reduzierung der Verärgerungsquote auch dafür, dass **weniger Kunden** Anlass haben, **die Geschäftsbeziehung** zu **beenden**.

Aufgrund der Komplexität der Berechnung der monetären Effekte von Qualitätsverbesserungsmaßnahmen wird nachfolgend nur die Berechnung des wirtschaftlichen Erfolgs für die Maßnahmen A und B veranschaulicht. Zur Beurteilung des wirtschaftlichen Erfolgs wird die Höhe des Bindungsnutzens herangezogen. Multipliziert man jeweils die Anzahl zusätzlich gebundener Wiederkäufer mit dem durchschnittlichen Jahresumsatz von 2400 € pro Kunde sowie einer durchschnittlichen Umsatzrendite von 8 %, ergibt sich für die Maßnahme A ein zusätzlicher Bindungsnutzen in Höhe von 322 560 €, für die Maßnahme B in Höhe von 138 240 €. Damit liegen alle Daten vor, die für Wirtschaftlichkeitsbetrachtungen erforderlich sind.

Beurteilung der Wirtschaftlichkeit der einzelnen Maßnahmen

Im Rahmen der **Kostenvergleichsrechnung** wird derjenigen Alternative der Vorzug gegeben, welche die geringsten Kosten aufweist. Legt man die absoluten Werte der **jährlichen Durchschnittskosten** als Bewertungskriterium zugrunde, fällt die Entscheidung zugunsten **Maßnahme B (40 000 €)** aus. Werden die **Durchschnittskosten pro zusätzlichem Wiederkäufer** kalkuliert, ist ebenfalls **Maßnahme B (71,43 €)** der Vorzug zu geben. Nur wenn man das zuletzt genannte Entscheidungskriterium heranzieht, ist sichergestellt, dass die Generierung von zusätzlichen Wiederkäufern auf kosteneffizienteste Weise erfolgt.

Die generelle Zielsetzung besteht jedoch darin, dass die durch die Maßnahmen initiierten Erträge die verursachten Kosten übersteigen. Daher empfiehlt es sich, im Rahmen der **Gewinnvergleichsrechnung** diejenige Alternative zu ermitteln und auszuwählen, die den größten Gewinn erwirtschaftet. Hier erweist **sich Maßnahme A** als überlegen, da durch die zusätzlich gehaltenen Kunden der höchste **Gewinn (202 560 €)** erwirtschaftet werden kann.

Da auch die Gewinnhöhe keine endgültige Aussage darüber erlaubt, welche Investition am lohnendsten ist, ist es empfehlenswert, in einem letzten Schritt eine **Rentabilitätsrechnung** für die Maßnahmen durchzuführen. Hier wird der Gewinn durch das „investierte Kapital“ dividiert. Interpretiert man die für die Maßnahmen eingesetzten Kosten als „investiertes Kapital“, ergibt sich die Rentabilitätskennziffer als Quotient aus dem durch die Maßnahmen erzielten Gewinn einerseits und den jeweils eingesetzten Kosten andererseits. In Bild 11.37 sind die jeweiligen Investitionsrenditen ausgewiesen und es zeigt sich, dass der **Alternative B mit der höchsten Rendite von 245,60 %** unter dem Gesichtspunkt der Rentabilität der Vorzug zu geben ist.

	Ausgangssituation		Maßnahme A		Maßnahme B		Maßnahme C	
	Aktuelles Beschwerdemanagement		Schulungsprogramm für das Kundenkontaktpersonal		Verstärkte Kommunikation des zentralen telefonischen Beschwerdekanals		Umsetzung eines Qualitätsbesserungsprogramms	
Annahmen bzgl. der zu erwartenden Bindungswirkungen								
Verärgerungsquote	48 %	48.000	48 %	48.000	48 %	48.000	41 %	41.000
Artikulationsquote	50 %	24.000	50 %	24.000	60 %	28.800	50 %	20.500
Beschwerdezufriedenheit	15 %	3.600	20 %	4.800	15 %	4.320	20 %	3.075
Bindungsnutzen								
Durch das Beschwerdemanagement gebundene Beschwerdeführer	20 %	4.800	25 %	6.000	20 %	5.760	20 %	4.100
Durch das Beschwerdemanagement "vergraulte" Beschwerdeführer	5 %	1.200	3 %	720	5 %	1.440	5 %	1.025
Nettoanzahl von Wiederkäufern		3.600		5.280		4.320		3.075
Bindungsnutzen auf Jahresbasis (Jahresumsatz: 2.400 € ; Umsatzrendite: 8 %)		691.200 €		1.013.760 €		829.440 €		
Durch die Maßnahmen A und B erzielte Wirkungen								
Verärgerungsquote				1.680		720		
Artikulationsquote				322.560 €		138.240 €		
Kosten der Maßnahmen								
Durchschnittskosten p.a.				120.000 €		**40.000 €**		
Beurteilung der Wirtschaftlichkeit der einzelnen Maßnahmen								
Kostenvergleichsrechnung (Kosten pro zusätzlichem Wiederkäufer)				71,43 €		**55,56 €**		
Gewinnvergleichsrechnung								
Gewinn pro Maßnahme				**202.560 €**		98.240 €		
Gewinn pro zusätzlichem Wiederkäufer				120,57 €		**136,44 €**		
Rentabilitätsrechnung (Investitionsrendite pro Maßnahme)				168,80 %		**245,60 %**		

Kundenbestand: 100.000

Bild 11.37 Beispiel für die Beurteilung von Investitionen in das Beschwerdemanagement mittels Kostenvergleichs-, Gewinnvergleichs- und Rentabilitätsrechnung

Abwägung der zu treffenden Entscheidung

Es wäre falsch, Entscheidungen über Maßnahmen zur Optimierung des Beschwerdemanagements ausschließlich unter dem Gesichtspunkt der Rentabilität zu treffen. In unserer Beispielrechnung spricht diesbezüglich alles für Alternative B. Unter der alleinigen Zugrundelegung der Rendite würde jedoch übersehen, dass mit der Umsetzung von Maßnahme A ein wesentlich größerer Effekt bezüglich zusätzlich generierter Wiederkäufer bzw. bezüglich des zusätzlich generierten Bindungsnutzens erzielt werden kann. Auch liegen die ermittelten Gewinnwerte für jeden zusätzlichen Wiederkäufer für die Maßnahmen A und B relativ nahe beieinander. In einem solchen Fall muss abgewogen werden, **welche Ziele grundsätzlich verfolgt werden**: Liegt das Augenmerk ausschließlich auf **Aspekten der Kosteneffizienz**, sollte die Entscheidung zugunsten der Maßnahme B ausfallen. Wird eine nachdrückliche Steigerung der **absoluten Anzahl zusätzlich gebundener Kunden** angestrebt, ist der Variante A der Vorzug zu geben. Darüber hinaus dürfen auch die Effekte bezüglich der **Außen- und Innenwirkung** einer Maßnahme nicht außer Acht gelassen werden. Maßnahme A unterstreicht die Ernsthaftigkeit des Themas und besitzt unmittelbare Signalwirkung für alle Mitarbeiter. Gleichzeitig werden die Bemühungen auch für den Kunden sichtbar und nachvollziehbar. Letzteres gilt ebenfalls für Maßnahme B, indem sich das Unternehmen als kundennah vor allem in Problemsituationen präsentiert. Demgegenüber besitzt Maßnahme C wahrscheinlich die geringste Außenwirkung.

Diese Abwägung zeigt, dass man sich **keineswegs darauf beschränken** sollte, bei anstehenden Investitionsentscheidungen im Beschwerdemanagement lediglich die Investitionsrendite einzelner Maßnahmen zu berechnen. Da es für deren Berechnung immer notwendig ist, die jeweiligen Kosten- und Gewinngrößen zu ermitteln, empfiehlt es sich grundsätzlich, für eine fundierte Entscheidungsfindung auch die Verfahren der Kostenvergleichs- und Gewinnvergleichsrechnung heranzuziehen. Maßnahmen, die als unwirtschaftlich identifiziert werden, sind grundsätzlich nicht weiterzuverfolgen. Maßnahmen mit einer positiven Wirtschaftlichkeit sind bezüglich der aufgezeigten Aspekte gegeneinander abzuwägen.

Nachdem die ausgewählte Maßnahme umgesetzt worden ist, sollte nach einem angemessenen Zeitraum überprüft werden, in welchem Ausmaß die geplante Verbesserung erreicht und ob der vorab berechnete Wirtschaftlichkeitseffekt auch **tatsächlich erzielt** werden konnte. Hierzu ist es notwendig, die der Wirtschaftlichkeitsrechnung zugrunde liegenden Daten erneut zu erheben und zu berechnen, in welcher Höhe die geplanten Kosten tatsächlich angefallen sind bzw. in welchem Ausmaß der Bindungsnutzen tatsächlich reduziert werden konnte.

11.4 Steuerung und Überwachung des Beschwerdemanagements

Evidenz-Controlling, Aufgaben-Controlling und Kosten-Nutzen-Controlling stellen ein umfassendes Konzept zur Ermittlung von Kennzahlen dar, mit deren Hilfe die **Zielerreichung des Beschwerdemanagements** gewährleistet werden kann. Allerdings müssen die Auswahl und der Einsatz dieser Kennzahlen planvoll auf die jeweiligen Steuerungs- und Überwachungszwecke abgestimmt werden. Hierfür stehen verschiedene Instrumente zur Verfügung, die sich durch Anwendungsbezug, methodische Vorgehensweise und Detaillierungsgrad der Datenanforderungen unterscheiden. Für den Bereich der Steuerung, d.h. die planmäßige und zielorientierte Ausrichtung des Beschwerdemanagements, wird hier auf zwei Ansätze eingegangen. Der **strategischen Steuerung** dienen **Key Performance Indicators** (Schlüsselindikatoren), die auf Ursache-Wirkungs-

Beziehungen in einer Beschwerdemanagement-Zielkette beruhen. Die **operative Steuerung** des Bereichs Beschwerdemanagement erfolgt mit Hilfe des **Beschwerdemanagement-Index (BMI)**. Für Zwecke der Überwachung, d.h. der Überprüfung der Einhaltung bzw. Erreichung definierter Soll-Zustände, wird anschließend auf verschiedene Formen eines **Beschwerdemanagement-Audits** eingegangen.

11.4.1 Steuerung

11.4.1.1 Strategische Steuerung mittels Key Performance Indicators

Die strategische Steuerung eines Bereichs Beschwerdemanagement muss im Hinblick auf konkrete Zielsetzungen erfolgen, die ihrerseits von den obersten Unternehmenszielen abzuleiten sind. Insofern setzt jede Steuerung Vorstellungen von Zielbeziehungen und diesbezügliche Überlegungen für das Beschwerdemanagement voraus. Diese werden in der Beschwerdemanagement-Zielkette offengelegt.

Die **Beschwerdemanagement-Zielkette** ist eine schematische Darstellung von Zielbeziehungen, welche die Erreichung des globalen Unternehmensziels, nämlich die **Erhöhung der Wettbewerbsfähigkeit des Unternehmens**, durch das Beschwerdemanagement beschreibt. Diese Kette wird aufgestellt, indem die für die Erreichung dieses Globalziels relevanten Teilziele des Beschwerdemanagements sowie damit einhergehende vorökonomische und ökonomische Zielgrößen formuliert und in Form von Schlüsselindikatoren (Key Performance Indicators – KPIs) als konkrete Steuerungsgrößen des Beschwerdemanagements operationalisiert werden.

Die Erhöhung der unternehmerischen Wettbewerbsfähigkeit als **Globalziel des Beschwerdemanagements** soll über die Verfolgung kundenbeziehungs-, qualitäts- und produktivitätsrelevanter **Teilziele** erreicht werden. Zu den wesentlichen **kundenbeziehungsrelevanten Teilzielen** gehören die Stabilisierung gefährdeter Kundenbeziehungen bzw. die Vermeidung von Kundenverlusten, die Erzielung von Mehrkäufen durch Erhöhung von Kaufintensität und Kauffrequenz sowie Förderung des Cross-Buying-Verhaltens, die Unterstützung der Erreichung eines kundenorientierten Unternehmensimages und die Schaffung zusätzlicher werblicher Effekte mittels Beeinflussung der Mundkommunikation. Zu den **qualitätsrelevanten Teilzielen** zählen die Verbesserung der Qualität von Produkten und Dienstleistungen sowie die Vermeidung externer und interner Fehlerkosten. Das **produktivitätsrelevante Teilziel** richtet sich auf die Steigerung der Effizienz in der Aufgabenerfüllung.

Diese Teilziele werden zunächst verbal formuliert und in einem ersten Schritt als **vorökonomische Zielgrößen** abgebildet. Nachfolgend werden die vorökonomischen Zielgrößen einschließlich ihrer **Key Performance Indicators** pro Teilziel dargestellt (siehe Bild 11.38).

Ziele des Beschwerdemanagements	Key Performance Indicators
Kundenbeziehungsrelevante Teilziele	Artikulationsquote/Nicht-Artikulationsquote
	Registrierungsquote/Nicht-Registrierungsquote
	Anteil überzeugter/enttäuschter Beschwerdeführer
	Empfehlungsquote/Warnungsquote
	Wiederkaufquote/Abwanderungsquote
Qualitätsrelevante Teilziele	Verärgerungsquote
	Gewährleistungsquote
	Garantiequote
Produktivitätsrelevantes Teilziel	Anzahl der pro Mitarbeiter oder Zeiteinheit bearbeiteten Beschwerden

Bild 11.38 Key Performance Indicators des Beschwerdemanagements

Die Verbesserung des Zielerreichungsgrads der **kundenbeziehungsrelevanten Ziele** spiegelt sich in folgenden Größen wider:

- Erhöhung der **Beschwerdeartikulation** (KPI: Artikulationsquote/Nicht-Artikulationsquote),
- Erhöhung der **Registrierung artikulierter Kundenbeschwerden** (KPI: Registrierungsquote/Nicht-Registrierungsquote),
- Erhöhung der **Beschwerdezufriedenheit** (KPI: Anteil überzeugter/enttäuschter Beschwerdeführer),
- Verstärkung der **positiven Mundkommunikation** (KPI: Empfehlungsquote/Warnun gsquote),
- Förderung des **Wiederkaufverhaltens** (KPI: Wiederkaufquote/Abwanderungsquote).

Erfolge bei der Erfüllung der **qualitätsrelevanten Ziele** schlagen sich vorökonomisch in folgenden Bezugsgrößen nieder:

- Sinkende **Verärgerung** von Kunden über Probleme mit Produkten und Dienstleistungen (KPI: Verärgerungsquote),
- Reduzierung von **Gewährleistungsfällen** (Gewährleistungsquote),
- Reduzierung von **Garantiefällen** (Garantiequote).

Von der Erreichung des **produktivitätsrelevanten Ziels** ist eine **effizientere und damit optimierte Bearbeitung von Beschwerden** zu erwarten (KPI: Anzahl der pro Mitarbeiter oder Zeiteinheit bearbeiteten Beschwerden).

Werden die für die einzelnen Teilziele des Beschwerdemanagements angegebenen vorökonomischen Zielrichtungen erreicht, führt dies zu folgenden durch das Beschwerdemanagement induzierten **ökonomischen Effekten:**

1. Eine effizientere Erfüllung der Aufgaben des Beschwerdemanagements zieht eine **Reduzierung der Kosten des Beschwerdemanagements** nach sich.
2. Die Steigerung der kundenbeziehungsrelevanten, vorökonomischen Größen hat einen unmittelbaren positiven Einfluss auf die ökonomischen Ziele des **Bindungs- und Kommunikationsnutzens.**
3. Die Erhöhung der vorökonomischen qualitätsrelevanten Ziele wiederum schlägt sich ökonomisch in einer Erhöhung des **Informationsnutzens** und damit in niedrigeren Fehlerkosten nieder.

Zusammengenommen führt eine Erhöhung der ökonomischen Zielgrößen zu einer Erhöhung der **Wirtschaftlichkeit des Beschwerdemanagements**, die wiederum zur Erfüllung des globalen Unternehmensziels, der **Erhöhung der Wettbewerbsfähigkeit** des Unternehmens, beiträgt. Indem abschließend die ökonomischen Nutzen- und Kostengrößen gegenübergestellt werden, kann die Wirtschaftlichkeit des Beschwerdemanagements und damit auch der Beitrag zur Erhöhung der Wettbewerbsfähigkeit des Gesamtunternehmens ermittelt werden. Bild 11.39 fasst die Zielkette mit ihren einzelnen Komponenten zusammen.

Diese Zielkette stellt einen eindeutigen Zusammenhang zwischen dem unternehmerischen Globalziel einerseits sowie den Teilzielen des Beschwerdemanagements mit ihren vorökonomischen und ökonomischen Zwischenzielen dar. Sie bietet zudem eine begründete Auswahl von Key Performance Indicators. Insofern bildet sie auch die Basis für die Entwicklung eines operativen Steuerungsinstruments.

11.4.1.2 Der Beschwerdemanagement-Index (BMI)

Nicht immer kommt es darauf an, die gesamte Zielkette zu steuern. Für die operative Arbeit der Bereichsleitung Beschwerdemanagement kann es sinnvoll sein, zunächst einmal einen relevanten Ausschnitt aus diese Kette zu betrachten, nämlich die Erreichung der spezifischen Teilziele des Beschwerdemanagements durch die Aufgabenerfüllung im direkten und indirekten Beschwerdemanagementprozess. Hierzu sind dann in detaillierterer Form, als dies in der generellen Zielkette zum Ausdruck kommt, Leistungsindikatoren und jeweils Soll-Erreichungsgrade als Standards zu definieren. Diese sind als Zielgrößen für eine präzise Steuerung der einzelnen Aufgabenbereiche heranzuziehen. Für einen schnellen Überblick über die Gesamtleistung des Beschwerdemanagements können die Einzelstandards bzw. die jeweiligen Erfüllungsgrade in einem Beschwerdemanagement-Index zusammengefasst werden.

Bei dem **Beschwerdemanagement-Index (BMI)** handelt es sich um ein flexibles Instrument, das unternehmensindividuell je nach Ausgangssituation und Herausforderungen des jeweiligen Beschwerdemanagements auszugestalten ist. Die Manager dieses Bereichs haben die für sie relevanten Bewertungsdimensionen und -merkmale auszuwählen, Gewichtungen vorzunehmen und Standards zu setzen. Das daraus resultierende Ergebnis ist aber nicht statisch, sondern der Index muss immer wieder den konkreten Anforderungen und Problemlagen **dynamisch** angepasst werden.

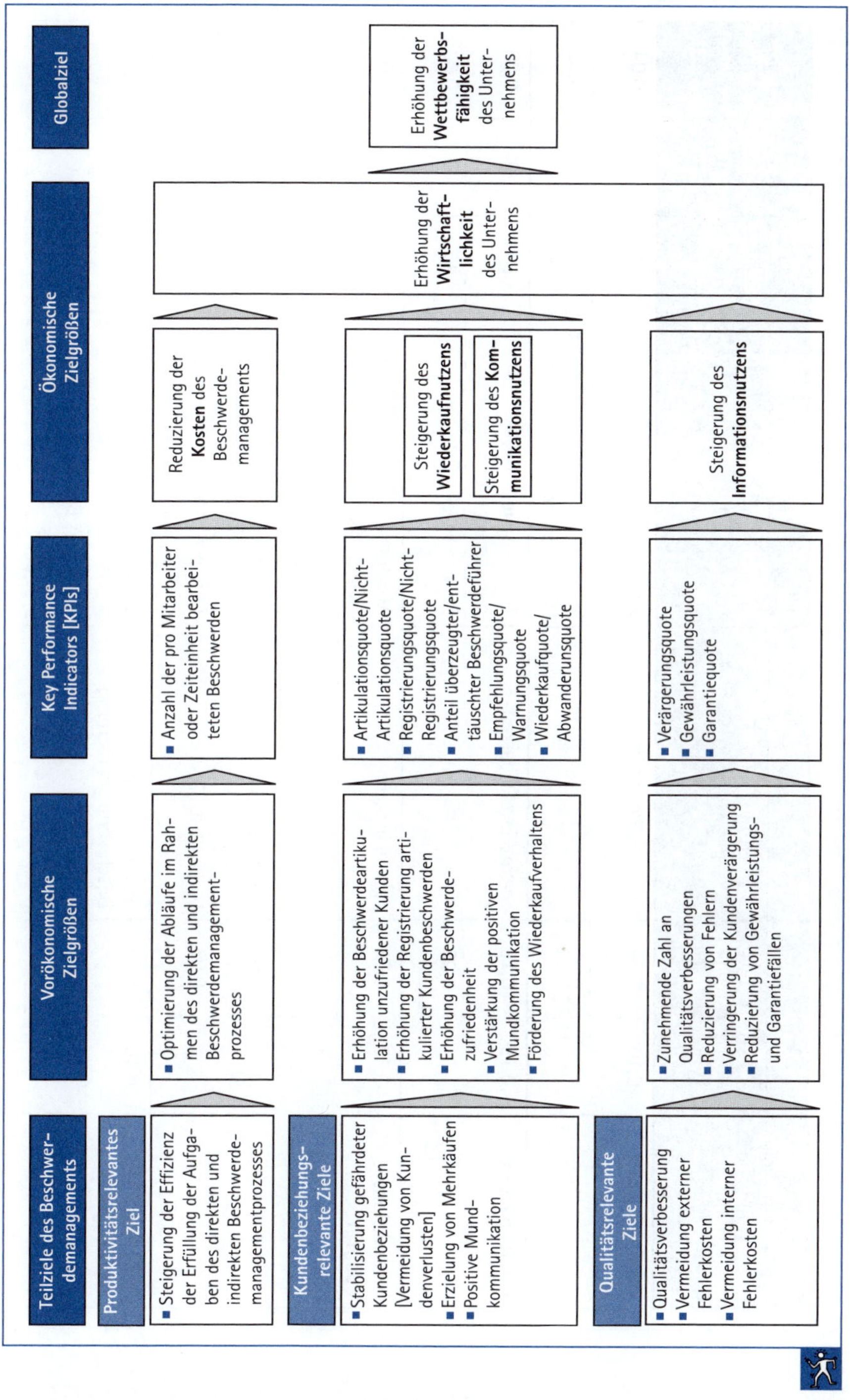

Bild 11.39 Wirkungskette des Beschwerdemanagements

1	2		3	4	5	6	7
Bewertungs-dimensionen	Gewicht	Teil-gewicht	Bewertungsmerkmal	Kennziffer	Standard	Standard erreicht (ja=1 nein=0)	Erreich-ter Wert (6 x 2)
Zugänglichkeit	0,10	0,04	Leichte Zugänglichkeit	Artikulationsquote	> 30%	1	0,04
		0,06		Mindest-Standard "Überzeugte" Höchst-Standard "Enttäuschte"	35% 25%	1	0,06
Erreichbarkeit	0,15	0,15	Leichte Erreichbarkeit	Telefonische Sofort-annahmequote	> 80%	0	0,00
		0,05		Service Level	> 80%	0	0,00
Interaktions-qualität	0,30	0,08	Freundlichkeit	Mindest-Standard "Überzeugte" Höchst-Standard "Enttäuschte"	80% 5%	1	0,08
		0,07	Einfühlungsvermögen	Mindest-Standard "Überzeugte" Höchst-Standard "Enttäuschte"	75% 12%	1	0,07
		0,08	Hilfsbereitschaft	Mindest-Standard "Überzeugte" Höchst-Standard "Enttäuschte"	90% 5%	0	0,00
		0,07	Verlässlichkeit	Mindest-Standard "Überzeugte" Höchst-Standard "Enttäuschte"	80% 10%	1	0,07
Reaktions-schnelligkeit	0,10	0,03	Schnelligkeit der Beschwerdebearbeitung	Erstkontaktquote	> 70%	1	0,03
		0,03		Dauer des Bearbeitungs-prozesses	< 3 Tage	0	0,00

1	2		3	4	5	6	7
Reaktionsschnelligkeit	*0,10*	0,04	*Schnelligkeit der Beschwerdebearbeitung*	Mindest-Standard "Überzeugte" Höchst-Standard "Enttäuschte"	50% 25%	1	0,04
Problemlösung	0,10	0,05	Fairness der Problemlösung	Mindest-Standard "Überzeugte" Höchst-Standard "Enttäuschte"	50% 30%	1	0,05
		0,05	Vollständigkeit der Problemlösung	Folgequote	< 5%	0	0,00
Bearbeitungs-qualität	0,15		Zügige Weiterleitung der Beschwerdefälle	Termingerechte Weiterleitungsquote	> 90%	1	0,15
Auswertungs-qualität	0,05	0,02	Nutzungsgerechte Informationsbereitstellung	Nutzungsquote	> 10%	1	0,02
		0,03		Zufriedenheit interner Kunden mit der Auswertungsqualität	> 70%	1	0,03
Reportqualität	0,05		Zeitgerechte Informations-bereitstellung	Zeitgerechte Reportquote	> 95%	0	0,00
Summe	**1,00**						**BMI = 0,64**

Bild 11.40 Beschwerdemanagement-Index (Beispielrechnung)

Die Entwicklung des Beschwerdemanagement-Index (BMI) besteht aus **fünf Schritten**, die im Folgenden anhand eines Beispiels beschrieben werden:

1. **Auswahl der relevanten Bewertungsdimensionen und -merkmale:** Im ersten Schritt gilt es, mit Blick auf die Teilziele des Beschwerdemanagements die relevanten Bewertungsdimensionen und -merkmale auszuwählen. In unserem Beispiel werden Merkmale für alle relevanten Qualitätsdimensionen aufgenommen, während unter Produktivitätsgesichtspunkten die Arbeitsproduktivität der Beschwerdeannahme und -bearbeitung berücksichtigt wird (siehe Spalten 1 und 3 in Bild 11.40).
2. **Gewichtung der Bewertungsdimensionen und -merkmale:** Anschließend muss das Management eine Gewichtung der Dimensionen und Merkmale vornehmen. Darin kommt zum einen zum Ausdruck, welcher Stellenwert der Qualität in Relation zur Produktivität eingeräumt wird. Zum anderen erfolgt auch eine Gewichtung der einzelnen Qualitäts- und Produktivitätsmerkmale. In pragmatischer Weise wird dabei so vorgegangen, dass eine Gesamtpunktzahl von 1,0 auf die Dimensionen und Merkmale verteilt wird (siehe beispielhaft Spalte 2 in Bild 11.40).
3. **Festlegung von Standards:** Für jedes Merkmal ist nun ein Standard zu definieren, wie dies im Rahmen des Aufgaben-Controllings beschrieben wurde. Dementsprechend sind für die Qualitätsmerkmale subjektive und objektive Qualitätsindikatoren auszuwählen und ist das jeweils angestrebte Niveau als Qualitätsstandard festzulegen. Analoges gilt für die Produktivitätsmerkmale (siehe Spalten 4 und 5 in Bild 11.40).
4. **Überprüfung der Standarderfüllung:** Im Rahmen einer periodischen Überprüfung ist nun zu untersuchen, ob der geforderte Soll-Standard tatsächlich erreicht wurde. Wenn das der Fall ist, wird dies in der Übersicht durch die Zuordnung des Werts 1 zum Ausdruck gebracht. Wird der Standard verfehlt, wird diesem Merkmal der Wert 0 zugeordnet. Der Grund für die Verwendung einer solchen 0/1-Variablen besteht darin, dass nur die Merkmale in den Index eingehen sollen, deren Qualitäts- und Produktivitätsziele erreicht wurden (siehe Spalte 6 in Bild 11.40).
5. **Berechnung des Beschwerdemanagement-Index:** Im letzten Schritt wird der Index errechnet, indem die jeweiligen Merkmalsgewichte (Spalte 2) mit der Ausprägung der 0/1-Variablen (Spalte 6) multipliziert und die Ergebnisse aufaddiert werden (Spalte 7). In dem dargestellten fiktiven Beispiel käme man auf einen Wert von 0,64 für den Beschwerdemanagement-Index (Maximalwert = 1,00).

Das hier vorgestellte Verfahren zeichnet sich durch Einfachheit, Transparenz, Flexibilität und Praktikabilität aus. Es fordert nur **sehr geringen methodischen Aufwand** und kann in allen Unternehmen leicht an die spezifische Situation angepasst werden. Jedes Unternehmen hat individuell zu entscheiden, welche Bewertungsmerkmale aufgenommen und wie sie gewichtet werden sollen. Dabei wird zugleich transparent gemacht, wo die Prioritäten in Bezug auf Qualität und Produktivität liegen und welcher Stellenwert bestimmten Merkmalen eingeräumt wird. Zudem ist das System sehr flexibel, da durch die Aufnahme neuer Merkmale und Neugewichtungen unmittelbar auf Handlungsbedarf reagiert werden kann.

Selbstverständlich kann dieses einfache Verfahren auf vielfältige Weise modifiziert und weiterentwickelt werden. Dazu gehört beispielsweise, dass für die Standards **Toleranzgrenzen** definiert werden. Dann könnte man bei positiver Überschreitung der Toleranzgrenze das Merkmal mit einem höheren Erreichungsfaktor (z. B. 1,25 statt 1,0) gewichten und bei entsprechender negativer Unterschreitung eine negative Bewertung vornehmen (z. B. -0,25 statt 0). Bei solchen und weiteren Verfeinerungen sollte allerdings immer sichergestellt werden, dass das System für jedermann überschaubar bleibt, weil dies eine wesentliche Voraussetzung für dessen Akzeptanz ist.

Der Beschwerdemanagement-Index kann als **zentrale aggregierte Größe des Aufgaben-Controllings** angesehen werden. Er macht auf einen Blick deutlich, inwiefern die definierten Qualitäts- und Produktivitätsziele erreicht sind. Eine genauere Analyse des Berechnungsbogens zeigt sehr schnell, welche Standards erfüllt bzw. verfehlt wurden. Auf dieser Basis sind dann Überlegungen anzustellen, welche Maßnahmen zur zukünftigen Zielerfüllung erforderlich sind bzw. ob eine **Zielrevision** angebracht erscheint.

11.4.2 Überwachung mit Hilfe eines Beschwerdemanagement-Audits

Der Begriff „Überwachung“ wird als Oberbegriff für Überprüfungen verwendet, in denen ein ermittelter Ist-Zustand einem Vergleichsmaßstab, dem geplanten bzw. für richtig gehaltenen Zustand, gegenübergestellt wird (Köhler 1993). Was Gegenstand solcher Überprüfungen sein kann, wurde ausführlich in den Kapiteln zum Evidenz-, Aufgaben- und Kosten-Nutzen-Controlling dargestellt. Hier sei nun der Schwerpunkt der Betrachtung auf die Verfahrensseite der Überprüfung gelegt, nämlich auf **Beschwerdemanagement-Audits**.

Beim Beschwerdemanagement-Audit handelt es sich um eine umfassende, systematische und unabhängige Überprüfung des Bereichs Beschwerdemanagement, in der festgestellt wird, ob definierte Anforderungen erfüllt sind, in der Regel unter Einsatz von **Prüffragenkatalogen (Checklists)**. Dabei steht weniger eine vergangenheitsorientierte und ergebnisbezogene Kontrolle von eingetretenen Soll-Ist-Abweichungen im Vordergrund. Stattdessen sollen Audits zukunftsorientiert mögliche Soll-Ist-Abweichungen antizipieren und diese durch eine systematische und regelmäßige kritische Überprüfung der Ziele, Strategien und Maßnahmen verhindern. In diesem Sinne sind Audits ein Frühwarnsystem für Fehlentscheidungen und Fehlentwicklungen, welche die Anpassungsfähigkeit an relevante interne und externe Umweltveränderungen sicherstellen sollen (Bauer/Stokburger/Hammerschmidt 2006).

Das Beschwerdemanagement-Audit umfasst die folgenden vier Bereiche: Strategie-Audit, Verfahrens-Audit, Maßnahmen-Audit und Rahmenfaktoren-Audit (siehe Bild 11.41).

Strategie-Audit	**Verfahrens-Audit**
Prüfung von ▪ zugrunde gelegten Prämissen ▪ Schlussfolgerungen ▪ strategischen Zielen	**Prüfung von** ▪ Planungsverfahren ▪ Methodeneinsatz ▪ Informationsversorgung
Maßnahmen-Audit	**Rahmenfaktoren-Audit**
Prüfung von ▪ Vereinbarkeit mit der strategischen Grundkonzeption ▪ wechselseitiger Maßnahmenabstimmung ▪ Effizienz des Maßnahmeneinsatzes	**Prüfung von** ▪ Personalausstattung ▪ informationstechnologischer Infrastruktur ▪ Organisationseffizienz ▪ finanziellen Ressourcen

Bild 11.41 Die vier Bereiche des Beschwerdemanagements-Audits (in Anlehnung an Köhler 1993; Bauer/Stokburger/Hammerschmidt 2006)

Bei dem **Beschwerdemanagement-Strategie-Audit** handelt es sich im Wesentlichen um eine Konsistenzprüfung der strategischen Grundannahmen. Hier werden die Vorgehensweise bei der strategischen Ist-Analyse des Beschwerdemanagements und die daraus gezogenen Schlussfolgerungen auf Korrektheit und Stichhaltigkeit überprüft. So wird die externe Umweltanalyse des Beschwerdemanagements daraufhin untersucht, ob realistische Annahmen über die relevanten politisch-rechtlichen, gesellschaftlichen, wirtschaftlichen und technologischen Faktoren getroffen wurden, die zu quantitativen Verschiebungen des Beschwerdeaufkommens oder zu einer qualitativen Veränderung der Beschwerdeerwartungen und des Dialogverhaltens von Kunden führen. Analog wird für die Analyse der internen Umwelt geprüft, inwieweit die Anforderungen der internen Anspruchsgruppen richtig erfasst wurden und insbesondere die strategische Ausrichtung des Gesamtunternehmens angemessen berücksichtigt wurde. Mit der Prüfung der strategischen Prämissen und der Logik der Schlussfolgerungen ist es dann auch möglich, die strategischen Ziele des Beschwerdemanagements und damit insbesondere die Entscheidung für eine der strategischen Optionen (Beschwerdefabrik, Beziehungsverstärker, Qualitätssicherer, Zufriedenheitslabor) im Hinblick auf Angemessenheit zu bewerten.

Das **Beschwerdemanagement-Maßnahmen-Audit** befasst sich mit der inhaltlichen Planung der Aufgabenerfüllung im direkten und indirekten Beschwerdemanagementprozess. Insbesondere wird geprüft, ob die Maßnahmen, die in den verschiedenen Aufgabenbereichen eingesetzt werden, tatsächlich strategiekonform sind. Dazu gehört auch die Reflexion, inwieweit die Wirkungsannahmen realistisch und die eingesetzten Maßnahmen tatsächlich zielführend sind. Darüber hinaus wird auch auf die wechselseitige Abstimmung der eingesetzten Instrumente geachtet, um möglichst hohe Synergieeffekte zu realisieren. Zudem wird der Maßnahmeneinsatz jeweils daraufhin untersucht, ob definierte Prozessregelungen eingehalten wurden und ob eine effiziente Ausführung vorliegt bzw. ob noch Effizienzverbesserungen möglich sind.

Das **Beschwerdemanagement-Verfahrens-Audit** befasst sich nicht mit Planungsergebnissen oder Abweichungsdaten, sondern nimmt eine Beurteilung der Verfahrenskonzeptionen und des eingesetzten methodischen Instrumentariums vor. Gegenstand der Überprüfung sind daher die Verfahren und Methoden, die im Beschwerdemanagement zur Planung von Zielen und Maßnahmen eingesetzt werden. So wird hier beispielsweise untersucht, inwieweit die Methoden zur Priorisierung von Problemen (wie die Frequenz-Relevanz-Analyse von Beschwerden), zur Befragung der Zufriedenheit von internen und externen Kunden des Beschwerdemanagements, zur Berechnung des Bindungsnutzens oder zur Informationsnutzung (z.B. Anwendung der FMEA) korrekt und sinnvoll eingesetzt werden bzw. ob bessere methodische Alternativen zur Verfügung stehen. Darüber hinaus wird hier auch analysiert, ob eine zielorientierte Informationsversorgung stattfindet. Diese Analyse des Informationssystems bezieht sich weniger auf die technologische Dimension, sondern auf die Angemessenheit der innerbetrieblichen Informationsbereitstellung und -weitergabe beschwerderelevanter Informationen, insbesondere durch das Beschwerdereporting.

Das **Beschwerdemanagement-Rahmenfaktoren-Audit** geht der Frage nach, inwieweit die personalpolitischen, informationstechnologischen und organisatorischen Rahmenfaktoren des Beschwerdemanagements strategiegerecht gestaltet sind. In Bezug auf die Mitarbeiter ist die quantitative und qualitative Angemessenheit der Personalausstattung und des Einsatzes von Maßnahmen des personalorientierten internen Marketings zu untersuchen. Dazu gehört u.a. die Bewertung von Ausmaß und Konsequenzen des Mitarbeiter-Empowerments oder von Umfang und Wirkung der eingesetzten Mitarbeiterschulungen. Die informationstechnologische Infrastruktur ist mit Blick auf Dimensionierung, Qualität und Effizienz zu bewerten. Hinsichtlich des Rahmenfaktors Organisation steht die Frage im Fokus des Audits, inwieweit die realisierte organisatorische Lösung eine optimale Erfüllung der strategischen Zielsetzung des Beschwerdemanagements gestattet. Auf dem Prüfstand stehen hier vor allem die getroffenen Entscheidungen für ein zentrales, dezentrales oder duales Beschwerdemanagement. Darüber hinaus wird untersucht, inwieweit die dem Beschwerdemanagement zuerkannten Einflussrechte die Zielerreichung ermöglichen, die gewählte organisatorische Einbindung in das Unternehmen (z.B. als Stabsstelle oder Linienfunktion) sinnvoll ist und ob unter Kosten- und Qualitätsgesichtspunkten ein Outsourcing von Aufgabenbereichen eine überlegene Alternative darstellt.

Mit der Prüfung dieser Rahmenfaktoren geht die Analyse einher, inwieweit das dem Beschwerdemanagement zugewiesene Budget realistisch ist bzw. welche finanziellen Anpassungen im Sinne einer besseren Zielerreichung erforderlich sind. Zwar sind die Rahmenfaktoren kurzfristig als gegeben hinzunehmen, aber im Zusammenhang mit dem Strategie-Audit wird erkennbar, welche personalpolitische, informationstechnologische und finanzielle Ausstattung notwendig ist und welche organisationalen Veränderungen erforderlich sind, um die angestrebte Strategie realisieren zu können. Insofern sind Strategie- und Rahmenfaktoren-Audit in einem engen Zusammenhang zu sehen. Denn Abweichungen der Ist- von der Soll-Strategie einerseits oder aber eine mangelnde Ressourcenausstattung, die es unmöglich macht, die Soll-Strategie zu realisieren, geben Anlass, grundlegende Überlegungen zum erforderlichen Veränderungsprozess anzustellen, die dann die Grundlage bilden für Gespräche mit der übergeordneten Managementebene bzw. der Unternehmensleitung.

Kapitel 11 ganz kurz:

- Das Beschwerdemanagement-Controlling besteht aus den drei Teilbereichen Evidenz-Controlling, Aufgaben-Controlling und Kosten-Nutzen-Controlling.
- Im Evidenz-Controlling wird das Ausmaß nicht artikulierter und nicht registrierter Beschwerden und somit die reale Größe des Verärgerungs-Eisbergs ermittelt.
- Im Zentrum des subjektiven Aufgaben-Controllings steht die Messung der Zufriedenheit von Beschwerdeführern mit allen Aspekten der Beschwerdehandhabung.
- Im objektiven Aufgaben-Controlling werden objektive Qualitäts- und Produktivitätsstandards für alle Aufgabenbausteine des Beschwerdemanagements definiert.
- Die Kosten des Beschwerdemanagements können im Rahmen des Kosten-Controllings entweder entsprechend der traditionellen Kostenrechnung oder mittels der Prozesskostenrechnung erfasst werden.
- Gegenstand des Nutzen-Controllings ist die monetäre Bewertung des Informationsnutzens, des Bindungsnutzens und des Kommunikationsnutzens des Beschwerdemanagements.
- Für die Berechnung des Informationsnutzens bietet sich primär die Reduzierung von Gewährleistungs- und Garantiekosten auf der Grundlage der Verwendung von Beschwerdeinformationen an.
- Der Bindungsnutzen besteht aus den Umsätzen bzw. Gewinnen durch diejenigen Kunden, die wegen des Beschwerdemanagements (netto) gebunden werden konnten.
- Der Kommunikationsnutzen liegt in den Umsätzen bzw. Gewinnen durch die Kunden, die aufgrund der Mundkommunikation zufriedengestellter Beschwerdeführer (netto) neu gewonnen werden konnten.
- Als Maß für die Wirtschaftlichkeit des Bereichs Beschwerdemanagement kann der Return on Complaint Management (RoCM) herangezogen werden.
- Zur strategischen Steuerung des Bereichs Beschwerdemanagement sind Key Performance Indicators heranzuziehen.
- Die operative Steuerung des Beschwerdemanagements kann mit Hilfe des Beschwerdemanagement-Indexes (BMI) erfolgen.
- Zur systematischen Überwachung des Bereichs Beschwerdemanagement bietet sich ein Beschwerdemanagement-Audit an, das Strategie, Verfahren, Maßnahmen und Rahmenfaktoren überprüft.

Literatur

Anderson, E.W./Fornell, C./Rust, R.T. (1997): Customer Satisfaction, Productivity, and Profitability: Differences Between Goods and Services, in: Marketing Science, 16. Jg., Nr. 2, S. 129 - 145.

Anton, J. (1997): Call Center Management by the Numbers, Annapolis.

Anton, J./Hoeck, M. (2001): e-Business Customer Service, Santa Monica.

Backhaus, K./Erichson, B./Plinke, W./Weiber, R. (2010): Multivariate Analysemethoden: Eine anwendungsorientierte Einführung, 13. Aufl., Berlin.

Bauer, H.H./Stokburger, G./Hammerschmidt (2006): Marketing Performance, Wiesbaden.

Blanding, W. (1988): The Deadly Game of Losing Customers, Customer Service Institute, Silver Spring.

Churchill, G.A./Iacobucci, D. (2010): Marketing Research, 10. Aufl., Mason.

Cleveland, B./Mayben, J./Greff, G. (1998): Call-Center-Management: Leitfaden für Aufbau, Organisation und Führung von Teleservicecentern, Wiesbaden.

Corsten, H. /Gössinger, R. (2007): Dienstleistungsmanagement, 5. Aufl., München.

Engeser, M./Esterhazy, Y. (2006): Wir wollen die Besten, Interview mit Google-Europachef Nikesh Arora, in: Wirtschaftswoche, Nr. 10 vom 6.3.2006, S. 120 - 121.

Fandel, G./ Fey, A./Heuft, B./Pitz, T. (2009): Kostenrechnung, 3. Aufl., Berlin, Heidelberg.

Fornell, C. (1978): Complaint Management and Marketing Performance. Working Paper, North Western University, Evanston, Illinois.

Goodman, J.A./Malech, A.R./Marra, T.R. (1987): Beschwerdepolitik unter Kosten/Nutzen-Gesichtspunkten - Lernmöglichkeiten aus den USA, in: Hansen, U./Schoenheit, I. (Hrsg.): Verbraucherzufriedenheit und Beschwerdeverhalten, Frankfurt/Main u.a., S. 165 - 202.

Goodman, J.A./O'Brien, P./Segal, E. (2000): Turning CFOs into Quality Champions, in: Quality Progress, 33. Jg., Nr. 3, S. 47 - 54.

Günter, B./Helm, S. (Hrsg.) (2006): Kundenwert, 3. Aufl., Wiesbaden.

Heskett, J.L./Sasser, W.E./Schlesinger, L.A. (1997): The Service Profit Chain, New York u.a.

Hoffmann, A. (1991): Die Erfolgskontrolle von Beschwerdemanagement-Systemen, Frankfurt/Main u.a.

Jung, H. (2011): Controlling, 3. Aufl., München.

Kendall, C.L./Russ, F.A. (1982): Garantie- und Beschwerdepolitik: Eine Chance für das Marketing-Management, in: Hansen, U./Stauss, B./Riemer, M. (Hrsg.): Marketing und Verbraucherpolitik, Stuttgart, S. 240 - 252.

Köhler, R. (1993): Beiträge zum Marketing-Management: Planung, Organisation, Controlling, 3. Aufl., Stuttgart.

Kroeber-Riel, W./Weinberg, P./Gröppel-Klein, A. (2013): Konsumentenverhalten, 10. Aufl., München.

o.V. (1999): APQC on Complaint Management and Problem Resolution - A Baldrigeplus.com Exhibit, Alexandra.

Ossadnik, W. (2009): Controlling, 4. Aufl., München.

Reichheld, F.F. (2004): Mundpropaganda als Maßstab für den Erfolg, in: Harvard Businessmanager, März, S. 22 - 35.

Reichheld, F.F. (2006): The Ultimate Question. Driving Good Profits and True Growth. Boston.

Reichheld, F./Markey, R. (2011): Die ultimative Frage 2.0: Wie Unternehmen mit dem Net Promoter System kundenorientierter und erfolgreicher sind, Frankfurt.

Reichheld, F./Seidensticker, F. J. (2006): Die ultimative Frage, München.

Remer, D. (2005): Einführen der Prozesskostenrechnung, 2. Aufl., Stuttgart.

Ruf, S. (2007): Würden Sie diese Methode einem Freund empfehlen?, in: Verband Schweizer Markt- und Sozialforscher (Hrsg.): Jahrbuch 2007, S. 38 - 40.

Schierenbeck, H./Wöhle, C. B. (2012): Grundzüge der Betriebswirtschaftslehre, 18. Aufl., München.

Servicebarometer (2013): Kundenmonitor 2013, München.

Singh, J. (2000): Performance Productivity and Quality of Frontline Employees in Service Organizations, in: Journal of Marketing, 64. Jg., April, S. 15 - 34.

Stauss, B./Hentschel, B. (1992): Messung von Kundenzufriedenheit, in: Marktforschung & Management, 36. Jg., Nr. 3, S. 115 - 122.

Stauss, B./Schöler, A. (2003): Beschwerdemanagement Excellence: State-of-the-Art und Herausforderungen der Beschwerdemanagement-Praxis in Deutschland, Wiesbaden.

Stauss, B./Seidel, W. (2013): Zur Notwendigkeit eines Follow Up-Beschwerdemanagements, in: Marketing Review St. Gallen, 30. Jg. Nr. 3, S. 54 - 62.

TARP (1979): Consumer Complaint Handling in America: Final Report, Washington DC.

Vocatus (2007): Die Aussagekraft des Net Promoter Score, München.

PROBLEME
PROBLEME
PROBLEME
PROBLEME
PROBLEME
LR

12 Beschwerdereporting

- Welche Bereitstellungsformen für das Beschwerdereporting gibt es?
- Welche Inhalte sind im Beschwerdereporting zu berücksichtigen?
- In welcher formalen Form sollen Beschwerdereports bereitgestellt werden?
- In welchen zeitlichen Intervallen erfolgt das Beschwerdereporting?
- Für welche unternehmensinternen Zielgruppen sind Beschwerdereports zu erstellen?
- Welche Barrieren stehen einer aktiven Nutzung der in Beschwerdereports präsentierten Informationen im Wege?

Das Beschwerdereporting betrifft die aktive und regelmäßige Berichterstattung über **beschwerderelevante Sachverhalte** an unternehmensinterne Zielgruppen durch das Beschwerdemanagement. Dabei handelt es sich primär um wesentliche Ergebnisse der Beschwerdeauswertung, sekundär auch um Informationen aus dem Beschwerdemanagement-Controlling über die Effizienz und Effektivität des Beschwerdemanagements selbst. Neben dieser **aktiven Berichterstattung (Informations-Push)** gehört es auch zum Aufgabenspektrum des Beschwerdereportings, auf Anforderung interner Kunden Sonderauswertungen vorzunehmen sowie sämtliche beschwerderelevanten Informationen so **bereitzustellen**, dass berechtigte interne Kunden einen unmittelbaren Zugriff darauf haben bzw. eigenständig Auswertungen durchführen können **(Informations-Pull)**.

12.1 Aktives Reporting von Ergebnissen (Informations-Push)

In einem ersten Schritt muss entschieden werden, welche Auswertungen in welcher Form und in welchen Zeitintervallen (täglich, monatlich, wöchentlich usw.) aufbereitet und aktiv an welche interne Zielgruppen weitergeleitet werden sollen.

12.1.1 Inhaltliche Dimension des Beschwerdereportings

Zunächst ist zu entscheiden, **welche Inhalte in welcher Form und in welchem Detaillierungsgrad** den jeweiligen Personenkreisen zur Verfügung gestellt werden müssen. Inhaltlich ist zwischen beschwerde- und beschwerdemanagementbezogenen Informationen zu unterscheiden.

12.1.1.1 Beschwerdebezogene Inhalte

Die **beschwerdebezogenen Inhalte** geben Auskunft über das Beschwerdeaufkommen, die Beschwerdeführer, die von den Beschwerdeführern gewählten Beschwerdekanäle sowie über die Beschwerdeobjekte und -probleme. Die hierfür erforderlichen Informationen werden von der Beschwerdeanalyse (Kapitel 10.1) bereitgestellt.

Reportingdimension „Beschwerdeaufkommen“

Hinsichtlich des **Beschwerdeaufkommens** ist primär der Gesamtumfang der eingegangenen Beschwerden und dessen Entwicklung im Zeitablauf von Interesse. Für eine differenzierte Betrachtung ist es sinnvoll, nicht nur die **Anzahl der Beschwerdeführer** und **Beschwerdevorgänge**, sondern auch die Gesamtzahl der artikulierten Probleme (**Beschwerdepunkte**) zu dokumentieren, weil deren Volumen über die faktische Zahl von Einzelaspekten informiert, die in Beschwerden angesprochen werden (Bild 12.1).

Bild 12.1 Differenzierte Darstellung des Beschwerdeaufkommens

Bei der Darstellung der zeitlichen Entwicklung ist zu beachten, dass ein erhöhtes Beschwerdeaufkommen keineswegs zwingend bedeutet, dass die Kunden unzufriedener geworden sind. Es ist auch denkbar, dass sich ein höherer Anteil verärgerter Kunden beschwert hat, was positiv zu bewerten wäre. Deshalb sollte die Beschwerdeanzahl zugleich immer **unter Beachtung der Verärgerungs- und Artikulationsquote** beurteilt werden (Bild 12.2).

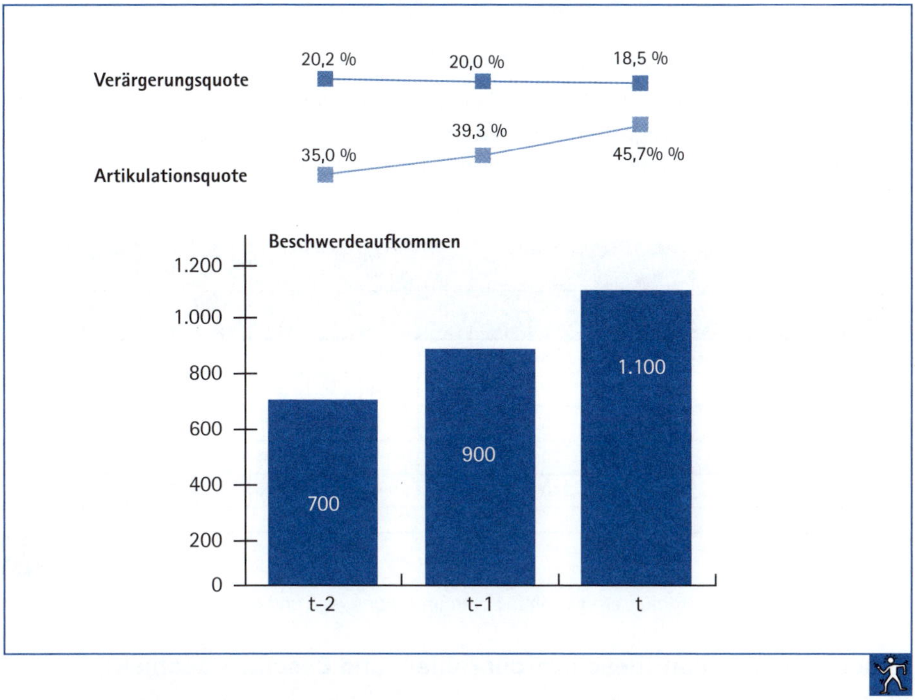

Bild 12.2 Positive Beurteilung eines erhöhten Beschwerdeaufkommens unter Berücksichtigung der Verärgerungs- und Artikulationsquote

Reportingdimension „Beschwerdeführer“

In Bezug auf die Beschwerdeführer ist insbesondere eine differenzierte Betrachtung nach Typen von Bedeutung, d.h., es ist gesondert aufzuzeigen, wie viele **Mehrfach-, Wiederhol- und Folgebeschwerdeführer** zu verzeichnen sind (Bild 12.3).

Bild 12.3 Unterschiedliche Typen von Beschwerdeführern

Darüber hinaus ist es sinnvoll darzustellen, **wie oft** sich Mehrfachbeschwerdeführer an das Unternehmen gewandt haben (1-fach-, 2-fach-, x-fach-Beschwerdeführer) und wie sich das Beschwerdeaufkommen auf verschiedene **Kundensegmente** verteilt.

Reportingdimension „Beschwerdekanäle"

Die Betrachtung der Beschwerdekanäle betrifft die von den Beschwerdeführern gewählten **Kommunikationswege** und **Adressaten**, die jeweils getrennt, aber auch kombiniert in Form einer Kreuztabelle betrachtet werden können (Bild 12.4).

Kommunikationswege	Telefon		E-Mail		Brief		Telefax		Internet		Summe	
Adressaten	abs	%	abs	%	abs	%	abs	%	abs	%	abs	%
Beschwerdemangement	60	22 %	90	33 %	70	26 %	5	2 %	45	17 %	270	100 %
Beschwerde-Center	400	62 %	200	31 %	0	0 %	10	2 %	40	6 %	650	100 %
Fachbereiche	30	38 %	30	38 %	10	13 %	5	6 %	5	6 %	80	100 %
Geschäftsleitung	0	0 %	20	20 %	80	80 %	0	0 %	0	0 %	100	100 %
Gesamt	490	45 %	340	31 %	160	15 %	20	2 %	90	8 %	1.100	100 %

Bild 12.4 Von Beschwerdeführern gewählte Kommunikationswege und Adressaten

Reportingdimension „Beschwerdeproblem und Beschwerdeobjekt"

Die **Reportingdimension „Beschwerdeproblem und Beschwerdeobjekt"** bezieht sich auf die von den Kunden wahrgenommenen Fehler bezüglich der unternehmerischen Leistungen. Hier sind in erster Linie Häufigkeitsverteilungen über die Beschwerdeobjekte und die artikulierten Kundenprobleme/Beschwerdepunkte zu präsentieren. In welcher inhaltlichen Struktur die Aufbereitung der Beschwerdegründe erfolgt, ist sehr stark davon abhängig, welche Art der Problemkategorisierung vorliegt. Wird eine hierarchische Kategorisierung eingesetzt, kann die Aufbereitung der Beschwerdegründe von der abstrakten hin zur konkreten Ebene erfolgen, sodass schrittweise eine Schwerpunktbetrachtung vorgenommen werden kann. Werden weiterhin Beschwerdeobjekt- und Problemkategorien in getrennten, jedoch miteinander verknüpften Kategorisierungsbäumen erfasst, können die Beschwerdeobjekte und Problemkategorien nicht nur in gegenseitiger Abhängigkeit, sondern auch getrennt jeweils problem- und beschwerdeobjektübergreifend analysiert werden.

Je konkreter und handlungsorientierter die Kategorisierungsbäume zur Verfügung stehen, desto eher ist es auf der Grundlage des Beschwerdereportings möglich, Maßnahmen abzuleiten, die dazu führen, dass Probleme tatsächlich eliminiert werden und die Verärgerungsquote zukünftig minimiert werden kann.

Bild 12.5 zeigt zunächst die beispielhafte Aufbereitung der von den Kundenproblemen betroffenen **Beschwerdeobjekte** in hierarchischer Form. Hierbei werden die ersten beiden Hierarchieebenen des Kategorienbaums berücksichtigt, sodass man einen schnellen Überblick über die Produkte erhält, die am stärksten von den Problemen betroffen sind.

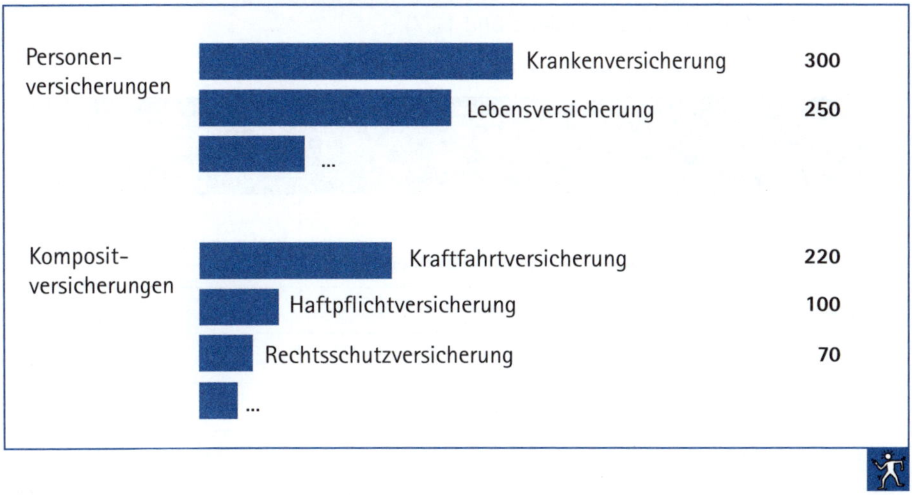

Bild 12.5 Von den Kundenproblemen betroffene Beschwerdeobjekte

Bild 12.6 zeigt die **beschwerdeobjektübergreifende Betrachtung der artikulierten Probleme** zunächst unabhängig vom betroffenen Produkt. So kann man sich einen Eindruck darüber verschaffen, welche Probleme von den Kunden am häufigsten als Beschwerde artikuliert werden.

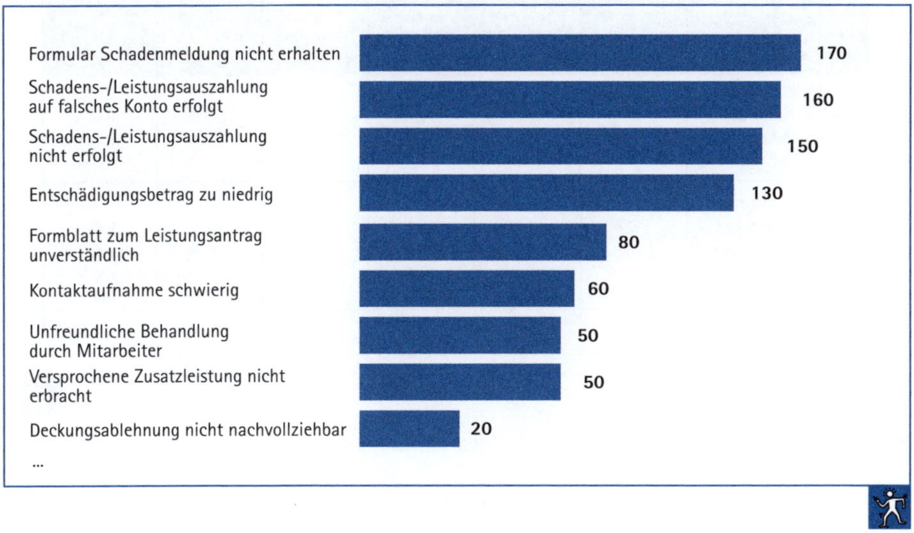

Bild 12.6 Beschwerdeobjektübergreifende Betrachtung von Kundenproblemen

Dieselbe Aussage wird noch zugespitzter illustriert, wenn man eine Liste der fünf am häufigsten aufgetretenen Probleme **(Top-5-Probleme)** präsentiert, wobei mit ausgewiesen wird, welchen Anteil des Beschwerdeaufkommens die Top-Probleme widerspiegeln - in unserem Beispiel 67 % (siehe Bild 12.7).

Top-5-Problemkategorien (67%)	Jan - Jun	Abweichung zum Vorjahr
Formular Schadenmeldung nicht erhalten	170	-25,1 %
Schadens-/Leistungsauszahlung auf falsches Konto erfolgt	160	-11,8 %
Schadens-/Leistungsauszahlung nicht erfolgt	150	+29,9 %
Entschädigungsbetrag zu niedrig	130	-17,5 %
Formblatt zum Leistungsantrag unverständlich	80	+20,3 %

Bild 12.7 Top-5-Betrachtung mit Vorjahresvergleich

In Bild 12.8 wird deutlich, in welchem Umfang die einzelnen Probleme bei den jeweiligen Produkten aufgetreten sind.

	Formular Schadensmeldung nicht erhalten	Schadens-/ Leistungsauszahlung auf falsches Konto erfolgt	Schadens-/ Leistungsauszahlung nicht erfolgt	Entschädigungsbetrag zu niedrig	Formblatt zum Leistungsantrag zu unverständlich	Summe
Personenversicherungen						
Krankenversicherung	--	22,2 %	16,7 %	--	33,3 %	100 %
Lebensversicherung	--	20,0 %	10,0 %	--	0,0 %	100 %
...	...	...	...	...	...	100 %
Kompositversicherungen						
Kraftfahrtversicherung	62 %	16,0 %	12,0 %	32,0 %	8,0 %	100 %
Haftpflichtersicherung	38 %	25,0 %	20,0 %	15,0 %	10,0 %	100 %
Rechtsschutzversicherung	38 %	10,0 %	20,0 %	10,0 %	5,0 %	100 %
...	...	...	...	...	...	100 %
Gesamt	**15,5 %**	**14,5 %**	**13,5 %**	**11,5 %**	**7,3 %**	**100 %**

Bild 12.8 Bei den einzelnen Beschwerdeobjekten aufgetretene Probleme

Eine noch aussagefähigere Information zur Beschwerdeproblematik liegt vor, wenn im Rahmen der Beschwerdeauswertung nicht nur die Häufigkeit des Problemeintritts erfasst wird, sondern auch deren Relevanz, beispielsweise durch Anwendung der **Kundenverlust-Frequenz-Relevanz-Analyse** (siehe Kapitel 10.2). Aus dem entsprechenden Diagramm ist unmittelbar die erforderliche Priorisierung von Problemen für Korrekturmaßnahmen ersichtlich (siehe Bild 12.9).

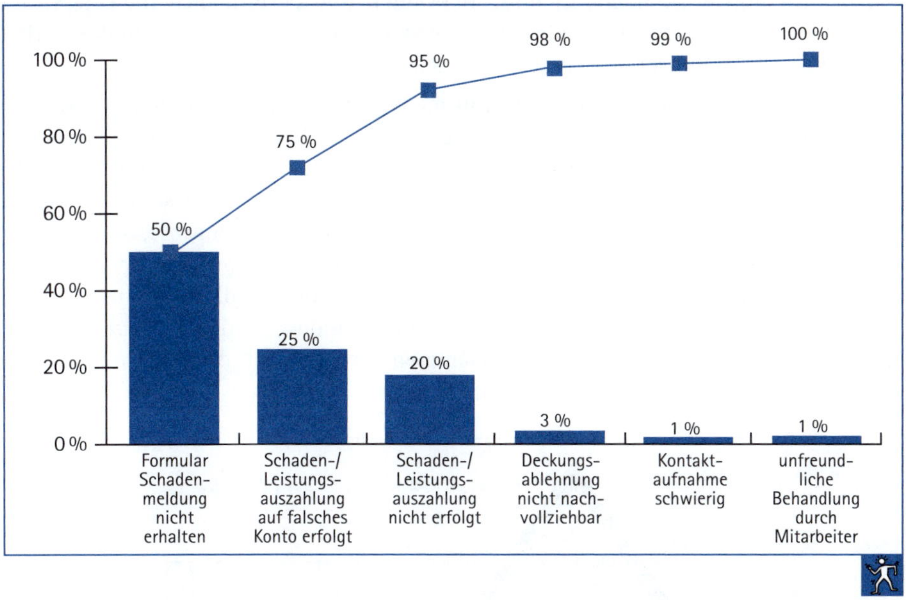

Bild 12.9 Grafische Aufbereitung der Kundenverlust-FRAB

Darüber hinaus sind **ausgewählte Kreuztabellen** anzugeben, die relevante Beziehungen zwischen den Variablen aufzeigen, etwa zwischen den betroffenen Produkten und dem Umfang an Gewährleistungs- und Garantiefällen. Auch sollte neben der zahlenmäßigen Berichterstattung eine Auswahl **repräsentativer Kundenbeschwerden** im Wortlaut wiedergegeben werden, weil erst diese einen realen Eindruck vom Erleben der Kunden und vom Ausmaß ihrer Verärgerung geben (z. B. „Top-3-Beschwerdegeschichten").

12.1.1.2 Beschwerdemanagementbezogene Inhalte

Die **beschwerdemanagementbezogenen Inhalte** beziehen sich auf das Beschwerdemanagement selbst und geben Auskunft über die Stärken und Schwächen dieses Handlungsbereichs und seinen ökonomischen Erfolgsbeitrag. Dabei spiegeln sich in den Reports drei Perspektiven: die strategische, die operative und die ökonomische.

12.1.1.2.1 Die strategische Perspektive: Key Performance Indicators

In strategischer Hinsicht gilt es nachzuweisen, inwiefern es dem Beschwerdemanagement gelungen ist, die Ziele in Bezug auf die Vermeidung von Kundenverlusten, die Verbesserung der Produktqualität und die Erhöhung der Produktivität zu erreichen. Hierzu sind die definierten **Key Performance Indicators** heranzuziehen.

Kundenbeziehungsrelevante Key Performance Indicators

Wie im Kapitel zum Beschwerdemanagement-Controlling (11.4) dargestellt, beziehen sich die wichtigsten kundenbeziehungsrelevanten Key Performance Indicators zum einen auf die Beschwerdeartikulation und -registrierung, zum anderen auf das Verhalten der Beschwerdeführer aufgrund ihrer Beschwerdeerfahrung.

In Bezug auf die **Beschwerdeartikulation** muss dokumentiert werden, inwieweit das Beschwerdemanagement die Kundenverärgerung tatsächlich erfasst. Hierfür sind zwei Key Performance Indicators heranzuziehen: **(1) KPI Artikulationsquote/Nicht-Artikulationsquote**, die den Anteil verärgerter Kunden, die sich (nicht) beschweren angibt; **(2) KPI Registrierungsquote/Nicht-Registrierungsquote**, die zum Ausdruck bringt, welcher Anteil der von den Kunden artikulierten Beschwerden im Beschwerdemanagement (nicht) dokumentiert ist. Aus diesen Größen ergibt sich die **Evidenzquote**, die deutlich macht, inwiefern die Verärgerung der Kunden in der Zahl registrierter Beschwerden zum Ausdruck kommt. Zusammen verdeutlichen diese Kennziffern den **Verärgerungs-Eisberg** (siehe Bild 12.10).

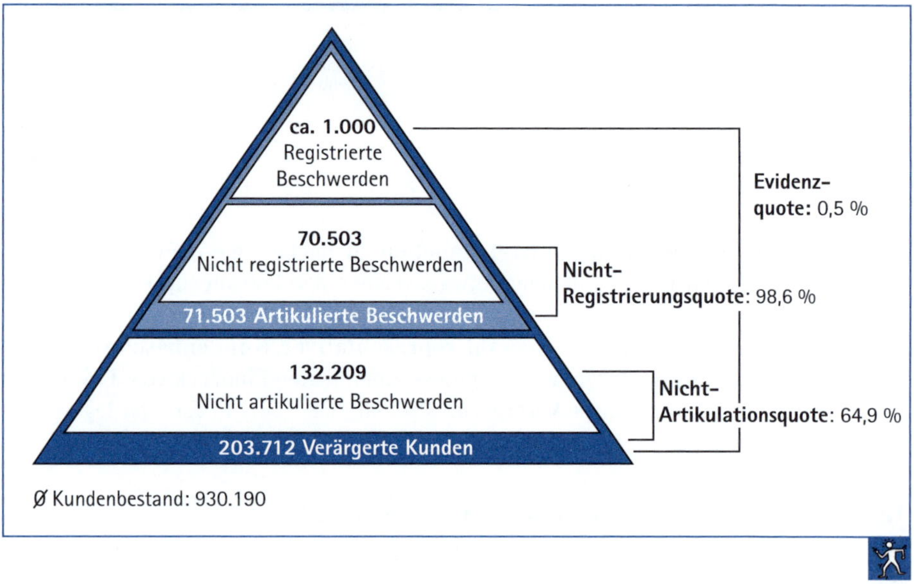

Bild 12.10 Nicht-Artikulations-, Nicht-Registrierungs- und Evidenzquoten

Das zentrale kundenbeziehungsrelevante Ziel des Beschwerdemanagements liegt in der Vermeidung von Kundenverlusten durch Stabilisierung der gefährdeten Geschäftsbeziehung. Ein wesentlicher Indikator hierfür ist die globale **Beschwerdezufriedenheit (KPI: Anteile überzeugter bzw. enttäuschter Beschwerdeführer)** (Bild 12.11).

Leistungsindikator	Überzeugte Beschwerdeführer	Enttäuschte Beschwerdeführer
Globale Beschwerdezufriedenheit	23 %	54 %

Bild 12.11 Anteile überzeugter/enttäuschter Beschwerdeführer

Noch stärkere Hinweise auf die durch das Beschwerdemanagement bewirkte Kundenbindung liefern Informationen über das **faktische Verhalten**, das Beschwerdeführer aufgrund ihrer Beschwerdeerfahrung zeigen: das **Wiederkaufverhalten (KPI: Wiederkaufquote/Abwanderungsquote)** einerseits und das **Kommunikationsverhalten (KPI: Empfehlungsquote/Warnungsquote)** andererseits (siehe Bild 12.12 und Bild 12.13).

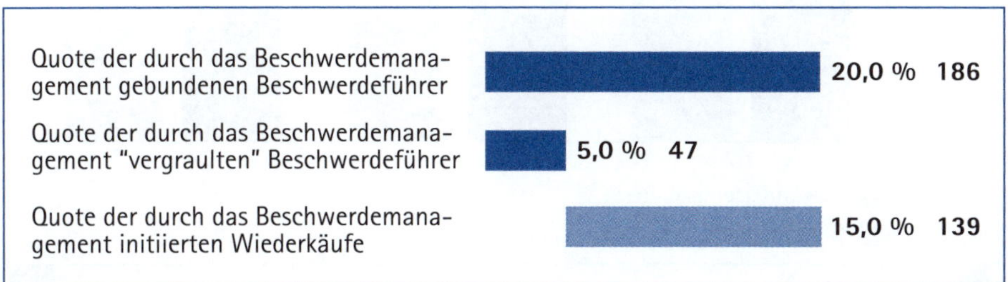

Bild 12.12 Quoten gebundener und „vergraulter" Beschwerdeführer sowie daraus resultierende Wiederkäufer

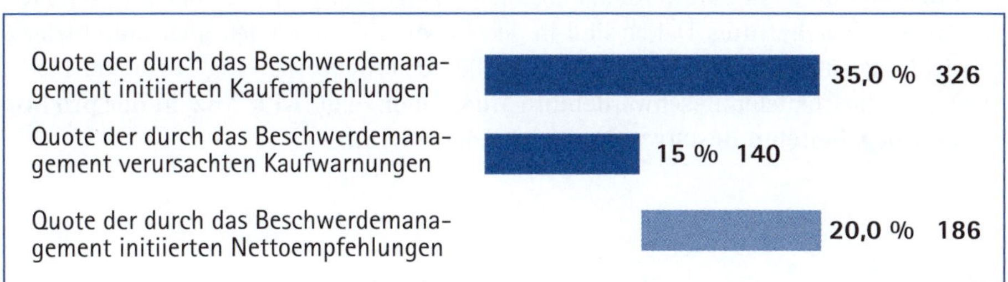

Bild 12.13 Quoten für Kaufempfehlungen, Kaufwarnungen sowie daraus resultierende Nettoempfehlungen

Qualitätsrelevante Key Performance Indicators

Die wesentliche qualitätsrelevante Zielsetzung des Beschwerdemanagements besteht in der Beseitigung von Fehlerquellen durch die Verbesserung der Qualität von Produkten und Dienstleistungen. Ob und in welchem Umfang dies gelingt, zeigt sich subjektiv in dem veränderten Ausmaß der **Kundenverärgerung** über bestimmte Probleme (**KPI: Verärgerungsquote**). Deren Entwicklung ist im Report ebenso zu dokumentieren, wie die objektiven Kennzahlen für die zahlenmäßige Veränderung von **Gewährleistungs- und Garantiefällen (KPI: Gewährleistungsquote; Garantiequote)** (siehe Bild 12.14).

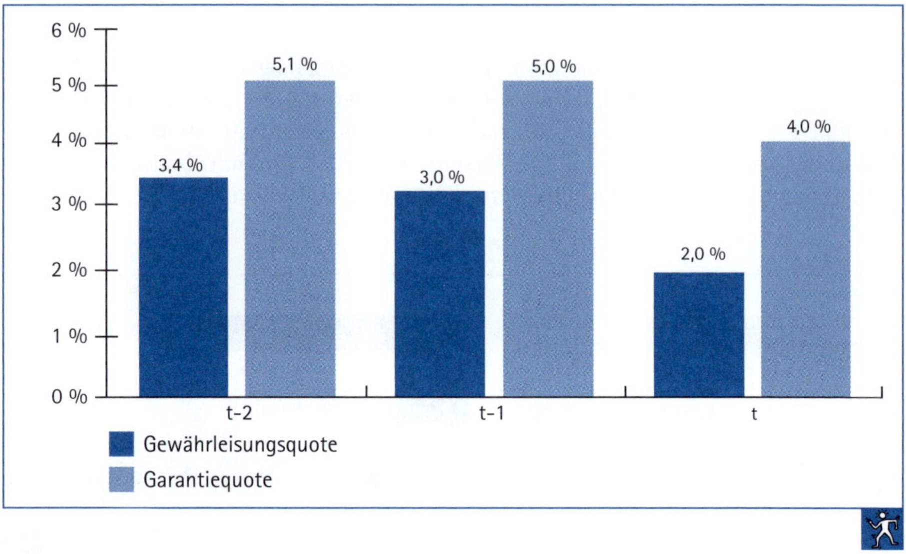

Bild 12.14 Gewährleistungs- und Garantiequoten

Produktivitätsrelevanter Key Performance Indicator

Die Produktivität des Beschwerdemanagements zeigt sich primär in der **Effizienz der Beschwerdebearbeitung**. Daher sind in den Report Informationen über die Effizienzentwicklung aufzunehmen, die sich in der Beschwerdebearbeitung vor allem in der Anzahl der bearbeiteten Beschwerden pro Mitarbeiter zeigt (**KPI: Anzahl der pro Mitarbeiter bearbeiteten Beschwerden**) (siehe Bild 12.15).

	t	t-1	t-2
Beschwerdeaufkommen	1.100	900	700
Mitarbeiterzahl in der Beschwerdeabwicklung (FTE)	2,00	1,75	1,50
Anzahl bearbeitender Beschwerden pro Mitarbeiter	550	514	467

FTE = Full time Equivalent (Vollzeitäquivalent)

Bild 12.15 Anzahl pro Mitarbeiter bearbeiteter Beschwerden

12.1.1.2.2 Die operative Perspektive: Standards des Aufgaben-Controllings

Ein weiterer inhaltlicher Schwerpunkt der beschwerdemanagementbezogenen Berichterstattung betrifft die operative Zielerreichung. Im Rahmen des subjektiven und objektiven Aufgaben-Controllings wurden eine Vielzahl von subjektiven und objektiven Kennzahlen beschrieben, mit deren Hilfe die **Qualität der Erfüllung von Einzelaufgaben des direkten und indirekten Beschwerdemanagementprozesses** gemessen werden kann. Hier muss unternehmensindividuell eine Auswahl getroffen werden und eine Festlegung von Zielstandards erfolgen. Dabei orientiert man sich am Steuerungsinstrument des **Beschwerdemanagement-Index**, weil dort die relevanten Bewertungsmerkmale und Kennziffern bereits selektiert und zudem jeweils Standards formuliert sind. So werden in dem präsentierten Beispiel des Beschwerdemanagement-Index (Kapitel 11.4) u. a. subjektive und objektive Standards für die Zugänglichkeit des Beschwerdemanagements, die Freundlichkeit und Hilfsbereitschaft der Mitarbeiter oder die Schnelligkeit der Beschwerdebearbeitung definiert. Im Report sind die **Erfüllungsgrade** aller relevanten subjektiven und objektiven Standards anzugeben (siehe Bild 12.16 und Bild 12.17).

Subjektiver Qualitätsindikator im Beschwerdemanagement-Index	Mindest-Standard "Überzeugte Beschwerdeführer"			Höchst-Standard "Enttäuschte Beschwerdeführer"		
	Soll	Ist	Erfüllungsgrad	Soll	Ist	Erfüllungsgrad
Zugänglichkeit	35 %	20 %	57 %	25 %	30 %	120 %
Freundlichkeit	80 %	85 %	106 %	5 %	2 %	40 %
Einfühlungsvermögen	75 %	60 %	80 %	12 %	15 %	125 %
Hilfsbereitschaft	90 %	90 %	100 %	5 %	2 %	40 %
Verlässlichkeit	80 %	77 %	96 %	10 %	8 %	80 %
Schnelligkeit der Beschwerdebearbeitung	50 %	40 %	80 %	25 %	20 %	80 %
Problemlösung	50 %	35 %	70 %	30 %	45 %	150 %

Bild 12.16 Erfüllung subjektiver Qualitätsstandards

Objektiver Qualitätsindikator im Beschwerdemanagement-Index	Soll	Ist	Erfüllungs-grad
Telefonische Sofortannahmequote	80 %	78 %	98 %
Service Level	80 %	73 %	91 %
Erstkontaktquote	75 %	60 %	80 %
Dauer der Beschwerdebearbeitung < 3 Tage	80 %	85 %	106 %

Bild 12.17 Erfüllung objektiver Qualitätsstandards

Darüber hinaus ist auch zu dokumentieren, wie sich der **Beschwerdemanagement-Index** entwickelt (siehe Bild 12.18).

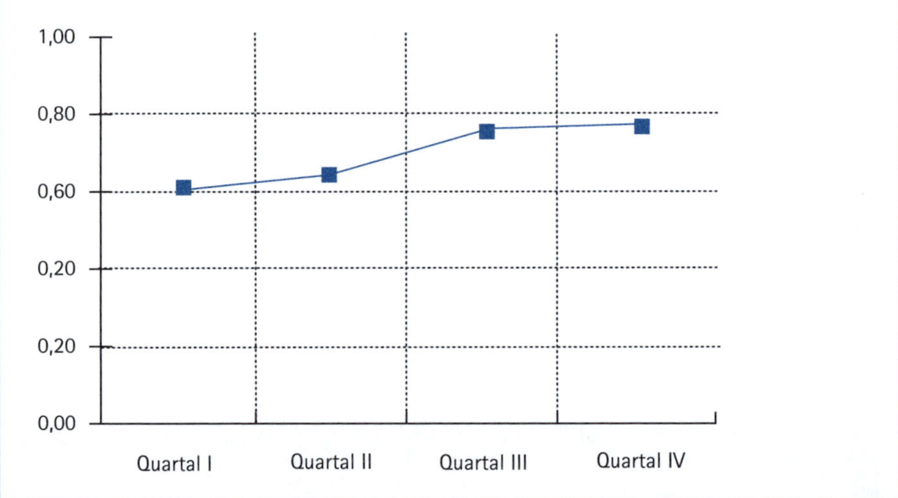

Bild 12.18 Quartalsweise Entwicklung des Beschwerdemanagement-Index

12.1.1.2.3 Die ökonomische Perspektive: Rentabilität des Beschwerdemanagements

Grundlegenden Input für die Berichterstattung über die Rentabilität des Beschwerdemanagements stellt das Kosten-Nutzen-Controlling bereit. Dieses liefert zum einen Informationen über die **Kosten des Beschwerdemanagements**. Dabei sind die Gesamtkosten mit und ohne Reaktionskosten auszuweisen sowie die Kosten pro Mitarbeiter und die Kosten pro Beschwerde (mit und ohne Reaktionskosten). Bild 12.19 zeigt beispielhaft die quartalsweise Entwicklung der Reaktions-, Bearbeitungs- und Gesamtkosten pro Beschwerdevorgang.

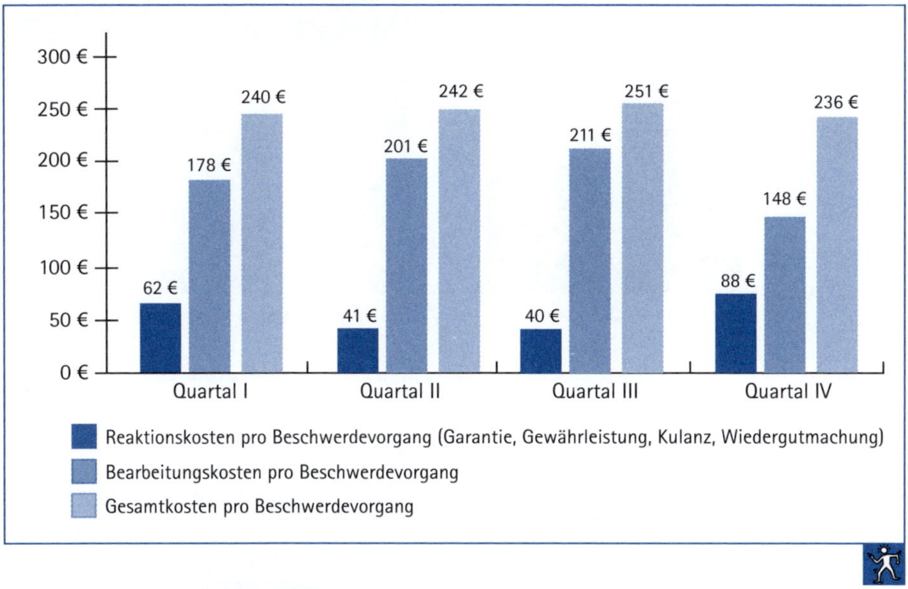

Bild 12.19 Beschwerdestückkosten

Zum anderen stellt das Kosten-Nutzen-Controlling Daten zur Ermittlung des ökonomischen Nutzens zur Verfügung.

In Bezug auf den Informationsnutzen ist zu überprüfen, ob die Nutzung der Beschwerdeinformationen tatsächlich erfolgt und es zu einer **Verringerung der Gewährleistungs- und Garantiekosten** kommt (siehe Bild 12.20).

Der **Bindungsnutzen** ergibt sich durch Multiplikation der Netto-Wiederkäufer bzw. -Abwanderer mit dem durchschnittlichen Umsatz bzw. Deckungsbeitrag; der Kommunikationsnutzen durch eine entsprechende Bewertung der aufgrund von Empfehlungen zufriedener Beschwerdeführer netto gewonnenen Neukunden. Die Addition aller Nutzenkategorien macht den Gesamtnutzen des Beschwerdemanagements aus (siehe Bild 12.21).

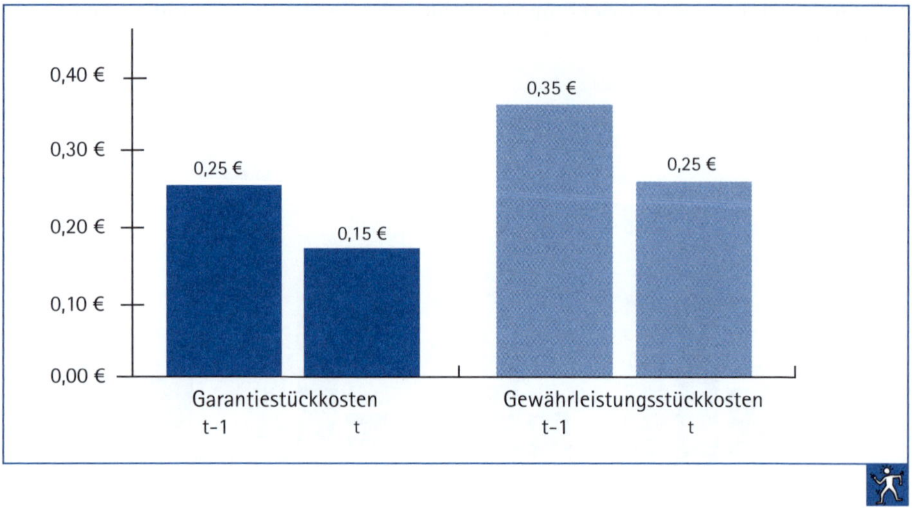

Bild 12.20 Informationsnutzen als reduzierte Gewährleistungs- und Garantiekosten

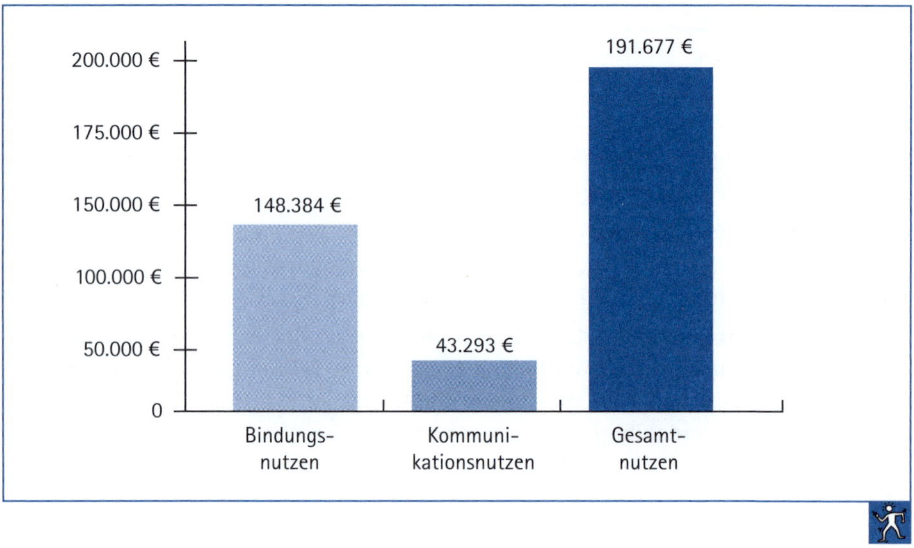

Bild 12.21 Bindungs-, Kommunikations- und Gesamtnutzen des Beschwerdemanagements

Durch Gegenüberstellung der monetären Kosten und Nutzen des Beschwerdemanagements liefert das Beschwerdemanagement-Controlling Informationen zur Rentabilität, sodass der **Return on Complaint Management in seiner Entwicklung** dokumentiert werden kann (siehe Bild 12.22).

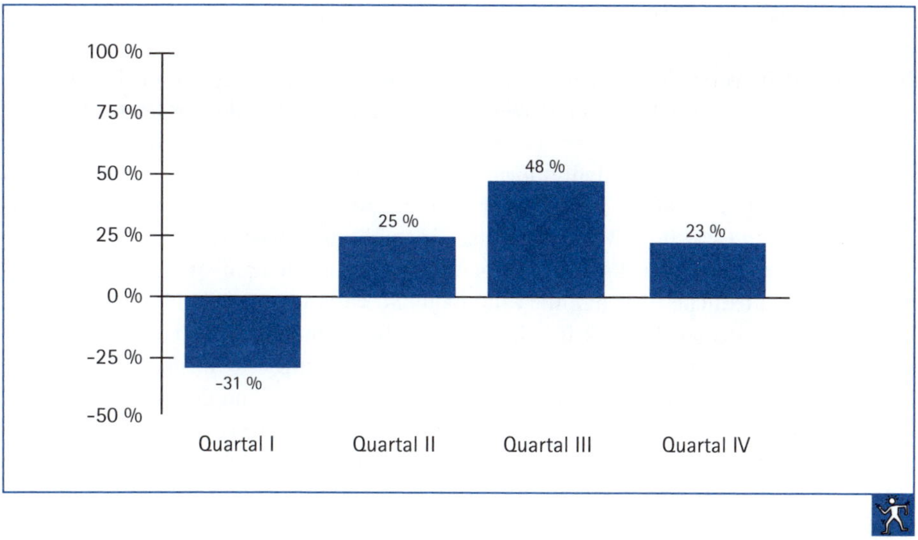

Bild 12.22 Zeitliche Entwicklung des Return on Complaint Management

12.1.2 Formale Dimension des Beschwerdereportings

Bezüglich der **formalen Aufbereitung** kann zwischen folgenden Möglichkeiten unterschieden werden:

- **detaillierte Listen und Tabellen** auf der Ebene einzelner Klassifizierungsmerkmale, Standards/Kennzahlen und Beschwerdevorgänge,
- **aggregierte Ergebnisse und Kennzahlen**, z. B. auf den oberen Hierarchieebenen der Kategoriensysteme oder auf der Ebene der jeweiligen Gesamtergebnisse,
- **„Hit-Listen"**, welche die Kern-Informationen prägnant zusammenfassen (z. B. Top-Beschwerdeobjekte, Top-Problemkategorien, Top-Beschwerdewege usw.). Der Umfang der jeweiligen Hit-Listen hängt von der Anzahl der Klassifizierungsmerkmale der betroffenen Einzel-Information ab, jedoch sollte darauf geachtet werden, dass die Informationen leicht überschaubar bleiben.

In formaler Hinsicht ist zudem zu entscheiden, wie die in den Beschwerdereporten enthaltenen Listen, Tabellen und Kennzahlen aufbereitet werden sollen. Dies betrifft sowohl den inhaltlichen Aufbau der Tabellen und Listen mit ihren Spalteninhalten, die Vorgehensweisen bei der Berechnung einzelner Zellenwerte in Tabellen, die Wahl der geeigneten Grafiken sowie die Art der Kommentierung der Ergebnisse. Zudem ist das Reportmedium festzulegen. Üblicherweise werden Reports in schriftlicher Form verteilt oder elektronisch als Datei verschickt.

12.1.3 Zeitliche Dimension des Beschwerdereportings

In Bezug auf die verschiedenen Reports ist der jeweilige zeitliche Rhythmus festzulegen, in dem die definierten Inhalte den einzelnen Zielgruppen zugestellt werden (z. B. Tages-, Wochen-, Monats-, Quartals- oder Jahresreport). Die **Reporting-Intervalle** hängen vom Beschwerdeaufkommen und dem Informationsbedarf der internen Kunden ab, welcher wiederum vor allem von der Intensität ihrer Einbeziehung in das Beschwerdemanagement sowie dem Grad ihrer Verantwortung für Qualitätsverbesserung und Kundenbindung bestimmt wird. Darüber hinaus legen die darzustellenden Auswertungsinhalte selbst unterschiedliche Berichtsintervalle nahe. So verlangen Probleme mit besonders hoher Reaktionsdringlichkeit, z. B. schwerwiegende gesundheitliche Schädigungen aufgrund der Produktnutzung, eine tägliche Berichterstattung. Auch empfiehlt es sich, Häufigkeitsverteilungen und Kreuztabellen von Problemarten und Beschwerdeobjekten häufiger zu erstellen (z. B. wöchentlich) als entsprechende Auswertungen über Erst- und Folgebeschwerden (z. B. monatlich). Eine einheitliche Empfehlung kann nicht gegeben werden. Vielmehr liegt es auch hier wieder in dem Verantwortungsbereich des Process Owner und der internen Zielgruppen, festzulegen, in welchen zeitlichen Intervallen welche Informationen sinnvollerweise zu liefern sind.

12.1.4 Zielgruppenbezogene Dimension des Beschwerdereportings

Grundsätzlich muss entschieden werden, welchen **Personen bzw. Abteilungen** überhaupt Beschwerdeinformationen zugänglich gemacht werden müssen. Dies sind grundsätzlich alle, die für das Kundenmanagement Verantwortung tragen, sowie Abteilungen und Personen, die direkten Nutzen aus den Ergebnissen ziehen können. Insgesamt können vier Reporting-Zielgruppen identifiziert werden: **(1)** Ein erster Adressat ist die **Unternehmensleitung** als Budgetgeber und zentraler Auftraggeber des Beschwerdemanagements. **(2)** Eine zweite wesentliche Gruppe interner Empfänger sind **Geschäftsbereiche** bzw. Sparten oder weitere Organisationseinheiten (wie Filialen), in deren Verantwortungsbereich die Kundenprobleme aufgetreten sind und die damit über Schwächen und Korrekturnotwendigkeiten informiert werden müssen, um entsprechende Verbesserungsprozesse einleiten zu können. **(3)** Des Weiteren sind **Funktionsbereiche** (wie Controlling, Personalmanagement, Qualitätsmanagement, Marketing, Vertrieb, Service) zu informieren, die für ihre optimale Aufgabenerfüllung auf permanentes Kundenfeedback angewiesen sind. **(4)** Das **Beschwerdemanagement selbst** stellt eine vierte wichtige Zielgruppe für Informationen dar, die zur kontinuierlichen Optimierung der Beschwerdemanagementprozesse notwendig sind. Darüber hinaus ist zu entscheiden, welche Ergebnisse aus Beschwerdeauswertung und Beschwerdemanagement-Controlling **(5) allen Mitarbeitern** im Unternehmen, z. B. im Rahmen spezifischer regelmäßiger Beiträge in **Mitarbeiterzeitschriften** oder in speziell gestalteten **Intranetseiten des Beschwerdemanagements**, zugänglich gemacht werden sollen.

Diese Entscheidungen sind in Abstimmung mit der gewählten Basisstrategie des Beschwerdemanagements zu treffen. So wird es beispielsweise in einem Beschwerdemanagement vom Typ „Beschwerdefabrik“, das primär auf eine kosteneffiziente Beschwerdeabwicklung abzielt, nur knappe Standardreports für eine sehr begrenzte Zahl interner Kunden geben. Beim Beschwerdemanagement vom Typ „Qualitätssicherer“ ist das Qualitätsmanagement der bedeutsamste interne Kunde für Informationsdienstleistungen auf der Funktionsbereichsebene, während beim Typ „Beziehungsverstärker“ diese Rolle von den marktnahen Funktionsbereichen (wie Marketing, Vertrieb oder Service) eingenommen wird.

Zudem haben die einzelnen internen Zielgruppen in Abhängigkeit von ihrer unternehmerischen Funktion und der Höhe des potenziellen Nutzens, den sie aus Beschwerdeinformationen ziehen können, **unterschiedliche Ansprüche** an die Reports, und zwar sowohl in Bezug auf die Inhalte als auch hinsichtlich des Abstraktionsniveaus der Darstellung.

Über die exakten **Reporting-Inhalte** sowie die **Reporting-Form** können für die definierten Zielgruppen **keine generell gültigen Aussagen** gemacht werden, sondern es liegt in der Verantwortung des Process Owner, gemeinsam mit den Zielgruppenvertretern den Informationsbedarf inhaltlich und formell festzustellen und dafür Sorge zu tragen, dass die erforderlichen Daten in der gewünschten Form erstellt und weitergeleitet werden. Allerdings lassen sich einige grobe Orientierungen geben. Bild 12.23 zeigt, welche Reportinhalte für die genannten Zielgruppen tendenziell in welchem Detaillierungsgrad relevant sind.

Reportinginhalt	Unternehmensleitung	Geschäftsbereiche	Funktionsbereiche	Beschwerdemanagement	Alle Mitarbeiter
Beschwerdebezogene Inhalte					
- Beschwerdeaufkommen - Beschwerdeführer - Beschwerdekanäle - Beschwerdeobjekt/-problem	Überblick	Detaillierter Report, abgestimmt auf die Geschäftsbereiche	Detaillierter Report, abgestimmt auf die Funktionsbereiche	Detaillierter Report	Überblick
Beschwerdemanagementbezogene Inhalte					
- Key Performance Indicators	Detaillierter Report	Überblick	Überblick	Detaillierter Report	Überblick
- Standards des Aufgaben-Controllings				Detaillierter Report	
- Rentabilität des Beschwerdemanagements	Detaillierter Report	Detaillierter Report in Bezug auf Wiederkauf und Kommunikationsnutzen	Detaillierter Report in Bezug auf Informationsnutzen	Detaillierter Report	Überblick

Bild 12.23 Detaillierungsgrad der Report-Inhalte für verschiedene Zielgruppen

Eine besondere Form der Zielgruppe stellen in einigen Branchen Aufsichtsbehörden dar, die nicht nur regelmäßige Beschwerdereports zur Auflage machen, sondern auch detailliert vorschreiben, welche Informationen genau darin zu berücksichtigen sind. **Praxis-Spotlight 17** gibt einen Überblick darüber, welche Vorgaben diesbezüglich zukünftig im Versicherungswesen und in der betrieblichen Altersversorgung einzuhalten sind.

Praxis-Spotlight 17

NÜRNBERGER Versicherungsgruppe:

Beschwerdemanagementsystem und Berichtswesen nach neuen aufsichtsrechtlichen Anforderungen

Ab Januar 2014 gelten in der Versicherungswirtschaft verbindliche Regeln für das Beschwerdemanagement, die auf Vorgaben der Europäischen Aufsichtsbehörde für das Versicherungswesen und die betriebliche Altersversorgung (European Insurance and Occupational Pensions Authority – EIOPA) beruhen. Beschwerdebearbeitung und gezielte Beschwerdeanalyse werden damit Teil eines wirksamen Risikomanagementsystems im Unternehmen, das sowohl produkt- als auch prozessbezogene Risiken im Blick haben muss.

Für das Beschwerdemanagement wichtige Begriffe sind erstmals aufsichtsbehördlich definiert. So gilt als Beschwerde die von einer Person gegenüber einem Versicherungsunternehmen geäußerte Unzufriedenheit im Hinblick auf den Versicherungsvertrag oder eine Dienstleistung. An Versicherungsunternehmen gerichtete Beschwerden, die sich auf einen Vermittler beziehen, werden hiervon ebenfalls erfasst. Die Beschwerde ist von der Schadenbearbeitung zu unterscheiden wie auch von einfachen Ersuchen um Vertragserfüllung, Informationen oder Klärung. Dabei muss eine Beschwerde, um als solche zu gelten, nicht zwangsläufig mit dem Wort „Beschwerde“ überschrieben sein.

Die Versicherungsunternehmen haben jährlich an die Bundesanstalt für Finanzdienstleistungsaufsicht (BaFin) zu berichten, insbesondere über Anzahl und Gründe der Beschwerden. Der Inhalt ist fest vorgegeben und umfasst folgende Aspekte:

- die dem Bericht zugrunde gelegte Definition der Begriffe „Beschwerde“ und „Beschwerdeführer“,
- die Anzahl der Beschwerden, gesamt und aufgeschlüsselt nach den Versicherungszweigen Leben (unterteilt in Beschwerden zu Verträgen mitund ohne Garantien), Kranken, Kraftfahrt, Unfall, Haftpflicht, Rechtsschutz, Gebäude/Hausrat und sonstige Zweige,
- Bearbeitungsstand und -dauer in zusammengefasster Form,
- eine Übersicht über die verschiedenen Beschwerdegründe unter Angabe der Fallzahlen,

- Aussagen dazu, wie viele Beschwerden im Berichtszeitraum für die Beschwerdeführer jeweils zumindest teilweise erfolgreich verlaufen sind.

Um die Anforderungen umzusetzen, hat die NÜRNBERGER Versicherungsgruppe ihr bestehendes Beschwerdemanagementsystem angepasst und erweitert. Das Berichtswesen basiert darauf, dass Beschwerden in allen Fachbereichen und Sparten des Unternehmens einheitlich und detailliert in einem IT-System erfasst werden. Dies geschieht grundsätzlich dezentral durch den Mitarbeiter, der den Vorgang bearbeitet hat. Neben Kundenstammdaten und Beschwerdegrund werden Informationen zu Ort des Problemauftritts, Eingang, Bearbeitung, Bearbeitungsdauer und Beantwortung der Beschwerde gespeichert. Um ein ganzheitliches Bild zu gewinnen, werden automatisch Daten über das konkret betroffene Produkt zugesteuert. Damit ist es in der Auswertung möglich, nicht nur genaue Informationen zum beschwerdeauslösenden Prozess zu liefern, sondern auch eventuelle produktbezogene Beschwerdepunkte zu identifizieren und zu verfolgen.

Ziel des internen Berichtswesens ist, dass alle relevanten Unternehmensbereiche die für ihre Aufgabenbereiche erforderlichen Kenntnisse über wiederholt auftretende oder systematische Probleme erhalten. Zu den Empfängern gehören in erster Linie die Produkteigentümer, also die jeweiligen Fachbereiche, Risikomanagement und Vertrieb. Die betroffenen Unternehmensbereiche dokumentieren ihrerseits, welche Maßnahmen sie aufgrund der Berichte getroffen haben. Wie effektiv diese Maßnahmen waren, wird dann auf Basis nachfolgender Berichte in späteren Auswertungszeiträumen überprüft und beurteilt.

Dirk Petrautzki, Prokurist

Projektleiter Beschwerdemanagement

NÜRNBERGER Versicherungsgruppe

12.2 Bereitstellung von Informationen (Informations-Pull)

Zum Aktivitätsbereich des Beschwerdereportings gehört nicht nur die zielgruppenbezogene Verteilung von zuvor definierten Reporten, sondern auch die Bereitstellung beschwerdebezogener Informationen für **besondere und unregelmäßige Informationswünsche** der internen Kunden. Aufgrund der erforderlichen Initiative der internen Kunden in Bezug auf die Informationsbeschaffung wird hier von einem **Informations-Pull** gesprochen. Vom Beschwerdemanagement können relevante Informationen aus Beschwerdeauswertung und Beschwerdemanagement-Controlling dabei auf zweierlei Weise geliefert werden: „on stock“ und „on demand“.

Eine **On-stock-Informationsbereitstellung** liegt vor, wenn das Beschwerdemanagement einen Informationspool einrichtet, auf den autorisierte interne Kunden Zugang haben. Dieser sollte zum einen die Originaldokumente umfassen, damit Mitglieder betroffener Abteilungen auch Einblick in die Originalschilderungen der Beschwerdeführer erhalten können. Zum Zweiten sollten sämtliche Detailauswertungen verfügbar sein, auch wenn sie nicht zum Standardprogramm der Reporte gehören. Dies ermöglicht es den Mitgliedern interner Zielgruppen, ihre Aktivitäten zur Beschwerdeinformationsnutzung detaillierter und umfangreicher zu fundieren. Durch die Bereitstellung einfacher Auswertungstools kann dem Informationsnutzer auch eine leicht handhabbare Möglichkeit zur Erstellung eigener Analysen geboten werden.

On-demand-Informationsbereitstellung ist gegeben, wenn Auswertungen aufgrund der individuellen Anforderungen interner Kunden vorgenommen werden. Solche Sonderauswertungen liegen immer vor, wenn auf Wunsch interner Zielgruppen entweder spezifische Sachverhalte (z. B. Beschwerden mit hohem Problem- oder Kundenrisiko) untersucht werden oder vom vereinbarten Rhythmus des Reportings abgewichen wird.

On-stock- und On-demand-Informationsbereitstellung sind **wichtige interne Dienstleistungen des Beschwerdemanagements**, die dazu beitragen, die Beschwerdeinformationsnutzung zu stärken und damit die Ziele der Qualitätsverbesserung und Kundenbindung zu erreichen.

12.3 Barrieren der Informationsnutzung und Ansätze zu ihrer Überwindung

Die aktive Berichterstattung mittels Reports und die Bereitstellung von beschwerderelevanten Informationen erfolgen mit dem Ziel, die angestrebte Informationsnutzung zu ermöglichen und zu initiieren. Allerdings zeigen empirische Studien, dass dies nur in Grenzen gelingt. Wie die Studienergebnisse in Bild 12.24 zeigen, ist im Durchschnitt eine umfängliche Berücksichtigung weder bei der Geschäftsleitung noch bei anderen unternehmerischen Einheiten realisiert. Zudem erfolgt im Wesentlichen eine reaktive Informationsnutzung. So werden die Beschwerdeinformationen zwar mehrheitlich zur Vermeidung zukünftiger Fehler herangezogen (41,6 % der Befragten stimmen der entsprechenden Aussage „voll und ganz“ zu), aber weitaus weniger zur Prozessinnovation (19,6 %) oder zur Produktinnovation (6,8 %).

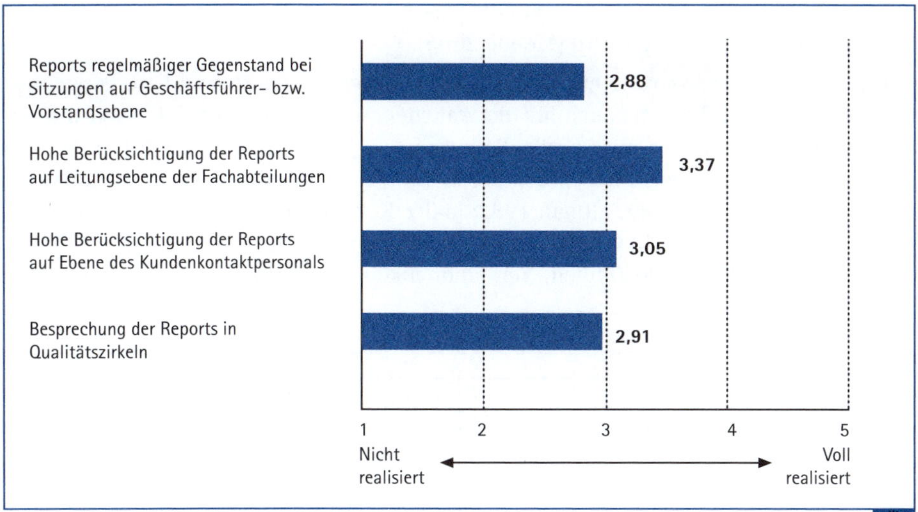

Bild 12.24 Berücksichtigung von Beschwerdereports durch unterschiedliche unternehmerische Einheiten (Stauss/Schöler 2003)

Angesichts dieser Ergebnisse stellt sich die Frage nach den Gründen für die vergleichsweise geringe Nutzung. Für die Beantwortung dieser Frage liefert die Forschung zum Informationsverhalten und zu Informationsbarrieren in Organisationen wichtige Erkenntnisse (Mende 2006; Schöler 2009).

Zur Systematisierung der Einflussfaktoren der Informationsnutzung bietet es sich an, die Kernelemente einer jeden Kommunikation heranzuziehen: Sender, Medium und Empfänger. Dementsprechend erfolgt eine differenzierte Betrachtung nach den Einflussfaktoren auf Seiten des Beschwerdemanagements (Sender), der Reports (Medium) und der internen Kunden (Empfänger). Darüber hinaus wird auf die Unternehmenskultur als zentraler Rahmenfaktor der internen Kommunikation eingegangen.

In Bezug auf das **Beschwerdemanagement als Sender** spielt vor allem dessen **Vertrauenswürdigkeit** eine große Rolle (Moorman/Zaltman/Deshpandé 1992; Moorman/Deshpandé/Zaltman 1993). Einer organisatorischen Einheit wird als Anbieter von Informationsdienstleistungen insbesondere dann Vertrauen entgegengebracht, wenn keinerlei Zweifel an der Fachkompetenz der Anbieter bestehen, ihre Vorgehensweise als sachorientiert wahrgenommen wird und sich der Anbieter auf Dauer als zuverlässig, objektiv und weitgehend fehlerfrei erweist. Dementsprechend gehört es zu den Aufgaben des Beschwerdemanagements, **Reputation** als interner Informationsdienstleister aufzubauen, indem Mitarbeiter mit hoher Fachkompetenz in Bezug auf die Informationsaufbereitung eingesetzt werden. Zudem sind diese Kompetenz sowie die fundierte und methodisch saubere Vorgehensweise den internen Kunden gegenüber zu demonstrieren und nachzuweisen. In diesem Zusammenhang kann es auch sinnvoll sein, spezifische vertrauensbildende Maßnahmen einzusetzen. Dies kann beispielsweise dadurch erfolgen, dass im Rahmen der internen Kommunikation auf Erfolge durch die Nutzung von Beschwerdeinformationen oder auf die positive Bewertung der Informationen durch interne Nutzer hingewiesen wird (Mende 2006).

Mit dieser Charakterisierung eines vertrauenswürdigen Senders sind bereits wichtige Kriterien angesprochen, die auch für die Wahrnehmung der **Reports als Medium** der Informationsübertragung eine große Rolle spielen. Die Nutzung von Informationen durch interne Kunden wird wesentlich durch die **wahrgenommene Informationsqualität** bestimmt (Deshpandé/Zaltman 1982; Maltz/Kohli 1996). Dabei umfasst „Informationsqualität" eine Vielzahl von Merkmalen, zu denen vor allem die Relevanz, Vollständigkeit, Objektivität, Fehlerfreiheit, Verständlichkeit und Zugänglichkeit gehören (Lee et al. 2002), siehe Bild 12.25.

Relevanz	Leichte Interpretierbarkeit
Vollständigkeit	Prägnante Darstellung
Objektivität	Stimmige Darstellung
Fehlerfreiheit	Sachgemäßer Informationsumfang
Verständlichkeit	Reputation
Leichte Zugänglichkeit	Aktualität
Glaubwürdigkeit	Geschützter Zugriff
Leichte Verarbeitbarkeit	

Bild 12.25 Dimensionen der Informationsqualität (Lee et al. 2002)

Vor allem müssen die internen Kunden die **Bedeutung** der in den Reports enthaltenen Informationen für ihre eigene Zielerreichung erkennen und alle Informationen finden, die sie suchen. Auch ist es erforderlich, dass sie sich auf die exakte Erhebung und Auswertung verlassen können. Zudem müssen die Reports in Bezug auf Umfang und formale Gestaltung eine schnelle Informationsaufnahme ermöglichen. Wenn leseunfreundlich aufbereitete und voluminöse Berichte verteilt werden, ist nicht zu erwarten, dass sie von internen Kunden, die unter Zeitknappheit leiden, zur Kenntnis genommen werden (Goodman/Malech/Marra 1987; Goodman/O'Brian/Segal 2000). Darüber hinaus müssen Informationen auch zu den von internen Kunden gewünschten Zeitpunkten unmittelbar zur Verfügung stehen. Inwieweit diese Anforderungen erfüllt sind, d. h., wie die Merkmale der Informationsqualität von den internen Kunden beurteilt werden, kann vom Beschwerdemanagement mittels einer Zufriedenheitsbefragung ermittelt werden. Bei wahrgenommenen Qualitätsmängeln sind Korrekturen und Verbesserungen einzuleiten.

Auf Seiten der **internen Kunden als Empfänger** der Informationen kommt es vor allem darauf an, dass die Informationsquelle „Beschwerdeinformation" überhaupt bekannt ist, als relevant eingeschätzt und auch kognitiv-emotional akzeptiert wird. Eine erste Voraussetzung für die Informationsnutzung ist die **Kenntnis** des Informationsangebots. Viele interne Kunden wissen zum Ersten nicht oder nur unzureichend, welche Informationsdienstleistung das Beschwerdemanagement bereitstellt bzw. liefern könnte. Zum Zweiten fehlt es häufig an der Einsicht, dass diese Informationsdienstleistung für die eigene Problemlösung **relevant** ist. Zum Dritten stoßen Beschwerdeinformationen oft auf **Akzeptanzbarrieren**, weil sie häufig Hinweise auf Fehler und Kritik an Verantwortlichen für Entscheidungen in der Vergangenheit enthalten. Oft fällt es den Adressaten der „negativen Nachrichten" schwer, diese Kritik anzunehmen. Dies gilt auch angesichts der Tatsache, dass für die Entwicklung und Umsetzung von Verbesserungsmaßnahmen Zeit und Ressourcen einzusetzen sind, die hierfür nicht eingeplant waren. Insofern liegt es nahe, dass die betroffenen Einheiten eher widerstrebend agieren, Beschwerdeinformationen schon emotional abwehren und viel Energie darauf verwenden, die Berechtigung des Kundenanliegens oder die Aussagefähigkeit der Information zu bezweifeln. Solche Prozesse führen auf Seiten der Adressaten dazu, dass kognitive Dissonanzen reduziert werden und zugleich die subjektive Berechtigung hergestellt wird, Beschwerdeinformationen nicht zu nutzen (Fornell/Westbrook 1984).

Das Beschwerdemanagement muss sich dieser Faktoren bewusst sein und dementsprechend handeln. Es hat im Zuge eines **internen Marketings** zunächst einmal das eigene Informationsdienstleistungsangebot bekannt zu machen. Darüber hinaus kommt es darauf an, die Aufgaben der internen Kunden differenziert zu erfassen und dabei die spezifischen Zielsetzungen und persönlichen Präferenzen sowie den Bedarf an Inhalt und Form von Beschwerdeinformationen festzustellen. Auf diese Weise lässt sich **segmentspezifisch ein individuelles Informationsangebot erstellen**, das den Nutzen der Beschwerdeinformationen für die verschiedenen internen Kunden verdeutlicht. Zudem ist mit Unterstützung der Unternehmensleitung Überzeugungsarbeit dahingehend zu leisten, dass der Sinn der Beschwerdereporte nicht in der Suche nach Schuldigen und der Zuweisung von Kritik liegt, sondern in der Identifikation von Verbesserungspotenzialen und Chancen.

Wenn die Unternehmensleitung entsprechend verfährt, nimmt sie bereits Einfluss auf die **Unternehmenskultur als Rahmenfaktor** der Kommunikation. Grundlegende unternehmerische Werte und Normen – insbesondere eine geringe Kundenorientierung und ein alleiniges Verständnis von Fehlern als Risiko – können sich nämlich auch als gravierende Barrieren der Informationsnutzung erweisen (Schöler 2009). Mangelnde Kundenorientierung führt dazu, dass kundenbezogene Informationen im Vergleich zu anderen (z.B. kostenorientierten Informationen) grundsätzlich wenig Gewicht eingeräumt wird. Ein alleiniges Verständnis von Fehlern als Risiko übersieht die Tatsache, dass Fehler Chancencharakter haben und Lerngelegenheiten beinhalten, und verstärkt somit die Tendenz, Beschwerden mit negativen Assoziationen zu verbinden und sie daher eher zu unterdrücken. Zwar kann das Beschwerdemanagement allein das unternehmenskulturelle Umfeld nicht nachhaltig verändern, aber es kann bei der Wahrnehmung unternehmenskultureller Barrieren argumentativ auf die Unternehmensleitung zugehen und auf Maßnahmen zur Veränderung der Rahmenbedingungen drängen. Dies wird umso überzeugender gelingen, je stärker die Bedeutung der Informationsnutzung für die Erreichung der Unternehmensziele nachgewiesen werden kann.

Kapitel 12 ganz kurz:

- Das Beschwerdereporting beinhaltet sowohl die aktive Bereitstellung von Informationen über die eingegangenen Beschwerden und über das Beschwerdemanagement als auch die interne Dienstleistungsfunktion, auf interne Nachfrage weitergehende, spezifische Informationen anzubieten.
- Inhaltlich enthalten Beschwerdereports beschwerdebezogene Aspekte (Beschwerdeaufkommen, Beschwerdeführer, Beschwerdekanäle sowie Beschwerdeobjekt und Beschwerdeproblem) wie auch beschwerdemanagementbezogene Aspekte (Key Performance Indicators, Standards des Aufgaben-Controllings, Rentabilität des Beschwerdemanagements).
- Formale Aspekte des Beschwerdereportings betreffen detaillierte Listen und Tabellen, aggregierte Ergebnisse und Kennzahlen sowie „Hit-Listen".
- Die zeitlichen Bereitstellungsintervalle sind - ebenso wie die exakten Reportinginhalte - mit den einzelnen internen Zielgruppen abzustimmen.
- Die aktive Nutzung der in den Beschwerdereports bereitgestellten Informationen ist durch ein internes Marketing des Beschwerdemanagements zu fördern.

Literatur

Deshpandé, R./Zaltman, G. (1982): Factors Affecting the Use of Market Research Information: A Path Analysis, in: Journal of Marketing Research, 19. Jg., Nr. 1, S. 14 - 31.

Fornell, C./Westbrook, R. A. (1984): The Vicious Circle of Consumer Complaints, in: Journal of Marketing, 48. Jg., Nr. 3, S. 68 - 78.

Goodman, J. A./Malech, A. R./Marra, T. R. (1987): Beschwerdepolitik unter Kosten/Nutzen-Gesichtspunkten - Lernmöglichkeiten aus den USA, in: Hansen, U./Schoenheit, I. (Hrsg.): Verbraucherzufriedenheit und Beschwerdeverhalten, Frankfurt/Main u. a., S. 165 - 202.

Goodman, J. A./O'Brien, P./Segal, E. (2000): Turning CFOs into Quality Champions, in: Quality Progress, 33. Jg., Nr. 3, S. 47-54.

Lee, Y. W./Strong, D. M./Kahn, B. K./Wang, R. Y. (2002): AIMQ: A Methodology for Information Quality Assessment, in: Information & Management, 40. Jg., Nr. 2, S. 133-146.

Maltz, E./Kohli, A. J. (1996): Market Intelligence Dissemination Across Functional Boundaries, in: Journal of Marketing Research, 33. Jg., Nr. 1, S. 47 - 61.

Mende, M. (2006): Strategische Planung im Beschwerdemanagement, Wiesbaden.

Moorman, C./Deshpandé, R./Zaltman, G. (1993): Factors Affecting Trust in Market Research Relationships, in: Journal of Marketing, 57. Jg., Nr. 1, S. 81 - 101.

Moorman, C./Zaltman, G./Deshpandé, R. (1992): Relationships Between Providers and Users of Market Research: The Dynamics of Trust Within and Between Organizations, in: Journal of Marketing Research, 29. Jg., Nr. 3, S. 314 - 328.

Schöler, A. (2009): Informationsnutzung im Beschwerdemanagement, Wiesbaden.

Stauss, B./Schöler, A. (2006): Strategieoptionen im Beschwerdemanagement, Diskussionspapier, Ingolstadt.

IN DIESE RICHTUNG !
BESCHWERDEN
BESCHWERDEN
BESCHWERDEN
NEIN, IN DIESE RICHTUNG !
LR

13 Beschwerdeinformationsnutzung

- Welche Qualitätsplanungstechniken eignen sich für die Beseitigung der Ursachen von Beschwerdeproblemen?
- Wie können Beschwerdeinformationen in Qualitätsverbesserungsteams und Qualitätszirkeln genutzt werden?
- Wie können zusätzliche Verbesserungsvorschläge von Beschwerdeführern gewonnen werden?
- Wie sind Beschwerdeinformationen und Beschwerdemanagement-Informationen in ein umfassendes Kundenwissensmanagement zu integrieren?

Ein zentrales Ziel des Beschwerdemanagements liegt darin, einen **wesentlichen Beitrag für das Qualitätsmanagement** zu leisten, indem es eine aktive Nutzung der erfassten Beschwerdeinformationen für Verbesserungsmaßnahmen gewährleistet. Auf diese Weise soll das zukünftige Auftreten von Kundenproblemen vermieden und Kundenbindung durch Kundenzufriedenheit realisiert werden. Um dieses Ziel zu erreichen, müssen spezifische **Instrumente eingesetzt und Maßnahmen** ergriffen werden. Vier diesbezügliche Aspekte werden im Folgenden näher betrachtet: die Anwendung von Qualitätsplanungstechniken zur Entwicklung von Problemlösungen (13.1), die Nutzung von Beschwerdeinformationen in Qualitätsverbesserungsteams und Qualitätszirkeln (13.2), die Abschöpfung der Problemlösungskompetenz von Beschwerdeführern (13.3) und die Integration von Beschwerde- und Beschwerdemanagementinformationen in ein Kundenwissensmanagement (13.4).

13.1 Nutzung von Beschwerdeinformationen durch den Einsatz von Qualitätsplanungstechniken

Seit vielen Jahren hat sich im Qualitätsmanagement der Einsatz von Planungstechniken bewährt. Dazu gehören Basismethoden, die als **„Seven Tools of Quality“** bezeichnet werden. Sie dienen vor allem der Fehlererfassung und der Fehleranalyse. Zwei wichtige Vertreter dieser Methodengruppe wurden im Rahmen der Beschwerdeanalyse bereits vorgestellt: das Histogramm und das Pareto-Diagramm. In diesem Kapitel wird ergänzend die Ursache-Wirkungs-Analyse präsentiert. Zusätzlich wird gezeigt, wie das komplexere Instrument der Fehlermöglichkeits- und Einfluss-Analyse (FMEA) für die Nutzung von Beschwerdeinformationen zur Qualitätsverbesserung eingesetzt werden kann.

13.1.1 Ursache-Wirkungs-Analyse

Die Beschwerdeanalyse legt innerbetriebliche Schwachstellen offen, gibt aber in der Regel keine eindeutigen Hinweise auf die eigentlichen Mängelursachen. Insofern bedarf es des Einsatzes von Instrumenten, die es erlauben, die **genauen Ursachen** der diagnostizierten Probleme zu ermitteln und daraus Maßnahmen zur kontinuierlichen Verbesserung und zur Entwicklung anspruchsvoller Qualitätsstandards abzuleiten. Den Input für diese Ursachenanalyse liefern die Ergebnisse der univariaten Häufigkeitsauswertungen und Pareto-Analysen sowie die im Rahmen der Kreuztabellierung bestätigten Zusammenhänge. Darüber hinaus gehen die mit der Beschwerdeannahme als offene Kommentare erfassten Informationen bezüglich der „genauen Umstände des Beschwerdevorfalls“ in den Auswertungsprozess ein.

Zu Beginn jeder Ursachenanalyse ist es erforderlich, eine exakte Definition des Problems vorzunehmen. Zu diesem Zweck werden die Einzelfälle einer Problemkategorie herangezogen und detailliert untersucht. Dabei gibt die ausführliche Beschreibung der Problemumstände oft schon erste Hinweise auf mögliche Problemursachen. Um aber vorschnelle Schlüsse zu vermeiden und mögliche weitere Ursachen und ihre Interdependenzen zu entdecken, muss die Analyse systematisch betrieben werden. Dazu eignet sich vor allem das Instrument des **Ursache-Wirkungs-Diagramms** - oder auch Fischgräten- bzw. Ishikawa-Diagramm (siehe Bild 13.1).

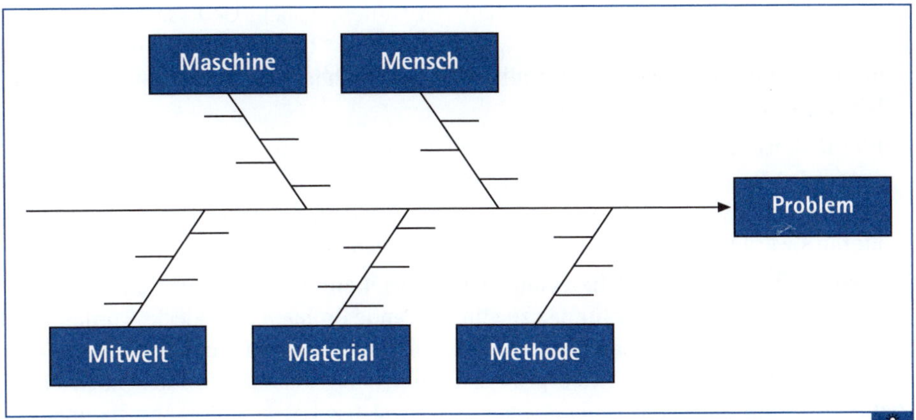

Bild 13.1 Typisches Ursache-Wirkungs-Diagramm

Es handelt sich hier um ein Verfahren, mit dem für jeweils ein klar definiertes Problem (= Wirkung) alle Einflussgrößen (= Ursachen) ermittelt werden, die zu dessen Auftreten beitragen können. Diese Einflussgrößen sowie ihre Beziehungen untereinander werden im Ursache-Wirkungs-Diagramm in Form von Ursachenklassen strukturiert beschrieben, wobei das Ziel darin besteht, mit der Rückverfolgung von Wirkungsketten letztlich die Ursachen zu identifizieren, die **tatsächlich für das Problem verantwortlich** sind. Der Nutzen dieser Problemlösungstechnik besteht in der systematischen und anschaulichen Darstellung aller denkbaren Einflussgrößen eines Problems (Frehr 1994).

Die Konstruktion von Ursache-Wirkungs-Diagrammen beinhaltet üblicherweise **sechs Schritte:**

1. **Problemformulierung (Wirkung):** Ausgehend von den durch die Beschwerdeauswertung aufgezeigten Problemschwerpunkten aus Kundensicht wird ein spezifisches Problem selektiert und definiert. Dieses Problem wird auf der rechten Seite eines Charts festgehalten und es wird ein längerer Pfeil von links nach rechts hin zu diesem Problem gezeichnet.
2. **Identifikation der Hauptursachen (Ursache):** Mit der Identifikation von grundlegenden Ursachendimensionen erhält das Ursache-Wirkungs-Diagramm seine Struktur. Um sämtliche potenzielle Haupteinflussfaktoren aufzudecken, bietet es sich an, im ersten Analyseschritt auf allgemeingültige Determinanten zurückzugreifen: Mensch, Maschine, Methode, Material, Mitwelt (auch die 5 M genannt), wobei diese Systematik durch etwaige weitere Einflussgrößen ergänzt werden kann. Die identifizierten Hauptursachen werden als „Gräten" in das Ursache-Wirkungs-Diagramm eingezeichnet.
3. **Identifikation von Detailursachen für die grundlegenden Ursachendimensionen:** In einem nächsten Schritt werden durch den Einsatz von Kreativitätstechniken – wie Brainstorming – für jede Ursachendimension alle möglichen Detailursachen, die für das Problem verantwortlich sein können, erarbeitet. Sie erscheinen im

Diagramm als Verzweigungen innerhalb der Gräten, wobei jede Ursache selbst wiederum noch genauer in Form von „kleineren Gräten" beschrieben werden kann. An dieser Stelle ist es wichtig, lediglich Fehlerursachen und nicht schon mögliche Lösungen in Betracht zu ziehen.

4. **Identifikation der wahrscheinlichsten Detailursachen:** Die identifizierten Ursachen müssen analysiert und hinsichtlich ihres wahrscheinlichen Einflusses auf den Problemauftritt bewertet werden. Die Detailursachen mit dem vermuteten größten Einfluss werden im Diagramm visuell hervorgehoben.
5. **Überprüfung der identifizierten Detailursachen:** Die Faktoren, die als wahrscheinlichste Verursacher für das zu eliminierende Problem aufgedeckt worden sind, müssen nun genauer untersucht werden. Durch die Erhebung und Auswertung entsprechender Daten ist zu überprüfen, in welchem Ausmaß sie tatsächlich einen direkten Einfluss auf das Problem haben. Wenn sich zeigt, dass die wahrscheinlichste Ursache keinen signifikanten Einfluss auf das Problem ausübt, muss das Verbesserungsteam die nächstwahrscheinlichste Ursache auf ihre Problemwirkung hin genau analysieren. Dieser Prozess ist fortzusetzen, bis im Verbesserungsteam Konsens über die zentralen Einzelursachen herrscht.
6. **Ableitung und Einführung der Problemlösungen:** Auf der Basis dieser Analyse werden verschiedene Maßnahmenpläne erarbeitet, wie das Problem langfristig beseitigt werden kann. Dabei sollten für jede potenzielle Problemlösung sowohl die Vorteile als auch die damit möglicherweise verbundenen Nachteile dargestellt werden, sodass eine abgewogene Entscheidung getroffen werden kann.

Bevor die Maßnahme, für die sich das Team entschieden hat, umgesetzt wird, muss sie mit allen im Unternehmen davon betroffenen Abteilungen und Personen **abgestimmt** und gegebenenfalls modifiziert werden. Ist im Rahmen dieses Feedback-Prozesses ein Konsens erreicht, sodass alle Verantwortlichen die vorgeschlagene Maßnahme mittragen, wird der Lösungsvorschlag implementiert. Nach der Einführung der Verbesserungsmaßnahme ist kontinuierlich zu überprüfen, ob die Probleme **tatsächlich beseitigt** werden konnten bzw. mit der Umsetzung der Lösung nicht andere, neue Probleme hervorgerufen werden. War das Beschwerdeaufkommen bezüglich des zu beseitigenden Problemumstands vor der Initiierung des kontinuierlichen Verbesserungsprozesses sehr hoch, müssen sich die eingeleiteten Maßnahmen kurzfristig in einem geringeren Beschwerdeaufkommen in Bezug auf das betrachtete Problem niederschlagen.

Im nachfolgenden **Praxis-Spotlight 18** wird die Vorgehensweise der Ursache-Wirkungs-Analyse anhand eines **Fallbeispiels** verdeutlicht.

Praxis-Spotlight 18

Beispielhafte Anwendung der Ursache-Wirkungs-Analyse

Die **Ergebnisse der Beschwerdeauswertung** eines Unternehmens zeigen, dass sich viele Kunden über Mängel in der telefonischen Erreichbarkeit beschweren. Häufig war das Klingelzeichen mehr als zehnmal zu hören, bevor ein Mitarbeiter antwortete. Zeitweise schien das Unternehmen überhaupt nicht erreichbar zu sein. Viele Kunden reagierten auf diesen Missstand sehr verärgert und zogen es vor, nicht mehr anzurufen bzw. ihre Geschäfte mit einem Konkurrenten abzuwickeln.

Da auf den ersten Blick weder technische Fehler noch eine zu geringe Personalkapazität als klare Verursacher auszumachen waren, wurde einem **Verbesserungsteam** die Aufgabe gestellt, die **tatsächliche Ursache aufzudecken.**

Das Problem „Langes Warten am Telefon“ wurde zunächst noch enger definiert. Als „verspätet“ wurde eine Reaktion bereits dann eingestuft, wenn der Anrufer mehr als drei Klingelzeichen hören musste, bevor er begrüßt wurde. Als Hauptursachen wurden in das Diagramm zunächst die „5 M“ (Mensch, Maschine, Methode, Material, Mitwelt) eingetragen. Zur Konkretisierung der Ursachen wurde dann ein **Brainstorming** durchgeführt, das zur Identifikation einer Reihe von Einzelursachen führte (siehe Bild A).

Ursache-Wirkungs-Diagramm für das Kundenproblem „Langes Warten am Telefon"

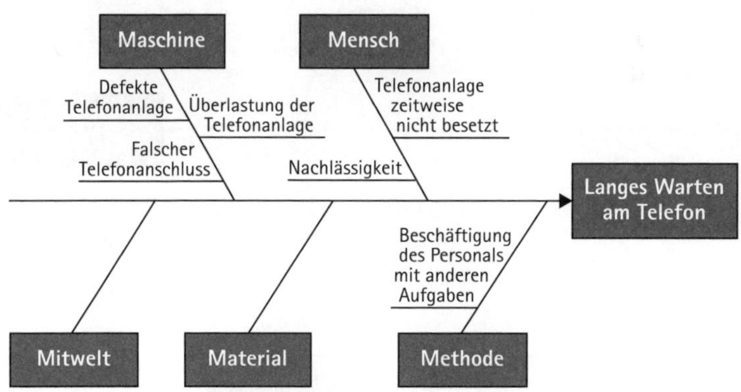

Bild A

In der Diskussion über die Gründe der überlangen Wartezeiten schätzte das Team vor allem die Faktoren „Telefonanlage zeitweise nicht besetzt“ und „Beschäftigung des annehmenden Personals mit anderen Aufgaben“ **als besonders wahrscheinlich** ein. In dem Unternehmen gab es keine eigene Telefonzentrale, sondern die eingehenden Telefonate wurden von der Empfangsdame entgegengenommen, die in der Eingangshalle ihren Arbeitsplatz hat.

Um zu überprüfen, ob diese Gründe tatsächlich verantwortlich sind, und Hinweise auf den Umfang des Auftretens der detaillierten Ursachen zu erhalten, wurde der Eingangsbereich über einen Zeitraum von fünf Arbeitstagen genau beobachtet und die Reaktion auf telefonische Anfragen registriert. Dabei stellte sich heraus, dass die Empfangsdame an jedem Arbeitstag durchschnittlich 65 Minuten nicht an ihrem Arbeitsplatz war. Sie verließ ihren Platz für Pausen und in den Fällen, in denen sie wichtige Kunden zum Geschäftsführer des Unternehmens begleitete. In dieser Zeit gingen durchschnittlich zwölf Anrufe ein, die nicht beantwortet wurden. Darüber hinaus gab es pro Tag ca. acht Anrufe, die die Empfangsdame erst nach mehrmaligem Klingeln annehmen konnte, weil sie mit anderen Tätigkeiten befasst war (Entgegennahme der Post, Begrüßung von Kunden, Erteilung von Auskünften, Auslegen von Zeitschriften in der Wartezone). Die Ergebnisse der Beobachtung bestätigen und konkretisieren die Annahmen über die wahrscheinlichsten Problemursachen (siehe Bild B).

Detailliertes Ursache-Wirkungs-Diagramm für das Kundenproblem „Langes Warten am Telefon"

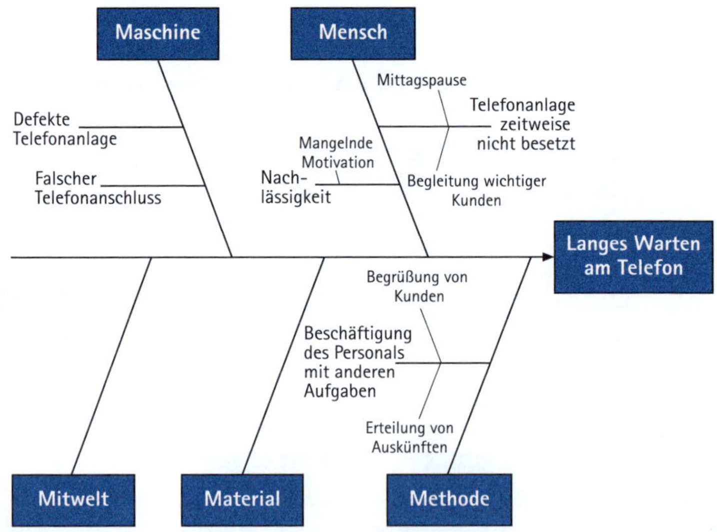

Bild B

Die Ursache-Wirkungs-Analyse bot die Grundlage für die Entwicklung folgender **konkreter Verbesserungsvorschläge:**

- Eine zweite Mitarbeiterin im Unternehmen, die ansonsten hauptsächlich Schreibarbeiten vornimmt, wird für die Entgegennahme von Telefonaten verantwortlich gemacht und ausgebildet.
- Zur Zeit der offiziellen Pausen der Empfangsdame übernimmt diese Mitarbeiterin die Arbeit am Empfang und damit auch die Telefonannahme vollständig.
- Wenn die Empfangsdame aus anderen Gründen ihren Arbeitsplatz kurzzeitig verlassen muss, stellt sie die Telefonanlage um. Über die Umstellung (und Rückumstellung) wird die Mitarbeiterin durch die Anlage automatisch informiert.
- Die Empfangsdame begleitet wichtige Kunden nicht mehr zum Geschäftsführer, sondern informiert die Assistenz der Geschäftsleitung mit der Bitte, den Gast am Empfang abzuholen.
- Wenn die Mitarbeiterin am Empfang mit anderen Arbeiten so beschäftigt ist, dass sie nicht unmittelbar das Telefon bedienen kann, leitet sie per Knopfdruck den Anruf an die Kollegin weiter.

Bei dem Versuch, diese **Vorschläge umzusetzen,** zeigte es sich, dass damit sowohl personalpolitische (Schulung), technische (Telefonanlage) sowie organisatorische Fragen (Arbeitsplatz der bisherigen Schreibkraft) zu lösen waren, was die Zusammenarbeit einer Reihe von betroffenen Mitarbeitern erforderlich machte.

Die Empfehlungen des Teams wurden vom Management verabschiedet und anschließend umgesetzt. Um die **Effektivität der eingeführten Maßnahmen** richtig beurteilen zu können, wurde eine Vergleichsbeobachtung durchgeführt, indem für einen Zeitraum von fünf Arbeitstagen die Zahl der zu spät beantworteten Telefonanrufe registriert wurde. ■

13.1.2 Die Fehlermöglichkeits- und Einfluss-Analyse (FMEA)

Bei der Fehlermöglichkeits- und Einfluss-Analyse (Failure Mode and Effects Analysis - FMEA) handelt es sich um eine formalisierte analytische Methode zur **systematischen Erfassung und Vermeidung potenzieller Fehler** bei der Entwicklung von Produkten und Dienstleistungen (Werdich 2012; Brückner 2013). Sie wurde bereits Mitte der 1960er-Jahre in der amerikanischen Raumfahrtindustrie entwickelt und gehört inzwischen zum Kern des methodischen Instrumentariums im Qualitätsmanagement.

Grundsätzlich handelt es sich um eine **Methode der präventiven Qualitätssicherung**, da es um die frühzeitige Identifikation, Bewertung und Vermeidung möglicher Fehler geht. Insofern erscheint ihr Einsatz im Rahmen des Beschwerdemanagements zunächst wenig geeignet, weil die Beschwerden ja gerade Informationen über bereits eingetretene und nicht mehr zu verhindernde Fehler enthalten. Eine genauere Betrachtung zeigt allerdings, dass dennoch sehr sinnvolle Anwendungen denkbar sind, und zwar durch die Bereitstellung von Beschwerdeinformationen für den FMEA-Einsatz einerseits und die Vermeidung von Fehlern im Beschwerdemanagement selbst andererseits.

Die Nutzung von Beschwerdeinformationen im Rahmen der herkömmlichen FMEA-Anwendung

Ein wesentlicher Anwendungsbereich der FMEA ist die **Neuentwicklung bzw. Modifikation von Produkten und Dienstleistungen**. Hier gilt es, durch eine strukturierte Vorgehensweise die Risiken möglicher Fehler zu erkennen und zu verringern. Dies erfolgt, indem ein Team von Fachleuten aus verschiedenen Bereichen diese Fehlerdiskussion und -bewertung unter Nutzung eines spezifischen Formblatts vornimmt (Bild 13.2).

Die Vorgehensweise lässt sich in **zehn Schritten** beschreiben:

1. Zunächst wird erörtert, welche Fehler überhaupt auftreten können, und die identifizierten potenziellen Fehler werden in der ersten Spalte **„Potenzieller Fehler“** aufgelistet.
2. Für jeden potenziellen Fehler wird in der Spalte **„Fehlerfolgen“** festgehalten, welche Probleme aus den jeweiligen Fehlern resultieren können.
3. Anschließend ist für jeden Fehler nach den **Ursachen** zu suchen, die für das Auftreten der Fehler verantwortlich sind.
4. In der Folge werden auf dieser Informationsbasis die mit den Fehlern verbundenen Risiken bewertet. Dazu wird zunächst in der Spalte **„Auftreten“** abgeschätzt, wie wahrscheinlich es ist, dass dieser Fehler auftreten kann. Die Bewertung erfolgt anhand einer Skala, die von „unwahrscheinlich“ (= 1) bis „hoch“ (= 10) reicht.
5. Danach wird analysiert, wie gravierend die Auswirkungen des Fehlers aus Kundenperspektive sind. Die Bewertung erfolgt wiederum anhand einer Zehnerskala, die von „kaum wahrnehmbar“ (= 1) bis „schwerer Fehler“ (= 9 oder 10) reicht. Der jeweilige Wert wird in der Spalte **„Bedeutung“** eingetragen.
6. In der Spalte **„Entdeckung“** wird die Einschätzung zum Ausdruck gebracht, wie wahrscheinlich es ist, dass der Fehler entdeckt werden kann, bevor das Produkt den Kunden erreicht. Da das Risiko eines Fehlers umso größer ist, je später er entdeckt wird, reicht die Bewertungsskala von „hoch“ (= 1) bis „unwahrscheinlich“ (= 10).
7. Durch Multiplikation der Werte für Auftreten, Bedeutung und Entdeckung ergibt sich die **Risikoprioritätszahl (RPZ)**. Sie ist der Maßstab, der einen Vergleich des Risikos verschiedener potenzieller Fehler zulässt. Damit ist sie auch eine wesentliche Größe für die Prioritätensetzung von Fehlerpräventionsmaßnahmen.
8. Die Ursachenanalyse ist die Grundlage für die Empfehlung von **Maßnahmen**, die das Auftreten des Fehlers verhindern sollen.
9. Anschließend ist die **Wirkung** dieser Maßnahmen zu erörtern und zu bewerten, indem eine erneute Risikobeurteilung erfolgt. Auftreten und Entdeckungswahrscheinlichkeit werden unter Berücksichtigung der Korrekturmaßnahme aufs Neue beurteilt und das Restrisiko wird durch eine veränderte Risikoprioritätszahl ausgedrückt.

10. Damit wird ein **Vergleich der Risikoprioritätszahlen** vor und nach den geplanten Maßnahmen möglich, sodass Maßnahmen mit dem größten Einfluss auf die Risikoreduzierung ausgewählt werden können.

Dieses Vorgehen zeigt zum einen, dass die FMEA nicht nur zur Fehlerprävention, sondern auch zur Bewertung von Fehlern, die in Beschwerden dokumentiert sind, und zur Entwicklung von Abhilfemaßnahmen im Rahmen des Qualitätsmanagements genutzt werden kann. Aber selbst wenn man an der bevorzugten FMEA-Anwendung im Kontext von Neuentwicklungen festhält, ist der **Rückgriff auf Informationen aus dem Beschwerdemanagement** außerordentlich sinnvoll.

Wie die Darstellung des FMEA-Prozesses gezeigt hat, muss das Team permanent **wertende Entscheidungen** treffen. Es muss festlegen, mit welcher Wahrscheinlichkeit Fehler auftreten und frühzeitig entdeckt werden, und es muss eine Bewertung der Fehlerfolgen aus Kundensicht vornehmen. Hier besteht die große Gefahr, dass sich die Teammitglieder auf ihre persönlichen Erfahrungen und Einschätzungen verlassen und aufgrund hoher Bewertungsunsicherheiten zu falschen Schlussfolgerungen kommen. Der Rückgriff auf Beschwerdeinformationen kann diese Gefahr verringern, indem er eine kundenbezogene und faktengestützte Bewertung ermöglicht. Dies gilt insbesondere für die weit überwiegenden Fälle, in denen keine völlig neue Produktentwicklung, sondern eine **Veränderung von prinzipiell bereits bestehenden Produkten** erfolgen soll:

- Die Beschwerdeanalyse liefert eine Fülle von Hinweisen auf tatsächlich eingetretene Fehler, die entweder bei dem variierten Produkt wieder auftreten können oder aber **wertvolle Anregungen** zur Entdeckung weiterer Fehlermöglichkeiten enthalten.
- Die Informationen aus dem Beschwerdemanagement über Handlungsintentionen und tatsächliches Verhalten der Beschwerdeführer nach Auftreten des Fehlers geben konkrete Einsichten in die **Fehlerfolgen** und in die **Relevanz des Fehlers aus Kundensicht.** Die Bedeutung des Fehlers ist zum Ersten ersichtlich aus den entsprechenden Angaben des Kunden während der Beschwerdeannahme, zum Zweiten aus Ergebnissen der Beschwerdezufriedenheitsbefragung, zum Dritten aus einer Kündigerbefragung und zum Vierten aus der Analyse des Loyalitätsverhaltens von Beschwerdeführern.
- Die Beschwerdeanalyse lässt zudem eindeutige Schlussfolgerungen in Bezug auf die **Auftrittswahrscheinlichkeit** und die **Entdeckungswahrscheinlichkeit** zu. Fehler, die zu Beschwerden führen, sind offensichtlich zu spät vom Unternehmen entdeckt worden und die Fehlerstatistik weist Unterschiede in der Auftrittswahrscheinlichkeit auf. Diese Informationen können sinnvoll für die Risikobewertung herangezogen werden.
- Darüber hinaus bietet die Ursache-Wirkungs-Analyse wertvolle Hinweise auf die **Ursachen** der Probleme und mögliche **Maßnahmen** zur Ursachenbeseitigung.

Insofern bietet es sich an, Informationen aus dem Beschwerdemanagement ganz systematisch in die herkömmliche Fehlermöglichkeits- und Einfluss-Analyse zu integrieren.

Termingeldneuanlage

Potenzieller Fehler	Fehlerfolgen	Ursachen	Risikobewertung: Auftreten	Risikobewertung: Bedeutung	Risikobewertung: Entdeckung	Risikobewertung: RPZ = Risikoprioritätszahl	Maßnahmen	Restrisiko: Auftreten	Restrisiko: Bedeutung	Restrisiko: Entdeckung	Restrisiko: RPZ = Risikoprioritätszahl
Termingeldgeschäft wird mit dem falschen Fälligkeitsschlüssel verarbeitet	Anlagebetrag des Kunden wird zu lange oder zu kurz angelegt	Kundenwunsch wird durch Berater nicht richtig aufgenommen	6	8	9	432	Direkte Erfassung durch Berater mit maschinellem Angebot von Fälligkeitsterminen	4	8	6	192
		Kunde hat Wunsch nicht eindeutig artikuliert	7	8	8	448	Wiederholung des Auftrags durch Berater	5	8	6	240
		Erfassungsfehler im System	5	8	10	400	Systeminterner Plausibilitäts-Check	3	8	4	96

Wahrscheinlichkeit des Auftretens des Fehlers

- unwahrscheinlich	1
- sehr gering	2-3
- gering	4-6
- mäßig	7-8
- hoch	9-10

Bedeutung des Fehlers für den Kunden

- kaum wahrnehmbar	1
- kleiner Fehler	2-3
- mäßig schwerer Fehler	4-6
- schwerer Fehler	7-8
- sehr schwerer Fehler	9-10

Wahrscheinlichkeit der Entdeckung vor Auslieferung an den Kunden

- hoch	1
- mäßig	2-5
- gering	6-8
- sehr gering	9
- unwahrscheinlich	10

RPZ =
Auftreten x Bedeutung x Entdeckung

Bild 13.2 FMEA-Formblatt: Beispiel Termingeldneuanlage (in Anlehnung an Ruß 1999, S. 323)

Anwendung der FMEA im Rahmen der Verbesserung der Beschwerdemanagementprozesse

Das Beschwerdemanagement kann aber nicht nur wertvollen Input für den Einsatz des FMEA-Planungsinstruments in Entwicklungsprozessen liefern, es kann selbstverständlich dieses Instrument auch dafür einsetzen, die eigenen Prozesse einer Fehleranalyse zu unterziehen. In diesem Fall dient die FMEA der **Vermeidung von Fehlern im Beschwerdemanagement.**

Dies sei an einem **Beispiel** aus einem Aufgabenbereich des Beschwerdemanagements, nämlich der Beschwerdestimulierung, erläutert (Gierl 2000). Ausgangspunkt der Analyse ist die Tatsache, dass sich nur eine geringe Anzahl unzufriedener Kunden direkt beim Unternehmen beschwert, was als Fehler interpretiert wird. Eine Arbeitsgruppe mit Mitgliedern aus den Abteilungen Marketing, Vertrieb und Beschwerdemanagement untersucht nun die Fehlerfolgen (starke Kundenabwanderung und negative Mundkommunikation) und analysiert die Ursachen der geringen Beschwerdeartikulation. Eine Befragung unter verärgerten Kunden zeigt, dass hierfür vor allem hohe wahrgenommene Beschwerdekosten und eine als gering eingeschätzte Erfolgswahrscheinlichkeit verantwortlich sind. Das Team nimmt nun eine Risikobewertung vor, entwickelt Lösungsvorschläge und berechnet unter Berücksichtigung dieser Maßnahmen die neuen Risikoprioritätszahlen. Angesichts der überlegenen Wirkung zur Risikoreduzierung wird die Einführung von Servicegarantien als Maßnahme ausgewählt. Bild 13.3 zeigt ein entsprechendes Formblatt für dieses fiktive Beispiel.

Die FMEA ist eine anerkannte systematische Methode, die durch die Nutzung von Beschwerdeinformationen **in ihrem Aussagegehalt verbessert** wird und in Anwendung auf Beschwerdemanagementprozesse auch in diesem Bereich zur Fehlervermeidung und Qualitätsverbesserung beitragen kann. Allerdings sollte man immer bedenken: Wesentlich ist nicht das Ausfüllen des Formblatts, sondern die strukturierte Anleitung zu präventivem Denken, die Einbindung von Fachleuten über Abteilungsgrenzen hinweg und die strukturierte Dokumentation des Problemlösungsprozesses (Sondermann 1994).

Beschwerdestimulierung			Restrisikobewertung					Restrisiko			
Potenzieller Fehler	Fehlerfolgen	Ursachen	Auftreten	Bedeutung	Entdeckung	RPZ = Risikoprioritätszahl	Maßnahmen	Auftreten	Bedeutung	Entdeckung	RPZ = Risikoprioritätszahl
Unzufriedene Kunden, die sich nicht beschweren	Hohe Kundenabwanderung und negative Mundkommunikation	Hohe wahrgenommene Beschwerdekosten	4	9	10	360	Einrichtung einer telefonischen Hotline	2	9	9	162
		Gering eingeschätzte Erfolgswahrscheinlichkeit	8	9	7	504	Einführung von Servicegarantien	2	9	6	108

Bild 13.3 FMEA im Rahmen der Beschwerdestimulierung (in Anlehnung an Gierl 2000, S. 170)

13.2 Nutzung von Beschwerdeinformationen in Qualitätsverbesserungsteams und Qualitätszirkeln

Die umfassende und systematische Analyse von Beschwerdeinformationen und die Entwicklung von Lösungsmöglichkeiten können nicht durch einzelne Experten allein vorgenommen werden. Die Probleme müssen in all ihren verschiedenen Aspekten betrachtet, die Ursachen in ihrer Komplexität analysiert und die Einflussgrößen vollständig erfasst werden. Analoges gilt für die Produktion von Ideen für Lösungen und ihre Bewertung in Bezug auf ihre Eignung, zukünftige Fehler zu vermeiden. Insofern gehört es auch zu den Voraussetzungen für den Einsatz von Methoden wie der FMEA, dass **Teams** gebildet werden, die kreative Prozesse und die Nutzung von unterschiedlichem Experten-Know-how ermöglichen.

Die Gruppenarbeit zur Qualitätsverbesserung unter Nutzung von Beschwerdeinformationen kann je nach Unternehmenssituation und Problem unterschiedlich strukturiert und konzipiert sein. Im Hinblick auf die **Dauerhaftigkeit ihrer Existenz** und ihre **Mitgliederstruktur** lassen sich vor allem Qualitätsverbesserungsteams und Qualitätszirkel unterscheiden.

Qualitätsverbesserungsteams

Qualitätsverbesserungsteams sind dadurch charakterisiert, dass sie mit einem **zeitlich befristeten Projekt** betraut werden, das die Lösung für einen zuvor definierten Qualitätsmangel beinhaltet. Die Zusammensetzung des Teams ist **abteilungsübergreifend** und ergibt sich aus den erforderlichen Einsichten und Erfahrungen, die für die Problemdiagnose und -lösung erforderlich sind.

Erfolgreiche Verbesserungsteams lassen sich vor allem durch folgende **Merkmale** kennzeichnen (Frehr 1994):

- **Die Aufgabenstellung ist klar vorgegeben:** Abhängig davon, welche Schwachstellen im Rahmen der Beschwerdeanalyse und des Beschwerdemanagement-Controllings aufgezeigt werden, steht ein ganz bestimmtes Problem im Mittelpunkt der Arbeit eines Verbesserungsteams.
- **Die Zusammensetzung der Verbesserungsteams erfolgt unter den Gesichtspunkten der Bündelung von Lösungs- und Durchsetzungspotenzial:** Ausschlaggebend ist, dass alle benötigten Fachkompetenzen vertreten sind, um das zu lösende Problem effektiv angehen zu können. Zudem sollten alle Bereiche vertreten sein, die an dem Auftreten des Problems beteiligt sind bzw. einen Beitrag zur Lösung leisten können. Durch die Einbindung aller Betroffenen sollen Inter-Abteilungskonflikte reduziert und realistische Lösungen entwickelt werden, die von allen an dem neuen Prozess Beteiligten auch mitgetragen werden können.
- **Die Arbeit in Verbesserungsteams ist wesentlicher Bestandteil der von Mitarbeitern zu leistenden Arbeit:** Teams sind nur erfolgreich, wenn ihre Arbeit von den

Beteiligten nicht als lästiges Übel, sondern als wichtiger Bestandteil der eigenen Aufgabenstellung verstanden wird. Viele Qualitäts- und Verbesserungsbemühungen scheitern daran, dass Mitarbeiter nur widerwillig an den Sitzungen teilnehmen in der Meinung, dass die eigentliche Arbeit liegen bleibe. Erst wenn diese Denkhaltung des „Quality is outside the job" überwunden ist und Qualitätsanstrengungen nicht als ärgerliche Zusatzaufgabe, sondern als Teil der unternehmerischen Leistungsanforderungen verstanden und - z. B. durch angemessene Honorierungen - erlebt werden, ist mit dem notwendigen Engagement der Mitarbeiter und einer erfolgreichen Teamarbeit zu rechnen.

- **Verbesserungsteams lösen sich nach der Problembeseitigung wieder auf:** Verbesserungsteams bestehen für die Zeit der Bearbeitung des Qualitätsproblems bis zu dessen Lösung. Sie bilden keine dauerhafte Struktur.

Qualitätszirkel

Qualitätszirkel stellen eine spezielle Art von Qualitätsverbesserungsteams dar. Auch sie widmen sich der systematischen Fehlerbeseitigung und der kreativen Suche nach neuen Problemlösungen. Ihre Besonderheiten liegen aber darin, dass sie **auf Dauer** mit **regelmäßigen** Zusammenkünften angelegt sind, auf **Freiwilligkeit** beruhen und vornehmlich **Probleme aus dem engeren Arbeitsumfeld** zum Gegenstand haben.

Qualitätszirkel haben sich in vielen Betrieben als wichtiges Instrument zur Verbesserung von Produktqualität und Verfahrensabläufen **bewährt**. Zudem hat sich gezeigt, dass sie wertvolle Beiträge zur Steigerung der Motivation, zur Verbesserung der internen Kommunikation, zur arbeitsplatznahen Weiterqualifizierung sowie zur Stärkung der Identifikation von Mitarbeitern mit ihrem Unternehmen leisten können (Schubert 1993; Breisig 2001). Zudem stehen ihrer Implementierung vergleichsweise geringe Barrieren entgegen, da mit ihrer Einrichtung keine strukturellen Veränderungen in Bezug auf die Aufbau- und die Ablauforganisation verbunden sind.

Damit Qualitätszirkel als bedeutsames Gremium der Beschwerdeinformationsnutzung dienen können, ist allerdings eine Reihe von **spezifischen Voraussetzungen** zu schaffen:

- **Die Ergebnisse der Beschwerdeanalyse** sind im Rahmen des Beschwerdereportings auch an alle existierenden Qualitätszirkel **weiterzuleiten**.
- Es muss zum **Standardprozedere der Qualitätszirkelarbeit** gehören, Beschwerdereports zu analysieren, mit dem Ziel, mögliche Ursachen im eigenen Arbeitsbereich zu identifizieren und zum Gegenstand der Verbesserungstätigkeit zu machen.
- Sofern die Ursache-Wirkungs-Analyse **an anderer Stelle** (z. B. im Rahmen von Qualitätsverbesserungsteams) erfolgt, sind Erkenntnisse über mögliche Problemquellen und -ursachen an die Qualitätszirkel unmittelbar weiterzuleiten. Zudem ist dann eine Verknüpfung der Qualitätszirkelarbeit mit umfassenderen Verbesserungsaktivitäten herzustellen.
- Für eine exakte Problemanalyse und die zielgerechte Entwicklung von Lösungen ist es erforderlich, dass Mitglieder von Qualitätszirkeln **Zugang zur Beschwerdedaten-**

bank erhalten und zudem selbst im **Umgang mit Problemlösungstechniken** geschult werden.

Zur Sicherstellung dieser Voraussetzungen kommt **Mitarbeitern aus dem Beschwerdemanagement** eine zentrale Rolle zu. Sie haben nicht nur für Auswertungen und die Informationsbereitstellung im Rahmen des Reportings zu sorgen. Sie müssen innerbetrieblich auch als Anreger von Qualitätsverbesserungen aktiv werden, indem sie gezielt auf Qualitätszirkel zugehen, Zusatz-Informationen über Kundenprobleme und -änderungswünsche bereitstellen und Schulungen in Bezug auf die Anwendung von kundenorientierten Methoden der Informationsnutzung vornehmen. Dies unterstreicht nicht nur die Notwendigkeit, Beschwerdemanagement und Qualitätsmanagement eng miteinander zu verzahnen, sondern auch das Erfordernis, diese Bereiche durch institutionelle Lösungen so im Unternehmen zu integrieren, dass das Informationspotenzial der Beschwerdeinformationen tatsächlich umfassend genutzt wird (siehe **Praxis-Spotlight 19**).

Praxis-Spotlight 19

Integration von Beschwerdemanagement und Qualitätsmanagement bei der KKH Kaufmännische Krankenkasse

Die KKH Kaufmännische Krankenkasse (KKH) ist eine der größten bundesweiten gesetzlichen Krankenkassen mit etwa 1,8 Millionen Versicherten. Sie gilt als Vorreiter für innovative Behandlungsmodelle in der gesetzlichen Krankenversicherung. Sie hat sich zum Ziel gesetzt, als kundenorientierter Dienstleister einen bestmöglichen Service zu bieten. Dabei kommt dem Beschwerdemanagement eine zentrale Rolle zu, denn es gilt, aus Unzufriedenheitsäußerungen zu lernen und die Erkenntnisse aus Beschwerden für das Qualitätsmanagement und damit für Verbesserungen im Dienstleistungsangebot und im Service zu nutzen.

Um dies zu realisieren, wurde bei der KKH das Beschwerdemanagement konsequent in einen pragmatischen Qualitätskreislauf integriert (siehe Bild A). Auf diese Weise wird sichergestellt, dass das Beschwerdemanagement die von den Kunden wahrgenommenen Probleme in das Unternehmen einbringt und ihre systematische Bearbeitung und Behebung steuert.

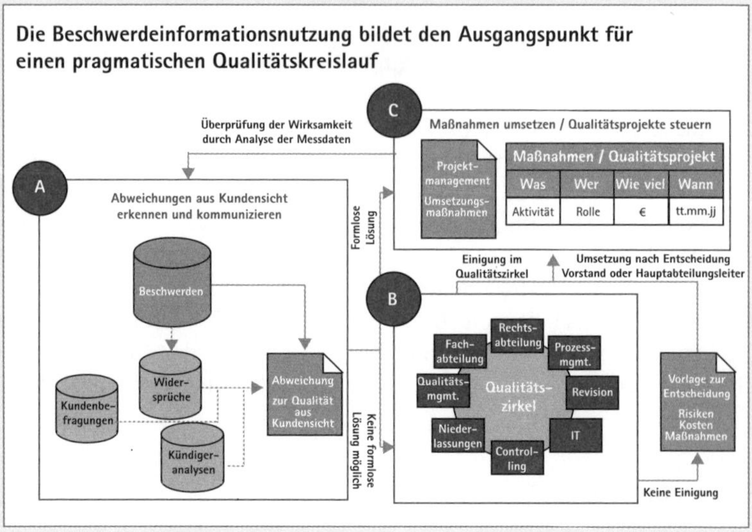

Bild A

A: Durch Auswertungen und Analysen von Beschwerden wird das Problem beschrieben und das Risiko analysiert.

Im ersten Schritt gilt es, Abweichungen von den Qualitätserwartungen der Kunden zu erkennen. Im Beschwerde- und Qualitätsmanagement der KKH (eine Stabstelle des Vorstands) werden monatlich die erfassten Beschwerdedaten zunächst quantitativ ausgewertet. Dabei werden Beschwerdevolumen, Beschwerdegründe (Fachthemen wie Hilfsmittel, Arzneimittel, Rehabilitationsmaßnahmen etc.) und Beschwerdeanlässe (Unzufriedenheit mit z. B. Bearbeitungsdauer, Verlässlichkeit, Beratungskompetenz, Leistungsangebot) untersucht. Zusätzlich werden Hinweise von Mitarbeitern, eskalierte Einzelfälle und Beschwerden aus Kunden-/ Internetforen (Facebook, ciao.de, Krankenkassenforum etc.) ausgewertet.

Die Beschwerdeauswertungen werden auf Auffälligkeiten und bisher nicht erkannte Problemfelder untersucht. Hierbei werden auch Daten und Auswertungen aus Kundenbefragungen, Kündigeranalysen und aus dem Widerspruchsmanagement einbezogen. Die Ergebnisse werden in monatlichen Berichten an Vorstände und Hauptabteilungsleiter kommuniziert.

Um die ermittelten Qualitätsmängel aus Kundensicht abzustellen, werden institutionelle Dialoge mit den einzelnen Fachabteilungen geführt. Dazu dienen sogenannte „Runde Tische“ als Austauschplattform. Hier werden Auffälligkeiten diskutiert, entsprechende Handlungsbedarfe abgeleitet sowie notwendige Maßnahmen besprochen und initiiert.

B: Im Qualitätszirkel wird ein erkanntes Problem mit den erforderlichen Fachleuten bewertet und systematisch nach Lösungen gesucht.

Lassen sich Mängel nicht formlos, d. h. ohne einen formalen Entscheidungsprozess, abstellen oder handelt es sich um eine sehr komplexe, dringende Problemstellung, werden Qualitätszirkel einberufen, die je nach Thema unterschiedlich besetzt sind. So können beispielsweise neben dem Qualitätsmanagement und den Fachabteilungen auch die Abteilungen Recht, Prozessmanagement, Revision und Controlling sowie betroffene Niederlassungen beteiligt sein. Das Qualitätsmanagement ist verantwortlich für den Zirkel, d. h., es lädt dazu ein, moderiert und dokumentiert die Ergebnisse.

In den Qualitätszirkeln (Teilnehmer sind vorwiegend Führungskräfte) werden die Risiken der Probleme abgeschätzt, Handlungsbedarfe bewertet und Maßnahmen beschlossen. Bei Bedarf werden Sofortmaßnahmen festgelegt, die eine weitere Ausbreitung des Problems verhindern sollen, bis eine dauerhafte Lösung gefunden ist.

Kann im Qualitätszirkel keine Einigung zur Beurteilung eines Problems oder zur Umsetzung von Maßnahmen erreicht werden, eskaliert das Qualitätsmanagement das Problem an das obere Management der KKH (je nach Thema an Vorstand oder Hauptabteilungsleiter) mit genauer Angabe von Risiken, Kosten und möglichen Maßnahmen. Das Management beauftragt entweder direkt die Umsetzung einer Lösung oder gibt das Problem mit einer Einschätzung zur weiteren Bearbeitung zurück in den Qualitätszirkel. Je nach Komplexität des Themas, dem Informations- und Entscheidungsbedarf können mehrere Durchläufe des Zirkels erforderlich sein, bis eine Lösung gefunden ist.

C: Vereinbarte Maßnahmen werden umgesetzt und deren Wirksamkeit nachgehalten.

Bei Einigung im Qualitätszirkel werden die Maßnahmen zur Beseitigung von Problemen direkt aus dem Zirkel heraus beauftragt. Je nach Umfang der Maßnahme werden die Verbesserungsaktivitäten durch die Fachbereiche durchgeführt oder es werden übergreifende Qualitätsprojekte gestartet. In allen Fällen wird die Wirksamkeit der Maßnahmen durch das Qualitätsmanagement mit den im Unternehmen eingesetzten kundenorientierten Messverfahren (Beschwerdeanalyse, Widerspruchsanalyse, Kundenbefragungen etc.) überprüft. Bei Bedarf werden auch unternehmensorientierte Messungen durch den Bereich Controlling genutzt.

Neben der dargestellten internen Kommunikation, die durch das regelmäßige Berichtswesen ergänzt wird, finden „Qualitätsgespräche" mit dem Vorstand statt. Hier werden in kompakter Form die Ergebnisse des Beschwerde- und Qualitätsmanagements berichtet, Auffälligkeiten und beobachtbare Veränderungen diskutiert und soweit erforderlich Themen priorisiert.

Bild B zeigt noch einmal die Institutionalisierung des integrierten Beschwerde- und Qualitätsmanagements im Überblick.

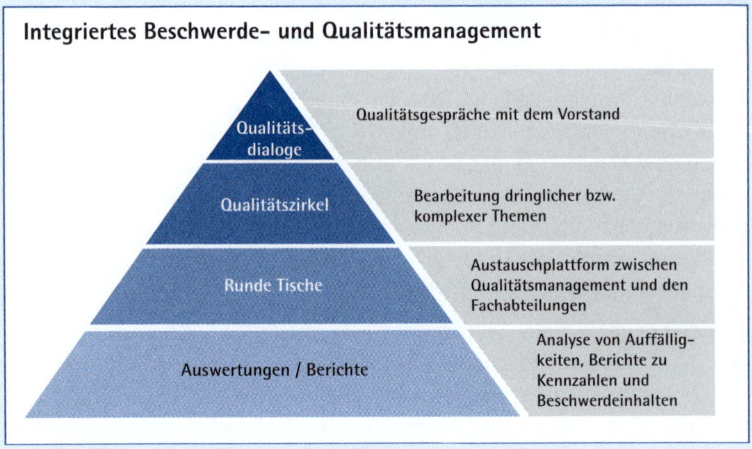

Bild B

Bei dieser Lösung sind vor allem zwei Aspekte von besonderer Bedeutung: die Integration von Beschwerde- und Qualitätsmanagement und die Einbindung des Vorstands. Die Verzahnung von Beschwerde- und Qualitätsmanagement und ihre Zusammenfassung in einer Organisationseinheit ermöglichen es, dass Beschwerdeinformationen gezielt für Qualitätsverbesserungen, Innovationen und Produktentwicklungen genutzt werden. Die Einbindung des Vorstands in den Prozess verdeutlicht, welch hohen Stellenwert die KKH dem Thema Kundenzufriedenheit einräumt. Sie stellt sicher, dass Kundenanliegen mit hoher Priorität bearbeitet und Qualitätsverbesserungen schnell realisiert werden, und ist damit Ausdruck des hohen Anspruchs der KKH als Premiumkasse.

Uwe Schröder

Leiter Beschwerde- und Qualitätsmanagement

KKH Kaufmännische Krankenkasse

13.3 Kundenforen mit Beschwerdeführern als Qualitätsverbesserungsinstrument

Qualitätsverbesserungsteams und Qualitätszirkel sind Formen der Gruppenarbeit, in denen das kreative Potenzial von Mitarbeitern genutzt werden soll, um zu Problemlösungen zu kommen. Ein anderer - damit durchaus kombinierbarer - Ansatz besteht darin, die **Beschwerdeführer selbst** an der Entwicklung von Problemlösungen zu beteiligen.

Ein wichtiges Instrument hierfür stellen **Kundenforen** dar. Im Folgenden wird zunächst diskutiert, welchen grundsätzlichen Wert Kundenforen mit Beschwerdeführern haben (13.3.1). Anschließend wird gezeigt, wie das kreative Potenzial von Kunden durch den Methodeneinsatz in Kundenforen gesteigert werden kann (13.3.2). In einem dritten Abschnitt wird demonstriert, welche Vor- und Nachteile sich ergeben, wenn der Dialog mit den Beschwerdeführern in virtuellen Kundenforen (Online-Kunden-Chats) erfolgt (13.3.3).

13.3.1 Generelle Ziele von Kundenforen mit Beschwerdeführern

Kundenforen - auch Kundenkonferenzen oder Kundenfokusgruppen genannt - sind Gruppendiskussionen mit einem Kreis ausgewählter Kunden, mit denen **bestimmte Themen der Geschäftsbeziehung erörtert** werden.

Grundsätzlich werden mit der Einrichtung von Kundenforen vor allem folgende Ziele verfolgt (Günter 1998; Kießling/Koch 1999):

- Gewinnung von **vertieften Einsichten** in die Wünsche, Motive und Einschätzungen von Kunden,
- Ermittlung von **spontan** geäußerter Kritik und Verbesserungsvorschlägen,
- Erlangung eines **erhöhten Verständnisses** von wahrgenommenen Problemen des Anbieterverhaltens aus Kundensicht,
- **Signalisierung** von Kundenorientierung,
- **Verstärkung** der Kundenbindung,
- **Sensibilisierung** von Mitarbeitern für Kundenanliegen und Unterstützung von gesamtunternehmerischen Anstrengungen zur kundenorientierten Veränderung des Unternehmens.

Erfahrungen zeigen, dass diese Ziele bei einem professionellen Einsatz von Kundenforen in hohem Maße erreicht werden können. Die Gruppendiskussionen geben den Kunden die Möglichkeit, ihre Perspektive umfassend darzustellen. Auch werden sie durch die Beiträge anderer Teilnehmer zur Reflexion ihrer Wünsche und zur Bewertung ihrer Erfahrungen angeregt, sodass aufgrund der **Gruppendynamik** der Informationsgewinn größer ist als bei Einzelinterviews.

Durch die Möglichkeit zur umfassenden Erörterung von Problemen besteht darüber hinaus die Chance, nicht nur eine **detaillierte Kenntnis über die wahrgenommenen Probleme** zu erhalten, sondern auch über die **Problemursachen** und die **Dynamik der Verärgerung im Erfahrungsprozess** des Kunden. Auf diese Weise lassen sich schon wertvolle Hinweise auf mögliche Korrekturen und neue Lösungen gewinnen.

Dieser Effekt ist vor allem zu erwarten, wenn **Beschwerdeführer** zu Kundenforen eingeladen werden. So betonen Kießling/Koch (1999, S. 105) auf der Basis ihrer Erfahrungen mit mehr als 100 Kundenforen: „Ganz besonders reiz- und wirkungsvoll kann es sein, wenn zum Kundenforum speziell Reklamationskunden oder sogar ehemalige Kunden eingeladen werden. Diese haben sich als besonders kritisch und wegen ihrer freien Meinungsäußerung als besonders wertvolle Ratgeber erwiesen." Beschwerdeführer haben sich mit dem Problem auseinandergesetzt und häufig auch Vorstellungen über alternative Wege entwickelt. Insofern haben Kundenforen nicht nur die **Funktion der Beschwerdestimulierung**, sondern sind auch als wichtiges Instrument zur **Nutzung des Kreativitätspotenzials** von Kunden im Verbesserungsprozess anzusehen (siehe auch **Praxis-Spotlight 20**).

Praxis-Spotlight 20

Kundendialog im Dienst kontinuierlicher Verbesserung

Begriffe wie „Kundennähe" und „Kundenorientierung" fehlen in kaum einer unternehmerischen Selbstdarstellung. So leicht sie zu proklamieren sind, so schwer ist jedoch ihre Realisation. Auf der Suche nach neuen Wegen zu größerer Kundennähe starteten die Stadtwerke Münster Anfang 2011 eine Reihe mit offenen Kundendialogen.

Für den Dialog mit Kunden gibt es heute eine Vielzahl möglicher Formate: Kundenbeiräte, Kundenforen, Rat der Kunden und Kombinationen dieser Ansätze. Die Stadtwerke Münster entschieden sich für ein Kundenforum mit maximal offener und transparenter Vorgehensweise: Weder die Themen noch die Teilnehmer wurden vom Unternehmen bestimmt. Stattdessen wurden alle Kunden mit Plakaten, Radio-Spots und im Kundenmagazin öffentlich eingeladen, ihre Anliegen in eine Sitzung mit leitenden Unternehmensvertretern einzubringen.

Ein solches Vorgehen braucht Mut – und eine gute Rahmung. Mitarbeiter befürchten, dass sich unter den Teilnehmern viele als Beschwerdeführer bekannte Kunden befinden. Und „Beschwerdeführer" könnten leicht zu Anführern einer Beschwerdewelle werden. Umgekehrt gibt es auch ambivalente Erwartungen auf Seiten der teilnehmenden Kunden. Besonders zu Beginn eines Kundendialogs sind solche Vorbehalte offen im Raum greifbar. Und schon kleine Fehler in der Gesprächsführung können schnell dazu führen, dass Teilnehmer ihre Vorbehalte bestätigt sehen.

Deshalb ist eine gute Vorbereitung essenziell. In Vorbesprechungen wurden alle teilnehmenden Mitarbeiter auf ein aktives und Kritik annehmendes Zuhören eingestimmt. Denn entsprechend ihres Anspruchs haben die

Stadtwerke Münster auf ein offenes Gespräch ohne jedes Denkverbot gesetzt.

In einer Kombination von Plenums- und Kleingruppenarbeit wurde ein Rahmen geschaffen, der allen Teilnehmern Raum gab, ihre Themen zu äußern. Über 100 Vorschläge sind 2011 während dieses ersten dreistündigen Kundenforums von den 30 teilnehmenden Kunden entwickelt worden. Mindestens ebenso wichtig dürfte aber die atmosphärische Wandlung im Miteinander sein, die sich in den folgenden Kundenzitaten äußert: „Ich bin ganz begeistert", „Ich freue mich, dass die Stadtwerke sich der Diskussion stellen und unsere Anregungen aufnehmen", „Sehr intensiv, sehr zufrieden", „Durch diese Veranstaltung fühle ich mich ernstgenommen". Doch nicht nur auf Kundenseite ändert sich die Sicht, auch bei den Unternehmensvertretern wandelt sich etwas im Bild der Kunden. Selbst Kritiker des Unternehmens erscheinen in einem anderen Licht: als durchaus wohlmeinende und engagierte Kunden, deren Interessen mit den eigenen verwandt sind.

Dieser Perspektivenwechsel ist Ziel des Dialogs. Den Verantwortlichen und Mitarbeitern helfen die Beiträge der Kunden, die eigene „Betriebsblindheit" zu überwinden. Aber auch umgekehrt wird ein „blinder Fleck" aufgehellt. Einer der teilnehmenden Kunden beschrieb diese Wirkung in einem Blogbeitrag über das Kundenforum: „So bekamen beide Parteien auch einen Einblick in die Sicht- und Denkweise der jeweils anderen Seite ... Ebenso gab es einige Blicke auf die Hintergründe zu manchem Thema, was wiederum für die Kunden interessant war und eine alternative Sicht auf die Dinge ermöglichte."

Mittlerweile sind diesem ersten Kundenforum weitere gefolgt. Durch die Einladung zu konkreten Themen wie beispielsweise „Die ideale Fahrplanauskunft" wurde gezielt das Verbesserungspotenzial einzelner Dienstleistungsbereiche des Unternehmens gemeinsam mit den Kunden ausgelotet. In den Münsteraner Kundendialogen zeigt sich, dass Kundenforen sowohl für die Reflexion der Gegenwart wie auch für eine gemeinsame Ko-Kreation von Lösungen für eine bessere Zukunft einzusetzen sind.

Ein Dreh- und Angelpunkt ist dabei die kommunikative Verwandlung von Ärger in Wünsche und von Kritik in Ideen. In aller Regel stehen hinter Ärger und Kritik unerfüllte Wünsche und Ideen. Bleibt das Gespräch auf der Ebene von Kritik und Ärger verhaftet, setzt der normale Reflex von Verteidigung und Gegenrede ein. Gelingt es aber, die versteckten Wünsche ans Licht zu holen, bleibt das Gespräch selbst bei heiklen Themen in einem zugewandten und konstruktiven Modus.

Damit dies dauerhaft so bleibt, ist eine ernsthafte und vor allem transparente Bearbeitung der Vorschläge erforderlich. In Münster treffen sich kurz nach einem Kundenforum die jeweils Verantwortlichen, um über die Konsequenzen zu beraten. Manche Wünsche wie die Einrichtung einer

Service-Hotline mit lokaler Festnetznummer wurden direkt umgesetzt. Andere, wie die Produktion fremdsprachiger Produktflyer, brauchten mehr Zeit für ihre Realisierung. Der ganze Prozess ist öffentlich einsehbar: Alle gemachten Vorschläge, die Entscheidungen des Unternehmens und der Bearbeitungsstand werden auf der Homepage detailliert dokumentiert (siehe ausschnittsweise im Bild).

Aktueller Stand der Umsetzung

Aus den zwei Kundenforen haben wir bereits jede Menge Ideen, Anregungen und konkrete Arbeitsaufträge erhalten. Für uns bedeutet das eine Verpflichtung, diese wenn möglich umzusetzen.

Bei vielen Vorschlägen ist das bereits gelungen, weitere Verbesserungen sind in der Mache. Nicht alles ist jedoch möglich. Wie wir mit welchem Vorschlag umgegangen sind, sehen Sie in diesen Listen.

Das haben wir umgesetzt

Nr.	Vorschlag	Kommentar	Umsetzung
1.	Abo-Ticket-Preise um 40 % gegenüber dem Einzelpreis senken: mehr Anreiz, komplett auf den Bus umzusteigen	40 % sind wirtschaftlich nicht machbar.	Seit August 2011: Abo-Preise 25 % kostengünstiger als Einzel-Tickets (vorher 20 %)
2.	Service-Hotline Energie als Festnetznummer	Wurde unmittelbar nach dem ersten Kundenforum umgesetzt	Tel.: 0251.694.1234
3.	...	...	...

Das gibt es schon

Einige der Ideen, die bei den Kundenforen genannt wurden, gehören schon länger zum Angebot der Stadtwerke Münster

Nr.	Vorschlag	Umsetzung
1.	Kostenfreie Verkehrs-Hotline zu Baustellen und Großveranstaltungen	Tel.: 0800.1011.911 seit 2009
2.	...	...

Das ist in der Mache

Nr.	Vorschlag	Kommentar
1.	Verträge umzugstauglich machen	...
2.	...	...

Das geht leider nicht

Nicht alle Vorschläge können wir umsetzen. Teils hindern uns schlicht wirtschaftliche Gründe daran, teilweise liegen die nötigen Verantwortungen nicht bei uns. Wenn möglich geben wir Ihre Ideen in einem sochen Fall gerne weiter.

Nr.	Vorschlag	Kommentar
1.	Semesterticket für "Studium im Alter"	Wegen Gasthörerstatus nicht machbar; "60PlusAbi" als Alternative
2.	...	...

Quelle: Stadtwerke Münster (2012)

Nach den bisher gemachten Erfahrungen lässt sich zusammenfassen, dass die Kundenforen bei den Stadtwerken Münster an drei Stellen zu einer kontinuierlichen Verbesserung beitragen: Sie verbessern durch die Kundenideen die Leistungen und Services. Sie vertiefen die Identifizierung mit den Kundenbedürfnissen auf Seiten der teilnehmenden Mitarbeiter. Und in der Öffentlichkeit tragen sie zur Wahrnehmung eines lokal verbundenen und wirklich kundenorientierten Unternehmens bei.

Rolf Schneidereit

Institut für Stakeholder-Dialog, Köln

13.3.2 Methodeneinsatz in Kundenforen

Die Anregung von kreativen Prozessen unter den Kunden beginnt, wenn nach der eigentlichen und ausführlichen Kritikphase mit ihnen ein **gemeinsames Nachdenken über Problemlösungen** gestartet wird. Dies kann schon dadurch erfolgen, dass Kunden gebeten werden, sich darüber zu äußern, welche Veränderungen sie sich in Zukunft wünschen und welche Konsequenzen das Unternehmen ihrer Ansicht nach ziehen soll. Die Vorschläge müssen dann vom Moderator gesammelt und protokolliert werden. Zudem können die Teilnehmer am Ende der Sitzung gebeten werden, die verschiedenen Vorschläge im Hinblick auf ihre Präferenzen zu gewichten.

Eine Alternative zu dieser eher intuitiven Gesprächsführung liegt darin, im Kundenforum **einfache Kreativitäts- und Planungstechniken** für die Produktion von Lösungsvorschlägen einzusetzen, was aber eine entsprechende Kompetenz auf Seiten des Moderators voraussetzt.

Ein erstes Verfahren ist die Anwendung des **Brainstormings**, das in der Regel in kurzer Zeit zu einer Vielzahl von Ideen führt, wenn die von Osborn aufgestellten Regeln eingehalten werden. Dazu gehören vor allem (Kotler/Bliemel 2006):

- Kritik ist **nicht zugelassen,** negative Kommentare zu Vorschlägen sind auf später zu verschieben.
- Man soll der Fantasie **freien Lauf** lassen, d.h., auch ausgefallene Vorschläge sind erwünscht.
- **Ideenquantität** geht vor Ideenqualität. Es sollen zunächst möglichst viele Vorschläge produziert werden.
- Die **Verknüpfung** und **Verbesserung** von Ideen ist anzustreben. Die Teilnehmer werden daher ermutigt, Ideen anderer aufzugreifen und weiterzuentwickeln.

Die Produktion von kreativen Ideen kann auch angeregt werden, indem man das Erleben des Kunden noch einmal in der Gruppendiskussion nachempfindet und zum Anlass für die Reflexion von neuen Ideen macht. Dies kann mit Hilfe der **Sequenziellen Ereignismethode für Innovationen (SEFI)** erfolgen, die insbesondere für die Gewinnung von Ideen für die Verbesserung von Dienstleistungen bzw. des Beschwerdeprozesses selbst geeignet ist.

Bei der Nutzung einer Dienstleistung (z.B. der eines Hotels) durchläuft der Kunde eine Sequenz von Einzelepisoden an einer Vielzahl von Kontaktpunkten (z.B. Ankunft, Check-in, Aufenthalt im Zimmer, Restaurantbesuch, Check-out). Demnach setzt sich seine Qualitätswahrnehmung aus einer Folge von Teilerlebnissen zusammen. An jedem Kontaktpunkt findet Qualitätswahrnehmung statt und der Qualitätseindruck am Ende einer Transaktion ist das Ergebnis eines kumulativen Wahrnehmungsprozesses. Die **Sequenzielle Ereignismethode** berücksichtigt diesen Umstand und verfolgt das Ziel, positive und negative Erlebnisse im Qualitätserleben von Kunden auf der Basis eines visualisierten Kundenpfads in mündlichen Interviews zu erheben. Grundlage und Teil der Methode ist die Ermittlung, welchen Weg Kunden typischerweise bei der Nutzung der Dienstleistung durchlaufen, sowie dessen grafische Darstellung in einem Kundenpfad. Auf dieser Basis werden die Kunden dann gebeten, den Ablauf ihres Dienstleistungserlebens gedanklich durchzugehen und Ereignisse in den einzelnen Kontaktsituationen ausführlich zu schildern (Stauss/Weinlich 1996).

Dieses Verfahren kann sehr sinnvoll in Kundenforen eingesetzt und zugleich im Hinblick auf die Ausschöpfung der Kreativität der Kunden zu einer Sequenziellen Ereignismethode für Innovationen weiterentwickelt werden. Dies haben Decker/Meißner (1999) am **Beispiel** von Kundenforen in Autohäusern gezeigt. In diesen Foren wurde zunächst der typische Kundenpfad bei der Reparaturannahme eines Autos entwickelt. Zudem wurden die Kunden gebeten, bezüglich jeder Episode (z. B. Terminverabredung, Einfahrt auf das Betriebsgelände, Weg zur Reparaturannahme, Gespräch mit dem Kundendienstmitarbeiter) ihre jeweiligen Erlebnisse zu schildern. Zusätzlich wurden sie aufgefordert, über mögliche Verbesserungen nachzudenken oder darzustellen, ob ihnen bei anderen Anbietern - auch unterschiedlicher Branchen - überlegene Lösungen aufgefallen sind. Im Ergebnis zeigte es sich, dass Kunden in hohem Maße in der Lage sind, eine Fülle sehr konkreter Verbesserungsvorschläge zu machen.

Die Anwendung dieser Methode in Kundenforen mit Beschwerdeführern eignet sich vor allem, wenn Kunden eingeladen werden, die ihre Probleme in einem **ähnlich ablaufenden Kundenprozess** erlebt haben. Dies betrifft einen Großteil der Kauf- und Dienstleistungsprozesse. Zudem kann der vom Kunden erlebte direkte Beschwerdemanagementprozess selbst zum Gegenstand der Diskussion gemacht werden, wenn es darum geht, diesen Prozess zu verbessern und die Beschwerdezufriedenheit des Kunden zu erhöhen.

Für eine solche **Anwendung der SEFI auf den direkten Beschwerdemanagementprozess** im Rahmen eines Kundenforums ist dann folgendermaßen vorzugehen (siehe auch Bild 13.4):

- Die eingeladenen Beschwerdeführer werden jeweils gebeten, zunächst die **einzelnen Kontaktpunkte** mit dem Unternehmen im Rahmen ihres Beschwerdeerlebens in **chronologischer Reihenfolge** aufzulisten.
- In der gemeinsamen Diskussion wird der Ablauf eines **typischen Beschwerde-Kundenpfads** festgehalten und visualisiert.
- Auf der Basis dieses Kundenpfads schildern die Kunden, was sie jeweils erlebt haben, und **bewerten** das empfundene Erleben.
- Anschließend werden für jeden Kontaktpunkt des Kundenpfads **Vorschläge zur Verbesserung** entwickelt und festgehalten.

Der Einsatz von solchen Methoden verbessert nicht nur die Chance, das Kreativitätspotenzial der Kunden wirklich zu nutzen, er signalisiert auch die **Ernsthaftigkeit des Unternehmens**, vom Kunden zu lernen. Dies erhöht in der Regel selbst die Bereitschaft sehr kritischer Kunden, nach der Artikulation ihrer Kritik konstruktiv mit dem Unternehmen zusammenzuarbeiten. Dabei entsteht in der Erörterung von Problem und Lösungsmöglichkeiten häufig sogar ein Gemeinschaftsgefühl, das nicht nur die Kundengruppe, sondern auch die Mitarbeiter und das Unternehmen insgesamt einbezieht. Man erfährt die Gemeinsamkeit des Bemühens um Verbesserungen für den Kunden, was **Kundennähe erlebbar macht** und zur Entstehung einer wirklichen Kundenbeziehung beiträgt.

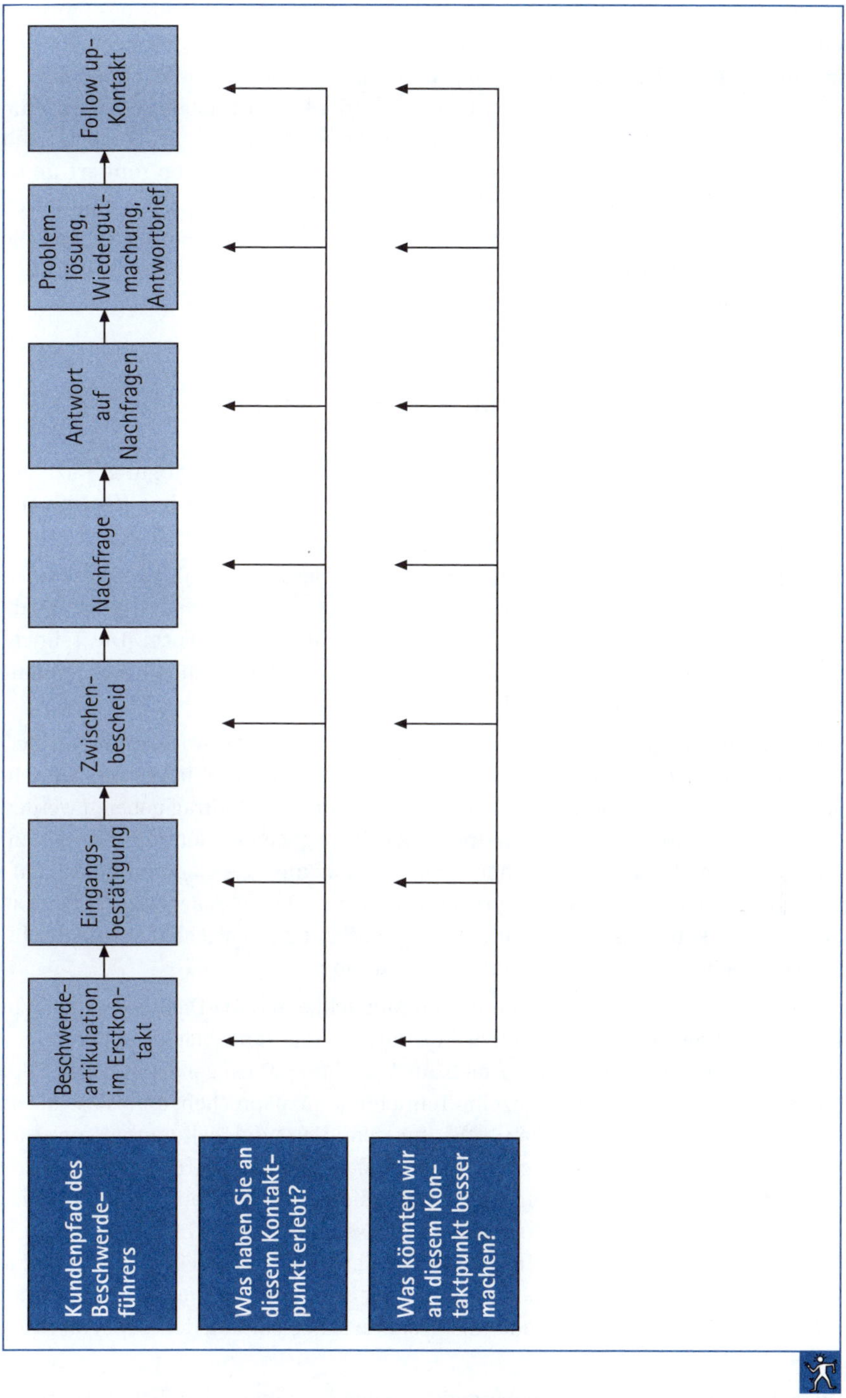

Bild 13.4 Die Anwendung der sequenziellen Ereignismethode für Innovationen (SEFI) auf den direkten Beschwerdemanagementprozess

Kundenforen haben aber nicht nur externe - auf den Kunden gerichtete - Funktionen, sondern auch **interne Funktionen**. Durch die Teilnahme von Mitarbeitern bekommen diese einen unmittelbaren Eindruck vom wahrgenommenen Qualitätserleben der Kunden. Auch Mitarbeiter, die ansonsten keinen Kundenkontakt haben, erhalten nun die Beschwerdeinformationen nicht nur in aggregierter Form und als Report, sondern direkt. Damit werden sie mit der Kundenmeinung unmittelbar konfrontiert und vom Kunden selbst in Bezug auf kundenorientiertes Verhalten geschult. Mit entsprechender Vor- und Nachbereitung stellen somit Kundenforen auch ein wesentliches Instrument des **Mitarbeiter-Coachings** und des **organisationalen Wandels** in Richtung Kundenorientierung dar (Kießling/Koch 1999).

13.3.3 Online-Kundenforen mit Beschwerdeführern

Mit dem Internet stehen neue Formen des Kundendialogs zur Verfügung. Dazu gehört die Möglichkeit, Kundenforen nicht real, sondern **virtuell als Chat (Online-Fokusgruppe)** zu veranstalten (Lehner 2012; Probst/Raub/Romhardt 2012).

In Analogie zu „traditionellen" Kundenforen werden Beschwerdeführer zu einem Dialog gebeten, wobei dieser Dialog über das Internet in einem Chatroom stattfindet und damit auch überwiegend in schriftlicher - und nicht in mündlicher - Form. Die Teilnehmer interagieren miteinander und mit einem Moderator über das Senden und Empfangen von „messages". Folgender **Ablauf** ist typisch:

Nach dem Einloggen mittels des vorher bekannt gegebenen Passworts gelangen die Teilnehmer in den Chatroom. Dann folgt eine **Orientierungsphase**, in der die Teilnehmer einander vorgestellt und vom Moderator eventuell um einen Beitrag gebeten werden. In der darauf folgenden eigentlichen **Diskussionsphase** geben Moderator und Teilnehmer ihre Beiträge im dafür vorgesehenen Feld ein und diese erscheinen sofort auf der Diskussionsoberfläche, wo der Gesprächsverlauf für alle sichtbar aufgezeichnet wird. Die Teilnehmer können spontan auf die veröffentlichten Nachrichten reagieren. In der **Schlussphase** beendet der Moderator die Diskussion.

Der **Moderator** verfügt über eine Reihe von Möglichkeiten, die Diskussion zu steuern. Vorbereitete Fragen kann er aus einer Textdatei in das Eingabefeld kopieren, zudem stehen ihm verschiedene Eingriffsformen zur Verfügung. Dazu gehört u. a. die „**Flüsterfunktion**", die es ihm gestattet, einzelne Teilnehmer anzusprechen, ohne dass die anderen Teilnehmer dies wahrnehmen, z. B. um dominierende Diskutanten um Zurückhaltung zu bitten. Neben dem Moderator kann sich auch der **Auftraggeber** offen oder verdeckt mit in die Diskussion einschalten, um sich einen Überblick über den Diskussionsverlauf zu verschaffen. Während der Diskussion sind auch **Links** in andere Websites oder die Übertragung von Multimedia-Dateien möglich. Da jede Antwort und auch Links zu externen Quellen mit Zeit und Absender aufgezeichnet werden, steht unmittelbar nach Ende der „Gesprächsrunde" die gesamte Aufzeichnung des Kundenforums als **Transkript** zur Verfügung.

Virtuelle Fokusgruppen haben im Vergleich zu den herkömmlichen Fokusgruppen eine Reihe von **Vorteilen**. So zeigen Erfahrungen, dass die Antwortqualität höher ausfällt.

Die Teilnehmer halten sich nicht lange mit den sozialen Prozessen des Kennenlernens und des Austauschs von Höflichkeitsfloskeln auf. Sie nehmen sich mehr Zeit und geben durchdachtere Antworten. Auch scheint die größere Anonymität der Situation eine offene Meinungsartikulation zu fördern. Zudem bieten die E-Chats die Möglichkeit, auch räumlich weit voneinander entfernte Teilnehmer leicht zusammenzuführen. Auf diese Weise können erhebliche Zeit- und Kostenersparnisse für Teilnehmer und Unternehmen realisiert werden. Vielfach wird es erst auf diese Weise möglich, Kunden mit hoher Zeitsensibilität überhaupt für eine Teilnahme an einem Kundenforum zu gewinnen. Ein weiterer wichtiger Zeit- und Kostenvorteil für das Unternehmen besteht darin, dass der Inhalt des Gesprächs unmittelbar als Datei vorliegt und sofort ausgewertet und in die Kundendatenbank eingestellt werden kann.

Diesen Vorteilen stehen allerdings auch einige **Nachteile** gegenüber. Moderator und teilnehmende Beobachter des Unternehmens haben nur Zugang zu den schriftlichen Botschaften, Formen der nonverbalen Kommunikation, die im Rahmen herkömmlicher Kundenforen beobachtet werden können, sind nicht ersichtlich, sodass ein diesbezüglicher Informationsverlust eintritt. Zudem verläuft der Informationsaustausch kontrollierter und weniger spontan.

Dennoch zeigt der Einsatz von virtuellen Kundenforen mit Beschwerdeführern, dass auch mit dieser wenig aufwendigen Feedbackvariante ein gutes **Instrument der Informationsnutzung** vorliegt. Die teilnehmenden Beschwerdeführer geben detaillierte Auskunft über ihr Erleben und ihre Ideen in Bezug auf Verbesserungen. Zugleich sehen sie in der ihnen gebotenen Möglichkeit zum Feedback und zur Mitarbeit einen glaubhaften Ausdruck von Interesse und Wertschätzung durch das Unternehmen, sodass Bindungseffekte zu erwarten sind. Das gilt umso mehr, wenn das Unternehmen sie zu einem späteren Zeitpunkt darüber informiert, wie die Informationen im Unternehmen weiter genutzt worden sind.

13.4 Die Integration von Beschwerde- und Beschwerdemanagementinformationen in ein Kundenwissensmanagement

Unter Wissensmanagement versteht man die **zielorientierte Gestaltung von Wissensprozessen** in Unternehmen. Wissen gilt als zentrale unternehmerische Ressource. Deshalb gehört es zu den wesentlichen Zielen eines Managements dieser Ressource, das relevante Wissen zu identifizieren und zu erwerben, in der Organisation zu bewahren und auszubauen, es im Unternehmen den jeweiligen Nutzern verfügbar zu machen und für dessen wertschöpfende Nutzung zu sorgen (u.a. Lehner 2012; Probst/Raub/Romhardt 2012). Auf diese Weise soll das Unternehmen an Lernfähigkeit, Flexibilität und Innovationskraft gewinnen und am Markt Wettbewerbsvorteile realisieren.

Eine Analyse der Diskussion zeigt allerdings eine **merkwürdige Problemverkürzung**. Obwohl das Wissen in erster Linie dazu genutzt werden soll, kundengerechte Produkte und Dienstleistungen zu entwickeln und anzubieten, dominiert eine unternehmensinterne Perspektive. Zudem herrscht ein sehr enges Verständnis von Kundenwissen vor und die Bedeutung der Beschwerdeinformationen im Kundenwissensmanagement wird unterschätzt.

Grundsätzlich lassen sich **drei Formen des Kundenwissens** unterscheiden (Stauss 2002a): das Wissen über den Kunden, das Wissen des Kunden und das Wissen für den Kunden. **Wissen über den Kunden** ist das kundenbezogene Wissen, das dem Unternehmen zur Verfügung steht. Es liegt in den im Unternehmen vorhandenen Informationen vor, die den Kunden mit seinen Stammdaten beschreiben und die wesentliche Grundlage für Maßnahmen des individualisierten One-to-One-Marketings darstellen. Dazu kommt das Wissen über das beschaffte Produktspektrum, die Kaufhistorie oder die Kaufzeitpunkte. Weitere Bereiche umfassen die kundenindividuellen Aktionen des Unternehmens sowie die diesbezüglichen Kundenreaktionen, die sich u.a. in Kundenumsätzen und -deckungsbeiträgen widerspiegeln.

Beim **Wissen des Kunden** ist nicht das Unternehmen, sondern der Kunde Wissensträger. Kunden sind primäre Experten in Bezug auf ihre eigene Person, ihre Ziele und Strategien, Erwartungen und Interessen. Darüber hinaus verfügen Kunden über Wissen in Bezug auf ihre Erfahrungen mit dem unternehmerischen Angebot und damit über ihre Einschätzungen von Stärken und Schwächen. Da Kunden häufig Erfahrungen mit Wettbewerbsangeboten haben, sind sie auch in der Lage, diese im Vergleich zu alternativen Leistungen und Kontakten einzuschätzen. Sie wissen zudem, wie sie das Produkt emotional und kognitiv erlebt haben und welche Folgerungen sie daraus für ihr zukünftiges Kaufverhalten ziehen wollen. Dieses Wissen des Kunden ist nur potenzielles unternehmerisches Wissen über den Kunden, das erst mittels gezielter Informationsbeschaffung zu Wissen über den Kunden werden kann.

Im Falle des **Wissens für den Kunden** ist der Kunde Adressat des Wissens. Wissen wird im Unternehmen im Hinblick auf Wissensdefizite des Kunden bereitgestellt. Die entsprechenden Defizite können aus Kunden- und/oder Unternehmensperspektive bestehen. Ein **Wissensdefizit aus Kundensicht** existiert, wenn dem Kunden seines Erachtens Wissen fehlt, um seine Ziele zu erreichen. Dies ist beispielsweise der Fall, wenn ihm Informationen über Einsatzmöglichkeiten von Produkten fehlen. Ein **Wissensdefizit des Kunden aus Unternehmenssicht** liegt vor, wenn fehlendes Wissen des Kunden dazu führt, dass Unternehmensziele gefährdet werden. Beispielhaft sei auf die Unzufriedenheit eines Kunden verwiesen, welche auf mangelnder Kenntnis von Leistungsbestandteilen oder Gebrauchshinweisen beruht.

Die **Aufgabe des Kundenwissensmanagements** besteht nun darin, das Wissen des Kunden zu erfassen, das Wissen über den Kunden im Unternehmen zu speichern, zu verteilen und der Nutzung zugänglich zu machen, die Wissensdefizite des Kunden zu identifizieren und Wissen für den Kunden zu entwickeln, bereitzustellen und zu kommunizieren. Da diese Aufgaben nicht unabhängig voneinander sind, sondern Stufen in einem kontinuierlichen Prozess darstellen, wird auch von einem **Kundenwissensmanagement-Zyklus** gesprochen (Stauss 2002a).

In diesem Zyklus kommt Beschwerdeinformationen eine besonders große Bedeutung zu (siehe Bild 13.5).

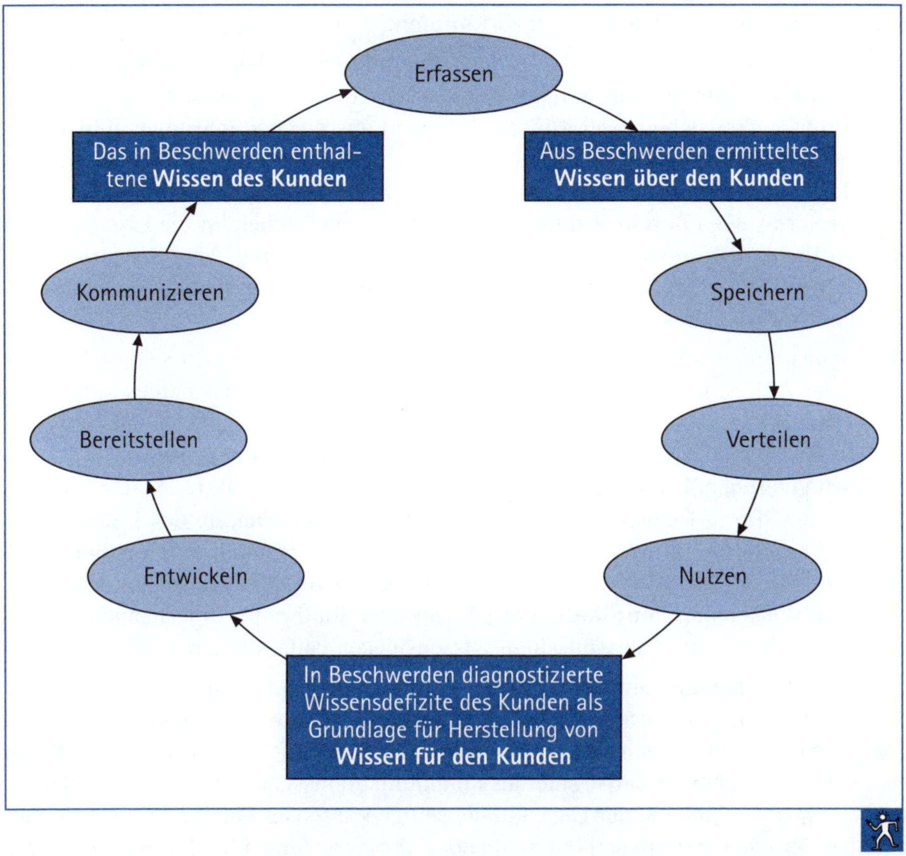

Bild 13.5 Beschwerdeinformationen als wesentlicher Bestandteil des Kundenwissensmanagement-Zyklus (in Anlehnung an Stauss 2002a, S. 281)

Beschwerden enthalten eine Fülle von Hinweisen über das **Wissen des Kunden**, das dem Unternehmen ansonsten nicht in dieser Weise zur Verfügung stünde. In den Beschwerden geben Kunden Auskunft über ihre produktbezogenen Erfahrungen, die von ihnen wahrgenommenen Probleme, ihre enttäuschten Erwartungen, ihre Wünsche an das Unternehmen und über ihr zukünftig geplantes Verhalten. Insofern ist es wesentliche Aufgabe der Beschwerdeannahme, die in den Beschwerden enthaltenen Informationen zu **erfassen** und **als Wissen über den Kunden zu speichern**. Dabei geht es nicht nur darum, den Beschwerdevorgang selbst in die Kundendatenbank einzuspeisen und damit zum Teil der kundenbezogenen Kontakthistorie zu machen. Darüber hinaus muss das im Rahmen der Beschwerdeanalyse und der Ursachen-Wirkungs-Analyse gewonnene Wissen ebenfalls dokumentiert und archiviert werden. Die **Verteilung und Nutzung des Wissens über den Kunden** erfolgt zum einen im Rahmen des Beschwerdereportings, zum anderen durch eine Integration der Beschwerdeinformationen in das

Kundenwissensmanagementsystem mittels Intranet oder „elektronische Gelbe Seiten“. Dazu ist es auch erforderlich, die Beschwerdeinformationen mit den in Marketing und Vertrieb, Logistik und Kundendienst sowie Forschung und Entwicklung vorhandenen kundenbezogenen Informationen zu **verknüpfen**.

Zur Beschwerdeauswertung gehört es auch, die in Beschwerden enthaltenen Hinweise auf **Wissensdefizite des Kunden** aus Kunden- und Unternehmenssicht aufzunehmen. Viele Probleme entstehen, weil Kunden sich nicht ausreichend informiert fühlen, weil unternehmerische Informationsquellen nicht verfügbar oder unbekannt sind oder weil die Informationen so aufbereitet sind, dass sie von den Kunden nicht verstanden werden. Insofern stellen **Beschwerden** eine der wichtigsten Quellen für die Erzeugung von **Wissen für den Kunden** dar. Sie geben konkrete Hilfestellung, wenn es darum geht, Wissen für den Kunden inhaltlich zu entwickeln und durch geeignete Medien bereitzustellen bzw. zu kommunizieren.

Die Entwicklung des Wissens muss so erfolgen, dass die Inhalte präzise dem Wissensbedarf der Zielgruppe entsprechen und dass die Kommunikationskanäle sorgfältig auf das Rezeptionsverhalten und die Medienpräferenzen der Kunden abgestimmt sind. Für die Kommunikation stehen dem Unternehmen grundsätzlich **zwei Handlungsoptionen** zur Verfügung, nämlich die Bereitstellung zum Abruf oder die aktive Kommunikation des Wissens. Diese Unterscheidung basiert auf dem Kriterium, ob das Unternehmen oder der Kunde die Initiative zum Wissenstransport übernimmt. **Wissensbereitstellung** verlangt die Initiative des Kunden, um zu dem von ihm gewünschten Wissen zu gelangen, **Wissenskommunikation** beschreibt die Initiative des Unternehmens, durch aktive Maßnahmen die unerwünschten Wissenslücken beim Kunden zu schließen.

Dem **Beschwerdemanagement** kommt hier eine **Schlüsselstellung** zu. Als **Experte für Kundenanliegen** verfügt es innerorganisatorisch über die besten Kenntnisse bezüglich der vom Kunden wahrgenommenen Wissensdefizite. Zudem ist es - insbesondere wenn ein Costumer Care Center als Kommunikationsschnittstelle zum Kunden zur Verfügung steht - auch in der Lage, kundenseitige Wissenslücken im direkten Kontakt mit dem Kunden unmittelbar zu schließen. Voraussetzung für eine entsprechende Bereitstellung von relevantem Wissen für den Kunden ist allerdings, dass das Beschwerdemanagement ständig Wissensdefizite aufdeckt und konkrete Vorschläge für deren Reduzierung macht. Zudem muss es nicht nur unmittelbaren Zugriff auf Kundendatenbanken haben, sondern auch auf Experten- bzw. Case-Based-Reasoning (CBR)-Systeme, die in der Lage sind, auf der Basis analoger Fälle in der Vergangenheit sofort Problemlösungen für aktuelle Fragen vorzuschlagen.

In vielen Unternehmen ist Kundenwissensmanagement heute **noch nicht Realität**. Bei zukünftigen Implementierungen wird das Beschwerdemanagement dafür Sorge zu tragen haben, dass der hohe Stellenwert von Beschwerden zur Gewinnung und Nutzung von Kundenwissen erkannt und in der Systemkonfiguration berücksichtigt wird.

Kapitel 13 ganz kurz:

- Mit Hilfe der Ursachenanalyse und der Fehlermöglichkeits- und Einflussanalyse können die Ursachen der in Beschwerden genannten Probleme systematisch untersucht und Korrekturprozesse eingeleitet werden.
- Die Entwicklung von Vorschlägen zur Beseitigung von Problemursachen sollte in Qualitätsverbesserungsteams und Qualitätszirkeln erfolgen, um die Kompetenz von Kreativität unterschiedlicher Experten zu nutzen.
- Um Beschwerdeführer selbst an der Entwicklung von Problemlösungen zu beteiligen, können reale oder virtuelle Kundenforen mit dieser Zielgruppe eingerichtet werden.
- Mit Beschwerdeinformationen können Unternehmen ihr Wissen über den Kunden verfeinern und ihre Kenntnisse über das Wissen bzw. die Wissensdefizite der Kunden erhöhen. Deshalb sind Beschwerde- und Beschwerdemanagementinformationen in das unternehmerische Kundenwissensmanagement zu integrieren.

Literatur

Breisig, T. (2001): Qualitätszirkel, in: Zollondz, H.-D. (Hrsg.): Lexikon Qualitätsmanagement, München, Wien, S. 1025 - 1027.

Brückner, C. (2013): Fehlermöglichkeits- und -einflussanalyse (FMEA), in: Kamiske, G. F. (Hrsg.): Handbuch QM-Methoden, 2. Aufl. München, S. 701 - 717.

Decker, A./Meißner, H. (1999): The Sequential Incident Technique for Innovations (SITI) - A Tool for Generating Improvements and Ideas in Service Processes, in: Kunst, P./Lemmink, J./Stauss, B. (Hrsg.): Service Quality and Management, Wiesbaden, S. 203 - 222.

Frehr, H.-U. (1994): Total Quality Management. Unternehmensweite Qualitätsverbesserung, 2. Aufl., München.

Gierl, H. (2000): Beschwerdemanagement als Bestandteil des Qualitätsmanagements, in: Helm, R./Pasch, H. (Hrsg.): Kundenorientierung durch Qualitätsmanagement: Perspektiven - Konzepte - Praxisbeispiele, Frankfurt/Main, S. 149 - 189.

Günter, B. (1998): Qualitativ ausgerichtete Small-Sample-Marktforschung - Kundenkonferenzen als Beispiel für Customer Focus Groups im After-Sales-Marketing, in: Erichson, B./Hildebrandt, L. (Hrsg.): Probleme und Trends in der Marketing-Forschung, Stuttgart, S. 193 - 207.

Kießling, B./Koch, H. (1999): Kundenforum: Wie Unternehmen herausfinden, was ihre Kunden wirklich wollen, Wiesbaden.

Kotler, P./Bliemel, F. (2006): Marketing-Management, 10. Aufl., München.

Lehner, F. (2012): Wissensmanagement, 4. Aufl. München.

Probst, G./Raub, S./Romhardt, K. (2012): Wissen managen: Wie Unternehmen ihre wertvollste Ressource optimal nutzen, 7. Aufl., Wiesbaden.

Ruß, T. (1999): Qualitätsmanagement in der Bankunternehmung, Frankfurt am Main.

Schubert, M. (1993): Qualitätszirkel, in: Hansen, W./Jansen, H. H./Kamiske, G. F. (Hrsg.): Qualitätsmanagement im Unternehmen, Berlin u. a., 04. 02, S. 1 - 20.

Sondermann, J. (1994): Instrumente des Total Quality Managements, in: Stauss, B. (Hrsg.): Qualitätsmanagement und Zertifizierung, Wiesbaden, S. 223 - 253.

Stauss, B. (2002a): Kundenwissens-Management (Customer Knowledge Management), in: Böhler, H. (Hrsg.): Marketing-Management und Unternehmensführung, Stuttgart, S. 273 - 295.

Stauss, B./Weinlich, B. (1996): Die Sequentielle Ereignismethode - ein Instrument der prozessorientierten Messung von Dienstleistungsqualität, in: der markt - Zeitschrift für Absatzwirtschaft und Marketing, 35. Jg., Nr. 136, S. 49 - 58.

Stadtwerke Münster (2012): Kundenforum der Stadtwerke Münster - Aktueller Stand der Umsetzung, www.stadtwerke-muenster.de/fileadmin/unternehmen/veranstaltungen/dokumente/Umsetzungsstand_Forum_eins_und_zwei.pdf (Abruf 15.10.2013)

Werdich, M. (2012): FMEA - Einführung und Moderation, 2. Aufl., Wiesbaden.

NA SEHEN SIE, DAS MIT DEM LÄCHELN KLAPPT DOCH SCHON GANZ GUT. UND NUN VERSUCHEN SIE MAL, MIR MEINE BESCHWERDE AUSZUREDEN.
LR

14 Personalpolitische Aspekte des Beschwerdemanagements

- Welche Bedeutung kommt den Mitarbeitern im Beschwerdekontakt zu?
- Über welche Qualifikationen sollten Mitarbeiter, die Beschwerden entgegennehmen, verfügen?
- Welches Maßnahmenbündel muss eingesetzt werden, um die erforderlichen Mitarbeiterqualifikationen sicherzustellen?

14.1 Die Bedeutung des Mitarbeiterverhaltens im Beschwerdekontakt

Wie Mitarbeiter auf die Beschwerde eines Kunden reagieren, entscheidet wesentlich darüber, ob der Kunde sich ernstgenommen fühlt, eine einvernehmliche Lösung erreicht werden kann und Beschwerdezufriedenheit entsteht. Erfahrungen in der Praxis zeigen, dass besonders starke Kundenverärgerung häufig erst **während der Beschwerdeannahme und -reaktion** entsteht: „Zornige Kunden werden vom Unternehmen selbst produziert" (Blanding 1991). Kunden tragen mehrheitlich ihr Anliegen ruhig und konstruktiv vor, doch wenn sie lakonisch abgewiesen bzw. mit falschen Informationen abgespeist werden oder sich ständig neue betriebliche Stellen als unzuständig erklären, dann entstehen extremer Ärger und Zorn. Dies belegt auch folgendes **Beispiel** aus der Unternehmenspraxis (Scheerer 1994):

Der leitende Mitarbeiter der Forschungsabteilung einer großen Pharmafirma – Chemiker, Prototyp des rational denkenden Menschen – lässt bei einem bekannten Hersteller ein Analysegerät kaufen. Ungefähr drei Monate später fällt das Gerät aus. Aber defekt ist nur ein kleines Bauteil von geringem Wert. Auf die Reklamation hin kommt vom Hersteller ein Brief des zuständigen Ingenieurs. Darin erhebt er den Vorwurf, das Gerät sei vermutlich falsch bedient worden, seine Firma treffe also keine Schuld. Das anschließende Erwiderungsschreiben bleibt unbeantwortet. Dafür geben sich in drei Telefongesprächen drei Experten des Herstellers überheblich und unsensibel. Nun platzt dem Forschungsleiter der Kragen: Er gibt Anweisung, bei diesem Hersteller nie mehr zu kaufen. Inzwischen sind zehn Jahre vergangen und bei der Entscheidung ist es dann endgültig geblieben.

Zusätzliche Einblicke in die Relevanz der richtigen Mitarbeiterreaktion in Problemsituationen zeigt eine **Studie** von Bitner/Booms/Tetreault (1990). In ihrer Erhebung hatten sie Kunden von Hotels, Restaurants und Fluglinien nach „kritischen Ereignissen" gefragt, d.h. nach Dienstleistungserlebnissen, die diese als außergewöhnlich positiv oder negativ empfunden hatten. Der größte Teil der negativen Erlebnisse (42,9 %), der den Kunden dauerhaft im Gedächtnis geblieben war und die sie auch immer weitererzählten, ließ sich der Kategorie **„Mitarbeiterreaktion auf Leistungsmängel"** zuordnen. Es war ein Problem aufgetreten (ein reserviertes Zimmer war bereits belegt, der Flug war unpünktlich usw.) und in dieser Situation reagierten die darauf angesprochenen Mitarbeiter falsch. Sie gaben keine Erklärung, entschuldigten sich nicht, boten keine Kompensation an oder gaben sogar patzige Antworten. Andererseits gehörte fast ein Viertel (23,3 %) der positiven Geschichten in dieselbe Kategorie. In der Problemsituation reagierten Mitarbeiter sensibel und kundenorientiert. Sie boten eine Entschuldigung an, gaben ausreichende Informationen, zeigten ihr persönliches Bemühen, das Problem zu beseitigen bzw. zumindest die Lage der Kunden, soweit es ging, zu verbessern. Dies ist ein erstaunliches Ergebnis: Obwohl ein Problem in der Kernleistung Ausgangspunkt der erzählten Geschichte war, wird das Erlebnis als außergewöhnlich positiv eingeschätzt, wenn Mitarbeiter sich richtig verhalten. Dies unterstreicht eindrucksvoll die vielfach dokumentierte Erfahrung, dass Kunden das Auftreten von Problemen – in gewissen Grenzen – durchaus tolerieren, allerdings mit hoher Unzufriedenheit reagieren, wenn sie feststellen, dass keine adäquate unternehmerische Reaktion erfolgt.

Dessen müssen sich nicht nur Mitarbeiter in Customer-Care-Abteilungen bewusst sein, sondern **alle Mitarbeiter im Kundenkontakt**. Denn ihnen gegenüber wird die Mehrheit der Beschwerden artikuliert. Nur ein relativ kleiner Teil der Kundenunzufriedenheit schlägt sich in schriftlichen Beschwerden nieder. Die meiste Kritik wird mündlich vorgetragen, z.B. gegenüber Verkäufern im Handelsbetrieb oder anderen Mitarbeitern im Kundenkontakt. Dabei wenden sich die meisten allein an die Kundenkontaktmitarbeiter. Nur wenige Beschwerdeführer, die mit dem Ergebnis des ersten Gesprächs nicht zufrieden sind, verlangen, einen Vertreter der Managementebene zu sprechen. Beschwerdebriefe an den Vorstandsvorsitzenden, den Geschäftsführer oder die Hauptverwaltung sind vergleichsweise selten. In einer Erhebung von Adamson/Goodman (1992) sind nur 2,5 % der Beschwerden an das Top-Management gerichtet. Die absolute Ausnahme stellen Artikulationen gegenüber Drittinstitutionen (Verbraucherorganisationen, Medien, staatliche Stellen) dar. Dieser Weg wird in der Regel nur beschritten, wenn alle anderen Anstrengungen vergeblich gewesen sind.

Angesichts dieser Erkenntnisse wird die **zentrale Bedeutung der Kundenkontaktmitarbeiter** für die Verwirklichung eines aktiven Beschwerdemanagements deutlich:

- Sie haben den unmittelbaren Kontakt zu dem sich beschwerenden Kunden und damit die **erste Chance**, Unzufriedenheit abzubauen.

- Sie können in vielen Fällen sofort eine Problemlösung herbeiführen und damit häufig für eine besonders **schnelle und kostengünstige Abwicklung** sorgen.
- Sie haben eine wichtige Funktion bei der Aufnahme von Informationen über Kundenprobleme, die nicht zum **Gegenstand schriftlicher Beschwerden** gemacht werden.
- Darüber hinaus können sie die Bearbeitung, Lösung und Auswertung erheblich erleichtern, indem sie **weitere Informationen** (über den Beschwerdefall, das Ausmaß der vom Kunden empfundenen Verärgerung oder über dessen gewünschte Problemlösung) aufnehmen.

Insofern besteht eine **wesentliche personalpolitische Aufgabe** darin, alle Mitarbeiter im Kundenkontakt auf Beschwerdesituationen vorzubereiten und ihnen die für eine erfolgreiche Bewältigung dieser Kontakte erforderlichen Qualifikationen zu vermitteln.

14.2 Erforderliche Mitarbeiterqualifikationen

Die Merkmale, die Beschwerdeführer zur Bewertung der unternehmerischen Reaktion heranziehen und die wesentlich die Beschwerdezufriedenheit bestimmen, geben wichtige Hinweise auf die Qualifikationen, die von Mitarbeitern im Beschwerdekontakt zu fordern sind. Generell erwarten Kunden vom Unternehmen ein hohes Maß an Zugänglichkeit, Freundlichkeit/Höflichkeit, Einfühlungsvermögen/Verständnis, Bemühen/Hilfsbereitschaft, Aktivität/Initiative, Verlässlichkeit, Reaktionsschnelligkeit und Angemessenheit/Fairness der angebotenen Problemlösung. Dementsprechend müssen sie in der konkreten Beschwerdesituation auch ein Mitarbeiterverhalten wahrnehmen, das sich durch diese Merkmale charakterisieren lässt. Damit Mitarbeiter aber dieses Verhalten zeigen können, sind **wesentliche Voraussetzungen** zu erfüllen. Zum einen müssen die Mitarbeiter über die entsprechende Motivation zur Serviceorientierung sowie über Sozial-, Emotional- und Fachkompetenz verfügen. Zum anderen hat das Unternehmen durch Maßnahmen des internen Marketings dafür Sorge zu tragen, dass Mitarbeiter mit entsprechenden Qualifikationen gewonnen und gehalten werden bzw. Mitarbeiter ihre Kompetenzen verstärken können. Durch diese Maßnahmen und die zielorientierte Gestaltung von Rahmenbedingungen, zu denen vor allem Unternehmenskultur und Infrastruktur gehören, ist zudem sicherzustellen, dass die Mitarbeiter ihre Qualifikationen auch tatsächlich in ein entsprechendes Verhalten umsetzen. In Bild 14.1 werden diese Beziehungen zwischen den Anforderungen der Beschwerdeführer, den erforderlichen Mitarbeiterverhaltensweisen und -qualifikationen sowie den Führungsaufgaben des Managements überblicksartig verdeutlicht.

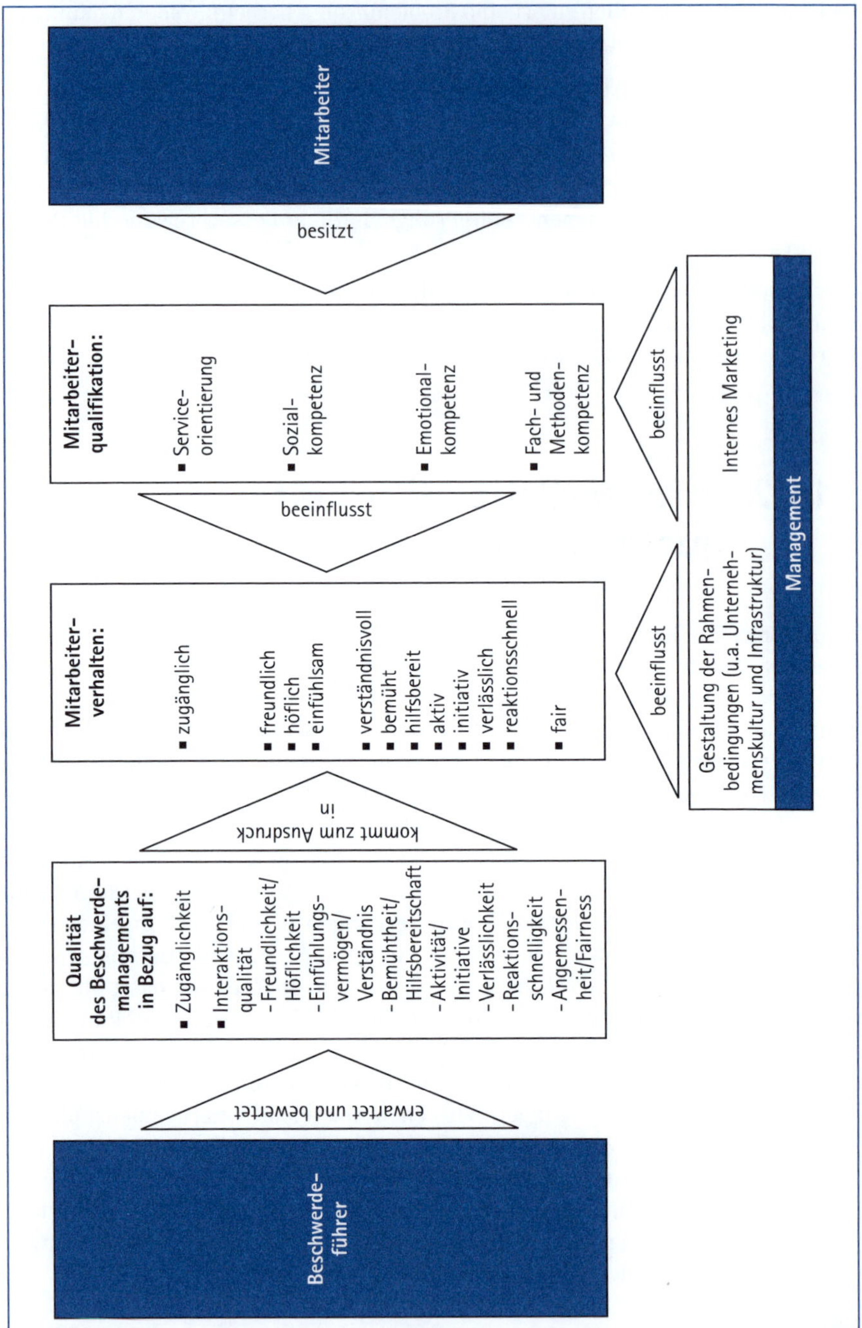

Bild 14.1 Modell des angemessenen Mitarbeiterverhaltens in der Beschwerdesituation (in Anlehnung an Coenen 2001, S. 361)

Serviceorientierung als wesentliche motivationale Grundhaltung

Grundvoraussetzung für jedes erfolgreiche Handeln von Mitarbeitern im Dienstleistungskontakt ist eine ausgeprägte Serviceorientierung. Dabei handelt es sich um die grundsätzliche Bereitschaft, dem Kunden als Problemlöser helfen und ihm dienen zu wollen (Nerdinger 1994; Stauss/Bruhn 2010).

Die Serviceorientierung hat zwei motivationale Wurzeln: die Motivation zu helfen und die Leistungsmotivation. Die **Motivation zu helfen** umfasst den Wunsch und die Bereitschaft, sich um die Probleme anderer zu kümmern und deren Wohlergehen zu fördern. Die **Leistungsmotivation** bezeichnet den inneren Drang, eine Aufgabe exzellent zu erfüllen, sich zu engagieren und zu lernen, um zukünftigen Anforderungen noch besser gerecht zu werden. In diesem Sinne ist **Serviceorientierung** die Motivation, dem Kunden bestmöglich als Problemlöser zu helfen und ihm in exzellenter Weise zu dienen (Coenen 2001, 2005). Nur Mitarbeiter, die diese Serviceorientierung aufweisen, werden auch bereit sein, ihre Qualifikationen einzusetzen, um eine bestmögliche Lösung für das Problem des sich beschwerenden Kunden zu finden.

Sozialkompetenz

Sozialkompetenz ist die Fähigkeit einer Person, in Interaktionsprozessen eigene Ziele unter Berücksichtigung der Ziele des Interaktionspartners zu verfolgen. Dies beinhaltet vor allem die Fähigkeit, den Partner, die Situation und die eigenen Handlungsmöglichkeiten **richtig wahrzunehmen und zu bewerten**. So muss ein Mitarbeiter, der mit einem Beschwerdeführer spricht, imstande sein, sich in die Lage des Kunden zu versetzen und dessen Sicht der Dinge nachzuvollziehen. Er muss zudem die Beschwerdesituation im Blick haben und störende Einflüsse erkennen, um diese reduzieren oder ausschalten zu können. Auch ist es erforderlich, dass er die Wirkung des eigenen Verhaltens auf seinen Gesprächspartner richtig erkennt, d.h. korrekt erfasst, mit welchen Worten, Gesten und Maßnahmen er beruhigend auf den Kunden einwirkt oder diesen weiter verärgert. Um allerdings aus diesen Wahrnehmungen auch die richtigen Konsequenzen ziehen und konfliktlösend wirken zu können, ist es darüber hinaus erforderlich, dass der Mitarbeiter über **differenzierte Kommunikationsfähigkeiten** verfügt. So muss er einen beziehungsorientierten Kommunikationsstil praktizieren können, der durch Verständnis und Mitgefühl charakterisiert ist (Nerdinger 2011). Zudem muss er seine verbalen Äußerungen konsistent durch nonverbale Instrumente - wie Mimik und Gestik - unterstützen, welche die soziale Kompetenz für den Partner erkennbar und glaubwürdig machen (Hennig-Thurau 1999). In einem weiten Verständnis gehören zur Sozialkompetenz auch noch zusätzliche Schlüsselqualifikationen wie **Flexibilität** und **Kreativität**, die es dem Mitarbeiter erlauben, situations- und kundengerecht zu handeln, d.h. sich auf unterschiedliche Kundenerwartungen einzustellen und erwartungsgerechte Problemlösungen zu entwickeln.

Emotionalkompetenz

Sich beschwerende Kunden empfinden zum Teil stark negative Emotionen. Sie fühlen sich geschädigt und verletzt, sind ärgerlich und wütend. Diese negativen Emotionen kommen zum Teil durch die Art der Beschwerdeartikulation zum Ausdruck, wenn Kunden „Dampf ablassen". Aber selbst wenn Kunden ihr Anliegen in ruhiger Form vorbringen, sind sie innerlich negativ emotional berührt. Insofern verlangt der Umgang mit Beschwerdeführern von Mitarbeitern nicht nur die korrekte Ausführung einer fachlich definierten Arbeit, sondern auch in besonders hohem Maße **„emotionale Arbeit"**. Unter Emotionsarbeit (Gefühlsarbeit) versteht man die Regulierung und Bearbeitung der eigenen Gefühle durch Mitarbeiter im Dienstleistungskontakt mit dem Ziel, einen vom Unternehmen und/oder vom Kunden erwünschten Gefühlsausdruck hervorzurufen (Nerdinger 2001; 2011; Rastetter 2008).

Bezüglich der Fähigkeit, diese Anforderungen zu erfüllen, wird vielfach auf das Konzept der **„emotionalen Intelligenz"** verwiesen, worunter grob die Fähigkeit eines Menschen verstanden wird, Gefühle wahrzunehmen und auszudrücken, sie in ihren Wirkungen zu erfassen, zu kontrollieren und bewusst bei sich und anderen zu beeinflussen (Finsterwalder/Tomczak 2001). Insbesondere durch die Publikationen von Goleman (1999; 2007) ist dieses Konzept einer breiten Öffentlichkeit bekannt geworden. In seinem Ansatz unterscheidet er **fünf Dimensionen** der emotionalen Intelligenz. Zwei davon beziehen sich auf die zwischenmenschlichen **(„interpersonellen") Fähigkeiten** im Umgang mit anderen Menschen (Einfühlungsvermögen und soziale Fähigkeiten), drei auf das **emotionale Selbstmanagement** (Selbstwahrnehmung, Selbstkontrolle und Selbstmotivation). Die interpersonellen Fähigkeiten wurden hier bereits im Konstrukt der Sozialkompetenz berücksichtigt, die motivationale Dimension in Form der Serviceorientierung. Daher sind hier nur noch die verbleibenden zwei „intrapersonalen", d. h. auf die Person selbst bezogenen Dimensionen zu betrachten, nämlich Selbstwahrnehmung und Selbstkontrolle. Sie werden unter dem Begriff der **emotionalen Kompetenz** zusammengefasst:

- **Selbstwahrnehmung** umfasst die Fähigkeit, die eigenen Gefühle sowie ihre Wirkungen auf andere zu erkennen und zu verstehen.
- **Selbstkontrolle** ist die Fähigkeit, plötzliche Gefühlsimpulse und Stimmungen zu beherrschen oder in eine andere Richtung zu lenken.

Mitarbeiter im Beschwerdekontakt müssen in großem Umfang Gefühlsarbeit im Sinne des **Managements eigener und fremder Gefühle** leisten. Sie haben ihre Gefühle einzusetzen, um glaubhaft Einfühlungsvermögen zeigen zu können. Sie müssen in der Lage sein, die emotionale Befindlichkeit des Kunden zu beeinflussen, z. B. seinen Ärger abzubauen, ihn zu beruhigen und ihm Vertrauen zu vermitteln. Dies setzt voraus, dass die Mitarbeiter über die Fähigkeit zur emotionalen Selbstwahrnehmung verfügen und in Kenntnis der Wirkung des eigenen Gefühlseinsatzes die Interaktion planvoll beeinflussen können (Cook 2012). Auch ist ein sehr hoher Grad an emotionaler Selbstkontrolle erforderlich, damit sie beispielsweise auf ungerechtfertigte Kritik nicht aggressiv reagieren und so die Situation verschlimmern. Gerade diese emotionale Selbstkontrolle stellt vielfach eine besonders hohe psychische Belastung dar.

Fach- und Methodenkompetenz

Zwar kommt es in der konkreten Situation der Beschwerdeannahme besonders auf die Serviceorientierung sowie die Sozial- und Emotionalkompetenz des annehmenden Mitarbeiters an, doch es wird nicht zu einer effizienten und zufriedenstellenden Problemlösung kommen, wenn Mitarbeiter nicht auch über die notwendige **Fach- und Methodenkompetenz** im Sinne beschwerdespezifischer Kenntnisse, Fähigkeiten und Fertigkeiten verfügen. Schon für die präzise Aufnahme der Beschwerdeinhalte müssen die Mitarbeiter beispielsweise wissen, welche Informationen sie auf welche Weise erfassen müssen und wie die innerbetrieblichen Beschwerdebearbeitungsprozesse organisiert sind. Zudem sind für die Annahme sowie für die Abwicklung von Beschwerden genaue Kenntnisse über die betroffenen Produkte und Dienstleistungen notwendig. Weitergehende und differenzierte Fach- und Methodenkompetenzen sind erforderlich, wenn man das Gesamtspektrum der Beschwerdemanagement-Aufgaben in die Betrachtung einbezieht. Mitarbeiter einer Customer-Care-Abteilung müssen beispielsweise Detailkenntnisse über die eingesetzte Beschwerdemanagementsoftware haben, die internen Prozesse beherrschen, über Methodenkenntnis der Beschwerdeanalyse verfügen und Verfahren des Beschwerdemanagement- Controllings einsetzen können.

Bild 14.2 gibt einen zusammenfassenden Überblick über die Anforderungen an Mitarbeiter im Beschwerdemanagement und macht die **Spannweite der erforderlichen Qualifikationen** deutlich. Dabei ist zu berücksichtigen, dass die einzelnen Qualifikationen häufig ein ganzes Anforderungsbündel umfassen. So beinhaltet Kommunikationsfähigkeit u. a. die Fähigkeit, zuzuhören, sich in einer adressatengerechten Sprache auszudrücken, mit Hilfe von Frage- und Argumentationstechniken die notwendigen Informationen einzuholen usw. In dem Bild wird auch gezeigt, dass die Qualifikationen der Serviceorientierung sowie der Sozial- und Emotionalkompetenz umso dringlicher erforderlich sind, je mehr Mitarbeiter mit Aufgaben des direkten Beschwerdemanagements befasst sind, also im unmittelbaren Kundenkontakt handeln. Demgegenüber wächst der Anteil an erforderlicher Fach- und Methodenkompetenz bei Aufgaben des indirekten Beschwerdemanagements, die im Wesentlichen einen unternehmensinternen Methodeneinsatz verlangen. Dies ist allerdings nur als schwerpunktartige Zuordnung zu verstehen. Ohne Fachkompetenz führen Sozial- und Emotionalkompetenz nicht zu erfolgreichem Verhalten und auch die höchste Fach- und Methodenkompetenz interner Mitarbeiter wird nicht zu dem gewünschten Ergebnis führen, wenn diese Mitarbeiter nicht in der Lage sind, die Interaktionen mit ihren internen Partnern sozial und emotional kompetent zu gestalten.

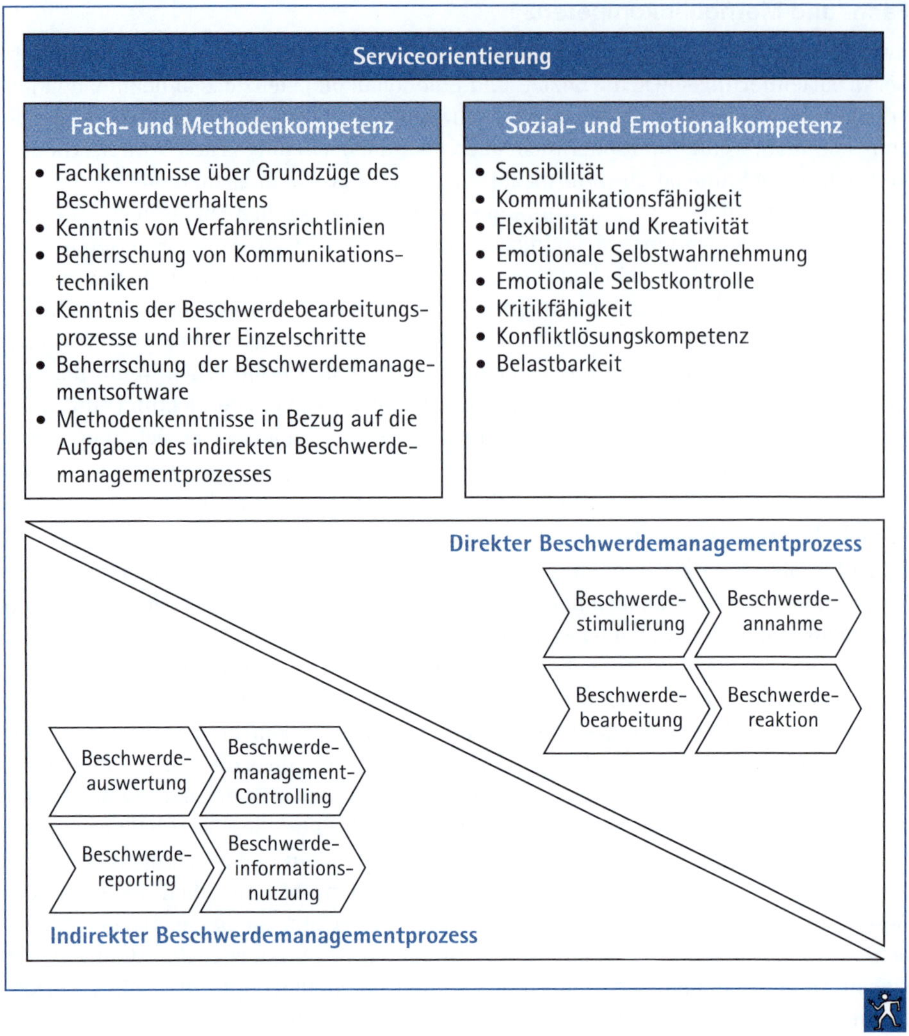

Bild 14.2 Erforderliche Qualifikationen von Mitarbeitern im Beschwerdemanagement

14.3 Personalorientiertes internes Marketing als Rahmenkonzept für die Sicherstellung der Mitarbeiterqualifikationen

In dem klaren Bewusstsein, dass die Qualitätswahrnehmung von Dienstleistungskunden wesentlich durch das Verhalten von Mitarbeitern im Dienstleistungskontakt bestimmt wird, hat sich in Dienstleistungsunternehmen generell die Überzeugung durchgesetzt, dass Kundenkontaktmitarbeiter eine zentrale interne Kundengruppe darstellen, deren Qualifikationen planvoll zu gestalten sind. Um die Analogie dieser Gestaltungsaufgabe zum externen Marketing hervorzuheben, spricht man diesbezüglich auch vom personalorientierten internen Marketing. Es soll gewährleisten, dass sich die Mitarbeiter in ihren kundenbezogenen Aktivitäten - vor allem in den Kundenkontaktsituationen - so verhalten, dass Kunden gewonnen, zufriedengestellt und gehalten werden (Stauss 2000b). Zielgruppen des **personalorientierten internen Marketings** im Kontext des Beschwerdemanagements sind zum einen Führungskräfte und Mitarbeiter auf allen Hierarchiestufen und zum anderen die Mitarbeiter, die konkret mit Aufgaben des Beschwerdemanagements, insbesondere der Beschwerdeannahme, befasst sind.

Zunächst müssen **Mitarbeiter auf allen Hierarchieebenen**, d.h. vor allem auch das Top-Management, davon überzeugt sein, dass Beschwerden unternehmerische Chancen enthalten und nicht als abzuwehrende Gefährdungen zu interpretieren sind. Diese Grundbotschaft ist über verschiedene Instrumente der internen Kommunikation zu verbreiten. Wichtiger ist aber noch, dass sie durch eine entsprechende Unternehmenskultur, ein konsistentes Handeln und eine entsprechende Anreizstruktur auch nachhaltig gestützt und glaubhaft gemacht wird.

Gerade für **Führungskräfte** ist die Einführung eines professionellen Beschwerdemanagements häufig mit schwierigen Lernprozessen verbunden. Sie müssen

- in der Lage sein, auch **eigene Fehler einzugestehen**,
- die Bedeutung von Beschwerden dadurch verdeutlichen, dass sie **persönlich Managementzeit** für die Lektüre und Beantwortung von Beschwerdebriefen einplanen,
- in der alltäglichen Praxis beweisen, dass sie an der **Analyse von Problemursachen** und der **Entwicklung von Problemlösungen**, nicht aber primär an der Benennung von Schuldigen interessiert sind,
- den **Mitarbeitern Verantwortung geben** und **Entscheidungsspielräume** gewähren,
- Mitarbeiter, denen im Bemühen um eine kundennahe Lösung Fehler unterlaufen sind, zwar korrigieren und ihnen Hilfe für zukünftiges Verhalten geben, sie aber **nicht „bestrafen"** und
- sich durch vorbildliche Reaktionen auf Kundenbeschwerden **auszeichnen**.

Solche Lernprozesse sind mit Hilfe von Informationen, Feedbacks und Verhaltenstrainings zu initiieren und zu fördern.

Für das Personal **des Bereichs Beschwerdemanagement** besteht die Zielsetzung des personalorientierten internen Marketings darin, serviceorientierte Mitarbeiter zu gewinnen, zu entwickeln und an das Unternehmen zu binden: Mitarbeiter, die ein hohes Maß an Serviceorientierung sowie Emotional-, Fach- und Methodenkompetenz aufweisen und daher fähig und bereit sind, die Ziele des Beschwerdemanagements und die Erwartungen der sich beschwerenden Kunden auf bestmögliche Weise zu erfüllen.

Als Instrumente des personalorientierten internen Marketings stehen alle **Maßnahmenbündel** zur Verfügung, mit deren Hilfe die Serviceorientierung, die verschiedenen Qualifikationen und die Verhaltensweisen von Mitarbeitern beeinflusst werden können. Im Folgenden wird auf diejenigen Instrumente genauer eingegangen, denen im Rahmen des Beschwerdemanagements besondere Bedeutung zukommt: Rekrutierung serviceorientierter und qualifizierter Mitarbeiter, Mitarbeiterkommunikation und -training, Anreizsysteme, Maßnahmen zur Vermeidung von Burn-out-Effekten und Empowerment.

14.3.1 Rekrutierung serviceorientierter und qualifizierter Mitarbeiter

Ein wesentliches Ziel des personalorientierten internen Marketings besteht darin, schon im Rekrutierungsprozess die geeignetsten Kandidaten auszuwählen. Dies setzt eine **systematische Vorgehensweise** voraus, die vielfach gerade bei der Einstellung von Kundenkontaktmitarbeitern vernachlässigt wird (Berry/Parasuraman 1999). Große Sorgfalt verlangt vor allem die Auswahl von Mitarbeitern, die ständig mit unzufriedenen Kunden zu tun haben. Denn hier sind die Anforderungen an die Sozial- und Emotionalkompetenz besonders hoch.

Zu den wesentlichen Schritten eines **planvollen Auswahlprozesses** gehören die Aufgabenanalyse, die daraus resultierende Anforderungsanalyse, die Entwicklung und der Einsatz geeigneter Auswahlmethoden und die ständige Überprüfung des Rekrutierungsprozesses (Schneider/Schechter 1991).

Im Rahmen der **Aufgabenanalyse** geht es darum, die vom gesuchten Mitarbeiter zu leistenden spezifischen Aufgabenstellungen detailliert zu beschreiben. Durch Befragung von bereits angestellten Mitarbeitern und Vorgesetzten sowie durch Beobachtung ihrer Tätigkeit ist zu ermitteln, welche Teilaktivitäten der Bewerber zukünftig zu erfüllen hat. Für einen **Mitarbeiter in einem Customer Care Center** können beispielsweise dazu gehören:

- den Kunden freundlich begrüßen,
- den Kunden durch Fragen zur präzisen Schilderung des Sachverhalts bewegen,
- die Beschwerdeinhalts- und Beschwerdeabwicklungs-Informationen schnell und korrekt in das System eingeben,
- aufgeregte Beschwerdeführer beruhigen,
- die vom Kunden gewünschte Lösung ermitteln,
- eigene Lösungsvorschläge entwickeln,

- in Kenntnis von Kundenwunsch und unternehmerischen Regeln eigenständige Entscheidungen treffen,
- dem Kunden die angebotene Lösung erklären,
- im Gespräch den Kundennamen benutzen,
- während des Gesprächs zuhören, auf die vorhandenen Informationen der Datenbank zurückgreifen und neue eingeben,
- den entsprechenden Bearbeitungsprozess auslösen, wenn eine unmittelbare Lösung nicht möglich ist,
- den Kunden über die weitere Vorgehensweise informieren,
- dem Kunden danken und ihn freundlich verabschieden.

Die Erkenntnisse dieser Aufgabenanalyse sind die Grundlage für die **Anforderungsanalyse**, d. h. die konkrete Beschreibung von Qualifikationen, über die alle Mitarbeiter verfügen müssen. Grundsätzlich geht man dabei so vor, dass Mitarbeiter und Vorgesetzte mit entsprechenden Erfahrungen gebeten werden, in Bezug auf die einzelnen Arbeitsaufgaben anzugeben, welche Eigenschaften Mitarbeiter haben müssen, um die Anforderungen gut zu erfüllen.

Nach der Studie von Schneider/Schechter (1991) erfordert z. B. ein **spezifischer Telefonarbeitsplatz mit Service- und Verkaufsaufgaben** folgende Kompetenzen:

- **Auffassungsgabe und Erinnerungsvermögen** = Fähigkeit, die Sprache anderer zu verstehen, zuhören zu können, Fähigkeit, eine große Menge von Fakten, Regeln, Verfahrensweisen und Codes zu erlernen, zu verstehen und zu behalten
- **Urteilsfähigkeit** = Fähigkeit, gelernte Regeln und Verfahren anzuwenden, Bewertungen vorzunehmen, Informationsteile zusammenzufügen und Entscheidungen zu treffen
- **Soziale Sensibilität** = Fähigkeit, in Interaktionen sein Verhalten an die jeweiligen Anforderungen des Kunden bzw. des Kundenanliegens richtig anpassen zu können. Dazu gehören die Wahrnehmung, wie der Interaktionspartner wahrscheinlich agieren bzw. reagieren wird, und die entsprechende Variation von persönlicher Zurücknahme oder Behauptung.
- **Verständliche Kommunikation** = Fähigkeit, sich selbst so auszudrücken, dass der Interaktionspartner dies klar versteht
- **Schnelligkeit und Genauigkeit der Aufgabenerfüllung** = Fähigkeit, schnell und präzise die Informationen über Namen, Fakten, Codes, Zahlen, Sachverhalte usw., die der Kunde vorträgt, in das System einzugeben
- **Überzeugungsfähigkeit** = Fähigkeit, die Meinungen und Verhaltensweisen anderer durch den gekonnten Einsatz von Informationen zu beeinflussen
- **Belastbarkeit** = Fähigkeit, sowohl die hohen Anforderungen des Kunden in Bezug auf Höflichkeit/Freundlichkeit und Einfühlungsvermögen als auch die ebenfalls hohen Effizienzanforderungen des Unternehmens zu erfüllen

Eine auf diese Weise erstellte Liste von Eigenschaften ist dann **in zweierlei Hinsicht zu bewerten**: zum einen bezüglich der Bedeutung der Eigenschaften und zum anderen bezüglich des Ausmaßes, in dem die Eigenschaften bereits bei der Einstellung von Mitarbeitern vorhanden sein müssen.

Zu den bereits **bei der Einstellung unbedingt erforderlichen Eigenschaften** gehören diejenigen, die der Mitarbeiter sehr schnell zur Erfüllung seiner Aufgaben einsetzen muss und die nur schwer zu vermitteln sind. Hier ist vor allem der höhere Schwierigkeitsgrad bei der Vermittlung von Sozial- und Emotionalkompetenz im Vergleich zur Fach- und Methodenkompetenz zu beachten. Fachliches und methodisches Wissen lassen sich bei Vorliegen einer entsprechenden Auffassungsgabe wesentlich einfacher trainieren und erlernen als grundlegende Aspekte der Sozial- und Emotionalkompetenz. Nicht zuletzt deswegen geht beispielsweise der amerikanische Warenhauskonzern Nordstrom grundsätzlich von dem Prinzip aus, bei der Einstellung vor allem auf die wichtigen Verhaltenseigenschaften zu achten und fachliche Defizite in der betrieblichen Weiterbildung auszugleichen: „Nordstrom hires the smile and trains the skill" (Spector/McCarthy 1995, S. 181).

Die identifizierten Aufgaben und Anforderungen sind wesentlicher Inhalt der Stellenausschreibung. Dafür sind im dritten Schritt **geeignete Auswahlmethoden** zu entwickeln bzw. einzusetzen. Als geeignet sind Methoden anzusehen, welche die relevanten Eigenschaften messen, vom Auswahlteam zielgerecht eingesetzt werden können und aus Bewerberperspektive einsichtig im Hinblick auf ihre Bedeutung für den Arbeitsplatz sind.

Für die eher zur Fach- und Methodenkompetenz gehörenden Eigenschaften Verständnis und Erinnerungsvermögen sowie Schnelligkeit und Genauigkeit sind standardisierte **Tests** einzusetzen, die ein Urteil darüber erlauben, inwieweit die Bewerber über die erforderlichen kognitiven Fähigkeiten verfügen. In Bezug auf die Eigenschaften, die mehr der Sozial- und Emotionalkompetenz zuzuordnen sind, werden verschiedene persönlichkeitsorientierte Tests vorgeschlagen, welche die Serviceorientierung als Persönlichkeitsmerkmal oder serviceorientierte Einstellungen messen (Nerdinger 2011). In der Regel erweisen sich hier allerdings interaktive Auswahlmethoden als überlegen. Dazu gehören Interviews und Arbeitssimulationen. In den **Interviews** geht es vor allem darum, Klarheit über die motivationale Grundlage, insbesondere den Grad an Serviceorientierung zu gewinnen. In den **Arbeitssimulationen** werden Bewerber vor Aufgaben gestellt, deren Bewältigung die erforderlichen Eigenschaften verlangt, ohne dass sie den konkreten Arbeitsplatz selbst kennen müssen. Bewerber werden dann beispielsweise am Telefon mit einem fiktiven Beschwerdeführer konfrontiert und erhalten die Aufgabe, die Beschwerde entgegenzunehmen, den Anrufer zu beruhigen und den Sachverhalt korrekt schriftlich aufzunehmen. Dabei erhält der Kandidat einige Informationen über Verantwortlichkeiten, Zeitstandards und Entscheidungsregeln. Mit Hilfe von Checklisten können dann Beobachter und Auswertende eine Beurteilung des Bewerbers vornehmen. Bild 14.3 zeigt beispielhaft eine Checkliste für die Bewertung des Telefonkontakts und der schriftlichen Erfassung des Beschwerdevorfalls (Schneider/Schechter 1991).

Eigenschaft	Indikator Der Bewerber...	Bewertung trifft zu – trifft nicht zu
Auffassungsgabe und Erinnerungsvermögen	... erfasst alle wesentlichen Aspekte des Beschwerdevorfalls	1 2 3 4 5
	... nimmt korrekt auf Verantwortlichkeiten, Zeitstandards und Entscheidungsregeln Bezug	1 2 3 4 5
Urteilsfähigkeit	... ordnet die Beschwerde richtig als Routinefall ein und löst den richtigen Beschwerdeprozess aus ... wendet die vorgesehene Entscheidungsregel richtig an	1 2 3 4 5
Soziale Sensibilität	... kann sich in die Situation des Beschwerdeführers hineinversetzen und ist in der Lage, sein Verständnis zum Ausdruck zu bringen ... äußert Bedauern über die Verärgerung des Kunden ... verzichtet auf vorschnelle Problemdiagnose	1 2 3 4 5
Verständliche Kommunikation	... drückt sich klar aus, gibt eindeutige Auskunft über die unternehmerischen Standards ... bringt den Sachverhalt knapp auf den Punkt ... macht kaum sprachliche oder orthografische Fehler	1 2 3 4 5
Schnelligkeit und Genauigkeit der Aufgabenerfüllung	... benötigt wenige Rückfragen zur Klärung des Sachverhalts ... nimmt den Sachverhalt schnell auf benötigt wenige Korrekturen	1 2 3 4 5
Überzeugungsfähigkeit	... kann den Anrufer davon überzeugen, dass das Problem in guten Händen ist ... kann den Anrufer davon abbringen, den Vorgesetzten einzuschalten, ohne dass er unzufrieden wird	1 2 3 4 5
Belastbarkeit	... reagiert sachlich auf Kundenvorwürfe ... behält das Leistungsniveau auch bei mehreren unmittelbar anschließenden Gesprächen ... bewahrt Ruhe auch unter Zeitdruck	1 2 3 4 5

Bild 14.3 Checkliste in Bezug auf Eigenschaften des Bewerbers im Rahmen der Arbeitssimulation (Schneider/Schechter 1991, S. 228)

Mit Hilfe solcher Methoden ist das Auswahlteam nicht auf die Antworten des Bewerbers im Rahmen des Interviews angewiesen, sondern kann ihn in realistischen Szenarios beobachten, in denen er die tatsächlich für die Arbeit relevanten Fähigkeiten einsetzen muss.

Jeder – unternehmensindividuell zu entwickelnde – Rekrutierungsprozess muss selbstverständlich **permanent auf seine Wirksamkeit überprüft** werden. Hierfür bietet sich der gemeinsame Einsatz dreier unterschiedlicher Methoden an. Zum Ersten ist zu untersuchen, inwieweit die eingestellten Bewerber die definierten Anforderungen tatsächlich erfüllen. Zu diesem Zweck sollten Vorgesetzte nach einem bestimmten zeitlichen Abstand die Mitarbeiter anhand der bei der Einstellung angelegten Kriterien erneut beurteilen. Zum Zweiten ist es sinnvoll, die interne Perspektive durch eine externe, kundenseitige Bewertung zu ergänzen. Hierzu bieten sich Auswertungen von Kundenzufriedenheitsbefragungen, Lob- und Beschwerdeanalysen sowie der Einsatz von professionellen Prüfern an, die als Scheinkunden („Silent Shoppers“, „Mystery Callers“) die Einhaltung von vorgegebenen Standards überprüfen. Zum Dritten ist es sinnvoll, ständig die Zufriedenheit und Loyalität der Mitarbeiter zu erheben, um Ansatzpunkte dafür zu bekommen, ob aus Mitarbeiterperspektive die organisationalen Rahmenbedingungen eher ermuntern oder daran hindern, die eigenen Qualifikationen auch angemessen einzusetzen.

Praxis-Spotlight 21 zeigt die Vorgehensweise der servmark Unternehmensberatung bei der Rekrutierung von Mitarbeitern für das von ihr betriebene Costumer Care Center.

Praxis-Spotlight 21

Durchführung von Einstellungstests zur Rekrutierung von qualitätsorientierten Mitarbeitern im Costumer Care Center der ccp KG

Die servmark Unternehmensberatung betreibt mit der ccp KG (ccp = customer care professionals) ein Costumer Care Center, in dem das operative Handling von telefonischen und schriftlichen Kontakten bezüglich kritischer Kundenbeziehungen im Mittelpunkt steht. Vor allem handelt es sich dabei um outbound-gerichtete Aktivitäten des Beschwerde- und Kündigungsmanagements, wie insbesondere die Durchführung von kundenbindungsrelevanten Beschwerdeführer-Follow-up- oder Kündigerkontakten. Diese Tätigkeiten folgen konsequent einer klar definierten Qualitätsphilosophie. Danach soll jeder Vorgang unter dem Gesichtspunkt festgelegter Minimumqualitäten fehlerfrei abgewickelt werden; d. h. grundlegende Forderungen, die „jedermann“ an die zu erbringenden Leistungen stellen würde, sind ohne jeden Fehler zu erfüllen.

Die Qualitäts- und Leistungsstandards für die fehlerfrei auszuführenden Aufgaben orientieren sich an den subjektiven und objektiven Anforderungen der Kunden sowie an von der ccp selbst definierten Leistungsniveaus.

Damit die Mitarbeiter des Costumer Care Centers diese Anforderungen erfüllen können, wurde für die Rekrutierung ein spezifischer Einstellungstest entwickelt, der nachfolgend beschrieben wird.

Typischerweise werden Bewerbertage organisiert, an denen sowohl werkstudentische Teilzeit-Aushilfen als auch fest anzustellende Mitarbeiter, die sich entweder als Call-Center-Agenten oder als Qualitätssicherer bewerben, teilnehmen, wobei der Einstieg in den Bereich Qualitätssicherung ausschließlich über die Arbeit als Telefonagent erfolgt.

Die Dauer des Auswahlprozesses umfasst inklusive der Pausen etwa sechs bis sieben Stunden, bei einer idealen Gruppenstärke von vier bis maximal sechs Bewerbern.

Im Einzelnen müssen sich die Bewerber im Rahmen des Auswahlprozesses folgenden Aufgaben stellen:

1. Verfolgen von Kundengesprächen bei erfahrenen Agenten: Unter strenger Einhaltung der geltenden Richtlinien zum Datenschutz erhalten die Bewerber nach Unterzeichnung einer Geheimhaltungsvereinbarung die Möglichkeit, erfahrene Agenten im Umfang von ca. 20 bis 30 Minuten bei ihrer Arbeit zu begleiten und einen authentischen Einblick in die Tätigkeitsfelder der Agenten zu erhalten.
2. Diktat: Um die Fertigkeiten der Bewerber in der Rechtschreibung zu überprüfen, wird ein Diktat eingesetzt. Nach einer Einführung in die Aufgabe liest ein Mitarbeiter den Teilnehmern langsam einen Text von etwa 250 Wörtern vor, der eine typische Beschwerdesituation schildert, wie sie von den Call-Center-Agenten tagtäglich zu erfassen ist. Die einzelnen Passagen werden mehrfach wiederholt. Dabei schreiben die Teilnehmer das Diktierte am PC nieder, ohne dass ihnen eine Rechtschreibprüfung zur Verfügung steht. Die Bewertung des Diktats erfolgt nach der Fehlerzahl. Hier werden neben der richtigen Verwendung der Interpunktion, Kenntnisse in den Rechtschreibfeldern Groß- und Kleinschreibung, relevante Fremdwörter, Substantivierung, das/dass, ss/ß, Getrennt-/Zusammenschreibung und Mehrfachkonsonanten überprüft.
3. Schnellschreiben: Eine besondere Herausforderung im Berufsalltag eines Agenten ist die möglichst gewandte und fehlerfreie Erfassung des Sachverhalts direkt während des Kundeninterviews. Kann der Agent diese Leistung nicht erbringen, entstehen entweder unangenehme Gesprächspausen für die Kunden durch langwieriges Tippen oder der Agent erfasst nur grobe Stichpunkte, was zu langen Nachbearbeitungszeiten und einem Informationsverlust führen kann. Zur Überprüfung der Schnelligkeit der Dokumentation von Texten unter Berücksichtigung der Richtigkeit des abgetippten Textes erhalten die Teilnehmer einen Text vorgelegt, der bei gleichzeitiger systemseitiger Messung der benötigten Zeit abzutippen ist. Aus Effizienzgründen wird für diese Aufgabe der identische Text wie für das Diktat verwendet. Der Teilnehmer entscheidet selbst, welche Zeit er in eine (mehrfache) Überprüfung des Textes investieren möchte, und setzt durch das Speichern des Textes den abschließenden Zeitstempel. Am Ende wird ausgewiesen, in welcher Zeit und mit wie vielen Fehlern der Text abgeschrieben wurde.
4. Zuhören und Dokumentieren: Von entscheidender Bedeutung für eine adäquate Problemlösung ist es, dass das zugrundeliegende Problem

vom Agenten richtig verstanden und dokumentiert wird. Deshalb wird in einem weiteren Prüfabschnitt Zuhören und Dokumentieren getestet. Ein aus Datenschutzgründen simuliertes und im Vorfeld aufgezeichnetes Gespräch wird den Kandidaten vorgespielt. Diese werden aufgefordert, die gehörten Informationen in Form einer zusammenhängenden Story niederzuschreiben. Bewertet werden bei dieser Übung die zusammenhängende Dokumentation (Überleitungen, Abbildung von Ursache-Wirkungs-Beziehungen) und das richtige Herausarbeiten der enthaltenen relevanten Einzel-Informationen, wobei die Evaluation anhand einer im Vorfeld ausgearbeiteten Musterlösung vorgenommen wird.

5. Standardisierte Gesprächsführung: Um sich ein Bild über die Eignung der Bewerber zur standardisierten Interviewführung generell bzw. für spezifische Einsatzfelder zu verschaffen, wird die Gesprächsführung anhand von drei fiktiven Kundengesprächen überprüft. Nach einer Einweisung in die verwendete Technik (Start eines Online-Fragebogens, Verwendung von Telefonie-Software und Headset) und einer kurzen Erläuterung der drei eingesetzten studienspezifischen Fragebögen, führen die Bewerber die Gespräche mit den Mitarbeitern und erfassen dabei die Gesprächsinhalte direkt in dem jeweiligen Online-Fragebogen. Die Mitarbeiter, die einen ausgearbeiteten Gesprächsleitfaden und Bewertungsbogen vorliegen haben, bewerten die Gesprächsführung aus drei Perspektiven anhand festgelegter Kriterien. Aus Kundenperspektive werden die Kriterien „Freundlichkeit“, „Verständlichkeit der Aussagen“, „angenehme Stimme“, „sicheres Auftreten“, „Eingehen auf das Kundenanliegen“ und „Texterfassung im Interview ohne unangenehme Gesprächspausen“ herangezogen. Aus ccp-Perspektive erfolgt die Bewertung der Kriterien „aktives Führen bzw. Lenken des Gespräches“, „Verwendung sinngemäß richtiger Fragestellungen“ und „gezieltes Nachfragen bzw. Hinterfragen“. Aus Studienperspektive wird analysiert, mit welcher der drei getesteten Studientypen der Bewerber aus dem Stand heraus am besten zurechtkommt.
6. Freie Gesprächsführung: Um herauszufinden, inwieweit die Bewerber in der Lage sind, auch nicht-standardisierte Gesprächssituationen selbstständig zu meistern, müssen sie einen Follow up-Telefonkontakt ohne Fragebogenführung durchführen, d. h. systemseitig sehen sie nur eine einzige Eingabemaske. Bei der Erläuterung der Aufgabe wird dem Interviewer mitgeteilt, dass er erfragen soll, ob die Angelegenheit, wegen der sich der Kunde an das Unternehmen gewendet hatte, erledigt sei. Zudem soll er frei gewählte Fragen zum Beschwerdeerlebnis stellen. Auch soll abgeklärt werden, ob unabhängig vom Beschwerdefall noch ein weiterer Handlungsbedarf besteht. Gesprächspartner ist ein Mitarbeiter der Qualitätssicherung, der die Kundenrolle einnimmt und in diesem Kontext ein individuelles Beschwerdeerlebnis schildert.

7. Hard- und Softwarebedienung: Die Fähigkeit der Bewerber, mit der eingesetzten Technik umzugehen bzw. diesen Umgang schnell zu erlernen, wird durch Beobachtung überprüft. Ein Mitarbeiter wird vorab mit der Aufgabe betraut, während des gesamten Bewerbertages zu registrieren, wie den einzelnen Bewerbern die Bedienung der eingesetzten Technik (Rechner, Maus und Tastatur sowie eingesetzte Software) gelingt.

Noch während der Aufgabendurchführung werden bereits abgeschlossene Aufgaben im Hintergrund ausgewertet und für ein unmittelbares Feedbackgespräch aufbereitet. Jeder Bewerber erhält dann noch am Tag des Einstellungstest ein individuelles Einzelfeedback. Fällt der Test - auch unter Berücksichtigung von Verbesserungspotenzialen - positiv aus, wird dem Bewerber eine Kontaktaufnahme durch die Personalabteilung in den nachfolgenden Tagen angekündigt. Bei einem negativen Testergebnis erfolgt eine sofortige Absage unter genauer Begründung anhand der Testergebnisse.

Fazit

Lebensläufe geben bei der Personalauswahl für den Interviewereinsatz im Costumer Care Center erfahrungsgemäß nur sehr begrenzt eine Orientierung - allenfalls können sie zum unmittelbaren Aussieben von augenscheinlich ungeeigneten Kandidaten genutzt werden. Das an dieser Stelle vorgestellte Auswahlverfahren erscheint zwar recht aufwändig und damit kostenintensiv, nach den vorliegenden Erfahrungen amortisiert es sich aber im Zeitverlauf durch eine bessere Qualität der durchgeführten Interviews und damit durch eine höhere Zielerreichung und einen geringeren Pro-Kopf-Betreuungsaufwand durch die hausinterne Qualitätssicherung.

Jan Thunig

servmark Unternehmensberatung

■

14.3.2 Mitarbeiterkommunikation und Training

Im Rahmen der **internen Umsetzung des Beschwerdemanagements** kommt der Mitarbeiterkommunikation besondere Bedeutung zu. Alle Unternehmensangehörigen müssen nachdrücklich über die Bedeutung der Kundenzufriedenheit für Kundenloyalität, die Erreichung ökonomischer Ziele und nicht zuletzt für die Sicherung der eigenen Arbeitsplätze informiert werden. Insbesondere bei den Mitarbeitern im Kundenkontakt gilt es, Akzeptanz in Bezug auf die Maxime der konsequenten Orientierung an den Kundenwünschen zu schaffen und sie zu motivieren, sich selbst als Botschafter des Unternehmens und als Problemlöser der Kunden zu sehen. Zudem müssen die Mitarbeiter über alle Grundsätze einer kundenorientierten Beschwerdepolitik und die geltenden Verhaltensstandards informiert und in die Lage versetzt werden, diese zu erfüllen.

Generell dient die **interne Kommunikationspolitik** hier folgenden **Zielsetzungen:**

- Schaffung eines **grundlegenden Verständnisses** für die Bedeutung der Kundenzufriedenheit für die wirtschaftliche Überlebensfähigkeit und den Erfolg des Unternehmens,
- Vermittlung und Steigerung des Bewusstseins von dem **Chancenpotenzial**, das in Beschwerden für die Erreichung von Kundenloyalität und die Verbesserung der Leistungsqualität liegt,
- Verdeutlichung des **Stellenwerts**, den die Unternehmensleitung dem Beschwerdemanagement im unternehmerischen Zielsystem einräumt,
- Sicherung der **Identifikation der Mitarbeiter** mit ihren beschwerdepolitischen Aufgaben,
- Steigerung des **Verantwortungsgefühls** für die sorgfältige Erfüllung aller Aufgaben des Beschwerdemanagements,
- Beitrag zu einer **Unternehmenskultur**, die durch Kundenorientierung, Fehlervermeidung und die ständige Suche nach besseren Problemlösungen für die Kunden geprägt ist,
- Hervorhebung von **Beispielen exzellenten Mitarbeiterverhaltens** in Beschwerdesituationen,
- Vermittlung von **Sachinformationen** zur bestmöglichen Erfüllung von Aufgaben des Beschwerdemanagements,
- systematische **informatorische Förderung** von Fach-, Methoden-, Sozial- und Emotionalkompetenz,
- Bereitstellung von **Feedback-Informationen** in Bezug auf konkretes Mitarbeiterverhalten im Beschwerdemanagement.

Zur Erreichung dieser Ziele steht ein umfangreiches **Bündel an Instrumenten** zur Verfügung, das schwerpunktmäßig anhand **zweier Kriterien** systematisiert werden kann. Das erste Kriterium betrifft die Frage, ob die Kommunikation überwiegend durch den Einsatz von Medien oder in der Form persönlicher Interaktionen erfolgt. Das zweite Kriterium trennt danach, ob das Instrument eher auf die Vermittlung von Informationen oder die darüber hinausgehende Einübung von Qualifikationen ausgerichtet ist (siehe Bild 14.4).

Für die **Vermittlung von Informationen** über die grundsätzliche Bedeutung des Beschwerdemanagements, zur Sensibilisierung der Mitarbeiter und zum Nachweis des unternehmerischen Stellenwerts dienen vor allem die **mediengestützten Instrumente der unternehmensinternen Massenkommunikation**. So können durch **Poster** die Grundgedanken des Beschwerdemanagements plakativ zum Ausdruck gebracht und Vorurteile abgebaut werden. Beispielhaft gibt Bild 14.5 ein Poster der NÜRNBERGER VERSICHERUNGSGRUPPE wieder. Mit der stark aktivierenden Abbildung einer Sonnenblume wird die Botschaft an die Mitarbeiter „Sie sorgen für Sonnenschein" – nämlich für Kundenzufriedenheit und Kundenloyalität – eindeutig illustriert. Zudem wird die zentrale Bedeutung der Mitarbeiter in ihrer wichtigen Doppelrolle betont, zum einen Botschafter des Unternehmens und zum anderen vertrauensvoller Partner des Kunden bei der Lösung von Problemen zu sein.

	Informationscharakter	Qualifikationscharakter
Medien-kommunikation	▪ Poster ▪ Beiträge in Mitarbeiterzeitschrift ▪ Rundschreiben/Broschüre ▪ Handbuch ▪ Intranet	▪ Schriftliche Lernmaterialien ▪ Multimedia-Lernmaterialien ▪ E-Learning
Persönliche Interaktion	▪ Informationsveranstaltungen ▪ Meetings ▪ Feedbackgespräche ▪ Mitarbeiterbefragungen ▪ Ad-hoc-Gespräche ▪ Teambesprechungen	▪ Unterweisung am Arbeitsplatz ▪ Coaching ▪ Rollenspiele ▪ Simulationen

Bild 14.4 Instrumente der Mitarbeiterkommunikation

In Beiträgen für die **Mitarbeiterzeitschrift** kann die Unternehmensleitung ihr persönliches Engagement für die Ziele des Beschwerdemanagements zum Ausdruck bringen. Auch lassen sich hier überzeugende Beispiele für nachahmenswertes Mitarbeiterverhalten präsentieren. **Rundschreiben, Broschüren und Handbücher** sind in abgestufter Weise geeignet, Informationen über Verhaltensregeln und Prozesse zu kommunizieren und zu dokumentieren. Aktualität, Vollständigkeit und jederzeitiger Zugriff auf entsprechende Informationen sind insbesondere dann gewährleistet, wenn sie in das **Intranet** eingestellt sind.

Neben der mediengestützten Information kommt der **direkten persönlichen** Kommunikation eine große Bedeutung zu. Das Management kann in eigenen **Informationsveranstaltungen** die Bedeutung der Kundenzufriedenheit für das Unternehmen hervorheben. **Meetings** geben Gelegenheit zur ausführlichen Information und zum Gedankenaustausch über aktuelle Entwicklungen und Herausforderungen im Bereich des Beschwerdemanagements. Für das individuelle Verhalten der Mitarbeiter entscheidender aber sind **Feedback-Gespräche** mit dem Vorgesetzten. Diese können sowohl Kundenbeschwerden über das Mitarbeiterverhalten als auch die Ausführung von Aufgaben des Beschwerdemanagements durch den Mitarbeiter zum Inhalt haben.

Bild 14.5 Poster der NÜRNBERGER VERSICHERUNGSGRUPPE zur Mitarbeiterkommunikation

Kundenbeschwerden über einen spezifischen Mitarbeiter sind in einem persönlichen Gespräch zwischen Vorgesetztem und Mitarbeiter zu thematisieren. Um nicht die grundlegenden Ziele des Beschwerdemanagements zu gefährden, müssen die Vorgesetzten in diesem Gespräch wichtige Verhaltensregeln beachten. So haben sie durch die Art ihrer Vorgehensweise glaubhaft zu demonstrieren, dass sie den Vorfall primär als Chance zur Verbesserung und nicht zur Verurteilung von Schuldigen ansehen. Sie müssen eine sachliche Klärung des Falls ermöglichen und auf dieser Basis gemeinsam mit dem Mitarbeiter Vorstellungen über das zukünftige Verhalten entwickeln und dementsprechende konkrete Vereinbarungen treffen. Dazu können unter Umständen auch Entscheidungen über erforderliche Qualifikationsmaßnahmen gehören. Analoges gilt für Feedback-Gespräche, die sich auf die **Ausführung vorgegebener Aufgaben des Beschwerdemanagements** beziehen. In partnerschaftlich geführten Mitarbeitergesprächen sind Ziele zu vereinbaren, Zielerreichungsgrade festzustellen, Abweichungsanalysen vorzunehmen und Handlungskonsequenzen zu dokumentieren. Dies muss in einem vertrauensvollen Gesprächsklima erfolgen, das unmissverständlich vom gemeinsamen Willen zur Verbesserung der Leistung für den Kunden getragen wird. Bei einem solchen Feedback werden bereits die Grenzen von der reinen Information zum Coaching und damit zum angeleiteten und systematischen Verbesserungsprozess überschritten.

Während die Medienkommunikation vom Management vor allem genutzt wird, um in einer Art „Abwärtskommunikation" die eigene Perspektive im Unternehmen zu verbreiten, bieten die Formen der persönlichen Kommunikation sehr viel stärkere Möglichkeiten zu einem Dialog, in den die Mitarbeiter ihre Perspektive einbringen können. Explizit ist diese Perspektive verlangt, wenn standardisierte Methoden der **Mitarbeiterbefragung** als eine Form der „Aufwärtskommunikation" eingesetzt werden. In Anwendung auf das Beschwerdemanagement geht es hier darum, die Erwartungen der Mitarbeiter an ein aktives Beschwerdemanagement, an die eigene Rolle als Beschwerdemanager und an die Unterstützung durch das Management zu erheben. Die Ergebnisse der Befragung stellen dann die Grundlage für die gemeinsame Identifikation von Handlungsdefiziten und die Entwicklung von Problemlösungen dar (Jeschke/Schulze 1999).

Aber auch zwischen den regelmäßigen Befragungen ist sicherzustellen, dass das Ideenpotenzial der Mitarbeiter im Kundenkontakt zur Analyse des Ist-Zustands und zur Anregung von Verbesserungsmöglichkeiten genutzt wird. Zu denken ist hier u. a. an die Förderung von **Ad-hoc-Gesprächen** zwischen Kundenkontaktmitarbeitern und Management. Dies kann etwa durch die Einrichtung von Gesprächsrunden mit dem Top-Management erfolgen, z. B. einem „Frühstück mit dem Boss" (Furlong 1993). Darüber hinaus ist die informelle Kommunikation anzuregen im Sinne eines **„management-by-walking-around"** bzw. von **Tagen oder Stunden der „offenen Tür"**, in denen Top-Manager für Gespräche zur Verfügung stehen.

Zu den persönlichen Kommunikationsformen gehören nicht nur die Interaktionen zwischen Managern und Mitarbeitern, sondern auch die zwischen den Mitarbeitern selbst. Mitarbeiter benötigen Gelegenheiten, sich untereinander auszutauschen, Informationsdefizite spontan zu beseitigen und eigene Erfahrungen und Kenntnisse weiterzugeben. Deshalb ist es Aufgabe des Managements, dafür zu sorgen, dass genügend Freiräume für informelle Mitarbeiterkontakte bestehen bzw. institutionalisierte Gelegenheiten für

Teambesprechungen geschaffen werden. Dazu gehören ferner die in Kapitel 13.2 beschriebenen Qualitätsverbesserungsteams und Qualitätszirkel.

Auch für konkrete **Trainings** zur systematischen Vermittlung und Steigerung der Fach-, Methoden-, Sozial- und Emotionalkompetenz steht ein vielseitiges Spektrum an Medien und Maßnahmen zur Verfügung. Schriftliche und insbesondere multimediale **Lernmaterialien** sowie über das Internet und Intranet angebotene Formen des E-Learnings können bereitgestellt werden, um in verschiedenen Modulen die konkreten Inhalte der einzelnen Aufgaben des Beschwerdemanagements zu vermitteln und Gelegenheit zur Einübung von Verhaltensweisen zu geben.

Diese mediengestützten Übungsmöglichkeiten sind durch **persönliche Trainingsformen** zu ergänzen, in denen die Mitarbeiter Gelegenheit erhalten, ihr Verhalten in konkreten oder simulierten Situationen zu reflektieren und zu verbessern. Dazu gehören die **Unterweisung am Arbeitsplatz** durch erfahrene Kollegen und der Einsatz von Trainern, die beispielsweise das Verhalten des Mitarbeiters beobachten und anschließend mit ihm über Stärken und Korrekturerfordernisse sprechen. Verfügen die Vorgesetzten über die entsprechenden Kompetenzen, insbesondere über Beobachtungsfähigkeit und Einfühlungsvermögen, ist es auch sinnvoll, ihnen das **Coaching** zu übertragen. Sie beobachten dann das Verhalten ihrer Mitarbeiter und geben ihnen durch konstruktives Feedback eine Hilfe zur individuellen Verbesserung (Bell/Zemke 1990).

Um allerdings bestimmte Verhaltensweisen ausprobieren und dauerhafte Veränderungen bewirken zu können, ist es erforderlich, Übungsgelegenheiten unabhängig von der Ernstsituation des Arbeitsplatzes zu schaffen. Hier bieten sich Workshops mit dem schwerpunktartigen Einsatz von **Simulationen** und **Rollenspielen** an, die es ermöglichen, eingeschliffene, aber wenig erfolgreiche Reaktionen abzustellen und die gewünschten neuen Verhaltensweisen beispielhaft einzuüben.

14.3.3 Anreizsysteme

In der Regel reicht es nicht aus, die gewünschten Kompetenzen durch Informationen und Trainings zu fördern. Die Bereitschaft der Mitarbeiter, ihre Kompetenzen auch dauerhaft und selbstständig einzusetzen, muss durch geeignete **Anreizmechanismen** unterstützt werden. Auch wenn man sich der Grenzen jeder anreizorientierten „Mitarbeitermotivation" bewusst ist, muss dafür Sorge getragen werden, dass zielorientierte Verhaltensweisen belohnt und kontraproduktive Anreizstrukturen beseitigt werden.

Für die Belohnung von exzellentem Mitarbeiterverhalten bei der Erfüllung der beschwerdepolitischen Aufgaben steht das ganze Spektrum **materieller und immaterieller Anreize** zur Verfügung. So können Mitarbeiter individuell oder als Team bei Erfüllung bzw. Übererfüllung vereinbarter Zielvorgaben oder bei besonderem Erfolg – wie Kundenlob oder der Lösung außergewöhnlich diffiziler Beschwerdefälle – mit finanziellen Prämien oder anderen materiellen Vorteilen, z. B. der zeitweiligen Nutzung von Firmenwagen, belohnt werden. Dazu kommen immaterielle Anreize wie Urkunden, öffentliche Auszeichnungen, lobende Darstellungen in der Unternehmenskommunikation oder die Mitgliedschaft in einem „Best Service Club". Bei der Entscheidung über das Anreizsystem ist es unbedingt erforderlich, vorher den Belohnungscharakter der einzelnen Anreize in dem jeweiligen Mitarbeitersegment zu überprüfen und den Mitarbeitern gegebenenfalls Wahlmöglichkeiten zu belassen. Darüber hinaus muss sichergestellt sein, dass ein unmittelbarer Zusammenhang zwischen Belohnung und Leistung besteht und die Vergabepraxis transparent ist.

Ebenso wichtig wie die Existenz eines zielorientierten Belohnungssystems ist die **Beseitigung kontraproduktiver Anreizstrukturen**. Dabei handelt es sich um faktische Anreize, die den Mitarbeiter in eine andere als die gewünschte Richtung lenken. Häufig setzen Unternehmen ihre Mitarbeiter konfligierenden Erwartungen aus, etwa indem sie gleichzeitig unbedingte Kundenorientierung, starke Umsatzzuwächse und konsequente Kostensenkung fordern. Sieht das Belohnungssystem nun allein Prämien in Abhängigkeit von Umsatzsteigerungen oder Kostenreduzierungen vor, wird den Mitarbeitern implizit verdeutlicht, dass allein diese Ziele wirklich zählen und nicht die viel beschworene Kundenzufriedenheit. Dementsprechend werden sie sich verhalten. So führt beispielsweise eine allein produktivitätsorientierte Entlohnung von Mitarbeitern in Call Centern zu der Tendenz, Kunden zu unterbrechen, den Sachverhalt nicht vollständig zu klären oder den Kunden unnötig weiterzuleiten, um zeitliche Vorgaben einzuhalten. Wenn Unternehmen an den Zielen eines aktiven Beschwerdemanagements festhalten, müssen sie ihr Anreizsystem so gestalten, dass solche kontraproduktiven Konflikte vermieden werden.

14.3.4 Maßnahmen zur Vermeidung von Burn-out-Effekten

Spezifische personalpolitische Handlungsnotwendigkeiten ergeben sich gegenüber den Kundenkontaktmitarbeitern, die nicht nur gelegentlich Beschwerden annehmen, sondern die während ihrer Tätigkeit in einem Costumer-Care-Center oder einer telefonischen Beschwerdestelle permanent mit Beschwerdesituationen konfrontiert sind. Hier ist die psychische Belastung zu beachten, die mit der Bewältigung von Konfliktsituationen und der dauerhaften „Gefühlsarbeit“ (Hochschild 1990) im Sinne des verständnisvollen Eingehens auf die Gefühle anderer bei gleichzeitiger permanenter Unterdrückung der eigenen Gefühle verbunden ist. Diese Mitarbeiter sind besonders gefährdet, das sogenannte **Burn-out-Syndrom** zu erleiden. Hierbei handelt es sich um eine Form der emotionalen Erschöpfung, die in einer reduzierten Leistungsfähigkeit des Mitarbeiters und abgestumpftem Verhalten gegenüber dem Empfänger der Dienstleistung zum Ausdruck kommt. Die emotionale Erschöpfung zeigt sich darin, dass sich die Mitarbeiter im Umgang mit Kunden gefühlsmäßig überfordert und innerlich ausgebrannt fühlen. Sie haben das Gefühl einer abnehmenden Kompetenz, erleben sich abgearbeitet und niedergeschlagen und sehen sich immer weniger in der Lage, die von den Kunden verlangte emotionale Zuwendung zu leisten. Zudem tendieren sie dazu, die Kundenbeziehung anonymer wahrzunehmen und die Schuld für Probleme im Kundenkontakt meist bei den Kunden zu suchen (Homburg/Stock 2001; Nerdinger 2011). Um diese schwerwiegenden Folgen zu vermeiden, muss das Management aktiv und präventiv handeln.

Bowen/Johnston (1999) schlagen eine Art **Betreuungskonzept** für Mitarbeiter in der direkten Beschwerdeannahme vor, das sie mit dem – etwas missverständlichen – Begriff

„internal service recovery“ belegen. Sie weisen nachdrücklich auf die Belastungen hin, die mit negativen Erlebnissen in Beschwerdesituationen verbunden sind. Dazu gehört nicht nur die Diskrepanz zwischen den eigenen Gefühlen und denen, die in der Situation zum Ausdruck gebracht werden müssen, sondern auch Zweifel an den eigenen Fähigkeiten, Kunden wirklich zufriedenstellen zu können, und der Ärger, die Folgen von Fehlern tragen zu müssen, für die der Einzelne nicht verantwortlich ist. Für die Bewältigung dieser Situation empfehlen die Autoren, dass sich die Manager der Mitarbeiter annehmen und sich dabei so verhalten, wie sie ihrerseits wünschen, dass sich die Mitarbeiter gegenüber den Beschwerdeführern verhalten. Dementsprechend sollen sie sich für ihre Mitarbeiter Zeit nehmen, deren schwierige Aufgabe anerkennen und viel Einfühlungsvermögen und soziale Unterstützung zeigen. Darüber hinaus ist es notwendig, sich zu erkundigen, wie aus Mitarbeitersicht die Handhabung der Beschwerdekontakte verbessert werden kann.

Ferner ist durch praktische Vorkehrungen dafür zu sorgen, dass die Dauerbelastung durch beanspruchende emotionale Arbeit unterbrochen wird. Geeignet sind hier vor allem Maßnahmen der **„job rotation“**, indem beispielsweise Mitarbeiter in Beschwerdeabteilungen im Wechsel mit Aufgaben der Beschwerdeannahme einerseits und Aktivitäten des indirekten Beschwerdemanagements, also ohne Kundenkontakt, andererseits betraut werden, z. B. in den Bereichen der Beschwerdeauswertung und des Controllings.

Außerdem gilt es, das Aufkommen von Gefühlen der Hilflosigkeit und mangelnder Kontrolle über die Situation bei den Mitarbeitern zu vermeiden. Dies kann vor allem dadurch erreicht werden, dass ihnen **mehr Verantwortung und Entscheidungsspielräume** bei der Lösung von Kundenproblemen eingeräumt werden („Empowerment“).

14.3.5 Empowerment

Unter Empowerment („Ermächtigung“) versteht man eine **Verlagerung von Entscheidungsrechten** und die Übertragung autonomer Handlungsspielräume auf Mitarbeiter unterer Hierarchiestufen (Brymer 1991), eine Vorgehensweise, die gerade zur Stärkung der Stellung von Kundenkontaktmitarbeitern in Beschwerdesituationen große Beachtung in der Praxis gefunden hat.

Die **grundlegende Idee** besteht darin, dass eine schnelle Wiederherstellung von Kundenzufriedenheit insbesondere dann realisierbar ist, wenn schon der erste Ansprechpartner die Fähigkeit und Kompetenz hat, das Problem zu lösen, ohne dass ein Vorgesetzter eingeschaltet werden muss. Den Kunden soll das Erlebnis erspart werden, von Mitarbeitern, die sich als nicht zuständig erklären, an weitere Personen verwiesen zu werden, ohne dass eine unmittelbare Bemühung um die Erledigung des Falls für sie erkennbar wäre.

Insofern liegt das zentrale **Ziel des Empowerments** darin, durch die Schnelligkeit der Problemlösung sowohl die Kundenzufriedenheit zu erhöhen als auch eine Prozessverbesserung und damit Kostenreduktion durch Einsparung von Bearbeitungszeit (insbesondere Managementzeit) zu erreichen. Darüber hinaus werden Motivationseffekte beim Personal aufgrund größerer Verantwortung, geringerer Rollenkonflikte und besserer Kommunikation zwischen Kundenkontaktpersonal und Management angestrebt (Brymer 1991; Bowen/Lawler 1995; Rafiq/Ahmed 1998; Chebat/Kollias 2000).

Im Rahmen des Empowerment-Konzepts sind zwei Varianten zu unterscheiden, die hinsichtlich des Grads an Autonomie für die Mitarbeiter und in Bezug auf die Breite des ihnen eingeräumten Handlungsspielraums differieren: strukturiertes und flexibles Empowerment (Brymer 1991; Sparks et al. 1997). Das **strukturierte Empowerment** beruht auf relativ klar spezifizierten Richtlinien und räumt dem Kundenkontaktpersonal die Möglichkeit ein, bestimmte Lösungen eigenständig vorzuschlagen bzw. zu ergreifen oder zwischen angegebenen Varianten zu entscheiden. Bild 14.6 gibt beispielhaft die Regelungen des Hilton Hotels im Walt Disney World Village wieder.

Gästebeschwerden oder -probleme	Maßnahmen, die Mitarbeiter an der Rezeption ergreifen können
Ein Gast gibt während des Checkouts an, in seinem Hotelzimmer habe es ein Problem gegeben (z.B. kein heißes Wasser, schlechter Fernsehempfang, Heizung ausgefallen)	Angebot eines teureren Zimmers zum gleichen Preis für den nächsten Besuch oder Reduzierung des Rechnungsbetrags um bis zu 100 $
Beim Checkout beschwert sich ein Gast über etwas, das mit dem Hotelzimmer nichts zu tun hat, z.B.: ▪ Service im Café oder Restaurant war schlecht ▪ Die Wartungsabteilung brauchte lange, um ein Problem abzustellen ▪ Gepäck wurde verspätet gebracht ▪ Post oder Mitteilungen wurden nicht ausgehändigt	Reduzierung des Rechnungsbetrages um: ▪ 50 $ ▪ 50 $ ▪ 50 $ ▪ 100 $
Einem Gast wird ein falscher Zimmerpreis berechnet	Manager übernimmt die Regelung
Ein Gast hat ein Problem mit Zimmerschlüssel oder -schloss	Angebot eines teureren Zimmers zum gleichen Preis für den nächsten Besuch oder Reduzierung des Rechnungsbetrags um bis zu 100 $
Ein Gast berichtet, dass seine Beschwerde von einer Abteilung zur anderen weitergereicht wurde	Angebot eines teureren Zimmers zum gleichen Preis für den nächsten Besuch oder Reduzierung des Rechnungsbetrags um bis zu 100 $
Ein Gast versichert, der Minibar nichts entnommen zu haben	Entsprechende Anpassung vornehmen
Ein Gast bezweifelt die Telefonkosten	Entsprechende Anpassung vornehmen
Ein Gast beschwert sich über unverschämtes oder unsensibles Mitarbeiterverhalten	Weiterleitung des Problems an Manager

Bild 14.6 Strukturiertes Empowerment beim Hilton Hotel/Walt Disney World Village (Brymer 1991, S. 60)

Vergleichbare Beispiele sind auch aus dem Restaurantbereich bekannt. So sieht die Regelung bei Satisfaction Eateries vor, dass Gästen, die zwischen 10 und 20 Minuten auf ihren reservierten Tisch warten müssen, ein kostenloses Getränk anzubieten ist, bei einer Wartezeit von mehr als 20 Minuten aber das ganze Essen gratis sein kann. Allerdings werden die Mitarbeiter auch ermuntert, sich nicht buchstabengetreu an die Richtlinien zu halten, sondern situativ angemessen selbst zu entscheiden, was sie im Interesse der Kundenzufriedenheit für notwendig erachten (Firnstahl 1990). Damit ist der Übergang zu einer flexibleren Form des Empowerments gegeben.

Flexibles Empowerment eröffnet dem Kundenkontaktpersonal größere Verhaltensspielräume. Die Richtlinien sind weiter gefasst und die Mitarbeiter werden aufgefordert, auf Kundenwünsche und -anforderungen flexibel und kreativ zu reagieren. Sie sollen nicht nur ein Standardverhaltensrepertoire situativ handhaben können, sondern die wahrgenommene Dienstleistungsqualität und Kundenzufriedenheit auf unterschiedliche Weise mit kundenindividuellen Reaktionen erhöhen, wobei Angebote zu Preisreduktionen nur noch eine von vielen Handlungsalternativen darstellen. Richtlinien des flexiblen Empowerments können außerdem in unterschiedlichem Konkretisierungsgrad abgefasst sein. So formuliert das für seine Servicepolitik bekannte amerikanische Warenhausunternehmen Nordstrom nur die allgemeine Grundregel „Benutzen Sie in allen Situationen Ihren gesunden Menschenverstand" (Walther 1994; Spector/McCarthy 1995). In der Mehrheit der Fälle allerdings beziehen sich die Regeln auf bestimmte Problemsituationen. Bild 14.7 zeigt ein Beispiel für die Lösung von Beschwerden beim Hotel-Check-out.

Richtlinien und Handlungsalternativen können **von den Mitarbeitern selbst erstellt und konkretisiert** werden. Dies ist – zumindest ansatzweise – im Hotelkonzern der Marriott Corporation der Fall, wo Mitarbeiter untereinander typische Beschwerdesituationen erörtern und angemessene Handlungsmöglichkeiten sowie die damit verbundenen Kompetenzen erarbeiten (Furlong 1993).

Sollte der Gast unsicher sein, wie das Problem aus der Welt geschafft werden kann, fragen Sie den Kunden, ob er in Zukunft einen erneuten Besuch plant. Wenn dies der Fall ist, bieten Sie ihm ein besseres Zimmer ohne Aufpreis an. Sollte der Kunde keinen weiteren Besuch planen, fragen Sie ihn: „Was kann ich tun, um Sie für den Ärger zu entschädigen?" Folgen Sie den Vorschlägen des Kunden soweit möglich oder schlagen Sie selbst eine hierfür vorgesehene Lösungsmöglichkeit vor.

Bild 14.7 Richtlinien für das Verhalten bei Beschwerden beim Hotel-Checkout (Brymer 1991, S. 61)

Bestandteil des Empowerment-Konzepts ist auch der Ansatz der **„Complaint Ownership"** oder des **„Beschwerdeeigentums"**. Der Mitarbeiter, dem gegenüber eine Beschwerde geäußert wird oder der auch nur zufällig von einem Kundenproblem erfährt, „besitzt" nun dieses Problem und muss eine Lösung herbeiführen. Er darf sich nicht auf seine Nicht-Zuständigkeit berufen, sondern soll sich fragen: „Was kann ich für den Kunden tun, um das Problem zu beseitigen?" Er hat dann auch innerhalb weiter

Grenzen die Kompetenz, das Problem in der gewünschten Weise zu lösen, ansonsten muss er sich darum kümmern, dass die besser geeigneten Mitarbeiter die kundengerechte Erledigung vornehmen. Wenn beispielsweise ein Hotelgast im hauseigenen Restaurant erwähnt, dass der Fernsehempfang in seinem Zimmer gestört ist, muss der Kellner den Mechaniker benachrichtigen und sich so lange um das Problem kümmern, bis er sicher ist, dass es tatsächlich gelöst wurde.

Flexibles Empowerment und der Ansatz des „Beschwerdeeigentums“ stellen **erhöhte Anforderungen** an die Mitarbeiter. Sie müssen selbstständiger und kreativer denken und handeln und dabei die Kundenbedürfnisse unter Beachtung unternehmerischer Belange im Blick haben. Insofern sind mit der Zuerkennung von Verantwortung und Kompetenzen auch **Risiken** verbunden (Bowen/Lawler 1992; Hartline/Ferrel 1996). Die Realisierung des Empowerment-Konzepts verlangt stärkere Investitionen in den Prozess der Personalauswahl und Mitarbeiterschulung, bedingt möglicherweise höhere Personalkosten und kann zu weiteren kostenintensiven Konsequenzen führen, wenn Mitarbeiter Entscheidungen treffen, deren Folgewirkungen sie falsch abschätzen. Allerdings sollte das zuletzt genannte Risiko auch nicht überbetont werden. So berichten Goodman/Grimm (1990) vor dem Hintergrund ihrer langjährigen Erfahrungen aus der beschwerdepolitischen Beratungspraxis der Firma TARP, dass sie niemals mit einem Fall konfrontiert waren, in dem die Mitarbeiter „have given away the store“; stattdessen konnte eine Senkung der Bearbeitungskosten durch Empowerment bis zu 50 % beobachtet werden konnte.

Zudem lassen sich die Risiken vermeiden und die Vorteile realisieren, wenn das Management dafür sorgt, dass in Bezug auf Führung und Organisation die **notwendigen Voraussetzungen** geschaffen werden. Dazu gehören (Bhote 1991; Brymer 1991; Furlong 1993; Venkatesan 1993):

- ein **grundsätzliches Vertrauensverhältnis** zu den Mitarbeitern in dem Sinne, dass sie die Aufforderung zu konsequenter Kundenorientierung nicht auf irrationale und das Unternehmen schädigende Weise ausnutzen,
- eine frühzeitige Einbeziehung, Information und Gewinnung des **mittleren Managements**, das meist Einbußen an Macht, Kompetenz und Autorität fürchtet und insofern der Einführung von Empowerment reserviert gegenübersteht, dessen Unterstützung allerdings für die Anleitung und Ausbildung des Kontaktpersonals zwingend erforderlich ist,
- ein **Informationssystem**, das den Mitarbeitern einen schnellen und unmittelbaren Zugang zu allen für ihre Entscheidung erforderlichen Daten gestattet,
- die **Überwindung von Vorbehalten bei den Mitarbeitern** selbst, die zwar an Verantwortung gewinnen, aber auch an Bequemlichkeit verlieren und die neuen Handlungsspielräume erst dann wirklich nutzen, wenn sie überzeugt sind, dass die damit verbundenen Vorteile die Risiken überwiegen,
- die Einrichtung von **Empowerment-Teams**, in denen die grundsätzlichen Prinzipien verdeutlicht, die konkreten Verhaltensweisen diskutiert und weiterentwickelt sowie Barrieren abgebaut werden können.

Damit wird erkennbar, dass Empowerment ein **langfristig angelegtes Konzept** für Unternehmen ist, die sich als lernende Organisationen begreifen (Venkatesan 1993).

Insofern ist es auch empfehlenswert, die Implementierung in beherrschbaren Schritten und unter Beachtung der **strategischen** Ausrichtung von Unternehmen und Beschwerdemanagement vorzunehmen. Flexibles Empowerment eignet sich vor allem im Rahmen einer Unternehmensstrategie, die auf Differenzierung und kundenindividuelle Leistung ausgerichtet ist, die langfristige Geschäftsbeziehungen zum Ziel hat, wo wechselnde und komplexe Kundenanforderungen typisch sind und ein hohes Maß an persönlichen Interaktionen zwischen Kunden und Mitarbeitern vorherrscht (ähnlich Bowen/Lawler 1995; Rafiq/Ahmed 1998). Das bedeutet, dass flexibles Empowerment primär innerhalb eines strategischen Konzepts des Beschwerdemanagements vom Typ „**Beziehungsverstärker**" angebracht ist.

In Situationen, die sich durch gegenteilige Merkmale charakterisieren lassen (Strategie der Kostenführerschaft im Massengeschäft, kurzfristige Transaktionsbeziehung zum Kunden, relativ starre Kundenwünsche, keine oder nur kurzzeitige Kundenkontakte), erscheint es dagegen sinnvoll, eher die Formen eines strukturierten Empowerments einzusetzen bzw. die jeweiligen Handlungsweisen differenziert und detailliert vorzuschreiben. So liegt der Erfolg der größten Fast-Food-Ketten u.a. darin begründet, dass den Mitarbeitern eindeutige Skripten von der Begrüßung bis zur Verabschiedung vorgegeben sind und deren Einhaltung überprüft wird, was zu einer Konstanz der Leistung führt und den Kunden ein hohes Maß an Sicherheit über die zu erwartende Dienstleistung gibt. Im Kontext der strategischen Optionen eines Beschwerdemanagements ist es insbesondere der Typ „**Beschwerdefabrik**", der den strategischen Rahmen für ein strukturiertes Empowerment abgibt.

14.4 Gestaltung des unternehmenskulturellen Umfelds

Damit Mitarbeiter ihre Fähigkeiten auch einsetzen können, müssen im Unternehmen die entsprechenden Rahmenbedingungen geschaffen werden, wobei neben der entsprechenden Infrastruktur vor allem an eine adäquate Unternehmenskultur zu denken ist. „Adäquat" heißt in diesem Zusammenhang, dass die gewählte Strategie unternehmenskulturell fundiert sein muss. Dies sei am Beispiel des Beschwerdemanagementtyps „Beziehungsverstärker" erläutert, also eines Beschwerdemanagements, das primär auf die Herstellung von Beschwerdezufriedenheit und die Stärkung der Kundenbeziehung ausgerichtet ist.

Unter **Unternehmenskultur** versteht man die Gesamtheit der in einem Unternehmen geteilten Wertvorstellungen, Denk- und Handlungsweisen, welche die Einstellungen und das Verhalten der Unternehmensangehörigen prägen (Heinen/Dill 1986). Sie drückt sich in vielfältiger Form aus: in angestrebten Zielen, formalisierten Unternehmensleitbildern, ungeschriebenen Gesetzen, Vorstellungen über die unternehmerischen Bezugsgruppen, überlieferten Erfolgsmustern und Traditionen.

Ein aktives Beschwerdemanagement vom Typ „Beziehungsverstärker" ist nicht mit jedem unternehmerischen Wertesystem vereinbar, sondern verlangt eine spezifische Unternehmenskultur (Bellou 2007). In öffentlichen Verlautbarungen, internen Erklärungen und am faktischen Verhalten muss eindeutig erkennbar sein, dass Kundenorientierung tatsächlich den zentralen Kern des Wertesystems ausmacht. Nur wenn Kundenzufriedenheit und -loyalität nicht lediglich als Ziele proklamiert, sondern konsequent angestrebt werden, entsteht ein Klima, in dem Beschwerden als natürliches Recht des Kunden und als Chance für das Unternehmen verstanden werden. In dieser Unternehmenskultur wird dann aber das Beschwerdemanagement selbst auch zu einem Symbol der kundenorientierten Zielsetzung. Das Top-Management unterstreicht die strategische Bedeutung des Beschwerdemanagements durch organisatorische Nähe, informatorische Einbindung und die Bereitstellung der erforderlichen Ressourcen.

Neben der konsequenten Kundenorientierung ist für diese Art des Beschwerdemanagements auch ein spezifischer unternehmerischer Umgang mit Fehlern erforderlich, eine Art **„no-blame culture"** (Johnston/Mehra 2002) oder **„Fehlerkultur"**. Sie besteht darin, dass einerseits im Rahmen eines präventiven Qualitätsmanagements alles versucht wird, um Fehler von vornherein zu vermeiden. Andererseits ist man realistischer Weise darauf vorbereitet, dass im Dienstleistungsbereich ein Null-Fehler-Konzept kein vollständig erreichbares Ziel darstellt, sodass es gilt, diese Fehler im Kundensinne bestmöglich zu korrigieren und für die Zukunft abzustellen. Dementsprechend werden auftretende Fehler vor allem im Hinblick auf ihren informatorischen Wert für Verbesserungsmöglichkeiten und nicht primär als Indikator für Mitarbeiterschwächen wahrgenommen (Löber 2012).

Kompromisslose Kundenorientierung, auch und gerade im Umgang mit Fehlern, muss im alltäglichen unternehmerischen Handeln umgesetzt und von Mitarbeitern und Kunden erlebt werden. Sie ist aber auch in **offiziellen Leitbildern** festzuhalten, um ihren Stellenwert zu dokumentieren und Mitarbeitern eine feste Basis für ihr Handeln zu liefern. Beispielhaft sei auf die Firmenphilosophie der AVIS Autovermietung hingewiesen, in der genau dies zu finden ist: die bedingungslose Verpflichtung, sich für den Kunden mehr anzustrengen („We try harder"), die Bemühung um fehlerfreie Leistungserfüllung („Doing the job right the first time") und die Verankerung des Beschwerdemanagements („Effective complaint management") zur Sicherstellung von Kundenzufriedenheit und Loyalität (siehe Bild 14.8).

Bild 14.8 Die Firmenphilosophie der AVIS Autovermietung (Meffert 1998, S. 127)

Kapitel 14 ganz kurz:

- Die Mitarbeiter im Kundenkontakt sind von zentraler Bedeutung, da sie die erste Chance haben, Unzufriedenheit abzubauen, für eine schnelle Problemlösung zu sorgen und die Beschwerdeinformationen korrekt zu erfassen.
- Mitarbeiter, die im Kontakt mit Beschwerdeführern sind, müssen über eine ausgeprägte Serviceorientierung sowie über hohe Sozial-, Emotional- und Fachkompetenz verfügen.
- Zur Sicherstellung der erforderlichen Mitarbeiterqualifikationen bedarf es eines internen Marketings mit einem Bündel von Maßnahmen. Dazu gehören die Rekrutierung serviceorientierter und qualifizierter Mitarbeiter, Mitarbeiterkommunikation und Training, Anreizsysteme, Aktivitäten zur Vermeidung von Burn- out-Effekten und Empowerment.

Literatur

Adamson, C./Goodman J. (1992): Complaint Handling, Handout eines Workshops auf dem International Service & Quality Forum, Euro Disney, Paris.

Bell, C.R./Zemke, R. (1990): Coaching for Distinctive Service, in: Bell, C.R./Zemke, R. (Hrsg.): Service Wisdom, Minneapolis, S. 164 - 173.

Bellou, V. (2007): Achieving Long-term Customer Satisfaction Through Organizational Culture: Evidence From the Health Care Sector, in: Managing Service Quality, 17. Jg., Nr. 5, S. 510 - 522.

Berry, L.L./Parasuraman, A. (1999): Dienstleistungsmarketing fängt beim Mitarbeiter an, in Bruhn, M. (Hrsg.): Internes Marketing, 2. Aufl., Wiesbaden, S. 69 - 92.

Bhote, K.R. (1991): Next Operation As Customer (NOAC). How to Improve Quality, Cost and Cycle Time in Service Operations, New York.

Bitner, M.J./Booms, B.H./Tetreault, M.S. (1990): The Service Encounter: Diagnosing Favorable and Unfavorable Incidents, in: Journal of Marketing, 54. Jg., Nr. 1, S. 71 - 84.

Blanding, W. (1991): Customer Service Operations: The Complete Guide, New York.

Bowen, D.E./Johnston, R. (1999): Internal Service Recovery: Developing a New Construct, in: International Journal of Service Industry Management, 10. Jg., Nr. 2, S. 118 - 131.

Bowen, D.E./Lawler, E.E. (1992): The Empowerment of Service Workers: What, Why, How, and When, in: Sloan Management Review, 33. Jg., Nr. 1, S. 31 - 39.

Bowen, D.E./Lawler, E.E. (1995): Empowering Service Employees, in: Sloan Management Review, 36. Jg., Nr. 4, S. 73 - 84.

Brymer, R.A. (1991): Employee Empowerment: A Guest-Driven Leadership Strategy, in: The Cornell & Restaurant Administration Quarterly, 32. Jg., Nr. 1, S. 58 - 68.

Chebat, J.-C./Kollias, P. (2000): The Impact of Empowerment on Customer Contact Employee's Roles in Service Organizations, in: Journal of Service Research, 3. Jg., Nr. 1, S. 66 - 81.

Coenen, C. (2001): Serviceorientierung und Servicekompetenz von Kundenkontakt-Mitarbeitern, in: Bruhn, M./Stauss, B. (Hrsg.): Dienstleistungsmanagement Jahrbuch 2001, Wiesbaden, S. 341 - 374.

Coenen, C. (2005): Prosoziales Dienstleistungsverhalten im Kundenkontakt, Wiesbaden.

Cook, S. (2012): Complaint Management Excellence, London u.a.

Finsterwalder, J./Tomczak, T. (2001): EQ und DLQ: Emotionale Intelligenz und Dienstleistungsqualität im Kundenkontakt, in: Bruhn, M./Stauss, B. (Hrsg.): Jahrbuch Dienstleistungsmanagement 2001, S. 375-403.

Firnstahl, T.W. (1990): Mitarbeiter garantieren die Produktqualität, in: Harvard manager, 12. Jg., Nr. 1, S. 7 - 12.

Furlong, C.B. (1993): Marketing for Keeps. Building Your Business by Retaining Your Customers, New York.

Goleman, D. (1999): Emotionale Intelligenz - zum Führen unerlässlich, in: Harvard Business Manager, 21. Jg., Nr. 3, S. 27 - 36.

Goleman, D. (2007): Emotionale Intelligenz, 19. Aufl., München.

Goodman, J.A./Grimm, C.J. (1990): A Quantified Case for Improving Quality Now!, in: The Journal for Quality & Participation, o. Jg., Nr. 3, S. 50 - 55.

Hartline, M.D./Ferrell, O.C. (1996): The Management of Customer-contact Service Employees: An Empirical Investigation, in: Journal of Marketing, 60. Jg., Nr. 4, S. 52 - 70.

Heinen, E./Dill, P. (1986): Unternehmenskultur, in: Zeitschrift für Betriebswirtschaft, 56. Jg., Nr. 3, S. 202 - 218.

Hennig-Thurau, T. (1999): Beschwerdezufriedenheit: Empirische Analyse der Wirkungen und Determinanten einer Schlüsselgröße des Beziehungsmarketing, in: Jahrbuch der Absatz- und Verbrauchsforschung, 45. Jg., Nr. 2, S. 214 - 240.

Hochschild, A.R. (1990): Das gekaufte Herz: Zur Kommerzialisierung der Gefühle, Frankfurt/ Main.

Homburg, C./Stock, R. (2001): Burnout von Mitarbeitern im Dienstleistungsbereich - Ansatzpunkte zur Vermeidung durch persönliches Ressourcen-Management, in: Bruhn, M./ Stauss, B. (Hrsg.): Jahrbuch Dienstleistungsmanagement 2001, Wiesbaden, S. 479 - 500.

Jeschke, K./Schulze, H. (1999): Internes Marketing und Beziehungsorientierung als Grundlage eines kunden- und mitarbeiterorientierten Beschwerdemanagement, in: Jahrbuch der Absatz- und Verbrauchsforschung, Nr. 4, S. 402 - 417.

Johnston, R./Mehra, S. (2002): Best-Practice Complaint Management, in: Academy of Management Executive, 16. Jg., Nr. 4, S. 145 - 154.

Löber, N. (2012): Fehler und Fehlerkultur im Krankenhaus, Wiesbaden.

Meffert, H. (1998): Dienstleistungsphilosophie und -kultur, in: Meyer, A. (Hrsg.): Handbuch Dienstleistungs-Marketing, Band 1, Stuttgart, S. 121 - 138.

Nerdinger, F. (1994): Zur Psychologie der Dienstleistung, Stuttgart.

Nerdinger, F. (2001): Gefühlsarbeit in Dienstleistungsinteraktionen, in: Bruhn, M./Stauss, B. (Hrsg.): Dienstleistungsmanagement Jahrbuch 2001, Wiesbaden, S. 501-519.

Nerdinger, F. (2011): Psychologie der Dienstleistung, Göttingen.

Rafiq, M./Ahmed, P.K. (1998): A Customer-Oriented Framework for Empowering Service Employees, in: Journal of Services Marketing, 12. Jg., Nr. 5, S. 379 - 396.

Rastetter, D. (2008): Zum Lächeln verpflichtet. Emotionsarbeit im Dienstleistungsbereich, Frankfurt.

Scheerer, H. (1994): Kundengefühle sind Tatsachen, in: Harvard manager, 16. Jg. Nr. 2, S. 9 - 13.

Schneider, B./Schechter, D. (1991): Development of a Personnel Selection System for Service Jobs, in: Brown, S./Gummesson, E./Edvardsson, B./Gustavsson, B. (Hrsg.): Service Quality, Lexington, S. 217 - 235.

Sparks, B.A./Bradley, G.L./Callan, V.J. (1997): The Impact of Staff Empowerment and Communication Style on Customer Evaluations: The Special Case of Service Failure, in: Psychology & Marketing, 14. Jg., Nr. 5, S. 475 - 493.

Spector/McCarthy (1995): The Nordstrom Way: The Inside Story of America's #1 Customer Service Company, New York u. a.

Stauss, B. (2000b): Internes Marketing als personalorientierte Qualitätspolitik, in: Bruhn, M./Stauss, B. (Hrsg.): Dienstleistungsqualität, 3. Aufl., Wiesbaden, S. 203 - 222.

Stauss, B./Bruhn, M. (2010): Serviceorientierung im Unternehmen - Eine Einführung in die theoretischen und praktischen Problemstellungen, in: Bruhn, M./Stauss, B. (Hrsg.): Serviceorientierung im Unternehmen, Wiesbaden.

Venkatesan, M.V. (1993): Empowering Employees, in: Scheuing, E.E./Christopher, W.F. (Hrsg.): The Service Quality Handbook, New York u. a., S. 259 - 266.

Walther, G.R. (1994): Upside-Down Marketing, New York.

BESCHWERDEN
ZUSTÄNDIG FÜR WENIG
ZUSTÄNDIG FÜR NICHTS
ZUSTÄNDIG FÜR GAR NICHTS
LR

15 Organisatorische Aspekte des Beschwerdemanagements

- Welche Faktoren bestimmen die Wahl zwischen einem zentralen, dezentralen und dualen Beschwerdemanagement?
- Welche Organisationseinheiten sind im Beschwerde-Center zu unterscheiden und welche Aufgaben sind ihnen im Rahmen der operativen Abwicklung von Beschwerden zuzuweisen?
- Welche Aufgaben übernimmt die Bereichsleitung Beschwerdemanagement bei der konzeptionellen Steuerung des Beschwerdemanagements?
- Was sind die Vorteile und Nachteile unterschiedlicher Organisationsformen (Stabsstelle, Linienfunktion oder Matrixorganisation) für das Beschwerdemanagement?
- Kann das Beschwerdemanagement als Profit Center organisiert werden?
- Wie ist die Frage eines Outsourcings des Beschwerdemanagements zu beurteilen?

Mit der Einrichtung eines aktiven Beschwerdemanagementsystems muss eine Reihe **organisatorischer Fragen** geklärt werden (Schöber 1997). In Bezug auf die Aufbauorganisation sind Entscheidungen über die Zuordnung von Verantwortlichen zu bestimmten organisatorischen Einheiten (Stellen, Abteilungen) zu treffen. In diesem Zusammenhang stellt sich vor allem die Frage nach dem anzustrebenden Grad an Zentralisierung bzw. Dezentralisierung des Beschwerdemanagements. Wird ein Bereich Beschwerdemanagement eingerichtet, ist auch das Verhältnis von konzeptionell-strategischer Steuerung und operativen Aufgaben in einem Beschwerde-Center zu klären. Dabei ist auf die vom Bereich Beschwerdemanagement zu erfüllenden Funktionen sowie die Verknüpfung mit anderen unternehmerischen Prozessen einzugehen. Auf dieser Basis ist dann zu entscheiden, wie der Bereich Beschwerdemanagement in die Unternehmensstruktur eingeordnet und ob er als Profit Center konzipiert werden kann. Zudem ist zu reflektieren, in welchem Umfang Aufgaben im Rahmen eines Outsourcings an externe Dienstleister übertragen werden sollen.

15.1 Zentrales, dezentrales oder duales Beschwerdemanagement

Die möglichen **aufbauorganisatorischen Alternativen** werden in der Regel auf die Pole einer zentralen bzw. dezentralen Beschwerdebearbeitung beschränkt. Bei einem rein **zentralen Beschwerdemanagement** werden sämtliche Aufgaben allein von einer zentralen Beschwerdeeinheit im Unternehmen wahrgenommen. Dies bedeutet, dass Kunden, die sich bei dezentralen Einheiten - wie Filialen oder Niederlassungen - beschweren, konsequent an die zentrale Beschwerdestelle verwiesen werden bzw. dass dezentral eingehende Beschwerden unmittelbar an die Zentrale weitergeleitet werden. Ein rein **dezentrales Beschwerdemanagement** impliziert, dass Beschwerdefälle bei den dezentralen Vertriebseinheiten eigenständig abgewickelt werden, ohne dass die Zentrale in den Prozess eingebunden wird. Gehen auf der Zentralebene Beschwerden ein, werden sie an die zuständigen Einheiten weitergeleitet und die Beschwerdeführer an diese verwiesen.

Mit dieser idealtypischen Zweiteilung wird das komplexe Entscheidungsproblem jedoch unzulässig vereinfacht. Denn für viele Unternehmen ist es entweder zwingend erforderlich oder effizienter, eine Lösung mit zentralen und dezentralen Elementen, d.h. ein **duales Beschwerdemanagement**, zu etablieren.

Die Entscheidung über die aufbauorganisatorische Gestaltung des Beschwerdemanagements muss in Abstimmung mit den spezifischen unternehmerischen Rahmenbedingungen erfolgen, die sehr große Unterschiede aufweisen können. So beschränkt sich das Problem bei **Kleinbetrieben**, die ein begrenztes Leistungsangebot direkt an einen kleinen Kundenkreis absetzen, meist darauf, die beschwerdebezogenen Zuständigkeiten für die Mitarbeiter im Kundenkontakt bzw. die Geschäftsleitung eindeutig festzulegen. Für **Großunternehmen**, die ein breites Produktprogramm indirekt über verschiedene Vertriebskanäle an einer Vielzahl geografischer Standorte vertreiben, stellt sich die sehr viel komplexere Aufgabe, wie das angestrebte kundenorientierte Beschwerdemanagement unter Einbeziehung der Vertriebspartner und/oder über die Einrichtung eines direkten Beschwerdekanals realisiert werden kann. Mit einer vergleichbar schwierigen Problematik sind z.B. Franchisegeber konfrontiert, deren einheitlich positioniertes Angebot an multiplen Standorten von verschiedenen Franchisenehmern präsentiert wird und die ein hohes Interesse an einer einheitlichen Umsetzung der Beschwerdepolitik haben, um negative Ausstrahlungseffekte auf andere Systemmitglieder zu verhindern.

Insofern erscheint es wenig sinnvoll, eine spezifische organisatorische Lösung als optimal anzusehen. Stattdessen sind **situative Faktoren** zu identifizieren, die unterschiedliche Anforderungen an den Beschwerdemanagementprozess stellen.

Einflussfaktoren der Wahl zwischen zentralem, dezentralem und dualem Beschwerdemanagement

Eine Reihe von Faktoren beeinflusst die Wahl der Organisationsform. Dazu gehören vor allem Art des Produkts, Kundenanzahl, Art des Vertriebs und Zentralität des Kundenkontakts.

Art des Produkts: Das Produkt bestimmt wesentlich die Kategorien möglicher Probleme und die daraus resultierenden Handlungsnotwendigkeiten, die ihrerseits organisatorische Fragestellungen aufwerfen. Dienstleistungen (wie Leistungen von Restaurants, Hotels, Ärzten oder Rechtsanwälten) werden in der Regel im direkten Kontakt mit dem Kunden erstellt. Aufgrund der Kundenbeteiligung an der Leistungserstellung hat der Kunde die Gelegenheit, Beschwerden unmittelbar gegenüber dem Kundenkontaktpersonal zu äußern und vielfach ergibt sich die Chance, das Problem sofort aus der Welt zu schaffen. Deshalb muss für diese Probleme eine Möglichkeit der dezentralen Beschwerdelösung vorgesehen werden. In Bezug auf Sachgüter, bei denen oft Probleme mangelnder Gebrauchs- und Funktionstüchtigkeit im Vordergrund stehen, gilt es, einen schnellen Zugang zu technischen Informationen sowie Wartungs- und Reparatureinrichtungen herzustellen.

Kundenanzahl: Haben Unternehmen nur relativ wenige Nachfrager, sodass jeder Kunde erheblichen Einfluss auf die ökonomische Situation hat, kommt jeder einzelnen Beschwerde besonders große Bedeutung zu. Deshalb muss ihre unmittelbare Erledigung sichergestellt werden. Dies erfolgt sinnvollerweise so zentral bzw. dezentral, wie die Kundenkontakte auch im Normalfall organisiert sind. Gleichgültig, ob es sich dabei um Vertriebs- und Servicemitarbeiter oder Mitglieder der Geschäftsführung handelt, immer ist die angesprochene Person der „Complaint Owner" und hat sich um die Problemlösung zu sorgen. Um dem Mitarbeiter eine schnelle Problemlösung zu ermöglichen, kommt es auf die Zuerkennung von Kompetenzen und die Einrichtung direkter Kommunikationswege zum Top-Management für Ausnahmeentscheidungen an. Bei sehr großer Kundenanzahl ist die Einrichtung einer eigenen Stelle für Beschwerden bzw. Kundenkommunikation sinnvoll, die in der Lage ist, die Fülle von Kontakten nach einheitlichem Prinzip professionell zu bewältigen.

Art des Vertriebs: Unterschiedliche Herausforderungen stellen sich auch je nachdem, ob das Unternehmen direkten Kontakt zum Kunden hat oder ob in den Vertrieb des Produkts andere Institutionen oder Personen eingeschaltet sind. Bei einem Direktvertrieb kann das Unternehmen das Beschwerdemanagement autonom gestalten. Bei Formen des indirekten Vertriebs ergibt sich dagegen eine besondere Situation. So werden etwa auf der Handelsebene zusätzliche Leistungen für den Kunden erstellt, deren wahrgenommene Qualität auch Ausstrahlungseffekte auf die kundenseitige Qualitätseinschätzung des Herstellers und seiner Produkte hat. Das gilt schon bei mangelnder Produktpräsentation und Beratung im Handel bzw. beim Vertrieb von touristischen Leistungen über Reisebüros. Besonders bedeutsam ist dieser Fall jedoch, wenn – wie im Automobilbereich – Hersteller und Handelsebene am Markt unter dem gleichen Markennamen auftreten. Die Produkte des Herstellers werden hier nicht nur über die Vertragshändler abgesetzt, sondern dort auch gewartet und repariert, sodass die Wahrnehmung dieser händlerbezogenen Dienstleistungen auch die herstellerbezogene Zufriedenheit des Kunden und sein Wiederkaufverhalten bestimmt. Daraus ergibt sich für ein Beschwerdemanagement der Hersteller eine mehrfache Problematik: Zum einen ist die Handelsebene in das eigene Beschwerdesystem zu integrieren, um die beim Handel artikulierte Kundenunzufriedenheit mit dem Produkt unmittelbar erfassen und beseitigen zu können. Zum anderen ist Einfluss auf die Qualität der Handelsleistungen zu nehmen, um die Unzufriedenheit der Kunden mit den Handelsleistungen ebenfalls zu vermeiden bzw. im Rahmen eines abgestimmten Beschwerdemanagementsystems in Zufriedenheit umzuwandeln. Die Integration von vertikalen Marktpartnern in das Beschwerdemanagement ist umso schwieriger, je stärker die rechtliche und wirtschaftliche Selbstständigkeit der Partner ausgeprägt und je größer deren Macht ist.

Zentralität des Kundenkontakts: Auch bei Unternehmen, die ihre Sachgüter und Dienstleistungen direkt absetzen, kommt es häufig vor, dass Kunden dezentrale und multiple Kontakte mit dem Unternehmen bzw. betrieblichen Subsystemen haben. Dies ist z.B. der Fall, wenn im Business-to-Business-Bereich Geschäftsbeziehungen sowohl zur Zentrale als auch zu regionalen Vertriebszentren bestehen. Im Handel oder im Dienstleistungssektor ist es üblich, dass Geschäftsstätten (z.B. Ladengeschäfte, Hotels oder Restaurants) an verschiedenen Standorten errichtet werden. Insofern nehmen Kunden die Leistungsqualität dezentral wahr. Es ist daher auch für das Management der dezentralen Einheiten von großer Bedeutung, mit Hilfe eines eigenständigen Beschwerdemanagements Aufschlüsse über die wahrgenommenen Kundenprobleme zu erhalten. Doch die Qualitätswahrnehmung des Kunden bezieht sich nicht allein auf die fragliche Geschäftsstelle, sondern beeinflusst auch seine Einschätzung des Gesamtunternehmens bzw. anderer Systemmitglieder. Somit ergibt sich für die Führung des Gesamtsystems die Notwendigkeit, über Kundenprobleme mit Systemeinheiten informiert zu sein, also ein duales Beschwerdemanagement einzurichten.

Die Bedeutung der Einflussfaktoren bei ausgewählten Unternehmenstypen

Je nach angebotenen Produkten bzw. Produktprogrammen, Kundenkategorien, -segmenten und -zahlen, der Vertriebsstruktur und der Existenz unterschiedlicher Kundenkontakte ist nun eine Fülle von Situationen denkbar, die jeweils spezifische Anforderungen an die organisatorische Ausgestaltung des Beschwerdemanagements stellen. Diese können hier auch nicht annähernd umfassend dargestellt werden. Stattdessen wird eine Veranschaulichung der Problematik dadurch vorgenommen, dass die tatsächliche Vielfalt in der Realität auf **vier typische Fälle** eingeschränkt wird (siehe auch Bild 15.1):

- Beim **Typ A** haben die genannten Kriterien folgende Ausprägungen: Sachgut, geringe Kundenanzahl, direkter Vertrieb, zentraler Kundenkontakt. Als Beispiel sei ein mittelständisches Investitionsgüterunternehmen angeführt, das Maschinen an einen relativ kleinen Kreis bekannter industrieller Kunden über einen zentralisierten Vertrieb absetzt **(Maschinenbauer).**
- Der **Typ B** hat folgende Merkmalskombination: Sachgut, große Kundenanzahl, indirekter Vertrieb, dezentraler Kundenkontakt. Vertreter dieses Typs ist ein industrieller **Konsumgüterhersteller** von abgepackten Lebensmitteln, der die Produkte für einen anonymen Massenmarkt national über den Handel vertreibt. Die Kunden kommen an

einer Fülle von Einkaufsstätten, die über einen großen geografischen Raum verteilt sind, mit dem Produkt in Kontakt. Der Handel hat hier nur eine reine Verteilungsfunktion, produktspezifische kundenorientierte Dienstleistungen (etwa Beratungsleistungen) fallen nicht an und sind in den bevorzugten Betriebsformen des Einzelhandels (Discounter) auch nicht zu erwarten.

- Der **Typ C** weist folgende Ausprägungen auf: Sachgut, große Kundenanzahl, Vertrieb über Händler, die zusätzlich sachgutbezogene Dienstleistungen erbringen, dezentraler Kundenkontakt. Prototypisch ist hier an **Automobilhersteller** zu denken, deren Produkte über Handelsbetriebe verkauft werden, die über Vertriebsbindungen stark an das Unternehmen gekoppelt sind (Vertragshändler). Diese Autohäuser verkaufen nicht nur die Pkw, sondern bieten selbst eine Reihe von produktrelevanten Dienstleistungen an wie Reparatur, Wartung, Leasing, Teileverkauf usw. Da die Handelsbetriebe auch unter dem Markenzeichen des Herstellers firmieren, sind die Qualitätswahrnehmungen von Produkt und Dienstleistung durch die Kunden nicht unabhängig, sondern es existieren starke Ausstrahlungseffekte, sodass Servicefehler auch zu Abwanderungen vom Hersteller führen können.
- Merkmalsausprägungen des **Typs D** sind: Dienstleistung, große Kundenanzahl, direkter Vertrieb, dezentraler Kundenkontakt. Repräsentant dieses Typs ist eine **Bank**, die direkte Geschäftsbeziehungen mit einer großen Zahl ihr bekannter Kunden hat. Der Kundenkontakt wird im Wesentlichen durch lokale Geschäftsstellen aufrechterhalten.

	Typ A	Typ B	Typ C	Typ D
Art des Produkts	Sachgut (Investitionsgut)	Sachgut (Konsumgut)	Sachgut (Konsumgut)	Dienstleistung
Kundenanzahl	gering	groß	groß	groß
Art des Vertriebs	direkt	indirekt [1]	indirekt [2]	direkt
Zentralität des Kundenkontakts	zentral	dezentral	dezentral	dezentral
Beispiel	Maschinen-bauer	Hersteller abgepackter Lebens-mittel	Automobil-hersteller	Retail-Bank

[1]) Handel als Verteiler; [2]) Handel mit Dienstleistungsfunktion

Bild 15.1 Unternehmenstypen mit unterschiedlichen Anforderungen an die Organisation des Beschwerdemanagements

Die konkreten Aufgaben des Beschwerdemanagements fallen **typspezifisch unterschiedlich** aus, sodass sich auch abweichende organisatorische Konsequenzen in Bezug auf die Frage „Zentralität versus Dezentralität" ergeben.

In Unternehmen des **Typs A (z.B. Maschinenbauer)** muss allen Mitarbeitern klar sein, dass das unternehmerische Überleben von einer konsequenten Betreuung eines jeden einzelnen Kunden abhängig sein kann. Deshalb bedeutet Kundenorientierung in diesem Fall individuelle Kundenpflege. Es gilt, einen permanenten Dialog mit dem Kunden zu halten, um Veränderungen in der Bedürfnis- und Erwartungsstruktur ebenso zu erfassen wie den Grad der Zufriedenheit bzw. Unzufriedenheit. Jeder unternehmerische Dialogpartner – sei es nun ein Mitarbeiter des Vertriebs oder der Kundenbetreuungsabteilung bzw. ein Mitglied der Geschäftsleitung – hat damit auch die Aufgabe, den Kunden darum zu bitten, seine Unzufriedenheit zu äußern sowie Beschwerden anzunehmen und weiterzuleiten. Als „Complaint Owner" hat er für eine schnelle Lösung zu sorgen, was Freiheitsspielräume, klare Kompetenzen und direkte Kommunikationskanäle voraussetzt. Darüber hinaus können den Kundenkontaktabteilungen (Vertrieb, Service) die Aufgaben der Beschwerdebearbeitung und -auswertung übertragen werden. Allerdings bietet es sich häufig an, dass ein **zentrales Beschwerdemanagement** die Bearbeitung und Auswertung überwacht sowie wesentliche Funktionen des Controllings und Reportings übernimmt. Damit kann sichergestellt werden, dass einerseits unmittelbar Betroffene im Rahmen des Beschwerdemanagements aktiv werden und andererseits das Managementkonzept mit dem notwendigen Nachdruck unternehmensintern durchgesetzt wird.

Unternehmen vom **Typ B (z.B. Hersteller von abgepackten Lebensmitteln)** haben keinen direkten Kontakt zum Kunden, da die Produkte ausschließlich in Handelsgeschäften abgesetzt werden. Wenn Kunden Probleme mit diesen Produkten haben, besteht für sie kein großer Anreiz zur Beschwerde. Die Artikel sind meist niedrigpreisig und es erscheint den Kunden weniger aufwendig, beim nächsten Kauf zum Konkurrenzprodukt abzuwandern, als die Anstrengung eines erneuten Besuchs im Handelsgeschäft zum Zwecke der Beschwerde auf sich zu nehmen. Dies gilt vor allem, wenn sie die Schwierigkeiten antizipieren, die ihnen im Beschwerdefall bevorstehen: Sie müssen die geöffnete Packung mit dem verdorbenen Produkt zum Ladengeschäft zurücktransportieren, dort einen zuständigen Ansprechpartner finden und in der Auseinandersetzung dann den Vorfall beweisen, ohne sicher zu sein, den geringfügigen Betrag ersetzt zu bekommen.

Insbesondere die Betriebsformen des Handels, die primär über den Preis verkaufen, stellen weder quantitativ noch qualitativ ausreichende Ressourcen für Produktberatung und Kundenbetreuung zur Verfügung und sind insofern auch kaum zu einer **vom Hersteller gewünschten Übernahme von Beschwerdeannahme und -bearbeitungsfunktionen** in der Lage. Zwar wird meist mit dem Handel vereinbart, verdorbene Artikel ohne weitere Prüfung zu ersetzen. Doch die Zahl dieser ausgetauschten Produkte ist für das Unternehmen normalerweise die einzige vom Handel zu erwartende Information über Kundenprobleme mit dem Produkt. Detailliertere Beschreibungen des Kundenerlebens oder Informationen über andere negative Produkterfahrungen des Kunden (Geschmacksprobleme, Schwierigkeiten mit der Handhabung der Verpackung usw.)

werden kaum zum Gegenstand von Beschwerden im Handel gemacht und in der Regel auch nicht an den Hersteller weitergegeben (Halstead 1993). Ebenso erscheinen spezifische Anstrengungen des Herstellers, eine systematische Beschwerdeaufnahme im Handel zu realisieren (z. B. durch die Bereitstellung von Formblättern) angesichts der unterschiedlichen Interessensituation, der Personalpolitik in Discountbetrieben des Handels und der Marktmacht der Handelsketten illusorisch.

Folglich muss der Hersteller alle Aufgaben des Beschwerdemanagements bei sich **zentralisieren**. Dies gilt vor allem auch für die Beschwerdestimulierung. Durch Aufdruck auf den Produktverpackungen sind die Kunden aufzufordern, im Problemfall den direkten Kontakt zum Hersteller zu suchen, und es muss ihnen ein leicht zugänglicher Kanal kommuniziert werden. Damit kommen sämtliche kundeninitiierten Kommunikationen an einer unternehmerischen Stelle zusammen und es bietet sich an, auch die Aufgaben der Beschwerdebearbeitung und -reaktion, der Beschwerdeauswertung, des Controllings und des Reportings hier anzusiedeln. Insofern erscheint die Einrichtung eines zentralen Beschwerdemanagements bzw. eines Customer-Care-Bereichs für diesen Typ sinnvoll.

Für den **Typ C (z. B. Automobilhersteller)** ist die Situation im Vergleich zum zuvor dargestellten Fall insofern ähnlich, als ein Sachgut an eine große Anzahl von Kunden über den Handel dezentral abgesetzt wird. Doch es ergibt sich ein wesentlicher Unterschied. Der Handelsbetrieb nimmt Einfluss auf die Qualitätswahrnehmung des Kunden, weil er selbst eigene autobezogene Dienstleistungen erstellt. Kunden, die mit dem Auto oder den Serviceleistungen erheblich unzufrieden sind, beschweren sich. Dementsprechend stehen die Automobilhersteller vor der Aufgabe, die Mitglieder ihres Distributionssystems so zu steuern, dass sie hersteller- und handelsbezogene Kundenzufriedenheit und -loyalität sicherstellen.

Die im Kfz-Handel anfallenden Beschwerden können unterschiedliche produkt- oder dienstleistungsbezogene Kundenprobleme beinhalten. Für den Handel ist die Frage relevant, ob er selbst oder der Hersteller Verursacher des Problems ist und damit auch die Kostenverantwortung hat. Die Händlerverträge verpflichten die Handelsunternehmen, produktbezogene, vom Hersteller zu vertretende Probleme mit dem Pkw entgegenzunehmen, auf der Basis genau definierter Garantie- und Kulanzvorgaben abzuwickeln und **den Automobilhersteller über die Kundenbeschwerden in Kenntnis zu setzen** (Hansen/Jeschke 2000). Damit ist gewährleistet, dass der Hersteller zumindest von den Kundenproblemen erfährt, die kostenrelevant und vom Handel als herstellerverursacht eingeschätzt werden. Diese umfassen aber nur einen Bruchteil der autobezogenen Kundenproblematik:

- Wie die empirische Studie von Hansen/Jeschke (2000) zeigt, beschwert sich die große Mehrheit der unzufriedenen Autokunden beim Handel (69 %). Die Zahl derer, die sich beim Hersteller beschwert, ist weitaus geringer (28 %). Kundenprobleme, die vom Handel als irrelevant eingeschätzt werden oder nicht unter die Garantie- und Kulanzbestimmungen fallen, werden damit nicht oder nur unvollkommen an den Hersteller weitergeleitet, sodass dieser nur ein äußerst **unvollkommenes Bild** über die von Kunden erlebten produktbezogenen Probleme erhält.

- Darüber hinaus ist zu beachten, dass Beschwerdeführer ihre Unzufriedenheit dem Kfz-Handel **überwiegend mündlich** vortragen. Da ein Großteil dieser Artikulationen nicht als Beschwerde erfasst, sondern im Rahmen üblicher Handlungsroutinen abgewickelt wird, hat nicht einmal das Autohaus selbst einen systematischen Überblick über die eingehenden Kundenbeschwerden.
- Der Hersteller erfährt nur dann etwas über **handelsbezogene Kundenprobleme**, wenn ihn der Kunde darüber informiert. Dies geschieht aber in der Regel nur in dem Fall, dass ein schwerwiegender Vorfall trotz mehrmaligen Bemühens des Kunden vom Handel nicht befriedigend gelöst wurde. Insofern existiert für den Hersteller das Problem, dass es aufgrund von Mängeln im Beschwerdemanagement des Handels zu Kundenabwanderungen kommen kann, ohne dass er selbst über die Ursachen dieser Abwanderungen Informationen erhält.

Für den **Hersteller** ergeben sich daraus eine Reihe **schwieriger Aufgaben:**

- Hinsichtlich **produktbezogener Beschwerden** muss der Handel in das Beschwerdemanagementsystem voll integriert werden. Das heißt, es bedarf eines einheitlichen Systems der Beschwerdestimulierung, -annahme, -bearbeitung und -reaktion.
- Dazu gehört, dass auch **mündlich vorgetragene** Beschwerden möglichst vollständig erfasst und vom Handel an den Hersteller weitergeleitet werden.
- Auch hinsichtlich der **handelsbezogenen Beschwerden** ist der Handelsbetrieb in die Lage zu versetzen, Beschwerdemanagement im konzeptionellen Verständnis des Herstellers zu betreiben. Dazu gehört, dass das Kundenkontaktpersonal im Verkauf, bei der Kundendienstannahme oder im Werkstattbereich befähigt wird, auf unzufriedene Kunden gesprächspsychologisch angemessen zu reagieren (Hansen/Jeschke 2000). Auch müssen sämtliche handelsbezogenen Beschwerden nach einem mit dem Hersteller abgestimmten System bearbeitet, kategorisiert und ausgewertet werden.
- Aus der unzureichenden Problemsicht des Herstellers ergibt sich die Notwendigkeit, der **Beschwerdestimulierung** einen großen Stellenwert einzuräumen. Eine erhebliche Zunahme produktbezogener Artikulationen ist aber nur zu erwarten, wenn den Kunden ein leicht zugänglicher (z. B. telefonischer) Kanal zum Hersteller eingeräumt wird. Werden Kunden allerdings aufgefordert, sich an eine zentrale, herstellerbezogene Stelle zu wenden, ist zu erwarten, dass hier auch zunehmend handelsbezogene Artikulationen eingehen werden. Dies hat für den Hersteller den Vorteil, dass sich sein Informationsstand über handelsbezogene Kundenprobleme erhöht und er sowohl gegenüber dem unzufriedenen Kunden als auch gegenüber falsch reagierenden Handelsunternehmen aktiv werden kann. Allerdings wird diese Vorgehensweise auf Vorbehalte bzw. den Widerstand des Handels stoßen, wenn dieser hier vornehmlich die Einrichtung eines weiteren Kontrollinstruments vermutet.

Es bedarf daher einer **Feinabstimmung bezüglich der Aufgabenausübung zwischen Hersteller- und Handelsebene** im Rahmen eines dualen Beschwerdemanagements im Sinne einer vertikalen Kooperation. Gegenstand dieser Variante eines dualen und zugleich vertikalen Beschwerdemanagements ist die Festlegung,

- welche **Maßnahmen zur Beschwerdestimulierung** eingesetzt werden sollen,
- welche **Art von Beschwerden** an welche Stelle **weitergeleitet** werden soll,

- welche Beschwerden **vor Ort gelöst** werden sollen,
- welche **Lösungsalternativen** sinnvoll und zulässig sind,
- wie die **Informationen** über die vor Ort entschiedenen Beschwerden aggregiert und **weitergeleitet** werden sollen,
- wie ein **Feedback** handelsrelevanter und vergleichender Informationen aus der Auswertung und dem Controlling an die Handelsbetriebe erfolgen soll und
- wie das **Anreizsystem** zur Aufgabenwahrnehmung ausgestaltet sein muss.

Die Situation für Unternehmen des **Typs D (z.B. Bank)** ist insofern der gerade besprochenen ähnlich, als auch hier die Frage der Steuerung dezentraler Systeme auftritt. Allerdings liegt ein abweichendes Element darin, dass es sich bei dem fraglichen Gut um eine Dienstleistung und hinsichtlich des Unternehmens um ein Filialsystem handelt, das leichtere Durchgriffsmöglichkeiten zulässt.

Bankdienstleistungen werden im direkten Kontakt zum bekannten Kunden überwiegend dezentral in einer Fülle von geografisch weit gestreuten Geschäftsstellen erbracht. Viele Bankkunden haben nur Kontakt zu Mitarbeitern „ihrer" Geschäftsstelle und wenden sich im Problemfall auch unmittelbar an diese. Es besteht hier jedoch das - dienstleistungstypische - Problem, dass eine Vielzahl der vom Kunden erlebten Probleme auch vor Ort verursacht wurde. Daraus ergeben sich für manche Kunden **Barrieren der Beschwerdeartikulation** und für Mitarbeiter Hindernisse der Beschwerdestimulierung und -weiterleitung. Beschweren sich nämlich Kunden in der Geschäftsstelle, werden Mitarbeiter häufig mit selbst verursachten Fehlern konfrontiert, was die Gefahr der Verdrängung und Unterdrückung von Beschwerdetatbeständen mit sich bringt (Hansen 1990).

In dieser Situation ist ein **duales**, d.h. sowohl zentrales als auch dezentrales Beschwerdemanagement erforderlich. Um Kundenunzufriedenheit sofort zu beseitigen, müssen die Mitarbeiter in den dezentralen Geschäftsstellen im Umgang mit dem unzufriedenen Kunden geschult, im Rahmen eines Empowerments mit Kompetenzen ausgestattet und zur Aufnahme von Beschwerdeinformationen veranlasst werden. Um der Tendenz entgegenzuwirken, dass mündlich vorgetragene Beschwerden vom Kontaktpersonal unterdrückt, verzerrt oder selektiert werden, müssen zudem Manager der dezentralen Geschäftsstelle regelmäßig beim Dienstleistungsprozess anwesend sein und durch eigene Präsenz Unzufriedenheit vorbeugen, erfassen und beseitigen. Darüber hinaus muss zentral eine Stelle eingerichtet werden, die jedem Kunden die Möglichkeit zur zentralen Unzufriedenheitsartikulation einräumt. In einem solchen dualen System fallen sowohl zentral wie dezentral Aufgaben der Beschwerdestimulierung, -annahme, -bearbeitung und -reaktion an. Zudem sind - in unterschiedlichem Umfang - Funktionen der Auswertung, des Reportings und des Beschwerdemanagement-Controllings zu übernehmen.

Praxis-Spotlight 22 gibt einen Einblick in das duale Beschwerdemanagement einer Bank, bei der die Zentrale systematisch die dezentrale Beschwerdebearbeitung unterstützt.

Praxis-Spotlight 22

Stärkung der dezentralen Beschwerdebearbeitung als strategischer Hebel zur Verbesserung der Servicequalität bei der Baden-Württembergischen Bank

Die Baden-Württembergische Bank (BW-Bank) ist ein kundenorientierter und regionaler Dienstleister. Aus diesem Selbstverständnis resultiert ein hoher Anspruch an die Service- und Beratungsqualität, die Qualität der Produkte und der Abwicklung. Um diesen Anspruch in einem schwierigen Marktumfeld und bei weiter steigenden Kundenerwartungen dauerhaft einzulösen, hat das Qualitätsmanagement als Motor des kontinuierlichen Verbesserungsprozesses auch seine Strategie im Beschwerdemanagement auf konsequentes Denken „vom Kunden her" ausgerichtet. In einer lernenden Organisation mit positiver Fehler- und Lernkultur ist unter dieser Prämisse die Stärkung der dezentralen Beschwerdebearbeitung die logische Schlussfolgerung.

Makroperspektive

Unzufriedene BW-Bank-Kunden wenden sich – auch in Zeiten des Multikanalbankings – mit ihrem Anliegen meist an die ihnen vertrauten Ansprechpartner in den Filialen. Deshalb ist ein großer Erfolgsfaktor für das Management der Kundenzufriedenheit, zielführende (Problemlösungs-) Kompetenzen in der Fläche aufzubauen. So wird prinzipiell jeder Vertriebsmitarbeiter zum Beschwerdemanager! Die originäre Stärke des Vertriebs, sehr nahe am Kunden dran zu sein, wird damit sinnvoll ergänzt.

Mikroperspektive

Die Ausgangssituation für die Vertriebsmitarbeiter ist anspruchsvoll: Unzufriedenheit korrespondiert häufig mit negativen Gefühlen wie Sorge, Ärger oder Enttäuschung. Die Zufriedenheit von Beschwerdeführern hängt deshalb erheblich von der Fähigkeit der Mitarbeiter ab, verständnisvoll, kompetent und engagiert zu reagieren. Vielleicht sogar mehr noch als von angebotenen inhaltlichen Lösungen. Denn durch das positive Mitarbeiterverhalten entwickelt sich beim Kunden ein gutes Gefühl. Er kann darauf vertrauen, dass sein Anliegen in guten Händen ist. Das sagen Intuition und Erfahrung, das belegen aber auch Ergebnisse der Marktforschung.

Lösungsweg

Die Konsequenz besteht darin, vor allem die kommunikativen und (beschwerde-)fachlichen Kompetenzen der Vertriebsmitarbeiter zu stärken. Dabei hat sich in der BW-Bank ein integriertes Vorgehen bewährt, das den Fokus auf laufende Prozessoptimierung und Entscheidungsfreiräume der Mitarbeiter setzt:

Konzeptionell ist die dezentrale Beschwerdebearbeitung in die Serviceinitiative „110 % – Besser als gut!" eingebettet. Unter diesem Motto forciert die BW-Bank seit 2009 die kontinuierliche Verbesserung der Servicequalität. Denn Serviceexzellenz fußt wesentlich auf dem professionellen Umgang mit negativen Kundenreaktionen. En passant wird so das „schwierige" Thema Unzufriedenheit in einen positiv besetzten Kontext integriert und die Akzeptanz bei den Mitarbeitern gefördert.

Der direkte Beschwerdeprozess firmiert in der Serviceinitiative unter dem programmatischen Titel „Professioneller Umgang mit schwierigen Gesprächssituationen". In einer Toolbox sind über alle Kontaktphasen Empfehlungen zum Umgang mit unzufriedenen Kunden zusammen mit den bestehenden Regelungen, Standards und Werkzeugen dargestellt.

Auch die seit zehn Jahren IT-basierte dezentrale Erfassung und Bearbeitung von „Kundenimpulsen" bilden eine wichtige prozessuale Stütze. Die Beschwerdesoftware sichert die zuverlässige und schnelle Bearbeitung der Kundenartikulationen. Darüber hinaus sind sie eine wesentliche Grundlage für bankweite Verbesserungsprozesse.

Wichtig ist die Unterstützung durch das Management: Diese reicht von Impulsreferaten über den Zielprozess bis hin zur fortwährenden „Management-Awareness". So wird das beständige Arbeiten am Thema durch die Führungskräfte vor Ort sichergestellt.

Zudem erfolgt eine systematische Einbindung der Personalentwicklung von der Ausbildung neuer Mitarbeiter bis hin zu einem Seminarangebot zur dezentralen Beschwerdebearbeitung im Vertrieb.

Um die Serviceinitiative mit weiteren gezielten Impulsen fortzuführen, beschritt die BW-Bank 2011 mit Filialbesuchen zur Servicequalität einen neuen Weg: Filialteams nehmen dieses Beratungs- und Coachingangebot des Qualitätsmanagements wahr, um gezielt an der Verbesserung der Servicequalität zu arbeiten. Ein versierter Qualitätscoach beobachtet das Verhalten der Mitarbeiter beim Kundengespräch sowie das Zusammenspiel im Team untereinander und analysiert weitere Einflussfaktoren der Servicequalität. Ein mehrstufiger Feedback-Prozess (Mitarbeiter, Team, Führungskraft) stellt sicher, dass die daraus abgeleiteten Empfehlungen direkt vor Ort vermittelt, reflektiert und idealerweise sofort umgesetzt werden können. Das Empfehlungsrepertoire reicht von praktischen Tipps und Quick-wins bis hin zu systemischen Betrachtungen mit Impulsen für die Personal- und Teamentwicklung.

Ein Erfolgsfaktor dieses Formats ist die Abgrenzung zu bestehenden Controllinginstrumenten. Auf eine Bewertung der filialspezifischen Servicequalität wird bewusst verzichtet, denn diese wäre auf Basis einer solchen Momentaufnahme methodisch fragwürdig und würde den Lernprozess behindern.

Fazit

Die in Unternehmen zuweilen vorherrschende alleinige Konzentration auf ein zentrales Beschwerdemanagement birgt die Gefahr, die Spitze des „Unzufriedenheits-Eisbergs“ sehr professionell zu bearbeiten, die darunter liegenden mächtigen „Tiefenschichten“ jedoch zu vernachlässigen. Deshalb hat die BW-Bank im Beschwerdemanagement den Weg eingeschlagen, die Kompetenzen vor Ort weiterhin nachhaltig zu stärken. Die wesentlichen Vorteile dieser Strategie sind:

- Effizienz, da es sich um ein ressourcenschonendes Vorgehen handelt,
- Effektivität, weil auch in die Prävention investiert und so Unzufriedenheit frühzeitig vermindert wird, statt diese später mit hohen Kosten beheben zu müssen.

Wolfgang Falkinger

Prozessmanagement, Marktforschung und Beschwerdemanagement Privatkunden/Privat Banking

Baden-Württembergische Bank

Vor- und Nachteile der organisatorischen Alternativen

Bezüglich der Gewichtung zentraler oder dezentraler Elemente sind im Einzelfall die jeweiligen Vor- und Nachteile abzuwägen. Erhalten die **dezentralen Geschäftsstellen** verstärkte Beschwerdemanagement-Verantwortung, dann ist einerseits eine kundennahe, häufig unmittelbare Problemlösung zu erwarten. Andererseits sind die Beschwerdekontakte aus Perspektive der Zentrale schwerer kontrollierbar und es gibt größere Schwierigkeiten bei der innerbetrieblichen Bearbeitung und Auswertung von Beschwerden. Auch sind Beschwerden als Steuerungsinstrument der Filialen umso schwerer einsetzbar, je weniger sichergestellt werden kann, dass alle Geschäftsstellen in gleichem Maße zur Erfassung aller Unzufriedenheitstatbestände und zur Weiterleitung der Informationen an die Zentrale veranlasst werden können.

Wählt man stattdessen eine **zentrale Lösung**, kehren sich Vor- und Nachteile um. Die Einrichtung und deutliche Kommunikation einer zentralen Anlaufstelle für Beschwerden führt zum Abbau von Beschwerdebarrieren, erhöht das Beschwerdeaufkommen, verhindert das psychische Verdrängungsproblem von Mitarbeitern, ermöglicht Kontrollen und vereinfacht innerbetriebliche Beschwerdewege (Hansen 1990; Jeschke 1994). Empirische Studien belegen, dass zentrale Abteilungen – wie Customer Care Center – Vorteile haben, weil Doppelarbeit vermieden und Managementzeit eingespart wird, Bearbeitungskosten sinken, die Informationslage über Ausmaß und Struktur der Kundenprobleme stark verbessert wird und vor allem die Beschwerdezufriedenheit der Kunden stark steigt (o. V. 1993).

Das genaue Maß der Aufgabenverteilung im **dualen Beschwerdemanagement** ist im Einzelfall festzulegen. Die Spannweite reicht von einem überwiegend zentralen Beschwerdemanagement, das den dezentralen Einheiten fast nur noch komplementäre

Annahme- und Bearbeitungsfunktionen überlässt, bis zum prinzipiell dezentralen Beschwerdemanagement, das durch eine Zentrale als „Sicherheitsnetz“ ergänzt wird. Im letztgenannten Fall übernimmt die Zentralstelle zwar die wesentlichen Funktionen der Auswertung, des Reportings und des Controllings, versteht sich allerdings hinsichtlich Annahme und Bearbeitung nur als „zweite Linie“. Dann werden z. B. Kunden, die sich an die Zentrale wenden, auch gefragt, warum sie sich veranlasst sahen, bei der Hauptverwaltung anzurufen, und im Rahmen der Ursachenanalyse wird die dezentrale Stelle, die das Problem eigentlich hätte lösen sollen, darüber informiert, wie ein entsprechender Fall zukünftig vor Ort gelöst und der Kunde zufriedengestellt werden kann.

Bild 15.2 gibt einen Überblick über die **tendenziellen Aufgabenverteilungen** zwischen zentralen und dezentralen Einheiten bei den vier vorgestellten Unternehmenstypen.

	Typ A (z.B. Maschinenbauer)	Typ B (z.B. Hersteller abgepackter Lebensmittel)	Typ C (z.B. Automobilhersteller)	Typ D (z.B. Retail-Bank)
Organisationsform	Zentrales Beschwerdemanagement	Zentrales Beschwerdemanagement	Duales Beschwerdemanagement	Duales Beschwerdemanagement
Zentrale Verantwortung	Geschäftsführung, Vertrieb oder Service	Bereich Beschwerdemanagement/ Customer Care	Bereich Beschwerdemanagement/ Customer Care	Bereich Beschwerdemanagement/ Customer Care
Dezentrale Einheiten	---	---	Vertragshändler	Filialen

Bild 15.2 Aufgabenverteilung zwischen zentralen und dezentralen Beschwerdemanagement-Einheiten bei den verschiedenen Unternehmenstypen

In den **Fällen A und B** werden allein zentrale Beschwerdeeinheiten benötigt, wobei die organisatorischen Ausformungen noch unterschiedlich sind. Bei Unternehmen vom Typ A (z. B. Maschinenbau) reicht es aufgrund der geringen Kundenanzahl und der damit auch zu erwartenden geringen Problemanzahl aus, die Beschwerdeverantwortung bei Geschäftsführung und Kundenkontaktabteilungen zu konzentrieren und die konkrete Aufgabenerfüllung den Mitarbeitern in Vertrieb und Service zu übertragen. Demgegenüber ist bei Unternehmen vom Typ B (z. B. Hersteller von abgepackten Lebensmitteln) die Einrichtung einer gesonderten Abteilung sinnvoll. Hier bietet es sich allerdings an, dass sich diese Einheit nicht ausschließlich mit Fragen des Beschwerdemanagements befasst, sondern als Customer-Care-Bereich mit weitergehenden Kompetenzen in Bezug auf Kunden-Informationen und die innerbetriebliche Weiterleitung von Kundenanliegen ausgestattet wird. Da die Produkte über den Einzelhandel vertrieben werden, gehört es zudem zu den Aufgaben des zentralen Beschwerdemanagements, die Koordination der Beschwerdeabwicklung mit der Handelsebene vorzunehmen.

In den **Fällen C und D** ist ein duales Beschwerdemanagement erforderlich. Neben einer Zuständigkeit für das Beschwerdemanagement auf der Zentralebene ist dafür Sorge zu tragen, dass auch auf Handels- bzw. Filialebene wesentliche Aufgaben übernommen und Mitarbeiter in die Lage versetzt werden, Kundenbeschwerden zielgerecht anzunehmen und zu bearbeiten. Damit ergeben sich als zusätzliche Herausforderungen für den Hersteller bzw. die Zentrale eines filialisierten Dienstleisters, die Vorgehensweise und Rollenverteilung abzustimmen, eine Anreizstruktur zu entwickeln, welche die Rollenerfüllung sicherstellt, und die organisatorischen Voraussetzungen für eine schnelle Kommunikation zwischen Zentrale und dezentralen Einheiten zu schaffen. Sofern die Produkte auf dem Wege eines indirekten Vertriebs abgesetzt werden, müssen diese Aufgaben im Rahmen eines vertikalen Beschwerdemanagements unter Beachtung der unterschiedlichen Interessenstrukturen bewältigt werden.

Ein Blick auf Bild 15.2 zeigt, dass in keinem Fall eine rein dezentrale Lösung angemessen erscheint. Es kann sogar grundsätzlich bezweifelt werden, ob eine solche Variante überhaupt sinnvoll ist. Denn unabhängig von den situativen Einflussfaktoren spricht viel dafür, bestimmte Funktionen des Beschwerdemanagements **zentral vorzunehmen**. Dazu gehören:

- die konzeptionelle Einbindung des Beschwerdemanagementsystems in den **strategischen Gesamtrahmen** des Unternehmens,
- die Überwachung der **Einhaltung von Prinzipien** bei der Erfüllung sämtlicher Aufgaben des Beschwerdemanagements,
- die Absicherung des Systems durch die **Bereitstellung von Ressourcen und die Schaffung der erforderlichen Infrastruktur.**

Demgegenüber ist es gerade in Dienstleistungsbereichen mit direktem Kundenkontakt möglich, durch eine **dezentrale** Erfüllung von Aufgaben des direkten Beschwerdemanagementprozesses für eine schnelle und effiziente Wiederherstellung der Kundenzufriedenheit zu sorgen. **Praxis-Spotlight 23** verdeutlicht dies eindrucksvoll am Beispiel eines Reiseveranstalters.

Praxis-Spotlight 23

Dezentrale Beschwerdebearbeitung am Beispiel der Thomas Cook AG

Bei einer Reise handelt es sich um ein eher hochpreisiges Produkt, das nur ein- bis zweimal im Jahr „konsumiert“ wird und aufgrund der nichtalltäglichen Situation stark emotional besetzt ist. Beginnt der Urlaub z. B. bereits mit einer Flugverspätung, wird das Hotel in der Regel auch schlechter bewertet werden und so vergrößert sich die Unzufriedenheit des Kunden sukzessive.

Daher ist es sehr wichtig, bei Beschwerden während der Reise im Zielgebiet schnell und kompetent zu reagieren, um den Kunden noch während seines Aufenthalts zufriedenzustellen bzw. ihm die Leistung zu verschaffen, die er gebucht und auch erwartet hat. Abhilfe vor Ort zu leisten, ist nicht nur eine rechtliche Vorschrift nach dem Reiserecht, sondern auch oberstes Gebot, um Kundenzufriedenheit zu erzeugen. Daher beginnt für einen Reiseveranstalter die Beschwerdebearbeitung bereits im Zielgebiet.

Eine Pauschalreise hat folgende produktspezifische Besonderheiten: Einer Dienstleistung ist immanent, dass diese im gleichen Moment produziert und konsumiert wird – „uno-actu-Prinzip". Ein Umtausch, wie bei einem materiellen Produkt, ist in der Regel ausgeschlossen. Dies trifft natürlich auch auf die Reiseleistung zu. Erschwerend kommt hinzu, dass der Reiseveranstalter selten eine Teilleistung selbst erbringt, sondern einzelne Leistungsbestandteile von Dritten einkauft (Hotel, Airline, Agentur), diese zu einem „Paket" kombiniert, welches er dann zu einem Gesamtpreis an den Kunden verkauft. Er steht somit dafür ein, dass seine Vertragspartner die Leistung dem Kunden gegenüber genauso erbringen, wie er selbst es dem Kunden versprochen hat.

Daher ist es für einen Reiseveranstalter wie die Thomas Cook AG, die in Deutschland mit den Urlaubsmarken Neckermann, Thomas Cook, Öger Tours und Bucher Reisen am Markt aktiv ist, selbstverständlich, eine Repräsentanz vor Ort in Form der Reiseleitung zu haben. An diese kann sich der Gast wenden, wenn die Leistung nicht seinen Erwartungen entspricht, er sich beschweren oder eine Auskunft möchte. Im Gegensatz zu früher, als die Reiseleitung nur zu bestimmten Sprechstunden im Hotel erreichbar war, ist sie bei den Veranstaltern der Thomas Cook AG in manchen Zielgebieten in der Zwischenzeit auch über andere Kanäle wie Telefon, E-Mail, SMS und Whatsapp erreichbar.

Eine kompetente und serviceorientierte Bearbeitung des Anliegens des Kunden setzt natürlich Schulungen sowie ein regelmäßiges Qualitätsmonitoring voraus. Die Reiseleiter werden durch das Qualitäts- und Beschwerdemanagement jährlich vor der Saison und begleitend während der Saison in den Themen Beschwerdebearbeitung, Reiserecht sowie in den Produktspezifika geschult. Sie haben damit die Kompetenz und sind autorisiert, bei berechtigten Mängelansprüchen des Kunden vor Ort zu kompensieren und Maßnahmen gemeinsam mit den Leistungsträgern zu vereinbaren, um den Gast zufriedenzustellen.

Hierfür gibt es klare Regulierungsrichtlinien, die jedes Jahr überarbeitet werden. Darin geregelt sind z. B. die Höhe der jeweiligen Regulierung für bestimmte Fälle sowie die Art der Regulierung, also Sach- oder Geldleistung. Zu den Sachleistungen gehören z. B. bestimmte Hotelleistungen, aber auch andere geldwerte Leistungen wie z. B. die Nutzung eines Mietwagens für eine bestimmte Zeit oder ein Ausflug. Ebenso werden hotelspezifische Besonderheiten in den Regulierungsrichtlinien aufgenommen. Ziel der Regulierung durch die Reiseleitung im Zielgebiet ist demnach, das Problem so vollumfänglich zu lösen, dass der Kunde zufrieden ist und sich nach der Reise nicht noch einmal beschwert – Hintergrund ist, dass es im

Anschluss an den Urlaub nur schwer möglich ist, eine enttäuschende Reiseerfahrung noch in ein positives Erlebnis zu wandeln.

Die Leistung der Reiseleiter hinsichtlich der Beschwerdebearbeitung vor Ort wird monatlich und auf Zielgebietsebene mit bestimmten Kennzahlen, wie z. B. der First Level Solution Rate („FLSR“) sowie einer Doppelbeschwerquote gemessen. Ziel ist es natürlich, eine hohe FLSR zu erreichen, da die Beschwerdezufriedenheit nachweislich steigt, wenn das Problem im Zielgebiet gelöst werden konnte. Die Beschwerdezufriedenheit hat dann wiederum einen großen Einfluss auf die generelle Kundenzufriedenheit. Daher legt Thomas Cook viel Wert auf die Ausbildung der Reiseleiter.

Die Vorteile dieser dezentralen Beschwerdebearbeitung sind dementsprechend die folgenden:

- zeitnahe Bearbeitung der Beschwerde,
- Möglichkeit der vollumfänglichen Regulierung der Beschwerde noch im Zielgebiet, um ein schönes Urlaubserlebnis sicherzustellen,
- Steigerung der Kundenzufriedenheit, da das Problem dort angegangen wird, wo es entsteht,
- Entlastung der Kundenbetreuung im Quellmarkt hinsichtlich der Beschwerden, die nach der Reise noch eingereicht werden.

Allerdings bringt eine dezentrale Beschwerdebearbeitung über verschiedene Zielgebiete auch Herausforderungen mit sich:

- hohe Personalintensivität, da weltweit Reiseleiter entweder persönlich oder per Telefon erreichbar sein müssen, um eine schnelle Bearbeitung des Anliegens zu gewährleisten,
- Notwendigkeit von Maßnahmen zur Sicherung der Qualität der Reiseleitung über mehrere Zielgebiete und Kontinente,
- Management kultureller Unterschiede: Sicherstellung eines gleichen Verständnisses von „Beschwerden als Chance“.

Im Beschwerdefall fertigt die Reiseleitung vor Ort ein Protokoll und eine Stellungnahme an, die sie dann elektronisch an das Beschwerdemanagement im Heimatland übersendet. Dieses Protokoll wird auch in der zentralen Beschwerdemanagementsoftware aufgenommen. So ist sichergestellt, dass – falls sich der Gast nach der Reise erneut beim Reiseveranstalter beschwert – der zuständige Kundenbetreuer alle notwendigen Informationen zur Verfügung hat, um das Anliegen abschließend zu bearbeiten.

Der Erfolg des dezentralen Vorgehens zeigt sich darin, dass ein hoher Anteil der Beschwerden vor Ort durch die Reiseleitung abschließend bearbeitet und gelöst werden kann.

Annette Höher

Leiterin Qualitäts- und Beschwerdemanagement

Thomas Cook AG

15.2 Der Bereich Beschwerdemanagement

Entscheiden sich Unternehmen dafür, die zentral vorzunehmende Aufgabenerfüllung organisatorisch zusammenzufassen, dann liegt es nahe, diese organisatorische Einheit als **Bereich Beschwerdemanagement** zu bezeichnen. Allerdings bietet es sich in der Praxis oftmals nicht an, die Zuständigkeit ganz eng auf die Artikulationsform Beschwerde zu begrenzen. Die Integration der verschiedenen kundeninitiierten Kommunikationsformen in einer Einheit sowie die notwendige Abstimmung beim Umgang mit verschiedenen Kundenanliegen lässt es sinnvoll erscheinen, das Verantwortungsgebiet auf die **gesamte kundeninitiierte Kommunikation** auszudehnen, z. B. Änderungsanzeigen, Lob, Anfragen oder Verbesserungsvorschläge. Erhält die organisatorische Einheit eine solch umfassende kundenbezogene Zuständigkeit, d. h. die Kompetenz für sämtliche kundeninitiierten Artikulationen, erscheint es angebracht, sie als **Customer-Care-Bereich** zu bezeichnen. Im Folgenden wird davon ausgegangen, dass sich Unternehmen für die Einrichtung eines Customer-Care-Bereichs entscheiden. Da sich die Ausführungen - wie generell in diesem Buch - auf die Darstellung von Aufgaben des Beschwerdemanagements beschränken, ist nachfolgend jedoch nur vom **Bereich Beschwerdemanagement** die Rede.

Für eine effiziente Umsetzung der Aufgaben des Beschwerdemanagements ist in diesem unternehmerischen Handlungsbereich zwischen einem operativen Teil der Kontaktabwicklung **(Beschwerde-Center)** und einem konzeptionell-steuernden Teil **(Bereichsleitung Beschwerdemanagement)** zu unterscheiden.

15.2.1 Verantwortung des Beschwerde-Centers für die operative Abwicklung von Beschwerden

Die direkte unternehmerische Schnittstelle zum Kunden, in der die wesentlichen **operativen Aufgaben des direkten Beschwerdemanagementprozesses** - insbesondere die Beschwerdeannahme, -bearbeitung und -reaktion - erfüllt werden, ist das Beschwerde-Center.

Beschwerde-Center - Customer Care Center - Customer Interaction Center

In der Praxis finden sich für diese operative Organisationseinheit verschiedene Begriffe, beispielsweise „Beschwerdeannahme“, „Zentrale Kundenbetreuung“ oder „Customer Interaction Center“. Im Sinne der in Kapitel 1.3 vorgenommenen Differenzierung bietet es sich an, die **Benennung in unterschiedlicher Weise** vorzunehmen, je nachdem, wie breit der Handlungs- und Verantwortungsbereich der Einheit für die Annahme und Bearbeitung von Kundenanliegen festgelegt ist:

- Besteht der Tätigkeitsbereich primär darin, Aufgaben des Beschwerdemanagementprozesses zu erfüllen, soll von einem **Beschwerde-Center (BC)** gesprochen werden. Es konzentriert sich in erster Linie auf die beschwerdebezogenen Inbound-Aktivitäten und realisiert Outbound-Kontakte nur insoweit, als sie den Zielen des Beschwerdemanagements dienen (z. B. Follow-up-Gespräche mit Beschwerdeführern).

- Wird der Einheit die Verantwortung übertragen, sich um sämtliche kundeninitiierten Kommunikationsformen (wie Änderungsanzeigen, Lob, Beschwerden, Anfragen oder Kündigungen) zu kümmern, ist die Bezeichnung **Customer Care Center (CCC)** angemessen. Der Tätigkeitsschwerpunkt liegt auch hier eindeutig im Inbound, allerdings erstreckt sich der Aktivitätsspielraum - auch im Hinblick auf mögliche Outbound-Kontakte - auf Kundenanliegen aller Art.
- Werden sämtliche kundeninitiierten Inbound-Aktivitäten einbezogen, gleichgültig, ob sie kauf- oder beziehungsrelevant sind, und werden zudem auch marketing- und vertriebsorientierte Outbound-Aktivitäten integriert, ist es angebracht, in einem umfassenden Sinne von einem **Customer Interaction Center (CIC)** zu sprechen.

Die jeweilige Verwendung des Begriffsbestandteils **„Center"** macht dabei deutlich, dass in jedem Fall eine **Zentralisierung der Kundenkommunikation** erfolgt. Den Kern bildet dabei in der Regel ein Call-Center, in dem der telefonische Kundenkontakt zusammengefasst wird. Beschwerde-Center, Customer Care Center und Customer Interaction Center behalten dies bei, ergänzen das Konzept aber dadurch, dass hier konsequent sämtliche Kommunikationskanäle zum Kunden gebündelt werden. Unabhängig davon, ob sich der Kunde per Brief, Fax, E-Mail oder Telefon an das Unternehmen wendet, in jedem Fall laufen die Kundenartikulationen bei einer einzigen unternehmerischen Einheit ein. Für den Kunden hat das den Vorteil, dass er sich mit all seinen Anliegen nur mit einer einzigen Stelle in Verbindung setzen muss. Für das Unternehmen besteht somit die Möglichkeit, immer über den aktuellen Stand sämtlicher Kundendaten zu verfügen und damit die Antwortqualität steigern zu können. Zudem sind aufgrund von Synergieeffekten und des hohen Professionalisierungsgrads erhebliche Kostenvorteile zu realisieren.

Organisationseinheiten eines Beschwerde-Centers

Die Organisation von Beschwerde-Centern orientiert sich grundsätzlich an derjenigen von **Call-Centern**. Vereinfacht dargestellt bedeutet dies, dass alle Anrufe von Mitarbeitern des sogenannten **Front Office (1st Level)** angenommen werden. Können Kundenanrufe nicht im telefonischen Erstkontakt abgeschlossen werden, werden diese an Mitarbeiter des **2nd Level** zur weiteren Bearbeitung durch Fachexperten übergeben. Neben den Kundenkontakteinheiten, die sich ausschließlich um die telefonische Abwicklung von Kundenanliegen kümmern, verantwortet das **Back Office** die Bearbeitung von schriftlich artikulierten Kundenanliegen. Darüber hinaus übernimmt es auch umfassende Recherchearbeiten bzw. kümmert sich um die Bearbeitung komplexer Kundenanliegen. Hierzu ist es u. a. auch erforderlich, die Fachkompetenz der **Fachabteilungen oder einzelner Vertriebseinheiten (3rd Level)** zur Beantwortung und Lösung von Kundenanliegen einzubinden.

Nachfolgend wird diese - traditionellen Call-Center-Konzepten zugrunde liegende - Perspektive um relevante Aspekte des Beschwerdemanagements erweitert und die einzelnen **operativen Beschwerde-Center-Einheiten** werden kurz charakterisiert.

- **Inbound Calls (1st Level):** Dieses Team ist verantwortlich für die direkte Annahme von telefonisch artikulierten Kundenbeschwerden.
- **Inbound Calls (2nd Level):** Telefonisch artikulierte Beschwerden, welche die Fach- und/oder Entscheidungskompetenz des Teams „Inbound Calls (1st Level)" überschreiten, können im unmittelbaren Kundenkontakt „standby" an eine mit den entsprechenden Kompetenzen und Qualifikationen ausgestattete Mitarbeitergruppe „Inbound Calls (2nd Level)" weitergeleitet werden. Die Notwendigkeit, ein solches Team zu installieren, resultiert vor allem aus der Komplexität von Beschwerdeinhalten und der Dringlichkeit einer Problemlösung. Gleichzeitig wird die durchgängige Erreichbarkeit des 1st Level gewährleistet, da dessen Mitarbeiterressourcen nicht mit aufwendigen Recherchearbeiten gebunden werden. Ist die Etablierung eines 2nd Level (für Inbound Calls) nicht nötig, wird mit dem Kunden ein Rückruf vereinbart, wenn die Beschwerde im Erstkontakt nicht abgeschlossen werden konnte. Zudem wird das Anliegen an das Back Office abgegeben, wo entsprechende Recherchen unternommen werden und die erneute Kontaktaufnahme mit dem Kunden erfolgt.
- **Inbound Mail (1st Level):** Diese Beschwerde-Center-Einheit ist in herkömmlichen Call-Center-Konzepten nicht vorgesehen. Traditionell ist die Bearbeitung schriftlich artikulierter Kundenbeschwerden im nachfolgend charakterisierten Back Office angesiedelt. Die Etablierung eines Teams Inbound Mail (1st Level) wird jedoch dann relevant, wenn bei hohem schriftlichen Beschwerdeaufkommen für einen großen Anteil dieser Kundenanliegen kein spezifisches Expertenwissen notwendig ist und diese Prozesse standardisierbar sind. Vor dem Hintergrund, dass im Back Office teures Fachwissen bezüglich der komplexen Problemlösungen vorgehalten wird, ist es bei hohem schriftlichen Beschwerdeaufkommen unter ökonomischen Gesichtspunkten empfehlenswert, einen 1 st Level für die einfach abzuwickelnden Beschwerden zu etablieren.

  In diesem Team stehen die direkte Annahme und die Bearbeitung aller schriftlichen Beschwerden im Mittelpunkt. Unter Berücksichtigung des Beschwerdevolumens kann es sich anbieten, spezielle Gruppen für die Beantwortung von per E-Mail und per Fax formulierten Beschwerden vorzusehen, da diesbezüglich vom Beschwerdeführer schnellere Reaktionszeiten als bei den brieflich (oder per Meinungskarte) artikulierten Beschwerden erwartet werden.
- **Inbound Social Media (1st Level):** Das Social Media Team ist für den Dialog in den sozialen Netzwerken (insbesondere Facebook und Twitter) zuständig. Dabei sind die Mitarbeiter in der Regel für die Beantwortung aller Formen der Kundenartikulation zuständig, gleichgültig ob es sich um Anfragen, Ideen, Lob oder Beschwerden handelt. Allerdings müssen sie in Bezug auf Beschwerden aus zwei Gründen eine besondere Sensibilität zeigen. Zum einen dürfen sie kundenindividuelle Informationen nicht im Netz verbreiten, zum anderen müssen sie sich bei der Reaktion im Klaren sein, dass die veröffentlichte Antwort unmittelbar eine enorme Verbreitung hat und daher – bei unglücklicher Wortwahl und Argumentation – eine Eskalation der Kritik, ja einen Sturm der Entrüstung („shitstorm") verursachen kann. Daher geht es vor allem darum, die Verfasser von Kundenkritik per Facebook oder Twitter zu bitten, sich direkt per Mail an das Beschwerde-Center zu wenden, um hier eine individuelle Lösung zu fin-

den. Damit dies schnell erfolgt, ist eine enge organisatorische und systemtechnische Verbindung von Inbound-Mail- und Inbound-Social-Media-Team erforderlich.

- **Back Office:** Dieses Team ist traditionell zunächst für die Bearbeitung von Kundenkorrespondenz verantwortlich. Existiert jedoch eine Einheit „Inbound Mail (1st Level)", zeichnet das Back Office primär für die Kundenbeschwerden verantwortlich, die auf dieser Ebene nicht mit der notwendigen Expertise bearbeitet werden können. Dasselbe gilt für weitergeleitete telefonische Beschwerden aus den Teams „Inbound Calls (1st Level)" bzw. „Inbound Calls (2nd Level)". Dementsprechend sind im „Back Office" besonders qualifizierte Mitarbeiter einzusetzen.

  Abhängig von der Heterogenität der im Back Office erforderlichen Expertise kann es sinnvoll sein, dass sich diese Einheit aus mehreren Teams mit unterschiedlichem Schwerpunkt-Know-how zusammensetzt. Ist die telefonische Auslastung zu gering, ist es auch denkbar, die Inbound Calls (2nd Level) mit im Back Office abzuwickeln. Dasselbe gilt für die Durchführung der nachfolgend beschriebenen aktiven Beschwerdekontakte. In diesen Fällen muss jedoch berücksichtigt werden, dass die Mitarbeiter bezüglich der unterschiedlichen Anforderungen gezielt geschult werden. Dies gilt insbesondere, wenn aus Gründen der Belastungsreduzierung und Erhöhung der Aufgabenvielfalt vorgesehen ist, dass Mitarbeiter im Rahmen einer „job rotation" in einem spezifischen Rhythmus sowohl Arbeiten im Kundenkontakt durchführen als auch Aufgaben im indirekten Beschwerdemanagement übernehmen.

- **3rd Level (Fachabteilungen):** Kann das Back Office das Problem nicht lösen, ist es erforderlich, Fachabteilungen im Unternehmen in die Fallprüfung und -lösung einzubeziehen, die über ein detailliertes Expertenwissen verfügen (3rd Level). Hier ist darauf zu achten, dass diese nicht mit einer zu großen Anzahl von Kundenbeschwerden überfrachtet werden, da ansonsten die Effizienzgewinne durch die Einrichtung eines Beschwerde-Centers verloren gehen. Um diese Gefahr zu vermeiden, empfiehlt es sich, ständig das Mengenvolumen und den Bearbeitungsaufwand zu überwachen. Werden die Grenzen der Belastbarkeit der Fachabteilungen erreicht, sollten entsprechende Kapazitäten auf der Ebene des Beschwerde-Centers im „Back Office" aufgebaut werden.

  Bild 15.3 verdeutlicht den Zusammenhang zwischen den verschiedenen Bearbeitungsebenen. Im 1st Level sind Generalisten einzusetzen, welche die große Menge unkomplizierter Beschwerdefälle möglichst sofort und abschließend auf weitgehend standardisierte Weise bearbeiten. Die teure Fachkompetenz, die in den weiteren Einheiten vorzuhalten ist, wird für die Lösung spezieller und komplexer Beschwerden eingesetzt, die auch mit einer gewissen zeitlichen Verzögerung bearbeitet werden können.

- **Outbound Contacts – aktive Beschwerdekontakte:** Diese in traditionellen Call-Center-Konzepten mit dem Schwerpunkt auf Inbound-Kontakten meist nicht vorgesehene Einheit verantwortet die Durchführung von aktiven Beschwerdekontakten. Hier erfolgt die operative Abwicklung von Aktionen und Maßnahmen, die vom Unternehmen initiiert sind und der Erfüllung von Aufgaben des Beschwerdemanagements dienen. Darunter fallen vor allem die Abwicklung der Follow-up-Kontakte (Kapitel 9.5) sowie die Durchführung der Beschwerdezufriedenheitsbefragungen im Rahmen der Performance-Messung (Kapitel 11.2).

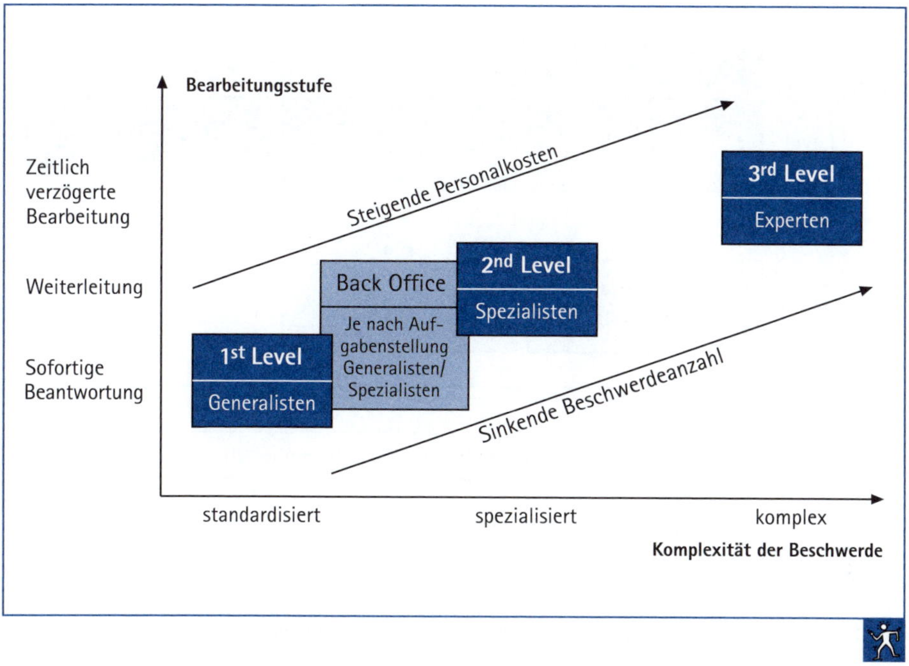

Bild 15.3 Wesentliche operative Inbound-Organisationseinheiten im Beschwerde-Center (in Anlehnung an Fichte 2001, S. 34)

Nicht nur für das Back Office, sondern grundsätzlich für alle in die operative Kontaktabwicklung involvierten Einheiten - mit Ausnahme des 3rd Level - ist es sinnvoll, mehrere oder spezielle **Mitarbeitergruppen mit unterschiedlichen Fachkompetenzen, Fähigkeiten und Aufgabenprofilen** zu bilden, um eine effiziente Abwicklung sicherzustellen. Unter Beachtung des Überlappungsgrads der jeweils repräsentierten Kompetenzen und Aufgabenprofile ist es möglich, dass sich die einzelnen Gruppen in Spitzenzeiten gegenseitig unterstützen (Duffner 1998; Fichte 2001). Die einzelnen Gruppen werden jeweils von einem Teamleiter geführt, wobei die „optimale" Teamgröße allgemein zwischen 15 und 20 Mitarbeitern gesehen wird.

Die **idealtypische Organisationsstruktur der operativen Einheiten eines Beschwerde-Centers** mit seinen Schnittstellen zu den Fachbereichen und Vertriebseinheiten des Unternehmens fasst Bild 15.4 zusammen.

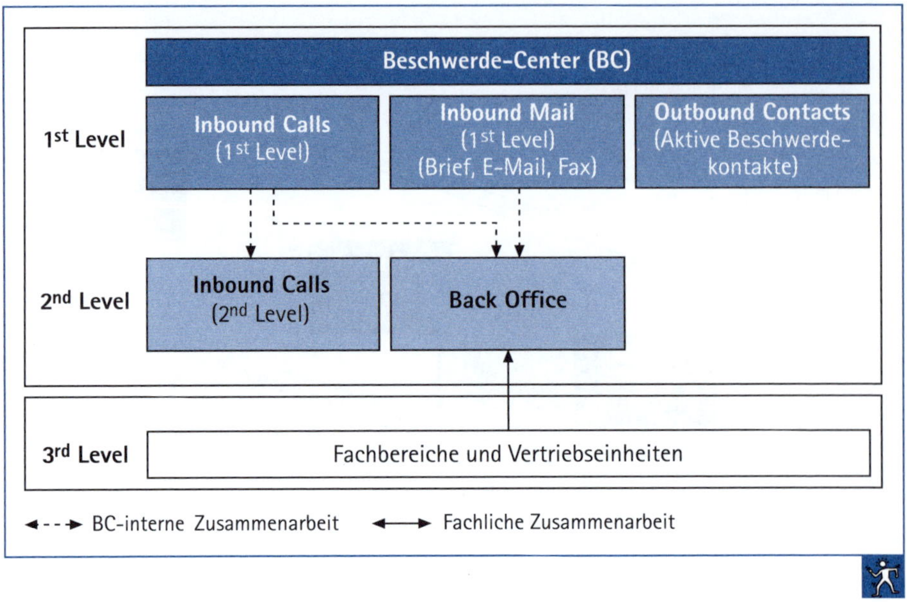

Bild 15.4 Idealtypische Organisationsstruktur der operativen Einheiten eines Beschwerde-Centers

Die Leitung des Beschwerde-Centers und ihre Aufgaben

Zur Sicherstellung und Aufrechterhaltung der operativen Beschwerdeabwicklung hat die Leitung des Beschwerde-Centers eine Reihe von **Management- und Führungsaufgaben** wahrzunehmen, und zwar auf strategischer und operativer Ebene sowie in Bezug auf die Personalführung:

- **Strategische Ebene:** Gesamtpersonalverantwortung, Sicherstellung des Betriebsablaufs, Budgetermittlung und -verantwortung,
- **Operative Ebene:** Projektentwicklung, Überprüfung von Umsatz- und Servicezielen,
- **Personalführung:** Koordination/Steuerung der Mitarbeiter- und Teamaktivitäten, disziplinarische Verantwortung, Mitarbeiter-Information, -Motivation und -Beurteilung.

Mit **konkretem Bezug zum Beschwerdemanagement** sind vor allem folgende Aufgaben von Bedeutung:

- **Direkter Beschwerdemanagementprozess:** Hinsichtlich der Aufgaben des direkten Beschwerdemanagementprozesses besteht die zentrale Verantwortung darin, die Vorgaben für die Stimulierung, Annahme, Bearbeitung und Reaktion umzusetzen und die Qualität der Aufgabenerfüllung sicherzustellen. Zu diesem Zweck müssen die definierten Qualitäts- und Produktivitätsstandards gegenüber den Mitarbeitern kommuniziert und gemessen werden. Der in Kapitel 11.4 beschriebene Beschwerdemanagement-Index bietet hierfür eine geeignete Ausgangsbasis.

  Um die Kompetenz des operativen Beschwerde-Centers für die reibungslose Abwicklung der Kundenkontakte sicherzustellen, empfiehlt es sich, eine Einheit **„Informa-**

tionsmanagement" einzurichten. Die zentrale Aufgabe dieses Teams besteht darin, aktuelle Informationen z. B. über neue Preise und Konditionen oder neue Produkt-, Service- oder Unternehmensaktivitäten aus den Fachbereichen und gegebenenfalls aus Filialen oder Niederlassungen anzufordern, aufzubereiten und den Informationszugriff der operativen Beschwerde-Center-Einheiten sicherzustellen. Auf diese Weise wird die Bearbeitungs- und Lösungskompetenz des Beschwerde-Centers gestärkt und die Einschaltung des 3rd Level vermieden.

- **Indirekter Beschwerdemanagementprozess:** In Abstimmung mit der nachfolgend dargestellten Bereichsleitung Beschwerdemanagement kann dem Beschwerde-Center ein Teil der Aufgaben des indirekten Beschwerdemanagements übertragen werden. Dazu können beispielsweise Teilbereiche der Beschwerdeauswertung, des Beschwerdereportings und des Beschwerdemanagement-Controllings gehören. So ist es naheliegend, dass wesentliche Kennziffern des Evidenz- und Aufgaben-Controllings, insbesondere Qualitäts- und Produktivitätskennziffern, unmittelbar im Beschwerde-Center erhoben werden. Dies gilt insbesondere für die auf den Call-Bereich bezogenen Indikatoren wie Gesprächszeiten, verlorene Anrufe oder die Einhaltung definierter Servicelevels.
- **Personalmanagement:** Die Mitarbeiter, die Beschwerden annehmen, sind die wertvollste Ressource eines jeden Beschwerde-Centers. Daher ist es eine der wesentlichen Aufgaben der Leitung eines Beschwerde-Centers, wichtige personalpolitische Aspekte des Beschwerdemanagements umzusetzen. Dazu gehört es, dass die „richtigen" Mitarbeiter mit der benötigten Sozial- und Emotionalkompetenz bzw. Methoden- und Fachkompetenz rekrutiert werden und dafür gesorgt wird, dass alle Mitarbeiter auf der Basis fundierter Trainings- und Supervisionskonzepte gemäß den ermittelten Schulungs- und Trainingsbedarfen gezielt und individuell weiterentwickelt werden. Eine andere Kernaufgabe betrifft die Planung, die Berechnung sowie den Einsatz der Personalkapazitäten, die für die effiziente Bearbeitung der eingehenden Anliegen und zur Einhaltung der vereinbarten Servicelevels benötigt werden (Workforce Management).
- **Informationstechnologie:** Informationstechnologie repräsentiert neben der Ressource Personal den zweiten Schlüsselfaktor für ein Beschwerde-Center. Insofern gehört die Beherrschung der technologischen Aspekte des Beschwerdemanagements zu den Anforderungen an die Leitung von Beschwerde-Centern. Sie muss in der Lage sein, die Funktionsfähigkeit komplexer Telefonanlagen, Softwaresysteme sowie anspruchsvoller Hardwareumgebungen durch adäquate Wartungs- und Betreuungsleistungen sicherzustellen. Dazu gehört auch die kontinuierliche Information und Ausbildung des Kundenkontaktpersonals bei allen anwenderbezogenen, systemtechnischen Fragestellungen sowie die Realisierung von softwaretechnischen Anforderungen zur Optimierung der operativen Beschwerdeabwicklung.

Werden Beschwerde-Center durch das Unternehmen selbst betrieben, bedarf es einer **Abstimmung der Aufgabenerfüllung** zum einen zwischen der Bereichsleitung Beschwerdemanagement und der Leitung des Beschwerde-Centers, zum anderen zwischen der Bereichsleitung Beschwerdemanagement und anderen unternehmerischen Funktionsbereichen wie IT-Management und Personalmanagement. So erweist es sich häufig aus Effizienzgründen als vorteilhaft, klar definierte personalpolitische und informationstechnologische Aufgaben vertraglich den entsprechenden internen Bereichen zu übertragen.

15.2.2 Verantwortung der Bereichsleitung Beschwerdemanagement für die konzeptionelle Steuerung

Die Bereichsleitung Beschwerdemanagement ist der konzeptionell-steuernde Teil des Bereichs Beschwerdemanagement. Insofern ist das **Verhältnis von Bereichsleitung Beschwerdemanagement und Beschwerde-Center** eindeutig in der Weise festgelegt, dass die Bereichsleitung Beschwerdemanagement die fachliche Verantwortung für den gesamten Beschwerdemanagementprozess und dessen strategische Verankerung im Customer Relationship Management trägt. Das Beschwerde-Center agiert als operative Einheit **nach den Vorgaben der Bereichsleitung Beschwerdemanagement**. Dies gilt sowohl für den Fall, dass die operative Kontaktabwicklung im Unternehmen selbst durchgeführt wird, als auch für den Fall, dass sie ausgelagert wird.

Eine zentrale Verantwortung der Bereichsleitung Beschwerdemanagement liegt in der **strategischen Planung** für den Bereich. Darüber hinaus hat sie dafür zu sorgen, dass der direkte und indirekte Beschwerdemanagementprozess strategiegerecht durchgeführt wird. Im Folgenden werden die **konzeptionell-steuernden Aufgaben** in Analogie zu den Aktivitäten der Leitung des Beschwerde-Centers beschrieben, was die Aufgabenverteilung zwischen diesen Einheiten verdeutlicht.

- **Direkter Beschwerdemanagementprozess:** Eine zentrale Funktion der Bereichsleitung liegt darin, die Aufgabenerfüllung des direkten Beschwerdemanagementprozesses kontinuierlich weiterzuentwickeln und zu optimieren. Hierzu gehören die Planung von Beschwerdestimulierungskampagnen und die Entwicklung von Leitfäden und Prozessbeschreibungen für alle Aspekte der Beschwerdeannahme ebenso wie die ständige Überprüfung des Zugangskonzepts und der daraus resultierenden Eingangsprozesse. In diesen Verantwortungsbereich fallen auch die Festlegung, Weiterentwicklung und (softwareseitige) Pflege des Konzepts zur Erfassung von Beschwerdeinformationen.

  Weiterhin erfolgt hier die detaillierte und übergreifende Entwicklung der Workflows für die Bearbeitung der Kundenanliegen, einschließlich der Definition der verantwortlichen Abteilungen und Personen, der zeitlichen Reaktionsstandards sowie der Kommunikationsinhalte, z. B. für Eingangsbestätigungen oder Zwischenbescheide. Zudem sind die Verhaltensrichtlinien für Mitarbeiter bei der Reaktion auf Beschwerden festzulegen.

  Alle Leitlinien und Prozessbeschreibungen für die Abwicklung von Kundenbeschwerden bilden die Grundlage für die operative Abwicklung im Beschwerde-Center. Sie sind in Abstimmung mit den dort verantwortlichen Bereichen zu entwickeln, kritisch zu diskutieren und in der Umsetzung zu begleiten.

- **Indirekter Beschwerdemanagementprozess:** Eine Kernaufgabe der Bereichsleitung Beschwerdemanagement liegt in der Verantwortung für den indirekten Beschwerdemanagementprozess, also für Beschwerdeauswertung, Beschwerdemanagement-Controlling, Beschwerdereporting und Beschwerdeinformationsnutzung. Die Leitung muss die relevanten Auswertungskonzepte entwickeln, grundlegende Entscheidungen über das Evidenz-, Aufgaben- und Kosten-Nutzen-Controlling treffen, unterschiedliche Report-Formate vorgeben und die Informationsnutzung planen. Im Rahmen des Beschwerdemanagement-Controllings kommt der Bereichsleitung eine besonders wichtige Aufgabe zu, nämlich die Steigerung und Überwachung des gesamten Beschwerdemanagementprozesses. Dies erfolgt mit Beschwerdemanagement-Index, Key Performance Indicators und Beschwerdemanagement-Audit.

  Auch wenn die Aufgaben des indirekten Beschwerdemanagements in konzeptionell-steuernder Verantwortung bei der Bereichsleitung Beschwerdemanagement liegen, schließt dies nicht aus, dass klar definierte Teilaufgaben an das Beschwerde-Center übertragen und dort von der Leitung des Beschwerde-Centers bearbeitet werden. Auch spricht nichts dagegen, dass ein internes oder externes Beschwerde-Center von sich aus Initiativen ergreift, um der Bereichsleitung Beschwerdemanagement verbesserte Dienstleistungen, z. B. im Bereich von Auswertungsformen und -inhalten, anzubieten. Dies kann zu einer Umverteilung der Aufgabenwahrnehmung zwischen Bereichsleitung Beschwerdemanagement und Beschwerde-Center führen.

- **Personalmanagement:** Die Bereichsleitung Beschwerdemanagement verantwortet die kontinuierliche Bereitstellung, Sensibilisierung, Motivation und Weiterentwicklung der Mitarbeiter des Bereichs Beschwerdemanagement. Hier sind – in Abstimmung mit dem unternehmerischen Personalmanagement – Konzepte zu Personalrekrutierung, Ausbildung und Training, Gestaltung von Anreizsystemen sowie zur Vermeidung von Burn-out-Effekten zu entwickeln, einzusetzen und zu evaluieren. Darüber hinaus hat sie Initiativen zu ergreifen bzw. unterstützend zu begleiten, die darauf abzielen, alle Mitarbeiter des Unternehmens zu einem stärker kundenorientierten Verhalten zu befähigen.

- **Informationstechnologie:** Dieser Aufgabenbereich gehört insofern zum Verantwortungsbereich der Bereichsleitung Beschwerdemanagement, als hier die fachlichen Anforderungen an die software- und datenbanktechnische Realisierung definiert werden müssen. Die Bereichsleitung ist somit eine wichtige Schnittstelle zu den IT-Experten des Unternehmens selbst sowie – insbesondere im Fall der Beauftragung eines externen Dienstleisters – zu den IT-Experten des Beschwerde-Centers.

Alle dargestellten Aufgaben der Bereichsleitung Beschwerdemanagement besitzen mehr oder weniger unmittelbaren Einfluss auf die im Beschwerde-Center wahrzunehmende operative Abwicklung der Kundenkontakte. Das zentrale Instrument sowohl zur **Steuerung und Überwachung** insbesondere des direkten Beschwerdemanagementprozesses als auch zur **vertraglichen Ausgestaltung einzelner Leistungsniveaus** sind dabei die in Kapitel 11.2 dargestellten **Qualitäts- und Produktivitätsstandards**. Die Bereichsleitung Beschwerdemanagement hat die relevanten Bewertungsdimensionen und -merkmale hinsichtlich Qualität und Produktivität festzulegen, diese zu gewichten und für jedes Merkmal einen Standard zu definieren. Die Einhaltung dieser Standards – und gegebenenfalls ein definierter Wert des Beschwerdemanagement-Index – wird dann neben wirtschaftlichen Aspekten zum Gegenstand der Vereinbarung mit dem Beschwerde-Center gemacht. Die Verantwortung für die Einhaltung der Standards liegt bei der Leitung des Beschwerde-Centers. Entsprechende Abmachungen sollten nicht nur im Falle des Outsourcings, sondern auch dann getroffen werden, wenn das Beschwerde-Center vom Bereich Beschwerdemanagement selbst verantwortet wird.

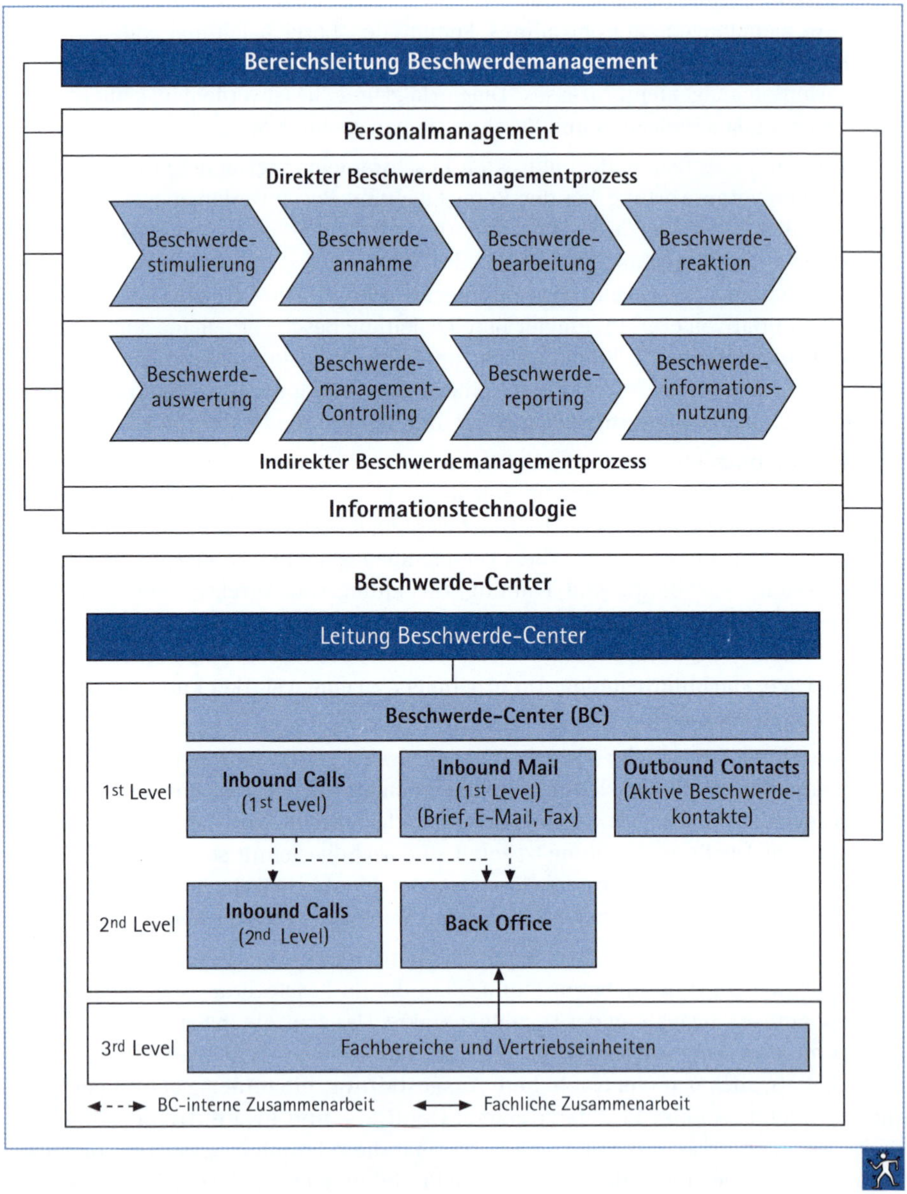

Bild 15.5 Grundlegende Organisationsstruktur des Bereichs Beschwerdemanagement

Bild 15.5 zeigt die **Organisation des Bereichs Beschwerdemanagement** und die Beteiligung verschiedener Einheiten an der Aufgabenwahrnehmung.

Die dargestellten Aufgaben können aber nur zielorientiert erfüllt werden, wenn wesentliche **organisatorische Voraussetzungen** geschaffen werden. Dazu gehören eine entsprechende Integration in andere Unternehmensprozesse, die Ausstattung mit Einflussrechten und die Einordnung in das organisationale Gefüge.

15.3 Einordnung des Bereichs Beschwerdemanagement in die unternehmerische Organisationsstruktur

Im Folgenden wird die organisatorische Einordnung des Bereichs Beschwerdemanagement behandelt, d.h. die Frage, wie der Beschwerdemanagementprozess mit anderen unternehmerischen Prozessen verknüpft ist, welche Einflussrechte ein Bereich Beschwerdemanagement zur umfassenden Funktionswahrnehmung benötigt und welche Konsequenzen sich aus diesen Überlegungen für die institutionelle Verankerung des Bereichs in der Unternehmensorganisation ergeben.

15.3.1 Inhaltliche Zuständigkeit und Verknüpfung des Beschwerdemanagementprozesses mit anderen unternehmerischen Prozessen

Der Bereich Beschwerdemanagement kann seine **Aufgaben als dialogische Schnittstelle zum Kunden** nicht erfüllen, wenn seine Zuständigkeit auf eng abgegrenzte inhaltliche Sektoren beschränkt wird, z.B. auf Fragen der Gewährleistung. Der angestrebte Abbau von Kommunikationsbarrieren ist nur erreichbar, wenn der Bereich für die Entgegennahme sämtlicher Kundenprobleme konzipiert und so auch von den Kunden wahrgenommen wird. Die Beseitigung von individueller Kundenunzufriedenheit ist ebenfalls nur dann umfassend zu bewerkstelligen, wenn der Bereich Beschwerdemanagement über die Möglichkeit verfügt, die jeweils artikulierten Kundenanforderungen und -probleme in ihrer ganzen Breite entgegenzunehmen, zu analysieren und auf ihre Lösung zu drängen.

Auch in Bezug auf die **interne Aufgabenerfüllung** ist eine grundlegende inhaltliche Begrenzung der Zuständigkeit zu vermeiden. Eine Sensibilisierung des Unternehmens durch Information, Unterrichtung und innovative Impulse setzt voraus, dass die Arbeit des Bereichs Beschwerdemanagement nicht in inhaltliche Schablonen gepresst wird. Ausgangspunkt auch für die Aufgaben des indirekten Beschwerdemanagementprozesses sind die Kunden und ihre Beschwerden. Es sind die darin enthaltenen Kundenprobleme, die es zu untersuchen und zu lösen gilt, die Ausbildungs- und Innovationsbedarf signalisieren. Sie sind es auch, welche die Spannweite der internen und externen Aktivitäten des Bereichs Beschwerdemanagement bestimmen.

Akzeptiert man diese Einschätzung einer **umfassenden kundenbezogenen Zuständigkeit**, dann sind auch die daraus resultierenden **Konsequenzen für die Zusammenarbeit mit einer Vielzahl anderer interner Handlungsfelder** bzw. die Integration von Teilprozessen in andere unternehmerische Prozesse zu beachten. Hierfür seien einige **Beispiele** genannt:

- Maßnahmen der **Beschwerdestimulierung** sind in Kooperation mit Marketing, Vertrieb und Service zu planen und umzusetzen.
- Die **Beschwerdebearbeitung und -reaktion** verlangt eine enge Verknüpfung insbesondere mit den Bereichen, die häufig Gegenstand von Kundenanliegen sind bzw. Problemlösungen realisieren, beispielsweise Vertrags-Handling, Billing oder technischer Service.
- Eine **kundensegmentspezifische bzw. individuelle Beschwerdereaktion** setzt voraus, dass durch CRM oder Database Marketing permanent eine Klassifizierung der Kunden nach Segmentzugehörigkeit und Kundenwert vorgenommen wird.
- Die **Beschwerdeauswertung** und das **Reporting** können nur dann zielorientiert erfolgen, wenn die relevanten internen Kunden (z. B. Forschung & Entwicklung, Produktion, Qualitätsmanagement, Marketing, Vertrieb, Service) identifiziert und die Auswertungen und Reports auf deren Bedürfnisse abgestimmt sind.
- Die **Beschwerdeinformationsnutzung** muss in enger Abstimmung mit dem Qualitätsmanagement konzipiert werden.
- Das **Beschwerdemanagement-Controlling** ist in inhaltlicher und zeitlicher Hinsicht auf das System des Unternehmens-Controllings auszurichten.
- Sofern vom Beschwerdemanagement **Fehlerkosten** ermittelt und den verursachenden Abteilungen zugerechnet werden, sind ebenfalls eine Integration in das Controlling und eine intensive Zusammenarbeit mit den betroffenen Einheiten erforderlich.
- Die Sicherstellung und Weiterentwicklung der **informationstechnologischen Infrastruktur** erfordert eine ständige Zusammenarbeit mit der IT-Abteilung.

Daher müssen für alle Aufgabenbausteine des Beschwerdemanagementprozesses detaillierte **Prozessdefinitionen und -dokumentationen** vorliegen, die auch die Schnittstellen zu anderen Abteilungen und die jeweiligen internen Kunden-Lieferanten-Beziehungen aufzeigen. Zudem sind bei standardisierten Prozessen Servicelevels für die Qualität der internen Dienstleistungen sowie institutionelle Formen der Beteiligung an Entscheidungsprozessen zu vereinbaren. Darüber hinaus müssen Überlegungen angestellt werden, welche **Ausstattung mit Einflussrechten** der Bereich Beschwerdemanagement benötigt, um eine umfassende Aufgabenerfüllung gewährleisten zu können.

Dies erscheint umso notwendiger, als die Implementierung eines Bereichs Beschwerdemanagement zu einer **Veränderung des innerbetrieblichen Gefüges** führt, die von den betroffenen innerbetrieblichen Partnern keineswegs von vornherein begrüßt wird.

Das gilt insbesondere für ein umfassendes Beschwerdemanagement vom Typ „Zufriedenheitslabor". Dieses

- **konfrontiert** andere Abteilungen mit Kundenproblemen, Kritik und der Aufforderung, Problemursachen zu analysieren und präventive Maßnahmen zu entwickeln,
- verlangt **Problemlösungen im Kundensinne**, die für andere Abteilungen mit Kosten und damit Erfolgseinbußen verbunden sind (z. B. eine kostenlose Reparatur),
- ordnet gegebenenfalls Fehlerkosten den **verursachenden Einheiten** zu,
- entwickelt **eigene Analysen und Verbesserungsvorschläge**, die von anderen Abteilungen als unerwünscht oder bevormundend empfunden werden können,
- klärt über das Beschwerdereporting **zusätzliche Personenkreise**, vor allem die Geschäftsleitung, über Art und Umfang aufgetretener Kundenprobleme auf (Riemer 1986).

Insofern ist es realistisch, zunächst einmal von einer innerbetrieblichen Skepsis gegenüber dem Beschwerdemanagement, mangelnder Bereitschaft zur Kooperation, häufiger Ablehnung von Vorschlägen oder gar von Widerstand gegen dessen Aktivitäten auszugehen. Um ein **Scheitern des Bereichs Beschwerdemanagement zu verhindern**, muss dieser über **wirksame Einflussrechte** verfügen.

15.3.2 Die Ausstattung des Beschwerdemanagement-Bereichs mit Einflussrechten

Wenn der Bereich Beschwerdemanagement für sämtliche Aufgaben des direkten und indirekten Beschwerdemanagementprozesses Verantwortung trägt, dann muss er auch mit Einflussrechten ausgestattet werden, um dieser Verantwortung gerecht zu werden. Dabei umfasst der Begriff Einflussrecht eine **weite Spannweite unterschiedlicher Rechte**, die vom Informationsrecht bis zum Alleinentscheidungsrecht reicht.

Das **Informationsrecht** gestattet die Möglichkeit, anfallende Informationen an Entscheidungsträger weiterzuleiten. Das **Beratungsrecht** geht darüber hinaus und erlaubt die Verarbeitung von Informationen zu Anregungen, Initiativen und Alternativvorschlägen. Das **Kontrollrecht** gibt die Berechtigung, Entscheidungen anderer in Bezug auf die Einhaltung vereinbarter Grundsätze zu überprüfen. Dies erfährt seine Steigerung im **Einspruchsrecht**, mit dessen Hilfe die Durchführung von Entscheidungen anderer verhindert bzw. aufgehalten werden kann, bis eine höhere Instanz den Konflikt löst. Das **Mitentscheidungsrecht** gibt die Möglichkeit zur Teilnahme an Zwischen- und Abschlussentscheidungen. Das weitestreichende Recht, ein **Alleinentscheidungsrecht**, liegt vor, wenn ein Bereich Entscheidungen ohne Rücksprache mit anderen, also völlig autonom, treffen kann.

In welchem Umfang der Bereich Beschwerdemanagement mit Einflussrechten ausgestattet werden sollte, ist zum einen von den auszufüllenden Aufgaben abhängig. Zum anderen sind die Anforderungen zu berücksichtigen, die sich aus der Zugehörigkeit zu einem der strategischen Typen des Beschwerdemanagements ergeben, die in Kapitel 5.3 vorgestellt wurden.

Für die Erfüllung der **Aufgaben des direkten Beschwerdemanagementprozesses** bedarf der Bereich Beschwerdemanagement, gleichgültig welcher Typ vorliegt, **Allein- oder zumindest Mitentscheidungsrechte**. Dies erfordert schon das Prinzip der Kongruenz von Einflussstärke und Verantwortung. Zudem ist nur mit einer solchen Rechteausstattung sicherzustellen, dass die kundenbeziehungs-, qualitäts- und produktivitätsorientierten Ziele effizient und in flexibler Reaktion auf veränderte Situationen verfolgt werden können.

Bezüglich der **Aufgaben des indirekten Beschwerdemanagementprozesses** ist die Situation differenziert zu betrachten, je nachdem, welcher strategische Typ des Beschwerdemanagements vorliegt.

Der Typ **„Beschwerdefabrik"** hat die primäre Aufgabe, die von den Kunden vorgebrachten Beschwerden für das Unternehmen möglichst kosteneffizient abzuwickeln. Da dem indirekten Beschwerdemanagement hier nur eine nachrangige Bedeutung zukommt, genügen diesbezüglich einfache **Informationsrechte.**

Beim Beschwerdemanagement vom Typ **„Beziehungsverstärker"** steht die Sicherung der Beziehung zum Kunden durch Wiederherstellung von Kundenzufriedenheit im Vordergrund. Damit erhalten die Aufgaben des indirekten Beschwerdemanagements einen wesentlich höheren Stellenwert als in der Beschwerdefabrik: Es sind umfangreichere Formen der Beschwerdeanalyse vorzunehmen, Anregungen für Qualitätsverbesserungen zu geben und im Beschwerdemanagement-Controlling die Beschwerdezufriedenheit zu überwachen, die einen zentralen Indikator für die Beziehungsstärke darstellt. Insofern ist es angebracht, dass Beschwerdemanagement-Bereiche dieses Typs unternehmensintern nicht nur Informationsrechte, sondern mindestens **Beratungsrechte** besitzen.

Das primäre Interesse des Beschwerdemanagements vom Typ des **„Qualitätssicherers"** liegt nicht in der Stärkung der Kundenbeziehung, sondern in der Qualitätssicherung. Dies lenkt den Fokus der Aufmerksamkeit eindeutig auf die Aufgaben des indirekten Beschwerdemanagementprozesses: Beschwerden müssen sorgfältig in Bezug auf Qualitätsmängel analysiert werden, ein entsprechend differenziertes Reporting hat zu erfolgen und vor allem sind Fehler zu beseitigen und Fehlerkosten zu senken. Dies bedingt, dass das Beschwerdemanagement dieses Typs mindestens über Mitentscheidungsrechte in Bezug auf Beschwerdeauswertung und Beschwerdereporting, aber auch **über Kontroll- oder Einspruchsrechte** in Bezug auf die Beschwerdeinformationsnutzung verfügen muss.

Auch ein Beschwerdemanagement vom Typ **„Zufriedenheitslabor"** nimmt eine eher interne Perspektive ein. Doch abweichend vom Qualitätssicherer soll das durch das Beschwerdemanagement generierte Kundenwissen aktiv und umfassend für innovative Impulse und die Initiierung kundenorientierter Veränderungsprozesse genutzt werden. Insofern muss der Bereich über einen starken Einfluss verfügen, was nur über die klare Zuweisung von **Mitentscheidungsrechten** gewährleistet werden kann. Bild 15.6 gibt einen Überblick über den Zusammenhang zwischen dem Strategietyp des Beschwerdemanagements und der erforderlichen Mindestausstattung von Entscheidungsrechten.

Strategietyp des Beschwerde-managements	Direkter Beschwerdemanagement-prozess	Indirekter Beschwerdemanagement-prozess
Beschwerdefabrik	Mitentscheidungsrecht	Informationsrecht
Beziehungsverstärker	Mitentscheidungsrecht	Beratungsrecht
Qualitätssicherer	Mitentscheidungsrecht	Kontrollrecht
Zufriedenheitslabor	Mitentscheidungsrecht	Mitentscheidungsrecht

Bild 15.6 Strategietyp des Beschwerdemanagements und erforderliche Mindesteinflussrechte

Die Durchsetzung von Einflussrechten zur Sicherstellung der **internen Aufgabenerfüllung** erweist sich in der Praxis häufig als problematisch. Am wenigsten Widerstand besteht bei der Wahrnehmung von Informationsrechten, weil anderen Abteilungen damit nur ein zusätzlicher Informationsservice geliefert wird, der ihre Entscheidungsgrundlage verbessert. Die formale Gewährung von Beratungs-, Kontroll-, Einspruchs- und Mitentscheidungsrechten stellt dagegen einen **Eingriff in die Autonomie anderer Abteilungen** dar.

Dies sei am Beispiel von Ausprägungen des **Kontrollrechts** erläutert. Eine wesentliche Zielsetzung des Beschwerdemanagements liegt darin, von den Kunden wahrgenommene Probleme mit Produkten und Dienstleistungen aufzudecken und das zukünftige Auftreten zu verhindern. Um dieses Ziel zu erreichen, kann dem Beschwerdemanagement ein Kontrollrecht in Bezug auf die Berücksichtigung ihrer Informationen über Produktmängel durch Fachabteilungen zuerkannt werden. Sollte sich herausstellen, dass die verantwortlichen Linienbereiche die konkreten Hinweise und die bereitgestellten aussagekräftigen Auswertungs- und Analysedaten ignorieren, weil sie die Kosten der Korrekturmaßnahmen scheuen, sollte das Kontrollrecht mit Handlungskonsequenzen verbunden sein. Da durch die Ignoranz der Linienabteilung im Beschwerdemanagement permanent hohe Kosten erzeugt werden, der Bereich Beschwerdemanagement aber selbst nicht die Qualitätsverbesserungen vornehmen kann, liegt es nahe, die diesbezüglichen **Fehlerkosten** den verursachenden Linienbereichen intern **in Rechnung zu stellen**. Dabei kann es sich entweder nur um die Reaktionskosten, aber auch um die vollständigen Beschwerdeabwicklungskosten für solche Probleme handeln. Im letztgenannten Fall wäre die Steuerungswirkung erheblich größer, da anzunehmen ist, dass nun Kostenüberlegungen die Fachabteilung zur Vornahme der Korrekturmaßnahmen veranlassen.

Noch weiter gehend wäre der Einfluss, wenn dem Bereich Beschwerdemanagement **Einspruchsrechte** zuerkannt würden. Die Sinnhaftigkeit dieser Rechtezuweisung sei ebenfalls an dem Beispiel der mangelnden Bereitschaft von Fachabteilungen, Fehler abzustellen, erläutert. In längerfristigen Geschäftsbeziehungen kann es vorkommen, dass Kunden das gleiche Problem mehrfach erleben und sich daher auch wiederholt beschweren **(Wiederhol-Beschwerdeführer)**. Zeigen nun Ergebnisse der Beschwerdeanalyse, dass Kunden speziell aufgrund des wiederholten Auftretens von Problemen und trotz eines zufriedenstellenden Prozesses der Beschwerdeführung Geschäftsbeziehungen abgebrochen haben, bedeutet dies, dass die Ignoranz der Fachabteilungen die Kundenabwanderung verursacht und dabei zugleich das Beschwerdemanagement daran hindert, seine Kundenbindungsziele zu erreichen. In diesen Fällen liegt es nahe, die betreffenden Fachbereiche ebenfalls **mit den Kosten für den Umgang mit Wiederhol-Beschwerdeführern zu belasten**. Weitreichender wäre jedoch die Regelung, dem Bereich Beschwerdemanagement ein **Einspruchsrecht bezüglich der weiteren Vermarktung** der von den Problemen betroffenen Produkte und Dienstleistungen zu geben, was zu einer Entscheidung über die weitere Vorgehensweise auf der übergeordneten Hierarchieebene - z.B. auf der Ebene der Geschäftsleitung - führt. Mit der Zuweisung eines solchen Einspruchsrechts macht die Geschäftsleitung deutlich, dass sie Entscheidungen über Produktvariationen, -innovationen und -eliminierungen nicht nur unter Umsatzgesichtspunkten bzw. Aspekten der Bedürfnisstrukturen einzelner Zielgruppen treffen will, sondern auch unter Berücksichtigung von Kundenbindungszielen und der langfristigen Sicherung zukünftiger Umsatzpotenziale. Damit wird dem Bereich Beschwerdemanagement eine wichtige Rolle bei der Realisierung einer konsequenten Strategie des Kundenbeziehungsmanagements zugewiesen.

Um bei innerbetrieblichen Interessenunterschieden das Konfliktpotenzial möglichst gering zu halten, bedarf es in Bezug auf alle entscheidungsrelevanten Rechte (Kontroll-, Einspruchs-, Mitentscheidungs- und Alleinentscheidungsrecht) formaler und gegebenenfalls spezifizierter Regelungen. Diese sind als Mindesteinflussformen zu verstehen. Das faktische Maß an Einflussnahme hängt von weiteren Faktoren, wie beispielsweise der Expertenmacht, d.h. der Ausstattung mit **Sachkompetenz**, ab. Daher ist es erforderlich, Führungspositionen im Bereich Beschwerdemanagement mit ausgewiesenen Experten und angesehenen Persönlichkeiten zu besetzen. Darüber hinaus ist es wichtig, das **Verständnis für die Rolle des Bereichs Beschwerdemanagement** im Gesamtunternehmen zu stärken. Dies muss durch eine entsprechende Wertschätzung seitens der Unternehmensführung erfolgen, kann darüber hinaus aber auch durch weitere Maßnahmen, z.B. personalpolitischer Art, gestützt werden. Denkbar ist, dass eine zeitweise Arbeit im Bereich Beschwerdemanagement für Führungskräfte zur Pflicht gemacht wird. Auf diese Weise werden nicht nur Einsichten in Grundkonzept und Arbeitsweise der Abteilung vermittelt, sondern es wird auch praktisch verdeutlicht, dass das Bemühen um Kundenzufriedenheit eine Voraussetzung für eine Karriere im Unternehmen darstellt (Riemer 1986). Neben diesen eher unterstützenden Maßnahmen werden Relevanz und Einflussbereich des Beschwerdemanagements wesentlich durch die organisatorische Einordnung in die Unternehmenshierarchie bestimmt.

15.3.3 Die Etablierung des Bereichs Beschwerdemanagement als Stabsstelle, Linienfunktion oder in einer Matrixorganisation

Für die hierarchische Einordnung und die Ausstattung mit Entscheidungs- und Weisungsrechten stehen vor allem **drei grundsätzliche Alternativen** zur Verfügung, die jeweils in verschiedenen Varianten auftreten: die Etablierung als Stabsstelle, als Linienfunktion oder in einer Matrixorganisation.

Die Etablierung des Bereichs Beschwerdemanagement als Stabsstelle

In vielen Unternehmen wird der Bereich Beschwerdemanagement als **Stabsstelle** eingerichtet, die unmittelbar der Unternehmensleitung untersteht (siehe Bild 15.7).

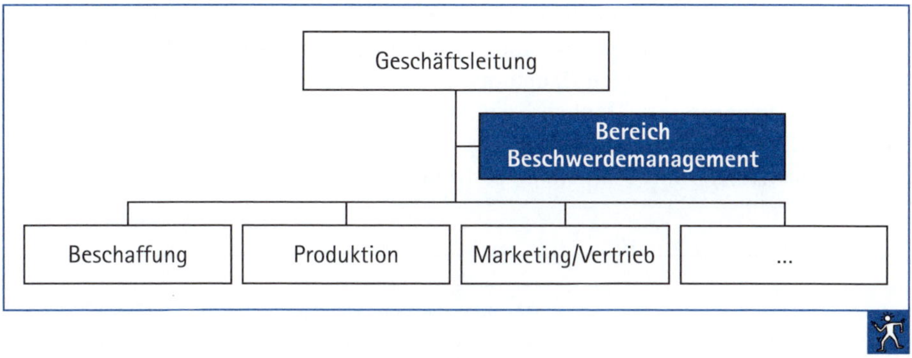

Bild 15.7 Der Bereich Beschwerdemanagement als Stabsstelle

Als **Vorteile** dieser Lösung werden vor allem die funktionale Unabhängigkeit sowie die kommunikative Nähe zur Unternehmensleitung genannt. Die **funktionale Unabhängigkeit** erleichtert es dem Bereich, die erforderlichen Verbindungen zu unterschiedlichen Funktionsbereichen aufzunehmen und innovative Vorschläge bzw. nachträgliche Kontrollen mit dem erforderlichen Maß an Eigenständigkeit und Selbstbewusstsein durchzuführen. Die **direkte Unterstellung unter die Unternehmensleitung** dokumentiert den hohen Wert, der dem Bereich Beschwerdemanagement beigemessen wird; und da die Einstellung der Unternehmensleitung zu organisatorischen Einheiten von anderen Funktionseinheiten reflektiert wird, festigt die dokumentierte positive Einschätzung die informelle Autorität des Bereichs und stärkt dessen Wirkungsmöglichkeiten. Zudem gewährleistet diese organisatorische Zuordnung kurze Kommunikationswege zur Übermittlung strategischer Informationen.

Der **Nachteil** der Stabslösung liegt allerdings darin, dass Stäbe **kein Weisungs- und kein Entscheidungsrecht** gegenüber der Linie haben und über keine Sanktionsmöglichkeiten verfügen, um sicherzustellen, dass andere unternehmerische Einheiten das hier bereitgestellte und aufbereitete kundenbezogene Expertenwissen auch nutzen. Wenn Beschwerdemanagement zudem in dem dargestellten Sinne eines umfassenden Handlungsfelds verstanden und realisiert wird und insbesondere auch ein Beschwerde-Center angeschlossen ist, erweist sich die Konzipierung als Stab als nicht mehr geeignet.

In diesem Fall dominiert nicht mehr die für einen Stab typische Arbeit, die Entscheidungen der Unternehmensleitung beratend zu unterstützen, sondern es sind differenzierte Managementaufgaben zu erfüllen, die auch zumindest bereichsinterne Entscheidungs- und Weisungsrechte beinhalten. Daher ist als Alternative die Institutionalisierung des Beschwerdemanagements als Linienfunktion zu reflektieren.

Die Etablierung des Bereichs Beschwerdemanagement als Linienfunktion

Wird der Bereich Beschwerdemanagement als **Linienfunktion** konzipiert, stellt sich die Frage der inhaltlich-hierarchischen Zuordnung. Im ersten Kapitel wurde das Beschwerdemanagement bereits konzeptionell als Hauptbestandteil des Customer Care Management und als zentraler Kern des Kundenbindungs- und Kundenbeziehungsmanagements charakterisiert. Dementsprechend liegt es auch nahe, dass die organisatorische Einordnung diesen konzeptionellen Überlegungen folgt. In einer funktionalen Organisationsstruktur wäre demnach zu fordern, dass unterhalb der Ebene des Top-Managements neben den traditionellen Hauptorganisationseinheiten wie Beschaffung, Produktion oder Finanzierung eine Einheit Kundenbeziehungsmanagement eingerichtet wird. Innerhalb dieser Einheit könnte der Bereich Beschwerdemanagement als Linienfunktion auf einer Ebene mit Marketing, Vertrieb und Service institutionalisiert werden (siehe Bild 15.8).

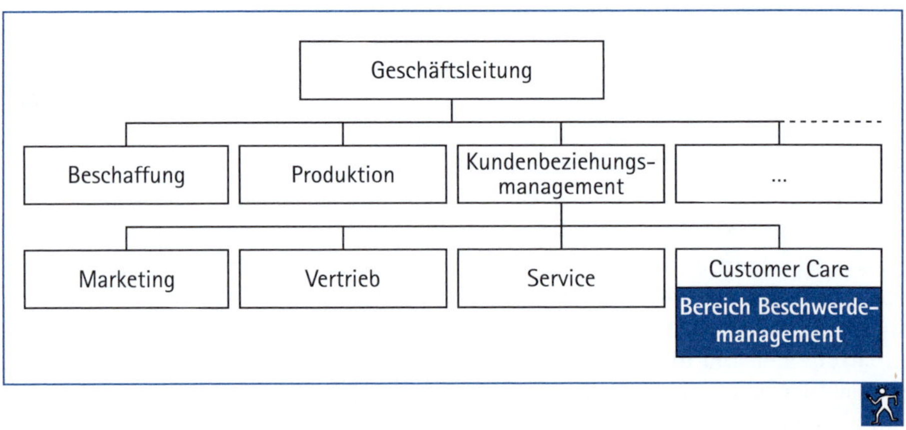

Bild 15.8 Der Bereich Beschwerdemanagement als Linienfunktion

Die **Vorteile** einer solchen organisatorischen Lösung liegen darin, dass dem Bereich Beschwerdemanagement eindeutig die Verantwortung für die Erreichung der definierten Ziele zugewiesen werden kann und die strategische Verankerung im Kundenbeziehungsmanagement auch institutionell abgesichert ist. Auf diese Weise kann auch die kundenorientierte Integration der Kundendaten aus Marketing, Vertrieb, Service und Customer Care/Beschwerdemanagement erreicht werden. Zudem lässt sich die Maxime des „One face to the customer" realisieren, wenn sämtliche kundeninitiierte Kommunikation im Customer Care Center/Beschwerde-Center gebündelt wird. Ein möglicher **Nachteil** der Linienvariante liegt in dem Verlust des unmittelbaren Zugangs zur Unternehmensleitung. Es kann sein, dass insbesondere die Bereiche Marketing und Vertrieb aufgrund ihrer Umsatzrelevanz dominierenden Einfluss im Kundenbeziehungsmanagement erhalten und eine umfassende Funktionserfüllung des Bereichs Beschwerdemanagement behindern. Um diese Gefahr zu reduzieren, muss der Bereich Beschwerdemanagement mit ausreichend Macht ausgestattet sein. Dies kann durch die Ausgestaltung des Bereichs als Profit Center (Kapitel 15.3.4) sowie die Zuweisung von Einflussrechten (Kapitel 15.3.2) erreicht werden.

Der Bereich Beschwerdemanagement in einer kundenorientierten Matrixorganisation des Bereichs Kundenbeziehungsmanagement

Für Unternehmen, die nicht nur eine funktionale Differenzierung vornehmen, sondern die Perspektive des **Kundenbeziehungsmanagements konsequent umsetzen**, bedeutet dies, dass die **primäre organisatorische Strukturierung nach Kunden(gruppen)** erfolgt. Dementsprechend werden für verschiedene Kundengruppen (z. B. Geschäftskunden/Privatkunden oder Privatkunden mit unterschiedlichen Bedarfsprofilen oder Wertigkeiten) unterschiedliche organisatorische Verantwortlichkeiten bestimmt. Die leitenden Manager haben dann alle transaktionsorientierten Aktivitäten in den Funktionen Marketing, Vertrieb und Service für diese Kundengruppe zu koordinieren. Zudem muss die Beziehungsperspektive darin zum Ausdruck kommen, dass Verantwortlichkeiten für beziehungsrelevante Kundengruppen – z. B. Interessenten-, Kundenbindungs- und Kundenrückgewinnungsmanagement – festgelegt werden. Insofern erstreckt sich die Koordinationsaufgabe der Kundenbeziehungsmanager auch auf diese Maßnahmen. Es entsteht dann eine Art **Matrixorganisation**, in welcher der Bereich Beschwerdemanagement für sämtliche Beschwerden aller Kundengruppen zuständig ist (siehe Bild 15.9).

Der Vorteil dieser Variante liegt darin, dass nicht primär von den Zielen bestimmter Funktionen (z. B. Marketing/Vertrieb) oder Phasen des Kundenbeziehungs-Lebenszyklus (z. B. Interessent/aktueller Kunde) ausgegangen wird, sondern vom Kunden bzw. Kundensegment, und die Aufgabe in den Vordergrund gerückt wird, das differenzierte unternehmerische Handlungsinstrumentarium **kundengerecht zu koordinieren**.

Grundsätzlich hat diese Form der Matrixorganisation den **Vorteil**, dass die Kundenbeziehungsmanager durch die multiplen Kommunikationsbeziehungen ein hohes Informationsniveau erreichen und aufgrund der Freiräume für Eigeninitiativen innovative Weiterentwicklungen zu erwarten sind. Allerdings beinhaltet jede Matrixorganisation bewusste Kompetenzüberschneidungen zur Nutzung fruchtbarer Konflikte. Der generelle **Nachteil** besteht darin, dass diese Organisationsform bei allen Beteiligten ein hohes Maß an Kooperationsbereitschaft voraussetzt, die nicht immer gegeben ist, sodass es auch zu unproduktiven Konflikten mit negativen Folgen für die Leistungsfähigkeit kommen kann.

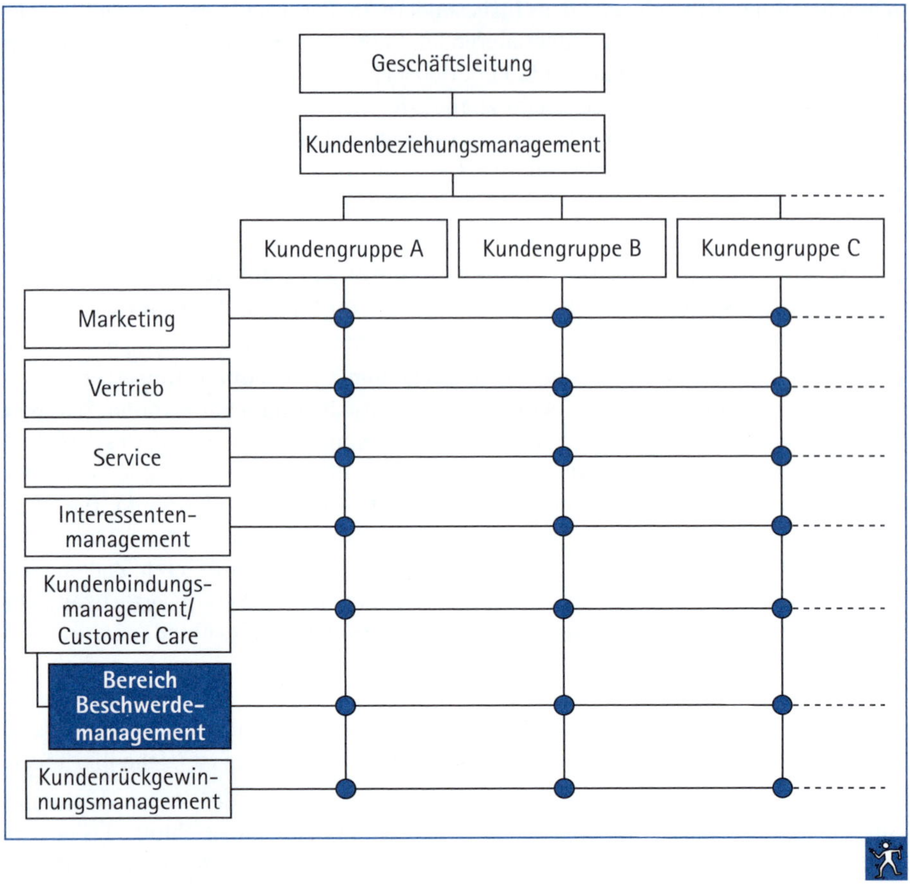

Bild 15.9 Der Bereich Beschwerdemanagement in einer kundenorientiert ausgerichteten Matrixorganisation

Für das **Beschwerdemanagement** liegt der **Vorteil** in der weitgehenden Selbstständigkeit gegenüber anderen Funktionsbereichen. Auf diese Weise wird der betriebliche Stellenwert auch kaum durch die Funktionen Marketing und Vertrieb bestimmt, sondern durch das Interesse des Kundenbeziehungsmanagers an der Aufrechterhaltung gefährdeter Geschäftsbeziehungen. Daraus dürfte sich ein faktischer Machtzuwachs ergeben. Ein **Nachteil** resultiert daraus, dass die Art der Zusammenarbeit mit den anderen Bereichen kaum eindeutig festzulegen ist, da Art und Umfang der Aufgabenerfüllung wesentlich von den Anforderungen der verschiedenen Kundenbeziehungsmanager sowie von der eigenen Überzeugungsfähigkeit abhängig sind.

15.3.4 Der Bereich Beschwerdemanagement als Profit Center?

Das Machtpotenzial des Bereichs Beschwerdemanagement kann innerbetrieblich erheblich gestärkt werden, wenn es gelänge, diesen Bereich als Profit Center zu konzipieren. Der Bereichsleiter Beschwerdemanagement wäre dann im Rahmen der festgelegten Oberziele und Budgets für die Aktivitäten verantwortlich und der Erfolg wäre an der **Ausweisung des Erfolgsbeitrags** zu messen. Auf diese Weise könnte der Bereich Beschwerdemanagement die unternehmerische Relevanz der eigenen Arbeit in der innerbetrieblich wirksamsten Sprache, nämlich in ihrem Gewinnbeitrag, zum Ausdruck bringen.

Allerdings handelt es sich um eine strittige Frage, ob das Profit-Center-Konzept auf den Bereich Beschwerdemanagement **überhaupt anwendbar** ist. Oft wird diese Frage verneint, und zwar vor allem mit dem Hinweis darauf, dass der Erfolg des Beschwerdemanagements primär über nichtökonomische Zielgrößen (Kundenzufriedenheit, Loyalität), Opportunitätskategorien (vermiedene Umsatzverluste) und schwer quantifizierbare Nutzengrößen (Informationsnutzen) ausgedrückt wird. Zudem handelt es sich beim Bereich Beschwerdemanagement im Wesentlichen um einen internen Dienstleister, dessen Informationsdienstleistungen oft nicht aktiv nachgefragt und noch seltener intern verrechnet werden. Dementsprechend kommt Graf (1990, S. 173) zu dem Schluss: „Aus den geschilderten Gründen ist die Organisation der beschwerdebearbeitenden Stelle als Profit Center weder sinnvoll noch durchführbar."

So gut begründet diese Argumentation auch sein mag, so liefert sie doch auch Ansatzpunkte, um zu einer **anderen Schlussfolgerung** zu kommen. Demnach erscheint eine Profit-Center-Lösung als realistisch, wenn das Beschwerdemanagement in der Lage ist, seinen **faktischen Gewinnbeitrag nachzuweisen**, relevante interne Dienstleistungen bereitzustellen und diese auch innerbetrieblich zu verrechnen. Es spricht viel dafür, dass ein professionell geführter Bereich Beschwerdemanagement zunehmend dazu in der Lage ist.

Der Bereich Beschwerdemanagement ist die zentrale unternehmerische Anlaufstelle für unzufriedene Kunden. Gelingt es ihm, das Abwandern unzufriedener Kunden zu verhindern und Unzufriedenheit in Zufriedenheit zu wenden, dann sichert dieser Bereich dem Unternehmen die knappe Ressource Kundenloyalität und die damit verbundenen Umsatzerlöse und Gewinne. Die Ausführungen zum beschwerdebezogenen Kosten-Nutzen-Controlling (Kapitel 11.3) haben gezeigt, dass der ökonomische Wiederkaufnutzen von Kundenbeschwerden, der sich aus der weitergehenden Bindung unzufriedener Kunden ergibt, nachweisbar ist und damit eine fundierte Grundlage für eine **faktische Gewinn-und-Verlust-Rechnung des Beschwerdemanagements** liefert. Entscheidend sind die Umsatz- und Gewinnbeiträge aufgrund der Vermeidung von Kundenverlusten durch Kunden- bzw. Beschwerdeunzufriedenheit. Durch ein gezieltes Monitoring der Ursachen für zukünftige Kundenverluste kann eindeutig nachvollzogen werden, welcher Umsatz- bzw. Gewinnbeitrag aufgrund der Aktivitäten des Beschwerdemanagements tatsächlich für das Unternehmen gesichert werden kann.

Der Bereich Beschwerdemanagement hat die Rolle eines **internen Dienstleisters** inne. Er übernimmt für das Gesamtunternehmen alle Aufgaben des direkten und indirekten Beschwerdemanagements. Mit der Erfüllung der Aufgaben des **direkten Beschwerde-**

managements – wie der Entgegennahme der Beschwerde, der Erfassung der Beschwerdeinformationen und der Kommunikation mit dem Beschwerdeführer – wird die Chance zum Erhalt einer gefährdeten Geschäftsbeziehung genutzt. Insofern wäre es nur konsequent, die dadurch entstandenen Kosten dem jeweils verursachenden Bereich zu Marktpreisen zu verrechnen. Doch muss der mit dieser Vorgehensweise erwartete Vorteil, in den verursachenden Bereichen einen starken Anreiz zur Beseitigung der Problemursachen zu schaffen, unternehmensindividuell abgewogen werden, mit den Schwierigkeiten der Kostenzurechnung und den Akzeptanzproblemen einer derartigen Verrechnung.

Auch **Aufgaben des indirekten Beschwerdemanagements** – wie die Durchführung von Auswertungen und die Lieferung von Reports – stellen interne Dienstleistungen dar, die zudem zu Produkt- und Prozessverbesserungen führen können. Dennoch ist hier die Situation etwas anders zu beurteilen. Wenn diese Dienstleistungen innerbetrieblich bepreist werden, kann es sein, dass sie nicht von allen relevanten internen Zielgruppen und/oder nur gelegentlich beschafft werden, sodass der Vorteil der Informationsnutzung nur unzureichend realisiert wird. Um dies zu verhindern, erscheint es sinnvoll, dass für relevante Zielgruppen die Abnahme eines Standardauswertungs- und -reportingprogramms zur Verpflichtung gemacht wird, wobei Inhalt, zeitlicher Rhythmus und Preis auszuhandeln sind. Für weitergehende Informations- und Serviceleistungen hat der Bereich Beschwerdemanagement innovative Angebote zu machen und intern zu vermarkten.

Gelingt es, die Voraussetzungen für die Ermittlung des tatsächlichen Gewinnbeitrags zu schaffen und die Kosten des direkten Beschwerdemanagements sowie die Informationsdienstleistungen im indirekten Beschwerdemanagement innerbetrieblich zu verrechnen, erscheint eine **Profit-Center-Organisation für den Bereich Beschwerdemanagement angebracht**.

15.4 Zur Frage eines Outsourcings des Beschwerdemanagements

Viele Unternehmen gehen dazu über, zumindest einen Teil ihres Beschwerdemanagements im Zuge des Outsourcings an externe Dienstleister auszulagern. Eine **Bewertung dieser Maßnahme** kann nicht pauschal erfolgen, sondern bedarf einer differenzierten Sichtweise. Insbesondere muss zwischen den strategisch-konzeptionellen und den operativen Aufgaben unterschieden werden.

Die Verantwortung für den unzufriedenen Kunden bzw. die fachliche und steuernde Verantwortung für den gesamten Beschwerdemanagementprozess inklusive seiner Rahmenfaktoren (Personal, Organisation und Technologie) kann keinesfalls nach außen delegiert werden. Es handelt sich hier um eine **originäre Aufgabe eines jeden Unternehmens**, Verantwortung für aufgetretene Probleme und Fehler zu übernehmen, entsprechende Voraussetzungen dafür zu schaffen, Beschwerdeführer wieder zufriedenzustellen und Maßnahmen einzuleiten, die ein zukünftiges Auftreten von Problemen vermeiden. Auch spricht gegen eine Auslagerung dieser Verantwortung, dass das Beschwerdemanagement den Kern des Kundenbeziehungs- und Kundenbindungsmanagements darstellt, dessen Philosophie im Unternehmen geprägt und von seinen Mitarbeitern gelebt werden muss. Diese Verantwortung zu übernehmen und entsprechende Rahmenbedingungen zu schaffen, obliegt dem Bereich Beschwerdemanagement. Es ist eine Binsenweisheit, dass Kernkompetenzen nicht Gegenstand des Outsourcings sein können. Unternehmen, welche die Beziehung zu den eigenen Kunden zu ihren Kernkompetenzen zählen, können daher diese Unternehmensfunktion **unter keinen Umständen** an externe Dienstleister übertragen. Insofern sind auch Bestrebungen, die Variante des Business Process Outsourcing (BPO) auf den Bereich Customer Care zu übertragen, d. h. den gesamten Geschäftsprozess auszulagern, mit Skepsis zu betrachten. Dazu kommt, dass Dienstleister oft nicht über die erforderliche Kompetenz in Bezug auf Innovation, strategisches Beratungs-Know-how und Kernbereiche des Kundenmanagements verfügen (Stauss/Jedraßczyk 2007; Jedraßczyk 2011). Dementsprechend beschränken sich die meisten Unternehmen auch allein auf die Reflexion darüber, ob und unter welchen Voraussetzungen sie die operative Abwicklung von Kontakten mit Kunden bzw. Beschwerdeführern auslagern können.

Dieser operative Aspekt betrifft das **Beschwerde-Center**, mit dem der Kunde interagiert und dabei das unternehmerische Verständnis von Kundenorientierung und Qualität erlebt. Will man ein Beschwerde-Center outsourcen, muss eine Reihe von **Voraussetzungen erfüllt** sein und mit Hilfe von Service Level Agreements (SLA) muss vertraglich sichergestellt werden, dass die mit einer Auslagerung einhergehenden Risiken einer Verfehlung von Zielen des Beschwerdemanagements minimiert werden: **(1)** Von zentraler Bedeutung ist es, dass die Bereichsleitung Beschwerdemanagement als Auftraggeber **detaillierte fachliche Vorgaben** für den Prozess der Abwicklung von telefonischen und schriftlichen Beschwerden definiert. Hierunter fallen beispielsweise Anforderungen hinsichtlich der Gesprächs- und Reaktionszeiten, der sozialen Qualifikation der mit den Kunden in Kontakt tretenden Mitarbeiter oder zu gewährender Problemlösungen und Wiedergutmachungsleistungen. Weiterhin muss u. a. festgelegt werden, unter welchen Voraussetzungen Beschwerden an den 3rd Level des Auftraggebers weiterzuleiten sind. **(2)** Gleichzeitig sind die im Aufgaben-Controlling beschriebenen Standards zu definieren, um ein **kontinuierliches Monitoring** ihrer Einhaltung zu ermöglichen. Dabei muss der starke Fokus gängiger Service Level Agreements mit Call-Center-Dienstleistern auf Produktivitäts- bzw. objektive Qualitätsstandards verändert werden: Um das Ziel der Herstellung von Beschwerdezufriedenheit steuerbar zu machen, sind hier insbesondere Zufriedenheitsstandards zu berücksichtigen (Schmidt 2007). **(3)** Darüber hinaus ist darauf zu achten, dass eine sehr **enge Kooperation zwischen Auftraggeber und Dienstleister** erfolgt. In dieser ist dafür Sorge zu tragen, dass die Mitarbeiter im Beschwerde-Center nicht nur sehr intensiv in systemtechnischer, telefontaktischer und sozialpsychologischer Hinsicht geschult werden, sondern auch detailliert mit der Aufbauorganisation und den Zuständigkeiten des Auftraggebers vertraut sind sowie über spezielles Produkt- und Fehlerbehebungs-Know-how verfügen. Weiterhin müssen Rahmenbedingungen geschaffen werden, welche die notwendige Identifikation mit dem Unternehmen und seinen Leistungen sowie vor allem eine hohe Bereitschaft zur Übernahme von Verantwortung für entstandene Fehler auf Seiten des externen Dienstleisters gewährleisten. **(4)** Ein weiterer wichtiger Punkt betrifft den **permanenten Zugriff auf die im Beschwerde-Center generierten Kunden-Informationen** durch den Auftraggeber, da es gerade diese Daten sind, die in vielen Unternehmen die wesentliche strategische Ressource für die Entwicklung von Aktivitäten des Kundenbeziehungsmanagements und die Realisierung von Wettbewerbsvorteilen darstellen. Mit der Bereitstellung einer entsprechenden informationstechnologischen Infrastruktur werden die für die Erfüllung dieser Aufgaben notwendigen Voraussetzungen geschaffen.

Werden diese Eckpfeiler im Rahmen des Outsourcings von Beschwerde-Center-Tätigkeiten beachtet und umgesetzt, sind die Voraussetzungen dafür geschaffen, dass die Ziele des Beschwerdemanagements **auch mit Hilfe eines externen Dienstleisters** erreicht werden. Gleichzeitig können auch die **Vorteile** einer solchen Übertragung der operativen Aufgabenerfüllung, die sich in erster Linie auf Kostenargumente beziehen, realisiert werden. Dabei geht es zum einen um Kosteneinsparungen in Bezug auf Personal und Telefontechnik, zum anderen um die Umwandlung von fixen in variable Kosten und die damit verbundene höhere Kostentransparenz. Zudem wird auf die Nutzbarkeit von Experten-Know-how verwiesen, da professionelle Anbieter für Customer Care/Customer Interaction Center über weitreichende Erfahrungen bezüglich Auswahl, Schulung und Steuerung von geeigneten Mitarbeitern verfügen.

Fühlt sich der externe Dienstleister nicht nur dafür verantwortlich, personelle und technologische Ressourcen bereitzustellen, sondern sieht er sich darüber hinaus auch in der Rolle eines **aktiven Impulsgebers** für noch nicht berücksichtigte bzw. innovative Aspekte des Beschwerdemanagements (z. B. zielgruppengerechte Aufbereitung von angeforderten Beschwerdereporten, Hinweise auf neue Analyseformen und -inhalte oder noch nicht beachtete Kommunikationsplattformen von Beschwerdeführern), sind alle Voraussetzungen gegeben, dass die Auslagerung der operativen Kontaktabwicklung im Rahmen des Beschwerdemanagements erfolgreich gestaltet werden kann.

Kapitel 15 ganz kurz:

- Die Wahl zwischen einem zentralen, dezentralen und dualen Beschwerdemanagement hängt von einer Reihe von Faktoren ab. Dazu gehören vor allem Art des Produkts, Kundenzahl, Art des Vertriebs und Zentralität des Kundenkontakts.
- Das Beschwerde-Center ist insbesondere für die operativen Aufgaben des direkten Beschwerdemanagementprozesses zuständig. Dafür werden bei entsprechendem Beschwerdeaufkommen organisationale Einheiten für Inbound Calls (1st and 2nd Level), Inbound Mails, Inbound Social Media, Back Office, 3rd Level (Fachabteilungen) sowie Outbound-Contacts eingerichtet.
- Die Leitung des Beschwerde-Centers hat Personal- und Budgetverantwortung und ist zuständig für die Projektentwicklung, die Überwachung von Umsatz- und Servicezielen sowie die Steuerung des Mitarbeitereinsatzes.
- Die zentrale Verantwortung der Bereichsleitung Beschwerdemanagement liegt in der strategischen Planung und der Sicherstellung, dass die

Aufgaben des direkten und indirekten Beschwerdemanagementprozesses strategiegerecht durchgeführt werden.

- Zur optimalen Aufgabenerfüllung müssen dem Bereich Beschwerdemanagement Einflussrechte zugewiesen werden, wobei deren Stärke vom jeweiligen Typ des Beschwerdemanagements abhängt.
- Bei der Wahl der Organisationsform für den Bereich Beschwerdemanagement (Stabsstelle, Linienfunktion oder Matrixorganisation) sind die jeweiligen Vor- und Nachteile unternehmensindividuell abzuwägen.
- Der Bereich Beschwerdemanagement kann als Profit Center organisiert werden, wenn es gelingt, den Gewinnbeitrag aufgrund der eigenen Aktivitäten nachzuweisen.
- In kundenorientierten Unternehmen kann die grundlegende Verantwortung für den gesamten Beschwerdemanagementprozess nicht outgesourct werden. Demgegenüber ist ein Outsourcing der operativen Aktivitäten möglich, wenn durch entsprechende Service Level Agreements sichergestellt wird, dass die Ziele des Beschwerdemanagements erreicht werden.

Literatur

Duffner, A. (1998): Organisation von Call Centern, in: Henn, H./Kruse, J. P./Strawe, O. V. (Hrsg.): Handbuch Call Center Management, Hannover, S. 35 - 54.

Fichte, M (2001): Organisation, in: Schmid, C./Jendro, L. (Hrsg.): Call Center Compendium: Konzeption, Aufbau, Betrieb und Technik eines professionellen Kundenmanagements, Köln, S. 31 - 49.

Graf, K. (1990): Die Behandlung von Verbraucherbeschwerden in Unternehmen, Berlin.

Halstead, D. (1993): Five Common Myths about Consumer Satisfaction Programs, in: Journal of Services Marketing, 7. Jg., Nr. 3, S. 4 - 12.

Hansen, U. (1990): Absatz- und Beschaffungsmarketing des Einzelhandels. Eine Aktionsanalyse, 2. Aufl., Göttingen.

Hansen, U./Jeschke, K. (2000): Beschwerdemanagement für Dienstleistungsunternehmen - Beispiel eines Kfz-Handels, in: Bruhn, M./Stauss, B. (Hrsg.): Dienstleistungsqualität, 3. Aufl., Wiesbaden, S. 433 - 459.

Jedraßczyk, M. (2011): Wertschöpfung durch Business Transformation Outsourcing, Hamburg.

Jeschke, K. (1994): Nachkaufmarketing. Kundenzufriedenheit und Kundenbindung auf Konsumgütermärkten, Frankfurt/Main u. a.

o. V. (1993): Centralizing Service: Done well, Fewer Employees give Customers Better Care, in: The Service Edge, 6. Jg., Nr. 2, S. 1 - 4.

Riemer, M. (1986): Beschwerdemanagement, Frankfurt/Main u. a.

Schmidt, M. (2007): Zufriedenheitsorientierte Steuerung des Customer Care, Wiesbaden.

Schöber, P. (1997): Organisatorische Gestaltung von Beschwerdemanagement-Systemen, Frankfurt/Main u. a.

Stauss, B./Jedraßczyk, M. (2007): Business Process Outsourcing - Wertschöpfung durch externe Dienstleister, in: Bruhn, M./Stauss, B. (Hrsg.): Wertschöpfungsprozesse bei Dienstleistungen - Forum Dienstleistungsmanagement, Wiesbaden, S. 359 - 381.

NEIN, DAFÜR IST UNSER COMPUTER ZUSTÄNDIG. MOMENT, ICH VERBINDE SIE GLEICH MAL.
LR

16 Technologische Aspekte des Beschwerdemanagements

- Unter welchen Voraussetzungen ist der Einsatz einer Beschwerdemanagementsoftware angebracht?
- Welche Argumente sprechen für eine spezielle Beschwerdemanagementsoftware, welche für eine integrative CRM-Lösung?
- Mit welchen Kernfunktionalitäten sollte eine Beschwerdemanagementsoftware ausgestattet sein?
- Wie können Internet und Intranet effektiv im Rahmen eines softwaregestützten Beschwerdemanagements genutzt werden?

Vor allem bei erheblichem Beschwerdeaufkommen können die Aufgaben des Beschwerdemanagements nur unter Verwendung von Softwareprogrammen effizient realisiert werden. Insofern müssen sich Verantwortliche des Beschwerdemanagements über die Leistungsfähigkeit der am Markt angebotenen Programme informieren und ihre Anwendung planen.

Allerdings muss man sich im Klaren sein, dass entsprechende Programme nur im Rahmen einer **konsistenten Beschwerdemanagement-Strategie** wirksam werden können, ein Ersatz für ein durchdachtes Managementkonzept sind sie nicht.

Letzteres muss besonders betont werden, da Beschwerdemanagement vor allem im Kontext von Customer-Relationship-Management-Initiativen häufig **als reines Softwareprojekt missinterpretiert** und dabei übersehen wird, dass es sich um ein **umfassendes Management- und Führungskonzept** handelt. Doch nur wenn dieses Konzept existiert und den strategischen Rahmen für die Softwarenutzung bildet, können die hohen Potenziale von Beschwerdemanagementsystemen für Effizienzsteigerungen und Qualitätserhöhungen genutzt werden.

16.1 Grundlegende Determinanten für den Einsatz einer Beschwerdemanagementsoftware

Zunächst ist zu prüfen, unter welchen Voraussetzungen es angebracht ist, die Beschwerdemanagementprozesse mit einer Softwarelösung zu unterstützen. Zur Beantwortung dieser Frage ist vor allem auf folgende **Determinanten des Einsatzes einer Softwarelösung** hinzuweisen: Beschwerdeaufkommen, Komplexität der Bearbeitungsprozesse, Umfang der angebotenen Produktpalette sowie Anforderungen an Auswertung und Controlling. Eine Softwareunterstützung wird demnach unverzichtbar,

- wenn das **Beschwerdeaufkommen** so hoch ist, dass eine schnelle und effiziente Annahme, Bearbeitung und Lösung aller Beschwerden ohne IT-Basis nicht mehr möglich ist,
- wenn die **Bearbeitungsprozesse** komplex sind, d. h. wenn beispielsweise unterschiedliche unternehmerische Einheiten in die Annahme-, Bearbeitungs- und Reaktionsprozesse integriert sind,
- wenn das Unternehmen eine **Vielzahl von Produkten und Dienstleistungen** anbietet, bei denen zudem wiederum **vielfältige Probleme** auftreten können, sodass sehr differenzierte Informationserfassungs- und -verarbeitungsprozesse erforderlich sind,
- wenn umfassende, vielschichtige und regelmäßige **Auswertungen und Reports** erstellt sowie die Funktionen des **Beschwerdemanagement-Controllings** erfüllt werden sollen.

Bedenkt man zudem, dass das Beschwerdemanagement Kern eines jeden Kundenmanagements ist, das seinerseits in aller Regel einen Softwareeinsatz erfordert, dann ist festzuhalten, dass es nicht nur für alle Großunternehmen, sondern auch für die überwiegende Mehrheit aller mittelständischen Betriebe sinnvoll und erforderlich ist, auf Beschwerdemanagementsoftware zurückzugreifen.

16.2 Die Entscheidung für eine spezielle Beschwerdemanagementsoftware oder eine integrative CRM-Lösung

Liegen die genannten Voraussetzungen vor, gilt es zu entscheiden, ob eine **spezielle Beschwerdemanagementsoftware oder eine integrative CRM-Lösung** eingesetzt werden soll. Die Beantwortung dieser Frage hängt vor allem davon ab, ob das Beschwerdemanagement als eigenständiges Managementkonzept (bzw. Softwareprojekt) oder als integrativer Bestandteil von CRM interpretiert wird. Trifft Ersteres zu, liegt eine Entscheidung zugunsten eines Softwaresystems nahe, das speziell für die Unterstützung der Beschwerdemanagementprozesse entwickelt wurde. Aber auch im Fall der Fundierung des gesamten Kundenbeziehungsmanagements mit Hilfe umfassender Softwaresysteme kann die Entscheidung für eine spezielle Beschwerdemanagementsoftware fallen. Dies ist immer dann der Fall, wenn Unternehmen für jedes Problemfeld des CRM die jeweils bestmögliche Softwarelösung wählen, also beispielsweise ein spezielles Kampagnenmanagement-Tool, eine spezifische Kundenkontaktmanagementsoftware, eine Softwarelösung zur gezielten Unterstützung der Vertriebsprozesse oder eben eine spezifische Lösung zur Verwirklichung eines aktiven Beschwerdemanagements. Eine solche Softwarestrategie wird im Kontext des CRM auch als **„Best of Breed"-Lösung** bezeichnet.

Alternativ zur „Best of Breed"-Strategie kann sich ein Unternehmen für eine **integrierte Komplettlösung** entscheiden, in der alle relevanten Problemstellungen des CRM berücksichtigt sind. Der grundsätzliche **Unterschied zwischen den beiden Softwarestrategien** besteht darin, dass der integrierte Lösungsansatz einen einheitlichen Softwareeinsatz gewährleistet und somit vermieden wird, dass Softwaresysteme von verschiedenen Anbietern eingesetzt werden. Damit können insbesondere die Probleme unterschiedlicher Benutzeroberflächen, Bedienerführungen oder Datenbankschnittstellen in Grenzen gehalten und die Kosten reduziert werden. Allerdings steht diesem Vorteil häufig der Nachteil qualitativer Einbußen gegenüber. „Best of Breed"-Lösungen weisen in der Regel einen höheren Funktionsumfang sowie eine bessere fachliche Durchdringung auf. Dies führt dazu, dass sie zum Teil effizientere Prozesse sicherstellen können und geringere Anpassungen erfordern, sodass sie sich am Ende oft auch als kostengünstiger erweisen. Eine naheliegende Alternative, die Vorteile von „Best of Breed"-Lösungen und integrierten Komplettlösungen zu vereinigen, ist darin zu sehen, grundlegende Funktionalitäten von „Best of Breed"-Lösungen in integrierten Komplettlösungen abzubilden. Ob bzw. in welchem Umfang solche Möglichkeiten gegeben sind, sollte in der Phase der Evaluierung von integrierten Komplettlösungen geprüft werden.

Eine von vielen Unternehmen in Erwägung gezogene und oftmals auch umgesetzte Variante besteht darüber hinaus darin, die softwaretechnische Unterstützung des Beschwerdemanagementprozesses **mit eigenen Ressourcen und Mitteln zu realisieren**. Diese Perspektive wird in der Regel vor allem wegen der nahtlosen technischen Integration neuer Softwaremodule in die bestehende Systemlandschaft in Betracht gezogen. So sinnvoll diese Variante zunächst erscheint, so erweist sie sich in der Praxis doch vielfach als problematisch (Terentis et al. 2002): **(1)** Standardsoftwaresysteme berücksichtigen eine Reihe von Funktionalitäten zur Unterstützung des Beschwerdemanagementprozesses, die in der Regel branchenunabhängigen Charakter besitzen, auf vielfältigem Erfahrungswissen beruhen und daher nicht neu erfunden werden müssen. **(2)** Der unternehmensindividuelle Anpassungsaufwand ist bei Softwaresystemen, die auf einer soliden fachlichen Grundlage entwickelt worden sind, vergleichsweise gering. **(3)** Oftmals stehen weder die notwendigen fachlichen Kompetenzen noch die entsprechenden Kapazitäten zur Verfügung, um eine fundierte und zeitnahe programmiertechnische Realisierung der fachlichen Anforderungen zu gewährleisten. **(4)** Erfahrungsgemäß übersteigen letztlich die Kosten einer Eigenentwicklung die Lizenzkosten sowie die Kosten für die datentechnische Integration und die Wartung und Pflege von Standardsystemen erheblich.

Sollte aus IT-strategischen Erwägungen trotzdem der Eigenprogrammierung der Vorzug gegeben werden, ist es empfehlenswert, auf externe Fachexpertise bezüglich der Definition der detaillierten fachlichen Anforderungen an ein solches System sowie der programmiertechnischen Umsetzung einzelner Systemkomponenten zurückzugreifen.

Die **generelle Leitlinie** für die Entscheidung zur softwaretechnischen Unterstützung eines aktiven Beschwerdemanagements sollte – unabhängig davon, ob es sich um ein „reines" Beschwerdemanagementprojekt oder um eine integrative CRM-Problemstellung handelt – von **fachlichen, wirtschaftlichen und IT-strategischen Überlegungen** geprägt sein, und zwar in dieser Reihenfolge. Die Software muss den aufgezeigten, an den möglichen Zuständen einer Kundenbeziehung orientierten CRM-Ansatz berücksichtigen und alle Aufgabenbausteine des Beschwerdemanagements beherrschen. Jedes Zugeständnis an eine softwaretechnische Mindererfüllung von fachlichen Anforderungen wird sich später als **folgenreiche Fehlentscheidung** erweisen, die sich sowohl in Mehraufwendungen für Softwareanpassungen als auch in gefährdeten oder verlorenen Kundenbeziehungen niederschlägt.

In jedem Fall muss die Einführung von Beschwerdemanagement-Softwaresystemen **von der fachlichen Perspektive getrieben** werden. Die Software sollte nicht die Handlungsmöglichkeiten und damit den unternehmerischen Wertbeitrag des Beschwerdemanagements bestimmen, sondern sie muss in der Lage sein, die Anforderungen eines strategisch ausgerichteten und unternehmensindividuell definierten Beschwerdemanagement-Konzepts optimal zu erfüllen.

16.3 Kernfunktionalitäten von Beschwerdemanagement-Softwaresystemen

Im Rahmen der **Beschwerdeannahme** liegt die wesentliche Funktion von Softwarelösungen darin, das Ziel einer vollständigen, strukturierten und schnellen **Beschwerdeerfassung** zu gewährleisten.

Vollständige Erfassung der Beschwerdeinformationen

Die **vollständige Erfassung** der Beschwerdeinformationen wird softwaregestützt dadurch ermöglicht, dass alle zu dokumentierenden Informationen eines Beschwerdefalls in spezifischen Masken des Softwaresystems festgelegt und vorgegeben sind, wobei sich die Dokumentation dieser Informationen über den kompletten Abwicklungsprozess einer Beschwerde erstreckt. Kann ein Beschwerdevorgang nicht im unmittelbaren Erstkontakt mit dem Beschwerdeführer abgeschlossen werden, erfolgt die Dokumentation des innerbetrieblichen Umgangs mit der Beschwerde sukzessive mit dem Fortschritt der Beschwerdebearbeitung und -reaktion.

Zur Unterstützung des Erfassungsvorgangs sowie zur Förderung der Erfassungsdisziplin können bestimmte Datenfelder als sogenannte **„Pflichtfelder"** definiert werden.

Dies bedeutet, dass ein Beschwerdevorgang normalerweise erst dann abgespeichert werden kann, wenn alle als „zwingend erforderlich“ definierten Informationen auch eingegeben worden sind. Ist es dem Kunden im Moment der Beschwerde nicht möglich, die für die reibungslose Beschwerdeabwicklung unerlässlichen Informationen zu geben, kann das Programm die Möglichkeit vorsehen, dass der Benutzer beim Start oder während der Nutzung der Anwendung automatisch darauf hingewiesen wird, dass einzelne Daten in bestimmten Beschwerdevorgängen noch nicht vollständig erfasst sind, sodass er weitere Maßnahmen einleiten kann, um die noch benötigten Daten zu beschaffen.

Eine wesentliche Voraussetzung für die vollständige Erfassung aller relevanten Beschwerdeinformationen stellt die Bereitstellung von entsprechenden Feldern für die zu erfassenden Beschwerdeinformationen in einer inhaltlich-logischen sowie dem Erzählfluss des Beschwerdeführers entsprechenden Form dar.

Strukturierte Erfassung der Beschwerdeinformationen

Die **strukturierte Erfassung der Beschwerdeinformationen** wird wesentlich durch die Bereitstellung spezifischer Erfassungsmöglichkeiten für die einzelnen Beschwerdeinformationen sowie durch den Aufbau der Erfassungsmasken bestimmt. Sie wird dann gefördert, wenn die Beschwerdeinhalts- und Beschwerdeabwicklungs-Informationen in unterschiedlichen Masken aufgenommen werden und die Anordnung der aufzunehmenden Informationen in den einzelnen Masken inhaltlich-logisch bzw. dem grundsätzlichen Gesprächsfluss der Beschwerdeführer folgt. Gleichzeitig sollte es möglich sein, ohne Probleme zwischen den verschiedenen Masken umzuschalten und auf die unterschiedlichen Eingabefelder unmittelbar zuzugreifen, sodass die Informationen insbesondere bei telefonisch artikulierten Beschwerden simultan zur Schilderung des Beschwerdeführers eingegeben werden können.

Die grundlegende **Differenzierung zwischen der Erfassung von Beschwerdeinhalts- und Beschwerdeabwicklungs-Informationen** ist deshalb wichtig, weil Beschwerdeinhalts-Informationen unmittelbar aus der Kundenartikulation entnommen werden müssen, während Beschwerdeabwicklungs-Informationen (auch) nach dem Erstkontakt mit dem Beschwerdeführer festgehalten werden können. Eine gute Strukturierung der relevanten Informationen im Rahmen der Beschwerdeannahme, -bearbeitung und -reaktion stellt gleichzeitig eine wesentliche Voraussetzung für deren **schnelle Erfassung dar**.

Schnelle Erfassung der Beschwerdeinformationen

Eine **schnelle Erfassung der Beschwerdeinformationen** wird durch den Einsatz von Beschwerdemanagementsystemen gewährleistet, da bezüglich der einzelnen Beschwerdeinformationen für ähnliche oder analoge Sachverhalte entsprechende Klassifizierungsmerkmale einfach und flexibel definiert und dem Mitarbeiter im Erfassungsprozess in Form von vorgegebenen Alternativen angeboten werden. Dies bedeutet z. B., dass alle sinnvollen Ausprägungen von Kundengruppen, Produkten oder Problemkategorien als einstufige oder hierarchisierte Listen bei den entsprechenden Eingabefeldern zur Verfügung gestellt werden. Bei der Dokumentation eines Beschwerdefalls können aus diesen jeweiligen Listen die zutreffenden Merkmalsausprägungen per Mausklick ausgewählt werden, ohne dass eine manuelle Eingabe nötig wird.

Dieser Auswahlvorgang kann durch eine **automatisierte Vorselektion** der relevanten Alternativen unterstützt werden. Wird beispielsweise im Rahmen der Typologisierung eines Beschwerdeführers bezüglich seiner Zugehörigkeit zu einer bestimmten Zielgruppe die Kundengruppe „Privatkunde" gesucht, lässt sich durch Eintippen des ersten Buchstabens „P" eine Vorauswahl möglicher Kundengruppen, die mit diesem Buchstaben beginnen, erreichen.

Weiterhin können zwischen den zu erfassenden Beschwerdeinformationen und den jeweiligen Klassifizierungsmerkmalen **inhaltliche Beziehungen bzw. Abhängigkeiten** bestehen. Erfolgt zum Beispiel eine Beschwerde über ein spezifisches Produkt, so sollten als mögliche Problemarten ausschließlich solche zur weitergehenden Erfassung angeboten werden, die für dieses Produkt in Frage kommen bzw. definiert worden sind. Analoge Verknüpfungen sind beispielsweise auch zwischen der Art des Problems und der korrespondierenden Problemlösung/Wiedergutmachungsleistung sinnvoll oder zwischen der Art des Problems und entsprechenden Bearbeitungsprozessen. Die Abbildung solcher inhaltlichen Abhängigkeiten zwischen einzelnen Beschwerdeinformationen in einem Beschwerdemanagementsystem impliziert eine **Filterwirkung** bezüglich der jeweils zur Auswahl stehenden Alternativen und ermöglicht es, dass auch umfangreiche und komplexe Kategorisierungsstrukturen handhabbar sind. Gleichzeitig wird durch die Bereitstellung solcher Filterwirkungen die fehlerhafte Erfassung von Beschwerdeinformationen minimiert, da pro Erfassungsfeld, das mit einer Verknüpfung ausgestattet ist, lediglich die relevanten Informationen als Erfassungsalternativen angezeigt werden.

Im Rahmen der softwaretechnischen Realisierung des Erfassungsprozesses wird in der Regel versucht, eine schnelle Informationsaufnahme dadurch zu erreichen, dass nur die „wirklich wichtigen" Beschwerdeinformationen berücksichtigt und/oder die Klassifizierungsmerkmale auf sehr abstrakter Ebene bereitgestellt werden (z.B. „Produktfehler" oder „Mitarbeiterverhalten"). Dabei geht häufig die schnelle Erfassung zu Lasten der Informationsqualität, was die Möglichkeiten für eine kundennahe Beschwerdebearbeitung sowie für aussagekräftige Auswertungen und konkrete Qualitätsverbesserungen einschränkt. Insofern stellt eine solche Schnellerfassung eine problematische **„Wenigerfassung"** dar. Bei der softwaretechnischen Realisierung des Erfassungsprozesses müssen daher die Voraussetzungen dafür geschaffen werden, dass Beschwerdeinformationen nicht nur schnell, sondern zugleich differenziert und detailliert aufgenommen werden können.

Dokumentation des innerbetrieblichen Umgangs mit Beschwerden

In den Aufgabenfeldern der **Beschwerdebearbeitung und Beschwerdereaktion** können Softwaresysteme vor allem für die Steuerung der Beschwerdebearbeitungsprozesse, für ein effektives Termin- und Kommunikationsmanagement sowie für die Förderung einer konsistenten und schnellen Problemlösungspolitik eingesetzt werden.

Eine systematische **Steuerung des Bearbeitungsflusses** ist insofern möglich, als mit der Eingabe eines neuen Falls in das System die vordefinierten Beschwerdebearbeitungsprozesse - entweder automatisch, z.B. in Abhängigkeit von der jeweiligen Problemart, oder manuell - ausgelöst werden können. Gleichzeitig kann der „Complaint Owner" für den jeweiligen Beschwerdefall festgelegt werden. Mit der Initiierung eines Bearbeitungsprozesses wird die zuständige Person („Task Owner") für den ersten Bearbeitungsschritt unmittelbar darüber informiert, dass ein weiterer Bearbeitungsfall vorliegt, und sie erhält zugleich zeitliche Vorgaben für den Abschluss des anstehenden Prozessschritts.

Nach Beendigung der jeweiligen Teilaufgaben durch die „Task Owner" erfolgt wiederum eine **automatische Weiterleitung und Terminfestsetzung** für die nachfolgende Teilphase bzw. die restliche Gesamtbearbeitung. Auf diese Weise ist sichergestellt, dass alle an der Bearbeitung beteiligten Personen oder Abteilungen prozessgemäß und im Rahmen der gesetzten Termine agieren. Parallel zur Abwicklung eines Beschwerdevorgangs wird vom System die **Bearbeitungshistorie** entsprechend den jeweils ausgeführten Bearbeitungsschritten in chronologischer Reihenfolge generiert.

Um diese Funktionen umfassend gewährleisten zu können, bedarf es der **Integration einer Workflow-Engine**, welche die flexible Modellierung von Prozessen gestattet und eine lückenlose Dokumentation und Terminüberwachung sowie den permanenten Status-Check gewährleistet.

Eine wichtige Möglichkeit, den Bearbeitungsprozess insbesondere bei schriftlich artikulierten Beschwerden zu erleichtern, besteht darin, ein **Dokumentenmanagementsystem** in die Beschwerdemanagementsoftware zu integrieren. Beschwerdebriefe wie auch zusätzlich vom Beschwerdeführer eingereichte Unterlagen können eingescannt, einem Beschwerdevorgang gezielt zugeordnet und weiterbearbeitet werden, indem beispielsweise wichtige Textpassagen farblich hervorgehoben werden oder das Schriftstück mit Kommentaren und Bearbeitungsvermerken versehen wird. Indem Beschwerdevorgänge zusammen mit den eingescannten Schriftstücken mit Hilfe der Beschwerdemanagementsoftware an die verantwortlichen Personen weitergeleitet werden, entfällt das parallele und zeitverzögerte Versenden entsprechender Kundenkorrespondenz und der Bearbeitungsprozess wird beschleunigt.

Im Hinblick auf ein effizientes **Terminmanagement** hat ein Softwareeinsatz weitere Vorteile. Die mit den einzelnen Prozessschritten verbundenen Bearbeitungszeiten werden - ausgehend vom Eingangsdatum der Beschwerde - in konkrete Datumsvorgaben umgerechnet. Werden die gesetzten Termine überschritten, kann ein integriertes **Mahnsystem** den zuständigen Mitarbeiter beim Start des Programms oder während der Anwendung automatisch über seinen Verzug informieren. Setzt sich die zeitliche Verzögerung eines Beschwerdefalls fort, ist es möglich, dass der Fall automatisch an das **Eskalationssystem** übergeben wird. Bei entsprechender Netzwerkintegration werden dann die zuständigen Personen (Process Owner und Complaint Owner bis hin zur Unternehmensleitung) in verschiedenen Eskalationsstufen über den zeitlichen Verzug informiert und können steuernd eingreifen.

Auch für das Management der Kommunikation zwischen den an der Beschwerdeabwicklung beteiligten Personen oder Abteilungen und insbesondere für die Kommunikation mit den Beschwerdeführern kann Softwaretechnologie wertvolle Dienste leisten. Zum einen ist es möglich, im Rahmen der Weiterleitung von Beschwerdevorgängen an die im Bearbeitungsprozess nachgelagerten Stellen Notizen und Bearbeitungsvermerke als E-Mail-Nachrichten oder vom System automatisch generierte Telefaxe zu versenden. Auf diese Weise gelingt es, den Informationsfluss wesentlich zu beschleunigen und die **interne Kommunikation** während der Bearbeitung zu optimieren.

Zum anderen kann man auch die **externe Kommunikation** mit dem Beschwerdeführer erheblich erleichtern. Werden die Kommunikationsintervalle für Eingangsbestätigungen, Zwischenbescheide und die abschließende Antwort softwaretechnisch hinterlegt, ist es möglich, die Mitarbeiter durch das System automatisch auf die Notwendigkeit der Kommunikation hinzuweisen. Auch können Formbriefe und Textbausteine, die bei der Korrespondenz Verwendung finden, vom Programm verwaltet und in Abhängigkeit von den konkreten Beschwerdeinformationen im Einzelfall bereitgestellt werden. Mit der Einrichtung von Schnittstellen zu den eingesetzten Textverarbeitungsprogrammen kann die schriftliche Kommunikation noch weiter optimiert werden. Fallindividuelle Daten (Kundenanschrift, persönliche Anrede des Beschwerdeführers, das Problem oder der Bezug auf das problembehaftete Produkt) lassen sich in das Kundenschreiben übernehmen und auf diese Weise können beschwerdeindividuelle Handhabungen von Textbausteinen unterstützt werden. Ebenso sind Möglichkeiten für die Verknüpfung mit entsprechender Telefonsoftware vorzusehen, die es den Mitarbeitern im Beschwerdemanagement möglich macht, die telefonische Verbindung mit dem Kunden sofort herzustellen.

Auch in Bezug auf die effiziente und intelligente Gestaltung der **Problemlösungs- und Wiedergutmachungspolitik** ist Beschwerdemanagementsoftware einsetzbar. Indem für jedes Beschwerdeobjekt Problemlösungen/Wiedergutmachungsleistungen mit definierten Problemarten verknüpft werden, besteht für die Mitarbeiter die Möglichkeit, sich bei der Bearbeitung von Beschwerdefällen alle bisherigen Lösungen für analoge Fälle anzeigen zu lassen. Auf diese Weise werden eine konsistente Reaktion und die schnelle Beseitigung von Kundenproblemen ermöglicht. Werden zudem den Problemlösungen bzw. Wiedergutmachungsleistungen die damit verbundenen Kosten zugeordnet, erhält man einen detaillierten Überblick über die durch Unzufriedenheit verursachten Auseinandersetzungs- und externen Fehlerkosten.

Auswertung und Reporting der Beschwerdeinformationen

Der Vorteil des Einsatzes von softwaregestützten Beschwerdemanagementsystemen liegt nicht nur darin, dass die relevanten Beschwerdeinformationen besser registriert werden können und der Bearbeitungsprozess effizienter gesteuert werden kann, sondern auch in der Tatsache, dass die dokumentierten Informationen sowohl für die **Beschwerdeauswertung** als auch für das **Beschwerdemanagement-Controlling** zur Verfügung stehen. Zugleich kann gewährleistet werden, dass das Programm automatisch entsprechende Prozesse für diese Aufgabenbereiche auslöst.

Die innerhalb der **Beschwerdeanalyse** vorzunehmenden Häufigkeitsauswertungen, Kreuztabellierungen und die Berechnung von Lageparametern können innerhalb des Programms erfolgen oder durch entsprechende Drittsoftwaresysteme – wie z.B.

Microsoft Excel, Business-Intelligence-Systeme oder auch spezifische Data-Mining-Softwareprogramme – unterstützt werden. In jedem Fall ist darauf zu achten, dass die gewünschten Auswertungen vom **fachlichen Anwender** ohne großen Aufwand und ohne spezifische statistische oder systemtechnische Kenntnisse definiert, abgerufen und weiterverarbeitet werden können. Dies gilt sowohl für die Architektur von Tabellen als auch für die gewünschte grafische Umsetzung. Darüber hinaus ist es wichtig, dass spezielle Verfahren, wie die Frequenz-Relevanz-Analyse von Beschwerden (FRAB), durchgeführt werden können und eine Priorisierung von Problemen aus Kundensicht vorgesehen ist. Auch sollte die Möglichkeit genutzt werden, mit definierten Häufigkeitsauswertungen und Kreuztabellen logische Datenselektionen zu verknüpfen, um Auswertungen weiter konkretisieren zu können. So kann z.B. eine Analyse des Beschwerdeaufkommens nach schriftlichen oder telefonischen Artikulationen getrennt vorgenommen werden.

Auch die **Ursachenanalyse** im Rahmen der Beschwerdeinformationsnutzung kann maßgeblich durch Softwareeinsatz unterstützt werden, da Einzelfallschilderungen und Beschwerdehistorien abrufbar und Planungstechniken wie die Fehlermöglichkeits- und Einflussanalyse (FMEA) integrierbar sind. Idealerweise wird die detaillierte Analyse von Einzelfallschilderungen und Beschwerdehistorien auch unmittelbar aus der Beschwerdeanalyse heraus initiiert. Beispielsweise kann dann aus einer Kreuztabelle, die für ein Produkt einen spezifischen Problemschwerpunkt aufzeigt, direkt auf die betroffenen Beschwerdeführer mit ihren jeweiligen Einzelfallschilderungen und Beschwerdehistorien geschlossen werden. Auf dieser Grundlage können weitergehende Ursachenanalysen vorgenommen und/oder für diese Gruppe von Beschwerdeführern spezifische Follow-up-Maßnahmen definiert werden.

Die für das **Beschwerdereporting** erforderlichen Festlegungen hinsichtlich der jeweiligen Adressaten, der vorzunehmenden Auswertungen und der zeitlichen Rhythmen können ebenfalls im System verankert werden, sodass vom Programm zu den festgelegten Terminen automatisch Auswertungen vorgenommen und versandt werden.

Überwachung der Aufgabenerfüllung des Beschwerdemanagements

Im Rahmen des Beschwerdemanagement-Controllings gibt es für die Softwarenutzung eine Reihe weiterer Einsatzmöglichkeiten. Für das **subjektive Aufgaben-Controlling** kann ein Beschwerdezufriedenheitsfragebogen in die Softwarelösung integriert und im Idealfall auch angepasst und ausgedruckt werden. Die Daten können dann bei telefonischen Befragungen direkt ins System eingegeben bzw. bei schriftlichen Befragungen nachträglich erfasst werden, sodass sie mit anderen Daten des Beschwerdeführers bzw. des Beschwerdemanagements unmittelbar verknüpft werden können. Hierbei werden sowohl die regelmäßigen **Performance-Messungen** als insbesondere auch die **individuellen Follow-up-Kontakte** unterstützt. Gleichzeitig können Standards für die einzelnen Beschwerdezufriedenheitsdimensionen formuliert werden, deren Erfüllung automatisch überprüfbar ist.

Nachfolgendes **Praxis-Spotlight 24** beschreibt anhand des Beschwerdemanagementsystems b.better beispielhaft die softwaregestützte Durchführung von Follow-up-Befragungen bei Beschwerdeführern.

Praxis-Spotlight 24

Softwaregestützte Durchführung von Follow-up-Befragung bei Beschwerdeführern

Für Follow-up-Befragungen steht dem Anwender zunächst eine spezifische Maske zur Verfügung, anhand der er auf Basis unterschiedlicher Kundenmerkmale Beschwerdeführer auswählen kann, die befragt werden sollen. Die Selektionsergebnisse werden im unteren Abschnitt der Selektionsmaske angezeigt (siehe Bild A).

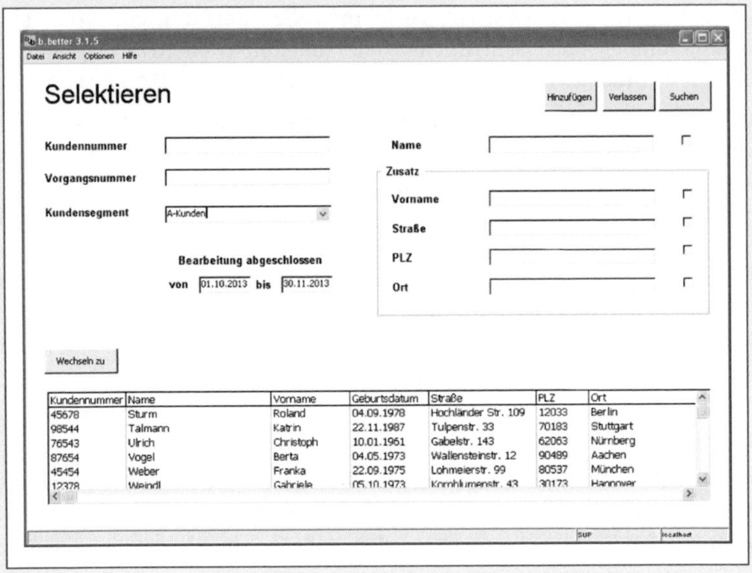

Bild A

In einem nächsten Schritt werden für die selektierten Beschwerdeführer die für die geplanten Kontakte relevanten Befragungsinhalte in Form von im System hinterlegten Follow-up-Fragebögen ausgewählt (siehe Bild B). Die Tabelle in der unteren Maskenhälfte liefert gleichzeitig einen Überblick über bereits durchgeführte bzw. aktuelle Befragungen.

Indem der relevante Fragebogen ausgewählt wird, wird in die Fragebogeninhalte verzweigt (siehe Bild C). Im rechten oberen Maskenausschnitt kann der Anwender die zu befragenden Kunden auswählen. Im linken oberen Maskenausschnitt wird festgehalten, welcher Mitarbeiter welchen Beschwerdeführer zu welchem Zeitpunkt kontaktiert. Der restliche Maskeninhalt zeigt die für die jeweils anstehende Follow-up-Befragung relevanten Fragestellungen, die ebenso wie die dazugehörigen Antwortalternativen systemseitig flexibel definiert werden können. Die Antworten werden kundenindividuell abgespeichert, sodass sichergestellt ist, dass die Befragungsergebnisse in der jeweiligen Beschwerdehistorie des Kunden zur Verfügung stehen.

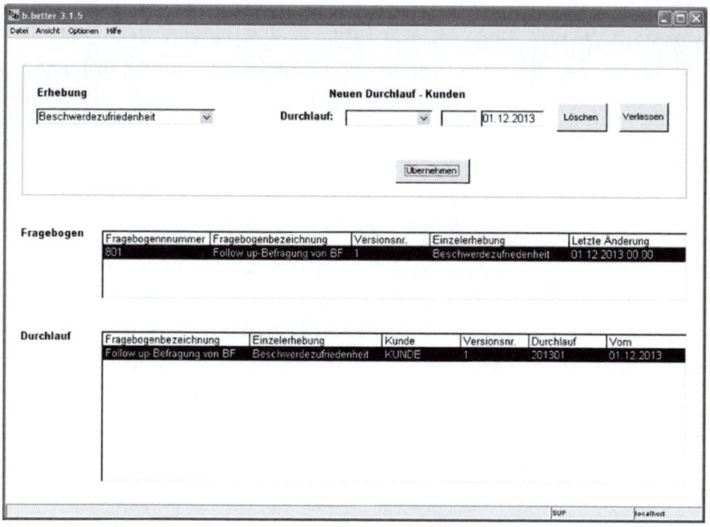

Bild B

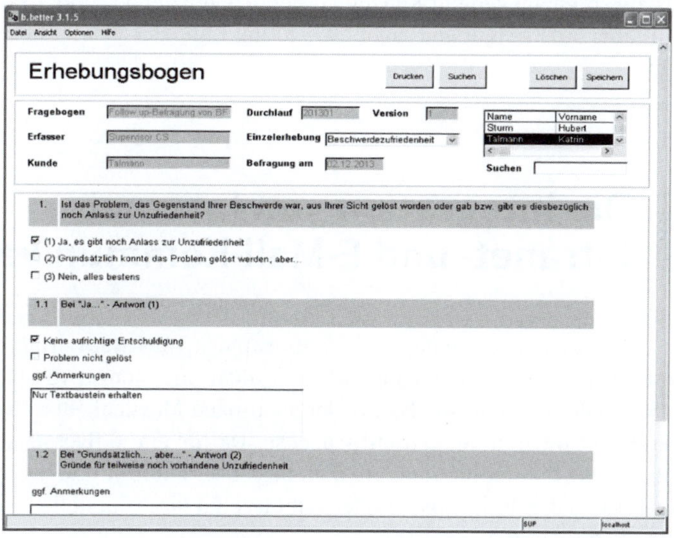

Bild C

Quelle: servmark Unternehmensberatung, Ingolstadt (Software b.better)

Oliver Viereck

servmark Unternehmensberatung

Die Standards des **objektiven Aufgaben-Controllings** können analog hinterlegt und durch das System teilweise automatisch, teilweise unter Rückgriff auf weitere Daten überwacht werden. Durch den Ausweis der Diskrepanzen zwischen Ist-Wert und Soll-Standard bietet das Beschwerdemanagementsystem unter Berücksichtigung der Ergebnisse des subjektiven Aufgaben-Controllings auch die Grundlage für die Ursachenanalysen zur Verbesserung des Beschwerdemanagements. Für die Zwecke des **Kosten-Nutzen-Controllings** ist es möglich, die erforderlichen Berechnungsprozeduren, z.B. zur Erfassung der Beschwerdemanagement-Kosten sowie der Ursachen für Kundenabwanderungen, in ein solches System aufzunehmen.

Idealerweise werden **Schnittstellen** zu Datenbanken geschaffen, die das faktische Kaufverhalten der Kunden registrieren. Aktuelle Informationen über Kundenumsätze und -deckungsbeiträge werden somit im Beschwerdemanagementsystem für das Kosten-Nutzen-Controlling bereitgestellt. Gleichzeitig können Beschwerdeführer, deren Kaufverhalten sich nach einer Beschwerde signifikant verändert, speziell beobachtet werden. Auf diese Weise wird es möglich, den „Return on Complaint Management" zu errechnen bzw. die Rentabilität unterschiedlicher Investitionen in das Beschwerdemanagement vergleichend zu überprüfen.

So unbestreitbar die Vorteile einer Softwarelösung bei der Durchführung von Aufgaben des Beschwerdemanagements sind, so unstrittig gilt auch die eingangs gemachte **Einschränkung**: Beschwerdemanagementsoftware stellt ein Instrument dar, das ein konsistentes Beschwerdemanagement-Konzept erheblich effizienter und besser machen kann; es kann aber Anstrengungen zur Entwicklung und Umsetzung dieses Konzepts nicht ersetzen.

16.4 Die Integration von Internet-, Intranet- und E-Mail-Kommunikation

Das Internet hat in den vergangenen Jahren ein rapides Wachstum erfahren. Die Verbreitung dieses Kommunikationsmediums bringt nicht nur innovative Spielräume für neue Vertriebskanäle mit sich, sondern bietet auch neue Möglichkeiten für die **Unterstützung der Beschwerdemanagementprozesse**. Da für ein aktives Beschwerdemanagement die externe Kommunikation mit dem Beschwerdeführer und die interne Kommunikation zwischen den Prozessbeteiligten Schlüsselfaktoren darstellen, liegt es nahe, Internet und Intranet hierfür zu nutzen.

Nutzung von Internet und Intranet im Rahmen des aktiven Beschwerdemanagements

Das **Internet** verknüpft einzelne, voneinander unabhängige Netzwerke und ermöglicht somit die universelle Kommunikation zwischen allen angeschlossenen Rechnern. Eine ähnliche Zielsetzung verfolgt das **Intranet**. Hierbei handelt es sich aber nicht um ein offenes System, sondern um ein internes Kommunikationsnetzwerk, das auf das Unternehmen mit seinen Organisationseinheiten, Abteilungen und Mitarbeitern bezogen ist.

Während das Internet konkrete Ansatzpunkte für die Beschwerdestimulierung und die Beschwerdeannahme sowie im Bereich der externen Kommunikation für die Beschwerdebearbeitung und -reaktion bietet, liefert das Intranet entsprechendes Optimierungspotenzial insbesondere für das Beschwerdereporting sowie für die Beschwerdeinformationsnutzung (siehe Bild 16.1).

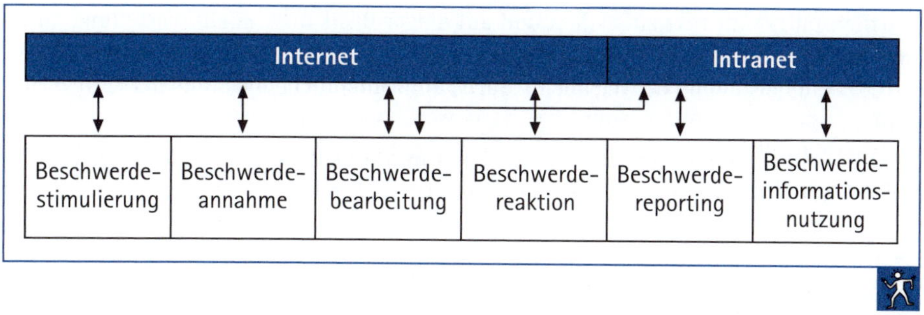

Bild 16.1 Der Zusammenhang zwischen Internet/Intranet und den Aufgabenbausteinen des Beschwerdemanagements

Auf die Möglichkeiten, die das Internet im Kontext der **Beschwerdestimulierung und Beschwerdeerfassung** bietet, wurde in den Kapiteln 6.2 bzw. 7.4 bereits eingegangen. Wie beim Einsatz von Meinungskarten muss auch bei der Beschwerdestimulierung per Internet darauf geachtet werden, dass im Unternehmen die **organisatorischen und personellen Voraussetzungen** gegeben sind, um das induzierte Beschwerdeaufkommen kundengerecht bearbeiten zu können. Man muss sich der Massenwirkung des Internets bewusst sein sowie der Tatsache, dass sich die Erwartungshaltung der Kunden an die Möglichkeiten, die das Internet bietet, anpasst: Auf per E-Mail artikulierte Beschwerden erwartet der Kunde in vielen Fällen auch eine E-Mail-Antwort, und zwar in einer Zeit, die der Schnelligkeit der Informationsübermittlung dieses Mediums entspricht.

Im Bereich der **Beschwerdeannahme** kann bei einem dezentral bzw. dual ausgerichteten Beschwerdemanagement mit unterschiedlichen Zuständigkeiten für die Behebung der Probleme die gezielte Kontaktierung des „richtigen" Ansprechpartners optimiert werden. Wenn z. B. ein eindeutiger Zusammenhang zwischen dem für eine Beschwerde zuständigen Adressaten und der vom Beschwerdeführer angegebenen Geschäftsstelle, in der das Problem aufgetreten ist, besteht, kann sichergestellt werden, dass die Beschwerde per E-Mail automatisch den richtigen „Complaint Owner" erreicht. Voraussetzung dafür ist, dass für diejenigen Informationen, welche die Verteilung an die zuständigen Stellen bestimmen – in diesem Fall der Ort des Problemauftritts – **strukturierte Erfassungsmöglichkeiten** auf der Internetseite bereitstehen. Auf diese Weise können Irrwege im Unternehmen, die anders artikulierte Beschwerden sonst häufig nehmen, von vornherein ausgeschlossen werden. Wird zur Unterstützung des Beschwerdemanagementprozesses eine Software eingesetzt und verfügt diese über eine entsprechende Schnittstelle zum Internet, werden die auf der „Beschwerdeseite“ im Internet eingegebenen Vorgänge automatisch in die Software übernommen. Strukturiert erfasste Informationen werden gleichzeitig automatisch in die korrespondierenden Felder der Software übernommen. Eingabefehler sowie doppelter Aufwand können dadurch vermieden werden.

Werden Beschwerden nicht in Erfassungsformularen auf der Internetseite eingegeben, sondern direkt via E-Mail ohne adäquate Erfassungsstrukturen gesendet, bieten moderne **Methoden der Texterkennung** die Möglichkeit, nach bestimmten Schlüsselbegriffen im E-Mail-Text zu suchen und auf dieser Basis die gezielte Verteilung an die jeweils verantwortlichen Personen vorzunehmen. Andernfalls müssen solche E-Mails – wie auf dem normalen Postweg auch – durch eine entsprechende Stelle manuell verteilt werden.

Viele Beschwerdemanagementsysteme bieten mittlerweile auch die Möglichkeit, sogenannte **Web Clients** anzubinden. Diese gestatten jedem berechtigten Mitarbeiter im Unternehmen mit PC-Arbeitsplatz und installiertem Internet-Browser den Zugriff auf die grundlegenden Erfassungs- und Bearbeitungsfunktionalitäten. Diese technologische Variante vermeidet den Aufbau spezifischer Netzwerke für das Beschwerdemanagementsystem, nutzt gezielt das Internet, um entsprechende Transaktionen abzuwickeln, und ermöglicht die schnelle und kostengünstige softwaretechnische Integration dezentraler Organisationseinheiten mit Beschwerdeführerkontakt. Damit werden die Voraussetzungen geschaffen, die Registrierung von Beschwerdeinformationen auf eine breite Basis zu stellen und vor allem die Beschwerdebearbeitung unternehmensweit zu organisieren. Das Internet stellt unter diesem Blickwinkel die logische Basis dar, ein umfassendes Kommunikations- und damit auch **Beschwerdemanagementnetzwerk** im Unternehmen aufzubauen.

Für die **Beschwerdebearbeitung** bietet das Intranet die zentrale Kommunikationsplattform. Sind an der Bearbeitung eines Beschwerdefalls mehrere Personen oder Abteilungen beteiligt, kann die **interne Kommunikation** bzw. Abstimmung zwischen den Organisationseinheiten gemäß den vordefinierten Bearbeitungsprozessen schnell und umfassend per E-Mail bewerkstelligt werden oder per Web Client, sofern die an der Beschwerdeabwicklung beteiligten Organisationseinheiten über einen Rechner mit Internetzugang verfügen.

Ähnliche Vorteile ergeben sich für die **Kommunikation mit den Beschwerdeführern**. Jeder „Complaint Owner“ oder „Task Owner“ kann per E-Mail mit dem Kunden in Kontakt treten und ihn mit Hilfe einer Eingangsbestätigung oder eines Zwischenbescheids über seinen Beschwerdefall schnell und kostengünstig auf dem Laufenden halten bzw. die Antwort auf seine Beschwerde mitteilen. Bei vorhandener Schnittstelle zwischen einem Textverarbeitungsprogramm und der E-Mail-Funktionalität kann der Kommunikationsprozess effizient ausgestaltet werden. Der verantwortliche Mitarbeiter erstellt das Kundenschreiben wie gewohnt mit Hilfe des Textverarbeitungsprogramms und initiiert von hier aus die E-Mail-Kommunikation. Wird zudem eine Beschwerdemanagementsoftware eingesetzt, können die an die Beschwerdeführer versandten E-Mails bei den Vorgängen archiviert werden.

Das **Praxis-Spotlight 25** zeigt am Beispiel der Condor Flugdienst GmbH, wie umfassend Beschwerdebearbeitungsprozesse durch Software automatisiert werden können.

Praxis-Spotlight 25

Automatisierte Beschwerdemanagementprozesse bei der Condor Flugdienst GmbH

Die Touristik ist einem schnellen Wandel ausgesetzt. Es gibt viele Mitbewerber und der Kunde entscheidet häufig vorrangig anhand des Preises. Um sich aus der Vielzahl der Anbieter abzuheben, ist guter Service der beste Hebel. Dieser darf aber nicht mit der Leistungserbringung enden – sondern muss gerade dann weitergehen, wenn der Kunde Grund zur Beschwerde hat. Diese gut und schnell bearbeitet, schafft doch noch ein gutes Gesamterlebnis, was sich positiv auf die nächste Urlaubsplanung auswirkt.

Condor hat seit Jahren im Rahmen der Kontaktmöglichkeit auf der Internetseite ein Beschwerdeformular für die Kunden eingerichtet und stetig weiterentwickelt – konkret zugeschnitten auf die dahinterliegende Beschwerdemanagementsoftware. Jeder Condor-Bereich mit Kundenkontakt ist gehalten, ausschließlich diesen Weg zur Kontaktaufnahme im Beschwerdefall zu kommunizieren, um eine bestmögliche Durchsetzung zu erreichen. Dies ist wichtig, weil Logik und Automatismen dahinter liegen, welche die Bearbeitung effizient gestalten.

Der Kunde gibt im Webformular, gesteuert über Pflichtfelder, alle Informationen (differenziert nach Beschwerdegrund) ein, die der Sachbearbeiter zur Bearbeitung des Beschwerdeanliegens benötigt, einschließlich Dokumente und/oder Bilder, die hochgeladen werden können. Beim Absenden des Formulars findet eine erste Prüfung statt. Der Kunde wird auf fehlende Angaben oder falsch genutzte Felder hingewiesen.

Mit dem Abschicken werden die Eingaben des Kontaktformulars in eine strukturierte XML-E-Mail übernommen und an ein dediziertes E-Mail-Postfach verschickt. Von dort wird die XML-Mail inklusive aller Anhänge von der Beschwerdemanagementsoftware ausgelesen und in die Beschwerdemanagement-Datenbank übernommen.

Ein Import-Workflow übernimmt die Verarbeitung der importierten Informationen. Zunächst erfolgt mit Hilfe der Reiseauftragsnummer, die der Kunde im Webformular eingegeben hat, eine Suche in der zentralen Kunden- und Reiseauftragsdatenbank, an die die Beschwerdemanagementsoftware über Web-Services angebunden ist.

Wird der Kunde mit seinem Reiseauftrag in der Datenbank gefunden, so wird der Kundendatensatz inklusive der relevanten Reiseauftrags-Informationen in die Beschwerdemanagementsoftware übernommen. Hat der Kunde über das Webformular abweichende Adress- und Kommunikationsdaten angegeben, so werden diese Informationen dem übernommenen Kundendatensatz hinzugefügt.

Ist eine Suche nicht erfolgreich, so erfolgt eine automatische Kundenneuanlage mit den Daten aus dem Webformular in der Beschwerdemanagementsoftware. Anschließend wird der Kundendatensatz über einen Serviceaufruf auch in der zentralen Kundendatenbank gespeichert.

Zu diesem Kundendatensatz erfolgt nun – über den Import-Workflow gesteuert – die Neuanlage eines Beschwerdevorgangs. In den Vorgang werden alle Informationen aus dem Webformular übernommen sowie die hochgeladenen Dokumente als Anhänge hinzugefügt. Zusätzlich wird der Vorgang mit weiteren Informationen angereichert, zum Beispiel über welches Reisebüro ein Kunde seine Reise gebucht hat.

Erkennt die Beschwerdemanagementsoftware, dass es sich beim abgesendeten Formular um ein Folgeschreiben (z. B. Nachlieferung fehlender Dokumente) zu einem bestehenden Vorgang handelt, wird dieses automatisch dem Originalvorgang zugeordnet.

Der Import-Workflow übernimmt dann den Versand einer Eingangsbestätigung an den Kunden, in der ihm die Vorgangsnummer, unter der das Kundenanliegen bei Condor bearbeitet wird, mitgeteilt wird. Die Bearbeitung durch den Mitarbeiter kann jeweils sofort starten.

Sind für die Lösung eines Kundenanliegens Recherchen notwendig und Stellungnahmen von anderen Bereichen einzuholen, erfolgt dies nicht separat per Mail, sondern direkt aus der Beschwerdemanagementsoftware. Die dann eingehende Antwort wird automatisch dem Vorgang zugeordnet und es erfolgt eine Meldung an einen Mitarbeiter oder Pool, dass der Vorgang nun weiterbearbeitet werden kann. Stellungnahmen können zudem automatisch nach einzustellenden Zeitfenstern angemahnt werden.

Für die Reisebüropartner wurde im Condor-Extranet dieselbe Möglichkeit geschaffen, um Beschwerden der gemeinsamen Kunden weiterzugeben. Für diese Unterstützung wird dem Partner eine fixe Bearbeitungszeit zugesichert und er erhält eine Kopie des Antwortschreibens an den Kunden – völlig automatisch –, ohne dass der Sachbearbeiter dies initiieren muss.

In der Umsetzung ist gerade ein Upgrade auf eine moderne Stufe der Beschwerdemanagementsoftware, um weitere Automatismen zu etablieren und die Bearbeiter von administrativen Aufgaben zu entlasten. So werden künftig auch Mails, die nicht aus dem Kontaktformular kommen (z. B. interne Weiterleitung), nach Adressdaten und Reiseauftragsnummer durchsucht – bei gleichzeitiger Prüfung der Kundendatenbank und leichter Verschlagwortung – und automatisch vom System zu Vorgängen verarbeitet. Der Mitarbeiter vervollständigt gegebenenfalls nur noch Daten vor der Bearbeitung. Das folgende Bild gibt den automatisierten Prozess wieder.

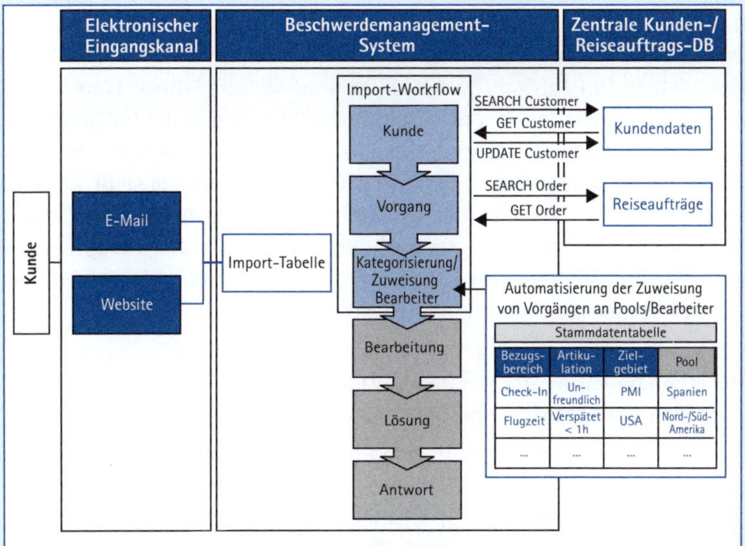

Quelle: Rödl IT-Cosulting, Nürnberg (Software Targenio)

Sowohl bei Beschwerden über die Webseite als auch per E-Mail erfolgt die Zuteilung zu einem Sachbearbeiter oder Mitarbeiter-Pool künftig anhand von Beschwerdegrund und/oder Schlagworten automatisch durch die Beschwerdemanagementsoftware anstatt manuell durch den Supervisor. Hierzu können Schlagworte und Schlagwortkombinationen hinterlegt werden, nach denen der E-Mail-Body durchsucht wird. Werden entsprechende Schlagworte identifiziert, so erfolgt die Ableitung an die entsprechend hinterlegten Pools/Mitarbeiter.

Selbstverständlich bietet schon das heutige System Formbriefe und Textbausteine, deren Verwendung im neuen System dahingehend erleichtert wird, dass diese dem Sachbearbeiter in Abhängigkeit von Beschwerdegrund und/oder der Verschlagwortung angeboten werden. Der Zugriff auf alle Textbausteine bleibt erhalten.

Natürlich sollen die Mitarbeiter weiter menschlich mit unseren Kunden umgehen. Um dafür die Zeitfenster zu schaffen und dennoch sehr viel effizienter zu werden, ist eine moderne Beschwerdemanagementsoftware die beste Chance.

Heidi Schüritz

General Manager Customer Contact Center

Condor Flugdienst GmbH

Während für die **Beschwerdeauswertung** und das **Beschwerdemanagement-Controlling** keine unmittelbaren Ansatzpunkte für das Internet/Intranet erkennbar sind – im Mittelpunkt steht hier nicht die Kommunikation, sondern die Definition sinnvoller Auswertungsinhalte und Kennzahlen –, können die Möglichkeiten insbesondere des Intranets im Rahmen des **Beschwerdereportings** voll ausgeschöpft werden. So kann die für Beschwerdeauswertung und Beschwerdemanagement-Controlling zuständige Abteilung eine eigene Website im Intranet bereitstellen und sich auf diese Weise als zentraler Broker für Kunden-Informationen profilieren und ihre Akzeptanz im Unternehmen fördern. Indem den einzelnen Zielgruppen des Beschwerdereportings spezifische Passwörter für das Einloggen in die Reporting-Plattform zur Verfügung gestellt werden, können diese gezielt auf die für sie relevanten und definierten Auswertungen und Kennzahlen zugreifen. Verfügt das Auswertungsmodul darüber hinaus über entsprechende Funktionalitäten, können von den Zielgruppen auch weitergehende Analysen in dem für sie freigegebenen Datenbestand durchgeführt werden.

Steht das Intranet als Kommunikationsplattform nicht zur Verfügung, können Auswertungen und Kennzahlen an die jeweiligen Zielgruppen zu den mit ihnen vereinbarten Zeitpunkten auch **per E-Mail** schnell übersandt werden.

Internet und Intranet bieten auch sinnvolle Plattformen zur **Beschwerdeinformationsnutzung**. Im Intranet können Mitarbeiter spontane Ideen zur Problemdiagnose und zur zukünftigen Problemvermeidung zur Diskussion stellen. Auch können bereichs- und standortübergreifende Teams schnell gebildet werden, die in elektronischen Chats miteinander über Problemlösungen kommunizieren. Räumliche und zeitliche Barrieren werden auf diese Weise überbrückt. Schließlich bietet das Internet neue Möglichkeiten des Kundendialogs mit dem Beschwerdeführer, zu denen vor allem virtuelle Kundenforen – Online-Kunden-Chats – gehören (siehe Kapitel 13.3.3).

Kapitel 16 ganz kurz

- Der Einsatz einer Beschwerdemanagementsoftware ist besonders notwendig bei einem hohen Beschwerdeaufkommen, bei komplexen Bearbeitungsprozessen, einem umfangreichen Produktprogramm, differenzierten Problemarten sowie hohen Anforderungen an Auswertung und Controlling.
- Die Entscheidung, eine spezielle Beschwerdemanagementsoftware oder ein integriertes CRM-System einzusetzen, hängt insbesondere von der gewünschten Funktionstiefe sowie der Möglichkeit ab, spezielle Beschwerdemanagementfunktionalitäten in CRM-Systemen abbilden zu können.
- Die eigene Entwicklung einer Beschwerdemanagementsoftware erweist sich bei realistischer Abschätzung von Realisierungskosten und Entwicklungszeit meist als wenig effiziente Alternative.
- Die Kernfunktionalitäten einer Beschwerdemanagementsoftware umfassen vor allem die Möglichkeiten der vollständigen, strukturierten und effizienten Erfassung der Beschwerdeinformationen, die lückenlose Dokumentation des innerbetrieblichen Umgangs mit Beschwerden, die detaillierte und flexible Analyse der erfassten Beschwerdeinformationen sowie die automatische Generierung wesentlicher Kennzahlen des subjektiven und objektiven Aufgaben-Controllings.

- Die Möglichkeiten des Internets und Intranets sollten gezielt im Rahmen der softwaretechnischen Unterstützung der Beschwerdemanagementprozesse genutzt werden.

Literatur

Terentis, J./Sander, F./Madden, M./Stone, M./Cox, D. (2002): Customer Service, Complaints Management and Regulatory Compliance, in: Journal of Financial Regulation and Compliance, 10. Jg., Nr. 1, S. 37 - 54.

FACEBOOK
TWITTER
LR

17 Social-Media-Beschwerden

- Welche Beschwerdeformen gibt es in kundengesteuerten und unternehmensgesteuerten Social Media?
- Warum haben Social Media als Beschwerdekanal besondere Relevanz?
- Wie sind Social-Media-Strategie und Beschwerdemanagement-Strategie aufeinander abzustimmen?
- Welche Besonderheiten ergeben sich für die Aufgabenbausteine des direkten und indirekten Beschwerdemanagements?
- Welche personalpolitischen und organisatorischen Fragestellungen sind in Bezug auf Social Media zu beachten?

Mit der Durchsetzung des Internets als alltäglichem Kommunikationsmedium entwickeln sich auch neue Formen der Kundenkommunikation, und zwar nicht nur bezüglich des elektronischen Dialogs mit dem Unternehmen, sondern vor allem hinsichtlich der Kommunikation unter den Kunden selbst (**Internet-Kunde-zu-Kunde-Kommunikation**). In sozialen Netzwerken wie Facebook oder mittels Microblogs wie Twitter interagieren Menschen untereinander und tauschen sich dabei auch über ihre positiven und negativen Erfahrungen mit Produkten, Dienstleistungen und unternehmerischen Verhaltensweisen aus. Darüber hinaus bewerten sie das unternehmerische Angebot im Web durch Videos oder Kommentare auf unternehmenskritischen Weblogs („Watchdog-Blogs"), Meinungsforen oder Bewertungsportalen. Um Einfluss auf diese Webdiskussionen zu nehmen und selbst mit ihren Kunden in einen intensiven Dialog zu treten, richten Unternehmen eigene Facebook- und Twitter-Accounts oder Weblogs ein, wobei sie aber zugleich ein Portal für die Internet-Kunde-zu-Kunde-Kommunikation schaffen.

Alle Formen der Social Media werden von potenziellen, aktuellen und ehemaligen Kunden sowie Nicht-Kunden in starkem Maße dazu genutzt, ihre Kritik und Unzufriedenheit am Marktangebot oder am gesellschaftspolitischen Verhalten von Unternehmen zu äußern. Damit ist ein neues, besonders relevantes Feld für das Beschwerdemanagement entstanden: **Social-Media-Beschwerden**.

17.1 Beschwerdekanal Social Media

Der Begriff **Social Media** (oder auch Web 2.0) bezeichnet internetbasierte Plattformen, die eine Interaktion und Vernetzung zwischen den Teilnehmern ermöglichen, die zugleich die Rollen des Informationssenders und -empfängers einnehmen können (Bruhn/Hadwich 2013). Die Besonderheit der Social Media liegt zum einen in der grundsätzlichen **Interaktivität**, d.h. Wechselseitigkeit der Empfänger- und Senderrolle, zum zweiten in der **potenziell weltweiten Wahrnehmbarkeit** der Artikulationen (Posts) und zum dritten in der Vielfältigkeit der **multimedialen Ausgestaltungsmöglichkeit**, da neben Texten u.a. auch Fotos, Videos oder Sprachaufzeichnungen eingesetzt werden können (Heinemann 2013).

Die Fülle unterschiedlicher Formen von Social Media lässt sich im Hinblick auf Erfordernisse des Beschwerdemanagements primär danach differenzieren, ob die Kommunikation von Kunden- oder Unternehmensseite gesteuert wird.

17.1.1 Für das Beschwerdemanagement wichtige Formen von Social Media

17.1.1.1 Beschwerden in kundengesteuerten Social Media

Eine **kundengesteuerte** Kommunikation liegt vor, wenn die Initiative zum Dialog mit anderen Teilnehmern im Netzwerk und/oder mit dem Unternehmen vom privaten Nutzer ausgeht. Das ist z.B. immer der Fall, wenn Kunden eigene Facebook- oder Twitter-Accounts einrichten und dort über ihre Erfahrungen mit Produkten und Unternehmen berichten bzw. sich an einer angestoßenen Diskussion beteiligen.

Der kundengesteuerte Einsatz von Social Media für solche produkt- bzw. unternehmensspezifische Kommunikation kann gelegentlich oder regelmäßig erfolgen.

Gelegentliche Kundenkritik in kundengesteuerten Social Media

Ein **gelegentlicher Einsatz** von Social Media liegt vor, wenn Nutzer ein Medium grundsätzlich für ihre öffentliche und private Kommunikation zu allen möglichen Inhalten verwenden, so dass kritische Konsumerfahrungen nur ein Thema unter vielen darstellen. Das ist etwa der Fall, wenn Privatpersonen in ihren persönlichen Facebook- oder Twitter-Accounts bzw. in ihren privaten Weblogs ihre Einschätzungen von Produkten und Unternehmen vornehmen oder ein kritisches Video erstellen.

Facebook stellt das weltweit größte soziale Netzwerk dar und gehört zu den am häufigsten besuchten Websites. Jeder Nutzer kann auf der Pinnwand seines Profils Nachrichten öffentlich machen. Dies wird zunehmend auch zur Schilderung negativer Konsumerlebnisse genutzt.

Analoges gilt für **Twitter**, das als Microblog zur Verbreitung von kurzen Nachrichten (Tweets) mit maximal 140 Zeichen dient. Eine empirische Studie zeigt, dass in diesen privaten Meldungen Markennamen sehr oft erwähnt werden, wobei etwa ein Drittel der

Bewertungen eindeutig negativ ausfällt (Jansen et al. 2009). Inzwischen wird Twitter auch für extremere Formen der Kundenkritik verwendet. So kaufte ein Kunde eine Anzeige auf der Twitter-Seite von British Airways, um sich wegen Gepäckverlust und schlechtem Service über die Fluglinie zu beschweren. Damit erreichte er im Internet und in den klassischen Medien eine enorme Aufmerksamkeit. Als das Unternehmen daraufhin seine späte Reaktion mit Hinweis auf die Zeiten der Twitter-Redaktion zu entschuldigen suchte, löste es eine weitere Welle des Spotts aus (Jansen 2013).

Private Blogs sind dynamische Websites, auf denen Personen unter Verwendung einfach zu bedienender Content-Management-Systeme regelmäßig neue Einträge vornehmen. Es handelt sich somit um eine Art Online-Tagebücher, die häufig aktualisiert werden, wobei neue Einträge an oberster Stelle stehen und die älteren in umgekehrt chronologischer Reihenfolge angeordnet sind. Bei privaten Weblogs handelt es sich überwiegend um persönliche Aufzeichnungen, die primär der Unterhaltung und der persönlichen Selbstdarstellung im Internet dienen. Aber auch hier wird zunehmend Erfahrungswissen über Produkte und Dienstleistungen ausgetauscht. Dabei stellen Beschwerden einen wesentlichen Inhalt dar, der auf unterschiedliche Art und Weise und mit differierender Intensität artikuliert wird.

Meist wird in der Beschwerde ein negatives Erlebnis geschildert, bisweilen ergänzt um die Bitte um Unterstützung, Rat und Hilfe. Einen Schritt weiter gehen diejenigen, die eine Beschwerde als „offenen Brief“ an das Unternehmen richten und diesen - verbunden mit einer expliziten Kaufwarnung - zugleich an Verbraucherorganisationen, Medien sowie Verwandte, Freunde und Bekannte schicken. Die höchste Eskalationssstufe und der Übergang zu regelmäßiger Kundenkritik ist erreicht, wenn der Kunde seine Beschwerde zum (einzigen) Bestandteil seines Weblogs macht und diese dann über verschiedene Verlinkungsmöglichkeiten mit anderen Weblogs verknüpft.

Immer öfter gehen Kunden dazu über, ihre negativen Konsumerfahrungen direkt als **Video** aufzunehmen oder gar ein Kritikvideo zu produzieren und auf einer Videoplattform - wie insbesondere **YouTube** - einzustellen. Diese finden teilweise ein weltweites Publikum. Ein Beispiel hierfür ist das Video des Musikers Dave Carroll, der seine Serviceerlebnisse mit der Fluglinie United Airlines in einem Musikvideo beschrieb. Zufällig sah er, wie seine Gitarre im Wert von $ 3500 beim Beladen in den Frachtraum geworfen wurde, und er musste nach dem Flug feststellen, dass sie dadurch zerbrochen war. Nachdem er fast ein Jahr vergeblich versucht hatte, von der Fluglinie eine Kompensation für die Reparatur zu erhalten, schrieb er den Song „United Breaks Guitars“ und lud ihn auf YouTube hoch. Nach großer Resonanz auch in den herkömmlichen Medien wurde dieser Song ein Hit; das Video, dem Dave Carroll noch zwei weitere folgen ließ, hat inzwischen mehr als 13 Mio. Aufrufe (United Breaks Guitars 2009; Willenbroock 2012). Diese Videobeschwerde hat nicht nur zu einem erheblichen Imageschaden geführt, sondern soll sogar den Börsenkurs des Unternehmens negativ beeinflusst haben.

Regelmäßige Kundenkritik in kundengesteuerten Social Media

Kunden können ihre Erfahrungen, Meinungen und Probleme aber auch auf speziellen Websites platzieren, welche die kritische Bewertung von Produkten und Unternehmen zum alleinigen Inhalt bzw. inhaltlichen Schwerpunkt haben. Dazu gehören Bewertungsportale, Watchdog-Blogs und Hate-Sites. Auf diesen Medien sind Social-Media-Beschwerden regelmäßig zu finden.

Viele Anbieter, insbesondere Onlinehändler (wie Amazon), und Dienstleister bieten ihren Kunden die Möglichkeit, die von ihnen gekauften Produkte bzw. in Anspruch genommenen Dienstleistungen zu bewerten. Zudem existieren unabhängige **Bewertungsportale** (wie ciao.de). Solche Kundenbewertungen spielen inzwischen im Kaufentscheidungsprozess von Internetnutzern eine überaus große Rolle. In einigen Branchen wirken sie geradezu marktverändernd. Dies gilt etwa für die Reisebranche. Das unabhängige Bewertungsportal TripAdvisor als weltweit größte Reise-Website hat über 260 Millionen Besucher im Monat; in Deutschland ist es u. a. das Portal HolidayCheck, das Kunden die Möglichkeit bietet, Hotels zu bewerten, Fotos und Videos hochzuladen oder Reisetipps abzugeben. Empirische Studien belegen, dass diese nutzergenerierten Inhalte einen erheblichen Einfluss auf alle Phasen der Reiseentscheidung von Internetnutzern haben (Herzog/Luthe 2010; Schmeißer 2010; Mühlenbeck/Skibicki 2010). Dabei zeigt sich, dass in Bezug auf den Service negative Beurteilungen einen stärkeren Beeinflussungseffekt haben als positive (Schmeißer 2010).

Eine andere Variante regelmäßiger Kundenkritik stellen Social-Media-Auftritte von Watchdog-Organisationen dar, die Unternehmen und ihr Verhalten kritisch begleiten und kontrollieren und dementsprechend eine Art öffentliche Aufpasserfunktion (**„watchdog“**) wahrnehmen. Beispielsweise sind im Netz gleich mehrere Weblogs zu finden, die sich ausschließlich dem Service der Deutschen Bahn widmen. In der Regel sind die Blogger bzw. Watchdog-Organisationen auch auf Facebook und Twitter aktiv und können dort sehr effektiv ihre Kritik verbreiten. So führte eine Facebook-Kritik der Verbraucherorganisation „foodwatch“ an der Werbung des Traubenzuckerherstellers Dextro Energy für sein neues Produkt „Schulstoff“ unmittelbar zu einem massiven „Shitstorm“, der selbst durch eine besonnene und kooperative Reaktion des Unternehmens zunächst nicht zu stoppen war (Bruns 2013).

Zudem existiert seit vielen Jahren im Netz eine Fülle von Websites, die sich ausschließlich mit der Kritik an einem Unternehmen befassen und allen enttäuschten Kunden eine Beschwerdeplattform bieten. Diese **Beschwerdeseiten („complaint sites“, „hate sites“ oder „brandname.sucks sites“)** sind oft professionell aufgemacht. Sie bündeln die aktuelle Kundenkritik und verstärken diese durch eine Vielzahl von Informationen. Beispielhaft sei auf die Website „allstateinsurancesucks.com“ verwiesen, die als Beschwerdeplattform für alle enttäuschten Kunden des Versicherungsunternehmens Allstate dient und vom Wirtschaftsmagazin Forbes zu den besten „Corporate Complaint Sites“ gezählt wird. Allstate-Kunden können hier ihren Ärger artikulieren und die Beschwerden anderer Kunden lesen. Sie erhalten zudem differenziert Auskunft über eine Fülle von Themen, etwa die übliche Vorgehensweise und Argumentation der Versicherung oder Unterstützungsmöglichkeiten durch Anwälte und Verbraucherorganisationen. Darüber hinaus bietet die Seite eine Reihe spezialisierter Diskussionsforen, beispielsweise für Probleme mit verschiedenen Schadensarten, an (Allstateinsurancesucks 2013).

Beschwerdeseiten dieser Art weisen spezifische Gemeinsamkeiten auf (Ward/Ostrom 2006): **(1)** Auslöser ist fast immer eine individuelle Kundenbeschwerde, auf die das

Unternehmen überhaupt nicht oder ohne ausreichende Begründung ablehnend reagiert. Diese Ignoranz wird als respektlos und kränkend empfunden sowie als Verletzung der von den Unternehmen selbst propagierten Norm der Kundenorientierung. Aufgrund der damit verbundenen hohen negativen Emotion entsteht der Wunsch nach Vergeltung und das Bestreben, andere Kunden vor diesem Unternehmen zu warnen. **(2)** Die Erlebnisse und ihre materiellen und psychischen Konsequenzen werden in dramatischer Form geschildert und dementsprechend auch oft als „Horrorgeschichten" bezeichnet. **(3)** Die aufgetretenen Probleme werden weniger als Folge fehlerhafter Prozesse oder Inkompetenz beschrieben, sondern als Ergebnis bösartiger Manager und Mitarbeiter, die Kunden absichtlich und routinemäßig schlecht behandeln. **(4)** Die Initiatoren sehen in der öffentlichen und massenhaften Kritik einen effektiven Weg zur kundenorientierten Verhaltensänderung von Unternehmen, die individuelle Kundenäußerungen einfach ignorieren. **(5)** Organisatoren der Websites verstehen sich selbst als eine Art „Kreuzritter", die für die vielen Opfer unternehmerischer Machenschaften kämpfen, und sie werden durch unterstützende Kommentare der Leser in dieser Sicht bestärkt. **(6)** Die Beschwerdewebsites ermuntern die unzufriedenen Kunden, sich als Gruppe zu verstehen, die ihre Identität durch die Opposition zum Unternehmen gewinnt. Auf diese Weise vereinen sie die betroffenen Kunden zu virtuellen Interessengruppen und können zu realen Initiativen führen, z.B. zur Bündelung der Ansprüche in Gemeinschaftsklagen (class actions in den USA) oder umfangreichen Protestkampagnen und Boykottaktionen.

In Bezug auf alle Formen der kundengesteuerten Kommunikation in Social Media besteht die Herausforderung für das Beschwerdemanagement vor allem darin, die Social-Media-Beschwerden zu identifizieren, zu analysieren und sich durch Erklärungen und Beschreibung von Reaktionen an der Diskussion zu beteiligen. Zudem ist das Angebot zu unterbreiten, durch Überleitung der Social Media auf herkömmliche Beschwerdekanäle eine individuelle Problemlösung anzustreben.

17.1.1.2 Beschwerden in unternehmensgesteuerten Social Media

Social Media werden nicht nur von Kunden, sondern auch von Unternehmen initiativ eingesetzt. Solche Formen der **unternehmensgesteuerten Kommunikation** liegen vor, wenn Firmen für das Gesamtunternehmen oder ihre Marken eigene Facebook- bzw. Twitter-Accounts oder Weblogs einrichten. In den meisten Fällen dienen diese Zwecken der Unternehmens- und Markenkommunikation sowie der Marktforschung. Allerdings wird mit dem unternehmerischen Social-Media-Auftritt - ob gewollt oder nicht - auch das Tor zur kundenseitigen Kommentierung geöffnet. Es wird eine Plattform errichtet, die von Kunden für Social-Media-Beschwerden genutzt werden kann und die insofern einen neuen Beschwerdekanal darstellt (Bruhn/Hadwich 2013; Hadwich/Keller 2013).

Das Ausmaß, in dem dieser Kanal für Social-Media-Beschwerden genutzt wird, kann vom Unternehmen allerdings beeinflusst werden, so dass man auch bei den unternehmensgesteuerten Social Media von einem gelegentlichen oder regelmäßigen Einsatz für den kritischen Kundendialog sprechen kann.

Nur **gelegentliche** Kundenkritik ist zu erwarten, wenn Social-Media-Auftritte wie Marken-Facebook- oder Twitter-Accounts bzw. unternehmerische Weblogs primär der Markenkommunikation dienen. Dies gilt vor allem, wenn das Unternehmen die Dialogmöglichkeiten einschränkt und den Nutzern nur eine Kommentierung der eigenen Posts gestattet.

Eine andere Situation liegt vor, wenn Unternehmen durch ihren Social-Media-Auftritt glaubwürdig zum Ausdruck bringen, dass sie sich um die Fragen, Probleme und Sorgen ihrer Kunden wirklich kümmern wollen. In diesem Fall richten sie in Facebook oder Twitter eigene Customer-Care-Accounts bzw. Customer-Care-Blogs ein und treten in einen intensiven Dialog auch mit kritischen Kunden ein. In diesem Fall gehören Beschwerden zum **regelmäßigen** Inhalt der Dialoge und die Social-Media-Kommunikation wird zu einem zentralen Bestandteil des Beschwerdemanagements.

Als Best Practice in dieser Hinsicht gilt vielfach der Computerhardwarehersteller Dell. Mit seinen Blogs - wie Direct2, aber auch mit den Facebook- und Twitter-Accounts @YDellCares - verdeutlicht das Unternehmen, dass es seinen Kunden zuhört und sich um ihre Belange im Netz kümmert (Basic 2011; Wiedmann/Hennigs/Klarmann 2013). In Deutschland ist beispielhaft auf den Social-Media-Auftritt der Deutschen Telekom („Telekom hilft") hinzuweisen. Durch das Hilfsangebot des im Bild vorgestellten Teams bei Facebook und Twitter sollen im Bereich des Service Kundenzufriedenheit und -bindung gesteigert, aber auch eine Reduktion von Kosten durch die Förderung von Kundenselbstservice sowie Vertriebsziele erreicht werden (Bock/Ebner/Rossmann 2013).

Ein weiteres Beispiel aus Deutschland beinhaltet **Praxis-Spotlight 26,** das den Social-Media-Auftritt der Deutschen Bahn beschreibt.

Praxis-Spotlight 26

Die Deutsche Bahn in sozialen Netzwerken: Über die Deutsche Bahn wird viel geredet – im Social Web redet sie mit.

Bis vor wenigen Jahren konnten Kunden nur direkt und nicht öffentlich über die klassischen Kanäle mit Unternehmen in Kontakt treten, um ihr Anliegen zu äußern. Im Social Web dagegen wird nicht nur geäußert – sondern veröffentlicht! Dieser Paradigmenwechsel bedeutet, dass „Kundenservice" neu definiert werden muss. Dem hat sich die Deutsche Bahn erfolgreich gestellt.

Vor etwa zwei Jahren brach in einem Güterwaggon ein Brand aus. Es dauerte nur wenige Minuten, und schon tauchten erste Fotos, Kommentare und Weiterleitungen davon im Netz auf. Dieses einfache Beispiel zeigt das Hauptmerkmal des Social Web besonders deutlich: Nachrichten verbreiten sich zum einen extrem schnell und erreichen zum anderen extrem viele Empfänger.

Auf die Nachricht selbst hat die Deutsche Bahn kaum Einfluss. Aber sie muss ebenso schnell darauf reagieren. Dazu wurden 2011 zwei Auftritte implementiert: Unter „DB Bahn" beantwortet auf Facebook und Twitter der Kundenservice des Personenverkehrs alle Fragen zu Bahnreisen (Services, Angebote u.ä). Daneben präsentiert sich auf Facebook unter „Deutsche Bahn Konzern" die Unternehmenskommunikation. Hier geht es um

Konzernthemen wie Ökologie und Nachhaltigkeit, das gesellschaftliche Engagement bei der DB oder die globalen Logistikaktivitäten.

Zwischen der Idee und der Realisierung dieser Auftritte lagen über 18 Monate. Denn es mussten viele Rahmenbedingungen geklärt werden: Wie viel Zeit darf maximal zwischen Nachricht und Antwort verstreichen? Werden Textbausteine verwendet? Welche Tonalität ist wann angemessen? Was passiert bei einer Eskalation? Und: Wie werden die Datenschutzbestimmungen eingehalten?

„Goldene Regeln“

Das Ergebnis findet sich im „DB Social Media-Servicehandbuch“. Hier ist beschrieben, wie das Social Web funktioniert, wie Kommunikationsziele erreicht werden und welche Prozesse und Strukturen gelten. Beispiele veranschaulichen vorbildliche bzw. nachteilige Kommunikationen. Bereits früh wurden verschiedenste Interessengruppen des Konzerns eingebunden.

Grundsätzlich gelten bei der Kommunikation der DB im Netz fünf Regeln:

- Dialog auf Augenhöhe
- Empathie
- Authentizität und Zuverlässigkeit
- Medienkompetenz
- Vertraulichkeit

Das Social Media Dialog-Team des DB Personenverkehrs

Um den hohen Anforderungen an einen guten Kundenservice gerecht zu werden, wurde 2011 das Social Media Dialog-Team gebildet. Hier stellen sich, mehr als zwei Jahre später, knapp 20 Mitarbeiter dem Dialog im Social Web auf Twitter und Facebook. Sie tun dies auf eine sehr persönliche Art. Nutzer der beiden Kanäle können immer nachvollziehen, mit wem sie sprechen, da die Mitarbeiter mit ihrem Bild und ihrem persönlichen Kürzel sichtbar sind. Über dieses sogenannte Humanizing erhält der Dialog eine persönliche Note, der Kundenservice bekommt ein Gesicht (Bilder A und B).

Bild A: Twitter-Team

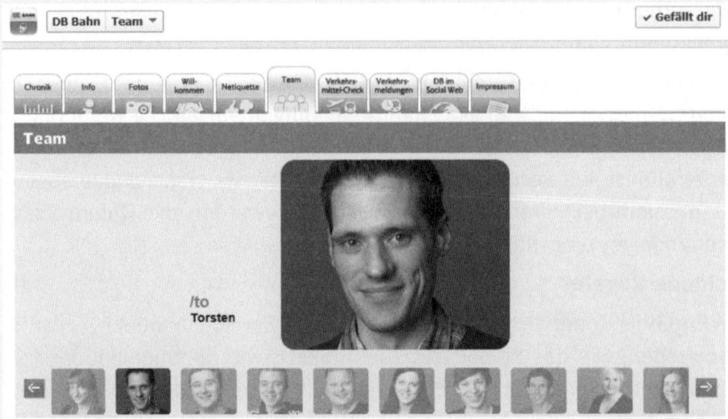

Bild B: Facebook-Team (Auszug)

Drei Dinge sind dem Team bei der Bearbeitung von Kundenanliegen besonders wichtig: Geschwindigkeit, Individualität und Qualität. Die Antworten erfolgen sehr schnell, Textbausteine sind tabu. Die Tonalität wird situativ angepasst. Dies gilt insbesondere für den Umgang mit Du und Sie. Zur Sicherung der Antwortqualität gilt ein Vier-Augen-Prinzip. Jeder Tweet, Post oder Kommentar wird von einem zweiten Team-Mitglied gecheckt. Verläuft die Kommunikation - auch zwischen den Usern - kritisch oder unsachlich, schreiten die Mitarbeiter ein. Die Regeln für Interventionen sind allgemein zugänglich in der Netiquette beschrieben.

Twitter ist ein Kanal für den Informationsaustausch in Echtzeit mit 140 Zeichen pro Nachricht, dem sogenannten Tweet. Mit einer Reaktionszeit von fünf bis sieben Minuten werden hier Dialoge geführt. Eine große Zielgruppe in diesem Kanal sind Berufspendler. Die Kunden sind also zumeist mit der Bahn unterwegs und twittern über ihre mobilen Endgeräte direkt aus dem Zug. Oft geht es dabei um aktuelle Informationen zu Verbindungen oder Anschlüssen.

Auch wenn die Sachinhalte überwiegen, werden ebenso Dialoge jenseits der klassischen Servicethemen geführt. Dabei geht es nicht immer bierernst zu. Wohldosierter Humor ist hier an der Tagesordnung. Dies wird sehr gut angenommen und zeigt, dass es für Unternehmen im Social Web durchaus legitim ist, auf Tweets ohne direkten Servicebezug zu reagieren und den Dialog aufzunehmen. Denn Twitter ist nicht nur schnell und immer dabei, Twitter ist auch voller Emotionen.

Für Facebook gilt die Zeichenbegrenzung nicht. Dieses soziale Netzwerk wird eher für die Diskussion komplexerer Sachverhalte genutzt. Bedingt dadurch gelten hier auch längere Reaktionszeiten, im Durchschnitt acht bis zehn Minuten, die von den Nutzern gut akzeptiert werden. Im Vergleich mit anderen Unternehmen weist der Report von Socialbakers die Reaktionszeit von DB Bahn seit nunmehr über einem Jahr an Platz 1 aus.

Datenschutz im öffentlichen Raum

Wie erwähnt, ist der Datenschutz sehr wichtig. Im Unterschied zum 1 : 1-Kundendialog ist die Kommunikation im Netz ein öffentlicher 1 : n-Dialog. Betreiber mit außereuropäischen Sitzen werten die Nutzerinformationen oftmals für Werbezwecke aus. Dieses Verhalten widerspricht diametral dem Wunsch der Kunden nach Datenschutz. Wird dieses Vertrauen gestört, ist der Kundenservice nicht mehr effektiv. Diese Spannung zwischen Öffentlichkeit und Datenschutz wurde wie folgt gelöst:

Die Kunden werden sowohl in den allgemeinen Hinweisen, als auch aktiv durch Mitarbeiter darauf hingewiesen, öffentlich keine persönlichen Daten zu nennen. Wenn sie zur Klärung eines Anliegens nötig sind, werden die Kunden – unter Inkaufnahme eines Medienbruchs – auf die 1 : 1-Kommunikation verwiesen.

Die Chancen des Kundenservice im Netz

Im Social Web lassen sich Diskussionen erkennen, kanalisieren und eigene Stellungnahmen platzieren. Man erkennt mit hoher Aktualität, was die Kunden erwarten. Wichtig ist, sich auch der Kritik zu stellen, wenn ein Leistungsversprechen nicht (ganz) erfüllt wurde.

Dieser Kundenservice verbessert das Image des Unternehmens, bindet bestehende Kunden und gewinnt neue. Gefördert werden die gegenseitigen Informationen, der Nutzen und das Interesse der Kunden. An erster Stelle steht der Dialog. Je besser er funktioniert, desto vorteilhafter für alle.

Die Akzeptanz eines Unternehmens wie der Deutschen Bahn hängt davon ab, dass diese spezifischen Regeln im Web angewandt werden. Ohne Einbindung in die Community verpuffen alle Maßnahmen im digitalen Grundrauschen. Denn die Glaubwürdigkeit jeder Information – sowohl betrieblicher als auch werblicher – ist eng mit der Unternehmensreputation verbunden, speziell der im Social Web. Hier ein Beispiel für eine imagefördernde Lösung eines Kundenanliegens:

Zum Fahrplanwechsel äußerte ein Kunde im Social Web seinen Unmut zu einer stark veränderten Verbindung auf seiner Stammstrecke. Ihm entstand beim Umsteigen eine Wartezeit von über 50 Minuten.

Hierfür lag die Ursache bei der Fahrplankonzeption. Obwohl diese Strecke nicht zur DB gehörte, erreichten wir durch Verhandlungen mit dem privaten Eisenbahnverkehrsunternehmen nach sehr kurzer Zeit eine Anpassung. Die Wartezeit für den Kunden entfiel. Er bedankte sich für den Einsatz – natürlich öffentlich – auf der Facebook Pinnwand.

Christiane Osterseher
Abteilungsleitung Social Media
DB Dialog GmbH

Dr. Heiko Drebes
Senior Referent Konzerndatenschutz
DB Mobility Logistics AG

■

Bei jedem unternehmensseitigen Einsatz von Social Media ist zu beachten, dass mit dieser Eröffnung eines neuen Beschwerdekanals neue und komplexe Aufgaben entstehen. So bedarf es schon für den Umgang mit gelegentlichen Beschwerden auf marketingorientierten Social-Media-Auftritten einer engen Abstimmung und Koordination mit dem Beschwerdemanagement. Zudem sind Anpassungen im direkten und indirekten Beschwerdemanagement vorzunehmen. Dies gilt in besonderem Maße für die speziellen Customer-Care-Auftritte, die regelmäßig Social-Media-Beschwerden stimulieren.

Bild 17.1 gibt einen Überblick über die für das Beschwerdemanagement wichtigen Social Media.

Social-Media-Beschwerden	Kundengesteuerter Dialog	Unternehmensgesteuerter Dialog
gelegentlich	▪ Privates Facebook-Konto ▪ Privates Twitter-Konto ▪ Privater Blog ▪ Privates Video	▪ Marken-Facebook-Konto ▪ Marken-Twitter-Konto ▪ Marken-Blog
regelmäßig	▪ Bewertungsportale ▪ Watchdog-Blogs und Social Media-Auftritte von Watchdog-Organisationen ▪ Beschwerdeseiten	▪ Customer-Care-Facebook-Konto ▪ Customer-Care-Twitter-Konto ▪ Customer-Care-Blog

Bild 17.1 Für das Beschwerdemanagement wichtige Social Media

17.1.2 Relevanz der Social Media als Beschwerdekanal

Die Relevanz der Social Media für das Beschwerdemanagement ergibt sich aus einer Vielzahl von Gründen, die sich zudem gegenseitig verstärken:

(1) Die enorme Reichweite von Social Media: Knapp 2,4 Mrd. Menschen weltweit nutzen das Internet; von den rund 81 Mio. Deutschen sind über 67 Mio. Internetnutzer. Dabei spielen Social Media, insbesondere soziale Netzwerke, eine immer größere Rolle. Über 840 Mio. Menschen weltweit nutzen Facebook, allein in Deutschland sind mehr als 25 Mio. Nutzer registriert (Internet World Stats 2013). Und hier wie in anderen sozialen Netzwerken verbringen die Internetnutzer fast ein Viertel ihrer Online-Zeit (Bitkom 2012). Damit hat die Internet-Kunde-zu-Kunde-Kommunikation eine enorme potenzielle Reichweite und Social-Media-Beschwerden können eine **riesige Verbreitung** erfahren, ohne dass Unternehmen dies unter Kontrolle haben (Safko 2010; Hadwich/Keller 2013).

(2) Die Schnelligkeit der kommunikativen Streuung: Aus der starken Nutzung von Internet und Social Media, der Vernetzung und der sofortigen Verfügbarkeit von Web-

Informationen resultiert die Möglichkeit einer außerordentlich schnellen Ausbreitung kritischer Kundenkommentare.

(3) Sinkende Beschwerdekosten durch unkomplizierte Nutzung: Social Media können an jedem beliebigen Ort, zu jeder Zeit und kostenlos genutzt werden. Somit entstehen **keine** monetären oder physischen und kaum zeitliche **Beschwerdekosten** (van Noort/Willemsen 2012). Für Kunden, die keine individuelle Problemlösung erwarten, sondern nur Kritik üben wollen, entstehen auch keine psychischen Beschwerdekosten, da sie ihren Ärger anonym artikulieren können.

(4) Die zunehmende Nutzung von Social Media als Beschwerdekanal: Kunden sehen in Social Media eine bessere Chance, Gehör zu finden (Fishburn Hedges/Echo Research 2012), und nutzen diesen Kanal immer stärker für die Äußerung von Beschwerden. Beschwerdeseiten werden vor allem dazu genutzt, um nach mehrfacher schlechter Beschwerdeerfahrung zu protestieren, und gleichsam als letzte Chance angesehen, über die Erzeugung von Öffentlichkeit eine Problemlösung zu erreichen (Harrison-Walker 2001; Hadwich/Keller 2013). Demgegenüber nutzen unzufriedene Kunden Twitter und Facebook mehr und mehr auch für die Schilderung erstmals aufgetretener Probleme (Hogreve/Eller/Firmhofer 2013).

(5) Der hohe Verärgerungsgrad der Beschwerdeführer und ihr Abwanderungsverhalten: Der Anteil von Beschwerden von Nutzern mit sehr hohem Verärgerungsgrad ist groß. Viele Kunden, die ihre Beschwerde in Social Networks vorbringen, zeigen extrem starke negative Gefühle. Sie sind nicht nur unzufrieden, sondern fühlen sich betrogen und empfinden **Enttäuschung, Ärger und Wut** (Tripp/Grégoire 2011; Hogreve/Eller/Firmhofer 2013). Zwar zeigt sich, dass die Intensität der negativen Emotionen über die Zeit abnimmt, aber die von den enttäuschten Kunden vorgenommene Abwanderungsentscheidung bleibt bestehen und ist kaum mehr revidierbar. Zudem weisen gerade die Kunden, die vor Problemauftritt die intensivste positive Beziehung zum Unternehmen hatten, auch den höchsten Verärgerungsgrad und das entschiedenste Abwanderungsverhalten auf („Aus-Liebe-wird-Hass-Effekt", Grégoire/Tripp/Legoux 2009).

(6) Die potenzielle Dynamik der Kundenkritik: Aufgrund der enormen Reichweite von Social Media, der schnellen Verbreitung der Information und der hohen Emotionalität der Artikulation kann selbst eine einzelne Social-Media-Beschwerde eine außerordentliche Dynamik der Kundenkritik auslösen. Dabei sind drei Dimensionen zu unterscheiden, die eng miteinander verknüpft sind: (Stauss 2000e).

Die **erste Dynamik** besteht in der **Eskalation der Zahl von Kommunikationsteilnehmern** mit dem Aufgreifen des Themas durch weitere Nutzer. Betroffene und/oder interessierte Leser der Botschaft reagieren, senden Antworten und Kommentare und bewirken damit eine umfangreichere öffentliche Beachtung und Resonanz.

Die **zweite Dynamik** betrifft die Verschärfung des Konflikts durch eine **Eskalation der Kritik,** hervorgerufen durch eine mangelnde, unzureichende oder ungeschickte unternehmerische Reaktion auf eine zunächst private oder moderate Kundenbeschwerde. Wenn das Unternehmen auf das Kundenanliegen überhaupt nicht reagiert, wird der Kunde noch ärgerlicher, intensiviert seine Aktivitäten und bekommt mehr und mehr öffentliche Unterstützung. Gleichzeitig wird es allgemein offenkundig, dass das Unternehmen nicht bereit ist, auf seine Kunden zu hören. Das ist ein starker Stimulus für den ursprünglich betroffenen Kunden und für die Leser seiner „Leidensgeschichte“, nach Maßnahmen zu suchen, die vom Unternehmen nicht mehr überhört oder übersehen werden können.

Die **dritte Dynamik** umfasst die **Eskalation des Kommunikationsgegenstands** durch Veränderung des thematischen Schwerpunkts während des Diskussionsprozesses. Eine Beschwerde über Mängel in der Bordverpflegung einer Fluggesellschaft wird beispielsweise durch einen anderen Nutzer bestätigt und ergänzt durch weitere Beschwerden hinsichtlich des Verhaltens der Mitarbeiter beim Check-in oder während des Flugs, was eine neue Phase im Diskussionszyklus einleiten kann. Zudem gibt es eine Reihe von Beispielen dafür, dass sich nicht nur Kunden, sondern auch (ehemalige) **Mitarbeiter** an dieser Diskussion beteiligen. Dabei ist es aus Unternehmenssicht besonders problematisch, wenn sie den Standpunkt der Kunden unterstützen, indem sie Einblicke in mangelhafte interne Prozesse geben.

Solche Eskalationen hat es in den vergangenen Jahren bereits vielfach gegeben, insbesondere ausgelöst durch private Blogs, Watchdog-Blogs oder Hatesites (Stauss 2000e; Sen/Lerman 2007). Allerdings verstärken Social Media die Eskalationseffekte enorm, da über die Vernetzung von Freundesgruppen Reichweite und Schnelligkeit der Informationsverbreitung massiv zunehmen.

(7) Die Wirkung von Social-Media-Beschwerden auf das Unternehmensimage und Markenwert: Wenn eine einzelne Kundenbeschwerde im Netz eskaliert, dann entsteht eine starke Öffentlichkeitswirkung. Im äußersten Fall entwickelt sich eine massenhafte Entrüstung **(„Shitstorm“)**, wobei es wegen der zunehmenden aggressiven, sarkastischen und beleidigenden Beiträge kaum mehr möglich ist, sachlich zu reagieren. In jedem Fall ist aber ein gravierender negativer Einfluss auf Unternehmensimage und Markenwert zu erwarten (Hogreve/Eller/Firmhofer 2013).

Die Business Intelligence Group hat eine Matrix entwickelt, die eine Einordnung realer Shitstorms hinsichtlich ihrer Wirkung gestattet. Die Achsen der Matrix werden durch die Dimensionen Sichtbarkeit und Dauerhaftigkeit gebildet. Mit einem Sichtbarkeitsindex wird die Reichweite der Plattformen zum Ausdruck gebracht. Die Dauerhaftigkeitsskala berücksichtigt den Sachverhalt, dass Posts je nach Plattform mit unterschiedlicher Dauer im Web präsent sind. So ist ein Tweet beispielsweise schneller verschwunden als ein Blogeintrag, der zudem Suchmaschinen dauerhaft beeinflusst. In dieser Matrix wird das Ausmaß des Shitstorms durch die Kreise wiedergegeben, deren Größe durch die Beitragsanzahl in Relation zum normalen Beitragslevel bestimmt wird. Bild 17.2 zeigt eine entsprechende Analyse der Shitstorms gegen Ergo (Sex-Incentivereisen im Vertrieb), Deutsche Bahn (Kommunikations- und Servicemängel), Deutsche Post (Kommunikationsmängel beim E-Postbrief) und Wiesenhof (Hygienemängel). Es wird deutlich, dass Ausmaß und Sichtbarkeit des Shitstorms für Wiesenhof und – mit Abstand – für die Deutsche Post am größten ausfielen, während die Webentrüstung über Ergo besonders lange anhielt. Demgegenüber war die Massenkritik bei der Bahn in Bezug auf Sichtbarkeit, Dauerhaftigkeit und Ausmaß am geringsten und vergleichsweise weniger kritisch (Köster 2012).

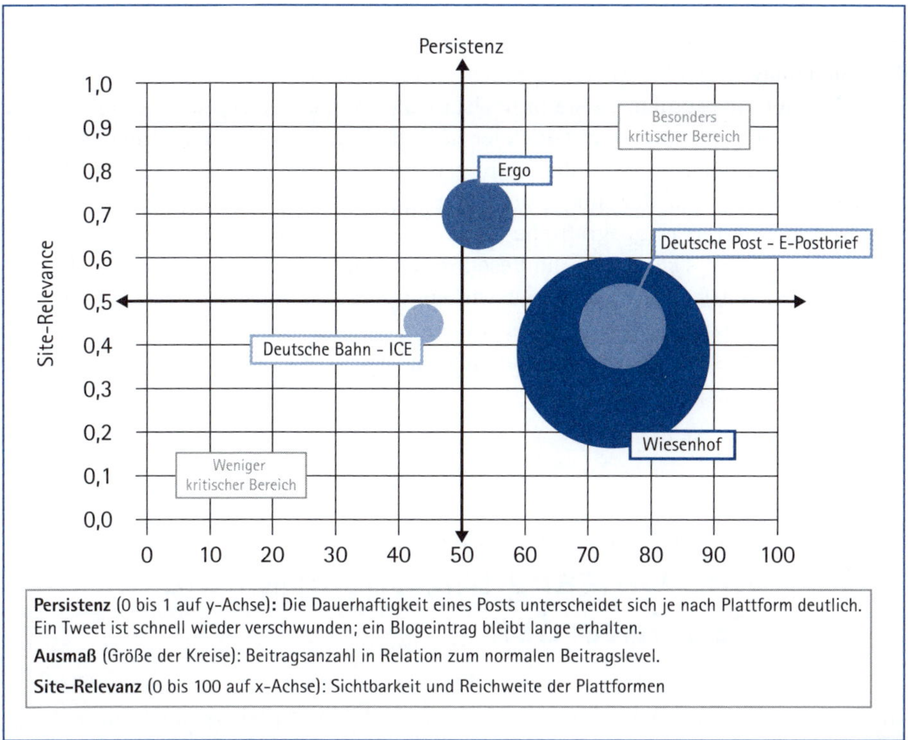

Bild 17.2 Ausmaß, Sichtbarkeit und Dauerhaftigkeit von Shitstorms (Köster 2012)

(8) Die Wirkung von Social-Media-Beschwerden auf Einstellungen und Kaufverhalten anderer Kunden: Aus der Beschwerdeforschung ist seit langem bekannt, dass Kunden ihre besonders negativen Konsumerlebnisse zum Gegenstand der persönlichen Kommunikation in ihrem sozialen Umfeld machen. Die häufigsten Kommunikationspartner sind dabei bisher Familienmitglieder sowie Freunde und Kollegen, die dadurch jeweils nachhaltig in ihren Einstellungen und ihrem Kaufverhalten beeinflusst werden. Denn die **authentische Schilderung persönlichen Erlebens** erfolgt ohne ökonomisches Eigeninteresse und ist insofern sehr viel glaubwürdiger und nachhaltiger wirksam als die Massenkommunikation des Anbieters (Kroeber-Riel/Weinberg/Gröppel-Klein 2013). Ein vergleichbarer, aber in seiner Wirkung massiverer Effekt tritt bei Social-Media-Beschwerden ein. Leser von Kundenkritik im Social Web halten diese - trotz nachgewiesener Manipulationsmöglichkeiten - für verlässlich und orientieren sich daran. Schon in der Vorkaufphase beziehen viele potenzielle Kunden die Bewertungen anderer Kunden in ihre Kaufentscheidung mit ein und zählen diese zu den glaubwürdigsten Quellen (Heinemann 2013). Das gilt für die Bewertungen von Produkten und Anbietern bei generellen Online-Händlern wie Amazon (amazon.de) ebenso wie für Bewertungsportale, die sich auf bestimmte Angebotskategorien spezialisieren, wie beispielsweise auf Reisedienstleistungen (holidaycheck.de). Bewertungen in der Internet-

Kunde-zu-Kunde-Interaktion erreichen eine potenziell unbegrenzte Zahl von Lesern und nehmen damit erheblichen Einfluss auf deren Einstellungen und Kaufverhalten (Chevalier/Mayzlin 2006; Hadwich/Keller 2013). Dies ist insbesondere der Fall bei Social-Media-Beschwerden, da sie in Kreisen von Freunden verbreitet werden, die zumindest zum Teil persönlich miteinander bekannt sind und deren Vertrauenswürdigkeit daher einzuschätzen ist. Dabei ist in geografischer Hinsicht ein doppeltes Phänomen beachtenswert. Auf der einen Seite gibt es eine riesige und allein durch die verwendete Sprache begrenzte geografische Verbreitung der Kritik-Informationen. Auf der anderen Seite kann sich gerade die Beschwerde über einen lokalen Anbieter (Restaurant/Autowerkstatt) massiv negativ auswirken, wenn sich unter den vernetzten Lesern ein Großteil potenzieller oder aktueller Kunden befindet. Diese Wirkung verstärkt sich noch, wenn der Beschwerdeführer zusätzlich eine negative Beschwerdeerfahrung macht und diese ins Netz einstellt.

17.2 Beschwerdemanagement-Strategie und Umgang mit Social-Media-Beschwerden

Angesichts der hohen Relevanz von Social-Media-Beschwerden stehen Unternehmen vor einer großen Herausforderung, die eine **strategische Vorgehensweise** erfordert. Allerdings belegen verschiedene empirische Studien, dass viele Unternehmen wenig strategisch bei ihrem Social-Media-Einsatz vorgehen, sondern eher spontan und konkurrenzorientiert agieren (Wilson et al. 2011; Bruhn/Hadwich 2013; Fantapie/Schwarzenberger 2013; Reinecke/Klautzsch 2013).

In **kommunikationsstrategischer Perspektive** sind grundsätzlich zwei Grundpositionen zu unterscheiden, die man als Monitor- und Dialogstrategie bezeichnen kann. Bei der **Monitorstrategie** bleibt das Unternehmen weitgehend passiv und verfolgt nur den Kommunikationsaustausch zwischen den Nutzern, überwacht die kritische Diskussion unter den Kunden und greift dabei nur im Ausnahmefall ein. Mit einer **Dialogstrategie** dagegen sucht das Unternehmen den Informationsaustausch mit den Nutzern, beteiligt sich aktiv auf den verschiedenen Social Media und stimuliert den Dialog mit und unter den Kunden (Bruhn/Hadwich 2013).

Die zu wählende Social-Media-Strategie muss konsistent auf die **strategische Ausrichtung des Beschwerdemanagements** ausgerichtet werden (siehe Kapitel 5). Eine **Monitoring-Strategie** erscheint sinnvoll, wenn Unternehmen den Fokus ihres Beschwerdemanagements auf Effizienz legen („Efficiency First Strategy“). Im Beschwerdemanagementtyp **„Beschwerdefabrik“** wird jeder Anreiz zur Beschwerdeartikulation vermieden und für die Qualitätsüberwachung und -sicherung im Typ **„Qualitätssicherer“** reicht es, die wahrgenommenen Qualitätsmängel zu erfassen und zu korrigieren. Bei erkennbaren Eskalationsrisiken werden weitergehende Maßnahmen nur ergriffen, wenn deren Kosten die zu erwartenden Einbußen aufgrund der Webkritik nicht überschreiten. Eine reine Monitoring-Strategie ist aber nur möglich, wenn Unternehmen auf einen eigenständigen Social-Media-Auftritt verzichten, weil sie ansonsten (ungewollt?) einen Beschwerdekanal öffnen.

Ein Monitoring der Social-Media-Interaktionen ist selbstverständlich auch für alle Unternehmen relevant, die im Hinblick auf ihr Beschwerdemanagement ihr strategisches Ziel auf Kundenorientierung und Kundenzufriedenheit legen („Customer First Strategy"). Allerdings können sie sich nicht darauf beschränken, sondern müssen sich aktiv an der Diskussion beteiligen und damit die **Dialogstrategie** ergreifen. Im Beschwerdemanagementtyp **„Beziehungsverstärker"** geht es primär um den Erhalt der Kundenloyalität und die Vermeidung von Kundenverlusten durch Wiederherstellung der Kundenzufriedenheit. Daher kommt der Beschwerdestimulierung auch durch den Kanal Social Media hohe Bedeutung zu und es bietet sich an, eigene Social-Media-Plattformen für den Bereich Customer Care einzurichten.

Auch für den Beschwerdemanagementtyp **„Zufriedenheitslabor"** kommt im Social-Media-Bereich allein eine Dialogstrategie in Frage. Denn nur über den intensiven Dialog auch mit den kritischen Kunden erhält das Unternehmen wesentliche Impulse für notwendige Veränderungsprozesse und die interne Umsetzung kundenorientierten Denkens und Handelns. Bild 17.3 zeigt die Zuordnung von Beschwerdemanagement-Strategie und Social-Media-Strategie.

Beschwerdemanagement-Strategie		Social-Media-Strategie
Efficiency First	„Beschwerdefabrik" „Qualitätssicherer"	Monitoring-Strategie (nur passives Monitoring)
Customer First	„Beziehungsverstärker" „Zufriedenheitslabor"	Dialog-Strategie (Monitoring plus aktive Beteiligung; Führung eigener Social-Media-Konten)

Bild 17.3 Beschwerdemanagement-Strategie und Social-Media-Strategie

17.3 Konsequenzen für die Aufgabenbausteine des Beschwerdemanagements

Wählt ein Unternehmen in Bezug auf Social Media eine Dialogstrategie, hat dies erhebliche Auswirkungen auf die Aufgaben des direkten und indirekten **Beschwerdemanagementprozesses.**

Direkter Beschwerdemanagementprozess

Hinsichtlich der **Beschwerdestimulierung** ist zunächst einmal grundsätzlich davon auszugehen, dass mit jedem aktiven Dialogangebot in Social Media ein Beschwerdekanal eröffnet wird, so dass die Zahl eingehender Beschwerden erheblich zunehmen wird. Da zudem die Beschwerdebarrieren sinken, ist nicht nur mit einem höheren Beschwerdeaufkommen zu rechnen, sondern auch mit inhaltlichen Veränderungen. So werden auch kleinere Probleme geschildert, ohne dass individuelle Problemlösungen erwartet werden; zudem stellt der unternehmerische Social-Media-Auftritt selbst einen neuen Gegenstand der Kundenkritik dar (Hogreve/Eller/Firmhofer 2013).

Angesichts der großen und zunehmenden Bedeutung dieses Beschwerdekanals ist es in der Regel erforderlich, dass ein eigenes **Social-Media-Team** zur **Beschwerdeannahme** etabliert wird. Dafür bietet es sich an, dass dieses in den sozialen Medien mit Fotos und Namen vorgestellt wird, so dass eine personalisierte Ansprache möglich ist. Dabei müssen Mitglieder dieses Teams möglichst 24 Stunden am Tag zur Verfügung stehen, um unmittelbar Kritik annehmen und darauf reagieren zu können. Nach einer empirischen Studie von Facebook-Beschwerden artikuliert die Mehrheit der Kunden ihre Beschwerden außerhalb der traditionellen Geschäftszeiten und Beschwerdeführer und andere Nutzer reagieren massiv, wenn keine rechtzeitige unternehmerische Reaktion erfolgt (Hogreve/Eller/Firmhofer 2013).

Hinsichtlich der **Erfassung der Beschwerdeinformationen** ist zu beachten: Generell bedarf es einer systematischen Beobachtung und Analyse der Artikulationen in den sozialen Netzwerken mittels spezifischer Social-Media-Monitoring-Softwaresysteme, die nicht nur eine Analyse von Trends und Themen, Stimmungen oder demografischen sowie geografischen Verteilungen gestatten, sondern auch über eine pragmatische Schnittstelle zu Beschwerdemanagement- bzw. CRM-Systemen verfügen.

Sofern Beschwerdeartikulation auf Social-Media-Sites des Unternehmens nicht anonym erfolgen und es sich um ein klassisches Problem handelt, können die Informationen über den Beschwerdeführer, das Beschwerdeproblem und das Beschwerdeobjekt mit Hilfe des bestehenden Beschwerdemanagement-Systems kategorisiert werden. Es ist allerdings zu erwarten, dass über den Social-Media-Kanal neue Probleme angesprochen werden, so dass eine Überarbeitung des Kategoriensystems erforderlich ist. Darüber hinaus ist sicherzustellen, dass bei den Beschwerdeweg-Informationen die verschiedenen Social-Media-Kanäle (wie Facebook oder Twitter) differenziert erfasst werden.

Im Rahmen der **Beschwerdebearbeitung** ist das Prinzip der Complaint Ownership konsequent anzuwenden. Das heißt: Der **Social Media Complaint Owner** hat das „Eigentum" an dieser Beschwerde und ist für den Gesamtprozess der Annahme und Beantwortung der Beschwerde verantwortlich. Er hat nicht nur die Informationen aufzunehmen und unmittelbar zu antworten, sondern auch die weitere Diskussion zu verfolgen und darauf zu reagieren. Ist der Social-Media-Beschwerde zu entnehmen, dass der Fall aus Kundensicht noch nicht abgeschlossen ist, muss er den Beschwerdeführer bitten, das Anliegen auf einen herkömmlichen Kanal zu transferieren, um eine unter Datenschutzgesichtspunkten zulässige Bearbeitung und eine individuelle Problemlösung zu ermöglichen. Sind dazu noch interne Rechercheprozesse erforderlich, muss er für deren reibungslose und schnelle Erledigung sorgen, dabei den Dialog mit dem Kunden aufrechterhalten und ihn über den Prozess sowie das Ergebnis informieren. Zudem gehören auch die Veröffentlichung publizierbarer Resultate und gegebenenfalls die Beteiligung an einer fortdauernden Diskussion zu seinen Aufgaben.

Mit Bezug auf die **Beschwerdereaktion** gelten selbstverständlich die **Regeln einer professionellen Beantwortung** weiterhin: die Kritik ernst nehmen, Einfühlungsvermögen und Verständnis zeigen, sachlich bleiben, Problemlösungen anbieten, Erklärungen geben. Allerdings bedarf es einer Anpassung des Sprachstils, der knapper und informeller ausfallen sollte. Zugleich müssen aber die entsprechenden Regeln besonders aufmerksam beachtet werden, da die Antwort im Netz öffentlich zugänglich ist. Unfreundliche oder aggressive Antworten auf (durchaus sehr unfreundliche und sehr aggressive Beschwerden) führen in der Regel zu empörten Reaktionen von bisher Unbeteiligten. Insofern bedarf es klarer Leitfäden für alle Mitarbeiter, die in Social Media kommunizieren. So heißt es beispielsweise in den Empfehlungen von IBM, dass die Mitarbeiter deutlich machen sollen, dass sie ihre persönliche Meinung zum Ausdruck bringen, keine vertraulichen Informationen verbreiten, respektvoll mit den Adressaten umgehen, rechtliche Vorschriften (z. B. des Urheberrechts) beachten, Kunden, Partner und Lieferanten nicht ohne deren Genehmigung zitieren und mit ihrem Beitrag auch einen Nutzen für IBM leisten sollen (IBM 2013). Im Übrigen können aber auch vergleichbare Verhaltensregeln für eine respektvolle Kommunikation durch Beschwerdeführer formuliert werden („Netiquette"; Netiquette Guidelines 2013).

In **zeitlicher Hinsicht** kommt der schnellen Reaktion entscheidende Bedeutung zu. Wenn es sich bei der Social-Media-Beschwerde eher um eine generelle Kritik handelt, muss unmittelbar eine Antwort erfolgen. Kann jedoch eine personalisierte Beschwerdehandhabung erfolgen, muss mit der Annahme bereits der Hinweis auf die Einleitung des Bearbeitungsprozesses publiziert werden (Hadwich/Keller 2013). Zudem ist zu beachten, dass selbst mit einer zufriedenstellenden Problemlösung der Reaktionsprozess auf Social-Media-Beschwerden nicht abgeschlossen ist. Zum einen können Dritte mit zeitlicher Verzögerung noch auf den Fall reagieren. Zum anderen erwarten auch diese Dritten eine Information über den Ausgang des Falls. Insofern hat der Mitarbeiter den Beschwerdeführer zu bitten, die erfolgreiche Problemlösung zu posten, bzw. er hat selbst darzustellen, welche Entscheidung getroffen wurde, und diese zu begründen (Hogreve/Eller/Firmhofer 2013).

Indirekter Beschwerdemanagementprozess

Im Rahmen der **Beschwerdeauswertung** sollte eine kanalspezifische **Beschwerdeanalyse** für Social-Media-Beschwerden erstellt werden. Zudem erscheint es sinnvoll, die Häufigkeitsverteilungen von Social-Media-Beschwerden mit denen herkömmlicher Beschwerdekanäle zu vergleichen. Auf diese Weise gewinnt man beispielsweise Einsichten darüber, inwieweit bestimmte Produkte und Probleme überdurchschnittlich in Social Media kritisch thematisiert werden.

Darüber hinaus sind Konsequenzen für die **Priorisierung von Problemen** denkbar. Wenn Social-Media-Beschwerden wegen der Öffentlichkeitswirksamkeit generell ein höherer Stellenwert eingeräumt wird, erhalten die artikulierten Probleme in der üblichen Frequenz-Relevanz-Analyse von Beschwerden (FRAB) grundsätzlich eine hohe Dringlichkeit. Dementsprechend wird die Rangreihung der Probleme in einer entsprechenden Analyse von Social-Media-Beschwerden von der nach der klassischen FRAB abweichen und bevorzugte Beachtung verlangen.

Es erscheint aber auch sinnvoll, die Dringlichkeit von Social-Media-Beschwerden selbst wieder zu differenzieren und somit eine eigenständige Variante anzuwenden. Bezüglich der Relevanz können einfache Kriterien für die Resonanz im Netz, insbesondere das Ausmaß (Anzahl unterstützender Kommentare) und die Sichtbarkeit (Punktwert für den Verbreitungsgrad des Mediums), gewählt werden (siehe Bild 17.4).

Kundenproblem	Häufigkeit (A)	Relevanz				Relevanzwert (A) x (D) x (E)	PWI* (%)	Rangplatz
		Anzahl unterstützender Kommentare (brutto) (B)	Anzahl widersprechender Kommentare (C)	Anzahl unterstützender Kommentare (netto) (Differenz B-C) (D)	Punktwert für die Sichtbarkeit des Social Media (1 - 5) (E)			
Problem A	10	48	2	46	1	460	23,7	2
Problem B	15	21	5	16	3	720	37,1	1
Problem C	26	4	1	3	5	390	20,0	3
Problem D	9	8	-	8	4	288	14,8	4
Problem E	17	4	3	1	5	85	4,4	5
Summe	**77**	**85**	**11**	**74**	**-**	**1.943**	**100,0**	**-**

* Problemwertindex (PWI) für Social-Media-Beschwerden= Relevanzwert x 100/Summe der Relevanzwerte (%)

Bild 17.4 Frequenz-Relevanz-Analyse für Social-Media-Beschwerden

In Bezug auf das **Beschwerdemanagement-Controlling** sind vor allem Besonderheiten hinsichtlich des **Aufgaben-Controllings** zu beachten. Für das **subjektive Aufgaben-Controlling** können alle individuell angesprochenen Beschwerdeführer gebeten werden, den Grad ihrer Beschwerdezufriedenheit auf Facebook oder Twitter anzugeben. Dabei muss der entsprechende Fragebogen sehr knapp gehalten sein, dennoch aber alle wichtigen Qualitätsdimensionen der Beschwerdehandhabung enthalten, und zwar zur Angemessenheit des Ergebnisses, zur Interaktion (Freundlichkeit/Höflichkeit; Einfühlungsvermögen/Verständnis; Bemühen/Hilfsbereitschaft; Aktivität/Initiative; Verlässlichkeit) und zum Prozess (Zugänglichkeit, Reaktionsschnelligkeit). Darüber hinaus sind im Rahmen des **objektiven Aufgaben-Controllings** spezielle objektive Qualitätsstandards für die Bearbeitung von Social-Media-Beschwerden zu definieren, beispielsweise medienspezifische Vorgaben für die Ersterledigungsquote, die Gesamtbearbeitungsdauer und die Folgebeschwerdequote.

Auch für das **Beschwerdereporting** bedarf es einer Anpassung. Dabei geht es nicht nur darum, Social-Media-Beschwerden in das herkömmliche Reporting-System aufzunehmen, sondern es muss für Webbeschwerden ein spezifischer Reporting-Prozess definiert werden. Inhaltlich müssen hier Ergebnisse des permanenten Monitoring, der Social-Media-Beschwerdeanalyse und der Problempriorisierung differenziert erfasst werden. Zudem müssen die regelmäßigen Social-Media-Berichte in kürzeren Zeitabständen erstellt und verteilt werden und bei erheblichen Öffentlichkeitsrisiken durch Frühwarnreports ergänzt werden.

Social-Media-Beschwerden schaffen zudem neue Möglichkeiten der **Beschwerdeinformationsnutzung**. Zum Ersten geht eine weitaus größere Zahl an Informationen für Verbesserungswünsche ein, zum Zweiten lassen sich diese Informationen durch den schnellen Dialog weiter verdichten und zum Dritten enthält häufig auch der Dialog unter den Kunden selbst eine Fülle von Ideen und Anregungen, so dass sich verbesserte Chancen ergeben, Kundenkritik und -kreativität für Qualitätsverbesserungen zu nutzen. Allerdings muss durch eine entsprechende interne Verzahnung von Beschwerdemanagement, Marketing und Qualitätsmanagement auch dafür gesorgt werden, dass diese Chancen genutzt werden.

17.4 Konsequenzen für ausgewählte Rahmenfaktoren des Beschwerdemanagements

Bezüglich der **Rahmenfaktoren des Beschwerdemanagements** werfen Social Media insbesondere personalpolitische und organisatorische Fragestellungen auf.

Werden an die Mitarbeiter im Kundenkontakt schon generell hohe Ansprüche gestellt, so steigern sich die Anforderungen in Bezug auf Serviceorientierung, Sozial- und Emotionalkompetenz sowie Fach- und Methodenkompetenz noch einmal erheblich. Sie müssen trotz des verkürzten Kommunikationsstils das Problem richtig erkennen und so formulieren, dass ihre Antwort nicht nur korrekt ist, sondern auch vom Adressaten und möglichst allen Lesern als angemessen angesehen wird. Angesicht der vielfach beleidigenden und aggressiven Kommentare anonymer Kritiker müssen sie zu besonderer emotionaler Selbstkontrolle in der Lage sein und sie müssen über erweiterte System- und Medienkenntnisse verfügen. Daraus resultieren in **personalpolitischer Hinsicht** komplexe Aufgaben der Personalrekrutierung, der Mitarbeiterkommunikation und des Trainings.

Social Media haben für Unternehmen nicht nur in Bezug auf Beschwerden Bedeutung, sondern auch für Unternehmenskommunikation, Marketing und Service. Damit stellt sich die Frage nach der **organisatorischen Gestaltung**. Hinsichtlich der **Aufbauorga-**

nisation sind zwei Anforderungen zu erfüllen: zum einen eine konsistente Abstimmung der verschiedenen Aktivitäten, zum anderen die Nutzung der spezifischen Kompetenzen verschiedener kommunikativer Einheiten (Fishburn Hedges/Echo Research 2012; Bruhn/Hadwich 2013).

Von den verschiedenen organisatorischen Varianten, die diese Anforderungen in verschiedenem Ausmaß erfüllen, sind vor allem folgende von Relevanz: **(1)** ein zentrales Social-Media-Team oder **(2)** funktionale Social-Media-Teams und ihre Koordination (siehe Bild 17.5).

(1) **Zentrales Social-Media-Team:** In der ersten Variante werden alle Social-Media-Aktivitäten in einer zentralen Stelle der Unternehmenskommunikation zusammengefasst. Dies ermöglicht einen einheitlichen Unternehmensauftritt, ist aber mit der Gefahr verbunden, dass funktionale Kompetenzen nicht ausreichend zur Verfügung stehen.

(2) **Funktionale Social-Media-Teams:** In dieser Alternative sind dezentrale Organisationseinheiten - wie z.B. Markenkommunikation, Marktforschung und Customer Care - mit jeweils spezifischen Social-Media-Aktivitäten betraut. Eine vollständige zentrale Steuerung ist damit nicht möglich, allerdings erfolgt eine Koordination über ein Social-Media-Center innerhalb der Unternehmenskommunikation. Dieses bestimmt die Leitlinien und unterstützt die dezentralen Social-Media-Einheiten.

Für das Beschwerdemanagement ist die zweite Variante nachdrücklich zu empfehlen, weil in diesem Bereich das ganze kommunikative und Beschwerdemanagent-Know-how vorhanden ist und nur so eine unmittelbare Verknüpfung mit den anderen beschwerdepolitischen Aktivitäten möglich ist.

Um ein einheitliches Auftreten in Social Media und eine schnelle Reaktion zu gewährleisten, sind auch **ablauforganisatorische Konsequenzen** zu ziehen. Dazu gehören klare Verantwortlichkeiten, die Definition einheitlicher Verhaltensrichtlinien, eine IT-spezifische Integration, die enge Abstimmung zwischen den funktionalen Einheiten und deren permanente Koordination durch das Social-Media-Center.

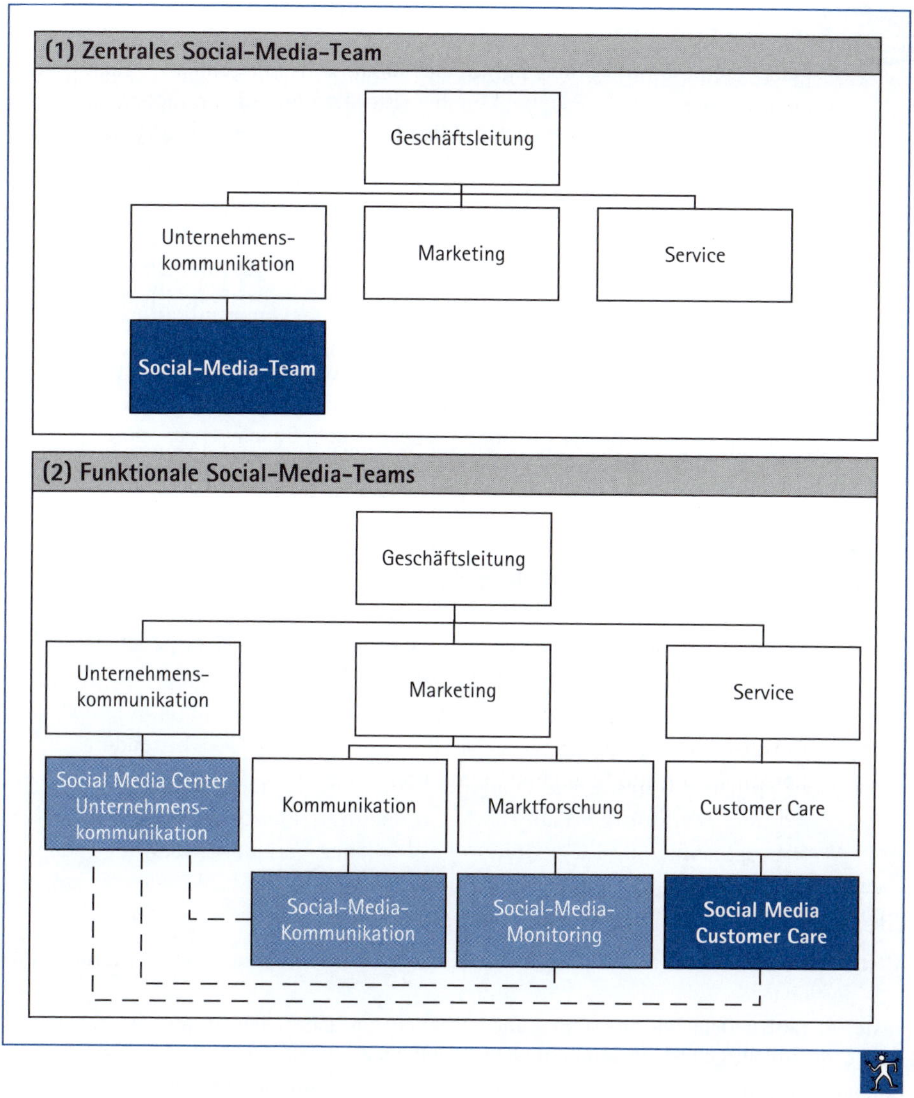

Bild 17.5 Einbindung der Social Media in die Aufbauorganisation (in Anlehnung an Bruhn/Hadwich 2013)

Kapitel 17 ganz kurz:

- Wesentliche kundengesteuerte Social Media mit gelegentlicher Kundenkritik sind private Facebook- und Twitter-Konten, private Blogs und private Videos. Regelmäßige Kundenkritik erfolgt auf Bewertungsportalen, Social-Media-Auftritten von Watchdog-Organisationen sowie Beschwerdeseiten.
- Auf unternehmensgesteuerten Marken-Facebook- und Twitter-Konten sowie Markenblogs werden eher gelegentlich Kundenbeschwerden artikuliert, regelmäßig dagegen auf Customer-Care-Facebook- und Twitter-Konten sowie Customer-Care-Blogs.
- Social Media sind als Beschwerdekanal von besonderer Relevanz, weil sie eine hohe Reichweite haben und Beschwerden schnell eskalieren können. Dementsprechend haben Social-Media-Beschwerden potenziell eine starke Wirkung auf Einstellungen und Verhalten anderer Kunden sowie auf Unternehmensimage und Markenwert.
- Die Wahl einer Monitoring- oder einer Dialogstrategie für Social Media ist konsistent auf die jeweilige Beschwerdemanagement-Strategie auszurichten.
- Für Social-Media-Beschwerden sind die Anpassungen in den Aufgabenbausteinen des direkten und indirekten Beschwerdemanagements vorzunehmen.
- Die Bearbeitung von Social-Media-Beschwerden erfordert besondere personalpolitische Maßnahmen und den Aufbau einer spezifischen organisatorischen Einheit.

Literatur

Allstateinsurancesucks (2013): http://allstateinsurancesucks.com/index.html (Abruf: 28.08.2013).

Basic, R. (2011): Dell: Wie man mit Kundenkritiken umgehen kann, http://www.robertbasic.de/2011/01/dell-wie-man-mit-kundenkritiken-umgehen-kann/ (Abruf: 17.09.2013).

Bitkom (2012): Internetnutzer verbringen die meiste Zeit in Sozialen Netzwerken, http://www.bitkom.org/de/presse/74532_71209.aspx (Abruf: 24.07.2013).

Bock, A./Ebner, W./Rossmann, A. (2013): Telekom hilft – Kundenservice via Social Media, in: Marketing Review St. Gallen, 30. Jg. H. 3, S. 74–85.

Bruhn, M./Hadwich, K. (2013): Dienstleistungsmanagement und Social Media – Eine Einführung in die theoretischen und praktischen Problemstellungen, in: Bruhn, M./Hadwich, K. (Hrsg.): Dienstleistungsmanagement und Social Media: Potenziale, Strategien und Instrumente, Forum Dienstleistungsmanagement, Wiesbaden, S. 3–40.

Bruns, J. (2013): Dextro Energy: Schulstoff sorgt für Facebook-Shitstorm, http://www.computerbild.de/artikel/cb-Aktuell-Internet-Shitstorm-bei-Dextro-Energy-8480039.html (Abruf: 11.09.2013).

Chevalier, J. A./Mayzlin, D. (2006): The Effect of Word of Mouth on Sales – Online Book Reviews, in: Journal of Marketing Research, 43. Jg., Nr. 3, S. 345–354.

Fantapié Altobelli, C./ Schwarzenberger, M. (2013): Social Media-Strategien bei Dienstleistungsunternehmen – Entwicklung und Implementierung mittels einer Social Media-Scorecard, in: Bruhn, M./Hadwich, K. (Hrsg.): Dienstleistungsmanagement und Social Media: Potenziale, Strategien und Instrumente, Forum Dienstleistungsmanagement, Wiesbaden, S. 65 – 86.

Fishburn Hedges/Echo Research (2012): The Social Media Customer, http://www.instituteofcustomerservice.com/files/The_social_media_customer_by_Fishburn_Hedges.pdf (Abruf: 26.08.2013).

Grégoire, Y./Tripp, T.M./Legoux, R. (2009): When Customer Love Turns into Lasting Hate: The Effects of Relationship Strength and Time on Customer Revenge and Avoidance, in: Journal of Marketing, 73. Jg., Nr. 6, S. 18 – 32.

Hadwich, K./Keller, C. (2013): Einflussfaktoren und Auswirkungen der Beschwerdezufriedenheit im Social Media-Bereich – Eine empirische Untersuchung, in: Bruhn, M./Hadwich, K. (Hrsg.): Dienstleistungsmanagement und Social Media: Potenziale, Strategien und Instrumente, Forum Dienstleistungsmanagement, Wiesbaden, S. 541 – 564.

Harrison-Walker, L.J. (2001): E-complaining: A Content Analysis of an Internet Complaint Forum, in: Journal of Services Marketing, 15. Jg., Nr. 5, S. 397 – 412.

Heinemann, G.: (2013): Social Media als Spiegelbild des neuen Kaufverhaltens im Handel, in: Bruhn, M./Hadwich, K. (Hrsg.): Dienstleistungsmanagement und Social Media: Potenziale, Strategien und Instrumente, Forum Dienstleistungsmanagement, Wiesbaden, S. 87 – 104.

Herzog, L./Luthe, M. (2010): Liebe auf den zweiten Blick – Vom souveränen Umgang mit Hotelbewertungen, in: Amersdorffer, D. et al. (Hrsg.), Social Web im Tourismus, Berlin Heidelberg 2010, S. 161 – 168.

Hogreve, J./Eller, T./Firmhofer, N. (2013): When The Whole World is Listening – An Exploratory Investigation of Individual Complaints on Social Media Platforms, in: Bruhn, M./Hadwich, K. (Hrsg.): Dienstleistungsmanagement und Social Media: Potenziale, Strategien und Instrumente, Forum Dienstleistungsmanagement, Wiesbaden, S. 515 – 540.

IBM (2013): IBM Social Computing Guidelines, http://www.ibm.com/blogs/zz/en/ guidelines.html (Abruf: 09.09.2013).

Internet World Stats (2013): Internet Usage Statistics, http://www.internetworldstats.com/stats.htm (Abruf: 24.07.2013).

Jansen, B.J./Zhang, M./Sobel, K./Chowdury, A. (2009): Twitter Power: Tweets as Electronic Word of Mouth, in: Journal of the American Society for Information Science & Technology, 60. Jg., Nr. 11, S. 2169 – 2188.

Jansen, J. (2013): Ein Mann kämpft gegen British Airways, http://www.handelsblatt.com/unternehmen/handel-dienstleister/werbeanzeige-gekauft-ein-mann-kaempft-gegen-british-airways/8732586.html (Abruf: 11.09.2013).

Köster A. (2012): Das Phänomen „Shitstorm“, http://www.big-social-media.de/news_publikationen/meldungen/2012_06_04_Shitstorm.php (Abruf: 02.08.2013).

Kroeber-Riel, W./Weinberg, P./Gröppel-Klein, A. (2013): Konsumentenverhalten, 10. Aufl., München.

Mühlenbeck, F./ Skibicki, K. (2010): Authentizität von Hotelbewertungsplattformen – wie mächtig und wie glaubwürdig ist User Generated Content?, in: Amersdorffer, D. et al. (Hrsg.), Social Web im Tourismus, Berlin Heidelberg, S. 57 – 70.

Netiquette Guidelines (2013), http://tools.ietf.org/html/rfc1855 (Abruf: 20.11.2013).

Reinecke, S./Klautzsch, E. (2013): Social Media-Audit für Dienstleistungsunternehmen, in: Bruhn, M./Hadwich, K. (Hrsg.): Dienstleistungsmanagement und Social Media: Potenziale, Strategien und Instrumente, Forum Dienstleistungsmanagement, Wiesbaden, S. 105 – 125.

Safko, L. (2010): The Social Media Bible – Tactics, Tools, and Strategies for Business Success, 2. Aufl., New Jersey.

Schmeißer, D. R. (2010): Kundenbewertungen in der eTouristik – Segen oder Fluch? Psychologie der Reiseentscheidung im Social Web, in: Amersdorffer, D. et al. (Hrsg.), Social Web im Tourismus, Berlin Heidelberg 2010, S. 41 – 56.

Sen, S./Lerman, D. (2007): Why are You Telling Me This? An Examination into Negative Consumer Reviews on the Web, in: Journal of Interactive Marketing, 21. Jg., Nr. 4, S. 76 – 94.

Stauss, B. (2000e): Using New Media for Customer Interaction: A Challenge for Relationship Marketing, in: Hennig-Thurau, Th./Hansen, U. (Hrsg.): Relationship Marketing, Berlin u. a., S. 233 – 253.

Tripp, T. M./Grégoire, Y. (2011): When Unhappy Customers Strike Back on the Internet, in: MIT Sloan Management Review, 52. Jg., Nr. 3, S. 37 – 44.

United Breaks Guitars (2009): http://www.youtube.com/watch?v=5YGc4zOqozo (Abruf: 27.08. 2013).

van Noort, G./Willemsen, L. M. (2012): Online Damage Control – The Effects of Proactive Versus Reactive Webcare Interventions in Consumer-generated and Brand- generated Platforms, in: Journal of Interactive Marketing, 26. Jg., Nr. 3, S. 131 – 140.

Ward, J. C./Ostrom, A. L. (2006): Complaining to the Masses: The Role of Protest Framing in Customer-Created Complaint Web Sites, in: Journal of Consumer Research, 33. Jg., Nr. 2, S. 220 – 230.

Wiedmann, K.-P./Hennigs, N./Klarmann, Ch. (2013): Social Media im Feld von Luxusmarken und -Services – Skizzen zu Gestaltungsansätzen und Best Practice-Beispiele, in: Bruhn, M./Hadwich, K. (Hrsg.): Dienstleistungsmanagement und Social Media: Potenziale, Strategien und Instrumente, Forum Dienstleistungsmanagement, Wiesbaden, S. 153 – 170.

Willenbrock, H. (2012): Und dann greift er zur Gitarre, in: brandeins, 14. Jg., H. 1, S. 120–125.

Wilson, H. J./Guinan, P. J./Parise, S./Weinberg, B. D. (2011): What's your Social Media Strategy?, in: Harvard Business Review, 89. Jg., Nr. 7, S. 23 – 25.

ENDLICH EINE KLARE RICHTUNG FÜR UNSER INTERNATIONALES BESCHWERDEMANAGEMENT.
LR

18 Internationales Beschwerdemanagement

- Mit welchen Unterschieden im Beschwerdeverhalten ist bei Kunden aus unterschiedlichen Kulturkreisen zu rechnen?
- Vor welchen besonderen Herausforderungen steht ein Beschwerdemanagement international agierender Unternehmen?
- Welche Faktoren bestimmen die Wahl eines zentralen, dezentralen oder dualen internationalen Beschwerdemanagements?
- Welche Koordinationsaufgaben hat die Leitung eines internationalen Beschwerdemanagements zu erfüllen?

In Zeiten zunehmender Globalisierung von Geschäftsaktivitäten und -beziehungen ist es offensichtlich, dass Unternehmen mit einer Fülle von **internationalen Kundenkontakten** auch mit internationalen Kundenproblemen und -beschwerden zu tun haben. Daraus ergibt sich die Notwendigkeit eines **internationalen Beschwerdemanagements**, verstanden als Planung, Durchführung und Kontrolle aller Maßnahmen, die ein international agierendes Unternehmen im Hinblick auf die Beschwerden von Kunden aus unterschiedlichen Ländern ergreift (Wegmann 2001; Nogly 2010). Mit der Internationalisierung der Tätigkeit sind spezifische Herausforderungen verbunden, die sich zum einen aus interkulturellen Unterschieden im Beschwerdeverhalten der Kunden, zum anderen aus der Notwendigkeit einer internationalen Organisation und Koordination der Beschwerdemanagement-Aktivitäten ergeben.

18.1 Die Relevanz interkultureller Unterschiede im Beschwerdeverhalten

Ein für das internationale Beschwerdemanagement wesentlicher Aspekt liegt darin, dass das Beschwerdeverhalten kulturell determiniert ist und somit im internationalen Kontext Unterschiede aufweist. So ist die Neigung von unzufriedenen Kunden, sich mit einer Beschwerde an das Unternehmen zu wenden, in verschiedenen Kulturkreisen unterschiedlich ausgeprägt. Analoges gilt für die Erwartungen an die unternehmerische Antwort auf die Beschwerde. Je größer die kulturelle Distanz ausfällt, desto stärker sind die entsprechenden Unterschiede im Beschwerdeverhalten und desto mehr müssen insbesondere die Aufgaben des direkten Beschwerdemanagements differenziert eingesetzt werden (Stauss/Nogly 2009).

18.1.1 Interkulturelle Unterschiede im Beschwerdeverhalten

In der umfangreichen wissenschaftlichen Diskussion zum Konstrukt der kulturellen Distanz wird immer wieder auf die klassischen Ausführungen zu Dimensionen kultureller Unterschiede von Hofstede (2001; 2006) zurückgegriffen. Er typologisiert Länderkulturen anhand verschiedener Dimensionen, wobei für das Beschwerdeverhalten primär die Dimensionen Individualismus/Kollektivismus, Machtdistanz sowie Unsicherheitsvermeidung von Bedeutung sind. **Individualismus/Kollektivismus** kennzeichnet den Grad der Gruppenintegration und die identitätsstiftende Relevanz sozialer Netze. **Machtdistanz** beschreibt das Ausmaß, in dem Schwächere die Ungleichverteilung von Macht und die damit verbundenen Über- und Unterordnungsverhältnisse akzeptieren. Die Dimension der **Unsicherheitsvermeidung** betrifft den Grad, zu dem eine Kultur zur Übernahme von Risiken ermutigt. Diese Dimensionen sind nicht völlig unabhängig. So weisen kollektivistische Kulturkreise meist auch gleichzeitig eine hohe Machtdistanz und Unsicherheitsvermeidung auf, während individualistische Kulturen eher egalitär und risikofreudig sind. Dementsprechend kann man für die hier geführte Diskussion von zwei Kulturtypen ausgehen: dem Typ A (kollektivistisch, machthierarchisch, unsicherheitsvermeidend), der vornehmlich im asiatischen Raum anzutreffen ist (beispielhaft Japan), und dem Typ B (individualistisch, egalitär, risikofreudig), der überwiegend in den fortgeschrittenen Staaten des Westens anzutreffen ist (beispielhaft USA). Bild 18.1 gibt einen entsprechenden Überblick.

Kulturdimension	Typ A (Japan)	Typ B (USA)
Individualismus/ Kollektivismus	stark kollektivistisch	stark individualistisch
Machtdistanz	hoch	niedrig
Unsicherheitsvermeidung	stark	schwach

Bild 18.1 Kulturelle Dimensionen und Kulturtypen (Hofstede 2001; Ngai et al. 2007, Liu/Furrer/Sudharshan 2001)

Im Folgenden wird untersucht, wie sich die kulturellen Dimensionen auf das Beschwerdeverhalten auswirken, und zwar auf die Beschwerdeneigung unzufriedener Kunden und die Beschwerdezufriedenheit. Dabei fokussiert die Diskussion vereinfachend diese beiden Kulturtypen, auch wenn es offensichtlich ist, dass im praktischen Einzelfall eine stärkere kulturelle Differenzierung erforderlich ist.

Kultureller Einfluss auf die Beschwerdeneigung

Empirische Studien belegen, dass die kulturellen Dimensionen in hohem Maße die Beschwerdeneigung unzufriedener Kunden beeinflussen. Es ist sehr viel weniger wahrscheinlich, dass Kunden aus dem Kulturkreis vom Typ A eine Beschwerde artikulieren als Kunden aus dem Kulturkreis vom Typ B. Alle genannten Kulturdimensionen sind hierfür verantwortlich. Während in individualistischen Kulturen die direkte Artikulation von Kritik auch gegenüber Dritten und in der Öffentlichkeit weithin akzeptiert ist, stellt für Kunden aus kollektivistischen Kulturen Harmonie in Beziehungen einen besonders hohen Wert dar. Beschwerden werden hier als Verletzungen der Harmonie wahrgenommen, was mit hohen psychischen Kosten verbunden ist. Daher verzichten Kunden aus diesem Kulturkreis eher auf eine Beschwerde und wandern ohne Artikulation ihrer Unzufriedenheit ab (Liu/Furrer/Sudharshan 2001; Chelminski/Coulter 2007; Ueltschy et al. 2007). Diese Tendenz wird durch die kulturellen Dimensionen Machtdistanz und Unsicherheitsvermeidung noch verstärkt. In Kulturen mit großer Machtdistanz, also hoher Akzeptanz von Macht- und Rangunterschieden, werden Beschwerden gegenüber einer Person mit höherem wahrgenommenem Status als besonders belastend wahrgenommen und daher möglichst vermieden (Ngai et al. 2007). Zudem lösen die mit einer Beschwerde verbundenen Risiken bei Kunden aus einem Kulturkreis mit starker Unsicherheitsvermeidung vergleichsweise höheren Stress und negative Emotionen aus, was ebenfalls die Beschwerdeneigung mindert.

Kultureller Einfluss auf die Beschwerdezufriedenheit

Auch die Erwartungen, die Beschwerdeführer an die unternehmerische Antwort stellen, und die Wahrnehmungen dieser Reaktion, sind kulturell geprägt (Patterson/Cowley/Prasongsukarn 2006). Dies erklärt, warum sich identische unternehmerische Handlungsweisen ganz unterschiedlich auf die Beschwerdezufriedenheit von Kunden aus verschiedenen Kulturkreisen auswirken können.

Die kulturellen Dimensionen beeinflussen alle Aspekte der Beschwerdezufriedenheit: die Beschwerdeergebnis-, Beschwerdeinteraktions- und die Beschwerdeprozess-Zufriedenheit.

Bezüglich des **Beschwerdeergebnisses** unterscheiden sich Beschwerdeführer aus verschiedenen Kulturkreisen hinsichtlich der Gewichtung von materiellen und immateriellen Kompensationen. Im kollektivistisch geprägten Kulturkreis vom Typ A wird auf Art und Umfang der Entschuldigung für die dem Kunden bereitete Unannehmlichkeit besonders hoher Wert gelegt (Wong 2004; Mattila/Patterson 2004). In individualistischen Kulturen vom Typ B wird zwar auch eine Entschuldigung erwartet, aber die materielle Kompensation bzw. die individuelle Problemlösung werden vergleichsweise höher bewertet.

Auch die Kundenerwartungen in Bezug auf die Beschwerdeinteraktion und den Beschwerdeprozess weisen interkulturelle Unterschiede auf. Kunden aus Kulturen vom Typ A bewerten die **Beschwerdeinteraktion** höher als den Beschwerdeprozess. Sie legen relativ mehr Wert auf Empathie, Zuvorkommenheit und Initiative. Auch erwarten die Beschwerdeführer aus Kulturen mit hoher Machtdistanz in stärkerem Maße, dass sie eine Antwort von ranghohen Managern erhalten (Mattila/Patterson 2004). Für Kunden aus dem individualistischen Kulturkreis vom Typ B mit geringer Machtdistanz ist der hierarchische Rang des Antwortenden dagegen gleichgültig. Sie bewerten den **Beschwerdeprozess** höher und legen vergleichsweise mehr Wert auf einen schnellen und unkomplizierten Bearbeitungsprozess (Furrer/Liu/Sudharshan 2000). Bild 18.2 zeigt diese Kernergebnisse der empirischen kulturellen Beschwerdeverhaltensforschung im Überblick.

Beschwerdeverhalten	Typ A (Japan) (stark kollektivistisch, hohe Machtdistanz, starke Unsicherheitsvermeidung)	Typ B (USA) (stark individualistisch, niedrige Machtdistanz, schwache Unsicherheitsvermeidung)
Beschwerdeneigung	geringer	höher
Beschwerdezufriedenheit		
Beschwerdeergebnis-zufriedenheit	relativ größeres Gewicht auf immaterielle Komponenten (Entschuldigung)	relativ größeres Gewicht auf materielle Kompensation und Individualität der Problemlösung
Beschwerde-interaktions-zufriedenheit	relativ größere Bedeutung von Empathie, Zuvorkommenheit und Initiative	relativ geringere Bedeutung von Empathie, Zuvorkommenheit und Initiative
Beschwerdeprozess-zufriedenheit	relativ geringere Bedeutung von Zugänglichkeit und Schnelligkeit	relativ größere Bedeutung von Zugänglichkeit und Schnelligkeit

Bild 18.2 Unterschiede im Beschwerdeverhalten von Kunden aus verschiedenen Kulturkreisen (in Anlehnung an Stauss/Nogly 2009; Nogly 2010)

18.1.2 Besonderheiten der Aufgabenerfüllung im internationalen Beschwerdemanagement

Die interkulturellen Unterschiede im Beschwerdeverhalten haben Konsequenzen insbesondere für die Aufgabenbausteine des direkten Beschwerdemanagements. Grundsätzlich liegt aber auch für das indirekte Beschwerdemanagement eine spezifische Situation vor, die eine Modifikation der Aufgabenerfüllung verlangt. Hier einige wesentliche Aspekte:

- **Beschwerdestimulierung:** Da die Beschwerdeneigung von Kunden aus verschiedenen Kulturkreisen unterschiedlich ausgeprägt ist, müssen auch die Maßnahmen der

Beschwerdestimulierung in ihrem Inhalt und ihrer Intensität variiert werden. Differenzierungsnotwendigkeiten können sich auch aufgrund abweichender rechtlicher Vorschriften, kulturspezifischer Symbolsysteme und der Verfügbarkeit von Medien ergeben.

- **Beschwerdeannahme:** Kulturell geformte Erwartungen prägen in hohem Maße das Rollenverständnis in direkten Beschwerdesituationen. Mehr oder weniger ausgeprägte egalitäre Wertvorstellungen beeinflussen beispielsweise die Ansichten darüber, ob das Mitarbeiter-Kunden-Verhältnis als partnerschaftlich angesehen wird oder als eines, das eine klare Über- bzw. Unterordnung beinhaltet. Das jeweilige kulturelle Umfeld vermittelt spezifische Vorstellungen über angemessene Formen der verbalen und nonverbalen Kommunikation, beispielsweise hinsichtlich Blick- und Körperkontakt (Stauss 1999b). Auch können die Erwartungen an das Produkt bzw. die Dienstleistung aufgrund kulturell geprägter Einstellungen abweichend ausfallen, sodass neue Kategorien von Problemen auftreten, Probleme unterschiedlich gewichtet werden und zu verschiedenen Verärgerungsgraden führen. Diese Aspekte müssen bei der direkten Annahme von Beschwerden und bei der Erfassung von Beschwerdeinformationen berücksichtigt werden. Dabei ergeben sich besondere Herausforderungen für das Management, wenn die Beschwerdeannahme in einem internationalen Customer Care Center zentralisiert ist. In diesem Fall erhöhen sich die Anforderungen an die Mitarbeiter, die nicht nur über die entsprechenden Sprachkenntnisse und das Fachwissen in Bezug auf die internen Prozesse verfügen müssen, sondern deren Sozial- und Emotionalkompetenz auch eine interkulturelle Dimension aufweisen muss. Darüber hinaus ist softwaretechnisch sicherzustellen, dass unterschiedliche Produkte und Produktbezeichnungen berücksichtigt werden und unterschiedliche Problemkategorisierungen vorgenommen werden können (Wegmann 2001).
- **Beschwerdebearbeitung und -reaktion:** Wie dargestellt, können auch die kulturell geprägten Erwartungen an die Beschwerdebearbeitung und die Beschwerdereaktion stark voneinander abweichen. Kunden aus Kulturen mit starker Betonung der Individualität verlangen eine größere Flexibilität und eine stärkere Berücksichtigung des Einzelfalls als Kunden aus Kulturen mit einer eher kollektiven Ausrichtung. Auch legen sie in der Regel mehr Wert auf die Erreichbarkeit des Unternehmens und die Schnelligkeit der Beschwerdeantwort. Von der Zugehörigkeit zum Kulturtyp ist zudem abhängig, welche Art der Reaktion besonders erwünscht ist, d. h. beispielsweise, ob eher materielle Kompensationen oder die Art der Ansprache und das Ausdrücken von Bedauern und Entschuldigungen zu Beschwerdezufriedenheit führen. Dementsprechend sind Beschwerdebearbeitungs- und -reaktionsprozesse kulturspezifisch anzupassen.
- **Beschwerdeauswertung:** Um interkulturelle Unterschiede bei Kundenerwartungen und -wahrnehmungen in Bezug auf Produkte und Dienstleistungen zu ermitteln, benötigt das Unternehmen differenzierte Informationen über Beschwerdehäufigkeiten und -schwerpunkte in den verschiedenen Ländern. Für die internationale Steuerung des Beschwerdemanagements bedarf es auch besonderer methodischer Überlegungen, um angesichts unterschiedlicher Beschwerdeneigungen und Erwartungen die Vergleichbarkeit von Beschwerdeauswertungen sicherzustellen.

- **Beschwerdemanagement-Controlling:** Die Anforderungen an das Beschwerdemanagement-Controlling steigen stark. So sind Ziele nicht nur für das Gesamtsystem, sondern auch für die beteiligten Ländereinheiten festzulegen. Dabei sind länderspezifisch unterschiedliche Voraussetzungen in unternehmerischer, marktlicher, rechtlicher, gesellschaftlicher und technologischer Hinsicht zu beachten. Wenn den Qualitätsdimensionen des Beschwerdemanagements unterschiedliches Gewicht beigemessen wird, müssen auch die entsprechenden subjektiven und objektiven Qualitätsstandards differenziert werden. Weichen die Ausgangsniveaus und Voraussetzungen für die Erreichung von Qualitäts- und Produktivitätszielen voneinander ab, muss sich dies in den darauf abgestimmten Zielvorgaben widerspiegeln.
- **Beschwerdereporting:** Je nach Organisationsform ist ein erweitertes Reporting erforderlich, da nicht nur die nationalen Einheiten, sondern auch die internationale Zentrale eine umfassende Berichterstattung benötigen. Dazu bedarf es Vorgaben für Art, Umfang und Inhalt der Reporte aus den jeweiligen Ländereinheiten. In der Zusammenfassung der Einzelberichte zu einem länderübergreifenden Gesamtreport müssen dann die länderspezifischen Gegebenheiten berücksichtigt werden.
- **Beschwerdeinformationsnutzung:** Auch hinsichtlich der Beschwerdeinformationsnutzung ergeben sich neue Herausforderungen, weil diese sowohl in der Zentrale als auch in den Ländereinheiten gewährleistet werden muss. Hierzu sind Entscheidungen darüber zu treffen, welche Arten von Beschwerdeinformationen in länderübergreifende Qualitätsverbesserungsaktivitäten integriert werden sollen und wo es angebracht ist, sie in länderspezifische Qualitätsteams und -zirkel einzubringen. Die Integration zentraler und dezentraler Aktivitäten bildet einen weiteren Aufgabenschwerpunkt. Auch sind neue Formen der direkten Kommunikation eines zentralen Beschwerdemanagements mit den Beschwerdeführern aus verschiedenen Ländern zu erproben, beispielsweise durch den Einsatz virtueller Kundenforen für Beschwerdeführer aus spezifischen Ländern bzw. Kulturkreisen. Damit wird deutlich, dass die Bedeutung des Beschwerdemanagements im Rahmen eines unternehmensweiten Wissensmanagements erheblich zunimmt, weil es wesentlich dazu beiträgt, das unternehmerische Wissen über die internationalen Kunden zu erhöhen.

18.2 Zentrales, dezentrales und duales internationales Beschwerdemanagement als alternative Organisationsformen

Als aufbauorganisatorische Alternativen stehen für das internationale Beschwerdemanagement – analog zur nationalen Variante – ein zentrales internationales oder ein dezentrales internationales Beschwerdemanagement als extreme Varianten zur Wahl. Bei einem **rein zentralen internationalen Beschwerdemanagement** werden sämtliche Aufgaben länderübergreifend von einer zentralen Beschwerdeeinheit in einem Land - meist in dem der Unternehmenszentrale - durchgeführt. Das bedeutet auch, dass die Kommunikation mit den Kunden aus den verschiedenen Ländern jeweils grenzüberschreitend geführt wird. Ein **rein dezentrales internationales Beschwerdemanagement** liegt vor, wenn in jedem Land ein eigenes Beschwerdemanagement aufgebaut wird und keinerlei zentrale Steuerung dieser dezentralen Einheiten vorgesehen ist (siehe Bild 18.3).

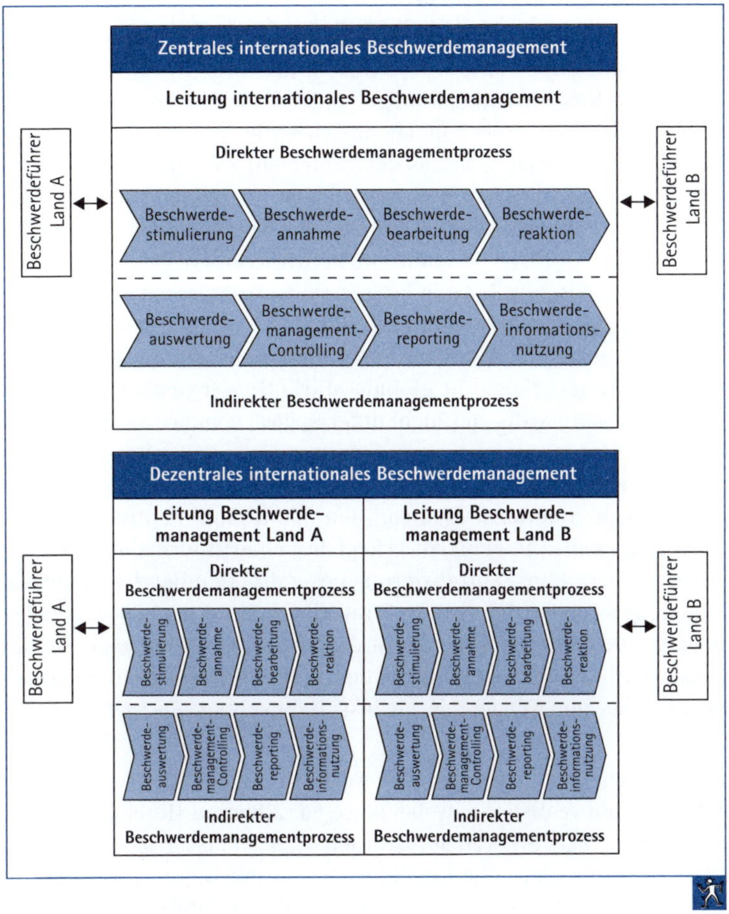

Bild 18.3 Rein zentrales und rein dezentrales internationales Beschwerdemanagement (in Anlehnung an Wegmann 2001, S. 83f)

Einflussfaktoren für die Wahl der Organisationsform

Die Frage ist nun, welche Faktoren den gewählten Zentralisierungsgrad eines internationalen Beschwerdemanagements beeinflussen. Nach Wegmann (2001) ist hier zwischen unternehmensbezogenen und marktbezogenen Einflussfaktoren zu unterscheiden. Zu den **unternehmensbezogenen Faktoren** gehören vor allem die grundlegende

Internationalisierungsstrategie, die Organisationsform des Auslandsengagements sowie Umfang und Art des Beschwerdeaufkommens. Wichtige marktbezogene Faktoren sind die interkulturellen Unterschiede im Beschwerdeverhalten und der ökonomische Entwicklungsstand. Je nachdem, wie diese Faktoren ausgeprägt sind, lassen sich Aussagen zur Vorteilhaftigkeit eher zentraler bzw. eher dezentraler Lösungen machen (siehe Bild 18.4).

Unternehmensbezogene Faktoren

Hinsichtlich der **grundlegenden Internationalisierungsstrategie** im Sinne der Ausrichtung der internationalen Marktbearbeitung lassen sich grob die internationale, multinationale und globale Marketingstrategie unterscheiden. Bei der **internationalen Marketingstrategie** erfolgt eine weitgehende Orientierung des Unternehmens an der Vorgehensweise im Heimatland, sodass die Strategien, Konzepte und Produkte von der Muttergesellschaft unverändert auf internationale Tochtergesellschaften übertragen werden. Die weltweiten Entscheidungskompetenzen bleiben demnach grundsätzlich bei der Zentrale. Bei einer **multinationalen Marketingstrategie** erfolgt die Marktbearbeitung in den Ländern durch selbstständig agierende Tochtergesellschaften, die sich an den Erfordernissen des jeweiligen Markts orientieren. Diese treten dort wie einheimische Unternehmen auf, ohne dass eine inhaltliche Abstimmung der nationalen Strategien durch die Zentrale erfolgt. Die **globale Marketingstrategie** richtet sich nach den Erfordernissen des Weltmarkts, der nicht differenziert, sondern als einheitlicher Markt angesehen wird, sodass eine weitgehende Standardisierung der Produkte und eine Zentralisierung der Entscheidungen erfolgen. Die grundlegende Wahl einer dieser strategischen Alternativen determiniert auch den sinnvollen Zentralisierungsgrad des Beschwerdemanagements. Tendenziell erfolgt bei einer internationalen und globalen Marketingstrategie eher eine Zentralisierung des indirekten Beschwerdemanagements, weil auch die anderen marktbezogenen Strategien zentral geplant und realisiert werden. Bei einer multinationalen Strategie ist dagegen zu erwarten, dass die dezentralen Einheiten wesentliche Verantwortung für den gesamten Beschwerdemanagementprozess erhalten, da dies dem Konzept der Selbstständigkeit von Tochtergesellschaften entspricht.

Unternehmen können ihre Internationalisierungsstrategien über sehr unterschiedliche **Organisationsformen** realisieren, wobei diese vor allem im Hinblick auf den erforderlichen Eigenkapitaleinsatz differenziert werden. Danach lassen sich grob Formen ohne Kapitaleinsatz (direkter und indirekter Export) und mit Kapitaleinsatz (Direktinvestitionen wie Joint Ventures oder eigene Niederlassungen) unterscheiden. Exportiert das Unternehmen, besteht eine starke Tendenz zur Zentralisierung des Beschwerdemanagements. Dies ist notwendigerweise der Fall, wenn keine Export- bzw. Importfirmen eingeschaltet werden. Erfolgt der Export aber über diese Institutionen, sind duale Formen des internationalen Beschwerdemanagements sinnvoll, beispielsweise indem Importeure die Zuständigkeit für die Entgegennahme von Beschwerden im Auslandsmarkt erhalten. Auch wenn Unternehmen durch Direktinvestitionen im Ausland dauerhafte Strukturen aufbauen, ist zu erwarten, dass Aufgaben des direkten Beschwerdemanagementprozesses an die Auslandsorganisationen übertragen werden, weil die Probleme dort in der Regel schneller und kundennäher gelöst werden können.

Einen dritten wesentlichen unternehmensbezogenen Faktor stellen **Umfang und Art des Beschwerdeaufkommens** dar. Wenn das Unternehmen in einem Land nur eine geringe Zahl von Kunden hat, Beschwerden den absoluten Ausnahmefall darstellen und ihre Beantwortung ein hohes Maß an spezifischem Know-how verlangt, ist es unwirtschaftlich, ein dezentrales Beschwerdemanagement vorzuhalten. In diesen Fällen ist es sinnvoller, den Kunden einen leicht erreichbaren Zugang zu einem zentralen internationalen Customer Care Center zu verschaffen. Dementsprechend erscheinen dezentrale Einheiten, zumindest für den direkten Beschwerdemanagementprozess, dann sinnvoll, wenn es in einem Land aufgrund der hohen Kundenanzahl zu einem hohen Aufkommen an Beschwerden kommt, die zum ganz überwiegenden Teil unmittelbar im Erstkontakt gelöst werden können.

Marktbezogene Faktoren

Sofern die unternehmerischen Kunden aus Ländern unterschiedlicher Kulturkreise kommen, sind zum Teil erhebliche **interkulturelle Unterschiede im Beschwerdeverhalten** zu erwarten. Diese Unterschiede sind umso stärker, je größer die kulturellen Distanzen zwischen den Märkten sind. Insofern liegt es nahe, dass Unternehmen, die auf Märkten mit großen kulturellen Distanzen agieren, zumindest den direkten Beschwerdemanagementprozess dezentralisieren, um den Erwartungen der Beschwerdeführer gerecht werden zu können.

Neben dem kulturellen Hintergrund spielt auch der **ökonomische Entwicklungsstand** eine wesentliche Rolle für die Entscheidung über die Organisationsfrage. Mit der Zunahme der wirtschaftlichen Entwicklung wachsen die Konsumerfahrung der Verbraucher und ihr Anspruchsniveau. Auch ist in der Regel die Wettbewerbsintensität höher, was die Notwendigkeit von Maßnahmen der Kundenbindung erhöht. Alle diese Aspekte sprechen dafür, leicht erreichbare Beschwerdewege einzurichten und daher zumindest den direkten Beschwerdemanagementprozess dezentral abzuwickeln.

Diese Überlegungen und ihre Zusammenfassung in Bild 18.4 machen deutlich, dass ein **rein zentrales internationales Beschwerdemanagement** für den direkten und indirekten Prozess nur im Ausnahmefall als geeignete Organisationsform anzusehen ist, nämlich wenn

- ein Unternehmen seine internationale bzw. multinationale Strategie überwiegend auf den **direkten Export** stützt,
- dezentrale Beschwerdeannahme und -bearbeitung wegen Art und Umfang des Beschwerdeaufkommens **ökonomisch nicht vertretbar** sind und
- **interkulturelle Unterschiede** im Beschwerdeverhalten bzw. der unterschiedliche ökonomische Entwicklungsstand als vernachlässigbar gelten können.

	Tendenz zum zentralen Beschwerdemanagement		Tendenz zum dezentralen Beschwerdemanagemen	
	Direkter BM-Prozess	Indirekter BM-Prozess	Direkter BM-Prozess	Indirekter BM-Prozess
Unternehmensbezogene Faktoren				
Internationalisierungsstrategie				
▪ Internationale Marketingstrategie		●		
▪ Multinationale Marketingstrategie			●	●
▪ Globale Marketingstrategie		●		
Organisationsform des Auslandsengagements				
▪ Exporte ohne Einsatz von Vermittlern (Importeuren/Exporteuren)	●	●		
▪ Exporte mit Einsatz von Vermittlern (Importeuren/Exporteuren)			●	
▪ Direktinvestitionen (z.B. Joint Ventures oder Niederlassungen)			●	
Umfang und Art des Beschwerdeaufkommens				
▪ Geringes Aufkommen, komplexe Beantwortung	●	●		
▪ Hohes Aufkommen, einfache Beantwortung			●	
Marktbezogene Faktoren				
Interkulturelle Unterschiede im Beschwerdeverhalten				
▪ Hohe kulturelle Distanz			●	
▪ Niedrige kulturelle Distanz	●			
Ökonomischer Entwicklungsstand				
▪ Hoher Entwicklungsstand			●	
▪ Niedriger Entwicklungsstand	●			

Die Leerfelder zeigen an, dass kein eindeutiger Zusammenhang besteht.

Bild 18.4 Einflussfaktoren für die Wahl der Organisationsform im internationalen Beschwerdemanagement (in Anlehnung an Wegmann 2001, S. 113ff)

Ein **rein dezentrales internationales Beschwerdemanagement** erscheint nur im Rahmen einer konsequenten multinationalen Marketingstrategie angebracht. In allen anderen Fällen hat das internationale Beschwerdemanagement **dualen Charakter**.

Dieser zeigt sich vor allem darin, dass die Aufgaben des direkten Beschwerdemanagementprozesses dezentral abgewickelt werden, während Aufgaben des indirekten Beschwerdemanagementprozesses entweder überwiegend zentral oder gemeinsam von der Zentrale und den dezentralen geografischen Einheiten durchgeführt werden (siehe Bild 18.5).

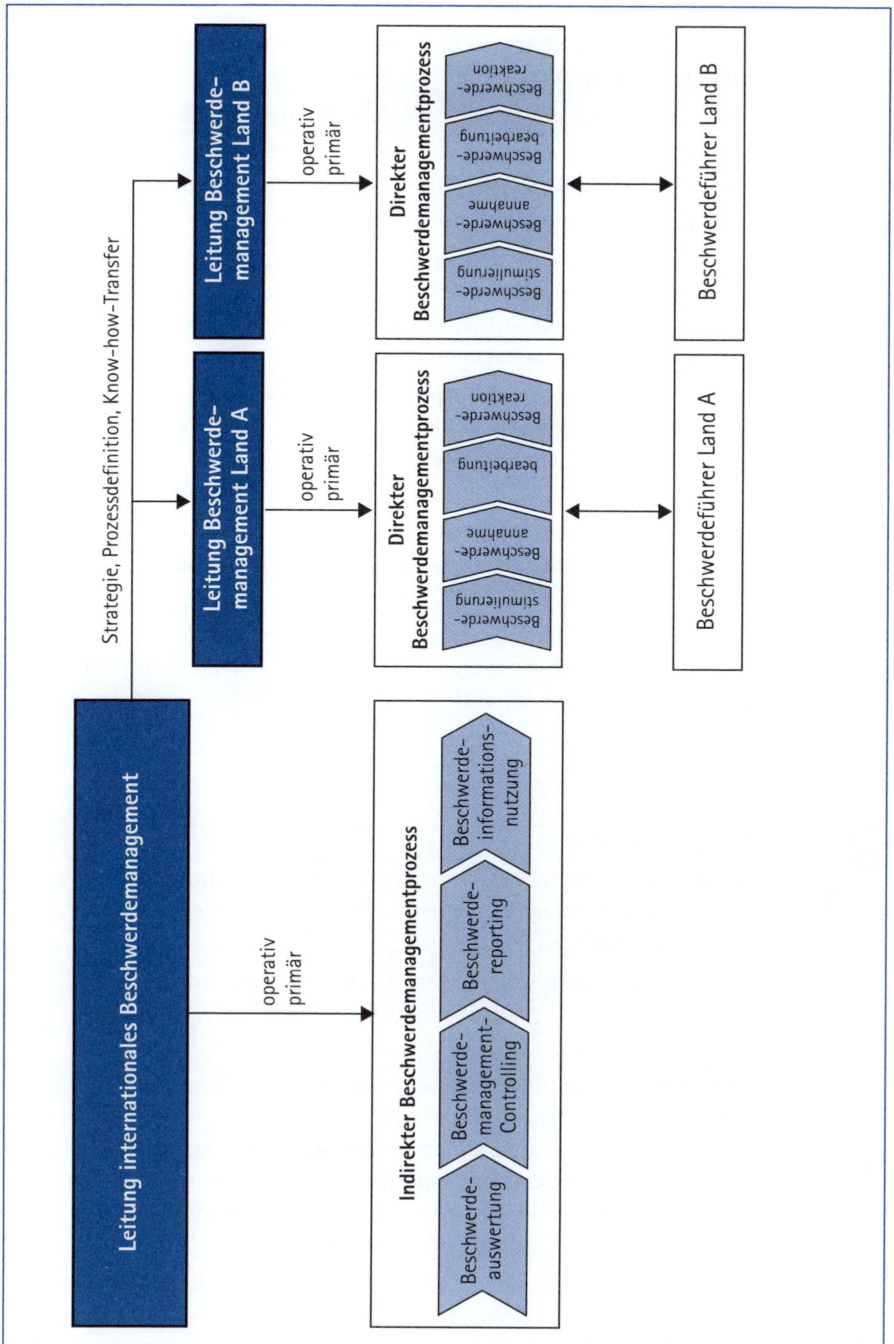

Bild 18.5 Duales internationales Beschwerdemanagement

Wenn eine Form des dualen internationalen Beschwerdemanagements gewählt wird, hat die Leitung des internationalen Beschwerdemanagements wesentliche Koordinationsaufgaben zu übernehmen. Dazu gehören in erster Linie:

- **die strategische Einbindung** des Beschwerdemanagements in den Kontext des internationalen Managements,
- **die grundsätzliche Vorgabe von Zielen, Prinzipien und Aufgaben** des Beschwerdemanagements im Gesamtunternehmen,
- die **Definition von Prozessen** des internationalen Beschwerdemanagements mit einer klaren Zuweisung von Verantwortlichkeiten an die zentrale Einheit bzw. die dezentralen Einheiten in Bezug auf Aktivitäten in allen Aufgabenbausteinen des direkten und indirekten Beschwerdemanagements,
- die **Sicherstellung der Aufgabenerfüllung** in den dezentralen Einheiten durch Zielvorgaben sowie die Unterstützung durch die Bereitstellung der erforderlichen (z.B. informationstechnologischen) Voraussetzungen,
- die Optimierung der **länderübergreifenden Erfüllung** von Aufgaben des indirekten Beschwerdemanagements; dazu gehören vor allem Einsatz und Weiterentwicklung von Methoden zur Analyse und Interpretation internationaler Unterschiede des Beschwerdeaufkommens,
- die Organisation des **Know-how-Transfers** zwischen zentralen und dezentralen Einheiten durch die Initiierung verschiedener Maßnahmen; dazu gehören die Bereitstellung von Erfahrungswissen im Intranet, die Veranstaltung von Meetings zum Erfahrungsaustausch sowie die Durchführung konzerninterner internationaler Benchmarking-Aktivitäten.

Kapitel 18 ganz kurz:

- Es gibt erhebliche interkulturelle Unterschiede im Beschwerdeverhalten. So werden Beschwerdeneigung und Beschwerdezufriedenheit von kulturellen Faktoren beeinflusst.
- Aus den interkulturellen Unterschieden ergibt sich die Notwendigkeit der Anpassung sämtlicher Aufgabenbausteine des Beschwerdemanagements.
- Die Wahl zwischen einem zentralen, dezentralen oder dualen internationalen Beschwerdemanagement wird durch unternehmens- und marktbezogene Faktoren bestimmt. In der Regel ist ein duales Beschwerdemanagement geeignet, in dem die Aufgaben des direkten Beschwerdemanagements primär dezentral, die des indirekten Beschwerdemanagements primär zentral erfüllt werden.
- Die Leitung eines internationalen Beschwerdemanagements hat wesentliche Koordinationsfunktionen zu erfüllen. Dazu gehören vor allem die strategische Einbindung, die Vorgabe von Zielen, die Definition von Prozessen, die Sicherstellung der Aufgabenerfüllung und die Organisation des Know-how-Transfers.

Literatur

Chelminski, P./Coulter, R.A. (2007): The Effects of Cultural Individualism and Self-confidence on Propensity to Voice: From Theory to Measurement to Practice, in: Journal of International Marketing, 15. Jg., Nr. 4, S. 94 - 118.

Furrer, O./Liu, B. S-C./Sudharshan, D. (2000): The Relationships Between Culture and Service Quality Perceptions. Basis for Cross-cultural Market Segmentation and Resource Allocation, in: Journal of Service Research, 2. Jg., Nr. 4, 2000, S. 355 - 371.

Hofstede. G. (2001): Culture's Consequences, 2. Aufl., Thousand Oaks.

Hofstede, G. (2006): Lokales Denken, globales Handeln. Interkulturelle Zusammenarbeit und globales Management, München, 2006.

Liu, B.S. C./Furrer, O./Sudharshan, D. (2001): The Relationships Between Culture and Behavioural Intentions Toward Services, in: Journal of Service Research, 4. Jg., Nr. 2, S. 118 - 129.

Mattila, A.S./Patterson, P.G. (2004): The Impact of Culture on Consumers' Perceptions of Service Recovery Efforts, in: Journal of Retailing, 80. Jg., Nr. 4, S. 196 - 206.

Ngai, E.W. T./Heung, V.C. S./Wong, Y.H./Chan, F.K. Y. (2007): Consumer Complaint Behaviour of Asians and Non-Asians About Hotel Services - An Empirical Analysis, in: European Journal of Marketing, 41. Jg., Nr. 11/12, S. 1375 - 1391.

Nogly, F. (2010): Standardisierung des internationalen Beschwerdemanagements, Hamburg.

Patterson, P.G./Cowley, E./Prasongsukarn, K. (2006): Service Failure Recovery: The Moderating Impact of Individual-level Cultural Value Orientation on Perceptions of Justice, in: International Journal of Research in Marketing, 23. Jg., Nr. 3, S. 263 - 277.

Stauss, B. (1999b): Management interkultureller Dienstleistungskontakte, in: Kutschker, M. (Hrsg.): Perspektiven der internationalen Wirtschaft, Wiesbaden, S. 269 - 304.

Stauss, B./Nogly, F. (2009): Interkulturelle Unterschiede im Beschwerdeverhalten als Herausforderung des internationalen Beschwerdemanagements, in: Schmid, St. (Hrsg.): Management der Internationalisierung, Wiesbaden, S. 321 - 341.

Ueltschy, L.C./Laroche, M./Eggert, A./Bindl, U. (2007): Service Quality and Satisfaction: An International Comparison of Professional Services Perceptions, in: Journal of Services Marketing, 21. Jg., Nr. 6, S. 410 - 423.

Wegmann, Ch. (2001): Internationales Beschwerdemanagement, Wiesbaden.

Wong, N. (2004): The Role of Culture in the Perception of Service Recovery, in: Journal of Business Research, 57. Jg., Nr. 9, S. 957 - 963.

AB SOFORT VERLANGE ICH MEHR FREUNDLICHKEIT, VERDAMMT NOCH MAL!
LR

19 Implementierung eines aktiven Beschwerdemanagements

- Welche Phasen sind bei einer Implementierung des Beschwerdemanagements zu unterscheiden und welche Aktivitäten sind jeweils vorzunehmen?
- Mit welchen Barrieren muss bei einer Implementierung gerechnet werden und wie sind diese zu überwinden?

Ziel der Implementierung ist es, ein Beschwerdemanagement-System in der beabsichtigten Form schnell und ohne Probleme einzuführen. Dabei ist die **schrittweise Realisierung** einer Reihe von Maßnahmen erforderlich. Zudem müssen wesentliche **Implementierungsbarrieren** überwunden werden, um eine erfolgreiche Einführung zu gewährleisten.

19.1 Implementierungsschritte

Im Zuge der Implementierung eines Beschwerdemanagements ist die Durchführung einer Reihe von Schritten erforderlich, die sich grob in eine bestimmte Reihenfolge bringen lassen, auch wenn es im realen Phasenablauf Überschneidungen und Interdependenzen gibt. Bild 19.1 gibt einen Überblick über einen solchen **idealtypischen Implementierungsverlauf** (Gierl 2000).

Aktivitäten in der Beschlussphase

Der zentrale Ausgangspunkt jedes Implementierungsprozesses ist der **Beschluss der Unternehmensleitung**. Diese Entscheidung muss mehr sein als eine generelle Absichtserklärung zur Einführung eines Beschwerdemanagements. Es ist vielmehr erforderlich, dass schon in diesem Grundsatzbeschluss das Basisverständnis des Beschwerdemanagements verdeutlicht wird, z. B. als Ausdruck einer konsequenten unternehmerischen Kundenorientierung und als Kern eines Kundenbeziehungsmanage-

Beschlussphase

- Erstellung der Beschlussvorlage für die Unternehmensleitung
  - Kurzanalyse des Ist-Zustands
  - Kurzbeschreibung des angestrebten Soll-Zustands
  - Darstellung der ökonomischen Konsequenzen
  - Erstellung des groben Budget- und Zeitplans
- Beschluss der Unternehmensleitung

Projektorganisationsphase

- Etablierung der Projektorganisation mit dem Lenkungsausschuss, dem Projektkernteam sowie einzelnen Arbeitsgruppen
- Information der Mitarbeiter

Analysephase

- Detaillierte Analyse des Ist-Zustands der Beschwerdeabwicklung
  - Analyse des Leistungsspektrums
  - Analyse der Qualität der Aufgabenerfüllung
  - Analyse der personalpolitischen, organisatorischen und informationstechnologischen Rahmenfaktoren
- Umfeldanalyse
  - Analyse der Makroumwelt
  - Analyse der Mikroumwelt

Konzeptionsphase

- Definition der Ziele des Beschwerdemanagements
- Wahl der Basisstrategie für das Beschwerdemanagement
- Abgleich von strategischem Soll-Profil mit dem Ist-Profil des Beschwerdemanagements
- Erstellung detaillierter Konzept- und Prozessbeschreibungen für alle Aufgabenbausteine des direkten und indirekten Beschwerdemanagementprozesses
- Entscheidungen über wesentliche personalpolitische, organisatorische und informationstechnologische Veränderungen
- Erstellung eines Handbuchs Beschwerdemanagement
- Verabschiedung von Budget- und Zeitplan für die Umsetzung der konzeptionellen Vorgaben

Einführungsphase

- Einführung der veränderten Prozesse bezüglich der Aufgabenbausteine
- Realisierung der aufbauorganisatorischen Veränderungen
- Bereitstellung der IT-Unterstützung
- Realisierung des Einstellungsveränderungsprozesses durch Sensibilisierungs- und Schulungsveranstaltungen
- Durchführung „Interner Audits"

Bild 19.1 Phasen der Implementierung eines aktiven Beschwerdemanagements (in Anlehnung an Gierl 2000, S. 184)

ments. Damit wird der Stellenwert dieses Handlungsbereichs explizit gemacht und ein wichtiger Grundstein der Wertebasis für den unternehmerischen Umgang mit Beschwerden gelegt. Um die kompromisslose Zustimmung der Unternehmensleitung sowie des Betriebsrats zu erhalten, muss im Rahmen einer Beschlussvorlage der Handlungsdruck verdeutlicht werden. Dazu ist es **(1)** erforderlich, dass eine Kurzanalyse des Ist-Zustands erfolgt und offensichtliche Defizite herausgestellt werden. Zudem sind **(2)** der angestrebte Soll-Zustand und die damit verbundenen organisatorischen, personalpolitischen und informationstechnologischen Implikationen zu skizzieren sowie **(3)** die erwarteten ökonomischen Konsequenzen zu beschreiben. Darüber hinaus muss **(4)** die Gesamtdauer des Implementierungsprozesses einschließlich relevanter „Milestones" geplant und ein grober Budgetplan erstellt werden, der auf den Zeitplan abzustimmen ist.

Aktivitäten in der Projektorganisationsphase

Auf der Grundlage des Beschlusses der Geschäftsleitung ist die **Projektorganisation** einzurichten, zu der das Projektkernteam, der Lenkungsausschuss und Arbeitsgruppen gehören.

Die Hauptaufgabe des **Projektkernteams** – in der Regel ist das auch der Personenkreis, der die Beschlussvorlage für die Geschäftsleitung erstellt hat – besteht darin, das Gesamtprojekt unter operativen Gesichtspunkten zu steuern sowie ein effizientes Projekt-Controlling zu installieren. Damit hat es einen reibungslosen, dem Budget- und Zeitplan sowie dem fachlichen Gesamtkonzept entsprechenden Projektverlauf sicherzustellen. Demgegenüber verkörpert der **Lenkungsausschuss** das Gremium, welches das Projekt auf oberer Führungsebene verantwortet, in regelmäßigen Abständen über den Projektfortschritt informiert wird und grundlegende Entscheidungen im Projektverlauf – z. B. hinsichtlich zusätzlich benötigter Budgetmittel oder im Prozess offensichtlich werdender fachlicher Alternativen – trifft.

Beide Gruppen sind in der Regel **funktionsbereichs- und vertriebsstufenübergreifend** mit relevanten Entscheidungsträgern aus Bereichen zu besetzen, die vom Implementierungsprozess und dem einzuführenden Beschwerdemanagement vorrangig betroffen sind. Dazu gehören die kundennahen Bereiche wie Customer Relationship Management, Marketing, Vertrieb und Service, aber auch das Qualitätsmanagement und die IT-Abteilung. Aufgrund der zentralen Bedeutung des Beschwerdemanagements für die Kundenbindung liegt es nahe, dass die für den Umgang mit Kundenbeschwerden verantwortliche Organisationseinheit eine zentrale Stellung in der Planungsgruppe erhält. In jedem Fall muss dafür Sorge getragen werden, dass die Implementierung eines Beschwerdemanagements unter fachlicher Perspektive und nicht primär unter informationstechnologischer Sicht geplant wird. Ist ein entsprechendes Know-how im Unternehmen nicht vorhanden, sollte auf die Expertise spezialisierter Beratungsunternehmen zurückgegriffen werden.

Weiterhin hat das Projektkernteam dafür zu sorgen, dass gemäß den fachlichen und informationstechnologischen Schwerpunkten **abteilungs- und vertriebsstufenübergreifende Arbeitsgruppen** gebildet werden, denen konkrete Teilaufgaben der Analyse-, Konzeptions- und Einführungsphase übertragen werden.

Mit dem Übergang zu den operativen Projektarbeiten bzw. mit Beginn der Analysephase sind auch die **Mitarbeiter des gesamten Unternehmens** über die geplante Einführung des Beschwerdemanagements zu **informieren**. Dabei ist auf die Bedeutung des Beschwerdemanagements für die Erreichung von Bindungszielen hinzuweisen. Auch sind die in den Beschwerdemanagementprozess unmittelbar einbezogenen Mitarbeiter im konkreten Analyseprozess nach Art und Umfang ihrer Einbindung in beschwerdebezogene Aktivitäten zu befragen. Ihre Antworten bieten eine Grundlage für quantitative Abschätzungen darüber, welche Effizienzgewinne durch eine Implementierung des Beschwerdemanagements erwirtschaftet werden können.

Aktivitäten in der Analysephase

Wesentliche Aufgabe des Projektkernteams sowie vor allem der einzelnen Arbeitsgruppen ist es, zunächst einmal eine **Analyse des Ist-Zustands** zu erstellen. Auch vor der Einrichtung eines systematischen Beschwerdemanagements gehen im Unternehmen Beschwerden ein. Aber vielfach besteht in Unternehmen weder eine Vorstellung vom Umfang des Beschwerdeaufkommens oder der Höhe der Artikulationsquote noch ein exakter Überblick über die von den Kunden gewählten Beschwerdewege oder die Zahl bzw. Abläufe der faktischen Bearbeitungsprozesse. Ein detaillierter Kenntnisstand des Ist-Zustands ist aber die Voraussetzung für den weiteren Planungsprozess.

Insofern muss das Handlungsfeld der Beschwerdeabwicklung systematisch untersucht werden, und zwar in Bezug auf das angebotene Leistungsspektrum, die Qualität der Aufgabenerfüllung und die Ausgestaltung der Rahmenbedingungen. In einem ersten Schritt ist das **Leistungsspektrum** zu analysieren, d. h. zu prüfen, welche Leistungen an Endkunden erfolgen (externe Problemlösungsdienstleistungen) bzw. welche Leistungen an interne Kunden geliefert werden (interne Informations- und Beratungsdienstleistungen). Dann muss man sich ein exaktes Bild von der derzeitigen **Qualität der Aufgabenerfüllung** hinsichtlich aller Aspekte der Beschwerdeabwicklung machen. Auch muss die Bestandsaufnahme die **Rahmenfaktoren** Personal, Organisation und Informationstechnologie einbeziehen. Unter anderem sind Antworten auf die Fragen zu finden, welche Mitarbeiter in unmittelbaren Kontakt mit Beschwerdeführern kommen, in welchem Umfang diese über die notwendigen Qualifikationen verfügen, welche Organisationseinheit das Beschwerdemanagement aktuell verantwortet, welche aufbauorganisatorische Variante derzeit etabliert ist und mit welchen Softwaresystemen Beschwerdeinformationen erfasst und Bearbeitungsprozesse gesteuert werden.

Neben dem Ist-Zustand der bisherigen Beschwerdeabwicklung sollte in dieser Phase eine **Umfeldanalyse** erfolgen, in der die wesentlichen Ansprüche sowie die relevanten Einflussfaktoren außerhalb und innerhalb des Unternehmens identifiziert werden. Bei der Analyse der **Makroumwelt** geht es im Kern darum, die Erwartungen der Endkunden an die unternehmerische Reaktion zu eruieren, sich ein Bild vom Beschwerdemanagement anderer Unternehmen zu machen und Faktoren zu untersuchen, die Einfluss auf Aktivitäten des Beschwerdemanagements haben können. Dabei kann es sich um politisch-rechtliche, gesellschaftliche, wirtschaftliche oder technologische Faktoren handeln, die entweder zu Veränderungen im Beschwerdeverhalten von Kunden führen oder neue Formen der Aufgabenerfüllung ermöglichen.

Im Rahmen der Analyse der **Mikroumwelt** wird das unternehmensinterne Umfeld des Beschwerdemanagements untersucht. Hier geht es vor allem darum, die grundlegende wettbewerbsstrategische Ausrichtung des Unternehmens und die Ansprüche der verschiedenen internen Kundengruppen (wie Unternehmensleitung, andere Funktionsbereiche oder Geschäftsbereiche) zu identifizieren.

Aktivitäten in der Konzeptionsphase

Auf der Basis der Ergebnisse der Ist-Analyse sind die **Ziele** für das geplante Beschwerdemanagement zu definieren und es ist zugleich die **Basisstrategie** zu wählen, die der wettbewerbsstrategischen Positionierung des Unternehmens entspricht und in der Lage ist, die Ansprüche der externen und internen Kunden zu erfüllen: Beschwerdefabrik (Complaint Factory), Beziehungsverstärker (Relationship Amplifier), Qualitätssicherer (Quality Control) oder Zufriedenheitslabor (Customer Satisfaction Lab) – siehe Kapitel 5.

Am Maßstab der gewählten Soll-Basisstrategie ist der Ist-Zustand der bisherigen Beschwerdeabwicklung zu messen. Wenn **strategisches Ist-Profil und Soll-Profil** voneinander **abweichen**, sind die erforderlichen Veränderungen in der Aufgabenwahrnehmung des direkten und indirekten Beschwerdemanagementprozesses festzulegen und dann die damit verbundenen Konsequenzen für den Einsatz der Rahmenfaktoren zu fixieren.

Die gewählte Basisstrategie stellt die Grundlage für die Erstellung von detaillierten **Konzept- und Prozessbeschreibungen** für die verschiedenen Aufgabenbausteine des Beschwerdemanagements dar. Unter Berücksichtigung der unternehmensindividuellen Gegebenheiten und von Ergebnissen der Ist-Analyse sind Grundzüge der **angestrebten Prozessabläufe** zu entwickeln und festzuhalten. Gleichzeitig sind die **Erfassungsstrukturen und -inhalte** für die Beschwerdeinhalts- und -abwicklungs-Informationen festzulegen. Darüber hinaus müssen – abhängig von den unternehmensspezifischen Gegebenheiten – Aspekte des **internationalen Beschwerdemanagements** sowie der **Internet-Kunde-zu-Kunde-Kommunikation** in das entwickelte Gesamtkonzept integriert werden.

Die Beschreibungen der Erfassungs- und Prozessstrukturen, die zur optimalen Erfüllung der Beschwerdemanagement-Ziele führen sollen, bestimmen die wesentlichen Anforderungen an die **Rahmenfaktoren** zur Einführung der neu definierten Prozesse. Diese beziehen sich zum Ersten auf die notwendigen, an den Prozessen ausgerichteten organisatorischen Veränderungen, zum Zweiten auf die erforderliche informationstechnologische Unterstützung, zum Dritten auf die Zahl der im Beschwerdemanagement einzusetzenden Mitarbeiter und deren Qualifikationen. Dementsprechend sind in dieser Phase Entscheidungen über Organisationsveränderungen, zu beschaffende Hard- und Software sowie über den erforderlichen quantitativen und qualitativen Personaleinsatz zu treffen. Die Ergebnisse der Konzeptionsphase werden in einem **Handbuch Beschwerdemanagement** dokumentiert, das eine lückenlose Übersicht über das umzusetzende Gesamtkonzept enthält.

Zudem bedarf es der **Fixierung eines Zeitpunkts**, bis zu dem das Beschwerdemanagement arbeitsfähig sein soll, unter Angabe von Milestones für den Implementierungsprozess. Auch muss das **Budget** für die Implementierung des Beschwerdemanagements konkret verabschiedet werden.

Aktivitäten in der Einführungsphase

Im Zentrum der Implementierung steht die **konkrete Umsetzung** der definierten Prozesse und fachlichen Vorgaben bezüglich der einzelnen Aufgabenbausteine. Zu diesem Zeitpunkt des Projektverlaufs sind die **organisatorischen Veränderungen** vorzunehmen, ist die **Beschwerdemanagementsoftware** anzupassen und zu installieren und es sind **Mitarbeiter** für die anstehenden Aufgaben einzustellen und zu **schulen**.

Nicht nur nach der vollständigen Implementierung des Beschwerdemanagements, sondern auch regelmäßig während des Projektfortschritts sind **interne Audits** durchzuführen, um die exakte Umsetzung der konzeptionellen Vorgaben bzw. deren Rationalität zu überprüfen. Dies kann sowohl zu Veränderungen der Planprozesse bzw. der fachlichen Detailkonzepte als auch zu Korrekturen der real eingeführten Prozesse führen.

19.2 Implementierungsbarrieren und Maßnahmen zu ihrer Überwindung

Der Implementierung eines umfassenden aktiven Beschwerdemanagements steht häufig eine Reihe von **Akzeptanz-, Führungs- und Organisationsbarrieren** gegenüber, die im Folgenden zusammen mit möglichen Gegenmaßnahmen erläutert werden (siehe Bild 19.2).

Akzeptanzbarrieren
- Fehlendes Problembewusstsein
- Negative Einschätzung von Beschwerden
- Zweifel am ökonomischen Nutzen des Beschwerdemanagements

Führungsbarrieren
- Fehlendes Commitment des Topmanagements
- Widerstände in der Unternehmenskultur
- Mangelnde unternehmensweite Sensibilisierung
- Kurzfristige Perspektive
- Missinterpretation von Beschwerdemanagement als IT-Problem

Organisationsbarrieren
- Widerstand gegen die Korrektur- und Verbesserungsimpulse des Beschwerdemanagements
- Widerstand gegen zunehmende Einflussrechte des Beschwerdemanagements

Bild 19.2 Barrieren bei der Implementierung eines aktiven Beschwerdemanagements

Akzeptanzbarrieren

Ein **zentrales Implementierungshindernis** liegt dann vor, wenn es im Unternehmen grundsätzlich an der Akzeptanz für ein Beschwerdemanagement fehlt.

Ein erster Grund für die mangelnde Akzeptanz kann in einem **fehlenden Problembewusstsein** liegen. Dies ist häufig dann der Fall, wenn aufgrund eines geringen Beschwerdeaufkommens die Vorstellung besteht, Kundenzufriedenheit sei durchgängig erreicht und daher die Notwendigkeit eines eigenständigen Beschwerdemanagements nicht gegeben. Hier ist eine Veränderung der Einschätzung dadurch zu erreichen, dass erstens auf Ergebnisse der Ist-Analyse, zweitens auf Resultate einer Kundenzufriedenheitsbefragung und drittens auf eine Befragung verlorener Kunden zurückgegriffen wird. Erfahrungsgemäß belegt eine **sorgfältige Ist-Analyse** des unternehmensweiten Beschwerdeeingangs, dass der Umfang des faktischen Beschwerdevolumens systematisch unterschätzt wird. Dies wird in der Regel auch durch Ergebnisse von **Kundenzufriedenheitsbefragungen** bestätigt, in denen erhoben wird, inwieweit sich Kunden beim Unternehmen beschwert haben. Ein Vergleich der angegebenen Zahl artikulierter Beschwerden mit der Zahl der im Unternehmen dokumentierten (meist nur schriftlichen) Beschwerden kann zu einer realistischeren Einschätzung führen. Den größten Beitrag zur Schaffung des notwendigen Problembewusstseins leisten aber häufig **Befragungen von verlorenen Kunden**. Hier bestätigt sich meist, dass ein Großteil der verlorenen Kunden die Geschäftsbeziehung wegen Unzufriedenheit beendet hat. Da in der Regel die kundenspezifischen Umsätze und Deckungsbeiträge der verlorenen Kunden vorliegen, lassen sich diese prinzipiell vermeidbaren Verluste quantifizieren. Es ist ein überzeugendes Argument, Verluste in dieser Größenordnung als Potenzial anzugeben, das zukünftig durch Maßnahmen des Beschwerdemanagements erschlossen werden soll.

Eine besonders hartnäckige Akzeptanzbarriere besteht in der **negativen Einschätzung von Beschwerden**. Bereits der erste Satz dieses Buchs bringt dieses Phänomen zum Ausdruck: „Alle im Unternehmen hassen Beschwerden.“ Sie bedeuten für die Mitarbeiter vor allem Ärger und Kritik, die zudem mit negativen persönlichen Konsequenzen verbunden sein können, und Manager sehen primär die mit der Beschwerdeabwicklung verbundenen Kosten. Hier ist viel Aufklärungsarbeit erforderlich. Die Chancen, die Beschwerden für den Erhalt der Kundenbeziehung, für die Verbesserung der Qualität von Produkten sowie für die Steigerung der Effizienz von Prozessen beinhalten, müssen überzeugend nachgewiesen werden. Zudem ist sicherzustellen, dass sich für die Mitarbeiter die negativen Erfahrungen mit Beschwerden nicht weiter bestätigen. Dazu gehört die Einführung einer **offenen Fehlerkultur**. Diese kommt darin zum Ausdruck, dass zwar einerseits primär Fehlervermeidung angestrebt wird, andererseits die dennoch auftretenden Fehler vor allem als Lernquelle und eben nicht als Anlass für die Suche und „Bestrafung“ von „Schuldigen“ verstanden werden. Erst wenn Mitarbeiter konkret erleben, dass sie sich aufgrund eines Beschwerdefeedbacks verbessern und weiterentwickeln können und diese Verbesserungen auch honoriert werden, werden sie dem Satz „Beschwerden sind Chancen“ Glauben schenken.

In Bezug auf das Management ist vor allem die Barriere des **Zweifels am ökonomischen Nutzen** des Beschwerdemanagements zu überwinden. Insofern besteht die große

Herausforderung darin, den Nutzen des Beschwerdemanagements bzw. dessen Profitabilität berechenbar zu machen und nachzuweisen. Dies ist schwierig, da im Beschwerdemanagement keine direkten marktlichen Austauschprozesse bestehen, die zu unmittelbaren Rückflüssen führen. Immerhin gibt es Erfolg versprechende Berechnungsansätze, die im Rahmen des Kosten-Nutzen-Controllings (Kapitel 11.3) vorgestellt wurden. Diese Berechnungen beruhen primär auf der Kalkulation des Bindungs- und Kommunikationsnutzens, d.h. des ökonomischen Nutzens, der daraus entsteht, dass unzufriedene Kunden durch das Beschwerdemanagement weiter an das Unternehmen gebunden und gleichzeitig motiviert werden, positive Mundkommunikation zu betreiben und auf diese Weise neue Kundenbeziehungen zu initiieren bzw. bestehende Kundenbeziehungen zu stärken. Eine zuverlässige Kalkulation dieser Nutzenkomponenten setzt jedoch voraus, dass entsprechende Daten über Kunden- und Beschwerdezufriedenheit sowie über das Beschwerde-, Kauf- und Kommunikationsverhalten der Kunden zur Verfügung stehen. Da aber diese datentechnischen Grundlagen in der Regel zum Zeitpunkt der Einführung eines Beschwerdemanagements noch nicht vorliegen, müssen entsprechende Berechnungen auf der Basis von Annahmen durchgeführt werden, die – um die Akzeptanz nicht von vornherein in Frage zu stellen – mit großer Vorsicht getroffen werden sollten. Erfahrungsgemäß erscheint es beispielsweise durchaus plausibel, dass mit Hilfe eines Beschwerdemanagements mindestens 25% der ansonsten verlorenen Kunden gehalten werden können. Legt man nun der Berechnung den durchschnittlichen Kundenumsatz bzw. -deckungsbeitrag und nur eine kurze weitere Dauer der Geschäftsbeziehung (z.B. von drei Jahren) zugrunde, dann ergibt sich in der Regel ein zu sicherndes Umsatz- und Deckungsbeitragspotenzial, das die Investitionen in das Beschwerdemanagement als ökonomisch rational geboten erscheinen lässt.

Führungsbarrieren

Beschwerdemanagement ist ein umfassendes Managementkonzept, das als Kern einer kundenorientierten Ausrichtung des Unternehmens nicht nur eine spezifische Organisationseinheit – z.B. den Customer-Care-Bereich – betrifft, sondern sehr viele Mitarbeiter in den unterschiedlichsten Bereichen und Hierarchieebenen, die in die Annahme, Bearbeitung oder Lösung von Beschwerden bzw. in die Beschwerdeinformationsnutzung einbezogen sind. Zudem verändert die Einführung eines Beschwerdemanagements kundenbezogene Prozesse, führt zu Aufgabenverschiebungen und verlangt vielfach eine Modifikation eingeschliffener Verhaltensweisen. Diese unternehmensweite Bedeutung des Beschwerdemanagements und der mit der Einführung verbundene unternehmerische Wandel machen ein starkes und sichtbares **Engagement der obersten Unternehmensführung** erforderlich. Ist das nicht gegeben, besteht die Gefahr, dass die Implementierung an Führungsbarrieren scheitert.

Die höchste Führungsbarriere liegt dementsprechend in einem **fehlenden Commitment des Top-Managements**. Ein umfassendes Beschwerdemanagement ist keine Administrationsaufgabe, die vollständig delegiert werden kann. Es ist Ausdruck einer konsequent kundenorientierten Unternehmensphilosophie, die gerade von der Unternehmensleitung verkörpert werden muss. Wenn das Top-Management dem Beschwerdemanagementprojekt nicht volle Aufmerksamkeit und höchste Priorität einräumt, signalisiert es im Unternehmen, dass es die Kunden und ihre Probleme als zweitrangig ansieht und Kundenzufriedenheit kein wirklich zentrales Ziel darstellt. Insofern ist es für einen umfassenden Projekterfolg und die unternehmerische Verankerung des Beschwerdemanagements entscheidend, dass sich das Top-Management nicht nur voll hinter das Projekt stellt, sondern auch aktiv einbringt. Anzustreben ist, dass oberste Führungskräfte im Lenkungsausschuss Verantwortung tragen und darüber hinaus eine wichtige – und für die Mitarbeiter wahrnehmbare – Rolle im Implementierungsprozess übernehmen. Dazu gehört u. a., dass sie bei Informations- und Sensibilisierungsveranstaltungen selbst als Referenten auftreten, Engagement für die Lösung von Kundenproblemen vorleben und das erwünschte Mitarbeiterverhalten im Umgang mit sich beschwerenden Kunden belohnen. Große symbolische Bedeutung hat es auch, wenn Führungskräfte in regelmäßigen Abständen selbst den Kundendialog suchen, etwa wenn sie persönlich für Stunden im Call Center Kundenbeschwerden entgegennehmen oder an Fokusgruppeninterviews mit Beschwerdeführern teilnehmen.

Wenn es Führungskräften an einer entsprechenden Einstellung und der Bereitschaft zu einem solchen Verhalten mangelt, muss **aktive Überzeugungsarbeit** geleistet werden. Hier kommt insbesondere dem Vorstandsvorsitzenden bzw. Geschäftsführer sowie den Promotoren einer kundenorientierten Unternehmensphilosophie (z. B. Marketing- oder Vertriebsvorstand) eine besondere Rolle zu. Sie werden dabei umso erfolgreicher sein, je mehr sie auf operationale Ziele in Bezug auf Kundenbindung und Qualitätsverbesserung verweisen können und je mehr sie die Skeptiker zur Beantwortung der Frage drängen, warum ein vermeidbarer Kundenverlust bewusst in Kauf genommen werden soll.

Sofern sich Führungskräfte intensiv für das Beschwerdemanagement und die Anliegen unzufriedener Kunden einsetzen, beginnen sie bereits, **etwaige Widerstände in der Unternehmenskultur** abzubauen. In vielen Unternehmen ist zwar häufig von Kundenorientierung die Rede, aber die wichtigen unternehmenskulturellen Gegebenheiten machen den Mitarbeitern klar, dass andere Werte dominieren. So ist in technologieorientierten Unternehmen die Überzeugung weit verbreitet, dass nur der interne Experte, nicht aber der Kunde die Qualität der Produkte zu beurteilen vermag. In anderen Unternehmen stehen Kostenüberlegungen weit im Vordergrund oder Mitarbeiter werden allein wegen kurzfristiger Verkaufserfolge und nicht wegen erreichter Kundenzufriedenheit und des Erhalts einer Kundenbeziehung honoriert. Hier kommt es darauf an, diese bestehenden kulturellen Barrieren zu identifizieren und abzubauen. Dazu gehört neben dem Vorbildcharakter der Führungskräfte auch eine entsprechende Anwendung des internen Marketings, insbesondere der internen Kommunikationspolitik und der Anreizmechanismen.

Als Führungsfehler im Implementierungsprozess erweist es sich ebenso, wenn eine **unternehmensweite Sensibilisierung für das Beschwerdemanagementthema unterbleibt**. Zwar lassen sich viele Aufgaben des Beschwerdemanagements in einer spezifischen Customer-Care-Abteilung bündeln, doch bei der Annahme von Beschwerden, der Beschwerdeabwicklung sowie der Umsetzung von Qualitätsverbesserungsmaßnahmen sind Mitarbeiter aus anderen Organisationseinheiten in die Aufgabenerfüllung einbezogen. Jeder Mitarbeiter des Unternehmens ist verantwortlich dafür, Beschwerden richtig entgegenzunehmen, Teilaufgaben der Beschwerdeabwicklung zu erfüllen und insbesondere die in Beschwerden sichtbar gewordenen Qualitätsmängel zu beseitigen. Insofern müssen alle Mitarbeiter über die Ziele des Beschwerdemanagements informiert und bezüglich des von ihnen in diesem Kontext erwarteten Verhaltens aufgeklärt und geschult werden. Dies gilt insbesondere auch unter Berücksichtigung der bereits angesprochenen weit verbreiteten Akzeptanzbarrieren in den Köpfen der Mitarbeiter. Insofern reicht es auch nicht aus, eine Sensibilisierung der Mitarbeiter allein mit Hilfe einer „Kick-off"-Veranstaltung für das Beschwerdemanagementprojekt zu versuchen. Stattdessen ist das Thema regelmäßig und auf vielfältige Weise im Rahmen der internen Kommunikation zu vertiefen.

Angesichts der unternehmensweiten Bedeutung des Beschwerdemanagements erweist es sich auch als Barriere, wenn das Denken und Handeln der Unternehmensführung durch eine **kurzfristige Perspektive geprägt** ist. Es ist zwar möglich, in eng umrissenen Zeiträumen Prozesse zu definieren und in Form von Verfahrensanweisungen umzusetzen. Auch die Auswahl und Installierung einer geeigneten Softwarelösung und die Etablierung eines Beschwerde-Centers sind in einem eindeutig fixierten Zeitrahmen möglich. Doch gerade die unternehmenskulturellen Wandlungsprozesse sowie die Einstellungsveränderungsprozesse auf Seiten von Management und Mitarbeitern sind nicht kurzfristig erreichbar.

Aus diesem Grunde ist es wichtig, die Einführung eines Beschwerdemanagements als langfristiges Konzept anzusetzen und die Implementierung selbst als Instrument des unternehmerischen Wandels zu begreifen. Zu diesem Zweck ist auch der gesamte Implementierungsprozess in einzelne **pragmatische Umsetzungsschritte** bzw. realistische Milestones zu zerlegen, die unmittelbare Erfolge ermöglichen, motivierend auf alle Beteiligten wirken und den Gesamtprozess stützen. Dies kann in der Weise erfolgen, dass man überschaubare, steuerbare und in sich abgeschlossene, aber aufeinander aufbauende Teilprojekte definiert. Dazu kann beispielsweise die Einführung von Beschwerdestimulierungsmaßnahmen, die regelmäßige Durchführung von Beschwerdezufriedenheitsmessungen oder das gezielte Initiieren von Qualitätsverbesserungsmaßnahmen gehören. Ein anderer, aber damit zu vereinbarender Ansatz liegt vor, wenn man das jeweilige Realisierungsniveau der zu erfüllenden Beschwerdemanagement-Aufgaben schrittweise anhebt. So kann zum Beispiel mit einem einzigen Report auf der Basis einfacher Auswertungsverfahren und Kennzahlen begonnen werden und eine Ausweitung erfolgt erst, wenn ein höherer Erfahrungs- und Kenntnisstand erreicht ist. In jedem Fall gilt es, den „langen Atem" der konzeptionellen Neuorientierung mit einer „Politik der kleinen Schritte" bei der Umsetzung zu verbinden.

Als nachhaltige Führungsbarriere erweist es sich gleichfalls, wenn die Unternehmensführung **Beschwerdemanagement als IT-Problem missinterpretiert**. Insbesondere vor dem Hintergrund, dass die Implementierung von Beschwerdemanagement in vielen Unternehmen im Rahmen von CRM-Projekten erfolgt, neigen manche Führungskräfte dazu, im Beschwerdemanagement nicht primär eine Managementaufgabe, sondern ein Problem der Softwareimplementierung und Datenbankintegration zu sehen. So wertvoll die Softwareunterstützung für die effiziente und qualitativ hochstehende Aufgabenerfüllung im Beschwerdemanagement auch ist, so muss doch der Fokus auf dem Managementkonzept liegen. Es bedarf eines strategischen Konzepts des Unternehmens für ein

Management der Kundenbeziehung, dessen Kern das Beschwerdemanagement ist. Dieses strategische Konzept stellt den Rahmen für die operative Ausführung dar, die mit Softwareunterstützung erfolgt. Aber die Ziele des Beschwerdemanagements werden nur erreichbar sein, wenn das strategische Konzept den Stellenwert der instrumentellen Technik bestimmt und nicht die Technik den Handlungsspielraum des Beschwerdemanagements.

Organisationsbarrieren

Die Einführung eines Beschwerdemanagements kann nicht isoliert vorgenommen werden, sondern berührt eine Vielzahl anderer Handlungsfelder. Das Beschwerdemanagement konfrontiert andere Abteilungen mit Kundenproblemen und der Aufforderung, Probleme zu lösen und abzustellen, verlangt Kosten verursachende Problemlösungen, entwickelt Verbesserungsvorschläge und verdeutlicht mit dem Beschwerdereporting Art und Umfang aufgetretener Kundenprobleme. Insofern ist mit **innerorganisatorischem Widerstand gegen die Korrektur- und Verbesserungsimpulse** des Beschwerdemanagements zu rechnen.

Erfahrungen aus Implementierungsprozessen zeigen, dass tatsächlich eine der größten Herausforderungen darin besteht, betroffene unternehmerische Einheiten dazu zu bewegen, die aus der Beschwerdeauswertung resultierenden Ergebnisse aktiv für Verbesserungsmaßnahmen zu nutzen. Vielfach herrscht noch lange bei internen Organisationseinheiten ein Bild von der Beschwerdemanagement-Abteilung vor, das dieser zwar die Erfüllung von externen Funktionen gegenüber dem unzufriedenen Kunden zuweist, aber in Bezug auf die Wahrnehmung von internen Funktionen mit **Skepsis** behaftet ist.

Die defensive Haltung bezüglich der Beschwerdeinformationsnutzung hat **mehrere Ursachen**. Zum Ersten bestehen vielfach **Zweifel an der Kompetenz** des Beschwerdemanagements, valide und reliable Informationen bereitzustellen. Zum Zweiten entspricht die **Informationsqualität der Reporte** nicht immer den Erwartungen der internen Kunden. Zum Dritten scheitert die Informationsnutzung häufig an der fehlenden Kenntnis der internen Zielgruppen hinsichtlich des Informationsangebots und vor allem an der mangelnden **Akzeptanz**. Beschwerdeinformationen enthalten Kritik an früheren Entscheidungen und implizieren den nicht geplanten Einsatz von Ressourcen für Korrektur- und Verbesserungsmaßnahmen. In dieser Situation ist die häufig beobachtete Informationsabwehr psychologisch verständlich.

Um hier eine Änderung herbeizuführen, sind verschiedene Maßnahmen in Kombination einzusetzen. Das Beschwerdemanagement hat aktiv seine Informationskompetenz nachzuweisen und eine entsprechende Reputation aufzubauen. Es bedarf also eines internen Marketings, in dessen Rahmen auch das Angebot an Informationsdienstleistungen bekanntgemacht und der Nutzen für die verschiedenen internen Segmente verdeutlicht wird. Zudem muss sichergestellt sein, dass die Reporte in der von den internen Kunden gewünschten inhaltlichen, formalen und zeitlichen Qualität geliefert werden. Zusätzlich ist mit Unterstützung der Unternehmensleitung Überzeugungsarbeit dahingehend zu leisten, dass der Sinn der Beschwerdereporte nicht in der Suche nach Schuldigen und der Zuweisung von Kritik liegt, sondern in der Identifikation von Verbesserungspotenzialen und Chancen.

Wichtig ist auch, dass die Chance, aus Fehlern zu lernen, durch Institutionalisierung verdeutlicht wird. Dies erfolgt beispielsweise dadurch, dass Qualitätszirkel und Qualitätsverbesserungsteams auf Dauer eingerichtet werden, die sich regelmäßig mit Kundenproblemen aus Beschwerden und Verbesserungsmöglichkeiten befassen. Auf diese Weise wird die Beschwerdeinformationsnutzung zum integralen Bestandteil der alltäglichen Arbeit. Auch ist es sinnvoll, dass das Beschwerdereporting dialogisch angelegt wird. In diesem Fall berichtet nicht nur das Beschwerdemanagement an die Abteilungen über Problemschwerpunkte, sondern die Abteilungen werden ihrerseits verpflichtet, an die Leitung des Beschwerdemanagements bzw. an das Top-Management über die eingeleiteten Korrekturmaßnahmen zu berichten.

Durch die Einrichtung eines Beschwerdemanagements werden zugleich Entscheidungsspielräume anderer Bereiche eingeengt. Insofern ist auch mit **Widerstand gegen den Einfluss des Beschwerdemanagements** auf Entscheidungen anderer Einheiten zu rechnen. Dieser kann nur überwunden werden, indem das Beschwerdemanagement mit Macht ausgestattet wird. Dies erfolgt bereits dadurch, dass es hierarchisch hoch angesiedelt wird, d.h. unmittelbar an die Unternehmensleitung berichtet. Einen - richtigen - Schritt weiter geht die Sichtweise, Beschwerdemanagement im Rahmen des Customer Care als Linienbereich zu etablieren. Gleichzeitig und zur Stärkung des Integrationsprozesses als „ungewohnte Linienfunktion" sind in abgestufter Weise die Einflussrechte zu definieren und in Abstimmung mit anderen Linienabteilungen umzusetzen. Zudem ist dafür Sorge zu tragen, dass das gewonnene Maß an funktionaler Autorität durch exzellente Sachkompetenz untermauert wird.

Bild 19.3 fasst noch einmal die wesentlichen Barrieren und erforderlichen Gegenmaßnahmen zusammen.

Implementierungsbarrieren		Gegenmaßnahmen
Akzeptanz-barrieren	Fehlendes Problembewusstsein	▪ Gewinnung und Vermittlung von Informationen über vom Kunden erlebte Probleme aus - Ist-Analyse - Kundenzufriedenheitsbefragung - Befragung verlorener Kunden
	Negative Einschätzung von Beschwerden	▪ Aufklärung über die Chancen, die Beschwerden für Kundenbindung und Qualitätsverbesserung besitzen ▪ Einführung einer offenen Fehlerkultur
	Zweifel am ökonomischen Nutzen des Beschwerdemanagements	▪ Ermittlung der Anzahl der verlorenen Kunden sowie deren Umsätze/Deckungsbeiträge ▪ Kalkulation des Wiederkauf- und Kommunikationsnutzens ▪ Abschätzung der Rentabilität des Beschwerdemanagements
Führungs-barrieren	Fehlendes Commitment des Topmanagements	▪ Persönlicher Einsatz der Führungskräfte im Implementierungsprozess ▪ Besonderes Engagement des Vorstandsvorsitzenden/Geschäftsführers ▪ Aktive Überzeugungsarbeit durch Promotoren ▪ Formulierung operationaler Kundenbindungs- und Qualitätsziele
	Widerstände in der Unternehmenskultur	▪ Glaubhaftes Vorleben der Führungskräfte ▪ Gegebenenfalls Veränderung der Unternehmensgrundsätze ▪ Einsatz von Instrumenten des internen Marketing, insbesondere der internen Kommunikation und gezielter Anreizmechanismen
	Mangelnde unternehmensweite Sensibilisierung	▪ Unternehmensweite Informationsveranstaltungen ▪ Beschwerdemanagement als Thema im Rahmen der grundlegenden Mitarbeiterinformations- und Schulungsprogramme
	Kurzfristige Perspektive	▪ Fixierung realistischer Milestones ▪ Definition von Teilprojekten ▪ Schrittweise Anhebung des Anforderungsniveaus ▪ „Langer Atem" in Bezug auf Ziele des Wandels von Unternehmenskultur und Mitarbeitereinstellungen ▪ Motivationsstärkung durch Politik der „kleinen Schritte"
	Missinterpretation von Beschwerdemanagement als IT-Problem	▪ Einbindung des Beschwerdemanagements in ein strategisches Kundenbeziehungsmanagementkonzept ▪ Ableitung von Anforderungen an die IT-Lösung aus den fachlichen Vorgaben
Organisations-barrieren	Widerstand gegen die Korrektur- und Verbesserungsimpulse des Beschwerdemanagements	▪ Einführung einer offenen Fehlerkultur ▪ Institutionalisierung von Quality Circles und Qualitätsverbesserungsteams ▪ Realisierung eines „dialogischen" Beschwerdereporting

▼

Organisations-barrieren	Widerstand gegen zunehmende Einflussrechte des Beschwerde-managements	▪ Hohe hierarchische Einordnung des Beschwerdemanagements bzw. Etablierung von Beschwerdemanagement im Rahmen des Kundenbeziehungsmanagements/Customer Care als Linienbereich ▪ Gezielte Zuweisung und Kommunikation von Einflussrechten ▪ Sicherstellung der hohen informellen Autorität durch exzellente Fachkompetenz

Bild 19.3 Implementierungsbarrieren und mögliche Gegenmaßnahmen (siehe auch Gierl 2000, S. 185)

Kapitel 19 ganz kurz:

- Die Implementierung eines Beschwerdemanagements muss in einem systematischen fünfstufigen Phasenablauf erfolgen: Beschluss, Projektorganisation, Analyse, Konzeptionsentwicklung, Einführung.
- Bei der Implementierung eines Beschwerdemanagements ist mit Akzeptanz-, Führungs- und Organisationsbarrieren zu rechnen, die mit jeweils spezifischen Aktivitäten abgebaut werden müssen.

Literatur

Gierl, H. (2000): Beschwerdemanagement als Bestandteil des Qualitätsmanagements, in: Helm, R./Pasch, H. (Hrsg.): Kundenorientierung durch Qualitätsmanagement: Perspektiven – Konzepte – Praxisbeispiele, Frankfurt/Main, S. 149 – 189.

DIE NEUE NORM IST DA:
1+1 IST AB SOFORT DREI !
WEITERSAGEN !
LR

20 Beschwerdemanagement nach der Norm: DIN ISO 10002:2010-5

- Welchen Inhalt hat die internationale Norm zum Beschwerdemanagement DIN ISO 10002:2010-5?
- Was sind die positiven Aspekte dieser Norm?
- Was sind die kritischen Aspekte dieser Norm?

Seit dem Jahr 2005 existiert eine internationale Norm zum Thema Beschwerdemanagement, die in Deutschland unter der Bezeichnung „**Qualitätsmanagement – Kundenzufriedenheit – Leitfaden für die Behandlung von Reklamationen in Organisationen**" veröffentlicht wurde und in der inzwischen aktualisierten Form der **DIN ISO 10002:2010-5** vorliegt (DIN 2010). Diese Norm wurde vom Komitee „Qualitätsmanagement und Qualitätssicherung" erarbeitet, wobei auf Erfahrungen mit bereits existierenden nationalen Normen (u. a. aus Australien, Argentinien und Großbritannien) zurückgegriffen wurde (Dee 2002). Die starke Betonung des Bezugs zum Qualitätsmanagement bei der Entwicklung und der Benennung der Norm machen deutlich, dass es sich bei der ISO 10002 zwar um eine eigenständige Norm handelt, dass diese aber grundsätzlich im engen Zusammenhang mit der ISO 9001:2008 und der ISO 9004:2005 gesehen wird. So wird auch einleitend in der Norm betont, dass man das Beschwerdemanagement als Bestandteil eines Qualitätsmanagementsystems gemäß den Anforderungen der ISO 9001:2008 ansieht. Dementsprechend stellt die neue Norm vor allem einen Leitfaden für eine Konkretisierung des im Qualitätsmanagement angesiedelten Beschwerdemanagements dar, ohne dass eine spezifische Zertifizierung des Beschwerdemanagements beabsichtigt ist (DIN 2010, 0.2).

Normen bieten einen **Orientierungsrahmen** für unternehmerisches Handeln. Zudem zeigt die Erfahrung, dass insbesondere internationale Normen ihre Bedeutung dadurch gewinnen, dass sie zum Bestandteil von Verträgen gemacht werden. Auch werden Normen häufig von der Rechtsprechung als anerkannter Mindest-Standard interpretiert. Daher erscheint es erforderlich, sich mit den Inhalten sowie Vor- und Nachteilen dieser Norm zu befassen.

20.1 Inhalte der Norm 10002:2010-5

Die Norm 10002:2010-5 als **„Leitfaden für die Behandlung von Reklamationen in Organisationen“** umfasst neben der Einleitung acht Abschnitte sowie zusätzliche acht informative Anhänge. Im Folgenden werden die jeweiligen Inhalte kurz wiedergegeben, allerdings mit Kürzungen sowie leichten Abweichungen in der Wortwahl, um Missverständnisse aufgrund irreführender Formulierungen und Übersetzungsfehler in der Norm zu vermeiden. So ist hier abweichend von der deutschen Normfassung - aber in Übereinstimmung mit dem Original - von „Beschwerden“ („complaints“) und nicht von „Reklamationen“, von „Beschwerdeführern“ („complainants“) und nicht von „Reklamanten“ sowie vom Beschwerdemanagementprozess („process of complaints handling“) und nicht vom „Prozess der Reklamationsbearbeitung“ die Rede. Nur bei wörtlicher Bezugnahme auf die Norm wird an den dort verwendeten Begriffen festgehalten.

Einleitung: Zu Beginn wird die Norm beschrieben als „Anleitung für die Entwicklung und Verwirklichung eines wirksamen Prozesses zur Behandlung von Reklamationen für alle Arten von kommerziellen und nicht kommerziellen Geschäftsvorgängen“ (DIN 2010, 0.1). Darüber hinaus werden als Ziele eines effizienten Beschwerdemanagements mögliche Verbesserungen von Produkten und Unternehmensimage, eine Zunahme von Kundenzufriedenheit und Kundenbindung und somit die Erhöhung der unternehmerischen Wettbewerbsfähigkeit angegeben.

Abschnitt 1 – Anwendungsbereich: Als Anwendungsbereich der Norm werden die Planung, Gestaltung, Durchführung, Aufrechterhaltung und Verbesserung des Beschwerdemanagementprozesses genannt, und zwar für Organisationen aller Größen und Branchen.

Abschnitt 2 – Normative Verweisungen: Es erfolgt ein Hinweis auf die ISO 9000:2005 (Qualitätsmanagementsysteme - Grundlagen und Begriffe) als Grundlage für die Anwendung dieser Norm.

Abschnitt 3 – Begriffe: Hier werden wesentliche Begriffe definiert, insbesondere Beschwerde, Kunde, Kundenzufriedenheit, Kundendienst und Rückmeldungen.

Abschnitt 4 – Richtlinien: Die eigentliche beschwerdepolitische Thematik beginnt in diesem Abschnitt, in dem grundlegende Prinzipien festgehalten werden, deren Einhaltung nachdrücklich empfohlen wird:

- **Nachvollziehbarkeit:** gute Sichtbarkeit der Beschwerdekanäle,
- **Zugänglichkeit:** leichte Zugänglichkeit des Beschwerdewegs für alle Beschwerdeführer,
- **Reaktionsbereitschaft:** sofortige Bestätigung des Beschwerdeeingangs; zügige Bearbeitung der Beschwerden entsprechend ihrer Dringlichkeit; höfliche Behandlung von Beschwerdeführern; Information der Beschwerdeführer über den Fortschritt der Beschwerdebearbeitung,
- **Objektivität:** faire, objektive und unvoreingenommene Beschwerdebearbeitung,
- **Gebühren:** gebührenfreier Zugang des Beschwerdekanals,

- **Vertraulichkeit:** vertraulicher Umgang mit personenbezogenen Kundendaten,
- **kundenorientierte Einstellung:** Kundenorientierung als Maxime der Organisation mit einer offenen Einstellung gegenüber Beschwerden und dem ernsten Willen zur Problemlösung,
- **Verantwortlichkeit:** eindeutige Zuweisung der Verantwortung für Aktivitäten des Beschwerdemanagements,
- **ständige Verbesserung:** permanente Verbesserung des Beschwerdemanagementprozesses und der Produktqualität als dauerhaftes Ziel der Organisation.

Abschnitt 5 – Rahmenprogramm der Reklamationsbearbeitung: Gemeint ist hier nicht ein „Rahmenprogramm", sondern es wird der innerbetriebliche Rahmen angesprochen, in den das Beschwerdemanagement einzuordnen ist. Drei Punkte werden hervorgehoben: Verpflichtung, Politik sowie Verantwortung und Befugnis.

Abschnitt 5.1 – Verpflichtung: Die Organisation soll sich ausdrücklich zu einem effektiven und effizienten Beschwerdemanagement verpflichten. Dabei kommt dem Top-Management, das auch angemessene Ressourcen bereitzustellen hat, entscheidende Bedeutung zu.

Abschnitt 5.2 – Politik: Das Top-Management soll explizit kundenorientierte Grundsätze für das Beschwerdemanagement festlegen und diese intern und extern kommunizieren.

Abschnitt 5.3 – Verantwortung und Befugnis: Die Verantwortung für das Beschwerdemanagement und die damit verbundenen Befugnisse werden auf fünf Ebenen thematisiert: Top-Management, Verantwortlicher für den Beschwerdemanagementprozess, andere beteiligte Manager, alle Mitarbeiter mit Beschwerdekontakten sowie alle übrigen Mitarbeiter.

- Das **Top-Management** („die oberste Leitung") trägt die Verantwortung für die Festlegung der Ziele des Beschwerdemanagements, die zielgerechte Planung, Implementierung und Weiterentwicklung des Beschwerdemanagements, die Ressourcenbereitstellung, die innerbetriebliche Förderung des Bewusstseins der Notwendigkeit von Kundenorientierung und Beschwerdemanagement sowie die eindeutige Festlegung der Verantwortung und Zuständigkeit des Prozessverantwortlichen für das Beschwerdemanagement. Darüber hinaus hat es dafür Sorge zu tragen, dass die Beschwerdekanäle zugänglich sind, ein effizientes Reporting und Beschwerdemanagement-Controlling eingeführt sind und eine kontinuierliche Verbesserung des Beschwerdemanagementprozesses erfolgt.
- Der **Verantwortliche für den Beschwerdemanagementprozess**, („Managementbeauftragte"), in der Regel also der Leiter des Bereichs Beschwerdemanagement, hat die Gesamtverantwortung für die Durchführung des Prozesses, einschließlich der Festlegung von zeitlichen Standards, die Einrichtung von Auswertungs-, Reporting- und Controllingprozessen sowie die Einstellung und Weiterbildung von Mitarbeitern und die Bestimmung informationstechnologischer Anforderungen.
- **Andere am Beschwerdemanagementprozess beteiligte Manager** („Leitungsmitglieder") haben die entsprechenden Prozesse zu implementieren und zu überwachen,

mit dem Beschwerdemanagement zu kooperieren, in ihrem Bereich das Bewusstsein für die Relevanz des Beschwerdemanagements zu fördern, einen leichten Zugang zu Beschwerdebearbeitungs-Informationen bereitzustellen und dafür zu sorgen, dass Probleme gelöst werden sowie eine Berichterstattung über beschwerderelevante Maßnahmen und Entscheidungen erfolgt.

- **Die Mitarbeiter im Kontakt mit Beschwerdeführern** müssen den Bearbeitungsprozess kennen und die damit verbundenen Anforderungen erfüllen, über gute kommunikative Fähigkeiten verfügen und hinsichtlich relevanter Aspekte des Beschwerdemanagements geschult sein.
- **Alle Mitarbeiter** müssen ihre Rolle, Verantwortung und Zuständigkeit kennen, über wesentliche Prozesselemente informiert sein sowie Beschwerden von erheblicher unternehmerischer Relevanz weitermelden.

Abschnitt 6 – Planung und Entwicklung: Im sechsten Abschnitt der Norm werden wesentliche Anforderungen an die Planung des Beschwerdemanagements gestellt, wobei insbesondere die Forderungen an das Top-Management wiederholt werden:

- **Allgemeines:** Die Organisation soll einen effektiven und effizienten Beschwerdemanagementprozess planen und dabei auch „Best Practices" berücksichtigen.
- **Ziele:** Das Top-Management soll sicherstellen, dass messbare Ziele für das Beschwerdemanagement festgelegt und als Leistungskriterien verwendet werden.
- **Aktivitäten:** Auch soll das Top-Management dafür sorgen, dass die Planung des Beschwerdemanagements auf die Aufrechterhaltung bzw. Erhöhung der Kundenzufriedenheit ausgerichtet wird.
- **Ressourcen:** Darüber hinaus gehört es zu den Aufgaben des Top-Managements, die personellen, informationstechnologischen, materiellen und finanziellen Ressourcen bereitzustellen. Dabei kommt der Auswahl, Unterstützung und Schulung von Beschwerdemanagement-Mitarbeitern eine besondere Bedeutung zu.

Abschnitt 7 – Durchführung des Prozesses zur Reklamationsbearbeitung: Mit dem siebten Abschnitt beginnt die Beschreibung von Aufgaben des Beschwerdemanagementprozesses, die unmittelbar mit der Beschwerdeabwicklung verbunden sind:

Abschnitt 7.1 – Kommunikation: Dem Kunden sind klare und verständliche Informationen zur Verfügung zu stellen, wo und in welcher Form er sich beschweren kann, welche zeitlichen Fristen bestehen und welche Handlungsalternativen ihm prinzipiell offenstehen.

Abschnitt 7.2 – Entgegennahme der Reklamation: Die Beschwerde soll eindeutig identifizierbar aufgenommen werden. Dabei sollen auch Informationen über Beschwerdeobjekt und -problem sowie über die vom Kunden gewünschte Lösung, die angestrebte Reaktionszeit und die bereits eingeleiteten Maßnahmen erfasst werden.

Abschnitt 7.3 – Rückverfolgung der Reklamation: Der Weg einer Beschwerde soll jederzeit zurückverfolgt werden können. Der aktuelle Bearbeitungsstand ist dem Kunden in bestimmten Abständen, in jedem Fall aber zu den angegebenen Zeitpunkten und auf Anfrage mitzuteilen.

Abschnitt 7.4 – Reklamationsbestätigung: Der Eingang der Beschwerde soll unverzüglich bestätigt werden.

Abschnitt 7.5 – Anfangsbewertung der Reklamation: Nach der Annahme soll die Beschwerde unmittelbar in Bezug auf ihre Relevanz, Sicherheitsimplikationen, Komplexität, Auswirkungen und die Notwendigkeit von Sofortmaßnahmen bewertet werden.

Abschnitt 7.6 – Reklamationsermittlung: Die Umstände der Beschwerde sollen in Abhängigkeit von der Relevanz und Häufigkeit der Beschwerde genau untersucht werden.

Abschnitt 7.7 – Stellungnahme zu Reklamationen: Anschließend soll eine Reaktion (z.B. die Lösung des Problems) erfolgen und es sind Maßnahmen einzuleiten, um ein zukünftiges Auftreten zu vermeiden.

Abschnitt 7.8 – Bekanntmachung der Entscheidung: Die getroffenen Entscheidungen bzw. die eingeleiteten Maßnahmen sind baldmöglichst Kunden und Mitarbeitern zu kommunizieren.

Abschnitt 7.9 – Abschluss der Reklamation: Wenn der Beschwerdeführer die Entscheidung akzeptiert, soll sie durchgeführt und dokumentiert werden. Bei Nicht-Akzeptanz ist der Bearbeitungsprozess fortzusetzen und der Kunde über alternative Handlungsmöglichkeiten zu informieren. Der Vorgang ist zu überwachen, bis alle rechtlichen Ansprüche des Kunden ausgeschöpft sind bzw. er zufriedengestellt ist.

Abschnitt 8 – Aufrechterhaltung und Verbesserung des Prozesses zur Bearbeitung von Reklamationen: Der achte Abschnitt enthält die Auflistung von Anforderungen in Bezug auf Aufgaben, die überwiegend ohne Kundenkontakt erfüllt werden können und insbesondere den Umgang mit den in Beschwerden enthaltenen Informationen betreffen.

Abschnitt 8.1 – Informationssammlung: Der Beschwerdemanagementprozess ist zu dokumentieren. Dazu ist es erforderlich, dass Entscheidungen über Art und Umfang der Dokumentation, die Sicherstellung der Vertraulichkeit personengebundener Daten sowie über Kriterien für die Offenlegung von Dokumenten auf Kundenwunsch getroffen werden.

Abschnitt 8.2 – Analyse und Bewertung von Reklamationen: Beschwerden sollen kategorisiert und analysiert werden.

Abschnitt 8.3 – Zufriedenheit mit dem Prozess zur Reklamationsbearbeitung: Die Beschwerdezufriedenheit soll regelmäßig erhoben werden.

Abschnitt 8.4 – Überwachung des Prozesses zur Reklamationsbearbeitung: Das Beschwerdemanagement soll ständig überwacht und anhand festgelegter Leistungskriterien beurteilt werden.

Abschnitt 8.5 – Auditieren des Prozesses zur Reklamationsbearbeitung: Die Leistung des Beschwerdemanagements soll regelmäßig mit Hilfe eines Audits überprüft werden, was im Rahmen von Audits zum Qualitätsmanagement erfolgen kann.

Abschnitt 8.6 – Managementbewertung in Bezug auf den Prozess der Reklamationsbearbeitung: Der Beschwerdemanagementprozess soll vom Top-Management regelmäßig überprüft werden. Die Bewertung soll auf der Basis von Informationen über relevante externe und interne Faktoren sowie Prüf- und Auditergebnissen zur Qualität der Aufgabenerfüllung erfolgen. Zudem sind Informationen zum Stand bereits eingeleiteter Korrekturmaßnahmen und Verbesserungsempfehlungen zu berücksichtigen. Das Ergebnis der Bewertung soll Informationen über die Entscheidungen und Maßnahmen zur Verbesserung des Beschwerdemanagementprozesses, zu Produktverbesserungen und zum erkannten Ressourcenbedarf enthalten.

Abschnitt 8.7 – Ständige Verbesserung: Die Organisation sollte die Effektivität und Effizienz des Beschwerdemanagementprozesses ständig verbessern, indem sie nach innovativen und beispielhaften Lösungen sucht und auf diese Weise auch dafür sorgt, dass Problemursachen beseitigt werden und die Qualität der Produkte gesteigert wird.

Die Ausführungen in diesen acht Abschnitten werden ergänzt durch **acht sogenannte informative Anhänge:**

Anhang A – Anleitung für kleine und mittelständische Unternehmen: Hier werden Schlüsselbereiche des Beschwerdemanagements aufgeführt, auf die sich kleinere Unternehmen konzentrieren sollen, die nicht über die Ressourcen für ein umfangreiches Beschwerdemanagement verfügen.

Anhang B – Reklamationsformular: Es handelt sich um ein einfaches Formular für die schriftliche Abfassung einer Beschwerde durch Beschwerdeführer.

Anhang C – Objektivität: In diesem Anhang wird das Prinzip der objektiven Beschwerdebearbeitung in mehreren Abschnitten näher beschrieben. Zunächst erfolgt eine allgemeine Erläuterung durch die Nennung weiterer Kriterien wie Offenheit, Unparteilichkeit, Diskretion, Zugänglichkeit, Vollständigkeit, Gleichbehandlung und Individualität der Fallbetrachtung. In weiteren Abschnitten wird die Vorgehensweise gegenüber Mitarbeitern betrachtet, gegen die eine Beschwerde vorgebracht wird. Hier wird gefordert, dass diese Personen unverzüglich und vollständig über die Beschwerde informiert werden, ihnen Gelegenheit zur Stellungnahme gegeben wird und sie über den weiteren Verlauf informiert werden. Auch soll Diskretion gewahrt und der Beschwerdebearbeitungsprozess klar von etwaigen Disziplinarverfahren getrennt werden.

Anhang D – Reklamations-Rückverfolgungsformular: Dabei handelt es sich um ein Formular zur Erfassung des jeweiligen Einzelfalls in nicht-elektronischer Form mit wichtigen Beschwerdeinhalts- und Beschwerdeabwicklungs-Informationen.

Anhang E – Stellungnahmen: Hier werden unterschiedliche unternehmerische Alternativen der Beschwerdereaktion aufgelistet sowie die bei der Reaktionsentscheidung zu berücksichtigenden Aspekte.

Anhang F – Flussdiagramm zur Eskalierung: Dargestellt wird ein einfaches und allgemeines Prozessdiagramm eines Beschwerdebearbeitungsprozesses mit zwei Bearbeitungsebenen (First Level und Second Level).

Anhang G – Fortlaufende Überwachung: In diesem Anhang wird die laufende Überwachung des Beschwerdemanagementprozesses näher beschrieben, indem die Verantwortung des Top-Managements, der für den Beschwerdemanagementprozess verantwortlichen Manager sowie der anderen am Prozess beteiligten Manager näher spezifiziert wird. Darüber hinaus werden Leistungskriterien aufgelistet, wobei zum einen nach der Umsetzung bestimmter Prinzipien gefragt wird (z. B. die Berechtigung der Mitarbeiter im Kundenkontakt, Beschwerden sofort abschließend zu lösen), zum anderen einige wenige Kennzahlen abgefragt werden (z.B. die Anzahl von Mitarbeitervorschlägen zur Verbesserung der Beschwerdebearbeitung). Zusätzlich werden weitere erforderliche Leistungsindikatoren aufgelistet (z.B. die Anzahl der sofort erledigten Beschwerden).

Anhang H – Audit: Hier werden wesentliche Zielsetzungen von Audits des Beschwerdemanagementprozesses aufgeführt, etwa die Feststellung, inwieweit die definierten Prozesse auch eingehalten werden und inwieweit sie geeignet sind, die angestrebten Ziele zu erreichen.

20.2 Bewertung der Norm

Grundsätzlich ist die Tatsache, dass eine internationale Norm zum Beschwerdemanagement existiert, in verschiedener Hinsicht positiv zu bewerten. Allerdings weist die Lektüre des Normtexts auch auf Restriktionen hin, die kritisch zu diskutieren sind.

Positive Aspekte der Norm

Positiv sind insbesondere folgende Aspekte der Norm ISO 10002 zu beurteilen: Die Entwicklung dieser Norm kann als internationaler Konsens hinsichtlich der **Relevanz des Beschwerdemanagements** interpretiert werden. Dies unterstützt alle Bemühungen, vor allem die Führungskräfte von der Bedeutung dieses Handlungsbereichs zu überzeugen. Auch unterstreicht die Norm die Notwendigkeit, einen **systematischen**, klar nachvollziehbaren und überprüfbaren **Managementprozess** für das Beschwerdemanagement zu entwickeln. Das Wissen um die Existenz einer Norm, die durchaus im Rahmen von Verträgen oder rechtlichen Auseinandersetzungen Bedeutung gewinnen kann, stellt für alle Unternehmen einen Anlass dar, den bestehenden Beschwerdeprozess auf den Prüfstand zu stellen und **Schwachstellen und Optimierungspotenziale** zu identifizieren (Kolbenschlag/Schöler 2006). Als internationale Norm bietet sie zudem die Grundlage für die unternehmensinterne Festlegung von internationalen Mindest-Standards bzw. für die Vereinbarung von einheitlichen Vorgehensweisen in **internationalen Partnerschaften und Netzwerken**.

Darüber hinaus ist die Norm ganz überwiegend von einem **modernen Verständnis des Beschwerdemanagements** geprägt, wie ein Vergleich mit den Inhalten dieses Buchs zeigt.

- Beschwerden werden nicht nur auf den Rechtsfall der Reklamation beschränkt, sondern umfassender als artikulierte Unzufriedenheit verstanden.
- Die Erhöhung von Kundenzufriedenheit und -bindung sowie die Verbesserung der Qualität werden eindeutig als Ziele des Beschwerdemanagements anerkannt.
- Die Verantwortung des Top-Managements für eine kundenorientierte Ausrichtung des Unternehmens, die Implementierung und Ausgestaltung des Beschwerdemanagements sowie die Bereitstellung der erforderlichen Ressourcen wird sehr klar betont.

- Die wesentlichen Aufgaben des direkten und indirekten Beschwerdemanagementprozesses werden berücksichtigt. Eine Zuordnung der aufgabenbezogenen Abschnitte 7 und 8 zu den Aufgabenbausteinen des direkten und indirekten Beschwerdemanagementprozesses zeigt Bild 20.1.

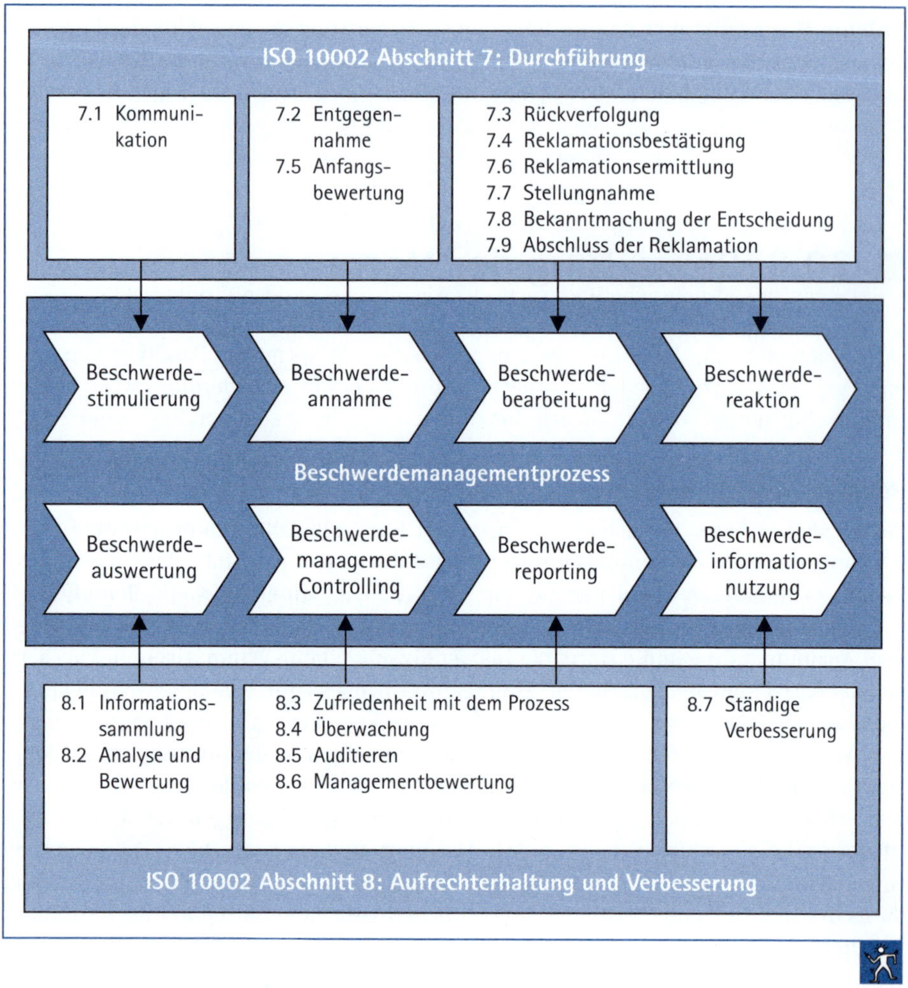

Bild 20.1 Zuordnung der aufgabenbezogenen Abschnitte 7 und 8 der Norm ISO 10002 zu den Aufgabenbausteinen des direkten und indirekten Beschwerdemanagementprozesses

- Die dargestellten Anforderungen an die Aufgabenerfüllung enthalten eine Reihe sinnvoller Ansätze für die Entwicklung und Ausgestaltung eines Beschwerdemanagements, insbesondere für Klein- und Mittelbetriebe, die hinsichtlich der Einführung eines Beschwerdemanagements eine Orientierungshilfe benötigen.
- Es erfolgt eine deutliche Benennung von relevanten Rahmenfaktoren, die gegeben sein müssen, um ein aktives Beschwerdemanagement erfolgreich realisieren zu können (vor allem in Bezug auf Personal und Informationstechnologie).

Kritische Aspekte der Norm

Den positiven Aspekten steht jedoch auch eine Reihe von **problematischen Punkten** gegenüber, die nicht übersehen werden sollten.

- Ein wesentlicher Mangel liegt bereits in der **sprachlichen Unbeholfenheit** der deutschen Übersetzung, die oft missverständlich oder sinnentstellend ist und daher bisweilen auch inhaltlich falsche Weichen stellt. So wird eine in der internationalen Norm nicht vorgesehene begriffliche Einschränkung auf den Spezialfall der Reklamationen vorgenommen; es erfolgen vom üblichen deutschen Sprachgebrauch völlig abweichende Wortschöpfungen („Reklamant"); zentrale Begriffe werden unzutreffend übertragen: So wird die Forderung nach Transparenz oder Sichtbarkeit von Beschwerdekanälen („Visibility") falsch mit „Nachvollziehbarkeit", die Forderung nach Gleichbehandlung („Equitabililty") falsch mit „Billigkeit" übersetzt.
- Auch in **struktureller Hinsicht** kann die Norm nicht überzeugen. Es kommt zu einer Fülle von Wiederholungen und wechselseitigen Über- und Unterordnungen.
- Die zentralen **Prinzipien** des Beschwerdemanagements (Abschnitt 4, falsch mit „Richtlinien" übersetzt) sind grundsätzlich sinnvoll und plausibel. Allerdings sind sie einerseits mehrheitlich sehr allgemein formuliert, sodass ihre Einhaltung auf ganz unterschiedlichem Niveau möglich ist. Andererseits werden einige wenige sehr konkrete Detailforderungen aufgestellt, die nur schwer durchgängig einzuhalten sind. So stellt es gerade für Klein- und Mittelbetriebe eine große Herausforderung dar, Kunden-Informationen zum Beschwerdeprozess in verschiedenen Sprachen und Formaten (Großdruck, Braille, Tonträger) bereitzustellen.
- Die Anforderungen an die Erfüllung der Aufgaben des Beschwerdemanagements lassen sich in erster Linie als **Minimalstandards** interpretieren, die vor allem für Klein- und Mittelbetriebe mit geringer Anzahl an Kunden geeignet sind. Die im Anhang zur Norm beigefügten Formulare unterstützen diese Schlussfolgerung. Für Großunternehmen im Konsumgüterbereich mit hoher Kundenzahl sind zwar die grundlegenden Prinzipien in gleicher Weise gültig, doch sie erhalten kaum Hinweise auf die Lösung ihrer komplexen Aufgaben.
- Generell gilt, dass die Norm auf einem sehr **allgemeinen Niveau** formuliert ist. Wer beispielsweise konkrete Hinweise darauf erwartet, wie Beschwerden kategorisiert oder analysiert werden können oder wie ein Reporting oder Beschwerdemanagement-Controlling aussehen könnte, wird hier nicht fündig.
- Eine Reihe relevanter Elemente des Beschwerdemanagements wird **überhaupt nicht thematisiert.** Dazu gehören ganze Themenkomplexe wie beispielsweise die strategische und die internationale Dimension des Beschwerdemanagements oder Aspekte der Organisation und der Implementierung. Aber auch wichtige Teilbereiche der Aufgabenbausteine werden nicht erwähnt (etwa Fragen zur Identifikation unterschiedlicher Beschwerdeprozesse, zur Differenzierung der Beschwerdereaktion, zu Formen der Beschwerdeauswertung, zum Evidenz- sowie Kosten-Nutzen-Controlling).

Insofern bietet die Norm ISO 10002 einen **Einstieg** in die Thematik und einen ersten Überblick über die Standardanforderungen an ein Beschwerdemanagement. Wer allerdings diese Anforderungen realisieren will, ist auf zusätzliche Informationen angewiesen. Das gilt verstärkt für diejenigen, die über Mindestanforderungen hinausgehen wollen.

Kapitel 20 ganz kurz:

- Die internationale Norm DIN ISO 10002:2010-5 bietet einen Leitfaden für ein Beschwerdemanagement im Rahmen eines Qualitätsmanagements gemäß den Anforderungen der ISO 9000:2005.
- Der Wert dieser Norm liegt vor allem darin, dass sie die Unverzichtbarkeit eines Beschwerdemanagements verdeutlicht und einheitliche Mindest-Standards für eine systematische Beschwerdebearbeitung formuliert.
- Allerdings sind sprachliche und strukturelle Probleme unübersehbar. Zudem werden die Anforderungen oft sehr allgemein formuliert und nicht alle relevanten Aspekte erfasst. Insofern bietet die Norm vor allem einen Einstieg in die Thematik.

Literatur

Dee, B. (2002): State-of-the-Art Complaint Handling, in: ISO Management Systems, Juli/August, S. 12–14.

DIN (2010): DIN ISO 10002:2010-5 – Qualitätsmanagement – Kundenzufriedenheit – Leitfaden für die Behandlung von Reklamationen in Organisationen, Berlin.

Kolbenschlag, M./Schöler, A. (2006): Zertifizierung des Beschwerdemanagements, CRM-Monatsbrief, Mai, Nürnberg.

UND - -
WIE STEHT'S ?
LR
BESCHWERDE-
MANAGEMENT-
PRAXIS

21 Beschwerdemanagement in der Praxis

- Welche Bedeutung hat das Beschwerdemanagement in deutschen Unternehmen?
- In welchem Umfang werden die Aufgaben des direkten und indirekten Beschwerdemanagements wahrgenommen?
- Wo liegen die Stärken und Schwächen in der Umsetzung eines aktiven Beschwerdemanagements?

Angesichts der Marktentwicklung mit einer weiteren Intensivierung des globalen Wettbewerbs, Marktsättigungserscheinungen und immer höheren Kundenansprüchen haben viele Unternehmen seit Jahren ihre Anstrengungen verstärkt, ein aktives Beschwerdemanagement aufzubauen und die Effektivität und Effizienz der Aufgabenerfüllung zu verbessern. Allerdings fehlte lange Zeit empirisch abgesichertes Wissen darüber, welchen Stellenwert, welchen Realisierungsgrad und welche Professionalität das Beschwerdemanagement in deutschen Unternehmen erreicht hat. Inzwischen liegen jedoch einige wenige branchenübergreifende Studien zum **„State of the Art" des Beschwerdemanagements** in deutschen Unternehmen vor. Drei Studien werden mit ihren zentralen Ergebnissen nachfolgend knapp vorgestellt: Die Beschwerdemanagement Excellence-Studie, die Materna-Beschwerdemanagementstudie und die Beschwerdemanagement-Studie der Deutschen Gesellschaft für Qualität. Dabei wird zunächst auf die Beschwerdemanagement-Excellence-Studie eingegangen, die am umfassendsten angelegt ist. Zudem bietet diese als zeitlich früheste Untersuchung die Basis für Vergleiche mit späteren Studien und damit für Einsichten in Übereinstimmungen, Abweichungen und Entwicklungen.

21.1 Die Beschwerdemanagement Excellence-Studie (BME)

Konzept der Studie

Das wesentliche **Ziel der Beschwerdemanagement Excellence-Studie (BME)** ist die erstmalige Ermittlung des aktuellen Stands des Beschwerdemanagements in Deutschland (Stauss/Schöler 2003). Dabei wird der Fokus auf **Großunternehmen des Business-to-Consumer-Bereichs** gelegt, weil diese Unternehmen mit einer Fülle von Kundenkontakten konfrontiert sind und daher auch ein vergleichsweise hoher Implementierungs- und Professionalisierungsgrad zu erwarten war.

Die Erhebung erfolgte mittels einer **schriftlichen Befragung**, wobei sich der umfangreiche Fragebogen an Struktur und Inhalt dieses Buchs orientierte. Dementsprechend wurden vor allem detaillierte Fragen zum strategischen Stellenwert des Beschwerdemanagements, zur Wahrnehmung der verschiedenen Aufgaben des direkten und indirekten Beschwerdemanagementprozesses und zu den informationstechnologischen, personalpolitischen und organisatorischen Rahmenbedingungen gestellt.

An der Studie nahmen **149 Großunternehmen** aus verschiedenen Branchen des Business-to-Consumer-Bereichs teil, wobei schwerpunktmäßig die Branchen Banken, Versorgungsunternehmen, Nahrungsmittel/Getränke, Versicherungen und Automobilwirtschaft vertreten waren.

Studienergebnisse

Im Folgenden werden einige zentrale Resultate der Studie zur strategischen Bedeutung, zum direkten und indirekten Beschwerdemanagementprozess sowie zu den Rahmenfaktoren präsentiert.

Strategische Bedeutung

Ein wesentliches Ergebnis der Studie ist die Erkenntnis, dass sich das Beschwerdemanagement in deutschen Unternehmen **durchgesetzt** hat. Beschwerden werden nicht mehr primär als lästiges Übel, sondern ganz überwiegend als Chance für Qualitätsverbesserungen und Kundenbindung angesehen. Der strategische Stellenwert wird als hoch eingeschätzt. Die große Mehrheit gibt an, dass dem Beschwerdemanagement ein großer bis sehr großer Stellenwert im Rahmen des Qualitätsmanagements bzw. des Kundenmanagements zukommt (Werte 4,16 bzw. 4,02 auf der Skala mit 5 = „sehr großer Stellenwert"; siehe Bild 21.1).

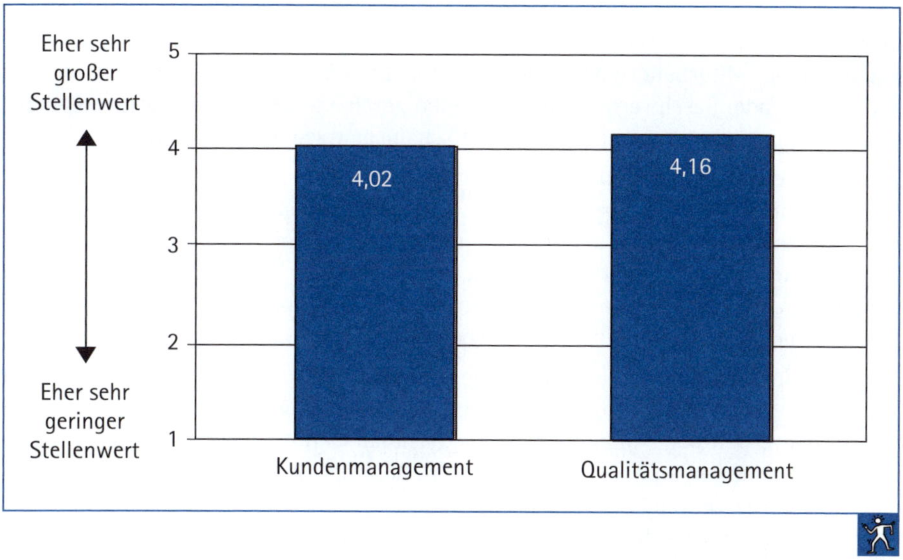

Bild 21.1 Der strategische Stellenwert des Beschwerdemanagements in der Praxis (Stauss/Schöler 2003)

Trotz dieser großen Akzeptanz fällt die **Unterstützung des Beschwerdemanagements durch das Top-Management** nicht konsequent aus. In der BME-Studie gibt zwar eine Mehrheit von 82 % an, dass die Arbeit des Beschwerdemanagements durch das Top-Management anerkannt wird, „voll und ganz" bestätigen dies hiervon jedoch nur 21 %. Hintergrund dieser eher zurückhaltenden Bewertung ist das tatsächliche Verhalten der Führungskräfte, von denen nicht einmal die Hälfte selbst Zeit für die Lektüre und Beantwortung von Kundenbeschwerden aufbringt. Auswertungen der Beschwerdeinformationen sind danach auch wesentlich seltener regelmäßiger Gegenstand von Diskussionen im Führungskreis, als dies von den Beschwerdemanagern gewünscht wird. Dementsprechend hat das Management oft nur unzureichende Kenntnisse über Beschwerdegründe und -ursachen.

Direkter Beschwerdemanagementprozess

Die Stärken des Beschwerdemanagements sehen die Befragten vor allem im direkten Beschwerdemanagementprozess. Zentrale Einzelaspekte der Aufgabenerfüllung sind mittlerweile Standard. Hinweise auf Defizite zeigen sich eher in der Detailbetrachtung. So fallen insbesondere Schwächen in der **Beschwerdestimulierung** auf. Nur etwas mehr als die Hälfte (52 %) der befragten Unternehmen bietet ein Internetformular als Beschwerdekanal an und die existierenden Kanäle werden nur wenig kommuniziert.

Bei der **Beschwerdeannahme** werden die wesentlichen Beschwerdeinhalts- und Beschwerdeabwicklungs-Informationen von schriftlichen und telefonischen Beschwerden erfasst. Einzelne Aspekte werden aber stark vernachlässigt. So werden der Verärgerungsgrad der Kunden und ihre Handlungsabsichten bei nahezu der Hälfte der Unternehmen nicht aufgenommen, sodass ihnen wichtige Informationen für die Beschwerdereaktion und die Priorisierung von Problemen fehlen. Zudem dokumentieren sie in relativ geringem Maße Beschwerden, die Kunden in direkten Kontakten persönlich gegenüber Mitarbeitern artikulieren. Auf nicht viel mehr als ein Drittel dieser persönlichen Kundenbeschwerden wird der Anteil geschätzt, der in das Beschwerdemanagementsystem eingeht und somit systematisch ausgewertet werden kann.

Bei der **Beschwerdebearbeitung** wird der häufig fehlende Einsatz einer Beschwerdemanagementsoftware offenbar. Denn die Befragten sehen besondere Schwächen in Bezug auf die Unterstützung der Bearbeitung durch einen im System hinterlegten Workflow, die automatische Weiterleitung stark verzögerter Beschwerdefälle an höhere Hierarchiestufen, den Zugriff von Mitarbeitern auf eine Datenbank mit Lösungen für Kundenprobleme und die Mahnung der Mitarbeiter bei Nicht-Einhaltung von Zeitstandards.

Bezüglich der **Beschwerdereaktion** ist festzuhalten, dass die durchschnittliche Bearbeitungsdauer von Beschwerden, die per Brief oder Fax eingehen 6,5 Tage beträgt, während Beschwerden per E-Mail oder Internetformular bereits durchschnittlich nach 4,9 Tagen abgeschlossen sind. Bemerkenswert ist, dass bei einem nennenswerten Teil der Unternehmen (zwischen 14 % und 17 %) keine Kenntnisse über die durchschnittliche Zeit bis zum Abschluss der Beschwerdebearbeitung vorliegen.

Indirekter Beschwerdemanagementprozess

Große Umsetzungsdefizite liegen im indirekten Beschwerdemanagementprozess vor. Im Rahmen der **Beschwerdeauswertung** ist festzustellen, dass die systematische Analyse der Beschwerdeursachen zwar mehrheitlich für wichtig erachtet, jedoch in der Praxis nicht oder nur schwach realisiert wird. In der Mehrheit der Unternehmen erfolgt keine Differenzierung nach Kundengruppen und es liegen keine Informationen über die Anzahl von Kunden vor, die sich mehrfach beschwert haben.

Im **Beschwerdemanagement-Controlling** zeigen sich die größten Lücken. So ist die Größe des „Verärgerungs-Eisbergs“ weitgehend unbekannt, weil im Rahmen der generellen Zufriedenheitsbefragung der Anteil unzufriedener Kunden, die sich (nicht) beschweren, nur von wenigen Unternehmen erfasst wird. Auch die meisten Kennzahlen des objektiven Aufgaben-Controllings werden – mit Ausnahme von Zeitstandards – mehrheitlich nicht erhoben. Gleiches gilt für das subjektive Aufgaben-Controlling. Die große Mehrheit der befragten Unternehmen (73 %) ermittelt die globale Beschwerdezufriedenheit nicht oder nicht regelmäßig. Dies gilt auch für die Zufriedenheit mit einzelnen Aspekten wie Freundlichkeit, Einfühlungsvermögen oder Fairness der Problemlösung. Somit ist weitgehend unbekannt, ob das wesentlichste Ziel des Beschwerdemanagements, nämlich aus unzufriedenen Beschwerdeführern wieder zufriedene und loyale Kunden zu machen, überhaupt erreicht wird.

An einer differenzierten Überwachung der **Wirtschaftlichkeit des Beschwerdemanagements** mangelt es ebenfalls. Eine hierzu notwendige Erfassung und Überwachung der Kosten findet sich kaum. So können knapp 70 % der Unternehmen keine Einschätzung abgeben, wie hoch die Kosten einer bearbeiteten Beschwerde sind, und wenn Kosten erhoben werden, dann häufig nur ausgewählte Kostenarten. Aber auch die Nutzengrößen werden eher selten erhoben. Nur 20 % der Befragten berechnen den Wiederkaufnutzen des Beschwerdemanagements, der darin besteht, dass Deckungsbeiträge von Kunden gesichert werden können, die ansonsten aufgrund ihrer Unzufriedenheit abgewandert wären. Folglich sind dann auch nur 9,5 % aller befragten Unternehmen in der Lage, verlässliche Aussagen über die Profitabilität ihres Beschwerdemanagements zu machen.

Auch im **Beschwerdereporting** zeigen sich erhebliche Realisierungslücken. So ist schon die Erstellung von Reporten nicht die Regel und wenn sie erstellt werden, gibt es Mängel in Bezug auf eine differenzierte Aufbereitung der aus Beschwerden gewonnenen Informationen entsprechend dem jeweiligen Informationsbedarf interner Zielgruppen.

Dieser Sachverhalt mag auch eine Ursache sein für die wenig intensive **Beschwerdeinformationsnutzung**. Die Antwortenden geben an, dass die Reporte weit weniger Beachtung auf Geschäftsführer- bzw. Vorstandsebene und auf der Leitungsebene von Fachabteilungen finden, als sie es für notwendig erachten. Zudem beschränkt sich die Verwendung der Beschwerdeinformationen weitgehend auf eine reaktive Fehlerkorrektur, während auf die Nutzung der in Beschwerden enthaltenen innovativen Impulse weitgehend verzichtet wird.

Rahmenfaktoren

Von den verschiedenen **personalpolitischen Maßnahmen**, die eingesetzt werden können, um geeignete Mitarbeiter für das Beschwerdemanagement zu gewinnen und eine zielorientierte Aufgabenerfüllung zu ermöglichen, werden vor allem drei als besonders wichtig angesehen: Entwicklung und Definition von kundenorientierten Verhaltensstandards, Information und Training zur Vermittlung der erforderlichen Konsequenzen und Kommunikation der Ziele des Beschwerdemanagements gegenüber Mitarbeitern außerhalb des Beschwerdemanagements. Doch in Bezug auf alle diese Ziele entspricht der Realisierungsgrad nicht der Wichtigkeitseinschätzung. Auch hinsichtlich anderer personalpolitischer Aspekte des Beschwerdemanagements ist der Realisierungsgrad gering. Stellenprofile mit spezifischen Anforderungen zur Rekrutierung von Mitarbeitern für das Beschwerdemanagement und Anreizsysteme zur Unterstützung der Zielsetzungen des Beschwerdemanagements sind kaum existent.

Bezüglich der **Informationstechnologie** zeigt die Studie, dass eine Unterstützung durch Software zwar als besonders relevant angesehen, aber noch nicht entsprechend genutzt wird. Für nahezu alle Aufgabenbausteine wird ein Umsetzungsdefizit diagnostiziert: Dies gilt für den IT-Einsatz im Rahmen der Beschwerdeannahme, die Erleichterung der Beschwerdebearbeitung, das Vorhandensein automatisierter interner Mahn- und Eskalationsverfahren, die quantitative Beschwerdeanalyse, die systematische Hilfe bei der Erfüllung von Controlling-Aufgaben oder der Generierung von Reporten.

Hinsichtlich der **Organisation** ist bemerkenswert, dass die Aufgaben des Beschwerdemanagements in der Regel nicht einheitlich zentral oder dezentral gelöst werden, sondern dass der indirekte Beschwerdemanagementprozess überwiegend zentral durchgeführt wird, während im direkten Beschwerdemanagementprozess der Anteil einer dezentralen Aufgabenerfüllung höher ausfällt.

Die Gesamtverantwortung für das Beschwerdemanagement wird in den Unternehmen sehr unterschiedlich geregelt. In 13,6 % der Fälle ist ein eigener Bereich Beschwerdemanagement eingerichtet, ansonsten erfolgt vor allem eine Zuordnung zum Qualitätsmanagement (29 %), zur Geschäftsführung bzw. zum Vorstand (22,4 %) und zum Kundenmanagement (14,3 %). Es folgen die kundennahen Funktionsbereiche Service, Marketing und Vertrieb mit jeweils ca. 10 %.

Der Einfluss des Beschwerdemanagements auf andere Abteilungen ist abhängig von den zugewiesenen Einflussrechten. Die große Mehrheit der Abteilungen verfügt über ein Informationsrecht (81 %) und ein Beratungsrecht. Ein Mitentscheidungsrecht hat das Beschwerdemanagement nur in 41 % der befragten Unternehmen und über ein Kontrollrecht im Sinne der Möglichkeit zur Überprüfung von Entscheidungen anderer bzw. ein Einspruchsrecht zur Verhinderung der Durchführung von Entscheidungen verfügt jeweils nur ein knappes Viertel (23 %) der Unternehmen.

21.2 Die Materna-Beschwerdemanagement-Studie

Kurz nach der BME-Studie legte der Kommunikationsdienstleister Materna eine Beschwerdemanagement-Studie vor, die 2006 wiederholt wurde. Wesentliche Ergebnisse aus dieser jüngeren Studie werden hier ausschnittsweise wiedergegeben.

Konzept

Die **Materna-Studie „Licht und Schatten im Beschwerdemanagement“** (Brüntrup/Grass 2006) weist in Bezug auf die Zielsetzung eine große Ähnlichkeit mit der BME-Studie auf, da sie beabsichtigt, den aktuellen Implementierungsstand des Beschwerdemanagements zu ermitteln. Auch in inhaltlich-konzeptioneller Hinsicht gibt es erhebliche Übereinstimmungen, wobei die Studie jedoch weniger umfassend angelegt ist und vier Schwerpunkte gesetzt werden: Stellenwert und Organisation des Beschwerdemanagements, Annahme und Bearbeitungsprozess, IT-Infrastruktur sowie Auswertung und Controlling.

Hinsichtlich der Befragung wird ein anderer methodischer Weg eingeschlagen, da die Erhebung nicht als schriftliche, sondern als Onlinebefragung konzipiert ist. Zudem wird diese in Zusammenarbeit mit Institutionen aus dem **Kundendienst- und CRM-Bereich** durchgeführt. Dementsprechend sind die Teilnehmer, die insgesamt 216 Fragebögen ausfüllten, mehrheitlich in marktnahen Bereichen (Service- und Kundendienstabteilung, Vertrieb, Verkauf) beschäftigt. Im Unterschied zur BME-Studie erfolgt keine Fokussierung auf Unternehmen bestimmter Geschäftsmodelle oder Unternehmensgröße. Die Befragten kommen etwa in gleichen Teilen aus Unternehmen mit mehr bzw. weniger als 500 Mitarbeitern. Zu den vertretenen Branchen gehören vor allem Industrie, Finanzdienstleister, sonstige Dienstleistungen, Handel, Telekommunikation und Medien.

Studienergebnisse

Ordnet man die wichtigsten Studienergebnisse wiederum den Kategorien der strategischen Bedeutung, dem direkten und indirekten Beschwerdemanagementprozess sowie den Rahmenfaktoren zu, ergibt sich folgendes Bild:

Strategische Bedeutung

Die Teilnehmer bestätigen einen hohen **Stellenwert des Beschwerdemanagements** und gehen davon aus, dass diese Bedeutung in den nächsten Jahren weiter zunehmen wird. Über 80 % der Befragten erwarten, dass das Beschwerdemanagement in ihren Unternehmen ausgebaut wird, 48 % vermuten sogar einen starken Ausbau.

Den wesentlichen Nutzen des Beschwerdemanagements sehen die Manager vor allem in der Steigerung der Kundenzufriedenheit. Die große Mehrheit von 84 % gibt Kundenzufriedenheit und Kundenbindung als wichtigen Grund für die Einführung eines Beschwerdemanagements an. Weitere Nutzenaspekte sind Qualitätssicherung und Produktverbesserung (36 %), kontinuierliche Verbesserung der Unternehmensprozesse (33 %) sowie das Erkennen von Kundenbedürfnissen (31 %).

Direkter Beschwerdemanagementprozess

Hinsichtlich des direkten Beschwerdemanagementprozesses diagnostiziert auch die Materna-Studie erhebliche Defizite. Dies gilt – in Übereinstimmung mit den Ergebnissen der BME-Studie – insbesondere für die **Beschwerdestimulierung**. Etwa zwei Drittel der Unternehmen setzen keine beschwerdestimulierenden Maßnahmen ein, kommunizieren beispielsweise ihre Beschwerdekanäle nicht und verzichten damit auf die Chance, unzufriedene Kunden wieder zufriedenzustellen und zu halten (siehe Bild 21.2).

Im Rahmen der **Beschwerdeannahme** zeigen sich insbesondere Schwächen bei der Erfassung von Beschwerden. Während ein Großteil der schriftlichen Beschwerden registriert wird (78 %), werden persönlich vorgetragene Beschwerden nur unzureichend erfasst.

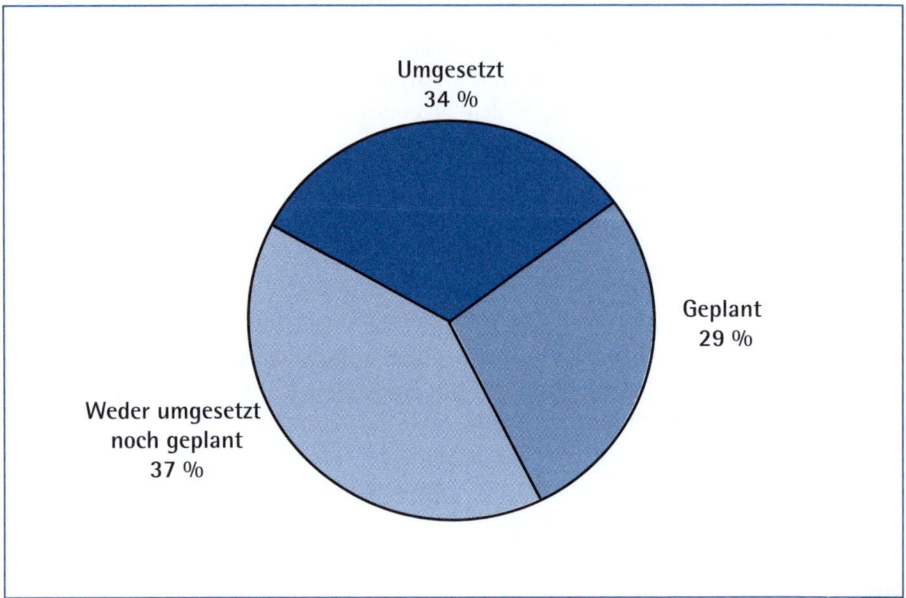

Bild 21.2 Nur geringer Einsatz beschwerdestimulierender Maßnahmen (Brüntrup/Grass 2006)

Indirekter Beschwerdemanagementprozess

Die Befragungsergebnisse zum indirekten Beschwerdemanagementprozess zeigen ähnliche Mängel auf wie die BME-Studie. Bezüglich der **Beschwerdeauswertung** fehlt es häufig an einer systematischen Beschwerdeanalyse. Ein **Beschwerdemanagement-Controlling** ist nur in Ansätzen erkennbar. So verwendet etwa die Hälfte der befragten Unternehmen keine objektiven Kennzahlen zur Effektivitätsmessung. Die Unternehmen verfügen damit über keine informatorische Basis zur Einschätzung, in welcher Qualität die Aufgaben des Beschwerdemanagements erfüllt werden. Sie befinden sich diesbezüglich - wie es in der Studie heißt - im „Blindflug". Dies gilt auch hinsichtlich der Bewertung, ob das Ziel der Kundenzufriedenheitssteigerung erreicht wird, denn in 60 % der befragten Unternehmen wird die Beschwerdezufriedenheit nicht ermittelt. Auch hinsichtlich der **Beschwerdeinformationsnutzung** besteht noch Handlungsbedarf: Nur 59 % der Manager geben an, dass sie in ihren Unternehmen Maßnahmen zur Beseitigung der Beschwerdeursachen systematisch definieren und nachverfolgen.

Rahmenfaktoren

In der Materna-Studie werden auch einzelne Fragen zu den organisatorischen und informationstechnologischen Rahmenbedingungen gestellt. Bezüglich der **Organisation** zeigt es sich, dass das Beschwerdemanagement immer noch weitgehend als Insellösung angesehen wird und die Integration mit anderen Geschäftsprozessen - etwa Marketing und Vertrieb - nur in seltenen Fällen stattfindet. Dies ist zum Teil auch einem Mangel im Bereich der **Informationstechnologie** geschuldet, da in den Unternehmen, die überhaupt Softwaresysteme einsetzen, meistens eine systemtechnische Integration mit Marketing- und Vertriebsprozessen fehlt.

21.3 Die Beschwerdemanagement-Studie der Deutschen Gesellschaft für Qualität

Die Studie der Deutschen Gesellschaft für Qualität **„DQG-Monitor 2012 Beschwerdemanagement“** ist die jüngste Erhebung zum Stand des Beschwerdemanagements in Deutschland (DGQ 2013).

Konzept der Studie

Auch diese Studie hat das Ziel, den aktuellen Status quo des Beschwerdemanagements in deutschen Unternehmen zu erheben. Wie bei der Materna-Studie erfolgte die Erhebung mittels Onlinebefragung, wobei 324 Fragebögen ausgewertet werden konnten. Die Teilnehmer kommen aus einer Vielzahl von Industrie- und Dienstleistungsbranchen, wobei zwei Drittel kleineren und mittelgroßen Unternehmen mit bis zu 500 Mitarbeitern angehören. Dies ist ein wesentlicher Unterschied zur BME-Studie, ein weiterer besteht in den Geschäftsmodellen der befragten Unternehmen. Während in der BME-Studie Großunternehmen aus dem Business-to-Customer-Bereich (B2C) befragt wurden, agieren die Befragten der DGQ-Studie überwiegend im Geschäftskundenbereich (67 % Business-to-Business B2B), weitere 24 % in Beziehungen zu Händlern (Business-to-Dealer B2D), und nur 55 % zu Endkunden (B2C) (Mehrfachnennungen). Angesichts der Durchführung der Studie durch die Deutsche Gesellschaft für Qualität ist davon auszugehen, dass ein großer Anteil der Teilnehmer Verantwortung im Qualitätsmanagement trägt.

Studienergebnisse

Auch hier werden ausgewählte Studienergebnisse in Bezug auf strategische Bedeutung, Aufgabenerfüllung im direkten und indirekten Beschwerdemanagementprozess sowie Rahmenbedingungen präsentiert.

Strategische Bedeutung

Befragt nach der generellen Bedeutung des Beschwerdemanagements als Managementthema in der jeweiligen Organisation attestiert annähernd ein Viertel (23 %) der Befragten dieser Funktion eine sehr hohe interne Relevanz, ein weiteres Viertel schätzt diese als hoch ein. Auch wird für die nächsten Jahre ein weiterhin **steigender Stellenwert des Beschwerdemanagementthemas** im eigenen Unternehmen prognostiziert.

Den größten Nutzen des Beschwerdemanagements sehen die Befragten vor allem in Qualitätsverbesserungen (80 %), der Steigerung der Zufriedenheit der Beschwerdeführer (71 %), der Steigerung der Kundenzufriedenheit insgesamt (alle Kunden) (70 %) und der Verbesserung von Prozessabläufen in Produktion/Service (66 %). Demgegenüber spielt das Beschwerdemanagement im Hinblick auf die Lieferung von Ideen für Innovationen oder zur Kostenreduktion eine vergleichsweise geringe Rolle. Allerdings zeigen sich dabei Unterschiede zwischen Industrie- und Dienstleistungsunternehmen. Produktionsunternehmen legen größeren Wert auf die Verbesserungspotenziale der Produkte, während Dienstleister stärkeres Gewicht auf Kundenzufriedenheit und die Identifikation von Kundenwünschen legen.

Direkter Beschwerdemanagementprozess

Für den direkten Beschwerdemanagementprozess ergeben sich in der DGQ-Studie tendenziell ähnliche Ergebnisse wie in den früheren Studien. Hinsichtlich der **Beschwerdestimulierung** setzen die Unternehmen zwar die üblichen Beschwerdekanäle (Brief, Telefon, E-Mail) ein, aber nur 27 % von ihnen ermöglichen den Kunden einen schnellen Kontakt über ein Onlineformular im Internet. Hinsichtlich der Beschwerdeerfassung im Rahmen der **Beschwerdeannahme** zeigt sich wiederum, dass Standarddaten mehrheitlich festgehalten werden, aber wesentliche Aspekte zu einem erheblichen Anteil nicht berücksichtigt werden. So erfassen 51 % der Befragten die Beschwerdeart (Erst-, Mehrfach- oder Folgebeschwerde), 35 % die Handlungsabsicht des Beschwerdeführers (z. B. rechtliche Schritte, Kündigung, Wechsel zu Wettbewerbern) und 28 % den Verärgerungsgrad des Beschwerdeführers. Dagegen registrieren 61 % den Anteil unberechtigter Beschwerden, ohne dass klar würde, wer diese Entscheidung nach welchen Kriterien trifft.

Indirekter Beschwerdemanagementprozess

Wie in den anderen Studien sehen die Befragten im indirekten Beschwerdemanagementprozess den größten Handlungsbedarf. In der Mehrheit der Unternehmen gibt es keine konkreten Zielvorgaben für den Bereich Beschwerdemanagement. Auf die Frage nach den Kenngrößen, die im Rahmen des **Beschwerdemanagement-Controllings** verwendet werden, geben die Teilnehmer folgende Antworten: Anzahl der eingegangenen Beschwerden (79 %), Dauer der Beschwerdebearbeitung (53 %), Anzahl der reklamierten Produkte/Dienstleistungen (53 %), Anteil berechtigter bzw. unberechtigter Beschwerden (36 %). Kostengrößen spielen dagegen nur für einzelne Kostenarten (Kosten durch Erstattung, Nachlieferung oder Nachbesserung) und zudem eine geringere Rolle (32 %). Die Folgebeschwerdequote wird nur von 21 % als Controllingkennzahl verwendet; sogar nur 12 % der Unternehmen erheben die Zufriedenheit der Beschwerdeführer (siehe Bild 21.3).

Dieses Ergebnis ist geradezu ernüchternd. Obwohl das Ziel der Kundenzufriedenheit als besonders wichtig eingeschätzt wird, interessiert sich nur eine kleine Minderheit der Unternehmen dafür, inwieweit diese Zielsetzung erreicht wird. Stattdessen werden Kenngrößen im Beschwerdemanagement-Controlling verwendet, die – wie die Beschwerdezahl oder die Anzahl unberechtigter Beschwerden – wenig aussagefähig bzw. problematisch sind, in keinem Fall aber Informationen über die Qualität des Beschwerdemanagements liefern.

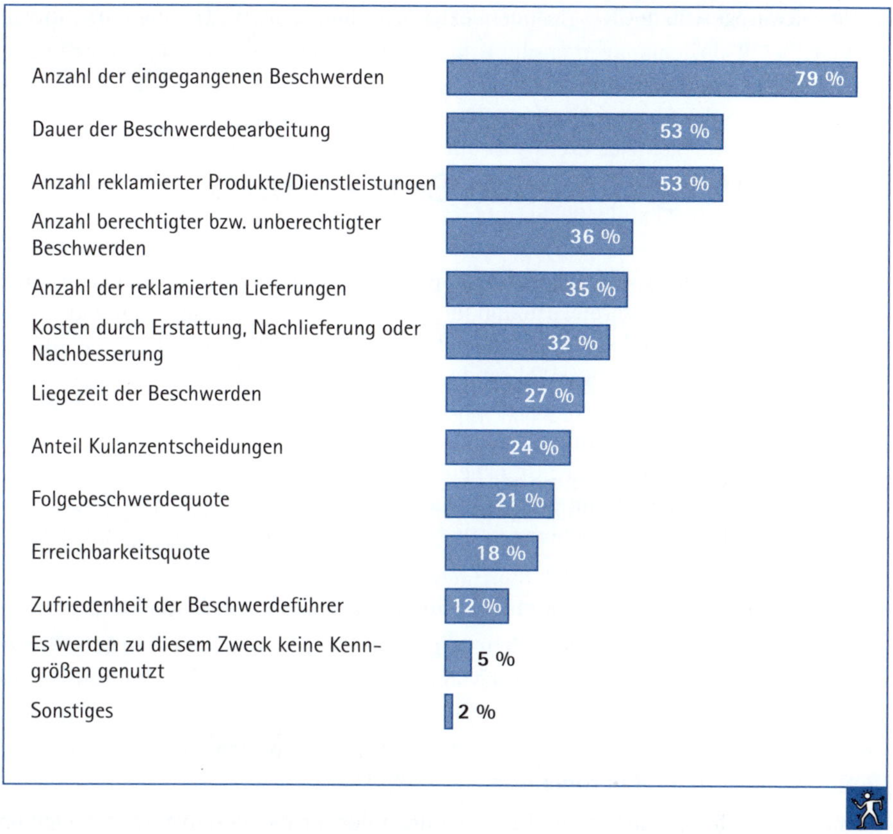

Bild 21.3 Verwendung von (teilweise problematischen) Kennzahlen im Beschwerdemanagement-Controlling (DGQ 2013)

Rahmenfaktoren

Die Rahmenfaktoren werden in der DGQ-Studie nur in einzelnen Aspekten erfasst. In **personalpolitischer** Hinsicht wird nach Stellenbeschreibungen und Zielvereinbarungen gefragt. Dabei zeigt sich, dass das Beschwerdemanagement als Aufgabe für die direkt dort arbeitenden Mitarbeiter nur zu 57 % in der Stellenbeschreibung festgehalten und zu 38 % in der Zielvereinbarung verankert ist. Demnach scheint in den befragten Unternehmen ein erheblicher Teil der Beschwerdemanagement-Aufgaben gleichsam „nebenbei" erledigt zu werden.

Die Frage nach der **organisatorischen** Einbindung des Beschwerdemanagements zeigt ein heterogenes Bild. Danach ist das Beschwerdemanagement vor allem im Qualitätsmanagement (68 %), im Vertrieb (22 %), im Produktmanagement (12 %) und in der Produktion (8 %) angesiedelt oder aber als Stabsstelle (26 %) eingerichtet (Mehrfachnennungen möglich).

Das aus den früheren Studien bereits bekannte Defizit in **informationstechnologischer** Hinsicht bestätigt sich auch in dieser jüngsten Erhebung. Auf die Frage „Setzen Sie in Ihrer Organisation eine Beschwerdemanagementsoftware oder eine entsprechende softwaregestützte CRM (Kundenbeziehungsmanagement)-Lösung ein?" antworten nur 39 % mit „ja".

21.4 Vergleichende Betrachtung

Ein direkter Vergleich der drei knapp präsentierten Studien zum Stand des Beschwerdemanagements ist aus mehreren Gründen nicht möglich. Die Erhebungen fanden in zeitlichen Abständen statt und sie unterscheiden sich stark in Bezug auf die Methodik und die angesprochenen Teilnehmer. Während sich die schriftliche Befragung der BME-Studie explizit an Großunternehmen aus dem B2C-Bereich richtet, adressieren die Materna- und die DGQ-Studie Unternehmen jeder Größenordnung, wobei insbesondere in der DGQ-Studie kleinere und mittlere Unternehmen dominieren. Zudem spricht viel dafür, dass an der BME-Studie und an der Materna-Studie eher Verantwortliche für Kundenbeziehungen und Service teilgenommen haben, an der DGQ-Studie dagegen Qualitätsmanager.

Dennoch lassen sich studienübergreifend interessante Ergebnisse festhalten:

- Grundsätzlich wird dem Beschwerdemanagement übereinstimmend eine hohe Bedeutung zugeschrieben; und man geht davon aus, dass diese Bedeutung zukünftig noch zunehmen wird.
- Allerdings spiegelt sich die erkannte Relevanz des Beschwerdemanagements nicht im Professionalisierungsgrad wider.
- Gemessen an den Einsichten und Erwartungen der für das Beschwerdemanagement Verantwortlichen gibt es Stärken vor allem im direkten Beschwerdemanagementprozess, Schwächen primär im indirekten Beschwerdemanagementprozess.
- In allen Aufgabenbausteinen lassen sich Defizite diagnostizieren. Diese betreffen im direkten Beschwerdemanagementprozess in erster Linie die Beschwerdestimulierung und die Erfassung wichtiger Beschwerdeinformationen, im indirekten Beschwerdemanagementprozess das Beschwerdemanagement-Controlling und die Beschwerdeinformationsnutzung. Viele Unternehmen wissen auch heute nicht, ob sie ihre allgemein gehaltenen Ziele der Steigerung von Beschwerdezufriedenheit und der Verbesserung der Angebotsqualität erreichen oder nicht. Darüber hinaus bestehen weiterhin Schwächen im Einsatz von Beschwerdemanagementsoftware.

Wenn man – trotz aller Problematik – einzelne Ergebnisse aus der BME-Studie und der DGQ-Studie gegenüberstellt, kommt man zu Ergebnissen, die auf den ersten Blick (negativ) überraschen müssen. So scheint der Professionalisierungsgrad des Beschwerdemanagements heute in mancher Hinsicht niedriger zu sein als im Jahrzehnt zuvor. Allerdings muss man berücksichtigen, dass in der BME-Studie Großunternehmen mit

B2C-Kundenbeziehungen befragt wurden, die über ein bereits installiertes Beschwerdemanagement verfügten, während an der DGQ-Studie viele kleinere und mittlere Unternehmen mit allen Beziehungstypen teilgenommen haben. Offensichtlich waren die großen Unternehmen, die auf Endverbrauchermärkten agieren, vor Jahren schon weiter, als dies der Durchschnitt von Unternehmen verschiedener Unternehmensgrößen und Geschäftsmodelle heute ist. Dementsprechend dürfen die durchaus ermutigenden Ergebnisse der BME-Studie offenbar nicht verallgemeinert werden. In genereller Betrachtung ist der Handlungsbedarf wohl größer und der Weg zur Beschwerdemanagement Excellence länger, als man aufgrund der ersten Studie erwarten konnte. Wie weit der Weg ist, zeigen die Ergebnisse zur Beschwerdezufriedenheit in Deutschland: Es gibt immer noch ganze Branchen, in denen der Anteil enttäuschter Beschwerdeführer über 50 % liegt - z. B. Mobilfunkanbieter 51,9 %, Krankenkassen und -versicherungen 54,5 %, Bausparkassen 59,6 %, Postfilialen 61,7 % (Servicebarometer 2013). Dies sollte Anreiz genug sein, die Bemühungen um ein professionelles, aktives Beschwerdemanagement zu verstärken.

Kapitel 21 ganz kurz:

- Prinzipiell wird die hohe Bedeutung des Beschwerdemanagements in deutschen Unternehmen anerkannt.
- Wesentliche Zielbeiträge des Beschwerdemanagements werden in Bezug auf Kundenzufriedenheit und Qualitätsverbesserung erwartet.
- Bei der Aufgabenerfüllung stehen die Aufgaben des direkten Beschwerdemanagements im Vordergrund.
- In der Realität sehen die verantwortlichen Manager noch eine Reihe von Schwächen. Diese Schwächen liegen vor allem in den Bereichen der Beschwerdestimulierung, der Erfassung von Beschwerdeinformationen, im Beschwerdemanagement-Controlling und in der Beschwerdeinformationsnutzung.

Literatur

Brüntrup, C./Grass, T. (2006): Licht und Schatten im Beschwerdemanagement, http://www.wissen.dsft-berlin.de/medien/SER/ser_beschwerde-management-endbericht_2006.pdf (Abruf: 19. 09. 2013).

DGQ-Deutsche Gesellschaft für Qualität (2013): DGQ-Monitor 2012 Beschwerdemanagement. Auf dem Weg zu exzellentem Service, Frankfurt 2013.

Servicebarometer (2013): Kundenmonitor 2013, München.

Stauss, B./Schöler, A. (2003): Beschwerdemanagement Excellence: State-of-the-Art und Herausforderungen der Beschwerdemanagement-Praxis in Deutschland, Wiesbaden.

22 Quick-Check Beschwerdemanagement

Im Folgenden wird ein Fragenkatalog für Ihr Beschwerdemanagement präsentiert. Mit diesem Instrument können Sie sich einen schnellen Überblick verschaffen, inwieweit die Grundprinzipien des Beschwerdemanagements in Ihrem Unternehmen **bereits realisiert** sind und wo **Defizite und Handlungsnotwendigkeiten** bestehen.

Der Aufbau des **Fragebogens** entspricht der Struktur des Buchs. Zunächst werden Fragen zur generellen Bedeutung des Beschwerdemanagements im Unternehmen (Block I) und zur strategischen Planung (Block II) gestellt. Es folgen die Fragenblöcke zu den Aufgaben des direkten (Block III – VI) und des indirekten Beschwerdemanagements (Block VII – X). Zusätzlich wird auf Social-Media-Beschwerden (Block XI) sowie auf die personalpolitischen, organisatorischen und technologischen Aspekte des Beschwerdemanagements eingegangen (Block XII – XIV). Zu jedem Themenkomplex wird eine Reihe von Aussagesätzen formuliert und Sie werden gebeten, Ihre Ablehnung oder Zustimmung auf einer Skala von 1 („trifft überhaupt nicht zu") bis 5 („trifft voll und ganz zu") auszudrücken.

Sie können die Beantwortung der Fragen und die Auswertung **manuell** direkt im Buch bzw. auf einer Kopie der nachfolgenden Seiten vornehmen. Weitere Angaben zur Auswertung finden Sie unterhalb des Fragebogens.

I.	Generelle Bedeutung des Beschwerdemanagements	1	2	3	4	5
1	Das Ziel der Kundenzufriedenheit hat in unserem Unternehmen höchste Priorität.					
2	Manager und Mitarbeiter unseres Unternehmens sehen Beschwerden als Chance an.					
3	Ziele und Aufgaben des Beschwerdemanagements sind eindeutig definiert.					
4	Führungskräfte nehmen sich regelmäßig Zeit für die Lektüre und Beantwortung von Beschwerden.					
5	Beschwerdereports haben eine hohe Priorität in Vorstandssitzungen.					
Σ	**Summe Skalenwerte I.:**					

▼

II.	Strategische Planung im Beschwerdemanagement	1	2	3	4	5
6	Wir führen regelmäßig eine strategische Analyse der externen Umwelt durch (z.B. Veränderung von Kundenerwartungen, Beschwerdemanagement anderer Unternehmen, gesellschaftspolitische und technologische Entwicklungen).					
7	Wir führen regelmäßig eine strategische Analyse der internen Umwelt durch (z.B. wettbewerbsstrategische Positionierung des Unternehmens und interne Zielgruppen des Beschwerdemanagements).					
8	Wir überprüfen regelmäßig Effektivität und Effizienz des eigenen Bereichs (z.B. Leistungsspektrum, Qualität der Aufgabenerfüllung, Angemessenheit der Ressourcenausstattung).					
9	Wir haben eine klar definierte Beschwerdemanagementstrategie.					
10	Es erfolgt eine strategische Steuerung des Bereichs Beschwerdemanagement mit Hilfe von Key Performance Indicators.					
∑	**Summe Skalenwerte II.:**					

III.	Beschwerdestimulierung	1	2	3	4	5
11	Wir wollen, dass sich möglichst alle unzufriedenen Kunden bei uns beschweren.					
12	Wir ermutigen Kunden, sich bei Unzufriedenheit mit einer Beschwerde an uns zu wenden.					
13	Wir machen es den Kunden leicht, sich zu beschweren (z.B. durch eine gebührengünstige telefonische Servicenummer oder ein Beschwerdeformular im Internet).					
14	Wir kommunizieren die eingerichteten Beschwerdekanäle aktiv gegenüber unseren Kunden.					
15	Die Ressourcen des Beschwerdemanagements werden dem Kommunikationsbedarf der Kunden angepasst.					
∑	**Summe Skalenwerte III.:**					

IV.	Beschwerdeannahme	1	2	3	4	5
16	Die Beschwerdeeingangsprozesse sind vollständig und eindeutig definiert.					
17	Alle angenommenen Beschwerden werden schnell und richtig an die zuständigen Stellen weitergeleitet.					
18	Bei der Annahme werden die notwendigen Beschwerdeinformationen vollständig und richtig erfasst.					
19	Es gibt Softwaremasken bzw. gut strukturierte Standardformblätter für die Annahme von Beschwerden.					
20	Angaben, die Kunden auf der Internet-Beschwerdeseite machen, werden unmittelbar im Beschwerdemanagementsystem erfasst und weiterverarbeitet.					
∑	**Summe Skalenwerte IV.:**					

V.	Beschwerdebearbeitung	1	2	3	4	5
21	Für die Beschwerdebearbeitung liegen eindeutige Prozessdefinitionen vor.					
22	Die Verantwortlichkeiten für den Gesamtbeschwerdeprozess sowie für Teilprozesse sind klar definiert.					
23	Für die Bearbeitung von Beschwerden liegen zeitliche Handlungsstandards vor.					
24	Werden Bearbeitungstermine nicht eingehalten, erfolgt eine interne Mahnung.					
25	Bei erheblichem Bearbeitungsverzug werden die Beschwerden automatisch höheren Hierarchiestufen zur Kenntnis gebracht.					
∑	**Summe Skalenwerte V.:**					

VI.	Beschwerdereaktion	1	2	3	4	5
26	Alle Beschwerdeführer erhalten eine Eingangsbestätigung und eine abschließende Antwort sowie – wenn nötig – Zwischenbescheide.					
27	Für die Aussendung der Bescheide existieren klare terminliche Vorgaben.					
28	Die Antworten an die Kunden gehen auf die individuellen Umstände des Einzelfalls ein.					
29	Beschwerdeführer erhalten eine faire Problemlösung.					
30	Der Beschwerdeprozess wird mit einem Follow-up-Kontakt abgeschlossen.					
∑	**Summe Skalenwerte VI.:**					

VII.	Beschwerdeauswertung	1	2	3	4	5
31	Das Beschwerdeaufkommen wird regelmäßig in quantitativer Hinsicht analysiert.					
32	Es erfolgt eine differenzierte Analyse des Beschwerdeaufkommens in Bezug auf verschiedene wichtige Kriterien (z.B. Kundengruppen, Produkte oder Probleme).					
33	Die Zusammenhänge zwischen relevanten Kriterien (wie Produkten und Problemen) werden systematisch analysiert.					
34	Es werden Methoden zur Priorisierung von Problemen eingesetzt.					
35	Es erfolgt regelmäßig ein Zeitvergleich der Analyseergebnisse.					
∑	**Summe Skalenwerte VII.:**					

VIII.	Beschwerdemanagement-Controlling	1	2	3	4	5
36	Es wird regelmäßig untersucht, wie viele unzufriedene Kunden sich nicht beschweren bzw. wie viele artikulierte Beschwerden im Unternehmen nicht registriert werden.					
37	Die Zufriedenheit der Beschwerdeführer mit der Beschwerdeabwicklung (Beschwerdezufriedenheit) wird regelmäßig erhoben.					
38	Für die Aufgaben des Beschwerdemanagements werden Qualitäts- und Produktivitätsstandards definiert und überwacht.					
39	Die Kosten des Beschwerdemanagements werden systematisch ermittelt.					
40	Der Nutzen des Beschwerdemanagements wird monetär bewertet und in Berechnungen der Wirtschaftlichkeit des Beschwerdemanagements berücksichtigt.					
∑	**Summe Skalenwerte VIII.:**					

IX.	Beschwerdereporting	1	2	3	4	5
41	Es ist eindeutig festgelegt, an welche internen Kundengruppen beschwerderelevante Informationen weitergeleitet werden sollen.					
42	Es bestehen klare Definitionen in Bezug auf Inhalte, Form und Detaillierungsgrad der Reports.					
43	Neben Reports in klaren zeitlichen Rhythmen werden bei Vorliegen besonderer Umstände (z.B. starke Zunahme ernster Kundenprobleme) Spezialreports erstellt.					
44	Auf Wunsch interner Kunden werden Sonderauswertungen vorgenommen und entsprechende Berichte erstellt.					
45	Berechtigte interne Kunden haben Zugriff auf alle Beschwerdeinformationen und Detailauswertungen.					
∑	**Summe Skalenwerte IX:**					

▼

X.	Beschwerdeinformationsnutzung	1	2	3	4	5
46	Die Informationen aus dem Beschwerdemanagement werden systematisch für Qualitätsverbesserungen genutzt.					
47	Die Nutzung von Beschwerdeinformationen erfolgt unter Einsatz spezifischer Methoden (wie z.B. FMEA).					
48	Qualitätsverbesserungsteams bzw. Qualitätszirkel nutzen Beschwerdeinformationen zur systematischen Fehlervermeidung und kontinuierlichen Verbesserung.					
49	Durch Kundenforen mit Beschwerdeführern wird das Kreativitätspotenzial kritischer Kunden genutzt.					
50	Beschwerde- und Beschwerdemanagementinformationen sind ein wesentlicher Bestandteil des unternehmerischen Kundenwissensmanagements.					
∑	**Summe Skalenwerte X:**					

XI.	Social-Media-Beschwerden	1	2	3	4	5
51	Social-Media-Beschwerden werden durch spezialisierte Mitarbeiter beobachtet und bearbeitet.					
52	Es erfolgt ein systematisches Monitoring von Social-Media-Beschwerden.					
53	Auf Social-Media-Beschwerden wird unmittelbar reagiert.					
54	Wenn eine individuelle Problemlösung noch möglich ist, werden Kunden, die Social-Media-Beschwerden artikulieren, gebeten, direkt das Beschwerdemanagement zu kontaktieren.					
55	Es erfolgt eine spezielle Beschwerdeanalyse und ein spezielles Beschwerdereporting für Social-Media-Beschwerden.					
∑	**Summe Skalenwerte XI:**					

XII.	Personalpolitische Aspekte des Beschwerdemanagements	1	2	3	4	5
56	Auf richtiges Mitarbeiterverhalten in Beschwerdekontaktsituationen wird besonderen Wert gelegt.					
57	Mitarbeiter werden im Hinblick auf die richtige Bewältigung von Beschwerdesituationen trainiert.					
58	Mitarbeiter, die an der Beschwerdebearbeitung beteiligt sind, werden umfassend über Verfahren, Verantwortlichkeiten und verwendete Technologie unterrichtet.					
59	Kundenkontaktmitarbeiter haben einen großen Handlungsspielraum zur Lösung von Kundenproblemen.					
60	Kundenorientiertes Problemlöseverhalten wird durch Anreizsysteme honoriert.					
∑	**Summe Skalenwerte XII:**					

XIII.	Organisatorische Aspekte des Beschwerdemanagements	1	2	3	4	5
61	Es existiert ein Bereich Beschwerdemanagement.					
62	Es besteht eine effiziente Arbeitsteilung zwischen zentraler und dezentraler Beschwerdeabwicklung.					
63	Die Zuständigkeiten und Verantwortlichkeiten zwischen der Bereichsleitung Beschwerdemanagement und operativen Einheiten (wie einem Beschwerde Center oder Customer Interaction Center) sind eindeutig festgelegt.					
64	Die Zuständigkeiten und Verantwortlichkeiten des Bereichs Beschwerdemanagement im Verhältnis zu anderen unternehmerischen Einheiten sind eindeutig geregelt.					
65	Es gibt für den Bereich Beschwerdemanagement klare Zielvorgaben und eine genau definierte Budgetverantwortung.					
∑	**Summe Skalenwerte XIII:**					

XIV.	Technologische Aspekte	1	2	3	4	5
66	Zur effizienteren Aufgabenerfüllung wird ein softwaregestütztes Beschwerdemanagementsystem eingesetzt.					
67	Das eingesetzte Programm gestattet eine schnelle und strukturierte Informationsaufnahme während der Beschwerdeartikulation des Kunden.					
68	Das eingesetzte Programm ermöglicht eine automatische Steuerung des Bearbeitungsprozesses.					
69	Das eingesetzte Programm enthält umfassende Auswertungs- und Controlling-Elemente.					
70	Die Technologie ist konsistent in ein umfassendes Beschwerdemanagementkonzept eingebunden.					
Σ	**Summe Skalenwerte XIV:**					

Zur Auswertung

1. Ermitteln Sie für jeden der vierzehn Fragenblöcke die **Summe der Skalenwerte** und tragen Sie diese Zahl in die dafür vorgesehene Zeile am Ende jedes Fragenblocks ein.
2. **Übertragen** Sie die Ergebnisse in die entsprechenden Zeilen des Ergebnisblatts.
3. Ermitteln Sie die jeweilige **Lücke zur möglichen Höchstzahl**.
4. Beachten Sie zunächst das Ergebnis für die **„Generelle Bedeutung des Beschwerdemanagements“**. Zeigen sich hier Defizite, müssen sich Ihre Anstrengungen zunächst auf diese Basisebene beziehen.
5. Ermitteln Sie den **Fragenblock mit dem höchsten Diskrepanzwert**. Hier sollten Sie mit Verbesserungsmaßnahmen zur Optimierung Ihres Beschwerdemanagements beginnen, wobei die Reihenfolge der erforderlichen Maßnahmen auf der Basis einer unternehmensindividuellen Relevanzabschätzung zu bestimmen ist.

Quick-Check Beschwerdemanagement

Ergebnisblatt

Fragenblock		Maximalpunkte (1)	Ist-Punkte (Σ Skalenwerte) (2)	Lücke abs (3) = (1) - (2)	Lücke % (3) / (1)
I.	Generelle Bedeutung des Beschwerdemanagements	25			
II.	Strategische Planung im Beschwerdemanagement	25			
III.	Beschwerdestimulierung	25			
IV.	Beschwerdeannahme	25			
V.	Beschwerdebearbeitung	25			
VI.	Beschwerdereaktion	25			
VII.	Beschwerdeauswertung	25			
VIII.	Beschwerdemanagement-Controlling	25			
IX.	Beschwerdereporting	25			
X.	Beschwerdeinformationsnutzung	25			
XI.	Social-Media-Beschwerden	25			
XII.	Personalpolitische Aspekte des Beschwerdemanagements	25			
XIII.	Organisatorische Aspekte des Beschwerdemanagements	25			
XIV.	Technologische Aspekte	25			
Σ	**Summe**	**350**			

Literatur

Adamson, C. (1993): Evolving Complaint Procedures, in: Managing Service Quality, 3. Jg., Nr. 1, S. 439 - 444.

Adamson, C./Goodman J. (1992): Complaint Handling, Handout eines Workshops auf dem International Service & Quality Forum, Euro Disney, Paris.

Albrecht, K./Zemke, R. (1987): Service-Strategien, Hamburg.

Allstateinsurancesucks (2013): http://allstateinsurancesucks.com/index.html (Abruf: 28.08.2013).

Anderson, E.W./Fornell, C./Rust, R.T. (1997): Customer Satisfaction, Productivity, and Profitability: Differences Between Goods and Services, in: Marketing Science, 16. Jg., Nr. 2, S. 129 - 145.

Andreassen, T.W. (1999): What Drives Customer Loyalty With Complaint Resolution?, in: Journal of Service Research, 1. Jg., Nr. 4, S. 324 - 332.

Anton, J. (1997): Call Center Management by the Numbers, Annapolis.

Anton, J./Hoeck, M. (2001): e-Business Customer Service, Santa Monica.

Anton, R. (2002): Dosierte Beschwerdestimulierung bei der Deutschen Post AG, in: Stauss, B./ Seidel, W.: Beschwerdemanagement, 3. Aufl., München, S. 122 - 123.

Backhaus, K./Erichson, B./Plinke, W./Weiber, R. (2010): Multivariate Analysemethoden: Eine anwendungsorientierte Einführung, 13. Aufl., Berlin.

Barclays (2013): Don't Hold Back Your Feedback, http://www.barclays.co.uk/ContactUs/Howto-complain/P1242558122337 (Abruf: 27.11.2013).

Barlow, J./Møller, C. (2003): Eine Beschwerde ist ein Geschenk. Der Kunde als Consultant, Frankfurt am Main/Wien.

Basic, R. (2011): Dell: Wie man mit Kundenkritiken umgehen kann, http://www.robertbasic.de/2011/01/dell-wie-man-mit-kundenkritiken-umgehen-kann/ (Abruf: 17.09.2013).

Bauer, H.H./Stokburger, G./Hammerschmidt (2006): Marketing Performance, Wiesbaden.

Bearden, W.O./Mason, J.B. (1984): An Investigation of Influences on Consumer Complaint Reports, in: Advances in Consumer Research, 11. Jg., S. 490 - 495.

Bearden, W.O./Oliver, R.L. (1985): The Role of Public and Private Complaining in Satisfaction with Problem Resolution, in: The Journal of Consumer Affairs, 19. Jg., Nr. 2, S. 222 - 240.

Becker, J. (2006): Marketing-Konzeption, 8. Aufl., München.

Bell, C.R./Zemke, R. (1990): Coaching for Distinctive Service, in: Bell, C.R./Zemke, R. (Hrsg.): Service Wisdom, Minneapolis, S. 164 - 173.

Bellou, V. (2007): Achieving Long-term Customer Satisfaction Through Organizational Culture: Evidence From the Health Care Sector, in: Managing Service Quality, 17. Jg., Nr. 5, S. 510 - 522.

Berke, J. (2008): Telekom will mit Weltklasse-Service überzeugen, in: wiwo.de, http://www.wiwo.de/unternehmer-maerkte/telekom-will-mit-weltklasse-service-ueberzeugen-262498/ (Abruf: 25.05.2013).

Berry, L.L. (1986): Big Ideas in Services Marketing, in: Venkatesan, M./Schmalensee, D.M./Marshall, C. (Hrsg.): Creativity in Services Marketing, Proceedings, 4th Annual Services Marketing Conference, Chicago, S. 6 - 8.

Berry, L.L./Parasuraman, A. (1991): Marketing Services. Competing Through Quality, New York u.a.

Berry, L.L./Parasuraman, A. (1999): Dienstleistungsmarketing fängt beim Mitarbeiter an, in Bruhn, M. (Hrsg.): Internes Marketing, 2. Aufl., Wiesbaden, S. 69 - 92.

Berry, L.L./Zeithaml, V.A./Parasuraman, A. (1990): Five Imperatives for Improving Service Quality, in: Sloan Management Review, 31. Jg., Nr. 4, S. 29 - 38.

Best, A. (1981): When Consumers Complain, New York.

Bhote, K.R. (1991): Next Operation As Customer (NOAC). How to Improve Quality, Cost and Cycle Time in Service Operations, New York.

Birla, M. (2005): FedEx Delivers, Hobken.

Bitkom (2012): Internetnutzer verbringen die meiste Zeit in Sozialen Netzwerken, http://www.bitkom.org/de/presse/74532_71209.aspx (Abruf: 24.07.2013).

Bitner, M.J./Booms, B.H./Tetreault, M.S. (1990): The Service Encounter: Diagnosing Favorable and Unfavorable Incidents, in: Journal of Marketing, 54. Jg., Nr. 1, S. 71 - 84.

Blanding, W. (1988): The Deadly Game of Losing Customers, Customer Service Institute, Silver Spring.

Blanding, W. (1991): Customer Service Operations: The Complete Guide, New York.

Blodgett, J.G./Granbois, D.H./Walters, R.G. (1993): The Effects of Perceived Justice on Complainants' Negative Word-of-Mouth Behavior and Repatronage Intentions, in: Journal of Retailing, 69. Jg., Nr. 4, S. 399 - 428.

Bock, A./Ebner, W./Rossmann, A. (2013): Telekom hilft - Kundenservice via Social Media, in: Marketing Review St. Gallen, 30. Jg. H. 3, S. 74 - 85.

Böhler, H. (2004): Marktforschung, 3. Aufl., Stuttgart.

Bolfing, C.P. (1989): How Do Customers Express Dissatisfaction and What Can Service Marketers Do About It?, in: The Journal of Services Marketing, 3. Jg., Nr. 2, S. 5 - 23.

Bordt, J. (2007): Dosierte Beschwerdestimulierung im Internet bei T-Online, in: Stauss, B./Seidel, W.: Beschwerdemanagement, 4. Aufl., München, S. 138 - 239.

Boshoff, Ch. (1999): An Instrument to Measure Satisfaction with Transaction-Specific Service Recovery, in: Journal of Service Research, 1. Jg., Nr. 3, S. 236 - 249.

Bowen, D.E./Johnston, R. (1999): Internal Service Recovery: Developing a New Construct, in: International Journal of Service Industry Management, 10. Jg., Nr. 2, S. 118 - 131.

Bowen, D.E./Lawler, E.E. (1992): The Empowerment of Service Workers: What, Why, How, and When, in: Sloan Management Review, 33. Jg., Nr. 1, S. 31 - 39.

Bowen, D.E./Lawler, E.E. (1995): Empowering Service Employees, in: Sloan Management Review, 36. Jg., Nr. 4, S. 73 - 84.

Breisig, T. (2001): Qualitätszirkel, in: Zollondz, H.-D. (Hrsg.): Lexikon Qualitätsmanagement, München, Wien, S. 1025 - 1027.

Brückner, C. (2013): Fehlermöglichkeits-und -einflussanalyse (FMEA), in: Kamiske, G. F. (Hrsg.): Handbuch QM-Methoden, 2. Aufl. München, S. 701 - 717.

Brückner, M. (2009): Beschwerdemanagement, 2. Aufl., E-Book-Ausgabe (PDF), München.

Bruhn, M. (1982): Konsumentenzufriedenheit und Beschwerden, Frankfurt u. a.

Bruhn, M. (1986): Beschwerdemanagement, in: Harvard Manager, 8. Jg., Nr. 3, S. 104 - 108.

Bruhn, M. (2012): Relationship Marketing: Das Management von Kundenbeziehungen, 3. Aufl., München.

Bruhn, M./Hadwich, K. (2013): Dienstleistungsmanagement und Social Media - Eine Einführung in die theoretischen und praktischen Problemstellungen, in: Bruhn, M./Hadwich, K. (Hrsg.): Dienstleistungsmanagement und Social Media: Potenziale, Strategien und Instrumente, Forum Dienstleistungsmanagement, Wiesbaden, S. 3 - 40.

Bruhn, M./Hadwich, K./Georgi, D. (2013): Kundenwert als Steuerungsgröße des Kundenbindungsmanagements, in: Bruhn, M./Homburg, C. (Hrsg.) Handbuch Kundenbindungsmanagement, 8. Aufl., Wiesbaden, S. 709 - 730.

Bruhn, M./Homburg, C. (Hrsg.) (2013): Handbuch Kundenbindungsmanagement, 8. Aufl., Wiesbaden.

Bruns, J. (2013): Dextro Energy: Schulstoff sorgt für Facebook-Shitstorm, http://www.computerbild.de/artikel/cb-Aktuell-Internet-Shitstorm-bei-Dextro-Energy-8480039.html (Abruf: 11. 09. 2013).

Brüntrup, C./Grass, T. (2006): Licht und Schatten im Beschwerdemanagement, http://www.wissen.dsft-berlin.de/medien/SER/ser_beschwerde-management-endbericht_2006.pdf (Abruf: 19. 09. 2013).

Brymer, R. A. (1991): Employee Empowerment: A Guest-Driven Leadership Strategy, in: The Cornell & Restaurant Administration Quarterly, 32. Jg., Nr. 1, S. 58 - 68.

Büdel, S. (1997): Aktives Beschwerdemanagement in Banken, Frankfurt/Main.

Bunk, B. (1993): Retention Marketing: Das Geschäft mit dem Ärger, in: Absatzwirtschaft, Nr. 9, S. 65 - 69.

Buttle, F./Burton, J. (2002): Does Service Failure Influence Customer Loyalty?, in: Journal of Consumer Behaviour, 1. Jg., Nr. 3, S. 217 - 227.

Cannie, J. B./Caplin, D. (1991): Keeping Customers for Life, New York.

Carlzon, J. (1992): Alles für den Kunden, 5. Aufl., Frankfurt/Main u. a.

Chase, R. B./Dasu, S. (2001): Want to perfect your company's service? Use behavioral science, in: Harvard Business Review, 79. Jg., Nr. 6, S. 78 - 84.

Chebat, J.-C./Kollias, P. (2000): The Impact of Empowerment on Customer Contact Employee's Roles in Service Organizations, in: Journal of Service Research, 3. Jg., Nr. 1, S. 66 - 81.

Chelminski, P./Coulter, R. A. (2007): The Effects of Cultural Individualism and Self-confidence on Propensity to Voice: From Theory to Measurement to Practice, in: Journal of International Marketing, 15. Jg., Nr. 4, S. 94 - 118.

Chevalier, J. A./Mayzlin, D. (2006): The Effect of Word of Mouth on Sales - Online Book Reviews, in: Journal of Marketing Research, 43. Jg., Nr. 3, S. 345 - 354.

Churchill, G. A./Iacobucci, D. (2010): Marketing Research, 10. Aufl., Mason.

Clark, G. L./Kaminski, P. F./Rink, D. R. (1992): Consumer Complaints: Advice on How Companies Should Respond Based on an Empirical Study, in: The Journal of Services Marketing, 6. Jg., Nr. 1, S. 41 - 49.

Cleveland, B./Mayben, J./Greff, G. (1998): Call-Center-Management: Leitfaden für Aufbau, Organisation und Führung von Teleservicecentern, Wiesbaden.

cns24 (2013): Servicerufnummern, http://www.cns24.de/ (Abruf 12.10.2013).

Coenen, C. (2001): Serviceorientierung und Servicekompetenz von Kundenkontakt-Mitarbeitern, in: Bruhn, M./Stauss, B. (Hrsg.): Dienstleistungsmanagement Jahrbuch 2001, Wiesbaden, S. 341 - 374.

Coenen, C. (2005): Prosoziales Dienstleistungsverhalten im Kundenkontakt, Wiesbaden.

Cook, S. (2012): Complaint Management Excellence, London u. a.

Cornelsen, J. (2000): Kundenwertanalysen im Beziehungsmarketing, Nürnberg.

Corsten, H. /Gössinger, R. (2007): Dienstleistungsmanagement, 5. Aufl., München.

Cottle, D. W. (1990): Client-Centered Service. How to Keep Them Coming Back for More, New York.

Davidow, M. (2003): Organizational Reponses to Customer Complaints: What Works and What Doesn't, in: Journal of Service Research, 5. Jg., Nr. 3, S. 225 - 250.

Decker, A./Meißner, H. (1999): The Sequential Incident Technique for Innovations (SITI) - A Tool for Generating Improvements and Ideas in Service Processes, in: Kunst, P./Lemmink, J./ Stauss, B. (Hrsg.): Service Quality and Management, Wiesbaden, S. 203 - 222.

Dee, B. (2002): State-of-the-Art Complaint Handling, in: ISO Management Systems, Juli/August, S. 12 - 14.

Demuth, A./Garbett, T. F./Richter, G. (1984): Unternehmenswerbung: Corporate Advertising. Das Was - Das Warum - Das Wie, Hamburg.

Deshpandé, R./Zaltman, G. (1982): Factors Affecting the Use of Market Research Information: A Path Analysis, in: Journal of Marketing Research, 19. Jg., Nr. 1, S. 14 - 31.

DGQ–Deutsche Gesellschaft für Qualität (2013): DGQ-Monitor 2012 Beschwerdemanagement. Auf dem Weg zu exzellentem Service, Frankfurt 2013.

Dietze, U. (1997): Reklamationen als Chance nutzen, Landsberg/Lech.

DIN (2008): DIN EN ISO 9001:2008, Qualitätsmanagementsysteme - Anforderungen, Berlin.

DIN (2010): DIN ISO 10002:2010-5 - Qualitätsmanagement - Kundenzufriedenheit - Leitfaden für die Behandlung von Reklamationen in Organisationen, Berlin.

Dobbelstein, T. (2001): Beschwerde- und Reklamationsmanagement - Analyse und Maßnahmen dargestellt am Beispiel des Möbelhandels, in: Müller-Hagedorn, L. (Hrsg.): Kundenbindung im Handel, 2. Aufl., Frankfurt am Main, S. 289 - 320.

Drewes, W./Klee, J. (1994): Aktives Beschwerdemanagement in Kreditinstituten, in: Sparkasse, 111. Jg., Nr. 1, S. 42 - 46.

Duffner, A. (1998): Organisation von Call Centern, in: Henn, H./Kruse, J. P./Strawe, O. V. (Hrsg.): Handbuch Call Center Management, Hannover, S. 35 - 54.

Durvasula, S./Lysonski, S./Mehta, S. C. (2000): Business-to-Business Marketing: Service Recovery and Customer Satisfaction Issues With Ocean Shipping Lines, in: European Journal of Marketing, 34. Jg., Nr. 3/4, S. 433 - 446.

East, R. (2000): Complaining as Planned Behaviour, in: Psychology & Marketing, 17. Jg., Nr. 12, S. 1077 - 1095.

EFQM (2012): EFQM Excellence Modell 2013, Kindle edition.

Engeser, M./Esterhazy, Y. (2006): Wir wollen die Besten, Interview mit Google-Europachef Nikesh Arora, in: Wirtschaftswoche, Nr. 10 vom 6.3.2006, S. 120 - 121.

Fandel, G./ Fey, A./Heuft, B./Pitz, T. (2009): Kostenrechnung, 3. Aufl., Berlin, Heidelberg.

Fantapié Altobelli, C./ Schwarzenberger, M. (2013): Social Media-Strategien bei Dienstleistungsunternehmen - Entwicklung und Implementierung mittels einer Social Media-Scorecard, in: Bruhn, M./Hadwich, K. (Hrsg.): Dienstleistungsmanagement und Social Media: Potenziale, Strategien und Instrumente, Forum Dienstleistungsmanagement, Wiesbaden, S. 65 - 86.

Fichte, M (2001): Organisation, in: Schmid, C./Jendro, L. (Hrsg.): Call Center Compendium: Konzeption, Aufbau, Betrieb und Technik eines professionellen Kundenmanagements, Köln, S. 31 - 49.

Finsterwalder, J./Tomczak, T. (2001): EQ und DLQ: Emotionale Intelligenz und Dienstleistungsqualität im Kundenkontakt, in: Bruhn, M./Stauss, B. (Hrsg.): Jahrbuch Dienstleistungsmanagement 2001, S. 375 - 403.

Firnstahl, T. W. (1990): Mitarbeiter garantieren die Produktqualität, in: Harvard manager, 12. Jg., Nr. 1, S. 7 - 12.

Fishburn Hedges/Echo Research (2012): The Social Media Customer, http://www.instituteofcustomerservice.com/files/The_social_media_customer_by_Fishburn_Hedges.pdf (Abruf: 26. 08. 2013).

Folkes, V. S. (1984): Consumer Reactions to Product Failure: An Attributional Approach, in: Journal of Consumer Research, 10. Jg., March, S. 398 - 409.

Fornell, C. (1978): Complaint Management and Marketing Performance. Working Paper, North Western University, Evanston, Illinois.

Fornell, C. (1982): Verbraucherabteilungen im Unternehmen - Ein kommunikationsorientierter Ansatz, in: Hansen, U./Stauss, B./Riemer, M. (Hrsg): Marketing und Verbraucherpolitik, Stuttgart, S. 473 - 487.

Fornell, C./Westbrook, R. A. (1984): The Vicious Circle of Consumer Complaints, in: Journal of Marketing, 48. Jg., Nr. 3, S. 68 - 78.

Frehr, H.-U. (1994): Total Quality Management. Unternehmensweite Qualitätsverbesserung, 2. Aufl., München.

Furlong, C. B. (1993): Marketing for Keeps. Building Your Business by Retaining Your Customers, New York.

Furrer, O./Liu, B. S-C./Sudharshan, D. (2000): The Relationships Between Culture and Service Quality Perceptions. Basis for Cross-cultural Market Segmentation and Resource Allocation, in: Journal of Service Research, 2. Jg., Nr. 4, 2000, S. 355 - 371.

Gierl, H. (2000): Beschwerdemanagement als Bestandteil des Qualitätsmanagements, in: Helm, R./Pasch, H. (Hrsg.): Kundenorientierung durch Qualitätsmanagement: Perspektiven - Konzepte - Praxisbeispiele, Frankfurt/Main, S. 149 - 189.

Gierl, H./Sipple, H. (1993): Zufriedenheit mit dem Kundendienst, in: Jahrbuch der Absatz- und Verbrauchsforschung, 39. Jg., Nr. 3, S. 239 - 260.

Goleman, D. (1999): Emotionale Intelligenz - zum Führen unerlässlich, in: Harvard Business Manager, 21. Jg., Nr. 3, S. 27 - 36.

Goleman, D. (2007): Emotionale Intelligenz, 19. Aufl., München.

Goodman, J. A. (1989): The Nature of Customer Satisfaction, in: Quality Progress, 22. Jg., Nr. 2, S. 37 - 40.

Goodman, J. A./Grimm, C. J. (1990): A Quantified Case for Improving Quality Now!, in: The Journal for Quality & Participation, o. Jg., Nr. 3, S. 50 - 55.

Goodman, J. A./Malech, A. R./Marra, T. R. (1987): Beschwerdepolitik unter Kosten/Nutzen-Gesichtspunkten - Lernmöglichkeiten aus den USA, in: Hansen, U./Schoenheit, I. (Hrsg.): Verbraucherzufriedenheit und Beschwerdeverhalten, Frankfurt/Main u. a., S. 165 - 202.

Goodman, J. A./O'Brien, P./Segal, E. (2000): Turning CFOs into Quality Champions, in: Quality Progress, 33. Jg., Nr. 3, S. 47 - 54.

Goodwin, C./Ross, I. (1989): Salient Dimensions of Perceived Fairness in Resolution of Service Complaints, in: Journal of Consumer Satisfaction, Dissatisfaction, and Complaining Behavior, 2. Jg., o. Nr., S. 87 - 92.

Goodwin, C./Ross, I. (1990): Consumer Evaluations of Responses to Complaints: What's Fair and Why, in: Journal of Consumer Marketing, 7. Jg., Nr. 2, S. 39 - 47.

Göttlicher, M. (2002): Beschwerdemanagement via E-Mail, in: Bruhn, M./ Stauss, B. (Hrsg.): Electronic Services, Wiesbaden, S. 341 - 361.

Graf, K. (1990): Die Behandlung von Verbraucherbeschwerden in Unternehmen, Berlin.

Grass, C. (1999): Kundenorientiertes Re-Design von Dienstleistungen. Beschwerdemanagement sinnvoll nutzen, München.

Grégoire, Y./Tripp, T. M./Legoux, R. (2009): When Customer Love Turns into Lasting Hate: The Effects of Relationship Strength and Time on Customer Revenge and Avoidance, in: Journal of Marketing, 73. Jg., Nr. 6, S. 18 - 32.

Grégoire, Y./Tripp/T. M./Legoux, R. (2011): When Your Best Customers Become Your Worst Enemies, Does Time Really Heal All Wounds?, Gfk-Marketing Intelligence Review, 3. Jg., Nr.1, S. 26 - 35.

Gruber, T. (2011): I Want to Believe They Really Care: How Complaining Customers Want to be Treated by Frontline Employees, in: Journal of Service Management, 22. Jg., Nr. 1, S. 85 - 110.

Günter, B. (1992): Kundenzufriedenheit steigern durch optimales Beschwerdemanagement, in: Hofmaier, R. (Hrsg.): Investitionsgüter- und High-Tech-Marketing, Landsberg/Lech, S. 379 - 393.

Günter, B. (1998): Qualitativ ausgerichtete Small-Sample-Marktforschung - Kundenkonferenzen als Beispiel für Customer Focus Groups im After-Sales-Marketing, in: Erichson, B./Hildebrandt, L. (Hrsg.): Probleme und Trends in der Marketing-Forschung, Stuttgart, S. 193 - 207.

Günter, B./Helm, S. (2011): Kundenbewertung im Rahmen des CRM, in: Hippner, H./Hubrich, B./ Wilde, K. D. (Hrsg.): Grundlagen des CRM, 3. Aufl., Wiesbaden, S. 271 - 292.

Günter, B./Helm, S. (Hrsg.) (2006): Kundenwert, 3. Aufl., Wiesbaden.

Gupta, S./Lehmann, R./Stuart, J. (2004): Valuing Customers, in: Journal of Marketing Research, 41. Jg., Nr. 1, S. 7 - 18.

Hadwich, K./Keller, C. (2013): Einflussfaktoren und Auswirkungen der Beschwerdezufriedenheit im Social Media-Bereich - Eine empirische Untersuchung, in: Bruhn, M./Hadwich, K. (Hrsg.): Dienstleistungsmanagement und Social Media: Potenziale, Strategien und Instrumente, Forum Dienstleistungsmanagement, Wiesbaden, S. 541 - 564.

Haeske, U. (2001): Beschwerden und Reklamationen managen: Kritische Kunden sind gute Kunden!, Weinheim u. a.

Haeske, U. (2010): Kommunikation mit Kunden, 3. Aufl., Berlin.

Halstead, D. (1993): Five Common Myths about Consumer Satisfaction Programs, in: Journal of Services Marketing, 7. Jg., Nr. 3, S. 4 - 12.

Halstead, D./Dröge, C. (1991): Consumer Attitudes Toward Complaining and the Prediction of Multiple Complaint Responses, in: Advances in Consumer Research, 18. Jg., S. 210 - 216.

Hansen, U. (1979): Verbraucherabteilungen als Frühwarnsysteme, in: Zeitschrift für Betriebswirtschaft (ZfB), 49. Jg., Nr. 2, S. 120 - 134.

Hansen, U. (1990): Absatz- und Beschaffungsmarketing des Einzelhandels. Eine Aktionsanalyse, 2. Aufl., Göttingen.

Hansen, U./Henning-Thurau, T./Schrader, U. (2001): Produktpolitik, 3. Aufl., Stuttgart.

Hansen, U./Jeschke, K. (2000): Beschwerdemanagement für Dienstleistungsunternehmen - Beispiel eines Kfz-Handels, in: Bruhn, M./Stauss, B. (Hrsg.): Dienstleistungsqualität, 3. Aufl., Wiesbaden, S. 433 - 459.

Hansen, U./Jeschke, K./Schöber, P. (1995): Beschwerdemanagement - Die Karriere einer kundenorientierten Unternehmensstrategie im Konsumgütersektor, in: Marketing ZFP, 17. Jg., Nr. 2, S. 77 - 88.

Hansen, U./Niestrath, U./Thieme, U. (1983): Beschwerdeaufkommen und Beschwerdepolitik am Beispiel des Möbeleinzelhandels, in: Zeitschrift für Betriebswirtschaft (ZfB), 53. Jg., Nr. 6, S. 535 - 550.

Hansen, U./Schoenheit, I. (1986): Verbraucherabteilungen in den USA - Ein Konzept in der Reifephase - Lernmöglichkeiten für die Bundesrepublik Deutschland, Lehr- und Forschungsberichte zum Bereich Markt und Konsum, Universität Hannover.

Harrison-Walker, L. J. (2001): E-complaining: A Content Analysis of an Internet Complaint Forum, in: Journal of Services Marketing, 15. Jg., Nr. 5, S. 397 - 412.

Hart, C. W. L./Heskett, J. L./Sasser, W. E. (1991): Wie Sie aus Pannen Profit ziehen, in: Harvard Business Manager, 13. Jg., Nr. 1, S. 128 - 136.

Hartline, M. D./Ferrell, O. C. (1996): The Management of Customer-contact Service Employees: An Empirical Investigation, in: Journal of Marketing, 60. Jg., Nr. 4, S. 52 - 70.

Hayes, B. E. (2008): Measuring Customer Satisfaction and Loyalty: Survey Design, Use, and Statistical Analysis, 3. Aufl., Milwaukee.

Heinemann, G.: (2013): Social Media als Spiegelbild des neuen Kaufverhaltens im Handel, in: Bruhn, M./Hadwich, K. (Hrsg.): Dienstleistungsmanagement und Social Media: Potenziale, Strategien und Instrumente, Forum Dienstleistungsmanagement, Wiesbaden, S. 87 - 104.

Heinen, E./Dill, P. (1986): Unternehmenskultur, in: Zeitschrift für Betriebswirtschaft, 56. Jg., Nr. 3, S. 202 - 218.

Helm, S./Günter, B. (2006): Kundenwert - eine Einführung in die theoretischen und praktischen Herausforderungen der Bewertung von Kundenbeziehungen, in: Günter, B./Helm, S. (Hrsg.): Kundenwert., 3. Aufl., Wiesbaden, S. 3 - 38.

Hennig-Thurau, T. (1999): Beschwerdezufriedenheit: Empirische Analyse der Wirkungen und Determinanten einer Schlüsselgröße des Beziehungsmarketing, in: Jahrbuch der Absatz- und Verbrauchsforschung, 45. Jg., Nr. 2, S. 214 - 240.

Hentschel, B. (1992): Dienstleistungsqualität aus Kundensicht. Vom merkmals- zum ereignisorientierten Ansatz, Wiesbaden.

Hentschel, B. (2000): Multiattributive Messung von Dienstleistungsqualität, in: Bruhn, M./ Stauss, B. (Hrsg.): Dienstleistungsqualität, 3. Aufl., Wiesbaden, S. 289 - 320.

Her Astuti, P./Nusantara, J./Basu Swastha, D. (2011): The Evaluation of Customer Complaint Handling with Justice Dimensions, Effect on Trust and Commitment with Prior Experiences as Moderating Effect, in: Interdisciplinary Journal of Contemporary Research In Business, 2. Jg., Nr. 11, S. 228 - 237.

Herzog, L./Luthe, M. (2010): Liebe auf den zweiten Blick – Vom souveränen Umgang mit Hotelbewertungen, in: Amersdorffer, D. et al. (Hrsg.), Social Web im Tourismus, Berlin Heidelberg 2010, S. 161 – 168.

Heskett, J. L./Jones, T. D./Loveman, G./Sasser, W E./Schlesinger, A. (1994): Dienstleister müssen die ganze Service-Gewinn-Kette nutzen, in: Harvard Business Manager, 16. Jg., Nr. 4, S. 50 – 61.

Heskett, J. L./Sasser, W. E./Schlesinger, L. A. (1997): The Service Profit Chain, New York u. a.

Hippner, H./Hubrich, B./Wilde, K. D. (Hrsg.) (2011): Grundlagen des CRM, Strategie, Geschäftsprozesse und IT-Unterstützung, 3. Aufl., Wiesbaden.

Hochschild, A. R. (1990): Das gekaufte Herz: Zur Kommerzialisierung der Gefühle, Frankfurt/Main.

Hoffman, K. D./Kelley, S. W. (2000): Perceived Justice Needs and Recovery Evaluations: A Contingency Approach, in: European Journal of Marketing, 24. Jg., Nr. 3/4, S: 418 – 432.

Hoffmann, A. (1991): Die Erfolgskontrolle von Beschwerdemanagement-Systemen, Frankfurt/Main u. a.

Hofstede. G. (2001): Culture's Consequences, 2. Aufl., Thousand Oaks.

Hofstede, G. (2006): Lokales Denken, globales Handeln. Interkulturelle Zusammenarbeit und globales Management, München, 2006.

Hogreve, J./Eller, T./Firmhofer, N. (2013): When The Whole World is Listening – An Exploratory Investigation of Individual Complaints on Social Media Platforms, in: Bruhn, M./Hadwich, K. (Hrsg.): Dienstleistungsmanagement und Social Media: Potenziale, Strategien und Instrumente, Forum Dienstleistungsmanagement, Wiesbaden, S. 515 – 540.

Homburg, C., Fürst, A., Koschate, N. (2010): On the Importance of Complaint Handling Design, A Multi-level Analysis of the Impact in Specific Complaint Situations, Journal of the Academy of Marketing Science, 38. Jg., Nr. 3, S. 265 – 287.

Homburg, C./Stock, R. (2001): Burnout von Mitarbeitern im Dienstleistungsbereich – Ansatzpunkte zur Vermeidung durch persönliches Ressourcen-Management, in: Bruhn, M./Stauss, B. (Hrsg.): Jahrbuch Dienstleistungsmanagement 2001, Wiesbaden, S. 479 – 500.

Homburg, C./Stock, R. (2011): Theoretische Perspektiven zur Kundenzufriedenheit, in: Homburg, Ch. (Hrsg.): Kundenzufriedenheit, 8. Aufl., Wiesbaden, S. 17 – 52.

Homburg, C./Weber, J. (1999): Kundenorientiertes Rechnungswesen als interne Kunden-Lieferanten-Beziehung, in: Bruhn, M. (Hrsg.): Internes Marketing, 2. Aufl., Wiesbaden, S. 577 – 599.

IBM (2013): IBM Social Computing Guidelines, http://www.ibm.com/blogs/zz/en/ guidelines.html (Abruf: 09. 09. 2013).

Internet World Stats (2013): Internet Usage Statistics, http://www.internetworldstats.com/stats.htm (Abruf: 24. 07. 2013).

Jacoby, J./Jaccard, J. J. (1981): The Sources, Meaning, and Validity of Consumer Complaining Behavior: A Psychological Analysis, in: Journal of Retailing, 57. Jg., Nr. 81, S. 4 – 24.

Jansen, B. J./Zhang, M./Sobel, K./Chowdury, A. (2009): Twitter Power: Tweets as Electronic Word of Mouth, in: Journal of the American Society for Information Science & Technology, 60. Jg., Nr. 11, S. 2169 – 2188.

Jansen, J. (2013): Ein Mann kämpft gegen British Airways, http://www.handelsblatt.com/unternehmen/handel-dienstleister/werbeanzeige-gekauft-ein-mann-kaempft-gegen-british-airways/8732586.html (Abruf: 11. 09. 2013).

Jedraßczyk, M. (2011): Wertschöpfung durch Business Transformation Outsourcing, Hamburg.

Jeschke, K. (1994): Nachkaufmarketing. Kundenzufriedenheit und Kundenbindung auf Konsumgütermärkten, Frankfurt/Main u. a.

Jeschke, K./Schulze, H. (1999): Internes Marketing und Beziehungsorientierung als Grundlage eines kunden- und mitarbeiterorientierten Beschwerdemanagement, in: Jahrbuch der Absatz- und Verbrauchsforschung, Nr. 4, S. 402 - 417.

Johnston, R./Mehra, S. (2002): Best-Practice Complaint Management, in: Academy of Management Executive, 16. Jg., Nr. 4, S. 145 - 154.

Jung, H. (2011): Controlling, 3. Aufl., München.

Kaas, K. P./Runow, H. (1987): Wie befriedigend sind die Ergebnisse der Forschung zur Verbraucherzufriedenheit, in: Die Betriebswirtschaft, 44. Jg., 1984, S. 451 - 460, wieder abgedruckt in: Hansen, U./Schoenheit, I. (Hrsg.): Verbraucherzufriedenheit und Beschwerdeverhalten, Frankfurt/Main, New York, S. 79 - 98.

Kendall, C. L./Russ, F. A. (1982): Garantie- und Beschwerdepolitik: Eine Chance für das Marketing-Management, in: Hansen, U./Stauss, B./Riemer, M. (Hrsg.): Marketing und Verbraucherpolitik, Stuttgart, S. 240 - 252.

Kießling, B./Koch, H. (1999): Kundenforum: Wie Unternehmen herausfinden, was ihre Kunden wirklich wollen, Wiesbaden.

Kingman-Brundage, J. (1992): The ABC's of Service System Blueprinting, in: Lovelock, C. (Hrsg.): Managing Services. Marketing, Operations, and Human Resources, Englewood Cliffs NJ, S. 96 - 102.

Knauer, M. (2003): Kundenbindung in der Telekommunikation: Das Beispiel T-Mobile, in: Bruhn, M./Homburg, C. (Hrsg.): Handbuch Kundenbindungsmanagement, 4. Aufl., Wiesbaden, S. 673 - 688.

Köhler, R. (1993): Beiträge zum Marketing-Management: Planung, Organisation, Controlling, 3. Aufl., Stuttgart.

Köhler, R. (2008): Kundenorientiertes Rechnungswesen als Voraussetzung des Kundenbindungsmanagements, in: Bruhn, M./Homburg, C. (Hrsg.): Handbuch Kundenbindungsmanagement, 6. Aufl., Wiesbaden, S. 467 - 500.

Kolbenschlag, M./Schöler, A. (2006): Zertifizierung des Beschwerdemanagements, CRM-Monatsbrief, Mai, Nürnberg.

Köster A. (2012): Das Phänomen „Shitstorm", http://www.big-social-media.de/news_publikationen/meldungen/2012_06_04_Shitstorm.php (Abruf: 02. 08. 2013).

Kotler, P./Bliemel, F. (2006): Marketing-Management, 10. Aufl., München.

Krafft, M. (2007): Kundenbindung und Kundenwert, 2. Aufl., Heidelberg.

Kroeber-Riel, W./Weinberg, P./Gröppel-Klein, A. (2013): Konsumentenverhalten, 10. Aufl., München.

Kuß, A. (2012): Marktforschung: Grundlagen der Datenerhebung und Datenanalyse, Wiesbaden.

Lee, Y. W./Strong, D. M./Kahn, B. K./Wang, R. Y. (2002): AIMQ: A Methodology for Information Quality Assessment, in: Information & Management, 40. Jg., Nr. 2, S. 133 - 146.

Lehner, F. (2012): Wissensmanagement, 4. Aufl. München.

Leicher, R./Kierig, F. O. (1993): In Reklamationen stecken Chancen, Heidelberg.

Liu, B. S. C./Furrer, O./Sudharshan, D. (2001): The Relationships Between Culture and Behavioural Intentions Toward Services, in: Journal of Service Research, 4. Jg., Nr. 2, S. 118 - 129.

Liu, B. S. C./Sudharshan, D./Hamer, L. O. (2000): After-Service Response in Service Quality Assessment: A Real-Time Updating Model Approach, in: Journal of Services Marketing, 14. Jg., Nr. 2, S. 160 - 177.

Löber, N. (2012): Fehler und Fehlerkultur im Krankenhaus, Wiesbaden.

Magnini, V. P./Ford, J. D./Markowski, E. P./Honeycutt, E. D. (2007): The Service Recovery Paradox: Justifiable Theory or Smoldering Myth?, Journal of Services Marketing, 21. Jg., Nr. 3, S. 213 - 225.

Maltz, E./Kohli, A. J. (1996): Market Intelligence Dissemination Across Functional Boundaries, in: Journal of Marketing Research, 33. Jg., Nr. 1, S. 47 - 61.

Materna (2005): Aktuelle Trends im Beschwerdemanagement deutscher Unternehmen, Dortmund.

Mattila, A. S./Patterson, P. G. (2004): The Impact of Culture on Consumers' Perceptions of Service Recovery Efforts, in: Journal of Retailing, 80. Jg., Nr. 4, S. 196 - 206.

Maxham III, J. G. (2001): Service Recovery´s Influence on Consumer Satisfaction, Positive Word-of-Mouth, and Purchase Intentions, in: Journal of Research, 54. Jg., Nr. 1, S. 11 - 24.

Maxham, J. G./Netemeyer, R. G. (2002): A Longitudinal Study of Complaining Customers' Evaluations of Multiple Service Failures and Recovery Efforts, in: Journal of Marketing, 66. Jg., Nr. 4, S. 57 - 71.

McCollough, M. A./Berry, L. L./Yadav, M. S. (2000): An Empirical Investigation of Customer Satisfaction After Service Failure and Recovery, in: Journal of Service Research, 3. Jg., Nr. 2, 121 - 137.

Meffert, H. (1998): Dienstleistungsphilosophie und -kultur, in: Meyer, A. (Hrsg.): Handbuch Dienstleistungs-Marketing, Band 1, Stuttgart, S. 121 - 138.

Meißner, H. (2004): Management des Kundendialogs per E-Mail, Frankfurt.

Mende, M. (2006): Strategische Planung im Beschwerdemanagement, Wiesbaden.

Michel, S. (2001): Analyzing Service Failures and Recoveries: A Process Approach, in: Journal of Service Industry Management, 12. Jg., Nr. 1, S. 20 - 33.

Miller, J. L./Craighead, C. W./Karwan, K. R. (2000): Service Recovery: A Framework and Empirical Investigation, in: Journal of Operations Management, 18. Jg., Nr. 4, S. 387 - 400.

Moorman, C./Deshpandé, R./Zaltman, G. (1993): Factors Affecting Trust in Market Research Relationships, in: Journal of Marketing, 57. Jg., Nr. 1, S. 81 - 101.

Moorman, C./Zaltman, G./Deshpandé, R. (1992): Relationships Between Providers and Users of Market Research: The Dynamics of Trust Within and Between Organizations, in: Journal of Marketing Research, 29. Jg., Nr. 3, S. 314 - 328.

Morganosky, M. A./Buckley, H. M. (1987): Complaint Behavior: Analysis by Demographics, Lifestyle, and Consumer Values, in: Advances in Consumer Research, 14. Jg., o. Nr., S. 223 - 226.

Mühlenbeck, F./ Skibicki, K. (2010): Authentizität von Hotelbewertungsplattformen - wie mächtig und wie glaubwürdig ist User Generated Content?, in: Amersdorffer, D. et al. (Hrsg.), Social Web im Tourismus, Berlin Heidelberg, S. 57 - 70.

Nerdinger, F. (1994): Zur Psychologie der Dienstleistung, Stuttgart.

Nerdinger, F. (2001): Gefühlsarbeit in Dienstleistungsinteraktionen, in: Bruhn, M./Stauss, B. (Hrsg.): Dienstleistungsmanagement Jahrbuch 2001, Wiesbaden, S. 501 - 519.

Nerdinger, F. (2011): Psychologie der Dienstleistung, Göttingen.

Neslin, S.A./Gupta, S./Kamakura, W./Junxiang Lu/Mason, C.H. (2006): Defection Detection: Measuring and Understanding the Predictive Accuracy of Customer Churn Models, in: Journal of Marketing Research, 43. Jg., Nr. 2, S. 204 - 211.

Netiquette Guidelines (2013), http://tools.ietf.org/html/rfc1855 (Abruf: 20.11.2013).

Ngai, E.W. T./Heung, V.C. S./Wong, Y.H./Chan, F.K. Y. (2007): Consumer Complaint Behaviour of Asians and Non-Asians About Hotel Services - An Empirical Analysis, in: European Journal of Marketing, 41. Jg., Nr. 11/12, S. 1375 - 1391.

Niefand, F./Wiegran, A. (2012): Was sind Beschwerden?, in: Ratajczak, O. (Hrsg.): Erfolgreiches Beschwerdemanagement, Wiesbaden, S. 19 - 32.

Nogly, F. (2010): Standardisierung des internationalen Beschwerdemanagements, Hamburg.

NYC (2013): Yellow taxi complaint, https://www1.nyc.gov/apps/311universalintake/form.htm (Abruf: 16.09.2013)

o.V. (1990): Burger King Opens Customer Hot Line, in: Marketing News, 24. Jg., Nr. 11, S. 7.

o.V. (1993): Centralizing Service: Done well, Fewer Employees give Customers Better Care, in: The Service Edge, 6. Jg., Nr. 2, S. 1 - 4.

o.V. (1999): APQC on Complaint Management and Problem Resolution - A Baldrigeplus.com Exhibit, Alexandra.

Olbrich, R./Battenfeld, D./Buhr, C.-Ch. (2012): Marktforschung, Berlin, Heidelberg.

Oliver, R.L. (1997): Satisfaction: A Behavioural Perspective on the Consumer, New York.

Ossadnik, W. (2009): Controlling, 4. Aufl., München.

Parasuraman, A./Zeithaml, V.A./Berry, L.L. (1985): A Conceptual Model of Service Quality and Its Implications for Future Research, in: Journal of Marketing, 49. Jg., Nr. 4, S. 41 - 50.

Patterson, P.G./Cowley, E./Prasongsukarn, K. (2006): Service Failure Recovery: The Moderating Impact of Individual-level Cultural Value Orientation on Perceptions of Justice, in: International Journal of Research in Marketing, 23. Jg., Nr. 3, S. 263 - 277.

Pizzutti, C./Fernandes, D. (2010): Effect of Recovery Efforts on Consumer Trust and Loyalty in E-Tail, A Contingency Model, International Journal of Electronic Commerce, 14. Jg., Nr. 4, 127 - 160.

Porter, M.E. (2013): Wettbewerbsstrategie, 12. Aufl., Frankfurt am Main.

Probst, G./Raub, S./Romhardt, K. (2012): Wissen managen: Wie Unternehmen ihre wertvollste Ressource optimal nutzen, 7. Aufl., Wiesbaden.

Rafiq, M./Ahmed, P.K. (1998): A Customer-Oriented Framework for Empowering Service Employees, in: Journal of Services Marketing, 12. Jg., Nr. 5, S. 379 - 396.

Rapp, R. (2005): Customer Relationship Management, 3. Aufl., Frankfurt.

Rastetter, D. (2008): Zum Lächeln verpflichtet. Emotionsarbeit im Dienstleistungsbereich, Frankfurt.

Reckenfelderbäumer, M. (2001): Zentrale Dienstleistungsbereiche und Wettbewerbsfähigkeit - Analyse auf der Basis der Lehre von den Unternehmerfunktionen, Wiesbaden.

Reichheld, F.F. (1996a): Learning From Customer Defections, in: Harvard Business Review, 74. Jg., Nr. 2, S. 56 - 69

Reichheld, F.F. (2003): The One Number You Need to Grow, in: Harvard Business Review; 81. Jg., Nr. 12. S. 46 - 54.

Reichheld, F.F. (2004): Mundpropaganda als Maßstab für den Erfolg, in: Harvard Businessmanager, März, S. 22 - 35.

Reichheld, F. F. (2006): The Ultimate Question. Driving Good Profits and True Growth. Boston.

Reichheld, F. F./Sasser, W. E. Jr. (1990): Zero Defections: Quality Comes to Services, in: Harvard Business Review, 68. Jg., Nr. 4, S. 105 - 111.

Reichheld, F. F.: (1996b): The Loyalty Effect, Boston.

Reichheld, F./Markey, R. (2011): Die ultimative Frage 2.0: Wie Unternehmen mit dem Net Promoter System kundenorientierter und erfolgreicher sind, Frankfurt.

Reichheld, F./Seidensticker, F. J. (2006): Die ultimative Frage, München.

Reimann, G. (2012): Erfolgreiches Qualitätsmanagement nach DIN ISO 9000:2008, 2. Aufl., Berlin.

Reinecke, S./Klautzsch, E. (2013): Social Media-Audit für Dienstleistungsunternehmen, in: Bruhn, M./Hadwich, K. (Hrsg.): Dienstleistungsmanagement und Social Media: Potenziale, Strategien und Instrumente, Forum Dienstleistungsmanagement, Wiesbaden, S. 105 - 125.

Reiß, M./Schuster, H. (1998): Kunden- und Kostenorientierung interner Service-Bereiche - Aus Zentralbereichen werden Dienstleister, in: Meyer, A. (Hrsg.): Handbuch Dienstleistungs-Marketing, Band 2, Stuttgart, S. 1300 - 1320.

Remer, D. (2005): Einführen der Prozesskostenrechnung, 2. Aufl., Stuttgart.

Richins, M. (1983): Negative Word-of Mouth by Dissatisfied Consumers: A Pilot Study, in: Journal of Marketing, 47. Jg., Nr. 4, S. 68 - 78.

Richins, M. L./Verhage, B. J. (1985): Seeking Redress for Consumer Dissatisfaction: The Role of Attitudes and Situational Factors, in: Journal of Consumer Policy, 17. Jg., Nr. 1, S. 29 - 44.

Riemer, M. (1986): Beschwerdemanagement, Frankfurt/Main u. a.

Rittersberger, P. (1995): Kontinuierliche Qualitätsverbesserung mittels Schnittstellenindikatoren bei Federal Express, in: Bruhn, M./Stauss, B. (Hrsg.): Dienstleistungsqualität, 2. Aufl., Wiesbaden, S. 563 - 582.

Ritz-Carlton (1994): The Ritz-Carlton Hotel Company - Preisträger 1992 der höchsten amerikanischen Qualitätsauszeichnung, des Malcolm Baldrige National Quality Award: Zusammenfassung der Bewerbungsunterlagen, in: Stauss, B. (1994): Qualitätsmanagement und Zertifizierung, Wiesbaden, S. 365 - 395.

Ritz-Carlton (1999): Application Summary for the 1999 Malcolm Baldrige National Quality Award.

Ross, I./Oliver, R. L. (1984): The Accuracy of Unsolicited Consumer Communications as Indicators of „True“ Consumer Satisfaction/Dissatisfaction, in: Advances in Consumer Research, 11. Jg., o. Nr., S. 504 - 508.

Rütten, E./Moritz, J. (1997): Reklamationen - So versöhnen Sie Ihre Kunden, Augsburg.

Ruf, S. (2007): Würden Sie diese Methode einem Freund empfehlen?, in: Verband Schweizer Markt- und Sozialforscher (Hrsg.): Jahrbuch 2007, S. 38 - 40.

Ruß, T. (1999): Qualitätsmanagement in der Bankunternehmung, Frankfurt am Main.

Rust, R. T./Zeithaml, V. A./Lemon, K. N. (2000): Driving Customer Equity: How Customer Lifetime Value Is Reshaping Corporate Strategy, New York u. a.

Rust, R./Zahorik, A. J./Keiningham, T. L. (1995): Return on Quality (ROQ): Making Service Quality Financially Accountable, in: Journal of Marketing, 59. Jg., Nr. 2, S. 58 - 70.

Safko, L. (2010): The Social Media Bible - Tactics, Tools, and Strategies for Business Success, 2. Aufl., New Jersey.

Sauerbrey, C./Henning, R. (2000): Kunden-Rückgewinnung. Erfolgreiches Management für Dienstleister, München.

Scheerer, H. (1994): Kundengefühle sind Tatsachen, in: Harvard manager, 16. Jg. Nr. 2, S. 9 - 13.

Schierenbeck, H./Wöhle, C.B. (2012): Grundzüge der Betriebswirtschaftslehre, 18. Aufl., München.

Schmeißer, D.R. (2010): Kundenbewertungen in der eTouristik - Segen oder Fluch? Psychologie der Reiseentscheidung im Social Web, in: Amersdorffer, D. et al. (Hrsg.), Social Web im Tourismus, Berlin Heidelberg 2010, S. 41 - 56.

Schmidt, M. (2007): Zufriedenheitsorientierte Steuerung des Customer Care, Wiesbaden.

Schneider, B./Schechter, D. (1991): Development of a Personnel Selection System for Service Jobs, in: Brown, S./Gummesson, E./Edvardsson, B./Gustavsson, B. (Hrsg.): Service Quality, Lexington, S. 217 - 235.

Schöber, P. (1997): Organisatorische Gestaltung von Beschwerdemanagement-Systemen, Frankfurt/Main u.a.

Schöler, A. (2009): Informationsnutzung im Beschwerdemanagement, Wiesbaden.

Schöler, A. (2011): Kundenrückgewinnung, in: Hippner, H./Hupprich, B./Wilde, K.D. (Hrsg.): Grundlagen des CRM: Strategie, Geschäftsprozesse und IT-Unterstützung, 3. Auflage, Wiesbaden, S. 499 - 525.

Scholz, R./Vrohlings, A. (1994): Prozess-Struktur-Transparenz, in: Gaitanides, M./Scholz, R./Vrohlings, A./Raster, M. (Hrsg.): Prozessmanagement, München, S. 37 - 56.

Schubert, M. (1993): Qualitätszirkel, in: Hansen, W./Jansen, H.H./Kamiske, G.F. (Hrsg.): Qualitätsmanagement im Unternehmen, Berlin u.a., 04.02, S. 1 - 20.

Seidel, W. (2010): Customers-at-Risk-Management. Der Befreiungsschlag aus der Wachstumsfalle, in: Gouthier, M. et al. (Hrsg.): Service Excellence als Impulsgeber, Wiesbaden, S. 527 - 547.

Sen, S./Lerman, D. (2007): Why are You Telling Me This? An Examination into Negative Consumer Reviews on the Web, in: Journal of Interactive Marketing, 21. Jg., Nr. 4, S. 76 - 94.

Servicebarometer (2006): Kundenmonitor 2006, München.

Servicebarometer (2013): Kundenmonitor 2013, München.

Servmark (2009): Interne Studie zu Beschwerdeführer Follow up-Kontakten, München.

Servmark (2010): Interne Versicherungsstudie, München.

Servmark (2012a): Interne Bankstudie, München.

Servmark (2012b): Interne Bausparkassenstudie, München.

Sewell, C./Brown, P.B. (1996): Kunden fürs Leben, Wiesbaden.

Shostack, G.L. (1987): Service Positioning Through Structural Change, in: Journal of Marketing, 51. Jg., Nr. 1, S. 34 - 43.

Singh, J. (1988): Consumer Complaint Intentions and Behaviors: Definitional and Taxinomical Issues, in: Journal of Marketing, 52. Jg., Nr. 1, S. 93 - 107.

Singh, J. (2000): Performance Productivity and Quality of Frontline Employees in Service Organizations, in: Journal of Marketing, 64. Jg., April, S. 15 - 34.

Singh, J./Pandya, S. (1991): Exploring the Effects of Consumers' Dissatisfaction Level on Complaint Behaviours, in: European Journal of Marketing, 25. Jg., Nr. 9, S. 7 - 21.

Smith, A.K./Bolton, R.N. (1998): An Experimental Investigation of Customer Reactions to Service Failure and Recovery Encounters - Paradox or Peril?, in: Journal of Service Research, 1. Jg., Nr. 1, S. 65 - 81.

Smith, A.K./Bolton, R.N./Wagner, J. (1999): A Model of Customer Satisfaction with Service Encounters Involving Failure and Recovery, in: Journal of Marketing Research, 36. Jg., Nr. 3, S. 356 - 372.

Sondermann, J. (1994): Instrumente des Total Quality Managements, in: Stauss, B. (Hrsg.): Qualitätsmanagement und Zertifizierung, Wiesbaden, S. 223 - 253.

Sparks, B.A./Bradley, G.L./Callan, V.J. (1997): The Impact of Staff Empowerment and Communication Style on Customer Evaluations: The Special Case of Service Failure, in: Psychology & Marketing, 14. Jg., Nr. 5, S. 475 - 493.

Spector/McCarthy (1995): The Nordstrom Way: The Inside Story of America's #1 Customer Service Company, New York u. a.

Spreng, R.A./Harrell, G.D./Mackoy, R.D. (1995): Service Recovery: Impact on Satisfaction and Intentions, in: Journal of Services Marketing, 9. Jg., Nr. 1, S. 15 - 23.

Stadelmann, M./Wolter, S./Troesch, M. (Hrsg.) (2008): Customer Relationship Management, Zürich.

Stadtwerke Münster (2012): Kundenforum der Stadtwerke Münster - Aktueller Stand der Umsetzung, www.stadtwerke-muenster.de/fileadmin/unternehmen/veranstaltungen/dokumente/Umsetzungsstand_Forum_eins_und_zwei.pdf (Abruf 15.10.2013)

Stauss, B. (1987): Ein bedarfswirtschaftliches Marketingkonzept für öffentliche Unternehmen, Baden-Baden.

Stauss, B. (1989): Beschwerdepolitik als Instrument des Dienstleistungsmarketing, in: Jahrbuch der Absatz- und Verbrauchsforschung, 35. Jg., Nr. 1, S. 41 - 62.

Stauss, B. (1991): Service-Qualität als strategischer Erfolgsfaktor, in: Stauss, B. (Hrsg.): Erfolg durch Service-Qualität, München, S. 7 - 35.

Stauss, B. (1993): Kundenbindung durch Dialog mit dem unzufriedenen Bürger, in: Frankfurter Brief für Unternehmensführung, 4. Jg., September, S. 1 - 4.

Stauss, B. (1994): Der Einsatz der „Critical Incident Technique" im Dienstleistungsmarketing, in: Tomczak, T./Belz, Ch. (Hrsg.): Kundennähe realisieren, Ideen - Konzepte - Methoden - Erfahrungen, St. Gallen, S. 233 - 250.

Stauss, B. (1995): Beschwerdemanagement, in: Tietz, B./Köhler, R./Zentes, J. (Hrsg.): Handwörterbuch des Marketing, 2. Aufl., Stuttgart, S. 226 - 238.

Stauss, B. (1999a): Kundenzufriedenheit, in: Marketing ZFP, 21. Jg., Nr. 1, S. 5 - 24.

Stauss, B. (1999b): Management interkultureller Dienstleistungskontakte, in: Kutschker, M. (Hrsg.): Perspektiven der internationalen Wirtschaft, Wiesbaden, S. 269 - 304.

Stauss, B. (2000a): „Augenblicke der Wahrheit" in der Dienstleistungserstellung - Ihre Relevanz und ihre Messung mit Hilfe der Kontaktpunkt-Analyse, in: Bruhn, M./Stauss, B: (Hrsg.): Dienstleistungsqualität: Konzepte - Methoden - Erfahrungen, 3. Aufl., Wiesbaden, S. 321 - 340.

Stauss, B. (2000b): Internes Marketing als personalorientierte Qualitätspolitik, in: Bruhn, M./ Stauss, B. (Hrsg.): Dienstleistungsqualität, 3. Aufl., Wiesbaden, S. 203 - 222.

Stauss, B. (2000c): Perspektivenwandel: Vom Produkt-Lebenszyklus zum Kundenbeziehungs-Lebenszyklus, in: Thexis - Fachzeitschrift für Marketing, 17. Jg., Nr. 2, S. 15 - 18.

Stauss, B. (2000d): Rückgewinnungsmanagement: Verlorene Kunden als Zielgruppe, in: Bruhn, M./Stauss, B. (Hrsg.): Dienstleistungsmanagement Jahrbuch 2000, Wiesbaden, S. 449 - 471.

Stauss, B. (2000e): Using New Media for Customer Interaction: A Challenge for Relationship Marketing, in: Hennig-Thurau, Th./Hansen, U. (Hrsg.): Relationship Marketing, Berlin u. a., S. 233 - 253.

Stauss, B. (2002a): Kundenwissens-Management (Customer Knowledge Management), in: Böhler, H. (Hrsg.): Marketing-Management und Unternehmensführung, Stuttgart, S. 273 - 295.

Stauss, B. (2002b): The Dimensions of Complaint Satisfaction: Process and Outcome Complaint Satisfaction Versus Cold Fact and Warm Act Complaint Satisfaction, in: Managing Service Quality, 12. Jg., Nr. 3, S. 173 - 183.

Stauss, B. (2006): Beschwerdemanagement als Instrument der Kundenbindung, in: Hinterhuber, H. H./Matzler, K. (Hrsg.): Kundenorientierte Unternehmensführung, 4. Aufl., S. 315 - 334.

Stauss, B. (2008): Strategisches Beschwerdemanagement, in: Stadelmann, M./Wolter, S./Troesch, M. (Hrsg.): Customer Relationship Management, Zürich, S. 155 - 170.

Stauss, B. (2011): Der Kundenbeziehungs-Lebenszyklus, in: Hippner, H./Hubrich, B./Wilde, K. D. (Hrsg.): Grundlagen des CRM, Strategie, Geschäftsprozesse und IT-Unterstützung, 3. Aufl., Wiesbaden, S. 319 - 341.

Stauss, B. (2013): Vermeidung von Kundenverlusten und Stärkung der Kundenbindung durch Beschwerdemanagement, in: Bruhn, M./Homburg, C. (Hrsg.): Handbuch Kundenbindungsmanagement, 8. Aufl., Wiesbaden, S. 399 - 427.

Stauss, B./Bruhn, M. (2010): Serviceorientierung im Unternehmen - Eine Einführung in die theoretischen und praktischen Problemstellungen, in: Bruhn, M./Stauss, B. (Hrsg.): Serviceorientierung im Unternehmen, Wiesbaden.

Stauss, B./Friege, Ch. (1999): Regaining Service Customers. Cost and Benefits of Regain Management, in: Journal of Service Research, 1. Jg., Nr. 4, S. 347 - 361.

Stauss, B./Friege, Ch. (2006): Kundenwertorientiertes Rückgewinnungsmanagement, in: Günter, B./Helm, S. (Hrsg.): Kundenwert, 3. Aufl., Wiesbaden, S. 509 - 530.

Stauss, B./Hentschel, B. (1990): Verfahren der Problementdeckung und -analyse im Qualitätsmanagement von Dienstleistungsunternehmen, in: Jahrbuch der Absatz- und Verbrauchsforschung, 36. Jg., Nr. 3, S. 232 - 259.

Stauss, B./Hentschel, B. (1992): Messung von Kundenzufriedenheit, in: Marktforschung & Management, 36. Jg., Nr. 3, S. 115 - 122.

Stauss, B./Hentschel, B./Schulz, B. (1991) : Kundendienstqualität. Eine empirische Studie im Kfz-Bereich, unveröffentlichter Forschungsbericht, Ingolstadt.

Stauss, B./Jedraßczyk, M. (2007): Business Process Outsourcing - Wertschöpfung durch externe Dienstleister, in: Bruhn, M./Stauss, B. (Hrsg.): Wertschöpfungsprozesse bei Dienstleistungen - Forum Dienstleistungsmanagement, Wiesbaden, S. 359 - 381.

Stauss, B./Nogly, F. (2009): Interkulturelle Unterschiede im Beschwerdeverhalten als Herausforderung des internationalen Beschwerdemanagements, in: Schmid, St. (Hrsg.): Management der Internationalisierung, Wiesbaden, S. 321 - 341.

Stauss, B./Schöler, A. (2003): Beschwerdemanagement Excellence: State-of-the-Art und Herausforderungen der Beschwerdemanagement-Praxis in Deutschland, Wiesbaden.

Stauss, B./Schöler, A. (2006): Strategieoptionen im Beschwerdemanagement, Diskussionspapier, Ingolstadt.

Stauss, B./Seidel, W. (2005): Non-complaining Behavior of Lost Service Customers, Vortrag auf der Servsig Research Conference Singapore, 3. Juni 2005.

Stauss, B./Seidel, W. (2006a): Evidenz-Controlling im Beschwerdemanagement - Ein Ansatz zur Abschätzung des „Verärgerungs-Eisbergs“, in: Bruhn, M./Stauss, B. (Hrsg.): Dienstleistungscontrolling - Forum Dienstleistungsmanagement, Wiesbaden, S. 89 - 111.

Stauss, B./Seidel, W. (2006b): Prozessuale Zufriedenheitsermittlung und Zufriedenheitsdynamik bei Dienstleistungen, in: Homburg, C. (Hrsg.): Kundenzufriedenheit, Konzepte - Methoden - Erfahrungen, 6. Auflage, Wiesbaden, S. 171 - 195.

Stauss, B./Seidel, W. (2009): Customer Care - Wertschöpfung durch Inbound Marketing, in: Thexis, Fachzeitschrift für Marketing, 26. Jg., Nr. 6, S. 18 - 23.

Stauss, B./Seidel, W. (2013): Zur Notwendigkeit eines Follow Up-Beschwerdemanagements, in: Marketing Review St. Gallen, 30. Jg. Nr. 3, S. 54 - 62.

Stauss, B./Weinlich, B. (1996): Die Sequentielle Ereignismethode - ein Instrument der prozessorientierten Messung von Dienstleistungsqualität, in: der markt - Zeitschrift für Absatzwirtschaft und Marketing, 35. Jg., Nr. 136, S. 49 - 58.

Susskind, A.M. (2000): Efficacy and Outcome Expectations Related to Customer Complaints About Service Experiences, in: Communication Research, 27. Jg., Nr. 3, S. 353 - 378.

TARP (1979): Consumer Complaint Handling in America: Final Report, Washington DC.

TARP (1997): Using Complaints for Quality Assurance Decisions, www.tarp.com/pdf/complaints.pdf, 1 - 21.

Tax, S.S./Brown, S. (2000): Kundenbeschwerden: Was Fairness bringt, in: Harvard Business Manager, 22. Jg., Nr. 1, S. 94 - 107.

Tax, S.S./Brown, S.W. (1998): Recovering and Learning from Service Failure, in: Sloan Management Review, 40. Jg., Nr. 1, S. 75 - 88.

Tax, S.S./Brown, S./Chandrashekaran, M. (1998): Customer Evaluations of Service Complaint Experiences: Implications for Relationship Marketing, in: Journal of Marketing, 62. Jg., Nr. 2, S. 60 - 76.

Telekom (2013): Mehrwertlösungen, http://mwl.telekom.de/index.php, (Abruf: 13.10.2013).

Terentis, J./Sander, F./Madden, M./Stone, M./Cox, D. (2002): Customer Service, Complaints Management and Regulatory Compliance, in: Journal of Financial Regulation and Compliance, 10. Jg., Nr. 1, S. 37 - 54.

Töpfer, A. (1999): Konzepte und Instrumente des Beschwerdemanagement, in: Töpfer, A. (Hrsg.): Kundenzufriedenheit messen und steigern, 2. Aufl., Neuwied, S. 459 - 490.

Tripp, T.M./Grégoire, Y. (2011): When Unhappy Customers Strike Back on the Internet, in: MIT Sloan Management Review, 52. Jg., Nr. 3, S. 37 - 44.

Ueltschy, L.C./Laroche, M./Eggert, A./Bindl, U. (2007): Service Quality and Satisfaction: An International Comparison of Professional Services Perceptions, in: Journal of Services Marketing, 21. Jg., Nr. 6, S. 410 - 423.

United Breaks Guitars (2009): http://www.youtube.com/watch?v=5YGc4zOqozo (Abruf: 27.08.2013).

van Noort, G./Willemsen, L.M. (2012): Online Damage Control - The Effects of Proactive Versus Reactive Webcare Interventions in Consumer-generated and Brand- generated Platforms, in: Journal of Interactive Marketing, 26. Jg., Nr. 3, S. 131 - 140.

Vavra, T.G. (1995): Aftermarketing, 2. Aufl., Homewood, Illinois.

Venkatesan, M.V. (1993): Empowering Employees, in: Scheuing, E.E./Christopher, W.F. (Hrsg.): The Service Quality Handbook, New York u.a., S. 259 - 266.

Venohr, B./Zinke, Ch. (2000): Kundenbindung als strategisches Unternehmensziel: Vom Konzept zur Umsetzung, in: Bruhn, M./Homburg, C. (Hrsg.): Handbuch Kundenbindungsmanagement, 3. Aufl., Wiesbaden, S. 153 - 172.

Vocatus (2007): Die Aussagekraft des Net Promoter Score, München.

Walther, G.R. (1994): Upside-Down Marketing, New York.

Ward, J.C./Ostrom, A.L. (2006): Complaining to the Masses: The Role of Protest Framing in Customer-Created Complaint Web Sites, in: Journal of Consumer Research, 33. Jg., Nr. 2, S. 220 - 230.

Wegmann, Ch. (2001): Internationales Beschwerdemanagement, Wiesbaden.

Werdich, M. (2012): FMEA - Einführung und Moderation, 2. Aufl., Wiesbaden.

Wiedmann, K.-P./Hennigs, N./Klarmann, Ch. (2013): Social Media im Feld von Luxusmarken und -Services - Skizzen zu Gestaltungsansätzen und Best Practice-Beispiele, in: Bruhn, M./Hadwich, K. (Hrsg.): Dienstleistungsmanagement und Social Media: Potenziale, Strategien und Instrumente, Forum Dienstleistungsmanagement, Wiesbaden, S. 153 - 170.

Willenbrock, H. (2012): Und dann greift er zur Gitarre, in: brandeins, 14. Jg., H. 1, S. 120 - 125.

Wilson, H.J./Guinan, P.J./Parise, S./Weinberg, B.D. (2011): What's your Social Media Strategy?, in: Harvard Business Review, 89. Jg., Nr. 7, S. 23 - 25.

Wimmer, F. (1985): Beschwerdepolitik als Marketinginstrument, in: Hansen, U./Schoenheit, I. (Hrsg.): Verbraucherabteilungen in privaten und öffentlichen Unternehmungen, Frankfurt/Main u. a., S. 225 - 254.

Wong, N. (2004): The Role of Culture in the Perception of Service Recovery, in: Journal of Business Research, 57. Jg., Nr. 9, S. 957 - 963.

Zeithaml, V.A./Berry, L.L./Parasuraman A. (1988): Communication and Control Processes in the Delivery of Service Quality, in: Journal of Marketing, 52. Jg., Nr. 2, S. 35 - 48.

Zemke, R. (1993): The Art von Recovery. Fixing Broken Customers - And Keepting Them on Your Side, in: Scheuing, E.E./Christopher, W.F. (Hrsg.): The Service Quality Handbook, New York u. a., S. 463 - 473.

Index